LANDOLT-BÖRNSTEIN

Numerical Data and Functional Relationships in Science and Technology

New Series

Editor in Chief: K.-H. Hellwege

Group IV: Macroscopic and Technical Properties of Matter

Volume 1
Densities of Liquid Systems

Part a

Nonaqueous Systems and Ternary Aqueous Systems

R. Lacmann · C. Synowietz

Editor: Kl. Schäfer

Springer-Verlag Berlin · Heidelberg · New York 1974

LANDOLT-BÖRNSTEIN

Zahlenwerte und Funktionen aus Naturwissenschaften und Technik

Neue Serie

Gesamtherausgabe: K.-H. Hellwege

Gruppe IV: Makroskopische und technische Eigenschaften der Materie

Band 1

Dichten flüssiger Systeme

Teil a

Nichtwässerige Systeme und ternäre wässerige Systeme

R. Lacmann · C. Synowietz

Herausgeber: Kl. Schäfer

Springer-Verlag Berlin · Heidelberg · New York 1974

ISBN 3-540-06269-6 Springer-Verlag Berlin-Heidelberg-New York
ISBN 0-387-06269-6 Springer-Verlag New York-Heidelberg-Berlin

Library of Congress Cataloging in Publication Data

Lacmann, R., Dichten flüssiger Systeme. (Zahlenwerte und Funktionen aus Naturwissenschaft und Technik, Neue Serie. Gruppe IV: Makroskopische und technische Eigenschaften der Materie, Bd. 1, T. a). Added t. p. Densities of liquid systems. Includes bibliographies.

Contents: T. a. Nichtwässerige Systeme und ternäre wässerige Systeme. 1. Liquids -- Tables. 2. Specific gravity -- Tables. I. Synowietz, Claudia, joint author. II. Title. III. Title: Densities of liquid systems. IV. Series.

QC 61. Z 3 Gruppe IV, Bd. 1 etc. [QC 145. 3] 530'. 08s [532'. 4] 74-17451.

Vorwort

Band IV/1 der Neuen Serie des Landolt-Börnstein enthält Angaben über die Dichten flüssiger Systeme. Er kann als Ergänzung zu Band II/1 der 6ten Auflage angesehen werden, der nur wenige Angaben über nicht-wässerige Systeme bringt, während jetzt Wert darauf gelegt wurde, sowohl für wässerige als auch für nichtwässerige Systeme zumindest die Literatur bis 1970/71 weitgehend zu erfassen. Wegen des großen Umfangs wird der Band in zwei Teilbänden IV/1a und IV/1b publiziert.

Im vorliegenden Teilband IV/1a sind im ersten Kapitel die Dichten nichtwässeriger Lösungen oder Mischungen angegeben, wobei sich der überwiegende Teil auf Zweistoffsysteme bezieht. Drei- und Mehrstoffsysteme sind aber auch berücksichtigt. Nicht bei allen Systemen sind Zahlenwerte angegeben, sondern in erster Linie bei denen, die ein größeres Interesse beanspruchen können und bei denen Daten möglichst für einen größeren Konzentrationsbereich vorliegen. Bei der Anordnung standen chemische Gesichtspunkte im Vordergrund. Um dem Benutzer das Auffinden eines gesuchten Systems zu erleichtern, ist ein Substanzenverzeichnis angefügt.

Da die Tabelle über die wässerigen Drei- und Mehrstoffsysteme bereits druckfertig vorlag, ist sie als zweites Kapitel in den vorliegenden Band aufgenommen worden. Diese Tabelle bringt im wesentlichen Literatur und nur dann Zahlenwerte, wenn ein System in großen Konzentrationsbereichen systematisch untersucht worden ist. Die Anordnung erfolgte bei den anorganischen Stoffen alphabetisch nach den chemischen Symbolen der Verbindungen, bei den organischen Stoffen nach dem Hillschen System, damit der Benutzer sich hier rasch zurechtfindet.

Die Tabelle für binäre wässerige Systeme ist in Vorbereitung und wird als Teilband IV/1b folgen.

Den Autoren sei für ihre mühevolle Arbeit herzlich gedankt. Eine ebensolche Anerkennung verdient der Springer-Verlag für die erstklassige Ausstattung des Bandes, der, wie alle Bände des Landolt-Börnstein, ohne finanzielle Unterstützung von anderer Seite veröffentlicht wurde.

Heidelberg, September 1974 **Der Herausgeber**

Preface

Volume IV/1 of Landolt-Börnstein, New Series, gives information on the densities of liquid systems. It may be considered a supplement to volume II/1 of the 6th edition, which contains only a few data on non-aqueous systems, whereas we tried now to list at least the literature on both aqueous and non-aqueous systems extensively up to 1970/71. This volumes will be published in two subvolumes, IV/1a and IV/1b.

In subvolume IV/1a presented here the non-aqueous solutions or mixtures are listed in chapter 1. The larger part relates to binary systems but ternary and polynary systems are also considered. Data are not listed for all systems but primarily for those of higher interest for which data for a larger range of concentration were available. The arrangement is based on chemical characteristics. For easy use an index of substances is added.

Since the table for the aqueous ternary and polynary systems already was prepared ready for print it was included in this subvolume as chapter 2. In this table mainly literature is given and data are listed only for systems researched over a wide range of concentration. The inorganic compounds are arranged alphabetically according to the chemical symbols for their components, the organic compounds according to Hill's system.

The table for binary aqueous systems is in preparation and will follow as subvolume IV/1b.

Thanks are due to the authors for their careful work and to Springer-Verlag for the high-quality make-up of this volume which, like all volumes of Landolt-Börnstein, was published without any outside financial support.

Heidelberg, September 1974 **The Editor**

Inhaltsverzeichnis — Contents

1 Dichten nichtwässeriger Systeme — Densities of nonaqueous systems

R. Lacmann, Technische Universität Braunschweig

2 Dichten ternärer und polynärer wässeriger Systeme — Densities of ternary and polynary aqueous systems
C. Synowietz, Heidelberg

- 2.1 Einleitung — Introduction 656
  - 2.1.1 Ternäre Systeme mit Wasser — Ternary systems containing water 656
  - 2.1.2 Polynäre Systeme mit Wasser — Polynary systems containing water 657
  - 2.1.3 Dichte ϱ und relative Dichte D von reinem Wasser als Funktion der Temperatur $0 \leq \vartheta \leq 45\,°C$ bei Normaldruck — Density ϱ and relative density D of pure water as a function of temperature $0 \leq \vartheta \leq 45\,°C$ 658
- 2.2 Anorganisch-anorganische Systeme mit Wasser — Inorganic-inorganic systems containing water 658
  - 2.2.1 Ternäre Systeme: anorganische Komponenten A, B und Wasser — Ternary systems: inorganic components A, B, and water 658
  - 2.2.2 Polynäre Systeme: anorganische Komponenten A, B, C, ..., Wasser — Polynary systems: inorganic components A, B, C, ... water 677
  - 2.2.3 Literatur zu 2.2 — References for 2.2 678
- 2.3 Anorganisch-organische Systeme mit Wasser — Inorganic-organic systems containing water . . 688
  - 2.3.1 Ternäre Systeme: anorganische Komponente A, organische Komponente B und Wasser — Ternary systems: inorganic component A, organic component B, and water 688
  - 2.3.2 Polynäre Systeme: anorganische Komponenten A, ... organische Komponente B, ..., und Wasser — Polynary systems: inorganic components A, ... organic components B, ..., and water 700
  - 2.3.3 Literatur zu 2.3 — References for 2.3 700
- 2.4 Organisch-organische Systeme mit Wasser — Organic-organic systems containing water . . . 705
  - 2.4.1 Ternäre Systeme: organische Komponenten A, B und Wasser — Ternary systems: organic components A, B, and water 705
  - 2.4.2 Polynäre Systeme: organische Komponenten A, B, C, ..., Wasser — Polynary systems: organic components A, B, C, ..., water 713
  - 2.4.3 Literatur zu 2.4 — References for 2.4 713

Anordnung der chemischen Verbindungen in 1 — Arrangement of the chemical compounds in 1

Anorganische Verbindungen

Die Anordnung in den Tabellen ist durch die Stellung der Elemente im Periodensystem bestimmt. Das Ordnungsverfahren, das im folgenden näher erläutert ist, wird durch das unten gezeigte Laufschema dargestellt.

I. Elemente

Den Edelgasen folgen die nichtmetallischen Elemente von „rechts nach links"*), darauf die metallischen von „links nach rechts"*). Die „metallischen" Elemente sind in zwei Gruppen „Leichtmetalle" und „Schwermetalle", diese mit dem Zink beginnend, aufgeteilt.

Der Wasserstoff ist abweichend vom Periodensystem mit dem Sauerstoff den Halogenen vorangestellt.

II. Verbindungen

1. Obige Regel gilt sinngemäß auch für die Ordnung von Verbindungen.

a) Die Stellung wird bei Verbindungen nichtmetallischer Elemente durch das im Laufschema am weitesten „links" liegende Element der Verbindung bestimmt.

b) Bei Verbindungen von Metallen untereinander oder mit Nichtmetallen wird die Stellung durch das im Laufschema am weitesten „rechts" liegende Metall (Hauptelement) der Verbindung bestimmt.

c) Das Ammonium folgt den Alkalimetallen.

Inorganic compounds

The arrangement in the tables is determined by the place of the elements in the periodic system. The ordering procedure explained in the following paragraphs, corresponds to the scheme shown below.

I. Elements

The groups of non-metallic elements follow the rare gases from "right to left"*), the groups of metallic elements thereafter from "left to right"*). The "metallic" elements are subdivided into "light metals" and "heavy metals", the latter beginning with zink.

Deviating from the periodic system, hydrogene and oxygene are placed before the halogenes.

II. Compounds

1. The above rule is valid correspondingly for the ordering of the compounds.

a) The place of compounds of non-metallic elements is determined by the element which is located farthest "left" in the ordering system.

b) The place of compounds of metals only or of metals and non-metals is determined by the metallic element (main element) which is located farthest right in the ordering system.

c) Ammonium follows the alcali metals.

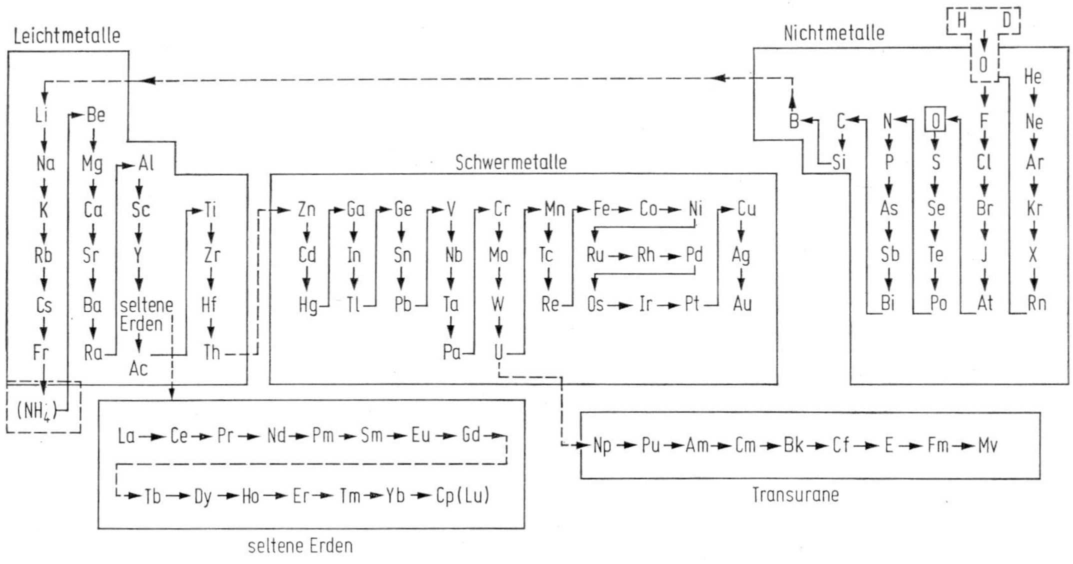

*) „rechts nach links" wird durch die bei He beginnenden Pfeile angedeutet, entsprechend „links nach rechts" durch den Verlauf der Pfeile von Li aus.

*) „right to left" is represented by the arrow starting at He, „left to right" by the arrow starting at Li in the scheme.

2. Die weitere Folge wird bestimmt:

a) durch die Wertigkeit des Hauptelementes,

b) durch den Index, mit dem das Hauptelement in komplexen Ionen vorkommt,

c) durch sinngemäße Anwendung obiger Regeln auf die weiteren Elemente der Verbindung.

2. The further order is determined by

a) the valence of the main element,

b) the index of the main element in complex ions,

c) the analogous application of the above rules to further elements of the compounds.

Organische Verbindungen

Die organischen Verbindungen sind in Gruppen eingeordnet. Für die Einordnung maßgebend ist das Element, welches am spätesten in der beifolgenden Tabelle vorkommt. Die Tabelle hat eine Elementenfolge, die sich aus dem Periodensystem ergibt.

Organic compounds

The organic compounds are arranged in groups. Decisive for the ordering is that element which appears latest in the following table. The sequence of elements in this table is given by the periodic system.

		I	II	III	IV	V	VI	VII
a	C	H, D	F, Cl, Br, J	O	N	Si	B	Metalle ... / metals ...
b				S	P			Li, Na ...
c				Se	As			wie im Laufschema /
d				Tc	Sb			according to the ordering
e					Bi			system

Die Einreihung der Verbindungen innerhalb einer Gruppe erfolgt:

1. Nach steigender Anzahl der Kohlenstoffatome.

2. Nach Zahl der verschiedenen Elementarten, ohne Zählung des H; dabei werden die verschiedenen Halogene zusammen als nur eine einzige Elementart gewertet.

3. Nach steigender Anzahl der Atome der Elemente in der Reihenfolge, die sich aus der Tabelle ergibt.

4. Nach fallender Zahl der H-Atome bei Verbindungen, die sonst gleiche Zahl gleicher Elemente enthalten.

4a. Verbindungen des Deuteriums folgen unmittelbar den gleichen Wasserstoffverbindungen.

5. Bei isomeren Verbindungen gehen die einfacher gebauten den komplizierteren voran, z. B. die geradkettigen vor den einfach oder zweifach verzweigten, diese vor zyklischen oder heterozyklischen Verbindungen. Auch bei diesen gilt die Ordnung nach der Kettenzahl und -verzweigung der Substituenten.

6. Salze oder salzartige Verbindungen organischer Stoffe, wie die der Säuren, der Alkohole, die der Amine folgen unmittelbar den Stammverbindungen. Der salzbildende Anteil wird also nicht nach dem Laufschema (siehe unter 1. und 3.) gewertet. Zu diesen Verbindungen gehören auch die komplexen Verbindungen mit organischen Liganden. Sie sind eingeordnet, als ob sie Salze der komplexbildenden Metalle wären.

7. Die systematische Nomenklatur wurde nur beschränkt angewandt. Bevorzugt wurden die von den Autoren benutzten Bezeichnungen.

8. Als anorganische Verbindungen wurden Carbide, CO, CO_2, CS_2, COS, CSe_2, CTe_2, CN, HCN, HCNO, HCON und HCNS behandelt.

9. Die Bruttoformeln sind als ordnendes Prinzip der organischen Stoffe angegeben.

The ordering of compounds within a group is given

1. by increasing number of H atoms.

2. by the number of different elements, without counting the H. Different halogenes are considered one kind of element.

3. by increasing number of atoms from the sequence of elements in the table above.

4. by decreasing number of H atoms in compounds with equal numbers of equal elements besides H.

4a. Compounds of deuterium follow directly the corresponding hydrogene compounds.

5. The more complicated isomeric compounds follow the simple ones, e.g. the straight chains precede the simple and double branched chains and these are followed by the cyclic and heterocyclic compounds. Their arrangement is also determined by the chain-number and -branching of the substituents.

6. Salt or salt-like compounds of organic substances, as the compounds of organic acids, alcohols or amines follow directly the parent compounds. The saligenous part is not considered according to the ordering system (see 1. and 3.). Also complex compounds with organic ligands belong to these compounds. They are arranged as if they were salts of the metals forming the complex compounds.

7. The systematic nomenclature is not used consequently. The names used by the original authors are preferred.

8. Carbides, CO, CO_2, CS_2, COS, CSe_2, CTe_2, CN, HCN, HCNO, HCON and HCNS are considered as inorganic compounds.

9. The gross formulae — as ordering principle — are given always.

1 Dichten nichtwässeriger Systeme — Densities of nonaqueous systems

1.1 Einleitung — Introduction

1.1.1 Vorbemerkungen — Preliminary remarks

In diesem Kapitel sind die Dichten ϱ [in g/cm³] nichtwässeriger Lösungen und Mischungen zusammengestellt als Neubearbeitung und Erweiterung der in Band II/1 der 6. Auflage des Landolt-Börnstein, Seite 889ff. veröffentlichten Tabellen 21 1342, die nur eine Auswahl von nichtwässerigen Systemen behandeln.

Aufgenommen sind in den einzelnen Abschnitten dieses Kapitels:

1.2 Systeme mit zwei anorganischen Komponenten
1.3 Systeme mit einer anorganischen und einer organischen Komponente
1.4 Systeme mit zwei organischen Komponenten
1.5 Systeme mit drei und mehr Komponenten

Ein Register mit alphabetisch angeordneten Summenformeln befindet sich in Kapitel 1.6, S. 561.

Die Literatur ist bis 1971 einschließlich berücksichtigt. Da jedoch die Angaben über Dichten von Lösungen weit verstreut in vielen Zeitschriften zu finden oder wegen fehlender Hinweise im Titel der Publikationen oft nicht zu finden sind, kann diese Zusammenstellung nicht vollständig sein. Insbesondere aus den letzten Jahren wird Literatur fehlen.

This chapter contains the information densities ϱ [in g/cm³] of nonaqueous solutions and mixtures. It represents a revision and extension of the tables 21 1342 published in Vol. II/1 of the 6th edition of Landolt-Börnstein, page 889ff., which treated only a selection of nonaqueous solutions.

The systems listed here are arranged as follows:

1.2 Systems of two inorganic components
1.3 Systems of (with?)one inorganic and one organic component
1.4 Systems of two organic components
1.5 Systems of three and more components

An alphabetical index of the alphabetically ordered gross formulas is given in 1.6, p. 561.

The original Literature is considered up to and including 1971. However, data on densities of solutions are widely spread in many journals and some of them often may not have been found because they are not mentioned in the title of the publication. Therefore this compilation cannot be complete. Especially original papers of the most recent years may be missing.

Auf folgende Werke sei besonders hingewiesen:

1. International Critical Tables of Numerical Data. Physics, Chemistry and Technology. Herausgeber: E. W. Washburn. McGraw-Hill Book Comp., Inc., New York/London, **1928**, Vol. 3, S. 51—198 (ICT).
2. 5. und 6. Auflage des Landolt-Börnstein. Springer-Verlag Berlin bzw. Berlin, Heidelberg, New York (L.-B.).
3. Tables annuelles de constantes numériques de chimie **1** (1910) bis **12** (1933/36). (Tabl. ann.)
4. Jean Timmermans: The Physico-Chemical Constants of Binary Systems in Concentrated Solutions. Vol. 1 bis 4. Interscience Publishers, Inc., New York, **1960** (Tim.).

Sehr viele Arbeiten, die Werte von Dichten enthalten, sind in den letzten Jahren im Journal of Chemical Engineering Data (J. Chem. Engng. Data) veröffentlicht worden.

Many original papers containing densities are published in J. Chem. Engng. Data.

Lacmann

1.1.2 Erläuterungen — Explanations

1.1.2.1 Anordnung der Systeme — Tabulation of the systems

Die Anordnung der Systeme (Lösungen, Mischungen) erfolgt anhand des Laufschemas (siehe Seite IX) nach ihren Komponenten. Die erste Komponente eines Systems trägt die Bezeichnung X_1, die zweite X_2, usw. Als erste Komponente eines Systems gilt jeweils die, die im Laufschema an letzter Stelle steht. So ist das System C_2H_6O, Äthanol — C_6H_6 Benzol unter C_2H_6O Äthanol ($= X_1$) eingeordnet. Da eine einheitliche Nomenklatur der chemischen Verbindungen zur Zeit leider nicht eingehalten wird, wurden die in der Originalliteratur benutzten Namen bevorzugt. Die Systeme mit anorganischen und organischen Komponenten (1.3 und 1.5.2) sind nach der anorganischen Komponente ($= X_1$) geordnet. Das Inhaltsverzeichnis, Seite VII, gilt also sinngemäß für die ersten Komponenten X_1.

The arrangement of the systems (solutions or mixtures) with respect to their components follows the scheme given on p. IX. The first component of each system is called X_1, the second one X_2, etc. The component appearing as last one in the scheme mentioned above is the first component of the respective system. E.g. the system C_2H_6O ethanole — C_6H_6 benzene is listed under C_2H_6O ethanole ($= X_1$). Since a uniform nomenclature for the chemical compounds is not yet performed, the names used in the original papers are preferred.

Systems containing inorganic and organic components (in 1.3 and 1.5.2) are arranged according to their inorganic components ($= X_1$).

The table of contents, p. VII, refers to the first component X_1.

1.1.2.2 Literatur und Hinweise auf die in der Literatur enthaltenen Angaben — Literature and comments

Auf jedes Literaturzitat [ ] folgen Hinweise ⟨ ⟩ auf angegebene Daten. Dabei bedeutet:

K10: Die Originalarbeit enthält Daten für 10 verschiedene Konzentrationen; ist der Konzentrationsbereich nicht ausdrücklich angegeben, so erstreckt er sich im allgemeinen von 0 bis 100% oder bis zur Löslichkeitsgrenze.

d4: Die Werte für die Dichte oder das spezifische Volumen sind in der Originalarbeit mit 4 Dezimalen angegeben.

ϑ 10°, 20 °C: Neben den in der Tabelle aufgeführten Temperaturen sind in der Originalarbeit auch Werte für 10° und 20 °C angegeben.

Die Bezeichnungen „ΔV" und „Molvolumen" weisen auf Volumenänderung beim Mischen oder auf das Molvolumen hin. Darüber hinaus werden Hinweise auf graphische Darstellungen (graph.), Nomogramme, verdünnte oder gesättigte Lösungen (verd. Lsgg., ges. Lsgg.), Berechnungen von Dichten und Gleichungen für Dichten gegeben.

Die Literaturzitate [ ] sind numeriert, und die Literaturverzeichnisse befinden sich jeweils am Schluß einer Gruppe von Systemen. In manchen Fällen haben auch einzelne Systeme ein eigenes Literaturverzeichnis. Auf die Seitenzahl des jeweils zugehörigen Verzeichnisses wird im Kolumnentitel jeder Seite hingewiesen.

Zusätzliche Literatur [ ], eventuell mit Hinweisen ⟨ ⟩, ist nach den Tabellen aufgeführt.

Wenn die Angaben in der Literatur sich nicht tabellarisch wiedergeben ließen, zu ungenau oder nur graphisch dargestellt waren und wenn die Systeme weniger wichtig sind, werden nur Literaturzitate gegeben. In 1.5 „Systeme mit drei oder mehr Komponenten" werden grundsätzlich nur Literaturzitate und Hinweise auf den Inhalt der Originalliteratur gegeben.

Each reference key [ ] is followed by references ⟨ ⟩ to additional data. The following symbols are used:

K10: The original paper contains data for 10 different concentrations; if the range is not stated explicitly, concentrations range from 0 to 100% or to the limit of solubility.

d4: Values for density or specific volume are given with up to 4 decimal places in the original paper.

ϑ 10°, 20 °C: Besides those temperatures given in the tables the original paper also contains values at 10° and 20 °C.

The notations "ΔV" and "Molvolumen" (molar volume) refer to volume changes at mixing and to the molar volume, respectively. In addition, it is referred to diagrams ("graph."), nomograms ("Nomogramm"), diluted or saturated solutions ("verd. Lsgg.", "ges. Lsgg."), calculations of densities ("Berechnung") and equations for densities ("Gleichung").

The references [ ] are numbered, and the lists of references are at the end of a group of systems. In some cases, individual systems have their own list of references. In the heading of each page the page number of the respective list of references is given.

Additional literature [ ] possibly with references ⟨ ⟩ is cited following the tables.

If the data in the original paper could not be tabulated due to inaccuracies or graphical presentation, or if the systems are less important, only references are given. In 1.5 "Systems of three or more components", literature is cited only and references to the content of the original paper are added.

1.1.2.3 Tabellen — Tables

Auf die Zitate der ausgewerteten Literatur folgen die daraus entnommenen Tabellen. Sie enthalten die Konzentrationen (in Gewichts-% (Gew.-%) oder Mol-%, in einigen Fällen auch in Volumen-% (Vol.-%) der Komponente X_1), die Temperaturen (in °C) sowie die Dichten (in g/cm³ oder bezogen auf Wasser von 4 °C bei Normaldruck, was bei Beschränkung auf 3—4 Dezimalen in den Zahlenangaben keinen Unterschied ausmacht). Manchmal wurden auch aus den in der Literatur angegebenen ΔV-Werten, Molvolumina oder Gleichungen die Dichten berechnet und in Tabellen zusammengestellt.

Meistens sind in den Tabellen für die Dichten nur 3 oder 4 Dezimalen angegeben, da die Werte verschiedener Arbeiten stärker abweichen, als es den von den Autoren angegebenen Fehlergrenzen entspricht. Dies ist wohl auf Messungen mit Substanzen unterschiedlicher Reinheit zurückzuführen.

The references to the literature are followed by the tables taken from them. These contain the concentrations (in weight % (Gew.-%) or mole % (Mol-%), in some cases in volume % (Vol.-%) of the component X_1), the temperatures (in °C), as well as the densities (in g/cm³ or in relation to water of 4 °C and standard pressure, which makes no difference when the decimals are restricted to 3 or 4 digits). Sometimes the densities were calculated from ΔV values, molar volumes or equations given in the original paper and listed in tables.

In most cases, the tables show only 3 or 4 decimals for densities because the values in various papers differ by more than the error limits given by the authors. This may have resulted from measurements with substances of different purity.

1.1.2.4 Literaturverzeichnisse — Lists of references

Die Literaturverzeichnisse sind nicht streng chronologisch. Verschiedene Zitate eines Autors sind häufig hintereinander aufgeführt.

The lists of references are not ordered strictly chronologically. Several papers of one author are frequently listed together.

1.1.3 Umrechnungsformeln für verschiedene Konzentrationen — Conversion formulae for different concentrations

Zwischen den in der Literatur verwendeten Konzentrationen in den folgenden Einheiten

- a in Molprozent (Mol-%)
- b in Gewichtsprozent (Gew.-%)
- a' in g-Mol gelöster Stoff/Liter Lösung (molar)
- b' in g gelöster Stoff/Liter Lösung
- a'' in g-Mol gelöster Stoff/1000 g Lösungsmittel (molal)
- b'' in g gelöster Stoff/1000 g Lösungsmittel

bestehen in binären Systemen folgende Beziehungen (die Konzentrationseinheiten beziehen sich auf die Komponente X_1 mit dem Molgewicht M_1 in g/Mol):

The following relations hold in binary systems when the concentrations used in the literature are given in the following units

- a in mole % (Mol-%)
- b in weight % (Gew.-%)
- a' in g-moles dissolved substance/liter of solution (molar)
- b' in g dissolved substance/liter of solution
- a'' in g-moles dissolved substance/1000 g of solvent (molal)
- b'' in g dissolved substance/1000 g solvent

and when the units of concentration relate to the component X_1 with molar weight M_1 in g/Mol:

$$a = \frac{100b}{b + (100 - b)\dfrac{M_1}{M_2}} = \frac{100a'}{a' + (1000 \cdot \varrho - M_1 \cdot a')/M_2} = \frac{100b'}{b' + (1000 \cdot \varrho - b')\dfrac{M_1}{M_2}} = \frac{100a''}{a'' + 1000/M_2} = \frac{100b''}{b'' + 100\dfrac{M_1}{M_2}} \quad (1)$$

$$b = \frac{100aM_1}{aM_1 + (100 - a)M_2} = a'M_1/10\varrho = b'/10 \cdot \varrho = \frac{100a''M_1}{1000 + a''M_1} = 100b''/(100 + b'') \quad (2)$$

$$a' = \frac{1000a\varrho}{a \cdot M_1 + (100 - a) \cdot M_2} = 10 \cdot b \cdot \varrho/M_1 = b'/M_1 = \frac{1000a''\varrho}{1000 + a''M_1} = \frac{1000b''\varrho}{M_1(100 + b'')} \quad (3)$$

$$b' = \frac{1000aM_1\varrho}{a \cdot M_1 + (100 - a)M_2} = 10b\varrho = a'M_1 = \frac{1000a''M_1\varrho}{1000 + a''M_1} = \frac{1000 \cdot b'' \cdot \varrho}{100 + b''} \quad (4)$$

$$a'' = \frac{1000a}{(100-a)M_2} = \frac{1000b}{(100-b)M_1} = \frac{1000a'}{1000\cdot\varrho - a'\cdot M_1} = \frac{1000b'}{(1000\cdot\varrho - b')M_1} = 10b''/M_1 \quad (5)$$

$$b'' = \frac{100\,aM_1}{(100-a)M_2} = 100b/(100-b) = \frac{100a'M_1}{1000\cdot\varrho - a'M_1} = \frac{100b'}{1000\cdot\varrho - b'} = a''M_1/10 \quad (6)$$

1.1.4 Berechnung der Dichte — Calculation of densities

1.1.4.1 Ideale Lösungen und Mischungen — Ideal solutions and mixtures

Die Dichte einer idealen Lösung läßt sich aus den Dichten der reinen Komponenten (ϱ_i, $i = 1, 2$) und der Konzentration der Komponente X_1 berechnen, da beim Mischen keine Volumenänderung auftritt. Das Molvolumen einer binären Mischung ist gegeben durch

The density of an ideal solution can be calculated from the densities of the pure components (ϱ_i, $i = 1,2$) and the concentration of the component X_1, as no change in volume results from mixing. The molar volume of a binary mixture is given by

$$V(a) = \frac{1}{100}\,[a\cdot V_1 + (100-a)V_2], \quad (7)$$

V_i = Molvolumen der Komponenten X_i.
Das Molgewicht der Mischung ist

V_i = molar volume of the component X_i.
The molar weight of the mixture is

$$M(a) = \frac{1}{100}\,[a\cdot M_1 + (100-a)\,M_2]. \quad (8)$$

Damit erhält man das spezifische Volumen

Consequently, the specific volume is obtained by

$$v(a) = \frac{a\cdot V_1 + (100-a)V_2}{a\cdot M_1 + (100-a)M_2} = \frac{100\cdot V_2 + a(V_1 - V_2)}{100\cdot M_1 + a(M_1 - M_2)} \quad (9)$$

und die Dichte ($\varrho = 1/v$)

and the density ($\varrho = 1/v$) by

$$\varrho(a) = \frac{100\cdot M_2 + a(M_1 - M_3)}{100\cdot V_2 + a(V_1 - V_2)}. \quad (10)$$

Dabei kann man die Molvolumina der Komponenten (V_i) durch die Molgewichte und die Dichten ersetzen ($V_i = M_i/\varrho_i$:

In these equations, the molar volumes of the components (V_i) can be replaced by their molar weights and their densities ($V_i = M_i/\varrho_i$):

$$V(a) = \frac{1}{100}\left[a\cdot\frac{M_1}{\varrho_1} + (100-a)\,\frac{M_2}{\varrho_2}\right], \quad (11)$$

$$\varrho(a) = \frac{100\cdot M_2 + a(M_1 - M_2)}{100\,\dfrac{M_2}{\varrho_2} + a\left(\dfrac{M_1}{\varrho_1} - \dfrac{M_2}{\varrho_2}\right)}. \quad (12)$$

Mit den Umrechnungsbeziehungen in 1.1.3 kann man für die Dichte einer idealen Mischung als Funktion der verschiedenen Konzentrationseinheiten folgende Beziehungen ableiten:

With the relations given in 1.1.3 the following relations for the density of an ideal mixture as a function of the different units of concentration can be deduced:

$$\varrho(a) = \varrho_2 + \frac{a\cdot M_1(\varrho_1 - \varrho_2)\,\varrho_2}{100\cdot M_2\cdot\varrho_1 + a(\varrho_2\cdot M_1 - \varrho_1\cdot M_2)}, \quad (13)$$

$$\varrho(b) = \varrho_2 + \frac{b(\varrho_1 - \varrho_2)\,\varrho_2}{100\cdot\varrho_1 - b(\varrho_1 - \varrho_2)}, \quad (14)$$

$$\varrho(a') = \varrho_2 + \frac{a'M_1(\varrho_1 - \varrho_2)}{1000\cdot\varrho_1}, \quad (15)$$

$$\varrho(b') = \varrho_2 + \frac{b'(\varrho_1 - \varrho_2)}{1000\cdot\varrho_1}, \quad (16)$$

$$\varrho(a'') = \varrho_2 + \frac{a'' \cdot M_1(\varrho_1 - \varrho_2)\,\varrho_2}{1\,000 \cdot \varrho_1 + a'' \cdot M_1 \cdot \varrho_2}, \tag{17}$$

$$\varrho(b'') = \varrho_2 + \frac{b''(\varrho_1 - \varrho_2)\,\varrho_2}{100 \cdot \varrho_1 + b'' \cdot \varrho_2}. \tag{18}$$

1.1.4.2 Nichtideale Lösungen — Non-ideal solutions

Die Abweichungen von der idealen Mischung werden meistens in Form der ΔV-Werte als Funktion des Molenbruches x_1 ($= a/100$) angegeben. $\Delta V(x_1)$ ist definiert als die Volumenänderung pro g-Mol, die beim Mischen der reinen Komponenten eintritt. Das Molvolumen der Mischung ist damit

The deviations from the ideal mixture are given by ΔV as a function of the molar fraction x_1 ($= a/100$) in most cases. ΔV (x_1) is defined as the volume change per g-mole which results from mixing of the pure components. Thus the molar volume of the mixture is:

$$V(x_1) = x_1 V_1 + (1 - x_1) V_2 + \Delta V(x_1). \tag{19}$$

Dementsprechend ist die Dichte der Mischung

Accordingly the density of the mixture is

$$\varrho(x_1) = \frac{x_1 \cdot M_1 + (1 - x_1) M_2}{x_1 \cdot V_1 + (1 - x_1) V_2 + \Delta V(x_1)}. \tag{20}$$

Die Theorie liefert folgende Beziehungen für $\Delta V(x)$:

1. Das Zellen-Modell für sphärische Moleküle gleicher Größe ergibt:

The following relations for $\Delta V(x)$ are given by theory:

1. The cell model for spherical molecules of equal size yields:

$$\Delta V = 2{,}03 \cdot V^* \cdot x_1 \cdot x_2 \frac{kT}{\varepsilon_{11}^*} [-2\theta - \delta^2 + 4\theta \cdot \delta \cdot x_2 + 4 \cdot x_1 \cdot x_2 \theta^2] \tag{21}$$

dabei ist

where

$$\delta = \frac{1}{\varepsilon_{11}^*} [\varepsilon_{22}^* - \varepsilon_{11}^*], \qquad \theta = \frac{1}{\varepsilon_{11}^*} \left[\varepsilon_{12}^* - \frac{\varepsilon_{11}^* + \varepsilon_{22}^*}{2}\right]. \tag{21 a}$$

V^* ist ein mittleres Molvolumen und ε_{ij}^* sind Wechselwirkungsparameter für die Molekülarten i und j.

2. Für Mischungen von sphärischen Molekülen unterschiedlicher Größe erhält man mit einem mittleren Lennard-Jones-(6—12)-Potential in grober Näherung:

V^* is the mean molar volume and ε_{ij}^* are interaction parameters for the molecule species i and j.

2. For spherical molecules of different sizes the mean Lennard-Jones-(6—12)-potential yields a rough approximation:

$$\begin{aligned} \Delta V = x_1 \cdot x_2 \Big\{ & V_1 \cdot p[3{,}25 \cdot p + \theta\,(x_1 - x_2) + 0{,}5\delta] \\ & + T \frac{\partial V_1}{\partial T} [-2\theta - \delta^2 + 4\theta \cdot \delta \cdot x_2 + 4\theta^2 x_1 x_2 + 18 \cdot p^2 + 3p\delta - 6 \cdot p \cdot \theta \cdot x_2] \\ & + 0{,}5 T^2 \frac{\partial^2 V_1}{\partial T^2} [-\delta^2 + 4\theta\delta x_2 + 4\theta^2 x_1 x_2] \Big\} \end{aligned} \tag{22}$$

where

$$p = (r_{11}^* - r_{22}^*)/r_{11}^*. \tag{22a}$$

T ist die absolute Temperatur. r_{11}^* und r_{22}^* sind die Gleichgewichtsabstände zwischen den Molekülen.

3. Eine weitere Verfeinerung führt unter Berücksichtigung der isothermen Kompressibilität ($\varkappa_i$) und der Molwärme (c_{vi}) zu folgender Beziehung:

T is the absolute temperature and r_{11}^* and r_{22}^* are the equilibrium distances between the molecules.

3. A further refinement considering the isothermic compressibility ($\varkappa_i$) and the molar heat (c_{vi}) gives the following relation:

$$\begin{aligned}\Delta V = {} & 1{,}5 \cdot V_1 \cdot p[2\theta(x_1 - x_2) + \delta - 0{,}25p] \\ & + T\frac{\partial V_1}{\partial T}[-2\theta - \delta^2 + 4\theta^2 x_1 x_2 + 4\theta\delta x_2 + 9p^2 + 1{,}5p\theta - 9p\theta x_2 + 3{,}75p\delta] \\ & + 0{,}5T^2\frac{\partial V_1}{\partial T^2}[-\delta^2 + 4\theta\delta x_2 + 4\theta^2 x_1 x_2] \\ & + 0{,}5V_1\left[\varkappa_1 T\left(\frac{\partial c_{v_1}}{\partial V}\right)_T\right] \cdot [\theta(x_1 - x_2) + 0{,}5\delta]^2 \\ & + 1{,}125V_1\left[\frac{1}{\varkappa_1^2}\left(\frac{\partial^2 V_1}{\partial P^2}\right)_T \frac{1}{V_1}\right] \cdot p^2 \\ & - 1{,}5V_1\left[T\left\{\frac{1}{\varkappa_1^2 V_1^2}\left(\frac{\partial^2 V_1}{\partial P^2}\right)_T\left(\frac{\partial V_1}{\partial T}\right) + \frac{1}{\varkappa_1 V_1}\left(\frac{\partial^2 V_1}{\partial P \partial T}\right)\right\}\right] p\theta(x_1 - x_2) + 0{,}5\delta,\end{aligned} \tag{23}$$

wobei die Einheiten der Molwärme c_{v_1}, des Drucks P und der Kompressibilität $\varkappa_1$ zweckmäßig so zu wählen sind, daß die Klammern $[\varkappa_1 T\, \partial c_{v_1}/\partial T]$ usw. direkte dimensionslose Zahlen werden und nicht noch umzurechnende dimensionslose Zahlen wie cal/cm³ · atm oder dergleichen.

where the units of the molar heat c_{v_1}, of the pressure P, and of the compressibility $\varkappa_1$ have to be chosen in such a way that the brackets $[\varkappa_1 T\, \partial c_{v_1}/\partial T]$ etc. are direct nondimensional numbers and not numbers, which are nondimensional but need to be converted as cal/cm³ · atm etc.

4. Bei Berücksichtigung der Deformation des Gitters, das dem Modell zugrunde liegt, erhält man:

4. Considering the deformation of the model's lattice one obtains

$$\begin{aligned}\Delta V = x_1 \cdot x_2 \Big[& 1{,}5V_1 \cdot p[\theta(x_1 - x_2) + 0{,}5\delta + 2{,}75p] \\ & + T\frac{\partial V_1}{\partial T}[-2\theta - \delta^2 + 4\theta^2 x_1 x_2 + 4\theta\delta x_2 - 3p\delta - 6p\theta x_2 + 9p^2] \\ & + 0{,}5T^2\frac{\partial^2 V_1}{\partial T^2}[-\delta^2 + 4\theta\delta x_2 + 4\theta^2(x_1 - x_2)] \\ & - 0{,}5T\frac{\partial V_1}{\partial P}\frac{\partial c_{P_1}}{\partial V}[\theta(x_1 - x_2) + 0{,}5\delta]^2\Big].\end{aligned} \tag{24}$$

5. Für die Mischung aus einer polaren (X_2) und einer unpolaren (X_1) Komponente erhält man, wenn beide Komponenten nicht polarisierbar sind:

5. For the mixture of a polar (X_2) and a nonpolar (X_1) component, both being not polarizable, one obtains:

$$\begin{aligned}\Delta V = 0{,}667 \cdot x_1 \cdot x_2 \Gamma \Big\{ & \left(0{,}25V_1 + T\frac{\partial V_1}{\partial T}\right) \times [1 + 1{,}5p(1 + x_1)] \\ & - 0{,}25\delta\left[2 \cdot x_2 \cdot V_1 + 5T\frac{\partial V_1}{\partial T}(1 + 0{,}5x_2)\right]\Big\}.\end{aligned} \tag{25}$$

Dabei dürfen die Parameter δ, θ und p nur klein sein.

where the parameters δ, θ and p have to be small.

$$\Gamma = \mu_2^4/kT\,(r_{22}^0)^6\,\varepsilon_{22}^0. \tag{25a}$$

μ_2 ist das Dipolmoment der Komponente X_2, und r_{22}^0 und ε_{22}^0 sind die Längen- bzw. die Energieparameter der Komponente X_2.

where μ_2 is the dipole moment of component X_2 and r_{22}^0 and ε_{22}^0 are the distance and energy parameter of component X_2.

6. Für die Mischung aus einer polaren (X_2) und einer unpolaren (X_1) Komponente erhält man, wenn beide Komponenten polarisierbar sind:

6. For the mixture of a polar (X_2) and a nonpolar (X_1) component, both being polarizable, one obtains:

$$\begin{aligned}\Delta V = x_1 x_2 \Big\{ & -\left[0{,}5V_1 + 2T\frac{\partial V_1}{\partial T}\right][\gamma + (0{,}5\delta + 3p)\,(0{,}5 \cdot x_1 \cdot \gamma_{12} - x_2\gamma_m) + 3\gamma_m p] \\ & + 1{,}25 \cdot T\left(\frac{\partial V_1}{\partial T}\right)\delta(x_1\gamma + \gamma_m)\Big\}.\end{aligned} \tag{26}$$

Dabei ist

where

$$\gamma = \gamma_{12} - \gamma_{22}; \qquad \gamma_m = 0{,}5\gamma_{12} - \gamma_{22}, \tag{26a}$$

$$\gamma_{ij} = \alpha_i \cdot \mu_j^2/(r_{ij}^0)^6 \cdot \varepsilon_{ij}^0. \tag{26b}$$

α_i ist die Polarisierbarkeit.

α_i is the polarizability.

Lacmann

7. Wenn keine sphärischen Moleküle vorliegen, man aber die Moleküle als r_i-fache von einfachen Molekülen auffassen kann, erhält man folgende Beziehung:

7. Whenever the molecules are not spherical, but can be considered r_i-mers of simple molecules the following relation is obtained:

$$\begin{aligned}\Delta V = {} & \frac{V_1}{r_1}\left[x_1 \cdot r_1\left(\frac{\langle r_1^*\rangle^3}{r_{11}^{*3}} - 1\right) + x_2 r_2\left(\frac{\langle r_2^*\rangle^3}{r_{11}^{*3}} - \frac{r_{22}^{*3}}{r_{11}^{*3}}\right)\right] \\ & + \frac{T}{r_1}\frac{\partial V_1}{\partial T}\left[\left(x_1 r_1 \frac{\langle r_1^*\rangle^3}{r_{11}^{*3}} + x_2 \cdot r_2 \frac{\langle r_2^*\rangle^3}{r_{11}^{*3}}\right)\left(\frac{\varepsilon_{11}^* \cdot \bar{c} q_1}{\langle\varepsilon^*\rangle\, \bar{q} c_1} - 1\right)\right. \\ & \left. - x_2 \cdot r_2 \frac{r_{22}^{*3}}{r_{11}^{*3}}\left(\frac{\varepsilon_{11}^*}{\varepsilon_{22}^*}\,\frac{c_2 \cdot q_1}{q_2 c_1} - 1\right)\right] \\ & + 0{,}5\,\frac{T^2}{r_1}\frac{\partial^2 V_1}{\partial T^2}\left[\bar{r}\left(\frac{\bar{c} q_1 \varepsilon_{11}^*}{\bar{q} c_1 \langle\varepsilon^*\rangle} - 1\right)^2 - x_2 r_2\left(\frac{c_2 \cdot q_1 \cdot \varepsilon_{11}^*}{q_2 \cdot c_1 \cdot \varepsilon_{22}^*} - 1\right)^2\right]. \end{aligned} \tag{27}$$

Hierbei ist

where

$$\begin{gathered}\frac{\langle r_1^*\rangle}{r_{11}^*} = 1 + 0{,}5 \cdot p \cdot Y_2\,[1 + (\theta + 0{,}5\delta)\, Y_1 + 4{,}25 \cdot p \cdot Y_1], \\ \frac{\langle\varepsilon^*\rangle}{\varepsilon_{11}^*} = 1 + \delta \cdot Y_2 + (2\theta - 9p^2)\, Y_1 Y_2, \\ Y_1 = \frac{q_1 x_1}{q_1 x_1 + q_2 x_2}, \qquad Y_2 = \frac{q_2 x_2}{q_1 x_1 + q_2 x_2}, \\ \bar{c} = x_1 c_1 + x_2 c_2, \qquad \bar{q} = x_1 q_1 + x_2 q_2, \qquad \bar{r} = x_1 r_1 + x_2 r_2. \end{gathered} \tag{27a}$$

q_i ist eine Koordinationszahl des r_i-fachen Moleküls und z die der monomeren Moleküle.

q_i is a coordination number of the r_i-mer molecule and z is the coordination number of the monomer molecules.

$$q_i = z - \frac{2 \cdot r_i}{z} + \frac{2}{z}. \tag{28}$$

c_i ist ein Parameter für die Zahl der Freiheitsgrade des r_i-fachen Moleküls. Es ist

c_i is a parameter of the number of the degrees of freedom of the r_i-mer molecule, where

$$0 \leqq c_i/r_i \leqq 1. \tag{28a}$$

1.1.4.3 Partielles und scheinbares Molvolumen — Partial and apparent molar volumes

Neben dem Molvolumen V und der Volumenänderung beim Mischen ΔV werden in der Literatur, insbesondere bei thermodynamischen Betrachtungen, die Begriffe partielles Molvolumen der Komponente X_1 und X_2 (V_1', V_2') und scheinbares Molvolumen der Komponente X_1 und X_2 (V_1'', V_2'') benutzt.

Wenn eine Mischung mit dem Volumen $V(N_1, N_2)$ aus N_1 Molen der Komponente X_1 und N_2 Molen der Komponente X_2 besteht, so ist

In the original literature, especially in thermodynamic considerations, the terms "partial molar volume" of the components X_1 and X_2 (V_1', V_2') and "apparent molar volume" of the components X_1 and X_2 (V_1'', V_2'') are used beside the molar volume, V, and the volume change at mixing, ΔV.

If a mixture with the volume $V(N_1, N_2)$ consists of N_1 moles of the component X_1, and N_2 moles of the component X_2, then the following equations hold:

$$V_1' = \left(\frac{\partial V(N_1, N_2)}{\partial N_1}\right)_{N_2, P, T} \tag{29}$$

und

and

$$V_2' = \left(\frac{\partial V(N_1, N_2)}{\partial N_2}\right)_{N_1, P, T}. \tag{30}$$

Ferner ist

$$V(N_1, N_2) = N_1 \cdot V_1' + N_2 \cdot V_2', \tag{31}$$

und das Molvolumen der Mischung ist

The molar volume of the mixture is

$$V = x_1 \cdot V_1' + x_2 \cdot V_2'. \tag{32}$$

Das scheinbare Molvolumen der Komponente $X_1 (V_1'')$ erhält man, wenn man vom Volumen der Mischung $(V(N_1, N_2))$ das Volumen der Komponente X_2 im reinen Zustand abzieht und diese Volumendifferenz auf ein Mol der Komponente X_1 bezieht:

The apparent molar volume of the component X_1 (V_1'') can be obtained by substracting the volume of the component X_2 in the pure state from the volume of the mixture $(V(N_1, N_2))$ and relating this volume difference to one mole of the component X_1

$$V_1'' = \frac{(V(N_1, N_2) - N_2 V_2)}{N_1}. \qquad (33)$$

In der Praxis haben sich folgende Beziehungen bewährt:

1. Für Mischungen aus Molekülen ähnlicher Größe:

The following relations have proved to be practical:

1. For mixtures of molecules of similar size:

$$\Delta V = K_z \cdot x_1 \cdot x_2. \qquad (34)$$

2. Für Mischungen aus Molekülen unterschiedlicher Größe:

2. For mixtures of molecules of different size:

$$\Delta V = K_\varphi \frac{V_1 \cdot x_1 \cdot V_2 \cdot x_2}{(V_1 x_1 + V_2 x_2)^2} = K_\varphi \cdot \varphi_1 \varphi_2. \qquad (35)$$

Dabei ist φ_i der Volumenbruch der Komponente X_i.

φ_i is the volume fraction of the component X_i.

1.2 Nichtwässerige Systeme zweier anorganischer Komponenten — Nonaqueous systems of two inorganic components

Kr Krypton (X_1) — **Ar Argon** (X_2)
[*67*] ⟨K 13, d 4, ϑ 161,38 K⟩
[*68*] ⟨K 5, d 5; ΔV, graph., ϑ 116 K⟩

X Xenon (X_1) — **Kr Krypton** (X_2)
[66] ⟨ΔV, graph., ϑ 115,77 K⟩
[*68*] ⟨K 6, d 5; ΔV, graph., ϑ 161 K⟩

O_2 Sauerstoff (X_1) — **Ar Argon** (X_2)
[59] ⟨ΔV, graph., ϑ 84, 90 K⟩

O_3 Ozon (X_1) — **O_2 Sauerstoff** (X_2)
[*31*] ⟨K 4, d 4⟩

Mol-% X_1	0,00	0,86	0,97
−192,4 °C	1,194	1,198	1,199

[*58*]

Br_2 Brom (X_1) — **Cl_2 Chlor** (X_2)
[*6*] ⟨K 2, d 3, ϑ 25 °C⟩

BrF_5 Brompentafluorid (X_1) — **HF Fluorwasserstoff** (X_2)
[*56*] ⟨K 6, d 2⟩

Mol-% X_1	0,0	2,6	23,9	37,1	50,2	100,0
25 °C	0,945	1,13	1,79	1,97	2,15	2,465

BrF_5 Brompentafluorid (X_1) — **BrF_3 Bromtrifluorid** (X_2)
[*45*] ⟨K 11, d 4⟩

Mol-% X_1	0	10	20	30	40	50	60	70	80	90	100
25 °C	2,803	2,765	2,728	2,692	2,657	2,623	2,589	2,556	2,524	2,492	2,460

J_2 Jod (X_1) — **Br_2 Brom** (X_2)
[*10*] ⟨K 4 bis 44 Gew.-% X_1, d 3, ϑ 25 °C⟩
[*5*] ⟨K 4, d 4, ϑ 0°, 10°, 42°, 50 °C⟩

JCl_3 Jodtrichlorid (X_1) — **Br_2 Brom** (X_2)
[*11*] ⟨K 5 bis 29,2 Gew.-% X_1, d 4, ϑ 25 °C⟩

JF_5 Jodpentafluorid (X_1) — **HF Fluorwasserstoff** (X_2)
[*56*] ⟨K 5, d 2⟩

Mol-% X_1	0,0	7,0	10,5	43,1	100,0
25 °C	0,946	1,51	1,72	2,64	3,19

S Schwefel (X_1) — **Br_2 Brom** (X_2)
[*4*] ⟨K 4, d 4, ϑ 20 °C⟩

S Schwefel (X_1) — **J_2 Jod** (X_2)
[*7*] ⟨K 10, d 3⟩

Gew.-% X_1	21,51	25,74	29,36	32,30	34,30	41,48	44,68	50,22	59,58	71,50
24 °C	3,831	3,674	3,521	3,448	3,374	3,152	3,065	2,941	2,755	2,491

SCl_2 Schwefeldichlorid (X_1) — **S_2Cl_2 Dischwefeldichlorid** (X_2)
[*38*] ⟨K18, d4⟩

Gew.-% X_1	0,0	2,0	15,6	24,4	34,1	43,5	50,4	62,8	68,1	76,4	88,6
15,56 °C	1,686	1,680	1,678	1,673	1,667	1,663	1,659	1,651	1,650	1,643	1,636

Gew.-% X_1	93,4	100,0
15,56 °C	1,634	1,629

H_2SO_4 Schwefelsäure (X_1) — **SO_3 Schwefeltrioxid** (X_2)
[*64*] ⟨K21, d4⟩

Mol-% X_1	0	5	10	15	20	25	30	35	40	45	50	55
25 °C	1,900	1,920	1,934	1,957	1,971	1,983	1,991	1,995	1,992	1,984	1,973	1,960

Mol-% X_1	60	65	70	75	80	85	90	95	100
25 °C	1,946	1,930	1,915	1,900	1,884	1,869	1,854	1,839	1,825

[*32*] ⟨K12, d4, ϑ 25 °C⟩

Gew.-% X_1	7,00	21,34	33,20	40,89	45,70	53,25	61,95	71,25	77,48	87,45	93,67
45 °C	1,820	1,912	1,944	1,959	1,961	1,954	1,935	1,910	1,886	1,855	1,835

Gew.-% X_1	42,00	45,70	53,70	62,00	71,10	77,30	85,53	89,90	91,65	93,75
60 °C	1,923	1,933	1,929	1,916	1,892	1,869	1,840	1,830	1,823	1,820

Gew.-% X_1	53,85	62,17	71,15	77,40	85,90	90,00	91,50	93,84
80 °C	1,902	1,890	1,872	1,851	1,824	1,809	1,808	1,803

[*3*] ⟨K18, d3, ϑ 15°, 45 °C; K65, d4, ϑ 35 °C⟩
[*42*] ⟨K7, d4, ϑ 25 °C⟩
[*62*] ⟨K8, d4, ϑ 25 °C⟩
[*1, 51, 55*]

D_2SO_4 Deuteroschwefelsäure (X_1) — **D_2O Schweres Wasser** (X_2)
[*60*] ⟨K8 bis 0,4 Gew.-% X_1, d4, ϑ 25 °C⟩

$D_2S_2O_7$ Pyrodeuteroschwefelsäure (X_1) — **D_2SO_4 Deuteroschwefelsäure** (X_2)
[*60*] ⟨K15, d4⟩

Gew.-% X_1	0,00	0,72	1,80	2,70	3,60	4,50	5,41	6,31	7,21	9,01	10,81
25 °C	1,857	1,858	1,859	1,860	1,862	1,863	1,864	1,865	1,867	1,869	1,872

HSO_3F Fluorsulfonsäure (X_1) — **SO_3 Schwefeltrioxid** (X_2)
[*65*] ⟨K16, d3, ϑ −10°, −5°, +5°, 10°, 15°, 25°, 30°, 35°, 45 °C⟩

Gew.-% X_1	0	30	40	50	60	70	80	85	90	95	100
0 °C	2,000	1,967	1,948	1,924	1,899	1,866	1,837	1,819	1,801	1,786	1,772
20 °C	1,926	1,912	1,898	1,880	1,858	1,828	1,799	1,782	1,766	1,751	1,737
40 °C	1,834	1,849	1,843	1,829	1,810	1,785	1,758	1,742	1,727	1,713	1,700

SO_2Cl_2 Sulfurylchlorid (X_1) — **SO_3 Schwefeltrioxid** (X_2) [*29*]

SO_2Cl_2 Sulfurylchlorid (X_1) — **H_2SO_4 Schwefelsäure** (X_2)
[*42*] ⟨K6, d4⟩

Gew.-% X_1	0,81	2,60	3,77	4,99	6,28
25 °C	1,826	1,824	1,823	1,822	1,821

Se Selen (X_1) – **J_2 Jod** (X_2)
[*13*] ⟨K 3, d 4, ϑ 19 °C⟩

Te Tellur (X_1) – **J_2 Jod** (X_2)
[*13*] ⟨K 3, d 4, ϑ 19 °C⟩

N_2 Stickstoff (X_1) – **Ar Argon** (X_2)
[*59*] ⟨ΔV, graph., ϑ 84, 90 K⟩

N_2O_4 Distickstofftetroxid (X_1) – **H_2SO_4 Schwefelsäure** (X_2)
[*48*] ⟨graph., bis 40 Mol-% X_1, ϑ 25 °C⟩

N_2O_4 Distickstofftetroxid (X_1) – **N_2O_3 Distickstofftrioxid** (X_2)
[*16*] ⟨K 6, d 3, ϑ −14°, −10°, −5°, 0°, +5 °C⟩

HNO_3 Salpetersäure (X_1) – **H_2SO_4 Schwefelsäure** (X_2)
[*39*] ⟨K 24, d 4⟩

Gew.-% X_1	0,00	8,41	20,70	29,86	38,41	50,25	60,55	71,26	82,41	88,15	100,00
20 °C	1,831	1,876	1,859	1,828	1,798	1,755	1,714	1,667	1,617	1,587	1,513

[*16*] ⟨K 15, d 4, ϑ 15 °C⟩
⟨K 12, d 4, ϑ 3° bis 5°, 15° bis 26°, 25° bis 38 °C⟩
[*52*] ⟨K 8, d 3, ϑ 15 °C⟩
[*40*] ⟨K 14, d 4, ϑ 20 °C⟩
[*42*] ⟨K 7, d 4, ϑ 25 °C⟩
[*47*] ⟨graph., ϑ 25 °C⟩

HNO_3 Salpetersäure (X_1) – **N_2O_4 Distickstofftetroxid** (X_2)
[*54*] ⟨K 36, d 4⟩

Gew.-% X_1	0,0	1,5	3,0	5,0	46	48	50	55	60	65
15 °C	1,4575	1,4593	1,4614	1,4633	1,6376	1,6412	1,6442	1,6476	1,6467	1,6420

Gew.-% X_1	70	75	80	85	90	95	100
15 °C	1,6338	1,6203	1,6049	1,5860	1,5646	1,5442	1,5240

[*50*] ⟨K 11, d 4⟩

Gew.-% X_1	80	82	84	86	88	90	92	94	96	98
25 °C	1,5846	1,5771	1,5696	1,5621	1,5545	1,5466	1,5384	1,5299	1,5208	1,5112

Gew.-% X_1	100
25 °C	1,5010

[*61*] ⟨K 8, d 4, ϑ −10 °C⟩
[*16*] ⟨K 12 bis 56 Gew.-% X_1, d 4, ϑ 0°, 15°, 20°, 23°, 30 °C⟩
[*21*] ⟨K 12 ab 45 Gew.-% X_1, d 4, ϑ 0°, 12,5°, 25 °C⟩
[*15*] ⟨K 18, d 5, ϑ 4°, 11°, 18 °C⟩
[*46, 51*]

HNO_3 Salpetersäure (X_1) – **N_2O_5 Distickstoffpentoxid**
[*53*] ⟨K 7, d 4, ϑ −20,01 °C⟩

Gew.-% X_1	0,00	0,67	1,37	2,75	4,11	4,98	11,59
−10,02 °C	1,563	1,565	1,566	1,569	1,574	1,576	1,612

[*22*] ⟨K 13, d 3, ϑ 15 °C⟩
[*35*] ⟨K 5, d 2, ϑ 25 °C⟩

NO_2F Nitrylfluorid (X_1) – **H_2SO_4 Schwefelsäure** (X_2)
[*48*] ⟨graph. bis 18 Mol-% X_1, ϑ 25 °C⟩

PCl_3 Phosphortrichlorid (X_1) — **Br_2 Brom** (X_2)
[34] ⟨K13, d3, ϑ 25°, 40 °C⟩

PJ_3 Phosphortrijodid (X_1) — **J_2 Jod** (X_2) *[28]*

PBr_5 Phosphorpentabromid (X_1) — **J_2 Jod** (X_2)
[33] ⟨K13 ab 29 Mol-% X_1, d2, ϑ 130 °C⟩

H_3PO_4 Phosphorsäure (X_1) — **H_2SO_4 Schwefelsäure** (X_2) *[49]*

H_3PO_4 Phosphorsäure (X_1) — **HNO_3 Salpetersäure** (X_2)
[69] ⟨K8, d3⟩

Mol-% X_1	0,00	34,11	43,82	51,89	75,36	86,28	90,55	100,00
25 °C	1,502	1,666	1,706	1,736	1,807	1,836	1,847	1,868
50 °C	1,457	1,632	1,675	1,707	1,784	1,815	1,826	1,849

$POCl_3$ Phosphoroxichlorid (X_1) — **SO_2Cl_2 Sulfurylchlorid** (X_2)
[30] ⟨K6, d4, ϑ 20°, 30 °C⟩

Gew.-% X_1	0	20	40	60	80	100
15 °C	1,684	1,680	1,677	1,675	1,676	1,677
25 °C	1,666	1,662	1,660	1,660	1,659	1,656
35 °C	1,647	1,644	1,643	1,643	1,641	1,636

$AsCl_3$ Arsentrichlorid (X_1) — **JCl Jodmonochlorid** (X_2)
[43] ⟨graph.⟩

$SbCl_3$ Antimontrichlorid (X_1) — **Br_2 Brom** (X_2)
[24] ⟨K6, d3⟩

Gew.-% X_1	17,07	27,38	35,88	39,97	45,03	52,83
25 °C	3,041	3,003	2,974	2,960	2,939	2,911

$SbCl_3$ Antimontrichlorid (X_1) — **J_2 Jod** (X_2) *[14]*

$SbBr_3$ Antimontribromid (X_1) — **J_2 Jod** (X_2) *[14]*

SbF_5 Antimonpentafluorid (X_1) — **HF Fluorwasserstoff** (X_2)
[37] ⟨K7, d3⟩

Gew.-% X_1	0,00	25,16	37,40	55,59	71,60	85,00	100,00
15 °C	0,981	1,172	1,341	1,687	2,118	2,568	3,142

$SbCl_5$ Antimonpentachlorid (X_1) — **$SbCl_3$ Antimontrichlorid** (X_2)
[44] ⟨ϑ 50°, 60°, 70°, 80 °C⟩

CS_2 Schwefelkohlenstoff (X_1) — **J_2 Jod** (X_2)
[19] ⟨K4, d4⟩

Gew.-% X_1	91,36	95,46	97,65	100,00
20 °C	1,344	1,304	1,283	1,263
40 °C	1,313	1,274	1,253	1,233

[8] ⟨K4 ab 93,7 Gew.-% X_1, d4, ϑ 18 °C⟩ *[9, 17]*
[20] ⟨K6 ab 98,3 Mol-% X_1, d4, ϑ 25 °C⟩

CS_2 Schwefelkohlenstoff (X_1) — **S Schwefel** (X_2)
[23] ⟨K5, d5, Gleichung, ϑ ab 0 °C⟩

Gew.-% X_1	76,70	79,17	87,25	93,42	100,00
0 °C	1,297	1,327	1,354	1,397	1,410

Lacmann

CS_2 Schwefelkohlenstoff (X_1) – **S Schwefel** (X_2) (Forts.)

[*2*] ⟨K 101, d 4⟩

Gew.-% X_1	80	82	84	86	88	90	92	94	96	98	100
15 °C	1,371	1,360	1,350	1,340	1,330	1,320	1,310	1,300	1,290	1,280	1,271

[*41*] ⟨K 5 ab 75 Gew.-% X_1, d 4, ϑ 18 – 31 °C⟩ [*16a*]
[*12*] ⟨K 7 ab 87 Gew.-% X_1, d 4, ϑ 25 °C⟩

CS_2 Schwefelkohlenstoff (X_1) – **SO_2 Schwefeldioxid** (X_2)
[*18*] ⟨K 4, d 4⟩

Gew.-% X_1	97,41	98,91	100,00
25 °C	1,249	1,250	1,251

CS_2 Schwefelkohlenstoff (X_1) – **PJ_3 Phosphortrijodid** (X_2)
[*26*] ⟨K 6, d 4]

Mol-% X_1	99,28	99,49	99,52	99,73	99,83	100,00
25 °C	1,293	1,285	1,283	1,273	1,268	1,260

CS_2 Schwefelkohlenstoff (X_1) – **PCl_5 Phosphorpentachlorid** (X_2)
[*27*] ⟨K 4, d 4⟩

Mol-% X_1	98,51	99,10	99,60	100,00
25 °C	1,271	1,265	1,260	1,256

CS_2 Schwefelkohlenstoff (X_1) – **$AsBr_3$ Arsentribromid** (X_2)
[*26*] ⟨K 7, d 4⟩

Mol-% X_1	98,80	98,95	99,08	99,16	99,43	99,74	100,00
25 °C	1,301	1,296	1,291	1,289	1,279	1,269	1,260

CS_2 Schwefelkohlenstoff (X_1) – **AsJ_3 Arsentrijodid** (X_2)
[*26*] ⟨K 6, d 4⟩

Mol-% X_1	99,21	99,56	99,73	99,78	99,91	100,00
25 °C	1,303	1,283	1,276	1,273	1,265	1,260

CS_2 Schwefelkohlenstoff (X_1) – **$SbCl_3$ Antimontrichlorid** (X_2)
[*26*] ⟨K 7, d 4⟩

Mol-% X_1	98,31	98,72	99,16	99,29	99,55	99,76	100,00
25 °C	1,293	1,283	1,276	1,272	1,269	1,266	1,260

CS_2 Schwefelkohlenstoff (X_1) – **$SbBr_3$ Antimontribromid** (X_2)
[*26*] ⟨K 6, d 4⟩

Mol-% X_1	98,63	99,26	99,60	99,77	100,00
25 °C	1,312	1,289	1,275	1,269	1,260

CS_2 Schwefelkohlenstoff (X_1) – **SbJ_3 Antimontrijodid**
[*26*] ⟨K 7, d 4⟩

Mol-% X_1	99,74	99,79	99,84	100,00
25 °C	1,280	1,275	1,271	1,260

$SiCl_4$ Siliciumtetrachlorid (X_1) — **$SiHCl_3$ Trichlorsilan** (X_2)
[*63*] ⟨K20, d3⟩

Mol-% X_1	0,00	8,11	17,85	28,31	36,13	46,00	55,63	63,35	73,70	82,73	100,00
25 °C	1,471	1,459	1,443	1,429	1,418	1,404	1,390	1,379	1,367	1,354	1,333

[*36*] ⟨K9, d4, ϑ 16°, 20°, 23°, 27 °C⟩

$SiBr_4$ Siliciumtetrabromid (X_1) — **$SiCl_4$ Siliciumtetrachlorid** (X_2)
[*25*] ⟨K1, ΔV, ϑ 25 °C⟩

BF_5 Borpentafluorid (X_1) — **BF_3 Bortrifluorid** (X_2)
[*45*] ⟨K11, d4⟩

Mol-% X_1	0	10	20	30	40	50	60	70	80	90	100
25°C	2,803	2,765	2,728	2,692	2,657	2,623	2,589	2,556	2,524	2,492	2,460

$HB(HSO_4)_4$ Hydrogen-Bor-hydrogensulfat (X_1) — **H_2SO_4 Schwefelsäure** (X_2)
[*62*] ⟨K6, d3⟩

Gew.-% X_1	2,00	4,00	6,00	8,00	10,00	12,00
25 °C	1,831	1,835	1,840	1,844	1,849	1,853

1 Kohlrausch, W.: Ann. Physik Chem. **17** (1882) 69—85.
2 Pfeiffer, G. J.: Z. anorg. Chem. **15** (1897) 194—203.
3 Knietsch, R.: Ber. dtsch. chem. Ges. **34** (1901) 4069—4115.
4 Ruff, O., Winterfeld, G.: Ber. dtsch. chem. Ges. **36** (1903) 2437—46.
5 Meerum Terwogt, P. C. E.: Z. anorg. Chem. **47** (1905) 203—43.
6 Andrews, Carlton: J. Amer. chem. Soc. **29** (1907) 688 (nach ICT).
7 Olivari, F.: Atti Acad. Lincei **17** (1908) 512, 717 (nach Tim).
8 Dawson, H. M.: J. chem. Soc. (London) **97** (1910) 1041—56.
9 Cavazzi, A.: Gazz. chim. ital. **44** (1914) 448 (nach Gmelin).
10 Plotnikow, W. A., Rokotjan, W. E.: Z. physik. Chem. **84** (1913) 365—70; J. russ. physik.-chem. Ges. (Shurnal Russkogo Fisiko-Chimitschesskogo Obschtschesstwa) **45** (1913) 193.
11 J. russ. physik.-chem. Ges. (Shurnal Russkogo Fisiko-Chimitschesskogo Obschtschesstwa) **47** (1915) 723 (nach ICT u. Tabl. ann.).
12 Atem, A. H. W.: Z. physik. Chem. **88** (1914) 321—79.
13 Beckmann, E., Faust, O.: Z. anorg. Chem. **84** (1914) 103—12.
14 Kurnakov, Krotkov: Bull. acad. imp. sci. St. Petersbourg **9** (1915) 45; J. russ. physik.-chem. Ges. (Shurnal Russkogo Fisiko Chimitschesskogo Obschtschesstwa **47** (1915) 563 nach L.B.5., E.I).
15 Bousfield, W. R.: J. chem. Soc. (London) **115** (1919) 45—55.
16 Pascal, Garnier: Bull. Soc. chim. France **25** (1919) 142, 309 (nach ICT u. Tabl. ann.).
16a Seidell: Solubilities of Inorganic and organic Compounds, New York, Van Nostrand, 1919 (nach ICT).
17 Miller, C. C.: Proc. Roy. Soc. (London), Ser. A, **106** (1924) 724—49.
18 Lewis, J. R.: J. Amer. chem. Soc. **47** (1925) 626—40.
19 Grunert, H.: Z. anorg. allg. Chem. **164** (1927) 256—62.
20 Williams, J. W., Ogg, E. F.: J. Amer. chem. Soc. **50** (1928) 94—101.
21 Klemenc, A., Rupp, J.: Z. anorg. allg. Chem. **194** (1930) 51—72.
22 Berl, E., Sänger, H. H.: Mh. Chem. **53** (1929) 1036 (nach Tim).
23 Rosental, S.: Z. Physik **66** (1930) 652—56.
24 Plotnikov, W. A., Kudra, O. K.: J. russ. physik.-chem. Ges. (Shurnal Russkogo Fisiko Chimitschesskogo Obschtschesstwa) **62** (1930) 365 (nach Tim).
25 Hildebrand, J. H., Carter, C. M.: J. Amer. chem. Soc. **54** (1932) 3592—3603.
26 Malone, M. G., Ferguson, A. L.: J. chem. Physics **2** (1934) 99—104.
27 Trunel, P.: C.R. hebd. Seances Acad. Sci. **202** (1936) 37—39.
28 Fialkow, J. A., Polischtschuk, A. B.: Ukrain. Acad. Sci. Mem. Inst. Chem. (Sapisski Institutu Chemii Akademija Nauk USSR) **4** (1937) 309—27 (nach Chem. Zbl.).
29 Lutschinski, G. P., Litchatschewa, A. I.: Chem. J. Ser. A, J. allg. Chem. (Chimitschesski Shurnal, Sserija A, Shurnal Obschtschei Chimii) **7** (1937) 405—14 (nach Chem. Zbl.).

30 J. physik. Chem. (Shurnal Fisitschesskoi Chimii) **11** (1938) 317–20 (nach Chem. Zbl. u. Tim).
31 Lewis, G. L., Smyth, C. P.: J. Amer. chem. Soc. **61** (1939) 3063–66.
32 Bright, N. F. H., Hutchinson, H., Smith, D.: J. Soc. chem. Ind., Trans. Comm. **65** (1946) 385–88.
33 Kushmenko, A. A., Fialkow, Ja. A.: J. allg. Chem. (Shurnal Obschtschei Chimii) **19** (1949) 1007–13.
34 Fialkow, Ja. A., Kushmenko, A. A.: J. allg. Chem. (Shurnal Obschtschei Chimii) **20** (1950) 1358 (nach Tim).
35 Taylor, E. G., Lyne, L. M., Tollows, A. G.: Canad. J. Chem. **29** (1951) 439–51.
36 Grady, R. T., Chittum, J. W., Lyon, C. K.: Analytic. Chem. **23** (1951) 805.
37 Shair, R. C., Schurig, W. F.: Ind. Engng. Chem. **43** (1951) 1624–27.
38 Whiting, G. H.: J. appl. Chem. **2** (1952) 381–90.
39 Sasslawski, I. I., Gusskowa, L. W., Klimowa, O. M.: J. allg. Chem. (Shurnal Obschtschei Chimii) **22** (1952) 752–57.
40 Ussolzewa, W. A., Sasslawski, I. I., Klimowa, O. M.: J. angew. Chem. (Shurnal Prikladnoi Chimii) **25** (1952) 1309–11.
41 Dobinski, S.: Bull. Cracovie **1952**, 239 (nach Tim).
42 Gillespie, R. J., Wasif, S.: J. chem. Soc. (London) **1953**, 215–21.
43 Abarbartschuk, I. L., Melnik, A. T.: Ukrain. chem. J. (Ukrainski Chimitschesski Shurnal) **19** (1953) 365–67.
44 Ussanowitsch, M. I., Beketow, M. B., Ssumarokowa, T. N.: Nachr. Akad. Wiss. Kasach. SSR, Ser. Chem. (Iswesstija Akademii Nauk Kasachskoi SSR, Sserija Chimitschesskaja) **1953**, Nr. 7, 3–8.
45 Stein, L., Ludewig, W. H., Vogel, R. C.: J. Amer. chem. Soc. **76** (1954) 4287–89.
46 Corcoran, W. H., Reamer, H. H., Sage, B. H.: Ind. Engng. Chem. **46** (1954) 2541–46.
47 Hetherington, G., Nichols, M. J., Robinson, R. L.: J. chem. Soc. (London) **1955**, 3141–46.
48 Hetherington, G., Hub, D. R., Robinson, R. L.: J. chem. Soc. (London) **1955**, 4041–46.
49 Tutundžić, P. S., Liler, M., Kosanović, D.: Ber. chem. Ges. Belgrad (Glassnik Chemiskog Druschtwa Beograd) **20** (1955) 1–21 (nach Chem. Zbl.).
50 Sprague, R. W., Kaufman, E.: Ind. Engng. Chem. **47** (1955) 458–60.
51 Bump, T. R., Sibitt, W. L.: Ind. Engng. Chem. **47** (1955) 1665–70.
52 Swinarski, A., Dembinski, W.: Roczniki Chem. **30** (1956) 709 (nach Tim).
53 Lee, W. H., Millen, D. J.: J. chem. Soc. (London) **1956**, 4463–69.
54 Potier, A.: Bull. Soc. chim. France [5] **1956**, 47–49; Ann. Fac. Sci. Univ. Toulouse, Sci. math. Sci. physiques [4] **20** (1956) 1–98.
55 Kharbanda, O. P.: Ind. Chemist **32** (1956) 264–65.
56 Rogers, M. T., Speirs, J. L., Panish, M. B., Thompson, H. B.: J. Amer. chem. Soc. **78** (1956) 936–38.
57 Rogers, M. T., Speirs, J. L., Panish, M. B.: J. Amer. chem. Soc. **78** (1956) 3288–89.
58 Jenkins, A. C., DiPaolo, F. S.: J. chem. Physics **25** (1956) 296–301.
59 Pool, R. A. H., Staveley, L. A. K.: Nature **180** (1957) 1118–20.
60 Flowers, R. H., Gillespie, R. J., Oubridge, J. V., Solomons, C.: J. chem. Soc. (London) **1958**, 667–74.
61 Goulden, J. D. S., Lee, W. H., Millen, D. J.: J. chem. Soc. (London) **1959**, 734–38.
62 Flowers, R. H., Gillespie, R. J., Robinson, E. A.: J. chem. Soc. (London) **1960**, 845–48.
63 Wolf, E.: Z. Chem. **1** (1961) 276–77.
64 Walrafen, G. E.: J. chem. Physics **40** (1964) 2326–41.
65 Lenski, A. Ss., Schaposchnikowa, A. D., Ssokolowa, Je. Ss.: J. anorg. Chem. (Shurnal Neorganitschesskoi Chimii) **8** (1963) 2716–26; Russ. J. Inorg. Chem. **8** (1963) 1424–30.
66 Duncan, A. G., Davies, R. H., Byrne, M. A., Staveley, L. A. K.: Nature (London) **209** (1966) 1236–37.
67 Calado, J. C. G., Staveley, L. A. K.: Trans. Faraday Soc. **67** (1971) 289–96.
68 Chui, Ch.-H., Canfield, F. B.: Trans. Faraday Soc. **67** (1971) 2933–40.
69 Fialkov, Ju. Ja., Tarasenko, Ju. A.: J. anorg. Chem. (Shurnal Neorganskii Chimii) **11** (1966) 619–23; Russ. J. Inorg. Chem. **11** (1966) 335–37.

Li Lithium (X_1) – NH_3 **Ammoniak** (X_2)
[*31*] ⟨K 8, d 3⟩

Mol-% X_1	3,31	5,71	7,13	11,80	15,57	16,16	19,58	21,05
–33,2 °C	0,639	0,611	0,597	0,554	0,523	0,518	0,498	0,490

[*32*] ⟨Molvolumen bis 15 Mol-% X_1, ϑ –33,2 °C⟩ [*54*] ⟨graph. bis 20,1 Mol-% X_1, ϑ –70° bis 40 °C⟩
[*48*] ⟨K 7 bis 1 Mol X_1/Liter, Molvolumen, ϑ 0 °C⟩

$LiBH_4$ Lithiumborhydrid (X_1)—**NH_3 Ammoniak** (X_2)
[*42*] ⟨graph. 51—73 Mol-% X_1, ϑ 20—80 °C⟩

LiCl Lithiumchlorid (X_1)—**NH_3 Ammoniak** (X_2)
[*15*] ⟨K2 bis 0,16 Mol-% X_1, Gleichung, ϑ —58° bis —32 °C⟩ [*11*]

LiBr Lithiumbromid (X_1)—**NH_3 Ammoniak** (X_2)
[*15*] ⟨K2 bis 0,38 Mol-% X_1, Gleichung, ϑ —58° bis —32 °C⟩

LiJ Lithiumjodid (X_1)—**NH_3 Ammoniak** (X_2)
[*15*] ⟨K8 bis 4,2 Mol-% X_1, Gleichung, ϑ —58° bis —32 °C⟩

$LiHSO_4$ Lithiumhydrogensulfat (X_1)—**H_2SO_4 Schwefelsäure** (X_2)
[*34*] ⟨K4, d4⟩

Gew.-% X_1	2,52	5,60	6,17	10,49
25 °C	1,831	1,846	1,848	1,866

[*43*] ⟨K8 bis 0,4 Mol X_1/kg Lösung, d3, ϑ 25 °C⟩

$LiNO_3$ Lithiumnitrat (X_1)—**NH_3 Ammoniak** (X_2)
[*18*] ⟨K7, d3⟩

Gew.-% X_1	0,00	16,41	21,72	31,80	35,82	45,44	62,12
20 °C	0,610	0,742	0,772	0,863	0,890	0,994	1,173

Na Natrium (X_1)—**NH_3 Ammoniak** (X_2)
[*51*] ⟨K37, d4, ϑ —60°, —33,8°, —20°, +40 °C⟩

Mol-% X_1	0,00	0,12	0,41	0,80	1,54	2,58	3,58	6,0	7,2	9,4	11,4
—40 °C	0,690	0,689	0,687	0,684	0,679	0,668	0,659	0,639	0,629	0,613	0,601
0 °C	0,638	0,637	0,637	0,635	0,627	0,623	0,616	0,604	0,598	0,585	0,575
20 °C	0,610	0,610	0,612	0,610	0,604	0,602	0,595	0,586	0,582	0,570	0,564
60 °C	0,546	—	—	0,554	—	0,555	0,552	0,550	0,553	0,543	0,539

[*20*] ⟨K8 bis 15 Mol-% X_1, d4, ϑ —75° bis —35 °C⟩
[*55*] ⟨graphisch bis 4,7 molal X_1, ϑ —50°, —45°, —40°, —35°, —30 °C⟩
[*49*] ΔV bis 0,06 molar X_1, ϑ —45 °C⟩
[*5*] ⟨K13 bis 15 Mol-% X_1, d4, ϑ —33,8 °C⟩
[*10*] ⟨K6 bis 15 Mol-% X_1, d4, ϑ —33,8 °C⟩
[*32*] ⟨Molvolumen bis 15 Mol-% X_1, ϑ —33,8 °C⟩
[*48*] ⟨K7 bis 0,34 molar X_1, Molvolumen, ϑ 0 °C⟩
[*22*]

NaCl Natriumchlorid (X_1)—**NH_3 Ammoniak** (X_2)
[*21*] ⟨K9, d4⟩

Gew.-% X_1	0,0	2,5	5,0	5,45	7,5	10,0	12,5	12,83	15,0	17,47
—10 °C	0,652	0,669	0,685	—	0,701	0,716	0,731	—	0,746	0,760
0 °C	0,639	0,656	0,672	—	0,688	0,703	0,719	0,721	—	—
+20 °C	0,610	0,628	0,645	0,648	—	—	—	—	—	—

[*15*] ⟨K5 bis 0,7 Mol-% X_1, Gleichung, ϑ —58° bis —32 °C⟩
[*48*] ⟨K8 bis 0,5 Mol X_1/Liter, Molvolumen, ϑ 0 °C⟩
[*12, 13*] ⟨K5, d3 ϑ 0°, 10°, 15 °C⟩
[*11, 28*]

NaBr Natriumbromid (X_1)—**NH_3 Ammoniak** (X_2)
[*10*] ⟨K9, d4⟩

Mol-% X_1	0,00	0,28	0,32	0,43	0,69	0,96	1,14	1,49	2,17
—33,2 °C	0,682	0,693	0,694	0,698	0,707	0,715	0,720	0,727	0,742

[*15*] ⟨K4 bis 2,2 Mol-% X_1, Gleichung, ϑ —58° bis —32 °C⟩ [*11, 28*]

NaJ Natriumjodid (X_1)—**NH_3 Ammoniak** (X_2)
[*15*] ⟨K7 bis 7,4 Mol-% X_1, Gleichung, ϑ —32° bis —58 °C⟩
[*48*] ⟨K3 bis 0,04 Mol X_1/Liter, Molvolumen, ϑ 0 °C⟩
[*28*]

$NaHSO_4$ Natriumhydrogensulfat (X_1) — **H_2SO_4 Schwefelsäure** (X_2)
[*34*] ⟨K6, d4⟩

Gew.-% X_1	3,20	5,00	7,72	9,85	14,08	14,86
25 °C	1,844	1,853	1,867	1,878	1,899	1,906

[*43*] ⟨K8 bis 0,4 Mol X_1/kg Lösung, d3, ϑ 25 °C⟩

$NaDSO_4$ Natriumdeuteriumsulfat (X_1) — **D_2SO_4 Deuteriumschwefelsäure** (X_2)
[*39*] ⟨K16, d4⟩

Gew.-% X_1	0,00	0,48	1,21	1,82	2,42	3,07	3,63	4,24	4,84	6,05	7,26
25 °C	1,857	1,860	1,863	1,866	1,869	1,873	1,876	1,879	1,882	1,889	1,895

$NaNO_2$ Natriumnitrit (X_1) — **NH_3 Ammoniak** (X_2) [*23*]

$NaNO_3$ Natriumnitrat (X_1) — **NH_3 Ammoniak** (X_2)
[*12*] ⟨K7, d3⟩

Gew.-% X_1	1,62	4,03	10,17	17,18	18,04	21,40	22,60
15 °C	0,628	0,643	0,683	0,733	0,739	0,757	0,781

[*2*] ⟨K9, d4, ϑ −33,5 °C⟩ [*28*]

$NaNO_3$ Natriumnitrat (X_1) — **HNO_3 Salpetersäure** (X_2)
[*38*] ⟨K6, d4⟩

Gew.-% X_1	0,00	2,31	2,95	4,24	5,63	7,44
−10,02 °C	1,563	1,577	1,581	1,589	1,598	1,609

NaSCN Natriumrhodanid (X_1) — **NH_3 Ammoniak** (X_2)
[*45*] ⟨K8, d3, ϑ −65°, −50°, −25 °C⟩

Gew.-% X_1	9,93	22,14	35,41	43,11	51,11	56,90	64,26	68,50
0 °C	0,691	0,768	0,856	0,910	0,968	1,011	1,083	—
25 °C	0,658	0,742	0,831	0,878	0,948	0,991	1,066	1,149
50 °C	0,627	0,712	—	0,868	0,929	0,972	1,047	1,133
75 °C	0,588	0,682	—	0,846	0,912	0,953	1,028	1,117
100 °C	—	—	—	0,823	0,897	—	1,012	1,099

K Kalium (X_1) — **NH_3 Ammoniak** (X_2)
[*10*] ⟨K12, d4⟩

Gew.-% X_1	0,00	2,85	3,16	3,60	4,13	5,33	5,80	7,04	8,19	9,38	12,45	16,80
−33,2 °C	0,682	0,672	0,670	0,669	0,666	0,660	0,658	0,652	0,648	0,643	0,635	0,628

[*56*] ⟨K8 bis 16,8 Mol-% X_1, Gleichungen, ϑ −75° bis 25 °C⟩
[*49*] ⟨ΔV bis 0,03 molar X_1, ϑ −34 °C⟩
[*32*] ⟨Molvolumen bis 15 Mol-% X_1, ϑ −33,2 °C⟩
[*44*] ⟨K6, d4, ϑ −33,7°, 0°, 20 °C⟩
[*48*]

K Kalium (X_1) — **ND_3 Deuteriumammoniak** (X_2)
[*44*] ⟨K6, d4⟩

Gew.-% X_1	0,00	0,73	1,46	2,95	4,47	6,05
−33,7 °C	0,809	0,806	0,803	0,796	0,787	0,776

Gew.-% X_1	0,00	0,78	1,56	3,15	4,76
0 °C	0,755	0,753	0,751	0,746	0,740

Gew.-% X_1	0,00	0,81	1,63	3,28	4,94	6,63
20 °C	0,722	0,720	0,719	0,715	0,712	0,707

Lacmann

KCl Kaliumchlorid (X_1) — **NH_3 Ammoniak** (X_2)
[15] ⟨K 2 bis 0,04 Mol-% X_1, Gleichung, ϑ −58° bis −32 °C⟩
[11]

KBr Kaliumbromid (X_1) — **NH_3 Ammoniak** (X_2)
[15] ⟨K 4 bis 5,3 Mol-% X_1, Gleichung, ϑ −58° bis −32 °C⟩ *[11, 28]*
[50] ⟨graph., ϑ −50 °C⟩

KJ Kaliumjodid (X_1) — **J_2 Jod** (X_2) *[15, 19]*

KJ Kaliumjodid (X_1) — **NH_3 Ammoniak** (X_2)
[2] ⟨K 8, d 4⟩

Gew.-% X_1	0,00	0,66	1,25	2,77	5,54	5,86	12,50	34,45
−33,5 °C	0,682	0,705	0,724	0,767	0,839	0,844	0,979	1,291

[15] ⟨K 19 bis 15,9 Mol-% X_1, Gleichung, ϑ −58° bis −32 °C⟩ *[48]*
[50] ⟨graph., ϑ −38 °C⟩

$KHSO_4$ Kaliumhydrogensulfat (X_1) — **H_2SO_4 Schwefelsäure** (X_2)
[34] ⟨K 6, d 4⟩

Gew.-% X_1	3,32	5,93	6,72	9,91	14,03	19,47
25 °C	1,845	1,858	1,862	1,878	1,899	1,928

[43] ⟨K 8 bis 5,5 Gew.-% X_1, d 3, ϑ 25 °C⟩

$KDSO_4$ Kaliumdeuteriumsulfat (X_1) — **D_2SO_4 Deuteriumschwefelsäure** (X_2)
[39] ⟨K 15, d 4⟩

Gew.-% X_1	0,00	0,54	1,37	2,06	2,74	3,43	4,12	4,80	5,49	6,86	7,54
25 °C	1,857	1,860	1,864	1,867	1,871	1,874	1,878	1,881	1,885	1,892	1,899

KNH_2 Kaliumamid (X_1) — **NH_3 Ammoniak** (X_2)
[50] ⟨graph., ϑ −40 °C⟩

KNO_3 Kaliumnitrat (X_1) — **NH_3 Ammoniak** (X_2) *[12, 13]*

KNO_3 Kaliumnitrat (X_1) — **HNO_3 Salpetersäure** (X_2)
[40] ⟨K 18, d 4⟩

Gew.-% X_1	0,0	5,06	7,59	12,06	17,74	23,52	30,37	38,88	46,37
25 °C	1,507	1,544	1,563	1,597	1,641	1,683	1,730	1,787	1,831

[38] ⟨K 5 bis 9,6 Gew.-% X_1, d 4, ϑ −10,02 °C⟩

KCN Kaliumcyanid (X_1) — **NH_3 Ammoniak** (X_2) *[11]*

KCNS Kaliumrhodanid (X_1) — **SO_2 Schwefeldioxid** (X_2)
[25—27] ⟨K 6, d 5, ϑ 10°, 20 °C⟩

Gew.-% X_1	0,00	0,08	0,42	1,23	5,38	7,18
15 °C	1,396	1,398	1,402	1,414	1,465	1,489
25 °C	1,369	1,371	1,376	1,388	1,442	1,466

$RbHSO_4$ Rubidiumhydrogensulfat (X_1) — **H_2SO_4 Schwefelsäure** (X_2)
[43] ⟨K 8, d 4⟩

Gew.-% X_1	0,91	1,83	2,74	3,65	4,56	9,13	10,04	10,95
25 °C	1,834	1,841	1,847	1,855	1,863	1,868	1,875	1,883

$RbNH_2$ Rubidiumamid (X_1) — **NH_3 Ammoniak** (X_2)
[50] ⟨graph., ϑ −40 °C⟩

Cs Cäsium (X_1) — **NH_3 Ammoniak** (X_2)
[*29*] ⟨graph.⟩
[*32*] ⟨Molvolumen bis 15 Mol-% X_1, ϑ −50 °C⟩

$CsHSO_4$ Cäsiumhydrogensulfat (X_1) — **H_2SO_4 Schwefelsäure** (X_2)
[*43*] ⟨K 8, d 4⟩

Gew.-% X_1	1,15	2,30	3,45	4,60	5,75	6,90	8,05	9,20
25 °C	1,836	1,846	1,856	1,866	1,876	1,886	1,896	1,906

$CsNH_2$ Cäsiumamid (X_1) — **NH_3 Ammoniak** (X_2)
[*50*] ⟨graph., ϑ −40 °C⟩

NH_4Cl Ammoniumchlorid (X_1) — **NH_3 Ammoniak** (X_2)
[*21*] ⟨K 9, d 4, ϑ −20°, −10°, +10°, +30°, +50°, +60 °C⟩

Gew.-% X_1	0,0	4,8	9,1	16,7	28,6	37,5	44,4	50,0	54,6
−30 °C	0,678	0,702	0,725	0,766	—	—	—	—	—
0 °C	0,639	0,665	0,690	0,733	0,803	0,856	—	—	—
20 °C	0,610	0,639	0,664	0,710	0,784	0,838	0,878	0,906	0,928
40 °C	0,580	0,610	0,637	0,685	0,763	0,821	0,862	0,892	0,915
70 °C	0,526	0,561	0,592	0,644	0,730	0,793	0,838	0,871	0,897

[*12*] ⟨K 7, d 3, ϑ 15 °C⟩
[*10, 28, 48*]

NH_4Br Ammoniumbromid (X_1) — **NH_3 Ammoniak** (X_2)
[*12*] ⟨K 7, d 3⟩

Gew.-% X_1	1,98	3,76	9,11	17,02	18,51	23,88	27,83
15 °C	0,630	0,641	0,676	0,730	0,742	0,784	0,817

[*2*] ⟨K 10, d 4, ϑ −33,5 °C⟩ [*11*]

NH_4J Ammoniumjodid (X_1) — **NH_3 Ammoniak** (X_2)
[*55*] ⟨graph. bis 6 molal X_1, ϑ −50° bis 0 °C⟩ [*48*]

NH_4HSO_4 Ammoniumhydrogensulfat (X_1) — **H_2SO_4 Schwefelsäure** (X_2)
[*34*] ⟨K 5, d 4⟩

Gew.-% X_1	1,09	4,12	7,01	9,61	13,01
25 °C	1,831	1,832	1,835	1,839	1,844

[*43*] ⟨K 8 bis 0,4 Mol X_1/kg Lösung, d 3, ϑ 25 °C⟩

NH_4NO_3 Ammoniumnitrat (X_1) — **NH_3 Ammoniak** (X_2)
[*12*] ⟨K 8, d 3⟩

Gew.-% X_1	3,00	6,34	8,40	12,22	18,35	19,11	20,90	21,55
15 °C	0,636	0,654	0,665	0,687	0,724	0,730	0,740	0,744

[*23*]

NH_4NO_3 Ammoniumnitrat (X_1) — **HNO_3 Salpetersäure** (X_2)
[*46*] ⟨K 13, d 3⟩

Gew.-% X_1	0,00	0,46	2,16	3,95	6,35	8,26	10,18	12,10	13,05	15,31	21,05
0 °C	1,548	1,550	1,551	1,555	1,563	1,570	1,575	1,580	1,583	1,587	1,597

[*38*] ⟨K 6 bis 8,7 Gew.-% X_1, d 4, ϑ −10,02 °C⟩

$Ca(HSO_4)_2$ Calciumhydrogensulfat (X_1) — H_2SO_4 Schwefelsäure (X_2)
[*43*] ⟨K 6, d 3⟩

Gew.-% X_1	1,17	2,34	3,51	4,68	5,86	7,03
25 °C	1,834	1,842	1,849	1,857	1,864	1,872

$Sr(HSO_4)_2$ Strontiumhydrogensulfat (X_1) — H_2SO_4 Schwefelsäure (X_2)
[*34*] ⟨K 6, d 4⟩

Gew.-% X_1	1,70	6,00	8,38	13,13	17,57	19,14
25 °C	1,842	1,877	1,898	1,938	1,978	1,992

[*43*] ⟨K 7 bis 0,35 Mol X_1/kg Lösung, d 3, ϑ 25 °C⟩

$Ba(HSO_4)_2$ Bariumhydrogensulfat (X_1) — H_2SO_4 Schwefelsäure (X_2)
[*34*] ⟨K 6, d 4⟩

Gew.-% X_1	2,10	3,58	6,20	11,49	12,97	20,75
25 °C	1,848	1,861	1,887	1,938	1,953	2,036

[*43*] ⟨K 7 bis 0,35 Mol X_1/kg Lösung, d 3, ϑ 25 °C⟩

$Ba(NO_3)_2$ Bariumnitrat (X_1) — NH_3 Ammoniak (X_2)
[*48*] ⟨K 3 bis 0,05 Mol X_1/Liter, Molvolumen, ϑ 0 °C⟩

$AlCl_3$ Aluminiumchlorid (X_1) — JCl Jodchlorid (X_2)
[*30*] ⟨K 12, d 3, ϑ 65 °C⟩

Mol-% X_1	0,00	1,14	4,44	4,49	8,11	9,85	12,77	17,00	20,38	23,99	27,22	29,13
35 °C	3,184	3,167	3,141	3,067	3,025	2,989	2,956	2,916	2,871	2,837	2,780	2,748
45 °C	3,159	3,131	3,106	3,042	2,992	2,977	2,938	2,887	2,839	2,806	2,759	2,728

$AlCl_3$ Aluminiumchlorid (X_1) — $COCl_2$ Phosgen (X_2)
[*4*] ⟨K 12, d 4⟩

Gew.-% X_1	0	5	10	15	20	25	30	35	40	45	50	55
0 °C	1,428	1,453	1,478	1,503	1,527	1,551	1,574	1,597	1,619	1,642	1,663	—
25 °C	1,369	1,397	1,423	1,448	1,474	1,500	1,526	1,551	1,577	1,602	1,627	1,653

$AlBr_3$ Aluminiumbromid (X_1) — JBr Jodbromid (X_2)
[*24*] ⟨K 11, d 3⟩

Mol-% X_1	8,78	20,55	29,23	41,42	54,84	62,90	69,50	77,70	92,40	94,85	100,00
100 °C	4,122	4,025	3,948	3,842	3,702	3,613	3,493	3,254	2,844	2,785	2,635

$AlBr_3$ Aluminiumbromid (X_1) — CS_2 Schwefelkohlenstoff (X_2)
[*6*] ⟨K 3, d 6⟩

Mol-% X_1	0,00	0,60	1,59
18 °C	1,266	1,283	1,311

[*52*]

$TiCl_4$ Titantetrachlorid (X_1) — Br_2 Brom (X_2)
[*33*] ⟨graph., ab 90 Gew.-% X_1, ϑ 20°, 35°, 45 °C⟩

$TiCl_4$ Titantetrachlorid (X_1) — $SiCl_4$ Siliciumtetrachlorid (X_2)
[*41*] ⟨K 7, ΔV⟩

Gew.-% X_1	0,0	15,2	31,8	57,4	78,5	90,8	100,0
20 °C	1,482	1,517	1,557	1,618	1,673	1,704	1,728

ZrO_2 Zirkondioxid (X_1) — H_2SO_4 Schwefelsäure (X_2) [*3*]

TlJ Thallium(I)jodid (X_1) — J_2 **Jod** (X_2) [*19*]

$TlHSO_4$ Thallium(I)hydrogensulfat (X_1) — **H_2SO_4 Schwefelsäure** (X_2)
[*43*] ⟨K 8, d 3⟩

Gew.-% X_1	1,51	3,01	4,52	6,03	7,54	9,04	10,55	12,06
25 °C	1,843	1,860	1,879	1,898	1,918	1,938	1,957	1,978

$GeCl_4$ Germaniumtetrachlorid (X_1) — **S_2Cl_2 Dischwefeldichlorid** (X_2)
[*53*] ⟨K 9, d 3⟩

Mol-% X_1	0,0	2,7	9,4	20,8	33,5	40,8	65,5	88,5	100,0
20 °C	1,675	1,686	1,710	1,736	1,757	1,773	1,824	1,850	1,882

$SnCl_4$ Zinntetrachlorid (X_1) — **S_2Cl_2 Dischwefeldichlorid** (X_2)
[*53*] ⟨K 9, d 3⟩

Mol-% X_1	0,0	9,4	18,2	33,4	44,8	56,2	71,5	80,2	100,0
20 °C	1,675	1,748	1,823	1,922	1,969	2,061	2,120	2,160	2,230

$SnCl_4$ Zinntetrachlorid (X_1) — **$SOCl_2$ Thionylchlorid** (X_2)
[*9*] ⟨K 4, d 4⟩

Mol-% X_1	0,0	19,7	59,8	100,0
25 °C	1,628	1,794	2,045	2,216

$SnCl_4$ Zinntetrachlorid (X_1) — **SO_2Cl_2 Sulfurylchlorid** (X_2)
[*9*] ⟨K 5, d 4⟩

Mol-% X_1	0,0	20,5	43,7	73,2	100,0
25 °C	1,657	1,817	1,958	2,105	2,216

$SnCl_4$ Zinntetrachlorid (X_1) — **CS_2 Schwefelkohlenstoff** (X_2)
[*1*] ⟨K 8, d 5, ϑ 21° bis 58 °C⟩

$SnCl_4$ Zinntetrachlorid (X_1) — **$SiCl_4$ Siliciumtetrachlorid** (X_2)
[*41*] ⟨K 8, ΔV⟩

Gew.-% X_1	0,0	21,6	40,8	62,1	63,7	77,3	82,1	100,0
20 °C	1,482	1,588	1,715	1,869	1,875	1,998	2,042	2,228

[*47*]

$SnCl_4$ Zinntetrachlorid (X_1) — **$TiCl_4$ Titantetrachlorid** (X_2)
[*37*] ⟨K 6, d 4⟩

Mol-% X_1	0	20	40	60	80	100
20 °C	1,7310	1,8340	1,9351	2,0326	2,1276	2,2201
40 °C	1,7014	1,8012	1,8990	1,9933	2,0849	2,1740
60 °C	1,6605	1,7574	1,8527	1,9444	2,0336	2,1202

[*41*] ⟨K 3, ΔV, ϑ 20 °C⟩

$SnBr_4$ Zinntetrabromid (X_1) — **$SiCl_4$ Siliciumtetrachlorid** (X_2)
[*8*] ⟨K 1, ΔV, ϑ 35 °C⟩

$SnBr_4$ Zinntetrabromid (X_1) — **$SiBr_4$ Siliciumtetrabromid** (X_2)
[*8*] ⟨K 1, ΔV, ϑ 35 °C⟩

$TaCl_5$ Tantalpentachlorid (X_1) — **CS_2 Schwefelkohlenstoff** (X_2)
[*14*] ⟨K 10, d 4⟩

Mol-% X_1	0,00	0,09	0,16	0,31	0,43
25 °C	1,256	1,259	1,262	1,267	1,271

CrO_3 Chrom(III)oxid (X_1) — **$HClO_4$ Perchlorsäure** (X_2) *[36]*

$Cu(NO_3)_2$ Kupfer(II)nitrat (X_1) — **NH_3 Ammoniak** (X_2)
[2] ⟨K 9, d 4⟩

Gew.-% X_1	0,00	0,06	0,11	0,23	0,43	0,69	1,32	3,00	6,18
−33,5 °C	0,682	0,685	0,687	0,693	0,701	0,716	0,742	0,807	0,909

AgCl Silberchlorid (X_1) — **NH_3 Ammoniak** (X_2) *[11]*

AgJ Silberjodid (X_1) — **NH_3 Ammoniak** (X_2)
[2] ⟨K 13, d 4⟩

Gew.-% X_1	0,00	0,16	0,30	0,66	0,82	1,29	1,61	3,87	4,25	8,49	9,52
−33,5 °C	0,682	0,695	0,697	0,728	0,739	0,769	0,787	0,900	0,919	1,078	1,114

Gew.-% X_1	28,10	75,01
−33,5 °C	1,574	2,301

$AgHSO_4$ Silberhydrogensulfat (X_1) — **H_2SO_4 Schwefelsäure** (X_2)
[43] ⟨K 8, d 3⟩

Gew.-% X_1	1,02	2,05	3,07	4,10	5,12	6,15	7,18	8,20
25 °C	1,835	1,846	1,857	1,869	1,881	1,893	1,906	1,919

$AgNO_3$ Silbernitrat (X_1) — **NH_3 Ammoniak** (X_2)
[2] ⟨K 9, d 4⟩

Gew.-% X_1	0,00	0,04	0,08	0,17	0,31	0,43	0,81	1,77	3,44
−33,5 °C	0,682	0,683	0,685	0,688	0,693	0,699	0,714	0,747	0,799

1 Schwers, F.: Bull. Acad. Sci. Belg. **55** (1912) 252 (nach ICT u. Tim.).
2 Fitzgerald, F. F.: J. physic. Chem. **16** (1912) 621—61.
3 Chauvenet: Ann. chim. **13** (1920) 59 (nach ICT).
4 Germann, A. F. O.: J. physic. Chem. **29** (1925) 138—41.
5 Kraus, C. A., Johnson, W. C., Carney, E. S.: J. Amer. chem. Soc. **49** (1927) 2206—13.
6 Bergman, E., Engel, L.: Z. physik. Chem., Abt. B, **13** (1931) 247—67.
7 Schattenstein, A. J., Monossohn, A. M.: Z. anorg. allg. Chem. **207** (1932) 204—08.
8 Hildebrand, J. H., Carter, C. M.: J. Amer. chem. Soc. **54** (1932) 3592—3603.
9 Lockett, G. H.: J. chem. Soc. (London) **1932**, 1501—12.
10 Johnson, W. C., Meyer, A. W.: J. Amer. chem. Soc. **54** (1932) 3621—28.
11 Johnson, W. C., Krumboltz, O. F.: Z. physik. Chem., Abt. A, **167** (1933) 249—59.
12 Schattenstein, A. I., Uskowa, L. S.: Acta physicochim. URSS **2** (1935) 337 (nach Tabl. ann.).
13 Schattenstein, A. I., Wiktorow, M. M.: Acta physicochim. URSS **5** (1936) 45 (nach Tabl. ann.).
14 Moureu, H.: C. R. hebd. Séances Acad. Sci. **202** (1936) 314—16.
15 Johnson, W. C., Martens, R. I.: J. Amer. chem. Soc. **58** (1936) 15—18.
16 Achumow, J. I., Perjabina, N. W.: Chem. J., Ser. A, J. allg. Chem. (Chimitschesski Shurnal. Sserija A. Shurnal Obschtschei Chimii) **6** (1936) 1157—65 (nach Chem. Zbl.).
17 Achumow, J. I., Drusjakowa, L. I.: Chem. J., Ser. A, J. allg. Chem. (Chimitschesski Shurnal. Sserija A. Shurnal Obschtschei Chimii) **7** (1937) 298—304 (nach Chem. Zbl.).
18 Portnow, M. A., Dwilewitsch, N. K.: Chem. J., Ser. A, J. allg. Chem. (Chimitschesski Shurnal. Sserija A. Shurnal Obschtschei Chimii) **7** (1937) 2149—53 (nach Chem. Zbl.).
19 Fialkow, J. A., Polischtschuk, A. B.: Ukrain. Acad. Sci. Mem. Inst. Chem. (Sapisski Institutu Chemii Akademija Nauk URSR) **4** (1937) 321—27 (nach Chem. Zbl.).
20 Huster, E.: Ann. Physik [5] **33** (1938) 477—508.
21 Kikuti, S.: J. Soc. chem. Ind. Japan, Suppl. Bind. **42** (1939) 15 B (nach Chem. Zbl. u. Tim.).
22 **43** (1940) 233 B—34 B (nach Chem. Zbl. u. C. A.).
23 Achumow, J. I.: J. allg. Chem. (Shurnal Obschtschei Chimii) **10** (1940) 233—46 (nach Chem. Zbl. u. C. A.).
24 Fialkow, J. A.: Ber. Inst. Chem. Akad. Wiss. Ukr. SSR (Wissti Institutu Chemii Akademii Nauk URSR) **6** (1940) 235—64 (nach Chem. Zbl. u. Tim.).

25 Eversole, W. G., Wagner, G. H.: Proc. Iowa Acad. Sci. **47** (1940) 190—91 (nach Chem. Abstr.).
26 Eversole, W. G., Wagner, G. H., Bailey, G. C.: J. physic. Chem. **45** (1941) 1388—97.
27 Eversole, W. G., Hart, T. F., Wagner, G. H.: J. physic. Chem. **47** (1943) 703—09.
28 Kikuti, S., Kudo, S.: J. Soc. chem. Ind. Japan **47** (1944) 302—08 (nach Chem. Abstr.).
29 Hodgins, J. W.: Cand. J. Res., Sect. B, **27** (1949) 861—73.
30 Fialkow, J. A., Chor, O. I.: J. allg. Chem. (Shurnal Obschtschei Chimii) **19** (1949) 1197, 1787 (nach Tim.).
31 Johnson, W. C., Meyer, A. W., Martens, R. D.: J. Amer. chem. Soc. **72** (1950) 1842—43.
32 Bingel, W.: Ann. Physik [6] **12** (1953) 57—83.
33 Abarbartschuk, I. L., Kosstitzyna, K. P.: Ukrain. chem. J. (Ukrainski Chimitschesski Shurnal) **19** (1953) 618—21.
34 Gillespie, R. J., Wasif, S.: J. chem. Soc. (London) **1953**, 215—21.
35 Hetherington, G., Nichols, M. J., Robinson, P. L.: J. chem. Soc. (London) **1955**, 3141—46.
36 Wolf, L., Christofzik, P.: J. prakt. Chem. [4] **1** (1955) 237—47.
37 Toropow, A. P.: J. allg. Chem. (Shurnal Obschtschei Chimii) **26** (1956) 3267—69.
38 Lee, W. H., Millen, D. J.: J. chem. Soc. (London) **1958**, 2248—53.
39 Flowers, R. H., Gillespie, R. J., Oubridge, J. V., Solomons, C.: J. chem. Soc. (London) **1958**, 667—74.
40 Potier, A., Potier, J.: Bull. Soc. chim. France **1958**, 439—41.
41 Sackmann, H.: Z. Elektrochem., Ber. Bunsenges. physik. Chem. **63** (1959) 565—71.
42 Sullivan, E. A., Johnson, S.: J. physic. Chem. **63** (1959) 233—38.
43 Flowers, R. H., Gillespie, R. J., Robinson, E. A.: J. chem. Soc. (London) **1960**, 845—48.
44 Hutchinson jr., C. A., O'Reilly, D. E.: J. chem. Physics **34** (1961) 163—66.
45 Blytas, G. C., Daniels, F.: J. Amer. chem. Soc. **84** (1962) 1075—83.
46 Fine, B.: J. chem. Engng. Data **7** (1962) 91—94.
47 Russtamow, Ch. R., Porschakowa, T. P., Abdurachimow, A.: Usbek. chem. J. (Usbekski Chimitschesski Shurnal) **6** (1962) 28—30 (nach Chem. Zbl.).
48 Gunn, S. R., Green, L. G.: J. chem. Physics **36** (1962) 363—67.
49 Gunn, S. R.: J. chem. Physics **47** (1967) 1174—78.
50 Schenk, P. W., Tulhoff, H.: Ber. Bunsenges. physik. Chem. (Z. Elektrochem.) **71** (1967) 206—14.
51 Naiditch, Paez, O. A., Thomson, J. C.: J. chem. Engng. Data **12** (1967) 164—67.
52 Plotnikov, W. A., Sheka, I. A., Yankelevich, Z. A.: J. allg. Chem. (Shurnal Obschtschei Chimii) **9** (1939) 868 (nach Tim.).
53 Fortunatow, N. Ss., Fokina, S. A., Kopa, M. W., Birjuk, L. I.: Ukrain. chem. J. (Ukrainskii Chimitschesski Shurnal) **31** (1965) 148—53.
54 Lo, R. E.: Z. anorg. allg. Chem. **344** (1966) 230—40.
55 Nozaki, T., Shimoji, M.: Trans. Faraday Soc. **65** (1969) 1489—97.
56 Demortier, A., Lobry, P., Lepoutre, G.: J. Chim. Phys. Physico-Chim. Biol. **68** (1971) 498—503.

1.3 Nichtwässerige Systeme einer anorganischen und einer organischen Komponente (geordnet nach der anorganischen Komponente) —

Nonaqueous systems of one inorganic and one organic component (arranged according to the inorganic component)

1.3.1 Nichtmetalle — Nonmetals

O Sauerstoffverbindungen

H_2O_2 Wasserstoffperoxid (X_1) — **$C_4H_{10}O$ Diäthyläther** (X_2)
Linton, E. P., Maass, O.: Canad. J. Res. **4** (1931) 322 (nach Tabl. ann.). ⟨K7, d3⟩

Gew.-% X_1	5,2	10,0	17,8	26,3	38,2	46,3	58,2
0 °C	0,769	0,791	0,834	0,892	0,954	0,997	1,071

Cl Chlorverbindungen

Cl_2 Chlor (X_1) — **CCl_4 Tetrachlormethan** (X_2)
[*4*] ⟨K4, d4⟩

Gew.-% X_1	0,00	1,08	1,82	2,76
25 °C	1,583	1,582	1,580	1,579

Cl_2 Chlor (X_1) — **C_7F_{16} Hexadeca-fluor-n-heptan** (X_2) [*17*]

HCl Chlorwasserstoff (X_1) — **C_6H_{12} Cyclohexan** (X_2)
[*7*] ⟨K3, d4⟩

Mol-% X_1	0,00	0,39	1,01
25 °C	0,773	0,774	0,774

HCl Chlorwasserstoff (X_1) — **C_6H_6 Benzol** (X_2)
[*8, 9*] ⟨K6, d4⟩

Mol-% X_1	0,00	0,88	1,41	2,45	3,19	3,62
20 °C	0,879	0,879	0,879	0,880	0,880	0,880

[*7*] ⟨K6 bis 3 Mol-% X_1, d4, ϑ 25 °C⟩

HCl Chlorwasserstoff (X_1) — **CCl_4 Tetrachlormethan** (X_2)
[*7*] ⟨K3, d4⟩

Mol-% X_1	0,00	0,26	1,07
25 °C	1,584	1,584	1,581

HCl Chlorwasserstoff (X_1) — **C_2H_5Br Äthylbromid** (X_2)
[*8*] ⟨K5, d4⟩

Mol-% X_1	0,00	0,97	1,74	2,25
20 °C	1,456	1,456	1,454	1,452

HCl Chlorwasserstoff (X_1) — **$C_2H_4Cl_2$ Äthylenchlorid** (X_2)
[*8*] ⟨K3, d4⟩

Mol-% X_1	0,00	1,94	2,46
20 °C	1,255	1,253	1,252

HCl Chlorwasserstoff (X_1) — CH_4O **Methanol** (X_2)
[*21*] ⟨K 7, d 5⟩

Gew.-% X_1	1,86	3,73	5,13	9,42	15,15	18,38	24,96
20 °C	0,8051	0,8182	0,8277	0,8552	0,8884	0,9062	0,9388

[*6*] ⟨K 8, d 4, ϑ 18 °C⟩ [*5*]

HCl Chlorwasserstoff (X_1) — C_2H_6O **Äthanol** (X_2)
[*21*] ⟨K 7, d 5⟩

Gew.-% X_1	1,56	3,25	5,38	10,03	14,82	19,75	25,65
20 °C	0,8002	0,8111	0,8241	0,8512	0,8769	0,9021	0,9287

[*6*] ⟨K 14, d 4, ϑ 18 °C⟩ [*2, 5*]

HCl Chlorwasserstoff (X_1) — C_3H_8O **n-Propanol** (X_2)
[*21*] ⟨K 7, d 5⟩

Gew.-% X_1	1,24	2,95	4,91	8,11	11,16	15,72	20,84
20 °C	0,8106	0,8200	0,8300	0,8457	0,8592	0,8779	0,8982

HCl Chlorwasserstoff (X_1) — C_3H_6O **Aceton** (X_2)
[*19*] ⟨K 16, d 4⟩

Gew.-% X_1	0,00	0,65	1,64	2,71	3,82	4,68	5,96	8,57	10,90	13,7	19,3
20 °C	0,783	0,787	0,791	0,795	0,799	0,802	0,807	0,818	0,827	0,840	0,867

HCl Chlorwasserstoff (X_1) — $C_4H_{10}O$ **n-Butanol** (X_2)
[*3*] ⟨K 21, d 4⟩

Gew.-% X_1	0	2	4	6	8	10	12	14	16	18	20
25 °C	0,806	0,820	0,832	0,843	0,854	0,864	0,873	0,881	0,890	0,896	0,905

HCl Chlorwasserstoff (X_1) — $C_4H_{10}O$ **Diäthyläther** (X_2)
[*20*] ⟨K 6 bis 4,9 Mol X_1/Liter, d 4⟩

HCl Chlorwasserstoff (X_1) — $C_5H_{12}O$ **Pentanol** (X_2)
[*23*] ⟨K 20, d 4⟩

Gew.-% X_1	0,00	1,79	3,52	6,80	9,86	12,73	14,10	16,71	20,34	22,59
25 °C	0,8068	0,8193	0,8293	0,8468	0,8620	0,8759	0,8829	0,8933	0,9021	0,9060

Gew.-% X_1	24,85
25 °C	0,9102

HCl Chlorwasserstoff (X_1) — $C_6H_{14}O$ **n-Hexanol** (X_2)
[*22*] ⟨K 10 bis 1,8 Mol X_1/Liter, d 3, ϑ −30°, −15°, 0°, 25 °C⟩

HCl Chlorwasserstoff (X_1) — $C_6H_{14}O$ **Di-n-propyläther** (X_2)
[*24*] ⟨K 16, d 3⟩

Gew.-% X_1	0,00	1,79	3,52	5,19	6,80	8,36	9,86	11,32	12,73	14,10	16,71
25 °C	0,742	0,748	0,755	0,762	0,768	0,775	0,782	0,789	0,796	0,802	0,814

Gew.-% X_1	19,16	21,48
25 °C	0,825	0,836

HCl Chlorwasserstoff (X_1) — **$C_7H_{16}O$ n-Heptanol** (X_2)
[*22*] ⟨K 9 bis 1,4 Mol X_1/Liter, d 3, ϑ −30°, −15°, 0°, 25 °C⟩

HCl Chlorwasserstoff (X_1) — **$C_8H_{18}O$ Dibutyläther** (X_2)
[25] ⟨K 12, d 3⟩

Gew.-% X_1	0,00	1,79	3,52	5,19	6,80	8,36	9,86	11,32	12,73	14,10	15,42	15,94
25 °C	0,760	0,770	0,779	0,786	0,793	0,798	0,803	0,807	0,811	0,815	0,819	0,820

HCl Chlorwasserstoff (X_1) — **$C_{10}H_{22}O$ Dipentyläther** (X_2)
[*25*] ⟨K 10, d 3⟩

Gew.-% X_1	0,00	1,79	3,52	5,19	6,80	8,36	9,86	11,32	12,73	13,28
25 °C	0,783	0,789	0,795	0,799	0,803	0,807	0,810	0,813	0,816	0,817

HCl Chlorwasserstoff (X_1) — **$C_{10}H_{22}O$ Diisoamyläther** (X_2) [*1*]

HCl Chlorwasserstoff (X_1) — **CH_5N Methylamin** (X_2)
[*27*] ⟨graph., ϑ −50°, −30°, −10 °C⟩

HCl Chlorwasserstoff (X_1) — **CH_3ON Formamid** (X_2)
[*18*] ⟨Gleichung bis 3,5 normal X_1, ϑ 25 °C⟩

Cl_2O Dichlormonoxid (X_1) — **CCl_4 Tetrachlormethan** (X_2) [*10*]

Cl_2O_7 Dichlorheptoxid (X_1) — **CCl_4 Tetrachlormethan** (X_2) [*11*]

$HClO_4$ Perchlorsäure (X_1) — **$C_2H_4O_2$ Essigsäure** (X_2)
[*16*] ⟨K 11, d 4, ϑ 35 °C⟩

Mol-% X_1	0,00	4,65	12,14	20,29	32,54	44,84	51,17	63,95	71,92	82,95	100,00
20 °C	—	1,118	1,213	1,307	1,429	1,532	1,575	1,646	1,680	1,725	1,772
50 °C	1,016	1,086	1,188	1,278	1,399	1,496	1,540	—	1,639	1,679	1,731

[*13*]

$HClO_4$ Perchlorsäure (X_1) — **$C_2H_3ClO_2$ Monochloressigsäure** (X_2)
[*15*] ⟨K 8, d 4, ϑ 35 °C⟩

Mol-% X_1	23,34	32,73	36,72	52,31	62,74	69,90	77,75	94,40
20 °C	—	1,593	1,613	1,666	1,696	1,717	1,739	1,771
60 °C	1,484	1,532	1,552	1,602	1,633	1,652	1,669	—

[*13*]

$HClO_4$ Perchlorsäure (X_1) — **$C_2H_2Cl_2O_2$ Dichloressigsäure** (X_2)
[*14*] ⟨K 9, d 4, ϑ 35 °C⟩

Mol-% X_1	8,42	24,32	38,41	50,36	56,76	68,75	79,52	86,49	96,49
20 °C	1,569	1,604	1,644	1,663	1,683	1,705	1,727	1,743	1,766
60 °C	1,531	1,560	1,597	1,621	1,631	1,653	1,675	1,688	1,708

[*13*]

$HClO_4$ Perchlorsäure (X_1) — **$C_2HF_3O_2$ Trifluoressigsäure** (X_2)
[*26*] ⟨K 10, d 3⟩

Mol-% X_1	0,00	21,14	30,35	40,01	50,54	61,55	69,31	76,03	89,34	100,00
0 °C	1,536	1,598	1,622	1,645	1,671	1,699	1,720	1,735	1,774	1,808
25 °C	1,477	1,544	1,570	1,593	1,621	1,650	1,671	1,689	1,726	1,760

$HClO_4$ Perchlorsäure (X_1) — **$C_2HCl_3O_2$ Trichloressigsäure** (X_2)
[12] ⟨K 8, d 4, ϑ 50 °C⟩

Mol-% X_1	23,74	32,19	42,25	54,39	72,24	79,71	91,18	100,00
20 °C	1,688	1,691	1,698	1,703	1,723	1,735	1,753	1,772
60 °C	1,618	1,621	1,626	1,636	1,649	1,656	1,669	—

[26] ⟨K 5, d 3, ϑ 0°, 25 °C⟩ *[13]*

1 Schönrock, O.: Z. physik. Chem. **11** (1893) 753—86.
2 Jones, J., Lapworth, A., Lingford, H. M.: J. chem. Soc. (London) **103** (1913) 252—63.
3 Willard, H. H., Smith, G. F.: J. Amer. chem. Soc. **44** (1922) 2816—24.
4 Lewis, J. R.: J. Amer. chem. Soc. **47** (1925) 626—40.
5 Goldsmith, H., Aarflot, H.: Z. physik. Chem. **122** (1926) 371—82.
6 Schreiner, E.: Z. physik. Chem. **135** (1928) 461—72.
7 Fairbrother, F.: J. chem. Soc. (London) **1932**, 43—55.
8 **1933**, 541—43.
9 Trans. Faraday Soc. **30** (1934) 862—70.
10 Sundhoff, D., Schumacher, H. J.: Z. physik. Chem., Abt. B, **28** (1935) 17—30.
11 Fonteyne, R.: Natuurwetensch. Tijdschr. **20** (1938) 275—78 (nach Chem. Zbl.).
12 Ssumarokowa, T., Grushkin, Z.: J. allg. Chem. (Shurnal Obschtschei Chimii) **16** (1946) 1991—96 (nach Chem. Abstr. u. Tim.).
13 Ssumarokowa, T., Ussanowitsch, M.: Acta physicochim. URSS **21** (1946) 841—48.
14 J. allg. Chem. (Shurnal Obschtschei Chimii) **17** (1947) 157—62 (nach Chem. Zbl. u. Tim.).
15 Ussanowitsch, M., Ssumarokowa, T.: J. allg. Chem. (Shurnal Obschtschei Chimii) **17** (1947) 163—68 (nach Chem. Zbl. u. Tim.).
16 **17** (1947) 1415—21 (nach Chem. Zbl. u. Tim.).
17 Gjaldbaeck, J. Chr., Hildebrand, J. H.: J. Amer. chem. Soc. **72** (1950) 1077—78.
18 Pavlopoulos, Th., Strehlow, H.: Z. physik. Chem. [N. F.] **2** (1954) 89—103.
19 Dorofewa, N. G., Kudra, O. K.: Ukrain. chem. J. (Ukrainski Chimitschesski Shurnal) **24** (1958) 592—98.
20 **24** (1958) 706—11.
21 Minc, St., Sobkowski, J.: Roczniki Chem. **33** (1959) 769—77.
22 Vrzosek, N. I., Dorofewa, N. G., Kudra, O. K.: Ukrain. chem. J. (Ukrainski Chimitschesski Shurnal) **32** (1966) 801—06.
23 Ionin, M. V., Shanina, P. I.: J. allg. Chem. (Shurnal Obschtschei Chimii) **37** (1967) 749—53; J. Gen. Chem. USSR **37** (1967) 703—07.
24 Ionin, M. V., Shverina, V. G.: J. allg. Chem. (Shurnal Obschtschei Chimii) **37** (1967) 2431—35; J. Gen. Chem. USSR **37** (1967) 2313—16.
25 J. allg. Chem. (Shurnal Obschtschei Chimii) **38** (1968) 2137—40; J. Gen. Chem. USSR **38** (1968) 2072—74.
26 Ligus, V. I., u. a.: J. allg. Chem. (Shurnal Obschtschei Chimii) **39** (1969) 2631—34; J. Gen. Chem. USSR **39** (1969) 2569—72.
27 Yamamoto, M., Nakamura, Y., Shimoji, M.: Trans. Faraday Soc. **67** (1971) 2292—97.

Br Bromverbindungen

Br_2 Brom (X_1) — **C_5H_{12} Trimethyläthan** (X_2)
[10] ⟨K 11, d 4⟩

Mol-% X_1	0	10	20	30	40	50	60	70	80	90	100
25 °C	0,655	0,836	0,996	1,184	1,650	1,846	2,050	2,255	2,619	2,858	3,000

Br_2 Brom (X_1) — **C_8H_6 Phenylacetylen** (X_2)
[10] ⟨K 12, d 4⟩

Mol-% X_1	0	10	20	30	40	50	60	66,7	70	80	90	100
25 °C	0,925	1,052	1,200	1,374	1,580	1,829	2,140	2,361	2,435	2,600	2,805	3,000

Br_2 Brom (X_1) — **CCl_4 Tetrachlormethan** (X_2)
[1] ⟨K 2, d 4, ϑ 40°, 50°, 60°, 70°, 75 °C⟩
[3] ⟨K 6 bis 3,6 Gew.-% X_1, d 4, ϑ 32,5 °C⟩
[4] ⟨K 8 bis 16,5 Gew.-% X_1, d 4, ϑ 0 °C⟩

Br_2 Brom (X_1) — C_2Br_2 Dibromacetylen (X_2)
[*10*] ⟨K 11, d 4⟩

Mol-% X_1	0	10	20	30	40	50	60	70	80	90	100
25 °C	2,262	2,396	2,527	2,662	2,797	2,905	2,926	2,957	2,974	2,993	3,000

Br_2 Brom (X_1) — C_2H_6O Dimethyläther (X_2)
[*8*] ⟨K 5, Molvolumen, ϑ −70 °C⟩

Br_2 Brom (X_1) — $C_3H_8O_2$ Methylal (X_2)
[*8*] ⟨K 10, Molvolumen, ϑ −70 °C⟩

Br_2 Brom (X_1) — $C_4H_{10}O$ Diäthyläther (X_2) [*10*]

Br_2 Brom (X_1) — $C_6H_{14}O$ Dipropyläther (X_2)
[*10*] ⟨K 7, d 4⟩

Mol-% X_1	0	70	75	77,5	83	90	100
25 °C	0,743	1,647	1,791	1,865	2,048	2,394	3,102

[*8*] ⟨K 5, Molvolumen, ϑ −70 °C⟩

Br_2 Brom (X_1) — $C_8H_{10}O$ Methylbenzyläther (X_2)
[*10*] ⟨K 14, d 4⟩

Mol-% X_1	0	25	50	66,7	70	75	77,5	80	83	90	100
0 °C	0,991	1,147	1,401	1,690	1,752	1,877	2,061	—	2,201	2,508	3,189
25 °C	0,965	1,117	1,356	1,623	1,696	1,800	1,907	1,959	2,116	2,449	3,102

Br_2 Brom (X_1) — $C_{10}H_{22}O$ Diisoamyläther (X_2)
[*8*] ⟨K 2, Molvolumen, ϑ −70 °C⟩

Br_2 Brom (X_1) — $C_{14}H_{14}O$ Dibenzyläther (X_2)
[*10*] ⟨K 5, d 4⟩

Mol-% X_1	0	50	75	90	100
0 °C	1,059	1,401	1,696	2,341	3,189
25 °C	1,037	1,476	1,647	2,271	3,102

Br_2 Brom (X_1) — $C_4H_8Cl_2O$ Di(chloräthyl)äther (X_2)
[*8*] ⟨K 16, Molvolumen, ϑ −70 °C⟩

Br_2 Brom (X_1) — $C_5H_{11}BrO$ Äthyl-brompropyl-äther (X_2)
[*10*] ⟨K 7, d 4⟩

Mol-% X_1	0	50	66,7	71	75	85	100
25 °C	1,243	1,676	1,882	1,979	2,098	2,440	3,102

Br_2 Brom (X_1) — $C_3H_{10}ClN$ Trimethylammoniumchlorid (X_2) [*4*]

Br_2 Brom (X_1) — $C_6H_5O_2N$ Nitrobenzol (X_2)
[*2*] ⟨ϑ 32,5 °C⟩

Br_2 Brom (X_1) — C_7H_7ON Benzamid (X_2)
[*5*] ⟨K 6, d 3, ϑ 75 °C⟩

Gew.-% X_1	74,55	83,59	88,55	92,33	96,71	100,00
18 °C	2,238	2,513	2,644	2,844	2,985	3,161

HBr Bromwasserstoff (X_1) — C_6H_6 Benzol (X_2)
[*9*] ⟨K 6, d 4⟩

Mol-% X_1	0,00	2,21	3,56	4,07	4,20	4,89
20 °C	0,879	0,890	0,897	0,900	0,901	0,904

HBr Bromwasserstoff (X_1) — CCl_4 **Tetrachlormethan** (X_2)
[9] ⟨K 5, d 4⟩

Mol-% X_1	0,00	1,02	1,54	2,88	3,46
20 °C	1,594	1,595	1,596	1,598	1,598

HBr Bromwasserstoff (X_1) — C_2H_6O **Äthanol** (X_2)
[6] ⟨K 1, ϑ 25 °C⟩

HBr Bromwasserstoff (X_1) — $C_4H_{10}O$ **Diäthyläther** (X_2)
[7] ⟨K 15, d 3⟩

Mol-% X_1	8,85	15,80	24,54	44,65	47,89	51,23	61,40	68,83	75,21	82,88	85,94	89,39	100,00
0 °C	0,795	0,853	0,929	1,118	1,227	1,277	1,444	1,570	1,668	1,794	1,835	1,875	1,937

HBr Bromwasserstoff (X_1) — $C_{10}H_{22}O$ **Diisoamyläther** (X_2)
[11] ⟨K 11, d 4, ϑ 25 °C⟩

HBr Bromwasserstoff (X_1) — $C_6H_{14}O$ **n-Hexanol** (X_2)
[12] ⟨K 12 bis 1,9 Mol X_1/Liter, d 3, ϑ −30°, −15°, 0°, 25 °C⟩

HBr Bromwasserstoff (X_1) — $C_7H_{16}O$ **n-Heptanol** (X_2)
[12] ⟨K 13 bis 1,46 Mol X_1/Liter, d 3, ϑ −30°, −15°, 0°, 25 °C⟩

1 | Lumsden, J. S.: J. chem. Soc. (London) **91** (1907) 24—35.
2 | Joseph, A. F.: J. chem. Soc. (London) **107** (1915) 1—7.
3 | Jones, G., Hartmann, M. L.: Trans. Amer. electrochem. Soc. **30** (1916) 295—326.
4 | Darby, E. H.: J. Amer. chem. Soc. **40** (1918) 347—56.
5 | Finkelstein, V.: J. russ. physik. chem. Ges. (Russkogo Fisikochimitschesskogo Obschtschesstwa) **58** (1926) 570; Z. physik. Chem. **121** (1926) 46—64.
6 | Goldsmith, H., Aarflot, H.: Z. physik. Chem. **122** (1926) 371—82.
7 | Russell, J., Sullivan, W. E.: Trans. Roy. Soc. Canada, Sect. III (3) **20** (1926—28) 301—06.
8 | Bruns, B. P.: Z. anorg. allg. Chem. **163** (1927) 120—40.
9 | Fairbrother, F.: Trans. Faraday Soc. **30** (1934) 862—70.
10 | Kurnakow, N. S., Wosskressenskaja, N. K., Golzmann, M., Schuwalow, M.: Bull. Acad. Sci. URSS, Ser. chim. (Iswesstija Akademii Nauk SSSR Sserija Chimitschesskaja) **1938**, Nr. 2, S. 379—90 (nach Chem. Zbl., Tim.).
11 | Dorafejewa, N. G., Wrshossek, N. I., Kudra, O. K.: Ukrain. chem. J. (Ukrainski Chimitschesski Shurnal) **29** (1963) 156—61.
12 | Vrzosek, N. I., Dorofejewa, N. G., Kudra, O. K.: Ukrain. chem. J. (Ukrainski Chimitschesski Shurnal) **32** (1966) 801—06.

J Jodverbindungen

J_2 Jod (X_1) — C_6H_{12} **Cyclohexan** (X_2)
[15] ⟨K 5, d 4⟩ [20]

Gew.-% X_1	0,00	1,00
25 °C	0,773	0,779

J_2 Jod (X_1) — C_6H_{10} **Cyclohexen** (X_2)
[15] ⟨K 6, d 4⟩

Gew.-% X_1	0	1	2	3	4	5	6
25 °C	0,806	0,813	0,820	0,827	0,834	0,841	0,847

J_2 Jod (X_1) — C_6H_6 **Benzol** (X_2)
[8] ⟨K 4, d 5⟩

Gew.-% X_1	0	2	4	6	8
20 °C	0,878	0,892	0,907	0,922	0,937
40 °C	0,858	0,871	0,885	0,900	0,915
60 °C	0,837	0,850	0,864	0,878	0,893

[9] ⟨K 6 bis 6,3 Gew.-% X_1, d 4, ϑ 25 °C⟩ [5, 7]
[15] ⟨K 6 bis 6 Gew.-% X_1, d 4, ϑ 25 °C⟩

J_2 Jod (X_1) – **C_7H_{16} Heptan** (X_2) [*3, 7*]

J_2 Jod (X_1) – **C_7H_8 Toluol** (X_2)
[*8*] ⟨K4, d5⟩

Gew.-% X_1	0	2,54	4,94	9,44
20 °C	0,866	0,883	0,900	0,935
40 °C	0,845	0,864	0,881	0,916
60 °C	0,829	0,845	0,862	0,896

[*3*] ⟨K3 bis 5,3 Gew.-% X_1, d4, ϑ 18 °C⟩ [*5, 7*]

J_2 Jod (X_1) – **C_8H_{14} Di-isobutylen** (X_2)
[*15*] ⟨K6, d4⟩

Gew.-% X_1	0	1	2	3	4
25 °C	0,712	0,719	0,725	0,731	0,737

J_2 Jod (X_1) – **C_8H_{10} m-Xylol** (X_2) [*7*]

J_2 Jod (X_1) – **C_8H_{10} p-Xylol** (X_2)
[*15*] ⟨K6, d4⟩

Gew.-% X_1	0	1	2	3	4	4,5
25 °C	0,857	0,864	0,871	0,878	0,885	0,889

J_2 Jod (X_1) – **$CHCl_3$ Chloroform** (X_2)
[*8*] ⟨K4, d4⟩

Gew.-% X_1	0	1	2	3
20 °C	1,482	1,491	1,501	1,510
40 °C	1,445	1,454	1,463	1,472

[*7*]

J_2 Jod (X_1) – **CCl_4 Tetrachlormethan** (X_2)
[*14*] ⟨K6, d4⟩

Gew.-% X_1	0	2	4	6	8	8,76
20 °C	1,594	1,602	1,611	1,619	1,627	1,630

[*8*] ⟨K4 bis 0,5 Gew.-% X_1, d4, ϑ 20°, 40°, 60 °C⟩ [*3, 7*]

J_2 Jod (X_1) – **C_2H_5J Äthyljodid** (X_2)
[*3*] ⟨ϑ 18 °C⟩

J_2 Jod (X_1) – **$C_2H_4Br_2$ Dibrom-äthan** (X_2)
[*3*] ⟨ϑ 18 °C⟩ [*7, 10*]

J_2 Jod (X_1) – **$C_2H_2Br_4$ 1.1.2.2-Tetrabrom-äthan** (X_2) [*7*]

J_2 Jod (X_1) – **C_6H_5Cl Chlorbenzol** (X_2)
[*3*] ⟨K4, d4⟩

Gew.-% X_1	0	1	2	4	4,32
18 °C	1,108	1,117	1,124	1,141	1,143

J_2 Jod (X_1) – **C_6H_5Br Brombenzol** (X_2) [*7*]

J_2 Jod (X_1) – **C_7F_{16} Hexadecafluor-n-heptan** (X_2)
[*21*] ⟨ges. Lsg., ϑ 25 °C⟩

J_2 Jod (X_1)—CH_4O Methanol (X_2)
[3] ⟨K4, d4⟩

Gew.-% X_1	0	1	2	4	6	8
18 °C	0,798	0,805	0,812	0,825	0,839	0,853

[6] ⟨K1, ϑ 25,6 °C⟩ [7]
[22] ⟨K6 bis 2,2 Gew.-% X_1, d4, ϑ 25 °C⟩

J_2 Jod (X_1)—C_2H_6O Äthanol (X_2)
[3] ⟨K4, d4⟩

Gew.-% X_1	0	1	2	4	6	8	10
18 °C	0,792	0,798	0,805	0,818	0,832	0,847	0,862

[1, 10]

J_2 Jod (X_1)—C_3H_6O Aceton (X_2)
[8] ⟨K4, d5⟩

Gew.-% X_1	0	1	2	4	6	8
20 °C	0,791	0,798	0,805	0,820	0,835	0,851
40 °C	0,768	0,775	0,782	0,797	0,812	0,828

J_2 Jod (X_1)—$C_3H_6O_2$ Methylacetat (X_2)
[3] ⟨ϑ 18 °C⟩

J_2 Jod (X_1)—$C_3H_8O_3$ Glycerin (X_2)
[2] ⟨ges. Lsg., d4, ϑ 25 °C⟩

J_2 Jod (X_1)—$C_4H_{10}O$ Diäthyläther (X_2)
[3] ⟨K3, d4⟩

Gew.-% X_1	0	1	2	4	6	6,42
18 °C	0,716	0,722	0,729	0,742	0,755	0,758

[4]

J_2 Jod (X_1)—$C_4H_8O_2$ Äthylacetat (X_2)
[3] ⟨ϑ 18 °C⟩ [7]

J_2 Jod (X_1)—$C_4H_8O_2$ 1.4-Dioxan (X_2)
[15] ⟨K6, d4⟩

Gew.-% X_1	0	1	2	3	4
25 °C	1,028	1,035	1,043	1,051	1,059

J_2 Jod (X_1)—$C_5H_{12}O$ Isoamylalkohol (X_2) [11]

J_2 Jod (X_1)—C_7H_8O Anisol (X_2) [7]

J_2 Jod (X_1)—$C_7H_{14}O_2$ Isoamylacetat (X_2) [7]

J_2 Jod (X_1)—$C_8H_{10}O$ Phenetol (X_2) [7]

J_2 Jod (X_1)—C_5H_5N Pyridin (X_2)
[3] ⟨ϑ 18 °C⟩

J_2 Jod (X_1)—C_8H_7N Phenylacetonitril (X_2)
[3] ⟨ϑ 18 °C⟩

J_2 Jod (X_1)—$C_6H_5O_2N$ Nitrobenzol (X_2)
[3] ⟨K4, d4⟩

Gew.-% X_1	0	1	2	3	4
18 °C	1,206	1,214	1,222	1,231	1,239

HJ Jodwasserstoff (X_1)—C_6H_6 **Benzol** (X_2)
[*13*] ⟨K5, d4⟩

Mol-% X_1	0,00	2,44	3,70	6,54	7,22
20 °C	0,879	0,903	0,915	0,944	0,950

J Jodwasserstoff (X_1)—CCl_4 **Tetrachlormethan** (X_2)
[*13*] ⟨K6, d4⟩

Mol-% X_1	0,00	2,69	3,13	3,64	4,23	4,59
20 °C	1,594	1,607	1,609	1,612	1,614	1,616

JCl Jodchlorid (X_1)—C_6H_{12} **Cyclohexan** (X_2)
[*14*] ⟨Kl. Konzz., ϑ 20 °C⟩

JCl Jodchlorid (X_1)—CCl_4 **Tetrachlormethan** (X_2)
[*12*] ⟨Kl. Konzz., ϑ 25 °C⟩

JCl Jodchlorid (X_1)—C_5H_5N **Pyridin** (X_2)
[*17*] ⟨K10, d3, ϑ 50 °C⟩

Mol-% X_1	63,66	64,86	66,22	69,69	73,98	75,76	81,58	91,93	95,99	100,00
35 °C	2,365	2,397	2,414	2,439	2,545	2,625	2,778	3,045	3,178	3,193

JCl Jodchlorid (X_1)—C_2H_5ON **Acetamid** (X_2) [*16*]

JCl Jodchlorid (X_1)—C_7H_7ON **Benzamid** (X_2)
[*18*] ⟨K17, d3⟩

Mol-% X_1	42,28	49,65	55,74	57,57	65,29	71,30	78,12	82,72	87,14	90,70	93,71	95,07	100,00
50 °C	1,747	1,854	1,920	1,953	2,092	2,227	2,416	2,581	2,780	2,840	2,923	2,966	3,166

JCl Jodchlorid (X_1)—$C_{11}H_{15}ON$ **Diäthylbenzamid** (X_2)
[*19*] ⟨K5, d3, ϑ 50 °C⟩

Mol-% X_1	0,00	36,45	46,12	64,75	100,00
35 °C	1,071	1,405	1,600	1,985	3,192

1 Tammann, G., Hirschberg, W.: Z. physik. Chem. **13** (1894) 543—49.
2 Herz, W., Knoch, M.: Z. anorg. Chem. **45** (1905) 262—69.
3 Dawson, H. M.: J. chem. Soc. (London) **97** (1910) 1041—56.
4 Cavazzi, A.: Gazz. chim. ital. **44** I (1914) 448 (nach Gmelin).
5 Herz, W.: Z. physik. Chem. **87** (1914) 63—68.
6 Dancaster, E. A.: J. chem. Soc. (London) **125** (1924) 2036—37.
7 Miller, Ch. H.: Proc. Roy. Soc. (London) Ser. A **106** (1924) 724—40 (nach Tabl. ann.).
8 Grunert, H.: Z. anorg. allg. Chem. **164** (1927) 256—62.
9 Williams, J. W., Allgeier, R. J.: J. Amer. chem. Soc. **49** (1927) 2416—22.
10 Wratschko: Pharmaz. Presse **34** (1929) 4, 20, 26, 76, 116, 132, 227, 256, 274 (nach L.B.5., E.II).
11 Kosakewitsch, P. P., Kosakewitsch, N. S.: Z. physik. Chem., Abt. A, **166** (1933) 113—35.
12 Malone, M. G., Ferguson, A. L.: J. chem. Physics **2** (1934) 99—104.
13 Fairbrother, F.: Trans. Faraday Soc. **30** (1934) 862—70.
14 J. chem. Soc. (London) **1936**, 847—53.
15 **1948**, 1051—56.
16 Fialkow, Ja. A., Musyka, I. D.: J. allg. Chem. (Shurnal Obschtschei Chimii) **18** (1948) 802—12.
17 **18** (1948) 1205—14.
18 **19** (1949) 1416—28.
19 J. Gen. Chem. UdSSR **21** (1951) 823 (nach Tim.).
20 Kortüm, G., Walz, H.: Z. Elektrochem., Ber. Bunsenges. physik. Chem. **57** (1953) 73—81.
21 Glew, D. N., Hildebrand, J. H.: J. physic. Chem. **60** (1956) 616—18.
22 MacInnes, D. A., Dayhoff, M. O.: J. Amer. chem. Soc. **75** (1953) 5219—20.

S, Se, Te Schwefel-, Selen- und Tellurverbindungen

S Schwefel (X_1) — **C_6H_6 Benzol** (X_2)
[10] ⟨K3 bis 1,5 Gew.-% X_1, d5, Gleichung⟩
[25] ⟨ϑ 25 °C⟩

S Schwefel (X_1) — **C_7H_8 Toluol** (X_2)
[5] ⟨K4 bis 2,9 Gew.-% X_1, d4, ϑ 25 °C⟩
[25] ⟨ϑ 25 °C⟩

S Schwefel (X_1) — **C_8H_{10} m-Xylol** (X_2)
[25] ⟨ϑ 25 °C⟩

S Schwefel (X_1) — **$CHCl_3$ Chloroform** (X_2)
[25] ⟨ϑ 25 °C⟩

S Schwefel (X_1) — **CCl_4 Tetrachlormethan** (X_2)
[25] ⟨ϑ 25 °C⟩

S Schwefel (X_1) — **C_3H_6O Aceton** (X_2)
[2] ⟨ges. Lsg., d4, ϑ 25 °C⟩

H_2S Schwefelwasserstoff (X_1) — **C_6H_6 Benzol** (X_2)
[26] ⟨K8 bis 1,3 Gew.-% X_1, d5, ϑ 30 °C⟩

H_2S Schwefelwasserstoff (X_1) — **$C_{10}H_{22}$ Decan** (X_2) [27]

H_2S Schwefelwasserstoff (X_1) — **$CHCl_3$ Chloroform** (X_2)
[7] ⟨K3, d4⟩

Gew.-% X_1	0,00	0,19	0,29
25 °C	1,473	1,470	1,464

H_2S_2 Dischwefelwasserstoff (X_1) — **C_6H_6 Benzol** (X_2)
[22] ⟨K5, d5⟩

Mol-% X_1	0,00	4,96	10,02	14,60	19,87
25 °C	0,873	0,886	0,898	0,910	0,923

SO_2 Schwefeldioxid (X_1) — **C_6H_6 Benzol** (X_2)
[7] ⟨K12, d4⟩

Gew.-% X_1	0,00	2,72	4,52	7,38	19,24	25,83	42,82	47,42	48,33	73,21	73,61	100,00
25 °C	0,871	0,880	0,887	0,895	0,937	0,963	1,035	1,057	1,075	1,189	1,191	1,367

[9] ⟨K5, d3, ϑ −30°, −20°, −10°, 10°, 30°, 40°, 50°, 70°, 80 °C⟩

Gew.-% X_1	22,30	37,31	53,99	77,93	100,00
−40 °C	—	—	—	1,263	1,535
0 °C	0,980	1,036	1,074	1,196	1,437
+20 °C	0,954	1,008	1,047	1,160	1,385
+60 °C	0,904	0,954	1,001	1,083	1,270

[24] ⟨K7 bis 7,3 Gew.-% X_1, d5, ϑ 25 °C⟩

SO_2 Schwefeldioxid (X_1) — **C_7H_{16} Heptan** (X_2)
[7] ⟨K3, d4⟩

Gew.-% X_1	0,00	1,71	3,18
25 °C	0,677	0,678	0,683

Lacmann

SO_2 Schwefeldioxid (X_1) — **C_7H_8 Toluol** (X_2)
[*7*] ⟨K 16, d 4⟩

Gew.-% X_1	0,00	1,29	3,21	7,48	14,00	25,28	29,54	47,08	52,66	65,00	72,05	78,57	100,00
25 °C	0,860	0,863	0,870	0,881	0,909	0,953	0,972	1,048	1,086	1,142	1,183	1,187	1,367

SO_2 Schwefeldioxid (X_1) — **C_8H_{10} Xylol** (X_2)
[*7*] ⟨K 7, d 4⟩

Gew.-% X_1	0,00	3,52	5,00	6,72	8,78	10,92	15,43
25 °C	0,859	0,868	0,874	0,878	0,886	0,892	0,903

SO_2 Schwefeldioxid (X_1) — **C_9H_{12} Mesitylen** (X_2)
[*12*] ⟨K 5, d 4⟩

Mol-% X_1	0,0	13,7	22,3	25,5	100,0
25 °C	0,861	0,884	0,903	0,912	1,367

SO_2 Schwefeldioxid (X_1) — **$CHCl_3$ Chloroform** (X_2)
[*19*] ⟨K 12, d 4⟩

Gew.-% X_1	0,00	14,15	16,08	29,73	38,06	38,20	43,35	56,67	61,02	69,14	79,05	100,00
25 °C	1,480	1,454	1,451	1,432	1,422	1,422	1,416	1,402	1,397	1,389	1,382	1,368

[*7*] ⟨K 4, d 4, ϑ 25 °C⟩

SO_2 Schwefeldioxid (X_1) — **$CHBr_3$ Bromoform** (X_2)
[*19*] ⟨K 11, d 4⟩

Gew.-% X_1	0,00	10,88	16,52	20,11	36,39	38,66	56,60	65,58	73,02	76,14	100,00
25 °C	2,860	2,548	2,416	2,337	2,037	2,004	1,766	1,665	1,590	1,559	1,368

SO_2 Schwefeldioxid (X_1) — **CCl_4 Tetrachlormethan** (X_2)
[*19*] ⟨K 11, d 4⟩

Gew.-% X_1	0,00	11,64	16,07	23,13	24,70	35,91	55,50	62,54	77,32	85,36	100,00
25 °C	1,584	1,544	1,529	1,506	1,501	1,471	1,434	1,420	1,395	1,384	1,368

[*7*] ⟨K 18, d 4, ϑ 25 °C⟩

SO_2 Schwefeldioxid (X_1) — **C_3H_7Br n-Propylbromid** (X_2)
[*20*] ⟨K 8, d 4⟩

Gew.-% X_1	0,00	18,50	35,61	47,90	62,83	77,27	93,51	100,00
25 °C	1,3430	1,3430	1,3436	1,3436	1,3470	1,3513	1,3587	1,3680

SO_2 Schwefeldioxid (X_1) — **C_3H_7Br iso-Propylbromid** (X_2)
[*20*] ⟨K 9, d 4⟩

Gew.-% X_1	0,00	11,71	19,46	33,33	53,77	63,29	83,16	91,75	100,00
25 °C	1,3060	1,3083	1,3107	1,3163	1,3266	1,3338	1,3491	1,3599	1,3680

SO_2 Schwefeldioxid (X_1) — **C_4H_9Br n-Butylbromid** (X_2)
[*20*] ⟨K 10, d 4⟩

Gew.-% X_1	0,00	13,98	23,37	33,01	43,00	52,87	60,44	76,73	86,38	100,00
25 °C	1,2689	1,2780	1,2843	1,2906	1,2986	1,3076	1,3155	1,3342	1,3483	1,3680

SO_2 Schwefeldioxid (X_1) – **CH_4O Methanol** (X_2)
[7] ⟨K13, d4⟩

Gew.-% X_1	0,00	8,02	21,58	25,53	31,24	48,73	55,32	59,11	70,71	74,90	79,73
25 °C	0,787	0,818	0,881	0,898	0,930	1,028	1,066	1,089	1,160	1,188	1,224

Gew.-% X_1	81,84	100,00
25 °C	1,232	1,367

SO_2 Schwefeldioxid (X_1) – **C_3H_6O Aceton** (X_2)
[7] ⟨K13, d4⟩

Gew.-% X_1	0,00	5,34	18,02	22,22	24,74	30,60	42,44	52,42	62,07	78,45	87,68
25 °C	0,785	0,805	0,857	0,876	0,889	0,913	0,971	1,031	1,089	1,199	1,269

Gew.-% X_1	91,35	100,00
25 °C	1,295	1,367

SO_2 Schwefeldioxid (X_1) – **$C_4H_{10}O$ Diäthyläther** (X_2)
[7] ⟨K15, d4⟩

Gew.-% X_1	0,00	5,00	8,33	11,70	14,20	24,94	33,53	43,00	49,44	61,17	74,41
25 °C	0,708	0,728	0,742	0,756	0,767	0,825	0,865	0,917	0,959	1,031	1,134

Gew.-% X_1	90,17	100,00
25 °C	1,266	1,367

[41]

SO_2 Schwefeldioxid (X_1) – **$C_4H_8O_2$ Äthylacetat** (X_2)
[12] ⟨K1, d4, ϑ 25 °C⟩

SO_2 Schwefeldioxid (X_1) – **$C_{10}H_{16}O$ Campher** (X_2)
[1] ⟨K4, d4, ϑ 20 °C⟩

H_2SO_4 Schwefelsäure (X_1) – **C_2H_6O Dimethyläther** (X_2)
[17] ⟨ϑ 25 °C⟩

H_2SO_4 Schwefelsäure (X_1) – **$C_2H_4O_2$ Essigsäure** (X_2)
[15] ⟨K7, d4⟩

Mol-% X_1	0,00	25,04	33,43	49,94	69,97	75,99	100,00
0 °C	1,0697	1,3370	1,4090	1,5555	1,6985	1,7340	1,8513
10 °C	1,0593	1,3250	1,3980	1,5450	1,6886	1,7240	1,8409
20 °C	1,0491	1,3104	1,3880	1,5367	1,6800	1,7170	1,8305
30 °C	1,0392	1,3056	1,3770	1,5275	1,6720	1,7070	1,8205

[4] ⟨K7, d4, ϑ 15°, 76,5 °C⟩
[16] ⟨K11, d3, ϑ 25 °C⟩
[28] ⟨K7, d4, ϑ 25 °C⟩
[29] ⟨ϑ 25°, 40 °C⟩

H_2SO_4 Schwefelsäure (X_1) – **C_3H_6O Aceton** (X_2)
[35] ⟨K8, d4⟩

Gew.-% X_1	97,68	97,97	98,26	98,55	98,84	99,13	99,42	99,71
25 °C	1,797	1,801	1,805	1,808	1,812	1,816	1,819	1,823

[28] ⟨K6, d4, ϑ 25 °C⟩

H_2SO_4 Schwefelsäure (X_1) – **$C_3H_6O_2$ Propionsäure** (X_2)
[29] ⟨ϑ 25°, 40 °C⟩

H_2SO_4 Schwefelsäure (X_1) – **$C_4H_{10}O$ Diäthyläther** (X_2)
[13] ⟨K 19, d 4, ϑ 10°, 30 °C⟩

Mol-% X_1	0,00	14,30	21,78	48,25	53,13	56,99	66,25	74,25	81,70	84,26	94,50	100,00
0 °C	0,733	0,873	—	—	1,266	—	1,412	1,501	1,594	1,637	1,785	1,853
20 °C	0,714	0,852	0,930	1,194	1,250	1,289	1,395	1,465	1,570	1,619	1,765	1,836

[3] ⟨K 22, d 4, ϑ 30 °C⟩
[6] ⟨K 17, d 4, ϑ 30 °C⟩
[32] ⟨ϑ 25°, 40 °C⟩

H_2SO_4 Schwefelsäure (X_1) – **$C_4H_8O_2$ Buttersäure** (X_2)
[29] ⟨ϑ 25°, 40 °C⟩

H_2SO_4 Schwefelsäure (X_1) – **$C_4H_8O_2$ Äthylacetat** (X_2) *[34]*

H_2SO_4 Schwefelsäure (X_1) – **$C_4H_6O_3$ Essigsäureanhydrid** (X_2)
[11] ⟨K 7, d 3⟩

H_2SO_4 Schwefelsäure (X_1) – **$C_5H_{10}O_2$ Valeriansäure** (X_2)
[31] ⟨ϑ 25°, 40 °C⟩

H_2SO_4 Schwefelsäure (X_1) – **$C_5H_{10}O_2$ Isovaleriansäure** (X_2)
[31] ⟨ϑ 25°, 40 °C⟩

H_2SO_4 Schwefelsäure (X_1) – **$C_6H_{14}O$ Dipropyläther** (X_2)
[18] ⟨ϑ 25 °C⟩

H_2SO_4 Schwefelsäure (X_1) – **C_7H_6O Benzaldehyd** (X_2)
[33] ⟨ϑ 25°, 40 °C⟩

H_2SO_4 Schwefelsäure (X_1) – **$C_7H_6O_2$ Benzoesäure** (X_2)
[28] ⟨K 8, d 4⟩

Gew.-% X_1	94,63	95,66	96,49	97,53	98,29	98,97	99,45	100,00
25 °C	1,783	1,792	1,800	1,807	1,812	1,819	1,824	1,827

H_2SO_4 Schwefelsäure (X_1) – **C_8H_8O Acetophenon** (X_2)
[35] ⟨K 8, d 3⟩

Gew.-% X_1	95,20	95,80	96,40	97,00	97,60	98,20	98,80	99,40
25 °C	1,778	1,784	1,790	1,796	1,802	1,808	1,815	1,821

H_2SO_4 Schwefelsäure (X_1) – **$C_9H_{10}O_2$ Äthylbenzoat** (X_2) *[34]*

H_2SO_4 Schwefelsäure (X_1) – **$C_9H_6O_2$ Cumarin** (X_2) *[34]*

H_2SO_4 Schwefelsäure (X_1) – **$C_{10}H_{22}O$ Diamyläther** (X_1)
[32] ⟨ϑ 25°, 40 °C⟩

H_2SO_4 Schwefelsäure (X_1) – **$C_{13}H_{10}O$ Benzophenon** (X_2)
[35] ⟨K 8, d 3⟩

Gew.-% X_1	92,72	93,63	94,54	95,45	96,36	97,27	98,18	99,09
25 °C	1,751	1,760	1,770	1,779	1,789	1,798	1,808	1,817

[33] ⟨ϑ 25°, 40 °C⟩

H_2SO_4 Schwefelsäure (X_1) – **$C_{15}H_{14}O$ p, p′-Dimethylbenzophenon** (X_2)
[35] ⟨K 8, d 3⟩

Gew.-% X_1	90,96	92,09	93,22	94,35	95,48	96,61	97,74	98,87
25 °C	1,729	1,742	1,754	1,766	1,778	1,790	1,803	1,815

H_2SO_4 Schwefelsäure (X_1) — $C_{19}H_{16}O$ Triphenylmethanol (X_2)
[*28*] ⟨K 5, d 4⟩

Gew.-% X_1	87,73	91,84	94,94	97,00	100,00
25 °C	1,760	1,780	1,798	1,811	1,827

H_2SO_4 Schwefelsäure (X_1) — $C_2H_3ClO_2$ Monochloressigsäure (X_2) [*23*]

H_2SO_4 Schwefelsäure (X_1) — $C_2H_2Cl_2O_2$ Dichloressigsäure (X_2)
[*23*] ⟨K 9, d 4⟩

Mol-% X_1	0,0	21,2	48,8	60,5	66,9	71,5	75,0	81,5	100,0
25 °C	1,551	1,607	1,686	1,715	1,731	1,745	1,754	1,765	1,828

H_2SO_4 Schwefelsäure (X_1) — $C_2HF_3O_2$ Trifluoressigsäure (X_2)
[*39*] ⟨K 14, d 3⟩

Mol-% X_1	0,00	19,77	27,28	29,46	44,86	50,10	54,38	59,13	69,96	79,69	89,24
25 °C	1,477	1,552	1,577	1,623	1,642	1,661	1,676	1,693	1,729	1,762	1,794
50 °C	1,418	1,504	1,534	1,582	1,603	1,623	1,639	1,663	1,700	1,733	1,767

Mol-% X_1	94,80	100,00
25 °C	1,812	1,828
50 °C	1,787	1,802

H_2SO_4 Schwefelsäure (X_1) — $C_2HCl_3O_2$ Trichloressigsäure (X_2)
[*23*] ⟨K 13, d 4⟩

Mol-% X_1	0,0	10,0	20,0	30,0	40,0	50,0	60,0	67,1	70,0	75,0	80,0	90,0	100,0
50 °C	1,555	1,581	1,606	1,630	1,652	1,680	1,701	1,719	1,726	1,741	1,752	1,777	1,804

[*39*] ⟨K 10, d 3, ϑ 50°, 75 °C⟩

H_2SO_4 Schwefelsäure (X_1) — $C_{13}H_8Cl_2O$ p,p'-Dichlorbenzophenon (X_2)
[*35*] ⟨K 8, d 3⟩

Gew.-% X_1	89,96	91,22	92,47	93,72	94,98	96,23	97,49	98,75
25 °C	1,766	1,773	1,781	1,789	1,796	1,804	1,812	1,819

H_2SO_4 Schwefelsäure (X_1) — $C_2H_6O_4S$ Dimethylsulfat (X_2)
[*4*] ⟨K 5, d 4⟩

Gew.-% X_1	0,00	24,98	49,85	75,02	100,00
0 °C	1,352	1,448	1,573	1,696	1,855
76,5 °C	1,258	1,359	1,488	1,615	1,779

H_2SO_4 Schwefelsäure (X_1) — C_3H_9N n-Propylamin (X_2)
[*28*] ⟨K 7, d 4⟩

Gew.-% X_1	97,98	98,82	99,20	99,51	99,75	99,93	100,00
25 °C	1,785	1,803	1,811	1,817	1,822	1,826	1,827

H_2SO_4 Schwefelsäure (X_1) — C_6H_7N Anilin (X_2)
[*35*] ⟨K 8, d 4⟩

Gew.-% X_1	96,28	96,75	97,21	97,68	98,14	98,60	99,07	99,53
25 °C	1,788	1,793	1,798	1,804	1,809	1,813	1,820	1,822

[*28*] ⟨K 7, d 4⟩

H_2SO_4 Schwefelsäure (X_1) — **$C_6H_8N_2$ o-Aminoanilin** (X_2)
[*28*] ⟨K 8, d 4⟩

Gew.-% X_1	95,94	96,74	97,48	97,93	98,41	98,90	99,41	100,00
25 °C	1,831	1,831	1,830	1,829	1,827	1,827	1,827	1,827

H_2SO_4 Schwefelsäure (X_1) — **$C_{12}H_{11}N$ Diphenylamin** (X_2)
[*35*] ⟨K 8, d 3⟩

Gew.-% X_1	93,24	94,09	94,93	95,77	96,62	97,46	98,31	99,16
25 °C	1,730	1,742	1,754	1,766	1,779	1,791	1,803	1,815

H_2SO_4 Schwefelsäure (X_1) — **$C_{18}H_{15}N$ Triphenylamin** (X_2)
[*35*] ⟨K 8, d 3⟩

Gew.-% X_1	90,19	91,42	92,65	93,87	95,10	96,33	97,55	98,78
25 °C	1,709	1,724	1,739	1,754	1,768	1,783	1,797	1,812

H_2SO_4 Schwefelsäure (X_1) — **C_2H_5ON Acetamid** (X_2)
[30] ⟨ϑ 25°, 40 °C⟩

H_2SO_4 Schwefelsäure (X_1) — **$C_6H_5O_2N$ Nitrobenzol** (X_2)
[*14*] ⟨K 13, d 2⟩

H_2SO_4 Schwefelsäure (X_1) — **$C_7H_7O_2N$ p-Nitrotoluol** (X_2)
[*28*] ⟨K 7, d 4⟩

Gew.-% X_1	94,35	95,91	97,18	98,13	98,96	99,53	100,00
25 °C	1,771	1,786	1,800	1,808	1,817	1,823	1,827

$H_2S_2O_7$ Pyroschwefelsäure (X_1) — **$C_2H_4O_2$ Essigsäure** (X_2)
[*38*] ⟨K 17, d 3⟩

Mol-% X_1	0,00	8,67	17,28	22,19	30,05	35,43	40,28	45,32	50,29	55,16	64,29	74,23
25 °C	1,044	1,229	1,372	1,446	1,542	1,596	1,655	1,710	1,743	1,774	1,814	1,866

Mol-% X_1	100,00
25 °C	1,975

$H_2S_2O_7$ Pyroschwefelsäure (X_1) — **$C_2H_3ClO_2$ Chloressigsäure** (X_2)
[*38*] ⟨K 20, d 3⟩

Mol-% X_1	0,0	10,70	28,15	29,54	42,45	46,26	48,87	52,54	59,10	70,64	79,75	87,51
25 °C	—	1,519	1,658	1,668	1,751	1,770	1,784	1,803	1,827	1,881	1,912	1,942
50 °C	1,387	1,481	1,619	1,629	1,716	1,740	1,756	1,776	1,806	1,862	1,881	1,910
75 °C	1,358	1,457	1,592	1,605	1,684	1,707	1,722	1,738	1,764	—	—	—

Mol-% X_1	100,00
25 °C	1,975
50 °C	1,952
75 °C	1,908

$H_2S_2O_7$ Pyroschwefelsäure (X_1) — **$C_2HF_3O_2$ Trifluoressigsäure** (X_2)
[*40*] ⟨K 8, d 3⟩

Mol-% X_1	0,00	23,90	29,07	50,58	64,12	75,82	83,81	100,00
25 °C	1,477	1,650	1,736	1,796	1,852	1,899	1,928	1,975
50 °C	1,418	1,604	1,695	1,757	1,814	1,864	1,893	1,952

S_2Cl_2 Dischwefeldichlorid (X_1) – **C_6H_6 Benzol** (X_2)
[8] ⟨K 13, d 4⟩

Gew.-% X_1	0	10	25	40	50	60	68	75	82	86	88
20 °C	0,879	0,924	0,995	1,088	1,155	1,229	1,303	1,371	1,449	1,465	1,478

Gew.-% X_1	95	100
20 °C	1,616	1,674

[22] ⟨K 5, d 4⟩

Mol-% X_1	0,00	5,80	10,97	24,15	33,92
25 °C	0,873	0,922	0,962	1,067	1,138

S_2Cl_2 Dischwefeldichlorid (X_1) – **C_7H_6O Benzaldehyd** (X_2)
[8] ⟨K 9, d 4⟩

Mol-% X_1	0	20	30	40	50	60	70	80	100
20 °C	1,050	1,143	1,191	1,241	1,301	1,363	1,442	1,510	1,674

S_2Cl_2 Dischwefeldichlorid (X_1) – **$C_{10}H_{16}O$ Campher** (X_2)
[1] ⟨K 3 ab 80 Gew.-% X_1, d 4, ϑ 20 °C⟩

S_2Cl_2 Dischwefeldichlorid (X_1) – **$C_6H_5O_2N$ Nitrobenzol** (X_2)
[8] ⟨K 11, d 4⟩

Mol-% X_1	0	15	30	35	40	48	50	52	70	90	100
20 °C	1,203	1,263	1,340	1,359	1,388	1,424	1,436	1,442	1,529	1,630	1,674

$SOCl_2$ Thionylchlorid (X_1) – **C_6H_{12} Cyclohexan** (X_2)
[12] ⟨K 6, d 4⟩

Mol-% X_1	0,0	27,2	46,6	80,6	93,7	100,0
25 °C	0,774	0,941	1,083	1,402	1,545	1,628

$SOCl_2$ Thionylchlorid (X_1) – **C_6H_6 Benzol** (X_2)
[12] ⟨K 6, d 4⟩

Mol-% X_1	18,1	36,6	48,1	68,6	87,7	100,0
25 °C	0,990	1,116	1,201	1,359	1,517	1,628

$SOCl_2$ Thionylchlorid (X_1) – **C_7H_8 Toluol** (X_2)
[12] ⟨K 7, d 4⟩

Mol-% X_1	26,1	42,6	55,9	72,0	80,2	92,3	100,0
25 °C	1,012	1,121	1,221	1,354	1,428	1,546	1,628

$SOCl_2$ Thionylchlorid (X_1) – **C_8H_{10} Xylol** (X_2)
[12] ⟨K 4, d 4⟩

Mol-% X_1	25,8	51,1	78,9	100,0
25 °C	0,986	1,150	1,389	1,628

$SOCl_2$ Thionylchlorid (X_1) – **C_9H_{12} Mesitylen** (X_2)
[12] ⟨K 8, d 4⟩

Mol-% X_1	0,0	23,4	31,4	43,2	57,1	74,3	90,0	100,0
25 °C	0,861	0,967	1,010	1,081	1,175	1,324	1,493	1,628

$SOCl_2$ Thionylchlorid (X_1) — **$C_4H_{10}O$ Diäthyläther** (X_2)
[*12*] ⟨K3, d4⟩

Mol-% X_1	33,4	84,5	100,0
25 °C	0,915	1,443	1,628

$SOCl_2$ Thionylchlorid (X_1) — **$C_4H_8O_2$ Äthylacetat** (X_2)
[*12*] ⟨K6, d4⟩

Mol-% X_1	22,5	31,6	53,4	70,0	83,0	100,0
25 °C	1,028	1,085	1,235	1,362	1,472	1,628

SO_2Cl_2 Sulfurylchlorid (X_1) — **C_6H_{12} Cyclohexan** (X_2)
[*12*] ⟨K5, d4⟩

Mol-% X_1	0,0	32,1	64,7	79,7	100,0
25 °C	0,774	0,996	1,272	1,411	1,657

SO_2Cl_2 Sulfurylchlorid (X_1) — **C_6H_6 Benzol** (X_2)
[*12*] ⟨K6, d4⟩

Mol-% X_1	17,6	43,0	69,9	73,4	84,5	100,0
25 °C	1,000	1,192	1,404	1,433	1,525	1,657

SO_2Cl_2 Sulfurylchlorid (X_1) — **C_7H_8 Toluol** (X_2)
[*12*] ⟨K6, d4⟩

Mol-% X_1	20,7	37,3	57,2	71,3	82,6	100,0
25 °C	0,991	1,107	1,262	1,381	1,484	1,657

SO_2Cl_2 Sulfurylchlorid (X_1) — **C_8H_{10} Xylol** (X_2)
[*12*] ⟨K5, d4⟩

Mol-% X_1	20,9	52,5	77,9	90,7	100,0
25 °C	0,973	1,189	1,415	1,548	1,657

SO_2Cl_2 Sulfurylchlorid (X_1) — **C_9H_{12} Mesitylen** (X_2)
[*12*] ⟨K3, d4⟩

Mol-% X_1	34,1	64,5	100,0
25 °C	1,076	1,339	1,657

Se_2Cl_2 Diselendichlorid (X_1) — **C_6H_6 Benzol** (X_2)
[*22*] ⟨K5, d4⟩

Mol-% X_1	0,0	7,6	17,11	25,96	37,83
25 °C	0,873	1,019	1,206	1,384	1,622

H_2SeO_4 Selensäure (X_1) — **$C_2H_4O_2$ Essigsäure** (X_2)
[*37*] ⟨K10, d3⟩

Mol-% X_1	0,00	19,13	29,14	39,13	49,20	59,97	68,77	79,15	86,78	100,00
25 °C	1,044	1,388	1,564	1,727	1,888	2,053	2,182	2,329	2,434	2,598
50 °C	1,015	1,358	1,531	1,695	1,853	2,019	2,148	2,296	2,397	2,563
75 °C	0,987	1,326	1,496	1,660	1,818	1,984	2,112	2,259	2,363	2,527

H_2SeO_4 Selensäure (X_1) — **$C_2H_3ClO_2$ Monochloressigsäure** (X_2)
[*37*] ⟨K 10, d 3⟩

Mol-% X_1	0,00	13,09	29,89	41,45	50,72	57,98	68,78	78,57	90,08	100,00
25 °C	—	—	1,746	1,876	1,983	2,072	2,202	2,324	2,471	2,598
50 °C	1,387	1,527	1,711	1,842	1,949	2,036	2,166	2,288	2,433	2,563
75 °C	1,354	1,494	1,677	1,806	1,912	1,998	2,130	2,251	2,397	2,527

H_2SeO_4 Selensäure (X_1) — **$C_2H_2Cl_2O_2$ Dichloressigsäure** (X_2)
[*37*] ⟨K 8, d 3⟩

Mol-% X_1	0,00	37,31	50,22	59,79	71,11	80,23	88,69	100,00
25 °C	1,558	1,862	1,984	2,084	2,209	2,324	2,436	2,598
50 °C	1,521	1,824	1,948	2,048	2,174	2,291	2,398	2,563
75 °C	1,487	1,789	1,913	2,012	2,139	2,249	2,361	2,527

$SeOCl_2$ Selenoxichlorid (X_1) — **C_6H_6 Benzol** (X_2)
[*22*] ⟨K 5, d 4⟩

Mol-% X_1	0,0	0,74	1,27	2,01	3,47	4,38
25 °C	0,873	0,882	0,887	0,896	0,911	0,921

$TeCl_4$ Tellurtetrachlorid (X_1) — **C_6H_6 Benzol** (X_2)
[*21*] ⟨K 4, d 4⟩

Gew.-% X_1	0	2	4
25 °C	0,873	0,886	0,899

1 Schlundt, H.: J. physic. Chem. **7** (1902/03) 194—206.
2 Herz, W., Knoch, M.: Z. anorg. Chem. **45** (1905) 262—69.
3 Pound, J. R.: J. chem. Soc. (London) **99** (1911) 698—713.
4 Drucker, K., Kassel, R.: Z. physik. Chem. **76** (1911) 367—84.
5 Atem, A. H. W.: Z. physik. Chem. **88** (1914) 321—79.
6 Campbell, F. H.: Trans. Faraday Soc. **11** (1915) 91—103.
7 Lewis, J. R.: J. Amer. chem. Soc. **47** (1925) 626—40.
8 de Carli, F.: Gazz. chim. ital. **59** (1929) 495 (nach Tabl. ann.).
9 Seyer, W. F., Peck, W. S.: J. Amer. chem. Soc. **52** (1930) 14—23.
10 Rosental, S.: Z. Physik **66** (1930) 652—56.
11 Atsuki, K., Ishii, N.: J. Soc. chem. Ind. Japan **34** (1931) 336 (nach Tim.).
12 Lockett, G. H.: J. chem. Soc. (London) **1932**, 1501—12.
13 Sabinina, L.: J. russ. physik. chem. Ges. (Shurnal Russkogo Fisiko-Chimitschesskogo Obschtschesstwa) **3** (1933) 87 (nach Tim.).
14 Usanovich, M. I., Kozmina, G., Tartarovskaya, V.: J. allg. Chem. (Shurnal Obschtschei Chimii) **5** (1935) 701 (nach Tim.).
15 Usanovich, M. I., Naunova, A.: J. allg. Chem. (Shurnal Obschtschei Chimii) **5** (1935) 712 (nach Tim.).
16 Briner, E., Hoekstra, J.-W., Susz, B.: Helv. chim. Acta **18** (1935) 693—700.
17 Jatkar, S. K. K., Gajendragad, N. G.: J. Indian Inst. Sci., Ser. A, **20** (1937) 87—93.
18 **21** (1938) 77—87.
19 Adams, H. E., Rogers, H. E.: J. Amer. chem. Soc. **61** (1939) 112—15.
20 Cupp, S. B., Rogers, H. E.: J. Amer. chem. Soc. **61** (1939) 3353—54.
21 Smyth, C. P., Grossman, A. J., Ginsburg, S. R.: J. Amer. chem. Soc. **62** (1940) 192—95.
22 Smyth, C. P., Lewis, G. L., Grossman, A. J., Jannings, F. B., III: J. Amer. chem. Soc. **62** (1940) 1219—23.
23 Pušin, N., Stanojevic, G.: Ber. chem. Ges. Belgrad (Glassnik Chemisskog Druschtwa Beograd) **11** (1947) 33—40.
24 LeFèvre, R. J. W., Ross, I. G.: J. chem. Soc. (London) **1950**, 283—90.
25 Ssiwer, P. Ja.: J. physik. Chem. (Shurnal Fisitschesskoi Chimii) **24** (1950) 261—67.
26 Angyal, C. L., LeFèvre, R. J. W.: J. chem. Soc. (London) **1952**, 1651—53.
27 Reamer, H. H., Lacey, W. N., Sage, B. H., Selleck, F. T.: Ind. Engng. Chem. **45** (1953) 1810 bis 1812.
28 Gillespie, R. J., Wasif, S.: J. chem. Soc. (London) **1953**, 215—21.

29 Tutundžić, P. S., Liler, M.: Ber. chem. Ges. Belgrad (Glassnik Chemisskog Drschtwa Beograd) **18** (1953) 521—39 (nach Chem. Zbl.).
30 Tutundžić, P. S., Liler, M., Kosanovic, D.: Ber. chem. Ges. Belgrad (Glassnik Chemisskog Druschtwa Beograd) **19** (1954) 225—34 (nach Chem. Zbl.).
31 **19** (1954) 277—88 (nach Chem. Zbl.).
32 **20** (1955) 349—61 (nach Chem. Zbl.).
33 **20** (1955) 363—79 (nach Chem. Zbl.).
34 **20** (1955) 481—95 (nach Chem. Zbl.).
35 Flowers, R. H., Gillespie, R. J., Robinson, E. A.: J. chem. Soc. (London) **1960**, 845—48.
36 Wasif, S.: J. chem. Soc. (London) **1964**, 1324—28.
37 Fialkov, Yu. Ya., Yakoleva, A. V.: J. anorg. Chem. (Shurnal Neorganskii Chimii) **12** (1967) 2148—51; Russ. J. Inorg. Chem. **12** (1967) 1132—34.
38 Fialkov, Yu. Ya., Zhikharev, V. S.: J. allg. Chem. (Shurnal Obschtschei Chimii) **33** (1963) 3—15; J. Gen. Chem. USSR **33** (1963) 1—11.
39 J. allg. Chem. (Shurnal Obschtschei Chimii) **33** (1963) 3466—71; J. Gen. Chem. USSR **33** (1963) 3397—3401.
40 J. allg. Chem. (Shurnal Obschtschei Chimii) **33** (1963) 3789—95; J. Gen. Chem. USSR **33** (1963) 3728—33.
41 Zawiska, A. C.: Bull. Acad. Polon. Sci., Ser. Sci. Chim. **15** (1967) 299—305.

N Stickstoffverbindungen

N_2 Stickstoff (X_1)—**C_7H_{16} n-Heptan** (X_2)
[*18*] ⟨ϑ 32° bis 182°C⟩

N_2 Stickstoff (X_1)—**C_7F_{16} Hexadekafluorheptan** (X_2) [*14*]

N_2H_4 Hydrazin (X_1)—**$C_2H_4O_2$ Essigsäure** (X_2)
[*9*] ⟨K16, d4⟩

Mol-% X_1	0,00	6,98	19,58	31,27	42,15	50,00	58,90	69,70	80,44	89,91	100,00
0°C	—	1,121	1,194	—	—	—	—	1,155	1,122	1,075	1,023
25°C	1,048	1,097	1,171	1,169	1,164	1,161	1,162	1,140	1,105	1,059	1,002
50°C	1,018	1,073	1,146	1,149	1,146	1,144	1,147	1,126	1,086	1,039	0,980
75°C	—	—	—	1,130	1,127	1,124	1,125	1,098	—	—	—

[*20*] ⟨K9, d3, ϑ 70°, 75°, 80°C⟩

N_2H_4 Hydrazin (X_1)—**CH_6N_2 Methylhydrazin** (X_2)
[*23*] ⟨K4, d4⟩

Gew.-% X_1	0,00	30,24	56,15	78,04
30°C	0,863	0,906	0,942	0,968
45°C	0,849	0,892	0,927	0,954
60°C	0,834	0,878	0,913	0,941

N_2H_4 Hydrazin (X_1)—**$C_2H_8N_2$ Dimethylhydrazin** (X_2)
[*26*] ⟨K11, d4, ϑ 25°C⟩

Mol-% X_1	0,0	12,9	18,5	24,9	37,7	51,4	60,2	68,2	76,6	93,8
20°C	0,7918	0,8096	0,8171	0,8269	0,8476	0,8722	0,8906	0,9098	0,9322	0,9889

Mol-% X_1	100,0
20°C	1,0085

NH_3 Ammoniak (X_1)—**C_6H_6 Benzol** (X_2)
[*6*] ⟨K5 bis 0,4 Gew.-% X_1, d5, ϑ 25°C⟩

NH_3 Ammoniak (X_1)—**C_7H_{16} n-Heptan** (X_2)
[*6*] ⟨K4 bis 0,2 Gew.-% X_1, d5, ϑ 25°C⟩

NH_3 Ammoniak (X_1) – **CH_4O Methanol** (X_2)
[*10, 11*] ⟨K14, d3, ϑ 15°, 25°C⟩

Gew.-% X_1	0,00	5,00	10,0	13,54	15,00	17,88	20,00	25,00
0°C	0,805	0,799	0,794	—	0,787	—	0,781	0,773
20°C	0,788	0,779	0,772	—	0,765	0,762	—	—
30°C	0,781	0,770	0,761	0,755	—	—	—	—

NH_3 Ammoniak (X_1) – **C_2H_6O Äthanol** (X_2)
[*10, 11*] ⟨K9, d3, ϑ 15°, 25°, 35°C⟩

Gew.-% X_1	0,00	5,00	6,65	8,85	10,00	15,00	17,6
0°C	0,805	0,793	—	—	0,782	0,775	0,772
20°C	0,790	0,778	—	0,770	—	—	—
30°C	0,785	0,771	0,768	—	—	—	—

[*8*] ⟨K12, d4⟩

Mol-% X_1	0,00	8,39	19,08	23,34	37,37	52,16	61,43	68,36	79,83	84,19
20°C	0,7905	0,7862	0,7761	0,7713	0,7546	0,7329	0,7171	0,7019	0,6771	0,6642

Mol-% X_1	88,88	100,00
20°C	0,6497	0,6115

[*1*]

NH_3 Ammoniak (X_1) – **$C_2H_3O_2$-Kaliumacetat** (X_2)
[*4*] ⟨ges. Lsg., d4⟩ 1,02 Gew.-% X_1, ϑ –33,9°C, ϱ = 0,6856

NH_3 Ammoniak (X_1) – **C_3H_8O Propanol(1)** (X_2)
[*11*] ⟨K8, d3, ϑ 15°, 25°, 35°C⟩

Gew.-% X_1	0,00	5,00	6,55	8,69	10,00	15,00
0°C	0,820	0,807	—	—	0,795	0,792
20°C	0,804	—	—	0,784	—	—
30°C	0,799	—	0,780	—	—	—

NH_3 Ammoniak (X_1) – **C_3H_8O Propanol(2)** (X_2)
[*11*] ⟨K7, d3, ϑ 15°, 25°, 35°C⟩

Gew.-% X_1	0,00	4,43	5,00	6,64	10,00	13,19
0°C	0,798	—	0,788	—	0,779	0,775
20°C	0,785	—	0,773	0,770	—	—
30°C	0,779	0,769	—	—	—	—

NH_3 Ammoniak (X_1) – **$C_{12}H_{22}O_{11}$ Saccharose** (X_2)
[*2*] ⟨K8, d4⟩

Gew.-% X_1	55,94	75,67	88,04	92,24	95,94	98,11	98,98	100,00
–33,5°C	1,054	0,864	0,781	0,752	0,718	0,698	0,691	0,682

NH_3 Ammoniak (X_1) – **C_5H_5N Pyridin** (X_2)
[*13*] ⟨K10 bis 0,3 Mol X_1/Liter, d4, ϑ 25°C⟩

NH_3 Ammoniak (X_1) – **CH_4ON_2 Harnstoff** (X_2)
[*2*] ⟨K8, d4⟩

Mol-% X_1	90,49	91,09	95,01	95,95	98,75	100,00
–33,5°C	0,753	0,752	0,722	0,715	0,693	0,682

[*3*] ⟨K4, d3, ϑ 10°C⟩

N_2O_4 Distickstofftetroxid (X_1) — **C_6H_{12} Cyclohexan** (X_2)
[*19*] ⟨graph. Darst., ΔV, ϑ 20 °C⟩

N_2O_4 Distickstofftetroxid (X_1) — **C_6H_6 Benzol** (X_2)
[*19*] ⟨graph., ΔV, ϑ 20 °C⟩

N_2O_4 Distickstofftetroxid (X_1) — **C_7H_8 Toluol** (X_2)
[19] ⟨graph., ΔV, ϑ 20 °C⟩

N_2O_4 Distickstofftetroxid (X_1) — **C_8H_{10} p-Xylol** (X_2)
[*19*] ⟨graph., ΔV, ϑ 20 °C⟩

N_2O_4 Distickstofftetroxid (X_1) — **$CHCl_3$ Chloroform** (X_2)
[*19*] ⟨graph., ΔV, ϑ 20 °C⟩

N_2O_4 Distickstofftetroxid (X_1) — **CCl_4 Tetrachlormethan** (X_2)
[*19*] ⟨graph., ΔV, ϑ 20 °C⟩

N_2O_4 Distickstofftetroxid (X_1) — **$C_4H_{10}O$ Diäthyläther** (X_2)
[*19*] ⟨graph., ΔV, ϑ 20 °C⟩

N_2O_4 Distickstofftetroxid (X_1) — **$C_4H_8O_2$ Äthylacetat** (X_2)
[*19*] ⟨graph., ΔV, ϑ 20 °C⟩

N_2O_4 Distickstofftetroxid (X_1) — **$C_4H_8O_2$ Dioxan** (X_2)
[*15*] ⟨K 11, d 4, ϑ 48,02 °C⟩

N_2O_4 Distickstofftetroxid (X_1) — **$C_4H_6O_3$ Essigsäureanhydrid** (X_2)
[*19*] ⟨graph., ΔV, ϑ 20 °C⟩

N_2O_4 Distickstofftetroxid (X_1) — **$C_4H_{10}ON_2$ Diäthylnitrosoamin** (X_2)
[*19*] ⟨graph., ΔV, ϑ 20 °C⟩

N_2O_4 Distickstofftetroxid (X_1) — **$C_6H_5O_2N$ Nitrobenzol** (X_2)
[*19*] ⟨graph., ΔV, ϑ 20 °C⟩

N_2O_5 Distickstoffpentoxid (X_1) — **CCl_4 Tetrachlormethan** (X_2)
[*7*] ⟨K 5, d 4⟩

Mol-% X_1	0,00	5,93	8,62	9,36	10,24
25 °C	1,584	1,581	1,580	1,579	1,579

HNO_3 Salpetersäure (X_1) — **$CHCl_3$ Chloroform** (X_2)
[*25*] ⟨graph., ϑ 10 °C⟩

HNO_3 Salpetersäure (X_1) — **$C_2H_4O_2$ Essigsäure** (X_2)
[*12*] ⟨K 10, d 4⟩

Mol-% X_1	0,0	20,0	33,3	40,0	45,0	50,0	60,0	70,0	90,0	100,0
0 °C	—	1,1548	1,2133	1,2440	1,2668	1,2894	1,3425	1,3873	1,4889	1,5473
20 °C	1,0505	1,1306	1,1871	1,2167	1,2398	1,2628	1,3113	1,3562	1,4546	1,5127
40 °C	1,0269	1,1077	1,1613	1,1890	1,2122	1,2344	1,2828	1,3265	1,4215	1,4742

[*17*] ⟨K 18, d 4, ϑ 0 °C⟩
[*16*] ⟨K 11, d 4, ϑ 25 °C⟩
[*5*] ⟨K 5, d 4, ϑ 25 °C⟩

HNO_3 Salpetersäure (X_1) — **$C_4H_{10}O$ Diäthyläther** (X_2)
[*25*] ⟨graph., ϑ 0 °C⟩

HNO_3 Salpetersäure (X_1) — **$C_4H_8O_2$ 1.4-Dioxan** (X_2)
[*25*] ⟨graph., ϑ 0 °C⟩

HNO_3 Salpetersäure (X_1) – **$C_4H_6O_3$ Essigsäureanhydrid** (X_2)
[*17*] ⟨K 19, d 4⟩

Mol-% X_1	0,00	10,12	22,84	30,11	40,00	52,04	58,96	66,85	79,89	90,08
0 °C	1,1011	1,1327	1,1751	1,2025	1,2473	1,3072	1,3453	1,3943	1,4881	1,5200

Mol-% X_1	100,00
0 °C	1,5465

HNO_3 Salpetersäure (X_1) – **$C_2HF_3O_2$ Trifluoressigsäure** (X_2)
[*24*] ⟨K 9, d 3⟩

Mol-% X_1	0,00	18,36	24,01	36,44	36,63	41,15	53,42	74,41	100,00
25 °C	1,477	1,480	1,491	1,497	1,497	1,498	1,500	1,501	1,502
50 °C	1,418	1,434	1,438	1,445	1,445	1,448	1,450	1,454	1,457

HNO_3 Salpetersäure (X_1) – **$C_4H_8Cl_2O$ symm. Dichlordiäthyläther** (X_2)
[*25*] ⟨graph., ϑ 10 °C⟩

HNO_3 Salpetersäure (X_1) – **$C_4H_{12}O_3N_2$ Tetramethylammoniumnitrat** (X_2)
[*21*] ⟨K 14, d 4, Gleichungen für ϑ –25° bis +25 °C⟩

H_3NSO_3 Schwefelsäuremonoamid (X_1) – **C_2H_6OS Dimethylsulfoxid** (X_2)
[*22*] ⟨K 5, d 4⟩

Mol-% X_1	0,00	2,14	4,28	6,43	8,37
25 °C	1,0954	1,1095	1,1244	1,1391	1,1529

H_3NSO_3 Schwefelsäuremonoamid (X_1) – **C_4H_9ON N-N-Dimethylacetamid** (X_2)
[*22*] ⟨K 5, d 4⟩

Mol-% X_1	0,00	2,77	5,58	8,28	10,75
25 °C	0,9365	0,9552	0,9748	0,9938	1,0118

H_3NSO_3 Schwefelsäuremonoamid (X_1) – **C_5H_9ON N-Methyl-2-pyrrolidon** (X_2)
[*22*] ⟨K 6, d 4⟩

Mol-% X_1	0,00	2,01	3,92	5,85	7,71	9,78
25 °C	1,0279	1,0394	1,0501	1,0615	1,0721	1,0851

1 Speyers, C. L.: Amer. J. Sci. **14** (1902) 293 (nach ICT).
2 Fitzgerald, F. F.: J. physic. Chem. **16** (1912) 621–61.
3 Schattenstein, A. I., Monossohn, A. M.: Z. physik. Chem., Abt. A, **165** (1933) 147–53.
4 Johnson, W. C., Krumboltz, O. F.: Z. physik. Chem., Abt. A, **167** (1933) 249–59.
5 Briner, E., Susz, B., Favarger, P.: Helv. chim. Acta **18** (1935) 375–78.
6 Kumler, W. D.: J. Amer. chem. Soc. **58** (1936) 1049–50.
7 Lewis, G. L., Smyth, C. P.: J. Amer. chem. Soc. **61** (1939) 3067–70.
8 Murtazaev, A., Sklyarova, Z.: J. allg. Chem. (Shurnal Obschtschei Chimii) **10** (1940) 289 (nach Tim.).
9 Semishin, V. I.: J. allg. Chem. (Shurnal Obschtschei Chimii) **14** (1944) 257 (nach Tim.).
10 Hatem, S.: C. R. hebd. Séances Acad. Sci **223** (1946) 989–90.
11 Bull. Soc. chim. France **16** (1949) 337–41
12 Miskidzh'yan, S. P., Trifonov, N. A.: J. allg. Chem. (Shurnal Obschtschei Chimii) **17** (1947) 1033–38.
13 Carignan, C. J., Kraus, C. A.: J. Amer. chem. Soc. **71** (1949) 2983–87.
14 Gjaldbaek, J. Chr., Hildebrand, J. H.: J. Amer. chem. Soc. **72** (1950) 1077–78.
15 Ling, H. W., Sisler, H. H.: J. Amer. chem. Soc. **75** (1953) 5191–93.
16 Titow, A. W.: J. allg. Chem. (Shurnal Obschtschei Chimii) **24** (1954) 78–81.
17 Malkowa, T. W.: J. allg. Chem. (Shurnal Obschtschei Chimii) **24** (1954) 1157–58.
18 Akers, W. W., Kilgore, C. H., Kehn, D. M.: Ind. Engng. Chem. **46** (1954) 2536–39.
19 Addison, C. C.: J. chem. Soc. (London) **1958**, 3664–67.
20 Bochowkin, I. M.: J. allg. Chem. (Shurnal Obschtschei Chimii) **29** (1959) 1793–97.
21 Fine, B.: J. chem. Engng. Data **7** (1962) 91–94.

22 Sears, P. G., Fortune, W. H., Blumenshine, R. L.: J. chem. Engng. Data **11** (1966) 406—09.
23 Ahlert, R. C., Shimalla, Ch. J.: J. chem. Engng. Data **13** (1968) 108—09.
24 Fialkov, Yu. Ya., Zhikharev, V. S.: J. allg. Chem. (Shurnal Obschtschei Chimii) **33** (1963) 3789—95; J. Gen. Chem. USSR **33** (1963) 3728—33.
25 Kozlowska, E.: Roczniki Chem. (Ann. Soc. Chim. Polonorum) **36** (1962) 1403—14.
26 Pannetier, G., Mignotte, P.: Bull. Soc. chim. France **1963**, 699—700.

P Phosphorverbindungen

P Phosphor (X_1) — **C_6H_6 Benzol** (X_2)
[*4*] ⟨ges. Lsgg., ϑ 10° bis 25 °C⟩

P Phosphor (X_1) — **$C_4H_{10}O$ Diäthyläther** (X_2)
[*4*] ⟨ges. Lsgg., ϑ 10° bis 25 °C⟩

H_3PO_4 Phosphorsäure (X_1) — **$C_2H_4O_2$ Essigsäure** (X_2) [*14*]

H_3PO_4 Phosphorsäure (X_1) — **C_3H_6O Aceton** (X_2)
[*17*] ⟨ϑ 25°, 55 °C⟩

H_3PO_4 Phosphorsäure (X_1) — **$C_4H_{10}O$ Diäthyläther** (X_2)
[*16*] ⟨ϑ 25°, 40 °C⟩

H_3PO_4 Phosphorsäure (X_1) — **$C_4H_8O_2$ Äthylacetat** (X_2) [*18*]

H_3PO_4 Phosphorsäure (X_1) — **$C_5H_{10}O_2$ Valeriansäure** (X_2) [*14*]

H_3PO_4 Phosphorsäure (X_1) — **$C_5H_{10}O_2$ Isovaleriansäure** (X_2) [*14*]

H_3PO_4 Phosphorsäure (X_1) — **C_7H_6O Benzaldehyd** (X_2)
[*17*] ⟨ϑ 25°, 55 °C⟩

H_3PO_4 Phosphorsäure (X_1) — **$C_2H_3ClO_2$ Chloressigsäure** (X_2)
[*19*] ⟨K 11, d 3⟩

Mol-% X_1	0,0	18,11	34,53	41,19	49,72	63,19	75,36	82,25	89,05	94,11	100,00
25 °C	(1,421)	—	—	—	—	1,691	1,751	1,781	1,815	1,838	1,868
50 °C	1,387	1,463	1,536	1,564	1,605	1,668	1,726	1,760	1,793	1,818	1,849

H_3PO_4 Phosphorsäure (X_1) — **$C_2H_3BrO_2$ Bromessigsäure** (X_2)
[*19*] ⟨K 8, d 3⟩

Mol-% X_1	0,00	25,37	43,64	59,73	71,64	81,31	90,73	100,00
25 °C	—	—	—	1,924	1,906	1,894	1,880	1,868
50 °C	1,917	1,910	1,901	1,893	1,882	1,870	1,859	1,849

H_3PO_4 Phosphorsäure (X_1) — **C_2H_5ON Acetamid** (X_2)
[*15*] ⟨ϑ 25°, 40 °C⟩

PCl_3 Phosphortrichlorid (X_1) — **C_6H_6 Benzol** (X_2)
[*1*] ⟨K 6 bis 40 Gew.-% X_1, d 5, ϑ 20 °C⟩
[*2, 11*]

PCl_3 Phosphortrichlorid (X_1) — **CCl_4 Tetrachlormethan** (X_2)
[*6*] ⟨K 4, d 4⟩

Gew.-% X_1	0	5	10	15	20
17,5 °C	1,599	1,596	1,594	1,592	1,590

PCl_3 Phosphortrichlorid (X_1) — **$C_4H_{10}O$ Diäthyläther** (X_2)
[*8*] ⟨K 9, d 3, ϑ 10 °C⟩

Mol-% X_1	0,00	3,77	18,34	26,58	44,38	63,39	79,66	81,22	100,00
0 °C	0,736	0,840	0,888	0,935	1,120	1,315	1,450	1,465	1,609
18 °C	0,703	0,820	0,865	0,930	1,087	1,283	1,420	1,430	1,576

PCl_3 Phosphortrichlorid (X_1) — **$C_4H_8O_2$ Dioxan** (X_2)
[*13*] ⟨K9, d4⟩

Gew.-% X_1	0	1	2	4	6	8	10	12
25 °C	1,028	1,032	1,036	1,043	1,051	1,059	1,066	1,074

PCl_3 Phosphortrichlorid (X_1) — **$C_{10}H_{16}O$ Campher** (X_2) [*3, 5*]

PCl_5 Phosphorpentachlorid (X_1) — **C_6H_6 Benzol** (X_2)
[*1*] ⟨K3 bis 3,2 Gew.-% X_1, d5, ϑ 20 °C⟩

PCl_5 Phosphorpentachlorid (X_1) — **CCl_4 Tetrachlormethan** (X_2)
[*7*] ⟨ϑ 5° bis 50 °C⟩
[*9*]

PBr_3 Phosphortribromid (X_1) — **C_6H_6 Benzol** (X_2)
[*1*] ⟨K5 bis 28 Gew.-% X_1, d5, ϑ 20 °C⟩

PBr_3 Phosphortribromid (X_1) — **CCl_4 Tetrachlormethan** (X_2)
[*6*] ⟨K8, d4⟩

Gew.-% X_1	0	1	2	4	6	8	10	12	14	16	18	20
18,2 °C	1,597	1,605	1,612	1,627	1,641	1,657	1,672	1,688	1,704	1,720	1,737	1,754

PBr_3 Phosphortribromid (X_1) — **$C_4H_8O_2$ Dioxan** (X_2)
[*13*] ⟨K6, d4⟩

Gew.-% X_1	0	1	2	4	6	8	10	12	14	16	18
25 °C	1,028	1,035	1,041	1,055	1,069	1,083	1,098	1,114	1,129	1,145	1,162

PJ_3 Phosphortrijodid (X_1) — **C_6H_6 Benzol** (X_2)
[*1*] ⟨K3 bis 5,7 Gew.-% X_1, d5, ϑ 20 °C⟩

$POCl_3$ Phosphoroxychlorid (X_1) — **C_6H_6 Benzol** (X_2)
[*12*] ⟨K6, d5, ϑ 25 °C⟩

Mol-% X_1	0,00	1,95	3,93	7,05	9,71	19,61
10 °C	0,889	0,904	0,922	0,948	0,970	1,051
40 °C	0,857	0,873	0,889	0,914	0,935	1,014
60 °C	0,835	0,851	0,867	0,891	0,912	0,990

[*1*] ⟨K6 bis 32 Gew.-% X_1, d5, ϑ 20 °C⟩
[*10*] ⟨K5 bis 4,5 Mol-% X_1, d4, ϑ 20 °C⟩

$PSCl_3$ Phosphorthiochlorid (X_1) — **C_6H_6 Benzol** (X_2)
[*12*] ⟨K7, d4⟩

Mol-% X_1	0,00	1,82	3,09	5,69	7,94	11,75	16,98
25 °C	0,873	0,889	0,900	0,922	0,942	0,974	1,018

$PSCl_3$ Phosphorthiochlorid (X_1) — **C_7H_{16} Heptan** (X_2)
[*12*] ⟨K7, d4⟩

Mol-% X_1	0,00	2,45	4,33	7,32	10,12	14,68	16,75
25 °C	0,679	0,696	0,709	0,730	0,750	0,783	0,798

1 | Traube, J.: Z. anorg. Chem. **8** (1895) 12—76.
2 | Jones, A.: Chem. News, J. physic. Sci. **72** (1895) 279 (nach ICT).
3 | Schlundt, H.: J. physic. Chem. **7** (1903) 194—206.
4 | Christomanos, A. C.: Z. anorg. Chem. **45** (1905) 132—41.
5 | Winther, C.: Z. physik. Chem. **60** (1907) 590—625.
6 | Bergmann, E., Engel, L.: Z. physik. Chem., Abt. B, **13** (1931) 232—46.

7 Simons, J. H., Jessop, G.: J. Amer. chem. Soc. **53** (1931) 1263—66.
8 Rosentreter, R.: J. Gen. Chem. USSR **64** (1932) 878 (nach Tim.).
9 Trunel, P.: C. R. hebd. Séances Acad. Sci. **202** (1936) 37—39.
10 Martin, G. T. O., Partington, J. R.: J. chem. Soc. (London) **1936**, 158—63.
11 Ishikawa, F., Atoda, T.: Sci. Pap. Inst. physic. chem. Res. (Tokyo) **35** (1939) Nr. 875—84, Bull. Inst. physic. chem. Res. [Abstr.] **18** (1939) 6—7 (nach Chem. Zbl.).
12 Smyth, C. P., Lewis, G. L., Grossmann, A. J., Jannings, F. B., III: J. Amer. chem. Soc. **62** (1940) 1219—23.
13 McCusker, P. A., Curran, B. C.: J. Amer. chem. Soc. **64** (1942) 614—17.
14 Tutundžić, P. S., Liler, M., Kosanović, D.: Ber. chem. Ges. Belgrad (Glassnik Chemisskog Druschtwa Beograd) **20** (1955) 1—21 (nach Chem. Zbl.).
15 **20** (1955) 73—83 (nach Chem. Zbl.).
16 **20** (1955) 349—61 (nach Chem. Zbl.).
17 **20** (1955) 363—79 (nach Chem. Zbl.).
18 **20** (1955) 481—95 (nach Chem. Zbl.).
19 Fialkov, Yu. Ya., Tarasenko, Yu. A.: J. anorg. Chem. (Shurnal Neorganitschesskoi Chimii) **11** (1966) 619—23; Russ. J. Inorg. Chem. **11** (1966) 335—37.

As Arsenverbindungen

H_3AsO_4 Arsensäure (X_1) — **C_2H_6O Äthanol** (X_2) [*1*]

H_3AsO_4 Arsensäure (X_1) — **$C_4H_{10}O$ Diäthyläther** (X_2) [*1*]

AsF_3 Arsentrifluorid (X_1) — **C_6H_6 Benzol** (X_2)
[*9*] ⟨K 5, d 4⟩

Mol-% X_1	0,00	1,50	2,37	2,91	3,54
25 °C	0,873	0,887	0,895	0,900	0,905

$AsCl_3$ Arsentrichlorid (X_1) — **C_6H_6 Benzol** (X_2)
[*3*] ⟨K 3, d 5⟩

Gew.-% X_1	0,00	5,95	6,84
20 °C	0,882	0,917	0,922

$AsCl_3$ Arsentrichlorid (X_1) — **CCl_4 Tetrachlormethan** (X_2)
[*7*] ⟨K 5, d 4⟩

Gew.-% X_1	0	1	2	4	6	8	10
18,2 °C	1,597	1,602	1,605	1,614	1,623	1,631	1,640

$AsCl_3$ Arsentrichlorid (X_1) — **$C_2H_4O_2$ Essigsäure** (X_2)
[*12*] ⟨K 9, d 4, ϑ 60 °C⟩

Mol-% X_1	0,00	10,30	21,74	31,77	40,70	53,63	72,90	81,25	100,00
20 °C	1,049	1,217	1,384	1,514	1,623	—	—	—	2,165
50 °C	1,015	1,175	1,338	1,467	1,570	1,707	1,886	1,959	2,100
70 °C	0,993	1,151	1,307	1,430	1,533	1,668	1,847	1,918	2,058

$AsCl_3$ Arsentrichlorid (X_1) — **$C_4H_{10}O$ Diäthyläther** (X_2)
[*6*] ⟨K 18, d 2, ϑ 18 °C⟩

$AsCl_3$ Arsentrichlorid (X_1) — **$C_4H_8O_2$ Dioxan** (X_2)
[*10*] ⟨K 4, d 4⟩

Gew.-% X_1	0	1	2	4	6
25 °C	1,028	1,033	1,039	1,051	1,064

$AsCl_3$ Arsentrichlorid (X_1) — **$C_2H_3ClO_2$ Monochloressigsäure** (X_2)
[*12*] ⟨K 13, d 4⟩

Gew.-% X_1	1,97	10,68	15,00	18,60	24,31	34,51	50,32	67,89	69,26	79,33	81,93	87,10
50 °C	—	—	—	—	1,512	1,572	1,674	1,808	1,816	1,901	1,950	1,971
60 °C	1,412	1,423	1,447	1,469	1,503	1,561	1,658	1,790	1,798	1,880	1,900	1,952
70 °C	1,399	—	1,433	1,456	1,486	1,546	1,641	1,772	1,779	1,859	1,881	1,932

Gew.-% X_1	100,00
50 °C	2,100
60 °C	2,079
70 °C	2,058

$AsCl_3$ Arsentrichlorid (X_1) — **$C_2HCl_3O_2$ Trichloressigsäure** (X_2)
[*11*] ⟨K 10, d 4⟩

Mol-% X_1	0,00	8,26	22,11	39,24	56,25	63,80	68,85	74,74	86,07	100,00
20 °C	—	—	—	1,828	1,916	1,962	1,990	2,011	2,075	2,162
35 °C	—	—	1,726	1,804	1,884	1,925	1,962	1,982	2,043	2,123
60 °C	1,605	1,634	1,687	1,771	1,846	1,885	1,905	1,942	1,996	2,062

$AsBr_3$ Arsentribromid (X_1) — **C_7H_8 Toluol** (X_2)
[*4*] ⟨K 3, d 4⟩

Gew.-% X_1	0,00	47,88	64,62
16,5 °C	0,870	1,357	1,686

$AsBr_3$ Arsentribromid (X_1) — **CCl_4 Tetrachlormethan** (X_2)
[*7*] ⟨K 7, d 4⟩

Gew.-% X_1	0	1	2	4	6	8	10	12	16	18
17,8 °C	1,598	1,607	1,616	1,633	1,652	1,671	1,690	1,709	1,748	1,768

$AsBr_3$ Arsentribromid (X_1) — **C_3H_8O Methyläthyläther** (X_2)
[*8*] ⟨K 15, d 2, ϑ 18 °C⟩

$AsBr_3$ Arsentribromid (X_1) — **$C_4H_{10}O$ Diäthyläther** (X_2)
[*5*] ⟨K 23, d 2, ϑ 18 °C⟩

$AsBr_3$ Arsentribromid (X_1) — **$C_4H_8O_2$ Dioxan** (X_2)
[*10*] ⟨K 4, d 4⟩

Gew.-% X_1	0	1	2	4	6	8
25 °C	1,027	1,035	1,043	1,058	1,074	1,090

AsJ_3 Arsentrijodid (X_1) — **CH_2J_2 Methylenjodid** (X_2) [*2*]

AsJ_3 Arsentrijodid (X_1) — **$C_4H_8O_2$ Dioxan** (X_2)
[*10*] ⟨K 4, d 4⟩

Gew.-% X_1	0	1	2	3
25 °C	1,027	1,036	1,044	1,052

1 Winkler: J. prakt. Chem. **31** (1885) 247 (nach L.B. 5., H.).
2 Retgers, J. W.: Z. anorg. Chem. **3** (1893) 343—50.
3 Traube, J.: Z. anorg. Chem. **8** (1895) 12—76.
4 Gryszkiewicz-Trochimowski, E., Sikorski, S. F.: Roczniki Chem. (Ann. Soc. chim. Polonorum) **7** (1927) 54; Bull. Soc. chim. France (IV) **41** (1927) 1570 (nach Tim.).
5 Usanovich, M. I.: J. russ. physik. Chem. Ges. (Shurnal Russkogo Fisiko-Chimitschesskogo Obschtschesstwa) **59** (1927) 14 (nach Tim.).

Lacmann

6 Z. physik. Chem., Abt. A, **140** (1929) 429—34.
7 Bergmann, E., Engel, L.: Z. physik. Chem., Abt. B, **13** (1931) 232—46.
8 Usanovich, M. I., Rosentreter, R.: J. allg. Chem. (Shurnal Obschtschei Chimii) **64** (1932) 864 (nach Tim.); Z. physik. Chem., Abt. A, **165** (1933) 49—52.
9 Malone, M. G., Ferguson, A. G.: J. chem. Physics **2** (1934) 99—104.
10 McCusker, P. A., Curran, B. C.: J. Amer. chem. Soc. **64** (1942) 614—17.
11 Ssumarokowa, T., Babok, A.: J. allg. Chem. (Shurnal Obschtschei Chimii) **21** (1951) 1375—76.
12 Ssumarokowa, T., Glutschenko, W.: J. allg. Chem. (Shurnal Obschtschei Chimii) **21** (1951) 1376—80.

Sb-, Bi-, Antimon-, Wismutverbindungen

$SbCl_3$ Antimon(III)chlorid (X_1)—**C_6H_6 Benzol** (X_2)
[*7, 9*] ⟨K8, d4⟩

Gew.-% X_1	0,00	40,68	59,43	74,49	85,34	89,76	94,30	100,00
75 °C	0,818	1,291	1,433	1,814	2,082	2,229	2,417	2,672

[*13*] ⟨K6, d4⟩

Gew.-% X_1	0	1	2	4	6	8	10	12
16,1 °C	0,883	0,890	0,896	0,909	0,924	0,939	0,952	0,966

[*2*] ⟨K3, d5, ϑ 20 °C⟩

$SbCl_3$ Antimon(III)chlorid (X_1)—**$C_{10}H_8$ Naphthalin** (X_2)
[*7, 9*] ⟨K8, d4⟩

Gew.-% X_1	0,00	63,87	77,95	84,13	85,89	87,61	94,07	100,00
80 °C	0,979	1,662	1,949	2,110	2,155	2,205	2,434	2,665

$SbCl_3$ Antimon(III)chlorid (X_1)—**$C_{13}H_{12}$ Diphenylmethan** (X_2)
[*7, 9*] ⟨K7, d4⟩

Gew.-% X_1	0,00	57,38	71,55	80,16	84,34	88,41	100,00
100 °C	0,944	1,493	1,759	1,958	2,072	2,191	2,618

$SbCl_3$ Antimon(III)chlorid (X_1)—**$C_{19}H_{16}$ Triphenylmethan** (X_2)
[*7, 9*] ⟨K7, d4⟩

Gew.-% X_1	0,00	31,67	38,20	43,14	48,11	64,97	100,00
100 °C	1,020	1,263	1,332	1,388	1,445	1,694	2,618

$SbCl_3$ Antimon-III-chlorid (X_1)—**$CHCl_3$ Chloroform** (X_2)
[*16*] ⟨K7, d3⟩

Gew.-% X_1	0	0,4	3,2	5,7	9,5	12,2	17,2
32 °C	1,465	1,466	1,490	1,501	1,532	1,553	1,597

$SbCl_3$ Antimon-III-chlorid (X_1)—**$C_2H_2Cl_4$ Tetrachloräthan** (X_2)
[*10*] ⟨K7, d5⟩

Gew.-% X_1	0,00	8,36	12,20	14,56	15,18	19,66	28,81
25 °C	1,589	1,646	1,674	1,692	1,697	1,732	1,809

$SbCl_3$ Antimon-III-chlorid (X_1)—**CH_4O Methanol** (X_2)
[*24*] ⟨K10, d3⟩

Mol-% X_1	0,00	9,96	19,75	29,46	39,61	48,75	58,44	69,46	73,55	100,00
25 °C	0,787	1,213	1,559	1,834	2,066	2,238	2,390	2,529	2,574	2,794
50 °C	0,764	1,182	1,522	1,792	2,020	2,191	2,338	2,478	2,520	2,736

$SbCl_3$ Antimon-III-chlorid (X_1) — **C_2H_6O Äthanol** (X_2)
[*24*] ⟨K 9, d 3⟩

Mol-% X_1	0,00	9,86	19,55	28,86	39,94	51,68	59,19	68,47	100,00
25 °C	0,785	1,088	1,358	1,595	1,850	2,087	2,224	2,378	2,794
50 °C	0,764	1,059	1,325	1,557	1,808	2,047	2,173	2,326	2,736

$SbCl_3$ Antimon-III-chlorid (X_1) — **$C_2H_4O_2$ Essigsäure** (X_2)
[*18*] ⟨K 12, d 4⟩

Gew.-% X_1	34,75	53,21	75,00	80,04	89,32	91,52	93,79	95,28	97,40	100,00
20 °C	1,340	1,577	2,035	2,163	2,436	—	2,582	—	—	—
50 °C	—	1,569	1,983	2,105	2,374	2,464	2,517	2,567	2,639	2,735
60 °C	—	—	1,969	—	2,347	2,445	2,491	2,542	—	2,715

$SbCl_3$ Antimon-III-chlorid (X_1) — **C_3H_8O Propanol(1)** (X_2)
[*24*] ⟨K 10, d 3⟩

Mol-% X_1	0,00	9,82	19,75	29,27	40,57	50,02	59,22	66,74	69,60	100,00
25 °C	0,800	1,032	1,265	1,477	1,710	1,916	2,096	2,236	2,291	2,794
50 °C	0,780	1,008	1,234	1,443	1,672	1,871	2,051	2,189	2,242	2,736
75 °C	0,758	0,980	1,204	1,409	1,634	1,832	2,005	2,142	2,195	2,681

$SbCl_3$ Antimon-III-chlorid (X_1) — **C_3H_8O Propanol(2)** (X_2)
[*23*] ⟨K 11, d 3⟩

Mol-% X_1	0,00	9,82	19,82	29,77	39,58	49,58	59,80	67,38	70,13	77,90	100,00
25 °C	0,781	1,016	1,245	1,471	1,684	1,892	2,107	2,263	2,312	—	2,794
50 °C	0,759	0,994	1,214	1,433	1,640	1,849	2,060	2,211	2,261	2,402	2,736
75 °C	0,734	0,956	1,180	1,399	1,606	1,807	2,017	2,161	2,210	2,350	2,681

$SbCl_3$ Antimon-III-chlorid (X_1) — **C_3H_6O Aceton** (X_2)
[*8, 9*] ⟨K 11, d 4⟩

Gew.-% X_1	0	56,70	72,65	79,71	86,50	90,16	92,18	94,02	100,00
25 °C	0,787	1,401	1,590	1,958	2,269	—	—	—	—
50 °C	—	1,362	1,572	1,910	—	2,310	2,364	2,460	2,732
80 °C	—	—	—	—	—	2,268	2,341	2,441	—

[*3, 4*]

$SbCl_3$ Antimon-III-chlorid (X_1) — **$C_3H_6O_2$ Äthylformiat** (X_2) [*8*]

$SbCl_3$ Antimon-III-chlorid (X_1) — **$C_4H_{10}O$ n-Butanol** (X_2)
[*24*] ⟨K 11, d 3⟩

Mol-% X_1	0,00	10,07	20,29	30,23	40,72	49,64	59,34	66,26	72,02	79,48	100,00
25 °C	0,806	1,001	1,204	1,411	1,620	1,794	1,992	2,128	2,247	2,397	2,794
50 °C	0,786	0,977	1,177	1,380	1,585	1,756	1,947	2,083	2,200	2,342	2,736
75 °C	0,763	0,954	1,149	1,347	1,549	1,719	1,905	2,040	2,158	2,295	2,681

$SbCl_3$ Antimon-III-chlorid (X_1) — **$C_4H_{10}O$ Diäthyläther** (X_2)
[*8, 9*] ⟨K 9, d 4⟩

Gew.-% X_1	0	55,46	65,19	78,88	89,71	91,81	93,73	95,49	100,00
25 °C	0,708	1,217	1,413	1,770	2,201	2,296	2,399	2,490	—
32 °C	0,700	1,206	1,403	1,763	2,188	2,283	2,384	2,475	—
50 °C	—	—	—	—	2,151	2,252	2,342	2,436	2,732
75 °C	—	—	—	—	2,103	2,203	2,291	2,395	2,572

[*25*] ⟨K 24 ab 22 Gew.-% X_1, d 2, ϑ 18 °C⟩

$SbCl_3$ Antimon-III-chlorid (X_1) — **$C_4H_8O_2$ Äthylacetat** (X_2) [*4*, *6*, *8*]

$SbCl_3$ Antimon-III-chlorid (X_1) — **$C_4H_8O_2$ Dioxan** (X_2)
[*17*] ⟨K 5, d 4⟩

Gew.-% X_1	0	1	2	3
25 °C	1,028	1,035	1,042	1,049

$SbCl_3$ Antimon-III-chlorid (X_1) — **$C_5H_{12}O$ n-Amylalkohol** (X_2)
[*24*] ⟨K 9, d 3⟩

Gew.-% X_1	0,00	9,06	19,94	29,78	40,10	49,48	59,58	69,92	100,00
25 °C	0,811	0,974	1,148	1,326	1,520	1,704	1,908	2,123	2,794
50 °C	0,792	0,941	1,121	1,297	1,487	1,667	1,867	2,078	2,736
75 °C	0,773	0,929	1,096	1,267	1,453	1,630	1,827	2,033	2,681

$SbCl_3$ Antimon-III-chlorid (X_1) — **$C_2H_3ClO_2$ Monochloressigsäure** (X_2)
[*19*] ⟨K 15, d 4, ϑ 60 °C⟩

Gew.-% X_1	0	29,48	48,88	59,07	66,51	70,70	75,55	81,91	89,29	95,94	100,00
50 °C	1,391	1,631	1,831	1,972	2,081	2,107	2,225	2,342	2,489	2,632	2,735
70 °C	1,364	1,600	1,797	1,937	2,042	2,073	2,180	2,299	2,448	2,592	2,683

$SbCl_3$ Antimon-III-chlorid (X_1) — **$C_2HCl_3O_2$ Trichloressigsäure** (X_2)
[*20*] ⟨K 6, d 4, ϑ 60 °C⟩

Gew.-% X_1	0	23,46	48,21	65,92	85,07	100,00
50 °C	1,616	1,787	2,009	2,209	2,478	2,735
70 °C	1,586	1,757	1,976	2,176	2,439	2,683

$SbCl_3$ Antimon-III-chlorid (X_1) — **C_6H_7N Anilin** (X_2)
[*7*, *9*] ⟨K 9, d 4, ϑ 95°, 125 °C⟩

$SbCl_5$ Antimon-V-chlorid (X_1) — **CCl_4 Tetrachlormethan** (X_2)
[*13*] ⟨K 5, d 4⟩

Gew.-% X_1	0	1	2	4	6	8	10	12	14	16
16,3 °C	1,601	1,606	1,610	1,620	1,629	1,639	1,649	1,659	1,670	1,680

[*12*] ⟨ϑ 5° bis 50 °C⟩

$SbCl_5$ Antimon-V-chlorid (X_1) — **$C_2H_4O_2$ Essigsäure** (X_2)
[*22*] ⟨K 9, d 4⟩

Gew.-% X_1	0,00	13,26	35,63	55,45	68,06	76,58	83,27	97,19	100,00
40 °C	1,0270	1,1317	1,3468	1,5926	1,7927	1,9506	2,0830	2,2699	2,3063
60 °C	1,0057	1,1090	1,3223	1,5676	1,7662	1,9243	2,0514	2,2327	2,2655
80 °C	0,9825	1,0849	1,2958	1,5393	1,7377	1,8951	2,0165	2,1983	2,2242

$SbCl_5$ Antimon-V-chlorid (X_1) — **$C_3H_6O_2$ Propionsäure** (X_2)
[*22*] ⟨K 11, d 4⟩

Gew.-% X_1	0,00	11,80	31,40	41,66	51,22	57,26	62,76	66,56	79,88	86,07
40 °C	0,9725	1,0699	1,2463	1,3640	1,4889	1,5753	1,6424	1,7101	—	2,0326
60 °C	0,9512	1,0479	1,2219	1,3389	1,4624	1,5385	1,6159	1,6836	1,9233	2,0176
80 °C	0,9304	1,0237	1,1983	1,3127	1,4366	1,5152	1,5895	1,6563	1,8930	1,9806

Gew.-% X_1	100,00
40 °C	2,3063
60 °C	2,2655
80 °C	2,2242

$SbCl_5$ Antimon-V-chlorid (X_1) — **$C_4H_8O_2$ Buttersäure** (X_2)
[*22*] ⟨K9, d4⟩

Gew.-% X_1	0,00	15,19	33,49	43,51	58,97	69,17	77,08	83,62	100,00
40 °C	0,9374	1,0497	1,2186	1,3305	1,5400	1,7098	1,8574	1,9602	2,3063
60 °C	0,9195	1,0297	1,1971	1,3082	1,5165	1,6847	1,8290	1,9298	2,2655
80 °C	0,8990	1,0086	1,1746	1,2844	1,4914	1,6586	1,7999	1,8952	2,2242

$SbBr_3$ Antimon-III-bromid (X_1) — **C_6H_6 Benzol** (X_2)
[*14*] ⟨K4, d4⟩

Mol-% X_1	0	0,51	0,71	1,27
25 °C	0,837	0,890	0,895	0,912

[*7*]

$SbBr_3$ Antimon-III-bromid (X_1) — **$C_{10}H_8$ Naphthalin** (X_2) [*7*]

$SbBr_3$ Antimon-III-bromid (X_1) — **$C_{19}H_{16}$ Triphenylmethan** (X_2)
[*7, 9*] ⟨K8, d4, ϑ 95°, 130 °C⟩

Gew.-% X_1	49,56	54,67	59,58	68,86	74,67	77,47
75 °C	1,354	1,815	2,055	2,247	2,347	2,522

$SbBr_3$ Antimon-III-bromid (X_1) — **CCl_4 Tetrachlormethan** (X_2)
[*13*] ⟨K4, d4⟩

Gew.-% X_1	0	1
18 °C	1,598	1,610

$SbBr_3$ Antimon-III-bromid (X_1) — **$C_4H_8O_2$ Dioxan** (X_2)
[*17*] ⟨K4, d4⟩

Gew.-% X_1	0	1	2	3
25 °C	1,028	1,036	1,044	1,052

$SbBr_3$ Antimon-III-bromid (X_1) — **C_8H_8O Acetophenon** (X_2)
[*7, 9*] ⟨K13, d4, ϑ 95 °C⟩

Mol-% X_1	0	25	40	45	48	50	51	60	70	85
25 °C	1,022	1,651	2,061	2,195	2,284	2,352	2,385	2,620	2,840	3,119
50 °C	0,998	1,626	2,028	2,165	2,246	2,297	2,324	2,571	2,793	3,090

$SbBr_3$ Antimon-III-bromid (X_1) — **$C_{13}H_{10}O$ Benzophenon** (X_2)
[*7, 9*] ⟨K9, d4, ϑ 95 °C⟩

Gew.-% X_1	0,00	49,70	66,40	70,72	74,78	79,81
25 °C	1,106	1,722	2,119	2,253	2,392	2,593

$SbBr_3$ Antimon-III-bromid (X_1) — **$C_2H_3BrO_2$ Bromessigsäure** (X_2)
[*21*] ⟨K11, d4, ϑ 70 °C⟩

Mol-% X_1	0,00	2,31	12,86	15,26	27,40	40,63	49,64	59,77	70,77	80,08
60 °C	1,9103	1,9628	2,2056	2,2779	2,5188	2,8029	3,0102	—	—	—
80 °C	1,8696	1,9235	2,1733	2,2217	2,4793	2,7562	2,9781	3,2035	3,3078	3,4520

Mol-% X_1	100,00
60 °C	—
80 °C	3,7437

$SbBr_3$ Antimon-III-bromid (X_1) – **C_6H_7N Anilin** (X_2)
[*15*] ⟨K 20, d 4, ϑ 65 °C⟩

Mol-% X_1	0,00	10,0	25,0	33,3	40	45	47	50	53	55	60	75
50 °C	0,993	1,316	1,789	2,061	2,263	2,427	2,484	2,584	2,653	2,714	2,842	3,195
85 °C	0,968	1,281	1,760	2,021	2,222	2,381	2,400	2,529	2,612	2,667	2,803	3,147

Mol-% X_1	90
50 °C	—
85 °C	3,504

[*7*]

$SbBr_3$ Antimon-III-bromid (X_1) – **C_7H_9N Methylanilin** (X_2)
[*15*] ⟨K 11, d 4⟩

Mol-% X_1	0	25	33,3	40	45	50	53	55	57	60	65
50 °C	0,964	1,667	1,912	2,112	2,259	2,433	2,520	2,549	2,631	2,709	2,866
65 °C	0,948	1,641	1,877	2,070	2,227	2,390	2,482	2,521	2,591	2,665	2,812

$SbBr_3$ Antimon-III-bromid (X_1) – **C_6H_6BrN Bromanilin** (X_2)
[*15*] ⟨K 11, d 4, ϑ 85°, 95 °C⟩

Mol-% X_1	0	25	33,3	40	45	48	50	52	55	60	75
50 °C	—	2,138	2,339	2,503	2,623	2,701	2,751	2,808	2,874	2,992	3,309
65 °C	1,530	2,113	2,300	2,464	2,585	2,661	2,712	2,762	2,833	2,950	3,269

$SbBr_3$ Antimon-III-bromid (X_1) – **$C_6H_6O_2N_2$ p-Nitroanilin** (X_2)
[*15*] ⟨K 6, d 4⟩

Mol-% X_1	40	50	60	66,6	85	100,00
95 °C	2,188	2,446	2,685	2,858	3,322	3,691

SbJ_3 Antimon(III)jodid (X_1) – **C_6H_6 Benzol** (X_2)
[*11*] ⟨K 5 bis 0,5 Gew.-%, X_1, d 4, ϑ 25 °C⟩

SbJ_3 Antimon(III)jodid (X_1) – **CH_2J_2 Methylenjodid** (X_2) [*1*]

$BiCl_3$ Wismut(III)chlorid (X_1) – **C_3H_6O Aceton** (X_2) [*3, 4*]

$BiCl_3$ Wismut(III)chlorid (X_1) – **$C_4H_8O_2$ Äthylacetat** (X_2) [*4, 6*]

BiJ_3 Wismut(III)jodid (X_1) – **CH_2J_2 Methylenjodid** (X_2) [*1*]

1 Retgers, J. W.: Z. anorg. Chem. **3** (1893) 343–50.
2 Traube, J.: Z. anorg. Chem. **8** (1895) 12–76.
3 Schulz, Dissert., Gießen, 1901 (nach ICT).
4 Naumann, A.: Ber. dtsch. chem. Ges. **37** (1904) 4328.
5 **43** (1910) 313–21.
6 Henninger: Dissert. Gießen, 1907 (nach ICT).
7 Kurnakow, N. S., Krotkow, P., Oksmann, M.: Bull. Acad. Pet. **9** (1915) 45; J. russ. physik. chem. Ges. (Shurnal Fisiko-Chimitschesskogo Obschtschesstwa) **47** (1915) 563 (nach Tabl. ann., Tim.).
8 Kurnakow, N. S., Perelmutter, S., Kanow, S.: Annales de l'Institut Polytechnique Pierre le Grand, Petrograd **24** (1915) 399; J. russ. physik. chem. Ges. (Shurnal Russkogo Fisiko-Chimitschesskogo Obschtschesstwa) **48** (1916) 1662 (nach Tabl. ann., Tim.).
9 Kurnakow, N. S., Krotkow, P., Oksmann, M., Beketow, N., Perelmutter, S., Kanow, F., Finkel, J.: Z. anorg. allg. Chem. **135** (1924) 81–117.
10 de Pauw: Dissert., Utrecht, 1922 (nach Tabl. ann.)
11 Williams, J. W., Allgeier, R. J.: J. Amer. chem. Soc. **49** (1927) 2416–22.
12 Simons, J. H., Jessop, G.: J. Amer. chem. Soc. **53** (1931) 1263–66.
13 Bergmann, E., Engel, L.: Z. physik. Chem., Abt. B, **13** (1931) 232–67.

14 Malone, M. G., Ferguson, A. L.: J. chem. Physics **2** (1934) 99–104.
15 Kurnakow, N. S., Wosskressenskaja, N. K., Gurowitsch, G. D.: Bull. Acad. Sci. URSS, Ser. chim. (Iswesstija Akademii Nauk USSR, Sserija Chimitschesskaja) **1938**, Nr. 2, 391–401 (nach Chem. Zbl. u. Tim.).
16 Rodriguez, A. R., Clemente, A.: Univ. Philippines natur. appl. Sci. Bull. **7** (1939) 155–68 (nach Chem. Zbl.).
17 McCusker, P. A., Curran, B. C.: J. Amer. chem. Soc. **64** (1942) 614–17.
18 Ussanowitsch, M., Ssumarokowa, T.: J. allg. Chem. (Shurnal Obschtschei Chimii) **21** (1951) 987–90.
19 **21** (1951) 1214–18.
20 Ssumarokowa, T., Ussanowitsch, M.: J. allg. Chem. (Shurnal Obschtschei Chimii) **21** (1951) 1219–22.
21 Ssumarokowa, T., Khakhaova, N.: J. allg. Chem. (Shurnal Obschtschei Chimii) **26** (1956) 10, 2691 (nach Tim.).
22 Ussanowitsch, M., Nurakowa, A. K., Ssumarokowa, T. N.: J. allg. Chem. (Shurnal Obschtschei Chimii) **31** (1961) 3493–3500; J. Gen. Chem. USSR **31** (1961) 3257–63.
23 Basov, V. B.: J. anorg. Chem. (Shurnal Neorganitschesskoi Chimii) **12** (1967) 2872–73; Russ. J. Inorg. Chem. **12** (1967) 1520–21.
24 Fialkov, Yu. Ya., Basov, V. B.: J. allg. Chem. (Shurnal Obschtschei Chimii) **38** (1968) 7–12; J. Gen. Chem. USSR **38** (1968) 5–8.
25 Ussanowitsch, M., Terpugow, F.: Z. physik. Chem., Abt. A, **165** (1933) 39–48.

C Kohlenstoffverbindungen

CO_2 Kohlendioxid (X_1) – **C_6H_6 Benzol** (X_2)
[82] ⟨K 8, d 4, ϑ 26 °C u. graph. Darst.⟩

CO_2 Kohlendioxid (X_1) – **C_7H_{16} n-Heptan** (X_2)
[82] ⟨K 3, d 4, ϑ 26 °C u. graph. Darst.⟩

CO_2 Kohlendioxid (X_1) – **$C_{10}H_8$ Naphthalin** (X_2)
[47] ⟨ges. Lsgg., d 3, ϑ −20° bis 25 °C⟩

CO_2 Kohlendioxid (X_1) – **CH_2Cl_2 Methylenchlorid** (X_2)
[85] ⟨graph. Darst., bis 17 Gew.-% X_1, ϑ 21 °C⟩

CO_2 Kohlendioxid (X_1) – **CH_4O Methanol** (X_2)
[82] ⟨K 6, d 4, ϑ 26 °C u. graph. Darst.⟩

CO_2 Kohlendioxid (X_1) – **$C_2H_4O_2$ Essigsäure** (X_2)
[82] ⟨K 7, d 4, ϑ 26 °C u. graph. Darst.⟩

CS_2 Schwefelkohlenstoff (X_1) – **CH_4 Methan** (X_2)
[78] ⟨K 1, Molvol., ϑ 25 °C⟩

CS_2 Schwefelkohlenstoff (X_1) – **C_2H_6 Äthan** (X_2)
[78] ⟨K 1, Molvol., ϑ 25 °C⟩

CS_2 Schwefelkohlenstoff (X_1) – **C_5H_{10} Amylen** (X_2) *[4]*

CS_2 Schwefelkohlenstoff (X_1) – **C_6H_{14} n-Hexan** (X_2)
[46] ⟨K 5, d 4⟩

Gew.-% X_1	0,00	22,75	46,90	72,60	100,00
25 °C	0,678	0,753	0,861	1,008	1,256

[61] ⟨K 14, d 3⟩

Gew.-% X_1	0,0	15,4	24,0	32,1	38,8	42,3	49,6	55,8	65,5	77,7	85,1
30 °C	0,654	0,702	0,738	0,771	0,802	0,816	0,856	0,890	0,959	1,043	1,110

Gew.-% X_1	94,5	100,0
30 °C	1,190	1,244

CS_2 Schwefelkohlenstoff (X_1) — **C_6H_{12} Cyclohexan** (X_2)
[*73*] ⟨K9, d4⟩

Mol-% X_1	0,00	6,60	23,51	50,07	76,11	79,27	91,36	97,82	100,0
25 °C	0,7763	0,7928	0,8407	0,9385	1,0731	1,0928	1,1797	1,2331	1,2551

[*86*] ⟨K7, d4⟩

Mol-% X_1	0,00	23,72	50,95	64,51	74,35	90,84	100,00
28,5 °C	0,7688	0,8343	0,9378	1,0030	1,0590	1,1760	1,2520

CS_2 Schwefelkohlenstoff (X_1) — **C_6H_6 Benzol** (X_2)
[*42*] ⟨K11, ΔV⟩

Gew.-% X_1	0	10	20	30	40	50	60	70	80	90	100
17 °C	0,881	0,906	0,933	0,963	0,995	1,030	1,068	1,110	1,158	1,209	1,269

[*67*] ⟨K5, d4⟩

Gew.-% X_1	0	4	8	12	16
25 °C	0,874	0,884	0,894	0,904	0,914

[*40*] ⟨K8, d5⟩

Mol-% X_1	0,00	20,20	52,24	62,29	72,59	83,84	90,25	100,00
25 °C	0,872	0,924	1,023	1,065	1,109	1,163	1,197	1,253

[*50*] ⟨K6, d4, ϑ 0 °C⟩
[*25*] ⟨K7, d5, ϑ 0° bis 40 °C⟩
[*48*] ⟨K8, d4, ϑ 18 °C⟩
[*45*] ⟨K3, d4, ϑ 20°, 40 °C⟩
[*39*] ⟨K7, d5, ϑ 20 °C⟩
[*54*] ⟨K4 bis 10 Gew.-% X_1, d4, ϑ 20 °C⟩
[*76*] ⟨K6, ΔV, ϑ 22 °C⟩
[*36*] ⟨K5, d4, ϑ 25 °C⟩
[*46*] ⟨K5, d4, ϑ 25 °C⟩
[*49*] ⟨K5, d4, ϑ 25 °C⟩
[*84*] ⟨K13 bis 5 Gew.-% X_1, bis 30 Gew.-% X_2, d4, ϑ 25 °C⟩
[*90*] ⟨K11, d4, ϑ 25 °C⟩
[*2, 4, 10, 43, 83*]

CS_2 Schwefelkohlenstoff (X_1) — **C_7H_{16} Heptan** (X_2)
[*54*] ⟨K10, d4⟩

Gew.-% X_1	7,90	12,00	16,78	27,95	30,80	43,05	52,80	63,75	79,85	93,40
20 °C	0,737	0,750	0,767	0,800	0,813	0,867	0,920	0,987	1,137	1,205

[*28*] ⟨K7, d4, ϑ 20° bis 21 °C⟩
[*53*]

CS_2 Schwefelkohlenstoff (X_1) — **C_7H_8 Toluol** (X_2)
[*42*] ⟨K11, ΔV⟩

Gew.-% X_1	0	10	20	30	40	50	60	70	80	90	100
17 °C	0,870	0,900	0,932	0,963	0,990	1,019	1,060	1,106	1,158	1,211	1,269

[*73*] ⟨K9, d4⟩

Mol-% X_1	0,00	6,59	22,95	49,44	73,93	78,77	89,16	95,67	100,00
25 °C	0,8610	0,8747	0,9148	0,9958	1,0962	1,1206	1,1796	1,2220	1,2551

[*50*] ⟨K6, d4, ϑ 0 °C⟩
[*25*] ⟨K7, d5, ϑ 0° bis 40 °C⟩
[*28*] ⟨K7, d4, ϑ 20° bis 21 °C⟩
[*45*] ⟨K3, d4, ϑ 20°, 40 °C⟩
[*10*]

CS_2 Schwefelkohlenstoff (X_1) — **$C_{10}H_{16}$ Pinen** (X_2)
[40] ⟨K9, d5⟩

Mol-% X_1	0,00	28,45	47,19	65,32	73,53	79,76	89,98	95,85	100,00
25 °C	0,854	0,904	0,951	1,016	1,054	1,088	1,159	1,211	1,253

[18]

CS_2 Schwefelkohlenstoff (X_1) — **$C_{10}H_8$ Naphthalin** (X_2)
[17] ⟨K7, d4⟩

Gew.-% X_1	70,24	74,91	80,16	86,15	90,08	95,04	100,00
18 °C	1,185	1,197	1,211	1,227	1,238	1,252	1,266

[44] ⟨K4, d4⟩

Gew.-% X_1	86,96	93,59	96,81	100,00
20 °C	1,226	1,244	1,253	1,263
40 °C	1,199	1,216	1,224	1,233

[7] ⟨K1, d5, ϑ 0°, 10°, 20°, 30 °C⟩
[46] ⟨K7 bis 6,5 Mol-% X_2, d4⟩
[84] ⟨K6 bis 16 Gew.-% X_2, d4⟩
[23, 43, 51]

CS_2 Schwefelkohlenstoff (X_1) — **$C_{12}H_{10}$ Diphenyl** (X_2)
[24] ⟨K3, d5⟩

Gew.-% X_1	86,75	96,04	100,00
25 °C	1,223	1,245	1,256

CS_2 Schwefelkohlenstoff (X_1) — **$C_{12}H_{10}$ Acenaphthen** (X_2) *[24]*

CS_2 Schwefelkohlenstoff (X_1) — **$C_{14}H_{10}$ Phenanthren** (X_2)
[44] ⟨K4, d4⟩

Gew.-% X_1	80,58	90,40	95,24	100,00
20 °C	1,234	1,248	1,256	1,263
40 °C	1,208	1,221	1,227	1,233

CS_2 Schwefelkohlenstoff (X_1) — **$C_{14}H_{10}$ Anthracen** (X_2)
[46] ⟨K7 bis 0,4 Mol-% X_2, d4, ϑ 25 °C⟩

CS_2 Schwefelkohlenstoff (X_1) — **$C_{19}H_{16}$ Triphenylmethan** (X_2)
[55] ⟨K7 bis 9,5 Mol-% X_2, d5, ϑ 15,3 °C⟩

CS_2 Schwefelkohlenstoff (X_1) — **CH_3J Jodmethan** (X_2)
[11] ⟨K7, d4, ϑ 10°, 30 °C⟩

Gew.-% X_1	0,00	21,60	38,81	48,11	68,81	82,39	100,00
0 °C	2,333	1,984	1,772	1,678	1,498	1,399	1,292
20 °C	2,278	1,937	1,730	1,638	1,463	1,367	1,262
40 °C	2,221	1,888	1,687	1,598	1,428	1,335	1,232

[6]

CS_2 Schwefelkohlenstoff (X_1) — **CH_2Cl_2 Methylenchlorid** (X_2)
[80] ⟨graph. Darst., ΔV, ϑ 20 °C⟩

CS_2 Schwefelkohlenstoff (X_1) — **CH_2J_2 Methylenjodid** (X_2) *[12]*

CS_2 Schwefelkohlenstoff (X_1) — **$CHCl_3$ Chloroform** (X_2)
[42] ⟨K11, ΔV⟩

Gew.-% X_1	0	10	20	30	40	50	60	70	80	90	100
17 °C	1,491	1,460	1,432	1,407	1,383	1,361	1,340	1,320	1,301	1,285	1,268

CS_2 Schwefelkohlenstoff (X_1) — **$CHCl_3$ Chloroform** (X_2) (Forts.)

[40] ⟨K9, d5⟩

Mol-% X_1	0,00	18,97	34,92	40,46	59,06	67,20	81,93	93,51	100,00
25 °C	1,478	1,440	1,406	1,394	1,352	1,333	1,298	1,269	1,253

[32] ⟨K13, d3, ϑ 15 °C⟩
[35] ⟨K7, d5, ϑ 17 °C⟩
[28] ⟨K8, d4, ϑ 19° bis 20 °C⟩
[29] ⟨K7, d5, ϑ 20° bis 40 °C⟩
[3, 4, 6, 8, 10, 13, 15, 43]

CS_2 Schwefelkohlenstoff (X_1) — **CCl_4 Tetrachlormethan** (X_2)
[87] ⟨K8, d5⟩

Mol-% X_1	0,00	7,24	40,34	58,12	74,27	86,19	96,84	100,00
6 °C	1,6210	1,6038	1,5150	1,4581	1,3987	1,3491	1,2996	1,2840
30 °C	1,5745	1,5580	1,4719	1,4168	1,3593	1,3112	1,2634	1,2482

[76] ⟨K9, d4⟩

Gew.-% X_1	0	10	20	30	40	50	60	70	80
22 °C	1,5893	1,5460	1,5055	1,4680	1,4335	1,4010	1,3690	1,3400	1,3120

Gew.-% X_1	90	100
22 °C	1,2855	1,2603

[40] ⟨K9, d5⟩

Mol-% X_1	0,00	8,47	33,07	46,07	59,99	71,62	85,75	90,66	100,00
25 °C	1,5827	1,5384	1,5000	1,4619	1,4172	1,3751	1,3187	1,2972	1,2531

[48] ⟨K10, d4, ϑ 18 °C⟩
[28] ⟨K7, d4, ϑ 19° bis 20 °C⟩
[54] ⟨K12, d3, ϑ 20 °C⟩
[62] ⟨K6, d3, ϑ 23 °C⟩
[84] ⟨K11 bis 2 Gew.-% X_1, bis 22 Gew.-% X_2, d4, ϑ 25 °C⟩
[90] ⟨K11, d4, ϑ 25 °C⟩
[72] ⟨K8, d3, ϑ 30 °C⟩

CS_2 Schwefelkohlenstoff (X_1) — **C_2H_5Br Äthylbromid** (X_2)
[66] ⟨K5, d4, ϑ −22,9 °C⟩

Gew.-% X_1	94	96	98	99	100
0 °C	1,303	1,299	1,296	1,294	1,293
20 °C	1,273	1,270	1,266	1,265	1,263

CS_2 Schwefelkohlenstoff (X_1) — **C_2H_5J Äthyljodid** (X_2) *[9]*

CS_2 Schwefelkohlenstoff (X_1) — **$C_2H_4Cl_2$ 1.2-Dichloräthan** (X_2)
[57] ⟨K13, d4⟩

Mol-% X_1	0,00	8,04	15,27	30,34	43,24	56,42	69,63	77,50	82,50	85,25	92,01	95,00	100,0
24,7 °C	1,244	1,242	1,240	1,237	1,235	1,236	1,238	1,242	1,243	1,245	1,249	1,256	1,256

CS_2 Schwefelkohlenstoff (X_1) — **$C_2H_4Br_2$ 1.2-Dibromäthan** (X_2)
[40] ⟨K8, d5⟩

Mol-% X_1	0,00	16,07	37,28	51,84	56,83	83,00	92,06	100,00
25 °C	2,155	2,045	1,884	1,760	1,715	1,453	1,350	1,253

[28, 43]

CS_2 Schwefelkohlenstoff (X_1) — **C_6H_5Cl Chlorbenzol** (X_2)
[73] ⟨K9, d4⟩

Mol-% X_1	0,00	6,30	22,22	48,61	72,58	78,26	88,23	97,13	100,00
25 °C	1,1010	1,1065	1,1206	1,1493	1,1875	1,1956	1,2181	1,2404	1,2551

[58] ⟨K10, d4, ϑ 20 °C⟩
[46, 77] ⟨K6, d4, ϑ 25 °C⟩
[67] ⟨K4 bis 17 Mol-% X_1, d5, ϑ 25 °C⟩

CS_2 Schwefelkohlenstoff (X_1) – **C_6H_5Br Brombenzol** (X_2)
[66] ⟨K5, d4, ϑ – 22,9 °C⟩

Gew.-% X_1	92	94	96	98	99	100
0 °C	1,313	1,309	1,305	1,301	1,295	1,293
20 °C	1,278	1,274	1,271	1,267	1,265	1,263

[73] ⟨K9, d4⟩

Mol-% X_1	0,00	6,50	22,80	49,43	69,48	78,74	87,04	97,21	100,00
25 °C	1,4886	1,4750	1,4518	1,4029	1,3495	1,3375	1,2992	1,2639	1,2551

[28] ⟨K8, d4, ϑ 20° bis 22 °C⟩

CS_2 Schwefelkohlenstoff (X_1) – **$C_6H_4Br_2$ p-Dibrombenzol** (X_2)
[24] ⟨K4, d5⟩

Gew.-% X_1	90	92	94	96	98	100
25 °C	1,298	1,289	1,281	1,273	1,264	1,256

CS_2 Schwefelkohlenstoff (X_1) – **$C_{10}H_7Br$ Bromnaphthalin** (X_2) *[12]*

CS_2 Schwefelkohlenstoff (X_1) – **CH_4O Methanol** (X_2)
[87] ⟨K7, d5⟩

Mol-% X_1	0,0	0,26	0,99	1,82	3,00	5,96	100,00
6 °C	0,804	0,806	0,811	0,816	0,824	0,842	1,284

[79] ⟨K9, ΔV⟩

Gew.-% X_1	0	5	10	15	20	25	30	35	40	42,4	96,8	100,0
20 °C	0,792	0,806	0,820	0,835	0,850	0,867	0,884	0,903	0,923	0,932	1,242	1,266

CS_2 Schwefelkohlenstoff (X_1) – **C_2H_6O Äthanol** (X_2)
[87] ⟨K20, d5⟩

Mol-% X_1	0,00	3,39	6,07	18,49	46,96	54,20	61,78	66,81	73,29	83,04
6 °C	0,8013	0,8172	0,8297	0,8882	1,0247	1,0598	1,0964	1,1208	1,1523	1,1998
30 °C	0,7808	0,7961	0,8081	0,8644	0,9959	1,0297	1,0651	1,0887	1,1191	1,1652

Mol-% X_1	89,30	100,00
6 °C	1,2304	1,2840
30 °C	1,1951	1,2482

[50] ⟨K5, d4, ϑ 0 °C⟩
[70, 71] ⟨ΔV, graph. Darst., ϑ 6°, 30 °C⟩
[20] ⟨K7, d4, ϑ 15,5 °C⟩
[35] ⟨K8, d5, ϑ 17 °C⟩
[63] ⟨Gleichung, d6, ϑ 24,5 °C⟩
[3, 4, 5, 12, 13, 29, 81]

CS_2 Schwefelkohlenstoff (X_1) – **$C_2H_4O_2$ Essigsäure** (X_2)
[29, 74] ⟨K5, d3⟩

Gew.-% X_1	0,0	22,0	39,3	49,6	87,9
25 °C	1,055	1,078	1,105	1,125	1,226

[29] ⟨K5, d4, ϑ 12° bis 30 °C⟩

CS_2 Schwefelkohlenstoff (X_1) – **$C_2H_4O_2$ Methylformiat** (X_2) *[9]*

CS_2 Schwefelkohlenstoff (X_1) – **C_3H_8O Propanol(1)** (X_2)
[20] ⟨K7, d4⟩

Gew.-% X_1	0	10	20	30	40	60	70	80	90	100
15,5 °C	0,807	0,836	0,868	0,902	0,940	1,026	1,076	1,134	1,198	1,270

CS_2 Schwefelkohlenstoff (X_1) — **C_3H_6O Aceton** (X_2)
[79] ⟨K 7, ΔV⟩

Gew.-% X_1	0	10	20	30	40	60	70	80	90	100
20 °C	0,793	0,819	0,848	0,882	0,918	1,007	1,059	1,119	1,188	1,266

[22] ⟨K 12, d 5⟩

Gew.-% X_1	0,00	13,24	29,28	40,35	51,76	64,73	71,14	83,28	86,89	100,00
25 °C	0,788	0,824	0,875	0,915	0,962	1,024	1,058	1,131	1,155	1,256
35,57 °C	0,776	0,812	0,862	0,901	0,948	1,009	1,028	1,116	1,140	1,241

[26] ⟨K 4, d 3, ϑ −13,5°, 0°, 15°, 23 °C⟩
[31] ⟨K 8, d 4, ϑ 0 °C⟩
[50] ⟨K 6, d 3, ϑ 0 °C⟩
[34] ⟨K 5, d 4, ϑ 14° bis 70 °C⟩
[25] ⟨K 6, d 6, ϑ 15 °C⟩
[42] ⟨K 11, ΔV, ϑ 17 °C⟩
[88] ⟨K 11, d 5, ϑ 20°, 30 °C⟩
[89] ⟨ΔV, Gleichung, ϑ 25 °C⟩
[29]

CS_2 Schwefelkohlenstoff (X_1) — **$C_3H_8O_2$ Methylal** (X_2)
[22] ⟨K 14, d 5, ϑ 35,17 °C⟩

Gew.-% X_1	0,00	12,92	28,68	38,41	45,63	60,03	65,26	75,14	86,45	100,00
25 °C	0,853	0,886	0,931	0,962	0,987	1,044	1,066	1,112	1,172	1,256

[29]

CS_2 Schwefelkohlenstoff (X_1) — **$C_4H_{10}O$ sek. Butanol** (X_2)
[41] ⟨K 9, d 4⟩

Gew.-% X_1	0,0	10,1	20,6	29,8	41,0	50,0	60,1	80,0	100,0
20 °C	0,807	0,835	0,866	0,894	0,932	0,965	1,005	1,119	1,263

CS_2 Schwefelkohlenstoff (X_1) — **$C_4H_{10}O$ Isobutanol** (X_2) *[29]*

CS_2 Schwefelkohlenstoff (X_1) — **$C_4H_{10}O$ Diäthyläther** (X_2)
[40] ⟨K 9, d 5⟩

Mol-% X_1	0,00	14,62	35,71	41,67	60,14	73,05	77,03	92,46	100,00
25 °C	0,707	0,755	0,839	0,865	0,961	1,040	1,067	1,186	1,253

[4, 10, 28, 29]

CS_2 Schwefelkohlenstoff (X_1) — **$C_4H_8O_2$ Isobuttersäure** (X_2) *[29]*

CS_2 Schwefelkohlenstoff (X_1) — **$C_4H_8O_2$ Äthylacetat** (X_2)
[40] ⟨K 9, d 5⟩

Mol-% X_1	0,00	21,99	46,90	54,49	65,22	75,78	81,19	91,30	100,00
25,09 °C	0,894	0,939	1,006	1,024	1,071	1,116	1,142	1,197	1,253

[50] ⟨K 4, d 4, ϑ 0 °C⟩
[9, 10, 43]

CS_2 Schwefelkohlenstoff (X_1) — **$C_4H_8O_2$ Dioxan** (X_2)
[76] ⟨ΔV, graph. Darst.⟩

CS_2 Schwefelkohlenstoff (X_1) — **$C_4H_6O_3$ Essigsäureanhydrid** (X_2)
[89] ⟨ΔV, Gleichung, ϑ 25 °C⟩

CS_2 Schwefelkohlenstoff (X_1) — **C_5H_8O Cyclopentanon** (X_2)
[88] ⟨K 11, d 5⟩

Mol-% X_1	0,00	8,09	18,43	29,10	40,74	50,31	60,90	70,66	80,32	91,32	100,00
20 °C	0,9487	0,9647	0,9865	1,0118	1,0419	1,0687	1,1019	1,1357	1,1730	1,2204	1,2631
30 °C	0,9391	0,9548	0,9763	1,0011	1,0307	1,0569	1,0895	1,1227	1,1594	1,2061	1,2486

CS_2 Schwefelkohlenstoff (X_1) — **$C_5H_{10}O_2$ Isovaleriansäure** (X_2) *[29]*

CS_2 Schwefelkohlenstoff (X_1) — **C_6H_6O Phenol** (X_2)
[46] ⟨K 7, d 4⟩

Mol-% X_1	90,3	93,1	95,5	96,9	98,4	99,6	100,0
25 °C	1,228	1,236	1,243	1,246	1,251	1,254	1,255

CS_2 Schwefelkohlenstoff (X_1) — **$C_6H_{12}O_2$ d-β-Butylacetat** (X_2)
[33] ⟨K 5, d 4⟩

Gew.-% X_1	33,55	49,85	70,13	78,60	92,44
17 °C	0,972	1,028	1,108	1,150	1,226

CS_2 Schwefelkohlenstoff (X_1) — **$C_6H_{12}O_3$ Paraldehyd** (X_2)
[40] ⟨K 9, d 5⟩

Mol-% X_1	0,00	29,74	39,08	54,98	63,65	69,72	82,43	90,82	100,00
25 °C	0,987	1,020	1,035	1,066	1,088	1,106	1,153	1,198	1,253

[9, 43]

CS_2 Schwefelkohlenstoff (X_1) — **$C_6H_{10}O_3$ Äthylacetoacetat** (X_2)
[69] [K 9 bis 15 Gew.-% X_2, d 4, ϑ 25 °C⟩
[9]

CS_2 Schwefelkohlenstoff (X_1) — **C_7H_6O Benzaldehyd** (X_2) *[9]*

CS_2 Schwefelkohlenstoff (X_1) — **$C_7H_{14}O_2$ Amylacetat** (X_2)
[6] ⟨K 5, d 3⟩

Gew.-% X_1	0	18	47	74	100
15 °C	0,879	0,920	1,003	1,124	1,369

CS_2 Schwefelkohlenstoff (X_1) — **$C_7H_6O_2$ Benzoesäure** (X_2)
[46] ⟨K 7 bis 0,8 Mol-% X_2, d 4, ϑ 25 °C⟩

CS_2 Schwefelkohlenstoff (X_1) — **C_9H_8O Zimtaldehyd** (X_2) *[12, 29]*

CS_2 Schwefelkohlenstoff (X_1) — **$C_9H_8O_2$ Zimtsäure** (X_2)
[46] ⟨K 6 bis 0,4 Mol-% X_2, d 4, ϑ 25 °C⟩

CS_2 Schwefelkohlenstoff (X_1) — **$C_{10}H_{16}O$ Campher** (X_2)
[16, 21] ⟨K 6 bis 65 Gew.-% X_2, d 4, ϑ 20 °C⟩

CS_2 Schwefelkohlenstoff (X_1) — **$C_{10}H_{12}O$ Anethol** (X_2) *[12, 29]*

CS_2 Schwefelkohlenstoff (X_1) — **$C_{10}H_{20}O_2$ d-β-Octylacetat** (X_2)
[33] ⟨K 7, d 4⟩

Gew.-% X_1	27,51	39,15	52,10	55,57	67,93	84,63	95,44
17 °C	0,941	0,981	1,026	1,039	1,097	1,177	1,214

CS_2 Schwefelkohlenstoff (X_1) — **$C_{10}H_{12}O_2$ 1-Hydroxy-2-Methoxy-4-β-propenylbenzol** (X_2)
[61] ⟨ϑ 30 °C⟩

CS_2 Schwefelkohlenstoff (X_1) — **$C_{14}H_8O_2$ Phenanthrenchinon** (X_2) *[68]*

CS_2 Schwefelkohlenstoff (X_1) — **$C_2H_2Cl_2O$ Chloracetylchlorid** (X_2)
[64] ⟨K 5, d 4⟩

Mol-% X_1	0	0,68	1,38	1,94	2,55
20 °C	1,264	1,264	1,265	1,265	1,266

CS_2 Schwefelkohlenstoff (X_1) – **C_3H_5N Propionitril** (X_2)
[*65*] ⟨K 5, d 4⟩

Mol-% X_1	98,20	98,59	99,07	99,54	100,0
20 °C	1,252	1,255	1,258	1,261	1,263

CS_2 Schwefelkohlenstoff (X_1) – **C_6H_7N Anilin** (X_2) [*9*]

CS_2 Schwefelkohlenstoff (X_1) – **C_7H_5N Benzonitril** (X_2)
[*65*] ⟨K 5, d 4⟩

Mol-% X_1	98,21	98,77	99,12	99,56	100,00
0 °C	1,281	1,284	1,286	1,288	1,290
20 °C	1,255	1,257	1,259	1,261	1,263

CS_2 Schwefelkohlenstoff (X_1) – **$C_8H_{11}N$ Dimethylanilin** (X_2)
[*6*] ⟨K 5, d 3⟩

Gew.-% X_1	0	28	56	79	100
15 °C	0,955	1,012	1,093	1,168	1,269

CS_2 Schwefelkohlenstoff (X_1) – **$C_{12}H_{10}N_2$ Azobenzol** (X_2)
[*24*] ⟨K 4, d 5⟩

Gew.-% X_1	83,56	93,33	98,96	100,00
25 °C	1,226	1,243	1,254	1,256

CS_2 Schwefelkohlenstoff (X_1) – **$C_2H_5O_3N$ Äthylnitrat** (X_2) [*14, 29*]

CS_2 Schwefelkohlenstoff (X_1) – **$C_6H_5O_2N$ Nitrobenzol** (X_2)
[*73*] ⟨K 9, d 4⟩

Mol-% X_1	0,00	6,35	22,73	48,78	75,24	79,12	91,02	97,67	100,00
25 °C	1,196	1,197	1,200	1,209	1,226	1,227	1,241	1,249	1,255

[*58*] ⟨K 5 bis 0,03 Mol-% X_1, d 5, ϑ 20 °C⟩
[*38*] ⟨K 5, d 3, ϑ 24 °C⟩
[*46, 77*] ⟨K 7, d 4, ϑ 25 °C⟩
[*59*] ⟨K 5 bis 2,5 Mol-% X_2, d 4, ϑ 25 °C⟩
[*60*] ⟨K 5 bis 21 Gew.-% X_2, d 4, ϑ 25 °C⟩
[*67*] ⟨K 4 bis 18 Mol-% X_1, d 5, ϑ 25 °C⟩
[*6, 9*]

CS_2 Schwefelkohlenstoff (X_1) – **$C_6H_6O_2N_2$ p-Nitroanilin** (X_2)
[*58*] ⟨Kl. Konzz., ϑ 20 °C⟩

CS_2 Schwefelkohlenstoff (X_1) – **$C_7H_7O_2N$ p-Nitrotoluol** (X_2)
[*27*] ⟨K 7, d 4⟩

Gew.-% X_1	0,0	11,4	20,9	38,4	49,3	53,0	100,0
20 °C	1,265	1,248	1,236	1,215	1,202	1,198	1,284

CS_2 Schwefelkohlenstoff (X_1) – **$C_{16}H_{12}ON_2$ 1-Benzol-azo-naphthol-2** (X_2)
[*56*] ⟨K 3 bis 1 Mol-% X_2, d 4, ϑ 28,2 °C⟩

CS_2 Schwefelkohlenstoff (X_1) – **C_7H_5SN Phenylrhodanid** (X_2) [*12*]

HCN Cyanwasserstoff (X_1) – **C_6H_6 Benzol** (X_2)
[*52*] ⟨K 8 bis 0,8 Mol-% X_1, d 4, ϑ 16°, 25,1°, 36,2°, 43,0 °C⟩

HCN Cyanwasserstoff (X_1) – **C_8H_{10} p-Xylol** (X_2)
[*52*] ⟨K 4 bis 0,5 Mol-% X_1, d 4, ϑ 20 °C⟩

JCN Jodcyan (X_1) – C_6H_6 **Benzol** (X_2)
[75] ⟨Gleichung, d4⟩

Mol-% X_1	0	20	40	60	80	100
20 °C	0,878	1,110	1,342	1,574	1,806	2,038

1 Brown, F. D.: J. chem. Soc. (London) **35** (1879) 547 (nach ICT u. Tim.).
2 **39** (1881) 202, 304 (nach ICT u. Tim.).
3 Drecker, J.: Ann. Physik Chem. (Neue Folge) **20** (1883) 870–96.
4 Guthrie: London, Edinburgh, Dublin Phil. Mag. J. Sci. **18** (1884) 495 (nach ICT).
5 Pulfrich, C.: Z. physik. Chem. **4** (1889) 561–69.
6 Sutherland, W.: Phil. Mag. **38** (1894) 188 (nach Tim.).
7 Tammann, G., Hirschberg, W.: Z. physik. Chem. **13** (1894) 543–49.
8 Ramsay, W., Aston, E.: Z. physik. Chem. **15** (1894) 89–97.
9 Jones: Chem. News J. physic. Sci. **72** (1895) 279 (nach ICT).
10 Linebarger, C. E.: Amer. J. Sci. **2** (1896) 226, 331 (nach ICT u. Tim.).
11 Thorpe, T. E., Rodger, J. W.: J. chem. Soc. (London) **71** (1897) 360 (nach ICT u. Tim.).
12 Zecchini, F.: Gazz. chim. ital. **27** (1897) 358 (nach ICT u. Tim.).
13 Philip, J. C.: Z. physik. Chem. **24** (1897) 18–38.
14 Perkin, W. H.: J. chem. Soc. (London) **77** (1900) 267–94.
15 Herzen, E.: Bibl. Univ. Archiv Sci. physik. natur. **14** (1902) 232 (nach ICT).
16 Schlundt, H.: J. physic. Chem. **7** (1902/03) 194–206.
17 Forch, C.: Ann. Physik, Festschrift L. Boltzmann (1904) 696–705.
18 Hess, V. F.: Sitzungsber. Akad. Wiss. Wien, IIa, **114** (1905) 1231 (nach Tim.).
19 **117** (1908) 947 (nach ICT).
20 Holmes, J.: J. chem. Soc. (London) **89** (1906) 1774–86.
21 Winther, C.: Z. physik. Chem. **60** (1907) 590–625.
22 Hubbard, J. C.: Z. physik. Chem. **74** (1910) 207–32.
23 Dawson, H. M.: J. chem. Soc. (London) **97** (1910) 1041–56.
24 Tyrer, D.: J. chem. Soc. (London) **97** (1910) 2620–34.
25 Goerdt, W.: Dissert., Münster, 1911 (nach ICT).
26 Faust, O.: Z. physik. Chem. **79** (1912) 97–123.
27 Hyde, A. L.: J. Amer. chem. Soc. **34** (1912) 1507–09.
28 Dobroserdov, D. K.: J. russ. physik. chem. Ges. (Shurnal Russkogo Fisiko-Chimitschesskogo Obschtschesstwa) **44** (1912) 679 (nach ICT u. Tim.).
29 Schwers, F.: Bull. Acad. Sci. Belgique **1912**, 55, 252, 283, 525, 610, 719 (nach ICT u. Tim.).
30 J. chem. Soc. (London) **101** (1912) 1889–1902.
31 Vecino, J., Varona: Anal. Fis. Quim. Madrid **11** (1913) 498 (nach Tim.).
32 VanKloster, H. S.: J. Amer. chem. Soc. **35** (1913) 145–50.
33 Pickard, R. H., Kenyon, J.: J. chem. Soc. (London) **105** (1914) 830–98.
34 Worley, R. P.: J. chem. Soc. (London) **105** (1914) 260 (nach Tim.).
35 Burwinkel, H.: Dissert., Münster, 1914 (nach ICT u. Tim.).
36 Trifonov, N. A.: Mem. Sci. Univ. Saratov **2** (1924) 1 (nach Tabl. ann. u. Tim.).
37 Young: Fractional Destillation, New York, 1922 (nach ICT).
38 Lange, L.: Z. Physik **33** (1925) 169–82.
39 Rakshit, J. N.: Z. Elektrochem. angew. physik. Chem. **31** (1925) 320–23.
40 Hirobe, H.: J. Fac. Sci. Univ. Tokyo **1** (1925/26) Nr. 4, 178–214.
41 Veltmans, M.: Thesis, Brüssel, 1926 (nach Tim.).
42 Schmidt, G. C.: Z. physik. Chem. **121** (1926) 221–53.
43 Ishikawa, F.: Collection of Papers to Osaka (Festschrift) Kyoto (1927) 103 (L.B.5., E.II).
44 Grunert, H.: Z. anorg. allg. Chem. **164** (1927) 256–62.
45 Herz, W., Scheliga, G.: Z. anorg. allg. Chem. **169** (1928) 161.
46 Williams, J. W., Ogg, E. F.: J. Amer. chem. Soc. **50** (1928) 94–101.
47 Quinn, E. L.: J. Amer. chem. Soc. **50** (1928) 672–81.
48 Rolinski, J.: Physik. Z. **29** (1928) 658–67.
49 Hedestrand, G.: Z. physik. Chem., Abt. B, **2** (1929) 428–44.
50 Springer, R., Roth, H.: Mh. Chem. **56** (1930) 1–15 (nach Tim.).
51 Williams, J. W., Fogelberg, J. M.: J. Amer. chem. Soc. **53** (1931) 2096–2104.
52 Lütgert, H.: Z. physik. Chem., Abt. B, **14** (1931) 27–30.
53 Briegleb, G.: Z. physik. Chem., Abt. B, **14** (1931) 97–121.
54 **16** (1932) 249–75; 276–83.
55 Bergmann, E., Engel, L., Wolff, H. A.: Z. physik. Chem., Abt. B, **17** (1932) 81–91.
56 Bergmann, E., Weizmann, A.: Trans. Faraday Soc. **32** (1936) 1318–26.
57 Hammick, D. L., Howard, J.: J. chem. Soc. (London) **1932**, 2915–16.

58 Müller, H.: Physik. Z. **34** (1933) 689–710.
59 Jenkins, H. O.: J. chem. Soc. (London) **1934**, 480–85.
60 Jenkins, H. O., Sutton, L. E.: J. chem. Soc. (London) **1935**, 609–15.
61 Dow, R. B.: Physics **6** (1935) 71–79.
62 Parthasaraty, S.: Mem. Ind. Inst. Sci. III, **1936**, 297 (nach Tim.).
63 Hoecker, F. E.: J. chem. Physics **4** (1936) 431–34.
64 Martin, G. T. O., Partington, J. R.: J. chem. Soc. (London) **1936**, 158–63.
65 Cowley, E. G., Partington, J. R.: J. chem. Soc. (London) **1936**, 1184–94.
66 **1937**, 130–38.
67 LeFèvre, C. G., LeFèvre, R. J. W.: J. chem. Soc. (London) **1936**, 487–91.
68 Caldwell, C. C., LeFèvre, R. J. W.: J. chem. Soc. (London) **1939**, 1614–22.
69 LeFèvre, R. J. W., Welsh, H.: J. chem. Soc. (London) **1949**, 1909–15.
70 Wolf, K. L., Frahm, H., Harms, H.: Z. physik. Chem., Abt. B, **36** (1937) 237–87.
71 Harms, H., Rössler, H., Wolf, K. L.: Z. physik. Chem., Abt. B, **41** (1938) 321–64.
72 Dow, R. B.: Phil. Mag. J. Sci. [7] **28** (1939) 403–22.
73 Waring, C. E., Hyman, H. H., Steingiser, S.: J. Amer. chem. Soc. **63** (1941) 1985–88.
74 **65** (1943) 1066–68.
75 Zwartsenberg, J. W., Ketelaar, J. A. A.: Recueil Trav. chim. Pays-Bas **61** (1942) 877–80.
76 Dunken, H.: Z. physik. Chem., Abt. B, **53** (1942/43) 264–79.
77 Böttcher, C. J. F.: Recueil Trav. chim. Pays-Bas **62** (1943) 119–33.
78 Gjaldbaek, J. Chr., Hildebrand, J. H.: J. Amer. chem. Soc. **72** (1950) 1077–78.
79 Joerges, M., Nikuradse, A.: Z. Naturforsch. **5a** (1950) 259–69.
80 Markgraf, H.-G., Nikuradse, A.: Z. Naturforsch. **9a** (1954) 27–34.
81 Anissimow, W. I.: J. physik. Chem. (Shurnal Fisitschesskoi Chimii) **27** (1953) 1797–1807.
82 Francis, A. W.: J. physic. Chem. **58** (1954) 1099–114.
83 Staveley, L. A. K., Tupman, W. I., Hart, K. R.: Trans. Faraday Soc. **51** (1955) 323–43.
84 Armstrong, R. S., u. a.: J. chem. Soc. (London) **1958**, 1474–84.
85 Buell, D. S., Eldridge, J. W.: J. chem. Engng. Data **7** (1962) 187–89.
86 Reddy, K. C., Subrahmanyam, S. V., Bhimasenachar, J.: J. physic. Soc. Japan **19** (1964) 559–66.
87 Harms, H.: Dissert., Würzburg, 1938.
88 Loiseleur, H., Merlin, J.-C., Paris, R. A.: J. Chim. physique Physico-Chim. biol. **64** (1967) 634–38.
89 Campbell, A. N., Kartzmark, E. M.: Canad. J. Chem. **48** (1970) 904–09.
90 Shipp, W. E.: J. chem. Engng. Data **15** (1970) 308–11.

Si Siliciumverbindungen

$SiCl_4$ Siliciumtetrachlorid (X_1) – **C_6H_{12} Cyclohexan** (X_2)
[*11*] ⟨K9, ΔV, ϑ 10°, 20 °C⟩

$SiCl_4$ Siliciumtetrachlorid (X_1) – **C_6H_6 Benzol** (X_2)
[*1*] ⟨K3, d4⟩

Gew.-% X_1	6,22	10,17	17,79
20 °C	0,900	0,913	0,935

$SiCl_4$ Siliciumtetrachlorid (X_1) – **CCl_4 Tetrachlormethan** (X_2)
[*8*] ⟨K8, ΔV, ϑ −30°, −20°, 0 °C⟩

Gew.-% X_1	0,0	11,1	23,6	31,5	49,7	66,2	76,0	100,0
20 °C	1,594	1,581	1,566	1,557	1,535	1,518	1,507	1,482

[*2*] ⟨K3 bis 3,4 Mol-% X_1, d6, ϑ 18 °C⟩
[*3*] ⟨K1, ΔV, ϑ 25 °C⟩

$SiCl_4$ Siliciumtetrachlorid (X_1) – **C_3H_8O Methylal** (X_2)
[*7*] ⟨K15, d3, ϑ 30 °C⟩

Mol-% X_1	0,00	9,74	15,23	20,16	29,17	34,11	40,40	48,94	60,67	71,21	80,94	90,11
20 °C	0,859	0,975	1,018	1,052	1,120	1,148	1,194	1,233	1,290	1,351	1,398	1,438

Mol-% X_1	100,00
20 °C	1,485

$SiCl_4$ Siliciumtetrachlorid (X_1) — **$C_6H_{14}O_2$ Acetal** (X_2)
[7] ⟨K16, d3, ϑ 30 °C⟩

Mol-% X_1	0,00	11,87	19,18	29,00	40,91	50,73	58,98	67,56	79,74	87,00	100,00
20 °C	0,837	0,913	0,958	1,024	1,092	1,147	1,199	1,251	1,342	1,393	1,485
40 °C	0,817	0,891	0,938	1,008	1,067	1,121	1,171	1,220	1,311	1,361	1,447

$SiCl_4$ Siliciumtetrachlorid (X_1) — **CH_4Cl_2Si Methyldichlorsilan** (X_2)
[10] ⟨K6, d4⟩

Mol-% X_1	10,5	31,0	50,5	80,0	94,0	100,0
20 °C	1,156	1,248	1,311	1,406	1,459	1,483

$SiCl_4$ Siliciumtetrachlorid (X_1) — **CH_3Cl_3Si Methyltrichlorsilan** (X_2)
[10] ⟨K5, d4⟩

Mol-% X_1	0,0	10,0	40,0	70,0	90,0
20 °C	1,277	1,289	1,340	1,408	1,460

$SiHCl_3$ Trichlorsilan (X_1) — **C_6H_6 Benzol** (X_2)
[6] ⟨K5, d5⟩

Mol-% X_1	0,00	0,21	0,30	0,94	1,58
25 °C	0,873	0,874	0,875	0,878	0,881

[9] ⟨K7, d4⟩

Mol-% X_1	0,00	23,00	30,00	49,95	64,00	90,00	100,00
20 °C	0,8787	0,9932	1,0280	1,1225	1,1800	1,3002	1,3451

$SiBr_4$ Siliciumtetrabromid (X_1) — **CCl_4 Tetrachlormethan** (X_2)
[3] ⟨K1, ΔV, ϑ 25 °C⟩
[5] ⟨K3, d4, ϑ 25 °C⟩

$SiBr_4$ Siliciumtetrabromid (X_1) — **$C_4H_8O_2$ Dioxan** (X_2)
[5] ⟨K13, d4⟩

Vol.-% X_1	0,00	12,02	17,65	20,37	24,46	28,28	31,51	35,89	46,99	57,38	74,88
25 °C	1,028	1,234	1,331	1,377	1,448	1,514	1,570	1,646	1,838	2,018	2,324

Vol.-% X_1	83,94	100,00
25 °C	2,485	2,772

$SiHBr_3$ Tribromsilan (X_1) — **C_7H_{16} Heptan** (X_2)
[4] ⟨K5, d5⟩

Mol-% X_1	0,00	5,47	8,33	12,97	16,72
25 °C	0,680	0,755	0,794	0,848	0,910

1 Traube, J.: Z. anorg. Chem. **8** (1895) 12—76.
2 Bergmann, E., Engel, L.: Z. physik. Chem., Abt. B, **13** (1931) 247—67.
3 Hildebrand, J. H., Carter, C. M.: J. Amer. chem. Soc. **54** (1932) 3592—3603.
4 Lewis, G. L., Smyth, C. P.: J. Amer. chem. Soc. **61** (1939) 3063—70.
5 Kennard, S. M. I., McCusker, P. A.: J. Amer. chem. Soc. **70** (1948) 1039—43.
6 Spauschus, H. O., Mills, A. P., Scott, J. M., Mackenzie, C. A.: J. Amer. chem. Soc. **72** (1950) 1377—79.
7 Udowenko, W. W., Fialkow, Ju. Ja.: J. allg. Chem. (Shurnal Obschtschei Chimii) **28** (1958) 814—18.
8 Sackmann, H., Arnold, H.: Z. Elektrochem., Ber. Bunsenges. physik. Chem. **63** (1959) 565—71.
9 Shakhparonov, M. I., u. a.: J. angew. Chem. (Shurnal Prikladnoi Chimii) **33** (1960) 2699—2703; J. appl. Chem. USSR **33** (1960) 2663—67.
10 Korchemskaya, K. M., u. a.: J. appl. Chem. USSR **33** (1960) 2668—70.
11 Kehlen, H., Sackmann, H.: Z. physik. Chem. [N. F.] **50** (1966) 144—51.

Lacmann

B Borverbindungen

B_2H_6 Boran (X_1) — **C_3H_9N Trimethylamin** (X_2)
[8] ⟨K4 bis 0,8 Gew.-% X_1, d4, ϑ 25 °C⟩

B_2H_6 Boran (X_1) — **C_5H_5N Pyridin** (X_2)
[8] ⟨K4 bis 1 Gew.-% X_1, d4, ϑ 25 °C⟩

B_5H_9 Pentaboran (X_1) — **$C_{16}H_{36}NJ$ Tetra-n-butylammoniumjodid** (X_2)
[9] ⟨Gleichung, 0 bis 1 molal X_1, ϑ 0° bis 25 °C⟩

H_3BO_3 Borsäure (X_1) — **CH_4O Methanol** (X_2)
[6] ⟨K4, d3⟩

Mol-% X_1	0,00	2,7	5,8	8,3
12 °C	0,797	0,821	0,847	0,868

[2] ⟨ges. Lsg., d4, ϑ 25 °C⟩

H_3BO_3 Borsäure (X_1) — **C_2H_6O Äthanol** (X_2) *[3]*

H_3BO_3 Borsäure (X_1) — **C_3H_8O Propanol(1)** (X_2)
[2] ⟨ges. Lsg., d4, ϑ 25 °C⟩

H_3BO_3 Borsäure (X_1) — **$C_3H_8O_3$ Glycerin** (X_2)
[1] ⟨ges. Lsg., d4, ϑ 25 °C⟩

H_3BO_3 Borsäure (X_1) — **$C_4H_{10}O$ Isobutanol** (X_2)
[2] ⟨ges. Lsg., d4, ϑ 25 °C⟩

H_3BO_3 Borsäure (X_1) — **$C_5H_{12}O$ Isoamylalkohol** (X_2)
[2] ⟨ges. Lsg., d4, ϑ 25 °C⟩

BF_3 Bortrifluorid (X_1) — **$C_2H_4O_2$ Essigsäure** (X_2)
[10] ⟨K15, d3⟩

Gew.-% X_1	0,0	6,7	10,0	14,3	18,5	20,2	22,4	24,5	29,1	31,5	34,2
25 °C	1,045	1,100	1,130	1,161	1,200	1,215	1,233	1,253	1,290	1,313	1,336

Gew.-% X_1	41,5	49,8
25 °C	1,400	1,472

BF_3 Bortrifluorid (X_1) — **C_5H_5N Pyridin** (X_2)
[8] ⟨K4 bis 0,3 Gew.-% X_1, d4, ϑ 25 °C⟩

BCl_3 Bortrichlorid (X_1) — **C_6H_6 Benzol** (X_2)
[5] ⟨K3, d4⟩

Gew.-% X_1	0	2	4	6	8
20 °C	0,878	0,884	0,890	0,897	0,903

BCl_3 Bortrichlorid (X_1) — **CCl_4 Tetrachlormethan** (X_2)
[4] ⟨K3, d4⟩

Gew.-% X_1	0	1	2	4	6	8	10
18 °C	1,599	1,597	1,593	1,587	1,581	1,574	1,569

BCl_3 Bortrichlorid (X_1) — **C_5H_5N Pyridin** (X_2)
[8] ⟨K4 bis 0,5 Gew.-% X_1, d4, ϑ 25 °C⟩

BCl_3 Bortrichlorid (X_1) — **C_6H_7N 4-Methylpyridin** (X_2)
[8] ⟨K5 bis 0,4 Gew.-% X_1, d4, ϑ 25 °C⟩

BCl_3 Bortrichlorid (X_1) — **$C_6H_4N_2$ 4-Cyanopyridin** (X_2)
[8] ⟨K4 bis 0,2 Gew.-% X_1, d4, ϑ 25 °C⟩

BCl_3 Bortrichlorid (X_1) — **C_5H_4ClN 4-Chlorpyridin** (X_2)
[8] ⟨K4 bis 0,3 Gew.-% X_1, d4, ϑ 25 °C⟩

BCl_3 Bortrichlorid (X_1) — **C_6H_7ON 4-Methoxypyridin** (X_2)
[8] ⟨K5 bis 0,4 Gew.-% X_1, d4, ϑ 25 °C⟩

BCl_3 Bortrichlorid (X_1) — **$C_6H_4ON_2$ 4-Cyanopyridin-1-oxid** (X_2)
[8] ⟨K4 bis 0,06 Gew.-% X_1, d4, ϑ 25 °C⟩

BCl_3 Bortrichlorid (X_1) — **$C_8H_9O_2N$ Äthoxycarbonylpyridin** (X_2)
[8] ⟨K4 bis 0,2 Gew.-% X_1, d4, ϑ 25 °C⟩

BBr_3 Bortribromid (X_1) — **C_6H_{12} Cyclohexan** (X_2)
[7] ⟨K5, d4⟩

Mol-% X_1	0,00	1,25	1,44	2,17	3,56
25 °C	0,774	0,793	0,797	0,808	0,831

BBr_3 Bortribromid (X_1) — **C_6H_6 Benzol** (X_2)
[7] ⟨K5, d4⟩

Mol-% X_1	0,0	0,74	1,59	1,64	2,54
25 °C	0,874	0,887	0,903	0,903	0,920

BBr_3 Bortribromid (X_1) — **CCl_4 Tetrachlormethan** (X_2)
[4] ⟨K4 bis 0,8 Mol% X_1, d4, ϑ 18 °C⟩

BBr_3 Bortribromid (X_1) — **C_3H_9N Trimethylamin** (X_2)
[8] ⟨K4 bis 0,3 Gew.-% X_1, d4, ϑ 25 °C⟩

BBr_3 Bortribromid (X_1) — **C_5H_5N Pyridin** (X_2)
[8] ⟨K4 bis 0,4 Gew.-% X_1, d4, ϑ 25 °C⟩

1 Herz, W., Knoch, M.: Z. anorg. Chem. **45** (1905) 262—69.
2 Mueller, P., Abegg, R.: Z. physik. Chem. **57** (1906) 513—32.
3 Seidell, A.: Trans. Amer. electrochem. Soc. **13** (1908) 319—28.
4 Bergmann, E., Engel, L.: Z. physik. Chem., Abt. B, **13** (1931) 232—67.
5 Nespital, W.: Z. physik. Chem., Abt. B, **16** (1932) 153—79.
6 Kosakewitsch, P. P., Kosakewitsch, N. S.: Z. physik. Chem., Abt. A, **166** (1933) 113—35.
7 Fairbrother, F.: J. chem. Soc. (London) **1945**, 503—09.
8 Bax, C. M., Katritzky, A. R., Sutton, L. E.: J. chem. Soc. (London) **1958**, 1254—63.
9 Wirth, H. E., Slick, P. L.: J. physic. Chem. **65** (1961) 1447—49.
10 Belski, W. Je., Winnik, M. I.: J. physik. Chem. (Shurnal Fisitschesskoi Chimii) **38** (1964) 1950—54; Russ. J. physic. Chem. **38** (1964) 1061—63.

1.3.2 Leichtmetalle — Light metals

Li Lithiumverbindungen

Li Lithium (X_1) — **CH_5N Methylamin** (X_2)
[27] ⟨graph., ϑ −50°, −30°, −10 °C⟩

LiCl Lithiumchlorid (X_1) — **CH_4O Methanol** (X_2)
[22] ⟨K8, d5⟩

Gew.-% X_1	0,00	1,45	2,86	4,97	7,02	9,43	12,16	15,64
20 °C	0,7911	0,8022	0,8128	0,8286	0,8441	0,8623	0,8829	0,9096

[18] ⟨ges. Lsgg., d3, ϑ 18 °C⟩ 29,1 Gew.-% X_1, 25 °C, ϱ = 1,015
[3] ⟨K5, d4, ϑ 14,5 °C⟩
[8] ⟨K6, d4, ϑ 18 °C⟩
[10] ⟨K4, d3, ϑ 20° bis 21 °C⟩
[13] ⟨K9, d4, ϑ 25 °C⟩
[28] ⟨K8 bis 2,4 Gew.-% X_1, d5, ϑ 25°, 30°, 35 °C⟩

LiCl Lithiumchlorid (X_1)—**CH_2O_2 Ameisensäure** (X_2)

[*10*] ⟨K 5, d 3⟩

Gew.-% X_1	0	2	4	6
14 °C	1,226	1,236	1,246	1,256

[*18*] ⟨ges. Lsgg., d 3, ϑ 18 °C⟩ 21,6 Gew.-% X_1, 25 °C, ϱ = 1,326

LiCl Lithiumchlorid (X_1)—**C_2H_6O Äthanol** (X_2)

[*22*] ⟨K 8, d 5⟩

Gew.-% X_1	0,00	1,28	2,74	3,66	5,43	7,93	9,84	12,16
20 °C	0,7894	0,8005	0,8107	0,8172	0,8299	0,8475	0,8612	0,8779

[*13*] ⟨K 7, d 5⟩

Gew.-% X_1	0	2	4	6	8	10	12
24,9 °C	0,786	0,802	0,816	0,831	0,845	0,859	0,874

[*9*] ⟨K 4, d 3, ϑ 14 °C⟩
[*3, 7*] ⟨K 4, d 4, ϑ 14,5 °C⟩
[*8*] ⟨K 5, d 4, ϑ 18 °C⟩
[*11*] ⟨K 8, d 4, ϑ 18,1 °C⟩
[*10*] ⟨K 5, d 3, ϑ 21 °C⟩

LiCl Lithiumchlorid (X_1)—**$C_2H_4O_2$ Essigsäure** (X_2)

[*21*] ⟨K 6, d 4⟩

Gew.-% X_1	1,42	2,00	3,59	4,92	6,91	9,85
25 °C	1,0567	1,0621	1,0765	1,0860	1,1009	1,1209

[*25*] ⟨graph., ϑ 25 °C⟩

LiCl Lithiumchlorid (X_1)—**C_3H_8O Propanol(1)** (X_2)

[*22*] ⟨K 7, d 5⟩

Gew.-% X_1	0,00	1,35	2,50	3,36	4,37	5,79	6,74
20 °C	0,8034	0,8132	0,8208	0,8266	0,8336	0,8430	0,8502

[*13*] ⟨K 10, d 5⟩

Gew.-% X_1	0	2	4	6	8
24,9 °C	0,800	0,815	0,829	0,841	0,853

LiCl Lithiumchlorid (X_1)—**C_3H_6O Aceton** (X_2)

[*15*] ⟨K 12, d 4⟩

Gew.-% X_1	0	1	1,44
18 °C	0,792	0,801	0,805
25 °C	0,784	0,793	0,797

[*12*] ⟨ges. Lsgg., d 3, ϑ 37 °C⟩ 0,94 Gew.-% X_1, 18 °C, ϱ = 0,799

LiCl Lithiumchlorid (X_1)—**$C_4H_{10}O$ n-Butanol** (X_2)

[*13*] ⟨K 15, d 5⟩

Gew.-% X_1	0,00	0,67	1,25	2,40	3,52	4,74	5,41	6,46	6,67	7,56
24,9 °C	0,806	0,811	0,815	0,823	0,830	0,838	0,842	0,848	0,849	0,853

[*4*] ⟨ges. Lsg., d 4, ϑ 25 °C⟩

LiCl Lithiumchlorid (X_1)—**$C_4H_{10}O$ Isobutanol** (X_2)

[*13*] ⟨K 15, d 5⟩

Gew.-% X_1	0,00	1,44	2,54	3,81	4,59	5,85	6,21	7,39	7,71	8,26
24,9 °C	0,799	0,809	0,816	0,825	0,830	0,837	0,840	0,846	0,848	0,850

LiCl Lithiumchlorid (X_1) — $C_4H_8O_2$ **Buttersäure** (X_2)
[25] ⟨graph., ϑ 25 °C⟩

LiCl Lithiumchlorid (X_1) — $C_5H_{12}O$ **Amylalkohol** (X_2)
[1] ⟨K18, d4⟩

Gew.-% X_1	0,00	0,16	1,31	2,60	3,43	4,82	5,74	6,49	9,32
25 °C	0,807	0,808	0,812	0,816	0,824	0,830	0,839	0,843	0,847

LiCl Lithiumchlorid (X_1) — $C_6H_{12}O_2$ **Capronsäure** (X_2)
[25] ⟨graph., ϑ 25 °C⟩

LiCl Lithiumchlorid (X_1) — C_8H_8O **Acetophenon** (X_2)
[6] ⟨K5 bis 0,02 Gew.-% X_1, d4, ϑ 25 °C⟩

LiCl Lithiumchlorid (X_1) — CH_5N **Methylamin** (X_2)
[27] ⟨graph., ϑ −50°, −30°, −10 °C⟩
[2] ⟨K9 bis 6,6 Gew.-% X_1, d4, ϑ 0 °C⟩
[17] ⟨Gleichung 0 bis 2 molar X_1, ϑ 0°, 10°, 17,5°, 25 °C⟩

LiCl Lithiumchlorid (X_1) — C_2H_3N **Acetonitril** (X_2)
[18] ⟨ges. Lsgg., d3, ϑ 18 °C⟩ 0,14 Gew.-% X_1, 25 °C, ϱ = 0,778

LiCl Lithiumchlorid (X_1) — C_5H_5N **Pyridin** (X_2) [10]

LiCl Lithiumchlorid (X_1) — CH_3ON **Formamid** (X_2)
[23] ⟨part. Molvol.⟩

$LiClO_4$ Lithiumperchlorat (X_1) — CH_4O **Methanol** (X_2)
[5] ⟨ges. Lsg., d4⟩ 64,57 Gew.-% X_1, 25 °C, ϱ = 1,3849

$LiClO_4$ Lithiumperchlorat (X_1) — C_2H_6O **Äthanol** (X_2)
[5] ⟨ges. Lsg., d4⟩ 60,28 Gew.-% X_1, 25 °C, ϱ = 1,3173

$LiClO_4$ Lithiumperchlorat (X_1) — C_3H_8O **Propanol(1)** (X_2)
[5] ⟨ges. Lsg., d4⟩ 51,22 Gew.-% X_1, 25 °C, ϱ = 1,2006

$LiClO_4$ Lithiumperchlorat (X_1) — C_3H_6O **Aceton** (X_2)
[20] ⟨K7, d4⟩

Mol-% X_1	1,42	3,36	6,19	11,69	18,47	21,81	33,48
17 °C	0,8140	0,8364	0,8742	0,9518	1,0314	1,0836	1,2196

[5] ⟨ges. Lsg., d4⟩ 57,72 Gew.-% X_1, 25 °C, ϱ = 1,3233

$LiClO_4$ Lithiumperchlorat (X_1) — $C_4H_{10}O$ **n-Butanol** (X_2)
[5] ⟨ges. Lsg., d4⟩ 44,23 Gew.-% X_1, 25 °C, ϱ = 1,1326

$LiClO_4$ Lithiumperchlorat (X_1) — $C_4H_{10}O$ **Isobutanol** (X_2)
[5] ⟨ges. Lsg., d4⟩ 36,73 Gew.-% X_1, 25 °C, ϱ = 1,0602

$LiClO_4$ Lithiumperchlorat (X_1) — $C_4H_{10}O$ **Diäthyläther** (X_2)
[5] ⟨ges. Lsg., d4⟩ 53,21 Gew.-% X_1, 25 °C, ϱ = 1,2116

$LiClO_4$ Lithiumperchlorat (X_1) — $C_4H_8O_2$ **Äthylacetat** (X_2)
[5] ⟨ges. Lsg., d4⟩ 48,75 Gew.-% X_1, 25 °C, ϱ = 1,3005

$LiClO_4$ Lithiumperchlorat (X_1) — $C_4H_8O_2$ **Dioxan** (X_2)
[14] ⟨K3, d4⟩

Mol-% X_1	0,00	0,20	0,44
25 °C	1,031	1,034	1,037

LiBr Lithiumbromid (X_1) — **CH_4O Methanol** (X_2)
[*16*] ⟨K 15, d 4⟩

Gew.-% X_1	0	2	4	6	8	10	15	20	25	30	35
25 °C	0,787	0,802	0,817	0,833	0,849	0,866	0,910	0,957	1,009	1,066	1,127

[*18*] ⟨ges. Lsgg., d 3, ϑ 18 °C⟩ 58,3 Gew.-% X_1, 25 °C, ϱ = 1,486
[*29*] ⟨35 bis 60 Gew.-% X_1, ϑ 20 bis 100 °C⟩
[*10*]

LiBr Lithiumbromid (X_1) — **CH_2O_2 Ameisensäure** (X_2)
[*18*] ⟨ges. Lsgg., d 3, ϑ 18 °C⟩ 44,7 Gew.-% X_1, 25 °C, ϱ = 1,736
[*10*]

LiBr Lithiumbromid (X_1) — **C_2H_6O Äthanol** (X_2)
[*9*] ⟨K 4, d 3⟩

Mol-% X_1	0	2	4	6	8
14 °C	0,795	0,809	0,823	0,838	0,855

LiBr Lithiumbromid (X_1) — **$C_2H_6O_2$ Äthylenglycol** (X_2)
[*16*] ⟨K 7, d 5⟩

Gew.-% X_1	0	2	4	6	8	10	12	15	20	25	30
25 °C	1,110	1,126	1,142	1,159	1,175	1,192	1,210	1,238	1,284	1,334	1,389

LiBr Lithiumbromid (X_1) — **$C_2H_4O_2$ Essigsäure** (X_2)
[*21*] ⟨K 6, d 4, ϑ 30 °C⟩

Gew.-% X_1	0,58	2,64	5,35	8,69	10,51	12,83
25 °C	1,051	1,080	1,098	1,131	1,149	1,171
35 °C	1,040	1,069	1,087	1,120	1,138	1,161

LiBr Lithiumbromid (X_1) — **C_3H_6O Aceton** (X_2)
[*12*] ⟨ges. Lsgg., d 3, ϑ 37 °C⟩ 10,1 Gew.-% X_1, 18 °C, ϱ = 0,879
[*10*]

LiBr Lithiumbromid (X_1) — **C_8H_8O Acetophenon** (X_2)
[*6*] ⟨K 27 bis 0,5 Gew.-% X_1, d 4, ϑ 25 °C⟩

LiBr Lithiumbromid (X_1) — **C_2H_3N Acetonitril** (X_2)
[*18*] ⟨ges. Lsgg., d 3, ϑ 18 °C⟩ 8,1 Gew.-% X_1, 25 °C, ϱ = 0,843

LiBr Lithiumbromid (X_1) — **C_5H_5N Pyridin** (X_2) [*10*]

LiJ Lithiumjodid (X_1) — **CH_4O Methanol** (X_2)
[*18*] ⟨ges. Lsgg., d 3, ϑ 18 °C⟩ 63,1 Gew.-% X_1, 25 °C, ϱ = 1,718
[*9*]

LiJ Lithiumjodid (X_1) — **CH_2O_2 Ameisensäure** (X_2)
[*18*] ⟨ges. Lsgg., d 3, ϑ 18 °C⟩ 59,4 Gew.-% X_1, 25 °C, ϱ = 1,926
[*10*]

LiJ Lithiumjodid (X_1) — **C_2H_6O Äthanol** (X_2)
[*9*] ⟨K 18, d 3⟩

Mol-% X_1	0	5	10	15	20	25	30	35
14 °C	0,795	0,829	0,864	0,902	0,946	0,990	1,034	1,082

LiJ Lithiumjodid (X_1) — **$C_2H_4O_2$ Essigsäure** (X_2)
[*21*] ⟨K 5, d 4, ϑ 30 °C⟩

Gew.-% X_1	4,57	6,17	7,72	12,20	18,11
25 °C	1,089	1,105	1,122	1,167	1,229
35 °C	1,079	1,094	1,110	1,156	1,219

LiJ Lithiumjodid (X_1) — **C_3H_6O Aceton** (X_2)
[*12*] ⟨ges. Lsgg., d 3, ϑ 37 °C⟩ 29,85 Gew.-% X_1, 18 °C, ϱ = 1,156
[*10*]

LiJ Lithiumjodid (X_1) — **C_2H_3N Acetonitril** (X_2)
[*18*] ⟨ges. Lsgg., d 3, ϑ 18 °C⟩ 60,7 Gew.-% X_1, 25 °C, ϱ = 1,627

LiJ Lithiumjodid (X_1) — **C_5H_5N Pyridin** (X_2) [*10*]

$LiNO_3$ Lithiumnitrat (X_1) — **C_2H_6O Äthanol** (X_2)
[*19*] ⟨K 8, d 4⟩

Gew.-% X_1	0	2	5	10	15	20	22	23,39
25 °C	0,785	0,799	0,819	0,853	0,887	0,921	0,935	0,945

LiCNS Lithiumthiocyanat (X_1) — **CH_5N Methylamin** (X_2)
[*26*] ⟨K 3, d 3, ϑ 31° bis 131 °C⟩

1 Andrews, N., Ende, C.: Z. physik. Chem. **17** (1895) 136—44.
2 Fitzgerald, F. F.: J. physic. Chem. **16** (1912) 621—61.
3 Cheneveau: Sur les propriétés optiques des solutions, Gauthier, Paris, 1913, S. 80 (nach ICT).
4 Willard, H. H., Smith, G. F.: J. Amer. chem. Soc. **44** (1922) 2816—24.
5 **45** (1923) 286—97.
6 Morgan, J. L. R., Lammert, O. M.: J. Amer. chem. Soc. **46** (1924) 1117—32.
7 Hantzsch, A., Düringen, F.: Z. physik. Chem., Abt. A, **136** (1928) 1—17.
8 Schreiner, E.: Z. physik. Chem. Abt. A, **135** (1928) 461—72.
9 Kosakewitsch, P. P.: Z. physik. Chem., Abt. A, **133** (1928) 1—14.
10 Kosakewitsch, P. P., Kosakewitsch, N. S.: Z. physik. Chem., Abt. A, **166** (1933) 113—35.
11 Butler, J. A. V., Lees, A. P.: Proc. Roy. Soc. (London) **131** (1931) 382—90.
12 Lannung, A.: Z. physik. Chem., Abt. A, **161** (1932) 255—68.
13 Vosburgh, W. C., Connell, L. C., Butler, J. A. V.: J. chem. Soc. (London) **1933**, 933—42.
14 Malone, M. G., Ferguson, A. L.: J. chem. Physics **2** (1934) 99—104.
15 Hood, G. R., Hohlfelder, L. P.: J. physic. Chem. **38** (1934) 979—86.
16 Gibson, R. E., Kincaid, J. F.: J. Amer. chem. Soc. **59** (1937) 579—84.
17 Kelso, E. A., Felsing, W. A.: J. Amer. chem. Soc. **60** (1938) 1949—51.
18 Pavlopoulus, Th., Strehlow, H.: Z. physik. Chem. **202** (1953/54) 474—79.
19 Campbell, A. N., Debus, G. H.: Canad. J. Chem. **34** (1956) 1232—42.
20 Fogg, P. G. T.: J. chem. Soc. (London) **1958**, 4111—13.
21 Gorenbein, Je. Ja., Kowneristaja, A. Ss.: Ukrain. chem. J. (Ukrainski Chimitschesski Shurnal) **25** (1959) 598—601.
22 Minc, St., Sobkowski, J.: Roczniki Chem. **33** (1959) 769—77.
23 Gopal, R., Srivastava, R. K.: J. Indian chem. Soc. **40** (1963) 99—104.
24 Gopal, R., Siddiqi, M. A.: Z. physik. Chem. [N. F.] **67** (1969) 122—31.
25 Kotorlenko, L. A.: Ukrain. chem. J. (Ukrainski Chimitschesski Shurnal) **33** (1967) 664—72.
26 Macriss, R. A., Punwani, D., Rush, W. F., Biermann, W. J.: J. chem. Engng. Data **15** (1970) 466—70.
27 Yamamoto, M., Nakamura, Y., Shimoji, M.: Trans. Faraday Soc. **67** (1971) 2292—97.
28 Einfeldt, J., Gerdes, E.: Z. physik. Chem. (Leipzig) **246** (1971) 221—33.
29 Grosman, E. R.: Kholod. Tekh. Teknolol., **1971**, Nr. 11, 84—86 (nach Chem. Abst.).

Na Natriumverbindungen

NaF Natriumfluorid (X_1) — **CH_4O Methanol** (X_2)
[*33*] ⟨ges. Lsgg., d 3, ϑ 18°, 25 °C⟩

NaF Natriumfluorid (X_1) — **C_2H_3N Acetonitril** (X_2)
[*33*] ⟨ges. Lsgg., d 3, ϑ 18°, 25 °C⟩

NaCl Natriumchlorid (X_1) – **CH_4O Methanol** (X_2)
[*39*] ⟨K 10, d 4⟩

Gew.-% X_1	0,00	0,06	0,38	0,91	1,76	2,97	3,63	5,69	8,01
25 °C	0,786	0,787	0,789	0,792	0,797	0,804	0,808	0,821	0,836

[*25*] ⟨K 7, d 4⟩

Gew.-% X_1	0	1
24,88 °C	0,787	0,795

[*32*] ⟨ges. Lsg., d 4, ϑ 25 °C⟩ [*33*] ⟨ges. Lsg., d 3, ϑ 18°, 25 °C⟩
[*40*] ⟨K 8 bis 0,67 Gew.-% X_1, ϑ 25°, 30°, 35 °C⟩

NaCl Natriumchlorid (X_1) – **CH_2O_2 Ameisensäure** (X_2)
[*33*] ⟨ges. Lsgg., d 3, ϑ 18 °C⟩ 4,95 Gew.-% X_1, 25 °C, ϱ = 1,251
[*21*] ⟨K 3 bis 3,7 Gew.-% X_1, d 3, ϑ 13° bis 14 °C⟩
[*37*] ⟨K 11, Molvol., ϑ 25 °C⟩

NaCl Natriumchlorid (X_1) – **C_2H_6O Äthanol** (X_2)
[*32*] ⟨ges. Lsg., d 4⟩ 0,06 Gew.-% X_1, 25 °C, ϱ = 0,7857

NaCl Natriumchlorid (X_1) – **$C_2H_6O_2$ Äthylenglykol** (X_2)
[*23*] ⟨ges. Lsg., d 4⟩ 6,62 Gew.-% X_1, 30 °C, ϱ = 1,1485

NaCl Natriumchlorid (X_1) – **C_3H_8O Propanol(1)** (X_2)
[*32*] ⟨ges. Lsg., d 4⟩ 0,01 Gew.-% X_1, 25 °C, ϱ = 0,8000

NaCl Natriumchlorid (X_1) – **$C_3H_8O_3$ Glycerin** (X_2)
[*4*] ⟨ges. Lsg., d 4, ϑ 20 °C⟩

NaCl Natriumchlorid (X_1) – **CH_3ON Formamid** (X_2)
[*36*] ⟨Molvol., 0 bis 1 molar X_1, ϑ 25 °C⟩

NaCl Natriumchlorid (X_1) – **C_2H_5ON N-Methylformamid** (X_2)
[*41*] ⟨K 17 bis 0,2 molar X_1, d 4, ϑ 5°, 25 °C⟩

$NaClO_4$ Natriumperchlorat (X_1) – **CH_4O Methanol** (X_2)
[*39*] ⟨K 8, d 4⟩

Gew.-% X_1	0,00	0,08	0,19	0,93	1,58	6,87	11,22	14,46
25 °C	0,7870	0,7874	0,7879	0,7928	0,7980	0,8338	0,8644	0,8912

[*12*] ⟨ges. Lsg., d 4⟩ 33,93 Gew.-% X_1, 25 °C, ϱ = 1,0561

$NaClO_4$ Natriumperchlorat (X_1) – **C_2H_6O Äthanol** (X_2)
[*12*] ⟨ges. Lsg., d 4⟩ 12,82 Gew.-% X_1, 25 °C, ϱ = 0,8685

$NaClO_4$ Natriumperchlorat (X_1) – **C_3H_8O Propanol(1)** (X_2)
[*12*] ⟨ges. Lsg., d 4⟩ 4,66 Gew.-% X_1, 25 °C, ϱ = 0,8303

$NaClO_4$ Natriumperchlorat (X_1) – **C_3H_6O Aceton** (X_2)
[*12*] ⟨ges. Lsg., d 4⟩ 34,10 Gew.-% X_1, 25 °C, ϱ = 1,0732

$NaClO_4$ Natriumperchlorat (X_1) – **$C_4H_{10}O$ n-Butanol** (X_2)
[*11, 12*] ⟨ges. Lsg. d 4⟩ 1,83 Gew.-% X_1, 25 °C, ϱ = 0,8167

$NaClO_4$ Natriumperchlorat (X_1) – **$C_4H_{10}O$ i-Butanol** (X_2)
[*12*] ⟨ges. Lsg., d 4⟩ 0,78 Gew.-% X_1, 25 °C, ϱ = 0,8031

$NaClO_4$ Natriumperchlorat (X_1) – **$C_4H_8O_2$ Äthylacetat** (X_2)
[*12*] ⟨ges. Lsg., d 4⟩ 8,80 Gew.-% X_1, 25 °C, ϱ = 0,9574

$NaClO_4$ Natriumperchlorat (X_1) – **$C_2H_8N_2$ Äthylendiamin** (X_2)
[*31*] ⟨graph. Darst.⟩

NaBr Natriumbromid (X_1) — **CH_4O Methanol** (X_2)
[27] ⟨K 5, d 4⟩

Gew.-% X_1	0	1	2	4	6	8	10	12	13
25 °C	0,787	0,794	0,802	0,817	0,834	0,849	0,866	0,883	0,892

[33] ⟨ges. Lsgg., d 3⟩

Gew.-% X_1	14,02
18 °C	0,912

Gew.-% X_1	14,82
25 °C	0,912

[21] ⟨K 4, d 3, ϑ 13 °C⟩
[14] ⟨K 4, d 4, ϑ 25 °C⟩
[32] ⟨ges. Lsg., d 4, ϑ 25 °C⟩
[1, 5]

NaBr Natriumbromid (X_1) — **CH_2O_2 Ameisensäure** (X_2)
[21] ⟨K 4, d 3⟩

Mol-% X_1	0	2	5	10	12
14—15 °C	1,224	1,241	1,268	1,315	1,333

[33] ⟨ges. Lsgg., d 3, ϑ 18 °C⟩ 16,25 Gew.-% X_1, 25 °C, ϱ = 1,368

NaBr Natriumbromid (X_1) — **C_2H_6O Äthanol** (X_2)
[32] ⟨ges. Lsg., d 4, ϑ 25 °C⟩ 2,35 Gew.-% X_1, 25 °C, ϱ = 0,8019
[5, 6]

NaBr Natriumbromid (X_1) — **$C_2H_6O_2$ Äthylenglykol** (X_2)
[28] ⟨K 8, d 5⟩

Gew.-% X_1	0	2	4	6	8	10	12	14	16	18	20
25 °C	1,110	1,126	1,141	1,157	1,174	1,191	1,209	1,226	1,245	1,263	1,282

Gew.-% X_1	22	24	25
25 °C	1,302	1,323	1,333

[29] ⟨K 5, d 4, Gleichungen für ϑ 25° bis 105 °C⟩

NaBr Natriumbromid (X_1) — **C_3H_8O Propanol(1)** (X_2)
[32] ⟨ges. Lsg., d 4⟩ 0,45 Gew.-% X_1, 25 °C, ϱ = 0,8026
[5]

NaBr Natriumbromid (X_1) — **C_3H_8O Propanol(2)** (X_2)
[32] ⟨ges. Lsg., d 4⟩ 0,13 Gew.-% X_1, 25 °C, ϱ = 0,7818

NaBr Natriumbromid (X_1) — **C_3H_6O Aceton** (X_2)
[24] ⟨ges. Lsgg., d 3, ϑ 37 °C⟩ 0,01 Gew.-% X_1, 18 °C, ϱ = 0,792

NaBr Natriumbromid (X_1) — **$C_4H_{10}O$ Butanol-(1)** (X_2)
[32] ⟨ges. Lsg., d 4⟩ 0,24 Gew.-% X_1, 25 °C, ϱ = 0,8075

NaBr Natriumbromid (X_1) — **$C_4H_{10}O$ Butanol-(2)** (X_2)
[32] ⟨ges. Lsg., d 4⟩ 0,03 Gew.-% X_1, 25 °C, ϱ = 0,8025

NaBr Natriumbromid (X_1) — **$C_4H_{10}O$ 2-Methylpropanol-(1)** (X_2)
[32] ⟨ges. Lsg., d 4⟩ 0,09 Gew.-% X_1, 25 °C, ϱ = 0,7986

NaBr Natriumbromid (X_1) — **$C_5H_{12}O$ Pentanol-(1)** (X_2)
[32] ⟨ges. Lsg., d 4⟩ 0,11 Gew.-% X_1, 25 °C, ϱ = 0,8106

NaBr Natriumbromid (X_1) — **C_2H_3N Acetonitril** (X_2)
[33] ⟨ges. Lsgg., d 3, ϑ 18 °C⟩ 0,04 Gew.-% X_1, 25 °C, ϱ = 0,777

NaBr Natriumbromid (X_1) — $C_2H_8N_2$ **Äthylendiamin** (X_2)
[*31*] ⟨K4, d3⟩

Gew.-% X_1	5,29	10,17	18,92	22,67
25 °C	0,935	0,974	1,052	1,102
80 °C	0,893	0,925	1,002	—

[*35*] ⟨ϑ 25 °C⟩

NaBr Natriumbromid (X_1) — CH_3ON **Formamid** (X_2)
[*34*] ⟨ges. Lsg., d3⟩ 23,4 Gew.-% X_1, 25 °C, ϱ = 1,454
[*36*] ⟨Molvol., 0 bis 1 molar X_1, ϑ 25 °C⟩

NaJ Natriumjodid (X_1) — CH_4O **Methanol** (X_2)
[*28*] ⟨K6, d5⟩

Gew.-% X_1	0	2	5	10	15	20	25	30	35	38
25 °C	0,787	0,801	0,824	0,864	0,908	0,955	1,006	1,063	1,125	1,164

[*33*] ⟨ges. Lsgg., d3, ϑ 18 °C⟩ 45,4 Gew.-% X_1, 25 °C, ϱ = 1,286
[*20*] ⟨K8, d3, ϑ 22 °C⟩
[*14*] ⟨K5 bis 4,1 Gew.-% X_1, d4, ϑ 25 °C⟩
[*25*] ⟨K8 bis 5 Gew.-% X_1, d4, ϑ 25 °C⟩
[*32*] ⟨ges. Lsg., d4, ϑ 25 °C⟩
[*5*]

NaJ Natriumjodid (X_1) — CH_2O_2 **Ameisensäure** (X_2)
[*21*] ⟨K4, d3⟩

Mol-% X_1	0	2	5	10	15	20
13 °C	1,224	1,243	1,271	1,319	1,368	1,422

[*33*] ⟨ges. Lsgg., d3, ϑ 18 °C⟩ 38,2 Gew.-% X_1, 25 °C, ϱ = 1,657
[*37*] ⟨K12, part. Molvol., ϑ 25 °C⟩

NaJ Natriumjodid (X_1) — C_2H_6O **Äthanol** (X_2)
[*32*] ⟨ges. Lsg., d4⟩ 30,23 Gew.-% X_1 25 °C, ϱ = 1,0466
[*20*] ⟨K9, d3, ϑ 24 °C⟩
[*26*] ⟨K2, d5, ϑ 25 °C⟩
[*22*] ⟨K16, d4, ϑ 25 °C⟩
[*2, 5, 6, 15, 17, 18, 19*]

NaJ Natriumjodid (X_1) — $C_2H_6O_2$ **Äthylenglykol** (X_2)
[*28*] ⟨K10, d5⟩

Gew.-% X_1	0	2	4	6	8	10	12	14	16	18	20
25 °C	1,110	1,126	1,143	1,160	1,177	1,194	1,213	1,232	1,251	1,271	1,291

Gew.-% X_1	22	24	26	28	30	32	34	36	38	40
25 °C	1,312	1,333	1,356	1,379	1,403	1,428	1,454	1,480	1,508	1,536

NaJ Natriumjodid (X_1) — C_3H_8O **Propanol(1)** (X_2)
[*8*] ⟨K6, d4⟩

Gew.-% X_1	0	2	4	6	8	10	15
25 °C	0,804	0,818	0,833	0,847	0,862	0,877	0,917

[*32*] ⟨ges. Lsg., d4⟩ 21,66 Gew.-% X_1, 25 °C, ϱ = 0,9699
[*20*] ⟨K4, d3, ϑ 24 °C⟩
[*5*]

NaJ Natriumjodid (X_1) — C_3H_8O **Propanol(2)** (X_2)
[*32*] ⟨ges. Lsg., d4⟩ 20,83 Gew.-% X_1, 25 °C, ϱ = 0,9422

NaJ Natriumjodid (X_1) — **C_3H_6O Aceton** (X_2)
[*10*] ⟨K 11, d4⟩

Gew.-% X_1	0,00	1,04	1,75	2,99	4,03	5,35	6,69	7,09	9,88
0 °C	0,8124	0,8201	0,8256	0,8347	0,8436	0,8543	—	0,8688	—
25 °C	0,7873	0,7936	0,7989	0,8068	0,8167	0,8273	0,8384	0,8417	0,8666
40 °C	0,7690	0,7765	0,7817	0,7903	0,7990	0,8091	0,8201	0,8235	0,8481

Gew.-% X_1	14,85	23,11
0 °C	—	—
25 °C	0,9124	0,9970
40 °C	0,8937	0,9766

[*24*] ⟨ges. Lsgg., d3, ϑ 37 °C⟩ 19,8 Gew.-% X_1, 18 °C, ϱ = 0,969
[*16, 20*]

NaJ Natriumjodid (X_1) — **$C_4H_{10}O$ Butanol(1)** (X_2)
[*32*] ⟨ges. Lsg., d4⟩ 17,76 Gew.-% X_1, 25 °C, ϱ = 0,9397

NaJ Natriumjodid (X_1) — **$C_4H_{10}O$ Butanol(2)** (X_2)
[*32*] ⟨ges. Lsg., d4⟩ 13,06 Gew.-% X_1, 25 °C, ϱ = 0,8968

NaJ Natriumjodid (X_1) — **$C_4H_{10}O$ 2-Methylpropanol(1)** (X_2)
[*32*] ⟨ges. Lsg., d4⟩ 15,03 Gew.-% X_1, 25 °C, ϱ = 0,9085

NaJ Natriumjodid (X_1) — **$C_5H_{12}O$ Pentanol(1)** (X_2)
[*32*] ⟨ges. Lsg., d4⟩ 14,03 Gew.-% X_1, 25 °C, ϱ = 0,9197

NaJ Natriumjodid (X_1) — **$C_5H_{12}O$ Isoamylalkohol** (X_2)
[*8*] ⟨K 3, d4⟩

Gew.-% X_1	0,00	3,58	8,50
25 °C	0,811	0,835	0,871

[*20*]

NaJ Natriumjodid (X_1) — **$C_5H_4O_2$ Furfurol** (X_2) [*20*]

NaJ Natriumjodid (X_1) — **C_8H_8O Acetophenon** (X_2)
[*13*] ⟨K 39 bis 0,98 Gew.-% X_1, d4, ϑ 25 °C⟩

NaJ Natriumjodid (X_1) — **C_2H_3N Acetonitril** (X_2)
[*33*] ⟨ges. Lsgg., d3, ϑ 18 °C⟩ 19,9 Gew.-% X_1, 25 °C, ϱ = 0,948

NaJ Natriumjodid (X_1) — **$C_2H_8N_2$ Äthylendiamin** (X_2)
[*31*] ⟨graph. Darst.⟩

NaJ Natriumjodid (X_1) — **C_5H_5N Pyridin** (X_2) [*21*]

NaJ Natriumjodid (X_1) — **CH_3ON Formamid** (X_2)
[*36*] ⟨Molvol., 0 bis 1 molar X_1, ϑ 25 °C⟩

$NaNO_3$ Natriumnitrat (X_1) — **CH_5N Methylamin** (X_2)
[*7*] ⟨K 8, d4⟩

Gew.-% X_1	0,00	0,03	0,27	0,48	0,72	2,35	3,57	7,05
0 °C	0,686	0,691	0,694	0,697	0,704	0,714	0,730	0,771

[*30*] ⟨Gleichung, 0 bis 1,2 molar X_1, ϑ 0°, 10°, 18°, 25 °C⟩

$NaNO_3$ Natriumnitrat (X_1) — **CH_3ON Formamid** (X_2)
[*36*] ⟨Molvol., 0 bis 1 molar X_1, ϑ 25 °C⟩
[*9*]

$NaNO_3$ Natriumnitrat (X_1) — **C_4H_9ON N-Methylpropionamid**
[*38*] ⟨Gleichung, 0,05 bis 0,5 molar X_1, ϑ 15°, 20°, 25°, 30°, 35°, 40 °C⟩

1 Humburg, O.: Z. physik. Chem. **12** (1893) 401—15.
2 Tammann, G., Hirschberg, W.: Z. physik. Chem. **13** (1894) 543—49.
3 Haffner, G.: Dissert., Erlangen, 1903 (nach Tim.).
4 Herz, W., Knoch, M.: Z. anorg. Chem. **45** (1905) 262—69.
5 Herz, W., Kuhn, F.: Z. anorg. Chem. **60** (1908) 152—62.
6 Cederburg .: J. Chim. physique **9** (1911) 3 (nach ICT).
7 Fitzgerald, F. F.: J. physic. Chem. **16** (1912) 621—61.
8 Keyes, F. G., Winninghoff, W. J.: J. Amer. chem. Soc. **38** (1916) 1178—87.
9 Jones, Davis, Johnson: Carnegie Institution of Washington, Publ. Nr. 260 (1918) 71 (nach ICT).
10 McBain, J. W., Coleman, F. C.: Trans. Faraday Soc. **15** (1919) 27—46.
11 Willard, H. H., Smith, G. F.: J. Amer. chem. Soc. **44** (1922) 2816—24.
12 **45** (1923) 286—97.
13 Morgan, J. L. R., Lammert, O. M.: J. Amer. chem. Soc. **46** (1924) 1117—32.
14 Ewart, F. K., Raikes, H. R.: J. chem. Soc. (London) **1926**, 1907—12.
15 King, F. E., Partington, J. R.: J. chem. Soc. (London) **1926**, 20—22.
16 Macy, R., Thomas, E. W.: J. Amer. chem. Soc. **48** (1926) 1547—56.
17 Goldschmidt, H., Aarflot, H.: Z. physik. Chem. **122** (1926) 371—82.
18 Hawkins, F. S., Partington, J. R.: Trans. Faraday Soc. **24** (1928) 518—30.
19 **26** (1930) 78—86; 147—54.
20 Kosakewitsch, P. P.: Z. physik. Chem., Abt. A, **133** (1928) 1—4.
21 Kosakewitsch, P. P., Kosakewitsch, N. S.: Z. physik. Chem., Abt. A, **166** (1933) 113—35.
22 Partington, J. R., Simpson, H. G.: Trans. Faraday Soc. **26** (1930) 625—34.
23 Trimble, H. M.: Ind. Engng. Chem. **23** (1931) 165—67.
24 Lannung, A.: Z. physik. Chem., Abt. A, **161** (1932) 255—68.
25 Vosburgh, W. C., Connell, L. C., Butler, J. A. V.: J. chem. Soc. (London) **1933**, 933—42.
26 Cox, W. M., Wolfenden, J. H.: Proc. Roy. Soc. (London) Ser. A, **145** (1934) 475—88.
27 Gibson, R. E.: J. Amer. chem. Soc. **59** (1937) 1521—28.
28 Gibson, R. E., Kincaid, J. F.: J. Amer. chem. Soc. **59** (1937) 579—84.
29 Gibson, R. E., Loeffler, O. H.: J. Amer. chem. Soc. **63** (1941) 2287—95.
30 Kelso, E. A., Felsing, W. A.: J. Amer. chem. Soc. **60** (1938) 1949—51.
31 Putnam, G. L., Kobe, K. A.: Trans. electrochem. Soc. **74** (1938) 609—24.
32 Larson, R. G., Hunt, H.: J. physic. Chem. **43** (1939) 417—23.
33 Pavlopoulos, Th., Strehlow, H.: Z. physik. Chem. **202** (1953/54) 474—79.
34 Z. physik. Chem. [Neue Folge] **2** (1954) 89—103.
35 Davis, R. E., Peacock, J., Schmidt, F. C., Schaap, W. B.: Proc. Indiana Acad. Sci. **65** (1956) 75—78 (nach Chem. Zbl.).
36 Gopal, R., Srivastava, K.: J. physic. Chem. **66** (1962) 2704—06.
37 Fesenko, V. N., Ivanova, E. F., Kotlyarova, G. P.: J. physik. Chem. (Shurnal Fisitschesskoi Chimii) **42** (1968) 2667—70; Russ. J. physic. Chem. **42** (1968) 1416—18.
38 Millero, F. J.: J. physic. Chem. **72** (1968) 3209—14.
39 Werblan, L., Rotowska, A., Minc, S.: Electrochim. Acta **16** (1971) 41—59.
40 Einfeldt, J., Gerdes, E.: Z. physik. Chem. (Leipzig) **246** (1971) 221—33.
41 Mostkova, R. I., Kessler, Yu. M., Semenova, V. N.: Elektrokhimija **7** (1971) 642—48; Soviet Electrochemistry **7** (1971) 620—25.

K Kaliumverbindungen

KOH Kaliumhydroxid (X_1) — C_2H_6O **Äthanol** (X_2)
[1] ⟨K10, d4, ϑ 10° bis 17 °C⟩

KF Kaliumfluorid (X_1) — CH_4O **Methanol** (X_2)
[31] ⟨ges. Lsgg., d3, ϑ 18 °C⟩ 9,3 Gew.-% X_1, 25 °C, $\varrho = 0{,}865$

KCl Kaliumchlorid (X_1) — CH_4O **Methanol** (X_2)
[31] ⟨ges. Lsgg., d3, ϑ 18 °C⟩ 0,53 Gew.-% X_1, 25 °C, $\varrho = 0{,}791$
[23] ⟨K5, d6, ϑ 25 °C⟩
[24] ⟨K6, d4, ϑ 25 °C⟩
[28] ⟨ges. Lsg., d4, ϑ 25 °C⟩
[7, 17]

KCl Kaliumchlorid (X_1) — CH_2O_2 **Ameisensäure** (X_2)
[31] ⟨ges. Lsg., d3, ϑ 18 °C⟩ 16,1 Gew.-% X_1, 25 °C, $\varrho = 1{,}326$
[20] ⟨K5, d3, ϑ 13° bis 14 °C⟩
[36] ⟨K16, part. Molvol., ϑ 25 °C⟩

KCl Kaliumchlorid (X_1) — C_2H_6O **Äthanol** (X_2)
[28] ⟨ges. Lsg., d4⟩ 0,03 Gew.-% X_1, 25 °C, ϱ = 0,7852

KCl Kaliumchlorid (X_1) — $C_2H_6O_2$ **Äthylenglykol** (X_2)
[21] ⟨ges. Lsg., d4⟩ 5,10 Gew.-% X_1, 30 °C, ϱ = 1,1368

KCl Kaliumchlorid (X_1) — C_3H_8O **Propanol(1)** (X_2)
[28] ⟨ges. Lsg., d4⟩ 0,01 Gew.-% X_1, 25 °C, ϱ = 0,7994

KCl Kaliumchlorid (X_1) — $C_3H_8O_3$ **Glycerin** (X_2)
[6] ⟨ges. Lsg., d4, ϑ 25 °C⟩

KCl Kaliumchlorid (X_1) — CH_3ON **Formamid** (X_2)
[37] ⟨K5, d5⟩

Gew.-% X_1	1,18	1,61	2,80	4,55	5,29
25 °C	1,1361	1,1386	1,1456	1,1559	1,1603

[32] ⟨ges. Lsgg., d3, ϑ 18 °C⟩ 5,78 Gew.-% X_1, 25 °C, ϱ = 1,162

KClO₄ Kaliumperchlorat (X_1) — CH_4O **Methanol** (X_2)
[14] ⟨ges. Lsg., d4, ϑ 25 °C⟩ 0,11 Gew.-% X_1, 25 °C, ϱ = 0,7878

$KClO_4$ Kaliumperchlorat (X_1) — C_2H_6O **Äthanol** (X_2)
[14] ⟨ges. Lsg., d4, ϑ 25 °C⟩ 0,01 Gew.-% X_1, 25 °C, ϱ = 0,7852

$KClO_4$ Kaliumperchlorat (X_1) — C_3H_8O **Propanol(1)** (X_2)
[14] ⟨ges. Lsg., d4, ϑ 25 °C⟩ 0,01 Gew.-% X_1, 25 °C, ϱ = 0,8011

$KClO_4$ Kaliumperchlorat (X_1) — C_3H_6O **Aceton** (X_2)
[14] ⟨ges. Lsg., d4, ϑ 25 °C⟩ 0,16 Gew.-% X_1, 25 °C, ϱ = 0,7868

KBr Kaliumbromid (X_1) — CH_4O **Methanol** (X_2)
[24] ⟨K8, d4⟩

Gew.-% X_1	0	1	1,77
25 °C	0,787	0,794	0,799

[31] ⟨ges. Lsgg., d3, ϑ 18 °C⟩ 2,06 Gew.-% X_1, 25 °C, ϱ = 0,806
[17] ⟨K6, d4, ϑ 25 °C⟩
[28] ⟨ges. Lsg., d4, ϑ 25 °C⟩
[7]

KBr Kaliumbromid (X_1) — CH_2O_2 **Ameisensäure** (X_2)
[20] ⟨K4, d3⟩

Gew.-% X_1	0	2	4	6	8	10	12
12° bis 13 °C	1,224	1,242	1,260	1,279	1,297	1,315	1,334

[31] ⟨ges. Lsgg., d3, ϑ 18 °C⟩ 18,5 Gew.-% X_1, 25 °C, ϱ = 1,380
[36] ⟨K10, part. Molvol., ϑ 25 °C⟩

KBr Kaliumbromid (X_1) — C_2H_6O **Äthanol** (X_2)
[28] ⟨ges. Lsg., d4⟩ 0,13 Gew.-% X_1, 25 °C, ϱ = 0,7861

KBr Kaliumbromid (X_1) — $C_2H_6O_2$ **Äthylenglykol** (X_2)
[21] ⟨ges. Lsg., d4⟩ 13,68 Gew.-% X_1, 30 °C, ϱ = 1,2131

KBr Kaliumbromid (X_1) — C_3H_8O **Propanol(1)** (X_2)
[28] ⟨ges. Lsg., d4⟩ 0,03 Gew.-% X_1, 25 °C, ϱ = 0,8010

KBr Kaliumbromid (X_1) — **C_3H_8O Propanol(2)** (X_2)
[*28*] ⟨ges. Lsg., d4⟩ 0,01 Gew.-% X_1, 25 °C, $\varrho = 0{,}7810$

KBr Kaliumbromid (X_1) — **$C_3H_8O_3$ Glycerin** (X_2)
[*6*] ⟨ges. Lsg., d4, ϑ 25 °C⟩

KBr Kaliumbromid (X_1) — **$C_4H_{10}O$ Butanol(1)** (X_2)
[*28*] ⟨ges. Lsg., d4⟩ 0,01 Gew.-% X_1, 25 °C, $\varrho = 0{,}8058$

KBr Kaliumbromid (X_1) — **C_2H_3N Acetonitril** (X_2)
[*31*] ⟨ges. Lsg., d3, ϑ 18 °C⟩ 0,02 Gew.-% X_1, 25 °C, $\varrho = 0{,}777$

KBr Kaliumbromid (X_1) — **CH_3ON Formamid** (X_2)
[*34*] ⟨Molvol., 0 bis 1 molar X_1, ϑ 25 °C⟩

KJ Kaliumjodid — CH_4O Methanol
[*29*] ⟨K8, d4, ϑ 30°, 40°, 45 °C⟩

Gew.-% X_1	0	1	2	4	6	8	10	12	14
25 °C	0,787	0,794	0,801	0,815	0,830	0,845	0,861	0,877	0,894
35 °C	0,777	0,785	0,791	0,806	0,820	0,836	0,851	0,867	0,884
50 °C	0,763	0,770	0,777	0,792	0,806	0,822	0,837	0,853	0,870

[*31*] ⟨ges. Lsgg., d3, ϑ 18 °C⟩
14,5 Gew.-% X_1, 25 °C, $\varrho = 0{,}898$
[*19*] ⟨K4, d4, ϑ 14 °C⟩
[*23*] ⟨K7, d4, ϑ 25 °C⟩
[*24*] ⟨K10, d4, ϑ 25 °C⟩
[*30*] ⟨K6 bis 4,3 Gew.-% X_1, d4, ϑ 25 °C⟩
[*23*] ⟨K6, d6, ϑ 25 °C⟩
[*28*] ⟨ges. Lsg., d4, ϑ 25 °C⟩
[*2, 5, 7, 8, 9, 10, 15, 17*]

KJ Kaliumjodid (X_1) — **CH_2O_2 Ameisensäure** (X_2)
[*31*] ⟨ges. Lsgg., d3, ϑ 18 °C⟩ 26,1 Gew.-% X_1, 25 °C, $\varrho = 1{,}476$
[*20*] ⟨K7, d3, ϑ 12° bis 13 °C⟩
[*36*] ⟨K11, part. Molvol., ϑ 25 °C⟩

KJ Kaliumjodid (X_1) — **C_2H_6O Äthanol** (X_2)
[*10*] ⟨K3, d4⟩

Gew.-% X_1	0,0	1,0	1,38
25 °C	0,787	0,794	0,796

[*28*] ⟨ges. Lsg., d4⟩ 1,85 Gew.-% X_1, 25 °C, $\varrho = 0{,}7977$
[*3, 4, 8, 9, 11, 18*]

KJ Kaliumjodid (X_1) — **$C_2H_6O_2$ Äthylenglykol** (X_2)
[*26*] ⟨K5, d5⟩

Gew.-% X_1	0	2	4	6	8	10	12	14	16	18	20
25 °C	1,110	1,126	1,142	1,157	1,174	1,190	1,208	1,226	1,244	1,263	1,282

Gew.-% X_1	22	24	26	28
25 °C	1,301	1,322	1,343	1,365

[*21*] ⟨ges. Lsg., d4⟩ 33,59 Gew.-% X_1, 30 °C, $\varrho = 1{,}4272$
[*9, 10*]

KJ Kaliumjodid (X_1) — **C_3H_8O Propanol(1)** (X_2)
[*28*] ⟨ges. Lsg., d4⟩ 0,44 Gew.-% X_1, 25 °C, $\varrho = 0{,}8035$
[*8*]

KJ Kaliumjodid (X_1) — **C_3H_8O Propanol(2)** (X_2)
[*28*] ⟨ges. Lsg., d4⟩ 0,18 Gew.-% X_1, 25 °C, $\varrho = 0{,}7821$

KJ Kaliumjodid (X_1) — C_3H_6O **Aceton** (X_2)
[10] ⟨K3, d4⟩

Gew.-% X_1	0,0	1,0	1,47
25 °C	0,788	0,796	0,799

[22] ⟨ges. Lsgg., d3, ϑ 37 °C⟩ 1,1 Gew.-% X_1, 18 °C, ϱ = 0,799
[9, 11]

KJ Kaliumjodid (X_1) — $C_3H_8O_3$ **Glycerin** (X_2)
[29] ⟨K13, d4, ϑ 30°, 40°, 60 °C⟩

Gew.-% X_1	0	2	4	6	8	10	12	14	16	18	20	22	24
25 °C	1,258	1,274	1,290	1,307	1,324	1,341	1,359	1,377	1,396	1,415	1,435	1,455	1,476
50 °C	1,242	1,258	1,274	1,291	1,308	1,324	1,342	1,360	1,379	1,398	1,417	1,437	1,458
70 °C	1,230	1,245	1,261	1,278	1,294	1,311	1,329	1,346	1,365	1,384	1,403	1,424	1,444

[10]

KJ Kaliumjodid (X_1) — $C_4H_{10}O$ **Butanol-(1)** (X_2)
[28] ⟨ges. Lsg., d4⟩ 0,20 Gew.-% X_1, 25 °C, ϱ = 0,8071

KJ Kaliumjodid (X_1) — $C_4H_{10}O$ **Butanol-(2)** (X_2)
[28] ⟨ges. Lsg., d4⟩ 0,06 Gew.-% X_1, 25 °C, ϱ = 0,8026

KJ Kaliumjodid (X_1) — $C_4H_{10}O$ **2-Methylpropanol-(1)** (X_2)
[28] ⟨ges. Lsg., d4⟩ 0,09 Gew.-% X_1, 25 °C, ϱ = 0,7986

KJ Kaliumjodid (X_1) — $C_5H_{12}O$ **Pentanol-(1)** (X_2)
[28] ⟨ges. Lsg., d4⟩ 0,09 Gew.-% X_1, 25 °C, ϱ = 0,8112

KJ Kaliumjodid (X_1) — $C_5H_4O_2$ **Furfurol** (X_2) *[9, 10]*

KJ Kaliumjodid (X_1) — C_7H_6O **Benzaldehyd** (X_2) *[9]*

KJ Kaliumjodid (X_1) — C_8H_8O **Acetophenon** (X_2)
[16] ⟨K12 bis 0,11 Gew.-% X_1, d4, ϑ 25 °C⟩

KJ Kaliumjodid (X_1) — $C_7H_6O_2$ **Salizylaldehyd** (X_2) *[9]*

KJ Kaliumjodid (X_1) — $C_8H_8O_2$ **Anisaldehyd** (X_1) *[9]*

KJ Kaliumjodid (X_1) — CH_5N **Methylamin** (X_2)
[12] ⟨K11, d4⟩

Gew.-% X_1	0,00	0,02	0,03	0,17	0,48	0,91	1,74	3,66	5,47	8,48	17,49
0 °C	0,686	0,688	0,689	0,692	0,694	0,700	0,711	0,734	0,754	0,787	0,867

KJ Kaliumjodid (X_1) — C_2H_3N **Acetonitril** (X_2)
[31] ⟨ges. Lsg., d3, ϑ 18 °C⟩ 2,1 Gew.-% X_1, 25 °C, ϱ = 0,795
[9]

KJ Kaliumjodid (X_1) — $C_2H_8N_2$ **Äthylendiamin** (X_2)
[27] ⟨K4, d3⟩

Gew.-% X_1	19,02	26,78	33,71	40,26
25 °C	1,042	1,111	1,178	1,239
80 °C	0,999	1,063	1,123	1,190

KJ Kaliumjodid (X_1) — C_3H_5N **Propionitril** (X_2) *[9]*

KJ Kaliumjodid (X_1) — C_5H_5N **Pyridin** (X_2) *[10]*

KJ Kaliumjodid (X_1) – **C_7H_5N Benzonitril** (X_2) *[9]*

KJ Kaliumjodid (X_1) – **CH_3ON Formamid** (X_2)
[32] ⟨ges. Lsg., d 3⟩ 40,2 Gew.-% X_1, 25 °C, ϱ = 1,536
[34] ⟨Molvol., 0 bis 1 molar X_1, ϑ 25 °C⟩
[35] ⟨Molvol., graph. Darst., ϑ 25° bis 70 °C⟩

KJ Kaliumjodid (X_1) – **CH_3O_2N Nitromethan** (X_2) *[9]*

KJ Kaliumjodid (X_1) – **$C_4H_5O_2N$ Cyanessigsäuremethylester** (X_2) *[9]*

KJ Kaliumjodid (X_1) – **$C_5H_7O_2N$ Cyanessigsäureäthylester** (X_2) *[9]*

KNO_3 Kaliumnitrat (X_1) – **CH_3ON Formamid** (X_2)
[34] ⟨Molvol., 0 bis 1 molar X_1, ϑ 25 °C⟩
[13]

KCNS Kaliumrhodanid (X_1) – **CH_4O Methanol**
[25] ⟨K6, d4⟩

Gew.-% X_1	0	2	4	6	8	10	12	14	16
25 °C	0,787	0,799	0,810	0,822	0,834	0,846	0,858	0,870	0,883

1 Guglielmo, G.: Atti Accad. naz. Lincei VA **1**, **1** (1882) 294; **1**, **2** (1882) 210 (nach Tim.).
2 Humburg, O.: Z. physik. Chem. **12** (1893) 401–15.
3 Tammann, G., Hirschberg, W.: Z. physik. Chem. **13** (1894) 543–49.
4 LeBlanc, M., Rohland, P.: Z. physik. Chem. **19** (1896) 261–86.
5 Levi, M. G.: Gazz. chim. ital. **31** (1901) 523 (nach Seidell).
6 Herz, W., Knoch, M.: Z. anorg. Chem. **45** (1905) 262–69.
7 Herz, W., Anders, G.: Z. anorg. Chem. **55** (1907) 271–78.
8 Herz, W., Kuhn, F.: Z. anorg. Chem. **60** (1908) 152–62.
9 Walden, P.: Z. physik. Chem. **55** (1906) 683–720.
10 Getman, F. H.: J. Amer. chem. Soc. **30** (1908) 1077–84.
11 Röhrs, F.: Ann. Physik [4] **37** (1912) 289–329.
12 Fitzgerald, F. F.: J. physic. Chem. **16** (1912) 621–61.
13 Jones, Davis, Johnson: Carnegie Institution of Washington, Publ. Nr. 260 (1918) 71 (nach ICT).
14 Willard, H. H., Smith, G. F.: J. Amer. chem. Soc. **45** (1923) 286–97.
15 Dancaster, E. A.: J. chem. Soc. (London) **125** (1924) 2036–37.
16 Morgan, J. L. R., Lammert, O. M.: J. Amer. chem. Soc. **46** (1924) 1117–32.
17 Ewart, F. K., Raikes, H. R.: J. chem. Soc. (London) **1926**, 1907–12.
18 Hawkins, F. S., Partington, J. R.: Trans. Faraday Soc. **24** (1928) 518–30.
19 Kosakewitsch, P. P.: Z. physik. Chem., Abt. A, **133** (1928) 1–4.
20 Kosakewitsch, P. P., Kosakewitsch, N. S.: Z. physik. Chem., Abt. A, **166** (1933) 113–35.
21 Trimble, H. M.: Ind. Engng. Chem. **23** (1931) 165–67.
22 Lannung, A.: Z. physik. Chem., Abt. A, **161** (1932) 255–68.
23 Vosburgh, W. C., Connell, L. C., Butler, J. A. V.: J. chem. Soc. (London) **1933**, 933–42.
24 Jones, G., Fornwalt, H. J.: J. Amer. chem. Soc. **57** (1935) 2041–45.
25 Stark, J. B., Gilbert, E. C.: J. Amer. chem. Soc. **59** (1937) 1818–20.
26 Gibson, R. E., Kincaid, J. F.: J. Amer. chem. Soc. **59** (1937) 579–84.
27 Putnam, G. L., Kobe, K. A.: Trans. electrochem. Soc. **74** (1938) 609–24.
28 Larson, R. G., Hunt, H.: J. physic. Chem. **43** (1939) 417–23.
29 Briscoe, H. T., Rinehart, W. T.: J. physic. Chem. **46** (1942) 387–94.
30 MacInnes, D. A., Dayhoff, M. O.: J. Amer. chem. Soc. **75** (1953) 5219–20.
31 Pavlopoulos, Th., Strehlow, H.: Z. physik. Chem. **202** (1953/54) 474–79.
32 Z. physik. Chem. [Neue Folge] **2** (1954) 89–103.
33 Sears, P. G., Holmes, R. R., Dawson, L. R.: J. electrochem. Soc. **102** (1955) 145–49.
34 Gopal, R., Srivastava, K.: J. physic. Chem. **66** (1962) 2704–06.
35 Gopal, R., Siddiqi, M. A.: Z. physik. Chem. [Neue Folge] **67** (1969) 122–31.
36 Fesenko, V. N., Ivanova, E. F., Kotlyarova, G. P.: J. physik. Chem. (Shurnal Fisitschesskoi Chimii) **42** (1968) 2667–70; Russ. J. physic. Chem. **42** (1968) 1416–18.
37 Dunn, L. A.: Trans. Faraday Soc. **67** (1971) 2525–27.

Lacmann

Rb, Cs, Rubidium- und Cäsiumverbindungen

RbCl Rubidiumchlorid (X_1)—**CH_4O Methanol** (X_2)
[3] ⟨ges. Lsgg., d 3, ϑ 18 °C⟩ 1,32 Gew.-% X_1, 25 °C, ϱ = 0,797

RbCl Rubidiumchlorid (X_1)—**CH_2O_2 Ameisensäure** (X_2)
[3] ⟨ges. Lsgg., d 3, ϑ 18 °C⟩ 36,3 Gew.-% X_1, 25 °C, ϱ = 1,553
[6] ⟨K 19, part. Molvol., ϑ 25 °C⟩

RbCl Rubidiumchlorid (X_1)—**CH_3ON Formamid** (X_2)
[5] ⟨part. Molvol.⟩

$RbClO_4$ Rubidiumperchlorat (X_1)—**CH_4O Methanol** (X_2)
[1] ⟨ges. Lsg., d 4⟩ 0,06 Gew.-% X_1, 25 °C, ϱ = 0,7885

$RbClO_4$ Rubidiumperchlorat (X_1)—**C_2H_6O Äthanol** (X_2)
[1] ⟨ges. Lsg., d 4⟩ 0,01 Gew.-% X_1, 25 °C, ϱ = 0,7851

$RbClO_4$ Rubidiumperchlorat (X_1)—**C_3H_8O Propanol(1)** (X_2)
[1] ⟨ges. Lsg., d 4⟩ 0,01 Gew.-% X_1, 25 °C, ϱ = 0,7989

$RbClO_4$ Rubidiumperchlorat (X_1)—**C_3H_6O Aceton** (X_2)
[1] ⟨ges. Lsg., d 4⟩ 0,10 Gew.-% X_1, 25 °C, ϱ = 0,7865

RbBr Rubidiumbromid (X_1)—**CH_4O Methanol** (X_2)
[3] ⟨ges. Lsgg., d 3, ϑ 18 °C⟩ 2,46 Gew.-% X_1, 25 °C, ϱ = 0,804

RbBr Rubidiumbromid (X_1)—**CH_2O_2 Ameisensäure** (X_2)
[3] ⟨ges. Lsgg., d 3, ϑ 18 °C⟩ 33,6 Gew.-% X_1, 25 °C, ϱ = 1,595

RbBr Rubidiumbromid (X_1)—**C_2H_3N Acetonitril** (X_2)
[3] ⟨ges. Lsgg., d 3, ϑ 18 °C⟩ 0,05 Gew.-% X_1, 25 °C, ϱ = 0,777

RbBr Rubidiumbromid (X_1)—**CH_3ON Formamid** (X_2)
[4] ⟨ges. Lsg., d 3⟩ 23,0 Gew.-% X_1, 25 °C, ϱ = 1,343
[5] ⟨part. Molvol.⟩

RbJ Rubidiumjodid (X_1)—**CH_4O Methanol** (X_2)
[3] ⟨ges. Lsgg., d 3, ϑ 18 °C⟩ 9,17 Gew.-% X_1, 25 °C, ϱ = 0,859

RbJ Rubidiumjodid (X_1)—**CH_2O_2 Ameisensäure** (X_2)
[3] ⟨ges. Lsgg., d 3, ϑ 18 °C⟩ 32,2 Gew.-% X_1, 25 °C, ϱ = 1,581
[6] ⟨K 12, part. Molvol., ϑ 25 °C⟩

RbJ Rubidiumjodid (X_1)—**C_3H_6O Aceton** (X_2)
[2] ⟨ges. Lsgg., d 3, ϑ 37 °C⟩ 0,65 Gew.-% X_1, 18 °C, ϱ = 0,796

RbJ Rubidiumjodid (X_1)—**C_2H_3N Acetonitril** (X_2)
[3] ⟨ges. Lsgg., d 3, ϑ 18 °C⟩ 1,65 Gew.-% X_1, 25 °C, ϱ = 0,793

RbJ Rubidiumjodid (X_1)—**CH_3ON Formamid** (X_2)
[5] ⟨part. Molvol.⟩

$RbNO_3$ Rubidiumnitrat (X_1)—**CH_3ON Formamid** (X_2)
[5] ⟨part. Molvol.⟩

CsCl Cäsiumchlorid (X_1)—**CH_4O Methanol** (X_2)
[3] ⟨ges. Lsgg., d 3, ϑ 18 °C⟩ 2,92 Gew.-% X_1, 25 °C, ϱ = 0,813
[7] ⟨K 8 bis 0,97 Gew.-% X_1, d 5, ϑ 25°, 30°, 35 °C⟩

CsCl Cäsiumchlorid (X_1)—**CH_2O_2 Ameisensäure** (X_2)
[3] ⟨ges. Lsgg., d 3, ϑ 18 °C⟩ 56,6 Gew.-% X_1, 25 °C, ϱ = 1,987
[6] ⟨K 16, Molvol., ϑ 25 °C⟩

CsCl Cäsiumchlorid (X_1)—**CH_3ON Formamid** (X_2)
[5] ⟨Molvol.⟩

Lacmann

CsCl Cäsiumchlorid (X_1) — **C_2H_5ON N-Methylformamid** (X_2)
[*8*] ⟨K 15 bis 0,2 molar X_1, d 4, ϑ 5°, 25 °C⟩

$CsClO_4$ Cäsiumperchlorat (X_1) — **CH_4O Methanol** (X_2)
[*1*] ⟨ges. Lsg., d 4⟩ 0,09 Gew.-% X_1, 25 °C, ϱ = 0,7878

$CsClO_4$ Cäsiumperchlorat (X_1) — **C_2H_6O Äthanol** (X_2)
[*1*] ⟨ges. Lsg., d 4⟩ 0,01 Gew.-% X_1, 25 °C, ϱ = 0,7852

$CsClO_4$ Cäsiumperchlorat (X_1) — **C_3H_8O Propanol(1)** (X_2)
[*1*] ⟨ges. Lsg., d 4⟩ 0,01 Gew.-% X_1, 25 °C, ϱ = 0,7993

$CsClO_4$ Cäsiumperchlorat (X_1) — **C_3H_6O Aceton** (X_2)
[*1*] ⟨ges. Lsg., d 4⟩ 0,15 Gew.-% X_1, 25 °C, ϱ = 0,7859

$CsClO_4$ Cäsiumperchlorat (X_1) — **$C_4H_{10}O$ n-Butanol** (X_2)
[*1*] ⟨ges. Lsg., d 4⟩ 0,01 Gew.-% X_1, 25 °C, ϱ = 0,8059

$CsClO_4$ Cäsiumperchlorat (X_1) — **$C_4H_{10}O$ Isobutanol** (X_2)
[*1*] ⟨ges. Lsg., d 4⟩ 0,01 Gew.-% X_1, 25 °C, 0,7981

CsBr Cäsiumbromid (X_1) — **CH_4O Methanol** (X_2)
[*3*] ⟨ges. Lsgg., d 3, ϑ 18 °C⟩ 2,2 Gew.-% X_1, 25 °C, ϱ = 0,801

CsBr Cäsiumbromid (X_1) — **CH_2O_2 Ameisensäure** (X_2)
[*3*] ⟨ges. Lsgg., d 3, ϑ 18 °C⟩ 41,8 Gew.-% X_1, 25 °C, ϱ = 1,749

CsBr Cäsiumbromid (X_1) — **C_2H_3N Acetonitril** (X_2)
[*3*] ⟨ges. Lsgg., d 3, ϑ 18 °C⟩ 0,14 Gew.-% X_1, 25 °C, ϱ = 0,782

CsBr Cäsiumbromid (X_1) — **CH_3ON Formamid** (X_2)
[*5*] ⟨part. Molvol.⟩

CsJ Cäsiumjodid (X_1) — **CH_4O Methanol** (X_2)
[*3*] ⟨ges. Lsgg., d 3, ϑ 18 °C⟩ 3,65 Gew.-% X_1, 25 °C, ϱ = 0,813

CsJ Cäsiumjodid (X_1) — **CH_2O_2 Ameisensäure** (X_2)
[*3*] ⟨ges. Lsgg., d 3, ϑ 18 °C⟩ 22,8 Gew.-% X_1, 25 °C, ϱ = 1,469
[*6*] ⟨K 11, part. Molvol., ϑ 25 °C⟩

CsJ Cäsiumjodid (X_1) — **C_3H_6O Aceton** (X_2)
[*2*] ⟨ges. Lsgg., d 3, ϑ 37 °C⟩ 0,16 Gew.-% X_1, 18 °C, ϱ = 0,793

CsJ Cäsiumjodid (X_1) — **C_2H_3N Acetonitril** (X_2)
[*3*] ⟨ges. Lsgg., d 3, ϑ 18 °C⟩ 1,0 Gew.-% X_1, 25 °C, ϱ = 0,787

CsJ Cäsiumjodid (X_1) — **CH_3ON Formamid** (X_2)
[*4*] ⟨ges. Lsg., d 3⟩ 30,1 Gew.-% X_1, 25 °C, ϱ = 1,430
[*5*] ⟨part. Molvol.⟩

$CsNO_3$ Cäsiumnitrat (X_1) — **CH_3ON Formamid** (X_2)
[*5*] ⟨part. Molvol.⟩

1 Willard, H. H., Smith, G. F.: J. Amer. chem. Soc. **45** (1923) 286—97.
2 Lannung, A.: Z. physik. Chem., Abt. A, **161** (1932) 255—68.
3 Pavlopoulos, Th., Strehlow, H.: Z. physik. Chem. **202** (1953/54) 474—79.
4 Z. physik. Chem. [Neue Folge] **2** (1954) 89—103.
5 Gopal, R., Srivastava, R. K.: J. Indian chem. Soc. **40** (1963) 99—104 (nach Chem. Zbl.).
6 Fesenko, V. N., Ivanova, E. F., Kotlyarova, G. P.: J. physik. Chem. (Shurnal Fisitschesskoi Chimii) **42** (1968) 2667—70; Russ. J. physic. Chem. **42** (1968) 1416—18.
7 Einfeldt, J., Gerdes, E.: Z. physik. Chem. (Leipzig) **246** (1971) 221—33.
8 Mostkova, R. I., Kessler, Yu. M., Semenova, V. N.: Elektrokhimija **7** (1971) 642—48; Soviet Electrochemistry **7** (1971) 620—25.

NH_4 Ammoniumverbindungen

NH_4Cl Ammoniumchlorid (X_1) – **CH_4O Methanol** (X_2)
[*11*] ⟨K16, d4⟩

Gew.-% X_1	0	1	2	2,45
25 °C	0,7865	0,7918	0,7964	0,7985

[*14*] ⟨K4 bis 0,4 molal X_1, d4, ϑ −50°, −40°, ..., +20 °C⟩
[*5*] ⟨ges. Lsg., d4, ϑ 25 °C⟩

NH_4Cl Ammoniumchlorid (X_1) – **C_2H_6O Äthanol** (X_2)
[*5*] ⟨ges. Lsg., d4, ϑ 25 °C⟩
[*3*]

NH_4Cl Ammoniumchlorid (X_1) – **C_3H_8O Propanol** (X_2)
[*5*] ⟨ges. Lsg., d4, ϑ 25 °C⟩

NH_4Cl Ammoniumchlorid (X_1) – **C_3H_6O Aceton** (X_2)
[*4*] ⟨ges. Lsg., d4, ϑ 20 °C⟩

NH_4Cl Ammoniumchlorid (X_1) – **$C_3H_8O_3$ Glycerin** (X_2)
[*4*] ⟨ges. Lsg., d4, ϑ 20 °C⟩
[*6*]

NH_4Cl Ammoniumchlorid (X_1) – **CH_3ON Formamid** (X_2)
[*15*] ⟨Molvolumen, 0 bis 1 molar X_1, ϑ 25 °C⟩

NH_4ClO_4 Ammoniumperchlorat (X_1) – **CH_4O Methanol** (X_2)
[*9*] ⟨ges. Lsg., d4, ϑ 25 °C⟩ 6,41 Gew.-% X_1, 25 °C, ϱ = 0,8218

NH_4ClO_4 Ammoniumperchlorat (X_1) – **C_2H_6O Äthanol** (X_2)
[*9*] ⟨ges. Lsg., d4, ϑ 25 °C⟩ 1,87 Gew.-% X_1, 25 °C, ϱ = 0,7951

NH_4ClO_4 Ammoniumperchlorat (X_1) – **C_3H_8O Propanol(1)** (X_2)
[*9*] ⟨ges. Lsg., d4, ϑ 25 °C⟩ 0,39 Gew.-% X_1, 25 °C, ϱ = 0,8016

NH_4ClO_4 Ammoniumperchlorat (X_1) – **C_3H_6O Aceton** (X_2)
[*9*] ⟨ges. Lsg., d4, ϑ 25 °C⟩ 2,21 Gew.-% X_1, 25 °C, ϱ = 0,7997

NH_4ClO_4 Ammoniumperchlorat (X_1) – **$C_4H_{10}O$ n-Butanol** (X_2)
[*9*] ⟨ges. Lsg., d4, ϑ 25 °C⟩ 0,02 Gew.-% X_1, 25 °C, ϱ = 0,8069

NH_4ClO_4 Ammoniumperchlorat (X_1) – **$C_4H_{10}O$ Isobutanol** (X_2)
[*9*] ⟨ges. Lsg., d4, ϑ 25 °C⟩ 0,13 Gew.-% X_1, 25 °C, ϱ = 0,7988

NH_4ClO_4 Ammoniumperchlorat (X_1) – **$C_4H_8O_2$ Äthylacetat** (X_2)
[*9*] ⟨ges. Lsg., d4, ϑ 25 °C⟩ 0,03 Gew.-% X_1, 25 °C, ϱ = 0,8947

NH_4Br Ammoniumbromid (X_1) – **CH_4O Methanol** (X_2)
[*5*] ⟨ges. Lsg., d4, ϑ 25 °C⟩

NH_4Br Ammoniumbromid (X_1) – **C_2H_6O Äthanol** (X_2)
[*2*] ⟨K1, d5, ϑ 10°, 20°, 30 °C⟩
[*5*] ⟨ges. Lsg., d4, ϑ 25 °C⟩

NH_4Br Ammoniumbromid (X_1) – **C_3H_8O Propanol** (X_2)
[*5*] ⟨ges. Lsg., d4, ϑ 25 °C⟩

NH_4Br Ammoniumbromid (X_1) – **CH_3ON Formamid** (X_2)
[*15*] ⟨Molvolumen, 0 bis 1 molar X_1, ϑ 25 °C⟩

NH_4J Ammoniumjodid (X_1) – **C_2H_6O Äthanol** (X_2) [*13*]

NH_4J Ammoniumjodid (X_1) — **$C_5H_{12}O$ Isoamylalkohol** (X_2)
[*7*] ⟨K4, d4⟩

Gew.-% X_1	0,00	0,08	2,34	3,23
25 °C	0,811	0,812	0,825	0,831

NH_4N_3 Ammoniumazid (X_1) — **C_6H_6 Benzol** (X_2)
[*10*] ⟨ges. Lsg., d4, ϑ 20°, 40 °C⟩

NH_4N_3 Ammoniumazid (X_1) — **CH_4O Methanol** (X_2)
[*10*] ⟨ges. Lsg., d4, ϑ 20°, 40 °C⟩

NH_4N_3 Ammoniumazid (X_1) — **C_2H_6O Äthanol** (X_2)
[*10*] ⟨ges. Lsg., d4, ϑ 20°, 40 °C⟩

NH_4N_3 Ammoniumazid (X_1) — **$C_4H_{10}O$ Diäthyläther** (X_2)
[*10*] ⟨ges. Lsg., d4, ϑ 20 °C⟩

NH_4NO_3 Ammoniumnitrat (X_1) — **CH_4O Methanol** (X_2)
[*12*] ⟨K5, d4⟩

Gew.-% X_1	0	2	4	6	8	8,75
25 °C	0,787	0,797	0,807	0,817	0,827	0,830

[*1, 11*]

NH_4NO_3 Ammoniumnitrat (X_1) — **C_2H_6O Äthanol** (X_2)
[*2*] ⟨K1, d5, ϑ 10°, 20°, 30 °C⟩
[*3*]

NH_4NO_3 Ammoniumnitrat (X_1) — **CH_3ON Formamid** (X_2)
[*8*] ⟨K4, d3⟩

Gew.-% X_1	0,0	0,71	1,76	3,50
25 °C	1,130	1,133	1,138	1,144

[*15*] ⟨Molvol., 0 bis 1 molar X_1, ϑ 25 °C⟩

1 Humburg, O.: Z. physik. Chem. **12** (1893) 401–15.
2 Tammann, G., Hirschberg, W.: Z. physik. Chem. **13** (1894) 543–49.
3 Haffner, G.: Physik. Z. **2** (1901) 739–42.
4 Herz, W., Knoch, M.: Z. anorg. Chem. **45** (1905) 262–69.
5 Herz, W., Kuhn, F.: Z. anorg. Chem. **60** (1908) 152–62.
6 Cheneveau: Sur les Propriétés optiques des solutions. Gauthier, Paris, **1913**, 80 (nach ICT).
7 Keyes, F. G., Winninghoff, W. J.: J. Amer. chem. Soc. **38** (1916) 1179–87.
8 Jones, Davis, Johnson: Carnegie Institution of Washington, Publ. Nr. 260 (1918) 71 (nach ICT).
9 Willard, H. H., Smith, G. F.: J. Amer. chem. Soc. **45** (1923) 286–97.
10 Frost, W., Cothran, J.: J. Amer. chem. Soc. **55** (1933) 3516.
11 Jones, G., Fornwalt, H. J.: J. Amer. chem. Soc. **57** (1935) 2041–45.
12 Stark, J. B., Gilbert, E. C.: J. Amer. chem. Soc. **59** (1937) 1818–20.
13 Seidell, A.: Solubilities of Inorganic and Organic Compounds. Van Nostrand, New York, **1940**, 1099.
14 Dawson, L. R., Sears, P. G., Dinga, G. P., Zimmermann jr., H. K.: J. electrochem. Soc. **99** (1952) 536–41.
15 Gopal, R., Srivastava, K.: J. physic. Chem. **66** (1962) 2704–06.

Erdalkaliverbindungen

$MgCl_2$ Magnesiumchlorid (X_1) — **CH_4O Methanol** (X_2)
[*19*] ⟨K5, d3⟩

Gew.-% X_1	0	5	10	15	20
17 °C	0,790	0,820	0,850	0,881	0,911

$MgCl_2$ Magnesiumchlorid (X_1)—**C_2H_6O Äthanol** (X_2)
[*19*] ⟨K 5, d 3⟩

Gew.-% X_1	0	5	10	15	20
17 °C	0,792	0,817	0,841	0,868	0,892

[*10, 14*] ⟨K 3, d 4⟩

Gew.-% X_1	0	2	4	5,24
22,5 °C	0,792	0,809	0,828	0,840

$MgCl_2$ Magnesiumchlorid (X_1)—**C_3H_8O Propanol(1)** (X_2)
[*19*] ⟨K 5, d 3⟩

Gew.-% X_1	0	5	10	15	20
17 °C	0,805	0,830	0,856	0,881	0,901

$MgCl_2$ Magnesiumchlorid (X_1)—**C_3H_8O Propanol(2)** (X_2)
[*19*] ⟨graph. Darst., ϑ 17 °C⟩

$MgCl_2$ Magnesiumchlorid (X_1)—**$C_4H_{10}O$ n-Butanol** (X_2)
[*19*] ⟨K 5, d 3⟩

Gew.-% X_1	0	5	10	15	20
17 °C	0,810	0,832	0,856	0,879	0,901

$MgCl_2$ Magnesiumchlorid (X_1)—**$C_4H_{10}O$ sek.-Butanol** (X_2)
[*19*] ⟨graph. Darst., ϑ 17 °C⟩

$MgCl_2$ Magnesiumchlorid (X_1)—**$C_4H_{10}O$ Isobutanol** (X_2)
[*19*] ⟨graph. Darst., ϑ 17 °C⟩

$Mg(ClO_4)_2$ Magnesiumperchlorat (X_1)—**CH_4O Methanol** (X_2)
[*13*] ⟨ges. Lsg., d 4⟩ 34,14 Gew.-% X_1, 25 °C, ϱ = 1,1057

$Mg(ClO_4)_2$ Magnesiumperchlorat (X_1)—**C_2H_6O Äthanol** (X_2)
[*13*] ⟨ges. Lsg., d 4⟩ 19,33 Gew.-% X_1, 25 °C, ϱ = 0,9518

$Mg(ClO_4)_2$ Magnesiumperchlorat (X_1)—**C_3H_8O Propanol(1)** (X_2)
[*13*] ⟨ges. Lsg., d 4⟩ 42,33 Gew.-% X_1, 25 °C, ϱ = 1,1926

$Mg(ClO_4)_2$ Magnesiumperchlorat (X_1)—**C_3H_6O Aceton** (X_2)
[*13*] ⟨ges. Lsg., d 4⟩ 30,02 Gew.-% X_1, 25 °C, ϱ = 1,0798

$Mg(ClO_4)_2$ Magnesiumperchlorat (X_1)—**$C_4H_{10}O$ n-Butanol** (X_2)
[*13*] ⟨ges. Lsg., d 4⟩ 39,16 Gew.-% X_1, 25 °C, ϱ = 1,1399

$Mg(ClO_4)_2$ Magnesiumperchlorat (X_1)—**$C_4H_{10}O$ Isobutanol** (X_2)
[*13*] ⟨ges. Lsg., d 4⟩ 31,27 Gew.-% X_1, 25 °C, ϱ = 1,0609

$Mg(ClO_4)_2$ Magnesiumperchlorat (X_1)—**$C_4H_{10}O$ Diäthyläther** (X_2)
[*13*] ⟨ges. Lsg., d 4⟩ 0,29 Gew.-% X_1, 25 °C, ϱ = 0,7101

$Mg(ClO_4)_2$ Magnesiumperchlorat (X_1)—**$C_4H_8O_2$ Äthylacetat** (X_2)
[*13*] ⟨ges. Lsg., d 4⟩ 41,49 Gew.-% X_1, 25 °C, ϱ = 1,3057

$MgBr_2$ Magnesiumbromid (X_1)—**$C_4H_{10}O$ Diäthyläther** (X_2) [*6*]

$CaCl_2$ Calciumchlorid (X_1)—**CH_4O Methanol** (X_2)
[*9*] ⟨K 10, d 5⟩

Gew.-% X_1	0	1	2	4	6	8	8,53
12,87 °C	0,800	0,809	0,818	0,836	0,854	0,872	0,877

[*16*]

$CaCl_2$ Calciumchlorid (X_1) — **CH_2O_2 Ameisensäure** (X_2)
[*16*] ⟨K 6, d 3⟩

Gew.-% X_1	0	2	4	6	8	9,25
14 °C	1,226	1,243	1,260	1,278	1,295	1,306

$CaCl_2$ Calciumchlorid (X_1) — **C_2H_6O Äthanol** (X_2)
[*17*] ⟨K 11, d 4, ϑ 50 °C⟩

Gew.-% X_1	2,71	5,22	6,99	9,53	11,68	13,32	13,54	15,95	18,08	19,91	
20 °C	0,810	0,830	0,842	0,863	0,879	0,892	0,894	0,914	0,936	0,947	
Gew.-% X_1	0,00	3,21	6,26	8,21	10,75	12,87	15,31	16,39	18,79	20,50	21,03
30 °C	0,780	0,806	0,828	0,844	0,864	0,881	0,899	0,909	0,930	0,944	0,950
Gew.-% X_1	0,00	3,51	4,70	6,54	10,46	16,35	18,80	20,56	25,20	26,67	
40 °C	0,773	0,799	0,808	0,826	0,857	0,911	0,928	0,940	0,974	0,989	
Gew.-% X_1	0,00	3,25	7,63	10,18	15,54	15,77	18,80	19,67	22,68	24,71	28,32
60 °C	0,754	0,781	0,812	0,834	0,875	0,881	0,908	0,912	0,939	0,959	0,989

[*4*] ⟨K 4, d 5, ϑ 0°, 10°, 20°, 30 °C⟩
[*9*] ⟨K 4 bis 4,6 Gew.-% X_1, d 5, ϑ 12,9 °C⟩
[*10, 14*] ⟨K 7, d 4, ϑ 28 °C⟩
[*2, 15*]

$CaCl_2$ Calciumchlorid (X_1) — **$C_2H_4O_2$ Essigsäure** (X_1)
[*16*] ⟨K 5, d 3⟩

Gew.-% X_1	0	2	4	6	8	10	12
21 °C	1,048	1,064	1,088	1,096	1,112	1,129	1,146

$CaCl_2$ Calciumchlorid (X_1) — **C_3H_8O Propanol(1)** (X_2)
[*15*] ⟨K 4, d 3⟩

Gew.-% X_1	0	2	4	6	8
24 °C	0,802	0,814	0,827	0,840	0,853

$CaCl_2$ Calciumchlorid (X_1) — **$C_4H_8O_2$ Buttersäure** (X_2) [*16*]

$CaCl_2$ Calciumchlorid (X_1) — **$C_5H_{12}O$ Isoamylalkohol** (X_2) [*15*]

$Ca(ClO_4)_2$ Calciumperchlorat (X_1) — **CH_4O Methanol** (X_2)
[*13*] ⟨ges. Lsg., d 4⟩ 70,36 Gew.-% X_1, 25 °C, ϱ = 1,6155

$Ca(ClO_4)_2$ Calciumperchlorat (X_1) — **C_2H_6O Äthanol** (X_2)
[*13*] ⟨ges. Lsg., d 4⟩ 62,44 Gew.-% X_1, 25 °C, ϱ = 1,4342

$Ca(ClO_4)_2$ Calciumperchlorat (X_1) — **C_3H_8O Propanol(1)** (X_2)
[*13*] ⟨ges. Lsg., d 4⟩ 59,17 Gew.-% X_1, 25 °C, ϱ = 1,3806

$Ca(ClO_4)_2$ Calciumperchlorat (X_1) — **C_3H_6O Aceton** (X_2)
[*13*] ⟨ges. Lsg., d 4⟩ 38,18 Gew.-% X_1, 25 °C, ϱ = 1,1475

$Ca(ClO_4)_2$ Calciumperchlorat (X_1) — **$C_4H_{10}O$ n-Butanol** (X_2)
[*13*] ⟨ges. Lsg., d 4⟩ 53,17 Gew.-% X_1, 25 °C, ϱ = 1,2868

$Ca(ClO_4)_2$ Calciumperchlorat (X_1) — **$C_4H_{10}O$ Isobutanol** (X_2)
[*13*] ⟨ges. Lsg., d 4⟩ 36,29 Gew.-% X_1, 25 °C, ϱ = 1,0903

$Ca(ClO_4)_2$ Calciumperchlorat (X_1) — **$C_4H_{10}O$ Diäthyläther**
[*13*] ⟨ges. Lsg., d 4⟩ 0,26 Gew.-% X_1, 25 °C, ϱ = 0,7098

$Ca(ClO_4)_2$ Calciumperchlorat (X_1) — **$C_4H_8O_2$ Äthylacetat** (X_2)
[*13*] ⟨ges. Lsg., d4⟩ 43,06 Gew.-% X_1, 25 °C, ϱ = 1,3325

$CaBr_2$ Calciumbromid (X_1) — **C_2H_6O Äthanol** (X_2) [*1*]

$Ca(NO_3)_2$ Calciumnitrat (X_1) — **CH_4O Methanol** (X_2)
[*18*] ⟨K10, d4⟩

Gew.-% X_1	0	2	4	6	8	10	15	20	25	30	31,73
25 °C	0,787	0,801	0,815	0,830	0,845	0,860	0,900	0,944	0,989	1,039	1,058

[*7*]

$Ca(NO_3)_2$ Calciumnitrat (X_1) — **C_2H_6O Äthanol** (X_2)
[*5, 14*] ⟨K3, d4⟩

Gew.-% X_1	0	2	4	6
20 °C	0,795	0,808	0,821	0,835

[*3*] ⟨K5, d4⟩

Gew.-% X_1	0,00	19,30	35,89	50,20	62,80
25 °C	0,785	0,850	0,914	0,980	1,044

[*7*]

$Ca(NO_3)_2$ Calciumnitrat (X_1) — **C_3H_6O Aceton** (X_2)
[*20*] ⟨K5, d4⟩

Mol-% X_1	1,36	3,17	5,49	8,91	16,01
17 °C	0,8204	0,8522	0,8950	0,9576	1,0784

[*7*]

$Ca(NO_3)_2$ Calciumnitrat (X_1) — **$C_3H_6O_2$ Methylacetat** (X_2) [*8*]

$SrCl_2$ Strontiumchlorid (X_1) — **C_2H_6O Äthanol** (X_2) [*1*]

$Sr(ClO_4)_2$ Strontiumperchlorat (X_1) — **CH_4O Methanol** (X_2)
[*13*] ⟨ges. Lsg., d4⟩ 67,95 Gew.-% X_1, 25 °C, ϱ = 1,6771

$Sr(ClO_4)_2$ Strontiumperchlorat (X_1) — **C_2H_6O Äthanol** (X_2)
[*13*] ⟨ges. Lsg., d4⟩ 64,37 Gew.-% X_1, 25 °C, ϱ = 1,5539

$Sr(ClO_4)_2$ Strontiumperchlorat (X_1) — **C_3H_8O Propanol(1)** (X_2)
[*13*] ⟨ges. Lsg., d4⟩ 58,40 Gew.-% X_1, 25 °C, ϱ = 1,4266

$Sr(ClO_4)_2$ Strontiumperchlorat (X_1) — **C_3H_6O Aceton** (X_2)
[*13*] ⟨ges. Lsg., d4⟩ 60,01 Gew.-% X_1, 25 °C, ϱ = 1,4984

$Sr(ClO_4)_2$ Strontiumperchlorat (X_1) — **$C_4H_{10}O$ n-Butanol** (X_2)
[*13*] ⟨ges. Lsg., d4⟩ 53,16 Gew.-% X_1, 25 °C, ϱ = 1,3394

$Sr(ClO_4)_2$ Strontiumperchlorat (X_1) — **$C_4H_{10}O$ Isobutanol** (X_2)
[*13*] ⟨ges. Lsg., d4⟩ 43,78 Gew.-% X_1, 25 °C, ϱ = 1,2022

$Sr(ClO_4)_2$ Strontiumperchlorat (X_1) — **$C_4H_8O_2$ Äthylacetat** (X_2)
[*13*] ⟨ges. Lsg., d4⟩ 52,10 Gew.-% X_1, 25 °C, ϱ = 1,4717

$SrBr_2$ Strontiumbromid (X_1) — **C_2H_6O Äthanol** (X_2) [*1*]

$Sr(NO_3)_2$ Strontiumnitrat (X_1) — **CH_3ON Formamid** (X_2)
[*12*] ⟨K3, d3⟩

Gew.-% X_1	0,00	1,85	4,53
25 °C	1,131	1,146	1,168

$Ba(ClO_4)_2$ Bariumperchlorat (X_1)–**CH_4O Methanol** (X_2)
[*13*] ⟨ges. Lsg., d4⟩ 68,46 Gew.-% X_1, 25 °C, ϱ = 1,7507

$Ba(ClO_4)_2$ Bariumperchlorat (X_1)–**C_2H_6O Äthanol** (X_2)
[*13*] ⟨ges. Lsg., d4⟩ 55,48 Gew.-% X_1, 25 °C, ϱ = 1,4157

$Ba(ClO_4)_2$ Bariumperchlorat (X_1)–**C_3H_8O Propanol(1)** (X_2)
[*13*] ⟨ges. Lsg., d4⟩ 43,07 Gew.-% X_1, 25 °C, ϱ = 1,2145

$Ba(ClO_4)_2$ Bariumperchlorat (X_1)–**C_3H_6O Aceton** (X_2)
[*13*] ⟨ges. Lsg., d4⟩ 55,49 Gew.-% X_1, 25 °C, ϱ = 1,4607

$Ba(ClO_4)_2$ Bariumperchlorat (X_1)–**$C_4H_{10}O$ n-Butanol** (X_2)
[*13*] ⟨ges. Lsg., d4⟩ 36,78 Gew.-% X_1, 25 °C, ϱ = 1,1342

$Ba(ClO_4)_2$ Bariumperchlorat (X_1)–**$C_4H_{10}O$ Isobutanol** (X_2)
[*13*] ⟨ges. Lsg., d4⟩ 35,99 Gew.-% X_1, 25 °C, ϱ = 1,1171

$Ba(ClO_4)_2$ Bariumperchlorat (X_1)–**$C_4H_8O_2$ Äthylacetat** (X_2)
[*13*] ⟨ges. Lsg., d4⟩ 53,04 Gew.-% X_1, 25 °C, ϱ = 1,5236

$BaBr_2$ Bariumbromid (X_1)–**CH_4O Methanol** (X_2)
[*3*] ⟨K3, d3⟩

Gew.-% X_1	0,00	12,55	17,85
16 °C	0,794	0,913	0,970

$Ba(NO_3)_2$ Bariumnitrat (X_1)–**CH_3ON Formamid** (X_2)
[*12*] ⟨K3, d3⟩

Gew.-% X_1	0,00	1,85	4,53
25 °C	1,131	1,146	1,168

1 Jahn, H.: Ann. Physik Chem. **43** (1891) 280–305.
2 Schönrock, O.: Z. physik. Chem. **11** (1893) 753–86.
3 Humburg, O.: Z. physik. Chem. **12** (1893) 401–15.
4 Tammann, G., Hirschberg, W.: Z. physik. Chem. **13** (1894) 543–49.
5 LeBlanc, M., Rohland, P.: Z. physik. Chem. **19** (1896) 261–86.
6 Menschutkin, B. N.: Z. anorg. Chem. **49** (1906) 34–45; J. russ. physik. chem. Ges. (Shurnal Russkogo Fisiko-Chimitschesskoi Obschesstwa) **35** (1903) 614.
7 Jones, Bingham: Amer. chem. J. **34** (1906) 481 (nach ICT).
8 Naumann, A.: Ber. dtsch. chem. Ges. **42** (1909) 3789–96.
9 Tyrer, D.: J. chem. Soc. (London) **99** (1911) 871–80.
10 Cheneveau: Sur les propriétés optiques des solutions. Gauthier, Paris, **1913**, 80 (nach ICT).
11 Muchin u. Tarle: Travaux de la Société de physique et de chimie de Kharkhoff **43** (1916) 54 (nach ICT).
12 Jones, Davis, Johnson: Carnegie Institution of Washington, Publ. Nr. 260 (1918) 71 (nach ICT).
13 Willard, H. H., Smith, G. F.: J. Amer. chem. Soc. **45** (1923) 286–97.
14 Hantzsch, A., Düringen, F.: Z. physik. Chem., Abt. A, **136** (1928) 1–17.
15 Kosakewitsch, P. P.: Z. physik. Chem., Abt. A, **133** (1928) 1–14.
16 Kosakewitsch, P. P., Kosakewitsch, N. S.: Z. physik. Chem., Abt. A, **166** (1933) 113–35.
17 Hayward, A. M., Permann, E. P.: Trans. Faraday Soc. **27** (1931) 59–69.
18 Stark, J. B., Gilbert, E. C.: J. Amer. chem. Soc. **59** (1937) 1818–20.
19 Olmer, F.: Bull. Soc. chim. France [5] **5** (1938) 1178–84 (nach Tim.).
20 Fogg, P. G. T.: J. chem. Soc. (London) **1958**, 4111–13.

Al bis Th, Aluminium- bis Thoriumverbindungen

$AlCl_3$ Aluminiumchlorid (X_1)–**C_2H_6O Äthanol** (X_2)
[*6*] ⟨K6, d4⟩

Gew.-% X_1	0	1	2	4	5,73
25 °C	0,785	0,799	0,802	0,820	0,836

$AlCl_3$ Aluminiumchlorid (X_1) — **$C_6H_{14}O$ Äthyl-n-butyläther** (X_2)
[21] ⟨graph. Darst., 0 bis 50 Gew.-% X_1⟩

$AlCl_3$ Aluminiumchlorid (X_1) — **C_7H_8O Benzylalkohol** (X_2) [10]

$AlCl_3$ Aluminiumchlorid (X_1) — **CH_3O_2N Nitromethan** (X_2)
[17] ⟨graph. Darst., 5 bis 45 Gew.-% X_1, ϑ 20°, 30°, 40 °C⟩

$AlCl_3$ Aluminiumchlorid (X_1) — **$C_6H_5O_2N$ Nitrobenzol** (X_2)
[12] ⟨K 9, d 3, ϑ 18 °C⟩

$AlCl_3$ Aluminiumchlorid (X_1) — **$C_7H_7O_2N$ o-Nitrotoluol** (X_2) [10]

$AlCl_3$ Aluminiumchlorid (X_1) — **$C_7H_7O_2N$ p-Nitrotoluol** (X_2) [10]

$AlCl_3$ Aluminiumchlorid (X_1) — **$C_6H_4ClO_2N$ o-Chlornitrobenzol** (X_2) [10]

$AlCl_3$ Aluminiumchlorid (X_1) — **$C_6H_4ClO_2N$ p-Chlornitrobenzol** (X_2) [10]

$AlBr_3$ Aluminiumbromid (X_1) — **C_6H_{12} Cyclohexan** (X_2)
[11] ⟨K 3, d 4⟩

Mol-% X_1	0,00	3,54	3,71
25 °C	0,774	0,837	0,840

$AlBr_3$ Aluminiumbromid (X_1) — **C_6H_6 Benzol** (X_2)
[7] ⟨K 16, d 4⟩

Gew.-% X_1	0,00	1,81	2,15	5,34	7,06	9,28	20,16	24,57	37,10	40,89	43,66
20 °C	0,879	0,888	0,890	0,911	0,922	0,930	0,937	1,023	1,060	1,182	1,224

Gew.-% X_1	47,89	50,69
20 °C	1,258	1,307

[22] ⟨K 8 bis 36 Gew.-% X_1, d 4, ϑ 20 °C⟩
[8] ⟨K 5, d 4, ϑ 35 °C⟩

$AlBr_3$ Aluminiumbromid (X_1) — **CCl_4 Tetrachlormethan** (X_2) [3]

$AlBr_3$ Aluminiumbromid (X_1) — **C_2H_5Br Äthylbromid** (X_2)
[9] ⟨K 13, d 3, ϑ 10 °C⟩

Gew.-% X_1	0,00	2,40	3,99	5,57	14,69	28,11	36,62	48,26	54,86	60,53	70,55	70,62
0 °C	1,492	1,516	1,527	1,546	1,627	1,767	1,863	2,015	2,116	2,198	2,375	2,389
20 °C	1,457	1,479	1,489	1,507	1,591	1,727	1,826	1,978	2,076	2,164	2,335	—

$AlBr_3$ Aluminiumbromid (X_1) — **$C_6H_5O_2N$ Nitrobenzol** (X_2)
[2] ⟨K 7, d 3⟩

Gew.-% X_1	1,14	1,60	9,30	16,10	28,30	41,10	52,70
18 °C	1,217	1,224	1,263	1,344	1,477	1,621	1,748

[5]

$TiCl_4$ Titantetrachlorid (X_1) — **C_6H_{12} Cyclohexan** (X_2)
[20] ⟨ΔV, ϑ 10°, 20 °C⟩

$TiCl_4$ Titantetrachlorid (X_1) — **CCl_4 Tetrachlormethan** (X_2)
[19] ⟨K 8, ΔV⟩

Gew.-% X_1	0,00	13,1	33,3	46,2	57,8	77,6	91,3	100,0
20 °C	1,594	1,610	1,635	1,652	1,668	1,695	1,715	1,727

$TiCl_4$ Titantetrachlorid (X_1) – **CCl_4 Tetrachlormethan** (X_2) (Forts.)

[*1*] ⟨K 7, d 5⟩

Gew.-% X_1	0,00	8,36	12,20	14,56	15,18	19,66	28,81
25 °C	1,589	1,646	1,691	1,692	1,697	1,732	1,809

[*4*] ⟨K 1, ΔV, ϑ 25 °C⟩
[*3*] ⟨K 5 bis 19 Mol-% X_1, d 4, ϑ 20 °C⟩

$TiCl_4$ Titantetrachlorid (X_1) – **$C_4H_8O_2$ Äthylacetat** (X_2)
[*13*] ⟨ϑ 97°, 102 °C⟩

$TiCl_4$ Titantetrachlorid (X_1) – **$C_5H_{10}O_2$ n-Butylformiat** (X_2)
[*15*] ⟨graph. Darst., ϑ 35°, 70 °C⟩

$TiCl_4$ Titantetrachlorid (X_1) – **$C_5H_{10}O_2$ n-Propylacetat** (X_2)
[*14*] ⟨graph. Darst., ϑ 70°, 80 °C⟩

$TiCl_4$ Titantetrachlorid (X_1) – **$C_6H_{12}O_2$ Isoamylformiat** (X_2)
[*15*] ⟨graph. Darst., ϑ 50°, 80 °C⟩

$TiCl_4$ Titantetrachlorid (X_1) – **$C_6H_{12}O_2$ n-Butylacetat** (X_2)
[*14*] ⟨graph. Darst., ϑ 70°, 80 °C⟩

$TiCl_4$ Titantetrachlorid (X_1) – **$C_4H_7ClO_2$ Äthylchloracetat** (X_2)
[*16*] ⟨graph. Darst., ϑ 20°, 30 °C⟩

$TiCl_4$ Titantetrachlorid (X_1) – **$C_6H_{11}ClO_2$ n-Butylchloracetat** (X_2)
[*16*] ⟨graph. Darst., ϑ 75 °C⟩

$TiCl_4$ Titantetrachlorid (X_1) – **$C_6H_9Cl_3O_2$ n-Butyltrichloracetat** (X_2)
[*16*] ⟨graph. Darst., ϑ 20°, 30 °C⟩

$TiCl_4$ Titantetrachlorid (X_1) – **$C_6H_9Cl_3O_2$ Isobutyltrichloracetat** (X_2)
[*16*] ⟨graph. Darst., ϑ 20°, 30 °C⟩

$TiCl_4$ Titantetrachlorid (X_1) – **$C_7H_{11}Cl_3O_2$ Amyltrichloracetat** (X_2)
[*16*] ⟨graph. Darst., ϑ 20°, 30 °C⟩

$ZrCl_4$ Zirkontetrachlorid (X_1) – **CH_4O Methanol** (X_2)
[*18*] ⟨K 9 bis 40 Gew.-% X_1, d 4, ϑ 20°, 30°, 40°, 50 °C⟩

$HfCl_4$ Hafniumtetrachlorid (X_1) – **CH_4O Methanol** (X_2)
[*18*] ⟨K 9 bis 50 Gew.-% X_1, d 4, ϑ 20°, 30°, 40°, 50 °C⟩

1 DePauw: Thesis, Utrecht, 1922 (nach Tim.).
2 Plotnikow, W. A., Bendetzky, M. A.: Z. physik. Chem. **127** (1927) 225–32; J. russ. physik. chem. Ges. (Shurnal Russkogo Fisiko-Chimitschesskogo Obschesstwa) **59** (1927) 493.
3 Bergmann, E., Engel, L.: Z. physik. Chem., Abt. B, **13** (1931) 232–46; 247–67.
4 Hildebrand, J. H., Carter, C. M.: J. Amer. chem. Soc. **54** (1932) 3592–3603.
5 Klotschko, M. A.: Bull. Acad. Sci. URSS, Ser. chim., **1937**, 641–73 (nach Chem. Zbl.).
6 Dolian, F. E., Briscoe, H. T.: J. physic. Chem. **41** (1937) 1129–38.
7 Plotnikov, W. A., Sheka, I. A., Yankelevich, Z. A.: J. allg. Chem. (Shurnal Obschtschei Chimii) **9** (1939) 868 (nach Tim.).
8 Poppick, I., Lehrman, A.: J. Amer. chem. Soc. **61** (1939) 3237–38.
9 Gorenbein, E. Ya.: Zapiski Inst. Chim. (Ukraine) **7** (1940) 213 (nach Tim.).
10 Scheka, I. A.: J. physik. Chem. (Shurnal Fisitschesskoi Chimii) **14** (1940) 340–45.
11 Fairbrother, F.: Trans. Faraday Soc. **37** (1941) 763–69; J. chem. Soc. (London) **1945**, 503–09.
12 Rabinowitsch, B. Ja., Ponomarenko, A. G.: Ukrain. chem. J. (Ukrainski Chimitschesski Shurnal) **19** (1953) 264–66.
13 Lyssenko, Yu. A., Ossipow, O. A.: J. allg. Chem. (Shurnal Obschtschei Chimii) **24** (1954) 53–55.
14 Ossipow, O. A., Lyssenko, Yu. A., Akopow, Ye. K.: J. allg. Chem. (Shurnal Obschtschei Chimii) **25** (1955) 249–55.
15 Lyssenko, Yu. A.: J. allg. Chem. (Shurnal Obschtschei Chimii) **26** (1956) 2963–68.
16 **26** (1956) 3273–79.

17 Galinker, W. Ss., Gorbatschewskaja, L., Redschenko, I.: J. allg. Chem. (Shurnal Obschtschei Chimii) **26** (1956) 1564–68.

18 Scheka, I. A., Woitowitsch, B. A.: Ber. Akad. Wiss. Ukr. SSR (Dopowidi Akademii Nauk Ukrainskoi SSR) **1957**, 566–68; Ukrain. chem. J. (Ukrainskii Chimitschesski Shurnal) **23** (1957) 152–58.

19 Sackmann, H., Arnold, H.: Z. Elektrochem., Ber. Bunsenges. physik. Chem. **63** (1959) 565–71.

20 Kehlen, H., Sackmann, H.: Z. physik. Chem. [Neue Folge] **50** (1966) 144–51.

21 Kudra, O. K., Ternowaja, N. I.: Ukrain. chem. J. (Ukrainski Chimitschesski Shurnal) **27** (1961) 612–15.

22 Scheka, S. A., Scheka, I. A.: J. physik. Chem. (Shurnal Fisitschesskoi Chimii) **23** (1949) 1275 bis 1280.

1.3.3 Schwermetalle — Heavy metals

Zn-, Cd-, Hg-, Zink-, Cadmium- und Quecksilber-Verbindungen

$ZnCl_2$ Zinkchlorid (X_1) – **CH_4O Methanol** (X_2)
[*32, 33*] ⟨K 8, d 4, ϑ −50°, −40°, −30°, −20°, −10°, 10 °C⟩

Gew.-% X_1	0	2	5	10	15	20	25	30	35
0 °C	0,810	0,825	0,847	0,886	0,929	0,975	1,028	1,085	1,144
20 °C	0,792	0,806	0,827	0,865	0,907	0,952	1,004	1,060	1,119

$ZnCl_2$ Zinkchlorid (X_1) – **C_2H_6O Äthanol** (X_2)
[*19*] ⟨K 5, d 4⟩

Gew.-% X_1	0,00	5,53	12,26	17,40	22,02
22 °C	0,713	0,752	0,805	0,848	0,896

$ZnCl_2$ Zinkchlorid (X_1) – **C_3H_6O Aceton** (X_2) [*9*]

$ZnCl_2$ Zinkchlorid (X_1) – **$C_4H_{10}O$ Diäthyläther** (X_2)
[*19, 23*] ⟨K 4, d 4⟩

Gew.-% X_1	0	2	5	10	15	20	22
22 °C	0,713	0,728	0,750	0,787	0,827	0,873	0,896

ZnJ_2 Zinkjodid (X_1) – **CH_4O Methanol** (X_2) [*24, 32*]

ZnJ_2 Zinkjodid (X_1) – **C_2H_6O Äthanol** (X_2) [*24*]

ZnJ_2 Zinkjodid (X_1) – **C_3H_8O Propanol** (X_2) [*24*]

ZnJ_2 Zinkjodid (X_1) – **$C_5H_{12}O$ Isoamylalkohol** (X_2) [*24*]

$CdCl_2$ Cadmiumchlorid (X_1) – **C_2H_6O Äthanol** (X_2)
[*29*] ⟨K 5, d 4⟩

Gew.-% X_1	0	1	2	3
25 °C	0,786	0,794	0,801	0,808

[*3*]

$CdBr_2$ Cadmiumbromid (X_1) – **C_2H_6O Äthanol** (X_2)
[*3*] ⟨K 3, d 3⟩

Gew.-% X_1	0,00	17,07	25,91
20 °C	0,790	0,943	1,045

$CdBr_2$ Cadmiumbromid (X_1) – **C_3H_6O Aceton** (X_2)
[*38*] ⟨graph., ϑ 15 °C⟩
[*9*]

CdJ_2 Cadmiumjodid (X_1) — **CH_4O Methanol** (X_2)
[30] ⟨K 9, d 4⟩

Gew.-% X_1	0	4	8	12	16	20	30	41,56	50,63	59,33
25 °C	0,787	0,816	0,847	0,880	0,916	0,955	1,071	1,240	1,413	1,627

[34] ⟨K 8, d 4⟩

Gew.-% X_1	10,06	25,45	36,74	49,57	54,92	63,37	65,49	68,65
20 °C	0,871	1,022	1,173	1,381	1,489	1,697	1,777	1,883
30 °C	0,860	1,010	1,161	1,367	1,475	1,682	1,761	1,866
40 °C	0,850	0,998	1,148	1,353	1,460	1,666	1,746	1,851

[20] ⟨K 8 bis 11,6 Gew.-% X_1, d 4, 20,5 °C⟩
[35] ⟨K 14 bis 57 Gew.-% X_1, d 3, ϑ −15°, −7°, 0°, 10°, 20°, 30 °C⟩
[25]

CdJ_2 Cadmiumjodid (X_1) — **C_2H_6O Äthanol** (X_2)
[20] ⟨K 11, d 4⟩

Gew.-% X_1	0	2	4	6	8	10	15	20	23,21	46,41
20,5 °C	0,789	0,803	0,817	0,830	0,844	0,858	0,892	0,927	0,948	1,107

[3] ⟨K 3, d 5, ϑ 20 °C⟩
[17] ⟨K 10, d 4, ϑ 15 °C⟩
[18] ⟨K 6, d 4, ϑ 13,5 °C⟩
[7]

CdJ_2 Cadmiumjodid (X_1) — **$C_2H_6O_2$ Äthylenglykol** (X_2)
[30] ⟨K 7, d 5⟩

Gew.-% X_1	0	1	2	4	6	8	10	12	14	16	18
25 °C	1,110	1,119	1,128	1,146	1,165	1,184	1,204	1,224	1,246	1,268	1,291

Gew.-% X_1	29,65	38,46	49,84
25 °C	1,443	1,583	1,810

CdJ_2 Cadmiumjodid (X_1) — **C_3H_6O Aceton** (X_2)
[18] ⟨K 6, d 4⟩

Gew.-% X_1	0	1	2	3	3,68
13,2 °C	0,799	0,806	0,814	0,821	0,826

[7, 9]

CdJ_2 Cadmiumjodid (X_1) — **$C_4H_8O_2$ Äthylacetat** (X_2) *[11]*

CdJ_2 Cadmiumjodid (X_1) — **C_2H_3N Acetonitril** (X_2)
[16] ⟨ϑ 0°, 25 °C⟩

$HgCl_2$ Quecksilber-II-chlorid (X_1) — **C_6H_6 Benzol** (X_2)
[26] ⟨K 5 bis 0,1 Mol-% X_1, d 7, ϑ 18 °C⟩

$HgCl_2$ Quecksilber-II-chlorid (X_1) — **CH_4O Methanol** (X_2)
[28] ⟨K 5, d 4⟩

Gew.-% X_1	0	2	4	6	8	10	15	20	23,32
25 °C	0,787	0,801	0,815	0,830	0,846	0,862	0,905	0,954	0,989

[13] ⟨ges. Lsg., d 4, ϑ 25 °C⟩
[14, 15, 25]

$HgCl_2$ Quecksilber-II-chlorid (X_1) — **C_2H_6O Äthanol** (X_1)
[29] ⟨K 6, d 4⟩

Gew.-% X_1	0	2	4	6	8	10	12	14	15,02
25 °C	0,785	0,801	0,814	0,829	0,845	0,861	0,878	0,895	0,904

[18] ⟨K 5, d 4, ϑ 14,2 °C⟩
[6] ⟨K 4, d 5, ϑ 0°, 10°, 20°, 30 °C⟩
[1] ⟨K 8, d 5, ϑ 0° bis 30 °C⟩
[13] ⟨ges. Lsg., d 4, ϑ 25 °C⟩
[4, 7, 14, 15, 21, 25]

$HgCl_2$ Quecksilber-II-chlorid (X_1) — **$C_2H_4O_2$ Essigsäure** (X_2)
[29] ⟨K 4, d 4⟩

Gew.-% X_1	0	1	2	2,20
25 °C	1,045	1,053	1,062	1,063

$HgCl_2$ Quecksilber-II-chlorid (X_1) — **C_3H_8O Propanol** (X_2) *[15]*

$HgCl_2$ Quecksilber-II-chlorid (X_1) — **C_3H_6O Aceton** (X_2)
[19] ⟨K 4, d 3⟩

Gew.-% X_1	0,00	9,91	15,31	36,46
18 °C	0,800	0,875	0,924	1,171

[4, 7, 9]

$HgCl_2$ Quecksilber-II-chlorid (X_1) — **$C_3H_6O_2$ Methylacetat** (X_2) *[10]*

$HgCl_2$ Quecksilber-II-chlorid (X_1) — **$C_4H_{10}O$ Diäthyläther** (X_2) *[6]*

$HgCl_2$ Quecksilber-II-chlorid (X_1) — **$C_4H_8O_2$ Äthylacetat** (X_2)
[13] ⟨ges. Lsg., d 4, ϑ 25 °C⟩
[8]

$HgCl_2$ Quecksilber-II-chlorid (X_1) — **$C_4H_8O_2$ Dioxan** (X_2)
[27] ⟨K 4, d 4⟩

Gew.-% X_1	0	1	1,72
25 °C	1,026	1,035	1,041

[37] ⟨K 5 bis 0,7 Gew.-% X_1, d 5, ϑ 30°, 40°, 50 °C⟩

$HgCl_2$ Quecksilber-II-chlorid (X_1) — **$C_5H_{12}O$ Amylalkohol** (X_2) *[4]*

$HgCl_2$ Quecksilber-II-chlorid (X_1) — **C_2H_3N Acetonitril** (X_2)
[16] ⟨ϑ 0°, 25 °C⟩

$HgCl_2$ Quecksilber-II-chlorid (X_1) — **C_5H_5N Pyridin** (X_2)
[22] ⟨K 2, d 4, ϑ 20° bis 90 °C⟩
[4]

$HgBr_2$ Quecksilber-II-bromid (X_1) — **C_6H_6 Benzol** (X_2)
[26] ⟨K 5 bis 0,07 Mol-% X_1, d 7, ϑ 18 °C⟩

$HgBr_2$ Quecksilber-II-bromid (X_1) — **CH_4O Methanol** (X_2)
[13] ⟨ges. Lsg., d 4, ϑ 25 °C⟩
[14, 15]

$HgBr_2$ Quecksilber-II-bromid (X_1) — **C_2H_6O Äthanol** (X_2)
[13] ⟨ges. Lsg., d 4, ϑ 25 °C⟩
[14, 15]

$HgBr_2$ Quecksilber-II-bromid (X_1)—**C_3H_8O Propanol** (X_2) *[15]*

$HgBr_2$ Quecksilber-II-bromid (X_1)—**$C_3H_6O_2$ Methylacetat** (X_2) *[10]*

$HgBr_2$ Quecksilber-II-bromid (X_1)—**$C_4H_8O_2$ Äthylacetat** (X_2)
[13] ⟨ges. Lsg., d4, ϑ 25 °C⟩
[11]

$HgBr_2$ Quecksilber-II-bromid (X_1)—**$C_4H_8O_2$ Dioxan** (X_2)
[27] ⟨K4, d4⟩

Gew.-% X_1	0	2	4	5,21
25 °C	1,026	1,042	1,058	1,068

[37] ⟨K6 bis 0,5 Gew.-% X_1, d5, ϑ 30°, 40°, 50 °C⟩

HgJ_2 Quecksilber-II-jodid (X_1)—**C_6H_6 Benzol** (X_2)
[26] ⟨K5 bis 0,04 Mol-% X_1, d7, ϑ 18 °C⟩

HgJ_2 Quecksilber-II-jodid (X_1)—**CH_2J_2 Methylenjodid** (X_2) *[5]*

HgJ_2 Quecksilber-II-jodid (X_1)—**CH_4O Methanol** (X_2)
[13] ⟨ges. Lsg., d4, ϑ 25 °C⟩
[14, 15]

HgJ_2 Quecksilber-II-jodid (X_1)—**C_2H_6O Äthanol** (X_2)
[13] ⟨ges. Lsg., d4, ϑ 25 °C⟩
[12, 14, 15]

HgJ_2 Quecksilber-II-jodid (X_1)—**C_3H_8O Propanol** (X_2) *[15]*

HgJ_2 Quecksilber-II-jodid (X_1)—**$C_4H_8O_2$ Äthylacetat** (X_2)
[13] ⟨ges. Lsg., d4, ϑ 25 °C⟩

HgJ_2 Quecksilber-II-jodid (X_1)—**$C_4H_8O_2$ Dioxan** (X_2)
[27] ⟨K5, d4⟩

Gew.-% X_1	0	2	4	6	6,37
25 °C	1,026	1,043	1,061	1,080	1,083

HgJ_2 Quecksilber-II-jodid (X_1)—**$C_2H_8N_2$ Äthylendiamin** (X_2)
[36] ⟨ϑ 25 °C⟩

HgJ_2 Quecksilber-II-jodid (X_1)—**C_5H_5N Pyridin** (X_2) *[4, 25]*

$Hg(CN)_2$ Quecksilber-II-cyanid (X_1)—**CH_4O Methanol** (X_2)
[13] ⟨ges. Lsg., d4, ϑ 25 °C⟩
[14, 15]

$Hg(CN)_2$ Quecksilber-II-cyanid (X_1)—**C_2H_6O Äthanol** (X_2)
[13] ⟨ges. Lsg., d4, ϑ 25 °C⟩
[4, 14, 15]

$Hg(CN)_2$ Quecksilber-II-cyanid (X_1)—**C_3H_8O Propanol** (X_2) *[15]*

$Hg(CN)_2$ Quecksilber-II-cyanid (X_1)—**$C_4H_8O_2$ Äthylacetat** (X_2)
[13] ⟨ges. Lsg., d4, ϑ 25 °C⟩

$Hg(CN)_2$ Quecksilber-II-cyanid (X_1)—**$C_2H_8N_2$ Äthylendiamid** (X_2)
[36] ⟨ϑ 25 °C⟩

$Hg(CN)_2$ Quecksilber-II-cyanid (X_1)—**C_5H_5N Pyridin** (X_2) *[4, 22]*

1 Schröder, J.: J. russ. physik. chem. Ges. (Shurnal Russkogo Fisiko-Chimitschesskogo Obschesstwa) **18** (1886) 25 (nach Tim.).
2 Gerlach: Z. analyt. Chem. **28** (1889) 466 (nach Tim.).
3 Jahn, H.: Ann. Physik Chem. **43** (1891) 280–305.
4 Schönrock, O.: Z. physik. Chem. **11** (1893) 753–86.
5 Retgers, J. W.: Z. anorg. Chem. **3** (1893) 252–53.
6 Tammann, G., Hirschberg, W.: Z. physik. Chem. **13** (1894) 543–49.
7 LeBlanc, M., Rohland, P.: Z. physik. Chem. **19** (1896) 261–86.
8 Naumann, A.: Ber. dtsch. chem. Ges. **37** (1904) 3600–05.
9 **37** (1904) 4328.
10 **42** (1909) 3789–96.
11 **43** (1910) 313–21.
12 Herz, W., Knoch, M.: Z. anorg. Chem. **45** (1905) 262–69.
13 Herz, W., Anders, G.: Z. anorg. Chem. **52** (1907) 164–72.
14 Herz, W., Kuhn, F.: Z. anorg. Chem. **58** (1908) 159–67.
15 **60** (1908) 152–62.
16 Walden, P.: Z. physik. Chem. **55** (1906) 207–49.
17 Doroshevskii, A. G., Rakovskii, A. V.: J. russ. physik. chem. Ges. (Shurnal Russkogo Fisiko-Chimitschesskogo Obschesstwa) **40** (1908) 860 (nach Tim.).
18 Röhrs, F.: Ann. Physik [4] **37** (1912) 289–329.
19 Cheneveau: Sur les propriétés optiques des solutions. Gauthier, Paris, **1913**, 80 (nach ICT).
20 Getman, F. H., Gibbons, V. L.: J. Amer. chem. Soc. **37** (1915) 1990–96.
21 Burrows, G. J.: Proc. Roy. Soc. N. S. Wales **53** (1919) 74 (nach ICT).
22 Herz, W., Martin, E.: Z. anorg. allg. Chem. **132** (1924) 41–53.
23 Hantzsch, A., Düringen, F.: Z. physik. Chem., Abt. A, **136** (1928) 1–17.
24 Kosakewitsch, P. P.: Z. physik. Chem., Abt. A, **133** (1928) 1–14.
25 Kosakewitsch, P. P., Kosakewitsch, N. S.: Z. physik. Chem., Abt. A, **166** (1933) 113–35.
26 Bergmann, E., Engel, L.: Z. physik. Chem., Abt. B, **13** (1931) 247–67.
27 Curran, W. J., Wenzke, H. H.: J. Amer. chem. Soc. **57** (1935) 2162–63.
28 Stark, J. B., Gilbert, E. C.: J. Amer. chem. Soc. **59** (1937) 1818–20.
29 Dolian, F. E., Briscoe, H. T.: J. physic. Chem. **41** (1937) 1129–38.
30 Gibson, R. E.: J. Amer. chem. Soc. **59** (1937) 1521–28.
31 Gibson, R. E., Loeffler, O. H.: J. Amer. chem. Soc. **63** (1941) 2287–95.
32 Dawson, L. R., Zimmermann jr., H. K., Sweeney, W. M. E., Dinga, G. P.: J. Amer. chem. Soc. **73** (1951) 4326–27.
33 Dawson, L. R., Sears, P. G., Dinga, G. P., Zimmermann jr., H. K.: J. electrochem. Soc. **99** (1952) 536–41.
34 Skljarenko, S. I., Smirnov, I. W.: J. physik. Chem. (Shurnal Fisitschesskoi Chimii) **25** (1951) 181–84.
35 Skljarenko, S. I., Shukowa, M. G., Smirnow, I. W.: J. physik. Chem. (Shurnal Fisitschesskoi Chimii) **26** (1952) 1125–30.
36 Davis, R. E., Peacock, J., Schmidt, F. C., Schaap, W. B.: Proc. Indiana Acad. Sci. **65** (1956) 75–78 (nach Chem. Zbl.).
37 Tourky, A. R., Rizk, H. A., Girgis, Y. M.: J. chem. Physics **64** (1960) 565–67.
38 Deitsch, A. Ja.: J. physik. Chem. (Shurnal Fisitschesskoi Chimii) **36** (1962) 2479–80; Russ. J. physic. Chem. **36** (1962) 1344–45.

In, Tl, Indium- und Thalliumverbindungen

InF_3 Indium-III-fluorid (X_1) – **CH_4O Methanol** (X_2)
[1] ⟨ges. Lsg., d3⟩ 0,89 Gew.-% X_1, 20 °C, ϱ = 0,813

InF_3 Indium-III-fluorid (X_1) – **C_2H_6O Äthanol** (X_2)
[1] ⟨ges. Lsg., d3⟩ 0,02 Gew.-% X_1, 20 °C, ϱ = 0,825

InF_3 Indium-III-fluorid (X_1) – **$C_2H_6O_2$ Äthylenglykol** (X_2)
[1] ⟨ges. Lsg., d2⟩ 0,27 Gew.-% X_1, 20 °C, ϱ = 1,15

InF_3 Indium-III-fluorid (X_1) – **$C_3H_8O_3$ Glycerin** (X_2)
[1] ⟨ges. Lsg., d3⟩ 0,03 Gew.-% X_1, 20 °C, ϱ = 1,223

InF_3 Indium-III-fluorid (X_1) – **$C_4H_8O_2$ Äthylacetat** (X_2)
[1] ⟨ges. Lsg., d3⟩ 0,02 Gew.-% X_1, 20 °C, ϱ = 0,914

InF_3 Indium-III-fluorid (X_1) — **$C_5H_{12}O$ Amylalkohol** (X_2)
[1] ⟨ges. Lsg., d 3⟩ 0,01 Gew.-% X_1, 20 °C, ϱ = 0,810

InF_3 Indium-III-fluorid (X_1) — **$C_7H_{14}O_2$ Amylacetat** (X_2)
[1] ⟨ges. Lsg., d 3⟩ 0,01 Gew.-% X_1, 20 °C, ϱ = 0,870

$InCl_3$ Indium-III-chlorid (X_1) — **$CHCl_3$ Chloroform** (X_2)
[1] ⟨ges. Lsg., d 3⟩ 1,52 Gew.-% X_1, 20 °C, ϱ = 1,517

$InCl_3$ Indium-III-chlorid (X_1) — **CH_4O Methanol** (X_2)
[1] ⟨ges. Lsg., d 3⟩ 51,16 Gew.-% X_1, 20 °C, ϱ = 1,406

$InCl_3$ Indium-III-chlorid (X_1) — **C_2H_6O Äthanol** (X_2)
[1] ⟨ges. Lsg., d 2⟩ 36,20 Gew.-% X_1, 20 °C, ϱ = 1,16

$InCl_3$ Indium-III-chlorid (X_1) — **$C_2H_6O_2$ Äthylenglykol** (X_2)
[1] ⟨ges. Lsg., d 3⟩ 25,17 Gew.-% X_1, 20 °C, ϱ = 1,495

$InCl_3$ Indium-III-chlorid (X_1) — **C_3H_6O Aceton** (X_2)
[1] ⟨ges. Lsg., d 3⟩ 37,97 Gew.-% X_1, 20 °C, ϱ = 1,142

$InCl_3$ Indium-III-chlorid (X_1) — **$C_3H_8O_3$ Glycerin** (X_2)
[1] ⟨ges. Lsg., d 3⟩ 1,57 Gew.-% X_1, 20 °C, ϱ = 1,220

$InCl_3$ Indium-III-chlorid (X_1) — **$C_4H_{10}O$ Diäthyläther** (X_2)
[1] ⟨ges. Lsg., d 3⟩ 35,18 Gew.-% X_1, 20 °C, ϱ = 0,967

$InCl_3$ Indium-III-chlorid (X_1) — **$C_4H_8O_2$ Äthylacetat** (X_2)
[1] ⟨ges. Lsg., d 3⟩ 38,25 Gew.-% X_1, 20 °C, ϱ = 1,247

$InCl_3$ Indium-III-chlorid (X_1) — **$C_5H_{12}O$ Amylalkohol** (X_2)
[1] ⟨ges. Lsg., d 3⟩ 23,02 Gew.-% X_1, 20 °C, ϱ = 0,996

$InCl_3$ Indium-III-chlorid (X_1) — **$C_7H_{14}O_2$ Amylacetat** (X_2)
[1] ⟨ges. Lsg., d 3⟩ 26,20 Gew.-% X_1, 20 °C, ϱ = 1,084

$InBr_3$ Indium-III-bromid (X_1) — **C_6H_6 Benzol** (X_2)
[1] ⟨ges. Lsg., d 3⟩ 0,48 Gew.-% X_1, 20 °C, ϱ = 0,883

$InBr_3$ Indium-III-bromid (X_1) — **$CHCl_3$ Chloroform** (X_2)
[1] ⟨ges. Lsg., d 3⟩ 3,10 Gew.-% X_1, 20 °C, ϱ = 1,497

$InBr_3$ Indium-III-bromid (X_1) — **$C_2H_2Cl_2$ 1.2-Dichloräthylen** (X_2)
[1] ⟨ges. Lsg., d 3⟩ 2,31 Gew.-% X_1, 20 °C, ϱ = 1,269

$InBr_3$ Indium-III-bromid (X_1) — **CH_4O Methanol** (X_2)
[1] ⟨ges. Lsg., d 3⟩ 74,08 Gew.-% X_1, 20 °C, ϱ = 2,014

$InBr_3$ Indium-III-bromid (X_1) — **C_2H_6O Äthanol** (X_2)
[1] ⟨ges. Lsg., d 3⟩ 73,31 Gew.-% X_1, 20 °C, ϱ = 2,215

$InBr_3$ Indium-III-bromid (X_1) — **$C_2H_6O_2$ Äthylenglykol** (X_2)
[1] ⟨ges. Lsg., d 3⟩ 61,59 Gew.-% X_1, 20 °C, ϱ = 2,137

$InBr_3$ Indium-III-bromid (X_1) — **C_3H_6O Aceton** (X_2)
[1] ⟨ges. Lsg., d 3⟩ 72,33 Gew.-% X_1, 20 °C, ϱ = 1,902

$InBr_3$ Indium-III-bromid (X_1) — **$C_3H_8O_3$ Glycerin** (X_2)
[1] ⟨ges. Lsg., d 3⟩ 7,00 Gew.-% X_1, 20 °C, ϱ = 1,205

$InBr_3$ Indium-III-bromid (X_1) — **$C_4H_{10}O$ Diäthyläther** (X_2)
[1] ⟨ges. Lsg., d 3⟩ 71,44 Gew.-% X_1, 20 °C, ϱ = 1,807
[3]

$InBr_3$ Indium-III-bromid (X_1) — **$C_4H_8O_2$ Äthylacetat** (X_2)
[1] ⟨ges. Lsg., d 3⟩ 60,00 Gew.-% X_1, 20 °C, ϱ = 1,680

$InBr_3$ Indium-III-bromid (X_1) — **$C_4H_8O_2$ Dioxan** (X_2) [*2*]

$InBr_3$ Indium-III-bromid (X_1) — **$C_5H_{12}O$ Amylalkohol** (X_2)
[*1*] ⟨ges. Lsg., d 3⟩ 49,37 Gew.-% X_1, 20 °C, ϱ = 1,352

$InBr_3$ Indium-III-bromid (X_1) — **$C_7H_{14}O_2$ Amylacetat** (X_2)
[*1*] ⟨ges. Lsg., d 3⟩ 56,16 Gew.-% X_1, 20°C, ϱ = 1,550

InJ_3 Indium-III-jodid (X_1) — **C_6H_6 Benzol** (X_2)
[*1*] ⟨ges. Lsg., d 3⟩ 6,27 Gew.-% X_1, 20 °C, ϱ = 0,929

$InBr_3$ Indium-III-jodid (X_1) — **$CHCl_3$ Chloroform** (X_2)
[*1*] ⟨ges. Lsg., d 3⟩ 8,98 Gew.-% X_1, 20 °C, ϱ = 1,558

$InBr_3$ Indium-III-jodid (X_1) — **$C_2H_2Cl_2$ 1.2-Dichloräthylen** (X_2)
[*1*] ⟨ges. Lsg., d 3⟩ 5,33 Gew.-% X_1, 20°C, ϱ = 1,313

$InBr_3$ Indium-III-jodid (X_1) — **CH_4O Methanol** (X_2)
[*1*] ⟨ges. Lsg., d 3⟩ 86,64 Gew.-% X_1, 20 °C, ϱ = 2,706

$InBr_3$ Indium-III-jodid (X_1) — **C_2H_6O Äthanol** (X_2)
[*1*] ⟨ges. Lsg., d 3⟩ 84,37 Gew.-% X_1, 20 °C, ϱ = 2,687

$InBr_3$ Indium-III-jodid (X_1) — **$C_2H_6O_2$ Äthylenglykol** (X_2)
[*1*] ⟨ges. Lsg., d 4⟩ 72,77 Gew.-% X_1, 20 °C, ϱ = 2,460

InJ_3 Indium-III-jodid (X_1) — **C_3H_6O Aceton** (X_2)
[*1*] ⟨ges. Lsg., d 3⟩ 74,94 Gew.-% X_1, 20 °C, ϱ = 2,288

InJ_3 Indium-III-jodid (X_1) — **$C_3H_8O_3$ Glycerin** (X_2)
[*1*] ⟨ges. Lsg., d 3⟩ 10,85 Gew.-% X_1, 20 °C, ϱ = 1,249

InJ_3 Indium-III-jodid (X_1) — **$C_4H_{10}O$ Diäthyläther** (X_2)
[*1*] ⟨ges. Lsg., d 3⟩ 85,50 Gew.-% X_1, 20 °C, ϱ = 2,248

InJ_3 Indium-III-jodid (X_1) — **$C_4H_8O_2$ Äthylacetat** (X_2)
[*1*] ⟨ges. Lsg., d 3⟩ 78,35 Gew.-% X_1, 20 °C, ϱ = 2,351

InJ_3 Indium-III-jodid (X_1) — **$C_5H_{12}O$ Amylalkohol** (X_2)
[*1*] ⟨ges. Lsg., d 3⟩ 59,29 Gew.-% X_1, 20 °C, ϱ = 1,566

InJ_3 Indium-III-jodid (X_1) — **$C_7H_{14}O_2$ Amylacetat** (X_2)
[*1*] ⟨ges. Lsg., d 3⟩ 73,75 Gew.-% X_1, 20 °C, ϱ = 2,096

$TlCl_3$ Thallium-III-chlorid (X_1) — **$C_4H_8O_2$ Dioxan** (X_2) [*2, 3*]

$TlCl_3$ Thallium-III-chlorid (X_1) — **C_5H_5N Pyridin** (X_2) [*3*]

$TlCl_3$ Thallium-III-chlorid (X_1) — **C_9H_7N Chinolin** (X_2) [*3*]

$TlBr_3$ Thallium-III-bromid (X_1) — **C_6H_6 Benzol** (X_2) [*2*]

$TlCl_3$ Thallium-III-chlorid (X_1) — **$C_4H_{10}O$ Diäthyläther** (X_2) [*2*]

1 | Ensslin, F., Lessmann, O.: Z. anorg. Chem. **254** (1947) 92—95.
2 | Scheka, I. A.: J. allg. Chem. (Shurnal Obschtschei Chimii) **25** (1955) 2401—05.
3 | **26** (1956) 26—30.

Ge bis Cr, Germanium- bis Chromverbindungen

$GeCl_4$ Germanium-IV-chlorid (X_1) — **CCl_4 Tetrachlormethan** (X_2)
[*18*] ⟨K 7, d 4⟩

Mol-% X_1	8,43	13,93	24,03	38,93	51,14	69,17	100,00
30 °C	1,602	1,618	1,649	1,692	1,727	1,775	1,853

Lacmann

GeH_2Cl_2 Dichlorgermaniumhydrid (X_1) — **CCl_4 Tetrachlormethan** (X_2)
[*23*] ⟨K 4, d 5⟩

Mol-% X_1	0,00	1,18	1,76	2,62
25 °C	1,584	1,587	1,587	1,589

$SnCl_2$ Zinn-II-chlorid (X_1) — **C_2H_6O Äthanol** (X_2)
[*9*] ⟨K 3, d 4⟩

Gew.-% X_1	0,00	8,53	16,10
16 °C	0,795	0,846	0,896

$SnCl_2$ Zinn-II-chlorid (X_1) — **C_3H_6O Aceton** (X_2) [*2*]

$SnCl_2$ Zinn-II-chlorid (X_1) — **$C_4H_8O_2$ Äthylacetat** (X_2) [*3*]

$SnCl_4$ Zinn-IV-chlorid (X_1) — **C_6H_{12} Cyclohexan** (X_2)
[*43*] ⟨K 6, ΔV, ϑ 10°, 20 °C⟩

$SnCl_4$ Zinn-IV-chlorid (X_1) — **C_6H_6 Benzol** (X_2)
[*8*] ⟨K 11, d 3⟩

Gew.-% X_1	0	10	20	30	40	50	60	70	80	90	100
20 °C	0,877	0,919	0,978	1,050	1,139	1,240	1,358	1,496	1,660	1,883	2,218

[*6, 7*] ⟨K 5, d 4⟩

Mol-% X_1	0	25	50	75	100
25 °C	0,873	1,282	1,623	1,904	2,213
70 °C	0,824	1,201	1,483	1,806	2,096

[*10*] ⟨K 5, d 4, ϑ 26 °C⟩

$SnCl_4$ Zinn-IV-chlorid (X_1) — **C_7H_8 Toluol** (X_2)
[*15*] ⟨K 10, d 4⟩

Gew.-% X_1	0,00	11,60	23,08	30,70	41,75	51,44	61,54	82,15	90,19	100,00
20 °C	0,866	0,927	0,993	1,081	1,162	1,248	1,379	1,717	1,921	2,230

$SnCl_4$ Zinn-IV-chlorid (X_1) — **C_8H_{10} m-Xylol** (X_2)
[*15*] ⟨K 6, d 4⟩

Gew.-% X_1	0,00	32,03	41,75	50,98	80,54	100,00
20 °C	0,862	1,059	1,181	1,279	1,689	2,230

$SnCl_4$ Zinn-IV-chlorid (X_1) — **C_9H_{12} 1.2.4-Trimethylbenzol** (X_2)
[*15*] ⟨K 9, d 4⟩

Gew.-% X_1	0,00	10,71	20,27	33,96	50,88	61,16	70,87	81,40	100,00
20 °C	0,879	0,940	1,001	1,104	1,264	1,379	1,528	1,723	2,230

$SnCl_4$ Zinn-IV-chlorid (X_1) — **$CHCl_3$ Chloroform** (X_2) [*4*]

$SnCl_4$ Zinn-IV-chlorid (X_1) — **CCl_4 Tetrachlormethan** (X_2)
[*40*] ⟨K 10, ΔV, ϑ −30°, −20°, 0 °C⟩

Gew.-% X_1	0,0	16,7	30,5	41,7	55,0	62,8	75,3	84,4	91,8	100,0
20 °C	1,594	1,671	1,740	1,801	1,882	1,932	2,021	2,092	2,155	2,228

[*16*] ⟨K 8 bis 43,2 Gew.-% X_1, d 4, ϑ 17,7 °C⟩
[*17*]

$SnCl_4$ Zinn-IV-chlorid $(X_1)-$**C_3H_7Cl n-Chlorpropan** (X_2)
[45] ⟨K11, d4, ϑ 30 °C⟩

Mol-% X_1	0,00	7,55	15,62	25,58	36,97	48,85	58,45	71,48	79,24	89,60	100,00
20 °C	0,8940	1,0275	1,1604	1,3282	1,5076	1,6654	1,7996	1,9529	2,0252	2,1340	2,2277
40 °C	—	1,0017	1,1323	1,2929	1,4681	1,6262	1,7542	1,9047	1,9750	2,0841	2,1807

$SnCl_4$ Zinn-IV-chlorid $(X_1)-$**C_4H_9Cl tert.-Chlorbutan** (X_2)
[45] ⟨K11, d4, ϑ 30 °C⟩

Mol-% X_1	0,00	9,92	17,30	25,54	33,11	50,18	53,55	64,89	79,90	89,44	100,00
20 °C	0,8421	0,9920	1,1025	1,2198	1,3349	1,5745	1,6180	1,7717	1,9720	2,0927	2,2277
40 °C	0,8191	0,9650	1,0742	1,1906	1,3028	1,5390	1,5786	1,7297	1,9272	2,0462	2,1807

$SnCl_4$ Zinn-IV-chlorid $(X_1)-$**C_7H_7Cl Benzylchlorid** (X_2)
[45] ⟨K9, d4⟩

Mol-% X_1	0,00	10,45	21,51	36,68	36,82	55,24	84,79	100,00
30 °C	1,0908	1,3522	1,6193	1,9760	1,9767	2,3926	3,0273	3,3400
50 °C	1,0703	1,3247	1,5903	1,9381	1,9383	2,3445	2,9723	2,2805
70 °C	1,0513	—	1,5581	1,8982	1,8992	2,2985	2,9104	3,2280

$SnCl_4$ Zinn-IV-chlorid $(X_1)-$**C_2H_6O Äthanol** (X_2)
[22] ⟨K6, d4⟩

Gew.-% X_1	0,0	2,0	4,0	6,0	8,0	8,24
25 °C	0,786	0,798	0,812	0,830	0,840	0,842

$SnCl_4$ Zinn-IV-chlorid $(X_1)-$**$C_2H_4O_2$ Essigsäure** (X_2)
[13] ⟨K14, d4⟩

Mol-% X_1	0,00	2,44	5,20	10,84	17,19	22,90	26,82	29,69	31,51	34,98	36,08	41,11	100,00
25,2 °C	1,054	1,131	1,235	1,407	1,580	1,715	1,792	1,836	1,865	1,905	1,921	1,941	2,254

[26] ⟨K14, d4⟩

Mol-% X_1	0,00	3,03	4,41	5,42	6,91	9,78	13,85	14,40	16,73	22,84	27,20	33,24	35,91
0 °C	—	1,180	1,223	1,254	1,303	1,362	1,506	1,524	1,585	1,730	1,821	1,906	1,947
25 °C	1,044	1,151	1,196	1,225	1,273	1,334	1,475	1,493	1,553	1,694	1,779	1,864	1,888
50 °C	1,016	1,122	1,166	1,197	1,245	1,302	1,441	1,461	1,519	1,657	1,737	1,815	1,841

$SnCl_4$ Zinn-IV-chlorid $(X_1)-$**$C_3H_6O_2$ Propionsäure** (X_2)
[38] ⟨ϑ 30°, 50°, 70 °C⟩

$SnCl_4$ Zinn-IV-chlorid $(X_1)-$**$C_3H_6O_2$ Äthylformiat** (X_2)
[6, 7] ⟨K9, d4⟩

Mol-% X_1	0,0	25,0	30,0	32,0	33,5	36,0	50,0	75,0	100,0
30 °C	0,908	1,522	1,639	1,684	1,705	1,733	1,865	2,055	2,206
40 °C	0,895	1,509	1,623	1,667	1,689	1,715	1,847	2,033	2,182
50 °C	0,882	1,496	1,609	1,651	1,673	1,700	1,830	2,012	2,153

$SnCl_4$ Zinn-IV-chlorid $(X_1)-$**$C_4H_{10}O$ n-Butanol** (X_2)
[41] ⟨K10, d4⟩

Mol-% X_1	0,00	9,47	19,74	25,08	29,64	33,13	48,00	60,10	78,46	100,00
20 °C	0,8558	0,9219	0,9925	1,0304	1,0601	1,0818	1,1497	1,1996	1,2737	1,3548
40 °C	0,8356	0,9015	0,9727	1,0091	1,0343	1,0591	1,1249	1,1739	1,2448	1,3229
60 °C	0,8171	0,8821	0,9527	0,9892	1,0170	1,0373	1,1014	1,1487	1,2177	1,2925

$SnCl_4$ Zinn-IV-chlorid $(X_1)-$**$C_4H_8O_2$ n-Buttersäure** (X_2)
[38] ⟨ϑ 30°, 50°, 70 °C⟩

$SnCl_4$ Zinn-IV-chlorid (X_1) — **$C_4H_8O_2$ Propylformiat** (X_2)
[*6, 7*] ⟨K 8, d 4⟩

Mol-% X_1	0	25	32	33,4	35	50	75	100
50 °C	0,864	1,395	1,529	1,564	1,574	1,733	1,955	2,152
70 °C	0,840	1,369	1,496	1,520	1,541	1,697	1,910	2,096

$SnCl_4$ Zinn-IV-chlorid (X_1) — **$C_4H_8O_2$ Äthylacetat** (X_2)
[*22*] ⟨K 6, d 4⟩

Gew.-% X_1	0	2	4	6	8	10	12	14	16
25 °C	0,8937	0,9084	0,9230	0,9385	0,9540	0,9699	0,9865	1,0035	1,0213

[*6, 7*] ⟨K 9, d 4⟩

Mol-% X_1	0,0	25,0	32,6	33,4	34,6	35,9	50,0	70,0	100,0
25 °C	0,895	1,474	1,593	1,604	1,623	1,638	1,776	1,948	2,213
50 °C	0,864	1,440	1,551	1,562	1,584	1,599	1,736	1,919	2,152
70 °C	0,835	1,409	1,514	1,524	1,543	1,563	1,703	1,884	2,096

[*10*] ⟨K 8, d 4, ϑ 25 °C⟩
[*46*] ⟨K 3, d 3, ϑ 25 °C⟩

$SnCl_4$ Zinn-IV-chlorid (X_1) — **$C_5H_{12}O$ n-Amylalkohol** (X_2)
[*41*] ⟨K 9, d 4⟩

Mol-% X_1	0,00	9,87	20,02	30,62	39,75	49,77	59,41	79,72	100,00
20 °C	0,8537	0,9202	1,0053	1,0558	1,1028	1,1472	1,1884	1,2742	1,3548
40 °C	0,8346	0,9002	0,9857	1,0338	1,0800	1,1235	1,1637	1,2457	1,3229
60 °C	0,8160	0,8810	0,9654	1,0135	1,0567	1,1006	1,1399	1,2181	1,2925

$SnCl_4$ Zinn-IV-chlorid (X_1) — **$C_5H_{10}O_2$ Propylacetat** (X_2)
[*46*] ⟨K 3, d 3, ϑ 25 °C⟩

$SnCl_4$ Zinn-IV-chlorid (X_1) — **$C_5H_{10}O_2$ Äthylpropionat** (X_2)
[*5, 7*] ⟨K 12, d 4⟩

Mol-% X_1	0,0	10,0	25,0	30,0	33,33	35,0	40,0	50,0	60,0	75,0	90,0	100,0
25 °C	0,883	1,066	1,355	1,450	1,506	1,533	1,588	1,697	1,804	1,964	2,117	2,213
70 °C	0,830	1,008	1,281	1,366	1,417	1,445	1,506	1,619	1,721	1,867	2,008	2,096

$SnCl_4$ Zinn-IV-chlorid (X_1) — **$C_5H_{10}O_2$ Methylbutyrat** (X_2)
[*6, 7*] ⟨K 2, d 4, ϑ 25°, 50°, 75 °C⟩

$SnCl_4$ Zinn-IV-chlorid (X_1) — **$C_5H_{10}O_3$ Äthylcarbonat** (X_2)
[*21*] ⟨K 15, d 4, ϑ 50°, 65 °C⟩

Mol-% X_1	0	10	20	30	35	45	50	60	75	100
40 °C	0,967	1,072	1,275	1,390	1,432	1,515	1,602	1,756	1,824	2,183
75 °C	0,915	0,953	1,098	1,206	1,291	1,402	1,483	1,603	1,756	2,084

$SnCl_4$ Zinn-IV-chlorid (X_1) — **C_6H_6O Phenol** (X_2)
[*29*] ⟨K 14, d 4, ϑ 60 °C⟩

Mol-% X_1	0,00	22,78	33,67	41,17	51,15	58,41	67,99	73,89	79,80	86,59	100,00
20 °C	—	1,267	1,368	1,441	1,535	1,608	1,725	1,797	1,879	1,988	2,234
40 °C	1,060	1,239	1,330	1,412	1,495	1,588	1,663	1,771	1,835	1,945	2,182
80 °C	1,023	1,180	1,271	1,341	1,434	1,516	1,607	1,693	1,762	1,865	2,079

$SnCl_4$ Zinn-IV-chlorid (X_1) — **$C_6H_{12}O_2$ Pentancarbonsäure** (X_2)
[*38*] ⟨ϑ 30°, 50°, 70 °C⟩

$SnCl_4$ Zinn-IV-chlorid (X_1) — **$C_6H_{12}O_2$ Äthylbutyrat** (X_2)
[*6, 7*] ⟨K12, d4⟩

Mol-% X_1	0,0	25,0	30,8	32,5	34,0	35,0	36,0	50,0	75,0	100,0
25°C	0,873	1,293	1,382	1,420	1,444	1,458	1,469	1,626	1,948	2,213
50°C	0,847	1,257	1,352	1,378	1,400	1,415	1,427	1,587	1,919	2,152
70°C	0,826	1,225	1,314	1,340	1,363	1,378	1,389	1,556	1,884	2,096

$SnCl_4$ Zinn-IV-chlorid (X_1) — **C_7H_8O Anisol** (X_2)
[*30*] ⟨K8, d4, ϑ 60°C⟩

Gew.-% X_1	0,00	21,16	47,75	55,40	61,82	73,85	84,94	100,00
20°C	0,9978	1,1314	1,3655	1,4493	1,5269	1,6955	1,8911	2,2340
40°C	0,9765	1,1110	1,3334	1,4182	1,4923	1,6566	1,8461	2,1819
80°C	0,9389	1,0681	1,2757	1,3480	1,4264	1,5864	1,7649	2,0790

$SnCl_4$ Zinn-IV-chlorid (X_1) — **$C_7H_{14}O_2$ Methylhexonat** (X_2)
[*46*] ⟨K3, d3, ϑ 25°C⟩

$SnCl_4$ Zinn-IV-chlorid (X_1) — **$C_8H_{16}O_2$ Butylbutyrat** (X_2)
[*46*] ⟨K3, d3, ϑ 25°C⟩

$SnCl_4$ Zinn-IV-chlorid (X_1) — **$C_8H_8O_2$ Phenylacetat** (X_2)
[*46*] ⟨K3, d3, ϑ 25°C⟩

$SnCl_4$ Zinn-IV-chlorid (X_1) — **$C_8H_{14}O_4$ Äthylsuccinat** (X_2)
[*21*] ⟨K15, d4⟩

Mol-% X_1	0,0	10,0	20,0	30,0	40,0	50,0	60,0	75,0	90,0	100,0
100°C	0,922	1,030	1,159	1,245	1,381	1,510	1,606	1,716	1,962	2,080

$SnCl_4$ Zinn-IV-chlorid (X_1) — **$C_9H_{10}O_2$ Äthylbenzoat** (X_2)
[*6, 7*] ⟨K10, d4⟩

Mol-% X_1	0,00	25,0	33,4	35,0	37,5	40,0	45,0	50,0	70,0	100,0
25°C	1,042	1,357	1,469	1,486	1,518	1,546	1,606	1,661	1,877	2,213
50°C	1,019	1,316	1,419	1,440	1,473	1,500	1,562	1,618	1,832	2,152
70°C	1,000	1,300	1,400	1,408	1,438	1,465	1,524	1,581	1,793	2,096

$SnCl_4$ Zinn-IV-chlorid (X_1) — **$C_{10}H_{20}O_2$ Octylacetat** (X_2)
[*36*] ⟨K7, d4⟩

Mol-% X_1	0,00	20,32	33,90	50,76	58,26	89,57	100,00
25°C	0,8179	1,0318	1,2095	1,3885	1,5051	1,9295	—
50°C	0,7991	1,0101	1,1790	1,3577	1,4720	1,8751	2,1566

$SnCl_4$ Zinn-IV-chlorid (X_1) — **$C_{11}H_{22}O_2$ Decancarbonsäure** (X_2)
[*33*] ⟨ϑ 30°, 50°, 70°C⟩

$SnCl_4$ Zinn-IV-chlorid (X_1) — **$C_{16}H_{32}O_2$ Pentadecancarbonsäure** (X_2)
[*33*] ⟨ϑ 30°, 50°, 70°C⟩

$SnCl_4$ Zinn-IV-chlorid (X_1) — **$C_{18}H_{36}O_2$ Hexadecylacetat** (X_2)
[*36*] ⟨K8, d4, ϑ 50°, 70°C⟩

Mol-% X_1	0,00	26,08	33,27	38,66	54,13	70,94	84,97	100,00
40°C	0,8455	1,0304	1,0926	1,1365	1,2754	1,4909	1,7560	2,1678
60°C	0,8310	1,0112	1,0715	1,1156	1,2548	1,4618	1,7233	2,1313

$SnCl_4$ Zinn-IV-chlorid (X_1) – **$C_2H_3ClO_2$ Monochloressigsäure** (X_2)
[*27*] ⟨K 10, d 4⟩

Gew.-% X_1	0,00	12,81	22,49	29,08	40,97	60,66	72,81	84,62	90,33	100,00
50 °C	1,3907	1,4774	1,5513	1,6184	1,6855	1,8228	1,9128	2,0204	2,0631	2,1555
60 °C	1,3777	1,4624	1,5346	1,6014	1,6675	1,8009	1,8980	1,9998	2,0418	2,1347
70 °C	1,3642	1,4499	1,5186	1,5858	1,6555	1,7775	1,8767	1,9747	2,0190	2,1100

$SnCl_4$ Zinn-IV-chlorid (X_1) – **$C_2H_2Cl_2O_2$ Dichloressigsäure** (X_2)
[*32*] ⟨K 6, d 4⟩

Gew.-% X_1	0,00	33,96	48,86	66,90	89,55	100,00
35 °C	1,5302	1,7164	1,8072	1,9230	2,0936	–
50 °C	1,5106	1,6904	1,7803	1,8898	2,0562	2,1555
60 °C	1,4985	1,6779	1,7660	1,8776	2,0386	2,1347
70 °C	1,4868	1,6650	1,7484	1,8612	2,0206	2,1100

$SnCl_4$ Zinn-IV-chlorid (X_1) – **$C_2HCl_3O_2$ Trichloressigsäure** (X_2)
[*32*] ⟨K 5, d 4⟩

Gew.-% X_1	0,00	27,35	55,44	75,34	100,00
50 °C	1,6156	1,7336	1,8749	1,9875	2,1555
60 °C	1,5970	1,7117	1,8552	1,9648	2,1347
70 °C	1,5804	1,7012	1,8397	1,9440	2,1100

$SnCl_4$ Zinn-IV-chlorid (X_1) – **$C_4H_7ClO_2$ Monochloressigsäureäthylester** (X_2)
[*35*] ⟨K 13, d 4, ϑ 60 °C⟩

Mol-% X_1	0,00	9,98	19,96	28,53	38,78	49,11	59,62	69,50	83,51	100,00
20 °C	1,1512	1,3006	1,4448	1,5643	1,6891	1,7936	1,8914	1,9779	2,0951	2,2331
50 °C	1,1160	1,2542	1,3830	1,4914	1,6124	1,7060	1,8207	1,9072	2,0240	2,1566
70 °C	1,0940	1,2204	1,3453	1,4501	1,5638	1,6609	1,7714	1,8584	1,9746	2,1127

$SnCl_4$ Zinn-IV-chlorid (X_1) – **$C_4H_5Cl_3O_2$ Trichloressigsäureäthylester** (X_2)
[*35*] ⟨K 15, d 4, ϑ 60°, 70°, 100 °C⟩

Mol-% X_1	0,00	15,55	23,85	34,76	46,10	55,16	66,41	74,82	80,55	90,28	100,00
20 °C	1,3817	1,4999	1,5646	1,6470	1,7427	1,8166	1,9214	1,9896	2,0373	2,1300	2,2331
50 °C	1,3444	1,4535	1,5169	1,5955	1,6834	1,7575	1,8571	1,9224	1,9699	2,0588	2,1566
90 °C	1,2827	–	–	–	1,6100	1,6791	–	1,8367	–	1,9678	2,0493

$SnCl_4$ Zinn-IV-chlorid (X_1) – **$C_5H_7Cl_3O_2$ Trichloressigsäurepropylester** (X_2)
[*46*] ⟨K 3, d 3, ϑ 25 °C⟩

$SnCl_4$ Zinn-IV-chlorid (X_1) – **C_7H_5ClO Benzoylchlorid** (X_2)
[*45*] ⟨K 6, d 4⟩

Mol-% X_1	0,00	21,51	37,16	57,87	78,82	100,00
30 °C	1,2026	1,4255	1,5856	1,7806	2,0018	2,2052
50 °C	1,1805	1,3969	1,5538	1,7562	1,9581	2,1527
70 °C	1,1598	1,3694	1,5229	1,7161	1,9145	–

$SnCl_4$ Zinn-IV-chlorid (X_1) – **$C_2H_5O_3N$ Äthylnitrat** (X_2)
[*39*] ⟨K 10, d 3, ϑ 0°, 10°, 20 °C⟩

$SnCl_4$ Zinn-IV-chlorid (X_1) – **$C_6H_5O_2N$ Nitrobenzol** (X_2)
[*29*] ⟨K 9, d 4, ϑ 60 °C⟩

Mol-% X_1	0,00	21,34	40,58	41,07	59,38	70,66	73,27	82,80	100,00
20 °C	1,2080	1,3517	1,5101	1,5315	1,6953	1,8257	1,8535	1,9882	2,2340
40 °C	1,1864	1,3273	1,4801	1,5016	1,6604	1,7857	1,8178	1,9408	2,1819
80 °C	1,1485	1,2796	1,4272	1,4435	1,5899	1,7108	1,7389	1,8596	2,0790

[*14*] ⟨K 9, d 4, ϑ 15 °C⟩

$SnCl_4$ Zinn-IV-chlorid (X_1) — $C_6H_5O_3N$ o-Nitrophenol (X_2)
[30] ⟨K 7, d 4⟩

Mol-% X_1	0,00	8,76	9,56	43,61	64,50	88,40	100,0
25 °C	—	—	—	—	1,805	2,073	2,219
40 °C	1,300	—	1,361	1,593	1,762	2,037	2,182
60 °C	1,275	1,327	—	1,550	1,724	1,984	2,129

$SnCl_4$ Zinn-IV-chlorid (X_1) — $C_6H_4O_4N_2$ m-Dinitrobenzol (X_2)
[29] ⟨0 bis 100 Gew.-% X_1, d 4, ϑ 80°, 100 °C⟩

$SnCl_4$ Zinn-IV-chlorid (X_1) — $C_7H_7O_3N$ o-Nitroanisol (X_2)
[31] ⟨K 11, d 4⟩

Mol-% X_1	0,00	7,90	15,19	19,88	28,40	35,00	39,98	52,58	63,97	82,30	100,00
20 °C	1,2520	1,3369	1,4158	1,4652	1,5545	1,6247	1,6759	1,8073	1,9106	2,0247	2,2340
40 °C	1,2349	1,3154	1,3906	1,4395	1,5197	1,5931	1,6425	1,7690	1,8719	1,9834	2,1819
60 °C	1,2140	1,2922	1,3647	1,4100	1,4945	1,5622	1,6098	1,7271	1,8281	1,9395	2,1288

$SnCl_4$ Zinn-IV-chlorid (X_1) — $C_7H_7O_3N$ p-Nitroanisol (X_2)
[44] ⟨K 19, d 3, ϑ 50 °C⟩

Mol-% X_1	0,00	4,24	16,43	23,67	29,95	37,53	44,80	52,28	60,78	69,77	73,11	91,35	100,00
40 °C	—	—	—	1,480	1,556	1,628	1,702	1,769	1,857	1,934	1,963	2,113	2,177
60 °C	1,220	1,283	1,381	1,454	1,530	1,594	—	1,739	—	1,900	1,923	2,067	2,128

$SnCl_4$ Zinn-IV-chlorid (X_1) — CH_3Cl_3Si Trichlormethylsilan (X_2) *[42]*

$SnBr_4$ Zinn-IV-bromid (X_1) — C_6H_{12} Cyclohexan (X_2)
[25] ⟨K 5, d 4⟩

Mol-% X_1	0,00	1,74	2,09	2,34	6,75
25 °C	0,7736	0,8268	0,8376	0,8452	0,9782

$SnBr_4$ Zinn-IV-bromid (X_1) — C_6H_6 Benzol (X_2)
[25] ⟨K 6, d 4⟩

Mol-% X_1	0,00	1,41	1,45	1,73	2,15	3,87
25 °C	0,8737	0,9236	0,9248	0,9344	0,9496	1,0092

$SnBr_4$ Zinn-IV-bromid (X_1) — CCl_4 Tetrachlormethan (X_2) *[17]*

$SnBr_4$ Zinn-IV-bromid (X_1) — C_2H_6O Äthanol (X_2)
[21] ⟨K 4, d 14⟩

Mol-% X_1	0,0	10,0	20,0	24,0	26,0	33,34	50,0	60,0	75,0	100,0
70 °C	0,765	1,420	1,930	2,091	2,133	2,342	2,683	—	—	3,249
85 °C	—	1,381	1,907	2,059	2,127	2,309	2,554	2,839	3,006	3,186

$SnBr_4$ Zinn-IV-bromid (X_1) — $C_2H_4O_2$ Essigsäure (X_2)
[28] ⟨graph., ϑ 25°, 60°, 75 °C⟩

$SnBr_4$ Zinn-IV-bromid (X_1) — $C_3H_6O_2$ Propionsäure (X_2)
[37] ⟨K 16, d 4⟩

Gew.-% X_1	0,00	24,68	39,22	50,50	59,67	65,11	71,65	76,09	82,64	91,50	100,00
20 °C	0,9917	1,2165	1,3996	1,5735	1,7456	1,8640	2,0450	2,1624	2,3937	2,7488	—
40 °C	0,9725	1,1861	1,3630	1,5303	1,6992	1,8160	1,9921	2,1158	2,3457	2,6991	3,3091
60 °C	0,9516	1,1581	1,3286	1,4945	1,6587	1,7734	1,9485	2,0699	2,2973	2,6493	3,2512

$SnBr_4$ Zinn-IV-bromid (X_1) — **$C_3H_6O_2$ Äthylformiat** (X_2)
[19] ⟨K 19, d 4, ϑ 16°, 45 °C⟩

Mol-% X_1	0,0	14,3	28,9	38,8	43,7	53,7	60,0	80,0	84,3	100,0
0 °C	0,928	1,597	2,122	2,404	2,492	2,712	—	—	—	—
30 °C	0,903	1,497	2,022	2,293	2,383	2,608	—	—	3,186	3,343
50 °C	0,876	1,427	—	—	—	—	2,684	3,049	—	3,280

[20] ⟨K 7, ΔV, ϑ 30 °C⟩

$SnBr_4$ Zinn-IV-bromid (X_1) — **$C_3H_6O_2$ Methylacetat** (X_2)
[19] ⟨K 16, d 4, ϑ 15°, 40°, 50 °C⟩

Mol-% X_1	0,0	15,0	28,0	33,0	38,0	50,0	75,0	100,0
25 °C	0,925	1,566	1,981	2,137	2,268	2,560	3,110	3,353

$SnBr_4$ Zinn-IV-bromid (X_1) — **$C_3H_6O_3$ Methylcarbonat** (X_2)
[21] ⟨K 9, d 4⟩

Mol-% X_1	0	10	20	30	40	50	60	75	100
25 °C	0,923	1,235	1,555	1,758	2,009	2,259	2,582	2,946	3,345
50 °C	0,703	1,003	1,332	1,564	1,804	2,104	2,399	2,712	3,300

$SnBr_4$ Zinn-IV-bromid (X_1) — **$C_4H_8O_2$ Buttersäure** (X_2)
[37] ⟨K 14, d 4⟩

Gew.-% X_1	0,00	36,51	45,93	55,77	67,20	76,91	84,68	93,19	100,0
20 °C	0,9574	1,3120	1,4445	1,6124	1,8610	2,1473	2,4470	2,8850	—
40 °C	0,9378	1,2827	1,4103	1,5748	1,8192	2,1018	2,3991	2,8316	3,3091
60 °C	0,9188	1,2551	1,3792	1,5399	1,7818	2,0500	2,3518	2,7803	3,2512

$SnBr_4$ Zinn-IV-bromid (X_1) — **$C_4H_8O_2$ Äthylacetat** (X_2)
[19] ⟨K 14, d 4, ϑ —5 °C⟩

Mol-% X_1	0,00	15,00	20,00	30,00	35,00	40,00	50,00	60,00	75,00	100,0
0 °C	0,923	1,485	1,655	2,002	2,143	2,257	2,488	2,710	—	—
25 °C	0,895	1,428	1,594	1,918	2,056	2,152	2,411	2,626	2,929	3,351
50 °C	0,863	1,373	1,522	1,843	1,977	2,091	2,327	2,556	2,851	3,277

[20] ⟨K 9, ΔV, ϑ 25 °C⟩

$SnBr_4$ Zinn-IV-bromid (X_1) — **$C_4H_6O_4$ Methyloxalat** (X_2)
[21] ⟨K 7, d 4, ϑ 80 °C⟩

Mol-% X_1	0	15	30	50	70	85	100
90 °C	1,110	1,530	1,934	2,409	2,783	2,955	3,158

$SnBr_4$ Zinn-IV-bromid (X_2) — **$C_5H_{10}O_3$ Äthylcarbonat** (X_2)
[21] ⟨K 9, d 4⟩

Mol-% X_1	0	25	40	48	50	65	75	85	100
25 °C	0,974	1,403	1,944	2,138	2,159	2,508	2,809	3,024	3,345
50 °C	0,965	1,303	1,817	2,006	2,077	2,405	2,650	2,812	3,300

$SnBr_4$ Zinn-IV-bromid (X_1) — **C_6H_6O Phenol** (X_2)
[21] ⟨K 11, d 4, ϑ 60 °C⟩

Mol-% X_1	0	10	20	30	40	50	60	70	80	90	100
40 °C	1,058	1,381	1,676	1,934	2,181	2,407	2,613	2,804	2,989	3,153	3,313
80 °C	1,023	1,338	1,615	1,865	2,103	2,320	2,517	2,699	2,884	3,041	3,198

$SnBr_4$ Zinn-IV-bromid (X_1) — **$C_6H_{12}O_2$ Capronsäure** (X_2)
[37] ⟨K11, d4⟩

Gew.-% X_1	0,00	28,89	46,93	61,85	71,27	78,37	85,31	89,35	93,17	97,57	100,00
20 °C	0,9278	1,1787	1,4125	1,6892	1,9244	2,1520	2,4339	2,6338	2,8554	3,1666	—
40 °C	0,9102	1,1553	1,3847	1,6562	1,8869	2,1116	2,3863	2,5846	2,8031	3,1104	3,3091
60 °C	0,8932	1,1337	1,3583	1,6247	1,8525	2,0724	2,3436	2,5394	2,7545	3,0586	3,2512

$SnBr_4$ Zinn-IV-bromid (X_1) — **$C_6H_{10}O_4$ Methylsuccinat** (X_2)
[21] ⟨K11, d4, ϑ 60 °C⟩

Mol-% X_1	0	33	47	50	53	55	57	60	65	80	100
40 °C	1,117	1,880	2,185	2,265	2,335	2,364	2,423	2,499	2,596	2,947	3,375
75 °C	1,078	1,812	2,114	2,185	2,250	2,278	2,316	2,413	2,507	—	3,272

$SnBr_4$ Zinn-IV-bromid (X_1) — **$C_7H_{12}O_4$ Äthylmalonat** (X_2)
[19] ⟨K10, d4, ϑ 35°, 90 °C⟩

Mol-% X_1	0,0	10,0	15,0	25,0	30,0	31,0	32,0	33,3	35,0	100,0
40 °C	1,130	1,402	1,548	1,800	1,938	1,959	1,980	2,030	2,072	3,313
70 °C	1,095	1,301	1,489	1,679	1,850	1,871	1,901	1,950	1,979	3,215

$SnBr_4$ Zinn-IV-bromid (X_1) — **$C_9H_{16}O_4$ Äthyl-äthylmalonat** (X_2)
[19] ⟨K13, d3⟩

Mol-% X_1	0,00	10,12	22,71	36,39	42,90	50,01	54,03	65,51	77,89	100,00
25 °C	1,000	1,202	1,437	1,725	1,865	2,021	2,126	2,371	2,712	3,353
40 °C	0,985	1,170	1,405	—	1,819	1,985	—	2,352	2,665	3,313

$SnBr_4$ Zinn-IV-bromid (X_1) — **$C_2H_3BrO_2$ Bromessigsäure** (X_2)
[34] ⟨K7, d4, ϑ 60 °C⟩

Gew.-% X_1	0,00	23,68	53,03	74,84	89,35	96,74	100,00
40 °C	—	2,1538	2,4955	2,8162	3,0939	3,2464	3,3132
50 °C	1,9268	2,1394	2,4812	2,8005	3,0701	3,2199	3,2894
70 °C	1,8891	2,1010	2,4407	2,7546	3,0116	3,1594	3,2297

$SnBr_4$ Zinn-IV-bromid (X_1) — **$C_4H_{10}S$ Äthylsulfid** (X_2)
[21] ⟨K15, d4⟩

Mol-% X_1	0	10	25	36	44	50	60	75	90	100
60 °C	0,772	1,233	1,789	2,046	2,254	2,373	2,578	2,805	3,025	3,202
95 °C	—	1,204	1,742	1,984	2,200	2,318	2,520	2,755	2,978	3,152

$SnBr_4$ Zinn-IV-bromid (X_1) — **C_2H_3N Acetonitril** (X_2)
[45] ⟨K8, d4, ϑ 30 °C⟩

Mol-% X_1	0,00	7,17	20,54	33,78	49,08	69,19	88,32	100,00
20 °C	0,782	1,243	1,896	2,327	2,697	3,031	3,226	—
40 °C	0,762	1,204	1,825	2,251	2,627	2,970	3,167	3,311

$SnBr_4$ Zinn-IV-bromid (X_1) — **C_7H_5N Benzonitril** (X_2)
[45] ⟨K14, d4, ϑ 30 °C⟩

Mol-% X_1	0,00	9,80	19,44	29,31	38,79	53,60	65,26	75,76	83,76	89,93	100,00
20 °C	1,004	1,298	1,573	1,839	2,083	2,398	2,694	2,912	3,070	—	—
40 °C	0,988	1,275	1,545	1,804	2,044	2,356	2,647	2,861	3,016	3,111	3,311

$SnBr_4$ Zinn-IV-bromid (X_1) — **$C_6H_5O_2N$ Nitrobenzol** (X_2)
[*14*] ⟨K 8, d 3⟩

Gew.-% X_1	0	20	30	40	50	60	80	100
32 °C	1,192	1,373	1,484	1,609	1,760	1,936	2,418	3,319

$SnBr_4$ Zinn-IV-bromid (X_1) — **$C_3H_9O_3B$ Methylborat** (X_2)
[*21*] ⟨K 10, d 4⟩

Mol-% X_1	0	10	20	30	40	50	60	75	85	100
25 °C	0,953	1,009	1,208	1,495	1,825	2,002	2,424	2,945	3,301	3,345
50 °C	0,623	0,723	0,989	1,210	1,568	1,893	2,195	2,725	3,101	3,300

$SnBr_4$ Zinn-IV-bromid (X_1) — **$C_6H_{15}O_3B$ Äthylborat** (X_2)
[*21*] ⟨K 10, d 4⟩

Mol-% X_1	0	10	20	30	40	50	60	75	90	100
25 °C	0,737	0,934	1,007	1,205	1,415	1,514	1,733	2,241	2,935	3,345
50 °C	0,704	0,756	0,959	1,008	1,203	1,402	1,601	2,162	2,853	3,300

SnJ_4 Zinn-IV-jodid (X_1) — **C_6H_6 Benzol** (X_2)
[*12*] ⟨K 7, d 4⟩

Gew.-% X_1	0,00	0,17	0,33	0,83	0,99	1,32	2,16
25 °C	0,8723	0,8729	0,8745	0,8775	0,8787	0,8812	0,8862

SnJ_4 Zinn-IV-jodid (X_1) — **CH_2J_2 Methylenjodid** (X_2) [*1*]

$PbCl_2$ Blei-II-chlorid (X_1) — **C_5H_5N Pyridin** (X_2)
[*11*] ⟨K 2, d 4, ϑ 20° bis 90 °C⟩

CrO_2Cl_2 Chromylchlorid (X_1) — **CCl_4 Tetrachlormethan** (X_2)
[*24*] ⟨K 3, d 4⟩

Gew.-% X_1	0	2	4	6	8	9,75
25 °C	1,584	1,590	1,596	1,603	1,610	1,617

1 Retgers, J. W.: Z. anorg. Chem. **3** (1893) 343—50.
2 Naumann, A.: Ber. dtsch. chem. Ges. **37** (1904) 4328.
3 **43** (1910) 313—21.
4 Schwers, F.: Bull. Acad. Sci. Belgique **55** (1912) 252, 283, 525, 610, 719 (nach ICT u. Tim.).
5 Kurnakov, N. S., Beketov, N.: Bull. Acad. Sci. St. Petersburg **9** (1915) 1381; J. russ. physik. chem. Ges. (Shurnal Russkogo Fisiko-Chimitschesskogo Obschesstwa) **48** (1916) 1694 (nach Tabl. ann., ICT u. Tim.).
6 Kurnakov, N. S., Perelmutter, S., Kanov, F.: Ann. Inst. Polytechn. Petersburg **24** (1915) 399; J. russ. physik. chem. Ges. (Shurnal Russkogo Fisiko-Chimitschesskogo Obschesstwa) **48** (1916) 1658 (nach Tabl. ann., ICT u. Tim.).
7 Kurnakov, N. S., u. a.: Z. anorg. allg. Chem. **135** (1924) 81—117.
8 Schulze, A., Hock, H.: Z. physik. Chem. **86** (1915) 445—57.
9 Cheneveau, C.: Sur les propriétés optiques des solutions. Gauthier, Paris, 1913, S. 80 (nach ICT).
10 Trifonov, N. A.: Mem. Sci. Univ. Saratov **2** (1924) 1 (nach Tabl. ann.).
11 Herz, W., Martin, E.: Z. anorg. allg. Chem. **132** (1924) 41—53.
12 Williams, J. W., Allgeier, R. J.: J. Amer. chem. Soc. **49** (1927) 2416—22.
13 Stranathan, J. D., Strong, J.: J. physic. Chem. **31** (1927) 1420—28.
14 DeCarli, F.: Atti Accad. naz. Lincei (VI) **10** (1929) 186, 250 (nach Tim.).
15 (VI) **14** (1931) 120, 200, 372 (nach Tim.).
16 Bergmann, E., Engel, L.: Z. physik. Chem., Abt. B, **13** (1931) 232—46.
17 Hildebrand, J. H., Carter, C. M.: J. Amer. chem. Soc. **54** (1932) 3592—3603.

18 Miller, J. G.: J. Amer. chem. Soc. **56** (1934) 2360—62.
19 Kurnakov, N. S., Shternin, E. B.: Bull. Acad. Sci. URSS, Ser. chim., **1936**, 467 (nach Tim.).
20 Kurnakov, N. S., Voskresenskaya, N. K.: Bull. Acad. Sci. URSS, Ser. chim., **1936**, 439 (nach Tim.).
21 1937 (nach Tim.).
22 Dolian, F. E., Briscoe, H. T.: J. physic. Chem. **41** (1937) 1129—38.
23 Lewis, G. L., Smith, C. P.: J. Amer. chem. Soc. **61** (1939) 3063—66.
24 Smyth, C. P., Grossman, A. J., Ginsburg, S. R.: J. Amer. chem. Soc. **62** (1940) 192—95.
25 Fairbrother, F.: J. chem. Soc. (London) **1945**, 503—09.
26 Ussanowitsch, M., Kalabanowskaja, Je.: J. allg. Chem. (Shurnal Oschtschei Chimii) **17** (1947) 1235—40.
27 Ussanowitsch, M., Ssumarokowa, T., Gluschtschenko, W.: J. allg. Chem. (Shurnal Obschtschei Chimii) **21** (1951) 981—84.
28 Ussanowitsch, M., Jakowlewa, Je.: J. allg. Chem. (Shurnal Obschtschei Chimii) **25** (1955) 1312—14.
29 Ussanowitsch, M., Pitschugina, Je.: J. allg. Chem. (Shurnal Oschtschei Chimii) **26** (1956) 2125—30; 2130—34.
30 **26** (1956) 2410—15; 2415—17.
31 Ussanowitsch, M., Pitschugina, E., Kalistratowa, A.: J. allg. Chem. (Shurnal Oschtschei Chimii) **31** (1961) 1759—61; J. Gen. Chem. USSR **31** (1961) 1643—45.
32 Ssumarokowa, T., Ussanowitsch, M.: J. allg. Chem. (Shurnal Oschtschei Chimii) **21** (1951) 984—87.
33 Ssumarokowa, T., Jakowlewa, F.: Nachr. Akad. Wiss. KasachSSR, Ser. Chem. (Iswesstija Akademii Nauk Kasachskoi SSR, Sserija Chimitschesskaja) **1953**, Nr. 6, 54—68.
34 Ssumarokowa, T., Khakhlowa, N.: J. allg. Chem. (Shurnal Obschtschei Chimii) **26** (1956) 10, 2691 (nach Tim.).
35 Ssumarokowa, T., Omarowa, R.: J. allg. Chem. (Shurnal Obschtschei Chimii) **29** (1959) 1430—37; J. Gen. Chem. USSR **29** (1959) 1405—11.
36 Ssumarokowa, T., Omarowa, R., Kuzmenko, N.: J. allg. Chem. (Shurnal Obschtschei Chimii) **29** (1959) 1437—42; J. Gen. Chem. USSR **29** (1959) 1412—16.
37 Ssumarokowa, T., Nurmakowa, A. K.: J. allg. Chem. (Shurnal Obschtschei Chimii) **30** (1960) 29—37; J. Gen. Chem. USSR **30** (1960) 29—37.
38 Jakowlewa, F., Ssumarokowa, T.: Nachr. Akad. Wiss. Kasach SSR, Ser. Chem. (Iswesstija Akademii Nauk Kasachskoi SSR, Sserijs Chimitschesskaja) **1953**, Nr. 6, 39—53.
39 Slawinskaja, R. A.: J. allg. Chem. (Shurnal Obschtschei Chimii) **27** (1957) 844—48.
40 Sackmann, H., Arnold, H.: Z. Elektrochem., Ber. Bunsenges. physik. Chem. **63** (1959) 565—71.
41 Nevskaya, Yu., Ssumarokowa, T.: J. allg. Chem. (Shurnal Obschtschei Chimii) **31** (1961) 345 bis 348; J. Gen. Chem. USSR **31** (1961) 309—12.
42 Russtamow, Ch. R., Porschakowa, T. P., Abdurachimow, A.: Usbek. chem. J. (Usbeksi Chimitschesski Shurnal) **6** (1962) 28—30 (nach Chem. Zbl.).
43 Kehlen, H., Sackmann, H.: Z. physik. Chem. [Neue Folge] **50** (1966) 144—51.
44 Usanovich, M., Pichugina, E., Pal'shina, N.: J. allg. Chem. (Shurnal Obschtschei Chimii) **36** (1966) 2194—97; J. Gen. Chem. USSR **36** (1966) 2189—91.
45 Slavinskaya, R. A., u. a.: J. allg. Chem. (Shurnal Obschtschei Chimii) **39** (1969) 481—93; J. Gen. Chem. USSR **39** (1969) 455—64.
46 Borovikov, Yu. Ya.: J. allg. Chem. (Shurnal Obschtschei Chimii) **39** (1969) 1664—67; J. Gen. Chem. USSR **39** (1969) 1633—35.

Fe, Co, Ni, Eisen-, Kobalt-, Nickelverbindungen

$FeCl_3$ Eisen-III-chlorid (X_1) — **C_2H_6O Äthanol** (X_2)
[7] ⟨K6, d4⟩

Gew.-% X_1	0	2	4	6	6,45
25 °C	0,786	0,798	0,811	0,825	0,828

[1] ⟨K1, d5, ϑ 0°, 10°, 20°, 30 °C⟩

$FeCl_3$ Eisen-III-chlorid (X_1) — **C_3H_6O Aceton** (X_2) [2]

$Fe(CO)_5$ Eisenpentacarbonyl (X_1)—**C_6H_6 Benzol** (X_2)
[*5*] ⟨K 12, d 4⟩

Gew.-% X_1	0	2	4	6	8	10	12	14	16	18	20	22
20 °C	0,879	0,886	0,892	0,899	0,905	0,912	0,918	0,925	0,931	0,938	0,947	0,956

Gew.-% X_1	24	36,05	51,11	63,04	100,00
20 °C	0,966	1,013	1,086	1,158	1,461

[*4*] ⟨ϑ 12,4 °C⟩

$Fe(CNS)_3$ Eisen-III-rhodanid (X_1)—**$C_4H_8O_2$ Dioxan** (X_2)
[*8*] ⟨K 6 bis 0,11 Gew.-% X_1, d 5, ϑ 30 °C⟩

$CoCl_2$ Cobaltchlorid (X_1)—**CH_4O Methanol** (X_2)
[*6*] ⟨K 5, d 3⟩

Gew.-% X_1	0	2	5	10	15	20	25
17—17,5 °C	0,793	0,810	0,836	0,881	0,928	0,979	1,034

$CoCl_2$ Cobaltchlorid (X_1)—**C_2H_6O Äthanol** (X_2)
[*7*] ⟨K 6, d 4⟩

Gew.-% X_1	0	2	4	6	7,72
25 °C	0,785	0,800	0,815	0,829	0,841

$CoCl_2$ Cobaltchlorid (X_1)—**C_3H_6O Aceton** (X_2) [*2*]

$CoCl_2$ Cobaltchlorid (X_1)—**$C_3H_6O_2$ Methylacetat** (X_2) [*3*]

$CoBr_2$ Cobaltbromid (X_1)—**$C_3H_6O_2$ Methylacetat** (X_2) [*3*]

$NiCl_2$ Nickelchlorid (X_1)—**C_2H_6O Äthanol** (X_2)
[*7*] ⟨K 5, d 4⟩

Gew.-% X_1	0	1	1,5
25 °C	0,785	0,802	0,810

1 Tammann, G., Hirschberg, W.: Z. physik. Chem. **13** (1894) 543—49.
2 Naumann, A.: Ber. dtsch. chem. Ges. **37** (1904) 4328.
3 **42** (1909) 3789—96.
4 Bergmann, E., Engel, L.: Z. physik. Chem., Abt. B, **13** (1931) 232—46.
5 Graffunder, W., Heymann, E.: Z. physik. Chem., Abt. B, **15** (1932) 377—82.
6 Kosakewitsch, P. P., Kosakewitsch, N. S.: Z. physik. Chem., Abt. A, **166** (1933) 113—35.
7 Dolian, F. E., Briscoe, H. T.: J. physic. Chem. **41** (1937) 1129—38.
8 Chu, T. L., Li, N. C., Fujii, C. T.: J. Amer. chem. Soc. **77** (1955) 2085—87.

Cu bis U, Kupfer- bis Uranverbindungen

$CuCl_2$ Kupfer-II-chlorid (X_1)—**C_2H_6O Äthanol** (X_2)
[*18*] ⟨K 6, d 4⟩

Gew.-% X_1	0	2	4	6	7,96
25 °C	0,786	0,800	0,815	0,830	0,846

[*5*]

$CuCl_2$ Kupfer-II-chlorid (X_1)—**C_3H_6O Aceton** (X_2) [*2*]

$CuCl_2$ Kupfer-II-chlorid (X_1)—**$C_3H_6O_2$ Methylacetat** (X_2) [*3*]

$CuCl_2$ Kupfer-II-chlorid (X_1)—**$C_4H_8O_2$ Äthylacetat** (X_2) [*1*]

AgCl Silberchlorid (X_1) — **$C_2H_8N_2$ Äthylendiamin** (X_2)
[*19*] ⟨ϑ 25 °C⟩

$AgClO_4$ Silberperchlorat (X_1) — **C_6H_6 Benzol** (X_2)
[*14*] ⟨K 5, d 4⟩

Gew.-% X_1	0,00	0,34	0,73	1,42	2,36
25 °C	0,872	0,875	0,877	0,881	0,891

[*10*] ⟨ges. Lsg., d 3, ϑ 25°, 50°, 80 °C⟩
[*16*] ⟨K 3 bis 0,03 molar X_1, d 5, ϑ 30 °C⟩
[*17*]

$AgClO_4$ Silberperchlorat (X_1) — **C_7H_8 Toluol** (X_2)
[*13*] ⟨ges. Lsg., d 3, ϑ 25°, 50°, 75 °C⟩

$AgClO_4$ Silberperchlorat (X_1) — **C_2H_6O Äthanol** (X_2)
[*15*] ⟨K 3, d 4⟩

Gew.-% X_1	0	2	4	6	8	10
20 °C	0,787	0,802	0,817	0,832	0,848	0,864

$AgClO_4$ Silberperchlorat (X_1) — **C_5H_5N Pyridin** (X_2)
[*12*] ⟨ges. Lsg.⟩

$AgClO_4$ Silberperchlorat (X_1) — **C_6H_7N Anilin** (X_2)
[*11*] ⟨ges. Lsg., d 3, ϑ −6,6° bis +56,1 °C⟩

$AgNO_3$ Silbernitrat (X_1) — **C_3H_6O Aceton** (X_2) [*2*]

$AgNO_3$ Silbernitrat (X_1) — **CH_5N Methylamin** (X_2)
[*4*] ⟨K 19, d 4, ϑ 0 °C⟩

$AgNO_3$ Silbernitrat (X_1) — **C_2H_7N Äthylamin** (X_2)
[*9*] ⟨K 1, d 3, ϑ −33,5 °C⟩

$AgNO_3$ Silbernitrat (X_1) — **C_2H_3N Acetonitril** (X_2)
[*7*] ⟨K 5, d 3⟩

Gew.-% X_1	0,00	4,80	14,07	31,91	56,93
25 °C	0,778	0,814	0,893	1,092	1,541

[*23*] ⟨K 7 bis 4 molar X_1, d 3, ϑ 25 °C⟩

$AgNO_3$ Silbernitrat (X_1) — **$C_2H_8N_2$ Äthylendiamin** (X_2)
[*19*] ⟨ϑ 25 °C⟩

$AgNO_3$ Silbernitrat (X_1) — **C_3H_9N Propylamin** (X_2)
[*9*] ⟨K 1, d 3, ϑ −33,5 °C)

$AgNO_3$ Silbernitrat (X_1) — **C_5H_5N Pyridin** (X_2)
[*6*] ⟨K 5, d 3⟩

Gew.-% X_1	0,00	4,04	9,59	14,88	26,07
25 °C	0,977	1,018	1,055	1,129	1,280

$AgNO_3$ Silbernitrat (X_1) — **C_6H_7N Anilin** (X_2)
[*8*] ⟨K 5, d 3⟩

Gew.-% X_1	4,93	9,79	16,10	25,00	26,00
25 °C	1,064	1,112	1,158	1,202	1,207

$AgNO_3$ Silbernitrat (X_1) — **C_7H_5N Benzonitril** (X_2)
[23] ⟨K 5, d 4⟩

Gew.-% X_1	0,00	7,92	14,86	26,44	35,74
25 °C	1,0088	1,0722	1,1432	1,2850	1,4260

$AgNO_3$ Silbernitrat (X_1) — **C_9H_7N Chinolin** (X_2)
[6] ⟨K 4, d 3⟩

Gew.-% X_1	0,00	1,40	2,81	5,92
25 °C	1,091	1,105	1,119	1,152

$AgNO_3$ Silbernitrat (X_1) — **C_6H_6ClN m-Chloranilin** (X_2)
[7] ⟨K 7, d 3⟩

Gew.-% X_1	0,00	0,08	0,19	0,51	1,18	3,09	7,89
25 °C	1,212	1,213	1,215	1,217	1,225	1,245	1,298

$AgNO_3$ Silbernitrat (X_1) — **CH_4ON_2 Harnstoff** (X_2)
[21] ⟨K 25, d 3, ϑ 125°, 135°, 150 °C⟩

Gew.-% X_1	33,37	36,25	42,92	46,13	48,50	51,26	53,98
75 °C	1,344	1,351	1,367	1,375	1,381	1,389	1,398

$AgNO_3$ Silbernitrat (X_1) — **C_2H_5ON Acetamid** (X_2)
[22] ⟨K 11, 17 bis 79 Gew.-% X_1, d 3, ϑ 75°, 100°, 125°, 150 °C⟩

$UO_2(NO_3)_2$ Uranylnitrat (X_1) — **$C_{11}H_{25}O_3P$ Di-isopentylmethylphosphonat** (X_2)
[20] ⟨K 10, d 3, ϑ 20°, 25 °C⟩

1 Naumann, A.: Ber. dtsch. chem. Ges. **37** (1904) 3600—05.
2 **37** (1904) 4328.
3 **42** (1909) 3789—96.
4 Fitzgerald, F. F.: J. physic. Chem. **16** (1912) 621—61.
5 Cheneveau, C.: Sur les propriétés optiques des solutions. Gauthier, Paris, 1913, S. 80 (nach ICT).
6 Sachanov, A. N., Przeborovski: J. russ. physik. chem. Ges. (Shurnal Russkogo Fisiko-Chimitschesskaja Obschesstwa) **47** (1915) 849 (nach Tabl. ann. u. ICT).
7 Sachanov, A. N., Rabinowitsch, A. J.: J. russ. physik. chem. Ges. (Shurnal Russkogo Fisiko-Chimitschesskogo Obschesstwa) **47** (1915) 859 (nach Tabl. ann. u. ICT).
8 Rabinowitsch, A. J.: Z. physik. Chem. **99** (1921) 434—53.
9 Elsey, H. M.: J. Amer. chem. Soc. **42** (1920) 2454—76.
10 Hill, A. E.: J. Amer. chem. Soc. **44** (1922) 1163—93.
11 Hill, A. E., Macy, R.: J. Amer. chem. Soc. **46** (1924) 1132—50.
12 Macy, R.: J. Amer. chem. Soc. **47** (1925) 1031—36.
13 Hill, A. E., Miller jr., F. W.: J. Amer. chem. Soc. **47** (1925) 2702—12.
14 Williams, J. W., Allgeier, R. J.: J. Amer. chem. Soc. **49** (1927) 2416—22.
15 Hantzsch, A., Düringen, F.: Z. physik. Chem., Abt. A, **136** (1928) 1—17.
16 Hardon, H. J.: These, Utrecht, 1928 (nach Tabl. ann.).
17 Hooper, G. S., Kraus, C. A.: J. Amer. chem. Soc. **56** (1934) 2265—68.
18 Dolian, F. E., Briscoe, H. T.: J. physic. Chem. **41** (1937) 1129—38.
19 Davis, R. E., Peacock, J., Schmidt, F. C., Schaap, W. B.: Proc. Indiana Acad. Sci. **65** (1956) 75—78 (nach Chem. Zbl.).
20 Solovkin, A. S., Konarev, M. I., Adaev, D. P.: Russ. J. Inorg. Chem. **5** (1960) 903—06.
21 Klotschko, M. A., Strelnikow, A. A.: J. anorg. Chem. (Shurnal Neorganskii Chimii) **5** (1960) 2483—70; Russ. J. Inorg. Chem. **5** (1960) 1202—06.
22 Klotschko, M. A., Gubskaya, G. F.: J. anorg. Chem. (Shurnal Neorganskii Chimii) **5** (1960) 2471; Russ. J. Inorg. Chem. **5** (1960) 1206—10.
23 Janz, G. J., Marcinkowsky, A. E., Ahmad, I.: J. electrochem. Soc. **112** (1965) 104—07.

1.4 Nichtwässerige Systeme zweier organischer Komponenten — Nonaqueous systems of two organic components

1.4.1 C—H-Verbindungen — C—H compounds

C_3H_8 Propan (X_1) — **CH_4 Methan** (X_2) *[14]*

C_3H_6 Propen (X_1) — **C_2H_6 Äthan** (X_2) *[31]*

C_5H_{12} n-Pentan (X_1) — **CH_4 Methan** (X_2) *[15]*

C_5H_8 Isopren (X_1) — **C_5H_{12} Isopentan** (X_2)
[46] ⟨K 5, d 4⟩

Gew.-% X_1	0	25	50	75	100
20 °C	0,619	0,632	0,646	0,663	0,680

C_5H_8 Isopren (X_1) — **C_5H_{10} Trimethyläthylen** (X_2)
[46] ⟨K 5, d 4⟩

Gew.-% X_1	0	25	50	75	100
20 °C	0,661	0,666	0,670	0,675	0,680

C_6H_{14} Hexan (X_1) — **CH_4 Methan** (X_2) *[15]* *[29]*

C_6H_{14} Hexan (X_1) — **C_2H_6 Äthan** (X_2) *[29]*

C_6H_{14} Hexan (X_1) — **C_5H_{12} Isopentan** (X_2)
[4] ⟨K 3, d 5⟩

Mol-% X_1	0,00	47,95	100,00
0 °C	0,639	0,664	0,688
20 °C	0,620	0,646	0,669

C_6H_{14} Hexan (X_1) — **C_5H_8 2-Methyl-1.3-butadien** (X_2)
[13] ⟨K 6, d 4, ϑ −50°, 0 °C⟩

Mol-% X_1	0,00	79,30	84,44	89,77	94,92	100,00
−75 °C	0,773	0,746	0,745	0,743	0,742	0,740
−25 °C	0,726	0,703	0,702	0,701	0,700	0,698
25 °C	0,675	—	0,657	0,656	0,656	0,655

C_6H_{14} Isohexan (X_1) — **C_6H_{14} Hexan** (X_2)
[4] ⟨K 3, d 5⟩

Mol-% X_1	0,00	50,81	100,00
0 °C	0,687	0,683	0,678
20 °C	0,669	0,665	0,660
40 °C	0,651	0,646	0,641

C_6H_{14} 2.2-Dimethylbutan (X_1) — **C_5H_{10} Cyclopentan** (X_2)
[28] ⟨K 12, graph.⟩

Gew.-% X_1	0	10	19	28	38	48	56	63	74	82	91	100
24,5 °C	0,740	0,732	0,722	0,715	0,710	0,700	0,690	0,680	0,670	0,663	0,651	0,644

C_6H_{14} 2.3-Dimethylbutan (X_2) — **C_6H_{14} n-Hexan** (X_2)
[44] ⟨K 1, d 4, ϑ 20°, 40°, 60 °C⟩

C_6H_{12} Cyclohexan (X_1) — **CH_4 Methan** (X_2) [*15*]

C_6H_{12} Cyclohexan (X_1) — **C_4H_{10} Butan** (X_2) [*37*]

C_6H_{12} Cyclohexan (X_1) — **C_5H_{10} Cyclopentan** (X_2)
[*43*] ⟨ΔV, ϑ 25 °C⟩

C_6H_{12} Cyclohexan (X_1) — **C_6H_{14} Hexan** (X_2)
[*26*] ⟨K 9, d 5, ϑ 33 °C⟩

Mol-% X_1	0,00	12,33	19,45	31,90	52,04	58,20	81,87	91,55	100,00
22 °C	0,681	0,691	0,697	0,708	0,726	0,732	0,756	0,767	0,777

[*47*] ⟨K 7, d 4⟩

Mol-% X_1	0	20	40	50	60	80	100
25 °C	0,6565	0,6752	0,6963	0,7073	0,7190	0,7448	0,7741

[*45*] ⟨K 9, ΔV, ϑ 15°, 25°, 35 °C⟩
[*57*] ⟨K 9, d 5, ϑ 20 °C⟩
[*25*] ⟨K 9, d 4, ϑ 22 °C⟩
[*12, 20, 38*]

C_6H_{10} 1.1-Dimethyl-1.3-butadien (X_1) — **C_6H_{14} Hexan** (X_2)
[*13*] ⟨K 5, d 4, ϑ −50°, 0 °C⟩

Mol-% X_1	0,00	5,25	8,39	10,84	100,00
−75 °C	0,740	0,743	0,745	0,747	0,804
−25 °C	0,698	0,701	0,703	0,704	0,760
25 °C	0,655	0,658	0,659	0,660	0,718

C_6H_{10} 2.3-Dimethyl-1.3-butadien (X_1) — **C_6H_{14} Hexan** (X_2)
[*13*] ⟨K 5, d 4, ϑ −50°, 0 °C⟩

Mol-% X_1	0,00	11,15	20,57	33,23	100,00
−75 °C	0,740	0,747	0,754	0,761	—
−25 °C	0,698	0,706	0,712	0,719	0,767
25 °C	0,655	0,661	0,668	0,675	0,722

C_6H_{10} Cyclohexen (X_1) — **C_6H_{12} Cyclohexan** (X_2)
[*54*] ⟨K 6, d 4⟩

Gew.-% X_1	0,00	19,16	40,46	56,91	75,49	100,00
20 °C	0,7784	0,7839	0,7902	0,7952	0,8015	0,8101

C_6H_6 Benzol (X_1) — **CH_4 Methan** (X_2) [*15*]

C_6H_6 Benzol (X_1) — **C_3H_8 Propan** (X_2) [*30, 32*]

C_6H_6 Benzol (X_1) — **C_4H_{10} Butan** (X_2) [*37*]

C_6H_6 Benzol (X_1) — **C_5H_{12} Pentan** (X_2)
[*16*] ⟨K 13, d 3⟩

Mol-% X_1	0,0	17,6	24,9	33,8	40,8	44,4	47,7	56,2	63,8	72,0	80,2	88,5	100,0
30 °C	0,617	0,657	0,672	0,693	0,707	0,716	0,725	0,748	0,765	0,787	0,809	0,837	0,869

C_6H_6 Benzol (X_1) — **C_5H_{10} Amylen** (X_2) [*1*]

C_6H_6 Benzol (X_1) — C_5H_{10} Isoamylen (X_2)
[*3*] ⟨K6, d5⟩

Gew.-% X_1	0,00	56,75	90,17	97,60	99,40	99,85
19 °C	0,672	0,777	0,855	0,874	0,878	0,879

C_6H_6 Benzol (X_1) — C_5H_{10} Cyclopentan (X_2)
[*25*] ⟨K9, d5⟩

Mol-% X_1	0,00	14,67	30,06	44,93	60,04	74,29	85,14	91,92	100,00
22 °C	0,744	0,761	0,780	0,799	0,819	0,839	0,855	0,865	0,877

C_6H_6 Benzol (X_1) — C_5H_8 1-Methylbutadien (X_2)
[*13*] ⟨K9, d4⟩

Mol-% X_1	0,00	22,48	49,93	66,30	77,59	87,08	89,86	95,03	100,00
25 °C	0,674	0,715	0,769	0,802	0,825	0,845	0,851	0,863	0,873

C_6H_6 Benzol (X_1) — C_6H_{14} Hexan (X_2)
[*40*] ⟨K31, d5⟩

Gew.-% X_1	0,00	9,27	21,57	31,87	40,40	47,03	55,30	63,58	70,78	86,27	95,20	100,00
0 °C	0,677	0,692	0,714	0,733	0,750	0,764	0,782	0,801	0,818	0,859	0,885	0,900

[*22*] ⟨K9, d5⟩

Mol-% X_1	0,00	2,42	5,76	19,81	50,63	70,94	92,96	97,23	100,00
6 °C	0,683	0,687	0,691	0,712	0,768	0,812	0,872	0,885	0,894
30 °C	0,662	0,665	0,670	0,690	0,745	0,789	0,847	0,859	0,868

[*26*] ⟨K9, d5, ϑ 33 °C⟩

Mol-% X_1	0,00	15,40	32,41	53,36	64,09	78,02	85,48	92,12	100,00
22 °C	0,681	0,702	0,728	0,765	0,787	0,818	0,837	0,854	0,876

[*17*] ⟨K9, d4, ϑ 22 °C⟩
[*9*] ⟨K6, d3, ϑ 25 °C⟩
[*47*] ⟨K7, d4, ϑ 25 °C⟩
[*51*] ⟨K7, d4, ϑ 25°, 30°, 35°, 40 °C⟩
[*58*] ⟨K10, ΔV, ϑ 30°, 35°, 40 °C⟩
[*53*] ⟨K12, d5, ϑ 25 °C⟩
[*5, 6, 19, 20, 22, 38*]

C_6H_6 Benzol (X_1) — C_6H_{12} Cyclohexan (X_2)
[*17*] ⟨K9, d4⟩

Mol-% X_1	0,00	20,41	34,83	46,87	54,98	65,54	75,58	85,25	100,0
22 °C	0,777	0,791	0,802	0,813	0,821	0,833	0,844	0,856	0,877

[*22*] ⟨K12, d5⟩

Mol-% X_1	0,00	5,34	7,86	23,46	47,86	50,19	65,55	86,82	93,42	97,40	100,0
6 °C	0,791	0,795	0,797	0,808	0,830	0,832	0,849	0,875	0,884	0,890	0,894
30 °C	0,769	0,772	0,774	0,785	0,806	0,809	0,824	0,850	0,859	0,864	0,868

[*61*] ⟨K11, d4⟩

Mol-% X_1	0	10	20	30	40	50	60	70	80	90	100
25 °C	0,7743	0,7789	0,7861	0,7943	0,8035	0,8131	0,8230	0,8345	0,8465	0,8596	0,8734
40 °C	0,7601	0,7653	0,7718	0,7797	0,7878	0,7981	0,8073	0,8187	0,8304	0,8439	0,8573
60 °C	0,7406	0,7456	0,7519	0,7596	0,7675	0,7775	0,7865	0,7977	0,8091	0,8225	0,8356

[*39*] ⟨K5, d5, ϑ 35 °C⟩

Mol-% X_1	0,00	28,79	54,80	78,58	100,00
45 °C	0,755	0,775	0,798	0,833	0,852

Lacmann

C_6H_6 Benzol (X_1)—**C_6H_{12} Cyclohexan** (X_2) (Forts.)

[2] ⟨K4, d4, ϑ 5 °C⟩
[19] ⟨K5 bis 30 Mol-% X_1, d4, ϑ 20 °C⟩
[18] ⟨K5, d4, ϑ 20 °C⟩
[23] ⟨K11, d4, ϑ 20 °C⟩
[8] ⟨K5, d4, ϑ 20°, 30°, 40°, 50°⟩
[7] ⟨K21, d5, ϑ 20 °C⟩
[26] ⟨K7, d5, ϑ 22°, 33 °C⟩
[25] ⟨K9, d4, ϑ 22 °C⟩
[10] ⟨K5, d4, ϑ 25 °C⟩
[11] ⟨K4 ab 96 Mol-% X_1, d4, ϑ 25 °C⟩
[47] ⟨K7, d4, ϑ 25 °C⟩
[48] ⟨K12, d4, ϑ 25 °C⟩
[50] ⟨K6, d4, ϑ 25 °C⟩
[52] ⟨K10, Molvolumen, ϑ 25 °C⟩
[55] ⟨K11, ΔV, ϑ 25°, 40 °C⟩
[49] ⟨K9, d5, ϑ 27,5 °C⟩
[24] ⟨K10, d4, ϑ 30 °C⟩
[35] ⟨K5 bis 5,4 Mol-% X_1, d4, ϑ 30 °C⟩
[27] ⟨K16, d5, ϑ 30 °C⟩
[41] ⟨K6, d4, ϑ 30 °C⟩
[56] ⟨ΔV, Gleichung, ϑ 35°, 40°, 45 °C⟩
[42] ⟨K7, d5, ϑ 15,6, 37,8 °C⟩
[59] ⟨ΔV, ϑ 20°, 30 °C⟩
[60] ⟨K6, d4, ϑ 75 °F⟩
[20, 21, 33, 34, 36, 38]

C_6H_6 Benzol (X_1)—**C_6H_{10} 1.2-Dimethylbutadien** (X_2)
[13] ⟨K6, d4⟩

Mol-% X_1	0,00	47,12	74,93	90,05	94,76	100,00
25 °C	0,723	0,784	0,827	0,854	0,863	0,873

C_6H_6 Benzol (X_1)—**C_6H_{10} 1.3-Dimethylbutadien** (X_2)
[13] ⟨K7, d4⟩

Mol-% X_1	0,00	22,16	57,19	80,03	90,15	95,04	100,00
25 °C	0,714	0,743	0,794	0,834	0,853	0,863	0,873

C_6H_6 Benzol (X_1)—**C_6H_{10} 1.4-Dimethylbutadien** (X_2)
[13] ⟨K7, d4⟩

Mol-% X_1	0,00	28,62	50,47	75,66	86,90	95,07	100,00
25 °C	0,705	0,746	0,780	0,823	0,846	0,862	0,873

C_6H_6 Benzol (X_1)—**C_6H_{10} 2.3-Dimethylbutadien** (X_2)
[13] ⟨K6, d4⟩

Mol-% X_1	0,00	24,46	49,82	75,38	90,16	100,00
25 °C	0,722	0,752	0,787	0,828	0,855	0,873

C_6H_6 Benzol (X_1)—**C_6H_{10} Cyclohexen** (X_2)
[54] ⟨K6, d4⟩

Gew.-% X_1	0,00	22,74	39,83	61,39	77,68	100,00
20 °C	0,8101	0,8237	0,8343	0,8491	0,8611	0,8789

1 Guthrie: London, Edinburgh, Dublin Phil. Mag., J. Sci. **18** (1884) 495 (nach ICT).
2 Mortzun, G. E.: Thesis, Genf, 1900 (nach Tim.).
3 Polowzow, V.: Z. physik. Chem. **75** (1910) 513—26.
4 Biron: J. russ. physik. chem. Ges. (Shurnal Russkogo Fisiko-Chimitschesskogo Obschtschesstwa) **42** (1910) 167 (nach ICT).
5 Baud: Bull. Soc. chim. France **7** (1910) 117 (nach ICT).
6 Young: Fractional Destillation, New York, 1922 (nach ICT).
7 Pavlov, G. S.: J. russ. physik. chem. Ges. (Shurnal Russkogo Fisiko-Chimitschesskogo Obschtschesstwa) **58** (1926) 1302.
8 Padoa, M., Matteucci, A.: Atti Accad. naz. Lincei, Mem. Cl. Sci. fisiche, mat. natur., Sez. II, **23** (1914) 590 (nach Tim.).
9 Williams, J. W., Ogg, E. F.: J. Amer. chem. Soc. **50** (1928) 94—101.
10 Hammick, D. L., Andrew, L. W.: J. chem. Soc. (London) **1929**, 754—59.
11 Williams, J. W.: J. Amer. chem. Soc. **52** (1930) 1831—37.
12 Meyer, L.: Z. physik. Chem. (B) **8** (1930) 27—54.
13 Farmer, E. H., Warren, F. L.: J. chem. Soc. (London) **1933**, 1297—1304.
14 Sage, B. H., Lacey, W. N., Schaafsma, J. G.: Ind. Engng. Chem. **26** (1934) 215.

15 Sage, B. H., Lacey, W. N.: Ind. Engng. Chem. **28** (1936) 1045–47.
16 Dow, R. B.: Physics **6** (1935) 71–79.
17 Poltz, H.: Z. physik. Chem. (B) **32** (1936) 243–73.
18 Losowoi, A. W., Djakowa, M. K., Stepanzewa, T. G.: Chem. J. Ser., J. allg. Chem. (Chimitschesski Shurnal. Sserija A. Shurnal Obschtschei Chimii) **7** (1937) 1119–32 (nach Chem. Zbl. u. Tim.).
19 Mohler, H.: Helv. chim. Acta **20** (1937) 1447–57.
20 Wolf, K. L., Frahm, H., Harms, H.: Z. physik. Chem. (B) **36** (1937) 237–87.
21 Harms, H., Rössler, H., Wolf, K. L.: Z. physik. Chem. (B) **41** (1938) 321–64.
22 Harms, H.: Dissert., Würzburg, 1938 (nach Tim.).
23 Michalewicz, C.: Roczniki Chem. (Ann. Soc. chim. Polonorum) **18** (1938) 718–24.
24 Scatchard, G., Mochel, J. M., Wood, S. E.: J. physic. Chem. **43** (1939) 119–30.
25 Klapproth, H.: Nova Acta Leopoldina [N. F.] **9** (1940) 305–60.
26 Grafe, R.: Nova Acta Leopoldina [N. F.] **12** (1943) 141–94.
27 Wood, S. E., Austin, A. E.: J. Amer. chem. Soc. **67** (1945) 480–83.
28 Serijan, K. T., Spurr, R. A., Gibbons, L. C.: J. Amer. chem. Soc. **68** (1946) 1763–64.
29 Gjaldbaek, J. C., Hildebrand, J. H.: J. Amer. chem. Soc. **72** (1950) 1077–78.
30 Glanville, J. W., Sage, B. H., Lacey, W. N.: Ind. Engng. Chem. **42** (1950) 508–13.
31 McKay, R. A., Reamer, H. H., Sage, B. H., Lacey, W. N.: Ind. Engng. Chem. **43** (1951) 2112–17.
32 Reeves, E. J.: Petroleum Processing **7** (1952) 478–79.
33 Kortüm, G., Walz, H.: Z. Elektrochem., Ber. Bunsenges. physik. Chem. **57** (1953) 73–81.
34 Markgraf, H.-G., Nikuradse, A.: Z. Naturforsch. **9a** (1954) 27–34.
35 Kwestro, W., Meijer, F. A., Havinga, E.: Recueil Trav. chim. Pays.-Bas. **73** (1954) 717–36.
36 Sanghvi, M. K. D., Kay, W. B.: Chem. Engng. Sci. **6** (1956) 10–25.
37 Conolly, J. F.: Ind. Engng. Chem. **48** (1956) 813–16.
38 Mathieson, A. R., Thyme, J. C. J.: J. chem. Soc. (London) **1956**, 3708–13.
39 Mathieson, A. R.: J. chem. Soc. (London) **1958**, 4444–53.
40 Jackson u. Young: J. chem. Soc. (London) **73** (1898) 922 (nach ICT).
41 Danusso, F.: Atti Accad. naz. Lincei Rend., Cl. Sci., fisiche, mat. natur. [8] **13** (1952) 131–38.
42 Sanghvi, M. K. D., Kay, W. B.: Chem. Engng. Sci. **6** (1956) 10–25.
43 Bellemans, A.: Bull. Soc. chim. belges **66** (1957) 636–39.
44 Dixon, J. A.: J. chem. Engng. Data **4** (1959) 289–94.
45 Gómez-Ibáñez, J., Liu, C. T.: J. physic. Chem. **65** (1961) 2148–51.
46 Ogorodnikov, S. K., Kogan, V. B., Nemtsov, M. S.: J. angew. Chem. (Shurnal Prikladnoi Chimii) **34** (1961) 836–41; J. appl. Chem. USSR **34** (1961) 801–06.
47 Lutzki, A. E., Obukhova, E. M.: J. allg. Chem. (Shurnal Obschtschei Chimii) **31** (1961) 2702–08; J. Gen. Chem. USSR **31** (1961) 2522–27.
48 Nagata, I.: J. chem. Engng. Data **7** (1962) 461–66.
49 Reddy, K. C., Subrahmanyam, S. V., Bhimasenachar, J.: J. physic. Soc. Japan **19** (1964) 559–66.
50 Fort, R. J., Moore, W. R.: Trans. Faraday Soc. **61** (1965) 2102–11.
51 Schmidt, R. L., Randall, J. C., Clever, H. L.: J. physic. Chem. **70** (1966) 3912–16.
52 Katti, K. P., Chaudhri, M. M., Prakash, O.: J. chem. Engng. Data **11** (1966) 593–94.
53 Heric, E. L., Brewer, J. G.: J. chem. Engng. Data **12** (1967) 574–83.
54 Ioffe, B. W.: J. angew. Chem. (Shurnal Prikladnoi Chimii) **22** (1949) 1263–72.
55 Powell, R. J., Swinton, F. L.: J. chem. Engng. Data **13** (1968) 260–62.
56 Nigam, R. K., Singh, P. P.: Trans. Faraday Soc. **65** (1969) 950–64.
57 Loiseleur, H., Merlin, J.-C., Paris, R. A.: J. Chim. physique Physico-Chim. biol. **64** (1967) 634–38.
58 Jain, D. V. S., Dewan, R. K., Tewari, K. K.: Indian J. Chem. **6** (1968) 511–13.
59 Suri, S. K., Ramakrishna, V.: Indian J. Chem. **7** (1969) 490–94 (nach Chem. Abstr.).
60 Lenoir, J. M., Hayworth, K. E., Hipkin, H. G.: J. chem. Engng. Data **16** (1971) 285–88.
61 Sanni, S. A., Fell, C. J. D., Hutchison, H. P.: J. chem. Engng. Data **16** (1971) 424–27.

C_7H_{16} Heptan (X_1) — C_5H_{12} Pentan (X_2)
[8] ⟨K6, d4⟩

Vol.-% X_1	0,0	22,3	40,9	60,7	80,6	100,0
20 °C	0,628	0,642	0,652	0,662	0,674	0,685

C_7H_{16} Heptan (X_1) — C_6H_{14} Hexan (X_2)
[17] ⟨K9, d5⟩

Mol-% X_1	0,00	15,92	23,61	35,92	48,95	61,76	74,99	89,17	100,00
20 °C	0,660	0,665	0,666	0,670	0,673	0,676	0,678	0,682	0,684

C_7H_{16} Heptan (X_1) – **C_6H_{12} Cyclohexan** (X_2)
[12] ⟨K 7, d 5, ϑ 37,8 °C⟩

Gew.-% X_1	0,00	16,46	36,82	55,33	64,89	81,87	100,00
60 °F	0,783	0,764	0,743	0,725	0,717	0,702	0,688

[13] ⟨K 7, d 4, ϑ 30 °C⟩
[11]

C_7H_{16} Heptan (X_1) – **C_6H_6 Benzol** (X_2)
[9] ⟨K 15, d 5⟩

Mol-% X_1	0,00	5,70	12,25	17,63	22,87	34,20	44,08	56,35	67,41	78,21	83,91	91,79	100,00
25 °C	0,874	0,855	0,835	0,820	0,806	0,780	0,760	0,738	0,721	0,706	0,698	0,689	0,680

[20] ⟨K 11, d 4⟩

Mol-% X_1	0	10	20	30	40	50	60	70	80	90	100
25 °C	0,8734	0,8418	0,8135	0,7891	0,7674	0,7485	0,7316	0,7166	0,7027	0,6905	0,6793
40 °C	0,8573	0,8252	0,7985	0,7742	0,7529	0,7344	0,7179	0,7027	0,6894	0,6771	0,6665
55 °C	0,8411	0,8079	0,7825	0,7591	0,7391	0,7204	0,7036	0,6896	0,6761	0,6636	0,6536

[6] ⟨K 11, d 3, ϑ 17 °C⟩
[2] ⟨K 7, d 4, ϑ 20 °C⟩
[12] ⟨K 7, d 5, ϑ 15,6, 37,8 °C⟩
[18] ⟨K 11, ΔV, ϑ 25°, 30°, 35°, 40 °C⟩
[19] ⟨Gleichung, ϑ 25 °C⟩
[13] ⟨K 6, d 4, ϑ 30 °C⟩
[7]

C_7H_{16} 2.4-Dimethylpentan (X_1) – **C_6H_{12} Cyclohexan** (X_2)
[16] ⟨K 5, d 5⟩

Mol-% X_1	0,00	29,67	40,46	51,24	100,00
28 °C	0,7711	0,7321	0,7200	0,7087	0,6657

C_7H_{16} 2.4-Dimethylpentan (X_1) – **C_6H_6 Benzol** (X_2) *[7]*

C_7H_{14} Methylcyclohexan (X_1) – **C_6H_{12} Cyclohexan** (X_2)
[4] ⟨K 6, d 4⟩

Gew.-% X_1	0	20	40	60	80	100
20 °C	0,778	0,778	0,776	0,776	0,775	0,772

C_7H_{14} Methylcyclohexan (X_1) – **C_6H_6 Benzol** (X_2)
[1] ⟨K 4, d 4⟩

Mol-% X_1	0,00	0,68	2,04	3,99
25 °C	0,873	0,872	0,870	0,867

C_7H_{14} Methylcyclohexan (X_1) – **C_7H_{16} n-Heptan** (X_2)
[3] ⟨K 12, d 4⟩

Mol-% X_1	0,00	6,62	20,58	30,07	39,44	48,14	58,74	66,28	75,14	83,62	92,13	100,00
20 °C	0,684	0,688	0,699	0,707	0,715	0,722	0,731	0,738	0,745	0,754	0,761	0,769

[10] ⟨K 6, ϑ 20 °C⟩

C_7H_8 Toluol (X_1) – **C_5H_{12} Pentan** (X_2)
[14] ⟨K 6, d 4⟩

Gew.-% X_1	0,0	28,8	50,9	65,1	82,7	100,0
20 °C	0,628	0,684	0,733	0,768	0,815	0,868

C_7H_8 Toluol (X_1) — **C_6H_{14} n-Hexan** (X_2)
[*5*] ⟨K 5, d 4⟩

Mol-% X_1	0,00	16,06	21,78	28,37	37,11
20 °C	0,693	0,717	0,726	0,736	0,750

[*11*]

C_7H_8 Toluol (X_2) — **C_6H_{12} Cyclohexan** (X_2)
[*15*] ⟨K 7, d 4⟩

Mol-% X_1	0,00	15,44	37,55	51,40	62,52	84,22	100,00
32,5 °C	0,767	0,778	0,795	0,808	0,818	0,839	0,854

[*20*] ⟨K 11, d 4⟩

Mol-% X_1	0	10	20	30	40	50	60	70	80	90	100
25 °C	0,7743	0,7811	0,7883	0,7953	0,8045	0,8135	0,8236	0,8323	0,8421	0,8521	0,8610
40 °C	0,7601	0,7664	0,7737	0,7816	0,7889	0,7988	0,8072	0,8171	0,8287	0,8375	0,8469
55 °C	0,7455	0,7521	0,7595	0,7673	0,7751	0,7845	0,7928	0,8031	0,8143	0,8231	0,8327

[*11*]

1 Williams, J. W.: J. Amer. chem. Soc. **52** (1930) 1831—37.
2 Briegleb, G.: Z. physik. Chem. (B) **14** (1931) 97—121; **16** (1931) 276—83.
3 Bromiley, E. C., Quiggle, D.: Ind. Engng. Chem. **25** (1933) 1136—38.
4 Balandin, A. A., Rubinstein, A. M.: Z. physik. Chem. (A) **167** (1934) 431—40.
5 Mohler, H.: Helv. chim. Acta **20** (1937) 1447—57.
6 Pascal, P., Quinet, M.-L.: Ann. Chim. analyt. Chim. appl. (3) **23** (1941) 5—15.
7 Trevoy, D. J., Drickamer, H. G.: J. chem. Physics **17** (1949) 582—83.
8 Jacobson, B.: Ark. Kemi **2** (1950) 177—210.
9 Brown, I., Ewald, A. H.: Austral. J. sci. Res., Sect. A, **4** (1951) 198—212 (nach Tim. u. Chem. Abstr.).
10 Ioffe, B. V.: J. allg. Chem. (Shurnal Obschtschei Chimii) **23** (1953) 190; J. angew. Chem. (Shurnal Prikladnoi Chimii) **26** (1953) 397—405 (nach Chem. Abstr. und Tim.).
11 Mathieson, A. R., Thyme, J. C. J.: J. chem. Soc. (London) **1956**, 3708—13.
12 Sanghvi, M. K. D., Kay, W. B.: Chem. Engng. Sci. **6** (1956) 10—25.
13 Danusso, F.: Atti Accad. naz. Lincei Rend., Cl. Sci. fisiche, mat. natur. (8) **13** (1952) 131—38.
14 Jacobson, B.: Acta chem. scandinavia **6** (1952) 1485—98.
15 Reddy, K. C., Subrahmanyam, S. V., Bhimasenachar, J.: J. Physic. Soc. Japan **19** (1964) 559—66.
16 Prengle jr., H. W., Felton, E. G., Pike jr., M. A.: J. chem. Engng. Data **12** (1967) 193—96.
17 Loiseleur, H., Merlin, J.-C., Paris, R. A.: J. Chim. physique Physico-Chim. biol. **64** (1967) 634—38.
18 Jain, D. V. S., Dewan, R. K., Tewari, K. K.: Indian J. Chem. **6** (1968) 511—13.
19 Letcher, T. M., Bayles, J. W.: J. chem. Engng. Data **16** (1971) 266—71.
20 Sanni, S. A., Fell, C. J. D., Hutchison, H. P.: J. chem. Engng. Data **16** (1971) 424—27.

C_7H_8 Toluol (X_1) — **C_6H_6 Benzol** (X_2)
[*20*] ⟨K 7, d 4, ϑ 30°, 50°, 60 °C⟩

Mol-% X_1	0,00	21,81	34,17	48,51	56,17	83,12	100,00
20 °C	0,880	0,873	0,871	0,869	0,868	0,866	0,866
40 °C	0,856	0,854	0,852	0,851	0,849	0,848	0,847
70 °C	0,824	0,822	0,821	0,821	0,820	0,819	0,818

[*27*] ⟨K 11, d 4⟩

Mol-% X_1	0	10	20	30	40	50	60	70	80	90	100
25 °C	0,8734	0,8718	0,8687	0,8678	0,8670	0,8661	0,8649	0,8638	0,8628	0,8627	0,8610
40 °C	0,8573	0,8554	0,8542	0,8532	0,8517	0,8509	0,8499	0,8489	0,8481	0,8473	0,8469

C_7H_8 Toluol (X_1) — **C_6H_6 Benzol** (X_2) (Forts.)

[2] ⟨K 3, d 5, ϑ 0°, 20°, 40 °C⟩
[23] ⟨K 7, ΔV, ϑ 10°, 15°, 20°, 25°, 30 °C⟩
[1] ⟨K 3, d 4, ϑ 15°, 20°, 25°, 30°, 35°, 40°, 70 °C⟩
[11] ⟨K 11, ΔV, ϑ 17 °C⟩
[10] ⟨K 7, d 4, ϑ 20 °C⟩
[15] ⟨K 5 bis 4,3 Mol-% X_1, d 4, ϑ 20 °C⟩
[4] ⟨K 4, d 4, ϑ 20°, 30°, 40°, 50 °C⟩
[12] ⟨K 6, d 4, ϑ 20 °C⟩
[24] ⟨K 11, d 4, ϑ 20°, 30°, 40 °C⟩
[26] ⟨K 22, d 5, ϑ 20 °C⟩
[16] ⟨K 6 bis 1,7 Mol-% X_1, d 5, ϑ 22 °C⟩
[14] ⟨K 11, d 5, ϑ 25 °C⟩
[18] ⟨K 11, d 4, ϑ 25°, 28 °C⟩
[22] ⟨K 7, d 4, ϑ 30 °C⟩
[25] ⟨ΔV, Gleichung, ϑ 35°, 40°, 45 °C⟩
[3, 5—9, 13, 17, 19, 21]

1 Getman: J. chim. phys. **4** (1906) 386 (nach ICT).
2 Biron: J. russ. physik. chem. Ges. (Shurnal Russkogo Fisiko-Chimitschesskogo Obschtschesstwa) **42** (1910) 167 (nach ICT).
3 Goerdt: Dissert. Münster 1911 (nach ICT).
4 Padoa, M., Matteucci, A.: Atti Accad. naz. Lincei, Mem., Cl. Sci. fisiche, mat. natur., Sez. II, **23** (1914) 590 (nach Tim.).
5 Mathews, J. H., Cooke, R. D.: J. physic. Chem. **18** (1914) 559—85.
6 Herz, W.: Z. physik. Chem. **87** (1914) 63—68.
7 Kremann, R., Meingast, R., Gugl, F.: Mh. Chem., verw. Teile, and Wiss. **35** (1914) 1235.
8 Schulze, A.: Z. physik. Chem. **97** (1921) 417—25.
9 Young: Fractional Destillation, New York, 1922 (nach ICT).
10 Rakshit, J. N.: Z. Elektrochem. angew. physik. Chem. **31** (1925) 320—23.
11 Schmidt, G. C.: Z. physik. Chem. **121** (1926) 221—53.
12 Mitsukuri,Nakatsuchi: J. Soc. chem. Ind. Japan **29** (1926) 25 (nach ICT).
13 Kuhura: J. chem. Soc. [Japan] **50** (1929) 165.
14 Washburn, E. R., Lightbody, A.: J. physic. Chem. **34** (1930) 2701—10.
15 Tigamik, L.: Z. physik. Chem. (B) **13** (1931) 425—61.
16 Poltz, H., Steil, O., Strasser, O.: Z. physik. Chem. (B) **17** (1932) 155—60.
17 Morino, Y.: Scient. Pap. Inst. physic. chem. Res. (Tokyo) **23** (1933) 49—117.
18 Trew, V. C. G., Spencer, J. F.: Trans. Faraday Soc. **32** (1936) 701—08.
19 Lutzki, A.: J. allg. Chem. (Shurnal Obschtschei Chimii) **24** (1954) 74—78.
20 Mamedow, A. A., Pantschenkow, G. M.: J. physik. Chem. (Shurnal Fisitschesskoi Chimii) **29** (1955) 1204—20.
21 Mathieson, A. R., Thyme, J. C. J.: J. chem. Soc. (London) **1956**, 3708—13.
22 Rastogi, R. P., Varma, K. T. R.: J. chem. Soc. (London) **1957**, 2257—60.
23 Rastogi, R. P., Nath, J., Misra, J.: J. physic. Chem. **71** (1967) 1277—86.
24 Sumer, K. M., Thompson, A. R.: J. chem. Engng. Data **13** (1968) 30—34.
25 Nigam, R. K., Singh, P. P.: Trans. Faraday Soc. **65** (1969) 950—64.
26 Ocon, J., Tojo, G., Espada, L.: An. Real Soc. espan. Fisica Quim., Ser. Quim. **65** (1969) 727—34.
27 Sanni, S. A., Fell, C. J. D., Hutchison, H. P.: J. chem. Engng. Data **16** (1971) 424—27.

C_7H_8 Toluol (X_1) — **C_7H_{16} Heptan** (X_2)
[21] ⟨K 11, d 3⟩

Gew.-% X_1	0	10	20	30	40	50	60	70	80	90	100
17 °C	0,717	0,731	0,747	0,758	0,770	0,785	0,800	0,825	0,831	0,848	0,866

[13] ⟨K 5 bis 45 Mol-% X_1, d 4, ϑ 20 °C⟩
[14] ⟨K 13, d 4, ϑ 20 °C⟩
[34] ⟨K 5, d 4, ϑ 25 °C⟩
[4, 26, 30]

C_7H_8 Toluol (X_1) — **C_7H_{14} Methylcyclohexan** (X_2)
[18] ⟨K 21, d 4⟩

Mol-% X_1	0	10	20	30	40	50	60	70	80	90	100
20 °C	0,769	0,777	0,785	0,793	0,801	0,811	0,821	0,831	0,842	0,854	0,866

[19] ⟨K 6, d 4, ϑ 20 °C⟩
[24] ⟨K 6, d 4, ϑ 20 °C⟩

C_8H_{18} n-Octan (X_1) — **C_6H_{14} Hexan** (X_2)
[6] ⟨K 3, d 5⟩

Mol-% X_1	0	50	100
0 °C	0,677	0,700	0,719

Lacmann

C_8H_{18} n-Octan (X_1) — **C_6H_{14} 2.3-Dimethylbutan** (X_2) [*38*]

C_8H_{18} n-Octan (X_1) — **C_6H_6 Benzol** (X_2)
[*48*] ⟨K 8, d 4⟩

Gew.-% X_1	0,0	9,9	19,7	30,3	41,2	64,4	79,8	100,0
75 °F	0,8730	0,8505	0,8312	0,8082	0,7895	0,7492	0,7252	0,7000

C_8H_{18} n-Octan (X_1) — **C_7H_{16} Heptan** (X_2)
[*28*] ⟨K 6, d 4⟩

Mol-% X_1	0	20	40	60	80	100
20 °C	0,685	0,689	0,692	0,695	0,699	0,703
40 °C	0,669	0,672	0,675	0,679	0,682	0,687
60 °C	0,651	0,654	0,658	0,662	0,666	0,670

C_8H_{18} n-Octan (X_1) — **C_7H_8 Toluol** (X_2)
[*14*] ⟨K 12, d 4⟩

Mol-% X_1	0,00	5,94	12,60	19,24	27,50	34,63	43,94	53,35	63,04	74,23	85,13	100,00
20 °C	0,866	0,851	0,836	0,821	0,805	0,792	0,776	0,761	0,747	0,732	0,719	0,703

[*37*] ⟨K 8, d 4, ϑ 90 °C⟩

Mol-% X_1	0,00	5,83	11,20	13,63	17,18	58,16	73,66	100,00
30 °C	0,8577	0,8419	0,8295	0,8227	0,8159	0,7447	0,7239	0,6945
55 °C	0,8347	0,8196	0,8076	0,8016	0,7942	0,7243	0,7138	0,6743
75 °C	0,8162	0,8019	0,7896	0,7837	0,7765	0,7079	0,6871	0,6580
95 °C	0,7980	0,7844	0,7727	0,7660	0,7595	0,6907	0,6709	0,6427

[*33*] ⟨K 6, d 4, ϑ 30 °C⟩

C_8H_{18} 2.5-Dimethylhexan (X_1) — **C_6H_{14} n-Hexan** (X_2) [*38*]

C_8H_{18} 2.5-Dimethylhexan (X_1) — **C_7H_{16} 2.2.3-Trimethylbutan** (X_2) [*38*]

C_8H_{18} 2.3.3-Trimethylpentan (X_1) — **C_7H_{16} 2.2.3-Trimethylbutan** (X_2) [*38*]

C_8H_{18} 2.2.4-Trimethylpentan (X_1) — **C_6H_{12} Cyclohexan** (X_2)
[*39*] ⟨K 19, d 5⟩

Mol-% X_1	0,00	10,37	21,54	31,97	43,41	55,27	67,49	76,67	87,33	93,67	100,00
25 °C	0,774	0,761	0,749	0,738	0,727	0,718	0,708	0,702	0,695	0,691	0,688

[*35*] ⟨K 8, d 4, ϑ 30 °C⟩

C_8H_{18} 2.2.4-Trimethylpentan (X_1) — **C_6H_6 Benzol** (X_2)
[*31*] ⟨K 16, d 5⟩

Mol-% X_1	0,00	12,24	24,76	37,51	50,02	62,85	74,91	87,27	100,00
25 °C	0,875	0,833	0,800	0,772	0,750	0,730	0,714	0,700	0,688

[*44*] ⟨K 6, d 4, ϑ 20 °C⟩
[*35*] ⟨K 8, d 4, ϑ 30 °C⟩

C_8H_{18} 2.2.4-Trimethylpentan (X_1) — **C_7H_{16} Heptan** (X_2)
[*20*] ⟨K 6, d 4⟩

Mol-% X_1	0	20	40	60	80	100
20 °C	0,696	0,693	0,692	0,690	0,688	0,685
40 °C	0,679	0,677	0,675	0,673	0,671	0,669
60 °C	0,662	0,660	0,658	0,656	0,653	0,651

[*35*] ⟨K 8, d 4, ϑ 30 °C⟩

C_8H_{18} 2.2.4-Trimethylpentan (X_1) — **C_7H_{16} 2.4-Dimethylpentan** (X_2) *[38]*

C_8H_{18} 2.2.4-Trimethylpentan (X_1) — **C_7H_8 Toluol** (X_2)
[40] ⟨K 10, d 5⟩

Mol-% X_1	0,00	26,43	39,07	42,65	45,75	46,26	50,22	74,49	100,0
28 °C	0,860	0,797	0,772	0,766	0,760	0,759	0,753	0,716	0,685

C_8H_{18} 2.2.4-Trimethylpentan (X_1) — **C_8H_{18} Octan** (X_2)
[28] ⟨K 6, d 4⟩

Mol-% X_1	0	20	40	60	80	100
20 °C	0,696	0,697	0,699	0,700	0,702	0,703
40 °C	0,679	0,681	0,682	0,684	0,686	0,687
60 °C	0,662	0,664	0,666	0,667	0,669	0,670

C_8H_{18} 2.2.4-Trimethylpentan (X_1) — **C_8H_{18} 2.5-Dimethylhexan** (X_2) *[38]*

C_8H_{16} Octen (X_1) — **C_8H_{18} Octan** (X_2)
[24] ⟨K 6, d 4⟩

Gew.-% X_1	0,00	20,13	39,31	59,35	81,44	100,00
20 °C	0,703	0,706	0,709	0,712	0,716	0,719

C_8H_{16} Äthylcyclohexan (X_1) — **C_7H_8 Toluol** (X_2)
[33] ⟨K 10, d 4⟩

Mol-% X_1	0,00	12,00	21,84	27,15	40,33	54,70	63,89	73,44	88,24	100,00
30 °C	0,858	0,844	0,834	0,829	0,818	0,807	0,801	0,795	0,786	0,780

C_8H_{16} Äthylcyclohexan (X_1) — **C_8H_{18} n-Octan** (X_2)
[33] ⟨K 6, d 4⟩

Mol-% X_1	0,00	17,29	40,74	64,75	79,92	100,00
30 °C	0,694	0,708	0,727	0,748	0,761	0,780

C_8H_{10} Äthylbenzol (X_1) — **C_6H_6 Benzol** (X_2)
[27] ⟨K 7, d 4, ϑ 30°, 50°, 60 °C⟩

Mol-% X_1	0,00	13,92	28,76	45,73	52,93	76,77	100
20 °C	0,880	0,876	0,873	0,872	0,871	0,870	0,868
40 °C	0,856	0,856	0,855	0,854	0,853	0,852	0,850
70 °C	0,824	0,825	0,824	0,822	0,823	0,823	0,823

[3] ⟨K 3, d 5, ϑ 0°, 20°, 40 °C⟩ *[25]*
[29] ⟨K 12, d 4, ϑ 25°, 45°, 65 °C⟩
[36] ⟨K 7, d 4, ϑ 25°, 35°, 45°, 50 °C⟩

C_8H_{10} Äthylbenzol (X_1) — **C_7H_8 Toluol** (X_2)
[27] ⟨K 7, d 4, ϑ −10°, 0°, +10°, 30°, 40°, 60°, 70 °C⟩

Mol-% X_1	0,00	15,26	33,94	48,13	63,35	81,91	100,00
−20 °C	0,902	0,899	0,904	0,902	0,903	0,905	0,904
20 °C	0,865	0,864	0,865	0,865	0,867	0,868	0,868
50 °C	0,837	0,836	0,837	0,838	0,839	0,841	0,842
80 °C	0,808	0,809	0,809	0,811	0,812	0,813	0,814

[3], ⟨K 3, d 5, ϑ 0°, 20°, 40 °C⟩
[6, 25]

C_8H_{10} Äthylbenzol (X_1) — **C_8H_{18} Octan** (X_2)
[*24*] ⟨K6, d4⟩

Gew.-% X_1	0,00	20,34	41,25	59,66	79,89	100,00
20 °C	0,703	0,731	0,761	0,791	0,837	0,867

C_8H_{10} Äthylbenzol (X_1) — **C_8H_{16} Octen** (X_2)
[*24*] ⟨K6, d4⟩

Gew.-% X_1	0,00	20,77	40,72	62,55	80,59	100,00
20 °C	0,719	0,746	0,773	0,805	0,834	0,867

C_8H_{10} Äthylbenzol (X_1) — **C_8H_{16} Äthylcyclohexan** (X_2)
[*19*] ⟨K6, d4⟩

Gew.-% X_1	0,00	21,33	42,88	61,85	79,52	100,00
20 °C	0,787	0,802	0,818	0,832	0,848	0,866

C_8H_{10} Xylol (X_1) — **C_8H_{18} Octan** (X_2)
[*24*] ⟨K6, d4⟩

Gew.-% X_1	0,00	17,77	37,24	59,84	80,23	100,00
20 °C	0,703	0,727	0,755	0,791	0,826	0,864

C_8H_{10} o-Xylol (X_1) — **C_6H_{12} Cyclohexan** (X_2)
[*43*] ⟨K7, d4⟩

Mol-% X_1	0,00	14,31	35,06	46,02	59,30	83,77	100,00
35 °C	0,764	0,777	0,798	0,810	0,824	0,851	0,867

C_8H_{10} o-Xylol (X_1) — **C_6H_6 Benzol** (X_2)
[*27*] ⟨K7, d4, ϑ 10°, 30°, 40°, 60°, 70 °C⟩

Mol-% X_1	0,00	14,86	28,05	40,62	58,71	78,86	100
0 °C	—	0,897	0,895	0,895	0,894	0,893	0,893
20 °C	0,880	0,877	0,875	0,875	0,874	0,875	0,876
50 °C	0,847	0,846	0,846	0,847	0,847	0,848	0,851
80 °C	—	0,816	0,817	0,817	0,819	0,822	0,825

[*42*] ⟨ΔV, ϑ 10°, 20°, 30 °C⟩
[*11*] ⟨K5 bis 4,4 Mol-% X_1, d4, ϑ 20 °C⟩
[*45*] ⟨K11, d4, ϑ 20°, 30°, 40 °C⟩
[*8*] ⟨K5, d4, ϑ 25 °C⟩
[*46*] ⟨K20, ΔV, ϑ 25 °C⟩
[*32*] ⟨K11, d4, ϑ 30 °C⟩

C_8H_{10} o-Xylol (X_1) — **C_7H_8 Toluol** (X_2)
[*27*] ⟨K7, d4, ϑ −10°, 10°, 30°, 40°, 60°, 70 °C⟩

Mol-% X_1	0,00	17,95	33,31	47,77	63,93	69,97	100,00
−20 °C	0,902	0,903	0,906	0,907	0,908	0,909	0,910
0 °C	0,883	0,886	0,887	0,888	0,890	0,892	0,893
+20 °C	0,866	0,868	0,869	0,871	0,871	0,873	0,876
+50 °C	0,837	0,840	0,843	0,843	0,846	0,846	0,851
+80 °C	0,808	0,812	0,814	0,816	0,819	0,820	0,825

[*45*] ⟨K11, d4, ϑ 20°, 30°, 40 °C⟩

C_8H_{10} o-Xylol (X_1) — **C_8H_{16} 1.2-Dimethylcyclohexan** (X_2)
[*19*] ⟨K6, d4⟩

Gew.-% X_1	0,00	20,78	39,36	60,37	79,50	100,00
20 °C	0,781	0,799	0,815	0,837	0,856	0,878

C_8H_{10} o-Xylol (X_1) — C_8H_{10} Äthylbenzol (X_2) *[25]*

C_8H_{10} m-Xylol (X_1) — C_6H_{12} Cyclohexan (X_2)
[43] ⟨K 7, d 4⟩

Mol-% X_1	0,00	17,47	34,57	46,27	58,46	83,72	100,00
34 °C	0,766	0,778	0,796	0,806	0,817	0,844	0,855

C_8H_{10} m-Xylol (X_1) — C_6H_6 Benzol (X_2)
[5] ⟨K 5, Gleichung, d 4⟩

Mol-% X_1	0		25		50		75		100	
	10,5 °C	0,888	16,5 °C	0,877	11,1 °C	0,878	16,7 °C	0,870	11,5 °C	0,873
	20,5 °C	0,878	26,1 °C	0,867	22,4 °C	0,867	27,4 °C	0,861	42,4 °C	0,848
	50,0 °C	0,846	43,0 °C	0,850	42,8 °C	0,848	42,0 °C	0,848	72,5 °C	0,821
	80,0 °C	0,813	67,7 °C	0,825	64,0 °C	0,828	61,1 °C	0,831		

[32] ⟨K 12, d 4⟩

Mol-% X_1	0,00	6,48	17,48	23,74	30,60	38,40	50,04	55,49	63,64	75,69	84,55	100,00
30 °C	0,868	0,867	0,865	0,863	0,862	0,861	0,859	0,859	0,858	0,857	0,857	0,856

[42] ⟨ΔV, ϑ 10°, 20°, 30 °C⟩
[11] ⟨K 5 bis 4,4 Mol-% X_1, d 4, ϑ 20 °C⟩
[7] ⟨K 5, d 4, ϑ 25 °C⟩
[9] ⟨K 5 ab 40 Mol-% X_1, d 4, ϑ 25 °C⟩
[46] ⟨K 24, ΔV, ϑ 25 °C⟩

C_8H_{10} m-Xylol (X_1) — C_7H_8 Toluol (X_2) *[1]*

C_8H_{10} m-Xylol (X_1) — C_8H_{16} 1.3-Dimethylcyclohexan (X_2)
[19] ⟨K 6, d 4⟩

Gew.-% X_1	0,00	20,23	39,78	60,13	79,75	100,00
20 °C	0,768	0,786	0,803	0,823	0,843	0,864

[22]

C_8H_{10} m-Xylol (X_1) — C_8H_{10} Äthylbenzol (X_2) *[25]*

C_8H_{10} m-Xylol (X_1) — C_8H_{10} o-Xylol (X_2)
[5] ⟨K 4, d 4⟩

Mol-% X_1	0,0	27,1	73,1	100,0
12 °C	0,887	0,883	0,876	0,872
64 °C	0,843	0,838	0,833	0,828

C_8H_{10} p-Xylol (X_1) — C_6H_{12} Cyclohexan (X_2)
[43] ⟨K 7, d 4⟩

Mol-% X_1	0,00	13,73	34,59	46,12	59,30	83,03	100,00
32,5 °C	0,766	0,776	0,794	0,804	0,816	0,838	0,850

C_8H_{10} p-Xylol (X_1) — C_6H_6 Benzol (X_2)
[27] ⟨K 6, d 4, ϑ 30°, 40°, 60°, 70 °C⟩

Mol-% X_1	0,00	17,93	26,07	58,00	77,98	100,00
10 °C	0,887	0,882	0,878	0,876	0,874	—
20 °C	0,880	0,875	0,871	0,867	0,864	0,862
50 °C	0,847	0,844	0,842	0,840	0,838	0,836
80 °C	—	0,814	0,813	0,813	0,812	0,810

[41] ⟨K 7, ΔV, ϑ 15°, 20°, 25°, 30 °C⟩
[11] ⟨K 5 bis 4,2 Mol-% X_1, d 4, ϑ 20 °C⟩
[8] ⟨K 3, d 4, ϑ 25 °C⟩
[46] ⟨K 19, ΔV, ϑ 25 °C⟩
[47] ⟨ΔV, graph., ϑ 25°, 40 °C⟩
[32] ⟨K 12, d 4, ϑ 30 °C⟩

C_8H_{10} p-Xylol (X_1) — **C_7H_{16} Heptan** (X_2)
[*13*] ⟨K 5, d 4⟩

Mol-% X_1	4,74	7,75	9,62	13,75	18,64
20 °C	0,741	0,744	0,746	0,751	0,756

C_8H_{10} p-Xylol (X_1) — **C_7H_8 Toluol** (X_2)
[*27*] ⟨K 6, d 4, ϑ 30°, 40°, 60°, 70 °C⟩

Mol-% X_1	0,00	14,81	39,97	68,63	84,84	100,00
10 °C	0,874	0,873	0,872	0,870	0,870	—
20 °C	0,866	0,865	0,863	0,863	0,862	0,862
50 °C	0,837	0,837	0,837	0,837	0,836	0,836
80 °C	0,808	0,809	0,809	0,810	0,810	0,810

C_8H_{10} p-Xylol (X_1) — **C_8H_{16} 1.4-Dimethylcyclohexan** (X_2)
[*19*] ⟨K 6, d 4⟩

Gew.-% X_1	0,00	19,48	40,68	57,84	68,42	100,00
20 °C	0,767	0,782	0,800	0,817	0,827	0,861

C_8H_{10} p-Xylol (X_1) — **C_8H_{10} o-Xylol** (X_2)
[*5*] ⟨K 4, d 4⟩

Mol-% X_1	0,0	18,5	68,1	100,0
12 °C	0,887	0,884	0,875	0,868
64 °C	0,843	0,840	0,830	0,823

[*32*] ⟨K 11, d 4⟩

Mol-% X_1	0,00	11,48	19,79	26,59	35,57	43,85	53,32	69,50	84,85	90,94	100,00
30 °C	0,871	0,869	0,868	0,866	0,865	0,863	0,861	0,858	0,856	0,855	0,853

C_8H_{10} p-Xylol (X_1) — **C_8H_{10} m-Xylol** (X_2)
[*5*] ⟨K 4, d 4⟩

Mol-% X_1	0,0	24,6	70,8	100,0
12 °C	0,872	0,871	0,869	0,868
64 °C	0,828	0,827	0,825	0,823

C_8H_{10} p-Xylol (X_1) — **C_6H_6 Benzol** (X_2)
[*10*] ⟨K 4, d 4, ϑ 50 °C⟩

Mol-% X_1	3,80	5,24	6,77	8,36
10 °C	0,890	0,890	0,891	0,891
30 °C	0,869	0,870	0,870	0,870
70 °C	0,827	0,827	0,827	0,828

[*20*] ⟨K 5 bis 2,3 Mol-% X_1, d 6, 30 °C⟩

C_8H_{10} p-Xylol (X_1) — **C_8H_{10} Äthylbenzol** (X_2) [*25*]

C_8H_6 Phenylacetylen (X_1) — **C_6H_6 Benzol** (X_2)
[*12*] ⟨K 9, d 4⟩

Mol-% X_1	0,00	1,77	3,26	13,67	15,75	21,71
12,7 °C	0,887	0,888	0,889	0,896	0,897	0,901

C_8H_6 Phenylacetylen (X_1) — **C_7H_{16} Heptan** (X_2)
[10] ⟨K4, d4, ϑ 50 °C⟩

Mol-% X_1	2,69	3,47	6,41	8,87
10 °C	0,697	0,699	0,704	0,709
30 °C	0,680	0,682	0,687	0,692
70 °C	0,645	0,647	0,652	0,656

C_9H_{20} 2.2.5-Trimethylhexan (X_1) — **C_6H_{14} 2.3-Dimethylbutan** (X_2) *[38]*

C_9H_{20} 2.2.5-Trimethylhexan (X_1) — **C_7H_{16} 2.4-Dimethylpentan** (X_2) *[38]*

C_9H_{20} 2.2.3.3-Tetramethylpentan (X_1) — **C_6H_{14} 2.3-Dimethylbutan** (X_2) *[38]*

C_9H_{12} n-Propylbenzol (X_1) — **C_8H_{10} Äthylbenzol** (X_2) *[25]*

C_9H_{12} Propylbenzol (X_1) — **C_9H_{18} Propylcyclohexan** (X_2)
[19] ⟨K6, d4⟩

Gew.-% X_1	0,00	22,77	39,04	57,52	77,17	100,00
20 °C	0,793	0,806	0,816	0,829	0,843	0,862

C_9H_{12} Isopropylbenzol (X_1) — **C_6H_6 Benzol** (X_2)
[27] ⟨K6, d4, ϑ 30°, 50°, 60 °C⟩

Mol-% X_1	0,00	9,43	18,24	41,11	62,72	100,00
10 °C	0,887	0,886	0,884	0,879	0,875	0,872
20 °C	0,880	0,877	0,874	0,870	0,866	0,862
40 °C	0,856	0,856	0,854	0,851	0,849	0,846
70 °C	0,824	0,824	0,823	0,821	0,820	0,819

C_9H_{12} Isopropylbenzol (X_1) — **C_7H_8 Toluol** (X_2)
[27] ⟨K6, d4, ϑ −10°, +10°, 30°, 50°, 70 °C⟩

Mol-% X_1	0,00	14,40	30,02	47,47	71,54	100,00
−20 °C	0,902	0,902	0,902	0,899	0,898	0,898
0 °C	0,883	0,882	0,882	0,881	0,881	0,879
20 °C	0,866	0,863	0,864	0,863	0,864	0,862
40 °C	0,847	0,847	0,847	0,846	0,846	0,846
60 °C	0,828	0,827	0,827	0,828	0,828	0,828
80 °C	0,808	0,808	0,809	0,810	0,811	0,809

C_9H_{12} Isopropylbenzol (X_1) — **C_8H_{18} 2.2.4-Trimethylpentan** (X_2)
[26] ⟨K6, d4⟩

Gew.-% X_1	0,00	20,13	47,18	62,33	80,00	100,00
20 °C	0,6918	0,7209	0,7637	0,7896	0,8221	0,8617

C_9H_{12} Isopropylbenzol (X_1) — **C_8H_{10} Äthylbenzol** (X_2) *[25]*

C_9H_{12} p-Äthyltoluol (X_1) — **C_6H_6 Benzol** (X_2)
[17] ⟨K5, d5⟩

Mol-% X_1	0,00	4,02	9,86	13,00	15,05
25 °C	0,874	0,873	0,871	0,870	0,870

C_9H_{12} 1.3.5-Trimethylbenzol (X_1) — **C_5H_{12} Pentan** (X_2)
[24] ⟨K6, d4⟩

Gew.-% X_1	0,00	22,70	39,60	62,22	79,73	100,00
20 °C	0,626	0,670	0,707	0,762	0,808	0,866

C_9H_{12} 1.3.5-Trimethylbenzol (X_1) — **C_6H_6 Benzol** (X_2)
[*11*] ⟨K6, d4⟩

Mol-% X_1	0,00	0,55	1,06	2,09	4,31	6,39
20 °C	0,878	0,878	0,878	0,878	0,877	0,876

[*2*] ⟨K2 bis 20 Gew.-% X_1, d4, ϑ 15 °C⟩
[*23*] ⟨K3 bis 55 Gew.-% X_1, d5, ϑ 25 °C⟩

C_9H_{12} 1.3.5-Trimethylbenzol (X_1) — **C_8H_{18} 2.2.4-Trimethylpentan** (X_2)
[*44*] ⟨K6, d4⟩

Gew.-% X_1	0,00	21,72	39,46	67,39	79,17	100,00
20 °C	0,6918	0,7235	0,7514	0,7996	0,8218	0,8629

C_9H_{12} 1.3.5-Trimethylbenzol (X_1) — **C_9H_{20} Nonan** (X_2)
[*24*] ⟨K6, d4⟩

Gew.-% X_1	0,00	22,66	41,49	68,97	79,42	100,00
20 °C	0,718	0,746	0,772	0,813	0,830	0,866

C_9H_{12} 1.3.5-Trimethylbenzol (X_1) — **C_9H_{18} 1.3.5-Trimethylcyclohexan** (X_2)
[*19*] ⟨K6, d4⟩

Gew.-% X_1	0,00	20,87	38,40	59,53	82,36	100,00
20 °C	0,771	0,789	0,804	0,825	0,846	0,863

C_9H_{12} 1.2.4-Trimethylbenzol (X_1) — **C_5H_{12} Isopentan** (X_2)
[*3*] ⟨K3, d4⟩

Mol-% X_1	0,00	46,50	100,00
0 °C	0,639	0,773	0,893
20 °C	0,620	0,755	0,876
40 °C	—	—	0,860

C_9H_{12} 1.2.4-Trimethylbenzol (X_1) — **C_6H_6 Benzol** (X_2)
[*3*] ⟨K3, d4⟩

Mol-% X_1	0,00	38,05
0 °C	0,900	0,893
20 °C	0,879	0,874
40 °C	0,857	0,856

C_9H_{12} 1.2.4-Trimethylbenzol (X_1) — **C_7H_8 Toluol** (X_2)
[*3*] ⟨K3, d4⟩

Mol-% X_1	0,00	44,62
0 °C	0,885	0,888
20 °C	0,866	0,870
40 °C	0,847	0,853

C_9H_{12} 1.2.4-Trimethylbenzol (X_1) — **C_8H_{10} Äthylbenzol** (X_2)
[*3*] ⟨K3, d4⟩

Mol-% X_1	0,00	48,00
0 °C	0,891	0,891
20 °C	0,874	0,874
40 °C	0,856	0,857

C_9H_{10} p-Methylphenyläthylen (X_1) — **C_6H_6 Benzol** (X_2)
[*16*] ⟨K 3, d 5⟩

Mol-% X_1	8,48	10,68	16,04
25 °C	0,872	0,873	0,873

C_9H_{10} Indan (X_1) — **C_9H_{16} Octahydronden** (X_2)
[*19a*] ⟨K 6, d 4⟩

Gew.-% X_1	0,00	20,05	40,01	59,84	79,93	100,00
20 °C	0,867	0,883	0,901	0,921	0,941	0,963

C_9H_8 p-Methylphenylacetylen (X_1) — **C_6H_6 Benzol** (X_2)
[*15*] ⟨K 7, d 4⟩

Mol-% X_1	2,62	6,2	10,26	15,49	23,60
25 °C	0,874	0,876	0,878	0,881	0,885

1 Jahn, H., Möller, G.: Z. physik. Chem. **13** (1894) 385—97.
2 Mortzun, G. E.: Thesis, Genf, 1900 (nach Tim.).
3 Biron: J. russ. physik. chem. Ges. (Shurnal Russkogo Fisiko-Chimitschesskogo Obschtschesstwa) **42** (1910) 167 (nach ICT).
4 Dobroserdov: J. russ. physik. chem. Ges. (Shurnal Russkogo Fisiko-Chimitschesskogo Obschtschesstwa) **44** (1912) 679 (nach ICT).
5 Kremann, R., Meingast, R., Gugl., F.: Mh. Chem., verw. Teile, and. Wiss. **35** (1914) 876—82, 1235.
6 Young: Fractional Destillation, New York, 1922 (nach ICT).
7 Trifonov, N. A.: Mem. Sci. Univ. Saratov **2** (1924) 1 (nach Tim.).
8 Williams, J. W., Krchma, I. J.: J. Amer. chem. Soc. **49** (1927) 1676—86.
9 Hammick, D. L., Andrew, L. W.: J. chem. Soc. (London) **1929**, 754—59.
10 Smyth, C. P., Walls, W. S.: J. Amer. chem. Soc. **53** (1931) 1296—1304.
11 Tigamik, L.: Z. physik. Chem. (B) **13** (1931) 425—61.
12 Bergmann, E., Tschudnowsky, M.: Z. physik. Chem. (B) **17** (1932) 116—19.
13 Briegleb, G.: Z. physik. Chem. (B) **16** (1932) 249—83.
14 Bromiley, E. C., Quiggle, D.: Ind. Engng. Chem. **25** (1933) 1136—38.
15 Otto, M. M., Wenzke, H. H.: J. Amer. chem. Soc. **56** (1934) 1314—15.
16 **57** (1935) 294—95.
17 Le Fèvre, C. G., Le Fèvre, R. J. W., Robertson, W.: J. chem. Soc. (London) **1935**, 480—88.
18 Quiggle, D., Fenske, M. R.: J. Amer. chem. Soc. **59** (1937) 1829—32.
19 Losowoi, A. W., Djakowa, M. K., Stepanzewa, T. G.: Chem. J. Ser. A, J. allg. Chem. (Chimitschesski Shurnal. Sserija A. Shurnal Obschtschei Chimii) **7** (1937) 1119—32 (nach Chem. Zbl. u. Tim.).
19a J. allg. Chem. (Shurnal Obschtschei Chimii) **9** (1939) 540—46 (nach Chem. Zbl. u. Tim.).
20 Gorman, M., Davis, R. M., Gross, P. M.: Physik. Z. 39 (1938) 181—85.
21 Pascal, P., Quinet, M.-L.: Ann. chim. analyt. Chim. appl. [3] **23** (1941) 5—15.
22 Wjedenསski, A. A., Tachtarewa, N. K.: J. allg. Chem. (Shurnal Obschtschei Chimii) **19** (1949) 1083—88.
23 Le Fèvre, C. G., Le Fèvre, R. J. W.: J. chem. Soc. (London) **1950**, 1829—33.
24 Ioffe, B. V.: J. allg. Chem. (Shurnal Obschtschei Chimii) **23** (1953) 190; J. angew. Chem. (Shurnal Prikladnoi Chimii) **26** (1953) 397—405 (nach Chem. Abstr. und Tim.).
25 Meares, P.: Trans. Faraday Soc. **49** (1953) 1133—39.
26 Balachandran, C. G.: J. Indian Inst. Sci. **36** (1954) 10—18.
27 Mamedow, A. A., Pantschenkow, G. M.: J. physik. Chem. (Shurnal Fisitschesskoi Chimii) **29** (1955) 1204—20.
28 Toropov, A. P., Airapetova, R. P., Kiryukhin, V. K.: J. allg. Chem. (Shurnal Obschtschei Chimii) **25** (1955) 1314—17 (nach Chem. Abstr. u. Tim.).
29 Airapetowa, R. P., Redkorebrowa, N. T.: J. allg. Chem. (Shurnal Obschtschei Chimii) **26** (1956) 668—72.
30 Mathieson, A. R., Thyme, J. C. J.: J. chem. Soc. (London) **1956**, 3708—13.
31 Wood, S. E., Sandus, O.: J. physic. Chem. **60** (1956) 801—03.
32 Rastogi, R. P., Varma, K. T. R.: J. chem. Soc. (London) **1957**, 2257—60.
33 Crawford, H. R., Van Winkle, M.: Ind. Engng. Chem. **51** (1959) 601—06.

34 | Steinhauser, H. H., White, R. R.: Ind. Engng. Chem. **41** (1949) 2912—20.
35 | Danusso, F.: Atti Accad. naz. Lincei, Rend. Cl. Sci. fisiche, mat., natur. [8] **17** (1954) 109—13.
36 | Lutzki, A. Je., Obuchowa, Je. M., Ssidorow, I. A.: J. Gen. Chem. USSR **28** (1958) 2423—32.
37 | Ling, D. V., Van Winkle, M.: Chem. Engng. Data Series **3** (1958) 88—95.
38 | Dixon, J. A.: J. chem. Engng. Data **4** (1959) 289—94.
39 | Battino, R.: J. physic. Chem. **70** (1966) 3408—16.
40 | Prengle jr., H. W., Felton, E. G., Pike jr., M. A.: J. chem. Engng. Data **12** (1967) 193—96.
41 | Rastogi, R. P., Nath, J., Misra, J.: J. physic. Chem. **71** (1967) 1277—86.
42 | **71** (1967) 2524—35.
43 | Reddy, K. C., Subrahmanyam, S. V., Bhimasenachar, J.: J. physic. Soc. Japan **19** (1964) 559 bis 566.
44 | Ioffe, B. W.: J. angew. Chem. (Shurnal Prikladnoi Chimii) **22** (1949) 1263—72.
45 | Sumer, K. M., Thompson, A. R.: J. chem. Engng. Data **13** (1968) 30—34.
46 | Singh, J., Pflug, H. D., Benson, G. C.: J. physic. Chem. **72** (1968) 1939—44.
47 | Khan, V. H., Subrahmanyam, S. V.: Trans. Faraday Soc. **67** (1971) 2282—91.
48 | Lenoir, J. M., Hayworth, K. E., Hipkin, H. G.: J. chem. Engng. Data **16** (1971) 280—85.

$C_{10}H_{22}$ n-Decan (X_1) — **CH_4 Methan** (X_2)
[25] ⟨K9, d4, ϑ 37,8; 71,1; 104,4; 137,8; 171,1 °C⟩

$C_{10}H_{22}$ n-Decan (X_1) — **C_5H_{12} n-Pentan** (X_2)
[19] ⟨K11, d3⟩

Mol-% X_1	0,00	7,47	13,95	21,16	28,47	37,15	45,39	58,13	71,09	83,17	100,00
25 °C	0,621	0,636	0,647	0,657	0,667	0,677	0,686	0,698	0,708	0,716	0,726

$C_{10}H_{22}$ n-Decan (X_1) — **C_6H_{14} n-Hexan** (X_2)
[7] ⟨K13, d3⟩

Mol-% X_1	0,0	4,6	13,5	19,7	28,6	40,1	50,4	59,2	70,0	77,0	85,7	94,1	100,0
30 °C	0,660	0,663	0,670	0,673	0,680	0,687	0,694	0,700	0,707	0,712	0,717	0,723	0,727

$C_{10}H_{22}$ n-Decan (X_1) — **C_6H_6 Benzol** (X_2) *[15]*

$C_{10}H_{22}$ n-Decan (X_1) — **C_8H_{18} n-Octan** (X_2) *[21]*

$C_{10}H_{20}$ Tert. Butylcyclohexan (X_1) — **C_6H_{12} Cyclohexan** (X_2)
[23] ⟨ΔV, graph., ϑ 20°, 30°, 40 °C⟩

$C_{10}H_{18}$ Decahydronaphthalin (X_1) — **C_6H_{12} Cyclohexan** (X_2)
[4] ⟨K6, d4⟩

Gew.-% X_1	0,00	22,10	43,04	62,67	81,88	100,00
25 °C	0,774	0,796	0,815	0,838	0,856	0,880

[19a] ⟨K8, d4, ϑ 30 °C⟩
[18]

$C_{10}H_{18}$ Decahydronaphthalin (X_1) — **C_6H_6 Benzol** (X_2)
[19a] ⟨K6, d4⟩

Mol-% X_1	0,00	26,02	35,71	57,40	82,81	100,00
30 °C	0,866	0,868	0,869	0,872	0,875	0,877

$C_{10}H_{18}$ Decahydronaphthalin (X_1) — **C_7H_{16} n-Heptan** (X_2)
[19a] ⟨K6, d4⟩

Mol-% X_1	0,00	17,93	44,95	68,75	86,00	100,00
30 °C	0,675	0,715	0,772	0,819	0,852	0,877

$C_{10}H_{18}$ Decahydronaphthalin (X_1) – **C_8H_{18} Isooctan** (X_2)
[20] ⟨K 8, d 4⟩

Mol-% X_1	0,00	20,42	34,86	49,41	64,15	77,40	90,16	100,00
30 °C	0,683	0,723	0,752	0,780	0,809	0,834	0,858	0,877

$C_{10}H_{18}$ cis-Decahydronaphthalin (X_1) – **C_5H_{10} Cyclopentan** (X_2)
[28] ⟨K 41, ΔV, ϑ 25 °C⟩

$C_{10}H_{18}$ cis-Decahydronaphthalin (X_1) – **C_6H_{12} Cyclohexan** (X_2)
[27] ⟨K 23, ΔV, ϑ 25 °C⟩

$C_{10}H_{18}$ cis-Decahydronaphthalin (X_1) – **C_6H_6 Benzol** (X_2) *[14]*

$C_{10}H_{18}$ trans-Decahydronaphthalin (X_1) – **C_5H_{12} n-Pentan** (X_2)
[29] ⟨K 6, d 4⟩

Gew.-% X_1	0,0	20,0	42,1	60,0	80,1	100,0
23,9 °C	0,6219	0,6639	0,7094	0,7577	0,8105	0,8664

$C_{10}H_{18}$ trans-Decahydronaphthalin (X_1) – **C_5H_{10} Cyclopentan** (X_2)
[28] ⟨K 34, ΔV, ϑ 25 °C⟩

$C_{10}H_{18}$ trans-Decahydronaphthalin (X_1) – **C_6H_{12} Cyclohexan** (X_2)
[24] ⟨K 8, ΔV, ϑ 25 °C⟩
[27] ⟨K 19, ΔV, ϑ 25 °C⟩

$C_{10}H_{18}$ trans-Decahydronaphthalin (X_1) – **C_7H_{16} n-Heptan** (X_2)
[24] ⟨K 9, ΔV, ϑ 15,1°, 25°, 39,5 °C⟩

$C_{10}H_{18}$ trans-Decahydronaphthalin (X_1) – **C_9H_{20} n-Nonan** (X_2)
[24] ⟨K 8, ΔV, ϑ 25°, 39,5 °C⟩

$C_{10}H_{18}$ trans-Decahydronaphthalin (X_1) – **$C_{10}H_{18}$ cis-Decahydronaphthalin** (X_2)
[13] ⟨K 11, d 4⟩

Gew.-% X_1	0,00	10,05	19,66	29,69	39,41	49,88	59,84	69,72	79,85	89,77	100,00
20 °C	0,896	0,893	0,891	0,889	0,886	0,883	0,881	0,878	0,875	0,873	0,870

[14]

$C_{10}H_{16}$ +Limonen (X_1) – **C_6H_6 Benzol** (X_2)
[16] ⟨K 5 bis 2,2 Gew.-% X_1, d 5, ϑ 25 °C⟩

$C_{10}H_{16}$ d-Limonen (X_1) – **C_6H_6 Benzol** (X_2)
[8] ⟨K 9 bis 2 Mol-% X_1, d 5, ϑ 30 °C⟩

$C_{10}H_{16}$ d,l-Limonen (X_1) – **C_6H_6 Benzol** (X_2)
[16] ⟨K 9 bis 2 Mol-% X_1, d 5, ϑ 30 °C⟩

$C_{10}H_{16}$ Pinen (X_1) – **C_6H_6 Benzol** (X_2)
[3] ⟨K 9, d 4⟩

Mol-% X_1	0,00	6,18	13,14	23,66	37,49	46,01	52,42	78,72	100,00
25,08 °C	0,872	0,868	0,865	0,862	0,857	0,857	0,856	0,854	0,854

$C_{10}H_{16}$ d,l-Pinen (X_1) – **C_6H_6 Benzol** (X_2)
[16] ⟨K 12 bis 5 Gew.-% X_1, d 5, ϑ 25 °C⟩

$C_{10}H_{16}$ d-Pinen (X_1) – **C_6H_6 Benzol** (X_2)
[8] ⟨K 10 bis 2,1 Mol-% X_1, d 5, ϑ 25 °C⟩

$C_{10}H_{16}$ l-Pinen (X_1) – **$C_{10}H_{16}$ d-Pinen** (X_2)
[1] ⟨K 3, d 4, ϑ 25 °C⟩

$C_{10}H_{14}$ n-Butylbenzol (X_1) — **$C_{10}H_{20}$ n-Butylcyclohexan** (X_2)
[*12*] ⟨K6, d4⟩

Gew.-% X_1	0,00	20,12	39,94	60,00	71,00	100,00
20 °C	0,800	0,811	0,822	0,834	0,847	0,861

$C_{10}H_{14}$ sek. Butylbenzol (X_1) — **$C_{10}H_{22}$ Diisoamyl** (X_2)
[*26*] ⟨K6, d4⟩

Gew.-% X_1	0,00	19,69	44,40	59,16	82,62	100,00
20 °C	0,7242	0,7478	0,7790	0,7991	0,8343	0,8620

$C_{10}H_{14}$ sek. Butylbenzol (X_1) — **$C_{10}H_{20}$ sek. Butylcyclohexan** (X_2)
[*26*] ⟨K6, d4⟩

Gew.-% X_1	0,00	14,85	37,60	62,90	84,17	100,00
20 °C	0,8126	0,8192	0,8294	0,8420	0,8532	0,8620

$C_{10}H_{14}$ tert. Butylbenzol (X_1) — **C_6H_6 Benzol** (X_2)
[*9*] ⟨K5, d5⟩

Mol-% X_1	0,00	1,43	1,79	2,80	3,65
25 °C	0,874	0,873	0,873	0,873	0,873

$C_{10}H_{14}$ 1.2-Methyl-n-propylbenzol (X_1) — **$C_{10}H_{20}$ 1.2-Methyl-n-propylcyclohexan** (X_2)
[*12*] ⟨K6, d4⟩

Gew.-% X_1	0,00	20,05	40,00	60,00	79,97	100,00
20 °C	0,806	0,819	0,831	0,844	0,859	0,874

$C_{10}H_{14}$ 1.4-Methyl-n-propylbenzol (X_1) — **$C_{10}H_{20}$ 1.4-Methyl-n-propylcyclohexan** (X_2)
[*12*] ⟨K6, d4⟩

Gew.-% X_1	0,00	19,98	39,98	59,90	79,91	100,00
20 °C	0,794	0,806	0,818	0,830	0,844	0,859

$C_{10}H_{14}$ 1.4-Methylisopropylbenzol (X_1) — **C_6H_6 Benzol** (X_2)
[*9*] ⟨K7, d5⟩

Mol-% X_1	0,00	1,15	1,82	2,10	2,40	8,99	19,50
25 °C	0,874	0,874	0,873	0,873	0,873	0,873	0,872
45 °C	0,852	0,852	0,852	0,852	0,852	0,848	0,848

$C_{10}H_{14}$ 1.4-Methylisopropylbenzol (X_1) — **C_8H_{10} Äthylbenzol** (X_2) [*18*]

$C_{10}H_{14}$ 1.4-Methylisopropylbenzol (X_1) — **$C_{10}H_{20}$ 1.4-Methylisopropylcyclohexan** (X_2)
[*11*] ⟨K6, d4⟩

Gew.-% X_1	0,00	19,22	34,63	60,55	80,13	100,00
20 °C	0,796	0,807	0,815	0,831	0,844	0,857

$C_{10}H_{14}$ Tetramethylbenzol (X_1) — **C_6H_{14} Hexan** (X_2)
[*2*] ⟨K4, d5⟩

Gew.-% X_1	0,00	2,57	9,83	13,93
25 °C	0,672	0,676	0,689	0,689

Lacmann

$C_{10}H_{14}$ Tetramethylbenzol (X_1) — **C_6H_6 Benzol** (X_2)
[*2*] ⟨K 7, d 5⟩

Gew.-% X_1	0,00	2,60	7,04	9,56	13,64	15,93	23,27
25 °C	0,873	0,873	0,872	0,872	0,872	0,872	0,872

$C_{10}H_{14}$ Tetramethylbenzol (X_1) — **C_7H_8 Toluol** (X_2)
[*2*] ⟨K 5, d 5⟩

Gew.-% X_1	0,00	2,94	6,61	6,77	16,40
25 °C	0,861	0,861	0,861	0,862	0,864

$C_{10}H_{12}$ Tetrahydronaphthalin (X_1) — **C_6H_{12} Cyclohexan** (X_2)
[*4*] ⟨K 6, d 4⟩

Gew.-% X_1	0,00	23,67	45,24	65,22	83,24	100,00
25 °C	0,774	0,811	0,850	0,889	0,927	0,966

[*22*] ⟨K 4, d 4, ϑ 29,7 °C⟩
[*18*]

$C_{10}H_{12}$ Tetrahydronaphthalin (X_1) — **C_6H_6 Benzol** (X_2)
[*4*] ⟨K 6, d 4⟩

Gew.-% X_1	0,00	21,52	42,23	62,20	81,48	100,00
25 °C	0,874	0,892	0,910	0,929	0,948	0,966

$C_{10}H_{12}$ Tetrahydronaphthalin (X_1) — **C_8H_{10} Äthylbenzol** (X_2) [*18*]

$C_{10}H_{12}$ Tetrahydronaphthalin (X_1) — **$C_{10}H_{18}$ trans-Decahydronaphthalin** (X_2) [*14*]

$C_{10}H_{12}$ Tetrahydronaphthalin (X_1) — **$C_{10}H_{18}$ cis-Decahydronaphthalin** (X_2)
[*12*] ⟨K 6, d 4⟩

Gew.-% X_1	0,00	19,99	40,06	59,94	79,80	100,00
20 °C	0,884	0,900	0,916	0,933	0,952	0,972

$C_{10}H_{12}$ o-α-Dimethylstyrol (X_1) — **C_6H_6 Benzol** (X_2) [*10*]

$C_{10}H_{12}$ p-Äthylphenyläthylen (X_1) — **C_6H_6 Benzol** (X_2)
[*6*] ⟨K 3 bis 8,8 Mol-% X_1, d 5, ϑ 25 °C⟩

$C_{10}H_{10}$ p-Äthylphenylacetylen (X_1) — **C_6H_6 Benzol** (X_2)
[*5*] ⟨K 5 bis 6,3 Mol-% X_1, d 4, ϑ 25 °C⟩

1 Dunstan, A. E., Thole, F. B.: J. chem. Soc. [London] **93** (1908) 1815—21.
2 Tyrer, D.: J. chem. Soc. (London) **97** (1910) 2620—34.
3 Hirobe H.: J. Fac. Sci., Imp. Univ. Tokyo **1** (1926) Nr. 4, 178—214.
4 MacFarlane, W., Wright, R.: J. chem. Soc. (London) **1933**, 114—18.
5 Otto, M. M., Wenzke, H. H.: J. Amer. chem. Soc. **56** (1934) 1314—15.
6 **57** (1935) 294—95.
7 Dow, R. B.: Physics **6** (1935) 71—79.
8 Svirbely, W. J., Ablard, J. E., Warner, J. C.: J. Amer. chem. Soc. **57** (1935) 652—55.
9 Le Fèvre, C. G., Le Fèvre, R. J. W., Robertson, W.: J. chem. Soc. (London) **1935**, 480—88.
10 Bergmann, E., Weizmann, A.: Trans. Faraday Soc. **32** (1936) 1327—31.
11 Losowoi, A. W., Djakowa, M. K., Stepanzewa, T. G.: Chem. J. Ser. A, J. allg. Chem. (Chimitschesskoi Shurnal, Sserija A. Shurnal Obschtschei Chimii) **7** (1937) 1119—32 (nach Chem. Zbl. u. Tim.).
12 J. allg. Chem. (Shurnal Obschtschei Chimii) **9** (1939) 540—46 (nach Chem. Zbl. u. Tim.).
13 Seyer, W. F., Walker, R. D.: J. Amer. chem. Soc. **60** (1938) 2125—28.

14 Bird, L. H., Daly, E. F.: Trans. Faraday Soc. **35** (1939) 588—92.
15 Trevoy, D. J., Drickamer, H. G.: J. chem. Physics **17** (1949) 582—83.
16 Le Fèvre, R. J. W., Maramba, F.: J. chem. Soc. (London) **1952**, 235—40.
17 Anissimow, W. I.: J. physik. Chem. (Shurnal fisitschesskoi Chimii) **27** (1953) 1797—1807.
18 Meares, P.: Trans. Faraday Soc. **49** (1953) 1133—39.
19 Meeussen, E., Debeuf, C., Huyskens, P.: Bull. Soc. chim. belges **76** (1967) 145—56.
19a Danusso, F.: Atti Accad. naz. Lincei Rend., Cl. Sci. fisiche, mat., natur. [8] **13** (1952) 131—38.
20 [8] **17** (1954) 109—13.
21 Dixon, J. A.: J. chem. Engng. Data **4** (1959) 289—94.
22 Reddy, K. C., Subrahmanyam, S. V., Bhimasenachar, J.: J. physic. Soc. Japan **19** (1964) 559—66.
23 McLure, I. A., Swington, F. L.: Trans. Faraday Soc. **61** (1965) 421—28.
24 Gómez-Ibáñez, J. D., Wang, T. Ch.: J. physic. Chem. **70** (1966) 391—94.
25 Lee, A. L., Gonzalez, M. H., Eakin, B. E.: J. chem. Engng. Data **11** (1966) 281—87.
26 Ioffe, B. W.: J. angew. Chem. (Shurnal Prikladnoi Chimii) **22** (1949) 1263—72.
27 Benson, G. C., Mukrakami, S., Lam, V. T., Singh, J.: Canad. J. Chem. **48** (1970) 211—18.
28 Jones, D. E. G., Weeks, I. A., Benson, G. C.: Canad. J. Chem. **49** (1971) 2481—89.
29 Lenoir, J. M., Hayworth, K. E., Hipkin, H. G.: J. chem. Engng. Data **16** (1971) 129—33.

$C_{10}H_8$ Naphthalin (X_1) — **C_6H_{14} Hexan** (X_2)
[*4a*] ⟨K7, d4⟩

Mol-% X_1	0,0	0,2	1,3	1,6	2,3	2,8	3,6
25 °C	0,677	0,679	0,683	0,684	0,686	0,688	0,690

$C_{10}H_8$ Naphthalin (X_1) — **C_6H_{12} Cyclohexan** (X_2) [*18*]

$C_{10}H_8$ Naphthalin (X_1) — **C_6H_6 Benzol** (X_2)
[*9*] ⟨K4, d4⟩

Gew.-% X_1	0,00	7,18	14,22	27,81
20 °C	0,878	0,888	0,898	0,917
40 °C	0,858	0,867	0,878	0,897
60 °C	0,836	0,847	0,857	0,878

[*14*] ⟨K11, d4⟩

Gew.-% X_1	0	10	20	30	40	50	60	70	80	90	100
79,5 °C	0,815	0,827	0,839	0,855	0,874	0,890	0,908	0,924	0,942	0,960	0,978

[*5*] ⟨K4 bis 22 Gew.-% X_1, d4, ϑ 15 °C⟩
[*7*] ⟨K3 bis 28 Gew.-% X_1, d4, ϑ 20°, 30°, 40°, 50 °C⟩
[*10*] ⟨K7 bis 7,8 Mol-% X_1, d4, ϑ 20 °C⟩
[*8*] ⟨K6 bis 34,8 Gew.-% X_1, d6, ϑ 25 °C⟩
[*13*] ⟨K4 bis 2 molar X_1, d4, ϑ 25 °C⟩
[*17*] ⟨K8 bis 24,8 Gew.-% X_1, d5, ϑ 25 °C⟩
[*15*] ⟨K7 bis 20,9 Gew.-% X_1, d4, ϑ 25°, 30°, 40°, 50°, 60 °C⟩
[*11*] ⟨K5 bis 2,8 Mol-% X_1, d4, ϑ 25 °C⟩
[*19*] ⟨K4, d4, ϑ 30 °C⟩
[*1—4, 6, 12, 16*]

1 Kanonnikov: J. prakt. Chem. **31** (1885) 321 (nach ICT).
2 Harden: Physik. Ber. **18** (1894) 695 (nach ICT).
3 Mortzun, G. E.: Thesis, Genf, 1900 (nach Tim.).
4 Zoppellari: Gazz. chim. ital. **35** I (1905) 355 (nach ICT u. Tim.).
4a Williams, J. W., Ogg, E. F.: J. Amer. chem. Soc. **50** (1928) 94—101.
5 Lumsden, J. S.: J. chem. Soc. (London) **91** (1907) 24—35.
6 Tyrer, D.: J. chem. Soc. (London) **99** (1911) 871—80.
7 Padoa, M., Matteucci, A.: Atti Accad. naz. Lincei, Mem., Cl. Sci. fisiche, mat. natur., Sez. II, **23** (1914) 590 (nach Tim.).
8 Washburn, E. W., Read, J. W.: J. Amer. chem. Soc. **41** (1919) 729—41.
9 Grunert, H.: Z. anorg. allg. Chem. **164** (1927) 256—62.
10 Parts, A.: Z. physik. Chem. (B) **10** (1930) 264—72.
11 Williams, J. W., Fogelberg, J. M.: J. Amer. chem. Soc. **53** (1931) 2096—2104.
12 Kosakewitsch, P. P., Kosakewitsch, N. S.: Z. physik. Chem. (A) **166** (1933) 113—35.
13 Pesce, B.: Atti Congr. naz. Chim. pura appl. **5** I (1936) 439—43.
14 Campbell, A. N.: Canad. J. Res., Sect. B, **19** (1941) 143—49.

15 Briscoe, H. T., Rinehart, W. T.: J. physic. Chem. **46** (1942) 387—94.
16 Marinin, W. A.: J. physik. Chem. (Shurnal Fisitschesskoi Chimii) **25** (1951) 641—46.
17 Armstrong, R. S., Aroney, M., Le Fèvre, C. G., Le Fèvre, R. J. W., Smith, M. R.: J. chem. Soc. (London) **1958**, 1474—84.
18 Kortüm, G., Walz, H.: Z. Elektrochem., Ber. Bunsenges. physik. Chem. **57** (1953) 73—81.
19 Cohen, E., de Meester, W. A. T., Moesveld, A. L. Th.: Z. physik. Chem. **108** (1924) 103—17.

$C_{10}H_8$ Naphthalin (X_1) — **C_7H_{16} Heptan** (X_2)
[*11*] ⟨K5, d4⟩

Mol-% X_1	1,68	2,35	5,02	7,22	9,50
20 °C	0,720	0,722	0,730	0,736	0,743

[*5*] ⟨K3 bis 2,9 Gew.-% X_1, d6, ϑ 18 °C⟩
[*12*]

$C_{10}H_8$ Naphthalin (X_1) — **C_7H_8 Toluol** (X_2)
[*9*] ⟨K4, d5⟩

Gew.-% X_1	0,00	5,26	10,45	20,58
20 °C	0,865	0,873	0,881	0,896
40 °C	0,845	0,855	0,863	0,878
60 °C	0,829	0,837	0,845	0,860

[*7*] ⟨K5 bis 20,3 Gew.-% X_1, d5, ϑ 13 °C⟩
[*4*] ⟨K5, d4, ϑ 15°, 25°, 40°, 60°, 80°, 100 °C⟩
[*3*] ⟨K6 bis 25 Gew.-% X_1, d6, ϑ 18 °C⟩
[*5*] ⟨K3 bis 2,7 Gew.-% X_1, d6, ϑ 18 °C⟩
[*2*]

$C_{10}H_8$ Naphthalin (X_1) — **C_8H_{10} m-Xylol** (X_2)
[*4*] ⟨K5, d4⟩

Gew.-% X_1	0,00	5,84	10,75	11,03	18,00
15 °C	0,868	0,876	0,883	0,884	0,894

$C_{10}H_8$ Naphthalin (X_1) — **$C_{10}H_{12}$ Tetrahydronaphthalin** (X_2) [*18*]

$C_{11}H_{24}$ n-Undecan (X_1) — **C_6H_6 Benzol** (X_2)
[*37*] ⟨K11, ΔV, ϑ 25°, 30°, 35°, 40 °C⟩

$C_{11}H_{16}$ Amylbenzol (X_1) — **$C_{11}H_{22}$ Amylcyclohexan** (X_2)
[*17*] ⟨K6, d4⟩

Gew.-% X_1	0,00	19,99	39,90	60,07	79,38	100,00
20 °C	0,804	0,814	0,825	0,836	0,848	0,859

$C_{11}H_{16}$ tert. Amylbenzol (X_1) — **C_8H_{10} Äthylbenzol** (X_2) [*23*]

$C_{11}H_{16}$ Isoamylbenzol (X_1) — **$C_{11}H_{22}$ Isoamylcyclohexan** (X_2)
[*17*] ⟨K6, d4⟩

Gew.-% X_1	0,00	19,98	39,95	60,05	79,92	100,00
20 °C	0,802	0,811	0,821	0,832	0,843	0,855

$C_{11}H_{16}$ p-tert. Butyltoluol (X_1) — **C_6H_6 Benzol** (X_2)
[*14*] ⟨K5 bis 3,6 Mol-% X_1, d5, ϑ 25 °C⟩

$C_{11}H_{16}$ Pentamethylbenzol (X_1) — **$C_{11}H_{22}$ 1.2.3.4.5-Pentamethylcyclohexan** (X_2)
[*16*] ⟨K5, d4⟩

Gew.-% X_1	0,00	25,12	39,67	59,40	82,37
20 °C	0,799	0,822	0,835	0,854	0,876

$C_{11}H_{12}$ p-Isopropylphenylacetylen (X_1) — **C_6H_6 Benzol** (X_2)
[*13*] ⟨K4, d4⟩

Mol-% X_1	2,87	3,47	6,10	9,57
25 °C	0,873	0,874	0,875	0,877

$C_{12}H_{26}$ n-Dodecan (X_1) — **C_6H_{14} n-Hexan** (X_2)
[*36*] ⟨K11, d3⟩

Mol-% X_1	0,00	6,49	13,72	20,63	27,89	37,14	46,12	57,25	71,38	82,64	100,00
25 °C	0,656	0,666	0,676	0,685	0,693	0,703	0,711	0,720	0,729	0,736	0,745
40 °C	0,643	0,654	0,664	0,674	0,682	0,692	0,700	0,709	0,719	0,725	0,734
55 °C	0,631	0,640	0,652	0,661	0,670	0,680	0,688	0,698	0,708	0,715	0,723

[*29*] ⟨K8, ΔV, ϑ 15°, 25°, 35 °C⟩

$C_{12}H_{26}$ n-Dodecan (X_1) — **C_6H_{12} Cyclohexan** (X_2)
[*28*] ⟨K9, ΔV, ϑ 15°, 25°, 35 °C⟩

$C_{12}H_{26}$ n-Dodecan (X_1) — **C_6H_6 Benzol**
[*32*] ⟨K7, d4, ϑ 30°, 35°, 40 °C⟩

Mol-% X_1	0,00	21,31	39,00	63,96	100,00
25 °C	0,874	0,831	0,789	0,765	0,745

[*20*]

$C_{12}H_{26}$ n-Dodecan (X_1) — **C_7H_{16} n-Heptan** (X_2)
[*29*] ⟨K9, ΔV, ϑ 15°, 25°, 35 °C⟩
[*20*]

$C_{12}H_{26}$ n-Dodecan (X_1) — **C_7H_{16} 2.4-Dimethylpentan** (X_2) [*20*]

$C_{12}H_{26}$ n-Dodecan (X_1) — **C_8H_{18} Isooctan** (X_2)
[*30*] ⟨K9, d4⟩

Mol-% X_1	0,00	17,29	28,08	38,08	48,28	57,79	67,89	77,10	100,00
30 °C	0,742	0,732	0,727	0,723	0,717	0,711	0,704	0,697	0,684

$C_{12}H_{26}$ n-Dodecan (X_1) — **$C_{10}H_{22}$ n-Decan**
[*34*] ⟨ΔV, Gleichung, ϑ 25°, 35°, 45 °C⟩
[*35*] ⟨ΔV, Gleichung, ϑ 45°, 55°, 65 °C⟩

$C_{12}H_{26}$ n-Dodecan (X_1) — **$C_{10}H_{18}$ trans-Decahydronaphthalin** (X_2)
[*33*] ⟨K8, ΔV, ϑ 25 °C⟩

$C_{12}H_{24}$ n-Hexylcyclohexan (X_1) — **$C_{12}H_{26}$ n-Dodecan** (X_2)
[*27*] ⟨K11, d5⟩

Mol-% X_1	0,00	10,15	20,21	30,24	40,28	50,33	60,29	68,40	80,19	90,11	100,00
25 °C	0,745	0,751	0,756	0,762	0,768	0,774	0,780	0,785	0,792	0,798	0,805

$C_{12}H_{24}$ n-Heptylcyclopentan (X_1) — **$C_{12}H_{26}$ n-Dodecan** (X_2)
[*27*] ⟨K11, d5⟩

Mol-% X_1	0,00	10,12	20,18	30,29	40,30	50,29	60,30	70,25	80,19	90,09	100,00
25 °C	0,745	0,750	0,755	0,760	0,765	0,771	0,776	0,781	0,787	0,792	0,798

$C_{12}H_{22}$ Dicyclohexyl (X_1) — **C_6H_{12} Cyclohexan** (X_2)
[*31*] ⟨ΔV, graph. und Gleichung, ϑ 20°, 30°, 40 °C⟩

$C_{12}H_{22}$ Dicyclohexyl (X_1) — **$C_{12}H_{26}$ n-Dodecan** (X_2)
[*27*] ⟨K 11, d 5⟩

Mol-% X_1	0,00	10,27	20,30	30,49	40,58	50,59	60,58	70,50	80,38	90,20	100,00
25 °C	0,745	0,757	0,770	0,782	0,796	0,809	0,823	0,837	0,852	0,867	0,882

$C_{12}H_{18}$ n-Hexylbenzol (X_1) — **$C_{12}H_{26}$ n-Dodecan** (X_2)
[*27*] ⟨K 11, d 5⟩

Mol-% X_1	0,00	10,53	20,81	31,03	40,96	51,21	61,16	71,02	80,72	90,27	100,00
25 °C	0,745	0,755	0,764	0,774	0,784	0,795	0,806	0,818	0,830	0,842	0,854

$C_{12}H_{18}$ Hexamethylbenzol (X_1) — **C_6H_6 Benzol** (X_2)
[*10*] ⟨K 5 bis 3,8 Mol-% X_1, d 4, ϑ 20 °C⟩

$C_{12}H_{18}$ 5-tert.-Butyl-m-xylol (X_1) — **C_6H_6 Benzol** (X_2)
[*14*] ⟨K 5 bis 1,8 Mol-% X_1, d 5, ϑ 25 °C⟩

$C_{12}H_{16}$ Phenylcyclohexan (X_1) — **$C_{12}H_{26}$ n-Dodecan** (X_2)
[*27*] ⟨K 11, d 5⟩

Mol-% X_1	0,00	10,58	21,02	31,31	41,50	51,52	61,46	71,26	80,96	90,44	100,00
25 °C	0,745	0,761	0,777	0,794	0,812	0,831	0,850	0,871	0,892	0,915	0,939

$C_{12}H_{10}$ Diphenyl (X_1) — **C_6H_{14} Hexan** (X_2)
[*6*] ⟨K 3, d 5⟩

Gew.-% X_1	0,00	2,08	6,43
25 °C	0,672	0,677	0,689

$C_{12}H_{10}$ Diphenyl (X_1) — **C_6H_{12} Cyclohexan** (X_2) [*24*]

$C_{12}H_{10}$ Diphenyl (X_1) — **C_6H_6 Benzol** (X_2)
[*19*] ⟨K 7, d 4, ϑ 30°, 40°, 60 °C⟩

Gew.-% X_1	0,00	1,75	4,34	8,69	13,70	19,27	24,68
25 °C	0,873	0,876	0,879	0,885	0,892	0,900	0,908
50 °C	0,847	0,849	0,853	0,859	0,867	0,875	0,884

[*21*] ⟨K 8, d 4⟩

Mol-% X_1	20,9	36,4	43,0	55,9	68,5	78,4	86,6	90,0
70 °C	0,971	0,950	0,940	0,920	0,897	0,877	0,858	0,849

[*6*] ⟨K 6 bis 15,3 Gew.-% X_1, d 5, ϑ 25 °C⟩
[*8*] ⟨K 6 bis 39 Gew.-% X_1, d 6, ϑ 25 °C⟩
[*15*] ⟨K 4 bis 1,2 Mol-% X_1, d 5, ϑ 25 °C⟩
[*22*] ⟨K 5, d 4, ϑ 70 °C⟩
[*1, 25, 26*]

$C_{12}H_{10}$ Diphenyl (X_1) — **C_7H_{16} Heptan** (X_2)
[*11*] ⟨K 5, d 4⟩

Mol-% X_1	1,25	3,07	4,74	7,88	9,17
20 °C	0,719	0,725	0,731	0,743	0,747

$C_{12}H_{10}$ Diphenyl (X_1) — **C_7H_8 Toluol** (X_2)
[*6*] ⟨K 6, d 5⟩

Gew.-% X_1	0,00	2,63	4,33	8,95	11,92	24,18
25 °C	0,861	0,865	0,868	0,875	0,879	0,899

$C_{12}H_{10}$ Acenaphthen (X_1) — **C_6H_{14} Hexan** (X_2)
[*6*] ⟨K 3, d 5⟩

Gew.-% X_1	0,00	3,10	4,71
25 °C	0,672	0,681	0,685

$C_{12}H_{10}$ Acenaphthen (X_1) — **C_6H_6 Benzol** (X_2)
[6] ⟨K6, d5⟩

Gew.-% X_1	0,00	1,87	4,19	7,82	12,56
25 °C	0,873	0,877	0,881	0,888	0,896

$C_{12}H_{10}$ Acenaphthen (X_1) — **C_7H_8 Toluol** (X_2)
[6] ⟨K5, d5⟩

Gew.-% X_1	0,00	2,10	5,34	9,25	17,42
25 °C	0,861	0,865	0,871	0,879	0,895

[2]

1 Mortzun, G. E.: Thesis, Genf, 1900 (nach Tim.).
2 Speyers: Amer. J. Sci. **14** (1902) 293 (nach ICT).
3 Forch, C.: Ann. Physik (Boltzmann-Festschrift) (1904) 696—705.
4 Lumsden, J. S.: J. chem. Soc. (London) **91** (1907) 24—35.
5 Dawson, H. M.: J. chem. Soc. (London) **97** (1910) 1041—56.
6 Tyrer, D.: J. chem. Soc. (London) **97** (1910) 2620—34.
7 **99** (1911) 871—80.
8 Washburn, E. W., Read, J. W.: J. Amer. chem. Soc. **41** (1919) 729—41.
9 Grunert, H.: Z. anorg. allg. Chem. **164** (1927) 256—62.
10 Tiganik, L.: Z. physik. Chem. (B) **13** (1931) 425—61.
11 Briegleb, G.: Z. physik. Chem. (B) **16** (1932) 249—83.
12 Kosakewitsch, P. P., Kosakewitsch, N. S.: Z. physik. Chem. (A) **166** (1933) 113—35.
13 Otto, M. M., Wenzke, H. H.: J. Amer. chem. Soc. **56** (1934) 1314—15.
14 Le Fèvre, C. G., Le Fèvre, R. J. W., Robertson, W.: J. chem. Soc. (London) **1935**, 480—88.
15 Le Fèvre, C. G., Le Fèvre, R. J. W.: J. chem. Soc. (London) **1936**, S. 487—91.
16 Losowoi, A. W., Djakowa, M. K., Stepanzewa, T. G.: Chem. J. Ser. A, J. allg. Chem. (Chimitschesski Shurnal, Sserija A. Shurnal Obschtschei Chimii) **7** (1937) 1119—32 (nach Chem. Zbl. u. Tim.).
17 J. allg. Chem. (Shurnal Obschtschei Chimii) **9** (1939) 540—46 (nach Chem. Zbl. u. Tim.).
18 Bird, L. H., Daly, E. F.: Trans. Faraday Soc. **35** (1939) 588—92.
19 Briscoe, H. T., Rinehart, W. T.: J. physic. Chem. **46** (1942) 387—94.
20 Trevoy, D. J., Drickamer, H. G.: J. chem. Physics **17** (1949) 582—83.
21 Sarolea, L.: Thesis, Brüssel, 1950 (nach Tim.).
22 Marechal, J.: Bull. Soc. chim. belges **61** (1952) 149—66 (nach Tim. u. Chem. Abstr.).
23 Meares, P.: Trans. Faraday Soc. **49** (1953) 1133—39.
24 Kortüm, G., Walz, H.: Z. Elektrochem., Ber. Bunsenges. physik. Chem. **57** (1953) 73—81.
25 Sandquist, C. L., Lyons, Ph. A.: J. Amer. chem. Soc. **76** (1954) 4641—45.
26 Holleman, Th.: Z. Elektrochem., Ber. Bunsenges. physik. Chem. **62** (1958) 1119—24.
27 Jessup, R. S., Stanley, C. L.: J. chem. Engng. Data **6** (1961) 368—71.
28 Gómez-Ibáñez, J., Liu, Ch.-T.: J. physic. Chem. **65** (1961) 2148—51.
29 **67** (1963) 1388—91.
30 Evans jr., H. B., Clever, H. L.: J. physic. Chem. **68** (1964) 3433—35.
31 McLure, I. A., Swington, F. L.: Trans. Faraday Soc. **61** (1965) 421—28.
32 Schmidt, R. L., Randall, J. C., Clever, H. L.: J. physic. Chem. **70** (1966) 3912—16.
33 Gómez-Ibáñez, J. D., Wang, T. C.: J. physic. Chem. **70** (1966) 391—94.
34 Harrison, C., Winnick, J.: J. chem. Engng. Data **12** (1967) 176—78.
35 Sims, M. J., Winnick, J.: J. chem. Engng. Data **14** (1969) 164—66.
36 Meeussen, E., Debeuf, C., Huyskens, P.: Bull. Soc. chim. belges **76** (1967) 145—56.
37 Jain, D. V. S., Dewan, R. K., Tewari, K. K.: Indian J. chem. **6** (1968) 511—13.

$C_{13}H_{24}$ Dicyclohexylmethan (X_1) — **C_6H_{12} Cyclohexan** (X_2)
[24] ⟨ΔV, graph., ϑ 20°, 30°, 40 °C⟩

$C_{13}H_{12}$ Diphenylmethan (X_1) — **C_6H_{14} Hexan** (X_2)
[22] ⟨K6, d4⟩

Gew.-% X_1	0,0	25,8	51,4	69,0	87,7	100,0
20 °C	0,666	0,732	0,809	0,871	0,949	1,002

$C_{13}H_{12}$ Diphenylmethan (X_1) — **C_6H_6 Benzol** (X_2)
[9] ⟨K5, d4⟩

Mol-% X_1	0,00	3,07	4,92	6,13	8,16
12,2 °C	0,888	0,895	0,900	0,903	0,908

[21] ⟨K9, d5⟩

Mol-% X_1	0,00	11,25	20,38	28,83	52,26	68,64	80,06	89,27	100,00
29,9 °C	0,868	0,895	0,913	0,927	0,958	0,975	0,985	0,992	0,999

[20] ⟨K5, d5, ϑ 29,93 °C⟩
[27] ⟨K11, ΔV, ϑ 30°, 50 °C⟩

$C_{13}H_{12}$ α-Naphthylmethyläthylen (X_1) — **C_6H_6 Benzol** (X_2)
[11] ⟨K3, d4⟩

Mol-% X_1	0,00	3,89	7,28
26,7 °C	0,871	0,879	0,887

$C_{13}H_{10}$ Fluoren (X_1) — **C_6H_6 Benzol** (X_2)
[8] ⟨K8, d5⟩

Mol-% X_1	0,00	0,81	0,93	1,20	1,84	6,10	6,77	7,69
14,2 °C	0,885	0,888	0,889	0,890	0,892	0,908	0,910	0,913

[1, 13]

$C_{14}H_{30}$ n-Tetradecan (X_1) — **C_6H_{14} n-Hexan** (X_2)
[26] ⟨K12, d5⟩

Gew.-% X_1	0,00	11,71	21,86	31,22	39,25	48,77	56,75	64,68	72,92	81,71	89,91	100,00
25 °C	0,655	0,667	0,677	0,687	0,695	0,705	0,713	0,722	0,731	0,740	0,749	0,760

$C_{14}H_{30}$ n-Tetradecan (X_1) — **C_6H_6 Benzol** (X_2)
[29] ⟨K9, ΔV, ϑ 30°, 35°, 40 °C⟩
[18]

$C_{14}H_{30}$ n-Tetradecan (X_1) — **C_7H_{16} n-Heptan** (X_2) [18]

$C_{14}H_{30}$ n-Tetradecan (X_1) — **$C_{10}H_{22}$ n-Decan** (X_2)
[25] ⟨ΔV, Gleichung, ϑ 25°, 35°, 45 °C⟩
[28] ⟨ΔV, Gleichungen, ϑ 55°, 65 °C⟩

$C_{14}H_{30}$ n-Tetradecan (X_1) — **$C_{12}H_{26}$ n-Duodecan** (X_2)
[25] ⟨ΔV, Gleichung, ϑ 25°, 35°, 45 °C⟩
[28] ⟨ΔV, Gleichungen, ϑ 45°, 55°, 65 °C⟩

$C_{14}H_{26}$ 1.2-Dicyclohexyläthan (X_1) — **C_6H_{14} n-Hexan** (X_2) [23]

$C_{14}H_{26}$ 1.2-Dicyclohexyläthan (X_1) — **C_6H_{12} Cyclohexan** (X_2)
[24] ⟨ΔV, graph., ϑ 20°, 30°, 40 °C⟩

$C_{14}H_{26}$ 1.2-Dicyclohexyläthan (X_1) — **$C_{14}H_{30}$ n-Tetradecan** (X_2) [23]

$C_{14}H_{22}$ Octylbenzol (X_1) — **$C_{14}H_{28}$ Octylcyclohexan** (X_2)
[16] ⟨K6, d4⟩

Gew.-% X_1	0,00	19,97	39,99	59,97	79,92	100,00
20 °C	0,815	0,822	0,830	0,839	0,848	0,859

$C_{14}H_{14}$ Dibenzyl (X_1) — **C_6H_6 Benzol** (X_2)
[19] ⟨K 7, d 4⟩

Mol-% X_1	0,00	22,13	32,91	43,90	73,54	76,77	100,00
60 °C	0,836	0,882	0,899	0,912	0,940	0,943	0,957

$C_{14}H_{14}$ 2.2′-Dimethyldiphenyl (X_1) — **C_6H_6 Benzol** (X_2)
[14] ⟨K 5, d 5⟩

Gew.-% X_1	0,00	0,55	0,85	1,17	11,76
25 °C	0,874	0,874	0,875	0,875	0,886

$C_{14}H_{12}$ 1.1-Diphenyläthylen (X_1) — **C_6H_6 Benzol** (X_2)
[6] ⟨K 4, d 4⟩

Mol-% X_1	3,03	3,87	4,79	5,75
10 °C	0,898	0,900	0,902	0,905
30 °C	0,877	0,879	0,882	0,884
50 °C	0,855	0,858	0,860	0,863
70 °C	0,833	0,836	0,839	0,842

$C_{14}H_{12}$ trans-1.2-Diphenyläthylen (X_1) — **C_6H_6 Benzol** (X_2)
[6] ⟨K 4, d 4⟩

Mol-% X_1	1,96	3,25	3,76	4,51
10 °C	0,895	0,899	0,901	0,901
30 °C	0,874	0,878	0,879	0,882
50 °C	0,852	0,856	0,858	0,860
70 °C	0,831	0,835	0,837	0,840

$C_{14}H_{12}$ Isostilben (X_1) — **C_6H_6 Benzol** (X_2)
[10] ⟨K 5, d 4⟩

Mol-% X_1	0,00	2,04	3,54	5,48	6,66
17,6 °C	0,881	0,887	0,892	0,898	0,901

$C_{14}H_{12}$ 9.10-Dihydroanthracen (X_1) — **C_6H_6 Benzol** (X_2) *[15]*

$C_{14}H_{10}$ Phenanthren (X_1) — **C_6H_6 Benzol** (X_2)
[3] ⟨K 4, d 4, ϑ 15°, 30°, 50°, 60 °C⟩

Gew.-% X_1	0,00	4,03	7,24	13,72
20 °C	0,879	0,886	0,893	0,906
40 °C	0,857	0,865	0,872	0,886
70 °C	0,825	0,840	—	0,855

[4] ⟨K 4 bis 25,8 Gew.-% X_1, d 5, ϑ 20°, 40°, 60 °C⟩
[17] ⟨K 10 bis 5 Gew.-% X_1, d 4, ϑ 25 °C⟩

$C_{14}H_{10}$ Phenanthren (X_1) — **C_7H_{16} Heptan** (X_2)
[7] ⟨K 5, d 4⟩

Mol-% X_1	0,82	0,94	1,53	1,58	1,90
20 °C	0,740	0,740	0,743	0,744	0,745

$C_{14}H_{10}$ Phenanthren (X_1) — **C_7H_8 Toluol** (X_2)
[3] ⟨K 5, d 4, ϑ 15°, 30°, 50°, 60 °C⟩

Gew.-% X_1	0,00	3,09	5,20	10,48	21,44
20 °C	0,866	0,872	0,877	0,888	0,912
40 °C	0,847	0,853	0,858	0,870	0,894
70 °C	0,819	0,825	0,830	0,842	0,867

[4] ⟨K 4 bis 26 Gew.-% X_1, d 5, ϑ 20°, 40°, 60 °C⟩
[2]

$C_{14}H_{10}$ Phenanthren (X_1) — **C_8H_{10} Xylol** (X_2)
[*17*] ⟨K10, d4⟩

Gew.-% X_1	0,00	0,56	0,98	1,35	1,77	2,36	2,96	3,71	4,48	5,26
25 °C	0,860	0,861	0,862	0,863	0,864	0,865	0,866	0,868	0,869	0,871

$C_{14}H_{10}$ Anthracen (X_1) — **C_6H_6 Benzol** (X_2)
[*5*] ⟨K6, 4 bis 9 ϑ-Werte⟩

Gew.-% X_1	3,31		9,79		12,27	
	71,2 °C	0,830	138,6 °C	0,772	100,0 °C	0,819
	117,7 °C	0,779	162,7 °C	0,742	141,0 °C	0,775
	159,8 °C	0,727	200,2 °C	0,690	174,9 °C	0,733
	193,5 °C	0,681	221,1 °C	0,659	202,2 °C	0,696

[*15*]

$C_{14}H_{10}$ Diphenylacetylen (X_1) — **C_6H_6 Benzol** (X_2)
[*10*] ⟨K7, d4⟩

Mol-% X_1	0,00	0,25	0,50	0,74	2,62	3,83	4,73
18,4 °C	0,880	0,881	0,882	0,882	0,887	0,891	0,893

[*19*] ⟨K6, d4⟩

Mol-% X_1	0,00	19,96	38,27	57,21	71,76	100
60 °C	0,836	0,890	0,928	0,955	0,971	0,996

[*6*] ⟨K4 bis 5,4 Mol-% X_1, d4, ϑ 10°, 30°, 50°, 70 °C⟩
[*12*] ⟨K3 bis 1,2 Mol-% X_1, d4, ϑ 25 °C⟩

1 Mortzun, G. E.: Thesis, Genf, 1900 (nach Tim.).
2 Speyers: Amer. J. Sci. **14** (1902) 293 (nach ICT).
3 Tyrer, D.: J. chem. Soc. (London) **97** (1910) 2620—34.
4 Grunert, H.: Z. anorg. allg. Chem. **164** (1927) 256—62.
5 Kuhura: J. chem. Soc. Japan **50** (1929) 165 (nach Tabl. ann. **9**).
6 Smyth, C. P., Walls, W. S.: J. Amer. chem. Soc. **53** (1931) 1296—1304.
7 Briegleb, G.: Z. physik. Chem. (B) **16** (1932) 249—83.
8 Bergmann, E., Engel, L., Hoffmann, H.: Z. physik. Chem. (B) **17** (1932) 92—99.
9 Bergmann, E., Engel, L., Wolff, H. A.: Z. physik. Chem. (B) **17** (1932) 81—91.
10 Bergmann, E.: J. chem. Soc. (London) **1936**, S. 402—11.
11 Bergmann, E., Weizmann, A.: Trans. Faraday Soc. **32** (1936) 1327—31.
12 Weissberger, A., Sängewald, R.: Z. physik. Chem. (B) **20** (1933) 145—57.
13 Hughes, E. D., Le Fèvre, C. G., Le Fèvre, R. J. W.: J. chem. Soc. (London) **1937**, 202—07.
14 Le Fèvre, R. J. W., Vine, H.: J. chem. Soc. (London) **1938**, 967—72.
15 Campbell, I. G. M.: J. chem. Soc. (London) **1938**, 404—09.
16 Losowoi, A. W., Djakowa, M. K., Stepanzewa, T. G.: J. allg. Chem. (Shurnal Obschtschei Chimii) **9** (1939) 540—46 (nach Chem. Zbl. u. Tim.).
17 Drucker, C.: Ark. Kem., Mineralog. Geol., Ser. A, **14** (1941) Nr. 15, 1—48.
18 Trevoy, D. J., Drickamer, H. G.: J. chem. Physics **17** (1949) 582—83.
19 Marechal, J.: Bull. Soc. chim. belges **61** (1952) 149—66 (nach Tim. u. C. A.).
20 Duff, G. M., Everett, D. H.: Trans. Faraday Soc. **52** (1956) 753—63.
21 Koefoed, J., Villadsen, J. V.: Acta chem. scand. **12** (1958) 1124—35.
22 Jacobson, B.: Acta chem. scand. **6** (1952) 1485—98.
23 Dixon, J. A.: J. chem. Engng. Data **4** (1959) 289—94.
24 McLure, I. A., Swington, F. L.: Trans. Faraday Soc. **61** (1965) 421—28.
25 Harrison, C., Winnicki, J.: J. chem. Engng. Data **12** (1967) 176—78.
26 Heric, E. L., Brewer, J. G.: J. chem. Engng. Data **12** (1967) 574—83.
27 Powell, R. J., Swinton, F. L.: J. chem. Engng. Data **13** (1968) 260—62.
28 Sims, M. J., Winnick, J.: J. chem. Engng. Data **14** (1969) 164—66.
29 Jain, D. V. S., Dewan, R. K., Tewari, K. K.: Indian J. Chem. **6** (1968) 511—13.

$C_{15}H_{28}$ 1.3-Dicyclohexylpropan (X_1) — **C_6H_{12} Cyclohexan** (X_2)
[19] ⟨ΔV, graph., ϑ 20°, 30°, 40 °C⟩

$C_{16}H_{34}$ n-Hexadecan (X_1) — **C_5H_{12} n-Pentan** (X_2) *[11]*

$C_{16}H_{34}$ n-Hexadecan (X_1) — **C_6H_{14} n-Hexan** (X_2)
[22] ⟨K22, d5⟩

Gew.-% X_1	0,00	13,34	23,28	32,75	41,28	48,52	63,64	73,72	81,24	89,59	100,00
25 °C	0,655	0,669	0,680	0,691	0,701	0,709	0,727	0,739	0,748	0,758	0,771

[17] ⟨K8, ΔV, ϑ 25°, 35 °C⟩
[16] ⟨K4, ΔV, ϑ 51 °C⟩
[11, 15]
[23] ⟨K10, ΔV, ϑ 20 °C⟩

$C_{16}H_{34}$ n-Hexadecan (X_1) — **C_6H_{12} Cyclohexan** (X_2)
[12] ⟨K7, d4⟩

Mol-% X_1	0,00	9,67	11,62	25,68	39,75	57,33	100,00
30 °C	0,769	0,766	0,766	0,765	0,765	0,766	0,767

$C_{16}H_{34}$ n-Hexadecan (X_1) — **C_6H_6 Benzol** (X_2)
[22] ⟨K11, d5⟩

Gew.-% X_1	0,00	8,66	16,96	26,19	32,71	52,08	56,62	70,87	79,45	90,45	100,00
25 °C	0,874	0,861	0,850	0,839	0,831	0,811	0,806	0,793	0,786	0,778	0,771

[12] ⟨K6, d4, ϑ 30 °C⟩
[25] ⟨K7, d4, ϑ 75 °F⟩
[9]

$C_{16}H_{34}$ n-Hexadecan (X_1) — **C_7H_{16} n-Heptan** (X_2)
[7] ⟨K9, d4⟩

Mol-% X_1	0,00	8,81	19,87	29,77	39,18	59,27	69,17	89,78	100,00
22 °C	0,745	0,750	0,755	0,759	0,762	0,767	0,769	0,773	0,775

[12] ⟨K8, d4, ϑ 30 °C⟩
[16] ⟨K4, ΔV, ϑ 76 °C⟩
[9]

$C_{16}H_{34}$ n-Hexadecan (X_1) — **C_7H_{16} 2.4-Dimethylpentan** *[9]*

$C_{16}H_{34}$ n-Hexadecan (X_1) — **C_8H_{18} n-Octan** (X_2)
[16] ⟨K10, ΔV, ϑ 51°, 76°, 106 °C⟩
[11]

$C_{16}H_{34}$ n-Hexadecan (X_1) — **C_8H_{18} Isooctan** (X_2)
[13] ⟨K8, d4⟩

Mol-% X_1	0,00	21,08	29,61	47,45	61,23	78,10	87,43	100,00
30 °C	0,683	0,712	0,721	0,737	0,747	0,757	0,761	0,767

[11]

$C_{16}H_{34}$ n-Hexadecan (X_1) — **C_9H_{20} n-Nonan** (X_2)
[16] ⟨K8, ΔV, ϑ 126 °C⟩

$C_{16}H_{34}$ n-Hexadecan (X_1) — **$C_{10}H_{22}$ n-Decan** (X_2)
[21] ⟨ΔV, Gleichung, ϑ 25°, 35°, 45 °C⟩
[24] ⟨ΔV, Gleichung, ϑ 55°, 65 °C⟩

$C_{16}H_{34}$ n-Hexadecan (X_1) — **$C_{10}H_{18}$ Decahydronaphthalin** (X_2)
[*12*] ⟨K 7, d 4⟩

Mol-% X_1	0,00	10,11	31,32	52,87	69,67	83,59	100,00
30 °C	0,877	0,858	0,826	0,802	0,788	0,777	0,767

$C_{16}H_{34}$ n-Hexadecan (X_1) — **$C_{10}H_{18}$ trans-Decahydronaphthalin** (X_2)
[*18*] ⟨K 8, ΔV, ϑ 25 °C⟩

$C_{16}H_{34}$ n-Hexadecan (X_1) — **$C_{12}H_{26}$ n-Duodecan** (X_2)
[*21*] ⟨ΔV, Gleichung, ϑ 25°, 35°, 45 °C⟩
[*24*] ⟨ΔV, Gleichung, ϑ 45°, 55°, 65 °C⟩

$C_{16}H_{34}$ n-Hexadecan (X_1) — **$C_{14}H_{30}$ n-Tetradecan** (X_2)
[*22*] ⟨K 17, d 5⟩

Gew.-% X_1	0,00	9,71	20,27	28,80	37,32	49,72	62,99	71,92	81,86	90,41	100,00
25 °C	0,760	0,762	0,763	0,763	0,764	0,765	0,767	0,767	0,768	0,769	0,771

$C_{16}H_{16}$ 1.1-Diphenyl-2.2-dimethyläthylen (X_1) — **C_6H_6 Benzol** (X_2)
[*5*] ⟨K 5 bis 1,6 Mol-% X_1, d 6, ϑ 30 °C⟩

$C_{16}H_{16}$ 1:2-5:6-Dibenzocyclooctadien (X_1) — **C_6H_6 Benzol** (X_2)
[*14*] ⟨K 4 bis 0,75%, d 4, ϑ 25 °C⟩

$C_{18}H_{38}$ n-Octadecan (X_1) — **C_6H_6 Benzol** (X_2) [*9*]

$C_{18}H_{38}$ n-Octadecan (X_1) — **C_7H_{16} n-Heptan** (X_2) [*9*]

$C_{19}H_{40}$ n-Nonadecan (X_1) — **C_2H_6 Äthan** (X_2) [*20*]

$C_{19}H_{34}$ Tricyclohexylmethan (X_1) — **$C_{19}H_{40}$ 7-n-Hexyltridecan** (X_2) [*15*]

$C_{19}H_{16}$ Triphenylmethan (X_1) — **C_6H_{14} Hexan** (X_2)
[*1*] ⟨K 3, d 4⟩

Gew.-% X_1	0,00	1,85	3,01
25 °C	0,672	0,677	0,680

$C_{19}H_{16}$ Triphenylmethan (X_1) — **C_6H_6 Benzol** (X_2)
[*1*] ⟨K 4, d 5⟩

Gew.-% X_1	0,00	1,55	2,50	6,80
25 °C	0,873	0,876	0,878	0,885

$C_{19}H_{16}$ Triphenylmethan (X_1) — **C_7H_8 Toluol** (X_2)
[*1*] ⟨K 5, d 5⟩

Gew.-% X_1	0,00	3,85	7,39	11,16	17,88
25 °C	0,861	0,869	0,875	0,881	0,894

$C_{20}H_{26}$ Diphenyloctan (X_1) — **C_6H_6 Benzol** (X_2)
[*10*] ⟨K 5, d 4⟩

Mol-% X_1	0,00	18,74	44,23	78,36	100
25 °C	0,873	0,900	0,918	0,931	0,936

$C_{20}H_{18}$ 1.1.1-Triphenyläthan (X_1) — **C_6H_6 Benzol** (X_2)
[*2*] ⟨K 4, d 4⟩

Mol-% X_1	1,96	3,17	4,09	7,26
10 °C	0,900	0,906	0,911	0,925
30 °C	0,879	0,885	0,890	0,905
50 °C	0,858	0,864	0,869	0,885
70 °C	0,836	0,843	0,849	0,864

Lacmann

$C_{20}H_{16}$ Triphenyläthylen (X_1) — **C_6H_6 Benzol** (X_2)
[*2*] ⟨K4, d4⟩

Mol-% X_1	2,38	3,50	4,93	6,45
10 °C	0,902	0,907	0,914	0,921
30 °C	0,881	0,887	0,894	0,901
50 °C	0,859	0,866	0,873	0,880
70 °C	0,837	0,844	0,852	0,860

$C_{24}H_{50}$ n-Tetraeikosan (X_1) — **C_6H_{14} n-Hexan** (X_2)
[*16*] ⟨K4, ΔV, ϑ 51 °C⟩

$C_{24}H_{50}$ n-Tetraeikosan (X_1) — **C_7H_{16} n-Heptan** (X_2)
[*16*] ⟨K4, ΔV, ϑ 76 °C⟩

$C_{24}H_{50}$ n-Tetraeikosan (X_1) — **C_8H_{18} n-Octan** (X_2)
[*16*] ⟨K4, ΔV, ϑ 106 °C⟩

$C_{24}H_{50}$ n-Tetraeikosan (X_1) — **C_9H_{20} n-Nonan** (X_2)
[*16*] ⟨K8, ΔV, ϑ 51°, 76°, 96°, 106°, 126 °C⟩

$C_{24}H_{20}$ Triphenylcyclopentadienylmethan (X_1) — **C_6H_6 Benzol** (X_2) [*8*]

$C_{26}H_{20}$ Tetraphenyläthylen (X_1) — **C_6H_6 Benzol** (X_2)
[*2*] ⟨K1, d4⟩

	10 °C	30 °C	50 °C	70 °C
1,35 Mol-% X_1	0,900	0,879	0,858	0,836

$C_{26}H_{16}$ Bis-diphenyläthylen (X_1) — **C_6H_6 Benzol** (X_2)
[*3*] ⟨K4, d4⟩

Mol-% X_1	0,00	1,45	1,85	2,25
16 °C	0,883	0,906	0,913	0,919

$C_{27}H_{20}$ Tetraphenylallen (X_1) — **C_6H_6 Benzol** (X_2)
[*4*] ⟨K6, d4⟩

Mol-% X_1	0,00	0,36	0,53	2,05	3,43	4,51
19,3 °C	0,879	0,882	0,883	0,896	0,903	0,910

$C_{32}H_{66}$ n-Duotriakontan (X_1) — **C_8H_{18} n-Octan** (X_2)
[*16*] ⟨K8, ΔV, ϑ 96°, 106 °C⟩

$C_{32}H_{66}$ n-Duotriakontan (X_1) — **C_9H_{20} n-Nonan** (X_2)
[*16*] ⟨K4, ΔV, ϑ 96 °C⟩

$C_{36}H_{74}$ n-Hexatriakontan (X_1) — **C_7H_{16} n-Heptan** (X_2)
[*16*] ⟨K7, ΔV, ϑ 76 °C⟩

$C_{36}H_{74}$ n-Hexatriakontan (X_1) — **C_8H_{18} n-Octan** (X_2)
[*16*] ⟨K8, ΔV, ϑ 96°, 106 °C⟩

$C_{36}H_{74}$ n-Hexatriakontan (X_1) — **C_9H_{20} n-Nonan** (X_2)
[*16*] ⟨K8, ΔV, ϑ 96°, 106°, 126 °C⟩

$C_{38}H_{30}$ Hexaphenyläthan (X_1) — **C_6H_6 Benzol** (X_2)
[*6*] ⟨K5, d5, ϑ 15 °C⟩

Mol-% X_1	0,8	1,0	1,3	1,8	2,0
8 °C	0,903	0,906	0,910	0,917	0,920
22 °C	0,888	0,891	0,895	0,902	0,905
35 °C	0,874	0,877	—	—	0,891

$C_{62}H_{126}$ n-Duohexakontan (X_1) — **C_9H_{20} n-Nonan** (X_2)
[*16*] ⟨K8, ΔV, ϑ 126 °C⟩

1 Tyrer, D.: J. chem. Soc. (London) **97** (1910) 2620–34.
2 Smyth, C. P., Walls, W. S.: J. Amer. chem. Soc. **53** (1931) 1296–1304.
3 Bergmann, E.: J. chem. Soc. (London) **1935**, 987–89.
4 Bergmann, E., Hampson, G. C.: J. chem. Soc. (London) **1935**, 989–93.
5 Gorman, M., Gross, P. M., Davis, R. M.: Physik. Z. **39** (1938) 181–85.
6 Karagunis, G., Jannakopoules, Th.: Z. physik. Chem. (B) **47** (1940) 343–56.
7 Dunken, H.: Z. physik. Chem. (B) **53** (1942/43) 264–79.
8 Hartmann, H., Flenner, K.-H.: Z. physik. Chem. (A) **194** (1944/50) 278–83.
9 Trevoy, D. J., Drickamer, H. G.: J. chem. Physics **17** (1949) 582–83.
10 Marechal, J.: Bull. Soc. chim. belges **61** (1952) 149–66 (nach Tim. u. C. A.).
11 Desmyter, A., van der Waals, J. H.: Recueil Trav. chim. Pays-Bas **77** (1958) 53–65.
12 Danusso, F.: Atti Accad. naz. Lincei Rend., Cl. Sci. fisiche, mat., natur. [8] **13** (1952) 131–38.
13 [8] **17** (1954) 109–13.
14 Randall, E. W., Sutton, L. E.: J. chem. Soc. (London) **1958**, 1266–69.
15 Dixon, J. A.: J. chem. Engng. Data **4** (1959) 289–94.
16 Holleman, Th.: Physica **29** (1963) 585–99.
17 Gómez-Ibáñez, J. D., Liu, C. T.: J. physic. Chem. **67** (1963) 1388–91.
18 Gómez-Ibáñez, J. D., Wang, T. C.: J. physic. Chem. **70** (1966) 391–94.
19 McLure, I. A., Swington, F. L.: Trans. Faraday Soc. **61** (1965) 421–28.
20 Kohn, J. P., Kim, Y. J., Pan, Y. C.: J. chem. Engng. Data **11** (1966) 333–34.
21 Harrison, C., Winnicki, J.: J. chem. Engng. Data **12** (1967) 176–78.
22 Heric, E. L., Brewer, J. G.: J. chem. Engng. Data **12** (1967) 574–83.
23 Fernandez-Garcia, J., Stoeckli, F., Boissonas, Ch. B.: Helv. chim. Acta **49** (1966) 1983–86.
24 Sims, M. J., Winnick, J.: J. chem. Engng. Data **14** (1969) 164–66.
25 Hayworth, K. E., Lenoir, J. M.: J. chem. Engng. Data **16** (1971) 276–79.

1.4.2 C–H-Halogenverbindungen — C–H-halogencompounds

CH_3Cl Methylchlorid (X_1) – **C_6H_{14} Hexan** (X_2)
[5] ⟨K 5, d 4, ϑ bis 13 Werte⟩

0,00 Mol-% X_1		6,06 Mol-% X_1		15,9 Mol-% X_1		18,3 Mol-% X_1		100,0 Mol-% X_1	
−68,8 °C	0,755	−62,7 °C	0,758	−87,4 °C	0,794	−106,2 °C	0,809	−90 °C	1,119
−31,0 °C	0,722	−31,4 °C	0,730	−46,6 °C	0,757	−64,9 °C	0,771	−60 °C	1,068
−11,6 °C	0,708	−11,1 °C	0,712	−8,1 °C	0,721	−25,5 °C	0,735	−40 °C	1,036
+3,2 °C	0,692	+3,5 °C	0,699	+27,9 °C	0,687	+8,5 °C	0,703	−20 °C	1,005
+19,4 °C	0,678	+18,7 °C	0,685						
+32,7 °C	0,666	+35,7 °C	0,669						

CH_3Cl Methylchlorid (X_1) – **C_6H_6 Benzol** (X_2)
[8] ⟨K 7, d 5⟩

Gew.-% X_1	0,00	1,37	2,08	2,56	2,81	2,88	3,42
25 °C	0,874	0,875	0,875	0,875	0,876	0,876	0,876

CH_3Br Methylbromid (X_1) – **C_6H_{14} Hexan** (X_2)
[5] ⟨K 7, d 4, ϑ bis 17 Werte⟩

0,00 Mol-% X_1		3,6 Mol-% X_1		10,7 Mol-% X_1		19,8 Mol-% X_1		26,0 Mol-% X_1	
−100 °C	0,782	−50,8 °C	0,754	−81,1 °C	0,819	−103,4 °C	0,890	−85,5 °C	0,908
−50 °C	0,738	−11,3 °C	0,719	−37,1 °C	0,777	−62,1 °C	0,848	−42,7 °C	0,866
−20 °C	0,712	25,1 °C	0,686	1,4 °C	0,741	−23,0 °C	0,809	−5,7 °C	0,827
0 °C	0,695			33,0 °C	0,710	16,8 °C	0,768	29,4 °C	0,788
20 °C	0,677								
40 °C	0,660								
60 °C	0,643								

49,4 Mol-% X_1		100 Mol-% X_1	
−87,9 °C	1,103	−93,6 °C	1,964
−49,6 °C	1,053	−60,3 °C	1,881
−10,4 °C	1,001	−25,2 °C	1,793
21,2 °C	0,958	7,4 °C	1,710

CH_3Br Methylbromid (X_1) — **C_6H_6 Benzol** (X_2)
[9] ⟨K7, d5⟩

	0,00	2,33	3,34	3,95	4,05	6,92	8,38
25 °C	0,874	0,883	0,887	0,889	0,890	0,900	0,906

CH_3J Methyljodid (X_1) — **C_6H_{14} Hexan** (X_2)
[5] ⟨K7, d3—4, ϑ bis 17 Werte⟩

0 Mol-% X_1		3,05 Mol-% X_1		4,9 Mol-% X_1		6,1 Mol-% X_1		10,25 Mol-% X_1	
−100 °C	0,782	−50,6 °C	0,765	−100,9 °C	0,825	−83,7 °C	0,819	−75,8 °C	0,851
−60 °C	0,747	−11,7 °C	0,730	−60,6 °C	0,788	−39,3 °C	0,777	−34,5 °C	0,811
−20 °C	0,712	28,1 °C	0,693	−20,6 °C	0,752	−1,4 °C	0,742	4,0 °C	0,773
0 °C	0,695			19,5 °C	0,714	31,6 °C	0,711	39,0 °C	0,737
20 °C	0,677								
40 °C	0,660								
60 °C	0,643								

16,8 Mol-% X_1		100 Mol-% X_1	
−68,7 °C	0,907	−60 °C	2,501
−28,9 °C	0,864	−20 °C	2,387
10,8 °C	0,824	0 °C	2,330
44,5 °C	0,787	20 °C	2,272
		40 °C	2,214

CH_3J Methyljodid (X_1) — **C_6H_6 Benzol** (X_1)
[1] ⟨K2, d4⟩

Gew.-% X_1	0,00	27,41
15 °C	0,885	1,061

CH_2Cl_2 Methylenchlorid (X_1) — **C_6H_{12} Cyclohexan** (X_2) [10]

CH_2Cl_2 Methylenchlorid (X_1) — **C_6H_6 Benzol** (X_2)
[8] ⟨K12, d5⟩

Gew.-% X_1	0,00	0,82	1,37	2,80	5,09	6,83	9,44	15,01
25 °C	0,874	0,875	0,878	0,882	0,889	0,894	0,901	0,920

CH_2Cl_2 Methylenchlorid (X_1) — **CH_3J Methyljodid** (X_2)
[11] ⟨K9, d4⟩

Mol-% X_1	0,00	12,37	27,40	39,41	49,77	59,32	72,24	84,11	100,00
25 °C	1,316	1,429	1,566	1,677	1,774	1,864	1,989	2,105	2,264

CH_2Br_2 Methylenbromid (X_1) — **C_6H_6 Benzol** (X_2)
[4] ⟨K7, d4⟩

Mol-% X_1	0,00	4,96	9,47	20,38	56,18	81,14	100,00
10 °C	0,890	0,953	1,012	1,161	1,701	2,142	2,544
40 °C	0,857	0,919	0,976	1,120	1,646	2,073	2,444
70 °C	0,825	0,884	0,939	1,079	1,598	2,004	—

[9] ⟨K7, d4⟩

Gew.-% X_1	0,00	2,10	4,06	6,58	7,38
25 °C	0,874	0,886	0,897	0,912	0,918

CH_2J_2 Methylenjodid (X_1) — **C_6H_6 Benzol** (X_2)
[4] ⟨K7, d4⟩

Mol-% X_1	0,00	2,68	4,49	6,36	13,37	19,43	100,00
25 °C	—	0,933	0,972	1,014	1,173	1,307	3,310
50 °C	0,847	0,904	0,943	0,983	1,135	1,271	—

$CHCl_3$ Chloroform (X_1) — **C_5H_{12} Pentan** (X_2)
[2] ⟨K8, d4⟩

Gew.-% X_1	0,00	12,42	45,34	58,91	62,34	71,28	91,93	100
°C	20,45°	20,8°	20,8°	21,3°	21,1°	21,0°	21,0°	21,5°
	0,613	0,672	0,846	0,953	0,984	1,065	1,340	1,483

$CHCl_3$ Chloroform (X_1) — **C_5H_{10} Amylen** (X_2)
[2] ⟨K8, d4⟩

Gew.-% X_1	0,00	17,65	35,55	53,70	63,01	70,12	90,61	100,00
°C	21,0°	21,4°	20,5°	20,1°	20,3°	20,6°	20,6°	21,5°
	0,660	0,735	0,830	0,949	1,027	1,087	1,333	1,483

$CHCl_3$ Chloroform (X_1) — **C_6H_{14} Hexan** (X_2)
[3] ⟨K8, d4, ϑ −90°, −70°, −50°, −30°, −10°, +10°, +30°, +50 °C⟩

Mol-% X_1	0,00	5,17	12,77	28,62	49,53	68,56	78,03	100,00
−80 °C	0,773	0,803	0,848	0,955	1,117	1,295	1,397	—
−60 °C	0,756	0,785	0,829	0,933	1,093	1,267	1,366	1,637
−40 °C	0,739	0,767	0,810	0,912	1,068	1,238	1,334	1,600
−20 °C	0,721	0,749	0,791	0,890	1,043	1,209	1,303	1,563
0 °C	0,703	0,730	0,772	0,868	1,017	1,180	1,271	1,526
+20 °C	0,685	0,712	0,752	0,846	0,991	1,150	1,240	1,489
+40 °C	0,667	0,692	0,732	0,824	0,965	1,119	1,207	1,452
+60 °C	0,647	0,672	0,712	0,780	0,938	1,089	1,174	1,411

[7] ⟨K8, d4, ϑ 20 °C⟩

$CHCl_3$ Chloroform (X_1) — **C_6H_{12} Cyclohexan** (X_2)
[6] ⟨K9, d4⟩

Mol-% X_1	0,00	8,13	11,98	13,66	18,36	19,23	56,85	78,51	100,00
20 °C	0,778	0,821	0,842	0,851	0,877	0,882	1,129	1,296	1,489

[10] ⟨ΔV, graph. Darst., ϑ 20 °C⟩

1 Lumsden, J. S.: J. chem. Soc. (London) **91** (1907) 24—35.
2 Dobroserdov: J. russ. Physik.-chem. Ges. (Shurnal Russkogo Fisiko-Chimitschesskogo Obschtschesstwa) **44** (1912) 679 (nach ICT).
3 Smyth, C. P., Morgan, S. O.: J. Amer. chem. Soc. **50** (1928) 1547—60.
4 Smyth, C. P., Rogers, H. E.: J. Amer. chem. Soc. **52** (1930) 2227—40.
5 Morgan, S. O., Lowry, H. H.: J. physic. Chem. **34** (1930) 2385—2432.
6 Earp, D. P., Glasstone, S.: J. chem. Soc. (London) **1935**, 1709—23.
7 Böttcher, C. J. F.: Recueil Trav. chim. Pays-Bas **62** (1943) 119—33.
8 Barclay, G. A., Le Fèvre, R. J. W.: J. chem. Soc. (London) **1950**, 556—62.
9 Buckingham, A. D., Le Fèvre, R. J. W.: J. chem. Soc. (London) **1953**, 3432—35.
10 Markgraf, H.-G., Nikuradse, A.: Z. Naturforsch. **9a** (1954) 27—34.
11 Moelwyn-Hughes, E. A., Missen, R. W.: Trans. Faraday Soc. **53** (1957) 607—15.

$CHCl_3$ Chloroform (X_1) — **C_6H_6 Benzol** (X_2)
[3] ⟨K6, d4, ϑ 26 °C⟩

Mol-% X_1	0	20	40	60	80	100
5 °C	0,891	0,995	1,114	1,245	1,376	1,516
20 °C	0,879	0,982	1,092	1,221	1,345	1,475

[5] ⟨K1, d5⟩

50 Gew.-% X_1	0 °C	25 °C	40 °C	55 °C	70 °C
	1,128	1,108	1,074	1,053	1,034

[16] ⟨K11, d4⟩

Mol-% X_1	0,0	16,8	23,0	32,1	42,8	52,0	63,4	73,3	83,5	91,7	100,0
25 °C	0,8739	0,9669	1,0016	1,0538	1,1164	1,1719	1,2419	1,3040	1,3695	1,4240	1,4802

$CHCl_3$ Chloroform (X_1) — **C_6H_6 Benzol** (X_2) (Forts.)

[1] ⟨K6, d6, ϑ 15 °C⟩
[8] ⟨K11, ΔV, ϑ 17 °C⟩
[6] ⟨K6, d5, ϑ 20 °C⟩
[19] ⟨K8, d4, ϑ 20 °C⟩
[7] ⟨K8, d5, ϑ 25 °C⟩
[9] ⟨K6, d3, ϑ 25 °C⟩
[10] ⟨K7, d4, ϑ 25 °C⟩
[12] ⟨K4 ab 92,9 Mol-% X_1, d4, ϑ 25 °C⟩
[13, 14] ⟨K9, d5, ϑ 25 °C⟩
[15] ⟨K9 bis 55 Gew.-% X_1, d4, ϑ 25 °C⟩
[17] ⟨K6, d4, ϑ 25 °C⟩
[18] ⟨ΔV, graph., ϑ 25 °C⟩
[2, 4, 11]

1 Goerdt: Dissert., Münster, 1911 (nach ICT und Tim.).
2 Dobroserdov: J. russ. physik. chem. Ges. (Shurnal Russkogo Fisiko-Chimitschesskogo Obschtschesstwa) **44** (1912) 679 (nach ICT).
3 Schulze, A.: Z. Elektrochem., angew. physik. Chem. **18** (1912) 77—93; Z. physik. Chem. **97** (1921) 388—416.
4 Burwinkel: Dissert., Münster, 1914 (nach ICT).
5 Mathews, J. H., Cooke, R. D.: J. physic. Chem. **18** (1914) 559—85.
6 Rakshit, J. N.: Z. Elektrochem., angew. physik. Chem. **31** (1925) 320—23.
7 Hirobe, H.: J. Fac. Sci. Imp. Univ. Tokyo **1** (1926) Nr. 4, 178—214 (nach L. B. E II und Tim.).
8 Schmidt, G. C.: Z. physik. Chem. **121** (1926) 221—53.
9 Hammick, D. L., Andrew, L. W.: J. chem. Soc. (London) **1929**, 754—59.
10 Hammick, D. L., Norris, A., Sutton, L. E.: J. chem. Soc. (London) **1938**, 1755—61.
11 Bottecchia, G.: Atti Reale Ist. Veneto Sci., Lettere Arti **93** (1934) 567—72.
12 Jenkins, H. O.: J. chem. Soc. (London) **1936**, 862—67.
13 Le Fèvre, C. G., Le Fèvre, R. J. W.: J. chem. Soc. (London) **1936**, 487—91.
14 Le Fèvre, R. J. W., Russell, P.: J. chem. Soc. (London) **1936**, 491—95.
15 Le Fèvre, C. G., Le Fèvre, R. J. W.: J. chem. Soc. (London) **1953**, 4041—50.
16 Nagata, I.: J. chem. Engng. Data **7** (1962) 360—66.
17 Fort, R. J., Moore, W. R.: Trans. Faraday Soc. **61** (1965) 2102—11.
18 Campbell, A. N., Kartzmark, E. M., Chatterjee, R. M.: Canad. J. Chem. **44** (1966) 1183—89.
19 Hurwic, J., Michalczyki, J.: Roczniki Chem. (Ann. Soc. chim. Polonorum) **34** (1960) 1423—38.

$CHCl_3$ Chloroform (X_1) — **C_7H_{16} Heptan** (X_2)

[2] ⟨K9, d4⟩

Gew.-% X_1	0,00	12,92	32,38	54,38	55,24	65,73	92,50	100,00
ϑ °C	20,5°	19,8°	19,4°	19,4°	19,4°	19,6°	19,6°	21,5°
	0,730	0,781	0,871	1,005	1,010	1,090	1,360	1,483

[7, 8] ⟨K11, d4⟩

Mol-% X_1	9,15	16,28	23,95	40,52	47,21	61,25	70,30	82,50	90,28	100,00
20 °C	0,751	0,780	0,819	0,899	0,943	1,052	1,150	1,280	1,366	1,488

[28] ⟨K7, d3, ϑ 20 °C⟩

$CHCl_3$ Chloroform (X_1) — **C_7H_8 Toluol** (X_2)

[4] ⟨K7, d5⟩

Gew.-% X_1	0,00	17,46	33,38	54,21	63,96	82,27	100,00
17 °C	0,871	0,963	1,010	1,115	1,161	1,293	1,491

[11] ⟨K4 bis 22,6 Mol-% X_1, d5, ϑ 25 °C⟩
[9]

$CHCl_3$ Chloroform (X_1) — **$C_{10}H_{14}$ Tetramethylbenzol** (X_2)

[3] ⟨K5, d5⟩

Gew.-% X_1	86,08	89,86	95,35	98,06	100,00
25 °C	1,345	1,378	1,430	1,457	1,477

Lacmann

$CHCl_3$ Chloroform (X_1)—**$C_{10}H_8$ Naphthalin** (X_2)
[5] ⟨K4, d4⟩

Gew.-% X_1	88,69	94,48	97,27	100,00
20 °C	1,413	1,447	1,464	1,481
40 °C	1,380	1,412	1,429	1,445

[1] ⟨K8, d4, ϑ 18 °C⟩

$CHCl_3$ Chloroform (X_1)—**$C_{12}H_{10}$ Acenaphthen** (X_2)
[3] ⟨K5, d5⟩

Gew.-% X_1	86,80	92,62	96,03	98,51	100,00
20 °C	1,410	1,440	1,457	1,469	1,477

$CHCl_3$ Chloroform (X_1)—**$C_{12}H_{10}$ Diphenyl** (X_2)
[3] ⟨K6, d5⟩

Gew.-% X_1	86,86	89,72	94,68	95,81	98,37	100,00
25 °C	1,399	1,416	1,445	1,452	1,468	1,477

$CHCl_3$ Chloroform (X_1)—**$C_{14}H_{10}$ Phenanthren** (X_2)
[5] ⟨K4, d4⟩

Gew.-% X_1	82,85	91,66	95,89	100,00
20 °C	1,403	1,439	1,457	1,482
40 °C	1,373	1,406	1,422	1,445

$CHCl_3$ Chloroform (X_1)—**$C_{19}H_{16}$ Triphenylmethan** (X_2)
[3] ⟨K5, d5⟩

Gew.-% X_1	90,80	92,98	93,17	97,33	100,00
25 °C	1,429	1,440	1,441	1,463	1,477

$CHCl_3$ Chloroform (X_1)—**CH_3J Methyljodid** (X_2)
[23] ⟨K10, d4⟩

Mol-% X_1	0,00	13,54	25,85	39,04	49,52	61,37	74,85	86,70	92,30	100,00
25 °C	2,264	2,132	2,020	1,909	1,826	1,737	1,642	1,563	1,527	1,479

$CHCl_3$ Chloroform (X_1)—**CH_2Cl_2 Methylenchlorid** (X_2)
[27] ⟨K11, d3⟩

Gew.-% X_1	0	10	20	30	40	50	60	70	80	90	100
20 °C	1,326	1,331	1,341	1,356	1,373	1,390	1,406	1,423	1,440	1,460	1,489

[22]

$CHBr_3$ Bromoform (X_1)—**C_6H_{12} Cyclohexan** (X_2)
[10] ⟨K6, d4⟩

Mol-% X_1	0,00	5,03	17,15	38,97	68,37	100,00
20 °C	0,778	0,864	1,079	1,493	2,115	2,890

$CHBr_3$ Bromoform (X_1)—**C_6H_6 Benzol** (X_2)
[6] ⟨K9, d4⟩

Mol-% X_1	0,00	4,09	5,73	7,18	9,29	23,40	50,47	73,58	100,00
10 °C	0,890	0,971	1,004	1,033	1,075	1,359	1,907	2,382	2,919
40 °C	0,857	0,937	0,969	0,997	1,038	1,314	1,849	2,313	2,838
70 °C	0,825	0,900	0,933	0,960	1,000	1,269	1,790	2,245	2,760

[14] ⟨K11, d4⟩

$CHBr_3$ Bromoform (X_1) — **C_6H_6 Benzol** (X_2) (Forts.)

Gew.-% X_1	0,00	9,98	19,99	29,96	40,00	49,99	58,70	69,89	80,01	90,87	100,00
30 °C	0,864	0,929	1,003	1,092	1,197	1,325	1,461	1,682	1,928	2,351	2,843

[*11*] ⟨K3 bis 11,6 Mol-% X_1, d5, ϑ 25 °C⟩
[*12*] ⟨K11 bis 7,3 Gew.-% X_1, d5, ϑ 25 °C⟩

$CHBr_3$ Bromoform (X_1) — **$CHCl_3$ Chloroform** (X_2)
[*11*] ⟨K4, d5⟩

Mol-% X_1	0,00	2,05	4,53	5,63
25 °C	1,468	1,499	1,537	1,554

CHJ_3 Jodoform (X_1) — **C_6H_6 Benzol** (X_2)
[*6*] ⟨K4, d4, ϑ 10°, 30°, 50°, 60 °C⟩

Mol-% X_1	0,00	0,63	2,22	3,52
20 °C	0,879	0,899	0,955	0,999
40 °C	0,857	0,877	0,932	0,975
70 °C	0,825	0,843	0,898	0,939

[*10*] ⟨K4 bis 1,8 Mol-% X_1, d4, ϑ 20 °C⟩

CF_4 Tetrafluormethan (X_1) — **CH_4 Methan** (X_2) [*24*]

CCl_4 Tetrachlormethan (X_1) — **C_5H_{10} Cyclopentan** (X_2)
[*34*] ⟨Gleichung, d4⟩

Mol-% X_1	0	10	20	30	40	50	60	70	80	90	100
20 °C	0,7449	0,8313	0,9176	1,0035	1,0890	1,1740	1,2585	1,3426	1,4262	1,5097	1,5931

[*13*] ⟨K4, d4, ϑ 25 °C⟩
[*26*] ⟨ΔV, ϑ 25 °C⟩
[*33*] ⟨K44, ΔV, ϑ 25 °C⟩

CCl_4 Tetrachlormethan (X_1) — **C_6H_{14} n-Hexan** (X_2)
[*34*] ⟨Gleichung, d4⟩

Mol-% X_1	0	10	20	30	40	50	60	70	80	90	100
20 °C	0,6597	0,7303	0,8049	0,8837	0,9671	1,0556	1,1495	1,2496	1,3564	1,4707	1,5932

[*20*] ⟨K6, d5⟩

Mol-% X_1	0,00	37,87	57,98	71,69	87,70	100,00
22 °C	0,681	0,973	1,147	1,280	1,449	1,590
33 °C	0,671	0,959	1,131	1,262	1,429	1,569

[*32*] ⟨K10, d5, ϑ 25 °C⟩

CCl_4 Tetrachlormethan (X_1) — **C_6H_{14} 2-Methylpentan** (X_2)
[*34*] ⟨Gleichung, d4⟩

Mol-% X_1	0	10	20	30	40	50	60	70	80	90	100
20 °C	0,6530	0,7239	0,7988	0,8781	0,9620	1,0510	1,1457	1,2466	1,3543	1,4696	1,5933

CCl_4 Tetrachlormethan (X_1) — **C_6H_{14} 3-Methylpentan** (X_2)
[*34*] ⟨Gleichung, d4⟩

Mol-% X_1	0	10	20	30	40	50	60	70	80	90	100
20 °C	0,6639	0,7348	0,8095	0,8883	0,9716	1,0598	1,1558	1,2530	1,3590	1,4722	1,5932

Lacmann

CCl_4 Tetrachlormethan (X_1) — **C_6H_{14} 2.2-Dimethylbutan** (X_2)
[*34*] ⟨Gleichung, d4⟩

Mol-% X_1	0	10	20	30	40	50	60	70	80	90	100
20 °C	0,6490	0,7199	0,7949	0,8744	0,9587	1,0482	1,1434	1,2448	1,3531	1,4690	1,5931

CCl_4 Tetrachlormethan (X_1) — **C_6H_{14} 2.3-Dimethylbutan** (X_2)
[*34*] ⟨Gleichung, d4⟩

Mol-% X_1	0	10	20	30	40	50	60	70	80	90	100
20 °C	0,6611	0,7322	0,8073	0,8865	0,9702	1,0588	1,1528	1,2527	1,3590	1,4722	1,5931

CCl_4 Tetrachlormethan (X_1) — **C_6H_{12} Hexen-(1)** (X_2)
[*34*] ⟨Gleichung, d4⟩

Mol-% X_1	0	10	20	30	40	50	60	70	80	90	100
20 °C	0,6729	0,7462	0,8230	0,9035	0,9879	1,0723	1,1696	1,2675	1,3705	1,4789	1,5932

CCl_4 Tetrachlormethan (X_1) — **C_6H_{12} Cyclohexan** (X_2)
[*34*] ⟨Gleichung, d4⟩

Mol-% X_1	0	10	20	30	40	50	60	70	80	90	100
20 °C	0,7776	0,8510	0,9257	1,0021	1,0803	1,1604	1,2426	1,3269	1,4134	1,5022	1,5933

[*20*] ⟨K9, d5⟩

Mol-% X_1	0,00	11,79	21,42	33,45	46,92	58,26	69,43	86,96	100,00
22 °C	0,776	0,862	0,934	1,027	1,133	1,227	1,345	1,472	1,590
33 °C	0,766	0,851	0,922	1,013	1,118	1,209	1,327	1,452	1,569

[*36*] ⟨K11, d4⟩

Mol-% X_1	0	10	20	30	40	50	60	70	80	90	100
25 °C	0,7743	0,8467	0,9209	1,0024	1,0748	1,1533	1,2367	1,3220	1,4066	1,4954	1,5843
40 °C	0,7601	0,8305	0,9034	0,9734	1,0540	1,1318	1,2134	1,2970	1,3785	1,4669	1,5550
55 °C	0,7456	0,8143	0,8861	0,9506	1,0352	1,1108	1,1900	1,2727	1,3542	1,4376	1,5254

[*10*] ⟨K5, d4, ϑ 20 °C⟩
[*15*] ⟨K10, d4, ϑ 20 °C⟩
[*35*] ⟨K21, d5, ϑ 20 °C⟩
[*19*] ⟨K8, d3, ϑ 22 °C⟩
[*21*] ⟨K9, d5, ϑ 25 °C⟩
[*18*] ⟨K8, d4, ϑ 25 °C⟩
[*13*] ⟨K5 ab 93 Gew.-% $\mathbf{X_1}$, d4, ϑ 25 °C⟩
[*16*] ⟨K16, d5, ϑ 25°, 30 °C; Gleichungen, ϑ 15° bis 75 °C⟩
[*17*] ⟨K16, d5, ϑ 30 °C⟩
[*26*] ⟨ΔV, ϑ 25 °C⟩
[*29*] ⟨K8, d5, ϑ 30 °C⟩
[*30*] ⟨K6, ΔV, ϑ 10°, 20°, 40 °C⟩
[*31*] ⟨K7, Molvolumen, ϑ 25 °C⟩

CCl_4 Tetrachlormethan (X_1) — **C_6H_{12} Methylcyclopentan** (X_2)
[*34*] ⟨Gleichung, d4⟩

Mol-% X_1	0	10	20	30	40	50	60	70	80	90	100
20 °C	0,7481	0,8211	0,8965	0,9744	1,0547	1,1374	1,2226	1,3106	1,4014	1,4955	1,5932

CCl_4 Tetrachlormethan (X_1) — **C_6H_{10} Cyclohexen** (X_2)
[*34*] ⟨Gleichung, d4⟩

Mol-% X_1	0	10	20	30	40	50	60	70	80	90	100
20 °C	0,8101	0,8859	0,9622	1,0392	1,1167	1,1949	1,2737	1,3530	1,4327	1,5129	1,5933

1 Forch, C.: Ann. Physik, Boltzmann-Festschrift (1904) 696—705.
2 Dobroserdov: J. russ. physik.-chem. Ges. (Shurnal Russkogo Fisiko-Chimitschesskogo Obschtschesstwa) **44** (1912) 679 (nach ICT).
3 Tyrer, D.: J. chem. Soc. (London) **97** (1910) 2620—34.

4 Burwinkel: Dissert., Münster, 1914 (nach ICT und Tim.).
5 Grunert, H.: Z. anorg. allg. Chem. **164** (1927) 256—62.
6 Smyth, C. P., Rogers, H. E.: J. Amer. chem. Soc. **52** (1930) 2227—40.
7 Briegleb, G.: Z. physik. Chem. (B) **14** (1931) 97—121.
8 (B) **16** (1932) 249—75.
9 Davis, D. S.: Chemist-Analyst **23** (1934) Nr. 4 (nach Chem. Zbl.).
10 Earp, D. P., Glasstone, S.: J. chem. Soc.(London) **1935**, 1709—23.
11 Le Fèvre, R. J. W., Russell, P.: J. chem. Soc. (London) **1936**, 491—95.
12 Buckingham, A. D., Le Fèvre, R. J. W.: J. chem. Soc. (London) **1953**, 3432—35.
13 Le Fèvre, C. G., Le Fèvre, R. J. W.: J. chem. Soc. (London) **1956**, 3549—63.
14 Whitman, J. L., Clardy, L. R.: J. Amer. chem. Soc. **58** (1936) 237—39.
15 Michalewicz, C.: Roczniki Chem. (Ann. Soc. chim. Polonorum) **18** (1938) 718—24 (nach Chem. Zbl. u. Tim.).
16 Scatchard, G., Wood, S. E., Mochel, J. M.: J. Amer. chem. Soc. **61** (1939) 3206—10.
17 Wood, S. E., Gray, J. A., III: J. Amer. chem. Soc. **74** (1952) 3729—33.
18 Pesce, B., Tuozzi, P., Erdokimoff, V.: Gazz. chim. ital. **70** (1940) 721—23.
19 Klapproth, H.: Nova Acta Leopoldina [N. F.] **9** (1940) 305—60.
20 Grafe, R.: Nova Acta Leopoldina [N. F.] **12** (1943) 141—94.
21 Brown, I., Ewald, A. H.: Austral. J. sci. Res. (A) **3** (1950) 306—23 (nach C. A. u. Tim.).
22 Markgraf, H.-G., Nikuradse, A.: Z. Naturforsch. **9a** (1954) 27—34.
23 Moelwyn-Hughes, E. A., Missen, R. W.: Trans. Faraday Soc. **53** (1957) 607—15.
24 Croll, I. M., Scott, R. L.: J. physic. Chem. **62** (1958) 954—57.
25 Diaz Pena, M., McGlashan, M. L.: Trans. Faraday Soc. **57** (1961) 1511—20.
26 Bellemans, A.: Bull. Soc. chim. belges **66** (1957) 636—39.
27 Stojanova-Antoszczyszyn, M., Zieliński, A. Z.: Przemysł chem. **40** (1961) 577—80.
28 Kaulgud, M. V.: Indian J. Physics, Proc. Indian Assoc. Cultivat. Sci. **36** (1962) 577—85.
29 Reddy, K. C., Subrahmanyam, S. V., Bhimasenachar, J.: J. physic. Soc. Japan **19** (1964) 559 bis 566.
30 Kehlen, H., Sackmann, H.: Z. physik. Chem. [Neue Folge] **50** (1966) 144—51.
31 Katti, K. P., Chaudhri, M. M., Prakash, O.: J. chem. Engng. Data **11** (1966) 593—94.
32 Heric, E. L., Brewer, J. G.: J. chem. Engng. Data **12** (1967) 574—83.
33 Boublik, T., Lamm, V. T., Murukami, S., Benson, G. C.: J. physic. Chem. **73** (1969) 2356—60.
34 Rodger, A. J., Hsu, Ch. C., Furter, W. F.: J. chem. Engng. Data **14** (1969) 362—67.
35 Ocon, J., Tojo, G., Espada, L.: An. Real Soc. espan. Fisica Quim., Ser. Quim. **65** (1969) 633—39.
36 Sanni, S. A., Fell, C. J. D., Hutchison, H. P.: J. chem. Engng. Data **16** (1971) 424—27.

CCl_4 Tetrachlormethan (X_1) — C_6H_6 Benzol (X_2)
[18] ⟨K10, d4⟩

Gew.-% X_1	0,00	21,26	30,80	38,97	44,52	54,03	66,26	77,83	89,03	100,00
10 °C	0,889	0,984	1,032	1,078	1,111	1,174	1,266	1,367	1,481	1,614
20 °C	0,879	0,972	1,020	1,065	1,098	1,160	1,250	1,350	1,463	1,594
30 °C	0,868	0,960	1,007	1,052	1,084	1,145	1,235	1,334	1,445	1,575
40 °C	0,857	0,948	0,995	1,039	1,071	1,131	1,219	1,317	1,427	1,555
50 °C	0,846	0,936	0,982	1,026	1,057	1,117	1,204	1,300	1,409	1,535

[37] ⟨Gleichung, d4⟩

Mol-% X_1	0	10	20	30	40	50	60	70	80	90	100
20 °C	0,8782	0,9555	1,0313	1,1056	1,1787	1,2505	1,3212	1,3908	1,4594	1,5269	1,5933

[7] ⟨K6, d4, ϑ 18 °C⟩

Mol-% X_1	0	20	40	60	80	100
50 °C	0,849	0,995	1,135	1,273	1,406	1,533
60 °C	0,833	0,971	1,107	1,241	1,373	1,503

[8] ⟨K1, d5, ϑ 0°, 25°, 40°, 55 °C⟩
[32] ⟨K1, d3, ϑ 0°, 5°, 20°, 22°, 50 °C⟩
[40] ⟨ΔV, graph., ϑ 15°, 20°, 25°, 30°, 35 °C⟩
[9] ⟨K9, ΔV, ϑ 17 °C⟩
[16] ⟨K4 bis 8,4 Mol-% X_1, d5, ϑ 18 °C⟩
[12] ⟨K11, d4, ϑ 18 °C⟩
[15] ⟨K4, d5, ϑ 20 °C⟩
[19] ⟨K11, d4, ϑ 20 °C⟩
[25] ⟨K12, d4, ϑ 20 °C⟩
[17] ⟨K6, d3, ϑ 20 °C⟩

CCl_4 Tetrachlormethan (X_1) — **C_6H_6 Benzol** (X_2) (Forts.)

[28] ⟨K 9 ab 82 Gew.-% X_1, d 4, ϑ 20 °C⟩
[27] ⟨K 8, d 4, ϑ 20 °C⟩
[33] ⟨K 6, d 5, ϑ 20°, 25°, 30°, 35°, 40 °C⟩
[41] ⟨K 66, d 5, ϑ 20 °C⟩
[24] ⟨K 9, d 5, ϑ 22°, 33 °C⟩
[29] ⟨K 7, d 3, ϑ 24 °C⟩
[5] ⟨K 11, d 4, ϑ 25 °C⟩
[10] ⟨K 8, d 5, ϑ 25 °C⟩
[4] ⟨K 11, d 5, ϑ 25°, 50 °C⟩
[23] ⟨K 5, d 5, ϑ 25 °C⟩
[13] ⟨K 5, d 3, ϑ 25 °C⟩
[31] ⟨K 8 bis 32 Gew.-% X_1, d 5, ϑ 25 °C⟩
[26] ⟨K 7 bis 3,3 Gew.-% X_1, d 5, ϑ 25 °C⟩
[20] ⟨K 10, d 4, ϑ 25 °C⟩
[21] ⟨K 15, d 5, ϑ 25°, 30 °C; Gleichungen, ϑ 15° bis 75 °C⟩
[11] ⟨K 6, d 4, ϑ 25 °C⟩
[34] ⟨K 6, d 4, ϑ 25 °C⟩
[35] ⟨K 9, Molvolumen, ϑ 25 °C⟩
[36] ⟨K 11, d 5, ϑ 25 °C⟩
[38] ⟨K 11, d 4, ϑ 25 °C⟩
[42] ⟨K 5, Molvolumen, ϑ 25,4 °C⟩
[22] ⟨K 11, d 5, ϑ 30 °C⟩
[39] ⟨K 6, Molvolumen, ϑ 200 °C⟩
[1—3, 6, 14, 30]

1 Brown: J. chem. Soc. (London) **39** (1881) 202, 304 (nach ICT).
2 Ramsay, W., Aston, E.: Z. physik. Chem. **15** (1894) 89—97.
3 Findlay, A.: Z. physik. Chem. **69** (1909) 203—17.
4 Hubbard, J. C.: Z. physik. Chem. **74** (1910) 207—32.
5 Thouvenot: Thesis, Nancy, 1910 (nach Tim.).
6 Biron: J. russ. physik.-chem. Ges. (Shurnal Russkogo Fisiko-Chimitschesskogo Obschtschesstwa) **42** (1910) 167 (nach ICT).
7 Schulze, A.: Z. Elektrochem., angew. physik. Chem. **18** (1912) 77—93.
8 Mathews, J. H., Cooke, R. D.: J. physic. Chem. **18** (1914) 559—85.
9 Schmidt, G. C.: Z. physik. Chem. **121** (1926) 221—53.
10 Hirobe, H.: J. Fac. Sci. Imp. Univ. Tokyo **1** (1926) Nr. 4, 178—214 (nach L.B., 5. E II u. Tim.).
11 Krchma, I. J., Williams, J. W.: J. Amer. chem. Soc. **49** (1927) 2408—16.
12 Rolinski, J.: Physik. Z. **29** (1928) 658—67.
13 Hammick, D. L., Andrew, L. W.: J. chem. Soc. (London) **1929**, 754—59.
14 Kuhura: J. chem. Soc. Japan **50** (1929) 165 (nach Tabl. ann.).
15 Münter, E.: Ann. Physik. (5) **11** (1931) 558—78.
16 Bergmann, E., Engel, L.: Z. physik. Chem. (B) **13** (1931) 247—67.
17 Briegleb, G.: Z. physik. Chem. (B) **16** (1932) 249—83.
18 Seely, S.: Physic. Rev. (2) **49** (1936) 812—19.
19 Michalewicz, C.: Roczniki Chem. (Ann. Soc. chim. Polonorum) **18** (1938) 718—24 (nach Chem. Zbl. u. Tim.).
20 Pesce, B., Tuozzi, P., Erdokimoff, V.: Gazz. chim. ital. **70** (1940) 721—23.
21 Scatchard, G., Wood, S. E., Mochel, J. M.: J. Amer. chem. Soc. **62** (1940) 712—16.
22 Wood, S. E., Brusie, J. P.: J. Amer. chem. Soc. **65** (1943) 1891—95.
23 Scatchard, G., Ticknor, L. B.: J. Amer. chem. Soc. **74** (1952) 3724—29.
24 Grafe, R.: Nova Acta Leopoldina [N.F.] **12** (1943) 141—94.
25 Bushmakin, I. N., Voeikova, E. D.: J. allg. Chem. (Shurnal Obschtschei Chimii) **19** (1949) 1615—26 (nach Chem. Abstr. u. Tim.).
26 Barclay, G. A., Le Fèvre, R. J. W.: J. chem. Soc. (London) **1950**, 556—62.
27 Le Fèvre, C. G., Le Fèvre, R. J. W.: J. chem. Soc. (London) **1953**, 4041—50.
28 **1954**, 1577—88
29 Wada, Y., Shimbo, S.: J. acoust. Soc. America **24** (1952) 199—202.
30 Staveley, L. A. K., Hart, K. R., Tupman, W. I.: Trans. Faraday Soc. **51** (1955) 323—43.
31 Armstrong, R. S., Aroney, M., Le Fèvre, C. G., Le Fèvre, R. J. W., Smyth, M. R.: J. chem. Soc. (London) **1958**, 1474—84.
32 Faust, O.: Z. anorg. allg. Chem. **154** (1926) 61—68.
33 Nývlt, J., Erdös, E.: Collect. Czechoslov. chem. Commun. **26** (1961) 500—14.
34 Fort, R. J., Moore, W. R.: Trans. Faraday Soc. **61** (1965) 2102—11.
35 Katti, K. P., Chaudhri, M. M., Prakash, O.: J. chem. Engng. Data **11** (1966) 593—94.
36 Heric, E. L., Brewer, J. G.: J. chem. Engng. Data **12** (1967) 574—83.
37 Rodger, A. J., Hsu, Ch. C., Furter, W. F.: J. chem. Engng. Data **14** (1969) 362—67.
38 Shipp, W. E.: J. chem. Engng. Data **15** (1970) 308—11.
39 Campbell, A. N., Musbally, G. M.: Canad. J. Chem. **48** (1970) 3173—84.
40 Rastogi, R. P., Nath, J.: Indian J. Chem. **2** (1964) 367—68.
41 Ocon, J., Tojo, G., Espada, L.: An. Real Soc. espan. Fisica Quim., Ser. Quim. **65** (1969) 717—34.
42 Perez, P., Block, Th. E., Knobler, Ch. M.: J. chem. Engng. Data **16** (1971) 333—35.

CCl_4 Tetrachlormethan (X_1) — **C_7H_{16} n-Heptan** (X_2)
[*33*] ⟨Gleichung, d4⟩

Mol-% X_1	0	10	20	30	40	50	60	70	80	90	100
20 °C	0,6836	0,7451	0,8113	0,8825	0,9593	1,0397	1,1330	1,2320	1,3406	1,4605	1,5933

[*17*] ⟨K7, d5, ϑ 22 °C⟩
[*28*] ⟨K5, d3, ϑ 25 °C⟩

CCl_4 Tetrachlormethan (X_1) — **C_7H_{16} 2.4-Dimethylpentan** (X_2)
[*33*] ⟨Gleichung, d4⟩

Mol-% X_1	0	10	20	30	40	50	60	70	80	90	100
20 °C	0,6726	0,7340	0,8004	0,8721	0,9497	1,0338	1,1252	1,2257	1,3360	1,4579	1,5932

CCl_4 Tetrachlormethan (X_1) — **C_7H_{14} Methylcyclohexan** (X_2)
[*33*] ⟨Gleichung, d4⟩

Mol-% X_1	0	10	20	30	40	50	60	70	80	90	100
20 °C	0,7691	0,8338	0,8993	0,9700	1,0444	1,1230	1,2060	1,2939	1,3873	1,4868	1,5932

CCl_4 Tetrachlormethan (X_1) — **C_7H_8 Toluol** (X_2)
[*33*] ⟨Gleichung, d4⟩

Mol-% X_1	0	10	20	30	40	50	60	70	80	90	100
20 °C	0,8663	0,9330	1,0008	1,0699	1,1404	1,2122	1,2854	1,3601	1,4364	1,5140	1,5932

[30] ⟨K11, d4; ΔV, ϑ 10°, 15°, 20°, 25 °C⟩

Mol-% X_1	0,00	6,09	10,66	15,31	27,69	40,51	52,77	64,45	76,89	87,74	100,00
30 °C	0,858	0,898	0,928	0,959	1,043	1,133	1,220	1,307	1,397	1,480	1,575

[*7*] ⟨K9, ΔV, ϑ 17 °C⟩
[*1*] ⟨K9, d5, ϑ 20 °C⟩
[*34*] ⟨K24, d5, ϑ 20 °C⟩
[*6*] ⟨K11, d4, ϑ 25 °C⟩
[*8*] ⟨K5, d4, ϑ 25 °C⟩
[*20*] ⟨K8 ab 92 Gew.-% X_1, d4, ϑ 25 °C⟩

CCl_4 Tetrachlormethan (X_1) — **C_8H_{18} n-Octan** (X_2)
[*33*] ⟨Gleichung, d4⟩

Mol-% X_1	0	10	20	30	40	50	60	70	80	90	100
20 °C	0,7023	0,7566	0,8162	0,8814	0,9528	1,0314	1,1187	1,2163	1,3262	1,4509	1,5932

CCl_4 Tetrachlormethan (X_1) — **C_8H_{18} 2.2.4-Trimethylpentan** (X_2)
[*33*] ⟨Gleichung, d4⟩

Mol-% X_1	0	10	20	30	40	50	60	70	80	90	100
20 °C	0,6912	0,7446	0,8044	0,8703	0,9605	1,0227	1,1112	1,2100	1,3215	1,4481	1,5932

[*18*] ⟨K6, d4, ϑ 20 °C⟩

CCl_4 Tetrachlormethan (X_1) — **C_8H_{16} Octen** (X_2)
[*33*] ⟨Gleichung, d4⟩

Mol-% X_1	0	10	20	30	40	50	60	70	80	90	100
20 °C	0,7149	0,7706	0,8314	0,8975	0,9695	1,0486	1,1355	1,2317	1,3388	1,4587	1,5934

CCl_4 Tetrachlormethan (X_1) — **C_8H_{10} o-Xylol** (X_2)
[*33*] ⟨Gleichung, d4⟩

Mol-% X_1	0	10	20	30	40	50	60	70	80	90	100
20 °C	0,8795	0,9378	0,9983	1,0614	1,1273	1,1963	1,2685	1,3442	1,4235	1,5065	1,5932

CCl_4 Tetrachlormethan (X_1) — **C_8H_{10} o-Xylol** (X_2) (Forts.)
[*31*] ⟨K 13, d 4⟩

Mol-% X_1	0,00	7,71	17,75	27,26	37,04	46,07	55,84	64,73	72,71	80,54	87,80
30 °C	0,872	0,916	0,975	1,034	1,097	1,158	1,226	1,291	1,352	1,412	1,471

Mol-% X_1	95,27	100,00
30 °C	1,534	1,575

[*20*] ⟨K 5 ab 91,9 Gew.-% X_1, d 4, ϑ 20 °C⟩

CCl_4 Tetrachlormethan (X_1) — **C_8H_{10} m-Xylol** (X_2)
[*33*] ⟨Gleichung, d 4⟩

Mol-% X_1	0	10	20	30	40	50	60	70	80	90	100
20 °C	0,8632	0,9213	0,9820	1,0456	1,1123	1,1824	1,2561	1,3337	1,4156	1,5019	1,5931

[*31*] ⟨K 13, d 4⟩

Mol-% X_1	0,00	10,75	18,47	28,17	37,25	45,91	56,24	65,12	73,27	80,63	88,26
30 °C	0,856	0,918	0,964	1,025	1,083	1,143	1,216	1,283	1,346	1,406	1,470

Mol-% X_1	93,49	100,00
30 °C	1,516	1,575

[*20*] ⟨K 7 ab 81 Gew.-% X_1, d 4, ϑ 20 °C⟩
[*26*] ⟨K 10 bis 33 Gew.-% X_1, d 5, ϑ 25 °C⟩
[*5*] ⟨K 7, d 4, ϑ 20° bis 22 °C⟩

CCl_4 Tetrachlormethan (X_1) — **C_8H_{10} p-Xylol** (X_2)
[*33*] ⟨Gleichung, d 4⟩

Mol-% X_1	0	10	20	30	40	50	60	70	80	90	100
20 °C	0,8605	0,9190	0,9802	1,0443	1,1113	1,1817	1,2556	1,3333	1,4153	1,5017	1,5931

[*30*] ⟨K 11, d 4; ΔV, ϑ 15°, 20°, 25 °C⟩

Mol-% X_1	0,00	5,48	10,52	17,17	31,04	43,98	56,33	67,76	79,21	89,37	100,00
30 °C	0,852	0,883	0,913	0,952	1,041	1,128	1,216	1,302	1,394	1,480	1,575

[*20*] ⟨K 6 ab 88,5 Gew.-% X_1, d 4, ϑ 25 °C⟩
[*35*] ⟨K 5, Molvolumen, ϑ 25 °C⟩

CCl_4 Tetrachlormethan (X_1) — **C_8H_8 Phenyläthylen** (X_2)
[*14*] ⟨K 5, d 5⟩

Mol-% X_1	97,67	98,22	98,81	99,41	100,00
30 °C	1,555	1,560	1,565	1,569	1,574

CCl_4 Tetrachlormethan (X_1) — **C_9H_{20} 2.2.5-Trimethylhexan** (X_2)
[*33*] ⟨Gleichung, d 4⟩

Mol-% X_1	0	10	20	30	40	50	60	70	80	90	100
20 °C	0,7071	0,7557	0,8100	0,8701	0,9371	1,0121	1,0971	1,1945	1,3072	1,4387	1,5931

CCl_4 Tetrachlormethan (X_1) — **C_9H_{12} 1.3.5-Trimethylbenzol** (X_2)

[*20*] ⟨K 7, d 4⟩

Gew.-% X_1	94,58	97,49	99,05	100,00
20 °C	1,522	1,560	1,581	1,594

[*26*] ⟨K 8, d 5⟩

Gew.-% X_1	0,00	12,00	21,40	31,62
25 °C	0,861	0,910	0,953	1,004

[*35*] ⟨K 5, Molvolumen, ϑ 25 °C⟩

CCl_4 Tetrachlormethan (X_1) — **$C_{10}H_{18}$ cis-Decahydronaphthalin** (X_2)
[*22*] ⟨K 5, d 5⟩

Gew.-% X_1	95,70	98,59	99,30	99,55	100,00
30 °C	1,525	1,558	1,566	1,569	1,575

[*15*]

CCl_4 Tetrachlormethan (X_1) — **$C_{10}H_{18}$ trans-Decahydronaphthalin** (X_2)
[*22*] ⟨K 5, d 5⟩

Gew.-% X_1	91,62	96,12	96,56	98,54	100,00
30 °C	1,475	1,527	1,532	1,555	1,575

CCl_4 Tetrachlormethan (X_1) — **$C_{10}H_{14}$ 1.2.4.5-Tetramethylbenzol** (X_2)
[*24*] ⟨K 4, d 4⟩

Mol-% X_1	96,51	97,60	98,28	99,21
20 °C	1,555	1,567	1,575	1,585

CCl_4 Tetrachlormethan (X_1) — **$C_{10}H_{14}$ p-Cymol** (X_2)
[*12*] ⟨K 5, d 5⟩

Mol-% X_1	87,83	91,91	94,45	97,76	100,00
0 °C	1,495	1,538	1,565	1,606	1,632
20 °C	1,466	1,507	1,534	1,570	1,594

CCl_4 Tetrachlormethan (X_1) — **$C_{10}H_{12}$ Tetrahydronaphthalin** (X_2)
[*18*] ⟨K 6, d 4⟩

Gew.-% X_1	0,00	17,30	38,71	60,31	79,55	100,00
20 °C	0,970	1,041	1,145	1,273	1,411	1,594

[*13*] ⟨K 6, d 3, ϑ 23 °C⟩
[*15*]

CCl_4 Tetrachlormethan (X_1) — **$C_{10}H_8$ Naphthalin** (X_2)
[*9*] ⟨K 4, d 4⟩

Gew.-% X_1	89,36	94,87	97,46	100,00
20 °C	1,506	1,550	1,571	1,592
40 °C	1,473	1,514	1,534	1,554
60 °C	1,439	1,478	1,498	1,516

[*2*] ⟨K 3 ab 86 Gew.-% X_1, d 4, ϑ 15 °C⟩
[*24*] ⟨K 4 ab 96 Gew.-% X_1, d 4, ϑ 20 °C⟩
[*21*] ⟨K 7 ab 95 Gew.-% X_1, d 5, ϑ 25 °C⟩
[*4*] ⟨K 3 ab 98,4 Gew.-% X_1, d 5, ϑ 18 °C⟩

CCl_4 Tetrachlormethan (X_1) — **$C_{12}H_{18}$ Hexamethylbenzol** (X_2)
[*20*] ⟨K 8, d 4⟩

Gew.-% X_1	97,23	98,27	98,86	99,10	99,31	99,42	99,78	100,00
25 °C	1,554	1,565	1,572	1,575	1,577	1,578	1,582	1,585

CCl_4 Tetrachlormethan (X_1) — **$C_{12}H_{10}$ Diphenyl** (X_2)
[*23*] ⟨K 5, d 4⟩

Gew.-% X_1	95,80	96,54	99,03	99,22	100,00
25 °C	1,550	1,557	1,577	1,578	1,585

CCl_4 Tetrachlormethan (X_1) — **$C_{14}H_{12}$ Stilben** (X_2)
[24] ⟨K8, d4⟩

Mol-% X_1	98,30	98,57	98,78	98,96	99,10	99,25	99,60	99,65
20 °C	1,578	1,580	1,582	1,584	1,585	1,587	1,590	1,591

CCl_4 Tetrachlormethan (X_1) — **$C_{14}H_{10}$ Phenanthren** (X_2)
[9] ⟨K4, d4⟩ *[3]* ⟨K3, d4, ϑ 15°, 30°, 50 °C⟩

Gew.-% X_1	89,50	94,86	100,00	95,62	97,21	100,00
20 °C	1,528	1,561	1,592	1,566	1,576	1,593
40 °C	1,496	1,525	1,554	1,529	1,538	1,555
60 °C	1,462	1,489	1,516	1,493	1,501	1,516
70 °C	—	—	—	1,475	1,482	1,496

CCl_4 Tetrachlormethan (X_1) — **$C_{16}H_{34}$ n-Hexadecan** (X_2)
[32] ⟨K12, d5⟩

Gew.-% X_1	0,00	21,03	34,82	47,83	56,72	65,90	72,18	78,58	83,82	89,89	95,04	100,00
25 °C	0,771	0,863	0,936	1,018	1,083	1,160	1,220	1,286	1,348	1,428	1,503	1,584

CCl_4 Tetrachlormethan (X_1) — **$C_{16}H_{16}$ 1.1-Diphenyl-2.2-dimethyläthylen** (X_2)
[14] ⟨K5, d5⟩

Mol-% X_1	97,66	98,32	98,86	99,42	100,00
30 °C	1,547	1,555	1,561	1,567	1,575

CCl_4 Tetrachlormethan (X_1) — **CH_3F Methylfluorid** (X_2)
[20] ⟨K9, d4⟩

Gew.-% X_1	99,81	99,90	99,96	100,00
20 °C	1,590	1,592	1,593	1,594

CCl_4 Tetrachlormethan (X_1) — **CH_3Cl Methylchlorid** (X_2)
[10] ⟨K5, d3⟩

Mol-% X_1	0,00		20,3		91,3	
	−90 °C	1,119	−52,5 °C	1,665	−18,1 °C	1,635
	−70 °C	1,084	−27,9 °C	1,602	+17,1 °C	1,566
	−50 °C	1,052	+6,6 °C	1,535		
	−30 °C	1,020				

Mol-% X_1	94,77		100,00	
	−32,2 °C	1,672	−26,5 °C	1,683
	+1,4 °C	1,608	+5,3 °C	1,621
	+31,4 °C	1,547	+38,1 °C	1,555

[20] ⟨K9, d4⟩

Gew.-% X_1	98,56	98,82	99,03	99,08	99,11	99,12	99,61	99,82	100,00
25 °C	1,569	1,572	1,574	1,575	1,575	1,575	1,580	1,582	1,585

CCl_4 Tetrachlormethan (X_1) — **CH_3Br Methylbromid** (X_2)
[20] ⟨K9 ab 98,1 Gew.-% X_1, d4, ϑ 25 °C⟩

CCl_4 Tetrachlormethan (X_1) — **CH_3J Methyljodid** (X_2)
[16] ⟨K16, d4⟩

Mol-% X_1	0,00	14,95	32,80	50,95	60,97	67,75	76,79	81,80	88,64	92,21	97,11	100,00
20 °C	2,267	2,128	1,978	1,851	1,790	1,751	1,703	1,678	1,645	1,628	1,606	1,594

[20] ⟨K8 ab 91 Gew.-% X_1, d4, ϑ 25 °C⟩
[25] ⟨K9, d4, ϑ 25 °C⟩
[2]

CCl_4 Tetrachlormethan (X_1) — **CH_2Cl_2 Methylenchlorid** (X_2)

[10] ⟨K 7, d 3, ϑ bis zu 13 Werten⟩

Mol-% X_1	0,0		21,7		49,5	
	−69,1 °C	1,483	−61,7 °C	1,550	−48,7 °C	1,609
	−36,9 °C	1,427	−28,5 °C	1,490	−12,6 °C	1,543
	−21,0 °C	1,399	+1,8 °C	1,435	+24,3 °C	1,473
	−3,1 °C	1,367	+32,4 °C	1,377		
	+12,6 °C	1,339				
	+28,3 °C	1,310				

Mol-% X_1	75,7		90,0		100,0	
	−50,4 °C	1,676	−44,0 °C	1,715	−30 °C	1,690
	−14,4 °C	1,608	−10,6 °C	1,628	−20 °C	1,671
	−9,7 °C	1,600	+24,9 °C	1,560	0 °C	1,632
	+23,9 °C	1,535			+20 °C	1,592
					+40 °C	1,552
					+70 °C	1,494

[27] ⟨K 10, d 4⟩

Mol-% X_1	0,00	10,01	19,38	27,46	40,35	50,51	70,20	76,77	90,26	100,00
20 °C	1,325	1,362	1,393	1,419	1,456	1,483	1,531	1,546	1,575	1,594

[29] ⟨K 11, d 3, ϑ 20 °C⟩

[19]

1 Brown: J. chem. Soc. (London) **39** (1881) 202, 304 (nach ICT).
2 Lumsden, J. S.: J. chem. Soc. (London) **91** (1907) 24—35.
3 Tyrer, D.: J. chem. Soc. (London) **97** (1910) 2620—34.
4 Dawson, H. M.: J. chem. Soc. (London) **97** (1910) 1041—56.
5 Dobroserdov: J. russ. physik. chem. Ges. (Shurnal Russkogo Fisiko-Chimitschesskogo Obschtschesstwa) **44** (1912) 679 (nach ICT).
6 Schulze, J. F. W.: J. Amer. chem. Soc. **36** (1914) 498—513.
7 Schmidt, G. C.: Z. physik. Chem. **121** (1926) 221—53.
8 Krchma, I. J., Williams, J. W.: J. Amer. chem. Soc. **49** (1927) 2408—16.
9 Grunert, H.: Z. anorg. allg. Chem. **164** (1927) 256—62.
10 Morgan, S. O., Lowry, H. H.: J. physic. Chem. **34** (1930) 2385—2432.
11 Morino, Y.: Scient. Pap. Inst. phys. chem. Res. (Tokyo) **23** (1933) 49—117.
12 Le Fèvre, C. G., Le Fèvre, R. J. W., Robertson, W.: J. chem. Soc. (London) **1935**, 480—88.
13 Parathasarathy, S.: Mem. Ind. Inst. Sci. III (1936) 297 (nach Tim.).
14 Gorman, M., Davis, R. M., Gross, P. M.: Physik. Z. **39** (1938) 181—85.
15 Bird, L. H., Daly, E. F.: Trans. Faraday Soc. **35** (1939) 588—92.
16 Audsley, A., Goss, F. R.: J. chem. Soc. (London) **1941**, 864—73.
17 Dunken, H.: Z. physik. Chem. (B) **53** (1942/43) 264—79.
18 Ioffe, B. V.: J. allg. Chem. (Shurnal Obschtschei Chimii) **23** (1953) 190; J. angew. Chem. (Shurnal Prikladnoi Chimii) **26** (1953) 397—405 (nach Chem. Abstr. und Tim.).
19 Markgraf, H.-G., Nikuradse, A.: Z. Naturforsch. **9a** (1954) 27—34.
20 Le Fèvre, C. G., Le Fèvre, R. J. W.: J. chem. Soc. (London) **1954**, 1577—88.
21 **1955**, 1641—46.
22 **1957**, 3458—61.
23 Chau, J. Y. H., Le Fèvre, C. G., Le Fèvre, R. J. W.: J. chem. Soc. (London) **1959**, 2666—69.
24 Briegleb, G., Czekalla, J.: Z. Elektrochem., Ber. Bunsenges. physik. Chem. **59** (1955) 184—202.
25 Moelwyn-Hughes, E. A., Missen, R. W.: Trans. Faraday Soc. **53** (1957) 607—15.
26 Kelly, F. J., Stokes, R. H.: Trans. Faraday Soc. **55** (1959) 388—90.
27 Mueller, C. R., Ignatowski, A. J.: J. chem. Physics **32** (1960) 1430—34.
28 Danusso, F.: Atti Accad. naz. Lincei Rend., Cl. Sci. fisiche, mat., Natur. [8] **10** (1951) 235—42.
29 Stojanova-Antoszczyszyn, M., Zieliński, A. Z.: Przemysł chem. **40** (1961) 577—80.
30 Rastogi, R. P., Nath, J., Misra, J.: J. physic. Chem. **71** (1967) 1277—86.
31 **71** (1967) 2524—35.
32 Heric, E. L., Brewer, J. G.: J. chem. Engng. Data **12** (1967) 574—83.
33 Rodger, A. J., Hsu, Ch. C., Furter, W. F.: J. chem. Engng. Data **14** (1969) 362—67.
34 Ocon, J., Tojo, G., Espada, L.: An. Real Soc. espan. Fisica Quim., Ser. Quim. **65** (1969) 727—34.
35 Perez, P., Block, Th. E., Knobler, Ch. M.: J. chem. Engng. Data **16** (1971) 333—35.

CCl_4 Tetrachlormethan (X_1) — **$CHCl_3$ Chloroform** (X_2)
[4] ⟨K1, d4⟩

50 Gew.-% X_1	0 °C	25 °C	40 °C	55 °C
	1,571	1,523	1,495	1,465

[5] ⟨K9, d5⟩

Mol-% X_1	0,00	11,50	24,50	36,23	43,31	54,11	72,95	81,78	100,00
25 °C	1,478	1,491	1,505	1,517	1,525	1,535	1,554	1,563	1,580

[3] ⟨K8, d4, ϑ 20° bis 21 °C⟩
[2] ⟨K5, d4, ϑ 20 °C⟩
[8] ⟨K11, d4, ϑ 20 °C⟩
[11] ⟨K11, d3, ϑ 20 °C⟩
[9] ⟨K9, d5, ϑ 24,9 °C⟩
[13] ⟨K6, d4, ϑ 25 °C⟩
[12] ⟨ΔV, Gleichungen, ϑ 30°, 35°, 40 °C⟩
[1, 6, 10]

1 Baud: Bull. Soc. chim. France **7** (1910) 117 (nach ICT).
2 Biron, E. V.: J. russ. physik. chem. Ges. (Shurnal Russkogo Fisiko-Chimitschesskogo Obschtschesstwa) **41** (1909) 469 (nach ICT und Tim.).
3 Dobroserdov, D. K.: J. russ. physik.-chem. Ges. (Shurnal Russkogo Fisiko-Chimitschesskogo Obschtschesstwa) **44** (1912) 679 (nach ICT und Tim.).
4 Mathews, J. H., Cooke, R. D.: J. physic. Chem. **18** (1914) 559—85.
5 Hirobe, H.: J. Fac. Sci. Imp. Univ. Tokyo **1** (1926) Nr. 4, 178—214 (nach L.B. 5., E. II und Tim.).
6 Krchma, I. J., Williams, J. W.: J. Amer. chem. Soc. **49** (1927) 2408—16.
7 Briegleb, G.: Z. physik. Chem. (B) **16** (1932) 249—75.
8 Goss, F. R.: J. chem. Soc. (London) **1940**, 752—58.
9 McGlashan, M. L., Prue, J. E., Sainsbury, I. E. J.: Trans. Faraday Soc. **50** (1954) 1284—92.
10 Koefoed, J., Villadsen, J. V.: Acta chem. scand. **12** (1958) 1124—35.
11 Stojanova-Antoszczyszyn, M., Zieliński, A. Z.: Przemysł chem. **40** (1961) 577—80.
12 Nigam, R. K., Singh, P. P.: Trans. Faraday Soc. **65** (1969) 950—64.
13 Kelly, C. M., Wirth, G. B., Anderson, D. K.: J. physic. Chem. **75** (1971) 3293—96.

CBr_4 Tetrabrommethan (X_2) — **C_6H_{12} Cyclohexan** (X_2)
[11] ⟨K4, d4⟩

Mol-% X_1	0,00	2,57	5,03	7,23
20 °C	0,778	0,838	0,895	0,946

CBr_4 Tetrabrommethan (X_1) — **CCl_4 Tetrachlormethan** (X_2)
[8] ⟨K4, d6⟩

Mol-% X_1	0,00	0,42	0,94
18 °C	1,598	1,605	1,614

[10] ⟨K6, d3⟩

Mol-% X_1	0,00	14,36	29,45	42,11
25 °C	1,585	1,834	2,079	2,281

[16]

C_2H_5Br Äthylbromid (X_1) — **C_6H_{14} Hexan** (X_2)
[4] ⟨K8, d4, ϑ −80°, −70°, −50°, −30°, −10°, 10°, 30°, 50°, 60 °C⟩

Mol-% X_1	0,00	3,09	7,83	17,67	33,95	50,73	71,88	100,00
−90 °C	0,781	0,797	0,824	0,880	0,988	1,116	1,318	1,675
−60 °C	0,756	0,771	0,796	0,851	0,954	1,077	1,272	1,616
−40 °C	0,739	0,753	0,777	0,831	0,931	1,051	1,241	1,578
−20 °C	0,721	0,736	0,759	0,811	0,908	1,026	1,210	1,538
0 °C	0,703	0,717	0,740	0,791	0,885	1,000	1,180	1,499
+20 °C	0,685	0,699	0,720	0,769	0,862	0,974	1,148	1,459
+40 °C	0,667	0,680	0,700	0,748	0,837	0,949	1,114	1,416

[12] ⟨K5 bis 4 Mol-% X_1, ϑ −22,9°, 0°, 20°, 40 °C⟩
[15]

C_2H_5Br Äthylbromid (X_1) — C_6H_{12} Cyclohexan (X_2)
[*12*] ⟨K 5, d 4⟩

Mol-% X_1	0,00	1,12	2,25	3,31	4,44
10 °C	0,788	0,793	0,798	0,803	0,808
20 °C	0,778	0,783	0,788	0,794	0,798
40 °C	0,760	0,765	0,769	0,774	0,779

C_2H_5Br Äthylbromid (X_1) — C_6H_6 Benzol (X_2)
[*12*] ⟨K 5, d 4⟩

Mol-% X_1	0,00	1,04	2,03	2,99	3,98
10 °C	0,889	0,894	0,899	0,904	0,909
20 °C	0,879	0,884	0,888	0,893	0,898
40 °C	0,858	0,862	0,867	0,872	0,877

C_2H_5Br Äthylbromid (X_1) — C_7H_8 Toluol (X_2)
[*12*] ⟨K 5, d 4⟩

Mol-% X_1	0,00	1,12	2,20	3,21	4,26
−22 °C	0,906	0,912	0,916	0,920	0,925
0 °C	0,885	0,890	0,894	0,899	0,903
+20 °C	0,866	0,871	0,876	0,880	0,885
+40 °C	0,848	0,853	0,857	0,861	0,866

C_2H_5Br Äthylbromid (X_1) — CCl_4 Tetrachlormethan (X_2)
[*12*] ⟨K 5, d 4⟩

Mol-% X_1	0,00	1,13	2,03	3,27	4,38
0 °C	1,633	1,632	1,631	1,630	1,629
20 °C	1,594	1,593	1,592	1,590	1,590
40 °C	1,556	1,555	1,554	1,552	1,552

[*13*] ⟨K 11, d 4⟩

Mol-% X_1	0,00	1,33	2,26	3,60	4,65	8,54	12,22	23,73	55,52	79,67	100,00
20 °C	1,594	1,593	1,592	1,591	1,590	1,586	1,583	1,571	1,534	1,498	1,462

C_2H_5J Äthyljodid (X_2) — C_6H_6 Benzol (X_2) [*6*]

C_2H_5J Äthyljodid (X_2) — C_7H_{16} n-Heptan (X_2)
[*5*] ⟨K 8, d 4, ϑ −90°, −80°, −70°, −50°, −40°, −30°, −10°, 10°, 30°, 50°, 60 °C⟩

Mol-% X_1	3,28	3,65	8,43	18,89	41,30	61,55	80,35	100,00
−100 °C	0,807	0,811	0,850	0,938	1,173	1,441	—	—
−60 °C	0,774	0,777	0,814	0,899	1,125	1,382	1,686	2,109
−20 °C	0,740	0,743	0,778	0,861	1,076	1,323	1,614	2,019
0 °C	0,723	0,725	0,760	0,841	1,052	1,293	1,578	1,974
20 °C	0,706	0,708	0,742	0,822	1,027	1,262	1,541	1,929
40 °C	0,688	0,690	0,724	0,801	1,001	1,232	1,504	1,883
70 °C	0,661	0,664	0,695	0,768	0,961	1,184	1,446	1,813

C_2H_5J Äthyljodid (X_2) — $C_{10}H_8$ Naphthalin (X_2) [*2*]

C_2H_5J Äthyljodid (X_1) — CH_3J Methyljodid (X_2)
[*1*] ⟨K 5, d 4⟩

Gew.-% X_1	0	10	20	30	40	50	60	70	80	90	100
15 °C	2,266	2,229	2,193	2,158	2,125	2,092	2,061	2,030	2,000	1,971	1,943

C_2H_5J Äthyljodid (X_1) — **CCl_4 Tetrachlormethan** (X_2)
[*14*] ⟨K11, d4⟩

Mol-% X_1	0,00	0,81	2,28	4,05	8,17	11,80	18,07	29,62	47,18	75,33	100,00
20 °C	1,594	1,596	1,601	1,606	1,618	1,628	1,647	1,683	1,741	1,841	1,936

C_2H_5J Äthyljodid (X_1) — **C_2H_5Br Äthylbromid** (X_2)
[*19*] ⟨K11, d4⟩

Mol-% X_1	0,00	6,12	12,43	16,42	27,85	43,72	57,41	72,50	80,89	93,49	100,00
25 °C	1,449	1,481	1,513	1,531	1,587	1,665	1,730	1,800	1,840	1,894	1,923

C_2H_3Br Bromäthylen (X_1) — **C_6H_6 Benzol** (X_2) [*9*]

$C_2H_4Cl_2$ Äthylenchlorid (X_1) — **C_6H_{14} Hexan** (X_2)
[*7*] ⟨K2, d4, 3ϑ-Werte⟩

Mol-% X_1	2,22		2,36	
	−71,0 °C	0,762	−72,8 °C	0,765
	−45,2 °C	0,740	−45,9 °C	0,742
	−10,9 °C	0,711	−13,5 °C	0,714
	41,2 °C	0,664	38,8 °C	0,667

$C_2H_4Cl_2$ Äthylenchlorid (X_1) — **C_6H_{12} Cyclohexan** (X_2)
[*17*] ⟨K11, d3⟩

Mol-% X_1	0	10	20	30	40	50	60	70	80	90	100
20 °C	0,777	0,809	0,842	0,879	0,923	0,968	1,016	1,067	1,124	1,184	1,251

[*3*] ⟨K9, d4, ϑ 20 °C⟩ [*21*] ⟨ΔV, graph. Darst., ϑ 20°, 40 °C⟩
[*18*] ⟨K6, d4, ϑ 20 °C⟩ [*7, 20*]

1 Lam, A.: Z. angew. Chem. **11** (1898) 125 (nach ICT und Tim.).
2 Dawson, H. M.: J. chem. Soc. (London) **97** (1910) 1041—56.
3 Pahlavouni, E.: Bull. Soc. chim. Belgique **36** (1927) 533—47 (nach Chem. Zbl. u. Tim.).
4 Smyth, C. P., Morgan, S. O.: J. Amer. chem. Soc. **50** (1928) 1547—60.
5 Smyth, C. P., Stoops, W. N.: J. Amer. chem. Soc. **51** (1929) 3312—29.
6 Prentiss, S. W.: J. Amer. chem. Soc. **51** (1929) 2825—32.
7 Meyer, L.: Z. physik. Chem. (B) **8** (1930) 27—54.
8 Bergmann, E., Engel, L.: Z. physik. Chem. (B) **13** (1931) 247—67.
9 Govinda Rau, M. A., Narayanaswamy, B. N.: Proc. Indian Acad. Sci. **1** (1934) 15 (nach Tabl. ann.).
10 Hammick, D. L., Wilmut, H. F.: J. chem. Soc. (London) **1934**, 32—34.
11 Earp, D. P., Glasstone, S.: J. chem. Soc. (London) **1935**, 1709—23.
12 Cowley, E. G., Partington, J. R.: J. chem. Soc. (London) **1937**, 130—38.
13 Goss, F. R.: J. chem. Soc. (London) **1940**, 752—58.
14 Audsley, A., Goss, F. R.: J. chem. Soc. (London) **1941**, 864—73.
15 Böttcher, C. J. F.: Recueil Trav. chim. Pays-Bas **62** (1943) 119—33
16 Shukla, S. O., u. Bhagwat, W. V.: J. Indian chem. Soc. **27** (1947) 307—09.
17 Tschamler, H.: Mh. Chem. **79** (1948) 508—20.
18 Ioffe, B. V.: Nachr. Akad. Wiss. UdSSR (Wesstnik Akademii Nauk SSSR) **86** (1952) 713; **87** (1952) 405, 763 (nach Tim.).
19 Fleming, R., Saunders, L.: J. chem. Soc. (London) **1955**, 4147—50.
20 Neckel, A., Volk, H.: Z. Elektrochem., Ber. Bunsenges. physik. Chem. **62** (1958) 1104—15.
21 Wilhelm, E., Schano, R., Becker, G., Findenegg, G. H., Kohler, F.: Trans. Faraday Soc. **65** (1969) 1443—55.

$C_2H_4Cl_2$ Äthylenchlorid (X_1) — **C_6H_6 Benzol** (X_2)
[*8*] ⟨K26, d4⟩

Gew.-% X_1	0,00	12,51	21,50	30,34	42,70	50,68	61,10	69,75	81,82	92,04	100,00
20 °C	0,877	0,912	0,938	0,965	1,002	1,032	1,070	1,106	1,180	1,211	1,253

$C_2H_4Cl_2$ Äthylenchlorid (X_1) — **C_6H_6 Benzol** (X_2) (Forts.)
[*16*] ⟨K6, d4⟩

Mol-% X_1	0	20	40	60	80	100
25 °C	0,8738	0,9386	1,0073	1,0811	1,1586	1,2457

[*13*] ⟨K21, d4, ϑ 20°, 30 °C⟩

Mol-% X_1	0,00	61,06	68,43	76,70	80,71	83,97	93,54	100,00
50 °C	0,847	1,055	1,083	1,115	1,130	1,143	1,182	1,209

[*4*] ⟨K4, d3, ϑ 0°, 19°, 50 °C⟩
[*10*] ⟨K11, d4, ϑ 20 °C⟩
[*9*] ⟨K11, d5, ϑ 20 °C⟩
[*12*] ⟨K9, d4, ϑ 25 °C⟩
[*15*] ⟨Gleichungen, Molvolumen, ϑ 25°, 35°, 45 °C⟩
[*1–3, 5–7, 11, 14*]

1 Biron, E. V.: J. russ. physik.-chem. Ges. (Shurnal Russkogo Fisiko-Chimitschesskogo Obschtschesstwa) **41** (1909) 469.
2 Thouvenot, M.: Thesis, Nancy, 1910 (nach Tim.).
3 Goerdt, W.: Dissert., Münster, 1911 (nach Tim. und ICT).
4 Faust, O.: Z. physik. Chem. **79** (1912) 97–123.
5 Burwinkel, H.: Dissert., Münster, 1914 (nach Tim. und ICT).
6 Worley, R. P.: J. chem. Soc. (London) **105** (1914) 273–82.
7 Meyer, L.: Z. physik. Chem. (B) **8** (1930) 27–54.
8 Bragg, L. B., Richards, A. R.: Ind. Engng. Chem. **34** (1942) 1088–91.
9 Coulson, E. A., Hales, J. L., Herington, E. F. G.: Trans. Faraday Soc. **44** (1948) 636–44.
10 Tschamler, H.: Mh. Chem. **79** (1948) 499–507; S. B. Österr. Akad. Wiss., math. naturwiss. Kl., Abt. IIb, **157** (1948) 499–507.
11 Staveley, L. A. K., Hart, K. R., Tupman, W. I.: Trans. Faraday Soc. **51** (1955) 323–43.
12 Vernon, A. A., Kring, E. V.: J. Amer. chem. Soc. **71** (1949) 1888–89.
13 Ruiter, L. H.: Recueil Trav. chim. Pays-Bas **74** (1955) 1491–96.
14 Neckel, A., Volk, H.: Z. Elektrochem., Ber. Bunsenges. physik. Chem. **62** (1958) 1104–15.
15 Cronauer, D. C., Rothfus, R. R., Kermode, R. I.: J. chem. Engng. Data **10** (1965) 131–33.
16 Fort, R. J., Moore, W. R.: Trans. Faraday Soc. **61** (1965) 2102–11.

$C_2H_4Cl_2$ Äthylenchlorid (X_1) — **C_7H_{16} Heptan** (X_2)
[*11*] ⟨K7, d4, ϑ −50°, −10°, 50 °C⟩

Mol-% X_1	0,00	3,22	5,08	6,98	8,78	50,24	100,00
−70 °C	0,758	0,768	0,774	0,781	—	—	—
−30 °C	0,726	0,735	0,741	0,747	0,753	—	1,326
+10 °C	0,693	0,701	0,707	0,713	0,719	0,886	1,268
+30 °C	0,676	0,685	0,690	0,696	0,701	0,867	1,239
+70 °C	0,640	0,649	0,654	0,659	0,665	0,821	1,181

[*26*] ⟨K9, d4⟩

Mol-% X_1	0,00	6,65	12,62	24,57	39,92	54,30	69,91	84,74	100,00
25 °C	0,679	0,699	0,717	0,759	0,822	0,893	0,987	1,099	1,247

$C_2H_4Cl_2$ Äthylenchlorid (X_1) — **C_7H_{14} Methylcyclohexan** (X_2)
[*20*] ⟨K11, d3⟩

Mol-%	0	10	20	30	40	50	60	70	80	90	100
20 °C	0,768	0,794	0,826	0,861	0,900	0,943	0,990	1,044	1,104	1,170	1,248

$C_2H_4Cl_2$ Äthylenchlorid (X_2) — **C_7H_8 Toluol** (X_2)
[*19*] ⟨K11, d3⟩

Mol-% X_1	0	10	20	30	40	50	60	70	80	90	100
20 °C	0,862	0,889	0,921	0,953	0,988	1,025	1,063	1,102	1,148	1,197	1,248

[*17*] ⟨K5, d4, ϑ 20 °C⟩

$C_2H_4Cl_2$ Äthylenchlorid (X_1) — **C_8H_{10} Äthylbenzol** (X_2)
[*19*] ⟨K 11, d 3⟩

Mol-% X_1	0	10	20	30	40	50	60	70	80	90	100
20 °C	0,866	0,888	0,916	0,945	0,978	1,016	1,051	1,093	1,138	1,191	1,248

$C_2H_4Cl_2$ Äthylenchlorid (X_1) — **C_8H_{10} o-Xylol** (X_2)
[*20*] ⟨K 3, d 3, ϑ 20 °C⟩

$C_2H_4Cl_2$ Äthylenchlorid (X_1) — **C_8H_{10} m-Xylol** (X_2)
[*20*] ⟨K 11, d 3⟩

Mol-% X_1	0	10	20	30	40	50	60	70	80	90	100
20 °C	0,863	0,886	0,913	0,941	0,974	1,009	1,048	1,091	1,138	1,187	1,248

$C_2H_4Cl_2$ Äthylenchlorid (X_1) — **C_8H_{10} p-Xylol** (X_2)
[*20*] ⟨K 11, d 3⟩

Mol-% X_1	0	10	20	30	40	50	60	70	80	90	100
20 °C	0,859	0,885	0,913	0,941	0,974	1,008	1,048	1,090	1,139	1,188	1,249

$C_2H_4Cl_2$ Äthylenchlorid (X_1) — **C_9H_{12} n-Propylbenzol** (X_2)
[*19*] ⟨K 11, d 3⟩

Mol-% X_1	0	10	20	30	40	50	60	70	80	90	100
20 °C	0,861	0,881	0,907	0,935	0,965	0,996	1,035	1,083	1,131	1,184	1,248

$C_2H_4Cl_2$ Äthylenchlorid (X_1) — **C_9H_{12} 2.4.5-Trimethylbenzol** (X_2)
[*20*] ⟨K 11, d 3⟩

Mol-% X_1	0	10	20	30	40	50	60	70	80	90	100
20 °C	0,877	0,897	0,919	0,947	0,973	1,006	1,043	1,084	1,130	1,182	1,249

$C_2H_4Cl_2$ Äthylenchlorid (X_1) — **$C_{10}H_{14}$ n-Butylbenzol** (X_2)
[*19*] ⟨K 11, d 3⟩

Mol-% X_1	0	10	20	30	40	50	60	70	80	90	100
20 °C	0,866	0,883	0,908	0,932	0,961	0,990	1,029	1,070	1,124	1,182	1,249

$C_2H_4Cl_2$ Äthylenchlorid (X_1) — **$C_{10}H_{12}$ Tetrahydronaphthalin** (X_2)
[*21*] ⟨K 6, d 4⟩

Gew.-% X_1	0,00	18,37	39,34	60,56	81,13	100,00
20 °C	0,970	1,010	1,062	1,121	1,185	1,252

$C_2H_4Cl_2$ Äthylenchlorid (X_1) — **$C_{12}H_{18}$ n-Hexylbenzol** (X_2)
[*19*] ⟨K 6, d 3⟩

Mol-% X_1	0	60	70	80	90	100
20 °C	0,853	0,988	1,041	1,098	1,170	1,249

$C_2H_4Cl_2$ Äthylenchlorid (X_1) — **$C_{13}H_{20}$ n-Heptylbenzol** (X_2)
[*19*] ⟨K 6, d 3⟩

Mol-% X_1	0	60	70	80	90	100
20 °C	0,849	0,973	1,027	1,094	1,163	1,239

$C_2H_4Cl_2$ Äthylenchlorid (X_1) — **$C_{14}H_{22}$ n-Octylbenzol** (X_2)
[*19*] ⟨K 7, d 3⟩

Mol-% X_1	0	50	60	70	80	90	100
20 °C	0,851	0,948	0,984	1,029	1,083	1,157	1,249

$C_2H_4Cl_2$ Äthylenchlorid (X_1) — **CCl_4 Tetrachlormethan** (X_2)
[*12*] ⟨K 11, d 3⟩

Gew.-% X_1	0	10	20	30	40	50	60	70	80	90	100
20 °C	1,588	1,560	1,528	1,497	1,466	1,432	1,399	1,365	1,328	1,290	1,250

[*10*]

C_2H_4ClBr Äthylenchlorbromid (X_1) — **C_7H_{16} Heptan** (X_2)
[*11*] ⟨K 5, d 4, ϑ −30°, 50°, 90°C⟩

Mol-% X_1	0,00	5,30	7,05	10,95	100,00
−50 °C	0,742	0,776	0,787	—	—
−10 °C	0,710	0,742	0,753	0,778	1,794
10 °C	0,693	0,725	0,735	0,760	1,758
30 °C	0,676	0,707	0,717	0,742	1,721
70 °C	0,640	0,670	0,680	0,703	1,646

$C_2H_4Br_2$ Äthylenbromid (X_1) — **C_5H_{10} Amylen** (X_2)
[*7*] ⟨K 9, d 4⟩

Gew.-% X_1	0,00	13,44	38,47	50,79	64,38	72,28	72,83	93,00	100,00
ϑ °C	21,1°	20,3°	20,5°	21,0°	20,8°	21,7°	21,7°	21,1°	21,0°
	0,660	0,735	0,913	1,037	1,218	1,361	1,367	1,894	2,177

$C_2H_4Br_2$ Äthylenbromid (X_1) — **C_6H_{12} Cyclohexan** (X_2)
[*5*] ⟨K 11, d 3⟩

Mol-% X_1	0	10	20	30	40	50	60	70	80	90	100
15 °C	0,786	0,897	1,033	1,137	1,265	1,403	1,544	1,691	1,847	2,015	2,187

[*14, 23*]

$C_2H_4Br_2$ Äthylenbromid (X_1) — **C_6H_6 Benzol** (X_2)
[*22*] ⟨K 11, d 4⟩

Mol-% X_1	0,00	13,23	19,18	33,15	43,13	50,49	59,38	70,96	78,90	91,12	100,00
25 °C	0,873	1,040	1,113	1,299	1,417	1,512	1,628	1,778	1,886	2,045	2,167
45 °C	0,852	1,016	1,089	1,268	1,387	1,479	1,595	1,743	1,846	2,008	2,123
65 °C	0,831	0,997	1,063	1,238	1,356	1,447	1,561	1,707	1,808	1,956	2,085

$C_2H_4Br_2$ Äthylenbromid (X_1) — **C_7H_{16} Heptan** (X_2)
[*7*] ⟨K 8, d 4⟩

Gew.-% X_1	0,00	11,90	39,88	52,00	65,23	66,30	88,79	100,00
ϑ °C	20,5°	20,8°	20,8°	20,8°	20,8°	20,9°	20,95°	21,0°
	0,730	0,793	0,991	1,111	1,288	1,302	1,780	2,177

$C_2H_4Br_2$ Äthylenbromid (X_1) — **C_7H_8 Toluol** (X_2)
[*8*] ⟨K 11, d 4⟩

Gew.-% X_1	0	10	20	30	40	50	60	70	80	90	100
25 °C	0,862	0,919	0,982	1,052	1,138	1,232	1,353	1,493	1,666	1,883	2,177

[*14*]

$C_2H_4Br_2$ Äthylenbromid (X_1) — **$C_{10}H_8$ Naphthalin** (X_2)
[*3*] ⟨K 3 ab 98 Gew.-% X_1, d 5, ϑ 18 °C⟩

$C_2H_4Br_2$ Äthylenbromid (X_1) — **$CHCl_3$ Chloroform** (X_2)
[*15*] ⟨K 10, d 4⟩

Mol-% X_1	0,00	7,60	18,29	30,81	41,44	53,73	65,01	79,13	91,64	100,00
20 °C	1,489	1,547	1,626	1,717	1,793	1,879	1,955	2,048	2,137	2,181

[*7*] ⟨K 7, d 4, ϑ 21 °C⟩
[*9*] ⟨K 8, d 5, ϑ 25 °C⟩

Lacmann

$C_2H_4Br_2$ Äthylenbromid (X_1) — **CCl_4 Tetrachlormethan** (X_2)
[*9*] ⟨K 9, d 5⟩

Mol-% X_1	0,00	15,45	24,35	45,96	51,65	62,67	71,83	88,54	100,00
25 °C	1,580	1,661	1,709	1,832	1,865	1,931	1,987	2,093	2,168

[*7*] ⟨K 8, d 4, ϑ 20° bis 21 °C⟩
[*8*] ⟨K 11, d 4, ϑ 25 °C⟩
[*4, 14*]

$C_2H_4Br_2$ Äthylenbromid (X_1) — **$C_2H_4Cl_2$ Äthylenchlorid** (X_2)
[*13*] ⟨K 8, d 3⟩

Gew.-% X_1	0,00	25,08	34,96	50,03	64,90	75,96	89,95	100,00
25 °C	1,238	1,389	1,456	1,577	1,715	1,826	2,016	2,169

[*2*] ⟨K 5, d 4, ϑ 20 °C⟩

$C_2H_2Cl_2$ 1.1-Dichloräthylen (X_1) — **C_6H_6 Benzol** (X_2) [*18*]

$C_2H_2Cl_2$ 1.1-Dichloräthylen (X_1) — **CCl_4 Tetrachlormethan** (X_2)
[*25*] ⟨K 13, d 5⟩

Gew.-% X_1	0,00	0,35	0,63	1,03	2,21	3,23	4,72
25 °C	1,585	1,583	1,581	1,579	1,574	1,569	1,562

$C_2H_2Cl_2$ cis-Dichloräthylen (X_1) — **CCl_4 Tetrachlormethan** (X_2)
[*25*] ⟨K 7, d 5⟩

Gew.-% X_1	0,00	1,23	1,87	2,60	3,08	3,67	4,07
25 °C	1,585	1,580	1,577	1,574	1,572	1,570	1,569

$C_2H_2Cl_2$ trans-Dichloräthylen (X_1) — **CCl_4 Tetrachlormethan** (X_2)
[*25*] ⟨K 9, d 5⟩

Gew.-% X_1	0,00	0,55	1,58	1,82	3,01	3,66	4,74
25 °C	1,585	1,582	1,578	1,577	1,571	1,569	1,565

$C_2H_2Cl_2$ trans-Dichloräthylen (X_1) — **$C_2H_2Cl_2$ cis-Dichloräthylen** (X_2)
[*6*] ⟨K 11, d 4⟩

Gew.-% X_1	0,00	10,40	18,88	29,69	40,04	49,85	60,04	70,03	80,03	90,17	100,00
15 °C	1,265	1,268	1,270	1,273	1,275	1,278	1,280	1,283	1,286	1,289	1,291

1 Mortzun, G. E.: Thesis, Genf, 1900 (nach Tim.).
2 Biron, E. V.: J. russ. physik.-chem. Ges. (Shurnal Russkogo Fisiko-Chimitschesskogo Obschtschesstwa) **41** (1909) 469 (nach Tim. u. ICT).
3 Dawson, H. M.: J. chem. Soc. (London) **97** (1910) 1041—56.
4 Baud, E.: Bull. Soc. chim. France **7** (1910) 117 (nach ICT).
5 **17** (1915) 329 (nach Tim. u. ICT).
6 Chavanne, G.: Bull. Soc. chim. Belgique **26** (1912) 287 (nach Tim.).
7 Dobroserdov, D. K.: J. russ. physik.-chem. Ges. (Shurnal Russkogo Fisiko-Chimitschesskogo Obschtschesstwa) **44** (1912) 679 (nach Tim. u. ICT).
8 Schulze, J. F. W.: J. Amer. chem. Soc. **36** (1914) 498—513.
9 Hirobe, H.: J. Fac. Sci. Imp. Univ. Tokyo **1** (1926) Nr. 4, 178 (nach L.B.5., EII u. Tim.).
10 Meyer, L.: Z. physik. Chem. (B) **8** (1930) 27—54.
11 Smyth, C. P., Dornte, R. W., Wilson jr., E. B.: J. Amer. chem. Soc. **53** (1931) 4242—60.
12 Young, H. D., Nelson, D. A.: Ind. Engng. Chem., Anal. Ed. **4** (1932) 67.
13 Mac Farlane, W., Wright, R.: J. chem. Soc. (London) **1933**, 114—18.
14 Govinda Rau, M. A., Naranaswamy, B. N.: Proc. Indian Acad. Sci. **1** (1934) 15 (nach Chem. Zbl. u. Tabl. ann.).

15 Earp, D. P., Glasstone, S.: J. chem. Soc. (London) **1935**, 1709–23.
16 Bragg, L. B., Richards, A. R.: Ind. Engng. Chem. **34** (1942) 1088–91.
17 Fel'dman, M. Ya.: J. allg. Chem. (Shurnal Obschtschei Chimii) **16** (1946) 43–46 (nach Tim. u. Chem. Abstr.).
18 Rogers, M. T.: J. Amer. chem. Soc. **69** (1947) 1243–46.
19 Tschamler, H.: Mh. Chem. **79** (1948) 499–507; S. B. Österr. Akad. Wiss., math.-naturwiss. Kl., Abt. IIb, **157** (1948) 499–507
20 **79** (1948) 508–20; S. B. Österr. Akad. Wiss., math.-naturwiss. Kl., Abt. IIb, **157** (1948) 508–20.
21 Ioffe, B. V.: J. allg. Chem. (Shurnal Obschtschei Chimii) **23** (1953) 190; J. angew. Chem. (Shurnal Prikladnoi Chimii) **26** (1953) 397–405 (nach Tim. u. Chem. Abstr.).
22 Airapetrowa, R. P., Redkorebrowa, N. T.: J. allg. Chem. (Shurnal Obschtschei Chimii) **26** (1956) 668–72.
23 Neckel, A., Volk, H.: Z. Elektrochem., Ber. Bunsenges. physik. Chem. **62** (1958) 1104–15.
24 Mh. Chem. **89** (1958) 754–66.
25 Bramley, R., Le Fèvre, C. G., Le Fèvre, R. J. W., Rao, B. P.: J. chem. Soc. (London) **1959**, 1183–88.
26 Kaulgud, M. V.: Indian J. Physics, Proc. Indian Assoc. Cultivat. Sci. **36** (1962) 577–85.
27 Wilhelm, E., Schano, R., Becker, G., Findenegg, G. H., Kohler, F.: Trans. Faraday Soc. **65** (1969) 1443–55.

$C_2H_3Cl_3$ 1.1.1-Trichloräthan (X_1) – **C_6H_{12} Cyclohexan** (X_2)
[*6*] ⟨K 5, d 4⟩

Mol-% X_1	0,00	6,84	12,76	25,05	100,00
20 °C	0,778	0,812	0,842	0,906	1,329

[*8*]

$C_2H_3Cl_3$ 1.1.1-Trichloräthan (X_1) – **C_6H_6 Benzol** (X_2)
[*5*] ⟨K 6, d 4⟩

Mol-% X_1	0,89	1,27	1,85	2,03	2,97	4,27
25 °C	0,879	0,880	0,883	0,884	0,889	0,895

C_2HCl_3 Trichloräthylen (X_1) – **CCl_4 Tetrachlormethan** (X_2)
[*10*] ⟨K 9, d 5⟩

Gew.-% X_1	0,00	0,93	1,25	1,64	2,14	2,18	2,39	2,65
25 °C	1,585	1,583	1,583	1,582	1,581	1,581	1,581	1,581

$C_2H_2Cl_4$ Tetrachloräthan (X_1) – **$C_{10}H_8$ Naphthalin** (X_2)
[*4*] ⟨K 6, d 4⟩

Gew.-% X_1	64,31	70,46	77,80	85,32	92,92	100,00
30 °C	1,320	1,359	1,408	1,462	1,521	1,581

$C_2H_2Cl_4$ Tetrachloräthan (X_1) – **CCl_4 Tetrachlormethan** (X_2)
[*2, 3*] ⟨K 7, d 4⟩

Gew.-% X_1	0,00	20,00	33,33	50,00	66,67	80,00	100,00
25 °C	1,583	1,583	1,584	1,586	1,586	1,587	1,588

$C_2H_2Br_4$ Tetrabromäthan (X_1) – **$C_2H_3Br_3$ Vinyltribromid** (X_2) [*1*]

C_2Cl_4 Tetrachloräthylen (X_1) – **C_5H_{10} Cyclopentan** (X_2)
[*14*] ⟨K 21, ΔV, d 5⟩

Mol-% X_1	0,00	10,32	21,13	33,37	39,35	48,59	57,62	69,64	76,68	89,10	100,00
25 °C	0,7403	0,8374	0,9372	1,0481	1,1014	1,1828	1,2612	1,3637	1,4229	1,5257	1,6143

C_2Cl_4 Tetrachloräthylen (X_1) – **C_6H_6 Benzol** (X_2) [*12*]

C_2Cl_4 Tetrachloräthylen (X_1)—CCl_4 Tetrachlormethan (X_2)
[*13*] ⟨K6, d5⟩

Mol-% X_1	0,00	28,90	51,75	66,79	86,41	100,00
25 °C	1,5841	1,5928	1,5998	1,6043	1,6104	1,6144

[*2, 3*] ⟨K7, d4, ϑ 25 °C⟩
[*10*] ⟨K9 bis 5,6 Gew.-% X_1, d5, ϑ 25 °C⟩

C_2HCl_5 Pentachloräthan (X_1)—C_6H_{12} Cyclohexan (X_2)
[*6*] ⟨K8, d4⟩

Mol-% X_1	0,00	6,66	14,62	22,54	35,41	58,64	80,92	100,00
20 °C	0,778	0,844	0,921	0,997	1,118	1,328	1,521	1,679

C_2HCl_5 Pentachloräthan (X_1)—C_6H_6 Benzol (X_2)
[*6*] ⟨K6, d4⟩

Mol-% X_1	0,00	5,87	14,08	24,75	46,45	100,00
20 °C	0,876	0,939	1,022	1,124	1,310	1,679

C_2HCl_5 Pentachloräthan (X_1)—$CHCl_3$ Chloroform (X_2)
[*11*] ⟨K11, d3⟩

Gew.-% X_1	0	10	20	30	40	50	60	70	80	90	100
20 °C	1,489	1,504	1,520	1,537	1,556	1,574	1,594	1,614	1,635	1,657	1,681

C_2HCl_5 Pentachloräthan (X_1)—CCl_4 Tetrachlormethan (X_2)
[*11*] ⟨K11, d4⟩

Gew.-% X_1	0	10	20	30	40	50	60	70	80	90	100
20 °C	1,594	1,602	1,609	1,617	1,626	1,636	1,645	1,654	1,663	1,672	1,681

C_2HCl_5 Pentachloräthan (X_1)—C_2HCl_3 Trichloräthylen (X_2)
[*2, 3*] ⟨K7, d4⟩

Gew.-% X_1	0,0	22,3	36,5	53,5	69,6	82,1	100,0
25 °C	1,454	1,503	1,529	1,563	1,597	1,624	1,671

C_2Cl_6 Hexachloräthan (X_1)—C_2H_6 Äthan (X_2) [*7*]

C_2Cl_6 Hexachloräthan (X_1)—C_6H_{12} Cyclohexan (X_2)
[*6*] ⟨K4, d4⟩

Mol-% X_1	0,00	3,75	5,13	6,96
20 °C	0,778	0,824	0,841	0,862

C_2Cl_6 Hexachloräthan (X_1)—$CHCl_3$ Chloroform (X_2)
[*11*] ⟨K4, d4⟩

Gew.-% X_1	0	10	20	30
20 °C	1,489	1,510	1,536	1,567

C_2Cl_6 Hexachloräthan (X_1)—CCl_4 Tetrachlormethan (X_2)
[*11*] ⟨K4, d4⟩

Gew.-% X_1	0	10	20	27,5
20 °C	1,594	1,604	1,619	1,637

[*9*] ⟨K6, d4⟩

Gew.-% X_1	0,00	0,61	1,00	1,15	2,48	2,50
25 °C	1,584	1,585	1,586	1,586	1,589	1,589

C_2Cl_6 Hexachloräthan (X_1) — **C_2HCl_5 Pentachloräthan** (X_2)
[*11*] ⟨K3, d3⟩

Gew.-% X_1	0	10	16
20 °C	1,681	1,687	1,693

1 Anschütz: Liebigs Ann. Chem. **221** (1883) 133 (nach ICT).
2 Herz, W., Rathmann, W.: Z. Elektrochem. **19** (1913) 589—90.
3 Herz, W.: Z. anorg. allg. Chem. **104** (1918) 47—52.
4 Cohen, E., de Meester, W. A. T., Moesveld, A. L. Th.: Recueil Trav. chim. Pays-Bas **42** (1923) 779—83; Z. physik. Chem. **108** (1924) 103—17.
5 Sutton, L. E.: Proc. Roy. Soc. (London) (A) **133** (1931) 668—95.
6 Earp, D. P., Glasstone, S.: J. chem. Soc. (London) **1935**, 1709—23.
7 Holder, C. H., Maass, O.: Canad. J. Res., Sect. (B), **18** (1940) 293—304.
8 Markgraf, H.-G., Nikuradse, A.: Z. Naturforsch. **9a** (1954) 27—34.
9 Le Fèvre, C. G., Le Fèvre, R. J. W.: J. chem. Soc. (London) **1954**, 1577—88.
10 Bramley, R., Le Fèvre, C. G., Le Fèvre, R. J. W., Rao, B. P.: J. chem. Soc. (London) **1959**, 1183—88.
11 Stojanowa-Antoszczyszyn, M., Zieliński, A. Z.: Przemysł chem. **40** (1961) 577—80.
12 Rao, B. V. S., Rao, C. V.: Indian J. Technol. **1** (1963) 143—50 (nach Chem. Zbl.).
13 Fried, V., Franceschetti, D. R., Gallanter, A. S.: J. physic. Chem. **73** (1969) 1476—79.
14 Polak, J., Murakami, S., Lam, V. T., Benson, G. C.: J. chem. Engng. Data **15** (1970) 323—28.

C_3H_7Cl 1-Chlorpropan (X_1) — **C_6H_6 Benzol** (X_2)
[*4*] ⟨K7 bis 8,2 Mol-% X_1, d4, ϑ 20 °C⟩

C_3H_7Cl 2-Chlorpropan (X_1) — **C_6H_6 Benzol** (X_2)
[*4*] ⟨K7 bis 8,4 Mol-% X_1, d4, ϑ 20 °C⟩

C_3H_7Br 1-Brompropan (X_1) — **C_6H_6 Benzol** (X_2)
[*4*] ⟨K7, d4⟩

Mol-% X_1	0,00	1,03	1,52	1,99	3,04	5,04	8,12
20 °C	0,878	0,883	0,885	0,888	0,893	0,902	0,917

C_3H_7Br 2-Brompropan (X_1) — **C_6H_6 Benzol** (X_2)
[*4*] ⟨K7, d4⟩

Mol-% X_1	0,00	1,15	1,63	1,98	3,16	4,87	8,14
20 °C	0,878	0,883	0,886	0,887	0,893	0,900	0,915

C_3H_7J 1-Jodpropan (X_1) — **C_6H_6 Benzol** (X_2)
[*4*] ⟨K7, d4⟩

Mol-% X_1	0,00	0,97	1,48	2,07	3,11	5,05	8,16
20 °C	0,879	0,888	0,893	0,898	0,908	0,926	0,955

C_3H_7J 1-Jodpropan (X_1) — **CCl_4 Tetrachlormethan** (X_2)
[*9*] ⟨K14, d4⟩

Mol-% X_1	0,00	0,56	2,38	4,50	12,66	17,14	24,48	48,51	74,25	100,00
20 °C	1,594	1,595	1,598	1,601	1,614	1,621	1,633	1,670	1,709	1,746

C_3H_7J 2-Jodpropan (X_1) — **C_6H_6 Benzol** (X_2)
[*4*] ⟨K7, d4⟩

Mol-% X_1	0,00	1,06	1,67	2,14	3,04	5,06	7,40
20 °C	0,878	0,888	0,894	0,898	0,906	0,924	0,945

C_3H_7J 2-Jodpropan (X_1) — **CCl_4 Tetrachlormethan** (X_2)
[*9*] ⟨K 12, d 4⟩

Mol-% X_1	0,00	0,56	1,14	2,14	4,35	6,72	9,59	23,75	39,26	65,92	85,12	100,00
20 °C	1,594	1,594	1,595	1,596	1,599	1,602	1,605	1,622	1,641	1,670	1,690	1,704

C_3H_5Br Allylbromid (X_1) — **C_6H_6 Benzol** (X_2)
[*4*] ⟨K 7, d 4⟩

Mol-% X_1	0,00	1,05	1,58	2,08	3,12	5,22	8,26
20 °C	0,879	0,884	0,887	0,890	0,895	0,906	0,921

C_3H_5Cl cis-1-Chlorpropen(1) (X_1) — **C_6H_6 Benzol** (X_2) [*11*]

C_3H_5Cl 2-Chlorpropen (X_1) — **C_6H_6 Benzol** (X_2) [*11*]

C_3H_5Br cis-1-Brompropen(1) (X_1) — **C_6H_6 Benzol** (X_2) [*11*]

C_3H_5Br 2-Brompropen (X_1) — **C_6H_6 Benzol** (X_2) [*11*]

$C_3H_6Br_2$ Trimethylenbromid (X_1) — **C_6H_6 Benzol** (X_2)
[*7*] ⟨K 8, d 4⟩

Mol-% X_1	0,000	1,145	1,591	1,826	3,719	4,701	7,254	11,556
25 °C	0,873	0,888	0,894	0,897	0,920	0,932	0,964	1,017
50 °C	0,847	0,861	0,867	0,869	0,892	0,902	0,935	0,987

$C_3H_4Cl_2$ 1.1-Dichlorpropen (X_1) — **C_6H_6 Benzol** (X_2) [*11*]

$C_3H_5Br_3$ 1.2.3-Tribrompropan (X_1) — **C_6H_6 Benzol** (X_2)
[*7*] ⟨K 6, d 4⟩

Mol-% X_1	0,00	1,26	2,43	4,72	7,06	8,91
25 °C	0,873	0,899	0,922	0,967	1,012	1,047
50 °C	0,847	0,871	0,894	0,938	0,983	1,017

$C_3H_5Br_3$ 1.2.3-Tribrompropan (X_1) — **C_7H_{16} Heptan** (X_2)
[*7*] ⟨K 5, d 4⟩

Mol-% X_1	0,00	3,74	6,35	11,25	15,22
25 °C	0,680	0,731	0,768	0,838	0,896
50 °C	0,658	0,708	0,744	0,812	0,869

C_4H_9Cl n-Butylchlorid (X_1) — **C_6H_6 Benzol** (X_2)
[*3*] ⟨K 6, d 4⟩

Mol-% X_1	0,42	4,97	10,55
10 °C	0,8895	0,8895	0,8897
30 °C	0,8684	0,8684	0,8686
50 °C	0,8467	0,8468	0,8470

[*17*] ⟨K 3, d 4, ϑ 25°, 50 °C⟩

[*19*] ⟨K 5, d 4, ϑ 35°, 45 °C⟩

Mol-% X_1	0,0	9,8	15,3	80,0	100,0
25 °C	0,873	0,874	0,874	0,877	0,879
50 °C	0,847	0,847	0,847	0,849	0,850

C_4H_9Cl n-Butylchlorid (X_1) — **C_7H_{16} Heptan** (X_2)
[*5*] ⟨K 10, d 4, ϑ −70°, −30°, 50 °C⟩

Mol-% X_1	0,00	2,42	6,53	8,89	15,62	21,91	26,17	56,19	86,23	100,00
−90 °C	0,776	0,778	0,784	0,786	0,799	0,802	0,820	0,882	0,962	1,005
−50 °C	0,742	0,745	0,751	0,754	0,766	0,772	0,785	0,844	0,919	0,958
−10 °C	0,709	0,711	0,718	0,721	0,732	0,740	0,749	0,806	0,877	0,916
10 °C	0,692	0,695	0,701	0,704	0,715	0,724	0,731	0,787	0,856	0,895
30 °C	0,675	0,677	0,684	0,688	0,697	0,707	0,713	0,767	0,836	0,874
70 °C	0,639	0,643	0,647	0,653	0,660	0,671	0,676	0,727	0,793	0,828

C_4H_9Cl n-Butylchlorid (X_1) — **$C_{16}H_{34}$ n-Hexadecan** (X_2)
[22] ⟨K 8, d 5⟩

Mol-% X_1	0,00	16,91	32,23	45,46	55,82	70,33	85,05	100,00
25 °C	0,7709	0,7777	0,7857	0,7946	0,8033	0,8194	0,8431	0,8810

C_4H_9Cl n-Butylchlorid (X_1) — **$CHCl_3$ Chloroform** (X_2) [17]

C_4H_9Cl 2-Butylchlorid (X_1) — **C_6H_6 Benzol** (X_2)
[3] ⟨K 6 bis 7,8 Mol-% X_1, d 4, ϑ 10°, 30°, 50 °C⟩

C_4H_9Cl 2-Butylchlorid (X_1) — **C_7H_8 Toluol** (X_2)
[1] ⟨K 6, d 4⟩

Gew.-% X_1	0	20	40	60	79,9	100
20 °C	0,867	0,869	0,870	0,872	0,872	0,873

C_4H_9Cl 2-Butylchlorid (X_1) — **C_8H_{18} Octan** (X_2)
[1] ⟨K 6, d 4⟩

Gew.-% X_1	0	20,1	40,3	60	80	100
20 °C	0,702	0,729	0,759	0,793	0,831	0,873

C_4H_9Cl 2-Butylchlorid (X_1) — **C_4H_9Cl n-Butylchlorid** (X_2)
[1] ⟨K 3, d 4, ϑ 20 °C⟩

C_4H_9Cl tert. Butylchlorid (X_1) — **C_6H_6 Benzol** (X_2)
[3] ⟨K 6 bis 8 Mol-% X_1, d 4, ϑ 20 °C⟩

C_4H_9Cl tert. Butylchlorid (X_1) — **C_7H_{16} Heptan** (X_2)
[6] ⟨K 6, d 4, ϑ −50°, −10°, +50 °C⟩

Mol-% X_1	0,00	3,89	5,43	13,09	21,56	100,00
−70 °C	0,759	0,763	0,765	0,776	0,789	—
−30 °C	0,726	0,730	0,732	0,742	0,754	—
10 °C	0,693	0,697	0,698	0,708	0,718	0,856
30 °C	0,676	0,680	0,681	0,690	0,700	0,832
70 °C	0,640	0,644	0,645	0,653	0,662	—

C_4H_9Cl tert. Butylchlorid (X_1) — **CCl_4 Tetrachlormethan** (X_2)
[8] ⟨K 11, d 4⟩

Mol-% X_1	0,00	0,69	0,82	1,27	2,72	4,09	8,02	17,99	46,87	77,66	100,00
20 °C	1,594	1,588	1,587	1,583	1,571	1,560	1,527	1,447	1,268	0,997	0,843

[13] ⟨K 7 bis 2,4 Gew.-% X_1, d 4, ϑ 25 °C⟩

C_4H_9Cl Iso-Butylchlorid (X_1) — **C_6H_6 Benzol** (X_2)
[3] ⟨K 6 bis 7,8 Mol-% X_1, d 4, ϑ 10°, 30°, 50 °C⟩

C_4H_9Br n-Butylbromid (X_1) — **C_6H_6 Benzol** (X_2)
[3] ⟨K 6, d 4⟩

Mol-% X_1	0,54	1,03	1,91	2,92	5,18	7,62
10 °C	0,892	0,894	0,898	0,903	0,913	0,924
30 °C	0,870	0,873	0,877	0,882	0,892	0,903
50 °C	0,849	0,851	0,855	0,860	0,870	0,880

C_4H_9Br n-Butylbromid (X_1) – **C_6H_6 Benzol** (X_2) (Forts.)
[*19*] ⟨K6, d4⟩

Mol-% X_1	0,0	6,6	10,0	13,4	80,0	100,0
25 °C	0,873	0,904	0,919	0,934	1,197	1,264
50 °C	0,847	0,877	0,892	0,906	1,162	1,228

[*17*] ⟨K3, d4, ϑ 25°, 50 °C⟩

C_4H_9Br n-Butylbromid (X_1) – **C_7H_{16} Heptan** (X_2)
[*5*] ⟨K9, d4, ϑ −70°, −30°, +70 °C⟩

Mol-% X_1	0,00	4,56	9,30	14,09	25,79	41,54	59,59	84,13	100,00
−90 °C	0,775	0,796	0,819	0,843	0,907	0,999	1,115	1,297	1,431
−50 °C	0,742	0,762	0,785	0,809	0,869	0,957	1,070	1,245	1,373
−10 °C	0,709	0,729	0,751	0,774	0,832	0,917	1,025	1,193	1,317
10 °C	0,692	0,713	0,734	0,756	0,813	0,896	1,002	1,166	1,288
30 °C	0,676	0,695	0,716	0,737	0,793	0,875	0,978	1,140	1,259
50 °C	0,658	0,678	0,698	0,718	0,772	0,853	0,954	1,113	1,230
90 °C	—	0,640	0,659	0,680	0,731	0,807	0,904	1,056	1,169

C_4H_9Br n-Butylbromid (X_1) – **C_8H_{18} Octan** (X_2)
[*2*] ⟨K8, d4⟩

Gew.-% X_1	0,00	4,93	16,65	48,09	68,00	84,59	93,47	100,00
20 °C	0,704	0,724	0,761	0,894	1,006	1,123	1,206	1,274

C_4H_9Br n-Butylbromid (X_1) – **$CHCl_3$ Chloroform** (X_2) [*17*]

C_4H_9Br 2-Butylbromid (X_1) – **C_6H_{14} n-Hexan** (X_2)
[*21*] ⟨K11, d5⟩

Gew.-% X_1	0,00	16,04	31,05	43,84	59,96	68,24	76,13	82,43	87,24	92,80	100,00
25 °C	0,655	0,709	0,769	0,828	0,917	0,971	1,029	1,080	1,123	1,176	1,254

C_4H_9Br 2-Butylbromid (X_1) – **C_6H_6 Benzol** (X_2)
[*3*] ⟨K6, d4⟩

Mol-% X_1	1,03	1,48	2,03	2,98	4,91	8,34
20 °C	0,884	0,886	0,888	0,892	0,901	0,916

C_4H_9Br 2-Butylbromid (X_1) – **$C_{14}H_{30}$ n-Tetradecan** (X_2)
[*21*] ⟨K11, d5⟩

Gew.-% X_1	0,00	18,39	28,86	39,63	50,24	59,30	73,99	79,96	87,16	91,92	100,00
25 °C	0,760	0,818	0,856	0,898	0,945	0,989	1,070	1,107	1,155	1,190	1,254

C_4H_9Br 2-Butylbromid (X_1) – **$C_{16}H_{34}$ n-Hexadecan** (X_2)
[*21*] ⟨K12, d5⟩

Gew.-% X_1	0,00	19,73	30,36	40,31	49,18	59,03	65,52	74,79	83,57	89,09	93,92	100,00
25 °C	0,771	0,833	0,871	0,910	0,948	0,995	1,028	1,080	1,134	1,172	1,207	1,254

C_4H_9Br tert.-Butylbromid (X_1) – **C_6H_6 Benzol** (X_2)
[*3*] ⟨K6, d4⟩

Mol-% X_1	0,91	1,46	1,80	3,00	4,93	7,66
10 °C	0,893	0,895	0,896	0,900	0,907	0,916
30 °C	0,871	0,873	0,874	0,879	0,885	0,894
50 °C	0,850	0,851	0,853	0,857	0,863	0,872

C_4H_9Br tert.-Butylbromid (X_1) — CCl_4 Tetrachlormethan (X_2)
[*13*] ⟨K6, d4⟩

Gew.-% X_1	0,00	0,57	1,22	1,79	1,96	3,64
25 °C	1,585	1,582	1,579	1,576	1,575	1,567

C_4H_9Br Isobutylbromid (X_1) — C_6H_6 Benzol (X_2)
[*3*] ⟨K6, d4⟩

Mol-% X_1	1,05	1,55	2,02	3,01	4,92	8,41
20 °C	0,884	0,886	0,888	0,893	0,901	0,917

C_4H_9J n-Butyljodid (X_1) — C_6H_6 Benzol (X_2)
[*3*] ⟨K6, d4⟩

Mol-% X_1	0,52	1,99	2,96	5,09	7,97
10 °C	0,894	0,908	0,917	0,936	0,962
30 °C	0,873	0,886	0,895	0,914	0,940
50 °C	0,851	0,864	0,873	0,892	0,917

[*19*] ⟨K5, d4, ϑ 35°, 45 °C⟩

Mol-% X_1	0,0	7,5	10,0	80,0	100,0
25 °C	0,873	0,940	0,963	1,478	1,599
50 °C	0,847	0,912	0,934	1,439	1,558

[*17*] ⟨K3, d4, ϑ 25°, 50 °C⟩

C_4H_9J n-Butyljodid (X_1) — C_7H_{16} Heptan (X_2)
[*5*] ⟨K7, d4, ϑ −60°, −20°, 60 °C⟩

Mol-% X_1	3,86	8,31	16,98	29,43	54,62	80,90	100,00
−80 °C	0,799	0,835	0,908	1,022	1,262	1,550	1,784
−40 °C	0,764	0,799	0,870	0,977	1,211	1,488	1,717
0 °C	0,730	0,763	0,831	0,933	1,160	1,428	1,650
20 °C	0,712	0,745	0,811	0,911	1,134	1,398	1,616
40 °C	0,694	0,726	0,791	0,890	1,108	1,367	1,582
80 °C	0,657	0,689	0,751	0,845	1,055	1,306	1,514

C_4H_9J n-Butyljodid (X_1) — $CHCl_3$ Chloroform (X_2) [*17*]

C_4H_9J n-Butyljodid (X_1) — CCl_4 Tetrachlormethan (X_2)
[*9*] ⟨K11, d4⟩

Mol-% X_1	0,00	0,46	0,97	1,82	3,38	6,36	12,10	23,06	44,69	73,42	100
20 °C	1,594	1,594	1,594	1,594	1,595	1,595	1,597	1,570	1,604	1,609	1,614

C_4H_9J 2-Butyljodid (X_1) — C_6H_6 Benzol (X_2)
[*3*] ⟨K6, d4⟩

Mol-% X_1	0,97	1,54	1,96	2,96	4,91	7,96
20 °C	0,888	0,893	0,897	0,906	0,923	0,950

C_4H_9J 2-Butyljodid (X_1) — CCl_4 Tetrachlormethan (X_2)
[*9*] ⟨K10, d4⟩

Mol-% X_1	0,00	0,92	1,32	2,78	5,13	11,57	21,26	45,96	73,04	100,00
20 °C	1,594	1,594	1,594	1,594	1,594	1,595	1,596	1,599	1,599	1,598

C_4H_9J tert. Butyljodid (X_1) — **C_6H_6 Benzol** (X_2)
[3] ⟨K4, d4⟩

Mol-% X_1	1,08	1,97	2,95	5,49
20 °C	0,887	0,894	0,901	0,920

C_4H_9J tert. Butyljodid (X_1) — **CCl_4 Tetrachlormethan** (X_2)
[9] ⟨K11, d4⟩

Mol-% X_1	0,00	0,78	1,48	2,84	5,53	10,81	21,24	42,23	52,20	67,02	100,00
20 °C	1,594	1,594	1,593	1,593	1,591	1,588	1,584	1,572	1,569	1,561	1,544

[13] ⟨K7 bis 3,7 Gew.-% X_1, d4, ϑ 25 °C⟩

C_4H_9J Isobutyljodid (X_1) — **C_6H_6 Benzol** (X_2)
[3] ⟨K6, d4⟩

Mol-% X_1	1,00	1,64	1,97	2,96	4,87	8,09
20 °C	0,888	0,893	0,896	0,905	0,922	0,950

C_4H_9J Isobutyljodid (X_1) — **CCl_4 Tetrachlormethan** (X_2)
[9] ⟨K10, d4⟩

Mol-% X_1	0,00	0,68	1,24	2,56	5,86	8,67	12,36	28,69	63,66	100,00
20 °C	1,593	1,594	1,594	1,594	1,594	1,595	1,595	1,598	1,602	1,604

$C_4H_8Br_2$ Tetramethylenbromid (X_1) — **C_6H_6 Benzol** (X_2)
[7] ⟨K7, d4⟩

Mol-% X_1	0,00	1,34	2,00	2,55	4,55	9,06	11,22
25 °C	0,873	0,891	0,899	0,906	0,930	0,985	1,010
50 °C	0,847	0,863	0,871	0,878	0,902	0,956	0,981

$C_4H_8Br_2$ Tetramethylenbromid (X_1) — **C_7H_{16} Heptan** (X_2)
[7] ⟨K5, d4⟩

Mol-% X_1	0,00	3,68	5,89	7,51	11,28
25 °C	0,680	0,714	0,735	0,750	0,786
50 °C	0,658	0,691	0,712	0,727	0,762

$C_4Cl_3F_7$ 2.2.3-Trichlorheptafluorbutan (X_1) — **C_7H_{16} n-Heptan** (X_2)
[20] ⟨K11, d4⟩

Gew.-% X_1	0,00	12,57	22,61	29,76	40,09	48,87	59,67	69,35	80,03	90,56	100,00
25 °C	0,680	0,735	0,785	0,825	0,892	0,958	1,056	1,162	1,300	1,504	1,739

$C_5H_{11}F$ n-Amylfluorid (X_1) — **C_6H_6 Benzol** (X_2)
[10] ⟨K6 bis 2,1 Mol-% X_1, d5, ϑ 25 °C⟩

$C_5H_{11}F$ tert. Amylfluorid (X_1) — **C_6H_6 Benzol** (X_2) *[10]*

$C_5H_{11}Cl$ 1-Chlorpentan (X_1) — **$C_{16}H_{34}$ n-Hexadecan** (X_2)
[22] ⟨K8, d5⟩

Mol-% X_1	0,00	16,77	30,97	46,33	55,80	71,03	84,68	100,00
25 °C	0,7709	0,7785	0,7863	0,7973	0,8057	0,8226	0,8433	0,8770

$C_5H_{11}Cl$ tert. Amylchlorid (X_1) — **C_6H_6 Benzol** (X_2)
[4] ⟨K7, d4⟩

Mol-% X_1	0,00	1,07	1,55	1,95	3,05	5,03	8,12
20 °C	0,8788	0,8786	0,8785	0,8784	0,8782	0,8778	0,8772

$C_5H_{11}Cl$ Isoamylchlorid (X_1) — **C_6H_6 Benzol** (X_2)
[4] ⟨K 7, d 4⟩

Mol-% X_1	0,00	1,14	1,64	1,94	3,04	5,11	8,21
20 °C	0,8788	0,8787	0,8787	0,8786	0,8785	0,8782	0,8778

$C_5H_{11}Br$ tert.-Amylbromid (X_1) — **C_6H_6 Benzol** (X_2)
[4] ⟨K 7, d 4⟩

Mol-% X_1	0,00	1,26	1,81	2,46	3,11	4,96	7,85
20 °C	0,879	0,885	0,887	0,890	0,893	0,901	0,913

$C_5H_{11}Br$ Isoamylbromid (X_1) — **C_6H_6 Benzol** (X_2)
[4] ⟨K 6, d 4⟩

Mol-% X_1	0,00	1,09	1,52	2,07	3,04	5,06
20 °C	0,879	0,884	0,886	0,888	0,893	0,902

$C_5H_{11}J$ n-Amyljodid (X_1) — **CCl_4 Tetrachlormethan** (X_2)
[9] ⟨K 9, d 4⟩

Mol-% X_1	0,00	0,91	1,44	2,60	4,73	10,56	24,80	64,66	100,00
20 °C	1,594	1,593	1,592	1,591	1,589	1,583	1,570	1,536	1,511

$C_5H_{11}J$ 2-Amyljodid (X_1) — **CCl_4 Tetrachlormethan** (X_2)
[9] ⟨K 10, d 4⟩

Mol-% X_1	0,00	0,49	0,89	1,78	3,74	7,25	16,22	34,83	67,28	100,00
20 °C	1,594	1,592	1,590	1,585	1,576	1,560	1,523	1,460	1,381	1,325

$C_5H_{11}J$ 3-Amyljodid (X_1) — **CCl_4 Tetrachlormethan** (X_2)
[9] ⟨K 10, d 4⟩

Mol-% X_1	0,00	0,60	1,14	2,08	3,82	8,00	13,92	28,94	69,25	100,00
20 °C	1,594	1,594	1,593	1,592	1,590	1,586	1,580	1,567	1,534	1,513

$C_5H_{11}J$ tert. Amyljodid (X_1) — **C_6H_6 Benzol** (X_2)
[4] ⟨K 5, d 4⟩

Mol-% X_1	0,00	1,00	1,61	2,14	3,13
20 °C	0,879	0,888	0,893	0,898	0,907

$C_5H_{11}J$ tert. Amyljodid (X_1) — **CCl_4 Tetrachlormethan** (X_2)
[9] ⟨K 9, d 4⟩

Mol-% X_1	0,00	0,70	1,17	2,11	3,84	7,72	22,31	65,81	100,00
20 °C	1,594	1,593	1,593	1,591	1,589	1,584	1,567	1,523	1,494

$C_5H_{11}J$ Isoamyljodid (X_1) — **C_6H_6 Benzol** (X_2)
[4] ⟨K 7, d 4⟩

Mol-% X_1	0,00	1,11	1,59	2,14	3,17	5,29	8,56
20 °C	0,879	0,889	0,893	0,898	0,908	0,926	0,954

C_5H_9Cl Cyclopentylchlorid (X_1) — **CCl_4 Tetrachlormethan** (X_2)
[14] ⟨K 5, d 4⟩

Gew.-% X_1	0,00	1,52	1,78	2,73	4,90
25 °C	1,585	1,571	1,569	1,561	1,542

C_5H_9Br Cyclopentylbromid (X_1) — **CCl_4 Tetrachlormethan** (X_2)
[*14*] ⟨K4, d4⟩

Gew.-% X_1	0,00	0,91	2,23	3,08
25 °C	1,584	1,582	1,580	1,578

C_5H_9J Cyclopentyljodid (X_1) — **CCl_4 Tetrachlormethan** (X_2)
[*14*] ⟨K4, d4⟩

Gew.-% X_1	0,00	1,65	2,47	7,36
25 °C	1,584	1,586	1,588	1,594

$C_5H_{10}Br_2$ Pentamethylenbromid (X_1) — **C_6H_6 Benzol** (X_2)
[*7*] ⟨K9, d4⟩

Mol-% X_1	0,00	0,86	1,42	2,39	3,15	4,05	4,62	7,32	10,95
25 °C	0,873	0,884	0,891	0,903	0,913	0,923	0,930	0,963	1,004
50 °C	0,846	0,857	0,864	0,876	0,885	0,896	0,903	0,935	0,976

$C_5H_8Cl_4$ Pentaerythrittetrachlorid (X_1) — **CCl_4 Tetrachlormethan** (X_2)
[*15*] ⟨K6, d5⟩

Gew.-% X_1	0,00	0,53	0,57	0,77	1,29	2,34
25 °C	1,585	1,584	1,584	1,583	1,583	1,581

$C_5H_8Br_4$ Pentaerythrittetrabromid (X_1) — **C_6H_6 Benzol** (X_2)
[*16*] ⟨K4, d4⟩

Gew.-% X_1	2,98	4,08	4,88	5,97
25 °C	0,892	0,898	0,903	0,908

$C_5H_8Br_4$ Pentaerythrittetrabromid (X_1) — **CCl_4 Tetrachlormethan** (X_2)
[*15*] ⟨K7, d5⟩

Gew.-% X_1	0,00	0,59	0,75	1,24	1,27	1,52	1,60
25 °C	1,585	1,588	1,589	1,591	1,591	1,593	1,593

$C_5Cl_2F_6$ 1.2-Dichlor-hexa-fluorcyclopenten (X_1) — **n-C_6H_{14} n-Hexan** (X_2)
[*18*] ⟨K10, d4⟩

Mol-% X_1	0,00	8,93	17,79	27,37	46,83	57,16	67,26	78,10	88,70	100,00
25 °C	0,655	0,752	0,844	0,942	1,139	1,240	1,334	1,437	1,539	1,643

$C_5Cl_2F_6$ 1.2-Dichlor-hexa-fluorcyclopenten (X_1) — **C_8H_{18} 2.2.4-Trimethylpentan** (X_2)
[*18*] ⟨K11, d4⟩

Mol-% X_1	0,00	11,01	21,78	32,31	42,61	52,69	62,55	72,21	81,67	90,93	100,00
25 °C	0,688	0,780	0,874	0,967	1,063	1,156	1,251	1,347	1,446	1,545	1,643

$C_5Cl_2F_6$ 1.2-Dichlor-hexa-fluorcyclopenten (X_1) — **$C_4Cl_3F_7$ 2.2.3-Trichlorheptafluorbutan** (X_2)
[*18*] ⟨K11, d4⟩

Mol-% X_1	0,00	11,22	21,71	32,28	42,36	52,74	62,12	72,34	81,62	90,81	100,00
25 °C	1,739	1,729	1,719	1,710	1,700	1,691	1,681	1,671	1,662	1,653	1,643

[*20*] ⟨K15, d4, ϑ 25 °C⟩

1 Veltmans, M.: Thesis, Brüssel, 1926.
2 Lewis, H. F., Hendricks, R., Yohe, G. R.: J. Amer. chem. Soc. **50** (1928) 1993—98.
3 Parts, A.: Z. physik. Chem. (B) **7** (1930) 327—38.
4 (B) **12** (1931) 312—22.
5 Smyth, C. P., Rogers, H. E.: J. Amer. chem. Soc. **52** (1930) 2227—40.
6 Smyth, C. P., Dornte, R. W.: J. Amer. chem. Soc. **53** (1931) 545—55.
7 Smyth, C. P., Walls, W. S.: J. Amer. chem. Soc. **54** (1932) 2261—70.
8 Audsley, A., Goss, F. R.: J. chem. Soc. (London) **1941**, S. 864—73.
9 **1942**, S. 358—66.
10 Rogers, M. T.: J. Amer. chem. Soc. **69** (1947) 457—59.
11 **69** (1947) 1243—46.
12 Ioffe, B. V.: J. allg. Chem. (Shurnal Obschtschei Chimii) **23** (1953) 190; J. angew. Chem. (Shurnal Prikladnoi Chimii) **26** (1953) 397—405 (nach Tim.).
13 Le Fèvre, C. G., Le Fèvre, R. J. W.: J. chem. Soc. (London) **1954**, 1577—88.
14 **1956**, 3549—63.
15 Le Fèvre, C. G., Le Fèvre, R. J. W., Smith, M. R.: J. chem. Soc. (London) **1958**, 16—23.
16 Mortimer, C. T., Spedding, H., Springall, H. D.: J. chem. Soc. (London) **1957**, 188—91.
17 Lutzki, A. Je., Obuchowa, Je. M.: J. physik. Chem. (Shurnal Fisitschesskoi Chimii) **31** (1957) 1964—75.
18 Reed III, T. M., Taylor, T. E.: J. physic. Chem. **63** (1959) 58—67.
19 Lutzki, A. Je., Obuchowa, Je. M., Ssidorow, I. A.: J. allg. Chem. (Shurnal Obschtschei Chimii) **28** (1958) 2386—95; J. Gen. Chem. USSR **28** (1958) 2423—32.
20 Yen, L. C., Reed T. M. III,: J. chem. Engng. Data **4** (1959) 102—07.
21 Heric, E. L., Brewer, J. G.: J. chem. Engng. Data **12** (1967) 574—83.
22 Heric, E. L., Coursey, B. M.: J. chem. Engng. Data **16** (1971) 185—87.

$C_6H_{13}Cl$ 1-Chlorhexan (X_1) — **$C_{16}H_{34}$ n-Hexadecan** (X_2)
[*25*] ⟨K12, d5⟩

Mol-% X_1	0,00	16,89	31,07	45,62	46,62	46,80	55,46	69,28	79,42	80,56
25 °C	0,7709	0,7791	0,7877	0,7985	0,7995	0,8074	0,8221	0,8357	0,8374	0,8446

Mol-% X_1	85,87	100,00
25 °C	0,8457	0,8734

$C_6H_{13}J$ n-Hexyljodid (X_1) — **CCl_4 Tetrachlormethan** (X_2)
[*17*] ⟨K13, d4⟩

Mol-% X_1	0,00	0,64	0,81	1,72	3,28	8,11	12,69	49,19	58,31	100,00
20 °C	1,594	1,593	1,592	1,590	1,586	1,576	1,565	1,495	1,485	1,433

$C_6H_{11}Cl$ Chlorcyclohexan (X_1) — **C_6H_6 Benzol** (X_2)
[*3*] ⟨K4, d4⟩

Mol-% X_1	0,00	0,73	2,15	3,53
25 °C	0,873	0,874	0,876	0,879

[*4*] ⟨K5 bis 2,2 Mol-% X_1, d4, ϑ 25 °C⟩

$C_6H_{11}Cl$ Chlorcyclohexan (X_1) — **CCl_4 Tetrachlormethan** (X_2)
[*13*] ⟨K4, d4⟩

Gew.-% X_1	0,00	1,66	3,17	4,98
25 °C	1,585	1,570	1,556	1,543

$C_6H_{11}Br$ Bromcyclohexan (X_1) — **C_6H_6 Benzol** (X_2)
[*3*] ⟨K4, d4⟩

Mol-% X_1	0,00	1,11	2,52	3,21
25 °C	0,873	0,880	0,888	0,897

$C_6H_{11}Br$ Bromcyclohexan (X_1) — **CCl_4 Tetrachlormethan** (X_2)
[*13*] ⟨K4, d4⟩

Gew.-% X_1	0,00	2,19	2,57	5,24
25 °C	1,585	1,578	1,577	1,569

$C_6H_{11}J$ Jodcyclohexan (X_1) — **CCl_4 Tetrachlormethan** (X_2)
[*13*] ⟨K4 bis 1,5 Gew.-% X_1, d4, ϑ 25 °C⟩

C_6H_9Cl 1-Chlorhexin(1) (X_1) — **C_6H_6 Benzol** (X_2)
[*22*] ⟨K4, d4, ϑ 25 °C⟩

C_6H_9Br 1-Bromhexin(1) (X_1) — **C_6H_6 Benzol** (X_2)
[*22*] ⟨K6, d4⟩

Mol-% X_1	3,77	3,87	5,65	7,52	9,14	100,00
25 °C	0,891	0,893	0,902	0,912	0,919	1,253

C_6H_9J 1-Jodhexin(1) (X_1) — **C_6H_6 Benzol** (X_2)
[*22*] ⟨K5, d4⟩

Mol-% X_1	2,18	4,64	6,29	8,08	100,00
25 °C	0,894	0,918	0,934	0,951	1,554

C_6H_5F Fluorbenzol (X_1) — **C_6H_{12} Cyclohexan** (X_2)
[*23*] ⟨K9, d5⟩

Mol-% X_1	0,00	13,90	26,73	31,02	47,08	58,22	75,60	85,95	100,00
40 °C	0,7594	0,7863	0,8128	0,8220	0,8586	0,8856	0,9308	0,9597	1,0006

C_6H_5F Fluorbenzol (X_1) — **C_6H_6 Benzol** (X_2)
[*1*] ⟨K5, d4, ϑ 10°, 30°, 50°, 70 °C⟩

Gew.-% X_1	0,00	25,78	49,76	75,04	100,00
0 °C	0,900	0,935	0,969	1,005	1,047
20 °C	0,879	0,912	0,945	0,983	1,023
40 °C	0,858	0,891	0,923	0,958	0,999
60 °C	0,835	0,868	0,899	0,935	0,974
80 °C	0,814	0,845	0,876	0,913	0,950

[*18*] ⟨K6, d4, ϑ 20 °C⟩
[*7*] ⟨K5 bis 9,7 Mol-% X_1, d5, ϑ 20,8 °C⟩
[*11*] ⟨K4 bis 4,6 Mol-% X_1, d5, ϑ 25 °C⟩
[*19*] ⟨K4 bis 3,1 Mol-% X_1, d4, ϑ 25 °C⟩

C_6H_5F Fluorbenzol (X_1) — **C_7H_{14} Methylcyclohexan** (X_2)
[*24*] ⟨ΔV, graph., ϑ 40 °C⟩

C_6H_5F Fluorbenzol (X_1) — **CCl_4 Tetrachlormethan** (X_2)
[*16*] ⟨K11, d4⟩

Mol-% X_1	0,00	0,73	1,44	2,45	4,22	7,59	14,84	25,70	50,16	75,25	100,00
20 °C	1,594	1,590	1,586	1,580	1,570	1,551	1,511	1,450	1,312	1,168	1,023

[*12*] ⟨K7 bis 3,6 Gew.-% X_1, d4, ϑ 20 °C⟩

C_6H_5Cl Chlorbenzol (X_1) — **C_6H_{14} Hexan** (X_2)
[*6*] ⟨K6, d4, ϑ −70°, −50°, −30°, −10°, 10°, 30°, 50°, 70°, 80 °C⟩

Mol-% X_1	0,00	10,68	21,32	37,98	64,58	100,00
−80 °C	0,773	0,814	0,855	—	—	—
−60 °C	0,756	0,796	0,837	0,907	1,023	—
−40 °C	0,739	0,778	0,819	0,887	1,002	1,173
−20 °C	0,721	0,760	0,801	0,868	0,981	1,150
0 °C	0,703	0,741	0,782	0,848	0,960	1,128
20 °C	0,685	0,723	0,763	0,829	0,940	1,106
40 °C	0,667	0,704	0,743	0,809	0,919	1,084
60 °C	0,647	0,685	0,723	0,788	0,898	1,062

C_6H_5Cl Chlorbenzol (X_1) — **C_6H_{14} Hexan** (X_2) (Forts.)

[*5*] ⟨K 9, d 4, ϑ 0°, 25°, 50 °C⟩
[*8*] ⟨K 9 bis 5,8 Mol-% X_1, d 6, ϑ 20 °C⟩
[*14*] ⟨K 4 bis 15,6 Mol-% X_1, d 4, ϑ 20 °C⟩
[*10*] ⟨K 9, d 4, ϑ 25 °C⟩
[*2*] ⟨K 6, d 3, ϑ 25 °C⟩
[*9*] ⟨K 27, d 3, ϑ 30 °C⟩
[*18, 20*]

C_6H_5Cl Chlorbenzol (X_1) — **C_6H_{12} Cyclohexan** (X_2)
[*15*] ⟨K 9, d 5⟩

Mol-% X_1	0,00	9,67	17,14	27,10	39,77	55,53	69,92	84,03	100,00
22 °C	0,777	0,806	0,828	0,859	0,899	0,951	0,999	1,048	1,104

[*10*] ⟨K 9, d 4, ϑ 22 °C⟩

1 Meyer, J., Mylius, B.: Z. physik. Chem. **95** (1920) 349—77.
2 Williams, J. W., Ogg, E. F.: J. Amer. chem. Soc. **50** (1928) 94—101.
3 Williams, J. W.: J. Amer. chem. Soc. **52** (1930) 1831—37.
4 Z. physik. Chem. (B) **20** (1933) 175—82.
5 Smyth, C. P., Morgan, S. O., Boyce, J. C.: J. Amer. chem. Soc. **50** (1928) 1536—47.
6 Smyth, C. P., Morgan, S. O.: J. Amer. chem. Soc. **50** (1928) 1547—60.
7 Bergmann, E., Engel, L., Sandor, St.: Z. physik. Chem. (B) **10** (1930) 106—20.
8 Müller, H.: Physik. Z. **34** (1933) 689—710.
9 Dow, R. B.: Physics **6** (1935) 71—79.
10 Poltz, H.: Z. physik. Chem. (B) **32** (1936) 243—73.
11 Le Fèvre, C. G., Le Fèvre, R. J. W.: J. chem. Soc. (London) **1936**, 130—37.
12 J. chem. Soc. (London) **1954**, 1577—88.
13 J. chem. Soc. (London) **1956**, 3549—63.
14 Mohler, H.: Helv. chim. Acta **20** (1937) 1447—57.
15 Klapproth, H.: Nova Acta Leopoldina (N. F.) **9** (1940) 305—60.
16 Audsley, A., Goss, F. R.: J. chem. Soc. (London) **1941**, 864—73.
17 **1942**, 358—66.
18 Böttcher, C. J. F.: Rec. Trav. chim. Pays-Bas **62** (1943) 119—33.
19 Leonard, N. J., Sutton, L. E.: J. Amer. chem. Soc. **70** (1948) 1564—71.
20 Joerges, M., Nikuradse, A.: Z. Naturforsch. **5a** (1950) 259—69.
21 Anantaraman, A. V., Bhattacharyya, S. N., Palit, S. R.: Trans. Faraday Soc. **57** (1961) 40—50.
22 Pflaum, D. J., Wenzke, H. H.: J. Amer. chem. Soc. **56** (1934) 1106—07.
23 Anantaraman, A. V., Bhattacharyya, S. N., Palit, S. R.: Trans. Faraday Soc. **59** (1963) 1101 bis 1109.
24 Bhattacharyya, S. N., Mukherjee, A.: J. physic. Chem. **72** (1968) 56—63.
25 Heric, E. L., Coursey, B. M.: J. chem. Engng. Data **16** (1971) 185—87.

C_6H_5Cl Chlorbenzol (X_1) — **C_6H_6 Benzol** (X_2)
[*3*] ⟨K 5, d 4, ϑ 10°, 30°, 50°, 70 °C⟩

Gew.-% X_1	0,00	25,16	49,46	74,61	100,00
0 °C	0,900	0,948	1,002	1,059	1,128
20 °C	0,879	0,927	0,981	1,038	1,106
40 °C	0,858	0,905	0,959	1,017	1,085
60 °C	0,835	0,883	0,938	0,996	1,064
80 °C	0,814	0,862	0,915	0,973	1,042

[*29*] ⟨K 6, d 5, ϑ 25°, 35 °C⟩

Mol-% X_1	0,00	20,59	39,97	59,58	78,58	100,00
20 °C	0,8790	0,9309	0,9771	1,0216	1,0647	1,1065
30 °C	0,8683	0,9201	0,9663	1,0108	1,0539	1,0957
40 °C	0,8576	0,9093	0,9555	0,9999	1,0430	1,0849

[*14*] ⟨K 5, d 4⟩

Mol-% X_1	0,00	28,46	56,64	87,83	100,00
70 °C	0,825	0,895	0,947	1,028	1,052

C_6H_5Cl Chlorbenzol (X_1)—C_6H_6 Benzol (X_2) (Forts.)

[*6*] ⟨K 7, d 4, ϑ 0°, 25°, 50 °C⟩
[*8*] ⟨K 5 bis 8,9 Mol-% X_1, d 5, ϑ 17°, 20,8 °C⟩
[*5, 25*] ⟨K 11, d 4, ϑ 18 °C⟩
[*10*] ⟨K 5 bis 4,3 Mol-% X_1, d 4, ϑ 20 °C⟩
[*15*] ⟨K 5 bis 0,7 Mol-% X_1, d 6, ϑ 20 °C⟩
[*16*] ⟨K 1, 47,1 Gew.-% X_1, ϑ 20° bis 160 °C⟩
[*17*] ⟨K 9, d 4, ϑ 22 °C⟩
[*22*] ⟨K 4 bis 0,8 Mol-% X_1, d 5, ϑ 22 °C⟩
[*21*] ⟨K 12 bis 54 Gew.-% X_1, d 4, ϑ 23,5 °C⟩
[*7*] ⟨K 4 bis 50 Mol-% X_1, d 4, ϑ 25 °C⟩
[*11*] ⟨K 6, d 4, ϑ 25 °C⟩
[*13*] ⟨K 15, d 5, ϑ 25 °C⟩
[*18*] ⟨K 4 ab 81 Mol-% X_1, d 5, ϑ 25 °C⟩
[*19*] ⟨K 4 bis 12,5 Mol-% X_1, d 5, ϑ 25 °C⟩
[*23*] ⟨K 13, d 4, ϑ 25 °C⟩
[*24*] ⟨K 4 bis 4,3 Mol-% X_1, d 4, ϑ 25 °C⟩
[*28*] ⟨K 11, d 4, ϑ 25 °C⟩
[*26*] ⟨K 3, d 4, ϑ 25°, 50 °C⟩
[*27*] ⟨K 6, d 4, ϑ 25°, 35°, 45°, 50 °C⟩
[*31*] ⟨Gleichung, ϑ 25 °C⟩
[*30*] ⟨ΔV, Gleichung, ϑ 35°, 40°, 45°, 50 °C⟩
[*1, 2, 4, 9, 12, 20*]

1 Biron, E. V.: J. russ. physik.-chem. Ges. (Shurnal Russkogo Fisiko-Chimitschesskogo Obschtschesstwa) **41** (1909) 469 (nach ICT).
2 Bourion: Ann. Chimie **14** (1920) 215 (nach ICT).
3 Meyer, J., Mylius, B.: Z. physik. Chem. **95** (1920) 349—77.
4 Williams, J. W., Krchma, I. J.: J. Amer. chem. Soc. **49** (1927) 1676—86.
5 Rolinski, J.: Physik. Z. **29** (1928) 658—67.
6 Smyth, C. P., Morgan, S. O., Boyle, J. C.: J. Amer. chem. Soc. **50** (1928) 1536—47.
7 Hedestrand, G.: Z. physik. Chem. (B) **2** (1929) 428—44.
8 Bergmann, E., Engel, L., Sandor, St.: Z. physik. Chem. (B) **10** (1930) 106—20.
9 Meyer, L.: Z. physik. Chem. (B) **8** (1930) 27—54.
10 Tiganik, L.: Z. physik. Chem. (B) **13** (1931) 425—61.
11 Wehrle, J. A.: Physic. Rev. [2] **37** (1931) 1135—46.
12 Nespital, W.: Z. physik. Chem. (B) **16** (1932) 153—79.
13 Martin, A. R., Collie, B.: J. chem. Soc. (London) **1932**, 2658—67.
14 Martin, A. R.: Trans. Faraday Soc. **33** (1937) 191—200.
15 Müller, H.: Physik. Z. **34** (1933) 689—710.
16 Morino, Y.: Sci. Pap. Inst. physic. chem. Res. (Tokyo) **23** (1933) 49—117.
17 Poltz, H.: Z. physik. Chem. (B) **32** (1936) 243—73.
18 Le Fèvre, C. G., Le Fèvre, R. J. W.: J. chem. Soc. (London) **1936**, 487—91.
19 Le Fèvre, R. J. W., Russell, P.: J. chem. Soc. (London) **1936**, 491—95.
20 Le Fèvre, C. G., Le Fèvre, R. J. W.: J. chem. Soc. (London) **1936**, 1130—37.
21 **1953**, 4041—50.
22 Fischer, E., Rogowski, F.: Physik. Z. **40** (1939) 331—37.
23 Specchia, O., del Castillo, A.: Nuovo Cimento [N. S.] **18** (1941) 133—55.
24 Curran, C.: J. Amer. chem. Soc. **64** (1942) 830—32.
25 Böttcher, C. J. F.: Rec. Trav. chim. Pays-Bas **62** (1943) 119—33.
26 Lutzki, A. Je., Obuchowa, Je. M.: J. physik. Chem. (Shurnal Fisitschesskoi Chimii) **31** (1957) 1964—75.
27 Lutzki, A. Je., Obuchowa, Je. M., Ssidorow, I. A.: J. allg. Chem. (Shurnal Obschtschei Chimii) **28** (1958) 2386—95; J. Gen. Chem. USSR **28** (1958) 2423—32.
28 Free, K. W., Hutchison, H. P.: J. chem. Engng. Data **4** (1959) 193—97.
29 Nývlt, J., Erdös, E.: Collect. Czechoslov. chem. Commun. **26** (1961) 500—14.
30 Nigam, R. K., Singh, P. P.: Trans. Faraday Soc. **65** (1969) 950—64.
31 Letcher, T. M., Bayles, J. W.: J. chem. Engng. Data **16** (1971) 266—71.

C_6H_5Cl Chlorbenzol (X_1)—**C_7H_{16} Heptan** (X_2)
[*5*] ⟨K 8, d 4⟩

Gew.-% X_1	10,41	32,62	49,96	52,91	67,67	69,75	100,00
21,5 °C	0,756	0,821	0,880	0,891	0,948	1,001	1,104

[*23*] ⟨Gleichung, ϑ 25 °C⟩

C_6H_5Cl Chlorbenzol (X_1)—**C_7H_8 Toluol** (X_2)
[*14*] ⟨K 6, d 4⟩

Mol-% X_1	0	20	40	60	80	100
20 °C	0,866	0,913	0,960	1,008	1,058	1,106
40 °C	0,848	0,894	0,941	0,988	1,036	1,085
60 °C	0,829	0,875	0,921	0,968	1,015	1,063

Lacmann

C_6H_5Cl Chlorbenzol (X_1) — C_7H_8 Toluol (X_2) (Forts.)

[3] ⟨K 7, d 4, ϑ 20 °C⟩
[2] ⟨K 6, d 5, ϑ 25 °C⟩
[22] ⟨K 6, d 4, ϑ 25 °C⟩
[7] ⟨K 1, 51,1 Gew.-% X_1, d 4, ϑ 20° bis 160 °C⟩
[17] ⟨K 3, d 4, ϑ 30 °C⟩
[21] ⟨ΔV, Gleichung, ϑ 35°, 40°, 45 °C⟩
[18] ⟨K 10, ΔV, ϑ 40 °C⟩

C_6H_5Cl Chlorbenzol (X_1) — C_8H_{10} m-Xylol (X_2)
[5] ⟨K 8, d 4⟩

Gew.-% X_1	0,00	8,35	30,97	50,80	51,47	67,32	90,49	100,00
ϑ °C	21,1°	19,25°	19,8°	19,9°	20,0°	20,0°	21,5°	21,5°
	0,862	0,879	0,926	0,971	0,973	1,014	1,074	1,104

C_6H_5Cl Chlorbenzol (X_1) — $C_{10}H_8$ Naphthalin (X_2)
[4] ⟨K 3, d 4⟩

Gew.-% X_1	97,87	98,92	100
18 °C	1,107	1,108	1,109

[8] ⟨K 5, d 4⟩

Mol-% X_1	4,54	7,67	11,49	14,91	17,67
85 °C	0,977	0,979	0,981	0,983	0,985

C_6H_5Cl Chlorbenzol (X_1) — $C_{12}H_{10}$ Diphenyl (X_2)
[9] ⟨K 4 ab 96 Mol-% X_1, d 5, ϑ 25 °C⟩

C_6H_5Cl Chlorbenzol (X_1) — $CHCl_3$ Chloroform (X_2)
[10] ⟨K 8, d 5⟩

Mol-% X_1	0,00	2,12	3,76	8,37	87,61	90,33	93,78	100,00
25 °C	1,468	1,458	1,451	1,431	1,139	1,130	1,120	1,101

[15]

C_6H_5Cl Chlorbenzol (X_1) — $CHBr_3$ Bromoform (X_2)
[10] ⟨K 4, d 5⟩

Mol-% X_1	87,52	87,83	97,35	100,00
25 °C	1,294	1,289	1,141	1,101

C_6H_5Cl Chlorbenzol (X_1) — CCl_4 Tetrachlormethan (X_2)
[6] ⟨K 13, d 4, ϑ 30°, 50 °C⟩

Mol-% X_1	0,00	2,12	4,26	7,56	10,55	21,49	48,10	74,24	100,00
10 °C	1,613	1,603	1,592	1,575	1,558	1,503	1,370	1,245	1,117
20 °C	1,594	1,584	1,573	1,556	1,541	1,486	1,355	1,232	1,107
40 °C	1,555	1,545	1,534	1,518	1,504	1,451	1,325	1,206	1,085
60 °C	1,516	1,506	1,496	1,481	1,467	1,416	1,295	1,180	1,063

[18] ⟨K 6, d 5, ϑ 25°, 35 °C⟩

Mol-% X_1	0,00	20,26	40,50	59,92	79,29	100,00
20 °C	1,5940	1,4924	1,3922	1,2976	1,2048	1,1065
30 °C	1,5746	1,4750	1,3766	1,2838	1,1924	1,0957
40 °C	1,5550	1,4575	1,3610	1,2698	1,1801	1,0849

[12] ⟨K 10, d 4, ϑ 20 °C⟩
[7] ⟨K 1, 50,1 Gew.-% X_1, d 4, ϑ 20° bis 160 °C⟩
[11] ⟨K 9, d 4, ϑ 22 °C⟩
[13] ⟨K 13, d 4, ϑ 25 °C⟩
[20] ⟨K 6, d 4, ϑ 25 °C⟩
[3, 16]

C_6H_5Cl Chlorbenzol (X_1) — $C_2H_4Br_2$ Äthylenbromid (X_2)
[1] ⟨K 6, d 4⟩

Gew.-% X_1	0,00	20,12	39,46	60,35	79,95	100,00
13 °C	2,186	1,832	1,584	1,392	1,235	1,115
46 °C	2,116	1,773	1,532	1,347	1,194	1,079
78 °C	2,049	1,717	1,484	1,303	1,157	1,044
132 °C	1,930	1,622	1,398	1,225	1,089	0,983

Lacmann

1 Ramsay, W., Aston, E.: Z. physik. Chem. **15** (1894) 89—97; Trans. Roy. Irish Acad. **32 A** (1902) 93 (nach Tim.).
2 Linebarger, C. E.: Amer. J. Sci. **2** (1896) 226, 331 (nach ICT und Tim.).
3 Biron, E. V.: J. russ. physik.-chem. Ges. (Shurnal Russkogo Fisiko-Chimitschesskogo Obschtschesstwa **41** (1909) 469, **42** (1910) 167 (nach ICT und Tim.).
4 Dawson, H. M.: J. chem. Soc. (London) **97** (1910) 1041—56.
5 Dobroserdov, D. K.: J. russ. physik.-chem. Ges. (Shurnal Russkogo Fisiko-Chimitschesskogo Obschtschesstwa) **44** (1912) 679 (nach ICT und Tim.).
6 Das, L. M., Roy, S. C.: Indian J. Physics **5** (1930) 441 (nach L.B., 5., E II und Tim.).
7 Morino, Y.: Sci. Pap. Inst. physic. chem. Res. (Tokyo) **23** (1933) 49—117.
8 Briegleb, G., Kambeitz, J.: Z. physik. Chem. (B) **25** (1934) 251—56.
9 Le Fèvre, C. G., Le Fèvre, R. J. W.: J. chem. Soc. (London) **1936**, 487—91.
10 Le Fèvre, R. J. W., Russell, P.: J. chem. Soc. (London) **1936**, 491—95.
11 Poltz, H.: Z. physik. Chem. (B) **32** (1936) 243—73.
12 Goss, F. R.: J. chem. Soc. (London) **1937**, 1915.
13 Specchia, O., Milone, A.: Nuovo Cimento [N. S.] **18** (1941) 156—70.
14 Toropow, A. P.: J. allg. Chem. (Shurnal Obschtschei Chimii) **26** (1956) 3267—69.
15 Lutzki, A. Je., Obuchowa, Je. M.: J. physik. Chem. (Shurnal Fisitschesskoi Chimii) **31** (1957) 1964—75.
16 Anantraman, A. V., Bhattachryya, S. N., Palit, S. R.: Trans. Faraday Soc. **57** (1961) 40—50.
17 Danusso, F.: Atti Accad. naz. Lincei Rend., Cl. Sci. fisiche mat. natur. [8] **10** (1951) 235—42.
18 Nývlt, J., Erdös, E.: Collect. Czechoslov. Chem. Commun. **26** (1961) 500—14.
19 Bhattacharyya, S. N., Anantaraman, A. V., Palit, S. R.: Physica **28** (1962) 633—43.
20 Fort, R. J., Moore, W. R.: Trans. Faraday Soc. **61** (1965) 2102—11.
21 Nigam, R. K., Singh, P. P.: Trans. Faraday Soc. **65** (1969) 950—64.
22 Dubrovskii, S. M., Afonina, K. V.: J. allg. Chem. (Shurnal Obschtschei Chimii) **36** (1966) 1869 bis 1874; J. Gen. Chem. USSR, **36** (1966) 1863—67.
23 Letcher, T. M., Bayles, J. W.: J. chem. Engng. Data **16** (1971) 266—71.

C_6H_5Br Brombenzol (X_1) — **C_6H_{14} Hexan** (X_2)
[*16*] ⟨K 5, d 4⟩

Mol-% X_1	0,00	1,45	2,77	3,99	5,37
−22,9 °C	0,712	0,722	0,732	0,742	0,751
0 °C	0,693	0,703	0,712	0,720	0,730
+20 °C	0,675	0,685	0,694	0,702	0,712
+40 °C	0,657	0,667	0,676	0,684	0,694

C_6H_5Br Brombenzol (X_1) — **C_6H_{12} Cyclohexan** (X_2)
[*16*] ⟨K 5, d 4⟩

Mol-% X_1	0,00	1,10	2,14	3,23	4,17
10 °C	0,787	0,795	0,802	0,810	0,817
20 °C	0,778	0,785	0,792	0,800	0,807
40 °C	0,760	0,767	0,774	0,781	0,788

[*25*] ⟨K 5, ΔV, ϑ 35 °C⟩
[*19*]

C_6H_5Br Brombenzol (X_1) — **C_6H_6 Benzol** (X_2)
[*7*] ⟨K 5, d 5, ϑ 10°, 30°, 50°, 70°, 80 °C⟩

Gew.-% X_1	0,00	24,73	50,24	74,76	100,00
0 °C	0,900	1,000	1,133	1,295	1,522
20 °C	0,879	0,978	1,109	1,271	1,495
40 °C	0,858	0,957	1,084	1,245	1,468
60 °C	0,835	0,934	1,064	1,221	1,441

[*24*] ⟨K 5, d 4, ϑ 35°, 45 °C⟩

Mol-% X_1	0,00	8,67	11,6	80,0	100,0
25 °C	0,873	0,936	0,957	1,381	1,489
50 °C	0,847	0,908	0,928	1,348	1,454

C_6H_5Br Brombenzol (X_1) — **C_6H_6 Benzol** (X_2) (Forts.)
[11] ⟨K 12, d 4⟩

Mol-% X_1	0	5	10	20	30	40	50	60	70	80	90	100
25 °C	0,873	0,909	0,944	1,014	1,080	1,145	1,207	1,267	1,325	1,381	1,435	1,489

[12] ⟨K 6, d 4⟩

Mol-% X_1	0,00	16,13	41,26	65,63	79,55	100,00
70 °C	0,825	0,936	1,097	1,213	1,319	1,427

[16] ⟨K 5 bis 4 Mol-% X_1, d 4, ϑ 10°, 20°, 40 °C⟩
[10] ⟨K 5 bis 4,1 Mol-% X_1, d 4, ϑ 20 °C⟩
[9] ⟨K 5 bis 9,2 Mol-% X_1, d 5, ϑ 20,2 °C⟩
[13] ⟨K 5 bis 5 Mol-% X_1, d 5, ϑ 25 °C⟩
[20] ⟨K 8, d 5, ϑ 25 °C⟩
[22] ⟨K 3, d 4, ϑ 25°, 50 °C⟩
[25] ⟨K 5, ΔV, ϑ 35 °C⟩
[26] ⟨ΔV, Gleichungen, ϑ 35°, 40°, 45 °C⟩
[1, 2]

C_6H_5Br Brombenzol (X_1) — **C_7H_8 Toluol** (X_2)
[21] ⟨K 6, d 4⟩

Mol-% X_1	0	20	40	60	80	100
20 °C	0,866	0,992	1,118	1,243	1,369	1,494
40 °C	0,848	0,972	1,096	1,220	1,344	1,468
60 °C	0,829	0,952	1,074	1,196	1,319	1,441

[16] ⟨K 5 bis 4,33 Mol-% X_1, d 4, ϑ −22,9°, 0°, 20°, 40 °C⟩
[26] ⟨ΔV, Gleichungen, ϑ 35°, 40°, 45 °C⟩
[27] ⟨ΔV, graph., ϑ 20 °C⟩
[28] ⟨K 9, d 4, ϑ 25 °C⟩
[1]

C_6H_5Br Brombenzol (X_1) — **C_8H_{18} 2.2.4-Trimethylpentan** (X_2)
[18] ⟨K 6, d 4⟩

Gew.-% X_1	0,00	23,85	43,83	65,84	85,05	100,00
20 °C	0,692	0,795	0,908	1,075	1,279	1,497

C_6H_5Br Brombenzol (X_1) — **$CHCl_3$ Chloroform** (X_2)
[5] ⟨K 7, d 3⟩

Mol-% X_1	0,00	8,48	23,54	40,17	64,69	86,86	100,00
0 °C	1,526	1,524	1,524	1,524	1,523	1,522	1,491

C_6H_5Br Brombenzol (X_1) — **CCl_4 Tetrachlormethan** (X_2)
[8] ⟨K 14, d 4, ϑ 30°, 50 °C⟩

Mol-% X_1	0,00	2,05	4,11	6,42	8,77	10,98	20,20	40,00	60,00	80,00	100,00
10 °C	1,613	1,611	1,610	1,608	1,604	1,602	1,593	1,573	1,552	1,532	1,512
20 °C	1,594	1,592	1,591	1,589	1,587	1,585	1,576	1,556	1,537	1,517	1,499
40 °C	1,555	1,553	1,552	1,550	1,548	1,546	1,540	1,522	1,505	1,488	1,472
60 °C	1,516	1,514	1,513	1,512	1,510	1,509	1,503	1,489	1,474	1,459	1,445

[17] ⟨K 11, d 4⟩

Mol-% X_1	0,00	0,83	1,75	2,81	5,23	9,72	19,57	30,14	48,04	73,38	100,00
20 °C	1,594	1,594	1,592	1,591	1,589	1,585	1,575	1,565	1,548	1,522	1,495

[16] ⟨K 5 bis 3,9 Mol-% X_1, d 4, ϑ 0°, 20°, 40 °C⟩
[14] ⟨K 9 bis 3,1 Gew.-% X_1, d 4, ϑ 25 °C⟩
[15] ⟨K 10 bis 13,8 Gew.-% X_1, d 4, ϑ 25°, 35°, 45 °C⟩
[23] ⟨K 6 bis 11,2 Gew.-% X_1, d 5, ϑ 30°, 40°, 50 °C⟩
[1]

Lacmann

C_6H_5Br Brombenzol (X_1) — **C_6H_5Cl Chlorbenzol** (X_2)
[*1*] ⟨K6, d4⟩

Mol-% X_1	0,00	10,72	25,32	68,99	80,60	100,00
20 °C	1,107	1,149	1,207	1,378	1,422	1,496

[*3, 6*] ⟨K4, d4⟩

Mol-% X_1	0,0	20,2	67,4	100,0
0 °C	1,126	1,212	1,378	1,516
12 °C	1,114	1,198	1,362	1,501
64 °C	1,060	1,138	1,293	1,433

[*4*] ⟨K6, d5, ϑ 17 °C⟩
[*28*] ⟨K6, d4, ϑ 25 °C⟩
[*26*] ⟨ΔV, Gleichungen, ϑ 35°, 40°, 45 °C⟩

C_6H_5J Jodbenzol (X_1) — **C_6H_6 Benzol** (X_2)
[*7*] ⟨K4, d4, ϑ 10°, 30°, 50°, 70 °C⟩

Gew.-% X_1	0,00	49,95	74,81	100,00
0 °C	0,900	1,213	1,466	1,861
20 °C	0,879	1,187	1,438	1,831
40 °C	0,858	1,162	1,411	1,799
60 °C	0,835	1,136	1,379	1,769
80 °C	0,814	1,110	1,354	1,739

[*24*] ⟨K5, d4, ϑ 35°, 45 °C⟩

Mol-% X_1	0,00	6,68	8,96	80,00	100,00
25 °C	0,873	0,951	0,977	1,660	1,816
50 °C	0,847	0,924	0,949	1,624	1,778

[*9*] ⟨K4 bis 8,3 Mol-% X_1, d5, ϑ 19,5 °C⟩
[*10*] ⟨K5 bis 4,1 Mol-% X_1, d4, ϑ 20 °C⟩
[*22*] ⟨K3, d4, ϑ 35°, 45 °C⟩

C_6H_5J Jodbenzol (X_1) — **$CHCl_3$ Chloroform** (X_2) [*22*]

C_6H_5J Jodbenzol (X_1) — **CCl_4 Tetrachlormethan** (X_2)
[*14*] ⟨K7, d4⟩

Gew.-% X_1	0,00	0,34	0,66	2,87	4,88	5,30	5,65
20 °C	1,594	1,595	1,595	1,600	1,604	1,605	1,606

1 Biron, E. V.: J. russ. physik.-chem. Ges. (Shurnal Russkogo Fisiko-Chimitschesskogo Obschtschesstwa) **41** (1909) 469; **42** (1910) 167 (nach ICT und Tim.).
2 Dobroserdov, D. K.: J. russ. physik.-chem. Ges. (Shurnal Russkogo Fisiko-Chimitschesskogo Obschtschesstwa) **44** (1912) 679 (nach ICT und Tim.).
3 Kremann, R., Meingast, R., Gugl, F.: Mh. Chem. **35** (1914) 876—82, 1235 (nach ICT und Tim.).
4 Burwinkel, H.: Dissert., Münster, 1914 (nach ICT und Tim.).
5 Sacchanov, A., Rjachowski, N.: Z. physik. Chem. **86** (1914) 529—37.
6 Herz, W.: Z. anorg. allg. Chem. **104** (1918) 47—52.
7 Meyer, J., Mylius, B.: Z. physik. Chem. **95** (1920) 349—77.
8 Das, L. M., Roy, S. C.: Indian J. Physics **5** (1930) 441 (nach L.B., 5., E III und Tim.).
9 Bergmann, E., Engel, L., Sandor, St.: Z. physik. Chem. (B) **10** (1930) 106—20.
10 Tiganik, L.: Z. physik. Chem. (B) **13** (1931) 425—61.
11 Martin, A. R., Collie, B.: J. chem. Soc. (London) **1932**, 2658—67.
12 Martin, A. R.: Trans. Faraday Soc. **33** (1937) 191—200.
13 Le Fèvre, C. G., Le Fèvre, R. J. W.: J. chem. Soc. (London) **1936**, 1130—37.
14 **1954**, 1577—88.
15 **1959**, 2670—75.

Lacmann

16 Cowley, E. G., Partington, J. R.: J. chem. Soc. (London) **1937**, 130—38.
17 Audsley, A., Goss, F. R.: J. chem. Soc. (London) **1941**, 864—73.
18 Ioffe, B. V.: J. allg. Chem. (Shurnal Obschtschei Chimii) **23** (1953) 190; J. angew. Chem. (Shurnal Prikladnoi Chimii) **26** (1953) 397—405 (nach Tim.).
19 Kohler, F., Rott, E.: Mh. Chem. **85** (1954) 703—18.
20 McGlashan, M. L., Wingrove, R. J.: Trans. Faraday Soc. **52** (1956) 470—74.
21 Toropow, A. P.: J. allg. Chem. (Shurnal Obschtschei Chimii) **26** (1956) 3267—69.
22 Lutzki, A. Je., Obuchowa, Je. M.: J. physik. Chem. (Shurnal Fisitschesskoi Chimii) **31** (1957) 1964—75.
23 Tourky, A. R., Rizk, H. A., Girgis, Y. M.: Z. physik. Chem. **216** (1961) 176—83.
24 Lutzki, A. Je., Obuchowa, Je. M., Ssidorow, I. A.: J. allg. Chem. (Shurnal Obschtschei Chimii) **28** (1958) 2386—95; J. Gen. Chem. USSR **28** (1958) 2423—32.
25 Naidu, P. R.: J. physic. Soc. Japan **23** (1967) 892—94.
26 Nigam, R. K., Singh, P. P.: Trans. Faraday Soc. **65** (1969) 950—64.
27 Dunken, H., Rödel, E.: Z. Chem. **4** (1964) 313—14.
28 Dubrovskii, S. M., Alfonina, K. V.: J. allg. Chem. (Shurnal Obschtschei Chimii) **36** (1966) 1869—74; J. Gen. Chem. USSR **36** (1966) 1863—67.

$C_6H_{10}Cl_2$ 1.1-Dichlorcyclohexan (X_1) — C_6H_6 Benzol (X_2)
[20] ⟨K8, d4⟩

Mol-% X_1	0,47	1,11	1,61	2,06	2,51	3,06	3,56	3,99
30 °C	0,871	0,874	0,876	0,878	0,879	0,881	0,883	0,885

$C_6H_{10}Cl_2$ 1.1-Dichlorcyclohexan (X_1) — CCl_4 Tetrachlormethan (X_2)
[20] ⟨K6, d4⟩

Mol-% X_1	1,02	1,95	2,51	3,05	3,45	4,11
30 °C	1,567	1,562	1,558	1,555	1,553	1,550

$C_6H_{10}Cl_2$ 1.2-cis-Dichlorcyclohexan (X_1) — C_6H_6 Benzol (X_2)
[20] ⟨K8, d4⟩

Mol-% X_1	0,48	0,97	1,52	2,06	2,57	3,10	3,55	4,21
30 °C	0,871	0,873	0,876	0,878	0,881	0,883	0,885	0,888

$C_6H_{10}Cl_2$ 1.2-cis-Dichlorcyclohexan (X_1) — CCl_4 Tetrachlormethan (X_2)
[20] ⟨K8, d4⟩

Mol-% X_1	0,52	1,01	1,47	1,92	2,61	3,06	3,65	4,23
30 °C	1,574	1,571	1,570	1,568	1,564	1,562	1,560	1,557

$C_6H_{10}Cl_2$ 1.2-trans-Dichlorcyclohexan (X_1) — C_6H_6 Benzol (X_2)
[20] ⟨K8, d4⟩

Mol-% X_1	0,48	1,04	1,65	2,06	2,61	3,06	3,56	4,01
30 °C	0,871	0,873	0,876	0,878	0,881	0,882	0,884	0,886

$C_6H_{10}Cl_2$ 1.2-trans-Dichlorcyclohexan (X_1) — CCl_4 Tetrachlormethan (X_2)
[20] ⟨K8, d4⟩

Mol-% X_1	0,47	1,17	1,51	2,10	2,51	3,16	3,35	3,91
30 °C	1,575	1,571	1,569	1,565	1,563	1,560	1,559	1,556

$C_6H_{10}Cl_2$ 1.4-cis-Dichlorcyclohexan (X_1) — C_6H_6 Benzol (X_2)
[20] ⟨K5, d4⟩

Mol-% X_1	1,23	1,82	2,58	3,00	3,43
30 °C	0,874	0,876	0,880	0,882	0,884

$C_6H_{10}Cl_2$ 1.4-cis-Dichlorcyclohexan (X_1)—CCl_4 Tetrachlormethan (X_2)
[*20*] ⟨K 6, d 4⟩

Mol-% X_1	1,02	1,60	2,25	2,97	3,68	4,68
30 °C	1,570	1,567	1,564	1,560	1,557	1,552

$C_6H_{10}Cl_2$ 1.4-trans-Dichlorcyclohexan (X_1)—C_6H_6 Benzol (X_2)
[*20*] ⟨K 5, d 4⟩

Mol-% X_1	0,50	1,03	1,99	3,10	3,87
30 °C	0,871	0,873	0,878	0,883	0,886

$C_6H_{10}Cl_2$ 1.4-trans-Dichlorcyclohexan (X_1)—CCl_4 Tetrachlormethan (X_2)
[*20*] ⟨K 6, d 4⟩

Mol-% X_1	1,12	1,96	2,96	3,88	4,85	5,67
30 °C	1,569	1,565	1,560	1,556	1,552	1,548

$C_6H_{10}ClBr$ 1.1-Chlorbromcyclohexan (X_1)—C_6H_6 Benzol (X_2)
[*20*] ⟨K 5, d 4⟩

Mol-% X_1	0,82	1,67	2,51	3,12	3,94
30 °C	0,875	0,883	0,890	0,897	0,902

$C_6H_{10}ClBr$ 1.1-Chlorbromcyclohexan (X_1)—CCl_4 Tetrachlormethan (X_2)
[*20*] ⟨K 5, d 4⟩

Mol-% X_1	0,76	1,62	2,36	2,82	3,01
30 °C	1,574	1,572	1,571	1,569	1,568

$C_6H_{10}ClBr$ cis-1-Brom-2-chlorcyclohexan (X_1)—C_6H_6 Benzol (X_2)
[*23*] ⟨K 5, d 4⟩

Mol-% X_1	0,00	0,84	1,53	2,30	2,99
25 °C	0,873	0,881	0,888	0,895	0,901

[*20*] ⟨K 5 bis 3,9 Mol-% X_1, d 4, ϑ 30 °C⟩

$C_6H_{10}ClBr$ cis-1-Brom-2-chlorcyclohexan (X_1)—CCl_4 Tetrachlormethan (X_2)
[*20*] ⟨K 4 bis 3,4 Mol-% X_1, d 4, ϑ 30 °C⟩
[*23*] ⟨K 4 bis 1,9 Mol-%, d 4, ϑ 25 °C⟩

$C_6H_{10}ClBr$ 1.2-trans-Chlorbromcyclohexan (X_1)—C_6H_6 Benzol (X_2)
[*20*] ⟨K 6, d 4⟩

Mol-% X_1	0,68	1,38	2,01	2,70	3,33	3,76
30 °C	0,877	0,884	0,891	0,895	0,901	0,906

$C_6H_{10}ClBr$ 1.2-trans-Chlorbromcyclohexan (X_1)—CCl_4 Tetrachlormethan (X_2)
[*20*] ⟨K 6, d 4⟩

Mol-% X_1	1,20	1,71	2,38	2,99	3,41	4,04
30 °C	1,570	1,569	1,569	1,568	1,568	1,567

$C_6H_{10}Br_2$ 1.1-Dibromcyclohexan (X_1)—C_6H_6 Benzol (X_2)
[*20*] ⟨K 8, d 4⟩

Mol-% X_1	0,53	1,00	1,61	1,98	2,42	3,08	3,71	4,34
30 °C	0,875	0,882	0,890	0,895	0,900	0,910	0,918	0,926

$C_6H_{10}Br_2$ 1.1-Dibromcyclohexan (X_1) — **CCl_4 Tetrachlormethan** (X_2)
[20] ⟨K8, d4⟩

Mol-% X_1	0,49	1,11	1,61	2,08	2,52	3,03	3,51	4,05
30 °C	1,577	1,578	1,580	1,581	1,582	1,584	1,584	1,586

$C_6H_{10}Br_2$ 1.2-cis-Dibromcyclohexan (X_1) — **C_6H_6 Benzol** (X_2)
[20] ⟨K8, d4⟩

Mol-% X_1	0,61	1,29	1,92	2,44	3,12	3,75	4,56	4,82
30 °C	0,877	0,886	0,895	0,902	0,912	0,921	0,930	0,935

$C_6H_{10}Br_2$ 1.2-cis-Dibromcyclohexan (X_1) — **CCl_4 Tetrachlormethan** (X_2)
[20] ⟨K8, d4⟩

Mol-% X_1	0,50	1,13	1,62	2,09	2,53	2,96	3,53	4,06
30 °C	1,577	1,580	1,582	1,583	1,584	1,586	1,587	1,589

$C_6H_{10}Br_2$ 1.2-trans-Dibromcyclohexan (X_1) — **C_6H_6 Benzol** (X_2)
[20] ⟨K8, d4⟩

Mol-% X_1	0,58	1,01	1,30	1,74	2,32	2,82	3,50	4,12
30 °C	0,879	0,885	0,889	0,895	0,903	0,910	0,919	0,927

$C_6H_{10}Br_2$ 1.2-trans-Dibromcyclohexan (X_1) — **CCl_4 Tetrachlormethan** (X_2)
[20] ⟨K8, d4⟩

Mol-% X_1	0,49	0,78	1,54	2,00	2,48	2,97	3,64	4,05
30 °C	1,578	1,579	1,582	1,583	1,584	1,586	1,588	1,589

$C_6H_{10}Br_2$ 1.4-cis-Dibromcyclohexan (X_1) — **C_6H_6 Benzol** (X_2)
[20] ⟨K5, d4⟩

Mol-% X_1	0,58	1,06	1,46	1,94	2,97
30 °C	0,876	0,883	0,889	0,895	0,909

$C_6H_{10}Br_2$ 1.4-cis-Dibromcyclohexan (X_1) — **CCl_4 Tetrachlormethan** (X_2)
[20] ⟨K5, d4⟩

Mol-% X_1	0,51	1,01	1,58	2,17	2,76
30 °C	1,576	1,578	1,580	1,582	1,584

$C_6H_{10}Br_2$ 1.4-trans-Dibromcyclohexan (X_1) — **C_6H_6 Benzol** (X_2)
[20] ⟨K8, d4⟩

Mol-% X_1	0,51	1,02	1,54	1,91	2,50	3,08	3,38	3,96
30 °C	0,875	0,882	0,889	0,894	0,902	0,911	0,915	0,922

$C_6H_{10}Br_2$ 1.4-trans-Dibromcyclohexan (X_1) — **CCl_4 Tetrachlormethan** (X_2)
[20] ⟨K5, d4⟩

Mol-% X_1	0,96	1,90	3,06	3,79	5,42
30 °C	1,577	1,580	1,584	1,587	1,592

$C_6H_{10}J_2$ 1.4-cis-Dijodcyclohexan (X_1) — **C_6H_6 Benzol** (X_2)
[20] ⟨K6, d4⟩

Mol-% X_1	0,54	1,11	1,59	2,20	2,64	3,14
30 °C	0,881	0,894	0,905	0,918	0,928	0,939

$C_6H_{10}J_2$ 1.4-cis-Dijodcyclohexan (X_1) — **CCl_4 Tetrachlormethan** (X_2)
[20] ⟨K6, d4⟩

Mol-% X_1	0,45	0,91	1,35	1,98	2,43	3,07
30 °C	1,579	1,584	1,589	1,596	1,600	1,607

$C_6H_{10}J_2$ 1.4-trans-Dijodcyclohexan (X_1) — **C_6H_6 Benzol** (X_2)
[20] ⟨K5, d4⟩

Mol-% X_1	0,47	1,02	2,04	2,86	3,50
30 °C	0,879	0,891	0,915	0,933	0,947

$C_6H_{10}J_2$ 1.4-trans-Dijodcyclohexan (X_1) — **CCl_4 Tetrachlormethan** (X_2)
[20] ⟨K5, d4⟩

Mol-% X_1	0,57	1,14	2,12	2,89	3,39
30°C	1,581	1,587	1,597	1,604	1,609

$C_6H_4F_2$ o-Difluorbenzol (X_1) — **C_6H_6 Benzol** (X_2)
[6] ⟨K5, d5⟩

Mol-% X_1	0,00	1,09	1,36	1,93	2,81
22,2 °C	0,876	0,879	0,880	0,881	0,884

$C_6H_4F_2$ p-Difluorbenzol (X_1) — **C_8H_{10} p-Xylol** (X_2)
[26] ⟨K10, d4⟩

Mol-% X_1	0,00	9,88	19,94	33,68	53,46	59,36	74,81	79,92	90,01	100,00
30°C	0,8522	0,8756	0,9004	0,9367	0,9925	1,0105	1,0600	1,0777	1,1133	1,1491

C_6H_4FCl o-Fluorchlorbenzol (X_1) — **C_6H_6 Benzol** (X_2)
[6] ⟨K4, d5⟩

Mol-% X_1	0,00	1,88	3,14	5,67
18,2 °C	0,881	0,889	0,894	0,905

$C_6H_4Cl_2$ o-Dichlorbenzol (X_2) — **C_6H_{14} Hexan** (X_2)
[4] ⟨K7, d4⟩

Mol-% X_1	0,00	2,55	7,39	13,20	34,06	58,81	100,00
0 °C	0,688	0,704	0,733	0,768	0,894	1,053	1,325
25 °C	0,666	0,681	0,708	0,743	0,872	1,024	1,297
50 °C	0,643	0,657	0,685	0,718	0,846	0,998	1,270

$C_6H_4Cl_2$ o-Dichlorbenzol (X_1) — **C_6H_6 Benzol** (X_1)
[4] ⟨K7, d4⟩

Mol-% X_1	0,00	2,05	5,40	11,56	20,15	50,10	100,00
0 °C	—	—	0,924	0,962	1,002	1,137	1,325
25 °C	0,873	0,884	0,902	0,933	0,975	1,109	1,297
50 °C	0,846	0,857	0,879	0,906	0,948	1,083	1,270

[6] ⟨K4 bis 6 Mol-% X_1, d5, ϑ 18,5 °C⟩
[7] ⟨K5 bis 4,1 Mol-% X_1, d4, ϑ 20 °C⟩
[11, 16]

$C_6H_4Cl_2$ o-Dichlorbenzol (X_1) — **$C_{10}H_{14}$ Diäthylbenzol** (X_2)
[17] ⟨K11, d4⟩

Gew.-% X_1	0,00	11,74	21,28	31,05	44,24	58,50	65,00	73,41	81,92	89,55	100,00
20 °C	0,869	0,905	0,937	0,972	1,024	1,087	1,112	1,154	1,198	1,242	1,306

$C_6H_4Cl_2$ o-Dichlorbenzol (X_1) — **CCl_4 Tetrachlormethan** (X_2)
[1] ⟨K2, d4, ϑ 35°, 55 °C⟩

Gew.-% X_1	0,00	6,38
15 °C	1,604	1,579
25 °C	1,584	1,561
45 °C	1,546	1,524
65 °C	1,507	1,488

$C_6H_4Cl_2$ m-Dichlorbenzol (X_1) — **C_6H_{14} Hexan** (X_2)
[4] ⟨K7, d4⟩

Mol-% X_1	0,00	2,04	2,45	6,84	20,84	43,24	100,00
0 °C	0,688	0,706	0,706	0,732	0,814	0,948	1,309
25 °C	0,666	0,682	0,684	0,709	0,793	0,924	1,280
50 °C	0,643	0,659	0,661	0,685	0,768	0,898	1,252

$C_6H_4Cl_2$ m-Dichlorbenzol (X_1) — **C_6H_6 Benzol** (X_2)
[4] ⟨K6, d4⟩

Mol-% X_1	0,00	3,72	10,08	27,03	68,37	100,00
0 °C	—	0,918	0,949	1,031	1,201	1,309
25 °C	0,873	0,892	0,923	1,003	1,170	1,280
50 °C	0,846	0,865	0,897	0,976	1,143	1,252

[7] ⟨K5 bis 4,2 Mol-% X_1, d4, ϑ 20 °C⟩

$C_6H_4Cl_2$ p-Dichlorbenzol (X_1) — **C_6H_6 Benzol** (X_2)
[4] ⟨K6, d4⟩

Mol-% X_1	0,00	13,54	14,83	38,60	67,41	73,35
0 °C	—	0,967	0,974	—	—	—
25 °C	0,873	0,941	0,947	1,056	—	—
50 °C	0,846	0,914	0,920	1,028	1,142	1,170

[7] ⟨K5 bis 4,1 Mol-% X_1, d4, ϑ 20 °C⟩
[12] ⟨K9 bis 49 Mol-% X_1, d5, ϑ 25 °C⟩
[13] ⟨K5 bis 3,3 Mol-% X_1, d5, ϑ 25 °C⟩
[20] ⟨K6 bis 7 Mol-% X_1, d4, ϑ 30 °C⟩

$C_6H_4Cl_2$ p-Dichlorbenzol (X_1) — **C_7H_{14} Heptan** (X_2)
[10] ⟨K5, d4⟩

Mol-% X_1	4,31	5,63	9,41	13,53	18,09
20 °C	0,757	0,764	0,783	0,802	0,824

$C_6H_4Cl_2$ p-Dichlorbenzol (X_1) — **CCl_4 Tetrachlormethan** (X_2)
[21] ⟨K9, d4⟩

Mol-% X_1	0,00	3,68	6,93	17,14	19,22	20,62	28,39	31,46	34,66
20 °C	1,594	1,581	1,569	1,533	1,525	1,520	1,495	1,486	1,478

[13] ⟨K5 bis 4 Mol-% X_1, d5, ϑ 25 °C⟩
[15] ⟨K7 bis 2 Gew.-% X_1, d4, ϑ 25 °C⟩

$C_6H_4Cl_2$ p-Dichlorbenzol (X_1) — **C_6H_5Cl Chlorbenzol** (X_2)
[13] ⟨K5, d5⟩

Mol-% X_1	0,00	2,00	3,00	3,67	5,27
25 °C	1,101	1,105	1,107	1,108	1,111

[3] ⟨K15 bis 45 Mol-% X_1, d5, ϑ 0°, 13,5 °C⟩

$C_6H_4Cl_2$ p-Dichlorbenzol (X_1) — **$C_6H_4Cl_2$ o-Dichlorbenzol** (X_2)
[*13*] ⟨K4 bis 3,9 Mol-% X_1, d 5, ϑ 25 °C⟩

C_6H_4FBr o-Fluorbrombenzol (X_1) — **C_6H_6 Benzol** (X_2)
[*6*] ⟨K4, d 5⟩

Mol-% X_1	0,00	1,85	2,69	3,97
22,3 °C	0,876	0,892	0,899	0,910

C_6H_4FBr p-Fluorbrombenzol (X_1) — **C_6H_6 Benzol** (X_2)
[*18*] ⟨K3, d4⟩

Mol-% X_1	0,75	1,53	2,77
25 °C	0,880	0,887	0,897

C_6H_4ClBr o-Chlorbrombenzol (X_1) — **C_6H_{14} Hexan** (X_2) [*9*]

C_6H_4ClBr o-Chlorbrombenzol (X_1) — **C_6H_6 Benzol** (X_2)
[*6*] ⟨K5, d 5⟩

Mol-% X_1	0,00	1,00	1,91	2,78	3,26
19,5 °C	0,879	0,889	0,898	0,907	0,912

[*9*]

C_6H_4ClBr m-Chlorbrombenzol (X_1) — **C_6H_{14} Hexan** (X_2) [*9*]

C_6H_4ClBr m-Chlorbrombenzol (X_1) — **C_6H_6 Benzol** (X_2) [*9*]

C_6H_4ClBr p-Chlorbrombenzol (X_1) — **C_6H_{14} Hexan** (X_2) [*9*]

C_6H_4ClBr p-Chlorbrombenzol (X_1) — **C_6H_6 Benzol** (X_2) [*9*]

$C_6H_4Br_2$ o-Dibrombenzol (X_1) — **C_6H_6 Benzol** (X_2)
[*7*] ⟨K5, d4⟩

Mol-% X_1	0,00	0,51	1,10	2,25	4,21
20 °C	0,879	0,887	0,895	0,912	0,940

[*6*] ⟨K4 bis 2,8 Mol-% X_1, d 5, ϑ 22,8 °C⟩
[*16*]

$C_6H_4Br_2$ m-Dibrombenzol (X_1) — **C_6H_6 Benzol** (X_2)
[*7*] ⟨K5, d4⟩

Mol-% X_1	0,00	0,56	1,01	2,14	4,30
20 °C	0,879	0,887	0,893	0,910	0,941

$C_6H_4Br_2$ p-Dibrombenzol (X_1) — **C_6H_{14} Hexan** (X_2)
[*2*] ⟨K2 bis 4,2 Mol-% X_1, d4, ϑ 25 °C⟩

$C_6H_4Br_2$ p-Dibrombenzol (X_1) — **C_6H_6 Benzol** (X_2)
[*2*] ⟨K5, d 5⟩

Gew.-% X_1	0,00	4,82	8,98	18,65	27,48
25 °C	0,873	0,897	0,919	0,974	1,030

[*7*] ⟨K5 bis 4 Mol-% X_1, d4, ϑ 20 °C⟩

$C_6H_4Br_2$ p-Dibrombenzol (X_1) — **C_7H_8 Toluol** (X_2)
[*2*] ⟨K5, d 5⟩

Gew.-% X_1	0,00	3,73	7,76	13,24	23,65
25 °C	0,861	0,880	0,901	0,933	0,993

$C_6H_4Br_2$ p-Dibrombenzol (X_1) — **$CHCl_3$ Chloroform** (X_2)
[2] ⟨K4, d5⟩

Gew.-% X_1	0,00	2,17	4,17	9,07
25 °C	1,477	1,486	1,493	1,512

$C_6H_4Br_2$ p-Dibrombenzol (X_1) — **CCl_4 Tetrachlormethan** (X_2)
[2] ⟨K3, d5⟩

Gew.-% X_1	0,00	2,54	7,16
25 °C	1,584	1,592	1,607

[15] ⟨K4 bis 1,8 Mol-% X_1, d4, ϑ 20 °C⟩

$C_6H_4Br_2$ p-Dibrombenzol (X_1) — **C_2H_5Br Äthylbromid** (X_2)
[2] ⟨K3 bis 3,9 Mol-% X_1, d5, ϑ 25 °C⟩

C_6H_4FJ o-Fluorjodbenzol (X_1) — **C_6H_6 Benzol** (X_2)
[6] ⟨K4 bis 3,5 Mol-% X_1, d5, ϑ 22,3 °C⟩

C_6H_4ClJ o-Chlorjodbenzol (X_1) — **C_6H_6 Benzol** (X_2)
[6] ⟨K5, d5⟩

Mol-% X_1	0,00	1,53	2,10	3,29	5,69
19,4 °C	0,879	0,901	0,909	0,925	0,958

C_6H_4BrJ o-Bromjodbenzol (X_1) — **C_6H_6 Benzol** (X_2)
[6] ⟨K4 bis 3,1 Mol-% X_1, d5, ϑ 19,2 °C⟩

$C_6H_4J_2$ o-Dijodbenzol (X_1) — **C_6H_6 Benzol** (X_2)
[7] ⟨K5, d4⟩

Mol-% X_1	0,00	0,51	0,98	1,96	3,57
20 °C	0,878	0,891	0,902	0,925	0,963

[6] ⟨K4 bis 3,5 Mol-% X_1, d5, ϑ 22,5 °C⟩

$C_6H_4J_2$ m-Dijodbenzol (X_1) — **C_6H_6 Benzol** (X_2)
[7] ⟨K5 bis 4,2 Mol-% X_1, d4, ϑ 20 °C⟩

$C_6H_4J_2$ p-Dijodbenzol (X_1) — **C_6H_6 Benzol** (X_2)
[7] ⟨K5 bis 3,6 Mol-% X_1, d4, ϑ 20 °C⟩
[20] ⟨K5 bis 3,8 Mol-% X_1, d4, ϑ 30 °C⟩

$C_6H_3Cl_3$ 1.2.4-Trichlorbenzol (X_1) — **C_6H_{14} n-Hexan** (X_2) [19]

$C_6H_3Cl_3$ 1.3.5-Trichlorbenzol (X_1) — **C_6H_6 Benzol** (X_2)
[7] ⟨K5 bis 4 Mol-% X_1, d4, ϑ 20 °C⟩
[14] ⟨K4 bis 2 Gew.-% X_1, d5, ϑ 25 °C⟩

$C_6H_3Cl_3$ 1.3.5-Trichlorbenzol (X_1) — **CCl_4 Tetrachlormethan** (X_2)
[15] ⟨K6 bis 2,7 Mol-% X_1, d4, ϑ 20 °C⟩

$C_6H_3Br_3$ 1.3.5-Tribrombenzol (X_1) — **C_6H_6 Benzol** (X_2)
[7] ⟨K5 bis 4 Mol-% X_1, d4, ϑ 20 °C⟩

$C_6H_3Br_3$ 1.3.5-Tribrombenzol (X_1) — **CCl_4 Tetrachlormethan** (X_2)
[15] ⟨K4 bis 1,5 Mol-% X_1, d4, ϑ 20 °C⟩

$C_6H_3J_3$ 1.3.5-Trijodbenzol (X_1) — **C_6H_6 Benzol** (X_2)
[7] ⟨K4 bis 2 Mol-% X_1, d4, ϑ 20 °C⟩

$C_6H_8Cl_4$ Tetrachlorcyclohexan (X_1) — **C_6H_6 Benzol** (X_2)
[22] ⟨K3 bis 1 Mol-% X_1, d4, ϑ 25 °C⟩

$C_6H_2Cl_4$ 1.2.3.4-Tetrachlorbenzol (X_1) — **C_6H_6 Benzol** (X_2)
[5] ⟨K 5 bis 4 Mol-% X_1, d 5, ϑ 25 °C⟩

C_6HCl_5 Pentachlorbenzol (X_1) — **C_6H_6 Benzol** (X_2)
[5] ⟨K 6, d 5⟩

Mol-% X_1	0,00	0,94	2,47	3,11	4,64	5,74
25 °C	0,873	0,886	0,906	0,915	0,934	0,949

$C_6H_6Cl_6$ Hexachlorcyclohexan (X_1) — **C_6H_6 Benzol** (X_2)
[22] ⟨K 5 bis 5 Mol-% X_1, d 4, ϑ 25 °C⟩

$C_6H_6Cl_6$ 1.1.2.4.4.5-Hexachlorcyclohexan (X_1) — **C_6H_6 Benzol** (X_2)
[22] ⟨K 3, d 4⟩

Mol-% X_1	0,00	3,53	6,89
25 °C	0,872	0,886	0,900

$C_6H_6Cl_6$ α-Benzolhexachlorid (X_1) — **C_6H_6 Benzol** (X_2)
[8] ⟨K 5 bis 0,9 Mol-% X_1, d 4, ϑ 25 °C⟩

$C_6H_6Cl_6$ β-Benzolhexachlorid (X_1) — **C_6H_6 Benzol** (X_2)
[8] ⟨K 4 bis 0,3 Mol-% X_1, d 4, ϑ 25 °C⟩

$C_6H_6Cl_4Br_2$ γ-Tetrachlordibromcyclohexan (X_1) — **C_6H_6 Benzol** (X_2)
[22] ⟨K 4 bis 5 Mol-% X_1, d 4, ϑ 25 °C⟩

C_6F_6 Hexafluorbenzol (X_1) — **C_6H_{12} Cyclohexan** (X_2)
[25] ⟨K 10, ΔV, ϑ 40 °C⟩

C_6F_6 Hexafluorbenzol (X_1) — **C_6H_{10} Cyclohexen** (X_2)
[25] ⟨K 10, ΔV, ϑ 40 °C⟩

C_6F_6 Hexafluorbenzol (X_1) — **C_6H_8 1.3-Cyclohexadien** (X_2)
[25] ⟨K 8, ΔV, ϑ 40 °C⟩

C_6F_6 Hexafluorbenzol (X_1) — **C_6H_6 Benzol** (X_2)
[25] ⟨K 12, ΔV, ϑ 40 °C⟩

C_6F_6 Hexafluorbenzol (X_1) — **C_7H_8 Toluol** (X_2)
[25] ⟨K 12, ΔV, ϑ 40 °C⟩

C_6F_6 Hexafluorbenzol (X_1) — **C_8H_{10} Äthylbenzol** (X_2)
[27] ⟨K 5, ΔV, ϑ 40 °C⟩

C_6F_6 Hexafluorbenzol (X_1) — **C_8H_{10} p-Xylol** (X_2)
[25] ⟨K 11, ΔV, ϑ 40 °C⟩

C_6F_6 Hexafluorbenzol (X_1) — **C_9H_{12} Mesitylen** (X_2)
[25] ⟨K 11, ΔV, ϑ 40 °C⟩

C_6F_6 Hexafluorbenzol (X_1) — **C_9H_{12} Cumol** (X_2)
[25] ⟨K 11, ΔV, ϑ 40 °C⟩

C_6F_6 Hexafluorbenzol (X_1) — **$C_{12}H_{18}$ 1.3.5-Triäthylbenzol** (X_2)
[27] ⟨K 5, ΔV, ϑ 40 °C⟩

C_6F_6 Hexafluorbenzol (X_1) — **$C_{15}H_{24}$ 1.3.5-Triisopropylbenzol** (X_2)
[27] ⟨K 5, ΔV, ϑ 40 °C⟩

C_6Cl_6 Hexachlorbenzol (X_1) — **C_6H_6 Benzol** (X_2)
[15] ⟨K 5 bis 2,5 Gew.-% X_1, d 4, ϑ 20 °C⟩
[7] ⟨K 6 bis 2,2 Mol-% X_1, d 4, ϑ 50 °C⟩

$C_6H_5Cl_7$ Heptachlorcyclohexan (X_1) — **C_6H_6 Benzol** (X_2)
[22] ⟨K 4 bis 2 Mol-% X_1, d 4, ϑ 25 °C⟩

Lacmann

C_6Cl_{12} Dodecachlorcyclohexan (X_1) – **C_6H_6 Benzol** (X_2)
[*22*] ⟨K4, d4⟩

Mol-% X_1	0,00	2,82	4,69	6,02
25 °C	0,872	0,887	0,897	0,905

C_6F_{14} Perfluor-n-hexan (X_1) – **C_6H_{14} n-Hexan** (X_2)
[*24*] ⟨K11, d4, ϑ 45 °C⟩

Mol-% X_1	0,00	8,46	13,73	17,77	32,51	41,35	48,54	54,27	80,70	89,95	100,00
25 °C	0,655	0,771	0,840	0,889	1,058	1,150	1,221	1,276	1,506	1,584	1,672
35 °C	0,646	0,760	0,826	0,874	1,039	1,128	1,197	1,252	1,478	1,555	1,641
55 °C	0,627	0,736	—	0,844	1,000	1,085	1,150	1,202	1,420	1,494	1,578

1 Lumsden, J. S.: J. chem. Soc. (London) **91** (1907) 24–35.
2 Tyrer, D.: J. chem. Soc. (London) **97** (1910) 2620–34.
3 Bourion: Ann. chim. **14** (1920) 215 (nach ICT und Tim.).
4 Smyth, C. P., Morgan, S. O., Boyce, J. C.: J. Amer. chem. Soc. **50** (1928) 1536–47.
5 Smyth, C. P., Lewis, G. L.: J. Amer. chem. Soc. **62** (1940) 721–27.
6 Bergmann, E., Engel, L., Sandor, St.: Z. physik. Chem. (B) **10** (1930) 106–20.
7 Tiganik, L.: Z. physik. Chem. (B) **13** (1931) 425–61.
8 Williams, J. W., Fogelberg, J. M.: J. Amer. chem. Soc. **53** (1931) 2096–2104.
9 Bodenheimer, W., Wehage, K.: Z. physik. Chem. (B) **18** (1932) 343.
10 Briegleb, G.: Z. physik. Chem. (B) **16** (1932) 249–83.
11 Müller, H.: Physik. Z. **34** (1933) 689–710.
12 Martin, A. R., George, C. M.: J. chem. Soc. (London) **1933**, 1413–16.
13 Le Fèvre, C. G., Le Fèvre, R. J. W.: J. chem. Soc. (London) **1936**, 487–91.
14 **1950**, 1829–33.
15 **1954**, 1577–88.
16 Fischer, E., Rogowski, F.: Physik. Z. **40** (1939) 331–37.
17 Bragg, L. B., Richards, A. R.: Ind. Engng. Chem. **34** (1942) 1088–91.
18 Leonard, N. J., Sutton, L. E.: J. Amer. chem. Soc. **70** (1948) 1564–71.
19 Kohler, F., Rott, E.: Mh. Chem. **85** (1954) 703–18.
20 Kwestroo, W., Meijer, F. A., Havinga, E.: Recueil Trav. chim. Pays-Bas **73** (1954) 717–36.
21 Schurz, J., Koren, H., Treiber, E.: Mh. Chem. **86** (1955) 986–94.
22 Shimozawa, T., Morino, Y., Riemschneider, R.: Bull. chem. Soc. [Japan] **28** (1955) 393–96.
23 Bender, P., Flowers, D. L., Goering, H. L.: J. Amer. chem. Soc. **77** (1955) 3463–65.
24 Bedford, R. G., Dunlap, R. D.: J. Amer. chem. Soc. **80** (1958) 282–85.
25 Duncan, W. A., Sherdan, J. P., Swinton, F. L.: Trans. Faraday Soc. **62** (1966) 1090–96.
26 Myers, R. S., Berenbach B. A., Clever, H. L.: J. chem. Engng. Data **14** (1969) 91–93.
27 Powell, R. J., Swinton, F. L.: J. Chem. Thermodynamics **2** (1970) 87–93.

$C_7H_{15}Br$ n-Heptylbromid (X_1) – **C_7H_{16} Heptan** (X_2)
[*1*] ⟨K7, d4, ϑ −50°, −10°, 30°, 70 °C⟩

Mol-% X_1	0,00	4,88	8,89	16,26	33,30	53,27	100,00
−70 °C	0,759	0,783	0,804	0,843	0,935	1,024	1,237
−30 °C	0,725	0,750	0,770	0,808	0,898	0,985	1,194
10 °C	0,692	0,717	0,736	0,771	0,861	0,946	1,151
50 °C	0,658	0,681	0,700	0,735	0,823	0,906	1,107
90 °C	—	0,644	0,663	0,698	0,784	0,865	1,062

$C_7H_{15}J$ n-Heptyljodid (X_1) – **CCl_4 Tetrachlormethan** (X_2)
[*15*] ⟨K9, d4⟩

Mol-% X_1	0,00	0,85	1,62	2,96	6,89	17,46	44,75	81,41	100,00
20 °C	1,594	1,591	1,588	1,583	1,570	1,538	1,470	1,405	1,379

$C_7H_{11}Cl$ 1-Chlorheptin(1) (X_1) – **C_6H_6 Benzol** (X_2)
[*25*] ⟨K5, d4, ϑ 25 °C⟩

$C_7H_{11}Cl$ 1-Chlorheptin(2) (X_1) – **C_6H_6 Benzol** (X_2)
[*26*] ⟨K4 bis 5,1 Mol-% X_1, d5, ϑ 25 °C⟩

$C_7H_{11}Br$ 1-Bromheptin(1) (X_1) — **C_6H_6 Benzol** (X_2)
[*25*] ⟨K 5, d 4, ϑ 25 °C⟩

$C_7H_{11}Br$ 1-Bromheptin(2) (X_1) — **C_6H_6 Benzol** (X_2)
[*26*] ⟨K 5 bis 5,6 Mol-% X_1, d 5, ϑ 25 °C⟩

$C_7H_{11}J$ 1-Jodheptin(1) (X_1) — **C_6H_6 Benzol** (X_2)
[*25*] ⟨K 6, d 4, ϑ 25 °C⟩

$C_7H_{11}J$ 1-Jodheptin(2) (X_1) — **C_6H_6 Benzol** (X_2)
[*26*] ⟨K 4 bis 4,8 Mol-% X_1, d 5, ϑ 25 °C⟩

C_7H_7F Benzylfluorid (X_1) — **C_6H_6 Benzol** (X_2) [*17*]

C_7H_7F p-Fluortoluol (X_1) — **C_6H_6 Benzol** (X_2)
[*18*] ⟨K 4 bis 3,3 Mol-% X_1, d 4, ϑ 25 °C⟩

C_7H_7Cl Benzylchlorid (X_1) — **C_6H_6 Benzol** (X_2)
[*8*] ⟨K 7, d 4⟩

Mol-% X_1	0,00	1,07	1,57	2,03	3,35	5,11	7,99
20 °C	0,879	0,882	0,883	0,884	0,888	0,893	0,901

[*22*] ⟨K 3, d 4⟩

Mol-% X_1	20	50	100
25 °C	0,928	0,998	1,094
50 °C	0,902	0,973	1,070

[*4*] ⟨K 5 bis 7,3 Mol-% X_1, d 5, ϑ 21,7 °C⟩
[*6*] ⟨K 5 bis 1,5 Mol-% X_1, d 4, ϑ 25 °C⟩
[*9*] ⟨K 12 bis 5,9 Mol-% X_1, d 4, ϑ 25 °C⟩

C_7H_7Cl o-Chlortoluol (X_1) — **C_6H_6 Benzol** (X_2)
[*10*] ⟨K 5, d 4⟩

Mol-% X_1	0,00	0,51	1,11	2,04	4,08
20 °C	0,878	0,880	0,881	0,884	0,889

[*11*] ⟨K 6 bis 5,6 Mol-% X_1, d 4, ϑ 22 °C⟩

C_7H_7Cl m-Chlortoluol (X_1) — **C_6H_6 Benzol** (X_2)
[*10*] ⟨K 5, d 4⟩

Mol-% X_1	0,00	0,53	0,99	2,06	4,11
20 °C	0,878	0,880	0,881	0,883	0,889

[*11*] ⟨K 6 bis 2,1 Mol-% X_1, d 4, ϑ 22 °C⟩

C_7H_7Cl p-Chlortoluol (X_1) — **C_6H_6 Benzol** (X_2)
[*10*] ⟨K 5, d 4⟩

Mol-% X_1	0,00	0,52	1,07	2,05	4,24
20 °C	0,878	0,880	0,881	0,883	0,889

[*11*] ⟨K 8 bis 4,2 Mol-% X_1, d 5, ϑ 22 °C⟩

C_7H_7Cl p-Chlortoluol (X_1) — **C_8H_{10} m-Xylol** (X_2)
[*27*] ⟨K 3, d 4, ϑ 30 °C⟩

C_7H_7Br Benzylbromid (X_1) — **C_6H_6 Benzol** (X_2)
[*2*] ⟨K 7, d 4⟩

Mol-% X_1	0,00	1,09	3,02	3,53	5,61	6,18	10,71
25 °C	0,873	0,882	0,896	0,900	0,915	0,919	0,951
50 °C	0,847	0,855	0,868	0,872	0,888	0,892	0,924

C_7H_7Br Benzylbromid (X_1) — **C_7H_{16} Heptan** (X_2)
[*2*] ⟨K 7, d 4⟩

Mol-% X_1	0,00	3,13	4,02	5,98	7,90	12,99	18,08
25 °C	0,680	0,699	0,704	0,717	0,729	0,761	0,797
50 °C	0,658	0,677	0,682	0,694	0,706	0,738	0,774

C_7H_7Br o-Bromtoluol (X_1) — **C_6H_6 Benzol** (X_2)
[*10*] ⟨K 5 bis 4 Mol-% X_1, d 4, ϑ 20 °C⟩

C_7H_7Br m-Bromtoluol (X_1) — **C_6H_6 Benzol** (X_2)
[*10*] ⟨K 5 bis 4,4 Mol-% X_1, d 4, ϑ 20 °C⟩

C_7H_7Br p-Bromtoluol (X_1) — **C_6H_6 Benzol** (X_2)
[*10*] ⟨K 5 bis 4,1 Mol-% X_1, d 4, ϑ 20 °C⟩

C_7H_7Br Bromtoluol (X_1) — **$C_{10}H_{14}$ t-Butylbenzol** (X_2)
[*16*] ⟨K 10, d 4⟩

Mol-% X_1	0,00	3,14	5,22	8,70	19,94	24,62	49,92	55,75	59,98	100,00
25 °C	0,863	0,876	0,885	0,900	0,952	0,974	1,101	1,133	1,157	1,407

C_7H_7J o-Jodtoluol (X_1) — **C_6H_6 Benzol** (X_2)
[*13*] ⟨K 6, d 5⟩

Mol-% X_1	0,00	7,64	10,61	12,92	15,39	15,85
22 °C	0,877	0,965	0,999	1,024	1,049	1,055

C_7H_7J m-Jodtoluol (X_1) — **C_6H_6 Benzol** (X_2)
[*13*] ⟨K 7, d 5⟩

Mol-% X_1	0,00	3,90	5,55	7,94	9,66	11,78	14,37
22 °C	0,877	0,922	0,941	0,967	0,986	1,008	1,038

C_7H_7J p-Jodtoluol (X_1) — **C_6H_6 Benzol** (X_2)
[*13*] ⟨K 6, d 5⟩

Mol-% X_1	0,00	3,75	4,83	6,33	7,99	9,72
22 °C	0,877	0,920	0,933	0,949	0,968	0,986

$C_7H_6Cl_2$ Benzalchlorid (X_1) — **C_6H_6 Benzol** (X_2)
[*8*] ⟨K 7, d 4⟩

Mol-% X_1	0,00	1,00	1,47	2,10	3,03	5,19	6,62
20 °C	0,879	0,884	0,887	0,890	0,895	0,907	0,914

[*9*] ⟨K 7 bis 5 Mol-% X_1, d 4, ϑ 25 °C⟩

$C_7H_6Cl_2$ o-Chlorbenzylchlorid (X_1) — **C_6H_6 Benzol** (X_2)
[*12*] ⟨K 6 bis 2,5 Mol-% X_1, d 5, ϑ 30 °C⟩

$C_7H_6Cl_2$ o-Chlorbenzylchlorid (X_1) — **C_7H_{16} Heptan** (X_2)
[*12*] ⟨K 6 bis 1,8 Mol-% X_1, d 5, ϑ 30 °C⟩

$C_7H_6Cl_2$ o-Chlorbenzylchlorid (X_1) — **CCl_4 Tetrachlormethan** (X_2)
[*12*] ⟨K 6 bis 1,5 Mol-% X_1, d 5, ϑ 30 °C⟩

$C_7H_6Cl_2$ m-Chlorbenzylchlorid (X_1) — **C_6H_6 Benzol** (X_2)
[*12*] ⟨K 6 bis 4 Mol-% X_1, d 5, ϑ 30 °C⟩

$C_7H_6Cl_2$ m-Chlorbenzylchlorid (X_1) — **C_7H_{16} Heptan** (X_2)
[*12*] ⟨K 6 bis 3,5 Mol-% X_1, d 5, ϑ 30 °C⟩

$C_7H_6Cl_2$ m-Chlorbenzylchlorid (X_1) — **CCl_4 Tetrachlormethan** (X_2)
[*12*] ⟨K6 bis 3,5 Mol-% X_1, d4, ϑ 30 °C⟩

$C_7H_6Cl_2$ p-Chlorbenzylchlorid (X_1) — **C_6H_6 Benzol** (X_2)
[*5*] ⟨K5 bis 4,9 Mol-% X_1, d5, ϑ 20,1 °C⟩
[*7*] ⟨K5 bis 1,4 Mol-% X_1, d4, ϑ 25 °C⟩
[*12*] ⟨K6 bis 2,6 Mol-% X_1, d5, ϑ 30 °C⟩

$C_7H_6Cl_2$ p-Chlorbenzylchlorid (X_1) — **C_7H_{16} Heptan** (X_2)
[*12*] ⟨K5 bis 2 Mol-% X_1, d5, ϑ 30 °C⟩

$C_7H_6Cl_2$ p-Chlorbenzylchlorid (X_1) — **CCl_4 Tetrachlormethan** (X_2)
[*12*] ⟨K6 bis 1,5 Mol-% X_1, d5, ϑ 30 °C⟩

$C_7H_6Cl_2$ 3.5-Dichlortoluol (X_1) — **C_6H_6 Benzol** (X_2)
[*14*] ⟨K5 bis 3,2 Mol-% X_1, d4, ϑ 30 °C⟩

C_7H_6ClBr p-Brombenzylchlorid (X_1) — **C_7H_{16} Heptan** (X_2)
[*2*] ⟨K6, d4⟩

Mol-% X_1	0,00	2,85	4,30	5,88	8,26	9,70
25 °C	0,680	0,703	0,715	0,728	0,748	0,760
50 °C	0,658	0,681	0,693	0,706	0,725	0,737

C_7H_6ClBr p-Chlorbenzylbromid (X_1) — **C_7H_{16} Heptan** (X_2)
[*2*] ⟨K7, d4⟩

Mol-% X_1	0,00	2,13	3,42	4,63	5,78	7,17	8,66
25 °C	0,680	0,697	0,707	0,717	0,726	0,737	0,749
50 °C	0,658	0,675	0,685	0,695	0,704	0,715	0,727

$C_7H_6Br_2$ 3.5-Dibromtoluol (X_1) — **C_6H_6 Benzol** (X_2)
[*14*] ⟨K5 bis 1,1 Mol-% X_1, d4, ϑ 30 °C⟩

$C_7H_5Cl_3$ Benzotrichlorid (X_1) — **C_6H_6 Benzol** (X_2)
[*8*] ⟨K7, d4⟩

Mol-% X_1	0,00	1,06	1,49	1,97	3,01	4,99	7,78
20 °C	0,879	0,887	0,890	0,894	0,902	0,918	0,937

[*9*] ⟨K8 bis 7,3 Mol-% X_1, d4, ϑ 25 °C⟩

$C_7H_5Cl_3$ 2.4.6-Trichlortoluol (X_1) — **C_6H_6 Benzol** (X_2)
[*3*] ⟨K5, d5⟩

Mol-% X_1	0,00	4,43	9,23	15,29	21,28
25 °C	0,8732	0,9036	0,9364	0,9778	1,0189

[*19*] ⟨K4 bis 2,1 Gew.-% X_1, d5, ϑ 25 °C⟩
[*14*] ⟨K5 bis 9,2 Mol-% X_1, d4, ϑ 30 °C⟩

$C_7H_5Br_3$ 3.5-Dibrombenzylbromid (X_1) — **C_6H_6 Benzol** (X_2)
[*14*] ⟨K5 bis 1,5 Mol-% X_1, d4, ϑ 30 °C⟩

$C_7H_5Br_3$ 2.4.6-Tribromtoluol (X_1) — **C_6H_6 Benzol** (X_2)
[*14*] ⟨K5 bis 5,5 Mol-% X_1, d4, ϑ 30 °C⟩

$C_7H_4Cl_4$ p-Chlorbenzotrichlorid (X_1) — **C_6H_6 Benzol** (X_2)
[*14*] ⟨K5 bis 3,1 Mol-% X_1, d4, ϑ 30 °C⟩

$C_7H_3Cl_5$ Pentachlortoluol (X_1) — **C_6H_6 Benzol** (X_2)
[*3*] ⟨K6 bis 0,9 Mol-% X_1, d5, ϑ 25 °C⟩

Lacmann

C_7F_{14} Tetradecafluor-methylcyclohexan (X_1)—**C_7H_{14} Methylcyclohexan** (X_2) [24]

C_7F_{16} Hexadecafluorheptan (X_1)—**CH_4 Methan** (X_2) [20]

C_7F_{16} Hexadecafluorheptan (X_1)—**C_2H_6 Äthan** (X_2) [20]

C_7F_{16} Hexadecafluorheptan (X_1)—**C_8H_{18} 2.2.4-Trimethylpentan** (X_2)
[23] ⟨K11, d4⟩

Mol-% X_1	0,00	7,59	15,60	24,06	33,01	42,50	52,58	63,30	74,73	86,93	100,00
25 °C	0,688	0,784	0,880	0,977	1,074	1,175	1,280	1,388	1,498	1,610	1,728

[21] ⟨K12, d4, ϑ 30 °C⟩

C_7F_{16} Hexadecafluorheptan (X_1)—**$C_5Cl_2F_6$ 1.2-Dichlor-hexafluorcyclopenten** (X_2)
[23] ⟨K11, d4⟩

Mol-% X_1	0,00	6,87	14,23	22,14	30,67	39,89	49,88	60,76	72,63	84,66	100,00
25 °C	1,643	1,650	1,656	1,663	1,671	1,678	1,687	1,696	1,705	1,716	1,728

1 Smyth, C. P., Rogers, H. E.: J. Amer. chem. Soc. **52** (1930) 2227—40.
2 Smyth, C. P., Walls, W. S.: J. Amer. chem. Soc. **54** (1932) 1854—62.
3 Smyth, C. P., Lewis, G. L.: J. Amer. chem. Soc. **62** (1940) 721—27.
4 Bergmann, E., Engel, L., Sándor, St.: Z. physik. Chem. (B) **10** (1930) 397—413.
5 Bergmann, E., Engel, L.: Z. physik. Chem. (B) **15** (1931) 85—96.
6 Weissberger, A., Sängewald, R.: Z. physik. Chem. (B) **9** (1930) 133—40.
7 (B) **20** (1933) 145—57.
8 Parts, A.: Z. physik. Chem. (B) **12** (1931) 323—26.
9 Sutton, L. E.: Proc. Roy. Soc. (London) (A) **133** (1931) 668—95.
10 Tiganik, L.: Z. physik. Chem. (B) **13** (1931) 425—61.
11 Wolf, K. L., Trieschmann, H. G.: Z. physik. Chem. (B) **14** (1931) 346—49.
12 de Bruyne, J. M. A., Davis, R. M., Gross, P. M.: J. Amer. chem. Soc. **55** (1933) 3936.
13 Poltz, H., Steil, O., Strasser, O.: Z. physik. Chem. (B) **20** (1933) 351—56.
14 Maryott, A. A., Gross, P. M., Hobbs, M. E.: J. Amer. chem. Soc. **62** (1940) 2320—24.
15 Audsley, A., Goss, F. G.: J. chem. Soc. (London) **1942**, 358—66.
16 Berliner, E., Bondhus, F. J.: J. Amer. chem. Soc. **68** (1946) 2355—58.
17 Rogers, M. T.: J. Amer. chem. Soc. **69** (1947) 457—59.
18 Leonard, N. J., Sutton, L. E.: J. Amer. chem. Soc. **70** (1948) 1564—71.
19 Le Fèvre, C. G., Le Fèvre, R. J. W.: J. chem. Soc. (London) **1950**, 1829—33.
20 Gjaldbaek, J. Chr., Hildebrand, J. H.: J. Amer. chem. Soc. **72** (1950) 1077—78.
21 Mueller, Ch. R., Lewis, J. E.: J. chem. Physics **26** (1957) 286—92.
22 Lutzki, A. Je., Obuchowa, Je. M.: J. physik. Chem. (Shurnal Fisitschesskoi Chimii) **31** (1957) 1964—75.
23 Reed III, T. M., Taylor, T. E.: J. physic. Chem. **63** (1959) 58—67.
24 Dyke, D. E. L., Rowlinson, J. S., Thacker, R.: Trans. Faraday Soc. **55** (1959) 903—10.
25 Pflaum, D. J., Wenzke, H. H.: J. Amer. chem. Soc. **56** (1934) 1106—07.
26 Toussaint, J. A., Wenzke, H. H.: J. Amer. chem. Soc. **57** (1935) 668—70.
27 Danusso, F.: Atti Accad. naz. Lincei Rend., Cl. Sci. fisiche mat. natur. [8] **10** (1951) 235—42.

$C_8H_{17}Cl$ 1-Chloroctan (X_1)—**$C_{16}H_{34}$ n-Hexadecan** (X_2)
[14] ⟨K9, d5⟩

Mol-% X_1	0,00	15,46	31,10	47,35	56,52	61,65	70,64	84,98	100,00
25 °C	0,7709	0,7799	0,7906	0,8037	0,8122	0,8174	0,8273	0,8457	0,8692

$C_8H_{17}J$ n-Octyljodid (X_1)—**CCl_4 Tetrachlormethan** (X_2)
[11] ⟨K13, d4⟩

Mol-% X_1	0,00	0,55	0,92	1,33	1,55	2,85	3,20	4,64	10,71	11,50	26,62
20 °C	1,594	1,591	1,590	1,588	1,587	1,580	1,580	1,572	1,546	1,543	1,488

Mol-% X_1	47,83	100,00
20 °C	1,428	1,330

Lacmann

$C_8H_{17}J$ β-Jodoctan (X_1) — **CCl_4 Tetrachlormethan** (X_2)
[11] ⟨K 10, d 4⟩

Mol-% X_1	0,00	0,49	0,89	1,77	3,74	7,25	16,22	34,83	67,27	100,00
20 °C	1,594	1,592	1,590	1,585	1,576	1,560	1,523	1,460	1,381	1,325

$C_8H_{13}Cl$ 1-Chlor-2-octin (X_1) — **C_6H_6 Benzol** (X_2)
[13] ⟨K 5, d 5⟩

Mol-% X_1	0,00	2,72	3,53	4,10	5,03
25 °C	0,873	0,875	0,875	0,876	0,877

$C_8H_{13}Br$ 1-Brom-2-octin (X_1) — **C_6H_6 Benzol** (X_2)
[13] ⟨K 4, d 5⟩

Mol-% X_1	0,00	3,60	4,03	5,27
25 °C	0,873	0,891	0,894	0,902

$C_8H_{13}J$ 1-Jod-2-octin (X_1) — **C_6H_6 Benzol** (X_2)
[13] ⟨K 4, d 5⟩

Mol-% X_1	0,00	3,50	4,45	5,69
25 °C	0,873	0,907	0,916	0,928

C_8H_7Cl ω-Chlorstyrol (X_1) — **C_6H_6 Benzol** (X_2)
[7] ⟨K 5 bis 4,4 Mol-% X_1, d 4, ϑ 18,8 °C⟩

C_8H_7Cl p-Chlorphenyläthylen (X_1) — **C_6H_6 Benzol** (X_2)
[6] ⟨K 4 bis 7,5 Mol-% X_1, d 4, ϑ 25 °C⟩

C_8H_7Br ω-Bromstyrol (X_1) — **C_6H_6 Benzol** (X_2)
[7] ⟨K 5 bis 5,3 Mol-% X_1, d 4, ϑ 18 °C⟩

C_8H_7Br β-Bromstyrol (X_1) — **C_6H_6 Benzol** (X_2)
[9] ⟨K 11 bis 1,6 Mol-% X_1, d 6, ϑ 30 °C⟩

C_8H_7Br β-Bromstyrol (X_1) — **CCl_4 Tetrachlormethan** (X_2)
[9] ⟨K 12 bis 1,6 Mol-% X_1, d 5, ϑ 30 °C⟩

C_8H_7Br p-Bromphenyläthylen (X_1) — **C_6H_6 Benzol** (X_2)
[6] ⟨K 4, d 4⟩

Mol-% X_1	2,35	3,04	4,20	6,19
25 °C	0,890	0,895	0,904	0,919

C_8H_5Cl Phenylchloracetylen (X_1) — **C_6H_6 Benzol** (X_2)
[4] ⟨K 4, d 5⟩

Mol-% X_1	0,00	3,31	6,19	10,29
25 °C	0,872	0,883	0,891	0,903

[7] ⟨K 4 bis 4,5 Mol-% X_1, d 4, ϑ 18,8 °C⟩

C_8H_5Cl o-Chlorphenylacetylen (X_1) — **C_6H_6 Benzol** (X_2)
[5] ⟨K 5, d 4⟩

Mol-% X_1	2,39	3,41	4,60	6,65	7,38
25 °C	0,879	0,883	0,886	0,894	0,896

C_8H_5Cl m-Chlorphenylacetylen (X_1) — **C_6H_6 Benzol** (X_2)
[5] ⟨K4, d4⟩

Mol-% X_1	2,44	3,52	4,42	6,11
25 °C	0,881	0,884	0,887	0,892

C_8H_5Cl p-Chlorphenylacetylen (X_1) — **C_6H_6 Benzol** (X_2)
[5] ⟨K6, d4⟩

Mol-% X_1	3,90	4,29	5,61	7,12	7,81	12,42
25 °C	0,884	0,886	0,890	0,894	0,897	0,912

C_8H_5Br Phenylbromacetylen (X_1) — **C_6H_6 Benzol** (X_2)
[4] ⟨K4, d5⟩

Mol-% X_1	0,00	4,21	8,01	10,68
25 °C	0,872	0,906	0,935	0,956

C_8H_5Br o-Bromphenylacetylen (X_1) — **C_6H_6 Benzol** (X_2)
[5] ⟨K5, d4⟩

Mol-% X_1	1,75	1,95	2,24	2,93	4,57
25 °C	0,884	0,885	0,888	0,892	0,903

C_8H_5Br p-Bromphenylacetylen (X_1) — **C_6H_6 Benzol** (X_2)
[5] ⟨K4, d4⟩

Mol-% X_1	2,48	3,99	4,22	7,78
25 °C	0,892	0,903	0,905	0,933

C_8H_5J Phenyljodacetylen (X_1) — **C_6H_6 Benzol** (X_2)
[4] ⟨K4, d5⟩

Mol-% X_1	0,00	4,83	6,87	8,28
25 °C	0,872	0,926	0,955	0,972

[9] ⟨K5 bis 1,2 Mol-% X_1, d5, ϑ 30 °C⟩

C_8H_5J Phenyljodacetylen (X_1) — **CCl_4 Tetrachlormethan** (X_2)
[9] ⟨K5 bis 1,2 Mol-% X_1, d5, ϑ 30 °C⟩

$C_8H_8Cl_2$ p-Xylidendichlorid (X_1) — **C_6H_6 Benzol** (X_2)
[10] ⟨K5 bis 0,85 Mol-% X_1, d5, ϑ 22 °C⟩

$C_8H_8Cl_2$ 4.5-Dichlor-o-xylol (X_1) — **C_6H_6 Benzol** (X_2)
[12] ⟨K6, d5⟩

Mol-% X_1	0,00	1,81	3,66	5,01	6,20	7,49
25 °C	0,873	0,883	0,893	0,899	0,905	0,912

$C_8H_8Br_2$ p-Xylidendibromid (X_1) — **C_6H_6 Benzol** (X_2)
[10] ⟨K5 bis 0,9 Mol-% X_1, d5, ϑ 22 °C⟩

C_8H_4ClJ o-Chlorphenyljodacetylen (X_1) — **C_6H_6 Benzol** (X_2)
[4] ⟨K5, d5⟩

Mol-% X_1	0,00	2,72	4,42	5,66	8,28
25 °C	0,872	0,914	0,938	0,958	1,000

Lacmann

C_8H_4ClJ p-Chlorphenyljodacetylen (X_1) — **C_6H_6 Benzol** (X_2)
[*4*] ⟨K 4, d 5⟩

Mol-% X_1	0,00	1,66	2,71	4,76
25 °C	0,872	0,898	0,915	0,945

$C_8H_7Cl_3$ 3.4.5-Trichlor-o-xylol (X_1) — **C_6H_6 Benzol** (X_2)
[*12*] ⟨K 5 bis 2,4 Mol-% X_1, d 5, ϑ 25 °C⟩

$C_8H_6Cl_4$ Tetrachlor-o-xylol (X_1) — **C_6H_6 Benzol** (X_2)
[*12*] ⟨K 6 bis 0,5 Mol-% X_1, d 5, ϑ 25 °C⟩

$C_8H_5Cl_5$ Pentachloräthylbenzol (X_1) — **C_6H_6 Benzol** (X_2)
[*12*] ⟨K 6, d 5⟩

Mol-% X_1	0,00	1,44	2,59	2,88	3,66	4,31
25 °C	0,873	0,893	0,908	0,912	0,922	0,931

C_9H_9F o-Fluor-α-Methylstyrol (X_1) — **C_6H_6 Benzol** (X_2)
[*8*] ⟨K 3 bis 3,6 Mol-% X_1, d 4, ϑ 25,9 °C⟩

C_9H_9Cl m-Chlor-α-Methylstyrol (X_1) — **C_6H_6 Benzol** (X_2)
[*8*] ⟨K 4 bis 4 Mol-% X_1, d 4, ϑ 26,5 °C⟩

C_9H_9Br o-Brom-α-Methylstyrol (X_1) — **C_6H_6 Benzol** (X_2)
[*8*] ⟨K 4 bis 2,2 Mol-% X_1, d 4, ϑ 27,3 °C⟩

C_9H_9Br p-Brom-α-Methylstyrol (X_1) — **C_6H_6 Benzol** (X_2)
[*8*] ⟨K 5 bis 3,5 Mol-% X_1, d 4, ϑ 22,3 °C⟩

C_9H_9J o-Jod-α-Methylstyrol (X_1) — **C_6H_6 Benzol** (X_2)
[*8*] ⟨K 5 bis 3,8 Mol-% X_1, d 4, ϑ 26,1 °C⟩

C_9H_7Cl p-Tolylchloracetylen (X_1) — **C_6H_6 Benzol** (X_2)
[*4*] ⟨K 4 bis 7 Mol-% X_1, d 5, ϑ 25 °C⟩

C_9H_7Br p-Tolylbromacetylen (X_1) — **C_6H_6 Benzol** (X_2)
[*4*] ⟨K 4, d 5⟩

Mol-% X_1	0,00	5,13	8,24	12,19
25 °C	0,872	0,904	0,924	0,948

C_9H_7J p-Tolyljodacetylen (X_1) — **C_6H_6 Benzol** (X_2)
[*4*] ⟨K 4, d 5⟩

Mol-% X_1	0,00	5,03	8,01	9,96
25 °C	0,872	0,934	0,969	0,991

$C_9H_9Cl_3$ Trichlorpseudocumol (X_1) — **C_6H_6 Benzol** (X_2)
[*12*] ⟨K 6 bis 1,4 Mol-% X_1, d 5, ϑ 25 °C⟩

$C_9H_9Cl_3$ Trichlormesitylen (X_1) — **C_6H_6 Benzol** (X_2)
[*2*] ⟨K 5 bis 2,2 Mol-% X_1, d 4, ϑ 40 °C⟩
[*12*] ⟨K 4 bis 1 Mol-% X_1, d 5, ϑ 25 °C⟩

$C_9H_9Br_3$ Tribrommesitylen (X_1) — **C_6H_6 Benzol** (X_2)
[*2*] ⟨K 4 bis 1,2 Mol-% X_1, d 4, ϑ 40 °C⟩

$C_9H_9Br_3$ Tribrommesitylen (X_1) — **CCl_4 Tetrachlormethan** (X_2)
[*3*] ⟨K 4 bis 0,6 Mol-% X_1, d 4, ϑ 20°, 53,9 °C⟩

$C_{10}H_{21}Cl$ 1-Chlordecan (X_1) — **$C_{16}H_{34}$ n-Hexadecan** (X_2)
[14] ⟨K 12, d 5⟩

Mol-% X_1	0,00	15,36	15,73	30,21	42,42	45,34	45,86	55,37	70,90	85,43	100,00
25 °C	0,7709	0,7811	0,7813	0,7922	0,8023	0,8048	0,8054	0,8141	0,8299	0,8466	0,8659

$C_{10}H_{17}Cl$ Pinenhydrochlorid (X_1) — **C_6H_{14} Hexan** (X_2) *[1]*

1 Darmois: Ann. Chim. Physique **22** (1911) 495 (nach ICT).
2 Tiganik, L.: Z. physik. Chem. (B) **13** (1931) 425—61.
3 Lütgert, H.: Z. physik. Chem. (B) **14** (1931) 31—35.
4 Wilson, C. J., Wenzke, H. H.: J. Amer. chem. Soc. **56** (1934) 2025—27.
5 Otto, M. M., Wenzke, H. H.: J. Amer. chem. Soc. **56** (1934) 1314—15.
6 **57** (1935) 294—95.
7 Bergmann, E.: J. chem. Soc. (London) **1936**, 402—11.
8 Bergmann, E., Weizmann, A.: Trans. Faraday Soc. **32** (1936) 1327—31.
9 Gorman, M., Davis, R. M., Gross, P. M.: Physik. Z. **39** (1938) 181—85.
10 Fischer, E., Rogowski, F.: Physik. Z. **40** (1939) 331—37.
11 Audsley, A., Goss, F. G.: J. chem. Soc. (London) **1942**, 358—66.
12 Smyth, C. P., Lewis, G. L.: J. Amer. chem. Soc. **62** (1940) 721—27.
13 Toussaint, J. H., Wenzke, H. H.: J. Amer. chem. Soc. **57** (1935) 668—70.
14 Heric, E. L., Coursey, B. M.: J. chem. Engng. Data **16** (1971) 185—87.

$C_{10}H_{17}Cl$ Terpenhydrochlorid (X_1) — **C_6H_6 Benzol** (X_2) *[1]*

$C_{10}H_{13}Cl$ 2-Chlor-p-Cymol (X_1) — **C_6H_6 Benzol** (X_2)
[14] ⟨K 5, d 5⟩

Mol-% X_1	0,00	0,84	2,22	3,28	3,50
25 °C	0,874	0,876	0,879	0,882	0,882

$C_{10}H_{13}Cl$ 2-Chlor-p-Cymol (X_1) — **$C_{10}H_{14}$ p-Cymol** (X_2)
[9] ⟨K 17, d 4⟩

Mol-% X_1	7,23	15,90	21,13	31,45	44,52	53,31	61,43	73,57	87,70	96,05
20 °C	0,871	0,881	0,888	0,903	0,922	0,935	0,947	0,967	0,992	1,008

$C_{10}H_{13}Cl$ 3-Chlor-p-Cymol (X_1) — **C_6H_6 Benzol** (X_2)
[14] ⟨K 5 bis 1,7 Mol-% X_1, d 5, ϑ 25 °C⟩

$C_{10}H_{13}Br$ 2-Brom-p-Cymol (X_1) — **C_6H_6 Benzol** (X_2)
[14] ⟨K 5 bis 0,8 Mol-% X_1, d 5, ϑ 25 °C⟩

$C_{10}H_{13}Br$ 3-Brom-p-Cymol (X_1) — **C_6H_6 Benzol** (X_2)
[14] ⟨K 5 bis 0,7 Mol-% X_1, d 5, ϑ 25 °C⟩

$C_{10}H_{13}Br$ Brom-t-butylbenzol (X_1) — **C_7H_7Br Bromtoluol** (X_2)
[20] ⟨K 13, d 4⟩

Mol-% X_1	0,00	9,63	21,72	43,80	55,70	67,70	74,08	85,64	93,57	100,00
25 °C	1,245	1,256	1,272	1,303	1,321	1,342	1,354	1,376	1,393	1,407

$C_{10}H_7F$ 1-Fluornaphthalin (X_1) — **C_6H_6 Benzol** (X_2)
[5] ⟨K 7, d 4⟩

Mol-% X_1	0,00	1,01	1,57	2,11	3,12	5,15	8,24
20 °C	0,879	0,883	0,885	0,887	0,890	0,898	0,909

$C_{10}H_7F$ 1-Fluornaphthalin (X_1) — **CCl_4 Tetrachlormethan** (X_2)
[17] ⟨K 7 bis 2,3 Gew.-% X_1, d 4, ϑ 20 °C⟩

$C_{10}H_7F$ 2-Fluornaphthalin (X_1) — **C_6H_6 Benzol** (X_2)
[*5*] ⟨K 7, d 4⟩

Mol-% X_1	0,00	1,04	1,54	2,03	3,01	5,03	8,01
20 °C	0,879	0,883	0,884	0,886	0,890	0,897	0,908

$C_{10}H_7F$ 2-Fluornaphthalin (X_1) — **CCl_4 Tetrachlormethan** (X_2)
[*17*] ⟨K 6 bis 1,4 Gew.-% X_1, d 4, ϑ 20 °C⟩

$C_{10}H_7Cl$ 1-Chlornaphthalin (X_1) — **C_6H_6 Benzol** (X_2)
[*5*] ⟨K 7, d 4⟩

Mol-% X_1	0,00	0,92	1,47	2,04	2,98	4,89	8,10
20 °C	0,879	0,883	0,886	0,889	0,893	0,902	0,917

[*12*] ⟨K 4 bis 3 Mol-% X_1, d 4, ϑ 25 °C⟩

$C_{10}H_7Cl$ 1-Chlornaphthalin (X_1) — **CH_2J_2 Methylenjodid** (X_2)
[*22*] ⟨K 8, d 4, ϑ 15°, 25 °C⟩

Gew.-% X_1	0,0	5,2	10,6	17,5	26,3	39,6	62,4	100,0
20 °C	3,323	3,029	2,777	2,514	2,244	1,930	1,561	1,194
30 °C	3,296	3,005	2,755	2,494	2,226	1,916	1,550	1,186

$C_{10}H_7Cl$ 1-Chlornaphthalin (X_1) — **CCl_4 Tetrachlormethan** (X_2)
[*17*] ⟨K 5 bis 2,8 Gew.-% X_1, d 4, ϑ 20 °C⟩

$C_{10}H_7Cl$ 2-Chlornaphthalin (X_1) — **C_6H_6 Benzol** (X_2)
[*5*] ⟨K 7, d 4⟩

Mol-% X_1	0,00	1,01	1,52	2,02	3,02	5,04	8,02
20 °C	0,879	0,884	0,886	0,888	0,893	0,902	0,915

[*12*] ⟨K 3 bis 2,3 Mol-% X_1, d 4, ϑ 20 °C⟩

$C_{10}H_7Cl$ 2-Chlornaphthalin (X_1) — **CCl_4 Tetrachlormethan** (X_2)
[*17*] ⟨K 5 bis 1,4 Gew.-% X_1, d 4, ϑ 20 °C⟩

$C_{10}H_7Br$ 1-Bromnaphthalin (X_1) — **C_6H_{14} n-Hexan** (X_2)
[*4*] ⟨K 11, d 5⟩

Gew.-% X_1	0,00	10,1	19,95	29,85	40,1	49,75	59,9	70,0	79,9	90,0	100,0
15 °C	0,694	0,735	0,782	0,831	0,890	0,956	1,030	1,116	1,218	1,336	1,477

$C_{10}H_7Br$ 1-Bromnaphthalin (X_1) — **C_6H_6 Benzol** (X_2)
[*5*] ⟨K 7, d 4⟩

Mol-% X_1	0,00	0,99	1,50	1,99	2,98	4,92	7,86
20 °C	0,879	0,888	0,893	0,898	0,907	0,925	0,951

$C_{10}H_7Br$ 1-Bromnaphthalin (X_1) — **C_7H_{16} Heptan** (X_2)
[*3*] ⟨K 8, d 4, ϑ 20° bis 23 °C⟩

$C_{10}H_7Br$ 1-Bromnaphthalin (X_1) — **CCl_4 Tetrachlormethan** (X_2)
[*17*] ⟨K 4 bis 2,2 Gew.-% X_1, d 4, ϑ 20 °C⟩

$C_{10}H_7Br$ 2-Bromnaphthalin (X_1) — **C_6H_6 Benzol** (X_2)
[*5*] ⟨K 7, d 4⟩

Mol-% X_1	0,00	1,00	1,50	2,00	3,01	5,02	8,02
20 °C	0,879	0,888	0,893	0,897	0,906	0,925	0,950

$C_{10}H_7Br$ 2-Bromnaphthalin (X_1) – **CCl_4 Tetrachlormethan** (X_2)
[*17*] ⟨K4 bis 1,5 Gew.-% X_1, d4, ϑ 20 °C⟩

$C_{10}H_7J$ 1-Jodnaphthalin (X_1) – **C_6H_6 Benzol** (X_2)
[*5*] ⟨K7, d4⟩

Mol-% X_1	0,00	1,00	1,51	2,00	3,00	5,00	7,92
20 °C	0,879	0,893	0,900	0,907	0,921	0,947	0,986

$C_{10}H_7J$ 1-Jodnaphthalin (X_1) – **CCl_4 Tetrachlormethan** (X_2)
[*17*] ⟨K6, d4⟩

Gew.-% X_1	0,00	0,54	1,16	1,59	2,34	6,07
20 °C	1,594	1,595	1,596	1,597	1,598	1,604

$C_{10}H_7J$ 2-Jodnaphthalin (X_1) – **C_6H_6 Benzol** (X_2)
[*5*] ⟨K7, d4⟩

Mol-% X_1	0,00	1,00	1,53	2,03	3,05	5,01	7,74
20 °C	0,879	0,893	0,900	0,907	0,921	0,947	0,982

$C_{10}H_7J$ 2-Jodnaphthalin (X_1) – **CCl_4 Tetrachlormethan** (X_2)
[*17*] ⟨K6 bis 1 Gew.-% X_1, d4, ϑ 20 °C⟩

$C_{10}H_{20}Br_2$ Decamethylenbromid (X_1) – **C_6H_6 Benzol** (X_2)
[*7*] ⟨K6, d4⟩

Mol-% X_1	0,00	1,58	2,62	3,81	5,74	7,77
25 °C	0,873	0,892	0,904	0,917	0,937	0,956
50 °C	0,847	0,865	0,877	0,890	0,910	0,929

$C_{10}H_{12}Cl_2$ 1.2.3.4-Tetramethyl-5.6-dichlorbenzol (X_1) – **C_6H_6 Benzol** (X_2)
[*8*] ⟨K6, d5⟩

Mol-% X_1	0,00	0,21	0,40	0,56	0,80	0,98
25 °C	0,873	0,875	0,876	0,877	0,878	0,879

$C_{10}H_{12}Cl_2$ Dichlordurol (X_1) – **C_6H_6 Benzol** (X_2)
[*8*] ⟨K7, d5⟩

Mol-% X_1	0,00	0,63	0,89	1,34	1,76	2,13	2,77
25 °C	0,873	0,877	0,879	0,881	0,884	0,886	0,890

$C_{10}H_{10}Cl_2$ 1.2-Dichlortetralin (X_1) – **C_6H_6 Benzol** (X_2) [*21*]

$C_{10}H_{10}Cl_2$ 1.2-Dichlortetralin (X_1) – **C_7H_{16} n-Heptan** (X_2) [*21*]

$C_{10}H_{10}Cl_2$ 2.3-Dichlortetralin (X_1) – **C_6H_6 Benzol** (X_2) [*21*]

$C_{10}H_{10}Cl_2$ 2.3-Dichlortetralin (X_1) – **C_7H_{16} n-Heptan** (X_2) [*21*]

$C_{10}H_{10}Br_2$ 1.2-Dibromtetralin (X_1) – **C_6H_6 Benzol** (X_2) [*21*]

$C_{10}H_{10}Br_2$ 1.2-Dibromtetralin (X_1) – **C_7H_{16} n-Heptan** (X_2) [*21*]

$C_{10}H_{10}Br_2$ 2.3-Dibromtetralin (X_1) – **C_6H_6 Benzol** (X_2) [*21*]

$C_{10}H_{10}Br_2$ 2.3-Dibromtetralin (X_1) – **C_7H_{16} n-Heptan** (X_2) [*21*]

$C_{10}H_6Cl_2$ 1.2-Dichlornaphthalin (X_1) – **C_6H_6 Benzol** (X_2)
[*11*] ⟨K4 bis 0,9 Mol-% X_1, d4, ϑ 25 °C⟩
[*12*] ⟨K3 bis 1,85 Mol-% X_1, d4, ϑ 25 °C⟩

$C_{10}H_6Cl_2$ 1.3-Dichlornaphthalin (X_1) — **C_6H_6 Benzol** (X_2)
[*11*] ⟨K4 bis 0,9 Mol-% X_1, d4, ϑ 25 °C⟩
[*12*] ⟨K3 bis 1 Mol-% X_1, d4, ϑ 25 °C⟩

$C_{10}H_6Cl_2$ 1.4-Dichlornaphthalin (X_1) — **C_6H_6 Benzol** (X_2)
[*11*] ⟨K4 bis 1 Mol-% X_1, d4, ϑ 25 °C⟩
[*12*] ⟨K4 bis 1,4 Mol-% X_1, d4, ϑ 25 °C⟩

$C_{10}H_6Cl_2$ 1.5-Dichlornaphthalin (X_1) — **C_6H_6 Benzol** (X_2)
[*11*] ⟨K4 bis 0,9 Mol-% X_1, d4, ϑ 25 °C⟩
[*12*] ⟨K3 bis 1 Mol-% X_1, d4, ϑ 25 °C⟩

$C_{10}H_6Cl_2$ 1.6-Dichlornaphthalin (X_1) — **C_6H_6 Benzol** (X_2)
[*12*] ⟨K6 bis 1,5 Mol-% X_1, d4, ϑ 25 °C⟩

$C_{10}H_6Cl_2$ 1.7-Dichlornaphthalin (X_1) — **C_6H_6 Benzol** (X_2)
[*12*] ⟨K4 bis 1,4 Mol-% X_1, d4, ϑ 25 °C⟩

$C_{10}H_6Cl_2$ 1.8-Dichlornaphthalin (X_1) — **C_6H_6 Benzol** (X_2)
[*12*] ⟨K4, d4⟩

Mol-% X_1	0,79	0,96	1,82	2,23
25 °C	0,880	0,881	0,888	0,891

[*11*] ⟨K4 bis 0,9 Mol-% X_1, d4, ϑ 25 °C⟩

$C_{10}H_6Cl_2$ 2.3-Dichlornaphthalin (X_1) — **C_6H_6 Benzol** (X_2)
[*12*] ⟨K4 bis 1,4 Mol-% X_1, d4, ϑ 25 °C⟩

$C_{10}H_6Cl_2$ 2.6-Dichlornaphthalin (X_1) — **C_6H_6 Benzol** (X_2)
[*6*] ⟨K5 bis 1,3 Mol-% X_1, d4, ϑ 25 °C⟩
[*12*] ⟨K4 bis 1,5 Mol-% X_1, d4, ϑ 25 °C⟩
[*10*]

$C_{10}H_6Cl_2$ 2.7-Dichlornaphthalin (X_1) — **C_6H_6 Benzol** (X_2)
[*11, 12*] ⟨K5 bis 1,2 Mol-% X_1, d4, ϑ 25 °C⟩

$C_{11}H_{15}Cl$ Pentamethylchlorbenzol (X_1) — **C_6H_6 Benzol** (X_2)
[*8*] ⟨K7, d5⟩

Mol-% X_1	0,00	1,10	2,08	3,32	4,00	4,45	4,61
25 °C	0,873	0,877	0,881	0,885	0,887	0,889	0,889

$C_{12}H_{25}Cl$ 1-Chlordodecan (X_1) — **$C_{16}H_{34}$ n-Hexadecan** (X_2)
[*24*] ⟨K17, d5⟩

Mol-% X_1	0,00	10,82	17,78	30,12	44,47	49,70	54,36	69,97	77,84	84,85	100,00
25 °C	0,7709	0,7791	0,7844	0,7945	0,8070	0,8116	0,8160	0,8311	0,8392	0,8467	0,8636

$C_{12}H_{25}Br$ 1-Bromdodecan (X_1) — **$C_2H_2Br_4$ 1.1.2.2-Tetrabromäthan** (X_2)
[*23*] ⟨K7, d4, ϑ 29,95°, 34,96 °C⟩

Mol-% X_1	0,00	15,86	30,04	44,93	61,66	77,73	100,00
24,93 °C	2,9578	2,4183	2,0540	1,7519	1,4809	1,2706	1,0366
Mol-% X_1	0,00	14,56	29,24	42,86	63,40	78,20	100,00
39,96 °C	2,9239	2,4278	2,0472	1,7681	1,4382	1,2492	1,0234

$C_{12}H_{25}J$ Lauryljodid (X_1) — **CCl_4 Tetrachlormethan** (X_2)
[*19*] ⟨K10, d4⟩

Mol-% X_1	0,00	0,61	1,16	2,24	4,34	8,97	17,19	40,02	75,76	100,00
20 °C	1,594	1,588	1,583	1,572	1,553	1,515	1,457	1,346	1,245	1,202

$C_{12}H_9F$ p-Fluordiphenyl (X_1) — **C_6H_6 Benzol** (X_2)
[*16*] ⟨K 5 bis 1 Mol-% X_1, d 5, ϑ 25 °C⟩

$C_{12}H_9Cl$ o-Chlordiphenyl (X_1) — **C_6H_6 Benzol** (X_2)
[*10*] ⟨K 5 bis 1,4 Mol-% X_1, d 4, ϑ 25 °C⟩
[*13*] ⟨K 5 bis 1,2 Mol-% X_1, d 4, ϑ 25 °C⟩

$C_{12}H_9Cl$ o-Chlordiphenyl (X_1) — **CCl_4 Tetrachlormethan** (X_2)
[*10*] ⟨K 3 bis 1 Mol-% X_1, d 4, ϑ 25 °C⟩

$C_{12}H_9Cl$ m-Chlordiphenyl (X_1) — **C_6H_6 Benzol** (X_2)
[*10*] ⟨K 4 bis 1,1 Mol-% X_1, d 4, ϑ 25 °C⟩
[*13*] ⟨K 5 bis 2,3 Mol-% X_1, d 4, ϑ 25 °C⟩

$C_{12}H_9Cl$ m-Chlordiphenyl (X_1) — **CCl_4 Tetrachlormethan** (X_2)
[*10*] ⟨K 4 bis 1,5 Mol-% X_1, d 4, ϑ 25 °C⟩

$C_{12}H_9Cl$ p-Chlordiphenyl (X_1) — **C_6H_6 Benzol** (X_2)
[*10*] ⟨K 4 bis 1,4 Mol-% X_1, d 4, ϑ 25 °C⟩
[*13*] ⟨K 5 bis 1,7 Mol-% X_1, d 4, ϑ 25 °C⟩
[*16*] ⟨K 5 bis 0,9 Mol-% X_1, d 5, ϑ 25 °C⟩

$C_{12}H_9Cl$ p-Chlordiphenyl (X_1) — **CCl_4 Tetrachlormethan** (X_2)
[*18*] ⟨K 9, d 4⟩

Gew.-% X_1	0,00	0,38	0,56	0,73	1,22	1,53
25 °C	1,585	1,582	1,581	1,580	1,577	1,570

$C_{12}H_9Br$ p-Bromdiphenyl (X_1) — **C_6H_6 Benzol** (X_2)
[*16*] ⟨K 5 bis 0,5 Mol-% X_1, d 5, ϑ 25 °C⟩

$C_{12}H_9Br$ p-Bromdiphenyl (X_1) — **CCl_4 Tetrachlormethan** (X_2)
[*18*] ⟨K 9, d 4⟩

Gew.-% X_1	0,00	0,37	0,55	0,77	1,06	1,25	1,60
25 °C	1,585	1,583	1,583	1,583	1,582	1,582	1,581

$C_{12}H_8Cl_2$ o,o'-Dichlordiphenyl (X_1) — **C_6H_6 Benzol** (X_2)
[*10*] ⟨K 4 bis 0,9 Mol-% X_1, d 4, ϑ 25 °C⟩
[*13*] ⟨K 7 bis 1,7 Mol-% X_1, d 4, ϑ 25 °C⟩

$C_{12}H_8Cl_2$ o,o'-Dichlordiphenyl (X_1) — **CCl_4 Tetrachlormethan** (X_2)
[*10*] ⟨K 3 bis 0,6 Mol-% X_1, d 4, ϑ 25 °C⟩

$C_{12}H_8Cl_2$ m,m'-Dichlordiphenyl (X_1) — **C_6H_6 Benzol** (X_2)
[*10*] ⟨K 4 bis 1 Mol-% X_1, d 4, ϑ 25 °C⟩
[*13*] ⟨K 4 bis 1,5 Mol-% X_1, d 4, ϑ 25 °C⟩

$C_{12}H_8Cl_2$ m,m'-Dichlordiphenyl (X_1) — **CCl_4 Tetrachlormethan** (X_2)
[*10*] ⟨K 3 bis 1 Mol-% X_1, d 4, ϑ 25 °C⟩

$C_{12}H_8Cl_2$ p,p'-Dichlordiphenyl (X_1) — **C_6H_6 Benzol** (X_2)
[*15*] ⟨K 4 bis 2,5 Mol-% X_1, d 5, ϑ 25 °C⟩

$C_{12}H_8Cl_2$ p,p'-Dichlordiphenyl (X_1) — **C_6H_5Cl Chlorbenzol** (X_2)
[*15*] ⟨K 4, d 5⟩

Mol-% X_1	0,00	0,61	0,69	1,16
25 °C	1,101	1,103	1,103	1,104

1 | Kanonnikov, J.: J. prakt. Chem. **31** (1885) 321 (nach ICT u. Tim.).
2 | Perkin, W. H.: J. chem. Soc. (London) **77** (1900) 267—94.
3 | Dobroserdov, D. K.: J. russ. physik. chem. Ges. (Shurnal Russkogo Fisiko-Chimitschesskogo Obschtschesstwa) **44** (1912) 679 (nach ICT u. Tim.).

4 McCrombie, H., Roberts, H. M., Scarborough, H. A.: J. chem. Soc. (London) **127** (1925) 753—59.
5 Parts, A.: Z. physik. Chem. (B) **10** (1930) 264—72.
6 Williams, J. W., Fogelberg, J. M.: J. Amer. chem. Soc. **53** (1931) 2096—2104.
7 Smyth, C. P., Walls, W. S.: J. Amer. chem. Soc. **54** (1932) 2261—70.
8 Smyth, C. P., Lewis, G. L.: J. Amer. chem. Soc. **62** (1940) 721—27.
9 Inoue, H., Horiguti, H.: Rep. Tokyo Imp. Ind. Lab. **27** (1932) Nr. 10 (nach Tabl. ann.).
10 Weissberger, A., Sängewald, R.: Z. physik. Chem. (B) **20** (1933) 145—57.
11 Weissberger, A., Sängewald, R., Hampson, G. C.: Trans. Faraday Soc. **30** (1934) 884—93.
12 Hampson, G. C., Weissberger, A.: J. chem. Soc. (London) **1936**, 393—98.
13 J. Amer. chem. Soc. **58** (1936) 2111—17.
14 Le Fèvre, C. G., Le Fèvre, R. J. W., Roberts, W.: J. chem. Soc. (London) **1935**, 480—88.
15 Le Fèvre, C. G., Le Fèvre, R. J. W.: J. chem. Soc. (London) **1936**, 487—91.
16 **1936**, 1130—37.
17 **1955**, 1641—46.
18 Chau, J. Y. H., Le Fèvre, C. G., Le Fèvre, R. J. W.: J. chem. Soc. (London) **1959**, 2666—69.
19 Audsley, A., Goss, F. G.: J. chem. Soc. (London) **1942**, 358—66.
20 Berliner, E., Bondhus, F. J.: J. Amer. chem. Soc. **68** (1946) 2355—58.
21 Fujita, T.: J. Amer. chem. Soc. **79** (1957) 2471—75.
22 Fujii, F., Donald, F.: Amer. Mineralogist **47** (1962) 267—90B.
23 Cokelet, G. R., Hollander, F. J., Smith, J. H.: J. chem. Engng. Data **14** (1969) 470—73.
24 Heric, E. L., Coursey, B. M.: J. chem. Engng. Data **16** (1971) 185—87.

$C_{13}H_{11}Cl$ 3-α-Naphthyl-1-chlor-propen-1 (X_1) — **C_6H_6 Benzol** (X_2)
[*12*] ⟨K 7 bis 3 Mol-% X_1, d 5, ϑ 32 °C⟩

$C_{13}H_{11}Cl$ Benzhydrylchlorid (X_1) — **C_6H_6 Benzol** (X_2)
[*2*] ⟨K 4 bis 1 Gew.-% X_1, d 4, ϑ 25 °C⟩

$C_{13}H_9Cl$ 9-Chlorfluoren (X_1) — **C_6H_6 Benzol** (X_2)
[*5*] ⟨K 4, d 5⟩

Mol-% X_1	0,00	2,15	2,68	3,20
13,5 °C	0,886	0,901	0,905	0,908

$C_{13}H_{10}Cl_2$ Diphenyldichlormethan (X_1) — **C_6H_6 Benzol** (X_2)
[*4*] ⟨K 5, d 5⟩

Mol-% X_1	0,00	1,08	1,89	2,73	3,88
16,7 °C	0,883	0,891	0,897	0,904	0,913

$C_{13}H_{10}Cl_2$ p-Chlorbenzhydrylchlorid (X_1) — **C_6H_6 Benzol** (X_2)
[*2*] ⟨K 4 bis 1 Gew.-% X_1, d 4, ϑ 25 °C⟩

$C_{13}H_{10}Br_2$ p,p'-Dibromdiphenylmethan (X_1) — **C_6H_6 Benzol** (X_2)
[*4*] ⟨K 6, d 5⟩

Mol-% X_1	0,00	0,31	0,49	0,99	1,81	1,89
16,8 °C	0,882	0,888	0,891	0,899	0,913	0,914

$C_{13}H_8Cl_2$ 9.9-Dichlorfluoren (X_1) — **C_6H_6 Benzol** (X_2)
[*5*] ⟨K 5, d 5⟩

Mol-% X_1	0,00	1,21	1,51	2,45	2,87
19,8 °C	0,879	0,889	0,891	0,899	0,902

$C_{13}H_8Br_2$ 2.7-Dibromfluoren (X_1) — **C_6H_6 Benzol** (X_2)
[*5*] ⟨K 4 bis 1,3 Gew.-% X_1, d 5, ϑ 14,7 °C⟩
[*9*] ⟨K 4 bis 0,3 Mol-% X_1, d 5, ϑ 25 °C⟩

$C_{13}H_8Cl_4$ Di-p-Chlorphenyl-dichlormethan (X_1) — **C_6H_6 Benzol** (X_2)
[*4*] ⟨K 6, d 5⟩

Mol-% X_1	0,00	0,25	0,36	0,42	3,35	7,55
16,8 °C	0,882	0,885	0,887	0,887	0,922	0,972

$C_{14}H_{29}Cl$ 1-Chlortetradecan (X_1) — **$C_{16}H_{34}$ n-Hexadecan** (X_2)
[*16*] ⟨K 11, d 5⟩

Mol-% X_1	0,00	12,36	14,73	17,00	30,72	45,16	56,09	56,35	69,86	84,86	100,00
25 °C	0,7709	0,7813	0,7832	0,7852	0,7971	0,8099	0,8198	0,8200	0,8326	0,8470	0,8619

$C_{14}H_{11}Br$ α-Bromstilben (X_1) — **C_6H_6 Benzol** (X_2)
[*8*] ⟨K 5 bis 4,4 Mol-% X_1, d 4, ϑ 21°, 23 °C⟩

$C_{14}H_{12}Cl_2$ 4.4′-Dichlor-2.2′-dimethyldiphenyl (X_1) — **C_6H_6 Benzol** (X_2)
[*10*] ⟨K 6, d 5⟩

Gew.-% X_1	0,00	0,90	1,30	2,33	3,46	5,26
25 °C	0,874	0,876	0,877	0,879	0,882	0,886

$C_{14}H_{12}Br_2$ 2.2′-Di(brommethyl)-diphenyl (X_1) — **C_6H_6 Benzol** (X_2)
[*14*] ⟨K 4 bis 0,3 Mol-% X_1, d 4, ϑ 20 °C⟩

$C_{14}H_{10}Cl_2$ α-Dichlorstilben (X_1) — **C_6H_6 Benzol** (X_2)
[*1*] ⟨K 4 bis 0,5 Mol-% X_1, d 4, ϑ 25 °C⟩

$C_{14}H_{10}Cl_2$ β-Dichlorstilben (X_1) — **C_6H_6 Benzol** (X_2)
[*1*] ⟨K 6 bis 1 Mol-% X_1, d 4, ϑ 25 °C⟩

$C_{14}H_{10}Cl_2$ α,β-Dichlorstilben (X_1) — **C_6H_6 Benzol** (X_2)
[*8*] ⟨K 5 bis 1,6 Mol-% X_1, d 4, ϑ 15,3°, 19,9 °C⟩

$C_{14}H_{10}Br_2$ α,β-Dibromstilben (X_1) — **C_6H_6 Benzol** (X_2)
[*8*] ⟨K 2 bis 0,5 Mol-% X_1, d 4, ϑ 19,9 °C⟩

$C_{16}H_{33}Cl$ 1-Chlorhexadecan (X_1) — **$C_{16}H_{34}$ n-Hexadecan** (X_2)
[*16*] ⟨K 9, d 5⟩

Mol-% X_1	0,00	14,68	15,53	29,15	64,64	55,13	70,31	84,50	100,00
25 °C	0,7709	0,7844	0,7852	0,7975	0,8115	0,8209	0,8345	0,8470	0,8607

$C_{16}H_{33}J$ Cetyljodid (X_1) — **CCl_4 Tetrachlormethan** (X_2)
[*11*] ⟨K 9, d 4⟩

Mol-% X_1	0,00	0,51	1,05	2,12	5,18	10,12	24,56	55,90	100,00
20 °C	1,594	1,586	1,578	1,562	1,521	1,465	1,348	1,214	1,121

$C_{18}H_{37}Cl$ 1-Chloroctadecan (X_1) — **$C_{16}H_{34}$ n-Hexadecan** (X_1)
[*16*] ⟨K 8, d 5⟩

Mol-% X_1	0,00	14,46	30,18	45,50	54,49	70,59	84,65	100,00
25 °C	0,7709	0,7852	0,8002	0,8143	0,8221	0,8359	0,8475	0,8597

$C_{18}H_{37}Cl$ 1-Chloroctadecan (X_1) — **C_4H_9Cl 1-Chlorbutan** (X_2)
[*15*] ⟨K 8, d 5⟩

Mol-% X_1	0,00	14,37	29,24	45,74	55,16	68,27	80,51	100,00
25 °C	0,8810	0,8737	0,8690	0,8654	0,8640	0,8623	0,8611	0,8597

$C_{19}H_{15}Cl$ Triphenylmethylchlorid (X_1) — **C_6H_6 Benzol** (X_2)
[*3*] ⟨K 5, d 4⟩

Mol-% X_1	0,00	1,22	2,82	6,05	9,69
10 °C	0,889	0,899	0,911	0,934	0,958
30 °C	0,868	0,878	0,890	0,914	0,937
50 °C	0,846	0,856	0,869	0,893	0,917
70 °C	0,823	0,834	0,848	0,872	0,897

[*4*] ⟨K 7 bis 3,4 Mol-% X_1, d 5, ϑ 17,2 °C⟩

$C_{19}H_{15}Br$ Triphenylmethylbromid (X_1) — **C_6H_6 Benzol** (X_2)
[13] ⟨K 7, d 4⟩

Mol-% X_1	0,00	0,42	0,74	1,01	1,36	2,06	2,82
25 °C	0,874	0,879	0,882	0,887	0,890	0,899	0,908

$C_{19}H_{14}Cl_2$ p-Chlor-triphenylmethylchlorid (X_1) — **C_6H_6 Benzol** (X_2)
[4] ⟨K 5 bis 2 Mol-% X_1, d 5, ϑ 18,2 °C⟩

$C_{20}H_{15}Cl$ α,β-Diphenylstyrylchlorid (X_1) — **C_6H_6 Benzol** (X_2)
[8] ⟨K 5 bis 3 Mol-% X_1, d 4, ϑ 17,5 °C⟩

$C_{20}H_{16}Cl_2$ 1.4-Bis-(α-Chlorbenzyl)-benzol (X_1) — **C_6H_6 Benzol** (X_2)
[2] ⟨K 5 bis 1 Mol-% X_1, d 4, ϑ 25 °C⟩

$C_{20}H_{16}Cl_2$ Iso-1.4-Bis-(α-chlor-benzyl)-benzol (X_1) — **C_6H_6 Benzol** (X_2)
[2] ⟨K 5 bis 0,9 Mol-% X_1, d 4, ϑ 25 °C⟩

$C_{20}H_{14}ClBr$ α.β-Diphenyl-p-chlorstyrylbromid (X_1) — **C_6H_6 Benzol** (X_2)
[8] ⟨K 5 bis 1,9 Mol-% X_1, d 4, ϑ 16,2°, 17,1 °C⟩

$C_{26}H_{14}F_2$ 2.2′-Difluorbisdiphenyläthylen (X_1) — **C_6H_6 Benzol** (X_2)
[6] ⟨K 4 bis 1,2 Mol-% X_1, d 4, ϑ 14,7 °C⟩

$C_{27}H_{19}Cl$ p-Chlortetraphenylallen (X_1) — **C_6H_6 Benzol** (X_2)
[7] ⟨K 8 bis 3 Mol-% X_1, d 4, ϑ 22,2 °C⟩

$C_{27}H_{18}Cl_2$ α.α-Di-(p-chlorphenyl)-γ.γ′-diphenylallen (X_1) — **C_6H_6 Benzol** (X_2)
[7] ⟨K 2 bis 0,4 Mol-% X_1, d 5, ϑ 25 °C⟩

$C_{27}H_{18}Br_2$ α.γ-Di-(p-bromphenyl)-α.γ-diphenylallen (X_1) — **C_6H_6 Benzol** (X_2)
[7] ⟨K 5 bis 2 Mol-% X_1, d 4, ϑ 18,9 °C⟩

1 Weissberger, A., Sängewald, R.: Z. physik. Chem. (B) **9** (1930) 133—40.
2 (B) **20** (1933) 145—57.
3 Smyth, C. P., Dornte, R. W.: J. Amer. chem. Soc. **53** (1931) 545—55.
4 Bergmann, E., Engel, L., Wolff, H. A.: Z. physik. Chem. (B) **17** (1932) 81—91.
5 Bergmann, E., Engel, L., Hoffmann, H.: Z. physik. Chem. (B) **17** (1932) 92—99.
6 Bergmann, E.: J. chem. Soc. (London) **1935**, 987—89.
7 Bergmann, E., Hampson, G. C.: J. chem. Soc. (London) **1935**, 989—93.
8 Bergmann, E.: J. chem. Soc. (London) **1936**, 402—11.
9 Hughes, E. D., Le Fèvre, C. G., Le Fèvre, R. J. W.: J. chem. Soc. (London) **1937**, 202—07.
10 Le Fèvre, R. J. W., Vine, H.: J. chem. Soc. (London) **1938**, 967—72.
11 Audsley, A., Goss, F. G.: J. chem. Soc. (London) **1942**, 358—66.
12 Lander, J. J., Svirbely, W. J.: J. Amer. chem. Soc. **66** (1944) 235—39.
13 Fairbrother, F.: J. chem. Soc. (London) **1945**, 503—09.
14 Lumbroso, M.: Bull. Soc. chim. France, Documentat. [5] **16** (1949) 387—93.
15 Heric, H. L., Coursey, B. M.: J. chem. Engng. Data **15** (1970) 536—38.
16 **16** (1971) 185—87.

1.4.3 C—H—O-Verbindungen — C—H—O compounds

CH_4O Methanol (X_1) — **C_4H_{10} Butan** (X_2) *[7]*

CH_4O Methanol (X_1) — **C_5H_{12} Isopentan** (X_2)
[8] ⟨K 10, d 4⟩

Gew.-% X_1	0	10	20	30	40	50	60	70	80	90
20 °C	0,6190	0,6312	0,6447	0,6591	0,6749	0,6918	0,7100	0,7293	0,7489	0,7699

CH_4O Methanol (X_1) — **C_5H_{10} Trimethyläthylen** (X_2)
[8] ⟨K 10, d 4⟩

Gew.-% X_1	0	10	20	30	40	50	60	70	80	90
20 °C	0,6614	0,6715	0,6813	0,6935	0,7054	0,7183	0,7320	0,7462	0,7604	0,7756

CH_4O Methanol $(X_1)-$ **C_5H_8 Isopren** (X_2)
[*8*] ⟨K10, d4⟩

Gew.-% X_1	0	10	20	30	40	50	60	70	80	90
20 °C	0,6804	0,6901	0,7002	0,7107	0,7215	0,7317	0,7441	0,7558	0,7678	0,7796

CH_4O Methanol $(X_1)-$ **C_6H_{14} Hexan** (X_2)
[*3*] ⟨K3, ΔV⟩

Mol-% X_1	0,00	92,72	100,00
20 °C	0,699	0,772	0,792

[*6*]

CH_4O Methanol $(X_1)-$ **C_6H_{12} Cyclohexan** (X_2)
[*2*] ⟨K17, d5⟩

Mol-% X_1	0,00	5,27	7,28	10,70	84,04	86,75	89,64	95,77	98,82	100,00
6 °C	0,791	0,791	0,791	0,791	0,794	0,794	0,795	0,800	0,803	0,804
30 °C	0,769	0,768	0,768	0,767	0,770	0,771	0,772	0,777	0,780	0,782

Mol-% X_1	0,00	13,06	22,10	42,39	53,11	62,20	72,07	85,84	93,19	100,00
46 °C	0,754	0,752	0,751	0,750	0,750	0,751	0,752	0,755	0,760	0,767

[*9*] ⟨K7, d5⟩

Mol-% X_1	85,07	87,40	90,04	93,20	95,67	96,89	100,00
25 °C	0,7753	0,7762	0,7776	0,7799	0,7820	0,7832	0,7866

[*5*] ⟨K5 bis 1,6 Mol-% X_1, d4, ϑ 20 °C⟩
[*1, 4*]

1 Wolf, K. L., Harms, H., Frahm, H.: Z. physik. Chem. (B) **36** (1937) 237—87.
2 Harms, H.: Dissert., Würzburg, 1938; Z. physik. Chem. (B) **53** (1942/43) 280—306.
3 Joerges, M., Nikuradse, A.: Z. Naturforsch. **5a** (1950) 259—69.
4 Staveley, L. A. K., Spice, B.: J. chem. Soc. (London) **1952**, 406—14.
5 Staveley, L. A. K., Taylor, P. F.: J. chem. Soc. (London) **1956**, 200—09.
6 Smirnow, B. A., Predwoditelew, A. A.: J. physik. Chem. (Shurnal Fisitschesskoi Chimii) **28** (1954) 1581—90.
7 Petty, L. B., Smith, J. M.: Ind. Engng. Chem. **47** (1955) 1258—65.
8 Ogorodnikov, S. K., Kogon, V. B., Nemtsov, M. S.: J. angew. Chem. (Shurnal Prikladnoi Chimii) **34** (1961) 836—41; J. appl. Chem. USSR **34** (1961) 801—06.
9 Barthel, J., Knerr, M., Engel, G.: Z. physik. Chem. [Neue Folge] **69** (1970) 283—91.

CH_4O Methanol $(X_1)-$ **C_6H_6 Benzol** (X_2)
[*13*] ⟨K9, d4⟩

Mol-% X_1	0,00	12,56	25,03	37,63	50,00	62,66	74,93	87,53	100,00
6 °C	0,894	0,888	0,882	0,875	0,866	0,855	0,843	0,826	0,804
30 °C	0,868	0,863	0,857	0,850	0,841	0,831	0,819	0,803	0,782

[*10*] ⟨K10, d4, ϑ 20°, 30°, 50 °C⟩

Mol-% X_1	0,00	1,93	2,93	3,90	5,28	6,27	7,14
10 °C	0,890	0,889	0,889	0,889	0,888	0,888	0,888
40 °C	0,858	0,857	0,857	0,857	0,857	0,856	0,856
60 °C	0,836	0,836	0,835	0,835	0,835	0,835	0,834

[*29*] ⟨K11, d4⟩

Gew.-% X_1	0,00	10,06	20,33	29,62	39,98	49,72	60,78	70,23	80,09	90,01	100,00
20 °C	0,8784	0,8695	0,8592	0,8507	0,8411	0,8316	0,8221	0,8143	0,8064	0,7989	0,7914
30 °C	0,8680	0,8590	0,8489	0,8402	0,8313	0,8226	0,8134	0,8053	0,7973	0,7898	0,7828
40 °C	0,8572	0,8492	0,8396	0,8306	0,8209	0,8121	0,8027	0,7958	0,7877	0,7804	0,7732

CH_4O Methanol (X_1) — **C_6H_6 Benzol** (X_2) (Forts.)
[*18*] ⟨K 11, d 4⟩

Mol-% X_1	0,00	19,90	35,50	48,50	59,40	68,75	76,72	83,71	89,79	95,19	100,00
25 °C	0,872	0,865	0,858	0,850	0,841	0,832	0,823	0,813	0,804	0,796	0,787

[*7*] ⟨K 19, d 4, ϑ 20 °C⟩
[*11*] ⟨K 17 bis 50 Mol-% X_1, d 4, ϑ 20 °C⟩
[*17*] ⟨K 5, d 5, ϑ 20 °C⟩
[*19*] ⟨K 8, d 4, ϑ 20 °C⟩
[*23*] ⟨K 6 bis 2,5 Mol-% X_1, d 4, ϑ 20 °C⟩
[*31*] ⟨K 23, d 5, ϑ 20 °C⟩
[*5*] ⟨K 5, d 4, ϑ 25 °C⟩
[*16*] ⟨K 10, d 5, ϑ 25 °C⟩
[*20*] ⟨K 14, d 4, ϑ 25 °C⟩
[*21*] ⟨K 8, d 4, ϑ 25 °C⟩
[*24*] ⟨K 8 ab 68 Gew.-% X_1, d 4, ϑ 25 °C⟩
[*30*] ⟨K 6 ab 81 Mol-% X_1, d 5, ϑ 25 °C⟩
[*28*] ⟨ΔV, graph., ϑ 25 °C⟩
[*27*] ⟨K 5, d 3, ϑ 35 °C⟩
[*1—4, 6, 8, 9, 12, 14, 15, 22, 25, 26*]

1 Jahn, H.: Ann. Physik. Chem. **43** (1891) 280—305.
2 Paterno, E., Montemartini, C.: Atti Reale Accad. naz. Lincei, Rend. II **3** (1894) 139; Gazz. chim. ital. **24** (1894) 179 (nach ICT und Tim.).
3 Findlay, A.: Z. physik. Chem. **69** (1909) 203—17.
4 Tyrer, D.: J. chem. Soc. (London) **99** (1911) 871—80.
5 Fischler, J.: Z. Elektrochem., angew. physik. Chem. **19** (1913) 126—32.
6 Hovelmann: Dissert., Münster, 1914 (nach ICT).
7 Perrakis, N.: J. Chim. physique **22** (1925) 280—310.
8 Rakshit, J. N.: Z. Elektrochem., angew. physik. Chem. **31** (1925) 320—23.
9 Schmidt, G. C.: Z. physik. Chem. (A) **121** (1926) 221—53.
10 Stranathan, J. D.: Physic. Rev. [2] **31** (1928) 653—71.
11 Velasko, M.: An. Fisica Quim. **28** (1930) 1228 (nach Tim.).
12 Wolf, K. L., Gross, W.: Z. physik. Chem. (B) **14** (1931) 305—25.
13 Harms, H.: Z. physik. Chem. (B) **53** (1942/43) 280—306.
14 Pesce, B., Evdokimoff, V.: Gazz. chim. ital. **70** (1940) 723—25.
15 Pesce, B., Lorenzoni, A.: Gazz. chim. ital. **70** (1940) 725—27.
16 Scatchard, G., Wood, S. E., Mochel, J. M.: J. Amer. chem. Soc. **68** (1946) 1957—60.
17 Scatchard, G., Ticknor, L. B.: J. Amer. chem. Soc. **74** (1952) 3724—29.
18 Williams, G. C., Rosenberg, S., Rothenberg, H. A.: Ind. Engng. Chem. **40** (1948) 1273—76.
19 Teitelbaum, B. Ja., Gortalowa, T. A., Ganelina, Ss. G.: J. allg. Chem. (Shurnal Obschtschei Chimii) **20** (1950) 1422—26.
20 LaRochelle, J. H., Vernon, A. A.: J. Amer. chem. Soc. **72** (1950) 3293—94.
21 Starobinetz, G. L., Starobinetz, K. Ss., Ryshikowa, L. A.: J. physik. Chem. (Shurnal Fisitschesskoi Chimii) **25** (1951) 1186—97.
22 Staveley, L. A. K., Spice, B.: J. chem. Soc. (London) **1952**, 406—14.
23 Staveley, L. A. K., Taylor, P. F.: J. chem. Soc. (London) **1956**, 200—09.
24 Miller, R. C., Fuoss, R. M.: J. Amer. chem. Soc. **75** (1953) 3076—80.
25 Balachandran, C. G.: J. Indian Inst. Sci. **36** (1954) 10—18.
26 Markgraf, H.-G., Nikuradse, A.: Z. Naturforsch. **9a** (1954) 27—34.
27 Venkateswarlu, K., Sriraman, S.: Bull. chem. Soc. Japan **31** (1958) 211—16.
28 Brown, I., Smith, F.: Austral. J. Chem. **15** (1962) 1—8.
29 Sumer, K. M., Thompson, A. R.: J. chem. Engng. Data **12** (1967) 489—93.
30 Barthel, J., Knerr, M., Engel, G.: Z. physik. Chem. [Neue Folge] **69** (1970) 283—91.
31 Ocon, J., Tojo, G., Espada, L.: An. Real Soc. espan. Fisica Quim., Ser. Quim. **65** (1969) 735—42.

CH_4O Methanol (X_1) — **C_7H_{16} Heptan** (X_2)

[*30*] ⟨K 6, d 4⟩

Mol-% X_1	0,00	1,14	2,46	3,01
20 °C	0,684	0,684	0,684	0,684

[*31*] ⟨K 4, d 4⟩

Gew.-% X_1	84,59	90,99	95,31	100,00
25 °C	0,764	0,773	0,779	0,786

[*29*]

CH_4O Methanol (X_1)—**C_7H_8 Toluol** (X_2)
[16] ⟨K 11, d 4⟩

Gew.-% X_1	0,00	9,25	21,33	30,25	40,92	50,37	59,44	69,44	74,97	89,12	100,00
−21,1 °C	0,905	0,898	0,889	0,882	0,874	0,867	0,860	0,853	0,849	0,838	0,830
0,0 °C	0,886	0,878	0,869	0,863	0,854	0,847	0,841	0,833	0,829	0,818	0,810
25,0 °C	0,862	0,855	0,846	0,839	0,831	0,824	0,817	0,809	0,805	0,795	0,787
49,7 °C	0,839	0,831	0,822	0,815	0,807	0,800	0,792	0,786	0,782	0,771	0,763

[37] ⟨K 11, d 4⟩

Gew.-% X_1	0,00	10,07	19,76	30,06	40,02	48,63	60,05	70,15	79,94	90,21	100,00
20 °C	0,8666	0,8586	0,8512	0,8445	0,8361	0,8292	0,8205	0,8134	0,8058	0,7990	0,7914
30 °C	0,8574	0,8495	0,8421	0,8344	0,8266	0,8203	0,8114	0,8039	0,7972	0,7893	0,7828
40 °C	0,8480	0,8405	0,8330	0,8259	0,8175	0,8108	0,8022	0,7947	0,7874	0,7800	0,7732

[32] ⟨K 5, d 4, ϑ 20°, 25°, 37,8°, 50,05°, 70,2°, 80,3 °C⟩

Mol-% X_1	0,00	25,03	50,69	75,73	100,00
60,11 °C	0,829	0,821	0,808	0,788	0,753

[26] ⟨K 6, d 4, ϑ 20 °C⟩
[39, 40] ⟨K 21, d 5, ϑ 20 °C⟩
[15] ⟨K 11, d 5, ϑ 25°, 35 °C⟩
[12] ⟨K 11, d 5, ϑ 25 °C⟩

CH_4O Methanol (X_1)—**C_8H_{10} m-Xylol** (X_2)
[26] ⟨K 8, d 4⟩

Mol-% X_1	0	20	40	50	60	70	80	100
20 °C	0,866	0,860	0,852	0,848	0,841	0,835	0,826	0,792

CH_4O Methanol (X_1)—**C_9H_{12} Mesitylen** (X_2)
[26] ⟨K 7, d 4⟩

Mol-% X_1	0	20	40	50	60	80	100
20 °C	0,863	0,858	0,853	0,846	0,840	0,824	0,792

CH_4O Methanol (X_1)—**$C_{10}H_{14}$ p-Cymol** (X_2)
[26] ⟨K 7, d 4⟩

Mol-% X_1	0	20	40	60	70	80	100
20 °C	0,856	0,853	0,847	0,838	0,832	0,824	0,792

CH_4O Methanol (X_1)—**$C_{10}H_{12}$ Tetrahydronaphthalin** (X_2)
[8] ⟨K 4, d 4⟩

Gew.-% X_1	76,21	85,85	94,90	100,00
25 °C	0,824	0,809	0,795	0,787

CH_4O Methanol (X_1)—**$C_{10}H_8$ Naphthalin** (X_2)
[21] ⟨K 5, d 4, ϑ 30°, 35°, 45 °C⟩

Gew.-% X_1	92,05	94,41	96,84	98,39	100,00
25 °C	0,803	0,798	0,793	0,790	0,787
40 °C	0,789	0,784	0,779	0,776	0,773
50 °C	0,780	0,775	0,770	0,766	0,763

[4] ⟨K 3, d 6, ϑ 18 °C⟩
[2, 14]

CH_4O Methanol (X_1)—**$C_{12}H_{10}$ Acenaphthen** (X_2) [2]

CH_4O Methanol (X_1) — **$CHCl_3$ Chloroform** (X_2)
[*35*] ⟨K 13, d 4⟩

Mol-% X_1	0,0	11,8	23,9	33,8	39,4	48,2	58,7	65,8	74,5	84,6
25 °C	1,4802	1,4357	1,3864	1,3398	1,3114	1,2606	1,1940	1,1424	1,0705	0,9716

Mol-% X_1	91,0	100,0
25 °C	0,9010	0,7867

[*34*] ⟨K 7, d 3⟩

Gew.-% X_1	0,0	12,6	20,0	40,0	60,0	80,0	100,0
32 °C	1,473	1,325	1,256	1,097	0,995	0,870	0,791

[*10*] ⟨K 10, d 5, ϑ 25 °C⟩

CH_4O Methanol (X_1) — **$CHBr_3$ Bromoform** (X_2)
[*5*] ⟨K 13, d 4⟩

Mol-% X_1	0,00	15,01	29,83	46,90	65,62	65,75	71,62	73,19	83,16	83,79	88,37	91,93	92,09
20 °C	2,891	2,735	2,552	2,290	1,916	1,914	1,769	1,731	1,437	1,420	1,262	1,131	1,124

CH_4O Methanol (X_1) — **CCl_4 Tetrachlormethan** (X_2)
[*11*] ⟨K 9, d 4, ϑ —10°, 10°, 20°, 40°, 50 °C⟩

Mol-% X_1	0,00	2,22	3,87	4,36	6,16	7,09
—18 °C	1,664	1,656	1,651	1,649	1,642	1,639
0 °C	1,632	1,625	1,619	1,618	1,611	1,608
30 °C	1,575	1,568	1,563	1,562	1,556	1,553
60 °C	1,517	1,511	1,507	1,506	1,501	1,498

[*18*] ⟨K 13, d 5⟩

Mol-% X_1	0,00	2,79	4,67	8,89	13,17	22,17	33,68	41,67	54,32	63,50	82,62	97,02	100,00
6 °C	1,621	1,611	1,604	1,589	1,572	1,534	1,478	1,434	1,351	1,278	1,079	0,861	0,804
30 °C	1,574	1,565	1,558	1,543	1,526	1,489	1,435	1,392	1,312	1,241	1,048	0,836	0,782

[*36*] ⟨K 11, d 3⟩

Mol-% X_1	0,00	1,04	1,18	2,15	6,08	10,30	16,83	19,82	30,22	40,57	100,00
22 °C	1,592	1,591	1,590	1,587	1,570	1,556	1,530	1,517	1,470	1,414	0,790
30 °C	1,577	1,575	1,575	1,572	1,555	1,540	1,515	1,503	1,455	1,400	0,783
40 °C	1,558	—	—	—	1,536	1,521	1,496	1,484	1,437	1,383	0,773

[*40*] ⟨K 24, d 5, ϑ 20 °C⟩
[*24*] ⟨K 10, d 4, ϑ 25 °C⟩
[*22*] ⟨K 11, d 5, ϑ 25 °C⟩
[*31*] ⟨K 16, d 4, ϑ 25 °C⟩
[*23*] ⟨K 5, d 5, ϑ 25 °C⟩
[*41*] ⟨ΔV, graph., ϑ 25 °C⟩
[*34*] ⟨K 5, d 3, ϑ 32 °C⟩
[*17, 19, 33*]

CH_4O Methanol (X_1) — **C_2H_5J Äthyljodid** (X_2)
[*3*] ⟨K 4, d 4⟩

Gew.-% X_1	0,0	26,8	68,7	100,00
20 °C	1,934	1,348	0,966	0,793

CH_4O Methanol (X_1) — **$C_2H_4Cl_2$ Dichloräthan** (X_2)
[*27*] ⟨K 11, d 4, ϑ 50 °C⟩

Mol-% X_1	0,00	15,68	23,69	42,17	53,74	62,21	69,06	79,82	83,93	91,20	100,00
30 °C	1,241	1,202	1,179	1,118	1,072	1,035	0,998	0,938	0,911	0,859	0,786
40 °C	1,226	1,187	1,165	1,103	1,058	1,020	0,986	0,927	0,900	0,848	0,776
60 °C	1,197	1,159	1,138	1,077	1,035	0,996	0,963	0,904	0,877	0,828	0,759

[*9*] ⟨K 3, d 4, ϑ 20°, 30°, 40°, 50 °C⟩

CH_4O Methanol (X_1) — **C_6H_5Cl Chlorbenzol** (X_2)
[*25*] ⟨K12, ΔV⟩

Mol-% X_1	0,00	14,39	43,32	58,41	67,05	71,33	87,10	89,64	93,37	96,48	98,35	100,00
20 °C	1,107	1,089	1,037	0,998	0,970	0,954	0,880	0,865	0,841	0,819	0,805	0,792

CH_3O-Li Lithiummethylat (X_1) — **CH_4O Methanol** (X_2)
[*38*] ⟨K8 bis 0,08 Gew.-% X_1, d6, ϑ 25 °C⟩

CH_3O-Na Natriummethylat (X_1) — **CH_4O Methanol** (X_2)
[*38*] ⟨K13 bis 0,11 Gew.-% X_1, d6, ϑ 25 °C⟩

CH_3O-K Kaliummethylat (X_1) — **CH_4O Methanol** (X_2)
[*38*] ⟨K6 bis 0,07 Gew.-% X_1, d6, ϑ 25 °C⟩

CH_3O-Rb Rubidiummethylat (X_1) — **CH_4O Methanol** (X_2)
[*38*] ⟨K7 bis 0,15 Gew.-% X_1, d6, ϑ 25 °C⟩

CH_3O-Cs Cäsiummethylat (X_1) — **CH_4O Methanol** (X_2)
[*38*] ⟨K10 bis 0,21 Gew.-% X_1, d6, ϑ 25 °C⟩

CH_2O_2 Ameisensäure (X_1) — **C_6H_6 Benzol** (X_2)
[*13*] ⟨K6, d4⟩

Mol-% X_1	3,64	4,14	4,59	4,62	7,76	8,86
22 °C	0,882	0,882	0,883	0,883	0,885	0,886

CH_2O_2 Ameisensäure (X_1) — **CH_4O Methanol** (X_2) [*1*]

Li-CHO_2 Li-Formiat (X_1) — **CH_2O_2 Ameisensäure** (X_2)
[*7*] ⟨K8, d4, ϑ 18 °C⟩

Gew.-% X_1	0,00	0,58	1,11	1,73	1,98
25 °C	1,214	1,217	1,219	1,222	1,224

Na-CHO_2 Na-Formiat (X_1) — **CH_2O_2 Ameisensäure** (X_2)
[*6*] ⟨K9, d4⟩

Gew.-% X_1	0,00	0,63	1,32	2,47	3,17	4,08	5,37
25 °C	1,214	1,218	1,223	1,230	1,234	1,240	1,250

[*7*]

K-CHO_2 K-Formiat (X_1) — **CH_2O_2 Ameisensäure** (X_2)
[*6*] ⟨K8, d4⟩

Mol-% X_1	0,00	0,88	1,46	1,98	2,62	4,14
25 °C	1,214	1,220	1,223	1,227	1,232	1,242

Rb-CHO_2 Rb-Formiat — CH_2O_2 Ameisensäure (X_2) [*7*]

$NH_4(CHO_2)$ Ammoniumformiat (X_1) — **CH_2O_2 Ameisensäure** (X_2)
[*6*] ⟨K9, d4⟩

Gew.-% X_1	0,00	0,74	1,48	2,69	4,55
25 °C	1,214	1,217	1,219	1,222	1,227

1 | Hartwig, K.: Ann. Physik Chem. **33** (1888) 58—80.
2 | Speyers, C. L.: Amer. J. Sci. (4) **14** (1902) 293 (nach ICT).
3 | Tsakalatos, D. E.: Z. physik. Chem. **71** (1910) 667—70.
4 | Dawson, H. M.: J. chem. Soc. (London) **97** (1910) 1041—56.

Lacmann

5 Öholm, L. W.: Medd. K. Vetenskap akademies Nobelinstitut **2** (1913) Nr. 26 (nach ICT, Tabl. ann., Tim.).
6 Schlesinger, H. I., Martin, A. W.: J. Amer. chem. Soc. **36** (1914) 1589—1620.
7 Schlesinger, H. I., Coleman, C.: J. Amer. chem. Soc. **38** (1916) 271—80.
8 Herz, W., Schuftan, P.: Z. physik. Chem. **101** (1922) 269—85.
9 Herz, W., Levi, M.: Z. anorg. allg. Chem. **183** (1929) 340.
10 Hirobe, H.: J. Fac. Sci. Imp. Univ. Tokyo **1** (1925/26) Nr. 4, 178—214.
11 Stranathan, J. D.: Physic. Rev. [2] **31** (1928) 653—71.
12 Washburn, E. R., Lightbody, A.: J. physic. Chem. **34** (1930) 2701—10.
13 Briegleb, G.: Z. physik. Chem. (B) **10** (1930) 205—37.
14 Kosakewitsch, P. P., Kosakewitsch, N. S.: Z. physik. Chem. (A) **166** (1933) 113—35.
15 Mason, L. S., Washburn, E. R.: J. physic. Chem. **40** (1936) 481—91.
16 Mason, L. S., Paxton, H.: J. Amer. chem. Soc. **61** (1939) 67—69.
17 Harms, H., Rössler, H., Wolf, K. L.: Z. physik. Chem. (B) **41** (1938) 321—64.
18 Harms, H.: Dissert., Würzburg, 1938.
19 Pesce, B., Evdokimoff, V.: Gazz. chim. ital. **70** (1940) 723—25.
20 Pesce, B., Lorenzoni, A.: Gazz. chim. ital. **70** (1940) 725—27.
21 Briscoe, H. T., Rinehart, W. T.: J. physic. Chem. **46** (1942) 387—94.
22 Scatchard, G., Wood, S. E., Mochel, J. M.: J. Amer. chem. Soc. **68** (1946) 1960—63.
23 Scatchard, G., Ticknor, L. B.: J. Amer. chem. Soc. **74** (1952) 3724—29.
24 Jones, W. J., Bowden, S. T., Yarnold, W. W., Jones, W. H.: J. physic. Chem. **52** (1948) 753—60.
25 Joerges, M., Nikuradse, A.: Z. Naturforsch. **5a** (1950) 259—69.
26 Teitelbaum, B. Ja., Gortalowa, T. A., Ganelina, Ss. G.: J. allg. Chem. (Shurnal Obschtschei Chimii) **20** (1950) 1422—26.
27 Udowenko, W. W., Airapetowa, R. P., Filatowa, R. T.: J. allg. Chem. (Shurnal Obschtschei Chimii) **21** (1951) 1430—34.
28 Madsen, N.: Science (Washington) **114** (1951) 500—01.
29 Staveley, L. A. K., Spice, B.: J. chem. Soc. (London) **1952**, 406—14.
30 Staveley, L. A. K., Taylor, P. F.: J. chem. Soc. (London) **1956**, 200—09.
31 Sadek, H., Fuoss, R. M.: J. Amer. chem. Soc. **76** (1954) 5897—5901.
32 Hammond, L. W., Howard, K. S., McAllister, R. A.: J. physic. Chem. **62** (1958) 637—38.
33 Paraskevopoulos, G. C., Missen, R. W.: Trans. Faraday Soc. **58** (1962) 869—78.
34 Venkateswarlu, K., Sriraman, S.: Bull. chem. Soc. Japan **31** (1958) 211—16.
35 Nagata, I.: J. chem. Engng. Data **7** (1962) 367—73.
36 Gold, P. I., Perrine, R. L.: J. chem. Engng. Data **12** (1967) 4—8.
37 Sumer, K. M., Thompson, A. R.: J. chem. Engng. Data **12** (1967) 489—93.
38 Schwitzgebel, G., Barthel, J.: Z. physik. Chem. [Neue Folge] **68** (1969) 79—90.
39 Ocon, J., Tojo, G., Espada, L.: An. Real Soc. españ. Fisica Quim., Ser. Quim. **65** (1969) 641—48.
40 735—42.
41 Duboc, C.: Bull. Soc. chim. France **1969**, 2260—70.

C_2H_6O Äthanol (X_1) — C_5H_{10} Amylen (X_2) [*1*]

C_2H_6O Äthanol (X_1) — C_6H_{14} Hexan (X_2)

[*5*] ⟨K 13, d 5⟩

Mol-% X_1	0,00	4,86	7,96	13,91	20,39	24,51	50,06	80,75	96,62	100,00
6 °C	0,687	0,689	0,691	0,694	0,697	0,700	0,720	0,760	0,793	0,801
30 °C	0,665	0,667	0,668	0,671	0,675	0,678	0,698	0,739	0,772	0,781

[*2*] ⟨K 4, d 4, ϑ −80°, −70°, −50°, −40°, −20°, −10°, 10°, 20°, 40°, 50 °C⟩

Mol-% X_1	1,53	5,78	9,62	20,76
−90 °C	0,782	0,784	0,784	0,795
−60 °C	0,757	0,758	0,760	0,770
−30 °C	0,731	0,732	0,734	0,742
0 °C	0,704	0,706	0,708	0,714
30 °C	0,677	0,678	0,680	0,686
60 °C	0,648	0,648	0,650	0,657

[*7*] ⟨K 7, d 4, ϑ 22 °C⟩

[*3*]

C_2H_6O Äthanol (X_1) – **C_6H_{12} Cyclohexan** (X_2)
[5, 6] ⟨K19, d5⟩

Mol-% X_1	0,00	8,39	22,72	36,03	43,67	56,53	63,82	74,13	91,80	100,00
6 °C	0,791	0,790	0,790	0,790	0,790	0,790	0,791	0,793	0,797	0,801
30 °C	0,769	0,767	0,767	0,767	0,767	0,768	0,769	0,771	0,776	0,781

[10] ⟨K5 bis 1 Mol-% X_1, d4, ϑ 20 °C⟩
[7] ⟨K6, d4, ϑ 22 °C⟩
[8] ⟨K7, d5, ϑ 22°, 33 °C⟩
[12] ⟨K25, ΔV, ϑ 25°, 45 °C⟩
[3, 4, 9, 11]

1 Guthrie: London, Edinburgh, Dublin Phil. Mag. J. Sci. **18** (1884) 495 (nach ICT).
2 Smyth, C. P., Stoops, W. N.: J. Amer. chem. Soc. **51** (1929) 3312–29.
3 Wolf, K. L., Harms, H., Frahm, H.: Z. physik. Chem. (B) **36** (1937) 237–87.
4 Harms, H., Rössler, H., Wolf, K. L.: Z. physik. Chem. (B) **41** (1938) 321–64.
5 Harms, H.: Dissert., Würzburg, 1938 (nach Tim.).
6 Z. physik. Chem. (B) **53** (1942/43) 280–306.
7 Klapproth, H.: Nova Acta Leopoldina [N. F.] **9** (1940) 305–60.
8 Grafe, R.: Nova Acta Leopoldina [N. F.] **12** (1943) 141–94.
9 Staveley, L. A. K., Spice, B.: J. chem. Soc. (London) **1952**, 406–14.
10 Staveley, L. A. K., Taylor, P. F.: J. chem. Soc. (London) **1956**, 200–09.
11 Markgraf, H.-G., Nikuradse, A.: Z. Naturforsch. **9a** (1954) 27–34.
12 Pardo, F., van Ness, H. C.: J. chem. Engng. Data **10** (1965) 163–65.

C_2H_6O Äthanol (X_1) – **C_6H_6 Benzol** (X_2)
[25] ⟨K18, d5⟩

Mol-% X_1	0,00	10,10	16,44	24,60	36,91	49,07	64,27	74,11	88,69	100,00
6 °C	0,894	0,887	0,882	0,877	0,868	0,858	0,844	0,834	0,817	0,801
30 °C	0,868	0,861	0,857	0,852	0,843	0,834	0,821	0,811	0,795	0,781

[28] ⟨K15, d4⟩

Mol-% X_1	0,00	3,61	7,44	11,12	17,30	24,87	33,13	58,71	81,34	100,00
20 °C	0,879	0,877	0,874	0,872	0,867	0,863	0,856	0,836	0,814	0,789

[35] ⟨K7, d3⟩

Gew.-% X_1	0,0	20,0	32,4	40,0	60,0	80,0	100,0
32 °C	0,870	0,845	0,835	0,830	0,813	0,800	0,782

[6] ⟨K13, d4, ϑ 10°, 46°, 78 °C⟩
[18] ⟨K11 bis 7 Mol-% X_1, d4, ϑ 10°, 20°, ..., 70 °C⟩
[15] ⟨K15, d4, ϑ 20 °C⟩
[33] ⟨K6 bis 2,6 Mol-% X_1, d4, ϑ 20 °C⟩
[29] ⟨K9, d4, ϑ 22 °C⟩
[20] ⟨K11, d5, ϑ 25 °C⟩
[31] ⟨K11, d4, ϑ 25 °C⟩
[19] ⟨K5, d4, ϑ 25 °C⟩
[36] ⟨ΔV, graph., ϑ 25 °C⟩
[37] ⟨K7 ab 37 Mol-% X_1, d5, ϑ 25 °C⟩
[21] ⟨K7, d4, ϑ 57 °C⟩
[1–5, 7–14, 16, 17, 22–24, 26, 27, 30, 32, 34]

1 Paterno, E., Montemartini, C.: Atti Accad. Lincei **3** (1894) 139; Gazz. chim. ital. **24** (1894) 179 (nach ICT u. Tim.).
2 Guthrie: London, Edinburgh, Dublin Phil. Mag. J. Sci. **18** (1884) 495 (nach ICT).
3 Buchkremer, L.: Z. physik. Chem. **6** (1890) 161–86.
4 Philip, J. C.: Z. physik. Chem. **24** (1897) 18–38.
5 DeKowalski, J., DeModzelewski, J.: C.R. hebd. Séances Acad. Sci. **133** (1901) 33 (nach Tim.).
6 Ramsay, W., Aston, E.: Trans. Roy. Irish Acad. **32 A** (1902) 93 (nach ICT).
7 Getman, F. H.: J. chim. physique **4** (1906) 386 (nach ICT).
8 Ritzel, A.: Z. physik. Chem. **60** (1907) 319–58.
9 Findlay, A.: Z. physik. Chem. **69** (1909) 203–17.
10 Polowzow, V.: Z. physik. Chem. **75** (1910) 513–26.
11 Muchin, G.: Z. Elektrochem., angew. physik. Chem. **19** (1913) 819–21.
12 Mathews, J. H., Cooke, R. D.: J. physic. Chem. **18** (1914) 559–85.
13 Burwinkel, H.: Dissert., Münster, 1914 (nach ICT u. Tim.).
14 Schreder: J. Soc. chim. Russe **49** (1917) 647 (nach Tabl. ann.).

Lacmann

15 Perrakis, N.: J. Chim. physique **22** (1925) 280–310.
16 Rakshit, J. N.: Z. Elektrochem., angew. physik. Chem. **31** (1925) 320–23.
17 Barbaudy, M. J.: Bull. Soc. chim. France [4] **39** (1926) 371–82.
18 Stranathan, J. D.: Physic. Rev. [2] **31** (1928) 653–71.
19 Hammick, D. L., Andrew, L. W.: J. chem. Soc. (London) **1929**, 754–59.
20 Washburn, E. R., Lightbody, A.: J. physic. Chem. **34** (1930) 2701–10.
21 Graffunder, W., Heymann, E.: Z. Physik **72** (1931) 744–62.
22 Wolf, K. L., Gross, W.: Z. physik. Chem. (B) **14** (1931) 305–25.
23 Wolf, K. L., Harms, H., Frahm, H.: Z. physik. Chem. (B) **36** (1937) 237–87.
24 Harms, H., Rössler, H., Wolf, K. L.: Z. physik. Chem. (B) **41** (1938) 321–64.
25 Harms, H.: Z. physik. Chem. (B) **53** (1942/43) 280–306.
26 Hoecker, F. E.: J. chem. Physics **4** (1936) 431–34.
27 Ishikawa, F., Atoda, T.: Sci. Pap. Inst. physic. chem. Res. **35** (1939) 875–84; Bull. Inst. physic. chem. Res. [Abstr.] **18** (1939) 6–7 (nach Chem. Zbl.).
28 Goss, F. R.: J. chem. Soc. (London) **1940**, 888–94.
29 Klapproth, H.: Nova Acta Leopoldina [N. F.] **9** (1940) 305–60.
30 Rawitsch, M. I., Ssilnitschenko, W. G.: Ann. Secteur Analyse physicochim. (Iswesstija Ssektora Fisiko-Chimitschesskogo Analisa) **15** (1947) 68–73.
31 Starobinetz, G. L., Starobinetz, K. Ss., Ryshikowa, L. A.: J. physik. Chem. (Shurnal Fisitschesskoi Chimii) **25** (1951) 1186–97.
32 Staveley, L. A. K., Spice, B.: J. chem. Soc. (London) **1952**, 406–14.
33 Staveley, L. A. K., Taylor, P. F.: J. chem. Soc. (London) **1956**, 200–09.
34 Markgraf, H.-G., Nikuradse, A.: Z. Naturforsch. **9a** (1954) 27–34.
35 Venkateswarlu, K., Sriraman, S.: Bull. chem. Soc. Japan **31** (1958) 211–16.
36 Brown, I., Smith, F.: Austral. J. Chem. **15** (1962) 1–8.
37 Barthel, J., Gores, H. J., Engel, G.: Z. physik. Chem. [Neue Folge] **72** (1970) 50–58.

C_2H_6O Äthanol (X_1)—**C_7H_{16} Heptan** (X_2)
[*17*] ⟨K6, d4, ϑ −90°, −80°, −70°, −60°, −50°, −40°, −20°, −10°, +10°, +30°, +50°, +60°C⟩

Mol-% X_1	2,56	42,52	61,42	83,00	92,60	100,00
−30°C	0,726	0,749	0,766	0,794	0,813	0,833
0°C	0,701	0,723	0,740	0,768	0,788	0,807
+20°C	0,684	0,706	0,723	0,750	0,770	0,790
+40°C	0,667	0,688	0,705	0,732	0,753	0,773
+70°C	0,640	0,660	0,676	0,705	0,725	0,746

[*28*] ⟨K6 bis 2,6 Mol-% X_1, d4, ϑ 20°C⟩
[*34*] ⟨K14, ΔV, ϑ 25°, 45°C⟩
[*27*]

C_2H_6O Äthanol (X_1)—**C_7H_{14} Methylcyclohexan** (X_2)
[*25*] ⟨K12, d4⟩

Gew.-% X_1	0,00	8,82	15,86	33,66	53,76	56,62	66,10	80,18	85,18	100,00
25°C	0,765	0,765	0,766	0,768	0,772	0,773	0,775	0,779	0,780	0,785

C_2H_6O Äthanol (X_1)—**C_7H_8 Toluol** (X_2)
[*31*] ⟨K10, d4⟩

Mol-% X_1	0,00	8,79	18,66	27,90	38,65	57,34	75,29	84,36	93,16	100,00
25°C	0,861	0,857	0,852	0,848	0,842	0,830	0,815	0,806	0,795	0,785
30°C	0,856	0,852	0,847	0,843	0,837	0,825	0,810	0,801	0,790	0,781

[*13*] ⟨K7, d4, ϑ 17°C⟩
[*18*] ⟨K10, d5, ϑ 25°C⟩
[*24*] ⟨K14, d5, ϑ 25°C⟩
[*33*] ⟨K15, ΔV, ϑ 25°, 45°C⟩
[*3, 6, 16, 19*]

C_2H_6O Äthanol (X_1)—**C_8H_{18} 2.2.4-Trimethylpentan** (X_2)
[*23*] ⟨K14, d5⟩

Gew.-% X_1	0,00	4,31	14,32	29,60	46,80	63,13	80,57	89,62	100,00
25°C	0,6878	0,6904	0,6982	0,7114	0,7274	0,7436	0,7623	0,7726	0,7851

C_2H_6O Äthanol (X_1) — C_8H_{18} 2.2.4-Trimethylpentan (X_2) (Forts.)

Gew.-% X_1	0,00	11,20	23,32	32,32	41,66	53,97	64,09	80,42	91,95	100,00
0 °C	0,708	0,717	0,727	0,735	0,744	0,756	0,766	0,783	0,797	0,806
50 °C	0,667	0,674	0,684	0,692	0,700	0,712	0,722	0,740	0,753	0,763

C_2H_6O Äthanol (X_1) — C_8H_{10} o-Xylol (X_2)
[*33*] ⟨K15, ΔV, ϑ 25°, 45 °C⟩

C_2H_6O Äthanol (X_1) — C_8H_{10} m-Xylol (X_2)
[*33*] ⟨K15, ΔV, ϑ 25°, 45 °C⟩

C_2H_6O Äthanol (X_1) — C_8H_{10} p-Xylol (X_2)
[*33*] ⟨K15, ΔV, ϑ 25°, 45 °C⟩

C_2H_6O Äthanol (X_1) — C_9H_{12} Mesitylen (X_2)
[*26*] ⟨K6, d4⟩

Mol-% X_1	0	20	40	60	80	100
20 °C	0,863	0,855	0,846	0,834	0,818	0,790

C_2H_6O Äthanol (X_1) — $C_{10}H_{12}$ Tetrahydronaphthalin (X_2)
[*14*] ⟨K6, d4⟩

Gew.-% X_1	0,0	7,7	24,2	51,7	75,4	100,0
25 °C	0,966	0,947	0,916	0,865	0,825	0,785

C_2H_6O Äthanol (X_1) — $C_{10}H_8$ Naphthalin (X_2)
[*10*] ⟨K3, d6⟩

Gew.-% X_1	97,29	98,63	100,00
18 °C	0,798	0,795	0,793

[*7, 20*]

C_2H_6O Äthanol (X_1) — $C_{14}H_{10}$ Phenanthren (X_2) [*4, 7*]

C_2H_6O Äthanol (X_1) — CH_3J Methyljodid (X_2)
[*9*] ⟨K9, d4⟩

Gew.-% X_1	0,00	1,95	3,92	7,71	14,65	20,97	25,42	39,97	100,00
25 °C	2,251	2,168	2,092	1,960	1,759	1,609	1,519	1,283	0,787

C_2H_6O Äthanol (X_1) — $CHCl_3$ Chloroform (X_2)
[*15*] ⟨K10, d5⟩

Gew.-% X_1	0,00	2,35	7,08	11,55	22,42	29,73	38,86	45,32	64,29	100,00
25 °C	1,478	1,449	1,392	1,342	1,236	1,174	1,105	1,060	0,946	0,785

[*32*] ⟨K7, d3⟩

Gew.-% X_1	0,0	7,0	20,0	40,0	60,0	80,0	100,0
32 °C	1,473	1,393	1,269	1,095	0,974	0,880	0,782

[*13*] ⟨K7, d4, ϑ 17 °C⟩
[*19*] ⟨K8, d4, ϑ 25 °C⟩
[*21*] ⟨K15, d5, ϑ 25 °C⟩
[*1, 2, 5, 8, 11, 30*]

C_2H_6O Äthanol (X_1) — $CHBr_3$ Bromoform (X_2)
[*22*] ⟨K15, d4⟩

Mol-% X_1	0,00	10,60	22,79	38,17	48,70	57,79	64,28	69,93	78,30	84,71	88,86	95,55	100,00
20 °C	2,891	2,738	2,548	2,281	2,088	1,895	1,753	1,622	1,414	1,243	1,127	0,930	0,791

[*12*]

1 Drecker, J.: Ann. Physik Chem. [N. F.] **20** (1883) 870—96.
2 Guthrie: London, Edinburgh, Dublin Phil. Mag. J. Sci. **18** (1884) 495 (nach ICT).
3 Jahn, H.: Ann. Physik **43** (1891) 280—305.
4 Behrend, R.: Z. physik. Chem. **10** (1892) 265—83.
5 Philip, J. C.: Z. physik. Chem. **24** (1897) 18—38.
6 DeKowalski, J., DeModzelewski, J.: C.R. hebd. Séances Acad. Sci. **133** (1901) 33 (nach Tim.).
7 Speyers, C. L.: Amer. J. Sci. [4] **14** (1902) 293 (nach ICT).
8 Findlay, A.: Z. physik. Chem. **69** (1909) 203—17.
9 Holmes, J., Sageman, P. J.: J. chem. Soc. (London) **95** (1909) 1919—43.
10 Dawson, H. M.: J. chem. Soc. (London) **97** (1910) 1041—56.
11 Schwers, F.: Bull. Acad. Sci. Belgique **55** (1912) 252 (nach ICT u. Tim.).
12 Öholm, L. W.: Medd. K. Vetenskap akademies Nobelinstitut **2** (1913) Nr. 26 (nach ICT, Tim., Tabl. ann.).
13 Burwinkel, H.: Dissert., Münster, 1914 (nach ICT, Tim.).
14 Herz, W., Schuftan, P.: Z. physik. Chem. **101** (1922) 269—85.
15 Hirobe, H.: J. Fac. Sci. Imp. Univ. Tokyo **1** (1925/26) Nr. 4, 178—214.
16 Burrows, G. I., Eastwood, F.: Proc. Roy. Soc. N. S. Wales **57** (1923) 118 (nach ICT).
17 Smyth, C. P., Stoops, W. N.: J. Amer. chem. Soc. **51** (1929) 3312—29.
18 Washburn, E. R., Lightbody, A.: J. physic. Chem. **34** (1930) 2701—10.
19 Graffunder, W., Heymann, E.: Z. Physik **72** (1931) 744—62.
20 Kosakewitsch, P. P., Kosakewitsch, N. S.: Z. physik. Chem. (A) **166** (1933) 113—35.
21 Scatchard, G., Raymond, C. L.: J. Amer. chem. Soc. **60** (1938) 1278—87.
22 Kireev, V. A., Sitnikov, I. P.: J. allg. Chem. (Shurnal Obschtschei Chimii) **14** (1944) 786 (nach Tim.).
23 Kretschmer, C. B., Nowakowskaja, J., Wiebe, R.: J. Amer. chem. Soc. **70** (1948) 1785—90.
24 Kretschmer, C. B., Wiebe, R.: J. Amer. chem. Soc. **71** (1949) 1793—97.
25 **71** (1949) 3176—79.
26 Teitelbaum, B. Ja., Gortalowa, T. A., Ganelina, Ss. G.: J. allg. Chem. (Shurnal Obschtschei Chimii) **20** (1950) 1422—26.
27 Staveley, L. A. K., Spice, B.: J. chem. Soc. (London) **1952**, 406—14.
28 Staveley, L. A. K., Taylor, P. F.: J. chem. Soc. (London) **1956**, 200—09.
29 Lutzki, A. Je.: J. allg. Chem. (Shurnal Obschtschei Chimii) **24** (1954) 74—78.
30 Migal, P. K., Belotzki, D. P.: J. allg. Chem. (Shurnal Obschtschei Chimii) **25** (1955) 1908—13.
31 Schulze, W.: Z. physik. Chem. [Neue Folge] **13** (1957) 12—20.
32 Venkateswarlu, K., Sriraman, S.: Bull. chem. Soc. Japan **31** (1958) 211—16.
33 Pardo, F., van Ness, H. C.: J. chem. Engng. Data **10** (1965) 163—65.
34 van Ness, H. C., Soczek, C. A., Kochar, N. K.: J. chem. Engng. Data **12** (1967) 346—51.

C_2H_6O Äthanol (X_1)—**CCl_4 Tetrachlormethan** (X_2)

[*12*] ⟨K14, d5⟩

Mol-% X_1	0,00	3,44	5,59	8,37	16,68	26,42	35,38	43,03	53,03	59,43	77,39	95,85	100,00
6 °C	1,621	1,603	1,592	1,577	1,532	1,475	1,418	1,365	1,290	1,238	1,070	0,857	0,801
30 °C	1,574	1,557	1,546	1,532	1,487	1,432	1,377	1,326	1,253	1,203	1,041	0,834	0,781

[*16*] ⟨K10, d4⟩

Gew.-% X_1	0	5	10	15	20	40	50	60	80	100
25 °C	1,584	1,507	1,438	1,375	1,320	1,131	1,052	0,988	0,875	0,785

[*13*] ⟨K12, d4, ϑ 18 °C⟩
[*14*] ⟨K17, d4, ϑ 20 °C⟩
[*15*] ⟨K6, d5, ϑ 22°, 33 °C⟩
[*6*] ⟨K6, d4, ϑ 25 °C⟩
[*8*] ⟨K6, d4, ϑ 25 °C⟩
[*17*] ⟨K21, d5, ϑ 25 °C⟩
[*19*] ⟨K11, d4, ϑ 25 °C⟩
[*21*] ⟨ΔV, graph., ϑ 25 °C⟩
[*20*] ⟨K6, d3, ϑ 32 °C⟩
[*1—5, 7, 9—11, 18*]

1 Findlay, A.: Z. physik. Chem. **69** (1909) 203—17.
2 Burwinkel, H.: Dissert., Münster, 1914 (nach ICT, Tim.).
3 Curtis, H. A., Titus, E. Y.: J. physic. Chem. **19** (1914/15) 739—52.
4 Kurnakov, Perelmutter, Kanov: J. russ. physik.-chem. Ges. (Shurnal Russkogo Fisiko-Chimitschesskogo Obschtschesstwa) **48** (1916) 1680; Ann. Inst. Polytechnique Pierre-le Grand Petrograd **24** (1915) 399 (nach ICT u. Tabl. ann.).
5 Kings, J. F., Smedley, S. P.: J. physic. Chem. **28** (1924) 1265—72.

6 Krchma, I. J., Williams, J. W.: J. Amer. chem. Soc. **49** (1927) 2408—16.
7 Hedestrand, G.: Z. physik. Chem. (B) **2** (1929) 428—44.
8 Graffunder, W., Heymann, E.: Z. Physik **72** (1931) 744—62.
9 Hoecker, F. E.: J. chem. Physics **4** (1936) 431—34.
10 Wolf, K. L., Harms, H., Frahm, H.: Z. physik. Chem. (B) **36** (1937) 237—87.
11 Harms, H., Rössler, H., Wolf, K. L.: Z. physik. Chem. (B) **41** (1938) 321—64.
12 Harms, H.: Dissert., Würzburg, 1938 (nach Tim.).
13 Sacher, K.: Physik. Z. **41** (1940) 360—62.
14 Goss, F. R.: J. chem. Soc. (London) **1940**, 888—94.
15 Grafe, R.: Nova Acta Leopoldina [N. F.] **12** (1943) 141—94.
16 Jones, W. J., Bowden, S. T., Yarnold, W. W., Jones, W. H.: J. physic. Chem. **52** (1948) 753—60.
17 Barker, J. A., Brown, I., Smith, F.: Disc. Faraday Soc. **15** (1953) 142—50.
18 Markgraf, H.-G., Nikuradse, A.: Z. Naturforsch. **9a** (1954) 27—34.
19 Sadek, H., Fuoss, R. M.: J. Amer. chem. Soc. **76** (1954) 5897—5901.
20 Venkatewarlu, K., Sriraman, S.: Bull. chem. Soc. Japan **31** (1958) 211—16.
21 Duboc, C.: Bull. Soc. chim. France **1969**, 2260—70.

C_2H_6O Äthanol (X_1) — **$C_2H_4Cl_2$ Äthylenchlorid** (X_2)
[*21*] ⟨K 11, d 4, ϑ 50 °C⟩

Mol-% X_1	0,00	6,40	12,15	22,95	32,79	39,12	47,26	59,89	75,20	88,19	100,00
30 °C	1,241	1,218	1,197	1,157	1,117	1,092	1,057	1,000	0,923	0,852	0,783
40 °C	1,226	1,202	1,183	1,142	1,103	1,078	1,044	0,988	0,912	0,845	0,774
60 °C	1,197	1,173	1,153	1,114	1,078	1,052	1,018	0,964	0,890	0,826	0,756

[*4*] ⟨K 3, d 4, ϑ 20°, 30°, 40°, 50 °C⟩

C_2H_6O Äthanol (X_1) — **C_3H_7Br n-Propylbromid** (X_2)
[*26*] ⟨K 6, d 3⟩

Gew.-% X_1	0,0	20,5	40,0	60,0	80,0	100,0
32 °C	1,310	1,147	1,037	0,940	0,864	0,782

C_2H_6O Äthanol (X_1) — **C_6H_5Cl Chlorbenzol** (X_2)
[*24*] ⟨K 13, d 4⟩

Mol-% X_1	0,00	7,11	20,37	30,08	39,06	49,76	59,47	80,19	90,03	94,97	100,00
25 °C	1,101	1,088	1,061	1,040	1,018	0,989	0,960	0,884	0,839	0,813	0,785
30 °C	1,096	1,082	—	1,034	—	0,984	—	—	—	0,809	0,781

[*9*] ⟨K 4 ab 93,6 Gew.-% X_1, d 4, ϑ 30 °C⟩

C_2H_6O Äthanol (X_1) — **C_6H_5Br Brombenzol** (X_2)
[*24*] ⟨K 9, d 4, ϑ 30 °C⟩

Mol-% X_1	0,00	4,16	4,26	18,82	37,52	57,37	78,30	89,23	100,00
25 °C	1,488	1,472	1,471	1,409	1,315	1,192	1,024	0,914	0,785

[*9*] ⟨K 5 ab 93,4 Gew.-% X_1, d 4, ϑ 30 °C⟩

C_2H_6O Äthanol (X_1) — **$C_6H_4Cl_2$ p-Dichlorbenzol** (X_2)
[*16*] ⟨K 11, d 4⟩

Mol-% X_1	0,00	5,14	9,58	20,14	34,80	50,17	58,54	69,92	79,94	89,96	100,00
55 °C	1,253	1,239	1,225	1,197	1,150	1,099	1,051	0,990	0,932	0,857	0,767

C_2H_6O Äthanol (X_1) — **$C_{10}H_7Br$ Bromnaphthalin** (X_2) [*1*]

C_2H_6O Äthanol (X_1) — **CH_4O Methanol** (X_2)
[*20*] ⟨K 7, d 4⟩

Gew.-% X_1	0,0	24,6	42,5	49,8	57,0	76,0	100,0
20 °C	0,7937	0,7940	0,7934	0,7933	0,7935	0,7929	0,7916

C_2H_6O Äthanol (X_1) — **CH_4O Methanol** (X_2) (Forts.)
[*14*] ⟨K 12, d 5⟩

Mol-% X_1	0,00	14,31	22,50	35,09	44,99	61,10	74,37	84,56	91,16	100,00
6 °C	0,804	0,804	0,803	0,803	0,803	0,802	0,802	0,802	0,802	0,801
30 °C	0,782	0,782	0,781	0,781	0,781	0,781	0,781	0,781	0,781	0,781

[*7*] ⟨K 11, d 4, ϑ 15 °C⟩ [*28*] ⟨K 31, ΔV, ϑ 25 °C⟩
[*2, 3*] ⟨K 8, d 4, ϑ 25 °C⟩ [*11*] ⟨K 5, d 4, ϑ 25,02 °C⟩

C_2H_6O Dimethyläther (X_1) — **C_6H_6 Benzol** (X_2)
[*19*] ⟨K 7, d 4⟩

Gew.-% X_1	0,00	1,11	2,06	2,23	2,77	4,63	5,29
25 °C	0,874	0,871	0,869	0,869	0,867	0,863	0,864

C_2H_4O Acetaldehyd (X_1) — **C_6H_6 Benzol** (X_2)
[*15*] ⟨K 5, d 4⟩

Mol-% X_1	0,00	3,94	6,05	6,48	9,16
20 °C	0,879	0,876	0,875	0,875	0,873

[*8*]

C_2H_4O Acetaldehyd (X_1) — **C_2H_6O Äthanol** (X_2)
[*5*] ⟨K 13, d 4⟩

Mol-% X_1	0,0	15,7	31,1	42,0	48,9	56,9	59,1	66,7	77,4	100,00
0 °C	0,806	0,841	0,875	0,894	0,904	0,909	0,908	0,895	0,870	0,805

Mol-% X_1	0,00	13,02	18,48	29,70	36,50	50,32	66,86	75,08	84,28	100,00
18 °C	0,791	0,820	0,830	0,850	0,863	0,872	0,860	0,847	0,828	0,783

[*6*]

C_2H_4O Äthylenoxyd (X_1) — **C_6H_6 Benzol** (X_2) [*17*]

C_2H_2O Keten (X_1) — **C_6H_6 Benzol** (X_2)
[*18*] ⟨K 11, d 5⟩

Gew.-% X_1	0,00	0,95	1,95	2,82
30 °C	0,867	0,866	0,865	0,864

$C_2H_6O_2$ Äthylenglykol (X_1) — **CH_4O Methanol** (X_2)
[*25*] ⟨K 8, d 4⟩

Mol-% X_1	0,00	13,18	27,54	51,66	78,03	81,74	90,43	100,00
30 °C	0,782	0,846	0,905	0,988	1,058	1,067	1,087	1,106

[*27*] ⟨K 14, ΔV, ϑ 25 °C⟩
[*22*] ⟨K 9, d 4, ϑ 30 °C⟩

$C_2H_6O_2$ Äthylenglykol (X_1) — **C_2H_6O Äthanol** (X_2)
[*22*] ⟨K 8, d 4⟩

Mol-% X_1	0,00	15,45	21,62	32,26	45,43	58,30	82,45	100,00
30 °C	0,785	0,837	0,857	0,892	0,935	0,976	1,052	1,105

1 Zecchini: Gazz. chim. ital. **27** (1897) 358 (nach ICT).
2 Herz, W., Kuhn, F.: Z. anorg. Chem. **58** (1908) 159—67.
3 Herz, W.: Z. anorg. allg. Chem. **104** (1918) 47—52.
4 Herz, W., Levi, M.: Z. anorg. allg. Chem. **183** (1929) 340.

5 Deleeuw, H. L.: Z. physik. Chem. **77** (1911) 284–314.
6 Osborne, McKelvy, Bearce: Bur. Standards Bull. **9** (1913) 327 (nach ICT).
7 Doroshewski, A. G.: J. russ. physik.-chem. Ges. (Shurnal Russkogo Fisiko-Chimitschesskogo Obschtschesstwa) **43** (1911) 46 (nach ICT u. Tim.).
8 Schroeder: J. russ. physik.-chem. Ges. (Shurnal Russkogo Fisiko-Chimitschesskogo Obschesstwa) **49** (1917) 647 (nach ICT).
9 Burrows, G. J., Eastwood, F.: Proc. Roy. Soc. N. S. Wales **57** (1923) 118 (nach ICT).
10 Schmidt, G. C.: Z. physik. Chem. (A) **121** (1926) 221–53.
11 Hirobe, H.: J. Fac. Sci. Imp. Univ. Tokyo **1** (1925/26) Nr. 4, 178–214.
12 Goldschmidt, H., Aarflot, H.: Z. physik. Chem. (A) **122** (1926) 371–82.
13 Berl, E., Ramis, L.: Ber. dtsch. chem. Ges. **60** (1927) 2225–29.
14 Harms, H.: Dissert. Würzburg, 1938.
15 Coomber, D. I., Partington, J. R.: J. chem. Soc. (London) **1938**, 1444–52.
16 Starobinets, G. L., Starobinets, K. S.: J. physik. Chem. (Shurnal Fisitschesskoi Chimii) **25** (1951) 753 (nach Tim.).
17 Angyal, C. L., Barclay, G. A., Le Fèvre, R. J. W.: J. chem. Soc. (London) **1950**, 3370–73.
18 Angyal, C. L., Barclay, G. A., Hukins, A. A., LeFèvre, R. J. W.: J. chem. Soc. (London) **1951**, 2583–88.
19 Barclay, G. A., LeFèvre, R. J. W.: J. chem. Soc. (London) **1952**, 1643–48.
20 Jacobson, B.: Ark. kemi **2** (1950) 177–210.
21 Udowenko, W. W., Airapetowa, R. P., Filatowa, R. T.: J. allg. Chem. (Shurnal Obschtschei Chimii) **21** (1951) 1430–34.
22 Danusso, F.: Atti Accad. naz. Lincei, Rend., Cl. Sci. fisiche mat. natur. [8] **17** (1954) 234–39.
23 Larson, R. G.: Proc. Indiana Acad. Sci. **64** (1955) 94–96 (nach Chem. Zbl.).
24 Schulze, W.: Z. physik. Chem. [Neue Folge] **13** (1957) 12–20.
25 Crawford, H. R., van Winkle, M.: Ind. Engng. Chem. **51** (1959) 601–06.
26 Venkateswarlu, K., Sriraman, S.: Bull. chem. Soc. Japan **31** (1958) 211–16.
27 Cratin, P. D., Gladden, J. K.: J. physic. Chem. **67** (1963) 1665–69.
28 Benson, G. C., Pflug, H. D.: J. chem. Engng. Data **15** (1970) 382–86.

$C_2H_4O_2$ Essigsäure (X_1) – **C_6H_{14} Hexan** (X_2)
[41] ⟨K13, d3⟩

Mol-% X_1	0,00	2,52	10,08	13,17	27,25	40,87	60,83	71,97	77,07	84,19	90,41
25 °C	0,656	0,660	0,671	0,677	0,704	0,737	0,802	0,850	0,876	0,918	0,961
40 °C	0,643	0,647	0,659	0,664	0,690	0,723	0,787	0,836	0,862	0,902	0,947
55 °C	0,631	0,635	0,646	0,651	0,676	0,708	0,773	0,821	0,847	0,888	0,931

Mol-% X_1	95,35	100,00
25 °C	1,002	1,045
40 °C	0,986	1,029
55 °C	0,972	1,015

[12]

$C_2H_4O_2$ Essigsäure (X_1) – **C_6H_6 Benzol** (X_2)
[26] ⟨K7, d4, ϑ 10°, 20°, 30°, 50°, 60 °C⟩

Mol-% X_1	0,00	9,78	23,05	43,72	61,34	79,12	100,00
0 °C	0,899	0,910	0,922	0,948	0,976	1,013	—
40 °C	0,857	0,866	0,880	0,903	0,931	0,968	1,026
70 °C	0,825	0,832	0,848	0,870	0,896	0,933	0,992

[36] ⟨K9, d5, ϑ 25°, 38°, 50°, 60°, 70°, 80°, 90 °C⟩

Mol-% X_1	0,00	21,72	37,49	50,28	63,13	71,04	85,25	89,06	100,00
20 °C	0,879	0,899	0,918	0,936	0,957	0,973	1,006	1,016	1,049

[39] ⟨K7, d4⟩

Mol-% X_1	0	20	40	50	60	80	100
25 °C	0,8735	0,8927	0,9159	0,9305	0,9468	0,9881	1,0452

[25] ⟨K10, d4, ϑ 22 °C⟩
[10] ⟨K11, d5, ϑ 25 °C⟩
[24] ⟨K4, d4, ϑ 25 °C⟩
[29] ⟨K10 bis 11 Gew.-% X_1, d4, ϑ 25 °C⟩
[30] ⟨K5 bis 5 Mol-% X_1, d4, ϑ 27 °C⟩
[2, 3, 5, 8, 9, 11–13, 15, 16, 18, 22, 23, 28, 34]

$C_2H_4O_2$ Essigsäure (X_1) — C_7H_8 Toluol (X_2)
[7] ⟨K7, d4⟩

Gew.-% X_1	0,00	12,17	24,80	39,98	59,68	79,92	100,00
15,0 °C	0,865	0,886	0,904	0,926	0,963	1,006	1,054
45,9 °C	0,839	0,856	0,873	0,896	0,930	0,972	1,022
78,0 °C	0,808	0,824	0,840	0,861	0,895	0,935	0,986
131,6 °C	0,755	0,771	0,785	0,806	0,836	0,873	0,922

[13] ⟨K5, d5, ϑ 13 °C⟩
[18] ⟨K11, d4, ϑ 15 °C⟩
[37] ⟨K7, d3, ϑ 32 °C⟩
[3, 8, 12]

$C_2H_4O_2$ Essigsäure (X_1) — C_8H_{10} Xylol-Gemisch (X_2)
[18] ⟨K9, d4⟩

Mol-% X_1	0,00	23,57	32,44	43,49	49,62	59,61	70,04	83,63	100,00
15 °C	0,867	0,887	0,897	0,911	0,919	0,936	0,957	0,992	1,056

$C_2H_4O_2$ Essigsäure (X_1) — $C_{10}H_8$ Naphthalin (X_2) [27]

$C_2H_4O_2$ Essigsäure (X_1) — $CHCl_3$ Chloroform (X_2) [8, 12]

$C_2H_4O_2$ Essigsäure (X_1) — CCl_4 Tetrachlormethan (X_2)
[33] ⟨K10, d4⟩

Gew.-% X_1	0	5	10	15	20	40	50	60	80	100
25 °C	1,584	1,539	1,498	1,460	1,424	1,299	1,247	1,199	1,115	1,044

[31] ⟨K5, d4, ϑ 15 °C⟩
[40] ⟨K15 bis 11 Gew.-% X_1, d4, ϑ 25 °C⟩
[12]

$C_2H_4O_2$ Essigsäure (X_1) — C_2H_5Br Äthylbromid (X_2)
[18] ⟨K7, d4⟩

Mol-% X_1	0,00	31,31	50,27	63,41	70,26	83,10	100,00
15 °C	1,456	1,342	1,268	1,215	1,187	1,132	1,056

$C_2H_4O_2$ Essigsäure (X_1) — $C_2H_4Br_2$ Äthylenbromid (X_2)
[7] ⟨K8, d4⟩

Gew.-% X_1	0,00	9,66	19,45	40,86	61,62	80,27	90,30	100,00
14 °C	2,191	2,037	1,897	1,638	1,411	1,225	1,139	1,055
46 °C	2,126	1,977	1,846	1,600	1,379	1,187	1,104	1,022
78 °C	2,059	1,913	1,786	1,547	1,332	1,145	1,066	0,986
132 °C	1,984	1,800	1,679	1,451	1,248	1,072	0,996	0,921

[18] ⟨K7, d4, ϑ 15 °C⟩
[37] ⟨K7, d3, ϑ 32 °C⟩
[12]

$C_2H_4O_2$ Essigsäure (X_1) — $C_3H_6Br_2$ Propylenbromid (X_2)
[18] ⟨K5, d4⟩

Mol-% X_1	0,00	47,40	70,31	88,26	100,00
15 °C	1,961	1,647	1,435	1,224	1,056

$C_2H_4O_2$ Essigsäure (X_1) — C_6H_5Cl Chlorbenzol (X_2)
[37] ⟨K6, d3⟩

Gew.-% X_1	0,0	20,0	40,0	58,5	80,0	100,0
32 °C	1,099	1,081	1,067	1,054	1,048	1,041

$C_2H_4O_2$ Essigsäure (X_1) – **CH_4O Methanol** (X_2)
[*21*] ⟨K9, d4⟩

Gew.-% X_1	0,0	20,9	39,8	65,3	71,3	81,4	86,8	90,8	100,00
25 °C	0,788	0,838	0,882	0,954	0,970	0,999	1,012	1,023	1,044

[*1*]

$C_2H_4O_2$ Essigsäure (X_1) – **CH_2O_2 Ameisensäure** (X_2)
[*32*] ⟨K9, d4⟩

Mol-% X_1	0,00	4,22	11,36	25,84	38,70	58,35	76,37	93,97	100,00
0 °C	1,238	1,231	1,211	1,182	1,158	1,126	1,097	1,075	—
25 °C	1,209	1,201	1,185	1,158	1,130	1,102	1,076	1,052	1,045
50 °C	1,185	1,173	1,158	1,128	1,103	1,076	1,046	1,024	1,022

[*17*] ⟨K5, d3, ϑ 11°, 77 °C⟩
[*19*]

$C_2H_4O_2$ Essigsäure (X_1) – **C_2H_6O Äthanol** (X_2)
[*35*] ⟨K19, d4⟩

Mol-% X_1	0,00	10,04	20,12	30,31	39,25	45,87	50,59	56,94	64,50	68,20	81,07
0 °C	0,808	0,837	0,864	0,891	0,914	0,934	0,945	0,967	0,985	0,994	1,028
20 °C	0,793	0,818	0,848	0,874	0,900	0,918	0,923	0,951	0,966	0,976	1,008
40 °C	0,775	0,805	0,828	0,855	0,878	0,900	0,908	0,927	0,945	0,955	0,986
60 °C	0,759	0,788	0,810	0,836	0,860	0,875	0,891	0,899	0,925	0,934	0,966

Mol-% X_1	89,96	100,00
0 °C	—	—
20 °C	1,032	1,052
40 °C	1,008	1,028
60 °C	0,987	1,008

[*24*] ⟨K6, d4, ϑ 25 °C⟩
[*1*]

$C_2H_4O_2$ Essigsäure (X_1) – **C_2H_4O Acetaldehyd** (X_2)
[*20*] ⟨K8, d3⟩

Gew.-% X_1	4,8	16,3	32,2	44,5	65,3	77,8	90,2	100,0
20 °C	0,793	0,824	0,866	0,900	0,956	0,989	1,022	1,049

K-$C_2H_3O_2$ K-Acetat (X_1) – **C_2H_6O Äthanol** (X_2) [*4, 14*]

$C_2H_4O_2$ Methylformiat (X_1) – **C_5H_{10} Trimethyläthylen** (X_2)
[*38*] ⟨K11, d4⟩

Gew.-% X_1	0	10	20	30	40	50	60	70	80	90	100
20 °C	0,6614	0,6800	0,7011	0,7243	0,7502	0,7783	0,8098	0,8447	0,8828	0,9245	0,9704

$C_2H_4O_2$ Methylformiat (X_1) – **C_5H_8 Isopren** (X_2)
[*38*] ⟨K11, d4⟩

Gew.-% X_1	0	10	20	30	40	50	60	70	80	90	100
20 °C	0,6804	0,6997	0,7208	0,7439	0,7693	0,7962	0,8257	0,8573	0,8921	0,9302	0,9704

$C_2H_4O_2$ Methylformiat (X_1) – **C_6H_{14} n-Hexan** (X_2)
[*38*] ⟨K11, d4⟩

Gew.-% X_1	0	10	20	30	40	50	60	70	80	90	100
20 °C	0,6594	0,6767	0,6963	0,7190	0,7445	0,7725	0,8042	0,8388	0,8777	0,9215	0,9704

$C_2H_4O_2$ Methylformiat (X_1) — **C_6H_6 Benzol** (X_2) [6]

$C_2H_2O_4$ Oxalsäure (X_1) — **CH_4O Methanol** (X_2)
[27] ⟨K6, d3⟩

Mol-% X_1	0,00	0,80	2,22	4,43	7,43	12,00
12°C	0,797	0,809	0,824	0,852	0,888	0,940

1 Hartwig, K.: Ann. Physik Chem. **33** (1888) 58–80.
2 Buchkremer, L.: Z. physik. Chem. **6** (1890) 161–86.
3 Humburg, O.: Z. physik. Chem. **12** (1893) 401–15.
4 Tammann, G., Hirschberg, W.: Z. physik. Chem. **13** (1894) 543–49.
5 Paterno, E., Montemartini, C.: Atti Accad. Lincei **3** (1894) 139; Gazz. chim. ital. **24** (1894) 179 (nach ICT u. Tim.).
6 Jones: Chem. News J. physic. Sci. **72** (1895) 279 (nach ICT).
7 Ramsay, W., Aston, E.: Trans. Roy. Irish. Acad. **32 A** (1902) 93 (nach Tim.).
8 Ritzel, A.: Z. physik. Chem. **60** (1907) 319–58.
9 Hess: S.-B. Akad. Wiss. Wien, math.-naturwiss. Kl. **117** (1908) 947 (nach ICT).
10 Hubbard, J. C.: Z. physik. Chem. **74** (1910) 207–32.
11 Polowzow, V.: Z. physik. Chem. **75** (1910) 513–26.
12 Baud: Bull. Soc. chim. France **7** (1910) 117 (nach ICT).
13 Tyrer, D.: J. chem. Soc. (London) **99** (1911) 871–80.
14 Cederburg: J. Chim. physique **9** (1911) 3 (nach ICT).
15 Goerdt, W.: Dissert., Münster, 1911 (nach ICT u. Tim.).
16 Muchin, G.: Z. Elektrochem., angew. physik. Chem. **19** (1913) 819–21.
17 Kremann, R., Meingast, R., Gugl, F.: Mh. Chem. **35** (1914) 876–82, 1235.
18 Gay, M. L.: Ann. physique **6** (1916) 36–51.
19 Herz, W.: Z. anorg. allg. Chem. **104** (1918) 47–52.
20 Pascal, P., Dupuy: Bull. Soc. chim. France **27** (1920) 353 (nach Tim.).
21 Mardles, E. W. J.: J. chem. Soc. (London) **125** (1924) 2244–59.
22 Rakshit, J. N.: Z. Elektrochem., angew. physik. Chem. **31** (1925) 320–23.
23 Schmidt, G. C.: Z. physik. Chem. (A) **121** (1926) 221–53.
24 Hammick, D. L., Andrew, L. W.: J. chem. Soc. (London) **1929**, 754–59.
25 Briegleb, G.: Z. physik. Chem. (B) **10** (1930) 205–37.
26 Smyth, C. P., Rogers, H. E.: J. Amer. chem. Soc. **52** (1930) 1824–30.
27 Kosakewitsch, P. P., Kosakewitsch, N. S.: Z. physik. Chem. (A) **166** (1933) 113–35.
28 Rao, S. R.: Indian J. Physics **8** (1934) 483 (nach Tim.).
29 LeFèvre, R. J. W., Vine, H.: J. chem. Soc. (London) **1938**, 1795–1801.
30 Giacalone, A.: Gazz. chim. ital. **72** (1942) 378 (nach Tim.).
31 Waring, C. E., Steingiser, S., Hyman, H. H.: J. Amer. chem. Soc. **65** (1943) 1066–68.
32 Udowenko, U. S., Airapetowa, R. P.: J. allg. Chem. (Shurnal Obschtschei Chimii) **17** (1947) 425–29.
33 Jones, W. J., Bowden, S. T., Yarnold, W. W., Jones, W. H.: J. physic. Chem. **52** (1948) 753–60.
34 Anissimow, W. I.: J. physik. Chem. (Shurnal Fisitschesskoi Chimii) **27** (1953) 1797–1807.
35 Drutman, Z. S.: J. allg. Chem. (Shurnal Obschtschei Chimii) **25** (1955) 30–35.
36 Howard, K. S., Hammond, L. W., McAllister, R. A., Pike, F. P.: J. physic. Chem. **62** (1958) 1597–98.
37 Venkateswarlu, K., Sriraman, S.: Bull. chem. Soc. Japan **31** (1958) 211–16.
38 Ogorodnikov, S. K., Kogan, V. B., Nemtsov, M. S.: J. angew. Chem. (Shurnal Prikladnoi Chimii) **34** (1961) 581–84; J. appl. Chem. USSR **34** (1961) 557–60.
39 Lutzki, A. E., Obukhova, E. M.: J. allg. Chem. (Shurnal Obschtschei Chimii) **31** (1961) 2702–08; J. Gen. Chem. USSR **31** (1961) 2522–27.
40 Campbell, A. N., Gieskes, J. M. T.: Canad. J. Chem. **42** (1964) 1379–87.
41 Meeussen, E., Debeuf, C., Huyskens, P.: Bull. Soc. chim. belges **76** (1967) 145–56.

C_3H_8O Propanol(1) (X_1) — **C_6H_{12} Cyclohexan** (X_2)
[20] ⟨K8, d4⟩

Mol-% X_1	0,00	10,27	24,91	41,58	54,86	69,81	85,00	100,00
22°C	0,7764	0,7790	0,7829	0,7871	0,7908	0,7945	0,7981	0,8019

[38] ⟨K7, d4⟩

Mol-% X_1	0,0	23,2	46,0	63,2	78,6	100,0
50°C	0,749	0,752	0,757	0,763	0,769	0,780

Lacmann

C_3H_8O Propanol(1) (X_1)—**C_6H_{12} Cyclohexan** (X_2) (Forts.)

Mol-% X_1	0,0	9,0	23,2	59,1	76,4	100,0
60 °C	0,740	0,740	0,742	0,752	0,759	0,771

Mol-% X_1	0,0	23,2	48,2	58,8	71,7	77,0	100,0
70 °C	0,732	0,733	0,738	0,742	0,748	0,750	0,764

[*28*] ⟨K6 bis 1,5 Mol-% X_1, d4, ϑ 20 °C⟩
[*21*] ⟨K8, d5, ϑ 22 °C⟩
[*27*]

C_3H_8O Propanol(1) (X_1)—**C_6H_6 Benzol** (X_2)
[*25*] ⟨K11, d4⟩

Mol-% X_1	0,00	10,12	19,49	29,93	39,70	49,77	59,83	69,82	79,84	89,78	100,00
25 °C	0,873	0,867	0,861	0,853	0,846	0,841	0,834	0,826	0,818	0,810	0,802

[*13*] ⟨K8, d3⟩

Gew.-% X_1	0,00	3,15	5,17	9,46	15,51	22,09	33,90	100,00
24 °C	0,874	0,871	0,870	0,866	0,857	0,855	0,846	0,802

Gew.-% X_1	0,00	3,19	5,20	9,50	15,41	34,00	100,00
41 °C	0,856	0,852	0,850	0,846	0,840	0,825	0,790

Gew.-% X_1	0,00	3,30	5,21	9,52	15,52	22,15	34,20	100,00
70 °C	0,828	0,826	0,825	0,822	0,818	0,814	0,807	0,771

[*28*] ⟨K6 bis 2,6 Mol-% X_1, d4, ϑ 20 °C⟩
[*17*] ⟨K17, d4, ϑ 20 °C⟩
[*12*] ⟨K13, d4, ϑ 20 °C⟩
[*16*] ⟨K6, d5, ϑ 22 °C⟩
[*18*] ⟨K11, d4, ϑ 22 °C⟩
[*21*] ⟨K9, d5, ϑ 22 °C⟩
[*37*] ⟨ΔV, graph., ϑ 25 °C⟩
[*2, 15, 27, 30, 32*]

C_3H_8O Propanol(1) (X_1)—**C_7H_{16} Heptan** (X_2)
[*40*] ⟨K11, Molvolumen⟩

Mol-% X_1	0,0	11,3	24,4	34,6	48,0	64,4	68,6	73,5	79,9	91,6	100,0
20 °C	0,684	0,690	0,696	0,706	0,713	0,733	0,739	0,742	0,756	0,786	0,804

[*39*] ⟨K11, d4⟩

Mol-% X_1	0	10	20	30	40	50	60	70	80	90	100
30 °C	0,6753	0,6783	0,6825	0,6900	0,6995	0,7105	0,7230	0,7355	0,7520	0,7715	0,7953

[*28*] ⟨K6 bis 2,3 Mol-% X_1, d4, ϑ 20 °C⟩
[*27*]

C_3H_8O Propanol(1) (X_1)—**C_7H_8 Toluol** (X_2)
[*13*] ⟨K8, d3⟩

Gew.-% X_1	0,0	3,5	6,5	9,8	17,8	25,2	33,8	100,0
24 °C	0,863	0,861	0,859	0,857	0,852	0,847	0,842	0,802

[*35*] ⟨K7, d3⟩

Gew.-% X_1	0,0	20,0	40,0	52,5	60,0	80,0	100,0
32 °C	0,856	0,847	0,834	0,827	0,823	0,812	0,797

C_3H_8O Propanol(1) (X_1)—**C_9H_{12} Mesitylen** (X_2)
[*23*] ⟨K6, d4⟩

Mol-% X_1	0	20	40	60	80	100
20 °C	0,863	0,858	0,847	0,837	0,825	0,805

C_3H_8O Propanol(1) (X_1) – **CH_3J Methyljodid** (X_2)
[6] ⟨K10, d4⟩

Gew.-% X_1	0,00	2,57	4,68	4,89	9,64	17,74	24,68	29,80	45,12	100,00
25 °C	2,2511	2,146	2,068	2,061	1,906	1,692	1,545	1,452	1,231	0,800

C_3H_8O Propanol(1) (X_1) – **$CHCl_3$ Chloroform** (X_2)
[14] ⟨K12, d5⟩

Gew.-% X_1	0,00	3,32	9,06	14,95	18,98	32,34	33,37	49,42	56,47	71,94	90,77	100,00
25 °C	1,480	1,429	1,373	1,312	1,274	1,161	1,154	1,045	1,002	0,920	0,836	0,801

C_3H_8O Propanol(1) (X_1) – **$CHBr_3$ Bromoform** (X_2) [9]

C_3H_8O Propanol(1) (X_1) – **CCl_4 Tetrachlormethan** (X_2)
[34] ⟨K4, d4⟩

Mol-% X_1	0,00	26,00	45,01	100,00
30 °C	1,5725	1,3983	1,2359	0,7966
55 °C	1,5246	1,3552	1,2005	0,7761
75 °C	1,4867	1,3198	1,1678	0,7576

[41] ⟨K10, d3⟩

Mol-% X_1	0,00	3,50	4,99	10,87	15,57	20,26	41,71	61,78	81,12	100,00
22 °C	1,594	1,572	1,560	1,527	1,492	1,462	1,313	1,156	0,987	0,804
30 °C	1,578	1,556	1,546	1,509	1,479	1,448	1,300	1,145	0,979	0,797
40 °C	1,558	1,537	1,527	1,491	1,460	1,430	1,284	1,132	0,968	0,789

[31] ⟨K12, d4, ϑ 18 °C⟩
[22] ⟨K10, d4, ϑ 25 °C⟩
[43] ⟨ΔV, graph., ϑ 25 °C⟩
[33] ⟨ΔV⟩

C_3H_8O Propanol(1) (X_1) – **$C_2H_4Cl_2$ Äthylenchlorid** (X_2)
[26] ⟨K8, d4, ϑ 50 °C⟩

Mol-% X_1	0,00	11,82	21,63	32,60	55,79	67,21	83,60	100,00
30 °C	1,241	1,189	1,146	1,115	0,997	0,946	0,872	0,796
40 °C	1,226	1,174	1,132	1,107	0,984	0,935	0,862	0,789
60 °C	1,197	1,146	1,103	1,075	0,962	0,912	0,844	0,773

C_3H_8O Propanol(1) (X_1) – **$C_2H_4Br_2$ Äthylenbromid** (X_2)
[1] ⟨K11, d5⟩

Gew.-% X_1	0,00	9,81	19,91	29,99	39,91	50,05	59,27	70,16	79,05	89,99	100,00
18,07 °C	2,183	1,867	1,626	1,442	1,297	1,176	1,085	0,993	0,929	0,861	0,807

[8]

C_3H_8O Propanol(1) (X_1) – **$C_6H_4Cl_2$ p-Dichlorbenzol** (X_2)
[24] ⟨K12, d4⟩

Mol-% X_1	0,00	5,08	10,03	19,94	30,16	39,29	49,06	59,02	68,66	78,79	88,10	100,00
55 °C	1,253	1,238	1,220	1,184	1,147	1,114	1,072	1,022	0,974	0,921	0,861	0,779

C_3H_8O Propanol(1) (X_1) – **CH_4O Methanol** (X_2)
[7] ⟨K12, d4⟩

Gew.-% X_1	0,00	9,88	20,29	34,63	50,29	59,62	68,12	78,94	88,04	100,00
15 °C	0,796	0,797	0,798	0,799	0,801	0,802	0,803	0,805	0,806	0,808

C_3H_8O Propanol(1) (X_1) — **CH_4O Methanol** (X_2) (Forts.)
[4, 5] ⟨K8, d4⟩

Gew.-% X_1	0,00	11,11	23,80	65,20	91,80	100,00
25 °C	0,788	0,789	0,791	0,795	0,799	0,800

[14] ⟨K5, d4, ϑ 25 °C⟩
[42] ⟨K20, ΔV, ϑ 25 °C⟩
[10, 15, 19]

C_3H_8O Propanol(1) (X_1) — **C_2H_6O Äthanol** (X_2)
[7] ⟨K9, d4⟩

Gew.-% X_1	0,00	10,72	24,39	34,18	50,22	67,27	78,34	88,63	100,00
15 °C	0,794	0,795	0,797	0,798	0,801	0,803	0,805	0,806	0,808

[11] ⟨K9, d4⟩

Gew.-% X_1	0,00	12,50	25,07	37,60	49,98	62,51	75,00	87,46	100,00
25 °C	0,786	0,789	0,790	0,792	0,794	0,796	0,798	0,800	0,802

[4, 5] ⟨K8, d4, ϑ 25 °C⟩
[14] ⟨K5, d4, ϑ 25 °C⟩
[42] ⟨K22, ΔV, ϑ 25 °C⟩

C_3H_8O Propanol(1) (X_1) — **$C_2H_6O_2$ Äthylenglykol**
[29] ⟨K8, d4⟩

Mol-% X_1	0,00	14,84	25,01	34,02	47,38	59,69	75,38	100,00
30 °C	1,104	1,050	1,014	0,983	0,940	0,903	0,859	0,797

C_3H_8O Propanol(1) (X_1) — **$C_2H_4O_2$ Essigsäure** (X_2)
[36] ⟨K7, d4⟩

Mol-% X_1	0	20	40	50	60	80	100
25 °C	1,0479	0,9895	0,9359	0,9109	0,8861	0,8431	0,8032

1 Schütt, F.: Z. physik. Chem. **9** (1892) 349–77.
2 Paterno, E., Montemartini, C.: Atti Accad. Lincei **3** (1894) 139; Gazz. chim. ital. **24** (1894) 179 (nach ICT u. Tim.).
3 Speyers, C. L.: Amer. J. Sci. **14** (1902) 293 (nach ICT).
4 Herz, W., Kuhn, F.: Z. anorg. Chem. **60** (1908) 152–62.
5 Herz, W.: Z. anorg. allg. Chem. **104** (1918) 47–52.
6 Holmes, J., Sageman, P. J.: J. chem. Soc. (London) **95** (1909) 1919–43.
7 Doroshewski, A. G.: J. russ. physik.-chem. Gss. (Shurnal Russkogo Fisiko-Chimitschesskogo Obschtschesstwa) **43** (1911) 46 (nach ICT u. Tim.).
8 Schwers, F.: Bull. Acad. Sci. Belgique **55** (1912) 252 (nach ICT u. Tim.).
9 Öholm, L. W.: Medd. Vetenskap. akademies Nobelinstitut **2** (1913) Nr. 26 (nach ICT, Tabl. ann., Tim.).
10 Kremann, R., Meingast, R., Gugl, F.: Mh. Chem. **35** (1914) 1235 (nach ICT u. Tim.).
11 Parks, G. S., Schwenck, J. R.: J. physic. Chem. **28** (1924) 720–29.
12 Perrakis, N.: J. Chim. physique **22** (1925) 280–310.
13 Lange, L.: Z. Physik **33** (1925) 169–82.
14 Hirobe, H.: J. Fac. Sci. Imp. Univ. Tokyo **1** (1925/26) Nr. 4, 178–214.
15 Schmidt, G. C.: Z. physik. Chem. (A) **121** (1926) 221–53.
16 Wolf, K. L., Gross, W.: Z. physik. Chem. (B) **14** (1931) 305–25.
17 Rabcewicz-Zubkowski, F.: Roczniki Chem. [Ann. Soc. chim. Polonorum] **13** (1933) 193, 334 (nach Tim.).
18 Spells, K. E.: Trans. Faraday Soc. **32** (1936) 530–40.
19 Rigamonti, R.: Ann. chim. applicata **26** (1936) 143–51.
20 Klapproth, H.: Nova Acta Leopoldina [N. F.] **9** (1940) 305–60.
21 Harms, H.: Z. physik. Chem. (B) **53** (1942/43) 280–306.

22 Jones, W. J., Bowden, S. T., Yarnold, W. W., Jones, W. H.: J. physic. Chem. **52** (1948) 753—60.
23 Teitelbaum, B. Ja., Gortalowa, T. A., Ganelina, Ss. G.: J. allg. Chem. (Shurnal Obschtschei Chimii) **20** (1950) 1422—26.
24 Starobinetz, G. L., Starobinetz, K. S.: J. physik. Chem. (Shurnal Fisitschesskoi Chimii) **25** (1951) 753 (nach Tim.).
25 Starobinetz, G. L., Starobinetz, K. S., Ryshikowa, L. A.: J. physik. Chem. (Shurnal Fisitschesskoi Chimii) **25** (1951) 1186—97.
26 Udowenko, W. W., Airapetowa, R. P., Filatowa, R. T.: J. allg. Chem. (Shurnal Obschtschei Chimii) **21** (1951) 1430—34.
27 Staveley, L. A. K., Spice, B.: J. chem. Soc. (London) **1952**, 406—14.
28 Staveley, L. A. K., Taylor, P. F.: J. chem. Soc. (London) **1956**, 200—09.
29 Danusso, F.: Atti Accad. naz. Lincei, Rend., Cl. Sci. fisiche mat. natur. [8] **17** (1954) 234—39.
30 Markgraf, H.-G., Nikuradse, A.: Z. Naturforsch. **9a** (1954) 27—34.
31 Rehfeld, K.: Z. physik. Chem. **205** (1955) 78—83.
32 Lutzki, A. Je., Obuchowa, Je. M.: J. physik. Chem. (Shurnal Fisitschesskoi Chimii) **31** (1957) 1964—75.
33 Paraskevopoulos, G. C., Missen, R. W.: Trans. Faraday Soc. **58** (1962) 869—78.
34 Ling, D. V., van Winkle, M.: Chem. Engng. Data Series **3** (1958) 88—95.
35 Venkateswarlu, K., Sriraman, S.: Bull. chem. Soc. Japan **31** (1958) 211—16.
36 Lutzki, A. E., Obukhova, E. M.: J. allg. Chem. (Shurnal Obschtschei Chimii) **31** (1961) 2692 bis 2702; J. Gen. Chem. USSR **31** (1961) 2512—21.
37 Brown, I., Smith, F.: Austral. J. Chem. **15** (1962) 1—8.
38 Brzostowski, W., Hardman, T. M.: Bull. Acad. polon. Sci., Ser. Sci. chim. **11** (1963) 447—52.
39 Gurukul, S. M. K. A., Raju, B. N.: J. chem. Engng. Data **11** (1966) 501—02.
40 Lee, L. L., Scheller, W. A.: J. chem. Engng. Data **12** (1967) 497—99.
41 Gold, P. I., Perrine, R. L.: J. chem. Engng. Data **12** (1967) 4—8.
42 Benson, G. C., Pflug, H. D.: J. chem. Engng. Data **15** (1970) 382—86.
43 Duboc, C.: Bull. Soc. chim. France **1969**, 2260—70.

C_3H_8O Propanol(2) (X_1)—**C_6H_{14} Hexan** (X_2)
[*18*] ⟨K9, d4⟩

Mol-% X_1	0,00	8,09	14,68	25,30	40,16	55,06	70,23	85,28	100,00
22 °C	0,686	0,694	0,701	0,711	0,725	0,740	0,754	0,769	0,783

[*13*] ⟨K9, d4, ϑ 22 °C⟩

C_3H_8O Propanol(2) (X_1)—**C_6H_{12} Cyclohexan** (X_2)
[*18*] ⟨K8, d4⟩

Mol-% X_1	0,00	12,33	24,34	40,20	61,26	69,94	84,94	100,00
22 °C	0,776	0,777	0,778	0,779	0,781	0,781	0,782	0,783

C_3H_8O Propanol(2) (X_1)—**C_6H_6 Benzol** (X_2)
[*16*] ⟨K11, d4⟩

Gew.-% X_1	0,00	8,99	18,36	27,33	37,42	47,06	57,53	67,90	78,69	89,22	100,00
25 °C	0,874	0,863	0,852	0,844	0,833	0,825	0,816	0,807	0,798	0,790	0,781

[*25*] ⟨K11, d5⟩

Mol-% X_1	0	10	20	30	40	50	60	70	80	90	100
35 °C	0,8629	0,8527	0,8436	0,8350	0,8263	0,8177	0,8089	0,8002	0,7912	0,7819	0,7722
45 °C	0,8522	0,8417	0,8324	0,8243	0,8157	0,8072	0,7987	0,7902	0,7815	0,7726	0,7633

[*5*] ⟨K8, d4, ϑ 10°, 20°, ..., 70 °C⟩
[*13*] ⟨K9, d4, ϑ 22 °C⟩
[*18*] ⟨K9, d5, ϑ 22 °C⟩
[*19*] ⟨K4, d5, ϑ 22°, 33 °C⟩
[*8*] ⟨K11, d5, ϑ 25 °C⟩
[*24*] ⟨ΔV, graph., ϑ 25 °C⟩
[*3, 6, 7, 10, 16*]

C_3H_8O Propanol(2) (X_1)—**C_7H_8 Toluol** (X_2)
[*8*] ⟨K11, d5⟩

Mol-% X_1	0,0	6,9	13,5	19,9	31,8	58,4	80,8	88,8	92,6	96,4	100,0
25 °C	0,861	0,856	0,852	0,848	0,840	0,822	0,805	0,798	0,794	0,791	0,787

C_3H_8O Propanol(2) (X_1) – **CCl_4 Tetrachlormethan** (X_2)
[*26*] ⟨K 15, d 3⟩

Mol-% X_1	0,00	5,06	9,72	13,68	14,69	18,66	19,01	27,45	30,96	36,05	37,65
22 °C	1,593	1,559	1,527	1,499	1,493	1,465	1,462	1,403	1,377	1,341	1,329
30 °C	1,577	1,543	1,512	1,485	1,478	1,450	1,448	1,389	1,363	1,328	1,315
40 °C	1,558	1,523	1,493	1,466	1,460	1,432	1,430	1,372	1,346	1,312	1,298

Mol-% X_1	44,69	100,00
22 °C	1,276	0,784
30 °C	1,262	0,778
40 °C	1,245	0,770

[*18*] ⟨K 8, d 4⟩

Mol-% X_1	0,00	19,90	39,68	49,92	60,08	69,91	89,96	100,00
22 °C	1,593	1,455	1,311	1,232	1,151	1,068	0,884	0,783

[*29*] ⟨ΔV, graph., ϑ 25 °C⟩

C_3H_8O Propanol(2) (X_1) – **$C_6H_4Cl_2$ p-Dichlorbenzol** (X_2)
[*20*] ⟨K 12, d 4⟩

Mol-% X_1	0,00	5,09	8,89	20,29	29,75	40,00	50,53	59,95	69,87	79,86	89,96	100,00
55 °C	1,253	1,234	1,218	1,178	1,138	1,101	1,057	1,014	0,959	0,898	0,830	0,753

C_3H_8O Propanol(2) (X_1) – **C_2H_6O Äthanol** (X_2)
[*9*] ⟨K 11, d 4⟩

Gew.-% X_1	0	10	20	30	40	50	60	70	80	90	100
25 °C	0,785	0,785	0,784	0,784	0,784	0,783	0,783	0,782	0,782	0,782	0,781

[*4*] ⟨K 12, d 4, ϑ 25 °C⟩

C_3H_8O Propanol(2) (X_1) – **$C_2H_6O_2$ Äthylenglykol** (X_2)
[*22*] ⟨K 6, d 4⟩

Mol-% X_1	0,00	12,86	20,42	45,30	72,98	100,00
30 °C	1,105	1,053	1,025	0,937	0,857	0,777

C_3H_8O Propanol(2) (X_1) – **C_3H_8O Propanol** (X_2)
[*9*] ⟨K 6, d 4⟩

Gew.-% X_1	0	20	40	60	80	100
25 °C	0,796	0,796	0,792	0,789	0,785	0,781

[*28*] ⟨K 22, ΔV, ϑ 25 °C⟩

C_3H_6O Propionaldehyd (X_1) – **C_6H_6 Benzol** (X_2)
[*17*] ⟨K 6, d 4, ϑ 20 °C⟩

C_3H_6O Aceton (X_1) – **C_5H_{12} Isopentan** (X_2)
[*23*] ⟨K 11, d 4⟩

Gew.-% X_1	0	10	20	30	40	50	60	70	80	90	100
20 °C	0,6190	0,6299	0,6429	0,6579	0,6738	0,6906	0,7075	0,7271	0,7479	0,7690	0,7903

C_3H_6O Aceton (X_1) – **C_5H_{10} Trimethyläthylen** (X_2)
[*23*] ⟨K 11, d 4⟩

Gew.-% X_1	0	10	20	30	40	50	60	70	80	90	100
20 °C	0,6614	0,6715	0,6819	0,6933	0,7054	0,7182	0,7317	0,7459	0,7602	0,7750	0,7903

Lacmann

C_3H_6O Aceton (X_1) — **C_5H_8 Isopren** (X_2)
[23] ⟨K 11, d 4⟩

Gew.-% X_1	0	10	20	30	40	50	60	70	80	90	100
20 °C	0,6804	0,6903	0,7003	0,7107	0,7214	0,7325	0,7434	0,7548	0,7664	0,7783	0,7903

C_3H_6O Aceton (X_1) — **C_6H_{14} Hexan** (X_2)
[15] ⟨K 11, d 5⟩

Mol-% X_1	0,00	1,73	4,97	7,20	11,66	17,69	26,23	36,75	57,14	84,97	100,00
6 °C	0,683	0,684	0,686	0,687	0,689	0,693	0,699	0,708	0,730	0,773	0,807
30 °C	0,662	0,662	0,664	0,665	0,667	0,670	0,676	0,684	0,705	0,747	0,780

[23] ⟨K 11, d 4⟩

Gew.-% X_1	0	10	20	30	40	50	60	70	80	90	100
20 °C	0,6594	0,6668	0,6760	0,6870	0,6994	0,7125	0,7258	0,7403	0,7550	0,7714	0,7903

[27] ⟨K 11, d 4⟩

Gew.-% X_1	0	10	20	30	40	50	60	70	80	90	100
25 °C	0,6545	0,6699	0,6803	0,6928	0,7031	0,7145	0,7260	0,7399	0,7541	0,7689	0,7846

[12] ⟨K 6, d 4, ϑ 20 °C⟩
[18] ⟨K 9, d 4, ϑ 22 °C⟩
[1, 2, 14]

C_3H_6O Aceton (X_1) — **C_6H_{12} Hexen** (X_2)
[23] ⟨K 11, d 4⟩

Gew.-% X_1	0	10	20	30	40	50	60	70	80	90	100
20 °C	0,6759	0,6838	0,6929	0,7028	0,7132	0,7241	0,7358	0,7477	0,7620	0,7760	0,7903

C_3H_6O Aceton (X_1) — **C_6H_{12} Cyclohexan** (X_2)
[18] ⟨K 9, d 4⟩

Mol-% X_1	0,00	8,19	15,34	25,47	40,08	54,43	69,85	84,84	100,00
22 °C	0,776	0,778	0,779	0,781	0,782	0,785	0,785	0,787	0,789

[11] ⟨K 7, d 4, ϑ 20 °C⟩
[21]

1 Ehrenhaft: S.-B. Akad. Wiss. Wien; math.-naturwiss. Kl., Abt. IIa, **111** (1902) 1549 (nach ICT).
2 Muchin, G.: Z. Elektrochem., angew. physik. Chem. **19** (1913) 819—21.
3 Rakshit, J. N.: Z. Elektrochem., angew. physik. Chem. **31** (1925) 320—23.
4 Parks, G. S., Kelly, K. K.: J. physic. Chem. **29** (1925) 727—32.
5 Stranathan, J. D.: Physic. Rev. [2] **31** (1928) 653—71.
6 Mahanti, P. C.: J. Indian chem. Soc. **8** (1929) 743 (nach Tim.).
7 Z. Physik **94** (1935) 220—23.
8 Washburn, E. R., Lightbody, A.: J. physic. Chem. **34** (1930) 2701—10.
9 Whitman, J. L., Hurt, D. M.: J. Amer. chem. Soc. **52** (1930) 4762—70.
10 Donle, H. L.: Z. physik. Chem. (B) **14** (1931) 326—38.
11 Earp, D. P., Glasstone, S.: J. chem. Soc. (London) **1935**, 1709—23.
12 Tomonari, T.: Z. physik. Chem. (B) **32** (1936) 202—21.
13 Poltz, H.: Z. physik. Chem. (B) **32** (1936) 243—73.
14 Wolf, K. L., Harms, H., Frahm, H.: Z. physik. Chem. (B) **36** (1937) 237—87.
15 Harms, H.: Dissert., Würzburg, 1938.
16 Olsen, A. L., Washburn, E. R.: J. physic. Chem. **42** (1938) 275—81.
17 Coomber, D. I., Partington, J. R.: J. chem. Soc. (London) **1938**, 1444—52.
18 Klapproth, H.: Nova Acta Leopoldina [N. F.] **9** (1940) 305—60.
19 Grafe, R.: Nova Acta Leopoldina [N. F.] **12** (1943) 141—94.

20 Starobinetz, G. L., Starobinetz, K. S.: J. physik. Chem. (Shurnal Fisitschesskoi Chimii) **25** (1951) 753 (nach Tim.).
21 Markgraf, H.-G., Nikuradse, A.: Z. Naturforsch. **9a** (1954) 27–34.
22 Danusso, F.: Atti Accad. naz. Lincei, Rend., Cl. Sci. fisiche, mat. natur. [8] **17** (1954) 234–39.
23 Ogorodnikov, S. K., Kogan, V. B., Nemtsov, N. S.: J. angew. Chem. (Shurnal Prikladnoi Chimii) **34** (1961) 323–31; 836–41; J. appl. Chem. USSR **34** (1961) 313–19; 801–06.
24 Brown, I., Smith, F.: Austral. J. Chem. **15** (1962) 1–8.
25 Fagley, T. F., von Bodungen, G. A., Rathmell, J. J., Hutchinson, J. D.: J. physic. Chem. **71** (1967) 1374–81.
26 Gold, P. I., Perrine, R. L.: J. chem. Engng. Data **12** (1967) 4–8.
27 Johari, G. P.: J. chem. Engng. Data **13** (1968) 541–43.
28 Polak, J., Murakami, S., Benson, G. C., Pflug, H. D.: Canad. J. Chem. **48** (1970) 3782–85.
29 Duboc, C.: Bull. Soc. chim. France **1969**, 2260–70.

C_3H_6O Aceton (X_1) – **C_6H_6 Benzol** (X_2)

[*17*] ⟨K10, d5⟩

Mol-% X_1	0,00	1,58	3,57	5,05	7,98	14,73	34,37	52,91	81,04	100,00
6 °C	0,894	0,893	0,891	0,890	0,888	0,883	0,868	0,852	0,826	0,807

[*10*] ⟨K11, d5⟩

Gew.-% X_1	0,00	9,94	20,09	29,72	40,29	49,69	60,29	69,47	80,16	89,95	100,00
15 °C	0,885	0,875	0,866	0,857	0,848	0,839	0,830	0,823	0,814	0,806	0,798

[*23*] ⟨K11, d5, ϑ 60,11°, 70,20 °C⟩

Mol-% X_1	0,00	15,46	30,71	44,34	55,05	63,46	71,20	82,28	100,00
20 °C	0,8790	0,8676	0,8557	0,8443	0,8348	0,8271	0,8197	0,8086	0,7899
Mol-% X_1	0,00	15,97	29,36	39,20	49,76	57,17	72,55	83,32	100,00
25 °C	0,8737	0,8620	0,8515	0,8433	0,8342	0,8276	0,8129	0,8021	0,7843
Mol-% X_1	0,00	9,35	26,83	39,46	57,17	72,55	83,32	100,00	
37,8 °C	0,8600	0,8530	0,8397	0,8292	0,8134	0,7986	0,7876	0,7694	
Mol-% X_1	0,00	15,46	30,71	44,34	55,05	63,46	71,20.	82,28	100,00
50,05 °C	0,8467	0,8351	0,8229	0,8113	0,8016	0,7936	0,7860	0,7745	0,7548

[*21*] ⟨K5, d4, ϑ 10°, 20°, 30 °C⟩
[*4*] ⟨K7, d4, ϑ 20 °C⟩
[*20*] ⟨K6, d4, ϑ 20 °C⟩
[*13*] ⟨K6, d5, ϑ 22 °C⟩
[*18*] ⟨K9, d4, ϑ 22 °C⟩
[*1*] ⟨K10, d4, ϑ 25 °C⟩
[*3*] ⟨K5, d4, ϑ 25 °C⟩
[*5*] ⟨K8, d3, ϑ 25 °C⟩
[*7*] ⟨K11, d5, ϑ 25 °C⟩
[*11*] ⟨K5, d4, ϑ 25 °C⟩
[*19*] ⟨K10, d4, ϑ 25 °C⟩
[*22*] ⟨K11, d4, ϑ 25 °C⟩
[*24*] ⟨Molvolumen, Gleichungen, ϑ 25°, 35°, 45 °C⟩
[*25*] ⟨ΔV, graph., ϑ 25 °C⟩
[*27*] ⟨K10, d4, ϑ 25 °C⟩
[*26*] ⟨K7, Molvolumen, ϑ 100°, 125°, 150°, 175°, 200°, 225°, 250°, 260°, 270 °C⟩
[*2, 6, 8, 9, 12, 14, 15, 16*]

1 Ebersole, M. R.: J. physic. Chem. **5** (1900/00) 239–55.
2 Deutschmann: Dissert., Berlin, 1911 (nach ICT).
3 Fischler, J.: Z. Elektrochem., angew. physik. Chem. **19** (1913) 126–32.
4 Muchin, G.: Z. Elektrochem., angew. physik. Chem. **19** (1913) 819–21.
5 Marden, J. W., Dover, M. V.: J. Amer. chem. Soc. **38** (1916) 1235–45.
6 Burrows, G. I.: Proc. Roy. Soc. N. S. Wales **53** (1919) 74 (nach ICT).
7 Barr, G., Bircumshaw, L. L.: Aeron. Res. Commun. Rep. Nr. 746, 1921 (nach Tim.).
8 Brown, B.: Thesis, Lafayette, 1921 (nach ICT).
9 Rakshit, J. N.: Z. Elektrochem., angew. physik. Chem. **31** (1925) 320–23.
10 McCrombie, H., Roberts, H. M., Scarborough, H. A.: J. chem. Soc. (London) **127** (1925) 753–59.
11 Hammick, D. L., Andrew, L. W.: J. chem. Soc. (London) **1929**, 754–59.
12 Herz, W.: Z. Elektrochem., angew. physik. Chem. **36** (1930) 850–52.

13 Wolf, K. L., Gross, W.: Z. physik. Chem. (B) **14** (1931) 305—25.
14 Wehrle, J. A.: Physic. Rev. (2) **37** (1931) 1135—46.
15 Briegleb, G.: Z. physik. Chem. (B) **16** (1932) 249—75.
16 Rao, S. R.: Indian J. Physics **8** (1934) 483 (nach Tim.).
17 Harms, H.: Dissert., Würzburg, 1938.
18 Klapproth, H.: Nova Acta Leopoldina [N. F.] **9** (1940) 305—60.
19 Honold, E., Wakeham, H.: Ind. Engng. Chem., analyt. Edit. **16** (1944) 499—501.
20 LeFèvre, C. G., LeFèvre, R. J. W.: J. chem. Soc. (London) **1953**, 4041—50.
21 Bingham, E. C., Brown, D. F.: J. Rheology **3** (1932) 95—112.
22 Free, K. W., Hutchison, H. P.: J. chem. Engng. Data **4** (1959) 193—97.
23 Howard, K. S., Pike, F. P.: J. chem. Engng. Data **4** (1959) 331—33.
24 Cronauer, D. C., Rothfus, R. R., Kermode, R. I.: J. chem. Engng. Data **10** (1965) 131—33.
25 Campbell, A. N., Kartzmark, E. M., Chatterjee, R. M.: Canad. J. Chem. **44** (1966) 1183—89.
26 Campbell, A. N., Chatterjee, R. M.: Canad. J. Chem. **48** (1970) 277—85.
27 Shipp, W. E.: J. chem. Engng. Data **15** (1970) 308—11.

C_3H_6O Aceton (X_1) — **C_7H_{16} Heptan** (X_2)
[7] ⟨K6, d4⟩

Mol-% X_1	3,91	7,76	11,72	16,06	19,41	100,00
20 °C	0,716	0,717	0,718	0,719	0,720	0,790

C_3H_6O Aceton (X_1) — **C_7H_8 Toluol** (X_2) *[3, 4]*

C_3H_6O Aceton (X_1) — **$C_{10}H_8$ Naphthalin** (X_2)
[6] ⟨K4, d5⟩

Gew.-% X_1	77,10	88,27	94,01	100,00
20 °C	0,839	0,815	0,803	0,791
40 °C	0,818	0,793	0,781	0,768

[1]

C_3H_6O Aceton (X_1) — **$C_{14}H_{10}$ Phenanthren** (X_2)
[6] ⟨K4, d5⟩

Gew.-% X_1	79,24	89,27	94,53	100,00
20 °C	0,848	0,820	0,805	0,791
40 °C	0,827	0,798	0,783	0,768

C_3H_6O Aceton (X_1) — **CH_3J Methyljodid** (X_2)
[10] ⟨K6, Molvolumen, ϑ —10°, 10°, 30 °C⟩

Mol-% X_1	0	20	40	60	80	100
—20 °C	2,390	2,027	1,695	1,389	1,100	0,834
0 °C	2,334	1,978	1,653	1,352	1,072	0,813
20 °C	2,278	1,928	1,610	1,317	1,043	0,790
35 °C	2,236	1,890	1,578	1,290	1,022	0,774

[2] ⟨K9, d4, ϑ 25 °C⟩

C_3H_6O Aceton (X_1) — **CH_2Cl_2 Methylenchlorid** (X_2)
[11] ⟨K24, ΔV, ϑ 25°, 35 °C⟩
[5, 9]

C_3H_6O Aceton (X_1) — **$CHFCl_2$ Monofluor-dichlor-methan** (X_2)
[8] ⟨K5, d4⟩

Mol-% X_1	0	25	50	75	100
—80 °C	1,586	1,418	1,245	1,072	0,900

1 Zoppellari, I.: Gazz. chim. ital. **35** (1905) 355 (nach ICT u. Tim.).
2 Holmes, J., Sagemann, P. J.: J. chem. Soc. (London) **95** (1909) 1919—43.
3 Andersin, Hirn: Översikt av Finska Vetenskaps-Societetens Förhandlingar **51** (1908) Nr. 11 (nach ICT).
4 Granquist: Översikt av Finska Vetenskaps-Societetens Förhandlingar **54** (1912) Nr. 20 (nach ICT).
5 Sachanov, Rjachovski: J. russ. physik.-chem. Ges. (Shurnal Russkogo Fisiko-Chimitsches-skogo Obschesstwa) **47** (1915) 128 (nach ICT u. Tabl. ann.).
6 Grunert, H.: Z. anorg. allg. Chem. **164** (1927) 256—62.
7 Briegleb, G.: Z. physik. Chem. (B) **14** (1931) 97—121.
8 Lacher, J. R., Walden, C. H., Park, J. D.: J. Amer. chem. Soc. **71** (1949) 3026—28.
9 Markgraf, H.-G., Nikuradse, A.: Z. Naturforsch. **9a** (1954) 27—34.
10 Low, D. I. R., Moelwyn-Hughes, E. A.: Proc. Roy. Soc. (London) Ser. A, **267** (1962) 384—94.
11 Van Ness, H. C., Machado, R. L.: J. chem. Engng. Data **12** (1967) 36—37.

C_3H_6O Aceton (X_1) — **$CHCl_3$ Chloroform** (X_2)

[*10*] ⟨K3, d3⟩

Mol-% X_1	0	50	100
—10 °C	1,579	1,216	0,830
0 °C	1,540	1,190	0,811
25 °C	1,475	1,150	0,781
50 °C	1,415	1,095	0,750

[*23*] ⟨K6, d4⟩

Mol-% X_1	0	20	40	60	80	100
25 °C	1,4783	1,3457	1,2137	1,0780	0,9336	0,7843

[*6*] ⟨K11, d5⟩

Gew.-% X_1	0,00	5,71	11,59	20,12	27,72	35,49	43,70	54,17	66,96	83,34	100,00
25 °C	1,480	1,411	1,345	1,259	1,191	1,128	1,068	1,001	0,929	0,851	0,785
35,17 °C	1,460	1,392	1,327	1,242	1,175	1,112	1,053	0,986	0,916	0,839	0,773

[*22*] ⟨K6, d3⟩

Gew.-% X_1	0,0	20,4	40,0	60,0	80,0	100,0
32 °C	1,473	1,247	1,089	0,964	0,864	0,782

[*2*] ⟨K7, d3, ϑ 0°, 20°, 40 °C⟩
[*13*] ⟨K9, d4, ϑ 10 °C⟩
[*8*] ⟨K6, d4, ϑ 15 °C⟩
[*3*] ⟨K8, d3, ϑ 20 °C⟩
[*16*] ⟨K11, d4, ϑ 20 °C⟩
[*18*] ⟨K11, d4, ϑ 20 °C⟩
[*25*] ⟨ΔV, graph., ϑ 20 °C⟩
[*5*] ⟨K11, d4, ϑ 25 °C⟩
[*12*] ⟨K8, d4, ϑ 25 °C⟩
[*15*] ⟨K8, d4, ϑ 25 °C⟩
[*19*] ⟨K17, d4, ϑ 25 °C⟩
[*24*] ⟨ΔV, graph., ϑ 25 °C⟩
[*26*] ⟨K6, Molvolumen, ϑ 160 °C⟩
[*1, 4, 7, 9, 11, 14, 17, 20, 21*]

1 Ritzel, A.: Z. physik. Chem. **60** (1907) 319—58.
2 Tsakalatos: Bull. Soc. chim. France **3** (1908) 234 (nach ICT u. Tim.).
3 Dolezalek, F.: Z. physik. Chem. **64** (1908) 727—47.
4 Findlay, A.: Z. physik. Chem. **69** (1909) 203—17.
5 Thouvenot, M.: Thesis, Nancy, 1910 (nach Tim.).
6 Hubbard, J. C.: Z. physik. Chem. **74** (1910) 207—32.
7 Deutschmann: Dissert. Berlin, 1911 (nach ICT).
8 Gördt, W.: Dissert., Münster, 1911 (nach ICT u. Tim.).
9 Schwers, F.: Bull. Acad. Sci. Belgique **55** (1912) 252 (nach ICT u. Tim.).
10 Faust, O.: Z. physik. Chem. **79** (1912) 97—123.
11 Z. anorg. allg. Chem. **154** (1926) 61—68.
12 Holmes, J.: J. chem. Soc. (London) **103** (1913) 2147—66.
13 Trifonov, N. A.: Mem. Sci. Univ. Saratov **1924**, 2, 1 (nach Tim. u. Tabl. ann.).
14 Schmidt, G. C.: Z. physik. Chem. (A) **121** (1926) 221—53.
15 Graffunder, W., Heymann, E.: Z. Physik **72** (1931) 744—62.

16 | Cabrera, A., Madinaveitia, A.: Ann. Soc. Españ. Phys.-chim. **30** (1932) 528 (nach Tim.).
17 | Rao, S. R.: Indian J. Physics **8** (1934) 483 (nach Tim.).
18 | Earp, D. P., Glasstone, S.: J. chem. Soc. (London) **1935**, 1709–23.
19 | Karr, A. E., Bowes, W. M., Scheibel, E. G.: Anal. Chem. **23** (1951) 459–63.
20 | Staveley, L. A. K., Hart, K. R., Tupman, W. I.: Trans. Faraday Soc. **51** (1955) 323–43.
21 | Dakshinamurty, P., Rao, C. V.: J. Sci. ind. Res. (New Delhi) (B) **15** (1956) 118–27.
22 | Venkateswarlu, K., Sriraman, S.: Bull. chem. Soc. Japan **31** (1958) 211–16.
23 | Fort, R. J., Moore, W. R.: Trans. Faraday Soc. **61** (1965) 2102–11.
24 | Campbell, A. N., Kartzmark, E. M., Chatterjee, R. M.: Canad. J. Chem. **44** (1966) 1183–89.
25 | Boule, P.: C.R. hebd. Séances Acad. Sci., Ser. C, **268** (1969) 5–7.
26 | Campbell, A. N., Musbally, G. M.: Canad. J. Chem. **48** (1970) 3173–84.

C_3H_6O Aceton (X_1) – **$CHBr_3$ Bromoform** (X_2)
[20] ⟨K6, d4⟩

Mol-% X_1	0,00	5,19	12,26	26,78	95,09	100,00
20 °C	2,890	2,799	2,660	2,405	0,914	0,791

[4, 14]

C_3H_6O Aceton (X_1) – **CCl_4 Tetrachlormethan** (X_2)
[20] ⟨K10, d4⟩

Mol-% X_1	0,00	4,19	9,50	20,67	35,81	57,88	75,69	89,87	97,43	100,00
20 °C	1,594	1,569	1,535	1,462	1,357	1,186	1,030	0,895	0,818	0,791

[31] ⟨K11, d4⟩

Mol-% X_1	0,00	10,22	19,73	30,10	40,07	50,04	59,95	69,90	79,96	89,97	100,00
25 °C	1,584	1,520	1,459	1,388	1,316	1,240	1,160	1,075	0,984	0,888	0,785

[17] ⟨K5, d3, ϑ 20 °C⟩
[11] ⟨K6, d4, ϑ 25 °C⟩
[16] ⟨K10, d4, ϑ 25 °C⟩
[47] ⟨Molvolumen, Gleichungen, ϑ 25°, 35°, 45 °C⟩
[49] ⟨K7, Molvolumen, ϑ 150°, 250 °C⟩
[7, 33]

C_3H_6O Aceton (X_1) – **$C_2H_4Cl_2$ Äthylenchlorid** (X_2) *[30]*

C_3H_6O Aceton (X_1) – **$C_2H_3Cl_3$ 1.1.2-Trichloräthan** (X_2)
[26] ⟨K11, d4⟩

Gew.-% X_1	0,00	10,5	20,1	30,1	40,6	50,9	60,6	69,1	80,0	89,1	100,0
25 °C	1,432	1,321	1,234	1,152	1,077	1,014	0,959	0,916	0,864	0,823	0,784

[30]

C_3H_6O Aceton (X_1) – **C_2HCl_3 Trichloräthylen** (X_2)
[15] ⟨K9, d3⟩

Mol-% X_1	0,00	11,26	24,47	40,68	51,93	60,96	72,96	88,45	100,00
25 °C	1,450	1,388	1,312	1,214	1,140	1,078	0,993	0,876	0,782

[33]

C_3H_6O Aceton (X_1) – **$C_2H_2Cl_4$ 1.1.2.2-Tetrachloräthan**
[7] ⟨K7, d3⟩

Mol-% X_1	0,00	15,92	58,07	73,08	81,36	97,28	100,00
0 °C	1,614	1,534	1,238	1,106	1,023	0,849	0,812

[46] ⟨K6, d4⟩

Mol-% X_1	0	20	40	60	80	100
25 °C	1,5879	1,4755	1,3437	1,1896	1,0049	0,7843

[30]

C_3H_6O Aceton (X_1) – **C_2Cl_4 Tetrachloräthylen** (X_2)
[51] ⟨K11, d5⟩

Mol-% X_1	0,00	7,44	18,52	29,24	38,24	48,65	58,88	68,75	78,08	88,99	100,00
20 °C	1,6228	1,5770	1,5055	1,4317	1,3661	1,2853	1,2006	1,1126	1,0240	0,9123	0,7901
30 °C	1,6065	1,5604	1,4891	1,4157	1,3501	1,2698	1,1855	1,0983	1,0103	0,8997	0,7788

C_3H_6O Aceton (X_1) – **C_2HCl_5 Pentachloräthan** (X_2)
[7] ⟨K7, d3⟩

Mol-% X_1	0,00	14,76	31,78	51,03	70,37	90,68	100,00
25 °C	1,672	1,594	1,487	1,340	1,157	0,918	0,787

C_3H_6O Aceton (X_1) – **C_4H_9Cl n-Butylchlorid** (X_2) *[35]*

C_3H_6O Aceton (X_1) – **C_4H_9Br n-Butylbromid** (X_2) *[35]*

C_3H_6O Aceton (X_1) – **C_4H_9J n-Butyljodid** (X_2) *[35]*

C_3H_6O Aceton (X_1) – **C_6H_5Cl Chlorbenzol** (X_2)
[7] ⟨K7, d3⟩

Mol-% X_1	0,00	15,30	49,12	60,30	84,74	95,97	100,00
0 °C	1,127	1,094	1,003	0,948	0,878	0,834	0,812

[42] ⟨K11, d4, ϑ 25 °C⟩
[35]

C_3H_6O Aceton (X_1) – **C_6H_5Br Brombenzol** (X_2)
[7] ⟨K8, d3⟩

Mol-% X_1	0,00	15,68	26,46	49,85	71,85	82,50	93,75	100,00
0 °C	1,548	1,445	1,382	1,234	1,074	0,982	0,875	0,812

[35]

C_3H_6O Aceton (X_1) – **C_6H_5J Jodbenzol** (X_1) *[35]*

C_3H_6O Aceton (X_1) – **CH_4O Methanol** (X_2)
[27] ⟨K9, d4⟩

Mol-% X_1	0,0	10,5	17,3	22,7	30,2	42,4	64,3	84,7	100,0
25 °C	0,787	0,788	0,790	0,790	0,791	0,790	0,789	0,786	0,784

[44] ⟨K7, d3⟩

Gew.-% X_1	0,00	8,91	24,89	43,44	61,11	72,30	100,00
30 °C	0,782	0,790	0,787	0,787	0,786	0,784	0,779
50 °C	0,763	0,776	0,766	0,766	0,764	0,760	0,756
70 °C	0,743	0,758	0,745	0,743	0,741	0,737	0,731
90 °C	0,723	0,735	0,723	0,721	0,718	0,715	—

[21] ⟨K6, d4, ϑ 0°, 20°, 40 °C⟩
[2] ⟨K7, d4, ϑ 15 °C⟩
[28] ⟨K11, ΔV, ϑ 20 °C⟩
[8] ⟨K10, d5, ϑ 25 °C⟩
[10] ⟨K4, d5, ϑ 25 °C⟩
[12] ⟨K10, d5, ϑ 25 °C⟩
[41] ⟨K6, d3, ϑ 32 °C⟩
[40] ⟨graph., ϑ 40 °C⟩
[1, 25, 27]

C_3H_6O Aceton (X_1) – **CH_2O_2 Ameisensäure** (X_2)
[24] ⟨K11, d4, ϑ 35 °C⟩

Mol-% X_1	0,00	10,53	19,86	30,02	39,17	50,55	59,91	70,10	79,32	89,86	100,00
25 °C	1,214	1,139	1,078	1,024	0,981	0,934	0,900	0,867	0,839	0,810	0,785
45 °C	1,190	1,115	1,054	1,000	0,958	0,912	0,878	0,844	0,816	0,788	0,760

[44] ⟨K7, d3, ϑ 30°, 50°, 70°, 90 °C⟩
[40] ⟨graph., ϑ 40 °C⟩

C_3H_6O Aceton (X_1)—**C_2H_6O Äthanol** (X_2)

[*16*] ⟨K 11, d 4⟩

Mol-% X_1	0,00	7,21	16,58	25,44	34,67	44,32	54,42	65,00	76,10	87,75	100,00
25 °C	0,786	0,786	0,786	0,786	0,787	0,787	0,787	0,787	0,786	0,786	0,786

[*44*] ⟨K 8, d 3⟩

Gew.-% X_1	0,00	13,66	24,63	43,18	56,04	69,76	83,03	100,00
30 °C	0,781	0,783	0,782	0,783	0,782	0,783	0,781	0,779
50 °C	0,763	0,765	0,762	0,762	0,760	0,760	0,758	0,756
70 °C	0,744	0,746	0,742	0,740	0,738	0,736	0,734	0,731
90 °C	0,725	0,726	0,721	0,719	0,717	0,715	0,712	—

[*6*] ⟨K 1, d 4, ϑ 0°, 25°, 40 °C⟩
[*5*] ⟨K 9, d 4, ϑ 20 °C⟩
[*21*] ⟨K 6, d 4, ϑ 20 °C⟩
[*8*] ⟨K 11, d 5, ϑ 25 °C⟩
[*12*] ⟨K 10, d 5, ϑ 25 °C⟩
[*13*] ⟨K 5, d 4, ϑ 25 °C⟩
[*40*] ⟨graph., ϑ 40 °C⟩
[*1, 10*]

C_3H_6O Aceton (X_1)—**$C_2H_6O_2$ Äthylenglykol** (X_2)

[*45*] ⟨K 7, d 4⟩

Mol-% X_1	0	20	40	50	60	80	100
20 °C	1,1128	1,0438	0,9754	0,9428	0,9105	0,8490	0,7898

C_3H_6O Aceton (X_1)—**$C_2H_4O_2$ Essigsäure** (X_2)

[*36*] ⟨K 12, d 3, ϑ 20 °C⟩

Mol-% X_1	0,0	5,1	10,2	20,0	30,2	39,7	49,9	60,2	69,8	80,0	90,0	100,0
0 °C	1,075	1,060	1,047	1,022	0,997	0,973	0,950	0,921	0,900	0,874	0,849	—
30 °C	1,053	—	1,025	0,999	0,972	0,949	0,918	0,896	0,870	0,845	0,819	0,791

[*24*] ⟨K 11, d 4, ϑ 30 °C⟩

Mol-% X_1	0,00	9,89	19,50	30,06	39,50	49,34	59,75	69,80	77,80	87,00	100,00
20 °C	1,049	1,022	0,995	0,966	0,941	0,915	0,889	0,863	0,844	0,822	0,790
40 °C	1,027	1,000	0,973	0,945	0,919	0,893	0,868	0,841	0,821	0,799	0,767

[*44*] ⟨K 8, d 3⟩

Mol-% X_1	0,00	9,98	16,57	28,78	45,10	62,49	80,98	100,00
30 °C	1,039	1,011	0,993	0,956	0,915	0,871	0,825	0,779
50 °C	1,017	0,989	0,976	0,935	0,891	0,848	0,803	0,756
70 °C	0,995	0,966	0,953	0,912	0,868	0,825	0,779	0,731
90 °C	0,972	0,944	0,930	0,888	0,845	0,802	0,754	—

[*43*] ⟨K 11, d 5, ϑ 20°, 25°, 37,8°, 50,05°, 60,11°, 70,20°, 80,35°, 90,54 °C⟩
[*9*] ⟨K 11, d 4, ϑ 25 °C⟩
[*13*] ⟨K 6, d 4, ϑ 25 °C⟩
[*45*] ⟨K 7, d 4, ϑ 25 °C⟩
[*40*] ⟨graph., ϑ 40 °C⟩
[*6, 18, 39*]

C_3H_6O Aceton (X_1)—**C_3H_8O Propanol(1)** (X_2)

[*48*] ⟨K 11, d 4⟩

Gew.-% X_1	0	10	20	30	40	50	60	70	80	90	100
25 °C	0,7998	0,7988	0,7974	0,7960	0,7941	0,7926	0,7910	0,7892	0,7879	0,7864	0,7846

[*44*] ⟨K 8, d 3⟩

Gew.-% X_1	0,00	9,37	22,62	31,82	52,60	65,60	76,81	100,00
30 °C	0,799	0,797	0,794	0,792	0,789	0,787	0,784	0,779
50 °C	0,781	0,779	0,775	0,772	0,768	0,764	0,761	0,756
70 °C	0,763	0,761	0,756	0,752	0,746	0,741	0,738	0,731
90 °C	0,744	0,742	0,735	0,730	0,723	0,719	0,716	—

[*21*] ⟨K 6, d 4, ϑ 20 °C⟩
[*45*] ⟨K 7, d 4, ϑ 20 °C⟩
[*50*] ⟨K 8, d 4, ϑ 25 °C⟩
[*40*] ⟨graph., ϑ 40 °C⟩

C_3H_6O Aceton (X_1) — **C_3H_8O Propanol(2)** (X_2)
[*29*] ⟨K 11, d 4⟩

Gew.-% X_1	0,00	9,94	20,02	30,10	40,00	49,89	60,00	69,76	80,00	89,69	100,00
15 °C	0,790	0,790	0,790	0,790	0,790	0,791	0,791	0,792	0,793	0,795	0,797
25 °C	0,782	0,781	0,781	0,781	0,780	0,780	0,780	0,781	0,782	0,784	0,785

[*38*] ⟨K 16, d 4, ϑ 20 °C⟩
[*32*] ⟨ΔV, ϑ 25 °C⟩
[*37*] ⟨K 14, d 4, ϑ 25 °C⟩

C_3H_6O Allylalkohol (X_1) — **C_6H_6 Benzol** (X_2)
[*3*] ⟨K 4, d 4⟩

Gew.-% X_1	0,00	15,81	18,77	100,00
0 °C	0,900	0,893	0,892	0,869

C_3H_6O Allylalkohol (X_1) — **C_3H_8O Propanol** (X_2) [*3*]

C_3H_6O Allylalkohol (X_1) — **C_3H_6O Aceton** (X_2)
[*45*] ⟨K 7, d 4⟩

Mol-% X_1	0	20	40	50	60	80	100
25 °C	0,7854	0,8010	0,8154	0,8233	0,8301	0,8434	0,8529

C_3H_6O Propylenoxyd (X_1) — **C_6H_6 Benzol** (X_2)
[*19*] ⟨K 5, d 4⟩

Mol-% X_1	0,00	2,51	5,78
25 °C	0,873	0,872	0,871

C_3H_6O Trimethylenoxyd (X_1) — **C_6H_6 Benzol** (X_2)
[*19*] ⟨K 2, d 4, ϑ 25 °C⟩

C_3H_4O Acroleïn (X_1) — **C_6H_6 Benzol** (X_2)
[*23*] ⟨K 4, d 4⟩

Mol-% X_1	0,00	2,21	3,37	5,83
20 °C	0,879	0,878	0,878	0,877

$C_3H_8O_2$ Propylenglykol (X_1) — **$C_2H_6O_2$ Äthylenglykol** (X_2) [*22*]

$C_3H_8O_2$ Monooxymethylendimethyläther (X_1) — **C_6H_6 Benzol** (X_2)
[*34*] ⟨K 7, d 4⟩

Gew.-% X_1	0,00	0,96	2,55	3,19	3,82
25 °C	0,672	0,673	0,675	0,675	0,676

1 Jones, Bingham: Amer. chem. J. **34** (1906) 481 (nach ICT).
2 Doroshewski, A. G.: J. russ. physik.-chem. Ges. (Shurnal Russkogo Fisiko-Chimitschesskogo Obschtschesstwa) **43** (1911) 46 (nach ICT u. Tim.).
3 Wallace, T. A., Atkins, W. R. G.: J. chem. Soc. (London) **101** (1912) 1958—64.
4 Öholm, L. W.: Medd. K. Vetenskap akademies Nobelinstitut **2** (1913) Nr. 26 (nach ICT, Tabl. ann. u. Tim.).
5 Muchin, G.: Z. Elektrochem., angew. physik. Chem. **19** (1913) 819—21.
6 Mathews, J. H., Cooke, R. D.: J. physic. Chem. **18** (1914) 559—85.
7 Sachanov, Rjachovski: J. russ. physik.-chem. Ges. (Shurnal Russkogo Fisiko-Chimitschesskogo Obschtschesstwa) **47** (1915) 128 (nach ICT u. Tabl. ann.).
8 Barr, G., Bircumshaw, L. L.: Aeron. Res. Commun. Rep. Nr. 746, (1921) (nach Tim.).
9 Kendall, J., Brakeley E.: J. Amer. chem. Soc. **43** (1921) 1826—34.
10 Burrows, G. J.: Proc. Roy. Soc. N. S. Wales **60** (1927) 197—207.

11 Krchma, I. J., Williams, J. W.: J. Amer. chem. Soc. **49** (1927) 2408–16.
12 Hirobe, H.: J. Fac. Sci. Imp. Univ. Tokyo **1** (1925/26) Nr. 4, 178–214.
13 Hammick, D. L., Andrew, L. W.: J. chem. Soc. (London) **1929**, 754–59.
14 Trew, V. C. G.: Trans. Faraday Soc. **28** (1931) 509–14.
15 Trew, V. C. G., Watkins, G. M. C.: Trans. Faraday Soc. **29** (1933) 1310–18.
16 Graffunder, W., Heymann, E.: Z. Physik **72** (1931) 744–62.
17 Briegleb, G.: Z. physik. Chem. (B) **16** (1932) 249–75.
18 Rao, S. R.: Indian J. Physics **8** (1934) 483 (nach Tim.).
19 Allen, J. S., Hibbert, H.: J. Amer. chem. Soc. **56** (1934) 1398–1403.
20 Earp, D. P., Glasstone, S.: J. chem. Soc. (London) **1935**, 1709–23.
21 Tomonari, T.: Z. physik. Chem. (B) **32** (1936) 202–21.
22 Romstatt, G.: Ind. chimique **24** (1937) 227–30.
23 Coomber, D. I., Partington, J. R.: J. chem. Soc. (London) **1938**, 1444–52.
24 Udowenko, W. W.: J. allg. Chem. (Shurnal Obschtschei Chimii) **9** (1939) 1162–66.
25 Ssumarokow, P., Dawydowa, M. T.: J. angew. Chem. (Shurnal Prikladnoi Chimii) **14** (1941) 256–63.
26 Treybal, R. E., Weber, L. B., Daley, J. F.: Ind. Engng. Chem., Ind. Edit. **38** (1946) 817–21.
27 Griswold, J., Buford, C. F.: Ind. Engng. Chem. **41** (1949) 2347–51.
28 Joerges, M., Nikuradse, A.: Z. Naturforsch. **5a** (1950) 259–69.
29 Capitani, C., Mugnaini, E.: Chim. e Ind. (Milano) **34** (1952) 193–98.
30 Brändström, A., Schotte, L.: Arkiv kemi **3** (1952) 539–42.
31 Bachman, K. C., Simons, E. L.: Ind. Engng. Chem. **44** (1952) 202–05.
32 Thacker, R., Rowlinson, J. S.: Trans. Faraday Soc. **50** (1954) 1036–42.
33 Markgraf, H.-G., Nikuradse, A.: Z. Naturforsch. **9a** (1954) 27–34.
34 Uchida, T., Kurita, Y., Kubo, M.: J. Polymer Sci. **19** (1956) 365–72.
35 Lutzki, A. Je., Obuchowa, Je. M.: J. physik. Chem. (Shurnal Fisitschesskoi Chimii) **31** (1957) 1964–75.
36 Bochowkin, I. M.: J. allg. Chem. (Shurnal Obschtschei Chimii) **28** (1958) 862–67.
37 Parks, G. S., Chaffee, C. S.: J. physic. Chem. **31** (1927) 439–47.
38 Choffé, B., Asselineau, J.: Rev. Inst. Franc. Pétrole Ann. Combustibles liquides **11** (1956) 948–60.
39 Golik, A. S., Orischtschenko, A. W., Rawikowitsch, Ss. D., Ssolomko, W. P.: Ukrain. chem. J. (Ukrainski Chimitschesski Shurnal) **21** (1955) 318–26.
40 Golik, A. S., Motscharnjuk, R. F.: Ukrain. chem. J. (Ukrainski Chimitschesski Shurnal) **24**) (1958) 29–36.
41 Venkateswarlu, K., Sriraman, S.: Bull. chem. Soc. Japan *31* (1958) 211–16.
42 Free, K. W., Hutchison, H. P.: J. chem. Engng. Data **4** (1959) 193–97.
43 Howard, K. S., Pike, F. P.: J. chem. Engng. Data **4** (1959) 331–33.
44 Mocharnyuk, R. F.: J. allg. Chem. (Shurnal Obschtschei Chimii) **30** (1960) 1081–86, 1086–91; J. Gen. Chem. USSR **30** (1960) 1098–1102, 1103–08.
45 Lutzki, A. E., Obukhova, E. M.: J. allg. Chem. (Shurnal Obschtschei Chimii) **31** (1961) 2692 bis 2702; J. Gen. Chem. USSR **31** (1961) 2512–21.
46 Fort, R. J., Moore, W. R.: Trans. Faraday Soc. **61** (1965) 2102–11.
47 Cronauer, D. C., Rothfus, R. R., Kermode, R. I.: J. chem. Engng. Data **10** (1965) 131–33.
48 Johari, G. P.: J. chem. Engng. Data **13** (1968) 541–43.
49 Campbell, A. N., Musbally, G. M.: Canad. J. Chem. **48** (1970) 3173–84.
50 Evans, D. F., Thomas, J., Nadas, J. A.: J. physic. Chem. **75** (1971) 1714–22.
51 Loiseleur, H., Merlin, J.-C., Paris, R. A.: J. Chim. physique Physico-Chim. biol. **64** (1967) 634–38.

$C_3H_6O_2$ Propionsäure (X_1) – **C_5H_{12} Pentan** (X_2)
[*43*] ⟨K11, d3⟩

Mol-% X_1	0,00	15,08	27,51	38,66	50,30	61,20	70,53	77,93	87,41	94,18	100,00
10 °C	0,633	0,670	0,704	0,738	0,779	0,818	0,854	0,888	0,934	0,971	1,003
25 °C	0,621	0,657	0,690	0,726	0,766	0,806	0,843	0,876	0,922	0,957	0,989

$C_3H_6O_2$ Propionsäure (X_1) – **C_6H_{14} Hexan** (X_2)
[*43*] ⟨K11, d3⟩

Mol-% X_1	0,00	18,93	29,85	45,06	54,45	63,15	71,61	79,15	87,28	93,58	100,00
25 °C	0,656	0,693	0,717	0,758	0,787	0,816	0,848	0,880	0,918	0,952	0,989
40 °C	0,643	0,680	0,704	0,744	0,772	0,801	0,833	0,865	0,904	0,937	0,972
55 °C	0,631	0,666	0,690	0,729	0,758	0,787	0,820	0,851	0,888	0,920	0,956

[*21*] ⟨K10, d3, ϑ 22 °C⟩

$C_3H_6O_2$ Propionsäure (X_1) – **C_6H_{12} Cyclohexan** (X_2)
[*21*] ⟨K8, d4⟩

Mol-% X_1	0,00	10,96	26,16	37,23	55,50	70,08	84,95	100,00
22 °C	0,776	0,798	0,830	0,854	0,895	0,926	0,958	0,990

[*18*] ⟨K15, d4, ϑ 20 °C⟩

$C_3H_6O_2$ Propionsäure (X_1) – **C_6H_6 Benzol** (X_2)
[*34*] ⟨K6, d4⟩

Mol-% X_1	0	20	40	50	80	100
20 °C	—	0,8961	0,9159	0,9269	0,9640	0,9934
30 °C	—	0,8854	0,9051	0,9160	0,9531	0,9824
35 °C	0,8628	0,8800	0,8997	0,9106	0,9477	0,9770
45 °C	0,8521	0,8699	0,8889	0,8998	0,9368	0,9661

[*1*] ⟨K4, d4, ϑ 16 °C⟩
[*18*] ⟨K13, d4, ϑ 20 °C⟩
[*30*] ⟨K3, d4, ϑ 20°, 35 °C⟩
[*13*] ⟨K13, d4, ϑ 22 °C⟩
[*21*] ⟨K9, d4, ϑ 22 °C⟩

$C_3H_6O_2$ Propionsäure (X_1) – **C_7H_8 Toluol** (X_2)
[*1*] ⟨K4, d4⟩

Gew.-% X_1	0,00	15,89	29,97	100,00
16 °C	0,869	0,886	0,902	0,997

[*18*]

$C_3H_6O_2$ Propionsäure (X_1) – **CH_2Cl_2 Methylenchlorid** (X_2) [*26*]

$C_3H_6O_2$ Propionsäure (X_1) – **$CHCl_3$ Chloroform** (X_2) [*26*]

$C_3H_6O_2$ Propionsäure (X_1) – **$C_2H_4O_2$ Essigsäure** (X_2)
[*29*] ⟨K11, d4⟩

Gew.-% X_1	0	10	20	30	40	50	60	70	80	90	100
20 °C	1,051	1,041	1,038	1,029	1,026	1,019	1,015	1,008	1,003	0,999	0,998

[*10*] ⟨K6, d4, ϑ 30 °C⟩

$C_3H_6O_2$ Propionsäure (X_1) – **C_3H_6O Aceton** (X_2)
[*35*] ⟨K8, d3⟩

Mol-% X_1	0,00	14,37	27,88	38,24	56,82	69,80	87,81	100,00
30 °C	0,779	0,814	0,835	0,846	0,880	0,904	0,959	0,985
50 °C	0,756	0,791	0,813	0,823	0,858	0,882	0,938	0,964
70 °C	0,731	0,767	0,790	0,802	0,836	0,860	0,917	0,943
90 °C	—	0,743	0,766	0,777	0,815	0,838	0,895	0,922

[*33*] ⟨graph., ϑ 40 °C⟩

$C_3H_6O_2$ Äthylformiat (X_1) – **C_6H_6 Benzol** (X_2)
[*34*] ⟨K6, d4⟩

Mol-% X_1	0	20	40	50	80	100
20 °C	—	0,8832	0,8889	0,8920	0,9036	0,9125
30 °C	—	0,8721	0,8774	0,8804	0,8910	0,8955
35 °C	0,8628	0,8665	0,8716	0,8745	0,8849	0,8931

[*30*] ⟨K3, d4, ϑ 20°, 35 °C⟩
[*15*] ⟨K6 bis 21 Mol-% X_1, d4, ϑ 25°, 50 °C⟩

$C_3H_6O_2$ Äthylformiat (X_1) — **CH_2O_2 Ameisensäure** (X_2)
[*23*] ⟨K 11, d 4⟩

Mol-% X_1	0,00	8,98	16,45	27,19	35,56	50,86	63,32	74,39	85,07	91,28	100,00
0 °C	1,238	1,186	1,147	1,107	1,077	1,033	1,013	0,983	0,968	0,959	0,947
25 °C	1,209	1,161	1,124	1,078	1,051	1,010	0,987	0,959	0,941	0,930	0,917
50 °C	1,185	1,133	1,093	1,050	1,025	0,983	0,955	0,929	0,912	0,897	0,882

$C_3H_6O_2$ Äthylformiat (X_1) — **$C_2H_4O_2$ Essigsäure** (X_2)
[*28*] ⟨K 12, d 4⟩

Gew.-% X_1	0,00	12,15	23,98	34,61	45,49	55,03	64,72	73,89	83,16	91,25	95,93	100,00
25 °C	1,044	1,027	1,008	0,994	0,979	0,965	0,953	0,938	0,925	0,917	0,910	0,904
40 °C	1,028	1,010	0,991	0,977	0,962	0,949	0,936	0,923	0,910	0,898	0,892	0,884
60 °C	1,007	0,989	0,971	0,955	0,942	0,927	0,913	0,897	—	—	—	—

$C_3H_6O_2$ Methylacetat (X_1) — **C_6H_{12} Cyclohexan** (X_2)
[*38*] ⟨K 15, d 4⟩

Mol-% X_1	0,0	15,4	26,8	39,9	47,8	55,0	67,8	76,1	86,3	94,5	100,0
25 °C	0,7738	0,7856	0,7968	0,8123	0,8230	0,8334	0,8546	0,8706	0,8928	0,9129	0,9273

[*26*]

$C_3H_6O_2$ Methylacetat (X_1) — **C_6H_6 Benzol** (X_2)
[*36*] ⟨K 8, d 4⟩

Mol-% X_1	0,00	15,50	35,35	38,77	40,56	49,41	70,77	100,00
20 °C	0,8788	0,8865	0,8969	0,8975	0,8980	0,9031	0,9178	0,9387

[*27*] ⟨K 11, d 4, ϑ 35 °C⟩

Mol-% X_1	0,00	13,77	23,11	33,90	42,56	50,41	59,43	68,93	81,12	91,09	100,00
25 °C	0,926	0,916	0,910	0,903	0,898	0,894	0,889	0,885	0,880	0,876	0,873
45 °C	0,899	0,889	0,886	0,878	0,875	0,871	0,866	0,862	0,858	0,854	0,852

[*8*] ⟨K 7, d 5, ϑ 17 °C⟩
[*30*] ⟨K 3, d 4, ϑ 20°, 35 °C⟩
[*14*] ⟨K 5 bis 16 Mol-% X_1, d 4, ϑ 22 °C⟩
[*34*] ⟨K 3, d 4, ϑ 20°, 30°, 35 °C⟩
[*37*] ⟨K 12, d 4, ϑ 25 °C⟩
[*11*]

$C_3H_6O_2$ Methylacetat (X_1) — **$C_{10}H_8$ Naphthalin** (X_2) [*3*]

$C_3H_6O_2$ Methylacetat (X_1) — **CH_2Cl_2 Methylenchlorid** (X_2)
[*39*] ⟨K 22, ΔV, ϑ 25°, 30 °C⟩
[*26*]

$C_3H_6O_2$ Methylacetat (X_1) — **$CHCl_3$ Chloroform** (X_2)
[*37*] ⟨K 11, d 4⟩

Mol-% X_1	0,0	12,1	23,3	35,2	46,0	55,0	64,8	75,4	80,3	89,8	100,0
25 °C	1,4802	1,4140	1,3518	1,2855	1,2256	1,1753	1,1209	1,0629	1,0355	0,9826	0,9273

[*36*] ⟨K 8, d 4, ϑ 20 °C⟩
[*26*]

$C_3H_6O_2$ Methylacetat (X_1) — **CCl_4 Tetrachlormethan** (X_2)
[*12*] ⟨K 6, d 4⟩

Mol-% X_1	0	10	25	50	75	100
25 °C	1,584	1,526	1,440	1,284	1,113	0,927

[*7, 26*]

$C_3H_6O_2$ Methylacetat (X_1) — CH_4O Methanol (X_2)
[24] ⟨K9, d4⟩

Mol-% X_1	10	20	30	40	50	60	70	80	90
25 °C	0,812	0,833	0,852	0,865	0,880	0,891	0,902	0,911	0,918

[22]

$C_3H_6O_2$ Methylacetat (X_1) — C_2H_6O Äthanol (X_2)
[6] ⟨K1, d4, ϑ 0°, 25°, 40°, 55 °C⟩

$C_3H_6O_2$ Methylacetat (X_1) — C_3H_6O Aceton (X_2) [22]

$C_3H_6O_2$ Methylacetat (X_1) — $C_3H_6O_2$ Äthylformiat (X_2)
[2] ⟨K5, d4⟩

Mol-% X_1	0,00	25,54	51,78	74,55	100,00
20 °C	0,918	0,922	0,926	0,930	0,935

C_3O_2 Kohlensuboxyd (X_1) — C_6H_6 Benzol (X_2)
[16] ⟨K5, d4⟩

Mol-% X_1	0,00	3,01	4,44	5,00	6,00
25 °C	0,874	0,877	0,879	0,879	0,881

$C_3H_8O_3$ Glycerin (X_1) — CH_4O Methanol (X_2)
[25] ⟨K13, d4⟩

Mol-% X_1	0,00	2,34	2,95	5,31	12,05	29,24	31,26	37,03	50,65	66,07	75,17
30 °C	0,783	0,807	0,813	0,836	0,894	1,006	1,017	1,046	1,108	1,163	1,190

Mol-% X_1	85,88	100,00
30 °C	1,220	1,251

[9] ⟨K12, d4⟩

Gew.-% X_1	0,00	9,60	33,83	43,78	49,39	65,01	68,98	76,11	83,24	90,28	97,04	100,00
56 °C	0,760	0,796	0,894	0,939	0,964	1,042	1,062	1,101	1,140	1,185	1,223	1,240

$C_3H_8O_3$ Glycerin (X_1) — C_2H_6O Äthanol (X_2)
[17] ⟨K11, d4⟩

Gew.-% X_1	0	10	20	30	40	50	60	70	80	90	100
25 °C	0,783	0,818	0,854	0,892	0,934	0,981	1,026	1,077	1,133	1,190	1,259

[4, 5]

$C_3H_8O_3$ Glycerin (X_1) — $C_2H_6O_2$ Äthylenglykol (X_2)
[25] ⟨K7, d4⟩

Mol-% X_1	0,00	17,26	36,92	57,33	58,95	74,74	100,00
30 °C	1,105	1,131	1,173	1,203	1,205	1,225	1,254

$C_3H_8O_3$ Glycerin (X_1) — $C_2H_4O_2$ Essigsäure (X_2)
[31] ⟨K11, d4⟩

Gew.-% X_1	0,00	11,85	23,23	34,14	44,65	54,73	64,48	73,84	82,87	91,58	100,00
30 °C	1,038	1,071	1,099	1,122	1,146	1,165	1,187	1,205	1,222	1,238	1,256

$C_3H_8O_3$ Glycerin (X_1) — **C_3H_8O Propanol(1)** (X_2)
[25] ⟨K 7, d 4⟩

Mol-% X_1	0,00	13,74	31,71	45,42	64,54	78,53	100,00
30 °C	0,797	0,862	0,946	1,010	1,098	1,162	1,251

[5]

$C_3H_8O_3$ Glycerin (X_1) — **C_3H_8O Propanol(2)** (X_2)
[41] ⟨K 10, Molvolumen⟩

Mol-% X_1	8,14	17,25	27,20	34,79	44,71	55,17	64,98	76,54	87,40	100,00
30 °C	0,8314	0,8707	0,9084	0,9411	0,9853	1,0318	1,0880	1,1442	1,2004	1,2547
40 °C	0,8223	0,8610	0,8998	0,9339	0,9777	1,0257	1,0818	1,1379	1,1941	1,2420
50 °C	0,8144	0,8522	0,8926	0,9263	0,9704	1,0176	1,0760	1,1324	1,1888	1,2358

[40] ⟨K 16, d 4, ϑ 25 °C⟩
[25] ⟨K 7, d 4, ϑ 30 °C⟩

$C_3H_6O_3$ Milchsäure (X_1) — **C_2H_6O Äthanol** (X_2)
[42] ⟨K 11, vor und nach der Reaktion, d 4, ϑ 25 °C⟩

$C_3H_6O_3$ Dimethylcarbonat (X_1) — **C_6H_6 Benzol** (X_2)
[20] ⟨K 7, d 5⟩

Mol-% X_1	0,00	17,17	34,40	51,32	67,64	83,75	100,00
25 °C	0,873	0,903	0,933	0,964	0,995	1,027	1,060

[19] ⟨K 6 bis 3,8 Mol-% (X_1), d 5, ϑ 25 °C⟩

$C_3H_6O_3$ Dimethylcarbonat (X_1) — **$CHCl_3$ Chloroform** (X_2)
[20] ⟨K 8, d 4⟩

Mol-% X_1	0,00	14,27	28,12	42,25	56,36	71,11	85,50	100,00
25 °C	1,480	1,416	1,355	1,293	1,234	1,174	1,117	1,060

$C_3H_4O_3$ Äthylencarbonat (X_1) — **C_6H_6 Benzol** (X_2)
[32] ⟨K 5 bis 0,8 Mol-% X_1, d 5, ϑ 25 °C⟩

1 Humburg, O.: Z. physik. Chem. **12** (1893) 401—15.
2 Biron, E. V.: J. russ. physik.-chem. Ges. (Shurnal Russkogo Fisiko-chimitschesskogo Obschtschesstwa) **41** (1909) 469 (nach ICT u. Tim.).
3 Dawson, H. M.: J. chem. Soc. (London) **97** (1910) 1041—56.
4 Tyrer, D.: J. chem. Soc. (London) **99** (1911) 871—80.
5 Öholm, L. W.: Medd. K. Vetenskap akademies Nobelinstitut **2** (1913) Nr. 26 (nach ICT, Tabl. ann. u. Tim.).
6 Mathews, J. H., Cooke, R. D.: J. physic. Chem. **18** (1914) 559—85.
7 Hovelmann: Dissert., Münster, 1914 (nach ICT).
8 Burwinkel, H.: Dissert., Münster, 1914 (nach ICT u. Tim.).
9 Campbell, F. H.: Trans. Faraday Soc. **11** (1915) 91—103.
10 Waentig, P., Peschek, G.: Z. physik. Chem. **93** (1919) 529—69.
11 Schmidt, G. C.: Z. physik. Chem. (A) **121** (1926) 221—53.
12 Krchma, I. J., Williams, J. W.: J. Amer. chem. Soc. **49** (1927) 2408—16.
13 Briegleb, G.: Z. physik. Chem. (B) **10** (1930) 205—37.
14 Wolf, K. L., Gross, W.: Z. physik. Chem. (B) **14** (1931) 305—25.
15 Smyth, C. P., Walls, W. S.: J. Amer. chem. Soc. **53** (1931) 527—39.
16 LeFèvre, C. G., LeFèvre, R. J. W.: J. chem. Soc. (London) **1935**, 1696—1701.
17 Ernst, R. C., Watkins, C. H., Ruwer, H. H.: J. physic. Chem. **40** (1936) 627—35.
18 Schulz, G.: Z. physik. Chem. (B) **40** (1938) 151—57.
19 Thomson, G.: J. chem. Soc. (London) **1939**, 1118—23.
20 Bowden, S. T., Butler, E. T.: J. chem. Soc. (London) **1939**, 79—83.
21 Klapproth, H.: Nova Acta Leopoldina [N. F.] **9** (1940) 305—60.
22 Ssumarokow, P., Dawydowa, M. T.: J. angew. Chem. (Shurnal Prikladnoi Chimii) **14** (1941) 256—63.

23 Udowenko, V. V., Airapetova, R. P.: J. allg. Chem. (Shurnal Obschtschei Chimii) **17** (1947) 665–68.
24 Crawford, A. G., Edwards, G., Lindsay, D. S.: J. chem. Soc. (London) **1949**, 1054–58.
25 Danusso, F.: Atti Accad. naz. Lincei, Rend., Cl. Sci. fisiche mat. natur. [8] **17** (1954) 234–39; 370–75.
26 Markgraf, H.-G., Nikuradse, A.: Z. Naturforsch. **9a** (1954) 27–34.
27 Airapetowa, R. P., Redkorebrowa, N. T.: J. allg. Chem. (Shurnal Obschtschei Chimii) **26** (1956) 668–72.
28 Ussanowitsch, M., Biljalow, K., Krassnomolowa, L.: J. allg. Chem. (Shurnal Obschtschei Chimii) **26** (1956) 1881–83: J. Gen. Chem. USSR **26** (1956) 2099–2101.
29 Sumarokov, V. P., Volodutskaya, Z. M.: J. angew. Chem. (Shurnal Prikladnoi Chimii) **29** (1956) 738–43.
30 Lutzki, A. Je., Obuchowa, Je. M.: J. physik. Chem. (Shurnal Fisitschesskoi Chimii) **31** (1957) 1964–75.
31 Venkatesan, V. K., Suryanarayana, C. V.: Z. Elektrochem., Ber. Bunsenges. physik. Chem. **61** (1957) 853–56.
32 Kempa, R., Lee, W. H.: J. chem. Soc. (London) **1958**, 1936–38.
33 Golik, A. S., Motscharnjuk, R. F.: Ukrain. chem. J. (Ukrainski Chimitschesski Shurnal) **24** (1958) 29–36.
34 Lutzki, A. Je., Obuchowa, Je. M., Ssidorow, I. A.: J. Gen. Chem. USSR **28** (1958) 2423–32.
35 Mocharnyuk, R. F.: J. allg. Chem. (Shurnal Obschtschei Chimii) **30** (1960) 1086–91; J. Gen. Chem. USSR **30** (1960) 1103–08.
36 Hurwic, J., Michalczyk, J.: Roczniki Chem. (Ann. Soc. chim. Polonorum) **34** (1960) 1423–38.
37 Nagata, I.: J. chem. Engng. Data **7** (1962) 360–66.
38 461–66.
39 Van Ness, H. C., Machado, R. L.: J. chem. Engng. Data **12** (1967) 36–37.
40 Verhoeye, L., Lauwers, E.: J. chem. Engng. Data **14** (1969) 306–09.
41 Rizk, H. A., Elanwar, I. M.: Z. physik. Chem. (Leipzig) **245** (1970) 299–307.
42 Fialkov, Yu. Ya., Fenerli, G. N.: J. allg. Chem. (Shurnal Obschtschei Chimii) **36** (1966) 667–73; J. Gen. Chem. USSR **36** (1966) 984–88.
43 Meeussen, E., Debeuf, C., Huyskens, P.: Bull. Soc. chim. belges **76** (1967) 145–56.

$C_4H_{10}O$ n-Butanol (X_1) – **C_6H_{12} Cyclohexan** (X_2)
[*18*] ⟨K 10, d 4⟩

Mol-% X_1	0,00	6,34	10,00	20,07	40,04	49,65	60,07	80,21	92,91	100,00
22 °C	0,776	0,778	0,780	0,783	0,789	0,792	0,796	0,802	0,806	0,808

[*7*] ⟨K 4, d 4, ϑ 20°, 30°, 50°, 60 °C⟩

Mol-% X_1	0,00	3,91	11,02	20,02
10 °C	0,788	0,788	0,789	0,791
40 °C	0,759	0,759	0,761	0,763
70 °C	0,730	0,728	0,731	0,733

[*29*] ⟨K 6 bis 1,9 Mol-% X_1, d 4, ϑ 20 °C⟩
[*17*] ⟨K 14, d 5, ϑ 22 °C⟩
[*16, 28*]

$C_4H_{10}O$ n-Butanol (X_1) – **C_6H_6 Benzol** (X_2)
[*22*] ⟨K 10, d 4⟩

Gew.-% X_1	0	5	10	15	20	40	50	60	80	100
25 °C	0,873	0,869	0,865	0,861	0,857	0,843	0,837	0,830	0,818	0,806

[*38*] ⟨K 7, d 4⟩

Mol-% X_1	0	20	40	50	60	80	100
20 °C	–	0,8630	0,8489	0,8421	0,8356	0,8226	0,8095
30 °C	–	0,8526	0,8390	0,8326	0,8264	0,8141	0,8017
35 °C	0,8628	0,8474	0,8341	0,8279	0,8210	0,8098	0,7978
45 °C	0,8521	0,8370	0,8243	0,8184	0,8126	0,8014	0,7900

$C_4H_{10}O$ n-Butanol (X_1) — **C_6H_6 Benzol** (X_2) (Forts.)

[*4*] ⟨K 8, d 3, ϑ 20 °C⟩
[*5*] ⟨K 15, d 4, ϑ 20 °C⟩
[*7*] ⟨K 9, d 4, ϑ 10°, 20°, ..., 70 °C⟩
[*29*] ⟨K 7, d 4, ϑ 20 °C⟩
[*34*] ⟨K 2, d 4, ϑ 20°, 35°, 50 °C⟩
[*8*] ⟨K 5, d 5, ϑ 22 °C⟩
[*18*] ⟨K 9, d 4, ϑ 22 °C⟩
[*26*] ⟨K 11, d 4, ϑ 25 °C⟩
[*32*] ⟨K 11, d 5, ϑ 25 °C⟩
[*42*] ⟨ΔV, graph., ϑ 25 °C⟩
[*50*] ⟨K 6, d 4, ϑ 25°, 35 °C⟩
[*21*] ⟨K 5, d 4, ϑ 27,5 °C⟩
[*18, 17, 28, 31*]

$C_4H_{10}O$ n-Butanol (X_1) — **C_7H_{16} Heptan** (X_2)
[*7*] ⟨K 10, d 4, ϑ −80°, −70°, −50°, −40°, −20°, −10°, 10°, 30°, 50°, 70°, 80 °C⟩

Mol-% X_1	3,12	5,25	8,05	10,42	13,83	26,55	44,51	61,52	80,42	100,00
−90 °C	0,776	0,778	0,780	0,781	—	0,795	0,813	0,826	0,860	—
−60 °C	0,751	0,753	0,755	0,757	0,760	0,771	0,790	0,802	0,837	0,871
−30 °C	0,727	0,729	0,731	0,733	0,736	0,747	0,766	0,778	0,813	0,848
0 °C	0,702	0,704	0,706	0,708	0,710	0,722	0,741	0,754	0,790	0,825
20 °C	0,685	0,687	0,690	0,691	0,694	0,705	0,725	0,738	0,774	0,810
40 °C	0,668	0,670	0,672	0,674	0,677	0,688	0,707	0,720	0,757	0,795
60 °C	0,650	0,652	0,654	0,656	0,660	0,671	0,690	0,702	0,741	0,779
90 °C	0,624	0,624	0,626	—	0,633	0,643	0,662	—	0,714	0,753

[*29*] ⟨K 8, d 4, ϑ 20 °C⟩
[*10*] ⟨K 6, d 4, ϑ 25°, 35°, 50 °C⟩
[*28*]

$C_4H_{10}O$ n-Butanol (X_1) — **C_7H_8 Toluol** (X_2)
[*19*] ⟨K 11, d 4⟩

Gew.-% X_1	0	10	20	30	40	50	60	70	80	90	100
25 °C	0,860	0,854	0,848	0,842	0,837	0,831	0,826	0,821	0,816	0,811	0,808

$C_4H_{10}O$ n-Butanol (X_1) — **$C_{10}H_{22}$ Decan** (X_2)
[*45*] ⟨K 10, Molvolumen⟩

Mol-% X_1	0,00	17,7	24,2	28,0	35,2	61,7	67,0	81,9	94,7	100,0
20 °C	0,729	0,736	0,738	0,740	0,742	0,761	0,766	0,782	0,800	0,810

$C_4H_{10}O$ n-Butanol (X_1) — **$C_{10}H_{18}$ Decahydronaphthalin** (X_2)
[*3*] ⟨K 7, d 4⟩

Gew.-% X_1	0,00	10,20	17,41	32,88	50,57	67,62	100,00
25 °C	0,879	0,870	0,864	0,852	0,839	0,826	0,804

$C_4H_{10}O$ n-Butanol (X_1) — **$C_{10}H_{12}$ Tetrahydronaphthalin** (X_2)
[*3*] ⟨K 6, d 4⟩

Gew.-% X_1	0,00	15,10	28,70	42,87	71,66	100,00
25 °C	0,966	0,934	0,911	0,888	0,844	0,804

$C_4H_{10}O$ n-Butanol (X_1) — **$C_{10}H_8$ Naphthalin** (X_2) [*12*]

$C_4H_{10}O$ n-Butanol (X_1) — **CCl_4 Tetrachlormethan** (X_2)
[*22*] ⟨K 10, d 4⟩

Gew.-% X_1	0	5	10	15	20	40	50	60	80	100
25 °C	1,584	1,510	1,445	1,383	1,330	1,146	1,070	1,002	0,894	0,806

$C_4H_{10}O$ n-Butanol (X_1) — **CCl_4 Tetrachlormethan** (X_2) (Forts.)
[44] ⟨K9, d3⟩

Mol-% X_1	0,00	3,97	8,73	14,63	20,58	28,84	41,61	61,82	100,00
22 °C	1,593	1,561	1,526	1,484	1,437	1,374	1,275	1,120	0,810
30 °C	1,577	1,546	1,512	1,470	1,425	1,363	1,265	1,110	0,804
40 °C	1,558	1,531	1,496	1,445	1,410	1,350	1,256	1,098	0,796

[20] ⟨K11, d4, ϑ −10°, 0°, 10°, 20°, 30°, 40°, 50 °C⟩
[33] ⟨K9, d4, ϑ 18 °C⟩
[51] ⟨ΔV, graph., ϑ 25,9 °C⟩
[49] ⟨ΔV, graph., ϑ 30°, 40°, 50 °C⟩
[35] ⟨ΔV⟩

$C_4H_{10}O$ n-Butanol (X_1) — **$C_2H_4Cl_2$ Äthylenchlorid** (X_2)
[27] ⟨K9, d4, ϑ 40°, 50 °C⟩

Mol-% X_1	0,00	9,69	20,52	31,78	46,83	56,18	67,68	85,60	100,00
30 °C	1,241	1,191	1,135	1,083	1,016	0,976	0,929	0,858	0,803
60 °C	1,197	1,148	1,094	1,046	0,982	0,944	0,892	0,834	0,780

[47] ⟨K21, d4, ϑ 40 °C⟩

$C_4H_{10}O$ n-Butanol (X_1) — **C_4H_9Cl sek. Butylchlorid** (X_2)
[6] ⟨K6, d4⟩

Gew.-% X_1	0,0	16,7	40,6	60,0	80,0	100,0
20 °C	0,873	0,862	0,847	0,835	0,822	0,810

$C_4H_{10}O$ n-Butanol (X_1) — **CH_4O Methanol** (X_2)
[23, 24] ⟨K5, d4⟩

Mol-% X_1	0,00	23,03	41,00	77,96	100,00
30 °C	0,783	0,790	0,794	0,800	0,803

[39] ⟨ϑ 25 °C⟩
[46] ⟨K22, ΔV, ϑ 25 °C⟩
[48] ⟨K4, d4, ϑ 25 °C⟩

$C_4H_{10}O$ n-Butanol (X_1) — **C_2H_6O Äthanol** (X_2)
[46] ⟨K22, ΔV, ϑ 25 °C⟩

$C_4H_{10}O$ n-Butanol (X_1) — **$C_2H_6O_2$ Äthylenglykol** (X_2)
[25] ⟨K8, d4⟩

Mol-% X_1	0,00	10,69	14,56	22,92	35,69	53,27	74,49	100,00
30 °C	1,104	1,057	1,041	1,008	0,963	0,909	0,855	0,803

$C_4H_{10}O$ n-Butanol (X_1) — **$C_2H_4O_2$ Essigsäure** (X_2) [36]

$C_4H_{10}O$ n-Butanol (X_1) — **C_3H_8O Propanol(1)**
[11] ⟨K11, d5⟩

Mol-% X_1	0,00	10,09	20,00	30,13	40,26	50,09	60,55	62,79	79,83	89,92	100,00
25 °C	0,800	0,801	0,802	0,802	0,803	0,804	0,804	0,804	0,805	0,806	0,806

[46] ⟨K22, ΔV, ϑ 25 °C⟩
[30]

$C_4H_{10}O$ n-Butanol (X_1) — **C_3H_8O Propanol(2)** (X_2)
[11] ⟨K11, d5⟩

Mol-% X_1	0,00	10,3	20,1	30,2	40,5	50,9	60,0	73,4	79,64	90,2	100,00
25 °C	0,781	0,784	0,787	0,790	0,793	0,795	0,798	0,801	0,802	0,804	0,806

[24] ⟨K4, d4, ϑ 30°C⟩
[30]

Lacmann

$C_4H_{10}O$ n-Butanol (X_1) — **C_3H_6O Aceton** (X_2)
[*9*] ⟨K 11, d 4⟩

Gew.-% X_1	0	10	20	30	40	50	60	70	80	90	100
25 °C	0,788	0,789	0,791	0,793	0,795	0,797	0,799	0,802	0,804	0,806	0,808

[*41*] ⟨K 8, d 3⟩

Gew.-% X_1	0,00	24,40	40,80	55,78	70,52	84,32	91,68	100,00
30 °C	0,779	0,785	0,789	0,792	0,796	0,800	0,800	0,803
50 °C	0,756	0,763	0,768	0,772	0,777	0,782	0,784	0,787
70 °C	0,731	0,741	0,747	0,752	0,758	0,764	0,766	0,770
90 °C	—	0,718	0,725	0,731	0,738	0,745	0,748	0,752

[*2*] ⟨K 5, d 5, ϑ 20 °C⟩
[*14*] ⟨K 6, d 4, ϑ 20 °C⟩
[*13*] ⟨K 12, d 4, ϑ 25 °C⟩
[*40*] ⟨K 7, d 4, ϑ 30°, 55°, 75 °C⟩
[*37*] ⟨graph., ϑ 40 °C⟩

$C_4H_{10}O$ n-Butanol (X_1) — **$C_3H_6O_2$ Methylacetat** (X_2)
[*1*] ⟨K 4, d 4⟩

Mol-% X_1	0	25	50	100
20 °C	0,932	0,924	0,914	0,899

$C_4H_{10}O$ n-Butanol (X_1) — **$C_3H_8O_3$ Glycerin** (X_2)
[*43*] ⟨K 6, d 4, ϑ 30°, 50°, 70°, 80 °C⟩

Mol-% X_1	0,00	10,53	23,02	46,15	67,70	100,00
25 °C	1,2574	1,2039	1,1406	1,0319	0,9343	0,8080
40 °C	1,2483	1,1945	1,1305	1,0207	0,9234	0,7966
60 °C	1,2356	1,1815	1,1163	1,0058	0,9081	0,7803
95 °C	1,2130	1,1578	1,0928	0,9817	—	0,7501

[*25*] ⟨K 8, d 4, ϑ 30 °C⟩

1 Kremann, R., Meingast, R., Gugl, F.: Mh. Chem. **35** (1914) 1235 (nach ICT u. Tim.).
2 Reilly, J.: Proc. Roy. Soc. (Dublin) **15** (1920) 597 (nach Tim.).
3 Herz, W., Schuftan, P.: Z. physik. Chem. **101** (1922) 269—85.
4 Lange, L.: Z. Physik **33** (1925) 169—82.
5 Perrakis, N.: J. Chim. physique **22** (1925) 280—310.
6 Veltmans, M.: Thesis, Brüssel, 1926 (nach Tim.).
7 Smyth, C. P., Stoops, W. N.: J. Amer. chem. Soc. **51** (1929) 3312—29.
8 Wolf, K. L., Gross, W.: Z. physik. Chem. (B) **14** (1931) 305—25.
9 Ernst, R. C., Litkenhous, E. E., Spanyer jr., J. W.: J. physic. Chem. **36** (1932) 842—54.
10 Wilson jr., E. B., Richards, W. T.: J. physic. Chem. **36** (1932) 1268—70.
11 Trew, V. C. G., Watkins, G. M. C.: Trans. Faraday Soc. **29** (1933) 1310—18.
12 Kosakewitsch, P. P., Kosakewitsch, N. S.: Z. physik. Chem. (A) **166** (1933) 113—35.
13 Brunjes, A. S., Furnas, C. C.: Ind. Engng. Chem. **27** (1935) 396—400.
14 Tomonari, T.: Z. physik. Chem. (B) **32** (1936) 202—21.
15 Harms, H.: Dissert., Würzburg, 1938 (nach Tim.).
16 Harms, H., Rössler, H., Wolf, K. L.: Z. physik. Chem. (B) **41** (1938) 321—64.
17 Harms, H.: Z. physik. Chem. (B) **53** (1942/43) 280—306.
18 Klapproth, H.: Nova Acta Leopoldina [N. F.] **9** (1940) 305—60.
19 Litkenhaus, E. E., van Arsdale, J. P., Hutebison jr., I. W.: J. physic. Chem. **44** (1940) 377—88.
20 Rodebush, W. H., Eddy, C. R., Eubank, L. D.: J. chem. Physics **8** (1940) 889—96.
21 Giacalone, A.: Gazz. chim. ital. **72** (1942) 378 (nach Tim.).
22 Jones, W. J., Bowden, S. T., Yarnold, W. W., Jones, W. H.: J. physic. Chem. **52** (1948) 753—60.
23 Danusso, F.: Atti Accad. naz. Lincei, Rend., Cl. Sci. fisiche, mat. natur. [8] **10** (1951) 235—42.
24 [8] **17** (1954) 114—20.
25 [8] **17** (1954) 234—39; 370—75.
26 Starobinetz, G. L., Starobinetz, K. Ss., Ryshikowa, L. A.: J. physik. Chem. (Shurnal Fisitscheskoi Chimii) **25** (1951) 1186—97.

27 Udowenko, W. W., Airapetowa, R. P., Filatowa, R. T.: J. allg. Chem. (Shurnal Obschtschei Chimii) *21* (1951) 1430—34.
28 Staveley, L. A. K., Spice, B.: J. chem. Soc. (London) **1952**, 406—14.
29 Staveley, L. A. K., Taylor, P. F.: J. chem. Soc. (London) **1956**, 200—09.
30 Anissimow, W. I.: J. physik. Chem. (Shurnal Fisitschesskoi Chimii) **27** (1953) 1797—1807.
31 Markgraf, H.-G., Nikuradse, A.: Z. Naturforsch. **9a** (1954) 27—34.
32 Boud, A. H., Cleverdon, D., Collins, G. B., Smith, J. W.: J. chem. Soc. (London) **1955**, 3793 bis 3798.
33 Rehfeld, K.: Z. physik. Chem. **205** (1955) 78—83.
34 Lutzki, A. Je., Obuchowa, Je. M.: Z. physik. Chem. (Shurnal Fisitschesskoi Chimii) **31** (1957) 1964—75.
35 Paraskevopoulos, G. C., Missen, R. W.: Trans. Faraday Soc. **58** (1962) 869—78.
36 Golik, A. S., Orischtschenk, A. W., Rawikowitsch, Ss. D., Ssolomko, W. P.: Ukrain. chem. J. (Ukrainski Chimitschesski Shurnal) **21** (1955) 318—26.
37 Golik, A. S., Motscharnjuk, R. F.: Ukrain. J. Chem. (Ukrainski Chimitschesski Shurnal) **24** (1958) 29—36.
38 Lutzki, A. Je., Obuchowa, Je. M., Ssidorow, I. A.: J. allg. Chem. (Shurnal Obschtschei Chimii) **28** (1958) 2386—95; J. Gen. Chem. USSR **28** (1958) 2423—32.
39 Accascina, F., Petrucci, S.: Sci. e Tecn. [N. S.] **2** (1958) 83—87 (nach Chem. Zbl.).
40 Ling, D. V., Van Winklen, M.: Chem. Engng. Data Series **3** (1958) 88—95.
41 Mocharnyuk, R. F.: J. allg. Chem. (Shurnal Obschtschei Chimii) **30** (1960) 1081—86; J. Gen. Chem. USSR **30** (1960) 1098—1102.
42 Brown, I., Smith, F.: Austral. J. Chem. **15** (1962) 1—8.
43 Artemschenko, A. I., Orischtschenko, A. W.: Ukrain. chem. J. (Ukrainski Chimitschesski Shurnal) **29** (1963) 52—54.
44 Gold, P. I., Perrine, R. L.: J. chem. Engng. Data **12** (1967) 4—8.
45 Lee, L. L., Scheller, W. A.: J. chem. Engng. Data **12** (1967) 497—99.
46 Pflug, H. D., Benson, G. C.: Canad. J. Chem. **46** (1968) 287—94.
47 Subramanian, D., Nageshwar, G. D., Mene, P. S.: J. chem. Engng. Data **14** (1969) 421—22.
48 Singh, D., Aggarwal, I. P.: Z. physik. Chem. [Neue Folge] **73** (1970) 144—49.
49 Rizk, H. A., Youssef, N.: Z. physik. Chem. (Leipzig) **244** (1970) 413—23.
50 Dubrovskii, S. M., Afonina, K. V.: J. allg. Chem. (Shurnal Obschtschei Chimii) **36** (1966) 1875 bis 1877; J. Gen. Chem. USSR **36** (1966) 1868—70.
51 Duboc, C.: Bull. Soc. chim. France **1969**, 2260—70.

$C_4H_{10}O$ Isobutanol (X_1) — **C_6H_6 Benzol** (X_2)
[*17*] ⟨K 13, d 5⟩

Mol-% X_1	0,0	3,4	7,0	10,8	15,8	25,3	35,0	41,9	47,8	62,0	78,8	91,2	100,00
22 °C	0,876	0,873	0,870	0,866	0,862	0,854	0,846	0,842	0,837	0,827	0,815	0,806	0,800

[*3*] ⟨K 6, d 3, ϑ 20 °C⟩
[*27*] ⟨ΔV, graph., ϑ 25 °C⟩
[*11*] ⟨K 6 bis 9 Mol-% X_1, d 3, ϑ 30 °C⟩
[*24*]

$C_4H_{10}O$ Isobutanol (X_1) — **$C_{13}H_{12}$ Diphenylmethan** (X_2)
[*21*] ⟨K 5, d 4⟩

Gew.-% X_1	0	25	50	75	100
30 °C	1,003	0,976	0,934	0,882	0,800

$C_4H_{10}O$ Isobutanol (X_1) — **$CHCl_3$ Chloroform** (X_2)
[*4*] ⟨K 10, d 5⟩

Mol-% X_1	0,00	4,98	17,75	38,97	48,45	71,96	80,20	91,78	94,14	100,00
25 °C	1,480	1,440	1,342	1,189	1,151	0,971	0,920	0,848	0,834	0,798

$C_4H_{10}O$ Isobutanol (X_1) — **CCl_4 Tetrachlormethan** (X_2)
[*28*] ⟨K 10, d 3⟩

Mol-% X_1	0,00	2,31	5,09	10,64	15,40	22,14	31,98	41,02	61,62	100,00
22 °C	1,593	1,574	1,554	1,510	1,474	1,421	1,345	1,275	1,113	0,802
30 °C	1,577	1,561	1,537	1,495	1,460	1,409	1,334	1,263	1,103	0,795
40 °C	1,558	1,544	1,518	1,477	1,441	1,390	1,316	1,248	1,090	0,787

[*32*] ⟨ΔV, graph., ϑ 25,9 °C⟩

$C_4H_{10}O$ Isobutanol (X_1) — **$C_2H_2Cl_4$ 1.1.2.2-Tetrachloräthan** (X_2)
[*19*] ⟨K 13, d 3⟩

Gew.-% X_1	0,00	4,95	14,94	24,85	29,60	36,45	39,60	49,55	59,50	69,60	79,74
25 °C	1,588	1,510	1,379	1,266	1,217	1,149	1,129	1,060	0,991	0,930	0,879

Gew.-% X_1	89,85	100,00
25 °C	0,834	0,796

$C_4H_{10}O$ Isobutanol (X_1) — **$C_6H_4Cl_2$ p-Dichlorbenzol** (X_2)
[*20*] ⟨K 12, d 4⟩

Mol-% X_1	0,00	4,92	10,22	19,59	29,83	39,85	49,67	60,13	69,90	79,87	89,86	100,00
55 °C	1,253	1,228	1,207	1,170	1,126	1,078	1,038	0,988	0,937	0,885	0,835	0,773

$C_4H_{10}O$ Isobutanol (X_1) — **CH_4O Methanol** (X_2)
[*10*] ⟨K 9, d 4⟩

Gew.-% X_1	0	10	20	25	30	40	50	75	100
15,56 °C	0,796	0,797	0,798	0,798	0,798	0,799	0,800	0,802	0,806

[*4*] ⟨K 5, d 4⟩

Mol-% X_1	0,0	14,9	28,7	48,6	100,00
25,05 °C	0,788	0,790	0,792	0,794	0,798

[*1*] ⟨K 10, d 4, ϑ 15 °C⟩
[*29*] ⟨K 21, ΔV, ϑ 25 °C⟩
[*9*]

$C_4H_{10}O$ Isobutanol (X_1) — **C_2H_6O Äthanol** (X_2)
[*1*] ⟨K 9, d 4⟩

Gew.-% X_1	0,0	6,3	12,3	29,1	49,5	59,1	68,5	89,8	100,00
15 °C	0,794	0,794	0,795	0,797	0,799	0,800	0,801	0,804	0,806

[*4*] ⟨K 5, d 4⟩

Mol-% X_1	0,00	22,52	40,86	64,81	100,00
25 °C	0,785	0,789	0,792	0,795	0,798

$C_4H_{10}O$ Isobutanol (X_1) — **$C_2H_6O_2$ Äthylenglykol** (X_2)
[*23*] ⟨K 6, d 4⟩

Mol-% X_1	0,00	9,02	19,66	43,75	68,62	100,00
30 °C	1,105	1,064	1,018	0,933	0,863	0,795

$C_4H_{10}O$ Isobutanol (X_1) — **C_3H_8O Propanol(1)** (X_2)
[*15*] ⟨K 6, d 4⟩

Gew.-% X_1	0,0	19,9	39,7	59,9	79,9	100,0
15 °C	0,805	0,806	0,806	0,807	0,807	0,808

$C_4H_{10}O$ Isobutanol (X_1) — **C_3H_8O Propanol(1)** (X_2) (Forts.)
[4] ⟨K 5, d 4⟩

Mol-% X_1	0,00	28,33	40,57	67,58	100,00
25 °C	0,800	0,799	0,799	0,799	0,798

$C_4H_{10}O$ Isobutanol (X_1) — **C_3H_8O Propanol(2)** (X_2)
[26] ⟨K 6, d 4⟩

Mol-% X_1	0	20	40	60	80	100
20 °C	0,786	0,790	0,793	0,796	0,799	0,802
40 °C	0,768	0,773	0,777	0,780	0,783	0,786
60 °C	0,750	0,755	0,759	0,763	0,766	0,770

$C_4H_{10}O$ Isobutanol (X_1) — **$C_3H_8O_3$ Glycerin** (X_2)
[30] ⟨K 10, d 4, ϑ 40 °C⟩

Mol-% X_1	0,00	14,63	27,41	38,90	51,14	58,31	70,05	77,82	85,17	93,27
30 °C	1,2547	1,1929	1,1471	1,0794	1,0192	0,9854	0,9267	0,8888	0,8516	0,8130
50 °C	1,2358	1,1782	1,1217	1,0656	1,0050	0,9705	0,9105	0,8717	0,8353	0,7963

[23] ⟨K 7, d 4, ϑ 30 °C⟩

$C_4H_{10}O$ Isobutanol (X_1) — **$C_4H_{10}O$ Butanol** (X_2)
[26] ⟨K 6, d 4⟩

Mol-% X_1	0	20	40	60	80	100
20 °C	0,810	0,808	0,807	0,806	0,804	0,802
40 °C	0,794	0,793	0,792	0,790	0,788	0,786
60 °C	0,778	0,777	0,775	0,774	0,772	0,770

[8] ⟨K 11, d 5, ϑ 25 °C⟩
[22]

$C_4H_{10}O$ sek. Butanol (X_1) — **C_5H_{12} Iso-pentan** (X_2)
[5] ⟨K 6, d 4⟩

Gew.-% X_1	0,0	20,0	39,9	60,0	80,0	100,0
20 °C	0,620	0,650	0,684	0,721	0,762	0,807

$C_4H_{10}O$ sek. Butanol (X_1) — **C_6H_{12} Cyclohexan** (X_2)
[16] ⟨K 7, d 4⟩

Mol-% X_1	0,00	8,10	13,69	30,02	44,24	71,88	100,00
22 °C	0,776	0,779	0,780	0,785	0,789	0,797	0,805

$C_4H_{10}O$ sek. Butanol (X_1) — **C_6H_6 Benzol**
[16] ⟨K 8, d 4⟩

Mol-% X_1	0,00	8,29	14,93	24,84	49,58	64,77	79,85	100,00
22 °C	0,877	0,870	0,865	0,858	0,841	0,830	0,819	0,805

[5] ⟨K 6, d 4, ϑ 20 °C⟩
[27] ⟨ΔV, graph., ϑ 25 °C⟩
[11] ⟨K 7 bis 10 Mol-% X_1, d 3, ϑ 30 °C⟩

$C_4H_{10}O$ sek. Butanol (X_1) — **C_8H_{18} Octan** (X_2)
[5] ⟨K 6, d 4⟩

Gew.-% X_1	0,0	19,4	38,5	59,9	79,6	100,0
20 °C	0,702	0,720	0,738	0,740	0,782	0,807

$C_4H_{10}O$ sek. Butanol (X_1) — CCl_4 Tetrachlormethan (X_2)
[28] ⟨K9, d3⟩

Mol-% X_1	0,00	3,95	9,94	15,88	20,15	30,90	40,64	70,69	100,00
22 °C	1,593	1,561	1,516	1,469	1,437	1,350	1,279	1,044	0,806
30 °C	1,577	1,544	1,500	1,455	1,423	1,341	1,266	1,034	0,799
40 °C	1,558	—	1,481	1,438	1,405	1,324	1,251	1,021	0,791

[18] ⟨K9 bis 14,4 Mol-% X_1, d4, ϑ −10°, 0°, 10°, 20°, 30°, 40°, 50 °C⟩
[32] ⟨ΔV, graph., ϑ 24,9 °C⟩

$C_4H_{10}O$ sek. Butanol (X_1) — C_2H_5Br Äthylbromid (X_2)
[5] ⟨K6, d4⟩

Gew.-% X_1	0,0	19,9	40,0	60,0	73,1	100,0
20 °C	1,461	1,247	1,090	0,978	0,913	0,807

$C_4H_{10}O$ sek. Butanol (X_1) — C_4H_9Cl Butylchlorid (X_2)
[5] ⟨K6, d4⟩

Gew.-% X_1	0	20	39,8	60	80	100
20 °C	0,886	0,868	0,850	0,834	0,820	0,807

$C_4H_{10}O$ sek. Butanol (X_1) — CH_4O Methanol (X_2)
[29] ⟨K22, ΔV, ϑ 25 °C⟩

$C_4H_{10}O$ sek. Butanol (X_1) — $C_4H_{10}O$ n-Butanol (X_2)
[5] ⟨K3, d4⟩

Gew.-% X_1	0	33	100
20 °C	0,810	0,809	0,807

$C_4H_{10}O$ tert. Butanol (X_1) — C_6H_6 Benzol (X_2)
[14] ⟨K15, d4⟩

Gew.-% X_1	0,0	1,9	4,2	5,6	8,0	15,3	23,8	50,1	89,8	100,0
25 °C	0,873	0,871	0,868	0,865	0,863	0,855	0,846	0,821	0,791	0,785

[7] ⟨K5, d4, ϑ 50 °C⟩

Mol-% X_1	0,0	1,3	2,6	4,8	11,6
10 °C	0,889	0,888	0,886	0,880	0,875
30 °C	0,868	0,866	0,864	0,858	0,853
70 °C	0,824	0,822	0,820	0,815	0,808

[31] ⟨K9, d4, ϑ 35°, 45 °C⟩

Mol-% X_1	0,00	15,17	30,51	37,56	50,21	61,09	76,48	88,17	100,00
30 °C	0,8680	0,8493	0,8331	0,8262	0,8139	0,8040	0,7913	0,7827	0,7748
40 °C	0,8574	0,8384	0,8222	0,8153	0,8035	0,7935	0,7807	0,7723	0,7643
50 °C	0,8465	0,8274	0,8110	0,8038	0,7923	0,7827	0,7703	0,7613	0,7534

[25] ⟨K11 bis 7 Gew.-% X_1, d5, ϑ 25 °C⟩
[27] ⟨ΔV, graph., ϑ 25 °C⟩
[6]

$C_4H_{10}O$ tert. Butanol (X_1) — C_7H_{16} Heptan (X_2)
[7] ⟨K8, d4, ϑ −50°, −30°, 0°, +50 °C⟩

Mol-% X_1	0,0	5,9	8,5	13,4	22,6	49,6	72,7	100,0
−10 °C	0,710	0,713	0,714	0,717	0,723	0,746	—	—
10 °C	0,693	0,695	0,697	0,700	0,706	0,728	0,754	—
30 °C	0,676	0,678	0,679	0,682	0,688	0,710	0,735	0,778
70 °C	0,640	0,642	0,642	0,644	0,649	0,669	0,693	0,734

$C_4H_{10}O$ tert. Butanol (X_1)—**CCl_4 Tetrachlormethan** (X_2)
[*18*] ⟨K9, d4, ϑ 0°, +10°, +30°, +40°C⟩

Mol-% X_1	0,00	1,47	2,83	5,26	7,69	11,37	13,91
−10°C	1,651	1,638	1,627	1,606	1,586	1,555	1,533
20°C	1,594	1,581	1,570	1,550	1,530	1,500	1,478
50°C	1,536	1,524	1,513	1,493	1,473	1,444	1,423

[*32*] ⟨ΔV, graph., ϑ 25,9°C⟩

$C_4H_{10}O$ tert. Butanol (X_1)—**CH_4O Methanol** (X_2)
[*29*] ⟨K21, ΔV, ϑ 25°C⟩

$C_4H_{10}O$ Diäthyläther (X_1)—**C_5H_{12} Pentan** (X_2) [*1*]

$C_4H_{10}O$ Diäthyläther (X_1)—**C_6H_{14} Hexan** (X_2) [*13*]

$C_4H_{10}O$ Diäthyläther (X_1)—**C_6H_{12} Cyclohexan** (X_2)
[*12*] ⟨K9, d4⟩

Mol-% X_1	0,0	4,7	8,9	12,3	17,3	21,7	50,4	75,0	100,0
20°C	0,778	0,775	0,772	0,769	0,766	0,763	0,748	0,731	0,714

[*24*]

1 Doroshewskii, A. G.: J. russ. physik.-chem. Ges. (Shurnal Russkogo Fisiko-Chimitschesskogo Obschtschesstwa) **43** (1911) 46 (nach ICT u. Tim.).
2 **44** (1912) 679 (nach ICT u. Tim.).
3 Lange, L.: Z. Physik **33** (1925) 169—82.
4 Hirobe, H.: J. Fac. Sci. Imp. Univ. Tokyo **1** (1925/26) Nr. 4, 178—214.
5 Veltmans, M.: Thesis, Brüssel, 1926 (nach Tim.).
6 Donle, H. L.: Z. physik. Chem. (B) **14** (1931) 326—38.
7 Smyth, C. P., Dornte, R. W.: J. Amer. chem. Soc. **53** (1931) 545—55.
8 Trew, V. C. G., Watkins, G. M. C.: Trans. Faraday Soc. **29** (1933) 1310—18.
9 Jänecke, E.: Z. physik. Chem. (A) **164** (1933) 401—16.
10 Smith, D. M.: Ind. Engng. Chem. **26** (1934) 392—95.
11 Mahanti, P. C.: Z. Physik **94** (1935) 220—23.
12 Earp, D. P., Glasstone, S.: J. chem. Soc. (London) **1935**, 1709—23.
13 Dow, R. B.: Physics **6** (1935) 71—79.
14 Spells, K. E.: Trans. Faraday Soc. **32** (1936) 530—40.
15 Rigamonti, R.: Ann. chim. applicata **26** (1936) 143—51.
16 Klapproth, H.: Nova Acta Leopoldina [N. F.] **9** (1940) 305—60.
17 Harms, H.: Z. physik. Chem. (B) **53** (1942/43) 280—306.
18 Rodebush, W. H., Eddy, C. R., Eubank, L. D.: J. chem. Physics **8** (1940) 889—96.
19 Fritzsche, R. H., Stockton, D. L.: Ind. Engng. Chem., Ind. Edit., **38** (1946) 737—40.
20 Starobinetz, G. L., Starobinetz, K. S.: J. physik. Chem. (Shurnal Fisitschesskoi Chimii) **25** (1951) 753 (nach Tim.).
21 Kowalenko, K. N., Trifonow, N. A.: Samml. Aufsätzen allg. Chem. (Sbornik Statei po Obschtschei Chimii) **1** (1953) 229—33.
22 Anissimow, W. I.: J. physik. Chem. (Shurnal Fisitschesskoi Chimii) **27** (1953) 1797—1807.
23 Danusso, F.: Atti Accad. naz. Lincei, Rend., Cl. Sci. fisiche, mat. natur. [8] **17** (1954) 234—39; 370—75.
24 Markgraf, H.-G., Nikuradse, A.: Z. Naturforsch. **9a** (1954) 27—34.
25 Boud, A. H., Cleverdon, D., Collins, G. B., Smith, J. W.: J. chem. Soc. (London) **1955**, 3793—98.
26 Toropov, A. P.: J. allg. Chem. (Shurnal Obschtschei Chimii) **26** (1956) 1285—88 (nach Chem. Zbl. u. Tim.).
27 Brown, I., Smith, F.: Austral. J. Chem. **15** (1962) 1—8.
28 Gold, P. I., Perrine, R. L.: J. chem. Engng. Data **12** (1967) 4—8.
29 Polak, J., u. a.: Canad. J. Chem. **48** (1970) 2457—65.
30 Rizk, H. A., Elanwar, I. M.: Z. physik. Chem. **245** (1970) 299—307.
31 Recko, W.: Bull. Acad. polon. Sci., Ser. Sci. chim. **13** (1965) 655—58.
32 Duboc, C.: Bull. Soc. chim. France **1969**, 2260—70.

Lacmann

$C_4H_{10}O$ Diäthyläther (X_1) — C_6H_6 Benzol (X_2)
[9] ⟨K 7, d 5, ϑ 10°, 30 °C⟩

Gew.-% X_1	0,00	15,05	30,26	48,91	70,19	83,71	100,00
0 °C	0,899	0,871	0,845	0,814	0,781	0,761	0,736
20 °C	0,878	0,850	0,824	0,793	0,759	0,739	0,714
40 °C	0,857	0,829	0,803	0,771	0,737	0,716	0,690

[25] ⟨K 6, d 4⟩

Mol-% X_1	20	40	50	60	80	100
20 °C	0,8440	0,8105	0,7941	0,7778	0,7457	0,7138

[7] ⟨K 6, d 4, ϑ 5°, 20°, 25 °C⟩
[24] ⟨K 5, d 4, ϑ 10°, 20°, 30 °C⟩
[4] ⟨K 3, d 4, ϑ 15°, 20°, 25°, 30°, 35 °C⟩
[8] ⟨K 7, d 5, ϑ 17 °C⟩
[15] ⟨K 11, d 4, ϑ 18 °C⟩
[11] ⟨K 6, d 3, ϑ 20 °C⟩
[19] ⟨K 8, d 4, ϑ 20 °C⟩
[21] ⟨K 10, d 4, ϑ 20 °C⟩
[14] ⟨K 5, d 4, ϑ 25 °C⟩
[16] ⟨K 4, d 4, ϑ 25 °C⟩
[18] ⟨K 6, d 4, ϑ 25 °C⟩
[20] ⟨K 14 bis 13 Gew.-% X_1, d 4, ϑ 25 °C⟩
[1—3, 5, 6, 10, 12, 13, 17, 22, 23]

1 Buchkremer, L.: Z. physik. Chem. **6** (1890) 161—86.
2 Linebarger, C. E.: Amer. J. Sci. **2** (1896) 226; 331 (nach ICT u. Tim.).
3 Philip, J. C., u. D. Haynes: J. chem. Soc. (London) **87** (1905) 998.
4 Getman, F. H.: J. Chim. Physique **4** (1906) 386 (nach ICT).
5 Deutschmann: Dissert., Berlin, 1911 (nach ICT).
6 Dobroserdov, D. K.: J. russ. physik.-chem. Ges. (Shurnal Russkogo Fisiko-Chimitschesskogo Obschtschesstwa) **44** (1912) 679 (nach ICT u. Tim.).
7 Schulze, A.: Z. Elektrochem., angew. physik. Chem. **18** (1912) 77—93; Z. physik. Chem. **97** (1921) 388—416.
8 Burwinkel, H.: Dissert., Münster, 1914 (nach ICT u. Tim.).
9 Goetz, I. D.: Z. physik. Chem. **94** (1920) 181—209.
10 Brown, B.: Thesis, Lafayette, 1921 (nach ICT).
11 Lange, L.: Z. Physik **33** (1925) 169—82.
12 Rakshit, J. N.: Z. Elektrochem., angew. physik. Chem. **31** (1925) 320—23.
13 Schmidt, G. C.: Z. physik. Chem. (A) **121** (1926) 221—53.
14 Williams, J. W., Krchma, I. J.: J. Amer. chem. Soc. **49** (1927) 1676—86.
15 Rolinski, J.: Physik. Z. **29** (1928) 658—67.
16 Hammick, D. L., Andrew, L. W.: J. chem. Soc. (London) **1929**, 754—59.
17 Meyer, L.: Z. physik. Chem. (B) **8** (1930) 27—54.
18 Wehrle, J. A.: Physic. Rev. [2] **37** (1931) 1135—46.
19 Jagielski, A., Wesolowski, J.: Bull. int. Acad. polon. Sci. Lettres, Cl. Sci. math. natur., Sèr. A, **1935**, 260 (nach Tim.).
20 Barclay, G. A., LeFèvre, R. J. W.: J. chem. Soc. (London) **1952**, 1643—48.
21 LeFèvre, C. G., LeFèvre, R. J. W.: J. chem. Soc. (London) **1953**, 4041—50.
22 Markgraf, H.-G., Nikuradse, A.: Z. Naturforsch. **9a** (1954) 27—34.
23 Lutzki, A. Je., Obuchowa, Je. M.: J. physik. Chem. (Shurnal Fisitschesskoi Chimii) **31** (1957) 1964—75.
24 Bingham, E. C., Brown, D. F.: J. Rheology **3** (1932) 95—112.
25 Lutzki, A. Je., Obuchowa, Je. M., Ssidorow, I. A.: J. allg. Chem. (Shurnal Obschtschei Chimii) **28** (1958) 2386—95; J. Gen. Chem. USSR **28** (1958) 2423—32.

$C_4H_{10}O$ Diäthyläther (X_1) — C_7H_{16} Heptan (X_2)
[7] ⟨K 7, d 4⟩

Mol-% X_1	8,5	12,5	23,7	25,2	45,6	100,0
20 °C	0,7149	0,7148	0,7147	0,7146	0,7144	0,7139

[8] ⟨K 10, d 4, ϑ 20 °C⟩

$C_4H_{10}O$ Diäthyläther (X_2) — C_7H_8 Toluol (X_2)
[3] ⟨K 3, d 4, ϑ 15°, 20°, 25°, 30°, 35 °C⟩

$C_4H_{10}O$ Diäthyläther (X_1) — $C_{10}H_8$ Naphthalin (X_2)
[2] ⟨K7, d4⟩

Gew.-% X_1	0,00	5,24	9,83	15,10	19,91	25,51	29,66
18 °C	0,716	0,730	0,743	0,758	0,771	0,787	0,799

[4] ⟨K3, d6, ϑ 18 °C⟩ *[1]*

$C_4H_{10}O$ Diäthyläther (X_1) — $C_{12}H_{10}$ Diphenyl (X_2)
[5] ⟨K5, d5⟩

Gew.-% X_1	88,80	91,94	96,35	97,89	100,00
25 °C	0,739	0,730	0,718	0,714	0,708

$C_4H_{10}O$ Diäthyläther (X_1) — $C_{12}H_{10}$ Acenaphthen (X_2)
[5] ⟨K4, d5⟩

Gew.-% X_1	92,52	93,61	96,18	100,00
25 °C	0,730	0,727	0,719	0,708

$C_4H_{10}O$ Diäthyläther (X_1) — $C_{19}H_{16}$ Triphenylmethan (X_2)
[5] ⟨K3, d5⟩

Gew.-% X_1	92,16	98,45	100,00
25 °C	0,731	0,712	0,708

$C_4H_{10}O$ Diäthyläther (X_1) — CH_3Br Methylbromid (X_2)
[6] ⟨K5, d4⟩

Mol-% X_1	0,00	10,03	39,85	62,36	82,10
0 °C	1,724	1,360	1,189	0,985	0,842

$C_4H_{10}O$ Diäthyläther (X_1) — CH_2Cl_2 Methylenchlorid (X_2) *[9]*

$C_4H_{10}O$ Diäthyläther (X_1) — CH_2J_2 Methylenjodid (X_2)
[10] ⟨K6, d3⟩

Gew.-% X_1	0,00	61,8	78,7	86,1	94,5	100,0
20 °C	0,715	1,407	1,896	2,237	2,804	3,325

1 Tammann, G., Hirschberg, W.: Z. physik. Chem. **13** (1894) 543—49.
2 Forch, C.: Ann. Physik, Boltzmann-Festschrift (1904) 696—705.
3 Getman, F. H.: J. Chim. Physique **4** (1906) 386 (nach Tim.).
4 Dawson, H. M.: J. chem. Soc. (London) **97** (1910) 1041—56.
5 Tyrer, D.: J. chem. Soc. (London) **97** (1910) 2620—34.
6 Russell, J., Sullivan, W. E.: Trans. Roy. Soc. Canada [3] **20** (1926) 301—06.
7 Briegleb, G.: Z. physik. Chem. (B) **14** (1931) 97—121.
8 **16** (1932) 249—75.
9 Markgraf, H.-G., Nikuradse, A.: Z. Naturforsch. **9a** (1954) 27—34.
10 Jacobson, B.: Acta chem. scandinavia **6** (1952) 1485—98.

$C_4H_{10}O$ Diäthyläther (X_1) — $CHCl_3$ Chloroform (X_2)
[17] ⟨K7, d4⟩

Mol-% X_1	0	20	40	50	60	80	100
20 °C	1,4892	1,3220	1,1602	1,0830	1,0056	0,8628	0,7153

$C_4H_{10}O$ Diäthyläther (X_1)—**$CHCl_3$ Chloroform** (X_2) (Forts.)
[*14*] ⟨K 5, d 3, ϑ —60°, —20 °C⟩

Mol-% X_1	0,0	27,7	50,0	66,6	100,0
—80 °C	1,682	1,413	1,215	1,076	0,828
—40 °C	1,602	1,343	1,153	1,020	0,781
0 °C	1,526	1,277	1,095	0,967	0,736
20 °C	1,488	1,245	1,066	0,941	0,714

[*19*] ⟨K 11, d 4⟩

Mol-% X_1	0	10	20	30	40	50	60	70	80	90	100
25 °C	1,4796	1,3835	1,2983	1,2130	1,1314	1,0530	0,9785	0,9079	0,8376	0,7718	0,7077

[*15*] ⟨K 11, d 4, ϑ 0 °C⟩
[*6*] ⟨K 6, d 4, ϑ 5°, 20°, 26 °C⟩
[*3*] ⟨K 5, d 4, ϑ 18 °C⟩
[*12*] ⟨K 13, d 4, ϑ 20 °C⟩
[*7*] ⟨K 11, d 4, ϑ 20 °C⟩
[*9*] ⟨K 8, d 3, ϑ 20 °C⟩
[*18*] ⟨ΔV, graph., ϑ 20 °C⟩
[*1, 2, 4, 5, 8, 10, 11, 13*]

1 Guthrie: London, Edinburgh, Dublin Phil. Mag. J. Sci. **18** (1884) 495 (nach ICT).
2 Georgiewski: Physik. Ber. **27** (1903) 516 (nach ICT).
3 Tsakalatos, D. E.: Z. physik. Chem. **74** (1910) 743—46.
4 Deutschmann: Dissert., Berlin, 1911 (nach ICT).
5 Dobroserdov, D. K.: J. russ. physik.-chem. Ges. (Shurnal Russkogo Fisiko-Chimitschesskogo Obschtschesstwa) **44** (1912) 679 (nach ICT u. Tim.).
6 Schulze, A.: Z. Elektrochem., angew. physik. Chem. **18** (1912) 77—93.
7 Dolezalek, F., Schulze, H.: Z. physik. Chem. **83** (1913) 45—78.
8 Yamaguchi: J. Tokyo chem. Soc. **34** (1913) 707 (nach Tabl. ann.).
9 Marden, J. W., Dover, M. V.: J. Amer. chem. Soc. **38** (1916) 1235—45.
10 Schmidt, G. C.: Z. physik. Chem. (A) **121** (1926) 221—53.
11 MacLeod, D.: Trans. Faraday Soc. **30** (1934) 482—93.
12 Earp, D. P., Glasstone, S.: J. chem. Soc. (London) **1935**, 1709—23.
13 MacLeod, D. B., Wilson, F. J.: Trans. Faraday Soc. **31** (1935) 596—603.
14 Coop, I. E.: Trans. Faraday Soc. **33** (1937) 583—90.
15 Hammick, D. L., Norris, A., Sutton, L. E.: J. chem. Soc. (London) **1938**, 1755—61.
16 Markgraf, H.-G., Nikuradse, A.: Z. Naturforsch. **9a** (1954) 27—34.
17 Ossipov, O. A., Shelomov, I. K.: J. physik. Chem. (Shurnal Fisitschesskoi Chimii) **30** (1956) 608—15.
18 Boule, P.: C.R. hebd. Séances Acad. Sci., Ser. C, **268** (1969) 5—7.
19 Sanni, S. A., Fell, J. D., Hutchison, H. P.: J. chem. Engng. Data **16** (1971) 424—27.

$C_4H_{10}O$ Diäthyläther (X_1)—**$CHBr_3$ Bromoform** (X_2)
[*15*] ⟨K 9, d 4⟩

Mol-% X_1	0,00	3,31	10,15	19,06	44,15	66,63	85,89	95,56	100,00
20 °C	2,890	2,806	2,644	2,438	1,873	1,388	0,990	0,799	0,714

[*19*] ⟨ΔV, graph., ϑ 20 °C⟩
[*9*] ⟨K 12, d 3, ϑ 25 °C⟩
[*6*]

$C_4H_{10}O$ Diäthyläther (X_1)—**CHJ_3 Jodoform** (X_2)
[*15*] ⟨K 6, d 4⟩

Mol-% X_1	97,09	97,92	98,36	98,76	99,15	100,00
20 °C	0,807	0,780	0,766	0,753	0,741	0,714

$C_4H_{10}O$ Diäthyläther (X_1)—**CCl_4 Tetrachlormethan** (X_2)
[*15*] ⟨K 15, d 4⟩

Mol-% X_1	0,00	6,05	11,00	20,40	26,41	32,16	44,41	48,55	58,14	70,02	81,74	90,98	100,00
20 °C	1,594	1,539	1,494	1,410	1,357	1,306	1,197	1,160	1,075	0,971	0,870	0,790	0,714

[*14*] ⟨K 9, d 3, ϑ 20 °C⟩
[*12*] ⟨K 5, d 4, ϑ 25 °C⟩
[*4, 18*]

$C_4H_{10}O$ Diäthyläther (X_1) — CBr_4 Tetrabrommethan (X_2)
[*15*] ⟨K6, d4⟩

Mol-% X_1	74,60	80,21	83,65	87,17	91,58	100,00
20 °C	1,369	1,225	1,137	1,045	0,931	0,714

$C_4H_{10}O$ Diäthyläther (X_1) — C_2H_5Br Äthylbromid (X_2)
[*11*] ⟨K7, d4⟩

Mol-% X_1	0,00	12,96	21,97	41,96	63,30	85,13	92,30
0 °C	1,501	1,371	1,293	1,121	0,965	0,823	0,781

$C_4H_{10}O$ Diäthyläther (X_1) — $C_2H_4Cl_2$ Äthylenchlorid (X_2)
[*8*] ⟨K7, d5, ϑ 10°, 30 °C⟩

Gew.-% X_1	0,00	14,79	29,91	50,13	69,31	85,04	100,00
0 °C	1,282	1,160	1,057	0,942	0,852	0,789	0,736
20 °C	1,253	1,132	1,030	0,917	0,828	0,766	0,714
40 °C	1,224	1,104	1,003	0,891	0,803	0,742	0,690

$C_4H_{10}O$ Diäthyläther (X_1) — $C_2H_4Br_2$ Äthylenbromid (X_2) [*4*]

$C_4H_{10}O$ Diäthyläther (X_1) — $C_2H_3Cl_3$ 1.1.1-Trichloräthan (X_2)
[*15*] ⟨K7, d4⟩

Mol-% X_1	0,00	49,06	60,93	73,73	86,28	93,11	100,00
20 °C	1,329	1,030	0,956	0,876	0,799	0,756	0,714

$C_4H_{10}O$ Diäthyläther (X_1) — C_2HCl_3 Trichloräthylen (X_2) [*18*]

$C_4H_{10}O$ Diäthyläther (X_1) — $C_2H_2Cl_4$ 1.1.2.2-Tetrachloräthan (X_2)
[*7*] ⟨K6, d3⟩

Mol-% X_1	21,15	47,99	69,81	82,68	94,01	100,00
0 °C	1,459	1,231	1,030	0,907	0,794	0,736

$C_4H_{10}O$ Diäthyläther (X_1) — C_2HCl_5 Pentachloräthan (X_2)
[*7*] ⟨K7, d3⟩

Mol-% X_1	0,00	13,03	30,47	49,68	74,73	85,76	100,00
0 °C	1,708	1,609	1,467	1,293	1,031	0,906	0,736

[*15*] ⟨K10, d4⟩

Mol-% X_1	0,00	9,08	19,52	30,59	45,04	63,24	76,32	86,06	93,85	100,00
20 °C	1,679	1,610	1,528	1,436	1,308	1,128	0,988	0,878	0,787	0,714

$C_4H_{10}O$ Diäthyläther (X_1) — C_2Cl_6 Hexachloräthan
[*15*] ⟨K4, d4⟩

Mol-% X_1	83,60	86,41	95,21	100,00
20 °C	0,939	0,903	0,781	0,714

$C_4H_{10}O$ Diäthyläther (X_1) — C_6H_5Cl Chlorbenzol (X_2)
[*16*] ⟨K5, d3, ϑ −60°, −20 °C⟩

Mol-% X_1	0,0	32,1	52,8	65,3	100,0
−80 °C	1,215	1,103	1,028	0,977	0,828
−40 °C	1,170	1,055	0,979	0,926	0,781
0 °C	1,127	1,012	0,935	0,882	0,736
20 °C	1,106	0,990	0,913	0,859	0,714

[*13*] ⟨K11, d4, ϑ 18 °C⟩

$C_4H_{10}O$ Diäthyläther (X_1) — $C_6H_4Br_2$ p-Dibrombenzol (X_2)
[2] ⟨K 5, d 5⟩

Gew.-% X_1	84,29	92,20	97,29	100,00
25 °C	0,791	0,747	0,721	0,708

$C_4H_{10}O$ Diäthyläther (X_1) — $C_{10}H_{17}Cl$ Pinenhydrochlorid [3]

$C_4H_{10}O$ Diäthyläther (X_1) — $C_{10}H_7Br$ α-Bromnaphthalin [4]

$C_4H_{10}O$ Diäthyläther (X_1) — CH_4O Methanol (X_2)
[10] ⟨K 8, d 5⟩

Mol-% X_1	0,0	7,4	17,8	29,0	44,2	68,0	78,3	100,0
25 °C	0,789	0,779	0,767	0,756	0,743	0,727	0,720	0,708

[1] ⟨K 12, d 3, ϑ 25 °C⟩
[5]

$C_4H_{10}O$ Diäthyläther (X_1) — CH_2O_2 Ameisensäure (X_2)
[17] ⟨K 11, d 4⟩

Mol-% X_1	0,00	7,97	17,49	27,25	36,19	47,35	64,22	76,05	78,33	86,02	100,00
0 °C	1,238	1,147	1,062	0,995	0,945	0,893	0,830	0,792	0,790	0,774	0,732
25 °C	1,209	1,119	1,033	0,968	0,918	0,868	0,804	0,767	0,762	0,748	0,705

[1]

1 Centnerzwer, M., Zoppi, M.: Z. physik. Chem. **54** (1906) 689—706.
2 Tyrer, D.: J. chem. Soc. (London) **97** (1910) 2620—34.
3 Darmois: Ann. chim. physique **22** (1911) 495 (nach ICT).
4 Dobroserdov, D. K.: J. russ. physik.-chem. Ges. (Shurnal Russkogo Fisiko-Chimitschesskogo Obschtschesstwa) **44** (1912) 679 (nach ICT u. Tim.).
5 Baker, F.: J. chem. Soc. (London) **101** (1912) 1409—16.
6 Öholm, L. W.: Medd. K. Vetenskap akademies Nobelinstitut **2** (1913) Nr. 26 (nach ICT, Tabl. ann. u. Tim.).
7 Sachanov, Rjachowski: J. russ. physik.-chem. Ges. (Shurnal Russkogo Fisiko-Chimitschesskogo Obschtschesstwa) **47** (1915) 128 (nach ICT u. Tabl. ann.).
8 Goetz, I. D.: Z. physik. Chem. **94** (1920) 181—209.
9 Dolezalek, F., Schulze, M.: Z. physik. Chem. **98** (1921) 395—429.
10 Hirobe, H.: J. Fac. Sci. Imp. Univ. Tokyo **1** (1925/26) Nr. 4, 178—214.
11 Russel, J., Sullivan, W. E.: Trans. Roy. Soc. Canada [3] **20** (1926) 301—06.
12 Krchma, I. J., Williams, J. W.: J. Amer. chem. Soc. **49** (1927) 2408—16.
13 Rolinski, J.: Physik. Z. **29** (1928) 658—67.
14 Briegleb, G.: Z. physik. Chem. (B) **16** (1932) 249—75.
15 Earp, D. P., Glasstone, S.: J. chem. Soc. (London) **1935**, 1709—23.
16 Coop, I. E.: Trans. Faraday Soc. **33** (1937) 583—90.
17 Udowenko, V. V., Airapetrova, R. P.: J. allg. Chem. (Shurnal Obschtschei Chimii) **17** (1947) 665—68.
18 Markgraf, H.-G., Nikuradse, A.: Z. Naturforsch. **9a** (1954) 27—34.
19 Boule, P.: C. R. hebd. Séances Acad. Sci., Ser. C, **268** (1969) 5—7 (s. S. 250, Nr. 18).

$C_4H_{10}O$ Diäthyläther (X_1) — C_2H_6O Äthanol (X_2)
[14] ⟨K 15, d 4⟩

Gew.-% X_1	0,0	8,6	14,6	26,49	31,3	40,6	48,92	54,1	65,7	81,2	91,2	100,0
0 °C	0,806	0,801	0,798	0,790	0,787	0,781	0,776	0,772	0,764	0,752	0,744	0,736

[13] ⟨K 11, d 4⟩

Gew.-% X_1	0,0	13,8	22,6	30,0	38,1	48,5	58,8	69,2	79,1	86,9	100,0
25 °C	0,785	0,777	0,771	0,768	0,761	0,752	0,745	0,737	0,728	0,722	0,708

[12] ⟨K 22, d 4, ϑ 0 °C⟩
[4] ⟨K 4, d 4, ϑ 25 °C⟩
[10] ⟨K 10, d 5, ϑ 25 °C⟩
[1—3, 5—9, 11]

1 Guthrie: London, Edinburgh, Dublin Phil. Mag. J. Sci. **18** (1884) 495 (nach ICT).
2 Buchkremer, L.: Z. physik. Chem. **6** (1890) 161–86.
3 Philip, J. C.: Z. physik. Chem. **24** (1897) 18–38.
4 Horiba, S.: Mem. Kyoto Coll. Sci. Engng. **3** (1911) 63 (nach Tim.).
5 Osborne, McKelvy, Bearce: Bur. Standards Bull. **9** (1913) 327 (nach ICT u. Tabl. ann.).
6 Schwers, F.: Bull. Acad. Sci. Belgique **55** (1912) 252 (nach ICT u. Tim.).
7 Busnikov: J. russ. physik.-chem. Ges. (Shurnal Russkogo Fisiko-Chimitschesskogo Obschtschesstwa) **44** (1912) 679 (nach ICT).
8 Baker, F.: J. chem. Soc. (London) **101** (1912) 1409–16.
9 Cox: Analyst **44** (1919) 26 (nach ICT u. Tabl. ann.).
10 Hirobe, H.: J. Fac. Sci. Imp. Univ. Tokyo **1** (1925/26) Nr. 4, 178–214.
11 Williams, J. W., Mathews, J. H.: Z. physik. Chem. **130** (1927) 277–85.
12 Desmaraux: Mem. Poudres **23** (1928) 198 (nach Tabl. ann. u. Tim.).
13 Wyman jr., J.: J. Amer. chem. Soc. **55** (1933) 4116–21.
14 Lalande, A.: Bull. Soc. chim. France [5] **1** (1934) 236–44.

$C_4H_{10}O$ Diäthyläther (X_1)–**$C_2H_4O_2$ Essigsäure** (X_2)

[9] ⟨K9, d4, ϑ 10 °C⟩

Mol-% X_1	0,00	28,02	47,67	64,51	87,31	89,61	93,27	96,61	100,00
0 °C	–	0,945	0,873	0,826	0,767	0,762	0,753	0,746	0,737
20 °C	1,049	0,923	0,853	0,803	0,744	0,739	0,730	0,719	0,714
30 °C	1,038	0,913	0,842	0,792	0,733	0,727	0,718	0,710	0,702

[1, 2]

$C_4H_{10}O$ Diäthyläther (X_1)–**C_3H_8O Propanol(1)** (X_2)

[8] ⟨K10, d5⟩

Mol-% X_1	0,0	6,9	18,7	30,5	44,5	46,8	57,4	78,9	89,4	100,0
25,15 °C	0,800	0,793	0,782	0,771	0,758	0,756	0,746	0,727	0,717	0,708

[3]

$C_4H_{10}O$ Diäthyläther (X_1)–**C_3H_6O Aceton** (X_2)

[11] ⟨K11, d4⟩

Mol-% X_1	0,0	5,96	13,1	25,6	35,0	43,9	55,8	65,3	75,0	88,5	100,0
15 °C	0,797	0,790	0,784	0,774	0,766	0,759	0,752	0,743	0,737	0,728	0,721

[7] ⟨K7, d4⟩

Mol-% X_1	0	20	40	50	60	80	100
20 °C	0,788	0,765	0,746	0,738	0,731	0,719	0,711

[4] ⟨K4, d4⟩

Mol-% X_1	0	30	70	100
0 °C	0,813	0,785	0,757	0,736
14 °C	0,795	0,764	0,734	0,719
32 °C	0,771	0,737	0,705	0,693

[5] ⟨K14, d5, ϑ 25 °C⟩
[8] ⟨K7, d4, ϑ 25 °C⟩

$C_4H_{10}O$ Diäthyläther (X_1)–**$C_4H_{10}O$ n-Butanol** (X_2)

[31] ⟨K7, d4⟩

Mol-% X_1	0	20	40	50	60	80	100
25 °C	0,8063	0,7893	0,7708	0,7613	0,7514	0,7309	0,7083

$C_4H_{10}O$ Diäthyläther (X_1) — **$C_4H_{10}O$ Iso-butanol** (X_2)
[*8*] ⟨K 10, d 5⟩

Mol-% X_1	0,00	10,97	24,67	36,54	48,13	54,49	68,28	86,14	94,78	100,00
25,15 °C	0,798	0,789	0,778	0,768	0,758	0,752	0,739	0,722	0,714	0,708

C_4H_8O n-Butyraldehyd (X_1) — **C_6H_6 Benzol** (X_2)
[*14*] ⟨K 6 bis 3,7 Mol-% X_1, d 4, ϑ 20 °C⟩

C_4H_8O n-Butyraldehyd (X_1) — **$CHCl_3$ Chloroform** (X_2) [*22*]

C_4H_8O Butyraldehyd (X_1) — **C_2H_6O Äthanol** (X_2)
[*32*] ⟨K 12, vor und nach der Reaktion, d 4, ϑ 25 °C⟩

C_4H_8O Isobutyraldehyd (X_1) — **C_6H_6 Benzol** (X_2)
[*14*] ⟨K 4, d 4⟩

Mol-% X_1	0,00	1,74	3,61	5,32
20 °C	0,879	0,877	0,876	0,875

C_4H_8O Methyläthylketon (X_1) — **C_6H_{12} Cyclohexan** (X_2)
[*27*] ⟨K 11, d 4⟩

Mol-% X_1	0	10	20	30	40	50	60	70	80	90	100
25 °C	0,7737	0,7729	0,7732	0,7745	0,7756	0,7791	0,7820	0,7852	0,7893	0,7943	0,7999

C_4H_8O Methyläthylketon (X_1) — **C_6H_6 Benzol** (X_2)
[*28*] ⟨K 11, d 4⟩

Mol-% X_1	0	10	20	30	40	50	60	70	80	90	100
25 °C	0,8736	0,8663	0,8592	0,8522	0,8447	0,8375	0,8302	0,8227	0,8149	0,8073	0,7999

[*29*] ⟨K 7, d 4, ϑ 35 °C⟩

Mol-% X_1	0	20	40	50	60	80	100
20 °C	—	0,8646	0,8502	0,8430	0,8357	0,8201	0,8055
30 °C	—	0,8538	0,8395	0,8324	0,8251	0,8094	0,7948
45 °C	0,8521	0,8378	0,8237	0,8166	0,8092	0,7935	0,7789

[*30*] ⟨K 11, d 3, ϑ −32,4°, −24,7°, −12,2°, −1,7°, 9,9°, 26,0 °C⟩
[*12*] ⟨K 5 bis 4,9 Mol-% X_1, d 5, ϑ 22 °C⟩

C_4H_8O Methyläthylketon (X_1) — **C_7H_{16} n-Heptan** (X_2)
[*18*] ⟨K 5, d 4⟩

Mol-% X_1	0,00	25,08	50,14	74,58	100,00
25 °C	0,680	0,696	0,720	0,752	0,799

C_4H_8O Methyläthylketon (X_1) — **C_7H_8 Toluol** (X_2)
[*18*] ⟨K 5, d4⟩

Mol-% X_1	0,00	24,92	50,23	74,45	100,00
25 °C	0,862	0,850	0,835	0,819	0,799

C_4H_8O Methyläthylketon (X_1) — **$CHCl_3$ Chloroform** (X_2) [*23*]

C_4H_8O Methyläthylketon (X_1) — **CH_4O Methanol** (X_2)
[*21*] ⟨K 9, d 4⟩

Gew.-% X_1	0,00	5,10	8,27	18,24	49,62	54,26	78,23	87,89	100,00
25 °C	0,7865	0,7912	0,7925	0,7960	0,8017	0,8020	0,8031	0,8019	0,8011

[*13*] ⟨K 6, d 4, ϑ 20 °C⟩

C_4H_8O Methyläthylketon (X_1) — **CH_2O_2 Ameisensäure** (X_2)
[*15*] ⟨K 11, d 4, ϑ 35 °C⟩

Mol-% X_1	0,00	9,89	20,28	29,86	39,80	50,15	60,38	69,93	79,94	89,87	100,00
25 °C	1,214	1,126	1,057	1,005	0,961	0,923	0,890	0,864	0,840	0,819	0,799
45 °C	1,190	1,102	1,033	0,982	0,939	0,901	0,869	0,843	0,819	0,798	0,778

C_4H_8O Methyläthylketon (X_1) — **$C_2H_4O_2$ Essigsäure** (X_2)
[*15*] ⟨K 11, d 4, ϑ 35 °C⟩

Mol-% X_1	0,00	10,14	20,15	29,77	39,94	49,69	59,81	69,89	79,97	89,94	100,00
25 °C	1,043	1,009	0,978	0,951	0,924	0,900	0,877	0,856	0,836	0,817	0,799
45 °C	1,021	0,988	0,956	0,929	0,903	0,879	0,856	0,836	0,815	0,796	0,778

C_4H_8O Methyläthylketon (X_1) — **C_3H_6O Aceton** (X_2)
[*26*] ⟨K 6, d 4⟩

Mol-% X_1	0	20	40	60	80	100
20 °C	0,790	0,794	0,797	0,799	0,802	0,805
40 °C	0,767	0,771	0,774	0,778	0,781	0,784

[*6*] ⟨K 8, d 5, ϑ 20°, 30°, 40°, 50 °C⟩
[*23*]

C_4H_8O Methyläthylketon (X_1) — **$C_4H_{10}O$ Diäthyläther** (X_2)
[*31*] ⟨K 7, d 4⟩

Mol-% X_1	0	20	40	50	60	80	100
20 °C	0,7136	0,7316	0,7498	0,7589	0,7682	0,7865	0,8051

C_4H_8O Tetrahydrofuran (X_1) — **C_6H_{12} Cyclohexan** (X_2)
[*16*] ⟨K 10, d 4⟩

Mol-% X_1	0,00	7,83	14,48	24,01	38,51	53,37	71,49	84,20	94,70	100,00
22 °C	0,776	0,785	0,801	0,802	0,818	0,834	0,854	0,868	0,880	0,885

C_4H_8O Tetrahydrofuran (X_1) — **C_6H_6 Benzol** (X_2)
[*10*] ⟨K 6 bis 1,9 Mol-% X_1, d 4, ϑ 25°, 50 °C⟩

C_4H_8O Tetrahydrofuran (X_1) — **CCl_4 Tetrachlormethan** (X_2)
[*24*] ⟨K 4, d 5⟩

Gew.-% X_1	0,00	1,34	4,44	5,66
25 °C	1,5845	1,5688	1,5332	1,5193

C_4H_8O Tetrahydrofuran (X_1) — **CH_4O Methanol** (X_2)
[*16*] ⟨K 10, d 4⟩

Mol-% X_1	0,00	7,49	15,19	25,05	41,34	54,83	71,05	85,10	92,17	100,00
22 °C	0,885	0,879	0,871	0,861	0,846	0,832	0,817	0,804	0,798	0,789

C_4H_8O Tetrahydrofuran (X_1) — **C_2H_6O Äthanol** (X_2)
[*16*] ⟨K 10, d 4⟩

Mol-% X_1	0,00	8,11	15,18	26,09	40,37	54,73	71,66	85,06	91,76	100,00
22 °C	0,885	0,878	0,871	0,860	0,846	0,831	0,815	0,802	0,795	0,788

C_4H_8O Tetrahydrofuran (X_1) — **$C_2H_6O_2$ Äthylenglykol** (X_2)
[*16*] ⟨K 8, d 5⟩

Mol-% X_1	0,00	16,56	29,86	49,96	66,83	86,98	92,80	100,00
22 °C	1,112	1,056	1,032	0,984	0,948	0,910	0,899	0,887

Lacmann

C_4H_8O Tetrahydrofuran (X_1) — $C_4H_{10}O$ n-Butanol (X_2)
[*16*] ⟨K10, d4⟩

Mol-% X_1	0,0	7,9	14,8	25,1	40,5	54,8	70,3	84,0	92,6	100,0
22 °C	0,885	0,879	0,875	0,866	0,854	0,844	0,831	0,820	0,814	0,808

C_4H_6O Divinyläther (X_1) — C_6H_6 Benzol (X_2)
[*10*] ⟨K9, d4⟩

Mol-% X_1	0,00	4,19	7,06	9,02	11,62	14,23	17,61	22,11	100,00
20 °C	0,879	0,874	0,871	0,869	0,867	0,864	0,860	0,856	0,772

C_4H_6O Dimethylketen (X_1) — C_6H_6 Benzol (X_2) [*19*]

C_4H_6O α-Methacrolein (X_1) — C_6H_6 Benzol (X_2) [*17*]

C_4H_4O Furan (X_1) — C_6H_6 Benzol (X_2)
[*10*] ⟨K8, d4⟩

Mol-% X_1	0,0	2,9	6,1	6,6	13,4	17,3	100,0
25 °C	0,873	0,875	0,876	0,877	0,880	0,882	0,931

[*20*] ⟨K10 bis 8,5% X_1, d4, ϑ 25 °C⟩

C_4H_4O Furan (X_1) — CCl_4 Tetrachlormethan (X_2)
[*25*] ⟨K7, d5⟩

Gew.-% X_1	0,00	0,66	2,07	2,12	2,26	2,40	3,57
25 °C	1,5845	1,5845	1,5771	1,5616	1,5606	1,5593	1,5578

1 Baud: Bull. Soc. chim. France **7** (1910) 117 (nach ICT).
2 Tsakalatos: Bull. Soc. chim. France **9** (1911) 519 (nach ICT u. Tabl. ann.).
3 Baker, F.: J. chem. Soc. (London) **101** (1912) 1409—16.
4 Faust, O.: Z. physik. Chem. **79** (1912) 97—123.
5 Sameshima, J.: J. Amer. chem. Soc. **40** (1918) 1482—1503.
6 Price, T. W.: J. chem. Soc. (London) **115** (1919) 1116—26.
7 Schulze, A.: Physik. Z. **22** (1921) 177—79.
8 Hirobe, H.: J. Fac. Sci. Univ. Tokyo **1** (1925/26) Nr. 4, 178—214.
9 Smyth, C. P., Rogers, H. E.: J. Amer. chem. Soc. **52** (1930) 1824—30.
10 Smyth, C. P., Walls, W. S.: J. Amer. chem. Soc. **54** (1932) 3230—40.
11 Trew, V. C. G., Spencer, J. F.: Proc. Roy. Soc. (London), Ser. A, **131** (1931) 209—24.
12 Wolf, K. L., Gross, W.: Z. physik. Chem. (B) **14** (1931) 305—25.
13 Tomonari, T.: Z. physik. Chem. (B) **32** (1936) 202—21.
14 Coomber, D. I., Partington, J. R.: J. chem. Soc. (London) **1938**, 1444—52.
15 Udowenko, W. W.: J. allg. Chem. (Shurnal Obschtschei Chimii) **9** (1939) 1512—14.
16 Klapproth, H.: Nova acta Leopoldina [N. F.] **9** (1940) 305—60.
17 Rogers, M. T.: J. Amer. chem. Soc. **69** (1947) 1243—46.
18 Steinhauser, H. H., White, R. R.: Ind. Engng. Chem. **41** (1949) 2912—20.
19 Angyal, C. L., Barclay, G. A., Hukins, A. A., Le Fèvre, R. J. W.: J. chem. Soc. (London) **1951**, 2583—88.
20 Harris, B., Le Fèvre, R. J. W., Sullivan, E. P. A.: J. chem. Soc. (London) **1953**, 1622—26.
21 Sacks, F. M., Fuoss, R. M.: J. Amer. chem. Soc. **75** (1953) 5172—75.
22 Markgraf, H.-G., Nikuradse, A.: Z. Naturforsch. **9a** (1954) 27—34.
23 Dakshinamurty, P., Rao, C. V.: J. Sci. ind. Res. (New Delhi), Sect. B, **15** (1956) 118—27.
24 Le Fèvre, C. G., Le Fèvre, R. J. W.: J. chem. Soc. (London) **1956**, 3549—63.
25 Le Fèvre, C. G., Le Fèvre, R. J. W., Rao, B. P., Smith, M. R.: J. chem. Soc. (London) **1959**, 1188—92.
26 Toropov, A. P.: J. allg. Chem. (Shurnal Obschtschei Chimii) **26** (1956) 1285—88.
27 Donald, M. B., Ridgway, K.: Chem. Engng. Sci. **5** (1956) 188—92.
28 J. appl. Chem. **8** (1958) 403—07.
29 Lutzki, A. Je., Obuchowa, Je. M., Ssidorow, I. A.: J. allg. Chem. (Shurnal Obschtschei Chimii) **28** (1958) 2386—95; J. Gen. Chem. USSR **28** (1958) 2423—32.

30 Teller, A. J., Walsh, T. J.: J. chem. Engng. Data **4** (1959) 279—83.
31 Lutzki, A. E., Obukhova, E. M.: J. allg. Chem. (Shurnal Obschtschei Chimii) **31** (1961) 2692 bis 2702; J. Gen. Chem. USSR **31** (1961) 2512—21.
32 Fialkov, Yu. Ya., Fenerli, G. N.: J. allg. Chem. (Shurnal Obschtschei Chimii) **36** (1966) 973—81; J. Gen. Chem. USSR **36** (1966) 989—95.

$C_4H_{10}O_3$ Diäthylenglykol (X_1) — **$C_2H_6O_2$ Äthylenglykol** (X_2)
[*38*] ⟨K 11, d 4, ϑ 15°, 30 °C⟩

Gew.-% X_1	0	5	10	15	20	30	50	70	85	100
0 °C	1,125	1,126	1,126	1,127	1,127	1,128	1,129	1,130	1,131	1,132
45 °C	1,086	1,086	1,087	1,087	1,087	1,088	1,089	1,090	1,090	1,091

[*48*] ⟨K 11, d 4⟩

Gew.-% X_1	0	20	40	60	80	100
25 °C	1,111	1,112	1,112	1,113	1,113	1,113

$C_4H_{10}O_2$ Butandiol(1.4) (X_1) — **C_4H_8O Tetrahydrofuran** (X_2)
[*44*] ⟨K 10, d 4⟩

Mol-% X_1	0,00	8,51	15,11	25,52	40,08	54,93	70,45	84,93	93,61	100,00
22 °C	0,886	0,896	0,904	0,918	0,936	0,956	0,976	0,995	1,006	1,015

$C_4H_{10}O_2$ 2-Äthoxyäthanol (X_1) — **CCl_4 Tetrachlormethan** (X_2)
[*43*] ⟨K 9, d 4, ϑ 0°, 10°, 30°, 40 °C⟩

Mol-% X_1	0,00	0,97	1,96	4,04	5,53	8,16	10,85	13,60
−10 °C	1,651	1,644	1,637	1,622	1,611	1,593	1,574	1,555
20 °C	1,594	1,587	1,580	1,565	1,555	1,537	1,519	1,501
50 °C	1,536	1,530	1,523	1,509	1,499	1,482	1,464	1,447

$C_4H_8O_2$ Buttersäure (X_1) — **C_6H_{14} n-Hexan** (X_2)
[*63*] ⟨K 9, d 3⟩

Mol-% X_1	0,00	11,14	23,52	40,98	48,60	50,96	76,11	92,54	100,00
25 °C	0,656	0,681	0,710	0,754	0,775	0,806	0,862	0,924	0,954
40 °C	0,643	0,668	0,697	0,741	0,762	0,792	0,849	0,910	0,938
55 °C	0,631	0,656	0,685	0,729	0,749	0,779	0,836	0,897	0,923

$C_4H_8O_2$ Buttersäure (X_1) — **C_6H_6 Benzol** (X_2)
[*31*] ⟨K 8, d 4⟩

Mol-% X_1	0,0	3,8	6,4	8,9	18,8	47,3	71,8	100,0
10 °C	0,890	0,892	0,893	0,894	0,903	0,925	0,944	0,970
40 °C	0,857	0,860	0,862	0,864	0,871	0,893	0,916	0,939
70 °C	0,825	0,827	0,829	0,831	0,839	0,863	0,885	0,912

[*46*] ⟨K 10, d 4⟩

Gew.-% X_1	0	5	10	15	20	40	50	60	80	100
25 °C	0,8731	0,8767	0,8797	0,8832	0,8864	0,9013	0,9094	0,9171	0,9345	0,9535

[*3*] ⟨K 4, d 4, ϑ 16 °C⟩ [*45*] ⟨K 5, d 4, ϑ 27 °C⟩
[*32*] ⟨K 9, d 4, ϑ 22 °C⟩ [*40*]

$C_4H_8O_2$ Buttersäure (X_1) — **C_7H_8 Toluol** (X_2)
[*3*] ⟨K 4, d 4⟩

Gew.-% X_1	0,0	9,8	35,9	100,0
16 °C	0,869	0,877	0,900	0,963

Lacmann

$C_4H_8O_2$ Buttersäure (X_1) — $C_{10}H_8$ Naphthalin (X_2)
[*36*] ⟨K 5, d 3⟩

Mol-% X_1	92,0	94,5	97,8	99,4	100,0
15 °C	0,968	0,966	0,962	0,961	0,961

$C_4H_8O_2$ Buttersäure (X_1) — CCl_4 Tetrachlormethan (X_2)
[*46*] ⟨K 10, d 4⟩

Gew.-% X_1	0	5	10	15	20	40	50	60	80	100
25 °C	1,5844	1,5293	1,4827	1,4404	1,3945	1,2493	1,1884	1,1372	1,0407	0,9535

$C_4H_8O_2$ Buttersäure (X_1) — CH_4O Methanol (X_2) [*1*]

$C_4H_8O_2$ Buttersäure (X_1) — C_2H_6O Äthanol (X_2) [*1*]

$C_4H_8O_2$ Buttersäure (X_1) — $C_2H_4O_2$ Essigsäure (X_2)
[*2*] ⟨K 5, d 4⟩

Gew.-% X_1	0,0	26,0	53,2	75,6	100,0
20 °C	1,052	1,029	1,006	0,988	0,972

[*58*] ⟨graph., ϑ 20° bis 90 °C⟩
[*14*]

$C_4H_8O_2$ Buttersäure (X_1) — C_3H_6O Aceton (X_2)
[*56*] ⟨K 8, d 3⟩

Mol-% X_1	0,00	38,85	54,35	61,32	70,15	77,52	89,84	100,00
30 °C	0,779	0,846	0,872	0,884	0,899	0,910	0,932	0,949
50 °C	0,756	0,825	0,851	0,863	0,878	0,890	0,911	0,930
70 °C	0,731	0,803	0,829	0,842	0,858	0,871	0,892	0,910
90 °C	—	0,781	0,809	0,822	0,837	0,849	0,871	0,889

[*41*] ⟨K 12, d 4, ϑ 25°, 35°, 45 °C⟩
[*53*] ⟨graph., ϑ 40 °C⟩
[*52*]

$C_4H_8O_2$ Buttersäure (X_1) — $C_4H_{10}O$ Butanol (X_2) [52]

$C_4H_8O_2$ Isobuttersäure (X_1) — C_6H_6 Benzol (X_2)
[*4*] ⟨K 3, d 4⟩

Gew.-% X_1	0,0	19,3	100,0
18,46 °C	0,880	0,891	0,951

$C_4H_8O_2$ Isobuttersäure (X_1) — $C_2H_4O_2$ Essigsäure (X_2)
[*17*] ⟨K 4, d 3⟩

Mol-% X_1	33,34	50,00	66,67	100,00
11 °C	1,026	1,010	0,993	0,960

$C_4H_8O_2$ Propylformiat (X_1) — C_6H_6 Benzol (X_2)
[*34*] ⟨K 5 bis 9,5 Mol-% X_1, d 5, ϑ 22 °C⟩

$C_4H_8O_2$ Propylformiat (X_1) — CCl_4 Tetrachlormethan (X_2)
[*22*] ⟨K 4, d 4⟩

Mol-% X_1	0,00	50,06	79,87	100,00
20 °C	1,594	1,246	1,042	0,906

$C_4H_8O_2$ Äthylacetat (X_1) — **C_6H_{14} n-Hexan** (X_2)
[57] ⟨K 5, d 4⟩

Mol-% X_1	0	20	50	80	100
20 °C	0,6607	0,6947	0,7579	0,8352	0,8987

$C_4H_8O_2$ Äthylacetat (X_1) — **C_6H_6 Benzol** (X_2)
[61] ⟨K 11, d 4⟩

Mol-% X_1	0	9	18	28	38	48	58	68	78	89	100
25 °C	0,8733	0,8747	0,8764	0,8783	0,8803	0,8824	0,8848	0,8868	0,8894	0,8920	0,8947

[35] ⟨K 6, d 4⟩

Mol-% X_1	0,00	3,10	6,14	10,60	15,75
25 °C	0,873	0,874	0,874	0,875	0,876
50 °C	0,847	0,847	0,848	0,848	0,849

[16] ⟨K 1, d 4, ϑ 0°, 25°, 40°, 55 °C⟩
[22] ⟨K 8, d 4, ϑ 20 °C⟩
[23] ⟨K 7, d 5, ϑ 20 °C⟩
[51] ⟨K 3, d 4, ϑ 20°, 35 °C⟩
[34] ⟨K 5 bis 13,5 Mol-% X_1, d 4, ϑ 22 °C⟩
[19] ⟨K 8, d 3, ϑ 25 °C⟩
[24] ⟨K 9, d 5, ϑ 25 °C⟩
[5, 6, 25]

$C_4H_8O_2$ Äthylacetat (X_1) — **C_7H_{16} Heptan** (X_2)
[33] ⟨K 6, d 4, ϑ −90°, −50°, −10 °C⟩

Mol-% X_1	0,00	3,47	4,42	5,85	8,43	10,59
−70 °C	0,759	0,763	0,765	0,767	0,771	0,774
−30 °C	0,726	0,730	0,732	0,734	0,738	0,740
10 °C	0,693	0,697	0,698	0,700	0,703	0,706
30 °C	0,676	0,680	0,681	0,683	0,686	0,689
50 °C	0,658	0,662	0,663	0,665	0,668	0,671
70 °C	0,640	0,644	0,645	0,647	0,649	0,653

$C_4H_8O_2$ Äthylacetat (X_1) — **C_7H_8 Toluol** (X_2)
[42] ⟨K 11, d 4⟩

Gew.-% X_1	0	10	20	30	40	50	60	70	80	90	100
25 °C	0,860	0,864	0,867	0,870	0,873	0,876	0,879	0,882	0,885	0,888	0,893

[6]

$C_4H_8O_2$ Äthylacetat (X_1) — **C_8H_{10} Äthylbenzol** (X_2)
[9] ⟨K 3, d 4⟩

Gew.-% X_1	0,0	55,0	100,0
0 °C	0,891	0,906	0,924
20 °C	0,874	0,886	0,900
40 °C	0,856	0,865	0,876

$C_4H_8O_2$ Äthylacetat (X_1) — **$C_{10}H_{14}$ Durol** (X_2)
[10] ⟨K 5, d 5⟩

Gew.-% X_1	87,47	91,61	97,05	98,87	100,00
25 °C	0,892	0,893	0,894	0,894	0,895

$C_4H_8O_2$ Äthylacetat (X_1) — **$C_{10}H_8$ Naphthalin** (X_2)
[12] ⟨K 3, d 6⟩

Gew.-% X_1	87,19	98,57	100,00
18 °C	0,907	0,905	0,903

$C_4H_8O_2$ Äthylacetat (X_1) – **$C_{12}H_{10}$ Acenaphthen** (X_2)
[10] ⟨K4, d5⟩

Gew.-% X_1	89,09	93,44	96,37	100,00
25 °C	0,914	0,906	0,901	0,895

$C_4H_8O_2$ Äthylacetat (X_1) – **$C_{12}H_{10}$ Diphenyl** (X_2)
[10] ⟨K6, d5⟩

Gew.-% X_1	82,81	89,65	91,62	95,32	98,04	100,00
25 °C	0,910	0,908	0,906	0,901	0,897	0,895

$C_4H_8O_2$ Äthylacetat (X_1) – **$C_{14}H_{10}$ Phenanthren** (X_2)
[10] ⟨K4, d4, ϑ 15°, 30°, 50°, 70 °C⟩

Gew.-% X_1	84,15	91,62	93,53	100,00
20 °C	0,932	0,917	0,910	0,901
40 °C	0,910	0,894	0,885	0,876
60 °C	0,887	0,870	0,861	0,851

$C_4H_8O_2$ Äthylacetat (X_1) – **$C_{19}H_{16}$ Triphenylmethan** (X_2)
[10] ⟨K4, d5⟩

Gew.-% X_1	90,51	93,68	98,22	100,00
25°C	0,910	0,905	0,898	0,895

$C_4H_8O_2$ Äthylacetat (X_1) – **CH_3J Methyljodid** (X_2)
[7] ⟨K8, d4⟩

Gew.-% X_1	0,00	3,76	7,46	12,90	15,55	23,71	37,27	100,00
25 °C	2,251	2,113	2,002	1,860	1,736	1,632	1,418	0,891

$C_4H_8O_2$ Äthylacetat (X_1) – **$CHCl_3$ Chloroform** (X_2)
[24] ⟨K10, d4⟩

Mol-% X_1	0,00	8,98	28,42	30,45	37,45	41,50	54,20	62,34	78,55	100,00
25 °C	1,480	1,417	1,289	1,277	1,233	1,208	1,134	1,088	1,001	0,895

[59] ⟨K12, d4, ϑ 25 °C⟩

$C_4H_8O_2$ Äthylacetat (X_1) – **CCl_4 Tetrachlormethan** (X_2)
[22] ⟨K8, d4⟩

Mol-% X_1	0,00	22,26	38,16	50,64	60,21	80,17	90,34	100,00
20 °C	1,594	1,437	1,327	1,240	1,174	1,037	0,967	0,901

[61] ⟨K11, d4⟩

Mol-% X_1	0	9	18	28	38	48	58	68	78	89	100
25 °C	1,5847	1,5156	1,4461	1,3770	1,3072	1,2387	1,1696	1,1004	1,0317	0,9617	0,8947

[27] ⟨K1, d3, ϑ 0°, 5°, 20°, 22°, 50 °C⟩
[62] ⟨K9, d5, ϑ 20 °C⟩
[37] ⟨K6, d3, ϑ 22 °C⟩
[28] ⟨K5, d4, ϑ 25 °C⟩
[29] ⟨K5, d4, ϑ 25 °C⟩

$C_4H_8O_2$ Äthylacetat (X_1) – **C_2H_5J Äthyljodid**
[11, 49] ⟨K11, d5⟩

Gew.-% X_1	0,00	5,03	10,91	17,21	25,43	31,47	40,26	50,48	64,99	80,92	100,00
25 °C	1,923	1,812	1,699	1,594	1,476	1,400	1,303	1,207	1,094	0,993	0,894
50 °C	1,865	1,757	1,646	1,543	1,428	1,354	1,260	1,166	1,056	0,958	0,863

[6, 8, 14]

$C_4H_8O_2$ Äthylacetat (X_1) — **$C_6H_4Br_2$ p-Dibrombenzol**
[*10*] ⟨K6, d5⟩

Gew.-% X_1	79,90	87,64	92,90	94,70	96,84	100,00
25 °C	1,004	0,959	0,931	0,922	0,911	0,895

$C_4H_8O_2$ Äthylacetat (X_1) — **CH_4O Methanol**
[*30*] ⟨K3, d4, ϑ 30°, 40 °C⟩

Gew.-% X_1	0	56	100
20 °C	0,792	0,852	0,901
50 °C	0,765	0,819	0,864

[*60*] ⟨K21, d4⟩

Gew.-% X_1	0	10	20	30	40	50	60	70	80	90	100
25 °C	0,7870	0,7971	0,8069	0,8171	0,8276	0,8384	0,8493	0,8604	0,8712	0,8827	0,8945

[*59*] ⟨K12, d4, ϑ 25 °C⟩

$C_4H_8O_2$ Äthylacetat (X_1) — **CH_2O_2 Ameisensäure** (X_2)
[*64*] ⟨K11, d3⟩

Mol-% X_1	0,00	7,74	15,46	21,68	29,16	38,46	51,14	62,09	73,61	85,85	100,00
25 °C	1,213	1,153	1,106	1,076	1,044	1,012	0,978	0,954	0,932	0,913	0,894
50 °C	1,182	1,122	1,073	1,044	1,012	0,981	0,946	0,922	0,901	0,882	0,864

$C_4H_8O_2$ Äthylacetat (X_1) — **C_2H_6O Äthanol** (X_2)
[*15*] ⟨K21, d5⟩

Gew.-% X_1	0	10	20	30	40	50	60	70	80	90	100
0 °C	0,806	0,816	0,827	0,838	0,849	0,861	0,872	0,885	0,897	0,911	0,925

[*47*] ⟨K10, d5⟩

Gew.-% X_1	0,0	12,9	25,2	37,8	50,4	62,7	75,4	87,5	93,6	100,0
25 °C	0,785	0,797	0,809	0,821	0,835	0,848	0,862	0,877	0,885	0,894

[*54*] ⟨K9, d5⟩

Mol-% X_1	0,00	13,91	27,44	40,53	52,04	64,61	76,87	88,81	100,00
30 °C	0,7813	0,7940	0,8072	0,8192	0,8318	0,8456	0,8585	0,8754	0,8872

[*16*] ⟨K1, d4, ϑ 0°, 25°, 40°, 55 °C⟩
[*24*] ⟨K10, d5, ϑ 25 °C⟩
[*55*] ⟨K6, d3, ϑ 32 °C⟩
[*20, 39*]

$C_4H_8O_2$ Äthylacetat (X_1) — **$C_2H_4O_2$ Essigsäure** (X_2)
[*50*] ⟨K11, d4⟩

Gew.-% X_1	0,00	14,19	27,27	39,03	50,50	59,28	68,81	77,08	85,23	93,31	100,00
25 °C	1,044	1,021	0,999	0,983	0,964	0,951	0,938	0,927	0,914	0,903	0,891
40 °C	1,028	1,005	0,982	0,964	0,947	0,935	0,920	0,909	0,896	0,885	0,874
60 °C	1,007	0,983	0,960	0,944	0,925	0,912	0,893	0,886	0,873	0,861	0,851

[*21*] ⟨K11, d4, ϑ 25 °C⟩
[*29*] ⟨K6, d4, ϑ 25 °C⟩

$C_4H_8O_2$ Äthylacetat (X_1) — **C_3H_8O Propanol(1)** (X_2)
[*24*] ⟨K10, d5⟩

Mol-% X_1	0,0	9,0	21,2	37,5	51,3	52,2	55,9	72,2	86,2	100,0
25,1 °C	0,800	0,810	0,823	0,839	0,852	0,853	0,857	0,871	0,883	0,895

$C_4H_8O_2$ Äthylacetat (X_1) — **C_3H_8O Propanol(2)** (X_2) (Forts.)
[54] ⟨K9, d5⟩

Mol-% X_1	0,00	13,67	27,14	40,17	52,67	65,47	79,35	88,53	100,00
30 °C	0,7952	0,8055	0,8168	0,8266	0,8384	0,8496	0,8636	0,8743	0,8872

$C_4H_8O_2$ Äthylacetat (X_1) — **C_3H_8O Propanol(2)** (X_2)
[54] ⟨K9, d5⟩

Mol-% X_1	0,00	14,05	27,91	40,62	53,44	66,10	77,55	88,77	100,00
30 °C	0,7769	0,7882	0,8011	0,8139	0,8295	0,8436	0,8586	0,8731	0,8872

$C_4H_8O_2$ Äthylacetat (X_1) — **C_3H_6O Aceton** (X_2)
[24] ⟨K9, d5⟩

Mol-% X_1	0,00	8,72	24,65	33,56	40,35	49,54	67,63	79,38	100,00
25,9 °C	0,785	0,798	0,819	0,829	0,837	0,847	0,866	0,877	0,895

$C_4H_8O_2$ Äthylacetat (X_1) — **$C_3H_6O_2$ Äthylformiat** (X_2)
[8] ⟨K5, d4⟩

Gew.-% X_1	0,0	23,6	46,1	71,7	100,0
20 °C	0,918	0,913	0,908	0,904	0,900

$C_4H_8O_2$ Äthylacetat (X_1) — **$C_3H_6O_2$ Methylacetat** (X_2)
[13] ⟨K6, d4⟩

Gew.-% X_1	0,0	3,9	27,1	63,0	93,3	100,0
10 °C	0,941	0,941	0,935	0,923	0,913	0,906

[26] ⟨K9, d5⟩

Gew.-% X_1	0,0	9,2	21,7	36,6	48,8	59,6	81,9	89,3	100,0
25 °C	0,927	0,924	0,920	0,915	0,910	0,907	0,900	0,898	0,895

[17] ⟨K4, d3, ϑ 11 °C⟩
[8] ⟨K5, d4, ϑ 20 °C⟩
[18, 25]

$C_4H_8O_2$ Äthylacetat (X_1) — **$C_4H_{10}O$ Butanol** (X_2)
[42] ⟨K11, d4⟩

Gew.-% X_1	0	10	20	30	40	50	60	70	80	90	100
25 °C	0,808	0,813	0,820	0,827	0,835	0,844	0,853	0,862	0,871	0,881	0,893

$C_4H_8O_2$ Äthylacetat (X_1) — **$C_4H_{10}O$ Isobutanol** (X_2)
[24] ⟨K9, d5⟩

Mol-% X_1	0,00	9,79	29,68	36,78	54,44	58,46	71,46	85,64	100,00
25,13 °C	0,798	0,807	0,825	0,832	0,849	0,852	0,866	0,880	0,894

$C_4H_8O_2$ Äthylacetat (X_1) — **$C_4H_{10}O$ Diäthyläther** (X_2)
[24] ⟨K9, d4⟩

Mol-% X_1	0,00	22,69	43,72	45,60	48,03	58,15	72,56	84,19	100,00
25,08 °C	0,708	0,750	0,788	0,792	0,796	0,815	0,842	0,865	0,894

[25]

$C_4H_8O_2$ Äthylacetat (X_1) — **$C_4H_8O_2$ Propylformiat** (X_2)
[9] ⟨K3, d4, ϑ 0°, 20°, 40 °C⟩

$C_4H_8O_2$ Methylpropionat (X_1) — **C_6H_6 Benzol** (X_2)
[*34*] ⟨K6, d4⟩

Mol-% X_1	0,0	3,2	6,6	9,6
22°C	0,876	0,877	0,879	0,880

$C_4H_8O_2$ Methylpropionat (X_1) — **C_7H_{16} Heptan** (X_2)
[*34*] ⟨K5, d4⟩

Mol-% X_1	0,00	4,00	6,00	9,00	9,98
22°C	0,713	0,718	0,720	0,724	0,726

$C_4H_8O_2$ Methylpropionat (X_1) — **CCl_4 Tetrachlormethan** (X_2)
[*34*] ⟨K6, d4⟩

Mol-% X_1	0,00	3,41	4,02	5,01	7,57	9,35
22°C	1,591	1,567	1,564	1,557	1,539	1,527

1 Hartwig, K.: Ann. Physik Chem. **33** (1888) 58—80.
2 Buchkremer, L.: Z. physik. Chem. **6** (1890) 161—86.
3 Humburg, O.: Z. physik. Chem. **12** (1893) 401—15.
4 Paterno, E., Montemartini, C.: Atti Accad. Lincei **3** (1894) 139; Gazz. chim. ital. **24** (1894) 179 (nach ICT u. Tim.).
5 Jones: Chem. News J. physic. Sci. **72** (1895) 279 (nach ICT).
6 Linebarger, C. E.: Amer. J. Sci. **2** (1896) 226, 331 (nach ICT u. Tim.).
7 Holmes, J., Sageman, P. J.: J. chem. Soc. (London) **95** (1909) 1919—43.
8 Biron, E. V.: J. russ. physik.-chem. Ges. (Shurnal Russkogo Fisiko-Chimitschesskogo Obschtschesstwa) **41** (1909) 469 (nach ICT u. Tim.).
9 **42** (1910) 167 (nach ICT u. Tim.).
10 Tyrer, D.: J. chem. Soc. (London) **97** (1910) 2620—34.
11 Hubbard, J. C.: Z. physik. Chem. **74** (1910) 207—32.
12 Dawson, H. M.: J. chem. Soc. (London) **97** (1910) 1041—56.
13 Goerdt, W.: Dissert., Münster, 1911 (nach ICT u. Tim.).
14 Schwers, F.: Bull. Acad. Sci. Belgique **1912**, 55, 252 (nach ICT u. Tim.).
15 Merriman, R. W.: J. chem. Soc. (London) **103** (1913) 1774—89.
16 Mathews, J. H., Cooke, R. D.: J. physic. Chem. **18** (1914) 559—85.
17 Kremann, R., Meingast, R., Gugl, F.: Mh. Chem. **35** (1914) 876—82; 1235.
18 Hovelmann: Dissert., Münster, 1914 (nach ICT).
19 Marden, J. W., Dover, M. V.: J. Amer. chem. Soc. **38** (1916) 1235—45.
20 Gradenwitz: Chemiker-Ztg. **42** (1918) 221 (nach ICT).
21 Kendall, J., Brakeley, E.: J. Amer. chem. Soc. **43** (1921) 1826—34.
22 Pawlow, P. N.: Kolloid-Z. **35** (1924) 89—97.
23 Rakshit, J. N.: Z. Elektrochem., angew. physik. Chem. **31** (1925) 320—23.
24 Hirobe, H.: J. Fac. Sci. Imp. Univ. Tokyo **1** (1925/26) Nr. 4, 178—214.
25 Schmidt, G. C.: Z. physik. Chem. (A) **121** (1926) 221—53.
26 Chadwell, H. M.: J. Amer. chem. Soc. **48** (1926) 1912—25.
27 Faust, O.: Z. anorg. allg. Chem. **154** (1926) 61—68.
28 Krchma, I. J., Williams, J. W.: J. Amer. chem. Soc. **49** (1927) 2408—16.
29 Hammick, D. L., Andrew, L. W.: J. chem. Soc. (London) **1929**, 754—59.
30 Herz, W., Levi, M.: Z. anorg. allg. Chem. **183** (1929) 340.
31 Smyth, C. P., Rogers, H. E.: J. Amer. chem. Soc. **52** (1930) 1824—30.
32 Briegleb, G.: Z. physik. Chem. (B) **10** (1930) 205—37.
33 Smyth, C. P., Dornte, R. W., Wilson jr., E. B.: J. Amer. chem. Soc. **53** (1931) 4242—60.
34 Wolf, K. L., Gross, W.: Z. physik. Chem. (B) **14** (1931) 305—25.
35 Smyth, C. P., Walls, W. S.: J. Amer. chem. Soc. **53** (1931) 527—39.
36 Kosakewitsch, P. P., Kosakewitsch, N. S.: Z. physik. Chem. (A) **166** (1933) 113—35.
37 Parthasarathy, S.: Mem. Ind. Inst. Sci. III (1936) 297 (nach Tim.).
38 Romstatt, G.: Ind. chimique **23** (1936) 567—69.
39 Furnas, C. C., Leighton, W. B.: Ind. Engng. Chem. **29** (1937) 709—10.
40 Le Fèvre, R. J. W., Vine, H.: J. chem. Soc. (London) **1938**, 1795—1801.
41 Udowenko, W. W.: J. allg. Chem. (Shurnal Obschtschei Chimii) **9** (1939) 1162—66.
42 Litkenhaus, E. E., van Arsdale, J. P., Hutebison jr., I. W.: J. physic. Chem. **44** (1940) 377—88.

43 Rodebush, W. H., Eddy, C. R., Eubank, L. D.: J. chem. Physics **8** (1940) 889–96.
44 Klapproth, H.: Nova Acta Leopoldina [N. F.] **9** (1940) 305–60.
45 Giacalone, A.: Gazz. chim. ital. **72** (1942) 378 (nach Tim.).
46 Jones, W. J., Bowden, S. T., Yarnold, W. W., Jones, W. H.: J. physic. Chem. **52** (1948) 753–60.
47 Griswold, J., Winsauer, W. O., Chu, P. L.: Ind. Engng. Chem. **41** (1949) 2352–58.
48 Tombaugh, R. M., Choguill, H. S.: Trans. Kansas Acad. Sci. **54** (1951) 411–19.
49 Anissimow, W. I.: J. physik. Chem. (Shurnal Fisitschesskoi Chimii) **27** (1953) 1797–1807.
50 Ussanowitsch, M., Biljalow, K., Krassnomolowa, L.: J. allg. Chem. (Shurnal Obschtschei Chimii) **25** (1955) 471–77.
51 Lutzki, A. Je., Obuchowa, Je. M.: J. physik. Chem. (Shurnal Fisitschesskoi Chimii) **31** (1957) 1964–75.
52 Golik, A. S., Orischtschenko, A. W., Rawikowitsch, Ss. D., Ssolomko, W. P.: Ukrain. chem. J. (Ukrainski Chimitschesski Shurnal) **21** (1955) 318–26.
53 Golik, A. S., Motscharnjuk, R. F.: Ukrain. chem. J. (Ukrainski Chimitschesski Shurnal) **24** (1958) 29–36.
54 Murti, P. S., van Winklen, M.: Chem. Engng. Data Series **3** (1958) 72–81.
55 Venkateswarlu, K., Sriraman, S.: Bull. chem. Soc. Japan **31** (1958) 211–16.
56 Mocharnyuk, R. F.: J. allg. Chem. (Shurnal Obschtschei Chimii) **30** (1960) 1086–91; J. Gen. Chem. USSR **30** (1960) 1103–08.
57 Lutzki, A. E., Obukhova, E. M.: J. allg. Chem. (Shurnal Obschtschei Chimii) **31** (1961) 2692 bis 2702; J. Gen. Chem. USSR **31** (1961) 2512–21.
58 Kotorlenko, L. A.: Ukrain. chem. J. (Ukrainski Chimitschesski Shurnal) **28** (1962) 333–37.
59 Nagata, I.: J. chem. Engng. Data **7** (1962) 367–73.
60 Akita, K., Yoshida, F.: J. chem. Engng. Data **8** (1963) 484–90.
61 Shipp, W. E.: J. chem. Engng. Data **15** (1970) 308–11.
62 Loiseleur, H., Merlin, J.-C., Paris, R. A.: J. Chim. physique Physico-Chim. biol. **64** (1967) 634–38.
63 Meeussen, E., Debeuf, C., Huyskens, P.: Bull. Soc. chim. belges **76** (1967) 145–56.
64 Fialkov, Ju. Ja., Tarasenko, Ju. A., Kudra, O. K.: J. allg. Chem. (Shurnal Obschtschei Chimii) **34** (1964) 3862–66; J. Gen. Chem. USSR **34** (1964) 3922–26.

$C_4H_8O_2$ Dioxan (X_1) – **C_6H_{14} Hexan** (X_2)
[*34*] ⟨K11, d4⟩

Mol-% X_1	0,00	14,66	22,20	36,70	40,12	51,91	58,99	65,03	84,28	90,54	100,00
22 °C	0,688	0,721	0,741	0,782	0,791	0,829	0,855	0,879	0,962	0,984	1,031
33 °C	0,678	0,711	0,730	0,771	0,780	0,819	0,843	0,867	0,950	0,972	1,019

$C_4H_8O_2$ Dioxan (X_1) – **C_6H_{12} Cyclohexan** (X_2)
[*37, 53*] ⟨K6, d4⟩

Gew.-% X_1	0,00	21,71	40,30	58,44	83,18	100,00
20 °C	0,778	0,816	0,856	0,901	0,974	1,033

[*34*] ⟨K8, d5⟩

Mol-% X_1	0,00	24,90	39,78	59,67	63,97	78,78	87,10	100,00
22 °C	0,777	0,823	0,856	0,905	0,917	0,960	0,987	1,031
33 °C	0,766	0,812	0,844	0,894	0,905	0,948	0,975	1,019

[*55*] ⟨K7, d4⟩

Mol-% X_1	0,00	18,49	43,84	56,61	67,63	87,78	100,00
34,5 °C	0,7643	0,7960	0,8527	0,8853	0,9162	0,9792	1,0190

[*17*] ⟨K5, d4, ϑ 20 °C⟩
[*65*] ⟨ΔV, ϑ 20°, 30 °C⟩
[*29*] ⟨K8, d5, ϑ 22 °C⟩
[*60*] ⟨K6, d5, ϑ 28 °C⟩
[*57*] ⟨K5, ΔV, ϑ 35 °C⟩
[*41*] ⟨K6, d4, ϑ 20°, 40 °C⟩
[*38*]

$C_4H_8O_2$ Dioxan (X_1) – **C_6H_6 Benzol** (X_2)
[41] ⟨K6, d4⟩

Mol-% X_1	0,00	18,74	34,98	56,30	71,28	100,00
20 °C	0,877	0,907	0,932	0,964	0,988	1,032
40 °C	0,858	0,886	0,911	0,943	0,966	—

[65] ⟨ΔV, ϑ 20°, 30 °C⟩
[29] ⟨K9, d4, ϑ 22 °C⟩
[12] ⟨K4, d4, ϑ 25 °C⟩
[35] ⟨K8, d4, ϑ 25 °C⟩
[36] ⟨K12, d4, ϑ 25 °C⟩
[66] ⟨ΔV, graph., ϑ 25°, 40 °C⟩
[57] ⟨K5, ΔV, ϑ 35 °C⟩
[39]

$C_4H_8O_2$ Dioxan (X_1) – **C_7H_{16} Heptan** (X_2)
[41] ⟨K6, d4⟩

Mol-% X_1	0,00	20,85	43,59	62,82	74,88	100,00
20 °C	0,687	0,729	0,788	0,853	0,903	1,032

$C_4H_8O_2$ Dioxan (X_1) – **C_7H_{16} 2.4-Dimethylpentan** (X_2)
[60] ⟨K8, d5, ϑ 28 °C⟩

Mol-% X_1	0,00	12,66	26,03	37,42	51,23	71,95	85,57	100,00
28 °C	0,6657	0,6918	0,7235	0,7545	0,7976	0,8767	0,9414	1,0243

$C_4H_8O_2$ Dioxan (X_1) – **C_7H_{14} Methylcyclohexan** (X_2)
[37] ⟨K6, d4⟩

Gew.-% X_1	0,00	21,14	38,53	60,40	77,88	100,00
20 °C	0,769	0,809	0,847	0,904	0,956	1,033

$C_4H_8O_2$ Dioxan (X_1) – **C_7H_8 Toluol** (X_2)
[62] ⟨K7, Molvolumen⟩

Mol-% X_1	0,00	31,65	39,88	49,34	65,44	85,30	100,00
30 °C	0,8573	0,9023	0,9150	0,9299	0,9570	0,9935	1,0220

[56] ⟨K9, d5⟩

Mol-% X_1	10	20	30	40	50	60	70	80	90
35 °C	0,8643	0,8784	0,8930	0,9083	0,9241	0,9409	0,9583	0,9765	0,9956

$C_4H_8O_2$ Dioxan (X_1) – **C_8H_{10} o-Xylol** (X_2)
[56] ⟨K9, d5⟩

Mol-% X_1	10	20	30	40	50	60	70	80	90
35 °C	0,8772	0,8882	0,9002	0,9131	0,9269	0,9418	0,9578	0,9755	0,9946

$C_4H_8O_2$ Dioxan (X_1) – **C_8H_{10} m-Xylol** (X_2)
[56] ⟨K9, d5⟩

Mol-% X_1	10	20	30	40	50	60	70	80	90
35 °C	0,8622	0,8745	0,8874	0,9015	0,9166	0,9331	0,9511	0,9706	0,9920

[62] ⟨K7, Molvolumen⟩

Mol-% X_1	0,00	10,06	20,27	40,90	60,47	80,26	100,00
30 °C	0,8573	0,8688	0,8816	0,9091	0,9402	0,9783	1,0220

$C_4H_8O_2$ Dioxan (X_1) – **C_8H_{10} p-Xylol** (X_2)
[56] ⟨K9, d5⟩

Mol-% X_1	10	20	30	40	50	60	70	80	90
35 °C	0,8591	0,8718	0,8854	0,9000	0,9152	0,9320	0,9501	0,9699	0,9919

$C_4H_8O_2$ Dioxan (X_1) — **$CHCl_3$ Chloroform** (X_2)
[17] ⟨K 10, d 4⟩

Mol-% X_1	0,00	7,14	15,59	28,10	41,58	56,72	72,17	82,23	93,49	100,00
20 °C	1,489	1,457	1,417	1,359	1,296	1,226	1,155	1,110	1,062	1,034

[58] ⟨K 6, d 4⟩

Mol-% X_1	0	20	40	60	80	100
25 °C	1,4783	1,3874	1,2949	1,2033	1,1145	1,0279

$C_4H_8O_2$ Dioxan (X_1) — **CCl_4 Tetrachlormethan** (X_2)
[17] ⟨K 10, d 4⟩

Mol-% X_1	0,00	8,89	18,11	29,90	46,98	62,73	77,37	86,20	93,76	100,00
20 °C	1,594	1,551	1,503	1,444	1,352	1,262	1,175	1,120	1,073	1,034

[35] ⟨K 8, d 4, ϑ 25 °C⟩
[57] ⟨K 5, ΔV, ϑ 35 °C⟩

$C_4H_8O_2$ Dioxan (X_1) — **$C_5H_8Br_4$ Pentaerythrittetrabromid** (X_2)
[45] ⟨K 4, d 4, ϑ 25 °C⟩

$C_4H_8O_2$ Dioxan (X_1) — **$C_5H_8J_4$ Pentaerythrittetrajodid** (X_2)
[45] ⟨K 2, d 4, ϑ 25 °C⟩

$C_4H_8O_2$ Dioxan (X_1) — **C_6H_5F Fluorbenzol** (X_2)
[59] ⟨K 5, ΔV, ϑ 35 °C⟩

$C_4H_8O_2$ Dioxan (X_1) — **C_6H_5Cl Chlorbenzol** (X_2)
[29] ⟨K 9, d 5⟩

Mol-% X_1	0,0	15,0	29,6	44,5	58,3	73,7	83,9	91,4	100,0
22 °C	1,104	1,095	1,086	1,075	1,065	1,053	1,045	1,039	1,031

[32] ⟨K 4 ab 96 Mol-% X_1, d 4, ϑ 25 °C⟩
[62] ⟨K 7, Molvolumen, ϑ 30 °C⟩
[59]

$C_4H_8O_2$ Dioxan (X_1) — **C_6H_5Br Brombenzol** (X_2)
[47] ⟨K 6, d 5, ϑ 40 °C⟩

Gew.-% X_1	89,27	93,18	94,35	96,30	97,25	100,00
30 °C	1,058	1,045	1,041	1,034	1,031	1,022
50 °C	1,036	1,022	1,019	1,012	1,009	1,001

[59]

$C_4H_8O_2$ Dioxan (X_1) — **$C_9H_{11}Cl$ γ-Phenyl-n-propylchlorid** (X_2)
[24] ⟨K 4, d 5, ϑ 25 °C⟩

$C_4H_8O_2$ Dioxan (X_1) — **$C_9H_{11}Br$ γ-Phenyl-n-propylbromid** (X_2)
[24] ⟨K 4, d 5⟩

Mol-% X_1	95,92	96,55	97,40	100,00
25 °C	1,048	1,045	1,041	1,028

$C_4H_8O_2$ Dioxan (X_1) — **C_9H_9Cl Zimtchlorid** (X_2)
[24] ⟨K 5, d 5, ϑ 25 °C⟩

$C_4H_8O_2$ Dioxan (X_1) – **CH_4O Methanol** (X_2)
[*33*] ⟨K 11, d 5, ϑ 40 °C⟩

Gew.-% X_1	0	10	20	30	40	50	60	70	80	90	100
10,04 °C	0,8005	0,8210	0,8422	0,8642	0,8871	0,9108	0,9355	0,9612	0,9882	1,0156	1,0445
20 °C	0,7913	0,8115	0,8326	0,8545	0,8773	0,9009	0,9254	0,9508	0,9772	1,0048	1,0336
30 °C	0,7819	0,8020	0,8229	0,8446	0,8671	0,8905	0,9148	0,9400	0,9663	0,9937	1,0223
50 °C	0,7627	0,7824	0,8030	0,8244	0,8467	0,8697	0,8936	0,9184	0,9442	0,9712	0,9995

[*51*] ⟨K 6, d 4⟩

Mol-% X_1	0,00	7,70	33,80	58,85	77,50	100,00
30 °C	0,7818	0,8183	0,9033	0,9648	0,9943	1,0225
55 °C	0,7591	0,7947	0,8824	0,9386	0,9676	0,9944
75 °C	—	—	—	0,9187	0,9466	0,9718

[*28*] ⟨K 5 ab 73 Mol-% X_1, d 4, ϑ 12°, 20°, 25°, 30°, 35°, 40°, 45°, 50 °C⟩
[*11*] ⟨K 8, d 4, ϑ 20°, 40 °C⟩
[*23*] ⟨K 9, d 5, ϑ 22 °C⟩
[*29*] ⟨K 8, d 4, ϑ 22 °C⟩
[*35*] ⟨K 8, d 4, ϑ 25 °C⟩
[*21*]

$C_4H_8O_2$ Dioxan (X_1) – **CH_2O_2 Ameisensäure** (X_2)
[*64*] ⟨K 10, d 3⟩

Mol-% X_1	0,00	6,09	14,49	22,73	30,61	39,04	47,00	63,63	80,41	100,00
25 °C	1,213	1,195	1,161	1,137	1,119	1,101	1,089	1,064	1,045	1,028
50 °C	1,182	1,164	1,131	1,108	1,090	1,073	1,060	1,035	1,017	1,001

[*16*] ⟨K 4 ab 96 Mol-% X_1, d 5, ϑ 25 °C⟩

$C_4H_8O_2$ Dioxan (X_1) – **C_2H_6O Äthanol** (X_2)
[*11*] ⟨K 8, d 4⟩

Gew.-% X_1	0	10	40	50	60	70	90	100
20 °C	0,792	0,811	0,874	0,897	0,922	0,948	1,002	1,033
40 °C	0,775	0,794	0,855	0,877	0,902	0,927	0,980	1,011
60 °C	0,757	0,774	0,836	0,857	0,881	0,906	0,958	0,990

[*40*] ⟨K 29, d 4⟩

Gew.-% X_1	0,00	13,67	24,89	34,87	44,17	49,05	57,36	69,00	79,13	90,91	100,00
25 °C	0,7851	0,8123	0,8353	0,8567	0,8774	0,8886	0,9086	0,9386	0,9653	0,9997	1,0281

[*51*] ⟨K 6, d 4⟩

Mol-% X_1	0,00	3,47	29,44	41,78	78,99	100,00
30 °C	0,7805	0,7922	0,8736	0,9098	0,9854	1,0225
55 °C	0,7587	0,7699	0,8485	0,8841	0,9580	0,9944
75 °C	0,7410	0,7518	0,8292	0,8641	0,9355	0,9718
95 °C	—	—	—	—	0,9151	0,9487

[*29*] ⟨K 9, d 4, ϑ 22 °C⟩
[*27*] ⟨K 18, d 4, ϑ 25 °C⟩
[*21, 22, 23, 39*]

$C_4H_8O_2$ Dioxan (X_1) – **$C_2H_6O_2$ Äthylenglykol** (X_2)
[*13*] ⟨K 8, d 4⟩

Mol-% X_1	0,0	86,8	89,2	91,1	94,7	95,5	97,8	100,0
25 °C	1,110	1,039	1,038	1,037	1,034	1,034	1,032	1,031
50 °C	1,092	1,012	1,010	1,009	1,006	1,006	1,004	1,003

[*31*] ⟨K 12, d 5, ϑ 15°, 30 °C⟩
[*29*] ⟨K 8, d 4, ϑ 22°, 30 °C⟩

$C_4H_8O_2$ Dioxan (X_1) — **$C_2H_4O_2$ Essigsäure** (X_2)
[*42, 49*] ⟨K6, d4⟩

Mol-% X_1	0	20	40	60	80	100
25 °C	1,045	1,044	1,043	1,041	1,035	1,026
40 °C	1,029	1,028	1,027	1,024	1,018	1,010

[*54*] ⟨graph., ϑ 20 °C⟩
[*19*] ⟨K4 ab 96 Mol-% X_1, d5, ϑ 25 °C⟩

$C_4H_8O_2$ Dioxan (X_1) — **C_3H_6O Aceton** (X_2)
[*29*] ⟨K9, d4⟩

Mol-% X_1	0,00	16,30	29,87	45,23	59,97	74,36	84,58	91,97	100,00
22 °C	0,789	0,829	0,862	0,899	0,935	0,969	0,994	1,012	1,031

$C_4H_8O_2$ Dioxan (X_1) — **$C_3H_8O_2$ Propandiol(1.2)** (X_2)
[*13*] ⟨K6, d4⟩

Mol-% X_1	0,0	92,3	96,2	100,0
25 °C	1,033	1,031	1,031	1,031
50 °C	1,014	1,003	1,003	1,003

$C_4H_8O_2$ Dioxan (X_1) — **$C_3H_8O_2$ Trimethylenglykol** (X_2)
[*13*] ⟨K8, d4⟩

Mol-% X_1	0,00	89,6	93,6	97,5	100,0
25 °C	1,050	1,034	1,033	1,032	1,031
50 °C	1,034	1,006	1,005	1,004	1,003

$C_4H_8O_2$ Dioxan (X_1) — **$C_3H_6O_2$ Propionsäure** (X_2)
[*29*] ⟨K9, d4⟩

Mol-% X_1	0,0	15,1	30,2	45,1	59,8	75,0	85,4	91,6	100,0
22 °C	0,990	0,997	1,003	1,009	1,015	1,021	1,025	1,028	1,031

[*16*] ⟨K4 ab 96 Mol-% X_1, d5, ϑ 25 °C⟩
[*25*]

$C_4H_8O_2$ Dioxan (X_1) — **$C_3H_2O_2$ Propiolsäure** (X_2)
[*19*] ⟨K4, d5⟩

Mol-% X_1	90,9	96,4	100,0
25 °C	1,029	1,028	1,027

$C_4H_8O_2$ Dioxan (X_1) — **$C_3H_8O_3$ Glycerin** (X_2)
[*31*] ⟨K8, d5⟩

Mol-% X_1	0,00	5,03	16,28	95,19	96,06	97,56	98,53	100,00
15 °C	1,259	1,248	1,224	1,049	1,047	1,044	1,042	1,039
30 °C	1,250	1,239	1,213	1,033	1,031	1,028	1,025	1,022

[*29*] ⟨K5, d4, ϑ 22 °C⟩

$C_4H_8O_2$ Dioxan (X_1) — **$C_4H_{10}O$ Butanol** (X_2)
[*44*] ⟨K14, d4⟩

Mol-% X_1	0,00	12,70	23,94	32,78	47,20	59,17	67,26	71,23	80,02	88,52	100,00
25 °C	0,806	0,831	0,855	0,873	0,904	0,931	0,949	0,958	0,979	0,999	1,029

[*13*] ⟨K8, d4, ϑ 25°, 50 °C⟩
[*61*] ⟨K6 ab 98,6 Gew.-% X_1, d5, ϑ 30°, 40°, 50 °C⟩

$C_4H_8O_2$ Dioxan (X_1) — $C_4H_{10}O$ Isobutanol (X_2)
[44] ⟨K17, d4, ϑ 25 °C⟩

Mol-% X_1	0,00	12,50	23,54	31,04	41,65	50,66	57,88	71,41	83,20	94,19	100,00
25 °C	0,798	0,824	0,848	0,864	0,887	0,907	0,924	0,957	0,985	1,013	1,029

[61] ⟨K6 ab 98,9 Gew.-% X_1, d5, ϑ 30°, 40°, 50 °C⟩

$C_4H_8O_2$ Dioxan (X_1) — $C_4H_{10}O$ sek-Butanol (X_2)
[44] ⟨K12, d4⟩

Mol-% X_1	0,00	12,56	23,60	30,42	41,75	52,07	59,16	74,13	84,31	94,23	100,00
25 °C	0,803	0,827	0,849	0,864	0,888	0,911	0,927	0,962	0,987	1,013	1,029

[29] ⟨K9, d4, ϑ 22 °C⟩
[61] ⟨K7 ab 98,1 Gew.-% X_1, d5, ϑ 30°, 40°, 50 °C⟩

$C_4H_8O_2$ Dioxan (X_1) — $C_4H_{10}O$ tert-Butanol (X_2)
[44] ⟨K13, d4⟩

Mol-% X_1	0,00	8,78	17,76	27,17	36,47	46,95	57,10	66,59	77,78	87,86	100,00
25 °C	0,781	0,799	0,818	0,839	0,861	0,885	0,911	0,935	0,965	0,994	1,029

[61] ⟨K6 ab 98,6 Gew.-% X_1, d5, ϑ 30°, 40°, 50 °C⟩

$C_4H_8O_2$ Dioxan (X_1) — C_4H_8O Tetrahydrofuran (X_2)
[29] ⟨K9, d4⟩

Mol-% X_1	0,00	6,68	31,25	46,62	61,42	76,01	86,01	92,35	100,00
22 °C	0,886	0,909	0,930	0,953	0,975	0,996	1,010	1,020	1,031

[14] ⟨K7, d4, ϑ 25°, 50 °C⟩

$C_4H_8O_2$ Dioxan (X_1) — $C_4H_{10}O_2$ Butandiol(1.4) (X_2)
[31] ⟨K11, d5⟩

Mol-% X_1	0,0	19,6	41,3	61,1	91,1	92,9	97,2	100,0
15 °C	1,019	1,024	1,028	1,032	1,036	1,038	1,038	1,039
30 °C	1,010	1,014	1,017	1,019	1,021	1,021	1,021	1,022

[29] ⟨K11, d4, ϑ 22 °C⟩

$C_4H_6O_2$ γ-Butyro-lacton (X_1) — C_6H_6 Benzol (X_2)
[20] ⟨K5, d4⟩

Mol-% X_1	0,0	1,3	1,6	2,7	3,1
25 °C	0,873	0,877	0,877	0,880	0,881

$C_4H_6O_2$ Diacetyl (X_1) — C_6H_6 Benzol (X_2)
[26] ⟨K5, d5⟩

Gew.-% X_1	0,0	2,6	3,7
25 °C	0,874	0,875	0,876

$C_4H_4O_2$ Tetrolsäure (X_1) — $C_4H_8O_2$ Dioxan (X_2)
[19] ⟨K4, d5⟩

Mol-% X_1	0,0	2,7	4,8	6,7
25 °C	1,027	1,029	1,031	1,033

[30] ⟨K5 bis 2,4 Gew.-% X_1, d5, ϑ 25 °C⟩

$C_4H_4O_2$ Dimeres Keten (X_1) — **C_6H_6 Benzol** (X_2)
[*18*] ⟨K5, d4⟩

Mol-% X_1	0,0	3,2	5,5	6,8	9,3
25 °C	0,874	0,879	0,884	0,885	0,890

[*48*] ⟨K6 bis 8,3 Mol-% X_1, d5, ϑ 25 °C⟩

$C_4H_4O_2$ Dimeres Keten (X_1) — **CCl_4 Tetrachlormethan** (X_2)
[*18*] ⟨K5, d4⟩

Mol-% X_1	0,00	2,50	3,87	5,00	6,66
25 °C	1,585	1,575	1,569	1,564	1,557

$C_4H_{10}O_3$ Dioxymethylendimethyläther (X_1) — **C_6H_{14} Hexan** (X_2)
[*43*] ⟨K9 bis 4,3 Mol-% X_1, d4, ϑ 25 °C⟩

$C_4H_{10}O_3$ Diäthylenglykol (X_1) — **C_3H_6O Aceton** (X_2)
[*52*] ⟨K7, d4⟩

Mol-% X_1	0	20	40	50	60	80	100
25 °C	0,7854	0,8640	0,9490	0,9813	1,0125	1,0668	1,1129

$C_4H_{10}O_3$ Diäthylenglykol (X_1) — **$C_2H_6O_2$ Äthylenglykol** (X_2) s. S. 257

$C_4H_8O_3$ Methyl-l-Lactat (X_1) — **$C_2H_2Cl_4$ Tetrachloräthan** (X_2) [*8*]

$C_4H_6O_3$ Essigsäureanhydrid (X_1) — **C_6H_6 Benzol** (X_2)
[*10*] ⟨K7, d5⟩

Gew.-% X_1	0,00	0,81	4,10	8,28	44,84	76,48	100,00
20 °C	0,871	0,871	0,879	0,889	0,996	1,029	1,071

$C_4H_6O_3$ Essigsäureanhydrid (X_1) — **$C_2H_4O_2$ Essigsäure** (X_2)
[*5*] ⟨K7, d4⟩

Gew.-% X_1	0,0	10,0	30,1	50,0	70,0	90,0	100,0
15 °C	1,055	1,057	1,063	1,069	1,075	1,082	1,085
76,5 °C	0,985	0,986	0,991	0,996	1,002	1,006	1,010

$C_4H_6O_3$ Essigsäureanhydrid (X_1) — **C_3H_6O Aceton** (X_2)
[*63*] ⟨ΔV, Gleichung, ϑ 25 °C⟩

$C_4H_6O_3$ Essigsäureanhydrid (X_1) — **$C_4H_8O_2$ Dioxan** (X_2)
[*49*] ⟨K6, d4⟩

Mol-% X_1	0	20	40	60	80	100
25 °C	1,0265	1,0362	1,0465	1,0557	1,0653	1,0737
40 °C	1,0101	1,0205	1,0302	1,0394	1,0473	1,0557

$C_4H_6O_3$ Methyläthylencarbonat (X_1) — **C_6H_6 Benzol** (X_2)
[*50*] ⟨K5 bis 1,5 Mol-% X_1, d5, ϑ 25 °C⟩

$C_4H_2O_3$ Maleinsäureanhydrid (X_1) — **$C_4H_8O_2$ Dioxan** (X_2)
[*46*] ⟨K5, d5⟩

Mol-% X_1	0,0	1,2	2,8	3,3	5,7
35 °C	1,018	1,021	1,026	1,028	1,035

$C_4H_6O_4$ Bernsteinsäure (X_1) — **CH_4O Methanol** (X_2)
[*15*] ⟨K4, d3⟩

Mol-% X_1	0,00	1,10	2,30	4,02
20 °C	0,791	0,803	0,819	0,841

[*6*]

$C_4H_6O_4$ Bernsteinsäure (X_1) — **C_2H_6O Äthanol** (X_2) [*7*]

$C_4H_6O_4$ Bernsteinsäure (X_1) — **C_3H_6O Aceton** (X_2) [*7*]

$C_4H_6O_4$ Bernsteinsäure (X_1) — **$C_3H_8O_3$ Glycerin** (X_2) [*4*]

$C_4H_4O_4$ Fumarsäure (X_1) — **CH_4O Methanol** (X_2) [*6*]

$C_4H_2O_4$ Acetylendicarbonsäure (X_1) — **CH_4O Methanol** (X_2) [*6*]

$C_4H_6O_5$ Äpfelsäure (X_1) — **CH_4O Methanol** (X_2)
[*15*] ⟨K4, d3⟩

Mol-% X_1	0,00	1,63	4,21	8,13
20 °C	0,791	0,819	0,861	0,918

[*2*] ⟨K3, d5⟩

Gew.-% X_1	15,83	25,00	52,42
20 °C	0,894	0,945	1,086

$C_4H_6O_5$ Äpfelsäure (X_1) — **C_2H_6O Äthanol** (X_2) [*2*]

$C_4H_6O_5$ Äpfelsäure (X_1) — **C_3H_8O Propanol** (X_2) [*2*]

$C_4H_6O_5$ Äpfelsäure (X_1) — **C_3H_6O Aceton** (X_2) [*2*]

$C_4H_6O_6$ Weinsäure (X_1) — **C_2H_6O Äthanol** (X_2)
[*9*] ⟨K4, d4⟩

Gew.-% X_1	0,00	1,24	6,05	11,70
20 °C	0,798	0,804	0,827	0,854

[*1, 3*]

1 Tammann, G., Hirschberg, W.: Z. physik. Chem. **13** (1894) 543—49.
2 Nasini, R., Gennari, G.: Z. physik. Chem. **19** (1896) 113—29.
3 Winther, C.: Z. physik. Chem. **41** (1902) 161—211.
4 Herz, W., Knoch, M.: Z. anorg. Chem. **45** (1905) 262—69.
5 Drucker, K., Kassel, R.: Z. physik. Chem. **76** (1911) 367—84.
6 Hilditch, T. P., Dunstan, A. E.: Z. Elektrochem., angew. physik. Chem. **17** (1911) 929—34.
7 Röhrs, F.: Ann. Physik [4] **37** (1912) 289—329.
8 Patterson, T. S., Forsyth, W. C.: J. chem. Soc. (London) **103** (1913) 2263—71.
9 Rakshit, J. N.: Z. Elektrochem., angew. physik. Chem. **31** (1925) 97—101.
10 **31** (1925) 320—23.
11 Herz, W., Lorentz, E.: Z. physik. Chem. (A) **140** (1929) 406—22.
12 Williams, J. W.: J. Amer. chem. Soc. **52** (1930) 1831—37.
13 Smyth, C. P., Walls, W. S.: J. Amer. chem. Soc. **53** (1931) 2115—22.
14 **54** (1932) 3230—40.
15 Kosakewitsch, P. P., Kosakewitsch, N. S.: Z. physik. Chem. (A) **166** (1933) 113—35.
16 Wilson, C. J., Wenzke, H. H.: J. chem. Physics **2** (1934) 546—47.
17 Earp, D. P., Glasstone, S.: J. chem. Soc. (London) **1935**, 1709—23.
18 Angus, W. R., Leckie, A. H., Le Fèvre, C. G., Le Fèvre, R. J. W., Wasserman, A.: J. chem. Soc. (London) **1935**, 1751—55.
19 Wilson, C. J., Wenzke, H. H.: J. Amer. chem. Soc. **57** (1935) 1265—67.
20 Marsden, R. J. B., Sutton, L. E.: J. chem. Soc. (London) **1936**, 1383—90.
21 Wolf, K. L., Harms, H., Frahm, H.: Z. physik. Chem. (B) **36** (1937) 237—87.
22 Harms, H., Rössler, H., Wolf, K. L.: Z. physik. Chem. (B) **41** (1938) 321—64.
23 Harms, H.: Z. physik. Chem. (B) **53** (1942/43) 280—306.
24 Goebel, H. L., Wenzke, H. H.: J. Amer. chem. Soc. **60** (1938) 697—99.
25 Schulz, G.: Z. physik. Chem. (B) **40** (1938) 151—57.
26 Caldwell, C. C., Le Fèvre, R. J. W.: J. chem. Soc. (London) **1939**, 1614—22.
27 Hopkins, R. N., Yerger, E. S., Lynch, C. C.: J. Amer. chem. Soc. **61** (1939) 2460—61.
28 Benoit, J., Ney, G.: C.R. hebd. Séances Acad. Sci. **208** (1939) 1888—90.

29 Klapproth, H.: Nova Acta Leopoldina [N.F.] **9** (1940) 305—60.
30 Kumler, W. D.: J. Amer. chem. Soc. **62** (1940) 3292—95.
31 Wang, Y.: Z. physik. Chem. (B) **45** (1940) 323—28.
32 Curran, C.: J. Amer. chem. Soc. **64** (1942) 830—32.
33 Amis, E. S., Chopin, A. R., Padgitt, F. L.: J. Amer. chem. Soc. **64** (1942) 1207—12.
34 Grafe, R.: Nova Acta Leopoldina [N.F.] **12** (1943) 141—94.
35 Pesce, B., Lago, M. V.: Gazz. chim. ital. **74** (1944) 131—44.
36 Berndt, R. J., Lynch, C. C.: J. Amer. chem. Soc. **66** (1944) 282—84.
37 Ioffe, B. V.: C.R. Acad. Sci. URSS (Doklady Akademii Nauk SSSR) **86** (1952) 713; **87** (1952) 405, 763 (nach Tim.).
38 Kortüm, G., Walz, H.: Z. Elektrochem., Ber. Bunsenges. physik. Chem. **57** (1953) 73—81.
39 Markgraf, H.-G., Nikuradse, A.: Z. Naturforsch. **9a** (1954) 27—34.
40 Griffiths, V. S.: J. chem. Soc. (London) **1954**, 860—62.
41 Yasumi, M., Shirai, M.: Bull. chem. Soc. Japan **28** (1955) 193 (nach Tim.).
42 Kowalenko, K. N., Trifinow, N. A., Tissen, D. Ss.: J. allg. Chem. (Shurnal Obschtschei Chimii) **26** (1956) 2404—10.
43 Uchida, T., Kurita, Y., Kubo, M.: J. Polymer Sci. **19** (1956) 365—72.
44 Rush, R. I., Ames, D. C., Horst, R. W., MacKay, J. R.: J. physic. Chem. **60** (1956) 1591—93.
45 Mortimer, C. T., Spedding, H., Springall, H. D.: J. chem. Soc. (London) **1957**, 188—91.
46 Soundarajan, S., Vold, M. J.: Trans. Faraday Soc. **54** (1958) 1155—59.
47 Tourky, A. R., Rizk, H. A., Girgis, Y. M.: Z. physik. Chem. **216** (1961) 176—83.
48 Oesper, P. F., Smyth, C. P.: J. Amer. chem. Soc. **64** (1942) 768—71.
49 Kowalenko, K. N., Trifonow, N. A., Tissen, D. Ss.: J. allg. Chem. (Shurnal Obschtschei Chimii) **26** (1956) 403—07; J. Gen. Chem. USSR **26** (1956) 427—30.
50 Kempa, R., Lee, W. H.: J. chem. Soc. (London) **1958**, 1936—38.
51 Ling, D. V., van Winkle, M.: Chem. Engng. Data Series **3** (1958) 88—95.
52 Lutzki, A. E., Obuchowa, E. M.: J. allg. Chem. (Shurnal Obschtschei Chimii) **31** (1961) 2702—08; J. Gen. Chem. USSR **31** (1961) 2522—27.
53 Anisimov, V. I.: J. physik. Chem. (Shurnal Fisitschesskoi Chimii) **35** (1961) 1911; Russ. J. physic. Chem. **35** (1961) 939—42.
54 Drutman, S. Ss., Litwinenko, R. A., Ssandler, F. Ss.: Ukrain. chem. J. (Ukrainski Chimitschesski Shurnal) **27** (1961) 50—54.
55 Reddy, K. C., Subrahmanyam, S. V., Bhimasenachar, J.: J. physic. Soc. Japan **19** (1964) 559—66.
56 Naidu, P. R., Krishnan, V. R.: J. physic. Soc. Japan **20** (1965) 1554—58.
57 Trans. Faraday Soc. **61** (1965) 1347—50.
58 Fort, R. J., Moore, W. R.: Trans. Faraday Soc. **61** (1965) 2102—11.
59 Naidu, P. R.: J. physic. Soc. Japan **23** (1967) 892—94.
60 Prengle jr., H. W., Felton, E. G., Pike jr., M. A.: J. chem. Engng. Data **12** (1967) 193—96.
61 Rizk, H. A., Youssef, N.: Z. physik. Chem. (Leipzig) **239** (1968) 273—82.
62 Chand, K., Ramakrishna, V.: J. physic. Soc. Japan **26** (1969) 239—44.
63 Campbell, A. N., Kartzmark, E. M.: Canad. J. Chem. **48** (1970) 904—09.
64 Fialkov, Ju. Ja., Tarasenko, Ju. A., Kudra, O. K.: J. allg. Chem. (Shurnal Obschtschei Chimii) **34** (1964) 3862—66; J. Gen. Chem. USSR **34** (1964) 3922—26.
65 Suri, S. K., Ramakrishna, V.: Indian J. Chem. **7** (1969) 490—94 (nach Chem. Abstr.).
66 Khan, V. H., Subrahmanyam, S. V.: Trans. Faraday Soc. **67** (1971) 2282—91.

$C_5H_{12}O$ n-Amylalkohol (X_1) — **C_6H_{12} Cyclohexan** (X_2)
[*32*] ⟨K 5 bis 1,7 Mol-% X_1, d4, ϑ 20 °C⟩
[*31*]

$C_5H_{12}O$ n-Amylalkohol (X_1) — **C_6H_6 Benzol** (X_2)
[*26*] ⟨K 10, d4⟩

Gew.-% X_1	0	5	10	15	20	40	50	60	80	100
25 °C	0,873	0,869	0,865	0,861	0,857	0,843	0,838	0,831	0,819	0,808

[*32*] ⟨K 7 bis 3,2 Mol-% X_1, d4, ϑ 20 °C⟩
[*1*] ⟨K 8, d4, ϑ 20 °C⟩
[*12*] ⟨K 6 bis 7,7 Mol-% X_1, d3, ϑ 30 °C⟩
[*5, 31*]

$C_5H_{12}O$ n-Amylalkohol (X_1) — **C_7H_{16} Heptan** (X_2)
[*32*] ⟨K 8, d4⟩
[*31*]

Mol-% X_1	0,00	1,55	2,53	3,37
20 °C	0,684	0,685	0,686	0,687

$C_5H_{12}O$ n-Amylalkohol (X_1) – **$CHCl_3$ Chloroform** (X_2)
[3] ⟨K 8, d 4⟩

Gew.-% X_1	0,00	11,09	19,47	26,78	42,04	59,87	69,31	100,00
25 °C	1,480	1,354	1,273	1,210	1,096	0,989	0,939	0,806

$C_5H_{12}O$ n-Amylalkohol (X_1) – **CCl_4 Tetrachlormethan** (X_2)
[43] ⟨K 10, d 3⟩

Mol-% X_1	0,00	2,75	5,33	10,44	15,20	20,81	31,32	41,16	69,24	100,00
22 °C	1,593	1,566	1,545	1,505	1,461	1,414	1,328	1,244	1,035	0,814
30 °C	1,577	1,555	1,530	1,491	1,447	1,401	1,316	1,233	1,027	0,808
40 °C	1,558	—	1,512	1,474	1,430	1,384	1,301	1,220	1,016	0,801

[44] ⟨ΔV, graph., ϑ 20 °C⟩

$C_5H_{12}O$ n-Amylalkohol (X_1) – **C_3H_6O Aceton** (X_2)
[1] ⟨K 7, d 4⟩

Gew.-% X_1	0,0	6,3	12,4	48,4	80,6	94,5	100,0
20 °C	0,796	0,798	0,799	0,804	0,807	0,808	0,809

$C_5H_{12}O$ n-Amylalkohol (X_1) – **$C_4H_{10}O$ Butanol** (X_2)
[33] ⟨K 11, d 4⟩

Gew.-% X_1	0	10	20	30	40	50	60	70	80	90	100
32 °C	0,797	0,798	0,799	0,800	0,800	0,801	0,801	0,801	0,802	0,803	0,803

$C_5H_{12}O$ (–)2-Methylbutanol (X_1) – **C_7H_8 Toluol** (X_2)
[39] ⟨K 11, d 4⟩

Gew.-% X_1	0,00	10,06	20,11	30,00	40,06	50,04	60,00	69,89	80,00	89,86	100,00
25 °C	0,860	0,854	0,849	0,844	0,839	0,835	0,831	0,827	0,823	0,819	0,815

$C_5H_{12}O$ (–)2-Methylbutanol (X_1) – **C_8H_{18} n-Octan** (X_2)
[39] ⟨K 11, d 4⟩

Gew.-% X_1	0,00	10,15	20,08	30,05	40,05	49,98	59,99	69,94	79,94	90,02	100,00
25 °C	0,699	0,708	0,718	0,729	0,740	0,751	0,763	0,777	0,789	0,802	0,815

$C_5H_{12}O$ (–)2-Methylbutanol (X_1) – **C_8H_{10} Äthylbenzol** (X_2)
[39] ⟨K 11, d 4⟩

Gew.-% X_1	0,00	10,12	19,99	30,09	40,05	49,97	60,04	69,91	79,94	89,86	100,00
25 °C	0,863	0,856	0,851	0,846	0,841	0,836	0,832	0,828	0,824	0,820	0,815

$C_5H_{12}O$ (–)2-Methylbutanol (X_1) – **C_9H_{20} 2.2.5-Trimethylhexan** (X_2)
[39] ⟨K 11, d 4⟩

Gew.-% X_1	0,00	10,08	20,03	30,00	40,10	50,05	60,04	70,02	79,91	89,92	100,00
25 °C	0,703	0,712	0,722	0,732	0,743	0,755	0,767	0,779	0,792	0,804	0,815

$C_5H_{12}O$ 2-Methylbutanol(-1) (X_1) – **CCl_4 Tetrachlormethan** (X_2)
[44] ⟨ΔV, graph., ϑ 20 °C⟩

$C_5H_{12}O$ 2-Methylbutanol(-1) (X_1) – **C_6H_5Cl Chlorbenzol** (X_2)
[39] ⟨K 11, d 4⟩

Gew.-% X_1	0,00	10,11	20,00	30,08	39,95	49,91	59,93	70,00	79,91	89,74	100,00
25 °C	1,101	1,062	1,028	0,996	0,965	0,937	0,910	0,884	0,861	0,839	0,815

Lacmann

$C_5H_{12}O$ 2-Methylbutanol(-1) (X_1) — **C_7H_7F o-Fluortoluol** (X_2)
[*39*] ⟨K 11, d 4⟩

Gew.-% X_1	0,00	10,26	20,11	30,00	40,02	50,06	60,06	69,99	80,00	89,92	100,00
25 °C	0,998	0,974	0,953	0,933	0,914	0,895	0,873	0,861	0,846	0,830	0,815

$C_5H_{12}O$ Isoamylalkohol(3-Methylbutanol) (X_1) — **C_6H_{14} Hexan** (X_2)
[*4*] ⟨K 6, d 4⟩

Gew.-% X_1	0,00	1,21	3,59	4,77	17,61	23,07
18,7 °C	0,666	0,671	0,678	0,680	0,692	0,702

$C_5H_{12}O$ Isoamylalkohol (X_1) — **C_6H_6 Benzol** (X_2)
[*18*] ⟨K 21, d 4⟩

Gew.-% X_1	0,00	6,94	14,64	23,51	32,93	43,05	49,00	66,55	80,20	90,10	100,00
20 °C	0,879	0,873	0,867	0,860	0,853	0,847	0,843	0,832	0,825	0,819	0,814

[*8*] ⟨K 6, d 4⟩

Gew.-% X_1	0	20	40	60	80	100
30 °C	0,866	0,853	0,834	0,827	0,815	0,803

[*6*] ⟨K 9, d 3, ϑ 18 °C⟩

Gew.-% X_1	0,0	4,0	7,6	12,2	20,9	33,4	50,5	74,8	100,0
64 °C	0,843	0,840	0,838	0,834	0,829	0,822	0,812	0,799	0,787

[*10*] ⟨K 12 bis 6,9 Mol-% X_1, d 4, ϑ 10°, 20°, 30°, 40°, 50°, 60°, 70 °C⟩
[*5*] ⟨K 7, d 4, ϑ 17 °C⟩
[*4*] ⟨K 9, d 4, ϑ 18,4 °C⟩
[*11*] ⟨K 8, d 3, ϑ 25 °C⟩
[*12*] ⟨K 6 bis 7,2 Mol-% X_1, d 3, ϑ 30 °C⟩

$C_5H_{12}O$ Isoamylalkohol (X_1) — **C_7H_8 Toluol** (X_2)
[*39*] ⟨K 11, d 4⟩

Gew.-% X_1	0,00	10,10	20,02	30,06	39,95	50,01	59,93	69,83	79,85	89,91	100,00
25 °C	0,860	0,854	0,848	0,842	0,836	0,831	0,826	0,821	0,816	0,811	0,806

$C_5H_{12}O$ Isoamylalkohol (X_1) — **C_8H_{18} Octan** (X_2)
[*39*] ⟨K 11, d 4⟩

Gew.-% X_1	0,00	10,07	20,26	29,97	40,07	50,09	60,01	70,04	80,01	89,89	100,00
25 °C	0,696	0,707	0,717	0,726	0,736	0,747	0,759	0,770	0,782	0,794	0,806

$C_5H_{12}O$ Isoamylalkohol (X_1) — **C_8H_{10} Äthylbenzol** (X_2)
[*39*] ⟨K 11, d 4⟩

Gew.-% X_1	0,00	10,07	20,03	29,95	39,97	49,99	59,95	70,00	79,90	89,92	100,00
25 °C	0,863	0,856	0,850	0,844	0,838	0,832	0,827	0,821	0,816	0,811	0,806

$C_5H_{12}O$ Isoamylalkohol (X_1) — **C_9H_{20} 2.2.5-Trimethylhexan** (X_2)
[*39*] ⟨K 11, d 4⟩

Gew.-% X_1	0,00	10,01	20,08	30,00	40,01	50,05	60,01	70,01	79,99	89,94	100,00
25 °C	0,703	0,712	0,721	0,730	0,740	0,750	0,762	0,772	0,783	0,796	0,806

$C_5H_{12}O$ Isoamylalkohol (X_1) — **$C_{10}H_8$ Naphthalin** (X_2)
[*40*] ⟨K 4, d 3⟩

Mol-% X_1	94,6	96,4	98,3	100,0
20 °C	0,823	0,821	0,817	0,809

$C_5H_{12}O$ Isoamylalkohol (X_1) — **$CHCl_3$ Chloroform** (X_2)
[7] ⟨K10, d4⟩

Mol-% X_1	0,00	5,98	20,14	42,07	54,10	62,58	80,28	92,11	98,71	100,00
25 °C	1,480	1,423	1,307	1,146	1,067	1,014	0,912	0,848	0,814	0,807

$C_5H_{12}O$ Isoamylalkohol (X_1) — **$CHBr_3$ Bromoform** (X_2) [2]

$C_5H_{12}O$ Isoamylalkohol (X_1) — **CCl_4 Tetrachlormethan** (X_2)
[9] ⟨K5, d4⟩

Mol-% X_1	0	10	25	40	100
25 °C	1,583	1,496	1,370	1,245	0,808

[43] ⟨K9, d3⟩

Mol-% X_1	0,00	3,72	10,61	16,03	21,33	30,70	42,69	76,56	100,00
22 °C	1,593	1,558	1,499	1,452	1,406	1,330	1,233	0,976	0,809
30 °C	1,577	1,543	1,485	1,441	1,397	1,320	1,224	0,968	0,802
40 °C	1,558	1,526	1,468	1,426	1,386	1,307	1,213	0,958	0,794

[44] ⟨ΔV, graph., ϑ 20 °C⟩

$C_5H_{12}O$ Isoamylalkohol (X_1) — **$C_2H_4Cl_2$ Dichloräthan** (X_2)
[22] ⟨K10, d4, ϑ 50 °C⟩

Mol-% X_1	0,00	12,72	22,01	32,64	43,02	57,65	66,39	80,49	88,80	100,00
30 °C	1,240	1,164	1,112	1,061	1,013	0,952	0,918	0,867	0,840	0,804
40 °C	1,226	1,152	1,100	1,048	1,002	0,942	0,909	0,859	0,831	0,796
60 °C	1,197	1,126	1,076	1,024	0,979	0,920	0,892	0,843	0,814	0,784

$C_5H_{12}O$ Isoamylalkohol (X_1) — **C_6H_5Cl Chlorbenzol** (X_2)
[39] ⟨K11, d4⟩

Gew.-% X_1	0,00	10,13	20,04	29,97	40,02	50,08	59,59	69,84	79,80	89,85	100,00
25 °C	1,101	1,061	1,025	0,992	0,960	0,931	0,903	0,877	0,852	0,829	0,806

$C_5H_{12}O$ Isoamylalkohol (X_1) — **$C_6H_4Cl_2$ p-Dichlorbenzol** (X_2)
[27] ⟨K11, d4⟩

Mol-% X_1	0,00	4,99	9,85	30,04	39,66	49,55	59,74	69,71	79,76	89,89	100,00
55 °C	1,253	1,226	1,204	1,112	1,069	1,023	0,977	0,931	0,884	0,835	0,786

$C_5H_{12}O$ Isoamylalkohol (X_1) — **C_7H_7F o-Fluortoluol** (X_2)
[39] ⟨K11, d4⟩

Gew.-% X_1	0,00	10,01	20,06	30,06	39,99	49,93	59,96	69,91	80,02	89,85	100,00
25 °C	0,998	0,974	0,951	0,930	0,910	0,891	0,872	0,854	0,837	0,822	0,806

$C_5H_{12}O$ Isoamylalkohol (X_1) — **CH_4O Methanol** (X_2)
[7] ⟨K5, d5⟩

Mol-% X_1	0,00	13,16	23,17	48,60	100,00
25 °C	0,789	0,793	0,796	0,801	0,807

[29] ⟨K6, d4⟩

Mol-% X_1	0,00	23,28	36,45	58,26	78,65	100,00
30 °C	0,783	0,793	0,797	0,801	0,804	0,807

[28] ⟨K4, d4, ϑ 30 °C⟩

$C_5H_{12}O$ Isoamylalkohol (X_1) — **C_2H_6O Äthanol** (X_2)
[*7*] ⟨K 5, d 5⟩

Mol-% X_1	0,00	16,98	30,23	65,60	100,00
25,1 °C	0,786	0,792	0,795	0,803	0,807

[*4*] ⟨K 10, d 4, ϑ 18,4 °C⟩

$C_5H_{12}O$ Isoamylalkohol (X_1) — **C_3H_8O Propanol(1)** (X_2)
[*7*] ⟨K 5, d 5⟩

Mol-% X_1	0,00	17,96	38,34	57,53	100,00
25,1 °C	0,800	0,802	0,804	0,805	0,807

[*17*] ⟨K 7, d 4, ϑ 25 °C⟩

$C_5H_{12}O$ Isoamylalkohol (X_1) — **C_3H_6O Aceton** (X_2)
[*19*] ⟨K 6, d 4⟩

Gew.-% X_1	0	20	40	60	80	100
20 °C	0,791	0,795	0,799	0,803	0,808	0,812

$C_5H_{12}O$ Isoamylalkohol (X_1) — **$C_3H_8O_3$ Glycerin** (X_2) [*2*]

$C_5H_{12}O$ Isoamylalkohol (X_1) — **$C_4H_{10}O$ Isobutanol** (X_2)
[*38*] ⟨K 6, d 4⟩

Mol-% X_1	0	20	40	60	80	100
20 °C	0,802	0,804	0,806	0,807	0,808	0,809
40 °C	0,786	0,788	0,790	0,792	0,793	0,794
60 °C	0,770	0,772	0,774	0,776	0,777	0,778

[*7*] ⟨K 5, d 5, ϑ 25 °C⟩

$C_5H_{12}O$ Isoamylalkohol (X_1) — **$C_4H_{10}O$ Diäthyläther** (X_2)
[*7*] ⟨K 10, d 5⟩

Mol-% X_1	0,00	11,75	18,68	29,66	42,95	44,61	58,63	68,13	87,55	100,00
25,1 °C	0,708	0,724	0,732	0,744	0,758	0,760	0,773	0,782	0,798	0,807

$C_5H_{12}O$ Isoamylalkohol (X_1) — **$C_4H_8O_2$ Äthylacetat** (X_2)
[*7*] ⟨K 10, d 5⟩

Mol-% X_1	0,00	10,69	23,34	37,40	40,88	42,99	58,08	76,42	81,76	100,00
25 °C	0,895	0,883	0,871	0,858	0,854	0,852	0,839	0,825	0,821	0,807

$C_5H_{12}O$ Isoamylalkohol (X_1) — **$C_5H_{12}O$ 2-Methylbutanol** (X_2)
[*36*] ⟨K 11, d 4⟩

Gew.-% X_1	0	20	40	60	80	100
25 °C	0,815	0,814	0,811	0,810	0,807	0,806

[*24*] ⟨K 6, d 4, ϑ 35 °C⟩

$C_5H_{12}O$ Iso-γ-Methyl-butanol (X_1) — **$C_4H_{10}O$ n-Butanol** (X_2)
[*15, 34*] ⟨K 11, d 5⟩

Mol-% X_1	0,00	19,85	39,54	59,74	79,60	100,00
25 °C	0,806	0,807	0,808	0,809	0,810	0,811

Lacmann

$C_5H_{12}O$ α-Äthylpropanol (X_1) — **C_6H_6 Benzol** (X_2)
[18] ⟨K 18, d 4⟩

Gew.-% X_1	0,00	5,49	9,64	19,94	29,71	40,43	49,82	67,90	79,60	90,12	100,00
20 °C	0,879	0,873	0,870	0,862	0,854	0,847	0,841	0,830	0,825	0,820	0,815

$C_5H_{12}O$ tert. Amylalkohol (X_1) — **C_6H_6 Benzol** (X_2)
[6] ⟨K 7, d 3⟩

Gew.-% X_1	0,0	3,1	5,2	10,2	35,2	50,2	100,0
24 °C	0,874	0,871	0,869	0,865	0,844	0,836	0,809

[12] ⟨K 6 bis 8,3 Mol-% X_1, d 3, ϑ 30 °C⟩

$C_5H_{12}O$ tert. Amylalkohol (X_1) — **CCl_4 Tetrachlormethan** (X_2)
[43] ⟨K 9, d 3⟩

Mol-% X_1	0,00	4,57	10,50	16,24	21,46	29,06	41,78	76,77	100,00
22 °C	1,593	1,553	1,501	1,457	1,406	1,341	1,240	1,099	0,807
30 °C	1,577	1,537	1,485	1,442	1,393	1,329	1,228	1,090	0,803
40 °C	1,558	1,519	1,464	1,422	1,376	1,313	1,212	1,076	0,798

[44] ⟨ΔV, graph., ϑ 20 °C⟩

$C_5H_{12}O$ tert. Amylalkohol (X_1) — **$C_2H_6O_2$ Äthylenglykol** (X_2)
[30] ⟨K 6, d 4⟩

Mol-% X_1	0,00	6,94	16,46	40,36	69,41	100,00
30 °C	1,105	1,071	1,027	0,940	0,864	0,805

$C_5H_{12}O$ Pentanol(-3) (X_1) — **CCl_4 Tetrachlormethan** (X_2)
[45] ⟨ΔV, graph., ϑ 25 °C⟩

$C_5H_{12}O$ 2.2-Dimethylpropanol(-1) (X_1) — **CCl_4 Tetrachlormethan** (X_2)
[45] ⟨ΔV, graph., ϑ 25 °C⟩

$C_5H_{12}O$ Äthyl-isopropyläther (X_1) — **C_6H_6 Benzol** (X_2)
[35] ⟨K 6, d 5⟩

Gew.-% X_1	0,00	1,18	2,04	2,80
30 °C	0,867	0,865	0,864	0,863

$C_5H_{10}O$ Valeraldehyd (X_1) — **C_6H_6 Benzol** (X_2)
[20] ⟨K 5, d 4⟩

Mol-% X_1	0,00	1,02	2,07	3,70
20 °C	0,879	0,878	0,877	0,876

$C_5H_{10}O$ Iso-valeraldehyd (X_1) — **C_6H_6 Benzol** (X_2)
[20] ⟨K 5, d 4⟩

Mol-% X_1	0,00	0,89	1,84	2,81	4,51
20 °C	0,879	0,878	0,877	0,876	0,875

$C_5H_{10}O$ Methylpropylketon (X_1) — **C_6H_6 Benzol** (X_2)
[14] ⟨K 5, d 5⟩

Mol-% X_1	0,00	1,38	3,92	4,95
22 °C	0,876	0,875	0,873	0,872

$C_5H_{10}O$ Methylpropylketon (X_1) — **CH_4O Methanol** (X_2)
[*19*] ⟨K6, d4⟩

Gew.-% X_1	0	20	40	60	80	100
20 °C	0,791	0,797	0,801	0,805	0,808	0,809

$C_5H_{10}O$ Methylpropylketon (X_1) — **CH_2O_2 Ameisensäure** (X_2)
[*21*] ⟨K11, d4, ϑ 35 °C⟩

Mol-% X_1	0,00	12,99	16,08	28,14	40,26	51,19	60,08	69,84	80,02	89,98	100,00
25 °C	1,214	1,086	1,063	0,994	0,941	0,904	0,880	0,856	0,835	0,817	0,802
45 °C	1,190	1,063	1,041	0,971	0,920	0,884	0,859	0,836	0,815	0,799	0,783

[*41*] ⟨K7, d3, ϑ 32 °C⟩

$C_5H_{10}O$ Methylpropylketon (X_1) — **$C_2H_4O_2$ Essigsäure** (X_2)
[*21*] ⟨K11, d4, ϑ 35 °C⟩

Mol-% X_1	0,00	10,78	19,91	30,13	39,83	49,87	60,17	70,11	80,04	90,03	100,00
25 °C	1,043	1,000	0,968	0,938	0,912	0,889	0,867	0,849	0,832	0,816	0,802
45 °C	1,021	0,978	0,947	0,917	0,892	0,869	0,848	0,829	0,812	0,797	0,783

$C_5H_{10}O$ Methylpropylketon (X_1) — **C_3H_6O Aceton** (X_2)
[*38*] ⟨K6, d4⟩

Mol-% X_1	0	20	40	60	80	100
20 °C	0,790	0,795	0,800	0,804	0,807	0,810
40 °C	0,767	0,773	0,778	0,783	0,787	0,790

$C_5H_{10}O$ Methylpropylketon (X_1) — **C_4H_8O Methyläthylketon** (X_2)
[*38*] ⟨K6, d4⟩

Mol-% X_1	0	20	40	60	80	100
20 °C	0,805	0,806	0,807	0,808	0,809	0,810
40 °C	0,784	0,785	0,787	0,788	0,789	0,790
60 °C	0,762	0,764	0,766	0,768	0,769	0,770

$C_5H_{10}O$ Diäthylketon (X_1) — **CH_4O Methanol** (X_2)
[*19*] ⟨K6, d4⟩

Gew.-% X_1	0	20	40	60	80	100
20 °C	0,791	0,798	0,803	0,808	0,812	0,814

$C_5H_{10}O$ Diäthylketon (X_1) — **CH_2O_2 Ameisensäure** (X_2)
[*41*] ⟨K6, d3⟩

Gew.-% X_1	0	20	40	67	80	100
32 °C	1,206	1,092	1,003	0,904	0,865	0,811

$C_5H_{10}O$ Cyclopentanol (X_1) — **C_5H_{10} Cyclopentan** (X_2)
[*23*] ⟨K8, d5⟩

Mol-% X_1	0,00	8,20	15,79	24,32	55,07	70,29	85,14	100,00
22 °C	0,744	0,759	0,773	0,790	0,853	0,884	0,914	0,944

$C_5H_{10}O$ Cyclopentanol (X_1) — **C_6H_{14} Hexan** (X_2)
[*23*] ⟨K9, d4⟩

Mol-% X_1	0,00	8,92	15,36	28,67	40,38	55,19	70,39	85,04	100,00
22 °C	0,686	0,704	0,724	0,736	0,788	0,826	0,864	0,904	0,945

$C_5H_{10}O$ Cyclopentanol (X_1) — **C_6H_{12} Cyclohexan** (X_2)
[*23*] ⟨K 10, d 4⟩

Mol-% X_1	0,00	15,56	24,79	40,04	54,09	69,76	75,40	85,02	90,88	100,00
22 °C	0,776	0,802	0,816	0,843	0,867	0,894	0,903	0,921	0,929	0,945

$C_5H_{10}O$ Cyclopentanol (X_1) — **C_6H_6 Benzol** (X_2)
[*23*] ⟨K 8, d 4⟩

Mol-% X_1	0,0	10,4	22,5	40,4	54,8	70,0	86,1	100,0
22 °C	0,876	0,883	0,891	0,903	0,913	0,924	0,935	0,945

$C_5H_{10}O$ Cyclopentanol (X_1) — **$C_4H_8O_2$ Dioxan** (X_2)
[*23*] ⟨K 7, d 4⟩

Mol-% X_1	0,00	5,90	25,05	53,47	70,47	85,84	100,00
22 °C	1,031	1,024	1,008	0,984	0,968	0,955	0,945

$C_5H_{10}O$ Äthyl-isopropenyläther (X_1) — **C_6H_6 Benzol** (X_2)
[*35*] ⟨K 8, d 5⟩

Gew.-% X_1	0,00	1,43	2,86	3,68	4,11
30 °C	0,867	0,865	0,864	0,863	0,863

$C_5H_{10}O$ Tetrahydropyran (X_1) — **C_6H_{12} Cyclohexan** (X_2)
[*42*] ⟨K 5, Gleichungen⟩

Mol-% X_1	0,00	24,29	51,48	71,75	100,00
25 °C	0,774	0,796	0,824	0,846	0,879
45 °C	0,755	0,777	0,804	0,826	0,859

$C_5H_{10}O$ Tetrahydropyran (X_1) — **C_6H_6 Benzol** (X_2)
[*16*] ⟨K 5, d 4⟩

Mol-% X_1	0,00	2,05	3,18
25 °C	0,873	0,874	0,874

C_5H_8O Cyclopentanon (X_1) — **C_6H_6 Benzol** (X_2)
[*13*] ⟨K 4 bis 6 Mol-% X_1, d 5, ϑ 22 °C⟩

C_5H_8O Cyclopentanon (X_1) — **CCl_4 Tetrachlormethan** (X_2)
[*37*] ⟨K 5, d 4⟩

Gew.-% X_1	0,00	0,56	1,07	1,12	1,89
25 °C	1,584	1,579	1,574	1,573	1,566

C_5H_8O 2-Methyl-2-butenal (X_1) — **C_6H_6 Benzol** (X_2) [*25*]

1 Carnazzi, P.: Nuovo Cimento [V] **9** (1905) 161 (nach Tim.).
2 Öholm, L. W.: Medd. K. Vetenskap akademies Nobelinstitut **2** (1913) Nr. 26 (nach ICT, Tabl. ann. u. Tim.).
3 Holmes, J.: J. chem. Soc. (London) **103** (1913) 2147—66.
4 Muchin, G.: Z. Elektrochem., angew. physik. Chem. **19** (1913) 819—21.
5 Burwinkel, H.: Dissert., Münster, 1914 (nach ICT u. Tim.).
6 Lange, L.: Z. Physik **33** (1925) 169—82.
7 Hirobe, H.: J. Fac. Sci. Imp. Univ. Tokyo **1** (1925/26) Nr. 4, 178—214.
8 Bhide, B. W., Watson, H. E.: J. chem. Soc. (London) **1927**, 2101—07.
9 Krchma, I. J., Williams, J. W.: J. Amer. chem. Soc. **49** (1927) 2408—16.
10 Stranathan, J. D.: Physic. Rev. [2] **31** (1928) 653—71.
11 Mahanti, P. C.: J. Indian chem. Soc. **8** (1929) 743 (nach Tim.).
12 Z. Physik **94** (1935) 220—23.

13 Donle, H. L., Volkert, G.: Z. physik. Chem. (B) **8** (1930) 60—71.
14 Wolf, K. L., Gross, W.: Z. physik. Chem. (B) **14** (1931) 305—25.
15 Trew, V. C. G., Watkins, G. M. C.: Trans. Faraday Soc. **29** (1933) 1310—18.
16 Allen, J. S., Hibbert, H.: J. Amer. chem. Soc. **56** (1934) 1398—1403.
17 Coull, J., Hope, H. B.: J. physic. Chem. **39** (1935) 967—71.
18 Spells, K. E.: Trans. Faraday Soc. **32** (1936) 530—40.
19 Tomonari, T.: Z. physik. Chem. (B) **32** (1936) 202—21.
20 Coomber, D. I., Partington, J. R.: J. chem. Soc. (London) **1938**, 1444—52.
21 Udowenko, W. W.: J. allg. Chem. (Shurnal Obschtschei Chimii) **9** (1939) 1512—14.
22 Udowenko, W. W., Airapetowa, R. P., Filatowa, R. T.: J. allg. Chem. (Shurnal Obschtschei Chimii) **21** (1951) 1430—34.
23 Klapproth, H.: Nova Acta Leopoldina [N. F.] **9** (1940) 305—60.
24 Hafslund, E. R., Lovell, C. L.: Ind. Engng. Chem. **38** (1946) 556—59.
25 Rogers, M. T.: J. Amer. chem. Soc. **69** (1947) 1243—46.
26 Jones, W. J., Bowden, S. T., Yarnold, W. W., Jones, W. H.: J. physic. Chem. **52** (1948) 753—60.
27 Starobinets, G. L., Starobinets, K. S.: J. physik. Chem. (Shurnal Fisitschesskoi Chimii) **25** (1951) 753 (nach Tim.).
28 Danusso, F.: Atti Accad. naz. Lincei, Rend., Cl. Sci. fisiche, mat. natur. [8] **10** (1951) 235—42.
29 [8] **17** (1954) 114—20.
30 [8] **17** (1954) 234—39.
31 Staveley, L. A. K., Spice, B.: J. chem. Soc. (London) **1952**, 406—14.
32 Staveley, L. A. K., Taylor, P. F.: J. chem. Soc. (London) **1956**, 200—09.
33 Serma, H. R., Trehan, P. N.: Current Sci. **21** (1952) 306—07.
34 Anissimow, W. I.: J. physik. Chem. (Shurnal Fisitschesskoi Chimii) **27** (1953) 1797—1807.
35 Angyal, C. L., Le Fèvre, R. J. W.: J. chem. Soc. (London) **1953**, 2181—84.
36 Ikeda, R. M., Kepner, R. E., Webb, A. D.: Analytic. Chem. **28** (1956) 1335—36.
37 Le Fèvre, C. G., Le Fèvre, R. J. W.: J. chem. Soc. (London) **1956**, 3549—63.
38 Toropov, A. P.: J. allg. Chem. (Shurnal Obschtschei Chimii) **26** (1956) 1285—88.
39 Terry, T. D., Kepner, R. E., Webb, A. D.: J. chem. Engng. Data **5** (1960) 403—12.
40 Kosakewitsch, P. P., Kosakewitsch, N. S.: Z. physik. Chem. (A) **166** (1933) 113—35.
41 Venkateswarlu, K., Sriraman, S.: Bull. chem. Soc. Japan **31** (1958) 211—16.
42 Moelwyn-Hughes, E. A., Thorpe, P. L.: Proc. Roy. Soc. (London) Ser. A, **278** (1964) 574—87.
43 Gold, P. I., Perrine, R. L.: J. chem. Engng. Data **12** (1967) 4—8.
44 Brusset, H., Duboc, C., Coppel, A. M.: Bull. Soc. chim. France **1966**, 1203.
45 Duboc, C.: Bull. Soc. chim. France **1969**, 2260—70.

$C_5H_{12}O_2$ Diäthoxymethan (X_1) — C_6H_6 Benzol (X_2)
[*8*] ⟨K 5, d 4⟩

Mol-% X_1	5,28	7,52	8,95	10,89	100,00
25 °C	0,869	0,868	0,867	0,866	0,828

$C_5H_{12}O_2$ 3-Äthoxypropanol(1) (X_1) — CCl_4 Tetrachlormethan (X_2)
[*17*] ⟨K 7, d 4, ϑ 0°, +10°, +30°, +40 °C⟩

Mol-% X_1	0,00	1,61	3,09	5,76	8,55
—10 °C	1,651	1,637	1,625	1,604	1,582
20 °C	1,594	1,580	1,569	1,548	1,527
50 °C	1,536	1,524	1,512	1,493	1,473

$C_5H_{10}O_2$ Valeriansäure (X_1) — C_6H_6 Benzol (X_2)
[*14*] ⟨K 10, d 4⟩

Gew.-% X_1	0	5	10	15	20	40	50	60	80	100
25 °C	0,873	0,875	0,878	0,880	0,883	0,894	0,901	0,907	0,920	0,934

$C_5H_{10}O_2$ Valeriansäure (X_1) — C_7H_{16} Heptan (X_2)
[*19*] ⟨K 11, d 3⟩

Mol-% X_1	0,00	15,00	26,45	36,75	47,29	58,44	66,40	75,08	82,90	92,45	100,00
25 °C	0,679	0,707	0,731	0,754	0,779	0,809	0,831	0,855	0,879	0,909	0,935
40 °C	0,666	0,696	0,720	0,743	0,768	0,797	0,818	0,843	0,866	0,896	0,921
55 °C	0,653	0,683	0,707	0,729	0,754	0,783	0,804	0,829	0,852	0,882	0,906

$C_5H_{10}O_2$ Isovaleriansäure (X_1) — **C_6H_6 Benzol** (X_2)
[*4*] ⟨K 10, d 4⟩

Mol-% X_1	7,29	8,95	11,45	15,32	18,71	26,76	34,55	53,26	74,79	92,90
22 °C	0,883	0,884	0,885	0,887	0,889	0,893	0,897	0,907	0,918	0,928

$C_5H_{10}O_2$ Isobutylformiat (X_1) — **C_6H_6 Benzol** (X_2)
[*7*] ⟨K 5, d 5⟩

Mol-% X_1	0,00	2,37	3,64	5,73	7,60
22 °C	0,876	0,876	0,876	0,875	0,875

$C_5H_{10}O_2$ Isobutylformiat (X_1) — **C_8H_{10} Äthylbenzol** (X_2)
[*2*] ⟨K 3, d 4⟩

Gew.-% X_1	0,00	51,16	100,00
0 °C	0,891	0,898	0,907
20 °C	0,874	0,879	0,885
40 °C	0,856	0,859	0,864

$C_5H_{10}O_2$ Isobutylformiat (X_1) — **$C_4H_8O_2$ Propylformiat** (X_2)
[*2*] ⟨K 3, d 4⟩

Gew.-% X_1	0,00	46,27	100,00
0 °C	0,923	0,915	0,907
20 °C	0,901	0,893	0,885
40 °C	0,877	0,870	0,864

$C_5H_{10}O_2$ Isobutylformiat (X_1) — **$C_4H_8O_2$ Äthylacetat** (X_2)
[*2*] ⟨K 3, d 4⟩

Gew.-% X_1	0,00	45,11	100,00
0 °C	0,924	0,915	0,907
20 °C	0,900	0,893	0,885
40 °C	0,876	0,870	0,864

$C_5H_{10}O_2$ Propylacetat (X_1) — **C_6H_{14} Isohexan** (X_2) [*2*]

$C_5H_{10}O_2$ Propylacetat (X_1) — **C_6H_6 Benzol** (X_2)
[*7*] ⟨K 6, d 4⟩

Mol-% X_1	0,0	5,3	10,0
22 °C	0,876	0,877	0,877

$C_5H_{10}O_2$ Propylacetat (X_1) — **C_7H_{16} Heptan** (X_2)
[*18*] ⟨K 7, d 4⟩

Mol-% X_1	0	20	40	50	60	80	100
25 °C	0,6797	0,7102	0,7452	0,7647	0,7849	0,8293	0,8802

[*7*] ⟨K 6 bis 10,8 Mol-% X_1, d 4, ϑ 22 °C⟩

$C_5H_{10}O_2$ Propylacetat (X_1) — **C_9H_{12} 1.2.4-Trimethylbenzol** (X_2)
[*2*] ⟨K 3, d 4⟩

Gew.-% X_1	0,00	53,62	100,00
0 °C	0,893	0,900	0,908
20 °C	0,876	0,881	0,886
40 °C	0,860	0,862	0,864

$C_5H_{10}O_2$ Propylacetat (X_1) — **CCl_4 Tetrachlormethan** (X_2)
[*7*] ⟨K6, d4⟩

Mol-% X_1	0,00	3,33	4,94	6,43	8,61	10,42
22 °C	1,591	1,563	1,551	1,537	1,520	1,505

$C_5H_{10}O_2$ Propylacetat (X_1) — **$C_5H_{10}O_2$ Iso-butylformiat** (X_2)
[*2*] ⟨K3, d4⟩

Gew.-% X_1	0,00	49,44	100,00
0 °C	0,907	0,908	0,908
20 °C	0,885	0,886	0,886
40 °C	0,864	0,864	0,864

$C_5H_{10}O_2$ Iso-propylacetat (X_1) — **C_6H_6 Benzol** (X_2)
[*5*] ⟨K5, d4⟩

Mol-% X_1	0,00	5,09	6,80	9,00	11,19
22 °C	0,876	0,875	0,874	0,873	0,872

$C_5H_{10}O_2$ Äthylpropionat (X_1) — **C_5H_{12} Isopentan** (X_2) [*2*]

$C_5H_{10}O_2$ Äthylpropionat (X_1) — **C_6H_6 Benzol** (X_2)
[*6*] ⟨K5, d4⟩

Mol-% X_1	0,00	2,75	6,49	9,00	13,50
25 °C	0,873	0,874	0,874	0,874	0,875
50 °C	0,847	0,847	0,847	0,847	0,848

[*7*] ⟨K5, d4, ϑ 22 °C⟩

$C_5H_{10}O_2$ Äthylpropionat (X_1) — **C_9H_{12} 1.2.4-Trimethylbenzol** (X_2)
[*2*] ⟨K3, d4⟩

Gew.-% X_1	0,00	53,58	100,00
0 °C	0,893	0,902	0,912
20 °C	0,876	0,882	0,890
40 °C	0,860	0,863	0,867

$C_5H_{10}O_2$ Äthylpropionat (X_1) — **$C_4H_8O_2$ Äthylacetat** (X_2)
[*1*] ⟨K3, d5⟩

Mol-% X_1	0	50	100
20 °C	0,924	0,918	0,913

$C_5H_{10}O_2$ Äthylpropionat (X_1) — **$C_5H_{10}O_2$ Isobutylformiat** (X_2)
[*2*] ⟨K3, d4⟩

Gew.-% X_1	0,00	50,1	100,0
0 °C	0,907	0,909	0,912
20 °C	0,885	0,887	0,890
40 °C	0,864	0,865	0,867

$C_5H_{10}O_2$ Äthylpropionat (X_1) — **$C_5H_{10}O_2$ Propylacetat** (X_2)
[*2*] ⟨K3, d4⟩

Mol-% X_1	0,00	49,8	100,0
0 °C	0,908	0,910	0,912
20 °C	0,886	0,888	0,890
40 °C	0,864	0,865	0,867

$C_5H_{10}O_2$ Methylbutyrat (X_1) — **C_6H_6 Benzol** (X_2)
[7] ⟨K 5, d 4⟩

Mol-% X_1	0,00	4,50	10,27	13,67
22 °C	0,876	0,877	0,878	0,879

$C_5H_8O_2$ Methacrylsäuremethylester (X_1) — **CH_4O Methanol** (X_2)
[13] ⟨K 20, d 4⟩

Gew.-% X_1	0	10	20	30	40	50	60	70	80	90	100
20 °C	0,792	0,805	0,817	0,832	0,847	0,862	0,878	0,882	0,909	0,926	0,944

$C_5H_8O_2$ Methacrylsäuremethylester (X_1) — **$C_4H_6O_2$ Methacrylsäure** (X_2)
[13] ⟨K 15, d 4⟩

Gew.-% X_1	70	75	80	85	90	95	100
20 °C	0,965	0,962	0,959	0,955	0,951	0,947	0,943

$C_5H_8O_2$ Acetylaceton (X_1) — **C_3H_8O Isopropanol** (X_2)
[20] ⟨K 11, d 5⟩

Mol-% X_1	0,00	11,73	20,09	29,08	42,78	48,84	60,04	67,36	78,95	86,14	100,00
25 °C	0,7806	0,8085	0,8271	0,8461	0,8734	0,8848	0,9050	0,9175	0,9370	0,9481	0,9694

$C_5H_8O_2$ Acetylaceton (X_1) — **C_3H_6O Aceton** (X_2)
[20] ⟨K 9, d 5⟩

Mol-% X_1	0,00	12,04	16,41	22,88	32,85	38,21	55,93	83,14	100,00
25 °C	0,7839	0,8156	0,8259	0,8408	0,8623	0,8730	0,9053	0,9471	0,9694

$C_5H_4O_2$ Furfurol (X_1) — **C_6H_6 Benzol** (X_2)
[15] ⟨K 6, d 5⟩

Gew.-% X_1	0,00	0,54	1,17
25 °C	0,871	0,873	0,875

$C_5H_4O_2$ Furfurol (X_1) — **C_8H_{10} Äthylbenzol** (X_2)
[21] ⟨K 21, d 4⟩

Mol-% X_1	0,00	7,34	22,65	31,02	40,57	49,35	59,47	68,79	81,47	89,23	100,00
35 °C	0,8548	0,8770	0,9105	0,9348	0,9548	0,9783	1,0080	1,0390	1,0820	1,1100	1,1561

$C_5H_4O_2$ Furfurol (X_1) — **C_8H_{10} p-Xylol** (X_2)
[21] ⟨K 21, d 4⟩

Mol-% X_1	0,00	7,24	20,79	27,19	39,20	50,37	59,91	69,20	81,76	89,34	100,00
35 °C	0,8481	0,8690	0,8997	0,9158	0,9454	0,9770	1,0070	1,0380	1,0810	1,1060	1,1561

$C_5H_{12}O_3$ Trimethyloläthan (X_1) — **$C_4H_8O_2$ Dioxan** (X_2)
[12] ⟨K 4, d 5⟩

Mol-% X_1	0,00	0,72	0,94
15 °C	1,039	1,040	1,040
30 °C	1,022	1,023	1,024

$C_5H_{10}O_3$ Diäthylcarbonat (X_1) — **C_6H_6 Benzol** (X_2)
[10] ⟨K 9, d 4⟩

Mol-% X_1	0,00	4,97	15,06	26,90	44,40	51,86	66,85	85,88	100,00
25 °C	0,873	0,879	0,891	0,905	0,919	0,930	0,943	0,958	0,969

[9] ⟨K 5 bis 2 Mol-% X_1, d 5, ϑ 25 °C⟩

$C_5H_{10}O_3$ Diäthylcarbonat (X_1) — **$CHCl_3$ Chloroform** (X_2)
[10] ⟨K9, d4⟩

Mol-% X_1	0,00	10,61	18,02	28,35	40,28	55,02	66,43	85,47	100,00
25 °C	1,480	1,403	1,353	1,289	1,222	1,148	1,097	1,021	0,969

$C_5H_{10}O_3$ Diäthylcarbonat (X_1) — **CCl_4 Tetrachlormethan** (X_2)
[10] ⟨K9, d4⟩

Mol-% X_1	0,00	7,87	23,88	39,36	53,21	66,94	77,65	89,48	100,00
25 °C	1,585	1,524	1,409	1,307	1,222	1,142	1,085	1,022	0,969

$C_5H_{10}O_3$ Äthyllactat (X_1) — **C_6H_6 Benzol** (X_2)
[16] ⟨K17, d6⟩

Mol-% X_1	0,20	0,63	1,14	1,80	2,44	3,24	4,48	7,02	7,62
20 °C	0,879	0,880	0,881	0,882	0,883	0,884	0,886	0,891	0,892

$C_5H_{10}O_3$ Methyl-L-α-methoxy-propionat (X_1) — **$C_2H_2Cl_4$ Tetrachloräthan** (X_2) *[3]*

$C_5H_8O_4$ d-Methylbernsteinsäure (X_1) — **C_2H_6O Äthanol** (X_2)
[11] ⟨K5, d3⟩

Gew.-% X_1	2,17	4,14	10,41	27,68	47,03
20 °C	0,799	0,805	0,826	0,891	0,968

1 Young, S., Forty, E. C.: J. chem. Soc. (London) **83** (1903) 45—68.
2 Biron, E. V.: J. russ. physik.-chem. Ges. (Shurnal Russkogo Fisiko-Chimitschesskogo Obschtschesstwa) **42** (1910) 167 (nach ICT u. Tim.).
3 Patterson, T. S., Forsyth, W. C.: J. chem. Soc. (London) **103** (1913) 2263—71.
4 Briegleb, G.: Z. physik. Chem. (B) **10** (1930) 205—37.
5 Donle, H. L.: Z. physik. Chem. (B) **14** (1931) 326—38.
6 Smyth, C. P., Walls, W. S.: J. Amer. chem. Soc. **53** (1931) 527—39.
7 Wolf, K. L., Gross, W.: Z. physik. Chem. (B) **14** (1931) 305—25.
8 Otto, M. M.: J. Amer. chem. Soc. **57** (1935) 693—95.
9 Thomson, G.: J. chem. Soc. (London) **1939**, 1118—23.
10 Bowden, S. T., Butler, E. T.: J. chem. Soc. (London) **1939**, 79—83.
11 Berner, C., Leonardsen, R.: Liebigs Ann. Chem. **538** (1939) 1—43.
12 Wang, Y. L.: Z. physik. Chem. (B) **45** (1940) 323—28.
13 Woods, D. E.: J. Soc. chem. Ind. **66** (1947) 26 (nach Tim.).
14 Jones, W. J., Bowden, S. T., Yarnold, W. W., Jones, W. H.: J. physic. Chem. **52** (1948) 753—60.
15 Calderbank, K. E., Le Fèvre, R. J. W.: J. chem. Soc. (London) **1949**, 1462—68.
16 Schurz, J., Koren, H., Treiber, E.: Mh. Chem. **86** (1955) 986—94.
17 Rodebush, W. H., Eddy, C. R., Eubank, L. D.: J. chem. Physics **8** (1940) 889—96.
18 Lutzki, A. E., Obukhova, E. M.: J. allg. Chem. (Shurnal Obschtschei Chimii) **31** (1961) 2692 bis 2702; J. Gen. Chem. USSR **31** (1961) 2512—21.
19 Meeussen, E., Debeuf, C., Huyskens, P.: Bull. Soc. chim. belges **76** (1967) 145—56.
20 Nakanishi, K., Touhara, H., Sato, K., Nagao, M.: Bull. chem. Soc. Japan **41** (1968) 2536—37.
21 Puri, P. S., Raju, K. S. N.: J. chem. Engng. Data **15** (1970) 480—83.

$C_6H_{14}O$ n-Hexanol (X_1) — **C_5H_{10} Cyclopentan** (X_2)
[21] ⟨K7, d4⟩

Mol-% X_1	0,0	14,9	39,9	53,0	67,8	79,6	100,0
22 °C	0,744	0,755	0,774	0,785	0,797	0,805	0,822

$C_6H_{14}O$ n-Hexanol (X_1) — **C_6H_{12} Cyclohexan** (X_2)
[28] ⟨K6 bis 3,1 Mol-% X_1, d4, ϑ 20 °C⟩
[27]

$C_6H_{14}O$ n-Hexanol (X_1) − **C_6H_6 Benzol** (X_2)
[24] ⟨K 10, d 4⟩

Gew.-% X_1	0	5	10	15	20	40	50	60	80	100
25 °C	0,873	0,869	0,865	0,862	0,859	0,846	0,840	0,834	0,823	0,812

[28] ⟨K 7 bis 3,3 Mol-% X_1, d 4, ϑ 20 °C⟩
[22] ⟨K 11, d 5, ϑ 22 °C⟩
[53] ⟨ΔV, graph., ϑ 25 °C⟩
[21] ⟨K 8, d 5, ϑ 22 °C⟩
[27, 29]

$C_6H_{14}O$ n-Hexanol (X_1) − **C_7H_{16} Heptan** (X_2)
[28] ⟨K 7, d 4⟩

Mol-% X_1	0,00	1,15	2,21	3,35
20 °C	0,684	0,685	0,686	0,687

[27]

$C_6H_{14}O$ n-Hexanol (X_1) − **CCl_4 Tetrachlormethan** (X_2)
[36] ⟨K 12, d 4⟩

Mol-% X_1	0,00	1,41	2,69	5,21	8,92	20,01	33,91	50,71	66,28	78,90	98,87	100,00
18 °C	1,600	1,585	1,572	1,546	1,512	1,407	1,285	1,149	1,035	0,948	0,822	0,813

[24] ⟨K 10, d 4, ϑ 25 °C⟩

$C_6H_{14}O$ n-Hexanol (X_1) − **CH_4O Methanol** (X_2)
[52] ⟨K 37, ΔV⟩

Mol-% X_1	0,00	9,25	20,36	30,03	41,59	50,92	60,42	69,09	80,80	90,86	100,00
25 °C	0,7867	0,7921	0,7976	0,8015	0,8052	0,8077	0,8098	0,8114	0,8133	0,8146	0,8157

$C_6H_{14}O$ n-Hexanol (X_1) − **C_2H_6O Äthanol** (X_2)
[52] ⟨K 21, ΔV⟩

Mol-% X_1	0,00	8,74	20,08	31,50	40,23	52,36	60,40	69,03	77,97	86,43	100,00
25 °C	0,7851	0,7899	0,7953	0,7998	0,8027	0,8062	0,8083	0,8102	0,8120	0,8135	0,8157

$C_6H_{14}O$ n-Hexanol (X_1) − **C_3H_8O Propanol(1)** (X_2)
[52] ⟨K 22, ΔV⟩

Mol-% X_1	0,00	11,70	20,57	29,50	41,18	47,02	59,27	66,71	82,49	89,72	100,00
25 °C	0,7995	0,8024	0,8043	0,8060	0,8081	0,8090	0,8108	0,8119	0,8138	0,8146	0,8157

$C_6H_{14}O$ n-Hexanol (X_1) − **$C_4H_{10}O$ n-Butanol** (X_2)
[50] ⟨K 22, ΔV, ϑ 25 °C⟩

$C_6H_{14}O$ β-Methylpentanol (X_1) − **C_6H_6 Benzol** (X_2)
[22] ⟨K 12, d 5⟩

Mol-% X_1	0,0	9,6	14,8	22,2	29,8	44,2	59,9	75,7	90,7	100,0
22 °C	0,877	0,867	0,863	0,857	0,852	0,843	0,835	0,828	0,823	0,819

[29]

$C_6H_{14}O$ Di-propyläther (X_1) − **C_6H_6 Benzol** (X_2)
[26] ⟨K 8, d 4⟩

Gew.-% X_1	0,0	1,15	2,12	3,19
25 °C	0,874	0,872	0,871	0,869

$C_6H_{14}O$ Di-iso-propyläther (X_1) — **C_6H_{12} Cyclohexan** (X_2)
[*15*] ⟨K 9, d 4⟩

Mol-% X_1	0,0	6,9	8,2	19,2	20,6	35,2	52,3	69,4	100,0
20 °C	0,778	0,773	0,772	0,764	0,764	0,755	0,746	0,737	0,724

$C_6H_{14}O$ Di-iso-propyläther (X_1) — **C_6H_6 Benzol** (X_2)
[*18*] ⟨K 10, d 4⟩

Mol-% X_1	0,00	7,07	14,06	20,61	27,29	44,64	51,69	66,75	78,99	100,00
25 °C	0,874	0,857	0,842	0,831	0,818	0,791	0,780	0,760	0,743	0,719

[*15*] ⟨K 7, d 4, ϑ 20 °C⟩
[*26*] ⟨K 8 bis 20 Gew.-% X_1, d 4, ϑ 25 °C⟩
[*17*] ⟨K 7, d 4, ϑ 25 °C⟩

$C_6H_{14}O$ Di-iso-propyläther (X_1) — **$CHCl_3$ Chloroform** (X_2)
[*15*] ⟨K 10, d 4⟩

Mol-% X_1	0,00	3,96	10,02	17,35	28,52	43,92	65,89	82,04	90,94	100,00
20 °C	1,489	1,440	1,371	1,293	1,188	1,062	0,909	0,815	0,768	0,724

[*18*] ⟨K 9, d 4, ϑ 0°, 25 °C⟩

$C_6H_{14}O$ Di-iso-propyläther (X_1) — **$CHBr_3$ Bromoform** (X_2)
[*15*] ⟨K 10, d 4⟩

Mol-% X_1	0,00	6,53	12,23	22,80	36,44	46,74	61,71	77,01	88,66	100,00
20 °C	2,890	2,678	2,508	2,216	1,878	1,649	1,348	1,075	0,889	0,724

[*51*] ⟨ΔV, graph., ϑ 20 °C⟩

$C_6H_{14}O$ Di-iso-propyläther (X_1) — **CCl_4 Tetrachlormethan** (X_2)
[*15*] ⟨K 10, d 4⟩

Mol-% X_1	0,00	6,92	15,48	26,39	40,65	50,21	65,89	80,06	91,99	100,00
20 °C	1,594	1,510	1,414	1,300	1,164	1,080	0,955	0,853	0,773	0,724

$C_6H_{14}O$ Di-iso-propyläther (X_1) — **CBr_4 Tetrabrommethan** (X_2)
[*15*] ⟨K 6, d 4⟩

Mol-% X_1	71,2	75,70	81,61	87,13	92,65	100,00
20 °C	1,307	1,208	1,085	0,972	0,863	0,724

$C_6H_{14}O$ Di-iso-propyläther (X_1) — **C_6H_5Cl Chlorbenzol** (X_2)
[*17*] ⟨K 8, d 4⟩

Mol-% X_1	82,28	90,13	91,56	92,96	94,84	96,35	98,21	100,00
25 °C	0,779	0,754	0,749	0,744	0,738	0,733	0,728	0,722

$C_6H_{14}O$ Di-iso-propyläther (X_1) — **C_3H_8O Propanol(2)** (X_2)
[*31*] ⟨K 21, d 4⟩

Gew.-% X_1	0	10	20	30	40	50	60	70	80	90	100
25 °C	0,781	0,776	0,770	0,764	0,759	0,753	0,746	0,740	0,734	0,727	0,719

[*20*] ⟨K 18, d 4, ϑ 25 °C⟩

$C_6H_{12}O$ Cyclohexanol (X_1) — **C_5H_{10} Cyclopentan** (X_2)
[*21*] ⟨K 9, d 5⟩

Mol-% X_1	0,00	7,61	16,18	24,59	39,10	54,20	68,47	85,59	100,00
22 °C	0,744	0,761	0,780	0,799	0,831	0,864	0,895	0,928	0,947

$C_6H_{12}O$ Cyclohexanol (X_1) — C_6H_{14} Hexan (X_2)
[21] ⟨K10, d3⟩

Mol-% X_1	0,00	8,46	15,67	35,43	40,39	47,68	55,38	69,95	84,99	100,00
22 °C	0,676	0,708	0,726	0,778	0,791	0,811	0,831	0,868	0,908	0,947

$C_6H_{12}O$ Cyclohexanol (X_1) — C_6H_{12} Cyclohexan (X_2)
[45] ⟨K11, d5⟩

Mol-% X_1	0,00	7,78	9,71	15,14	25,28	35,05	48,68	57,99	69,08	79,91	100,00
27 °C	0,7720	0,7843	0,7877	0,7966	0,8137	0,8308	0,8547	0,8711	0,8905	0,9093	0,9439
35 °C	0,7644	0,7767	0,7800	0,7890	0,8062	0,8235	0,8475	0,8639	0,8836	0,9027	0,9375
45 °C	0,7552	0,7669	0,7704	0,7794	0,7968	0,8141	0,8384	0,8551	0,8749	0,8943	0,9298

[21] ⟨K10, d4, ϑ 22°, 30 °C⟩
[42] ⟨K12, d4, ϑ 30 °C⟩

$C_6H_{12}O$ Cyclohexanol (X_1) — C_6H_6 Benzol (X_2)
[21] ⟨K9, d4⟩

Mol-% X_1	0,0	8,0	15,1	24,8	40,2	55,4	69,7	84,5	100,0
22 °C	0,876	0,882	0,887	0,894	0,905	0,916	0,926	0,936	0,947

[9] ⟨K4 bis 1,8 Mol-% X_1, d4, ϑ 25 °C⟩

$C_6H_{12}O$ Cyclohexanol (X_1) — CCl_4 Tetrachlormethan (X_2)
[19] ⟨K9, d4, ϑ 0°, +10°, +30°, +40 °C⟩

Mol-% X_1	0,00	0,54	1,20	1,76	3,22	4,76	6,29	8,19	12,77
−10 °C	1,651	1,647	1,642	1,638	1,628	1,617	1,606	1,592	1,560
20 °C	1,594	1,589	1,585	1,581	1,571	1,561	1,550	1,537	1,507
50 °C	1,536	1,533	1,528	1,524	1,515	1,505	1,495	1,482	1,454

$C_6H_{12}O$ Cyclohexanol (X_1) — CH_4O Methanol (X_2)
[32] ⟨K7, d4⟩

Mol-% X_1	0,00	9,44	25,42	44,17	49,33	65,43	100,00
30 °C	0,783	0,816	0,857	0,889	0,896	0,914	0,941

$C_6H_{12}O$ Cyclohexanol (X_1) — $C_2H_6O_2$ Äthylenglykol (X_2)
[33] ⟨K6, d4⟩

Mol-% X_1	0,00	14,37	28,75	47,80	73,26	100,00
30 °C	1,105	1,063	1,031	0,996	0,963	0,941

$C_6H_{12}O$ Cyclohexanol (X_1) — C_3H_8O Propanol(1) (X_2)
[32] ⟨K6, d4⟩

Mol-% X_1	0,00	17,20	38,52	66,30	85,29	100,00
30 °C	0,797	0,830	0,865	0,903	0,925	0,941

$C_6H_{12}O$ Cyclohexanol (X_1) — C_3H_8O Propanol(2) (X_2)
[32] ⟨K7, d4⟩

Mol-% X_1	0,00	15,41	16,63	37,00	65,82	85,26	100,00
30 °C	0,777	0,812	0,814	0,853	0,898	0,923	0,941

$C_6H_{12}O$ Cyclohexanol (X_1) — $C_3H_8O_3$ Glycerin (X_2)
[33] ⟨K6, d4⟩

Mol-% X_1	0,00	13,24	26,56	47,18	73,25	100,00
30 °C	1,254	1,200	1,149	1,076	1,002	0,941

$C_6H_{12}O$ Cyclohexanol (X_1)—**$C_4H_{10}O$ n-Butanol** (X_2)
[*32*] ⟨K6, d4⟩

Mol-% X_1	0,00	19,61	43,14	69,94	85,94	100,00
30 °C	0,803	0,833	0,867	0,903	0,924	0,941

$C_6H_{12}O$ Cyclohexanol (X_1)—**$C_4H_{10}O$ Iso-butanol** (X_2)
[*32*] ⟨K6, d4⟩

Mol-% X_1	0,00	20,75	40,74	68,91	87,45	100,00
30 °C	0,795	0,830	0,861	0,901	0,925	0,941

$C_6H_{12}O$ Cyclohexanol (X_1)—**C_4H_8O Tetrahydrofuran** (X_2)
[*21*] ⟨K10, d4⟩

Mol-% X_1	0,0	8,3	15,2	25,1	40,6	56,7	70,4	85,1	92,5	100,0
22 °C	0,885	0,891	0,895	0,901	0,910	0,921	0,929	0,938	0,943	0,947

$C_6H_{12}O$ Cyclohexanol (X_1)—**$C_4H_8O_2$ Dioxan** (X_2)
[*21*] ⟨K7, d4⟩

Mol-% X_1	0,0	7,9	25,6	51,5	69,8	85,4	100,0
22 °C	1,031	1,025	1,010	0,988	0,972	0,959	0,947

$C_6H_{12}O$ Methylbutylketon (X_1)—**C_6H_6 Benzol** (X_2)
[*11*] ⟨K5, d5⟩

Mol-% X_1	0,00	1,80	2,99
22 °C	0,876	0,875	0,874

$C_6H_{12}O$ Methylisobutylketon (X_1)—**$CHCl_3$ Chloroform** (X_2)
[*25*] ⟨K17, d4⟩

Mol-% X_1	0,00	10,21	20,15	30,25	38,57	45,27	56,79	63,83	75,55	85,80	93,38	100,00
25 °C	1,479	1,379	1,289	1,207	1,144	1,097	1,022	0,978	0,914	0,862	0,827	0,796

$C_6H_{12}O$ Methylisobutylketon (X_1)—**C_3H_6O Aceton** (X_2)
[*25*] ⟨K4, d4⟩

Mol-% X_1	0,0	47,2	61,1	100,0
25 °C	0,784	0,791	0,792	0,796

$C_6H_{12}O$ Vinyl-butyläther (X_1)—**C_6H_6 Benzol** (X_2) [*23*]

$C_6H_{12}O$ Vinyl-isobutyläther (X_1)—**C_6H_6 Benzol** (X_2) [*23*]

$C_6H_{10}O$ Cyclohexanon (X_1)—**C_6H_{14} Hexan** (X_2)
[*16*] ⟨K6, d4⟩

Gew.-% X_1	0	20	40	60	80	100
20 °C	0,693	0,733	0,779	0,829	0,885	0,947

$C_6H_{10}O$ Cyclohexanon (X_1)—**C_6H_6 Benzol** (X_2)
[*9*] ⟨K3, d4⟩

Mol-% X_1	0,00	0,85	2,60
25 °C	0,873	0,874	0,876

$C_6H_{10}O$ Cyclohexanon (X_1)—**CCl_4 Tetrachlormethan** (X_2)
[*38*] ⟨K6, d4⟩

Gew.-% X_1	0,00	0,95	2,16	3,13
25 °C	1,584	1,575	1,562	1,553

$C_6H_{10}O$ Cyclohexanon (X_1) – **C_2HCl_3 Trichloräthylen** (X_2) [29]

$C_6H_{10}O$ Cyclohexanon (X_1) – **CH_4O Methanol** (X_2)
[16] ⟨K6, d4⟩

Gew.-% X_1	0	20	40	60	80	100
20 °C	0,791	0,824	0,857	0,887	0,919	0,947

$C_6H_{10}O$ Cyclohexanon (X_1) – **C_2H_6O Äthanol** (X_2)
[16] ⟨K6, d4⟩

Gew.-% X_1	0	20	40	60	80	100
20 °C	0,791	0,819	0,850	0,880	0,913	0,947

$C_6H_{10}O$ Cyclohexanon (X_1) – **C_3H_8O Propanol** (X_2)
[16] ⟨K6, d4⟩

Gew.-% X_1	0	20	40	60	80	100
20 °C	0,804	0,830	0,857	0,885	0,915	0,947

$C_6H_{10}O$ Cyclohexanon (X_1) – **$C_4H_{10}O$ n-Butanol** (X_2)
[16] ⟨K6, d4⟩

Gew.-% X_1	0	20	40	60	80	100
20 °C	0,812	0,836	0,862	0,890	0,918	0,947

$C_6H_{10}O$ Cyclohexanon (X_1) – **$C_5H_{12}O$ Isoamylalkohol** (X_2)
[16] ⟨K6, d4⟩

Gew.-% X_1	0	20	40	60	80	100
20 °C	0,812	0,837	0,863	0,890	0,918	0,947

C_6H_6O Phenol (X_1) – **C_5H_{10} Cyclopentan** (X_2)
[21] ⟨K5, d4⟩

Mol-% X_1	0,00	13,13	40,61	56,40	100,00
22 °C	0,744	0,783	0,867	0,919	1,060

C_6H_6O Phenol (X_1) – **C_6H_{14} Hexan** (X_2)
[21] ⟨K3, d4⟩

Mol-% X_1	0,00	4,03	100,00
22 °C	0,686	0,702	1,060

[46] ⟨K10, d4⟩

Mol-% X_1	10,9	21,5	31,9	42,1	51,7	62,1	71,8	81,4	90,8	100,0
55 °C	0,656	0,690	0,725	0,768	0,808	0,856	0,905	0,957	0,990	1,048

C_6H_6O Phenol (X_1) – **C_6H_{12} Cyclohexan** (X_2)
[21] ⟨K6, d4⟩

Mol-% X_1	0,00	8,17	15,35	25,15	40,23	100,00
22 °C	0,776	0,798	0,817	0,845	0,889	1,060

[37] ⟨K5, d3, ϑ 30°, 40 °C⟩

Mol-% X_1	0,00	1,24	2,32	5,97	18,18
20 °C	0,779	0,781	0,784	0,793	0,824
50 °C	0,750	0,753	0,755	0,764	0,796

Lacmann

C_6H_6O Phenol (X_1) — C_6H_6 Benzol (X_2)
[6] ⟨K 11, d 4⟩

Gew.-% X_1	0,00	6,04	9,84	20,01	32,40	42,09	53,02	63,65	74,11	83,20	100,00
20 °C	0,877	0,888	0,895	0,913	0,937	0,955	0,977	0,998	1,019	1,038	1,075

[14] ⟨K 11, d 4⟩

Mol-% X_1	0,00	10,74	13,46	20,17	32,46	40,72	45,45	59,96	72,57	100,00
70 °C	0,825	0,847	0,853	0,868	0,894	0,912	0,921	0,952	0,978	1,031

[2] ⟨K 5, d 4, ϑ 20 °C⟩
[13] ⟨K 10, d 5, ϑ 20 °C⟩
[21] ⟨K 8, d 4, ϑ 22 °C⟩
[7] ⟨K 4 bis 35 Mol-% X_1, d 4, ϑ 25 °C⟩
[8] ⟨K 8, d 4, ϑ 25 °C⟩
[10] ⟨K 14, d 4, ϑ 25 °C⟩
[14] ⟨K 10, d 5, ϑ 25 °C⟩
[35] ⟨K 11, d 5, ϑ 25 °C⟩
[30] ⟨K 2, d 4, ϑ 25°, 50 °C⟩
[5]

C_6H_6O Phenol (X_1) — C_7H_8 Toluol (X_2)
[4] ⟨K 6, d 5⟩

Gew.-% X_1	0,00	2,09	4,26	9,84	18,73	28,79
12,9 °C	0,872	0,876	0,880	0,890	0,906	0,926

C_6H_6O Phenol (X_1) — C_8H_{10} m-Xylol (X_2)
[2] ⟨K 4, d 4⟩

Gew.-% X_1	0,00	5,59	12,40	26,28
20 °C	0,856	0,870	0,882	0,894

C_6H_6O Phenol (X_1) — C_9H_{12} Isopropylbenzol (X_2)
[41] ⟨K 14, d 4⟩

Gew.-% X_1	0	10	20	30	40	60	70	80	85	90	94,78	97,5	100
45 °C	0,840	0,859	0,877	0,896	0,920	0,960	0,982	1,006	1,008	1,030	1,042	1,049	1,055

C_6H_6O Phenol (X_1) — C_9H_{10} 1-Methylstyrol (X_2)
[34] ⟨K 22, d 4⟩

Gew.-% X_1	0	10	20	30	40	50	60	70	80	90	100
45 °C	0,887	0,901	0,916	0,934	0,947	0,964	0,981	0,999	1,017	1,036	1,055

C_6H_6O Phenol (X_1) — $C_{10}H_8$ Naphthalin (X_2)
[12] ⟨K 11, d 4⟩

Gew.-% X_1	0	10	20	30	40	50	60	70	80	90	100
77,0 °C	—	0,985	0,990	0,993	0,998	1,003	1,007	1,012	1,017	1,021	1,026
97,5 °C	0,964	0,968	0,971	0,975	0,979	0,983	0,986	0,990	0,995	0,997	1,007

C_6H_6O Phenol (X_1) — $CHCl_3$ Chloroform (X_2)
[4] ⟨K 5, d 5⟩

Gew.-% X_1	0,00	3,87	6,93	12,00	22,03
12,9 °C	1,502	1,480	1,464	1,437	1,387

C_6H_6O Phenol (X_1) — CCl_4 Tetrachlormethan (X_2)
[37] ⟨K 7, d 3, ϑ 30°, 40 °C⟩

Mol-% X_1	0,00	0,70	1,62	3,92	5,56	8,29	13,20
20 °C	1,593	1,591	1,587	1,575	1,566	1,554	1,533
50 °C	1,536	1,534	1,529	1,518	1,510	1,498	1,479

Lacmann

C_6H_6O Phenol (X_1) — CCl_4 Tetrachlormethan (X_2) (Forts.)
[45] ⟨K12, d5, ϑ 45 °C⟩

Mol-% X_1	0,00	15,72	22,65	29,21	33,97	43,63	56,60	60,30	70,17	86,32	100,00
50 °C	1,5355	1,4660	1,4378	1,4078	1,3865	1,3419	1,2793	1,2614	1,2119	1,1261	1,0502

C_6H_6O Phenol (X_1) — C_6H_5Cl Chlorbenzol (X_2)
[6] ⟨K11, d4⟩

Gew.-% X_1	0,00	4,93	9,78	21,73	30,43	38,90	49,90	58,15	71,41	81,45	100,00
20 °C	1,105	1,103	1,102	1,098	1,095	1,093	1,090	1,087	1,084	1,081	1,075

[37] ⟨K4, d3, ϑ 30 °C⟩

Mol-% X_1	0,00	1,96	6,40	10,72
20 °C	1,107	1,106	1,105	1,103
40 °C	1,085	1,084	1,083	1,082

C_6H_6O Phenol (X_1) — CH_4O Methanol (X_2)
[49] ⟨K11, d4⟩

Gew.-% X_1	0,00	9,47	21,68	34,64	39,53	50,02	63,14	70,08	80,30	90,00	100,00
20 °C	0,7914	0,8165	0,8474	0,8808	0,8938	0,9201	0,9590	0,9795	1,0070	1,0358	1,0666
30 °C	0,7828	0,8094	0,8390	0,8724	0,8865	0,9148	0,9512	0,9707	1,0001	1,0280	1,0590
40 °C	0,7732	0,8000	0,8331	0,8651	0,8793	0,9061	0,9431	0,9626	0,9912	1,0200	1,0510

C_6H_6O Phenol (X_1) — C_2H_6O Äthanol (X_2)
[1] ⟨K4, d4⟩

Gew.-% X_1	0,00	20,64	34,84	48,85
20 °C	0,808	0,854	0,887	0,921
25 °C	0,798	0,849	0,883	—

[4] ⟨K5, d5, ϑ 13 °C⟩
[30]

C_6H_6O Phenol (X_1) — $C_2H_4O_2$ Essigsäure (X_2)
[1] ⟨K3, d4⟩

Gew.-% X_1	0,00	25,38	36,47
20 °C	1,056	1,059	1,062

[43] ⟨K7, d4, ϑ 50°, 70°, 90 °C⟩

C_6H_6O Phenol (X_1) — C_3H_6O Aceton (X_2)
[6] ⟨K14, d4, ϑ 40 °C⟩

Gew.-% X_1	0,00	14,19	26,72	38,06	49,43	65,22	73,74	85,39	92,85	100,00
9,95 °C	0,803	0,842	0,877	0,908	0,941	0,985	1,009	1,042	1,062	1,084
20,05 °C	0,791	0,831	0,866	0,898	0,931	0,976	1,000	1,033	1,054	1,075

Gew.-% X_1	0,00	9,57	19,53	27,70	44,67	53,78	60,24	74,25	87,98	100,00
29,8 °C	0,780	0,806	0,834	0,857	0,906	0,933	0,952	0,993	1,033	1,067
49,8 °C	0,756	0,783	0,812	0,833	0,885	0,911	0,932	0,973	1,015	1,050

[44] ⟨K11, d3, ϑ 30°, 40°, 50 °C⟩

C_6H_6O Phenol (X_1) — $C_4H_{10}O$ Trimethylcarbinol (X_2)
[3] ⟨K6, d4⟩

Gew.-% X_1	0,00	24,87	29,23	48,25	79,63	100,00
25 °C	0,782	0,844	0,857	0,910	1,003	—
46 °C	0,756	0,824	0,837	0,892	0,985	1,045

Lacmann

C_6H_6O Phenol (X_1)—**C_4H_8O Methyläthylketon** (X_2)
[39] ⟨K10, d4⟩

Gew.-% X_1	0,0	5,0	15,0	30,4	40,0	50,0	71,7	80,0	90,0	100,0
45 °C	0,777	0,791	0,816	0,856	0,883	0,909	0,972	0,996	1,025	1,055

[40] ⟨K14 ab 60 Gew.-% X_1, d3, ϑ 45 °C⟩

C_6H_6O Phenol (X_1)—**$C_4H_8O_2$ Dioxan** (X_2)
[21] ⟨K11, d4⟩

Mol-% X_1	0,00	8,87	15,18	25,27	40,29	55,75	62,87	71,54	79,27	82,59	100,00
22 °C	1,031	1,033	1,035	1,038	1,042	1,047	1,049	1,051	1,054	1,055	1,060

C_6H_6O Phenol (X_1)—**$C_4H_6O_3$ Essigsäureanhydrid** (X_2)
[48] ⟨K16 vor und nach der Reaktion, d3, ϑ 25°, 50 °C⟩

C_6H_6O Phenol (X_1)—**$C_6H_{14}O$ Hexanol** (X_2)
[47] ⟨K7, d4⟩

Mol-% X_1	0	20	40	50	60	80	100
25 °C	0,9229	0,9453	0,9689	0,9810	0,9937	1,0210	1,0492

1 Bedson, P. P., Williams, W. C.: Ber. dtsch. chem. Ges. **14** (1881) 2549—56.
2 Philip, J. C., Haynes, D.: J. chem. Soc. (London) **87** (1905) 998.
3 Paterno, E., Mieli, A.: Gazz. chim. ital. **38** (1908) 137 (nach ICT u. Tim.).
4 Tyrer, D.: J. chem. Soc. (London) **99** (1911) 871—80.
5 Padoa, M., Matteucci, A.: Atti Accad. Lincei **23** (1914) 590 (nach Tim.).
6 Bramley, A.: J. chem. Soc. (London) **109** (1916) 10—45.
7 Williams, J. W., Krchma, I. R.: J. Amer. chem. Soc. **49** (1927) 1676—86.
8 Williams, J. W., Allgeier, R. J.: J. Amer. chem. Soc. **49** (1927) 2416—22.
9 Williams, J. W.: J. Amer. chem. Soc. **52** (1930) 1831—37.
10 Swearingen, L. E.: J. physic. Chem. **32** (1928) 1346—53.
11 Wolf, K. L., Gross, W.: Z. physik. Chem. (B) **14** (1931) 305—25.
12 Bernoulli, A. L., Veillon, E. A.: Helv. chim. Acta **15** (1932) 810—39.
13 Donle, H. L., Gehreckens, K.: Z. physik. Chem. (B) **18** (1932) 316—26.
14 Martin, A. R.: J. chem. Soc. (London) **1932**, 2658—67; Nature (London) **135** (1935) 909.
15 Earp, D. P., Glasstone, S.: J. chem. Soc. (London) **1935**, 1709—23.
16 Tomonari, T.: Z. physik. Chem. (B) **32** (1936) 202—21.
17 Thomson, G.: J. chem. Soc. (London) **1937**, 1051—57.
18 Hammick, D. L., Norris, A., Sutton, L. E.: J. chem. Soc. (London) **1938**, 1755—61.
19 Rodebush, W. H., Eddy, C. R., Eubank, L. D.: J. chem. Physics **8** (1940) 889—96.
20 Miller, H. C., Bliss, H.: Ind. Engng. Chem. **32** (1940) 123—24.
21 Klapproth, H.: Nova Acta Leopoldina [N. F.] **9** (1940) 305—60.
22 Harms, H.: Z. physik. Chem. (B) **53** (1942/43) 280—306.
23 Rogers, M. T.: J. Amer. chem. Soc. **69** (1947) 1243—46.
24 Jones, W. J., Bowden, S. T., Yarnold, W. W., Jones, W. H.: J. physic. Chem. **52** (1948) 753—60.
25 Karr, A. E., Bowes, W. M., Scheibel, E. G.: Analytic. Chem. **23** (1951) 459—63.
26 Barclay, G. A., Le Fèvre, R. J. W.: J. chem. Soc. (London) **1952**, 1643—48.
27 Staveley, L. A. K., Spice, B.: J. chem. Soc. (London) **1952**, 406—14.
28 Staveley, L. A. K., Taylor, P. F.: J. chem. Soc. (London) **1956**, 200—09.
29 Markgraf, H.-G., Nikuradse, A.: Z. Naturforsch. **9a** (1954) 27—34.
30 Lutzki, A.: J. allg. Chem. (Shurnal Obschtschei Chimii) **24** (1954) 74—78.
31 Brey jr., W. S.: Analytic. Chem. **26** (1954) 838—42.
32 Danusso, F.: Atti Accad. naz. Lincei, Rend., Cl. Sci. fisiche, mat. natur. [8] **17** (1954) 114—20.
33 [8] **17** (1954) 234—39; 370—75.
34 Shcherbak, L. I., Byk, S. C., Aerov, M. E.: J. angew. Chem. (Shurnal Prikladnoi Chimii) **28** (1955) 1120 (nach Tim.).
35 Boud, A. H., Cleverdon, D., Collins, G. B., Smith, J. W.: J. chem. Soc. (London) **1955**, 3793—98.
36 Rehfeld, K.: Z. physik. Chem. **205** (1955) 78—83.
37 Mez, A., Maier, W.: Z. Naturforsch. **10a** (1955) 997—1005.
38 Le Fèvre, C. G., Le Fèvre, R. J. W.: J. chem. Soc. (London) **1956**, 3549—63.

39 Byk, Ss. Sch., Schtscherbak, L. I.: J. physik. Chem. (Shurnal Fisitschesskoi Chimii) **30** (1956) 56—60.
40 Byk, Ss. Sch., Schtscherbak, L. I., Stroitelewa, R. G.: J. physik. Chem. (Shurnal Fisitschesskoi Chimii) **30** (1956) 305—12.
41 Byk, Ss. Sch., Stroitelewa, R. G.: J. physik. Chem. (Shurnal Fisitschesskoi Chimii) **30** (1956) 2451—55.
42 Rastogi, R. P., Varma, K. T. R.: J. chem. Physics **25** (1956) 1077; J. chem. Soc. (London) **1957**, 2257—60.
43 Bochowkin, I. M., Wesselkowa, Je. G.: J. allg. Chem. (Shurnal Obschtschei Chimii) **28** (1958) 819—23; J. Gen. Chem. USSR **28** (1958) 795—99.
44 Bochowkin, I. M.: J. allg. Chem. (Shurnal Obschtschei Chimii) **29** (1959) 2485—89.
45 Chevalley, J.: C.R. hebd. Séances Acad. Sci. **249** (1959) 1672—74.
46 Zhuravlev, E. F.: J. allg. Chem. (Shurnal Obschtschei Chimii) **31** (1961) 363—67; J. Gen. Chem. USSR **31** (1961) 327—30.
47 Lutzki, A. E., Obukhova, E. M.: J. allg. Chem. (Shurnal Obschtschei Chimii) **31** (1961) 2702—08; J. Gen. Chem. USSR **31** (1961) 2522—27.
48 Fialkov, Yu. Ya., Zhikharev, V. S.: J. allg. Chem. (Shurnal Obschtschei Chimii) **31** (1961) 699—706; J. Gen. Chem. USSR **31** (1961) 641—47.
49 Sumer, K. M., Thompson, A. R.: J. chem. Engng. Data **12** (1967) 489—93.
50 Pflug, H. D., Benson, G. C.: Canad. J. Chem. **46** (1968) 287—94.
51 Boule, P.: C.R. hebd. Séances Acad. Sci. **268** (1969) 5—7.
52 Benson, G. C., Pflug, H. D.: J. chem. Engng. Data **15** (1970) 382—86.
53 Brown, I., Smith, F.: Austral. J. Chem. **15** (1962) 1—8.

$C_6H_{14}O_2$ Hexamethylenglykol (X_1) — **$C_4H_8O_2$ Dioxan** (X_2)
[*21*] ⟨K 5, d 4⟩

Mol-% X_1	0,00	2,56	4,35	6,31
25 °C	1,031	1,029	1,028	1,026
50 °C	1,003	1,001	1,000	0,999

$C_6H_{14}O_2$ 1.1-Diäthoxyäthan (Acetal) (X_1) — **C_3H_8O n-Propanol** (X_2)
[*48*] ⟨K 6, d 3⟩

Gew.-% X_1	0,0	20,0	40,0	63,0	80,0	100,0
32 °C	0,797	0,800	0,807	0,813	0,816	0,819

$C_6H_{12}O_2$ Capronsäure (X_1) — **C_6H_6 Benzol** (X_2)
[*38*] ⟨K 10, d 4⟩

Gew.-% X_1	0	5	10	15	20	40	50	60	80	100
25 °C	0,873	0,875	0,877	0,879	0,881	0,890	0,895	0,900	0,912	0,924

[*33*] ⟨K 10, d 4⟩

Gew.-% X_1	0,0	5,4	10,9	21,5	36,8	52,0	66,7	79,9	89,7	100,0
71 °C	0,826	0,828	0,831	0,837	0,844	0,853	0,862	0,871	0,879	0,886

[*31*] ⟨K 7 bis 15 Gew.-% X_1, ϑ 25 °C⟩

$C_6H_{12}O_2$ Capronsäure (X_1) — **C_8H_{18} Octan** (X_2)
[*55*] ⟨K 11, d 3⟩

Mol-% X_1	0,00	13,82	24,87	36,18	46,93	57,54	65,72	74,26	81,79	92,28	100,00
25 °C	0,697	0,722	0,743	0,765	0,788	0,812	0,831	0,853	0,872	0,900	0,922
40 °C	0,686	0,710	0,731	0,753	0,776	0,800	0,819	0,840	0,860	0,887	0,909
55 °C	0,674	0,699	0,719	0,741	0,763	0,786	0,806	0,827	0,847	0,875	0,896

$C_6H_{12}O_2$ Capronsäure (X_1) — **CCl_4 Tetrachlormethan** (X_2)
[*38*] ⟨K 10, d 4⟩

Gew.-% X_1	0	5	10	15	20	40	50	60	80	100
25 °C	1,584	1,530	1,477	1,428	1,383	1,229	1,164	1,111	1,013	0,924

$C_6H_{12}O_2$ Capronsäure (X_1)—**C_2H_6O Äthanol** (X_2)
[*53*] ⟨K 11 vor und nach der Reaktion, d 4, ϑ 25 °C⟩

$C_6H_{12}O_2$ Capronsäure (X_1)—**$C_2H_4O_2$ Essigsäure** (X_2)
[*51*] ⟨graph., ϑ 20° bis 90 °C⟩

$C_6H_{12}O_2$ Capronsäure (X_1)—**C_3H_6O Aceton** (X_2)
[*43*] ⟨K 8, d 3⟩

Mol-% X_1	0,00	32,01	43,47	51,40	66,30	71,11	85,84	100,00
30 °C	0,779	0,825	0,844	0,859	0,885	0,892	0,912	0,921
50 °C	0,756	0,805	0,824	0,840	0,867	0,876	0,894	0,903
70 °C	0,731	0,783	0,805	0,819	0,848	0,854	0,876	0,885
90 °C	—	0,761	0,783	0,801	0,829	0,835	0,858	0,867

[*47*] ⟨graph., ϑ 40 °C⟩
[*46*]

$C_6H_{12}O_2$ Capronsäure (X_1)—**$C_4H_{10}O$ n-Butanol** (X_2) [*46*]

$C_6H_{12}O_2$ Amylformiat (X_1)—**C_6H_6 Benzol** (X_2) [*2*]

$C_6H_{12}O_2$ Amylformiat (X_1)—**C_8H_{10} Xylol** (X_2) [*2*]

$C_6H_{12}O_2$ Amylformiat (X_1)—**$C_5H_{10}O_2$ Propylacetat** (X_2)
[*12, 13*] ⟨K 4, d 4⟩

Gew.-% X_1	0,0	25,8	70,1	100,0
12 °C	0,892	0,890	0,888	0,885

$C_6H_{12}O_2$ Butylacetat (X_1)—**C_6H_6 Benzol** (X_2)
[*54*] ⟨K 6, d 4⟩

Gew.-% X_1	0,00	21,14	40,48	64,32	80,01	100,00
25 °C	0,873	0,873	0,874	0,874	0,875	0,876
35 °C	0,863	0,863	0,864	—	0,864	0,865

[*19*] ⟨K 5 bis 11,4 Mol-% X_1, d 4, ϑ 22 °C⟩
[*2*]

$C_6H_{12}O_2$ Butylacetat (X_1)—**C_7H_{16} Heptan** (X_2)
[*52*] ⟨K 14, d 3⟩

Mol-% X_1	0,00	2,58	9,10	19,36	22,53	37,15	50,00	58,10	81,38	82,98	91,01	97,86	100,00
20 °C	0,684	0,688	0,697	0,716	0,738	0,747	0,773	0,787	0,839	0,842	0,858	0,873	0,881

$C_6H_{12}O_2$ Butylacetat (X_1)—**C_8H_{10} Xylol** (X_2) [*2*]

$C_6H_{12}O_2$ Butylacetat (X_1)—**$C_2H_4O_2$ Essigsäure** (X_2)
[*43*] ⟨K 16, d 4⟩

Gew.-% X_1	0,00	10,25	20,35	29,89	39,98	49,07	64,49	80,15	90,96	100,00
25 °C	1,044	1,006	0,978	0,956	0,935	0,925	0,906	0,890	0,882	0,874
40 °C	1,028	0,991	0,961	0,944	0,923	0,909	0,892	0,875	0,867	0,858
60 °C	1,007	0,971	0,942	0,920	0,902	0,890	0,873	0,858	0,848	0,840

$C_6H_{12}O_2$ Butylacetat (X_1)—**$C_4H_{10}O$ Butanol** (X_2)
[*54*] ⟨K 8, d 4⟩

Gew.-% X_1	0,00	34,33	40,83	48,21	61,97	73,35	85,21	100,00
25 °C	0,806	0,827	0,834	0,837	0,847	0,855	0,857	0,867
35 °C	0,799	0,818	0,823	0,828	0,837	0,845	0,855	0,865

$C_6H_{12}O_2$ Butylacetat (X_1) — $C_4H_{10}O$ Butanol (X_2) (Forts.)
[*28*] ⟨K 35, d 4⟩

Mol-% X_1	0,00	10,90	22,85	34,40	46,30	56,80	70,70	79,20	89,50	100,00
25 °C	0,806	0,816	0,825	0,834	0,842	0,850	0,858	0,863	0,868	0,874

$C_6H_{12}O_2$ Butylacetat (X_1) — $C_4H_{10}O_2$ 2-Äthoxyäthanol (X_2)
[*45*] ⟨K 18, d 4⟩

Mol-% X_1	0,00	9,21	22,06	35,12	43,96	53,09	60,49	78,18	87,51	100,00
25 °C	0,925	0,919	0,911	0,903	0,898	0,894	0,890	0,883	0,880	0,876

$C_6H_{12}O_2$ Butylacetat (X_1) — $C_5H_{10}O_2$ Propylacetat (X_2)
[*44*] ⟨K 6, d 4⟩

Mol-% X_1	0	20	40	60	80	100
20 °C	0,8840	0,8834	0,8828	0,8821	0,8815	0,8809
40 °C	0,8620	0,8616	0,8612	0,8607	0,8603	0,8599
60 °C	0,8391	0,8390	0,8390	0,8389	0,8389	0,8388

$C_6H_{12}O_2$ Isobutylacetat (X_1) — C_6H_6 Benzol (X_2)
[*19*] ⟨K 5, d 4⟩

Mol-% X_1	0,00	5,52	13,68
22 °C	0,876	0,875	0,874

$C_6H_{12}O_2$ tert.-Butylacetat (X_1) — C_6H_6 Benzol (X_2)
[*20*] ⟨K 6, d 4⟩

Mol-% X_1	0,00	3,80	6,92
22 °C	0,876	0,877	0,878

$C_6H_{12}O_2$ Propylpropionat (X_1) — C_6H_6 Benzol (X_2)
[*19*] ⟨K 6, d 5⟩

Mol-% X_1	0,0	9,5
22 °C	0,876	0,877

$C_6H_{12}O_2$ Äthylbutyrat (X_1) — C_6H_{14} n-Hexan (X_2)
[*6*] ⟨K 3, d 4⟩

Gew.-% X_1	0,00	50,04	100,00
0 °C	0,687	0,793	0,900
20 °C	0,669	0,773	0,879
40 °C	0,651	0,753	0,858

$C_6H_{12}O_2$ Äthylbutyrat (X_1) — C_6H_6 Benzol (X_2)
[*19*] ⟨K 5 bis 12,6 Mol-% X_1, d 4, ϑ 22 °C⟩
[*2*]

$C_6H_{12}O_2$ Äthylbutyrat (X_1) — C_7H_{16} Heptan (X_2)
[*52*] ⟨K 19, d 3⟩

Mol-% X_1	0,00	3,96	21,72	29,91	34,70	40,75	48,55	63,22	73,57	79,71	83,14	97,90	100,00
20 °C	0,684	0,689	0,718	0,735	0,741	0,755	0,767	0,797	0,813	0,833	0,840	0,873	0,879

$C_6H_{12}O_2$ Äthylbutyrat (X_1) — C_8H_{10} Xylol (X_2) [*2*]

$C_6H_{12}O_2$ Äthylbutyrat (X_1) — $C_6H_{12}O_2$ Isobutylacetat (X_2)
[*6*] ⟨K 3, d 4⟩

Gew.-% X_1	0,00	49,37	100,00
0 °C	0,892	0,896	0,900
20 °C	0,871	0,875	0,879
40 °C	0,850	0,854	0,858

$C_6H_{12}O_2$ Äthylisobutyrat (X_1) — **C_6H_{14} n-Hexan** (X_2)
[6] ⟨K 3, d 4⟩

Gew.-% X_1	0,00	49,71	100,00
0 °C	0,687	0,788	0,891
20 °C	0,669	0,768	0,869
40 °C	0,651	0,747	0,848

$C_6H_{12}O_2$ Äthylisobutyrat (X_1) — **C_6H_{14} 2-Methylpentan** (X_2)
[6] ⟨K 3, d 4⟩

Gew.-% X_1	0,00	49,60	100,00
0 °C	0,678	0,782	0,891
20 °C	0,660	0,763	0,869
40 °C	0,641	0,742	0,848

$C_6H_{12}O_2$ Äthylisobutyrat (X_1) — **$C_6H_{12}O_2$ Isobutylacetat** (X_2)
[6] ⟨K 3, d 4⟩

Gew.-% X_1	0,00	49,29	100,00
0 °C	0,892	0,891	0,891
20 °C	0,871	0,870	0,869
40 °C	0,850	0,849	0,848

$C_6H_{12}O_2$ Äthylisobutyrat (X_1) — **$C_6H_{12}O_2$ Äthylbutyrat** (X_2)
[6] ⟨K 3, d 4⟩

Mol-% X_1	0,00	48,63	100,00
0 °C	0,900	0,895	0,891
20 °C	0,879	0,874	0,869
40 °C	0,858	0,853	0,848

$C_6H_{12}O_2$ Methylvaleriat (X_1) — **C_6H_6 Benzol** (X_2)
[19] ⟨K 6 bis 10 Mol-% X_1, d 4, ϑ 22 °C⟩

$C_6H_{10}O_2$ Acetonylaceton (X_1) — **C_3H_8O Propanol(2)** (X_2)
[56] ⟨K 8, d 5⟩

Mol-% X_1	0,00	6,94	22,50	24,72	38,26	56,44	73,23	100,00
25 °C	0,7806	0,7957	0,8275	0,8318	0,8567	0,8879	0,9141	0,9676

$C_6H_{10}O_2$ Acetonylaceton (X_1) — **C_3H_6O Aceton** (X_2)
[56] ⟨K 10, d 5⟩

Mol-% X_1	0,00	19,29	31,09	33,77	40,11	49,75	59,51	76,90	87,99	100,00
25 °C	0,7839	0,8378	0,8647	0,8699	0,8827	0,9006	0,9057	0,9409	0,9536	0,9676

$C_6H_8O_2$ Cyclohexan-1.4-dion (X_1) — **C_6H_6 Benzol** (X_2)
[29] ⟨K 6, d 4⟩

Mol-% X_1	0,00	0,71	1,50
25 °C	0,874	0,876	0,878

$C_6H_6O_2$ Brenzcatechin (X_1) — **C_6H_6 Benzol** (X_2)
[37] ⟨K 3, d 5⟩

Mol-% X_1	0,00	0,49	0,97
27 °C	0,869	0,871	0,873

$C_6H_6O_2$ Resorcin (X_1) — **C_6H_6 Benzol** (X_2) [37]

$C_6H_6O_2$ Resorcin (X_1) — **C_2H_6O Äthanol** (X_2) [4]

$C_6H_6O_2$ Resorcin (X_1) — **$C_4H_8O_2$ Äthylacetat** (X_2)
[*15*] ⟨K 9, d 5⟩

Gew.-% X_1	0,00	13,79	25,34	37,52	46,11	58,12	63,04	65,90	68,50
30 °C	0,888	0,934	0,973	1,015	1,045	1,086	1,104	1,113	1,123

$C_6H_6O_2$ Hydrochinon (X_1) — **C_6H_6 Benzol** (X_2) [*37*]

$C_6H_4O_2$ p-Benzochinon (X_1) — **C_6H_{14} Hexan** (X_2)
[*34*] ⟨K 5, d 4⟩

Mol-% X_1	0,00	0,66
40 °C	0,650	0,653

$C_6H_4O_2$ p-Benzochinon (X_1) — **C_6H_6 Benzol** (X_2)
[*34*] ⟨K 5, d 4⟩

Mol-% X_1	0,00	1,01	1,75	2,37	2,97
25 °C	0,874	0,877	0,880	0,882	0,883

[*29*] ⟨K 5 bis 1,5 Mol-% X_1, d 4, ϑ 25°, 45 °C⟩

$C_6H_4O_2$ p-Benzochinon (X_1) — **CCl_4 Tetrachlormethan** (X_2)
[*34*] ⟨K 5, d 4⟩

Mol-% X_1	0,00	0,78	1,24	1,63	2,11
25 °C	1,585	1,582	1,580	1,578	1,577

[*29*] ⟨K 4 bis 0,8 Mol-% X_1, d 4, ϑ 25°, 45 °C⟩

$C_6H_{12}O_3$ Paraldehyd (X_1) — **C_6H_6 Benzol** (X_2)
[*41*] ⟨K 15, d 5⟩

Gew.-% X_1	0,00	1,03	3,48	4,52	6,47	8,86	10,78	12,87	16,48	20,90
25 °C	0,874	0,874	0,877	0,878	0,880	0,882	0,884	0,886	0,890	0,894

[*10*] ⟨K 14, d 4, ϑ 20 °C⟩
[*1, 7, 30*]

$C_6H_{12}O_3$ Paraldehyd (X_1) — **$CHCl_3$ Chloroform** (X_2)
[*16*] ⟨K 8, d 4⟩

Mol-% X_1	0,00	14,81	30,05	40,84	50,19	60,18	75,94	100,00
25 °C	1,480	1,375	1,281	1,222	1,176	1,132	1,068	0,987

[*41*] ⟨K 6, d 5⟩

Gew.-% X_1	0,00	1,10	3,03	5,39	8,87	15,53
25 °C	1,468	1,461	1,448	1,433	1,411	1,370

[*30*] ⟨K 6 bis 14 Mol-% X_1, d 5, ϑ 25 °C⟩

$C_6H_{12}O_3$ Paraldehyd (X_1) — **CCl_4 Tetrachlormethan** (X_2)
[*41*] ⟨K 6, d 5⟩

Gew.-% X_1	0,00	1,15	1,93	4,91	7,21	10,81
25 °C	1,584	1,573	1,566	1,537	1,516	1,485

[*30*] ⟨K 6 bis 12 Mol-% X_1, d 5, ϑ 25 °C⟩

$C_6H_{12}O_3$ Paraldehyd (X_1) – **C_6H_5Cl Chlorbenzol** (X_2)
[*30*] ⟨K 6, d 5⟩

Mol-% X_1	0,00	3,71	4,85	7,65	8,92	100,00
25 °C	1,101	1,097	1,095	1,092	1,090	0,990

$C_6H_{12}O_3$ Paraldehyd (X_1) – **$C_6H_4Cl_2$ o-Dichlorbenzol** (X_2)
[*30*] ⟨K 5, d 5⟩

Mol-% X_1	0,00	5,26	7,91	9,17	100,00
25 °C	1,296	1,278	1,270	1,265	0,990

$C_6H_{12}O_3$ Paraldehyd (X_1) – **C_2H_6O Äthanol** (X_2)
[*10*] ⟨K 7, d 4⟩

Gew.-% X_1	0,00	1,05	2,83	5,21	13,84	24,97
20 °C	0,793	0,795	0,797	0,801	0,815	0,835

$C_6H_{12}O_3$ Paraldehyd (X_1) – **C_2H_4O Acetaldehyd** (X_2)
[*26*] ⟨K 11, d 4⟩

Gew.-% X_1	0	10	20	30	40	50	60	70	80	90	100
15 °C	0,996	0,975	0,951	0,929	0,908	0,886	0,865	0,845	0,825	0,806	0,786

[*18*] ⟨K 6, d 4, ϑ 19 °C⟩
[*14*] ⟨K 8, d 4, ϑ 20 °C⟩
[*25, 27*]

$C_6H_{12}O_3$ Paraldehyd (X_1) – **$C_2H_4O_2$ Essigsäure** (X_2)
[*10*] ⟨K 9, d 4⟩

Gew.-% X_1	0,00	4,57	8,19	23,13	41,88	70,33	88,54	94,00	100,00
15 °C	1,047	1,044	1,042	1,031	1,019	1,006	0,998	0,996	0,990

Gew.-% X_1	0,00	4,48	8,19	13,19	22,65	41,65	70,14	88,56	94,03	100,00
20 °C	1,048	1,046	1,042	1,040	1,035	1,024	1,010	1,001	0,998	0,995

$C_6H_{12}O_3$ Paraldehyd (X_1) – **$C_4H_8O_2$ Dioxan** (X_2)
[*41*] ⟨K 7, d 5⟩

Gew.-% X_1	0,00	2,33	5,44
25 °C	1,029	1,028	1,027

$C_6H_{12}O_3$ Paraldehyd (X_1) – **$C_4H_6O_3$ Essigsäureanhydrid** (X_2)
[*9*] ⟨K 7, d 4⟩

Gew.-% X_1	0,00	10,00	29,96	50,00	69,99	90,02	100,00
10 °C	1,090	1,081	1,063	1,047	1,031	1,010	1,004
76,5 °C	1,010	1,002	0,986	0,970	0,953	0,937	0,925

$C_6H_{12}O_3$ Paraldehyd (X_1) – **$C_5H_{12}O$ Isoamylalkohol** (X_2)
[*9*] ⟨K 7, d 4⟩

Gew.-% X_1	0	10	30	50	70	90	100
10 °C	0,818	0,833	0,866	0,901	0,940	0,982	1,004
76,5 °C	0,766	0,778	0,806	0,837	0,872	0,908	0,925

$C_6H_{10}O_3$ Äthylacetacetat (X_1) – **C_6H_{14} Hexan** (X_2)
[*39*] ⟨K 12, d 5⟩

Gew.-% X_1	0,00	1,74	2,67	6,01	9,43	12,24	14,28	17,58	19,27	21,01
25 °C	0,655	0,659	0,661	0,669	0,676	0,683	0,688	0,696	0,700	0,705

$C_6H_{10}O_3$ Äthylacetacetat (X_1) — **C_6H_6 Benzol** (X_2)
[39] ⟨K21, d5⟩

Gew.-% X_1	0,00	2,15	4,26	6,42	9,14	12,14	18,10	21,23	24,83	31,16
25 °C	0,874	0,877	0,879	0,882	0,885	0,889	0,896	0,901	0,906	0,915

[5] ⟨K6, d4, ϑ 25 °C⟩
[1]

$C_6H_{10}O_3$ Äthylacetacetat (X_1) — **C_7H_8 Toluol** (X_2)
[39] ⟨K9, d5⟩

Gew.-% X_1	0,00	1,12	3,65	4,12	5,25	8,33	11,06	20,54
25 °C	0,860	0,862	0,865	0,866	0,867	0,871	0,880	0,886

$C_6H_{10}O_3$ Äthylacetacetat (X_1) — **$CHCl_3$ Chloroform** (X_2)
[39] ⟨K8, d4⟩

Gew.-% X_1	0,00	2,35	3,09	4,26	4,55	6,74	7,17
25 °C	1,468	1,453	1,448	1,440	1,439	1,426	1,423

$C_6H_{10}O_3$ Äthylacetacetat (X_1) — **CCl_4 Tetrachlormethan** (X_2)
[39] ⟨K8, d4⟩

Gew.-% X_1	0,00	1,83	3,05	4,41	5,40	10,25
25 °C	1,584	1,569	1,557	1,548	1,536	1,490

$C_6H_{10}O_3$ Äthylacetacetat (X_1) — **C_2H_6O Äthanol** (X_2)
[5] ⟨K6, d4⟩

Gew.-% X_1	0,00	8,05	36,28	46,71	64,02	100,00
25 °C	0,787	0,802	0,860	0,883	0,924	1,022

[8] ⟨K4, d4, ϑ 25 °C⟩

$C_6H_{10}O_3$ Äthylacetacetat (X_1) — **$C_4H_{10}O$ Diäthyläther** (X_2)
[39] ⟨K12, d5⟩

Gew.-% X_1	0,00	1,44	2,19	3,38	5,75	9,38	10,58	11,14
25 °C	0,708	0,710	0,712	0,716	0,722	0,729	0,733	0,735

$C_6H_8O_3$ d-α.α'-Dimethylbernsteinsäureanhydrid (X_1) — **$C_4H_8O_2$ Dioxan** (X_2)
[35] ⟨K3, d4⟩

Gew.-% X_1	7,59	13,44	23,59
20 °C	1,044	1,051	1,064

$C_6H_6O_3$ Pyrogallol (X_1) — **C_3H_6O Aceton** (X_2)
[32] ⟨K10, d4⟩

Gew.-% X_1	0	10	20	30	35	40	42	43	45	50
22 °C	0,798	0,843	0,891	0,944	0,970	0,996	1,007	1,012	1,023	1,049

$C_6H_{14}O_4$ Triäthylenglykol (X_1) — **C_3H_6O Aceton** (X_2)
[50] ⟨K7, d4⟩

Mol-% X_1	0	20	40	50	60	80	100
25 °C	0,7854	0,8987	0,9782	1,0102	1,0376	1,0810	1,1177

$C_6H_{10}O_4$ Äthyloxalat (X_1) — **C_6H_6 Benzol** (X_2)
[22] ⟨K6, d4⟩

Mol-% X_1	0,00	3,18	4,92	6,29	10,74	13,81
25 °C	0,873	0,883	0,888	0,892	0,904	0,912
50 °C	0,847	0,856	0,861	0,865	0,877	0,885

[2]

$C_6H_{10}O_4$ Äthyloxalat (X_1) — **C_8H_{10} Xylol** (X_2) [*2*]

$C_6H_{10}O_4$ Äthyloxalat (X_1) — **CH_2J_2 Methylenjodid** (X_2) [*3*]

$C_6H_{10}O_4$ L-α.α′-Dimethylbernsteinsäure (X_1) — **C_2H_6O Äthanol** (X_2)
[*35*] ⟨K4, d4⟩

Gew.-% X_1	5,27	24,35	44,01	53,70
20 °C	0,808	0,870	0,944	0,984

$C_6H_{10}O_4$ d-α-Methylglutarsäure (X_1) — **C_2H_6O Äthanol** (X_2)
[*35*] ⟨K4, d4⟩

Gew.-% X_1	7,98	17,97	30,11	41,88
20 °C	0,814	0,848	0,891	0,934

$C_6H_{10}O_4$ Methyl-L-α-acetoxypropionat (X_1) — **$C_2H_2Cl_4$ Tetrachloräthan** (X_2) [*11*]

$C_6H_{10}O_6$ d-Weinsäuredimethylester (X_1) — **C_6H_6 Benzol** (X_2)
[*24*] ⟨K4, d4⟩

Mol-% X_1	0,00	0,59	1,05
25 °C	0,873	0,877	0,880

[*23*] ⟨K4 bis 0,9 Mol-% X_1, d4, ϑ 25 °C⟩

$C_6H_{10}O_6$ Traubensäuredimethylester (X_1) — **C_6H_6 Benzol** (X_2)
[*24*] ⟨K4, d4⟩

Mol-% X_1	0,00	0,59	0,84
25 °C	0,873	0,877	0,878

$C_6H_8O_6$ L-Ascorbinsäure (X_1) — **$C_4H_8O_2$ Dioxan** (X_2)
[*36*] ⟨K4, d5⟩

Gew.-% X_1	0,00	0,40	0,91
25 °C	1,028	1,030	1,032

$C_6H_8O_7$ Citronensäure (X_1) — **C_2H_6O Äthanol** (X_2)
[*17*] ⟨K4, d5⟩

Gew.-% X_1	0,0	1,3	6,0	11,8
20 °C	0,798	0,803	0,825	0,851

1 Jones: Chem. News J. physic. Sci. **72** (1895) 279 (nach ICT).
2 Nicol: J. chem. Soc. (London) **69** (1896) 142 (nach ICT).
3 Perkin, W. H.: J. chem. Soc. (London) **77** (1900) 267—94.
4 Speyers, C. L.: Amer. J. Sci. **14** (1902) 293 (nach ICT u. Tim.).
5 Dunstan, A. E., Stubbs, J. A.: Z. physik. Chem. **66** (1909) 153—61; J. chem. Soc. (London) **93** (1908) 1919—27.
6 Biron, E. V.: J. russ. physik.-chem. Ges. (Shurnal Russkogo Fisiko-Chimitschesskogo Obschtschesstwa) **42** (1910) 167 (nach ICT u. Tim.).
7 Kohlmeyer: Metallurgie **7** (1910) 225 (nach ICT).
8 Thouvenot, M.: Thesis, Nancy, 1910 (nach Tim.).
9 Drucker, K., Kassel, R.: Z. physik. Chem. **76** (1911) 367—84.
10 Muchin, G.: Z. Elektrochem., angew. physik. Chem. **19** (1913) 819—21.
11 Patterson, T. S., Forsyth, W. C.: J. chem. Soc. (London) **103** (1913) 2263—71.
12 Kremann, R., Meingast, R., Gugl, F.: Mh. Chem. **35** (1914) 876—82, 1235.
13 Herz, W.: Z. anorg. allg. Chem. **104** (1918) 47—52.
14 Pascal, P., Dupuy: Bull. Soc. chim. France **27** (1920) 353 (nach Tim.).
15 Cohen, E., de Meester, W. A. T., Moesveld, A. L. Th.: Z. physik. Chem. **108** (1924) 103—17.

16 Hirobe, H.: J. Fac. Sci. Imp. Univ. Tokyo **1** (1925/26) Nr. 4, 178—214.
17 Rakshit, J. N.: Z. Elektrochem., angew. physik. Chem. **31** (1925) 97—101.
18 Cooper, D. L.: Trans. Nova Scotia Inst. Sci. **17** (1927) 82 (nach Tim.).
19 Wolf, K. L., Gross, W.: Z. physik. Chem. (B) **14** (1931) 305—25.
20 Donle, H. L.: Z. physik. Chem. (B) **14** (1931) 326—38.
21 Smyth, C. P., Walls, W. S.: J. Amer. chem. Soc. **53** (1931) 2115—22.
22 **53** (1931) 527—39.
23 Weissberger, A., Sängewald, R.: Z. physik. Chem. (B) **13** (1931) 383—86.
24 **12** (1931) 399—407.
25 Hatcher, W. H., Kay, M. G.: Canad. J. Research **7** (1932) 339.
26 Hatcher, W. H., Mason, C. E.: Canad. J. Research **8** (1933) 402 (nach Tim.).
27 Strada, M., Macri, A.: Giorn. Chim. ind. appl. **16** (1934) 335—41.
28 Brunjes, A. S., Furnas, C. C.: Ind. Engng. Chem. **27** (1935) 396—400.
29 Le Fèvre, C. G., Le Fèvre, R. J. W.: J. chem. Soc. (London) **1935**, 1696—1701.
30 Le Fèvre, R. J. W., Russell, P.: J. chem. Soc. (London) **1936**, 496—97.
31 Le Fèvre, R. J. W., Vine, H.: J. chem. Soc. (London) **1938**, 1795—1801.
32 Tarasov, V. V., Bering, V. P., Siderova, A. A.: J. physik. Chem. (Shurnal Fisitschesskoi Chimii) **8** (1936) 372 (nach Tim.).
33 Hrynakowski, K., Zochowski, A.: Ber. dtsch. chem. Ges. **B 70** (1937) 1739—43.
34 Hammick, D. L., Jenkins, G. I., Hampson, G. C.: J. chem. Soc. (London) **1938**, 1263—68.
35 Berner, C., Leonardsen, R.: Liebigs Ann. Chem. **538** (1939) 1—43.
36 Kumler, W. D.: J. Amer. chem. Soc. **62** (1940) 3292—95.
37 Lander, J. J., Svirbely, W. S.: J. Amer. chem. Soc. **67** (1945) 322—24.
38 Jones, W. J., Bowden, S. T., Yarnold, W. W., Jones, W. H.: J. physic. Chem. **52** (1948) 753—60.
39 Le Fèvre, R. J. W., Welsh, H.: J. chem. Soc. (London) **1949**, 1909—15.
40 Le Fèvre, R. J. W., Mulley, J. W.: J. chem. Soc. (London) **1950**, 295—97.
41 Le Fèvre, R. J. W., Mulley, J. W., Smythe, B. M.: J. chem. Soc. (London) **1950**, 290—97.
42 Le Fèvre, R. J. W., Maramba, F., Werner, R. L.: J. chem. Soc. (London) **1953**, 2496—98.
43 Ussanowitsch, M., Biljalow, K., Krassnomolowa, L.: J. allg. Chem. (Shurnal Obschtschei Chimii) **25** (1955) 471—77.
44 Toropov, A. P.: J. allg. Chem. (Shurnal Obschtschei Chimii) **26** (1956) 1285—88.
45 Miller, K. J.: J. physic. Chem. **62** (1958) 512.
46 Golik, A. S., Orischtschenko, A. W., Rawikowitsch, Ss. D., Ssolomko, W. P.: Ukrain. chem. J. (Ukrainski Chimitschesski Shurnal) **21** (1955) 318—26.
47 Golik, A. S., Motscharnjuk, R. F.: Ukrain. chem. J. (Ukrainski Chimitschesski Shurnal) **24** (1958) 29—36.
48 Venkateswarlu, K., Sriraman, S.: Bull. chem. Soc. Japan **31** (1958) 211—16.
49 Mocharnyuk, R. F.: J. allg. Chem. (Shurnal Obschtschei Chimii) **30** (1960) 1086—91; J. Gen. Chem. USSR **30** (1960) 1103—08.
50 Lutzki, A. E., Obukhova, E. M.: J. allg. Chem. (Shurnal Obschtschei Chimii) **31** (1961) 2702—08; J. Gen. Chem. USSR **31** (1961) 2522—27.
51 Kotorlenko, L. A.: Ukrain. chem. J. (Ukrainski Chimitschesski Shurnal) **28** (1962) 333—37.
52 Scheller, W. A., Torres-Soto, A. R., Daphtary, K. J.: J. chem. Engng. Data **14** (1969) 17—19, 439—41.
53 Fialkov, Yu. Ya., Fenerli, G. N.: J. allg. Chem. (Shurnal Obschtschei Chimii) **36** (1966) 967—73; J. Gen. Chem. USSR **36** (1966) 984—88.
54 Dubrovskii, S. M., Afonina, K. V.: J. allg. Chem. (Shurnal Obschtschei Chimii) **36** (1966) 1875—77; J. Gen. Chem. USSR **36** (1966) 1868—70.
55 Meeussen, E., Debeuf, C., Huyskens, P.: Bull. Soc. chim. belges **76** (1967) 145—56.
56 Naganishi, K., Touhara, H., Sato, K., Nagao, M.: Bull. chem. Soc. Japan **41** (1968) 2536—37.

$C_7H_{16}O$ n-Heptanol (X_1) — **C_6H_6 Benzol** (X_2)

[*33*] ⟨K2, d4⟩

Mol-% X_1	20	100
25 °C	0,855	0,819
50 °C	0,831	0,802

[*22*] ⟨K7, d3⟩

Mol-% X_1	0,00	2,41	3,62	4,86	6,15	7,53	9,10
30 °C	0,872	0,870	0,868	0,866	0,864	0,862	0,860

$C_7H_{16}O$ n-Heptanol (X_1) — **CCl_4 Tetrachlormethan** (X_2)
[*39*] ⟨K9, d3⟩

Mol-% X_1	0,00	3,91	10,05	15,14	21,89	30,14	33,92	75,62	100,00
22 °C	1,593	1,549	1,484	1,433	1,367	1,293	1,261	0,961	0,821
30 °C	1,577	1,533	1,469	1,419	1,353	1,281	1,250	0,954	0,815
40 °C	1,558	1,515	1,452	1,403	1,339	1,268	1,239	0,945	0,808

[*26*] ⟨K10, d4, ϑ 25 °C⟩
[*41*] ⟨ΔV, graph., ϑ 25 °C⟩

$C_7H_{16}O$ n-Heptanol (X_1) — **$C_6H_4Cl_2$ p-Dichlorbenzol** · (X_2)
[*29*] ⟨K6, d4⟩

Mol-% X_1	0,00	23,00	40,00	60,00	87,00	100,00
55 °C	1,253	1,128	1,046	0,959	0,844	0,802

$C_7H_{16}O$ n-Heptanol (X_1) — **$C_4H_8O_2$ Dioxan** (X_2)
[*21*] ⟨K4, d5⟩

Mol-% X_1	0,00	3,62	3,73	4,82
25 °C	1,028	1,016	1,014	1,010

$C_7H_{16}O$ Diäthylisopropanol (X_1) — **C_6H_6 Benzol** (X_2) [*1*]

$C_7H_{16}O$ Äthylamyläther (X_1) — **$CHCl_3$ Chloroform** (X_2) [*6*]

$C_7H_{16}O$ Äthylamyläther (X_1) — **CCl_4 Tetrachlormethan** (X_2) [*6*]

$C_7H_{16}O$ Äthylamyläther (X_1) — **C_6H_5Cl Chlorbenzol** (X_2) [*6*]

$C_7H_{16}O$ Äthylisoamyläther (X_1) — **C_6H_6 Benzol** (X_2)
[*12*] ⟨K3, d4⟩

Mol-% X_1	0,00	7,13	100,00
20 °C	0,879	0,863	0,764

$C_7H_{14}O$ Diisopropylketon (X_1) — **$C_5H_{12}O$ (−)2-Methylbutanol** (X_2)
[*35*] ⟨K11, d4⟩

Gew.-% X_1	0,0	10,1	20,1	30,0	40,0	50,0	60,0	69,9	80,0	89,9	100,00
25 °C	0,815	0,814	0,812	0,811	0,809	0,807	0,805	0,804	0,802	0,800	0,797

$C_7H_{14}O$ Diisopropylketon (X_1) — **$C_5H_{12}O$ 3-Methylbutanol** (X_2)
[*35*] ⟨K11, d4⟩

Gew.-% X_1	0,0	10,1	20,0	30,0	40,0	49,9	60,0	70,0	79,9	89,9	100,0
25 °C	0,806	0,805	0,805	0,804	0,803	0,803	0,802	0,801	0,800	0,799	0,799

$C_7H_{14}O$ 2-Methylcyclohexanol (X_1) — **C_6H_6 Benzol** (X_2)
[*15*] ⟨K4, d4⟩

Mol-% X_1	0,00	1,56	2,80	4,05
25 °C	0,873	0,874	0,876	0,877

$C_7H_{14}O$ 3-Methylcyclohexanol (X_1) — **C_6H_6 Benzol** (X_2)
[*15*] ⟨K4, d4⟩

Mol-% X_1	0,00	1,50	2,77	4,05
25 °C	0,873	0,874	0,876	0,877

$C_7H_{14}O$ 4-Methylcyclohexanol (X_1) — **C_6H_6 Benzol** (X_2)
[*15*] ⟨K4, d4⟩

Mol-% X_1	0,00	1,58	2,79	4,11
25 °C	0,873	0,874	0,876	0,877

$C_7H_{12}O$ 1-Hydroxy-2-heptin (X_1) — **$C_4H_8O_2$ Dioxan** (X_2)
[*21*] ⟨K4, d5⟩

Mol-% X_1	0,00	2,52	3,01	3,48
25 °C	1,028	1,022	1,021	1,020

$C_7H_{12}O$ 4-Methylcyclohexanon (X_1) — **C_6H_{14} n-Hexan** (X_2)
[*37*] ⟨K12, d5⟩

Gew.-% X_1	0,00	13,40	24,26	34,05	44,11	52,46	61,96	69,38	76,76	84,14	90,30	100,00
25 °C	0,655	0,681	0,704	0,726	0,750	0,771	0,796	0,817	0,838	0,861	0,880	0,912

$C_7H_{12}O$ 4-Methylcyclohexanon (X_1) — **$C_{14}H_{30}$ n-Tetradecan** (X_2)
[*37*] ⟨K11, d5⟩

Gew.-% X_1	0,00	10,80	22,41	32,20	49,66	59,11	67,19	75,81	84,23	91,67	100,00
25 °C	0,760	0,773	0,788	0,801	0,826	0,841	0,854	0,868	0,883	0,896	0,912

$C_7H_{12}O$ 4-Methylcyclohexanon (X_1) — **$C_{16}H_{34}$ n-Hexadecan** (X_2)
[*37*] ⟨K11, d5⟩

Gew.-% X_1	0,00	12,62	19,70	31,49	40,31	58,37	66,95	75,56	83,25	92,41	100,00
25 °C	0,771	0,785	0,793	0,808	0,819	0,844	0,857	0,870	0,883	0,899	0,912

$C_7H_{10}O$ Butylpropiolaldehyd (X_1) — **C_6H_6 Benzol** (X_2)
[*24*] ⟨K5 bis 3,2 Mol-% X_1, d5, ϑ 25 °C⟩

C_7H_8O Benzylalkohol (X_1) — **C_6H_6 Benzol** (X_2)
[*36*] ⟨K6, d4⟩

Mol-% X_1	0	10	20	50	80	100
25 °C	0,8734	0,8932	0,9122	0,9651	1,0122	1,0401
35 °C	0,8628	0,8827	0,9021	0,9561	1,0039	1,0322
45 °C	0,8521	0,8722	0,8920	0,9470	0,9957	1,0244
50 °C	0,8468	0,8670	0,8870	0,9426	0,9915	1,0206

[*19*] ⟨K11, d5⟩

Mol-% X_1	5,16	9,84	11,06	13,30	25,79	27,05	41,64	54,91	67,56	86,29	100,00
25 °C	0,884	0,892	0,895	0,899	0,923	0,925	0,952	0,975	0,995	1,022	1,041

[*20*] ⟨K7, d4⟩

Mol-% X_1	0,00	19,74	37,66	49,50	65,24	77,20	100,00
70 °C	0,825	0,866	0,902	0,924	0,951	0,972	1,006

[*31*] ⟨K17, d5, ϑ 25 °C⟩
[*33*] ⟨K3, d4, ϑ 25°, 50 °C⟩
[*34*] ⟨K8 bis 7,7 Gew.-% X_1, d5, ϑ 25 °C⟩

C_7H_8O Benzylalkohol (X_1) — **$CHCl_3$ Chloroform** (X_2)
[*16*] ⟨K7, d4, ϑ 23,5° bis 24 °C⟩

C_7H_8O Anisol (X_1) — **C_6H_6 Benzol** (X_2)
[36] ⟨K 8, d 4⟩

Mol-% X_1	0	10	20	40	50	60	80	100
25 °C	0,8734	0,8874	0,9007	0,9256	0,9373	0,9485	0,9696	0,9891
35 °C	0,8628	0,8768	0,8904	0,9156	0,9273	0,9386	0,9600	0,9797
45 °C	0,8521	0,8662	0,8801	0,9056	0,9175	0,9289	0,9504	0,9703
50 °C	0,8468	0,8610	0,8750	0,9007	0,9126	0,9240	0,9456	0,9656

[20] ⟨K 6, d 4⟩

Mol-% X_1	0,00	19,81	39,06	63,20	66,59	100,00
70 °C	0,825	0,853	0,879	0,908	0,912	0,947

[3] ⟨K 5 bis 31 Gew.-% X_1, d 4, ϑ 20 °C⟩
[12] ⟨K 3, d 4, ϑ 20°, 30°, 40°, 50 °C⟩
[13] ⟨K 4 bis 20 Mol-% X_1, d 4, ϑ 22 °C⟩
[18] ⟨K 12, d 5, ϑ 25 °C⟩
[28] ⟨K 6 bis 9,1 Gew.-% X_1, d 5, ϑ 25 °C⟩
[32] ⟨K 3, d 4, ϑ 25 °C⟩
[30, 33]

C_7H_8O Anisol (X_1) — **C_8H_{10} m-Xylol** (X_2)
[3] ⟨K 5, d 4⟩

Gew.-% X_1	0,00	4,67	11,09	19,41	25,53
20 °C	0,860	0,865	0,872	0,883	0,891

C_7H_8O Anisol (X_1) — **CH_4O Methanol** (X_1) *[5]*

C_7H_8O Anisol (X_1) — **CH_2O_2 Ameisensäure** (X_2)
[40] ⟨K 10, d 3⟩

Mol-% X_1	0,00	4,45	10,71	12,23	21,58	23,68	28,15	42,99	67,88	100,00
25 °C	1,213	1,178	1,147	1,138	1,102	1,096	1,081	1,050	1,014	0,989
50 °C	1,182	1,148	1,116	1,108	1,074	1,067	1,052	1,023	0,989	0,966

C_7H_8O Anisol (X_1) — **C_2H_6O Äthanol** (X_2) *[5, 32]*

C_7H_8O o-Kresol (X_1) — **C_6H_6 Benzol** (X_2)
[4] ⟨K 5, d 5⟩

Gew.-% X_1	0,00	3,62	5,17	11,05	22,28
12,87 °C	0,886	0,892	0,894	0,902	0,919

[3] ⟨K 5, d 4⟩

Gew.-% X_1	0,00	5,40	10,01	14,72	23,73
20 °C	0,879	0,887	0,894	0,902	0,915

[14] ⟨K 7 bis 4,3 Mol-% X_1, d 5, ϑ 22 °C⟩
[32]

C_7H_8O o-Kresol (X_1) — **C_2H_6O Äthanol** (X_2)
[10] ⟨K 10, d 4⟩

Mol-% X_1	0,00	7,01	25,25	25,55	39,10	39,70	52,06	63,35	76,96	100,00
30 °C	0,787	0,821	0,890	0,891	0,930	0,931	0,960	0,983	1,005	1,035

[32]

C_7H_8O o-Kresol (X_1) — **C_6H_6O Phenol** (X_2)
[8] ⟨K 10, d 4⟩

Gew.-% X_1	55	60	70	80	90	100
15,5 °C	1,063	1,061	1,059	1,056	1,054	1,051

[9]

C_7H_8O m-Kresol (X_1) — C_6H_6 Benzol (X_2)
[7] ⟨K 5, d 4⟩

Mol-% X_1	0	25	50	75	100
12 °C	0,887	0,927	0,969	1,008	1,040
64 °C	0,831	0,879	0,925	0,964	1,001

[23] ⟨K 11, d 4, ϑ 28 °C⟩

Mol-% X_1	0,00	10,65	26,04	40,73	46,78	58,06	73,64	88,67	100,00
25 °C	0,879	0,892	0,918	0,942	0,951	0,967	0,989	1,005	1,030

[3] ⟨K 4 bis 20 Gew.-% X_1, d 4, ϑ 20 °C⟩
[14, 32]

C_7H_8O m-Kresol (X_1) — C_7H_8 Toluol (X_2)
[7] ⟨K 5, d 4⟩

Mol-% X_1	0	25	50	75	100
0 °C	0,882	0,927	0,968	1,009	1,049
12 °C	0,872	0,916	0,957	0,999	1,040
64 °C	0,826	0,868	0,913	0,957	1,001

[23] ⟨K 11, d 4, ϑ 28 °C⟩

Mol-% X_1	0,00	11,32	22,24	33,94	45,06	54,66	76,12	87,74	100,00
25 °C	0,859	0,879	0,898	0,919	0,939	0,956	0,992	1,012	1,030

C_7H_8O m-Kresol (X_1) — C_2H_6O Äthanol (X_2) [32]

C_7H_8O m-Kresol (X_1) — C_6H_6O Phenol (X_2)
[8] ⟨K 9, d 4⟩

Gew.-% X_1	60	70	80	90	100
15,5 °C	1,052	1,048	1,045	1,041	1,038

[9]

C_7H_8O m-Kresol (X_1) — C_7H_8O o-Kresol (X_2)
[8] ⟨K 21, d 4⟩

Gew.-% X_1	0	10	20	30	40	50	60	70	80	90	100
15,5 °C	1,051	1,050	1,048	1,047	1,046	1,044	1,043	1,042	1,040	1,039	1,038

[9]

C_7H_8O p-Kresol (X_1) — C_6H_6 Benzol (X_2)
[3] ⟨K 5, d 4⟩

Gew.-% X_1	0,00	5,49	13,48	16,08	21,68
20 °C	0,879	0,887	0,898	0,902	0,910

[14, 32]

C_7H_8O p-Kresol (X_1) — C_2H_6O Äthanol (X_2) [32]

C_7H_8O p-Kresol (X_1) — C_6H_6O Phenol (X_2)
[8] ⟨K 12, d 4⟩

Gew.-% X_1	45	50	60	70	80	90	100
15,5 °C	1,058	1,056	1,052	1,049	1,045	1,041	1,038

[9]

Lacmann

C_7H_8O p-Kresol (X_1) — **C_7H_8O o-Kresol** (X_2) [9]

C_7H_8O p-Kresol (X_1) — **C_7H_8O m-Kresol** (X_2) [9]

C_7H_6O Benzaldehyd (X_1) — **C_6H_6 Benzol** (X_2)
[24] ⟨K6, d3⟩

Mol-% X_1	0,00	1,27	2,45	4,33	100,00
25 °C	0,874	0,876	0,879	0,883	1,043

[36] ⟨K8, d4⟩

Mol-% X_1	0	10	20	40	50	60	80	100
25 °C	0,8734	0,8926	0,9115	0,9472	0,9642	0,9806	1,0119	1,0421
35 °C	0,8628	0,8822	0,9012	0,9374	0,9548	0,9713	1,0029	1,0332
45 °C	0,8521	0,8718	0,8912	0,9278	0,9454	0,9621	0,9940	1,0243
50 °C	0,8468	0,8665	0,8861	0,9230	0,9407	0,9575	0,9896	1,0199

[25] ⟨K5 bis 2,1 Mol-% X_1, d4, ϑ 20 °C⟩
[27] ⟨K6 bis 2,5 Gew.-% X_1⟩
[33] ⟨K3, d4, ϑ 25°, 50 °C⟩
[2, 32]

C_7H_6O Benzaldehyd (X_1) — **C_2H_6O Äthanol** (X_2)
[11] ⟨K12, d4⟩

Gew.-% X_1	0,0	7,8	16,7	36,3	46,7	56,5	62,7	67,3	96,1	100,0
25 °C	0,784	0,802	0,825	0,873	0,893	0,923	0,939	0,950	1,030	1,040

[32]

C_7H_6O Benzaldehyd (X_1) — **$C_5H_{12}O$ Isopentanol** (X_2)
[38] ⟨K12 vor und nach der Reaktion, d4, ϑ 25 °C⟩

1 Paterno, E., Montemartini, C.: Atti Accad. naz. Lincei, Rend., Cl. Sci. fisiche, mat. natur. **3** (1894) 139; Gazz. chim. ital. **24** (1894) 179 (nach ICT und Tim.).
2 Jones: Chem. News, J. physic. Sci. **72** (1895) 279 (nach ICT).
3 Philip, J. C., Haynes, P.: J. chem. Soc. (London) **87** (1905) 998.
4 Tyrer, D.: J. chem. Soc. (London) **99** (1911) 871—80.
5 Baker, F.: J. chem. Soc. (London) **101** (1912) 1409—16.
6 Dobroserdov, D. K.: J. russ. physik.-chem. Ges. (Shurnal Russkogo Fisiko-Chimitschesskogo Obschtschesstwa) **44** (1912) 679 (nach ICT und Tim.).
7 Kremann, R., Meingast, R., Gugl, F.: Mh. Chem. **35** (1914) 1235, 876—82 (nach ICT und Tim.).
8 Fox, J. J., Barker, M. F.: J. Soc. chem. Ind. **36** (1917) 842 (nach ICT, Tabl. ann. und Tim.).
9 Knight, G. W., Lincoln, C. T., Formanek, G., Follett, H. L.: J. Ind. Engng. Chem. **10** (1918) 9—18.
10 Perrakis, N.: J. Chim. physique **22** (1925) 280—310.
11 Adkins, H., Broderick, A. E.: J. Amer. chem. Soc. **50** (1928) 499—503.
12 Estermann, J.: Z. physik. Chem. (B) **1** (1928) 134—69.
13 Donle, H. L., Volkert, G.: Z. physik. Chem. (B) **8** (1930) 60—71.
14 Donle, H. L., Gehreckens, K.: Z. physik. Chem. (B) **18** (1932) 316—26.
15 Williams, J. W.: J. Amer. chem. Soc. **52** (1930) 1831—37.
16 Gordon, S. M.: J. Amer. pharmac. Assoc. **20** (1931) 15 (nach Tim.).
17 Bodenheimer, W., Wehage, K.: Z. physik. Chem. (B) **18** (1932) 343.
18 Martin, A. R., Collie, B.: J. chem. Soc. (London) **1932**, 2658—67.
19 Martin, A. R., George, C. M.: J. chem. Soc. (London) **1933**, 1414—16.
20 Martin, A. R.: Trans. Faraday Soc. **33** (1937) 191—200.
21 Toussaint, J. A., Wenzke, H. H.: J. Amer. chem. Soc. **57** (1935) 668—70.
22 Mahanti, P. C.: Z. Physik **94** (1935) 220—23.
23 Trew, V. C. G., Spencer, J. F.: Trans. Faraday Soc. **32** (1936) 701—08.
24 Goebel, H. L., Wenzke, H. H.: J. Amer. chem. Soc. **59** (1937) 2301—02.
25 Coomber, D. I., Partington, J. R.: J. chem. Soc. (London) **1938**, 1444—52.
26 Jones, W. J., Bowden, S. T., Yarnold, W. W., Jones, W. H.: J. physic. Chem. **52** (1948) 753—60.
27 Calderbank, K. E., Le Fèvre, R. J. W.: J. chem. Soc. (London) **1949**, 1462—68.
28 Le Fèvre, C. G., Le Fèvre, R. J. W.: J. chem. Soc. (London) **1950**, 1829—33.

29 Starobinetz, G. L., Starobinetz, K. S.: J. physik. Chem. (Shurnal Fisitschesskoi Chimii) **25** (1951) 753 (nach Tim.).
30 Anissimow, W. I.: J. physik. Chem. (Shurnal Fisitschesskoi Chimii) **27** (1953) 1797–1807.
31 Buckingham, A. D., Holland, H. G., Le Fèvre, R. J. W.: J. chem. Soc. (London) **1954**, 1646–48.
32 Lutzki, A. Je.: J. allg. Chem. (Shurnal Obschtschei Chimii) **24** (1954) 74–78.
33 J. physik. Chem. (Shurnal Fisitschesskoi Chimii) **31** (1957) 1964–75.
34 Boud, A. H., Cleverdon, D., Collins, G. B., Smith, J. W.: J. chem. Soc. (London) **1955**, 3793–98.
35 Terry, T. D., Kepner, R. E., Webb, A. D.: J. chem. Engng. Data **5** (1960) 403–12.
36 Lutzki, A. Je., Obuchowa, Je. M., Ssidorov, I. A.: J. allg. Chem. (Shurnal Obschtschei Chimii) **28** (1958) 2386–95; J. Gen. Chem. USSR **28** (1958) 2423–32.
37 Heric, E. L., Brewer, J. G.: J. chem. Engng. Data **12** (1967) 574–83.
38 Fialkov, Yu. Ya., Fenerli, G. N.: J. allg. Chem. (Shurnal Obschtschei Chimii) **36** (1966) 973–81; J. Gen. Chem. USSR **36** (1966) 989–95.
39 Gold, P. I., Perrine, R. L.: J. chem. Engng. Data **12** (1967) 4–8.
40 Fialkov, Ju. Ja., Tarasenko, Ju. A., Kudra, O. K.: J. allg. Chem. (Shurnal Obschtschei Chimii) **34** (1964) 3862–66; J. Gen. Chem. USSR **34** (1964) 3922–26.
41 Duboc, C.: Bull. Soc. chim. France **1969**, 2260–70.

$C_7H_{14}O_2$ n-Hexancarbonsäure(1) (X_1) – **C_6H_6 Benzol** (X_2)
[35] ⟨K10, d4⟩

Gew.-% X_1	0	5	10	15	20	40	50	60	80	100
25 °C	0,873	0,875	0,876	0,878	0,880	0,887	0,891	0,894	0,903	0,913

[29] ⟨K10, d4⟩

Gew.-% X_1	0,00	5,33	10,75	21,02	35,86	51,93	65,06	80,66	90,81	100,00
71 °C	0,826	0,828	0,830	0,835	0,842	0,850	0,857	0,865	0,871	0,877

$C_7H_{14}O_2$ n-Hexancarbonsäure (X_1) – **CCl_4 Tetrachlormethan** (X_2)
[35] ⟨K10, d4⟩

Gew.-% X_1	0	5	10	15	20	40	50	60	80	100
25 °C	1,584	1,530	1,475	1,425	1,378	1,222	1,156	1,101	1,004	0,913

$C_7H_{14}O_2$ Amylacetat (X_1) – **C_8H_{10} Phenyläthan** (X_2) *[11, 12]*

$C_7H_{14}O_2$ Amylacetat (X_1) – **C_8H_{10} Xylol** (X_2) *[2]*

$C_7H_{14}O_2$ Amylacetat (X_1) – **C_8H_8 Phenyläthylen** (X_2) *[11, 12]*

$C_7H_{14}O_2$ Amylacetat (X_1) – **C_8H_6 Phenylacetylen** (X_2) *[11, 12]*

$C_7H_{14}O_2$ Amylacetat (X_1) – **$C_{14}H_{12}$ Diphenyläthylen** (X_2) *[11]*

$C_7H_{14}O_2$ Amylacetat (X_1) – **$C_{14}H_{10}$ Diphenylacetylen** (X_2) *[11]*

$C_7H_{14}O_2$ Amylacetat (X_1) – **$C_{16}H_{18}$ Diphenylbutan** (X_2) *[11]*

$C_7H_{14}O_2$ Amylacetat (X_1) – **$C_{16}H_{14}$ Diphenylbutadien** (X_2) *[11]*

$C_7H_{14}O_2$ Amylacetat (X_1) – **$C_{16}H_{10}$ Diphenylbutadiin** (X_2) *[11]*

$C_7H_{14}O_2$ Amylacetat (X_1) – **$C_2H_4O_2$ Essigsäure** (X_2)
[38] ⟨K12, d4⟩

Gew.-% X_1	0,00	18,45	35,41	48,58	59,59	64,86	69,44	77,04	83,22	88,95	94,67	100,00
25 °C	1,044	1,004	0,974	0,950	0,928	0,918	0,909	0,894	0,884	0,874	0,868	0,863
40 °C	1,028	0,987	0,956	0,933	0,912	0,904	0,897	0,880	0,870	0,862	0,855	0,849
60 °C	1,007	0,965	0,934	0,909	0,891	0,882	0,876	0,861	0,853	0,844	0,837	0,827

$C_7H_{14}O_2$ Amylacetat (X_1) – **C_3H_6O Aceton** (X_2) *[12]*

$C_7H_{14}O_2$ Amylacetat (X_1)—**$C_4H_8O_2$ Äthylacetat** (X_2)
[41] ⟨K 3, d 3⟩

Mol-% X_1	20,6	50,0	100,0
11 °C	0,901	0,890	0,885

[16] ⟨K 11, ΔV, ϑ 17 °C⟩
[10]

$C_7H_{14}O_2$ Amylacetat (X_1)—**$C_5H_{12}O$ n-Propyläthyläther** (X_2) *[11]*

$C_7H_{14}O_2$ Amylacetat (X_1)—**$C_5H_{10}O$ Allyläthyläther** (X_2) *[11]*

$C_7H_{14}O_2$ Amylacetat (X_1)—**C_5H_8O Propargyläthyläther** (X_2) *[11]*

$C_7H_{14}O_2$ Amylacetat (X_1)—**$C_6H_{10}O$ Mesityloxyd** (X_2) *[12]*

$C_7H_{14}O_2$ Amylacetat (X_1)—**C_6H_6O Phenol** (X_2) *[6]*

$C_7H_{14}O_2$ Amylacetat (X_1)—**C_7H_8O Benzylalkohol** (X_2) *[6]*

$C_7H_{14}O_2$ Amylacetat (X_1)—**C_7H_8O Anisol** (X_2) *[6]*

$C_7H_{14}O_2$ Amylacetat (X_1)—**C_7H_8O o-Kresol** (X_2) *[6]*

$C_7H_{14}O_2$ Amylacetat (X_1)—**C_7H_8O m-Kresol** (X_2) *[6]*

$C_7H_{14}O_2$ Amylacetat (X_1)—**C_7H_8O p-Kresol** (X_2) *[6]*

$C_7H_{14}O_2$ Isoamylacetat (X_1)—**C_6H_6 Benzol** (X_2)
[24] ⟨K 6 bis 12,3 Mol-% X_1, d 5, ϑ 22 °C⟩
[2, 7]

$C_7H_{14}O_2$ Isoamylacetat (X_1)—**$C_{12}H_{10}$ Diphenyl** (X_2)
[8] ⟨K 3, d 5⟩

Gew.-% X_1	88,57	93,05	100,00
25 °C	0,880	0,873	0,862

[12]

$C_7H_{14}O_2$ Isoamylacetat (X_1)—**$C_{14}H_{14}$ Diphenyläthan** (X_2) *[11]*

$C_7H_{14}O_2$ Isoamylacetat (X_1)—**$C_6H_4Br_2$ p-Dibrombenzol** (X_2)
[8] ⟨K 2, d 5⟩

Gew.-% X_1	92,04	100,00
25 °C	0,902	0,862

$C_7H_{14}O_2$ Isoamylacetat (X_1)—**$C_4H_8O_2$ Äthylacetat** (X_2) *[10, 13]*

$C_7H_{14}O_2$ Isoamylacetat (X_1)—**$C_6H_{12}O_2$ n-Butylacetat** (X_2)
[39] ⟨K 6, d 4⟩

Mol-% X_1	0	20	40	60	80	100
20 °C	0,881	0,879	0,877	0,876	0,875	0,873
40 °C	0,860	0,859	0,857	0,856	0,855	0,853
60 °C	0,839	0,838	0,837	0,836	0,834	0,833

$C_7H_{14}O_2$ Butylpropionat (X_1)—**C_6H_6 Benzol** (X_2)
[24] ⟨K 5, d 5⟩

Mol-% X_1	0,00	4,55	8,77
22 °C	0,8764	0,8760	0,8754

$C_7H_{14}O_2$ Äthylvalerat (X_1) – **C_6H_6 Benzol** (X_2) [*2*]

$C_7H_{14}O_2$ Äthylvalerat (X_1) – **C_8H_{10} Xylol** (X_2) [*2*]

$C_7H_{14}O_2$ Äthylisovalerat (X_1) – **$C_6H_{12}O_2$ Isobutylacetat** (X_2)
[*5*] ⟨K3, d4, ϑ 0°, 20°, 40°C⟩

$C_7H_{12}O_2$ Cyclohexancarbonsäure (X_1) – **C_6H_6 Benzol** (X_2)
[*19*] ⟨K4, d4⟩

Mol-% X_1	0,00	1,43	2,83	4,19
25°C	0,873	0,876	0,879	0,883

$C_7H_8O_2$ Guajakol (X_1) – **C_6H_6 Benzol** (X_2)
[*21*] ⟨K11, d4⟩

Mol-% X_1	0	10	20	30	40	50	60	70	80	90	100
30°C	0,867	0,900	0,928	0,954	0,982	1,008	1,035	1,060	1,081	1,109	1,124

$C_7H_8O_2$ Guajakol (X_1) – **C_7H_8 Toluol** (X_2)
[*21*] ⟨K11, d4⟩

Mol-% X_1	0	10	20	30	40	50	60	70	80	90	100
30°C	0,855	0,883	0,912	0,941	0,969	0,996	1,016	1,045	1,076	1,099	1,124

$C_7H_8O_2$ Guajakol (X_1) – **C_3H_6O Aceton** (X_2)
[*21*] ⟨K11, d4⟩

Mol-% X_1	0	10	20	30	40	50	60	70	80	90	100
30°C	0,778	0,836	0,890	0,930	0,971	0,997	1,036	1,062	1,086	1,106	1,124

$C_7H_8O_2$ 2.6-Dimethyl-γ-pyron (X_1) – **C_6H_6 Benzol** (X_2)
[*30*] ⟨K5 bis 0,8 Gew.-% X_1, d5, ϑ 25°C⟩

$C_7H_6O_2$ Benzoesäure (X_1) – **C_6H_{14} Hexan** (X_2)
[*18*] ⟨K7, d4⟩

Mol-% X_1	0,00	0,26	0,50
25°C	0,678	0,679	0,680

$C_7H_6O_2$ Benzoesäure (X_1) – **C_6H_6 Benzol** (X_2)
[*9*] ⟨K4, d5⟩

Gew.-% X_1	0,00	2,11	4,33	6,79
12,87°C	0,886	0,891	0,896	0,901

[*20*] ⟨K10, d4⟩

Mol-% X_1	0,0	1,0	1,9	2,8	3,7	4,6	5,3
25°C	0,872	0,875	0,879	0,882	0,885	0,888	0,890

[*32*] ⟨K21 bis 1,3 Mol-% X_1, d4, ϑ 20°C⟩
[*22*] ⟨K5 bis 5,1 Mol-% X_1, d4, ϑ 22°C⟩
[*17*] ⟨K10 bis 8 Gew.-% X_1, d4, ϑ 25°C⟩
[*1, 14, 37*]

$C_7H_6O_2$ Benzoesäure (X_1) – **$CHCl_3$ Chloroform** (X_2)
[*9*] ⟨K4, d5⟩

Gew.-% X_1	0,00	1,53	3,53	8,43
12,87°C	1,502	1,496	1,487	1,468

$C_7H_6O_2$ Benzoesäure (X_1) — **CH_4O Methanol** (X_2)
[*26*] ⟨K 6, d 3⟩

Mol-% X_1	0,00	1,39	2,69	4,53	7,56	11,16
12 °C	0,797	0,812	0,824	0,842	0,869	0,898

[*15*] ⟨K 2, d 4⟩

Gew.-% X_1	0,00	1,54
25 °C	0,787	0,791

[*26, 37*]

$C_7H_6O_2$ Benzoesäure (X_1) — **C_2H_6O Äthanol** (X_2)
[*15*] ⟨K 2, d 4⟩

Gew.-% X_1	0,00	1,55
25 °C	0,785	0,789

[*3*] ⟨K 1, gesätt., ϑ 25 °C⟩

$C_7H_6O_2$ Benzoesäure (X_1) — **$C_4H_{10}O$ Butanol** (X_2)
[*26*] ⟨K 5, d 3⟩

Mol-% X_1	0,00	1,81	3,81	7,75	11,31
20 °C	0,809	0,819	0,827	0,843	0,861

$C_7H_6O_2$ Benzoesäure (X_1) — **$C_4H_{10}O$ Diäthyläther** (X_2) [*1*]

$C_7H_6O_2$ Benzoesäure (X_1) — **$C_4H_8O_2$ Dioxan** (X_2)
[*32*] ⟨K 14, d 4⟩

Gew.-% X_1	0,00	1,36	2,69	3,98	5,23	6,46
20 °C	1,034	1,035	1,037	1,038	1,040	1,042

[*28*] ⟨K 4, d 4, ϑ 25 °C⟩

$C_7H_6O_2$ Benzoesäure (X_1) — **$C_5H_{12}O$ Isoamylalkohol** (X_2) [*26*]

$C_7H_6O_2$ Benzoesäure (X_1) — **C_7H_6O Benzaldehyd** (X_2)
[*25*] ⟨K 5, d 4⟩

Gew.-% X_1	0,00	1,10	8,60	13,00	14,01
30 °C	1,037	1,038	1,047	1,053	1,054

$C_7H_6O_2$ o-Oxybenzaldehyd (X_1) — **C_2H_6O Äthanol** (X_2) [*37*]

$C_7H_6O_2$ m-Oxybenzaldehyd (X_1) — **C_2H_6O Äthanol** (X_2) [*37*]

$C_7H_6O_2$ p-Oxybenzaldehyd (X_1) — **$C_4H_8O_2$ Dioxan** (X_2)
[*27*] ⟨K 4, d 4⟩

Mol-% X_1	1,00	1,93	2,82	4,04
25 °C	1,029	1,032	1,034	1,037

$C_7H_6O_2$ 1.3-Dioxaindan (X_1) — **C_6H_6 Benzol** (X_2)
[*36*] ⟨K 6, d 4⟩

Mol-% X_1	1,57	2,98	4,52
25 °C	0,879	0,884	0,890

$C_7H_6O_3$ Salicylsäure (X_1) – **CH_4O Methanol** (X_2)
[*15*] ⟨K 2, d 4⟩

Gew.-% X_1	0,00	1,74
25 °C	0,787	0,792

$C_7H_6O_3$ Salicylsäure (X_1) – **C_2H_6O Äthanol** (X_2)
[*15*] ⟨K 2, d 4⟩

Gew.-% X_1	0,00	1,75
25 °C	0,785	0,790

[*3, 4*] ⟨K 1, gesätt., ϑ 25 °C⟩
[*1, 37*]

$C_7H_6O_3$ Salicylsäure (X_1) – **$C_4H_{10}O$ Diäthyläther** (X_2) [*1*]

$C_7H_6O_3$ Salicylsäure (X_1) – **$C_4H_8O_2$ Dioxan** (X_2)
[*28*] ⟨K 4, d 5⟩

Mol-% X_1	0,00	0,85	1,09	1,54
25 °C	1,027	1,030	1,032	1,033

Na-$C_7H_5O_3$ Natrium-salicylat (X_1) – **C_2H_6O Äthanol** (X_2)
[*4*] ⟨K 1, gesätt., ϑ 25 °C⟩

NH_4-$C_7H_5O_3$ Ammonium-salicylat (X_1) – **C_2H_6O Äthanol** (X_2)
[*4*] ⟨K 1, gesätt., ϑ 25 °C⟩

$C_7H_6O_3$ m-Oxybenzoesäure (X_1) – **C_2H_6O Äthanol** (X_2) [*37*]

$C_7H_6O_3$ m-Oxybenzoesäure (X_1) – **$C_4H_8O_2$ Dioxan** (X_2)
[*28*] ⟨K 4, d 5⟩

Mol-% X_1	0,00	1,62	1,94	2,94
25 °C	1,027	1,033	1,034	1,038

$C_7H_6O_3$ p-Oxybenzoesäure (X_1) – **C_2H_6O Äthanol** (X_2) [*37*]

$C_7H_6O_3$ p-Oxybenzoesäure (X_1) – **$C_4H_8O_2$ Dioxan** (X_2)
[*28*] ⟨K 4, d 5⟩

Mol-% X_1	0,00	0,86	1,19	1,94
25 °C	1,027	1,031	1,032	1,035

$C_7H_{12}O_4$ Äthylmalonat (X_1) – **C_6H_6 Benzol** (X_2)
[*23*] ⟨K 6, d 4⟩

Mol-% X_1	0,00	3,20	5,02	10,87	16,06
25 °C	0,873	0,883	0,888	0,905	0,918
50 °C	0,847	0,856	0,862	0,878	0,891

[*2*]

$C_7H_{12}O_4$ Diäthylmalonat (X_1) – **C_8H_{10} Xylol** (X_2) [*2*]

$C_7H_{12}O_4$ d-α-Äthylglutarsäure (X_1) – **C_2H_6O Äthanol** (X_2)
[*34*] ⟨K 7, d 3⟩

Gew.-% X_1	2,84	5,86	11,06	21,47	43,86	60,38	75,46
20 °C	0,799	0,809	0,824	0,855	0,929	0,988	1,047

$C_7H_{12}O_4$ d-α-Methyl-α'-äthylbernsteinsäure (X_1) — **C_2H_6O Äthanol** (X_2)
[34] ⟨K 7, d 4⟩

(Fp. 180 °C) Gew.-% X_1	7,65	11,88	23,76	37,18
20 °C	0,812	0,821	0,857	0,901

(Fp. 181 °C) Gew.-% X_1	5,26	10,33	18,18
20 °C	0,806	0,821	0,845

$C_7H_{12}O_4$ d-α-Methyl-α'-äthylbernsteinsäure (X_1) — **$C_4H_8O_2$ Dioxan** (X_2)
[34] ⟨K 3, d 4⟩

Gew.-% X_1	8,58	17,19	27,52
20 °C	1,047	1,057	1,065

$C_7H_{12}O_4$ d-α-Methylbernsteinsäure-dimethylester (X_1) — **C_2H_6O Äthanol** (X_2)
[34] ⟨K 4, d 3⟩

Gew.-% X_1	11,49	30,28	63,49	85,93
20 °C	0,818	0,862	0,953	1,022

$C_7H_{12}O_4$ 5.5-spiro-Bis-1.3-dioxan (X_1) — **C_6H_6 Benzol** (X_2)
[40] ⟨K 4, d 4⟩

Gew.-% X_1	1,59	2,66	3,57	4,45
25 °C	0,877	0,880	0,883	0,885

$C_7H_{10}O_4$ Dimethylcitraconat (X_1) — **C_6H_6 Benzol** (X_2)
[33] ⟨K 5, d 4⟩

Mol-% X_1	0,00	7,59	11,01	14,31	100,00
20 °C	0,887	0,925	0,939	0,947	1,143

$C_7H_{10}O_4$ Dimethylmesaconat (X_1) — **C_6H_6 Benzol** (X_2)
[33] ⟨K 5, d 4⟩

Mol-% X_1	0,00	3,76	6,69	12,58	100,00
20 °C	0,886	0,910	0,922	0,929	1,149

$C_7H_{10}O_4$ Dimethylenpentaerythrit (X_1) — **CCl_4 Tetrachlormethan** (X_2)
[31] ⟨K 7, d 5⟩

Gew.-% X_1	0,00	0,75	1,07	1,38
25 °C	1,585	1,582	1,580	1,578

$C_7H_{10}O_7$ Dimethylcitraconatozonid (X_1) — **C_6H_6 Benzol** (X_2)
[33] ⟨K 5, d 4⟩

Mol-% X_1	0,00	4,01	5,82	10,04	100,00
20 °C	0,886	0,930	0,939	0,963	1,280

$C_7H_{10}O_7$ Dimethylmesaconatozonid (X_1) — **C_6H_6 Benzol** (X_2)
[33] ⟨K 5, d 4⟩

Mol-% X_1	0,00	3,13	5,13	8,46	100,00
20 °C	0,886	0,898	0,903	0,926	1,298

1 | Tammann, G., Hirschberg, W.: Z. physik. Chem. **13** (1894) 543—49.
2 | Nicol: J. chem. Soc. (London) **69** (1896) 142 (nach ICT).
3 | Seidell, A.: Trans. Amer. electrochem. Soc. **13** (1908) 319—28.
4 | J. Amer. chem. Soc. **31** (1909) 1164—68.

5 Biron, E. V.: J. russ. physik.-chem. Ges. (Shurnal Russkogo Fisiko-Chimitschesskogo Obschtschesstwa) **42** (1910) 167 (nach ICT u. Tim.).
6 Thole, F. B.: J. chem. Soc. (London) **97** (1910) 2596–2606.
7 Polowzow, V.: Z. physik. Chem. **75** (1910) 513–26.
8 Tyrer, D.: J. chem. Soc. (London) **97** (1910) 2620–34.
9 **99** (1911) 871–80.
10 Goerdt, W.: Dissert., Münster, 1911 (nach ICT u. Tim.).
11 Hilditch, T. P., Dunstan, A. E.: Z. Elektrochem., angew. physik. Chem. **17** (1911) 929–34.
12 Dunstan, A. E., Hilditch, T. P.: Z. Elektrochem., angew. physik. Chem. **18** (1912) 185.
13 Hovelmann: Dissert., Münster, 1914 (nach ICT).
14 Herz, W.: Z. physik. Chem. **87** (1914) 63–68.
15 Goldschmidt, H., Aarflot, H.: Z. physik. Chem. (A) **122** (1926) 371–82.
16 Schmidt, G. C.: Z. physik. Chem. (A) **121** (1926) 221–53.
17 Williams, J. W., Allgeier, R. J.: J. Amer. chem. Soc. **49** (1927) 2416–22.
18 Williams, J. W., Ogg, E. F.: J. Amer. chem. Soc. **50** (1928) 94–101.
19 Williams, J. W.: J. Amer. chem. Soc. **52** (1930) 1831–37.
20 Hedestrand, G.: Z. physik. Chem. (B) **2** (1929) 428–44.
21 Puschin, N. A., Pinter, T.: Z. physik. Chem. (A) **142** (1929) 211–26.
22 Briegleb, G.: Z. physik. Chem. (B) **10** (1930) 205–37.
23 Smyth, C. P., Walls, W. S.: J. Amer. chem. Soc. **53** (1931) 527–39.
24 Wolf, K. L., Gross, W.: Z. physik. Chem. (B) **14** (1931) 305–25.
25 Pound, J. R.: J. physic. Chem. **35** (1931) 1496–97.
26 Kosakewitsch, P. P., Kosakewitsch, N. S.: Z. physik. Chem. (A) **166** (1933) 113–35.
27 Pearce, J. N., Berhenke, L. F.: J. physic. Chem. **39** (1935) 1005–10.
28 Wilson, C. J., Wenzke, H. H.: J. Amer. chem. Soc. **57** (1935) 1265–67.
29 Hrynakowski, K., Zochowski, A.: Ber. dtsch. chem. Ges. (B) **70** (1937) 1739–43.
30 Le Fèvre, C. G., Le Fèvre, R. J. W.: J. chem. Soc. (London) **1937**, 1088–90.
31 Le Fèvre, C. G., Le Fèvre, R. J. W., Smith, M. R.: J. chem. Soc. (London) **1958**, 16–23.
32 Schulz, G.: Z. physik. Chem. (B) **40** (1938) 151–57.
33 Briner, E., Perrottet, E., Frank, D.: Helv. chim. Acta **21** (1938) 1312–17.
34 Berner, C., Leonardsen, R.: Liebigs Ann. Chem. **538** (1939) 1–43.
35 Jones, W. J., Bowden, S. T., Yarnold, W. W., Jones, W. H.: J. physic. Chem. **52** (1948) 753–60.
36 Springall, H. D., Hampson, G. C., May, C. G., Spedding, H.: J. chem. Soc. (London) **1949**, 1524–32.
37 Lutzki, A. Je.: J. allg. Chem. (Shurnal Obschtschei Chimii) **24** (1954) 74–78 (nach Chem. Zbl.).
38 Ussanowitsch, M., Biljalow, K., Krassnomolowa, L.: J. allg. Chem. (Shurnal Obschtschei Chimii) **25** (1955) 471–77.
39 Toropow, A. P.: J. allg. Chem. (Shurnal Obschtschei Chimii) **26** (1956) 1285–88.
40 Millar, I. T., Mortimer, C. T., Springall, H. D.: J. chem. Soc. (London) **1957**, 3456–57.
41 Kremann, R., Gugl, F., Meingast, R.: Mh. Chem. **35** (1914) 876–82.

$C_8H_{18}O$ n-Octanol (X_1) – **C_6H_{12} Cyclohexan** (X_2)
[*27*] ⟨K 9, d 5⟩

Mol-% X_1	0,00	4,59	13,34	18,96	27,29	38,84	59,40	84,06	100,00
22 °C	0,776	0,778	0,783	0,786	0,791	0,797	0,807	0,818	0,825

[*31*] ⟨K 5 bis 1,2 Mol-% X_1, d 4, ϑ 20 °C⟩
[*30*]

$C_8H_{18}O$ n-Octanol (X_1) – **C_6H_6 Benzol** (X_2)
[*13*] ⟨K 6, d 4, ϑ 10°, 30°, 50°, 70 °C⟩

Mol-% X_1	0,00	2,80	4,06	4,92	6,66	8,60
20 °C	0,879	0,876	0,875	0,874	0,872	0,870
40 °C	0,857	0,855	0,854	0,853	0,851	0,849
60 °C	0,836	0,833	0,833	0,832	0,830	0,829

$C_8H_{18}O$ n-Octanol (X_1)—**C_6H_6 Benzol** (X_2) (Forts.)
[36] ⟨K 2, d 4⟩

Mol-% X_1	20	100
25 °C	0,855	0,821
50 °C	0,830	0,803

[31] ⟨K 5 bis 2 Mol-% X_1, d 4, ϑ 20 °C⟩
[41] ⟨ΔV, graph., ϑ 25 °C⟩
[1, 3]

$C_8H_{18}O$ n-Octanol (X_1)—**C_7H_{16} Heptan** (X_2)
[13] ⟨K 7, d 4, ϑ −20°, −10°, +10°, +30°, +50 °C⟩

Mol-% X_1	4,47	6,71	12,60	23,47	43,74	73,60	100,00
−30 °C	0,732	0,736	0,744	0,759	0,788	0,828	—
0 °C	0,707	0,711	0,719	0,735	0,765	0,806	0,839
20 °C	0,690	0,694	0,703	0,719	0,750	0,791	0,825
40 °C	0,674	0,677	0,686	0,703	0,734	0,776	0,812
60 °C	0,656	0,659	0,669	0,686	0,718	0,762	0,797

[31] ⟨K 7 bis 3 Mol-% X_1, d 4, ϑ 20 °C⟩
[30]

$C_8H_{18}O$ n-Octanol (X_1)—**CCl_4 Tetrachlormethan** (X_2)
[42] ⟨K 10, d 3⟩

Mol-% X_1	0,00	4,13	4,73	10,14	15,15	19,23	29,76	40,48	70,95	100,00
22 °C	1,593	1,542	1,533	1,472	1,417	1,375	1,277	1,188	0,978	0,826
30 °C	1,577	—	1,520	1,459	1,405	1,363	1,266	1,177	0,971	0,820
40 °C	1,557	1,513	1,501	1,441	1,388	1,348	1,252	1,166	0,963	0,813

[28] ⟨K 10, d 4⟩

Gew.-% X_1	0	5	10	15	20	40	50	60	80	100
25 °C	1,5844	1,5129	1,4480	1,3884	1,3360	1,1550	1,0821	1,0168	0,9089	0,8221

[37] ⟨K 4 bis 3,9 Mol-% X_1, d 4, ϑ 18 °C⟩
[45] ⟨ΔV, graph., ϑ 25 °C⟩
[39]

$C_8H_{18}O$ n-Octanol (X_1)—**CH_4O Methanol** (X_2)
[33] ⟨K 7, d 4⟩

Mol-% X_1	0,00	6,18	14,50	24,11	36,96	68,25	100,00
30 °C	0,783	0,787	0,791	0,796	0,800	0,807	0,811

[43] ⟨K 19, ΔV, ϑ 25 °C⟩

$C_8H_{18}O$ n-Octanol (X_1)—**C_2H_6O Äthanol** (X_2)
[43] ⟨K 28, ΔV, ϑ 25 °C⟩

$C_8H_{18}O$ n-Octanol (X_1)—**$C_2H_6O_2$ Äthylenglykol** (X_2)
[34] ⟨K 9, d 4⟩

Mol-% X_1	0,00	4,95	5,74	12,33	13,98	31,14	57,12	57,35	100,00
30 °C	1,105	1,069	1,065	1,020	1,011	0,937	0,870	0,869	0,811

$C_8H_{18}O$ n-Octanol (X_1)—**C_3H_8O Propanol(1)** (X_2)
[43] ⟨K 32, ΔV, ϑ 25 °C⟩

$C_8H_{18}O$ n-Octanol (X_1)—**$C_4H_{10}O$ n-Butanol** (X_2)
[43] ⟨K 20, ΔV, ϑ 25 °C⟩

$C_8H_{18}O$ n-Octanol (X_1) — **$C_6H_{14}O$ n-Hexanol** (X_2)
[43] ⟨K 21, ΔV, ϑ 25 °C⟩

$C_8H_{18}O$ n-Octanol (X_1) — **$C_6H_{12}O$ Cyclohexanol** (X_2)
[33] ⟨K 6, d 4⟩

Mol-% X_1	0,00	7,95	26,19	45,81	65,32	100,00
30 °C	0,941	0,925	0,894	0,866	0,843	0,811

$C_8H_{18}O$ Octanol(2) (X_1) — **C_6H_6 Benzol** (X_2)
[24] ⟨K 11, d 4⟩

Mol-% X_1	0,0	1,4	2,4	3,3	7,3	16,0	25,4	36,1	62,1	100,0
20 °C	0,879	0,877	0,876	0,874	0,870	0,861	0,853	0,845	0,832	0,820

$C_8H_{18}O$ Octanol(2) (X_1) — **$C_4H_{10}O$ n-Butanol** (X_2)
[44] ⟨K 11, d 4, ϑ 40 °C⟩

Gew.-% X_1	0,00	10,22	20,24	30,27	40,16	50,64	59,43	70,06	80,22	91,05	100,00
20 °C	0,8096	0,8107	0,8117	0,8129	0,8140	0,8152	0,8161	0,8171	0,8183	0,8195	0,8204
30 °C	0,8020	0,8031	0,8042	0,8054	0,8065	0,8077	0,8087	0,8098	0,8110	0,8122	0,8132
50 °C	0,7869	0,7881	0,7893	0,7905	0,7917	0,7929	0,7940	0,7952	0,7964	0,7979	0,7994

$C_8H_{18}O$ d,l-Octanol(2) (X_1) — **CCl_4 Tetrachlormethan** (X_2)
[25] ⟨K 13, d 4⟩

Mol-% X_1	0,00	0,84	1,78	3,28	4,72	9,51	16,20	23,79	33,41	61,57	100,00
20 °C	1,594	1,583	1,571	1,552	1,534	1,477	1,403	1,327	1,241	1,031	0,820

$C_8H_{18}O$ 2-Äthylhexanol(1) (X_1) — **C_6H_{12} Cyclohexan** (X_2)
[27] ⟨K 10, d 5⟩

Mol-% X_1	0,00	4,03	7,87	13,81	14,22	23,69	38,89	58,85	79,31	100,0
22 °C	0,776	0,779	0,781	0,785	0,785	0,791	0,800	0,812	0,823	0,832

$C_8H_{18}O$ 2-Äthylhexanol(1) (X_1) — **C_6H_6 Benzol** (X_2)
[20] ⟨K 4, d 5⟩

Mol-% X_1	0,91	1,93	2,97	4,94
25 °C	0,872	0,871	0,870	0,868

$C_8H_{18}O$ 2-Methylheptanol-(3) (X_1) — **C_6H_6 Benzol** (X_2)
[13] ⟨K 10, d 4, ϑ 10°, 30°, 50°, 60 °C⟩

Mol-% X_1	3,03	3,31	3,98	5,02	6,62	8,89	29,15	48,92	69,15	100,00
0 °C	—	—	—	—	—	—	0,870	0,859	0,850	0,840
20 °C	0,875	0,875	0,874	0,873	0,871	0,869	0,851	0,840	0,832	0,825
40 °C	0,854	0,854	0,853	0,852	0,850	0,848	0,832	0,822	0,815	0,808
70 °C	0,822	0,822	0,821	0,820	0,818	0,816	0,803	0,794	0,789	0,782

$C_8H_{18}O$ Di-n-butyläther (X_1) — **C_6H_{14} n-Hexan** (X_2)
[22] ⟨K 9, d 4⟩

Mol-% X_1	0,00	2,05	4,44	10,02	19,72	38,62	63,76	84,25	100,00
25 °C	0,667	0,669	0,673	0,679	0,691	0,712	0,736	0,753	0,764

$C_8H_{18}O$ Di-n-butyläther (X_1) — **C_6H_{12} Cyclohexan** (X_2) *[32]*

$C_8H_{18}O$ Di-n-butyläther (X_1) — **C_6H_6 Benzol** (X_2)
[22] ⟨K 12, d 4⟩

Mol-% X_1	0,00	1,45	2,56	4,62	5,99	12,17	29,00	57,57	73,46	100,00
25 °C	0,872	0,868	0,865	0,860	0,859	0,847	0,822	0,792	0,780	0,764

$C_8H_{18}O$ Di-n-butyläther (X_1) — **CCl_4 Tetrachlormethan** (X_2) [32]

$C_8H_{18}O$ Di-n-butyläther (X_1) — **C_6H_5Cl Chlorbenzol** (X_2)
[22] ⟨K 7, d 4⟩

Mol-% X_1	82,34	87,51	91,88	94,66	95,61	97,75	100,0
25 °C	0,805	0,793	0,782	0,776	0,774	0,769	0,764

$C_8H_{18}O$ Di-n-butyläther (X_1) — **$C_6H_{10}O_3$ Äthylacetacetat** (X_2)
[40] ⟨K 7, d 4⟩

Mol-% X_1	0	20	40	50	60	80	100
25 °C	1,0167	0,9568	0,9024	0,8777	0,8543	0,8121	0,7734

$C_8H_{16}O$ α-Äthylcapronaldehyd (X_1) — **C_6H_6 Benzol** (X_2)
[20] ⟨K 4, d 5⟩

Mol-% X_1	1,10	1,95	2,96	4,82
25 °C	0,872	0,871	0,871	0,869

$C_8H_{14}O$ 1-Hydroxyoctin-(2) (X_1) — **$C_4H_8O_2$ Dioxan** (X_2)
[19] ⟨K 4, d 5⟩

Mol-% X_1	0,00	2,64	2,96	3,44
25 °C	1,028	1,021	1,020	1,019

$C_8H_{14}O$ 1-Hydroxyoctin-(3) (X_1) — **$C_4H_8O_2$ Dioxan** (X_2)
[19] ⟨K 6, d 5⟩

Mol-% X_1	0,00	2,68	4,76	5,09	6,97
25 °C	1,028	1,021	1,016	1,015	1,011

$C_8H_{12}O$ Butylacetylacetylen (X_1) — **C_6H_6 Benzol** (X_2)
[21] ⟨K 6, d 4⟩

Mol-% X_1	0,0	1,6	2,5	4,2	100,0
25 °C	0,874	0,873	0,873	0,872	0,863

$C_8H_{12}O$ Amylpropiolaldehyd (X_1) — **C_6H_6 Benzol** (X_2)
[21] ⟨K 5, d 4⟩

Mol-% X_1	0,0	3,81	100,00
25 °C	0,874	0,873	0,871

$C_8H_{10}O$ Phenyläthanol (X_1) — **C_6H_6 Benzol** (X_2)
[18] ⟨K 11, d 4⟩

Gew.-% X_1	0,00	13,83	28,11	40,89	52,34	61,13	70,71	81,68	87,71	95,64	100,00
25 °C	0,872	0,890	0,910	0,928	0,944	0,957	0,971	0,988	0,997	1,009	1,016

[14] ⟨K 9 bis 13,7 Mol-% X_1, d 3, ϑ 25 °C⟩

$C_8H_{10}O$ Phenylmethylcarbinol (X_1) — **C_6H_6 Benzol** (X_2) [16]

$C_8H_{10}O$ Phenetol (X_1) — **C_6H_6 Benzol** (X_2)
[38] ⟨K 14, d 5⟩

Mol-% X_1	0,00	3,17	5,40	12,19	31,49	46,37	64,52	72,49	90,56	93,68	96,99	100,00
20 °C	0,879	0,883	0,886	0,893	0,913	0,926	0,940	0,946	0,959	0,961	0,963	0,965

[36] ⟨K 3, d 4⟩

Mol-% X_1	20	50	100
25 °C	0,896	0,925	0,961
50 °C	0,871	0,900	0,938

[12] ⟨K 4, d 4, ϑ 20°, 30°, 40°, 50 °C⟩

$C_8H_{10}O$ Phenetol (X_1) — **$CHCl_3$ Chloroform** (X_2)
[8] ⟨K 6, d 4⟩

Mol-% X_1	0,00	9,09	32,38	48,18	80,09	100,00
0 °C	1,526	1,447	1,286	1,211	1,053	0,984

$C_8H_{10}O$ Phenetol (X_1) — **CCl_4 Tetrachlormethan** (X_2)
[38] ⟨K 10, d 4⟩

Mol-% X_1	0,00	0,26	0,76	2,16	4,93	11,97	23,85	47,29	84,18	100,00
20 °C	1,594	1,592	1,587	1,576	1,554	1,498	1,410	1,253	1,044	0,965

$C_8H_{10}O$ Phenetol (X_1) — **C_2H_5J Äthyljodid** (X_2)
[8] ⟨K 7, d 4⟩

Mol-% X_1	0,00	9,56	33,98	54,71	73,85	90,89	100,00
0 °C	1,975	1,803	1,530	1,321	1,163	1,037	0,984

$C_8H_{10}O$ Phenetol (X_1) — **$C_2H_2Cl_4$ 1.1.2.2-Tetrachloräthan** (X_2)
[9] ⟨K 6, d 3⟩

Mol-% X_1	0,00	21,76	51,67	62,80	78,37	100,00
0 °C	1,614	1,465	1,266	1,194	1,101	0,984

$C_8H_{10}O$ Phenetol (X_1) — **C_2HCl_5 Pentachloräthan** (X_2)
[9] ⟨K 7, d 3⟩

Mol-% X_1	0,00	9,71	22,14	48,95	67,98	90,30	100,00
25 °C	1,672	1,603	1,508	1,317	1,176	1,027	0,961

$C_8H_{10}O$ Phenetol (X_1) — **CH_4O Methanol** (X_2) *[6]*

$C_8H_{10}O$ Phenetol (X_1) — **C_2H_6O Äthanol** (X_2) *[6]*

$C_8H_{10}O$ Phenetol (X_1) — **$C_4H_{10}O$ Diäthyläther** (X_2)
[10] ⟨K 16, d 4⟩

Mol-% X_1	0,00	9,96	16,97	25,15	31,18	39,52	48,94	54,99	64,84	74,77	81,45	90,25	100,00
25 °C	0,714	0,746	0,766	0,789	0,806	0,828	0,849	0,863	0,885	0,908	0,923	0,943	0,962

[17, 26]

$C_8H_{10}O$ Phenetol (X_1) — **$C_7H_{14}O_2$ Amylacetat** (X_2) *[3]*

$C_8H_{10}O$ o-Tolylmethyläther (X_1) — **C_6H_6 Benzol** (X_2)
[2] ⟨K 5, d 4⟩

Gew.-% X_1	0,00	5,52	11,35	17,41	25,37
20 °C	0,879	0,884	0,889	0,895	0,902

[35]

$C_8H_{10}O$ o-Tolylmethyläther (X_1) — **C_2H_6O Äthanol** (X_2) *[35]*

$C_8H_{10}O$ o-Tolylmethyläther (X_1) — **$C_7H_{14}O_2$ Amylacetat** (X_2) *[3]*

$C_8H_{10}O$ m-Tolylmethyläther (X_1) — **C_6H_6 Benzol** (X_2)
[2] ⟨K 5, d 4⟩

Gew.-% X_1	0,00	5,21	10,73	16,41	23,48
20 °C	0,879	0,883	0,888	0,893	0,896

[35]

$C_8H_{10}O$ m-Tolylmethyläther (X_1) — **C_2H_6O Äthanol** (X_2) *[35]*

$C_8H_{10}O$ m-Tolylmethyläther (X_1) — **$C_7H_{14}O_2$ Amylacetat** (X_2) *[3]*

$C_8H_{10}O$ p-Tolylmethyläther (X_1) — **C_6H_6 Benzol** (X_2)
[2] ⟨K 5, d 4⟩

Gew.-% X_1	0,00	4,76	11,29	15,20	19,87
20 °C	0,879	0,883	0,889	0,892	0,896

[35]

$C_8H_{10}O$ p-Tolylmethyläther (X_1) — **C_2H_6O Äthanol** (X_2) *[35]*

$C_8H_{10}O$ p-Tolylmethyläther (X_1) — **$C_7H_{14}O_2$ Amylacetat** (X_2) *[3]*

$C_8H_{10}O$ Benzylmethyläther (X_1) — **$C_7H_{14}O_2$ Amylacetat** (X_2) *[3]*

C_8H_8O p-Methylbenzaldehyd (X_1) — **C_6H_6 Benzol** (X_2)
[20] ⟨K 5, d 5⟩

Mol-% X_1	1,04	1,99	3,03	4,97	7,50
25 °C	0,875	0,876	0,879	0,882	0,887

C_8H_8O Phenylacetaldehyd (X_1) — **C_6H_6 Benzol** (X_2)
[23] ⟨K 5, d 4⟩

Mol-% X_1	0,00	1,24	2,19	3,13	3,77
20 °C	0,879	0,881	0,883	0,885	0,886

C_8H_8O Acetophenon (X_1) — **C_6H_6 Benzol** (X_2)
[38] ⟨K 17, d 5⟩

Mol-% X_1	0,00	4,24	9,07	24,97	52,60	66,24	82,48	91,64	96,95	100,00
20 °C	0,879	0,888	0,897	0,925	0,969	0,987	1,008	1,019	1,025	1,028

[15] ⟨K 5, d 4⟩

Mol-% X_1	15,38	29,66	46,68	77,49	100,00
25 °C	0,903	0,928	0,955	0,998	1,024

[29] ⟨K 6 bis 3,3 Gew.-% X_1, d 5, ϑ 25 °C⟩
[21] ⟨K 4 bis 2,0 Mol-% X_1, d 4, ϑ 25 °C⟩
[7, 35]

C_8H_8O Acetophenon (X_1) — **$CHCl_3$ Chloroform** (X_2)
[9] ⟨K 6, d 3⟩

Mol-% X_1	0,00	33,70	50,10	71,25	88,75	100,00
25 °C	1,475	1,285	1,215	1,125	1,062	1,025

C_8H_8O Acetophenon $(X_1)-$ **CCl_4 Tetrachlormethan** (X_2)
[38] ⟨K 11, d 4⟩

Mol-% X_1	0,00	0,47	1,07	2,21	4,31	8,46	19,96	44,71	73,43	87,12	100,00
20 °C	1,594	1,591	1,587	1,579	1,566	1,538	1,465	1,317	1,160	1,090	1,028

C_8H_8O Acetonphenon $(X_1)-$ **$C_2H_4Cl_2$ Äthylenchlorid** (X_2)
[9] ⟨K 5, d 3⟩

Mol-% X_1	0,00	30,58	64,19	88,82	100,00
25 °C	1,248	1,158	1,081	1,042	1,025

C_8H_8O Acetophenon $(X_1)-$ **$C_2H_2Cl_4$ Tetrachloräthan** (X_2)
[4] ⟨K 7, d 4⟩

Gew.-% X_1	0,00	10,19	30,07	50,00	70,01	90,00	100,00
10 °C	1,600	1,518	1,376	1,259	1,160	1,076	1,036

Gew.-% X_1	0,00	10,02	31,20	69,93	89,74	100,00
80 °C	1,494	1,417	1,287	1,089	1,012	0,976

C_8H_8O Acetophenon $(X_1)-$ **C_2Cl_4 Tetrachloräthylen** (X_2)
[9] ⟨K 7, d 3⟩

Mol-% X_1	0,00	12,55	32,15	53,97	73,29	91,42	100,00
25 °C	1,612	1,528	1,407	1,275	1,168	1,071	1,025

C_8H_8O Acetophenon $(X_1)-$ **C_2HCl_5 Pentachloräthan** (X_2)
[9] ⟨K 7, d 3⟩

Mol-% X_1	0,00	11,63	32,95	53,38	73,13	89,74	100,00
25 °C	1,672	1,599	1,463	1,334	1,204	1,093	1,025

C_8H_8O Acetophenon $(X_1)-$ **C_2H_6O Äthanol** (X_2) *[35]*

C_8H_8O Acetophenon $(X_1)-$ **$C_2H_4O_2$ Essigsäure** (X_2)
[10] ⟨K 11, d 4⟩

Mol-% X_1	0,00	9,87	19,98	30,02	39,97	51,15	57,47	70,65	78,93	90,02	100,00
25 °C	1,050	1,045	1,042	1,039	1,037	1,034	1,033	1,030	1,029	1,027	1,026

C_8H_8O Acetophenon $(X_1)-$ **$C_7H_{14}O_2$ Amylacetat** (X_2) *[5]*

1 Paterno, E., Montemartini, C.: Atti Accad. naz. Lincei, Rend., Cl. Sci. fisiche, mat. natur. **3** (1894) 139; Gazz. chim. ital. **24** (1894) 179 (nach ICT u. Tim.).
2 Philip, J. C., Hayes, D.: J. chem. Soc. (London) **87** (1905) 998.
3 Thole, F. B.: J. chem. Soc. (London) **97** (1910) 2596–2606.
4 Drucker, K., Kassel, R.: Z. physik. Chem. **76** (1911) 367–84.
5 Dunstan, A. E., Hilditch, T. P.: Z. Elektrochem., angew. physik. Chem. **18** (1912) 185.
6 Baker, F.: J. chem. Soc. (London) **101** (1912) 1409–16.
7 Bregman, I.: Thesis, Lausanne, 1914 (nach ICT, Tabl. ann. u. Tim.).
8 Sachanov, A., Rjachowski, N.: Z. physik. Chem. **86** (1914) 529–37; J. russ. physik.-chem. Ges. (Shurnal Russkogo Fisiko-Chimitschesskogo Obschtschesstwa) **46** (1914) 78.
9 **47** (1915) 128 (nach ICT u. Tabl. ann.).
10 Kendall, D., Wright: J. Amer. chem. Soc. **42** (1920) 1776–84.
11 Kendall, J., Brakeley, E.: J. Amer. chem. Soc. **43** (1921) 1826–34.
12 Estermann, J.: Z. physik. Chem. (B) **1** (1928) 134–69.
13 Smyth, C. P., Stoops, W. N.: J. Amer. chem. Soc. **51** (1929) 3312–29.
14 Mahanti, C. P.: J. Indian chem. Soc. **8** (1929) 743 (nach Tim.).
15 Hammick, D. L., Andrew, L. W.: J. chem. Soc. (London) **1929**, 754–59.

16 Bodenheimer, W., Wehage, K.: Z. physik. Chem. (B) **18** (1932) 343.
17 Bingham, E. C., Brown, D. F.: J. Rheology **3** (1932) 95 (nach Tabl. ann.).
18 Glowaski, R. C., Lynch jr., C. C.: J. Amer. chem. Soc. **55** (1933) 4051–52.
19 Toussaint, J. A., Wenzke, H. H.: J. Amer. chem. Soc. **57** (1935) 668–70.
20 Pearce, J. N., Berhenke, L. F.: J. physic. Chem. **39** (1935) 1005–10.
21 Goebel, H. L., Wenzke, H. H.: J. Amer. chem. Soc. **59** (1937) 2301–02.
22 Thomson, G.: J. chem. Soc. (London) **1937**, 1051–57.
23 Coomber, D. I., Partington, J. R.: J. chem. Soc. (London) **1938**, 1444–52.
24 Coppock, J. B. M., Goss, F. R.: J. chem. Soc. (London) **1939**, 1789–92.
25 Goss, F. R.: J. chem. Soc. (London) **1940**, 888–94.
26 Srinivasan, M. K.: Philos. Mag. **32** (1941) 253–58.
27 Harms, H.: Z. physik. Chem. (B) **53** (1942/43) 280–306.
28 Jones, W. J., Bowden, S. T., Yarnold, W. W., Jones, W. H.: J. physic. Chem. **52** (1948) 753–60.
29 Le Fèvre, C. G., Le Fèvre, R. J. W.: J. chem. Soc. (London) **1950**, 1829–33.
30 Staveley, L. A. K., Spice, B.: J. chem. Soc. (London) **1952**, 406–14.
31 Staveley, L. A. K., Taylor, P. F.: J. chem. Soc. (London) **1956**, 200–09.
32 Markgraf, H. G., Nikuradse, A. N.: Z. Naturforsch. **9a** (1954) 27–34.
33 Danusso, F.: Atti Accad. naz. Lincei, Rend. Cl. Sci. fisiche, mat. natur. [8] **17** (1954) 114–20.
34 [8] **17** (1954) 234–39, 370–75.
35 Lutzki, A. Je.: J. allg. Chem. (Shurnal Obschtschei Chimii) **24** (1954) 74–78.
36 Lutzki, A. Je., Obuchowa, Je. M.: J. physik. Chem. (Shurnal Fisitschesskoi Chimii) **31** (1957) 1964–75.
37 Rehfeld, K.: Z. physik. Chem. **205** (1955) 78–83.
38 Pilpel, N.: J. Amer. chem. Soc. **77** (1955) 2949–53.
39 Paraskevopoulos, G. C., Missen, R. W.: Trans. Faraday Soc. **58** (1962) 869–78.
40 Lutzki, A. E., Obukhova, E. M.: J. allg. Chem. (Shurnal Obschtschei Chimii) **31** (1961) 2692–2702; J. Gen. Chem. USSR **31** (1961) 2512–21.
41 Brown, I., Smith, F.: Austral. J. Chem. **15** (1962) 1–8.
42 Gold, P. I., Perrine, R. L.: J. chem. Engng. Data **12** (1967) 4–8.
43 Pflug, H. D., Benson, G. C.: Canad. J. Chem. **46** (1968) 287–94.
44 Rizk, H. A., Youssef, N.: Z. physik. Chem. (Leipzig) **244** (1970) 165–72.
45 Duboc, C.: Bull. Soc. chim. France **1969**, 2260–70.

$C_8H_{16}O_2$ n-Caprylsäure (X_1) – **C_6H_6 Benzol** (X_2)
[*47*] ⟨K 10, d 4⟩

Gew.-% X_1	0	5	10	15	20	40	50	60	80	100
25 °C	0,873	0,874	0,875	0,876	0,878	0,883	0,887	0,890	0,898	0,906

[*44*] ⟨K 10, d 4⟩

Gew.-% X_1	0,00	5,25	10,80	20,82	35,53	51,38	65,67	80,85	92,40	100,00
71 °C	0,826	0,828	0,830	0,834	0,840	0,848	0,856	0,862	0,868	0,872

$C_8H_{16}O_2$ n-Caprylsäure (X_1) – **CCl_4 Tetrachlormethan** (X_2)
[*47*] ⟨K 10, d 4⟩

Gew.-% X_1	0	5	10	15	20	40	50	60	80	100
25 °C	1,584	1,528	1,473	1,422	1,376	1,218	1,152	1,090	0,994	0,906

$C_8H_{16}O_2$ 2-Äthylhexansäure (X_1) – **CCl_4 Tetrachlormethan** (X_2)
[*51*] ⟨K 10, d 6⟩

Mol-% X_1	0,56	1,20	1,45	2,16	3,53	4,81	5,51	10,97	16,00	20,26
20 °C	1,588	1,580	1,577	1,567	1,555	1,540	1,533	1,477	1,429	1,389

$C_8H_{12}O_2$ 1.1.3.3-Tetramethylcyclobutan-dion (X_1) – **CCl_4 Tetrachlormethan** (X_2) [*39*]

$C_8H_{12}O_2$ 2.2.4.4-Tetramethylcyclobutan-1.3-dion (X_1) – **C_6H_6 Benzol** (X_2)
[*45*] ⟨K 5, d 4⟩

Mol-% X_1	0,00	0,86	1,44	2,06	2,78
25 °C	0,874	0,875	0,875	0,876	0,876

$C_8H_{10}O_2$ Hydrochinondimethyläther (X_1) — **C_6H_6 Benzol** (X_2) [*31*]

$C_8H_8O_2$ Phenylessigsäure (X_1) — **C_7H_8 Toluol** (X_2)
[*22*] ⟨K 2, d 4⟩

Gew.-% X_1	15 °C	25 °C	40 °C	60 °C	80 °C	100 °C
0,00	0,871	0,861	0,848	0,830	0,811	0,793
13,95	0,900	0,891	0,877	0,859	0,841	0,822

$C_8H_8O_2$ Phenylessigsäure (X_1) — **$C_4H_8O_2$ Dioxan** (X_2)
[*38*] ⟨K 5, d 5⟩

Mol-% X_1	0,00	2,91	3,38	4,25
25 °C	1,027	1,032	1,033	1,035

$C_8H_8O_2$ Phenylacetat (X_1) — **C_6H_6 Benzol** (X_2)
[*32*] ⟨K 7, d 4⟩

Mol-% X_1	0,00	3,06	4,47	6,29	7,46	8,66	12,28
22 °C	0,877	0,885	0,889	0,894	0,897	0,900	0,910

$C_8H_8O_2$ Phenylacetat (X_1) — **$C_7H_{14}O_2$ Amylacetat** (X_2) [*25*]

$C_8H_8O_2$ Methylbenzoat (X_1) — **C_6H_6 Benzol** (X_2)
[*32*] ⟨K 5, d 4⟩

Mol-% X_1	0,00	4,11	6,28	8,69	12,39
22 °C	0,877	0,889	0,895	0,901	0,912

[*30*] ⟨K 4, d 4, ϑ 30 °C⟩

Mol-% X_1	0,00	3,85	7,39	100,00
20 °C	0,879	0,889	0,901	1,090
40 °C	0,858	—	0,879	1,072
50 °C	0,847	—	0,869	1,063

[*36*] ⟨K 10 bis 1,7 Mol-% X_1, d 5, ϑ 25 °C⟩

$C_8H_8O_2$ o-Methoxybenzaldehyd (X_1) — **C_2H_6O Äthanol** (X_2) [*50*]

$C_8H_8O_2$ m-Methoxybenzaldehyd (X_1) — **C_6H_6 Benzol** (X_2) [*50*]

$C_8H_8O_2$ p-Methoxybenzaldehyd (X_1) — **C_6H_6 Benzol** (X_2)
[*37*] ⟨K 4, d 5⟩

Mol-% X_1	1,10	2,07	2,99	5,44
25 °C	0,877	0,880	0,883	0,892

$C_8H_8O_2$ p-Methoxybenzaldehyd (X_1) — **C_2H_6O Äthanol** (X_2) [*50*]

$C_8H_8O_2$ o-Oxyacetophenon (X_1) — **C_6H_6 Benzol** (X_2) [*50*]

$C_8H_8O_2$ m-Oxyacetophenon (X_1) — **C_6H_6 Benzol** (X_2) [*50*]

$C_8H_8O_2$ p-Oxyacetophenon (X_1) — **C_6H_6 Benzol** (X_2) [*50*]

$C_8H_8O_2$ 1.4-Dioxatetralin (X_1) — **C_6H_6 Benzol** (X_2)
[*48*] ⟨K 6, d 4⟩

Mol-% X_1	1,68	1,97	2,53	3,08	3,89	4,92
25 °C	0,881	0,882	0,884	0,886	0,889	0,892

Lacmann

$C_8H_8O_2$ 2.5-Dimethyl-1.4-benzochinon (X_1) — **C_6H_6 Benzol** (X_2)
[45] ⟨K 5, d 4⟩

Mol-% X_1	0,00	0,96	1,44	2,17	3,09
25 °C	0,874	0,877	0,878	0,880	0,883

$C_8H_{14}O_3$ Äthylacetessigsäureäthylester (X_1) — **C_6H_6 Benzol** (X_2)
[23] ⟨K 5, d 4⟩

Gew.-% X_1	0,00	17,75	24,98	36,13	100,00
25 °C	0,874	0,891	0,897	0,909	0,975

$C_8H_{14}O_3$ Äthylacetessigsäureäthylester (X_1) — **C_2H_6O Äthanol** (X_2)
[23] ⟨K 7, d 4⟩

Gew.-% X_1	0,00	5,44	23,80	41,24	71,31	87,87	100,00
25 °C	0,787	0,795	0,827	0,859	0,917	0,950	0,975

$C_8H_8O_3$ o-Methoxybenzoesäure (X_1) — **C_6H_6 Benzol** (X_2) *[50]*

$C_8H_8O_3$ o-Methoxybenzoesäure (X_1) — **C_2H_6O Äthanol** (X_2) *[50]*

$C_8H_8O_3$ p-Methoxybenzoesäure (X_1) — **C_2H_6O Äthanol** (X_2) *[50]*

$C_8H_8O_3$ o-Oxybenzoesäuremethylester (X_1) — **C_6H_6 Benzol** (X_2)
[35] ⟨K 10, d 4⟩

Gew.-% X_1	0,00	18,06	29,96	44,40	55,95	67,34	74,34	82,40	89,48	100,00
25 °C	0,872	0,914	0,943	0,984	1,019	1,055	1,080	1,109	1,134	1,180

[34] ⟨K 11, d 4⟩

Mol-% X_1	0,00	10,52	19,95	30,31	40,23	50,10	57,99	70,12	80,34	90,44	100,00
40,2 °C	0,857	0,876	0,905	0,933	0,959	0,982	1,015	1,049	1,088	1,126	1,165

[50]

$C_8H_8O_3$ o-Oxybenzoesäure-methylester (X_1) — **C_2H_6O Äthanol** (X_2) *[50]*

$C_8H_8O_3$ m-Oxybenzoesäure-methylester (X_1) — **C_6H_6 Benzol** (X_2) *[50]*

$C_8H_8O_3$ m-Oxybenzoesäure-methylester (X_1) — **C_2H_6O Äthanol** (X_2) *[50]*

$C_8H_8O_3$ p-Oxybenzoesäure-methylester (X_1) — **C_6H_6 Benzol** (X_2) *[50]*

$C_8H_8O_3$ p-Oxybenzoesäure-methylester (X_1) — **C_2H_6O Äthanol** (X_2) *[50]*

$C_8H_8O_3$ Mandelsäure (X_1) — **$C_7H_{14}O_2$ Amylacetat** (X_2) *[24]*

$C_8H_6O_3$ Piperonaldehyd (X_1) — **C_6H_6 Benzol** (X_2)
[42] ⟨K 9, d 5⟩

Gew.-% X_1	0,00	0,35	0,69	0,86	1,97
25 °C	0,874	0,875	0,876	0,876	0,880

$C_8H_{14}O_4$ d-α.α'-Diäthylbernsteinsäure (X_1) — **C_2H_6O Äthanol** (X_2)
[46] ⟨K 3, d 4⟩

Gew.-% X_1	3,74	7,21	13,25
20 °C	0,803	0,812	0,829

Lacmann

$C_8H_{14}O_4$ Diäthylsuccinat (X_1) — C_6H_6 Benzol (X_2)
[*33*] ⟨K 7, d 4⟩

Mol-% X_1	0,00	3,06	5,47	7,29	9,83	10,50	15,31
25 °C	0,873	0,883	0,890	0,895	0,902	0,903	0,915
50 °C	0,847	0,856	0,863	0,868	0,875	0,877	0,889

[*1*]

$C_8H_{14}O_4$ Diäthylsuccinat (X_1) — C_8H_{10} m-Xylol (X_2) [*1*]

$C_8H_{14}O_4$ Diäthylsuccinat (X_1) — $C_4H_8O_2$ Äthylacetat (X_2)
[*28*] ⟨K 7, d 4, ϑ 12°, 64 °C⟩

Mol-% X_1	0	25	50	62,5	70	90	100
20 °C	0,901	0,958	0,996	1,008	1,020	1,033	1,040
70 °C	—	0,900	0,944	—	0,967	—	0,988

$C_8H_{12}O_4$ Diäthylmaleat (X_1) — C_6H_6 Benzol (X_2)
[*33*] ⟨K 6, d 4⟩

Mol-% X_1	0,00	2,40	3,12	5,74	7,97	12,13
25 °C	0,873	0,881	0,884	0,892	0,899	0,911
50 °C	0,847	0,855	0,857	0,866	0,872	0,884

$C_8H_{12}O_4$ Diäthylmaleat (X_1) — CCl_4 Tetrachlormethan (X_2)
[*43*] ⟨K 5, d 4⟩

Mol-% X_1	0,00	2,42	5,53	7,77	100,00
23 °C	1,586	1,567	1,540	1,523	1,071

$C_8H_{12}O_4$ Diäthylfumarat (X_1) — C_6H_6 Benzol (X_2)
[*33*] ⟨K 6, d 4⟩

Mol-% X_1	0,00	2,62	5,76	6,99	8,78	10,44
25 °C	0,873	0,881	0,890	0,894	0,898	0,903
50 °C	0,847	0,855	0,864	0,867	0,872	0,877

$C_8H_{12}O_4$ Diäthylfumarat (X_1) — CCl_4 Tetrachlormethan (X_2)
[*43*] ⟨K 5, d 4⟩

Mol-% X_1	0,00	2,81	5,09	8,39	100,00
23 °C	1,586	1,558	1,536	1,512	1,044

$C_{10}H_{10}O_4$ Dimethylphthalat (X_1) — C_8H_{10} Äthylbenzol (X_2) [*49*]

$C_8H_{10}O_5$ Dehydracetsäure (X_1) — C_6H_6 Benzol (X_2)
[*40*] ⟨K 5 bis 0,5 Gew.-% X_1, d 5, ϑ 25 °C⟩

$C_8H_{14}O_6$ Diäthyltartrat (X_1) — C_6H_6 Benzol (X_2)
[*21*] ⟨K 6, d 4, ϑ 40 °C⟩

Gew.-% X_1	0,00	10,0	25,0	50,0	75,2	100,0
20 °C	0,879	0,903	0,942	1,016	1,104	1,205
30 °C	0,868	0,892	0,931	1,005	1,093	1,195
50 °C	0,847	0,871	0,909	0,984	1,072	1,175

[*20*] ⟨K 6, d 5, ϑ 20 °C⟩
[*2*] ⟨K 5, d 4, ϑ 20 °C⟩
[*5*] ⟨K 14, d 5, ϑ 20 °C⟩
[*19*] ⟨K 3, d 4, ϑ 20°, 30°, 40°, 50 °C⟩
[*41*] ⟨K 13, d 5, ϑ 25 °C⟩

Lacmann

$C_8H_{14}O_6$ Diäthyltartrat (X_1) — **C_7H_8 Toluol** (X_2)
[*5*] ⟨K 9, d 5⟩

Gew.-% X_1	0,00	2,01	5,02	9,98	24,99	49,18	59,91	69,99	100,00
20 °C	0,865	0,870	0,877	0,889	0,930	1,004	1,041	1,078	1,205

$C_8H_{14}O_6$ Diäthyltartrat (X_1) — **C_8H_{10} o-Xylol** (X_2)
[*5*] ⟨K 8, d 5⟩

Gew.-% X_1	0,00	2,00	5,00	9,96	25,01	49,99	74,99	100,00
20 °C	0,880	0,884	0,891	0,903	0,942	1,015	1,101	1,205

$C_8H_{14}O_6$ Diäthyltartrat (X_1) — **C_8H_{10} m-Xylol** (X_2)
[*5*] ⟨K 10, d 5⟩

Gew.-% X_1	0,00	2,41	5,00	10,00	18,82	33,12	39,99	59,98	74,09	100,00
20 °C	0,864	0,869	0,876	0,888	0,911	0,951	0,972	1,039	1,091	1,205

$C_8H_{14}O_6$ Diäthyltartrat (X_1) — **C_8H_{10} p-Xylol** (X_2)
[*5*] ⟨K 8, d 5⟩

Gew.-% X_1	0,00	2,00	5,00	10,10	24,98	50,09	74,99	100,00
20 °C	0,861	0,866	0,873	0,885	0,925	1,003	1,094	1,205

$C_8H_{14}O_6$ Diäthyltartrat (X_1) — **C_9H_{12} Mesitylen** (X_2)
[*5*] ⟨K 9, d 6⟩

Gew.-% X_1	0,00	2,07	5,00	10,01	24,98	36,23	50,00	74,77	100,00
20 °C	0,860	0,864	0,871	0,883	0,923	0,956	0,999	1,090	1,205

$C_8H_{14}O_6$ Diäthyltartrat (X_1) — **$C_{10}H_8$ Naphthalin** (X_2) [*6*]

$C_8H_{14}O_6$ Diäthyltartrat (X_1) — **CH_3J Methyljodid** (X_2)
[*10*] ⟨K 4, d 5⟩

Gew.-% X_1	0,00	5,20	10,45	38,08
20 °C	2,279	2,170	2,073	1,687

$C_8H_{14}O_6$ Diäthyltartrat (X_1) — **CH_2J_2 Methylenjodid** (X_2)
[*10*] ⟨K 2, d 5⟩

Gew.-% X_1	0,00	1,42
20 °C	3,325	3,239

$C_8H_{14}O_6$ Diäthyltartrat (X_1) — **$CHCl_3$ Chloroform** (X_2)
[*21*] ⟨K 7, d 4, ϑ 40 °C⟩

Gew.-% X_1	0,00	9,00	19,12	39,91	60,04	79,95	100,00
20 °C	1,488	1,456	1,423	1,360	1,303	1,253	1,205
30 °C	1,469	1,438	1,407	1,346	1,291	1,242	1,195
50 °C	1,430	1,403	1,373	1,317	1,266	1,220	1,175

[*20*] ⟨K 6, d 5, ϑ 20 °C⟩
[*7*] ⟨K 7, d 4, ϑ 20 °C⟩

$C_8H_{14}O_6$ Diäthyltartrat (X_1) — **$CHBr_3$ Bromoform** (X_2)
[*10*] ⟨K 3, d 5⟩

Gew.-% X_1	0,00	7,08	30,92
20 °C	2,890	2,618	2,003

$C_8H_{14}O_6$ Diäthyltartrat (X_1) – **CCl_4 Tetrachlormethan** (X_2)
[10] ⟨K4, d5⟩

Gew.-% X_1	0,00	8,82	21,22	48,93
20 °C	1,595	1,549	1,490	1,376

$C_8H_{14}O_6$ Diäthyltartrat (X_1) – **C_2H_5Br Äthylbromid** (X_2)
[10] ⟨K4, d5⟩

Gew.-% X_1	0,00	10,92	30,58	65,28
20 °C	1,460	1,426	1,371	1,283

$C_8H_{14}O_6$ Diäthyltartrat (X_1) – **C_2H_5J Äthyljodid** (X_2)
[10] ⟨K4, d5⟩

Gew.-% X_1	0,00	5,17	10,63	32,77
20 °C	1,937	1,873	1,812	1,604

$C_8H_{14}O_6$ Diäthyltartrat (X_1) – **$C_2H_4Cl_2$ 1.1-Dichloräthan** (X_2)
[10] ⟨K4, d4⟩

Gew.-% X_1	0,00	4,65	10,70	34,24
20 °C	1,175	1,176	1,178	1,185

$C_8H_{14}O_6$ Diäthyltartrat (X_1) – **$C_2H_4Cl_2$ Äthylenchlorid** (X_2)
[10] ⟨K5, d5⟩

Gew.-% X_1	0,00	5,87	11,73	22,04	49,72
20 °C	1,254	1,249	1,245	1,238	1,224

$C_8H_{14}O_6$ Diäthyltartrat (X_1) – **C_2H_4Br Äthylenbromid** (X_2)
[20] ⟨K10, d5⟩

Gew.-% X_1	0,00	0,42	1,20	2,31	5,53	11,58	22,49	44,47	69,60	100,00
20 °C	2,179	1,171	2,157	2,136	2,079	1,981	1,900	1,590	1,387	1,204

[10] ⟨K2, d5, ϑ 20 °C⟩

$C_8H_{14}O_6$ Diäthyltartrat (X_1) – **$C_2H_2Cl_4$ 1.1.2.2-Tetrachloräthan** (X_2)
[10] ⟨K4, d4⟩

Gew.-% X_1	0,00	4,96	9,31	38,06
20 °C	1,600	1,573	1,551	1,420

$C_8H_{14}O_6$ Diäthyltartrat (X_1) – **$C_2H_2Br_4$ 1.1.2.2-Tetrabromäthan** (X_2)
[10] ⟨K4, d5⟩

Gew.-% X_1	0,00	5,67	9,96	20,11
20 °C	2,964	2,728	2,576	2,278

$C_8H_{14}O_6$ Diäthyltartrat (X_1) – **C_6H_5Cl Chlorbenzol** (X_2)
[11] ⟨K7, d5⟩

Gew.-% X_1	0,00	3,81	10,01	25,00	47,47	75,35	100,00
20 °C	1,107	1,109	1,115	1,129	1,150	1,178	1,207

$C_8H_{14}O_6$ Diäthyltartrat (X_1) – **C_6H_5Br Brombenzol** (X_2)
[11] ⟨K5, d5⟩

Gew.-% X_1	0,00	5,00	9,93	47,97	100,00
20 °C	1,494	1,475	1,457	1,336	1,207

$C_8H_{14}O_6$ Diäthyltartrat (X_1) – **C_6H_5J Jodbenzol** (X_1)
[11] ⟨K 7, d 5⟩

Gew.-% X_1	0,00	4,96	10,64	24,90	49,82	75,30	100,00
20 °C	1,832	1,782	1,730	1,615	1,449	1,313	1,207

$C_8H_{14}O_6$ Diäthyltartrat (X_1) – **$C_{10}H_7Br$ α-Bromnaphthalin** (X_2)
[11] ⟨K 5, d 5⟩

Gew.-% X_1	0,00	5,00	20,26	49,69	100,00
20 °C	1,491	1,472	1,419	1,331	1,207

$C_8H_{14}O_6$ Diäthyltartrat (X_1) – **CH_4O Methanol** (X_2)
[21] ⟨K 7, d 4, ϑ 40 °C⟩

Gew.-% X_1	0	5	10	25	50	75	100
20 °C	0,792	0,807	0,823	0,874	0,971	1,082	1,205
30 °C	0,782	0,797	0,813	0,865	0,961	1,072	1,195
50 °C	0,763	0,779	0,794	0,845	0,941	1,052	1,175

[3] ⟨K 7, d 4, ϑ 20 °C⟩
[26]

$C_8H_{14}O_6$ Diäthyltartrat (X_1) – **C_2H_6O Äthanol** (X_2)
[21] ⟨K 7, d 4, ϑ 30°, 50°⟩

Gew.-% X_1	0,00	5,00	10,94	20,00	40,00	60,00	100,00
20 °C	0,791	0,806	0,824	0,853	0,924	1,005	1,205
40 °C	0,774	0,788	0,806	0,835	0,905	0,986	1,185
60 °C	0,756	0,770	0,788	0,816	0,886	0,966	1,165

[3] ⟨K 7, d 4, ϑ 20 °C⟩
[26]

$C_8H_{14}O_6$ Diäthyltartrat (X_1) – **C_3H_8O Propanol(1)** (X_2)
[3] ⟨K 9, d 4⟩

Gew.-% X_1	0,00	5,00	10,00	17,51	25,00	37,51	49,83	74,99	100,00
20 °C	0,804	0,818	0,834	0,856	0,879	0,922	0,968	1,076	1,205

[26]

$C_8H_{14}O_6$ Diäthyltartrat (X_1) – **C_3H_6O Allylalkohol** (X_2) *[15]*

$C_8H_{14}O_6$ Diäthyltartrat (X_1) – **C_3H_6O Aceton** (X_2) *[15]*

$C_8H_{14}O_6$ Diäthyltartrat (X_1) – **$C_3H_8O_3$ Glycerin** (X_2)
[21] ⟨K 8, d 4, ϑ 30°, 50 °C⟩

Gew.-% X_1	0,00	4,99	9,91	23,46	48,13	69,93	89,98	100,00
20 °C	1,261	1,260	1,258	1,252	1,240	1,228	1,215	1,205
40 °C	1,249	1,248	1,245	1,238	1,224	1,210	1,196	1,185
60 °C	1,236	1,235	1,232	1,224	1,207	1,193	1,176	1,165

[27] ⟨K 10, d 4, ϑ 15 °C⟩
[3] ⟨K 8, d 4, ϑ 20 °C⟩
[26]

$C_8H_{14}O_6$ Diäthyltartrat (X_1) – **$C_4H_{10}O$ Butanol** (X_2)
[29] ⟨K 7, d 4⟩

Gew.-% X_1	0,00	5,32	23,11	43,64	59,44	80,99	100,00
25 °C	0,809	0,821	0,873	0,943	1,004	1,100	1,204

$C_8H_{14}O_6$ Diäthyltartrat (X_1) – **$C_4H_{10}O$ Isobutanol** (X_2)
[19] ⟨K6, d4, ϑ 30°, 50 °C⟩

Gew.-% X_1	13,82	21,61	41,24	62,56	80,97	100,00
20 °C	0,845	0,868	0,934	1,017	1,102	1,203
40 °C	0,829	0,852	0,917	1,000	1,083	1,183
60 °C	0,812	0,835	0,899	0,981	1,064	1,164

[4] ⟨K8, d4, ϑ 20°C⟩
[29] ⟨K7, d4, ϑ 25°C⟩
[26]

$C_8H_{14}O_6$ Diäthyltartrat (X_1) – **$C_5H_8O_3$ Acetessigsäuremethylester** (X_2) [15]

$C_8H_{14}O_6$ Diäthyltartrat (X_1) – **C_6H_6O Phenol** (X_2) [13]

$C_8H_{14}O_6$ Diäthyltartrat (X_1) – **$C_6H_{12}O_3$ Paraldehyd** (X_2) [15]

$C_8H_{14}O_6$ Diäthyltartrat (X_1) – **$C_6H_{10}O_3$ Äthylacetacetat** (X_2) [15]

$C_8H_{14}O_6$ Diäthyltartrat (X_1) – **C_7H_8O Benzylalkohol** (X_2) [14]

$C_8H_{14}O_6$ Diäthyltartrat (X_1) – **C_7H_8O Anisol** (X_2) [13]

$C_8H_{14}O_6$ Diäthyltartrat (X_1) – **C_7H_6O Benzaldehyd** (X_2) [12, 17]

$C_8H_{14}O_6$ Diäthyltartrat (X_1) – **$C_7H_6O_2$ Salicylaldehyd** (X_2) [17]

$C_8H_{14}O_6$ Diäthyltartrat (X_1) – **$C_7H_{12}O_3$ Methylacetessigsäure-äthylester** (X_2) [15]

$C_8H_{14}O_6$ Diäthyltartrat (X_1) – **$C_8H_{18}O$ Methylhexylcarbinol** (X_2)
[4] ⟨K7, d4⟩

Gew.-% X_1	0,00	5,00	10,00	25,00	50,02	75,01	100,00
20 °C	0,820	0,833	0,846	0,888	0,972	1,075	1,205

[26]

$C_8H_{14}O_6$ Diäthyltartrat (X_1) – **$C_8H_{10}O$ β-Phenyläthanol** (X_2) [14]

$C_8H_{14}O_6$ Diäthyltartrat (X_1) – **$C_8H_{10}O$ Phenetol** (X_2) [13, 14]

$C_8H_{14}O_6$ Diäthyltartrat (X_1) – **$C_8H_8O_2$ Phenylacetat** (X_2) [14]

$C_8H_{14}O_6$ Diäthyltartrat (X_1) – **$C_8H_{14}O_3$ Dimethylacetessigsäure-äthylester** (X_2) [15]

$C_8H_{14}O_6$ Diäthyltartrat (X_1) – **$C_8H_{14}O_4$ Äthylsuccinat** (X_2) [8]

$C_8H_{14}O_6$ Diäthyltartrat (X_1) – **$C_8H_{12}O_4$ Äthylmaleat** (X_2) [8]

$C_8H_{14}O_6$ Diäthyltartrat (X_1) – **$C_8H_{12}O_4$ Äthylfumarat** (X_2) [8]

$C_8H_{14}O_6$ Dimethyl-d-dimethoxysuccinat (X_1) – **$C_2H_4Br_2$ Äthylenbromid** (X_2) [16]

$C_8H_{14}O_6$ Dimethyldimethoxysuccinat (X_1) – **CH_4O Methanol** (X_2)
[2] ⟨K5, d4⟩

Gew.-% X_1	0,00	6,26	12,08	23,02	100,00
20 °C	0,793	0,810	0,828	0,859	1,175

$C_8H_{12}O_6$ Dimethylacetylmaleat (X_1) – **C_6H_6 Benzol** (X_2) [9]

$C_8H_{12}O_6$ Dimethylacetylmaleat (X_1) – **$CHCl_3$ Chloroform** (X_2) [9]

$C_8H_{12}O_6$ Dimethylacetylmaleat (X_1) – **CH_4O Methanol** (X_2) [9]

$C_8H_{12}O_7$ Diäthylmaleat-ozonid (X_1) — **CCl_4 Tetrachlormethan** (X_2)
[*43*] ⟨K4, d4⟩

Mol-% X_1	0,00	3,77	6,54	100,00
23 °C	1,586	1,565	1,554	1,166

$C_8H_{12}O_7$ Diäthylfumarat-ozonid (X_1) — **CCl_4 Tetrachlormethan** (X_2)
[*43*] ⟨K4, d4⟩

Mol-% X_1	0,00	2,88	4,98	100,00
23 °C	1,586	1,563	1,551	1,164

1 Nicol: J. chem. Soc. (London) **69** (1896) 142 (nach ICT).
2 Purdie, T., Barbour, W.: J. chem. Soc. (London) **79** (1901) 971—82.
3 Patterson, T. S.: J. chem. Soc. (London) **79** (1901) 167—216.
4 **79** (1901) 477—93.
5 **81** (1902) 1097—1133.
6 **81** (1902) 1134—40.
7 **87** (1905) 313—20.
8 Patterson, T. S., Henderson, A., Fairlie, F. W.: J. chem. Soc. (London) **91** (1907) 1838—46.
9 Patterson, T. S., Thomson, D.: Ber. dtsch. chem. Ges. **40** (1907) 1243—59.
10 J. chem. Soc. (London) **93** (1908) 355—71.
11 Patterson, T. S., McDonald, D. P.: J. chem. Soc. (London) **93** (1908) 936—45.
12 Patterson, T. S., Patterson, D. C.: J. chem. Soc. (London) **95** (1909) 321—27.
13 Patterson, T. S., Stevenson, E. F.: J. chem. Soc. (London) **97** (1910) 2110—28.
14 **101** (1912) 241—49.
15 Patterson, T. S., Pollack, E. F.: J. chem. Soc. (London) **105** (1914) 2322—29.
16 Patterson, T. S., Patterson, D. C.: J. chem. Soc. (London) **107** (1915) 142—55.
17 Patterson, T. S.: J. chem. Soc. (London) **109** (1916) 1139—75.
18 Patterson, T. S., Moudgill: Proc. Roy. Soc. Edinburgh **39** (1919) 18 (nach ICT u. Tabl. ann.).
19 Winther, C.: Z. physik. Chem. **45** (1903) 331—77.
20 **60** (1907) 563—89.
21 **60** (1907) 590—625.
22 Lumsden, J. S.: J. chem. Soc. (London) **91** (1907) 24—35.
23 Dunstan, A. E., Stubbs, J. A.: Z. physik. Chem. **66** (1909) 153—61; J. chem. Soc. (London) **93** (1908) 1919—27.
24 Dunstan, A. E., Thole, F. B.: J. chem. Soc. (London) **97** (1910) 1249—56.
25 Thole, F. B.: J. chem. Soc. (London) **97** (1910) 2596—2606.
26 Schwers, F.: J. Chim. physique **9** (1911) 15—100.
27 Holmes, J.: J. chem. Soc. (London) **103** (1913) 2147—66.
28 Kremann, R., Meingast, R., Gugl, F.: Mh. Chem. **35** (1914) 876—82, 1235.
29 Peacock, D. H.: J. chem. Soc. (London) **107** (1915) 1547—67.
30 Estermann, J.: Z. physik. Chem. (B) **1** (1928) 134—69.
31 Meyer, L.: Z. physik. Chem. (B) **8** (1930) 27—54.
32 Donle, H. L.: Z. physik. Chem. (B) **14** (1931) 326—38.
33 Smyth, C. P., Walls, W. S.: J. Amer. chem. Soc. **53** (1931) 527—39.
34 Kalinowski, K.: Roczniki Chem. (Ann. Soc. chim. Polonorum) **13** (1933) 384 (nach Tim.).
35 Glowaski, R. C., Lynch jr., C. C.: J. Amer. chem. Soc. **55** (1933) 4051—52.
36 Svirbely, W. J., Ablard, J. E., Warner, J. C.: J. Amer. chem. Soc. **57** (1935) 652—55.
37 Pearce, J. N., Berhenke, L. F.: J. physic. Chem. **39** (1935) 1005—10.
38 Wilson, C. J., Wenzke, H. H.: J. Amer. chem. Soc. **57** (1935) 1265—67.
39 Angus, W. R., Leckie, A. H., Le Fèvre, C. G., Le Fèvre, R. J. W., Wassermann, A.: J. chem. Soc. (London) **1935**, 1751—55.
40 Le Fèvre, C. G., Le Fèvre, R. J. W.: J. chem. Soc. (London) **1937**, 1088—90.
41 Le Fèvre, R. J. W., Maramba, F.: J. chem. Soc. (London) **1952**, 235—40.
42 Le Fèvre, R. J. W., Northcott, J.: J. chem. Soc. (London) **1949**, 2374—75.
43 Briner, E., Susz, B., Paillard, H., Perottet, E.: Helv. chim. Acta **20** (1937) 762—67.
44 Hrynakowski, K., Zochowski, A.: Ber. dtsch. chem. Ges. (B) **70** (1937) 1739—43.
45 Hammick, D. L., Jenkins, G. I., Hampson, G. C.: J. chem. Soc. (London) **1938**, 1263—68.
46 Berner, C., Leonardsen, R.: Liebigs Ann. Chem. **538** (1939) 1—43.
47 Jones, W. J., Bowden, S. T., Yarnold, W. W., Jones, W. H.: J. physic. Chem. **52** (1948) 753—60.

48 | Springall, H. D., Hampson, G. C., May, C. G., Spedding, H.: J. chem. Soc. (London) **1949**, 1524–32.
49 | Meares, P.: Trans. Faraday Soc. **49** (1953) 1133–39.
50 | Lutzki, A. Je.: J. allg. Chem. (Shurnal Obschtschei Chimii) **24** (1954) 74–78.
51 | Schurz, J., Koren, H., Treiber, E.: Mh. Chem. **86** (1955) 986–94.

$C_9H_{20}O$ n-Nonanol (X_1) — C_6H_6 Benzol (X_2)
[*39*] ⟨K2, d4⟩

Mol-% X_1	20	100	Mol-% X_1	20	100
25 °C	0,854	0,824	50 °C	0,830	0,807

$C_9H_{20}O$ Dibutylcarbinol (X_1) — C_6H_{12} Cyclohexan (X_2)
[*37, 44*] ⟨K6, d4⟩

Gew.-% X_1	0,00	17,54	41,78	52,46	72,89	100,00
20 °C	0,778	0,784	0,794	0,798	0,809	0,823

$C_9H_{16}O$ 1-Hydroxy-3-nonin (X_1) — $C_4H_8O_2$ Dioxan (X_2)
[*23*] ⟨K4, d5⟩

Mol-% X_1	0,00	2,43	5,28	8,26
25 °C	1,028	1,021	1,012	1,005

$C_9H_{14}O$ Amylacetylacetylen (X_1) — C_6H_6 Benzol (X_2)
[*33*] ⟨K6, d4⟩

Mol-% X_1	0,00	2,31	5,23	100,00
25 °C	0,873	0,872	0,871	0,862

$C_9H_{14}O$ Phoron (X_1) — C_6H_6 Benzol (X_2) [*1*]

$C_9H_{14}O$ Phoron (X_1) — $C_7H_{14}O_2$ Amylacetat (X_2) [*10*]

$C_9H_{12}O$ Phenylpropylalkohol (X_1) — C_6H_6 Benzol (X_2)
[*16*] ⟨K9, d3⟩

Mol-% X_1	0,00	1,00	2,38	3,74	5,20	6,65	8,96	12,27	100,00
25 °C	0,872	0,873	0,876	0,879	0,882	0,885	0,888	0,892	0,990

$C_9H_{12}O$ γ-Phenyl-n-propanol (X_1) — $C_4H_8O_2$ Dioxan (X_2)
[*34*] ⟨K4 bis 5,4 Mol-% X_1, d5, ϑ 25 °C⟩

$C_9H_{12}O$ γ-Phenyl-n-propanol (X_1) — $C_8H_{14}O_6$ Äthyltartrat (X_2) [*11*]

$C_9H_{10}O$ Zimtalkohol (X_1) — CH_4O Methanol (X_2) [*1*]

$C_9H_{10}O$ Zimtalkohol (X_1) — $C_4H_8O_2$ Dioxan (X_2)
[*34*] ⟨K4 bis 4,2 Mol-% X_1, d5, ϑ 25 °C⟩

$C_9H_{10}O$ α-Phenylpropionaldehyd (X_1) — C_6H_6 Benzol (X_2)
[*36*] ⟨K5, d4⟩

Mol-% X_1	0,00	0,72	2,39	3,45	4,44
20 °C	0,879	0,880	0,884	0,886	0,888

$C_9H_{10}O$ β-Phenylpropionaldehyd (X_1) — C_6H_{14} Hexan (X_2)
[*36*] ⟨K5, d4⟩

Mol-% X_1	0,00	1,31	2,59	3,63	4,54
20 °C	0,678	0,682	0,687	0,691	0,694

$C_9H_{10}O$ β-Phenylpropionaldehyd (X_1) — **C_6H_6 Benzol** (X_2)
[36] ⟨K4, d4⟩

Mol-% X_1	0,00	1,06	2,87	3,70
20 °C	0,879	0,881	0,885	0,886

$C_9H_{10}O$ 4-Methylacetophenon (X_1) — **C_6H_6 Benzol** (X_2)
[30] ⟨K4, d5⟩

Gew.-% X_1	0,00	0,81	1,62
25 °C	0,874	0,875	0,876

C_9H_8O Zimtaldehyd (X_1) — **C_2H_6O Äthanol** (X_2) [6]

C_9H_8O Zimtaldehyd (X_1) — **$C_8H_{14}O_6$ Äthyltartrat** (X_2) [12]

C_9H_6O Phenylpropiolaldehyd (X_1) — **C_6H_6 Benzol** (X_2)
[33] ⟨K5, d5⟩

Mol-% X_1	0,00	1,70	2,09	2,71	100,00
25 °C	0,874	0,878	0,879	0,881	1,056

$C_9H_{20}O_2$ 2.2-Dimethoxyheptan (X_1) — **C_6H_6 Benzol** (X_2)
[24] ⟨K5, d4⟩

Mol-% X_1	3,26	4,52	10,48	12,80	100,00
25 °C	0,870	0,869	0,865	0,864	0,845

$C_9H_{18}O_2$ 3-Methyl-5-dimethylhexansäure (X_1) — **CCl_4 Tetrachlormethan** (X_2)
[41] ⟨K10, d6⟩

Mol-% X_1	1,07	1,44	2,02	2,59	3,00	5,54	7,64	14,44	19,14	21,82
20 °C	1,582	1,576	1,568	1,562	1,556	1,526	1,500	1,428	1,382	1,356

$C_9H_{18}O_2$ Amylbutyrat (X_1) — **$C_2H_4O_2$ Essigsäure** (X_2)
[40] ⟨K14, d4⟩

Gew.-% X_1	0,00	10,13	20,07	30,14	40,00	49,99	60,18	69,19	80,40	89,06	100,00
25 °C	1,044	0,992	0,956	0,932	0,914	0,899	0,889	0,881	0,872	0,867	0,860
40 °C	1,028	0,975	0,942	0,918	0,901	0,888	0,876	0,868	0,859	0,853	0,848
60 °C	1,007	0,955	0,923	0,899	0,881	0,869	0,856	0,850	0,842	0,836	0,832

$C_9H_{10}O_2$ β-Phenylpropionsäure (X_1) — **CH_4O Methanol** (X_2) [9]

$C_9H_{10}O_2$ β-Phenylpropionsäure (X_1) — **$C_7H_{14}O_2$ Amylacetat** (X_2) [9]

$C_9H_{10}O_2$ Benzylacetat (X_1) — **$CHCl_3$ Chloroform** (X_2)
[42] ⟨ΔV, Gleichung, ϑ 25 °C⟩

$C_9H_{10}O_2$ Benzylacetat (X_1) — **C_3H_6O Aceton** (X_2)
[42] ⟨ΔV, Gleichung, ϑ 25 °C⟩

$C_9H_{10}O_2$ Benzylacetat (X_1) — **$C_4H_8O_2$ Dioxan** (X_2)
[42] ⟨ΔV, Gleichung, ϑ 25 °C⟩

$C_9H_{10}O_2$ Benzylacetat (X_1) — **C_7H_8O m-Kresol** (X_2)
[42] ⟨ΔV, Gleichung, ϑ 25 °C⟩

$C_9H_{10}O_2$ Benzylacetat (X_1) — **$C_7H_{14}O_2$ Amylacetat** (X_2) [7]

$C_9H_{10}O_2$ Benzylacetat (X_1) — **$C_8H_{14}O_6$ Äthyltartrat** (X_2) [11]

$C_9H_{10}O_2$ Essigsäure-o-kresylester (X_1) — C_6H_6 Benzol (X_2)
[17] ⟨K 5, d 4⟩

Mol-% X_1	0,00	4,51	6,38	8,70	12,21
22 °C	0,877	0,889	0,893	0,899	0,908

$C_9H_{10}O_2$ Essigsäure-m-kresylester (X_1) — C_6H_6 Benzol (X_2)
[17] ⟨K 5, d 4⟩

Mol-% X_1	0,00	4,44	6,43	8,74	12,45
22 °C	0,877	0,888	0,893	0,899	0,908

$C_9H_{10}O_2$ Essigsäure-p-kresylester (X_1) — C_6H_6 Benzol (X_2)
[17] ⟨K 5, d 4⟩

Mol-% X_1	0,00	4,47	6,35	8,64	12,35
22 °C	0,877	0,888	0,893	0,899	0,908

$C_9H_{10}O_2$ Phenylpropionat (X_1) — C_6H_6 Benzol (X_2)
[17] ⟨K 5, d 4⟩

Mol-% X_1	0,00	4,71	6,38	8,64	12,40
22 °C	0,877	0,889	0,894	0,900	0,909

$C_9H_{10}O_2$ Äthylbenzoat (X_1) — C_6H_6 Benzol (X_2)
[17] ⟨K 5, d 4⟩

Mol-% X_1	0,00	4,32	6,57	8,61	12,71
22 °C	0,877	0,888	0,894	0,899	0,909

[25] ⟨K 9 bis 1,5 Mol-% X_1, d 5, ϑ 25 °C⟩
[4]

[38] ⟨K 3, d 4⟩

Mol-% X_1	20	50	100
25 °C	0,922	0,978	1,043
50 °C	0,897	0,954	0,020

$C_9H_{10}O_2$ Äthylbenzoat (X_1) — C_7H_8 Toluol (X_2)
[3] ⟨K 5, d 3⟩

Gew.-% X_1	0,00	23,83	52,68	84,72	100,00
25 °C	0,854	0,894	0,947	1,012	1,045

$C_9H_{10}O_2$ Äthylbenzoat (X_1) — C_8H_{10} m-Xylol (X_2) [4]

$C_9H_{10}O_2$ Äthylbenzoat (X_1) — CCl_4 Tetrachlormethan (X_2)
[32] ⟨K 11, d 4⟩

Mol-% X_1	0,00	0,65	1,35	3,41	5,25	6,87	10,84	18,00	41,01	67,06	100,00
20 °C	1,594	1,589	1,583	1,567	1,553	1,540	1,511	1,460	1,317	1,180	1,046

$C_9H_{10}O_2$ Äthylbenzoat (X_1) — $C_6H_4Cl_2$ p-Dichlorbenzol (X_2)
[27] ⟨K 4, d 5⟩

Mol-% X_1	92,71	94,10	95,60	100,00
25 °C	1,059	1,056	1,053	1,044

$C_9H_{10}O_2$ Äthylbenzoat (X_1) — C_2H_6O Äthanol (X_2) [2, 38]

$C_9H_{10}O_2$ Äthylbenzoat (X_1) — $C_2H_4O_2$ Essigsäure (X_2)
[15] ⟨K 11, d 3⟩

Mol-% X_1	0,00	8,68	20,44	31,74	41,78	52,50	61,18	69,55	78,71	89,59	100,00
25 °C	1,050	1,049	1,049	1,048	1,048	1,047	1,047	1,047	1,046	1,046	1,046

$C_9H_{10}O_2$ Äthylbenzoat (X_1) — $C_4H_8O_2$ Äthylacetat (X_2)
[*14, 20*] ⟨K 11, d 4⟩

Mol-% X_1	0,00	10,08	20,23	30,11	40,02	49,56	60,27	68,69	79,12	87,84	100,00
25 °C	0,895	0,920	0,944	0,960	0,974	0,987	0,999	1,010	1,022	1,032	1,043

[*13*] ⟨K 5, d 4⟩

Mol-% X_1	0	25	50	75	100
20 °C	0,901	—	1,013	1,027	1,047
70 °C	0,838	0,898	0,940	—	1,001

$C_9H_{10}O_2$ Äthylbenzoat (X_1) — $C_6H_{12}O_3$ Paraldehyd (X_2)
[*28*] ⟨K 4, d 5⟩

Mol-% X_1	0,00	86,46	92,95	100,00
25 °C	0,990	1,039	1,042	1,044

$C_9H_{10}O_2$ Äthylbenzoat (X_1) — $C_8H_8O_2$ Methylbenzoat (X_2)
[*8*] ⟨K 7, d 3⟩

Gew.-% X_1	0,00	22,53	38,71	53,45	64,20	81,57	100,00
25 °C	1,084	1,074	1,067	1,061	1,056	1,049	1,042

$C_9H_{10}O_2$ o-Toluylsäure-methylester (X_1) — C_6H_6 Benzol (X_2)
[*17*] ⟨K 5, d 4⟩

Mol-% X_1	0,00	4,30	6,49	8,74	12,54
22 °C	0,877	0,889	0,895	0,901	0,911

$C_9H_{10}O_2$ m-Toluylsäure-methylester (X_1) — C_6H_6 Benzol (X_2)
[*17*] ⟨K 5, d 4⟩

Mol-% X_1	0,00	3,27	5,33	7,42	10,16
22 °C	0,877	0,886	0,891	0,897	0,904

$C_9H_{10}O_2$ p-Toluylsäure-methylester (X_1) — C_6H_6 Benzol (X_2)
[*17*] ⟨K 5, d 4⟩

Mol-% X_1	0,00	4,48	6,43	8,67	12,47
22 °C	0,877	0,889	0,894	0,900	0,910

$C_9H_{10}O_2$ o-Methoxyacetophenon (X_1) — C_6H_6 Benzol (X_2) [*38*]

$C_9H_{10}O_2$ o-Methoxyacetophenon (X_1) — C_2H_6O Äthanol (X_2) [*38*]

$C_9H_{10}O_2$ m-Methoxyacetophenon (X_1) — C_6H_6 Benzol (X_2) [*38*]

$C_9H_{10}O_2$ m-Methoxyacetophenon (X_1) — C_2H_6O Äthanol (X_2) [*38*]

$C_9H_{10}O_2$ p-Methoxyacetophenon (X_1) — C_6H_6 Benzol (X_2) [*38*]

$C_9H_8O_2$ Zimtsäure (X_1) — C_6H_6 Benzol (X_2)
[*22*] ⟨K 9, d 4, cis-Säure, Fp. 68 °C⟩

Mol-% X_1	1,86	3,60	4,32	5,22	5,73	7,61	9,34	12,42
15 °C	0,891	0,898	0,901	0,904	0,906	0,913	0,920	0,931

[*35*] ⟨K 30, d 4⟩

Gew.-% X_1	0,00	0,74	1,46	2,17	2,88	3,57	4,26
20 °C	0,877	0,878	0,880	0,881	0,882	0,884	0,885

$C_9H_8O_2$ Zimtsäure (X_1) — **CH_4O Methanol** (X_2) [9]

$C_9H_8O_2$ Zimtsäure (X_1) — **$C_4H_8O_2$ Dioxan** (X_2)
[34] ⟨K 5, d 5⟩

Mol-% X_1	0,00	1,42	2,79	3,40
25 °C	1,028	1,030	1,034	1,035

[35] ⟨K 20, d 4, ϑ 20 °C⟩

$C_9H_8O_2$ Zimtsäure (X_1) — **$C_7H_{14}O_2$ Amylacetat** (X_2) [9]

$C_9H_6O_2$ Phenylpropiolsäure (X_1) — **CH_4O Methanol** (X_2) [9]

$C_9H_6O_2$ Phenylpropiolsäure (X_1) — **$C_4H_8O_2$ Dioxan** (X_2)
[26] ⟨K 5, d 5⟩

Mol-% X_1	0,00	1,49	5,76	7,69	9,91
25 °C	1,027	1,029	1,038	1,042	1,047

$C_9H_6O_2$ Phenylpropiolsäure (X_1) — **$C_7H_{14}O_2$ Amylacetat** (X_2) [9]

$C_9H_6O_2$ Cumarin (X_1) — **C_6H_6 Benzol** (X_2)
[29] ⟨K 4, d 5⟩

Gew.-% X_1	0,00	1,17	1,63	2,50
25 °C	0,874	0,877	0,878	0,881

$C_9H_{10}O_3$ Äthylsalicylat (X_1) — **C_6H_6 Benzol** (X_2)
[21] ⟨K 11, d 4⟩

Mol-% X_1	0,00	11,07	22,18	31,72	39,27	51,32	60,28	69,31	80,17	89,00	100,00
40,2 °C	0,857	0,880	0,903	0,925	0,943	0,972	0,995	1,012	1,050	1,077	1,111

[4, 31]

$C_9H_{10}O_3$ Äthylsalicylat (X_1) — **C_8H_{10} m-Xylol** (X_2) [4]

$C_9H_{10}O_3$ Äthylsalicylat (X_1) — **$C_7H_{14}O_2$ Amylacetat** (X_2) [7]

$C_9H_{10}O_3$ Äthyl-m-hydroxybenzoat (X_1) — **$C_7H_{14}O_2$ Amylacetat** (X_2) [7]

$C_9H_{10}O_3$ Äthyl-p-hydroxybenzoat (X_1) — **C_6H_6 Benzol** (X_2)
[31] ⟨K 4 bis 0,6 Gew.-% X_1, d 5, ϑ 25 °C⟩

$C_9H_{10}O_3$ Äthyl-p-hydroxybenzoat (X_1) — **$C_7H_{14}O_2$ Amylacetat** (X_2) [7]

$C_9H_{10}O_3$ o-Methoxybenzoesäure-methylester (X_1) — **C_6H_6 Benzol** (X_2) [38]

$C_9H_{10}O_3$ o-Methoxybenzoesäure-methylester (X_1) — **C_2H_6O Äthanol** (X_2) [38]

$C_9H_{10}O_3$ p-Methoxybenzoesäure-methylester (X_1) — **C_6H_6 Benzol** (X_2) [38]

$C_9H_{10}O_3$ p-Methoxybenzoesäure-methylester (X_1) — **C_2H_6O Äthanol** (X_2) [38]

$C_9H_{10}O_3$ Mandelsäure-methylester (X_1) — **C_6H_6 Benzol** (X_2)
[19] ⟨K 4, d 4⟩

d-Mandelsäureester

Mol-% X_1	0,00	0,35	0,58	0,84
25 °C	0,873	0,875	0,876	0,877

d,l-Mandelsäureester

Mol-% X_1	0,00	0,58	0,84	1,15
25 °C	0,873	0,876	0,877	0,879

$C_9H_{20}O_4$ Pentaerythrit-tetramethylester (X_1) — **C_6H_6 Benzol** (X_2)
[*43*] ⟨K4, d4⟩

Gew.-% X_1	1,80	3,03	4,34	5,33
25 °C	0,878	0,881	0,885	0,888

$C_9H_{16}O_4$ Diäthylglutarat (X_1) — **C_6H_6 Benzol** (X_2)
[*18*] ⟨K5, d4⟩

Mol-% X_1	0,00	1,70	3,11	5,44	8,12
25 °C	0,873	0,878	0,882	0,889	0,896
50 °C	0,847	0,852	0,856	0,862	0,869

$C_9H_{14}O_6$ Äthyl-l-diacetylglycerat (X_1) — **C_6H_6 Benzol** (X_2) [*5*]

$C_9H_{14}O_6$ Äthyl-l-diacetylglycerat (X_1) — **$C_2H_4O_2$ Essigsäure** (X_2) [*5*]

1 Kanonnikov, J.: J. prakt. Chem. **31** (1885) 321 (nach ICT u. Tim.).
2 Tammann, G., Hirschberg, W.: Z. physik. Chem. **13** (1894) 543—49.
3 Linebarger, C. E.: Amer. J. Sci. **2** (1896) 226, 331 (nach ICT u. Tim.).
4 Nicol: J. chem. Soc. (London) **69** (1896) 142 (nach ICT).
5 Frankland, Pickard: J. chem. Soc. (London) **69** (1896) 123 (nach ICT).
6 Zecchini: Gazz. chim. ital. **27** (1897) 358 (nach ICT u. Tim.).
7 Thole, F. B.: J. chem. Soc. (London) **97** (1910) 2596—2606.
8 Reid: Amer. chem. J. **45** (1911) 479 (nach ICT).
9 Hilditch, T. P., Dunstan, A. E.: Z. Elektrochem., angew. physik. Chem. **17** (1911) 929—34.
10 Dunstan, A. E., Hilditch, T. P.: Z. Elektrochem., angew. physik. Chem. **18** (1912) 185.
11 Patterson, T. S., Stevenson, E. F.: J. chem. Soc. (London) **101** (1912) 241—49.
12 Patterson, T. S., Moudgill: Proc. Roy. Soc. Edinburgh **39** (1919) 18 (nach ICT u. Tabl. ann.).
13 Kremann, R., Meingast, R., Gugl, F.: Mh. Chem. **35** (1914) 876—82, 1235.
14 Kendall, D., Wright: J. Amer. chem. Soc. **42** (1920) 1776—84.
15 Kendall, J., Brakeley, E.: J. Amer. chem. Soc. **43** (1921) 1826—34.
16 Mahanti, P. C.: J. Indian chem. Soc. **8** (1929) 743 (nach Tim.).
17 Donle, H. L.: Z. physik. Chem. (B) **14** (1931) 326—38.
18 Smyth, C. P., Walls, W. S.: J. Amer. chem. Soc. **53** (1931) 527—39.
19 Weissberger, A., Sängewald, R.: Z. physik. Chem. (B) **13** (1931) 383—86.
20 Bingham, E. C., Brown, D. F.: J. Rheology **3** (1932) 95.
21 Kalinowski, K.: Roczniki Chem. [Ann. Soc. Chim. Polonorum] **13** (1933) 384 (nach Tim.).
22 Eisenlohr, F., Hass, W.: Z. physik. Chem. (A) **173** (1935) 249—64.
23 Toussaint, J. A., Wenzke, H. H.: J. Amer. chem. Soc. **57** (1935) 668—70.
24 Otto, M. M.: J. Amer. chem. Soc. **57** (1935) 693—95.
25 Svirbely, J., Ablard, J. E., Warner, J. C.: J. Amer. chem. Soc. **57** (1935) 652—55.
26 Wilson, C. J., Wenzke, H. H.: J. Amer. chem. Soc. **57** (1935) 1265—67.
27 Le Fèvre, C. G., Le Fèvre, R. J. W.: J. chem. Soc. (London) **1936**, 487—91.
28 Le Fèvre, R. J. W., Russell, P.: J. chem. Soc. (London) **1936**, 496—97.
29 Le Fèvre, C. G., Le Fèvre, R. J. W.: J. chem. Soc. (London) **1937**, 1088—90.
30 **1950**, 1829—33.
31 Angyal, C. L., Le Fèvre, R. J. W.: J. chem. Soc. (London) **1950**, 562—64.
32 Goss, F. R.: J. chem. Soc. (London) **1937**, 1915.
33 Goebel, H. L., Wenzke, H. H.: J. Amer. chem. Soc. **59** (1937) 2301—02.
34 **60** (1938) 697—99.
35 Schulz, G.: Z. physik. Chem. (B) **40** (1938) 151—57.
36 Coomber, D. I., Partington, J. R.: J. chem. Soc. (London) **1938**, 1444—52.
37 Ioffe, B. V.: Ber. Akad. Wiss. USSR (Doklady Akademii Nauk SSSR) **86** (1952) 713; **87** (1952) 405, 763 (nach Tim.).
38 Lutzki, A. Je.: J. allg. Chem. (Shurnal Obschtschei Chimii) **24** (1954) 74—78.
39 J. physik. Chem. (Shurnal Fisitschesskoi Chimii) **31** (1957) 1964—75.
40 Ussanowitsch, M., Biljalow, K., Krassnomolowa, L.: J. allg. Chem. (Shurnal Obschtschei Chimii) **25** (1955) 471—77.
41 Schurz, J., Koren, H., Treiber, E.: Mh. Chem. **86** (1955) 986—94.
42 Moore, W. R., Styan, G. E.: Trans. Faraday Soc. **52** (1956) 1556—63.
43 Millar, I. T., Mortimer, C. T., Springall, H. D.: J. chem. Soc. (London) **1957**, 3456—57.
44 Anisimov, V. I.: Russ. J. physic. Chem. **35** (1961) 939—42.
45 Katti, P. K.: J. chem. Engng. Data **9** (1964) 442—43.

$C_{10}H_{22}O$ n-Decanol (X_1) – **C_6H_{12} Cyclohexan** (X_2)
[41] ⟨K 4 bis 0,8 Mol-% X_1, d 4, ϑ 20 °C⟩
[40]

$C_{10}H_{22}O$ n-Decanol (X_1) – **C_6H_6 Benzol** (X_2)
[41] ⟨K 5, d 4⟩

Mol-% X_1	0,00	0,55	1,07	1,60	2,14
20 °C	0,879	0,878	0,878	0,877	0,876

[40]

$C_{10}H_{22}O$ n-Decanol (X_1) – **C_7H_{16} Heptan** (X_2)
[41] ⟨K 5, d 4⟩

Mol-% X_1	0,00	0,48	0,99	1,48	2,01
20 °C	0,684	0,685	0,686	0,686	0,687

[40]

$C_{10}H_{22}O$ n-Decanol (X_1) – **CCl_4 Tetrachlormethan** (X_2)
[36] ⟨K 10, d 4⟩

Gew.-% X_1	0	5	10	15	20	40	50	60	80	100
25 °C	1,584	1,514	1,450	1,390	1,338	1,159	1,084	1,022	0,914	0,826

$C_{10}H_{22}O$ n-Decanol (X_1) – **CH_4O Methanol** (X_2)
[45] ⟨K 32, ΔV, ϑ 25 °C⟩

$C_{10}H_{22}O$ n-Decanol (X_1) – **C_2H_6O Äthanol** (X_2)
[45] ⟨K 25, ΔV, ϑ 25 °C⟩

$C_{10}H_{22}O$ n-Decanol (X_1) – **C_3H_8O Propanol(1)** (X_2)
[45] ⟨K 18, ΔV, ϑ 25 °C⟩

$C_{10}H_{22}O$ n-Decanol (X_1) – **C_3H_8O Propanol(2)** (X_2)
[44] ⟨K 25, ΔV, ϑ 25 °C⟩

$C_{10}H_{22}O$ n-Decanol (X_1) – **$C_4H_{10}O$ n-Butanol** (X_2)
[43] ⟨K 19, ΔV, ϑ 25 °C⟩

$C_{10}H_{22}O$ n-Decanol (X_1) – **$C_6H_{14}O$ n-Hexanol** (X_2)
[45] ⟨K 25, ΔV, ϑ 25 °C⟩

$C_{10}H_{22}O$ n-Decanol (X_1) – **$C_8H_{18}O$ n-Octanol** (X_2)
[43] ⟨K 19, ΔV, ϑ 25 °C⟩

$C_{10}H_{22}O$ Diamyläther (X_1) – **C_6H_{14} n-Hexan** (X_2)
[33] ⟨K 10, d 4⟩

Mol-% X_1	0,00	1,99	3,82	6,53	9,16	18,15	32,88	68,07	79,60	100,00
25 °C	0,667	0,670	0,673	0,677	0,682	0,695	0,713	0,748	0,757	0,772

$C_{10}H_{22}O$ Diamyläther (X_1) – **C_6H_6 Benzol** (X_2)
[33] ⟨K 12, d 4⟩

Mol-% X_1	0,00	1,66	2,67	3,43	5,18	7,91	13,45	24,41	41,68	64,05	73,53	100,00
25 °C	0,872	0,868	0,865	0,863	0,860	0,854	0,844	0,827	0,808	0,790	0,785	0,772

$C_{10}H_{22}O$ Diamyläther (X_1) – **C_6H_5Cl Chlorbenzol** (X_2)
[33] ⟨K 8, d 4⟩

Mol-% X_1	73,53	82,47	89,92	95,15	96,58	97,81	98,92	100,00
25 °C	0,825	0,805	0,791	0,781	0,778	0,776	0,773	0,772

$C_{10}H_{22}O$ Diisoamyläther (X_1)—**$C_4H_8O_2$ Äthylacetat** (X_2)
[*14*] ⟨K 5, d 4, ϑ 11 °C⟩

Mol-% X_1	0	25	50	75	100
20 °C	0,901	0,852	0,823	0,804	0,788
70 °C	—	0,799	0,777	—	0,747

$C_{10}H_{20}O$ Menthol (X_1)—**C_6H_6 Benzol** (X_2)
[*26*] ⟨K 7, d 4⟩

Gew.-% X_1	0	10	20	30	40	50	60
20 °C	0,877	0,880	0,881	0,882	0,884	0,885	0,887

[*21*] ⟨K 5 bis 12 Mol-% X_1, d 5, ϑ 22 °C⟩
[*29*] ⟨K 13 bis 7,6 Gew.-% X_1, d 5, ϑ 25 °C⟩
[*5, 27*]

$C_{10}H_{20}O$ Menthol (X_1)—**$C_{10}H_8$ Naphthalin** (X_2) [*10*]

$C_{10}H_{20}O$ Menthol (X_1)—**$CHCl_3$ Chloroform** (X_2)
[*26*] ⟨K 7, d 4⟩

Gew.-% X_1	0	10	20	30	40	50	60
20 °C	1,484	1,392	1,310	1,240	1,174	1,113	1,064

$C_{10}H_{20}O$ Menthol (X_1)—**C_2H_6O Äthanol** (X_2)
[*26*] ⟨K 7 d 4⟩

Gew.-% X_1	0	10	20	30	40	50	60
20 °C	0,837	0,841	0,847	0,853	0,859	0,861	0,863

[*18*] ⟨K 5, d 4, ϑ 15 °C⟩
[*5*]

$C_{10}H_{20}O$ Menthol (X_1)—**$C_4H_{10}O$ Diäthyläther** (X_2)
[*26*] ⟨K 7, d 4⟩

Gew.-% X_1	0	10	20	30	40	50	60
20 °C	0,724	0,738	0,756	0,776	0,792	0,811	0,829

$C_{10}H_{18}O$ Borneol (X_1)—**C_6H_6 Benzol** (X_2)
[*15*] ⟨K 7, d 4⟩

Gew.-% X_1	0,00	0,92	2,32	4,59	11,35	16,94	22,46
25 °C	0,873	0,874	0,875	0,877	0,881	0,886	0,891

[*21*] ⟨K 5 bis 11 Mol-% X_1, d 5, ϑ 22 °C⟩
[*27*]

$C_{10}H_{18}O$ Borneol (X_1)—**C_2H_6O Äthanol** (X_2)
[*15*] ⟨K 9, d 4⟩

Gew.-% X_1	0,00	1,02	2,74	3,59	5,29	7,54	9,97	24,33	35,07
25 °C	0,788	0,789	0,792	0,793	0,794	0,800	0,804	0,828	0,847

[*3*]

$C_{10}H_{18}O$ Borneol (X_1)—**C_3H_6O Aceton** (X_2)
[*15*] ⟨K 8, d 4⟩

Gew.-% X_1	0,00	1,03	2,98	5,07	9,99	15,32	19,65	37,70
25 °C	0,788	0,786	0,793	0,796	0,804	0,811	0,818	0,849

$C_{10}H_{18}O$ Borneol (X_1) — **$C_4H_8O_2$ Äthylacetat** (X_2)
[15] ⟨K 7, d 4⟩

Gew.-% X_1	0,00	0,87	2,25	4,43	8,95	17,66	26,30
25 °C	0,895	0,895	0,896	0,898	0,900	0,906	0,913

$C_{10}H_{18}O$ 1.8-Cineol (X_1) — **C_6H_6 Benzol** (X_2)
[39] ⟨K 10, d 5⟩

Gew.-% X_1	0,87	3,27	4,43	6,32
25 °C	0,874	0,875	0,876	0,877

$C_{10}H_{18}O$ Menthon (X_1) — **C_6H_6 Benzol** (X_2)
[22] ⟨K 4 bis 5 Mol-% X_1, d 4, ϑ 22 °C⟩

$C_{10}H_{16}O$ Campher (X_1) — **C_6H_{12} Cyclohexan** (X_2) *[23]*

$C_{10}H_{16}O$ Campher (X_1) — **C_6H_6 Benzol** (X_2)
[25] ⟨K 7, d 4⟩

Gew.-% X_1	0	10	20	30	40	50	60
20 °C	0,878	0,884	0,892	0,900	0,910	0,916	0,925

[29] ⟨K 12, d 5⟩

Gew.-% X_1	0,00	1,44	4,55	9,31
25 °C	0,874	0,875	0,878	0,882

[11] ⟨K 6, d 4, ϑ 18,5°, 20 °C⟩
[8] ⟨K 7 bis 34,9 Gew.-% X_1, d 5, ϑ 20 °C⟩
[12] ⟨K 5 bis 50 Gew.-% X_1, d 4, ϑ 20 °C⟩
[22] ⟨K 8 bis 7,3 Mol-% X_1, d 5, ϑ 22 °C⟩
[16] ⟨K 9 bis 52 Gew.-% X_1, d 4, ϑ 25 °C⟩
[1, 6]

$C_{10}H_{16}O$ Campher (X_1) — **$C_{16}H_{10}$ Pyren** (X_2)
[42] ⟨K 10, d 4⟩

Mol-% X_1	0,00	16,30	25,80	35,00	47,60	59,70	76,50	83,90	93,25	100,00
160 °C	1,077	1,054	1,030	1,012	0,982	0,955	0,912	0,894	0,870	—
200 °C	1,053	1,029	1,004	0,986	0,954	0,926	0,881	0,861	0,836	0,816

$C_{10}H_{16}O$ Campher (X_1) — **$CHCl_3$ Chloroform** (X_2)
[25] ⟨K 8, d 4⟩

Gew.-% X_1	0	10	20	30	40	50	60	65
20 °C	1,484	1,411	1,343	1,278	1,226	1,169	1,127	1,099

[8] ⟨K 6 bis 35 Gew.-% X_1, d 5, ϑ 20 °C⟩

$C_{10}H_{16}O$ Campher (X_1) — **CCl_4 Tetrachlormethan** (X_2)
[38] ⟨K 6, d 5⟩

Mol-% X_1	20	25	33,3	42,4	50,0	54,51
0 °C	1,444	1,403	1,335	1,277	1,240	1,203

[30] ⟨K 5, d 5⟩

Gew.-% X_1	0,00	1,43	2,27	2,95	4,71
25 °C	1,585	1,570	1,562	1,556	1,539

[12] ⟨K 6 bis 50 Gew.-% X_1, d 4, ϑ 20 °C⟩

Lacmann

$C_{10}H_{16}O$ Campher (X_1) — **$C_2H_4Br_2$ Äthylenbromid** (X_2)
[*8*] ⟨K6, d5⟩

Gew.-% X_1	0,00	1,00	1,86	2,99	3,87	36,23
20 °C	2,179	2,151	2,128	2,098	2,076	1,493

$C_{10}H_{16}O$ Campher (X_1) — **C_6H_5Cl Chlorbenzol** (X_2)
[*16*] ⟨K6, d4⟩

Gew.-% X_1	0,00	0,73	5,51	18,64	30,35	59,25
25 °C	1,101	1,099	1,092	1,072	1,054	1,014

$C_{10}H_{16}O$ Campher (X_1) — **CH_4O Methanol** (X_2)
[*11*] ⟨K6, d4⟩

Gew.-% X_1	0,00	12,34	24,14	35,46	46,26	56,66
20 °C	0,791	0,810	0,829	0,847	0,865	0,883

[*12*] ⟨K6 bis 50 Gew.-% X_1, d4, ϑ 20 °C⟩
[*6*]

$C_{10}H_{16}O$ Campher (X_1) — **CH_2O_2 Ameisensäure** (X_2)
[*11*] ⟨K6, d4⟩

Gew.-% X_1	0,00	8,44	17,27	26,56	36,31	46,54
20 °C	1,220	1,188	1,158	1,131	1,103	1,075

$C_{10}H_{16}O$ Campher (X_1) — **C_2H_6O Äthanol** (X_2)
[*23*] ⟨K9, d4⟩

Gew.-% X_1	0,00	5,98	10,51	15,66	24,38	30,10	38,28	47,89	50,49
20 °C	0,792	0,801	0,808	0,815	0,828	0,838	0,851	0,867	0,872

[*16*] ⟨K8, d4⟩

Gew.-% X_1	0,00	0,76	3,05	7,54	14,82	24,28	37,83	50,72
25 °C	0,787	0,789	0,792	0,799	0,809	0,824	0,846	0,867

[*18*] ⟨K5 bis 20 Gew.-% X_1, d4, ϑ 15 °C⟩
[*17*] ⟨K5 bis 57 Gew.-% X_1, d4, ϑ 18 °C⟩
[*25*] ⟨K7 bis 60 Gew.-% X_1, d4, ϑ 20 °C⟩
[*11*] ⟨K6 bis 57 Gew.-% X_1, d4, ϑ 20 °C⟩
[*12*] ⟨K6 bis 50 Gew.-% X_1, d4, ϑ 20 °C⟩
[*20, 38*]

$C_{10}H_{16}O$ Campher (X_1) — **$C_2H_4O_2$ Essigsäure** (X_2)
[*11*] ⟨K6, d4⟩

Gew.-% X_1	0,00	9,64	19,40	29,45	39,54	49,89
20 °C	1,050	1,040	1,031	1,021	1,012	1,002

[*8*] ⟨K6 bis 33 Gew.-% X_1, d5, ϑ 20 °C⟩
[*12*] ⟨K7 bis 60 Gew.-% X_1, d4, ϑ 20 °C⟩

$C_{10}H_{16}O$ Campher (X_1) — **C_3H_8O Propanol** (X_2)
[*11*] ⟨K6, d4⟩

Gew.-% X_1	0,00	12,19	23,90	35,10	45,93	56,37
20 °C	0,805	0,821	0,838	0,854	0,871	0,887

[*17*] ⟨K6 bis 56 Gew.-% X_1, d4, ϑ 18,5 °C⟩

$C_{10}H_{16}O$ Campher (X_1) — **C_3H_6O Aceton** (X_2)
[*16*] ⟨K 9, d 4⟩

Gew.-% X_1	0,00	0,80	3,05	5,04	9,99	24,27	37,83	50,73	66,94
25 °C	0,787	0,789	0,792	0,795	0,802	0,824	0,846	0,867	0,896

[*17*] ⟨K 5 bis 57 Gew.-% X_1, d 4, ϑ 18 °C⟩
[*6, 23*]

$C_{10}H_{16}O$ Campher (X_1) — **$C_3H_6O_2$ Propionsäure** (X_2)
[*11*] ⟨K 6, d 4⟩

Gew.-% X_1	0,00	10,12	20,82	30,40	40,66	50,96
20 °C	0,995	0,992	0,989	0,987	0,984	0,981

$C_{10}H_{16}O$ Campher (X_1) — **$C_4H_{10}O$ Isobutanol** (X_2)
[*16*] ⟨K 6, d 4⟩

Gew.-% X_1	0,00	0,98	4,94	23,98	46,15	56,65
25 °C	0,799	0,801	0,807	0,833	0,867	0,883

[*38*]

$C_{10}H_{16}O$ Campher (X_1) — **$C_4H_{10}O$ Diäthyläther** (X_2)
[*25*] ⟨K 8, d 4⟩

Gew.-% X_1	0	10	20	30	40	50	60	65
20 °C	0,718	0,737	0,761	0,782	0,806	0,827	0,855	0,867

$C_{10}H_{16}O$ Campher (X_1) — **$C_4H_8O_2$ Äthylacetat** (X_2)
[*16*] ⟨K 8, d 4⟩

Gew.-% X_1	0,00	2,67	8,88	22,00	34,85	51,69
25 °C	0,895	0,897	0,900	0,909	0,918	0,928

[*12*]

$C_{10}H_{16}O$ Campher (X_1) — **C_6H_6O Phenol** (X_2)
[*19*] ⟨K 9, d 4⟩

Gew.-% X_1	44,0	47,2	50,2	55,0	60,0	66,0	67,3	74,0
15,8 °C	1,015	1,013	1,011	1,008	1,004	1,001	0,999	0,995

[*35*] ⟨K 8, d 4⟩

Gew.-% X_1	22,40	32,70	40,20	44,70	56,50	61,80	70,25	76,50
25 °C	1,047	1,035	1,026	1,019	1,008	1,001	0,992	0,984

$C_{10}H_{16}O$ Campher (X_1) — **C_7H_8O o-Kresol** (X_2)
[*35*] ⟨K 9, d 4⟩

Gew.-% X_1	0,00	10,30	23,25	32,60	43,10	53,00	58,50	64,00	74,80
25 °C	1,042	1,031	1,021	1,013	1,005	0,995	0,990	0,986	0,977

$C_{10}H_{16}O$ Campher (X_1) — **C_7H_8O m-Kresol** (X_2)
[*35*] ⟨K 9, d 4⟩

Gew.-% X_1	0,00	10,20	19,60	29,20	38,45	48,40	58,40	66,40	76,60
25 °C	1,027	1,020	1,013	1,007	1,000	0,993	0,986	0,980	0,975

$C_{10}H_{16}O$ Campher (X_1) — **C_7H_8O p-Kresol** (X_2)
[35] ⟨K 7, d 4⟩

Gew.-% X_1	10,10	23,50	33,20	43,90	54,55	63,80	72,00
25 °C	1,023	1,012	1,006	0,998	0,991	0,984	0,977

$C_{10}H_{16}O$ Fenchon (X_1) — **C_6H_6 Benzol** (X_2)
[22] ⟨K 7 bis 5 Mol-% X_1, d 4, ϑ 22 °C⟩

$C_{10}H_{16}O$ Piperiton (X_1) — **C_6H_6 Benzol** (X_2)
[29] ⟨K 12 bis 2,7 Gew.-% X_1, d 5, ϑ 25 °C⟩

$C_{10}H_{14}O$ Carvacrol (X_1) — **C_6H_6 Benzol** (X_2)
[28] ⟨K 5, d 5⟩

Mol-% X_1	0,00	1,33	1,87	2,89
25 °C	0,874	0,876	0,877	0,878

$C_{10}H_{14}O$ Thymol (X_1) — **C_6H_6 Benzol** (X_2)
[28] ⟨K 5, d 5⟩

Mol-% X_1	0,00	1,33	2,11	3,00
25 °C	0,874	0,876	0,877	0,879

[7] ⟨K 2, d 4⟩

	15 °C	25 °C	45 °C	65 °C
0,00 Gew.-% X_1	0,885	0,874	0,854	0,833
12,41 Gew.-% X_1	0,894	0,884	0,864	0,843

[6]

$C_{10}H_{14}O$ Thymol (X_1) — **$C_{10}H_8$ Naphthalin** (X_2)
[24] ⟨K 11, d 4⟩

Gew.-% X_1	0	10	20	30	40	50	60	70	80	90	100
77,0 °C	—	0,977	0,972	0,966	0,961	0,956	0,950	0,945	0,940	0,934	0,929
97,5 °C	0,965	0,959	0,954	0,948	0,943	0,938	0,932	0,927	0,922	0,916	0,912

$C_{10}H_{14}O$ Thymol (X_1) — **CH_4O Methanol** (X_2) *[6]*

$C_{10}H_{14}O$ Thymol (X_1) — **C_3H_6O Aceton** (X_2) *[6]*

$C_{10}H_{12}O$ Benzylaceton (X_1) — **$C_7H_{14}O_2$ Amylacetat** (X_2) *[13]*

$C_{10}H_{12}O$ ω-Äthoxystyrol (X_1) — **C_6H_6 Benzol** (X_2)
[31] ⟨K 5, d 4⟩

Mol-% X_1	0,00	2,50	3,19	3,81	4,33
18,3 °C	0,881	0,890	0,892	0,894	0,896

$C_{10}H_{12}O$ o-Methoxy-α-methylstyrol (X_1) — **C_6H_6 Benzol** (X_2)
[32] ⟨K 5, d 4⟩

Mol-% X_1	0,00	1,65	2,47	3,68	5,34
26,9 °C	0,870	0,873	0,874	0,876	0,878

$C_{10}H_{12}O$ m-Methoxy-α-methylstyrol (X_1) — **C_6H_6 Benzol** (X_2)
[32] ⟨K 5, d 4⟩

Mol-% X_1	0,00	2,44	3,30	4,68
23,8 °C	0,874	0,877	0,878	0,880

$C_{10}H_{12}O$ p-Methoxy-α-methylstyrol (X_1) — **C_6H_6 Benzol** (X_2)
[32] ⟨K 5, d 4⟩

Mol-% X_1	0,00	0,74	1,85	3,09	3,95
25,7 °C	0,872	0,873	0,874	0,875	0,876

$C_{10}H_{12}O$ Anethol (X_1) — **C_6H_6 Benzol** (X_2)
[2] ⟨K 5, d 3⟩

Gew.-% X_1	0,00	3,43	10,34	21,14	100,00
19,43 °C	0,880	0,883	0,891	0,907	0,999

$C_{10}H_{12}O$ Anethol (X_1) — **C_9H_8O Zimtaldehyd** (X_2) *[4]*

$C_{10}H_{12}O$ Anethol (X_1) — **$C_{10}H_{20}O$ L-Menthol** (X_2) *[10]*

$C_{10}H_{10}O$ Benzylidenaceton (X_1) — **$C_7H_{14}O_2$ Amylacetat** (X_2) *[13]*

$C_{10}H_8O$ α-Naphthol (X_1) — **$C_7H_{14}O_2$ Amylacetat** (X_2) *[9]*

$C_{10}H_8O$ β-Naphthol (X_1) — **$C_7H_{14}O_2$ Amylacetat** (X_2) *[9]*

$C_{10}H_8O$ Phenylacetylacetylen (X_1) — **C_6H_6 Benzol** (X_2)
[34] ⟨K 5, d 5⟩

Mol-% X_1	0,00	1,52	2,92	100,00
25 °C	0,874	0,877	0,881	1,024

1 Rimbach, E.: Z. physik. Chem. **9** (1892) 698—708.
2 Paterno, E., Montemartini, C.: Atti Accad. naz. Lincei, Rend., Cl. Sci. fisiche, mat. natur **3** (1894) 139; Gazz. chim. ital. **24** (1894) 179 (nach ICT u. Tim.).
3 Tammann, G., Hirschberg, W.: Z. physik. Chem. **13** (1894) 543—49.
4 Zecchini: Gazz. chim. ital. **27** (1897) 358 (nach ICT u. Tim.).
5 Patterson, T. S., Taylor, F.: J. chem. Soc. (London) **87** (1905) 122—35.
6 Zoppellari, I.: Gazz. chim. ital. **35** (1905) 355 (nach ICT u. Tim.).
7 Lumsden, J. S.: J. chem. Soc. (London) **91** (1907) 24—35.
8 Winther, C.: Z. physik. Chem. **60** (1907) 563—89.
9 Thole, F. B.: J. chem. Soc. (London) **97** (1910) 2596—2606.
10 Scheuer: Z. physik. Chem. **72** (1910) 513—608.
11 Golse, J.: Thesis, Bordeaux, 1911 (nach ICT u. Tim.).
12 Malosse, H.: C. R. hebd. Séances Acad. Sci. **154** (1912) 1697 (nach Tabl. ann., ICT u. Tim.).
13 Dunstan, A. E., Hilditch, T. P.: Z. Elektrochem., angew. physik. Chem. **18** (1912) 185.
14 Kremann, R., Meingast, R., Gugl, F.: Mh. Chem. **35** (1914) 1235, 876—82 (nach ICT u. Tim.).
15 Peacock, D. H.: J. chem. Soc. (London) **105** (1914) 2782—89.
16 **107** (1915) 1547—67.
17 Wetterfors, P.: Thesis, Upsala, 1920 (nach Tim.).
18 Wetselaar, G. A.: Thesis, Amsterdam, 1927 (nach Tim.).
19 Günther, P., Peiser, M.: Z. physik. Chem. (A) **128** (1927) 189—202.
20 Desmaroux: Mem. Poudres **23** (1928) 198 (nach Tabl. ann. u. Tim.).
21 Donle, H. L., Wolf, K. L.: Z. physik. Chem. (B) **8** (1930) 55—59.
22 Donle, H. L., Volkert, G.: Z. physik. Chem. (B) **8** (1930) 60—71.
23 Owen, G.: Trans. Faraday Soc. **26** (1930) 423—27.
24 Bernoulli, A. L., Veillon, E. A.: Helv. chim. Acta **15** (1932) 810—39.
25 Castiglioni, A.: Gazz. chim. ital. **63** (1933) 395 (nach Tim.).
26 **64** (1934) 469 (nach Tim.).
27 Harms, H.: Z. physik. Chem. (B) **30** (1935) 440—42.
28 Le Fèvre, C. G., Le Fèvre, R. J. W., Robertson, W.: J. chem. Soc. (London) **1935**, 480—88.
29 Le Fèvre, R. J. W., Maramba, F.: J. chem. Soc. (London) **1952**, 235—40.
30 Le Fèvre, C. G., Le Fèvre, R. J. W.: J. chem. Soc. (London) **1956**, 3549—63.
31 Bergmann, E.: J. chem. Soc. (London) **1936**, 402—11.
32 Bergmann, E., Weizmann, A.: Trans. Faraday Soc. **32** (1936) 1327—31.
33 Thomson, G.: J. chem. Soc. (London) **1937**, 1051—57.
34 Goebel, H. L., Wenzke, H. H.: J. Amer. chem. Soc. **59** (1937) 2301—02.

35 | Francis, A. W.: J. Amer. pharmac. Assoc., Sci. Edit., **30** (1941) 229–40.
36 | Jones, W. J., Bowden, S. T., Yarnold, W. W., Jones, W. H.: J. physic. Chem. **52** (1948) 753–60.
37 | Pariaud, J. Ch., Chapas, G.: Bull. Soc. chim. France, Mem. [5] **16** (1949) 403–08.
38 | Pariaud, J. Ch.: C. R. hebd. Séances Acad. Sci. **228** (1949) 563.
39 | Freeman, H. C., Le Fèvre, R. J. W., Maramba, F.: J. chem. Soc. (London) **1952**, 1649–51.
40 | Staveley, L. A. K., Spice, B.: J. chem. Soc. (London) **1952**, 406–14.
41 | Staveley, L. A. K., Taylor, P. F.: J. chem. Soc. (London) **1956**, 200–09.
42 | Hind, R. K., McLaughlin, E., Ubbelohde, A. R.: Trans. Faraday Soc. **55** (1959) 21–27.
43 | Pflug, H. D., Benson, G. C.: Canad. J. Chem. **46** (1968) 287–94.
44 | Singh, J., Pflug, H. D., Benson, G. C.: Canad. J. Chem. **47** (1969) 543–46.
45 | Benson, G. C., Pflug, H. D.: J. chem. Engng. Data **15** (1970) 382–86.

$C_{10}H_{22}O_2$ Decandiol(1.10) (X_1) – **$C_4H_8O_2$ Dioxan** (X_2)
[*10*] ⟨K 5, d 4⟩

Mol-% X_1	0,00	0,65	1,18	2,29	2,74
25 °C	1,031	1,030	1,028	1,025	1,024
50 °C	1,003	1,001	1,000	0,998	0,997

[*14*] ⟨K 5 bis 1,8 Mol-% X_1, d 5, ϑ 15 °C⟩

$C_{10}H_{20}O_2$ β-Octylacetat (X_1) – **C_6H_6 Benzol** (X_2)
[*16*] ⟨K 13, d 4⟩

Gew.-% X_1	0,00	9,74	23,14	36,85	43,25	55,21	70,73	87,99	96,75	100,00
20 °C	0,879	0,876	0,873	0,870	0,869	0,867	0,865	0,862	0,861	0,860

[*8*] ⟨K 5, d 4, ϑ 17 °C⟩
[*12*]

$C_{10}H_{20}O_2$ Amylvalerat (X_1) – **C_6H_6 Benzol** (X_2) [*1*]

$C_{10}H_{20}O_2$ Amylvalerat (X_1) – **C_8H_{10} m-Xylol** (X_2) [*1*]

$C_{10}H_{18}O_2$ β,ζ-Dimethyloctolacton (X_1) – **C_6H_6 Benzol** (X_2)
[*11*] ⟨K 4, d 4⟩

Mol-% X_1	0,00	1,36	2,14	2,58
25 °C	0,874	0,877	0,878	0,879

$C_{10}H_{16}O_2$ Diosphenol (X_1) – **C_6H_6 Benzol** (X_2)
[*15*] ⟨K 7, d 5⟩

Gew.-% X_1	0,00	1,29	2,30
25 °C	0,874	0,875	0,876

$C_{10}H_{14}O_2$ Campherchinon (X_1) – **C_6H_6 Benzol** (X_2)
[*15*] ⟨K 5, d 5⟩

Gew.-% X_1	0,00	0,82	1,55
25 °C	0,874	0,875	0,876

$C_{10}H_{12}O_2$ Eugenol (X_1) – **$C_7H_{14}O_2$ Amylacetat** (X_2) [*6*]

$C_{10}H_{12}O_2$ Isoeugenol (X_1) – **$C_7H_{14}O_2$ Amylacetat** (X_2) [*6*]

$C_{10}H_{10}O_2$ Zimtsäure-methylester (X_1) – **$C_4H_8O_2$ Dioxan** (X_2)
[*13*] ⟨K 4, d 5⟩

Mol-% X_1	0,00	1,60	2,86
25 °C	1,028	1,029	1,030

$C_{10}H_{10}O_2$ Safrol (X_1) — **$C_7H_{14}O_2$ Amylacetat** (X_2) *[6]*

$C_{10}H_{10}O_2$ Isosafrol (X_1) — **$C_7H_{14}O_2$ Amylacetat** (X_2) *[6]*

$C_{10}H_6O_2$ 1.2-Naphthochinon (X_1) — **C_6H_6 Benzol** (X_2)
[17] ⟨K 5, d 5⟩

Mol-% X_1	0,00	0,25	0,41	0,53
35 °C	0,864	0,865	0,866	0,867

$C_{10}H_6O_2$ 1.4-Naphthochinon (X_1) — **C_6H_6 Benzol** (X_2)
[17] ⟨K 5, d 5⟩

Mol-% X_1	0,00	0,58	0,76	1,04	1,75
35 °C	0,864	0,867	0,868	0,870	0,873

$C_{10}H_{18}O_3$ Diäthylacetessigsäure-äthylester (X_1) — **C_6H_6 Benzol** (X_2)
[5] ⟨K 6, d 4⟩

Gew.-% X_1	0,00	3,65	14,16	49,52	68,19	100,00
25 °C	0,874	0,877	0,885	0,917	0,935	0,965

$C_{10}H_{18}O_3$ Diäthylacetessigsäure-äthylester (X_1) — **C_2H_6O Äthanol** (X_2)
[5] ⟨K 6, d 4⟩

Gew.-% X_1	0,00	15,66	20,74	28,56	91,78	100,00
25 °C	0,788	0,811	0,820	0,833	0,949	0,965

$C_{10}H_{18}O_4$ Adipinsäure-diäthylester (X_1) — **C_6H_6 Benzol** (X_2)
[9] ⟨K 7, d 4⟩

Mol-% X_1	0,00	1,65	2,50	3,67	3,84	7,79	8,36
25 °C	0,873	0,878	0,881	0,884	0,884	0,895	0,896
50 °C	0,847	0,851	0,854	0,857	0,858	0,868	0,870

$C_{10}H_{16}O_4$ Camphersäure (X_1) — **C_2H_6O Äthanol** (X_2)
[4] ⟨K 1, d 3⟩

Gew.-% X_1	50,10 (gesättigt)
25 °C	0,960

$C_{10}H_{18}O_6$ Dipropyltartrat (X_1) — **C_6H_6 Benzol** (X_2)
[3] ⟨K 4, d 4, ϑ 30 °C⟩

Gew.-% X_1	16,36	45,51	75,91	100,00
20 °C	0,913	0,981	1,065	1,139
40 °C	0,893	0,961	1,046	1,121

[2] ⟨K 6, d 4, ϑ 20 °C⟩

$C_{10}H_{18}O_6$ Dipropyltartrat (X_1) — **$C_2H_4Br_2$ Äthylenbromid** (X_2)
[3] ⟨K 4, d 4, ϑ 30°, 50°, 70 °C⟩

Gew.-% X_1	15,29	45,00	74,71	100,00
20 °C	1,887	1,529	1,292	1,139
40 °C	1,854	1,504	1,268	1,121
60 °C	1,819	1,477	1,247	1,103

$C_{10}H_{18}O_6$ Dipropyltartrat (X_1) — **$C_4H_{10}O$ Isobutanol** (X_2)
[*3*] ⟨K 6, d 4, ϑ 30°, 50 °C⟩

Gew.-% X_1	15,31	23,16	40,85	58,76	78,79	100,00
20 °C	0,845	0,865	0,917	0,975	1,049	1,139
40 °C	0,829	0,849	0,901	0,958	1,031	1,121
60 °C	0,813	0,832	0,884	0,940	1,013	1,103

$C_{10}H_{18}O_6$ Tetramethyl-3-mannolakton (X_1) — **C_6H_6 Benzol** (X_2)
[*7*] ⟨K 6, d 4⟩

Gew.-% X_1	0,00	15,51	49,17	67,88	84,65	100,00
16 °C	0,883	0,905	0,952	0,981	1,007	1,032
35 °C	0,863	0,885	0,939	0,963	0,990	1,015
55 °C	0,842	0,865	0,915	0,946	0,971	0,998

$C_{10}H_{18}O_6$ Äthyldimethoxysuccinat (X_1) — **C_6H_6 Benzol** (X_2)
[*2*] ⟨K 5, d 4⟩

Gew.-% X_1	0,00	5,31	10,11	19,31	100,00
20 °C	0,879	0,888	0,897	0,914	1,098

$C_{10}H_{18}O_6$ Äthyldimethoxysuccinat (X_1) — **CH_4O Methanol** (X_2)
[*2*] ⟨K 5, d 4⟩

Gew.-% X_1	0,00	6,06	9,74	19,04	100,00
20 °C	0,795	0,809	0,818	0,841	1,098

1 Nicol: J. chem. Soc. (London) **69** (1896) 142 (nach ICT).
2 Purdie, T., Barbour, W.: J. chem. Soc. (London) **79** (1901) 971—82.
3 Winther, C.: Z. physik. Chem. **45** (1903) 331—77.
4 Seidell, A.: Trans. Amer. electrochem. Soc. **13** (1908) 319—28.
5 Dunstan, A. E., Stubbs, J. A.: Z. physik. Chem. **66** (1909) 153—61; J. chem. Soc. (London) **93** (1908) 1919—27.
6 Dunstan, A. E., Hilditch, T. P.: Z. Elektrochem., angew. physik. Chem. **18** (1912) 185.
7 Bregman, I.: Thesis, Lausanne, 1914 (nach Tabl. ann., ICT u. Tim.).
8 Pickard, R. H., Kenyon, J.: J. chem. Soc. (London) **105** (1914) 830—98.
9 Smyth, C. P., Walls, W. S.: J. Amer. chem. Soc. **53** (1931) 527—39.
10 **53** (1931) 2115—22.
11 Marsden, R. J. B., Sutton, L. E.: J. chem. Soc. (London) 1383—90.
12 Patterson, T. S., Holmes, G. H.: J. chem. Soc. (London) **1936**, 1007—14.
13 Goebel, H. L., Wenzke, H. H.: J. Amer. chem. Soc. **60** (1938) 697—99.
14 Wang, Y. L.: Z. physik. Chem., B, **45** (1940) 323—28.
15 Le Fèvre, R. J. W., Maramba, F., Werner, R. L.: J. chem. Soc. (London) **1953**, 2496—98.
16 Anissimow, W. I.: J. physik. Chem. (Shurnal fisitschesskoi Chimii) **27** (1953) 1797—1807.
17 Soundarajan, S., Vold, M. J.: Trans. Faraday Soc. **54** (1958) 1155—59.

$C_{11}H_{24}O$ Undecylalkohol (X_1) — **C_6H_6 Benzol** (X_2)
[*17*] ⟨K 9, d 3⟩

Mol-% X_1	0,00	1,15	2,17	3,34	5,29	7,19	9,62	12,47	100,00
25 °C	0,872	0,869	0,866	0,865	0,864	0,862	0,859	0,856	0,833

$C_{11}H_{14}O$ 2.4.6-Trimethylacetophenon (X_1) — **C_6H_6 Benzol** (X_2)
[*32*] ⟨K 7, d 5⟩

Gew.-% X_1	0,00	1,31	3,25
25 °C	0,874	0,875	0,876

$C_{11}H_{24}O_2$ Dineopentoxymethan (X_1) — **C_6H_6 Benzol** (X_2)
[*28*] ⟨K4, d4⟩

Mol-% X_1	1,68	3,90	6,02	100,00
25 °C	0,870	0,866	0,863	0,813

$C_{11}H_{24}O_2$ 2.2-Diäthoxyheptan (X_1) — **C_6H_6 Benzol** (X_2)
[*28*] ⟨K4, d4⟩

Mol-% X_1	3,46	4,99	7,16	100,00
25 °C	0,868	0,866	0,863	0,821

$C_{11}H_{20}O_2$ Ameisensäurementhylester (X_1) — **C_6H_6 Benzol** (X_2)
[*18*] ⟨K5, d5⟩

Mol-% X_1	0,00	2,32	4,21	5,73	10,47
22 °C	0,877	0,879	0,881	0,883	0,885

$C_{11}H_{18}O_2$ Ameisensäurebornylester (X_1) — **C_6H_6 Benzol** (X_2)
[*18*] ⟨K5, d5⟩

Mol-% X_1	0,00	2,42	4,40	5,95	10,81
22 °C	0,877	0,883	0,887	0,890	0,901

$C_{11}H_{14}O_2$ Äthyl-β-phenylpropionat (X_1) — **C_6H_6 Benzol** (X_2)
[*25*] ⟨K5, d4⟩

Mol-% X_1	0,00	2,44	3,04	3,68	4,89
21,15 °C	0,877	0,884	0,885	0,887	0,890

$C_{11}H_{12}O_2$ Zimtsäure-äthylester (X_1) — **C_6H_6 Benzol** (X_2)
[*25*] ⟨K5, d4⟩

Mol-% X_1	0,00	1,69	2,47	3,25	3,97
15,4 °C	0,884	0,890	0,893	0,895	0,898

Mol-% X_1	0,00	1,75	2,75	3,62	4,08
20,2 °C	0,878	0,884	0,887	0,889	0,891

$C_{11}H_{12}O_2$ Zimtsäure-äthylester (X_1) — **$C_{10}H_{20}O_2$ β-Octylacetat** (X_2) [*12*]

$C_{11}H_{10}O_2$ Äthyl-phenylpropiolat (X_1) — **C_6H_6 Benzol** (X_2)
[*25*] ⟨K5, d4⟩

Mol-% X_1	0,00	1,12	1,92	2,70	3,59
20,5 °C	0,878	0,882	0,884	0,887	0,890

$C_{11}H_{10}O_2$ Cyclopentadien-benzochinon (X_1) — **C_6H_6 Benzol** (X_2)
[*29*] ⟨K5, d4⟩

Mol-% X_1	0,00	1,34	2,01	2,73
25 °C	0,874	0,882	0,885	0,889

$C_{11}H_{12}O_4$ 3.5-Diacetyl-2.6-dimethyl-γ-piron (X_1) — **C_6H_6 Benzol** (X_2)
[*31*] ⟨K5 bis 0,6 Gew.-% X_1, d5, ϑ 25 °C⟩

$C_{11}H_{22}O_6$ 2.3.4.6-Tetramethyl-α-methyl-D-glucose (X_1) — **C_6H_6 Benzol** (X_2)
[*38*] ⟨K6, d4⟩

Gew.-% X_1	0,00	4,83	6,31	8,56	11,05	13,30
30 °C	0,869	0,877	0,879	0,883	0,886	0,891
40 °C	0,858	0,869	0,871	0,875	0,877	0,882

$C_{11}H_{22}O_6$ 2.3.4.6-Tetramethyl-α-methyl-D-glucose (X_1) — **$C_4H_8O_2$ Dioxan** (X_2)
[*39*] ⟨K6, d4⟩

Gew.-% X_1	0,00	3,54	5,81	8,46	10,35	13,18
30 °C	1,019	1,023	1,024	1,026	1,027	1,030
40 °C	1,008	1,012	1,014	1,016	1,017	1,019

$C_{11}H_{22}O_6$ 2.3.4.6-Tetramethyl-β-methyl-D-glucose (X_1) — **C_6H_6 Benzol** (X_2)
[*38*] ⟨K6, d4⟩

Gew.-% X_1	0,00	3,28	4,94	7,24	10,60	12,55
30 °C	0,869	0,872	0,875	0,879	0,885	0,889
40 °C	0,858	0,863	0,865	0,870	0,876	0,880

$C_{11}H_{22}O_6$ 2.3.4.6-Tetramethyl-β-methyl-D-glucose (X_1) — **$C_4H_8O_2$ Dioxan** (X_2)
[*39*] ⟨K6, d4⟩

Gew.-% X_1	0,00	3,58	6,22	8,85	10,31	12,75
30 °C	1,019	1,022	1,024	1,026	1,027	1,029
40 °C	1,008	1,013	1,014	1,016	1,017	1,019

$C_{12}H_{26}O$ n-Dodecanol (X_1) — **CH_4O Methanol** (X_2)
[*41*] ⟨K9, d4⟩

Mol-% X_1	0,00	5,06	14,30	16,81	25,41	38,82	66,75	84,75	100,00
30 °C	0,783	0,791	0,801	0,804	0,809	0,816	0,822	0,825	0,827

$C_{12}H_{18}O$ 3-Methyl-5-tert. butylanisol (X_1) — **C_6H_6 Benzol** (X_2)
[*32*] ⟨K5, d5⟩

Mol-% X_1	0,00	1,15	1,51	1,92	2,96
25 °C	0,874	0,876	0,877	0,878	0,880

$C_{12}H_{12}O$ Cinnamylidenaceton (X_1) — **$C_7H_{14}O_2$ Amylacetat** (X_2) [*8*]

$C_{12}H_{10}O$ Diphenyläther (X_1) — **C_6H_6 Benzol** (X_2)
[*23*] ⟨K5, d5⟩

Mol-% X_1	0,00	2,18	4,05	5,20	9,12
18 °C	0,881	0,888	0,894	0,898	0,911

[*16*] ⟨K3, d4, ϑ 20°, 50 °C⟩

$C_{12}H_{10}O$ Diphenyläther (X_1) — **$C_{13}H_{12}$ Diphenylmethan** (X_2)
[*46*] ⟨K8, d4⟩

Mol-% X_1	0,00	20,70	41,86	50,57	61,29	69,74	80,01	100,00
25 °C	1,002	1,016	1,030	1,036	1,044	1,049	1,057	1,071

$C_{12}H_{10}O$ Diphenyläther (X_1) — **$CHCl_3$ Chloroform** (X_2)
[*9*] ⟨K5, d4⟩

Mol-% X_1	0,00	18,30	43,04	68,64	100,00
25 °C	1,526	1,357	1,239	1,150	1,072

$C_{12}H_{10}O$ Diphenyläther (X_1) — **C_2HCl_5 Pentachloräthan** (X_2)
[*10*] ⟨K4, d3⟩

Mol-% X_1	26,42	51,09	76,11	100,00
25 °C	1,481	1,330	1,189	1,072

$C_{12}H_{10}O$ Diphenyläther (X_1) — **C_2H_6O Äthanol** (X_2)
[*15*] ⟨K15, d4⟩

Mol-% X_1	0,00	9,04	18,12	28,71	43,15	50,87	58,74	70,49	80,36	91,15	100,00
30 °C	0,787	0,849	0,896	0,937	0,977	0,998	1,009	1,029	1,043	1,057	1,066

$C_{12}H_{10}O$ Diphenyläther (X_1) — **C_3H_6O Aceton** (X_2)
[*10*] ⟨K5, d3⟩

Mol-% X_1	0,00	10,60	26,94	51,57	100,00
25 °C	0,787	0,849	0,921	0,992	1,072

$C_{12}H_{10}O$ Diphenyläther (X_1) — **$C_4H_{10}O$ Diäthyläther** (X_2)
[*14, 21*] ⟨K12, d4⟩

Mol-% X_1	0,00	9,08	21,74	29,12	39,24	48,98	57,55	67,03	78,07	86,82	92,96	100,00
25 °C	0,714	0,760	0,821	0,855	0,897	0,931	0,958	0,986	1,018	1,039	1,054	1,071

$C_{12}H_{10}O$ Diphenyläther (X_1) — **$C_8H_{10}O$ Phenetol** (X_2)
[*14, 21*] ⟨K11, d4⟩

Mol-% X_1	0,00	9,94	18,73	29,63	39,98	48,95	62,69	67,47	79,28	86,33	100,00
25 °C	0,962	0,976	0,987	0,999	1,011	1,021	1,035	1,040	1,051	1,057	1,071

$C_{12}H_{24}O_2$ Laurinsäure (X_1) — **C_6H_{12} Cyclohexan** (X_2)
[*36*] ⟨K20, d4⟩

Gew.-% X_1	0,00	0,99	1,96	2,92	3,85	4,77	5,67	6,55	7,42	8,27
20 °C	0,779	0,780	0,781	0,782	0,782	0,783	0,784	0,785	0,786	0,787

$C_{12}H_{24}O_2$ Laurinsäure (X_1) — **C_6H_6 Benzol** (X_2)
[*36*] ⟨K18 bis 6,5 Gew.-% X_1, d5, ϑ 20 °C⟩

$C_{12}H_{24}O_2$ Laurinsäure (X_1) — **$C_4H_8O_2$ Dioxan** (X_2)
[*36*] ⟨K20, d4⟩

Gew.-% X_1	0,00	0,99	1,96	2,92	3,85	4,77	5,67	6,55	7,42	8,27
20 °C	1,034	1,032	1,030	1,028	1,027	1,025	1,024	1,022	1,021	1,019

$C_{12}H_{22}O_2$ Essigsäure-menthylester (X_1) — **C_6H_6 Benzol** (X_2)
[*18*] ⟨K4, d5⟩

Mol-% X_1	0,00	1,95	4,09	6,04
22 °C	0,877	0,878	0,879	0,881

$C_{12}H_{20}O_2$ Essigsäure-bornylester (X_1) — **C_6H_6 Benzol** (X_2)
[*18*] ⟨K5, d5⟩

Mol-% X_1	0,00	2,13	4,24	5,87	10,35
22 °C	0,877	0,882	0,886	0,889	0,898

$C_{12}H_{16}O_2$ Amylbenzoat (X_1) — **C_6H_6 Benzol** (X_2) [*2*]

$C_{12}H_{16}O_2$ Amylbenzoat (X_1) — **C_8H_{10} m-Xylol** (X_2) [*2*]

$C_{12}H_{10}O_2$ 4.4-Dioxydiphenyl (X_1) – **$C_4H_8O_2$ 1.4-Dioxan** (X_2)
[43] ⟨K 8, d 4⟩

Mol-% X_1	0,00	0,44	0,81	1,19	1,46
20 °C	1,034	1,035	1,037	1,040	1,043

$C_{12}H_8O_2$ Diphenylendioxid (X_1) – **C_6H_{12} Cyclohexan** (X_2)
[27] ⟨K 4, d 4⟩

Gew.-% X_1	0,00	1,85	3,67	5,24
20 °C	0,876	0,881	0,886	0,890

$C_{12}H_8O_2$ Diphenylendioxid (X_1) – **C_6H_6 Benzol** (X_2)
[27] ⟨K 4, d 4⟩

Gew.-% X_1	0,00	2,20	3,07	3,91
20 °C	0,778	0,785	0,787	0,790

$C_{12}H_8O_2$ Diphenylendioxid (X_1) – **CCl_4 Tetrachlormethan** (X_2)
[27] ⟨K 5, d 4⟩

Gew.-% X_1	0,00	1,05	1,88	2,82	3,66
20 °C	1,594	1,590	1,586	1,582	1,578

$C_{12}H_6O_2$ Acenaphthenchinon (X_1) – **C_6H_6 Benzol** (X_2)
[37] ⟨K 4 bis 0,1 Gew.-% X_1, d 5, ϑ 25 °C⟩

$C_{12}H_{14}O_4$ Phthalsäure-diäthylester (X_1) – **C_8H_{10} Äthylbenzol** (X_2) *[40]*

$C_{12}H_{10}O_4$ Chinhydron (X_1) – **$C_4H_8O_2$ Dioxan** (X_2)
[45] ⟨K 5, d 5⟩

Mol-% X_1	0,00	0,32	0,64
35 °C	1,017	1,019	1,020

$C_{12}H_{14}O_5$ Äthylmonobenzoyl-glycerat (X_1) – **C_6H_6 Benzol** (X_2) *[1]*

$C_{12}H_{22}O_6$ Diisobutyltartrat (X_1) – **$C_2H_2Cl_4$ 1.1.2.2-Tetrachloräthan** (X_2) *[11]*

$C_{12}H_{22}O_6$ Propyldimethoxysuccinat (X_1) – **C_6H_6 Benzol** (X_2)
[3] ⟨K 4, d 4⟩

Gew.-% X_1	0,00	5,69	11,47	21,56
20 °C	0,879	0,887	0,897	0,914

$C_{12}H_{22}O_6$ Propyldimethoxysuccinat (X_1) – **CH_4O Methanol** (X_2)
[3] ⟨K 5, d 4⟩

Gew.-% X_1	0,00	6,66	12,37	23,71	100,00
20 °C	0,795	0,809	0,821	0,848	1,061

$C_{12}H_{14}O_6$ tert.-Butylperphthalsäure (X_1) – **C_6H_6 Benzol** (X_2)
[42] ⟨K 4, d 4⟩

Mol-% X_1	0,77	1,41	1,89	2,55
50 °C	0,858	0,862	0,864	0,870

$C_{12}H_{18}O_8$ Diäthyl-diacetyltartrat (X_1) – **$C_{10}H_8$ Naphthalin** (X_2) *[5]*

$C_{12}H_{18}O_8$ Diäthyl-diacetyltartrat (X_1) – **$C_2H_4Br_2$ Äthylenbromid** (X_2) *[5]*

$C_{12}H_{18}O_8$ Diäthyl-diacetyltartrat (X_1) — **C_6H_6O Phenol** (X_2) *[5]*

$C_{13}H_{12}O$ Diphenylmethanol (X_1) — **C_6H_6 Benzol** (X_2)
[44] ⟨K 11, d 5⟩

Gew.-% X_1	0	1	2	3	4	5	6	7
25 °C	0,874	0,876	0,877	0,879	0,881	0,883	0,885	0,887

$C_{13}H_{12}O$ Diphenylmethanol (X_1) — **$C_7H_{14}O_2$ Amylacetat** (X_2) *[6]*

$C_{13}H_{12}O$ p-Methyldiphenyläther (X_1) — **C_6H_6 Benzol** (X_2)
[23] ⟨K 5, d 5⟩

Mol-% X_1	0,00	2,39	3,85	6,16	8,89
19,6 °C	0,879	0,887	0,892	0,900	0,910

$C_{13}H_{10}O$ Benzophenon (X_1) — **C_6H_6 Benzol** (X_2)
[16] ⟨K 3, d 4, ϑ 30°, 40°, 50 °C⟩

Mol-% X_1	0,00	2,97	4,00
20 °C	0,879	0,892	0,896

[13] ⟨K 4, d 5⟩

Gew.-% X_1	0,00	1,48	4,10	11,06
30 °C	0,868	0,871	0,876	0,891

[19] ⟨K 4 bis 8,7 Mol-% X_1, d 5, ϑ 22 °C⟩

$C_{13}H_{10}O$ Benzophenon (X_1) — **C_2H_6O Äthanol** (X_2)
[13] ⟨K 3, d 5⟩

Gew.-% X_1	0,00	7,15	10,57
30 °C	0,781	0,799	0,808

$C_{13}H_{10}O$ Benzophenon (X_1) — **C_3H_6O Aceton** (X_2)
[13] ⟨K 4, d 5⟩

Gew.-% X_1	0,00	3,55	7,01	10,69
30 °C	0,781	0,790	0,799	0,808

$C_{13}H_{10}O$ Benzophenon (X_1) — **$C_7H_{14}O_2$ Amylacetat** (X_2) *[8]*

$C_{13}H_{10}O$ Xanthen (X_1) — **C_6H_6 Benzol** (X_2)
[24] ⟨K 4, d 4⟩

Mol-% X_1	0,00	2,31	2,54	2,94
28 °C	0,869	0,880	0,881	0,883

$C_{13}H_8O$ Fluorenon (X_1) — **C_6H_6 Benzol** (X_2)
[22] ⟨K 5, d 5⟩

Mol-% X_1	0,00	0,67	0,93	1,51	2,52
17,5 °C	0,882	0,886	0,887	0,890	0,896

$C_{13}H_{28}O_2$ 2.2-Dipropoxyheptan (X_1) — **C_6H_6 Benzol** (X_2)
[28] ⟨K 4, d 4⟩

Mol-% X_1	3,96	6,07	8,21	100,00
25 °C	0,867	0,865	0,863	0,822

$C_{13}H_{26}O_2$ Äthylundecylat (X_1) — **C_7H_{16} Heptan** (X_2)
[47] ⟨K 5, d 5⟩

Mol-% X_1	0,00	2,39	5,71	7,05	8,98
25 °C	0,680	0,687	0,697	0,701	0,706

$C_{13}H_{24}O_2$ Propionsäure-l-menthylester (X_1) — **C_6H_6 Benzol** (X_2)
[20] ⟨K 7, d 4⟩

Mol-% X_1	0,00	2,85	4,78	6,77	10,73
22 °C	0,877	0,879	0,880	0,882	0,884

$C_{13}H_{22}O_2$ Propionsäure-bornylester (X_1) — **C_6H_6 Benzol** (X_2)
[18] ⟨K 5, d 5⟩

Mol-% X_1	0,00	2,77	4,41	6,46	10,97
22 °C	0,877	0,882	0,885	0,889	0,897

$C_{13}H_{20}O_2$ Propiolsäure-menthylester (X_1) — **$C_7H_{14}O_2$ Amylacetat** (X_2) *[7]*

$C_{13}H_{10}O_2$ Phenylbenzoat (X_1) — **C_6H_6 Benzol** (X_2)
[20] ⟨K 5, d 4⟩

Mol-% X_1	0,00	3,95	5,91	7,76	11,10
22 °C	0,877	0,897	0,906	0,915	0,929

[34] ⟨K 5 bis 1,5 Mol-% X_1, d 5, ϑ 30 °C⟩

$C_{13}H_8O_2$ Xanthon (X_1) — **C_6H_6 Benzol** (X_2)
[24] ⟨K 6, d 4⟩

Mol-% X_1	0,00	0,20	0,63	1,00	1,32
14,4 °C	0,885	0,887	0,890	0,893	0,895

[30] ⟨K 5 bis 0,11 Mol-% X_1, d 5, ϑ 25 °C⟩

$C_{13}H_{10}O_3$ Phenylsalicylat (X_1) — **C_6H_6 Benzol** (X_2)
[26] ⟨K 11, d 4⟩

Mol-% X_1	0,00	9,84	16,85	29,86	38,88	49,99	59,99	80,01	90,03	100,00
40,2 °C	0,857	0,883	0,902	0,939	0,967	0,998	1,032	1,104	1,146	1,182

$C_{13}H_{10}O_3$ Phenylsalicylat (X_1) — **C_2H_6O Äthanol** (X_2) *[4]*

$C_{13}H_{20}O_8$ Pentaerythrit-tetraacetat (X_1) — **CCl_4 Tetrachlormethan** (X_2)
[33] ⟨K 6, d 5⟩

Gew.-% X_1	0,00	0,68	0,94	1,33
25 °C	1,585	1,581	1,579	1,577

1 Frankland, Pickard: J. chem. Soc. (London) **69** (1896) 123 (nach ICT).
2 Nicol: J. chem. Soc. (London) **69** (1896) 142 (nach ICT).
3 Purdie, T., Barbour, W.: J. chem. Soc. (London) **79** (1901) 971—82.
4 Seidell, A.: J. Amer. chem. Soc. **31** (1909) 1164—68.
5 Scheuer: Z. physik. Chem. **72** (1910) 513—608.
6 Thole, F. B.: J. chem. Soc. (London) **97** (1910) 2596—2606.
7 Hilditch, T. P., Dunstan, A. E.: Z. Elektrochem., angew. physik. Chem. **17** (1911) 929—34.
8 Dunstan, A. E., Hilditch, T. P.: Z. Elektrochem., angew. physik. Chem. **18** (1912) 185.
9 Sachanov, A., Rjachowski, N.: Z. physik. Chem. **86** (1914) 529—37; J. russ. physik. chem. Ges. (Shurnal Russkogo Fisiko-Chimitschesskogo Obschtschesstwa) **46** (1914) 78.
10 J. russ. physik. chem. Ges. (Shurnal Russkogo Fisiko-Chimitschesskogo Obschtschesstwa) **47** (1915) 128 (nach ICT u. Tabl. ann.).
11 Patterson, T. S.: J. chem. Soc. (London) **109** (1916) 1139—75.
12 Patterson, T. S., Holmes, G. H.: J. chem. Soc. (London) **1936**, 1007—14.
13 Burrows, G. J.: Proc. Roy. Soc. New South Wales **53** (1919) 74 (nach ICT).
14 Kendall, D., Wright: J. Amer. chem. Soc. **42** (1920) 1776—84.
15 Perrakis, N.: J. Chim. physique **22** (1925) 280—310.
16 Estermann, J.: Z. physik. Chem. (B) **1** (1928) 134—69.
17 Mahanti, P. C.: J. Indian chem. Soc. **8** (1929) 743 (nach Tim.).

Lacmann

18 Donle, H. L., Wolf, K. L.: Z. physik. Chem. (B) **8** (1930) 55–59.
19 Donle, H. L., Volkert, G.: Z. physik. Chem. (B) **8** (1930) 60–71.
20 Donle, H. L.: Z. physik. Chem. (B) **14** (1931) 326–38.
21 Bingham, E. C., Brown, D. F.: J. Rheology **3** (1932) 95–112.
22 Bergmann, E., Engel, L., Hoffmann, H.: Z. physik. Chem. (B) **17** (1932) 92–99.
23 Bergmann, E., Tschudnowsky, M.: Z. physik. Chem. (B) **17** (1932) 107–15.
24 Bergmann, E., Weizmann, A.: Trans. Faraday Soc. **32** (1936) 1318–26.
25 Bergmann, E.: J. chem. Soc. (London) **1936**, 402–11.
26 Kalinowski, K.: Roczniki Chem. [Ann. Soc. chim. Polonorum] **13** (1933) 384 (nach Tim.).
27 Bennett, G. M., Glasstone, S., Earp, D. P.: J. chem. Soc. (London) **1934**, 1179–80.
28 Otto, M. M.: J. Amer. chem. Soc. **57** (1935) 693–95.
29 Le Fèvre, C. G., Le Fèvre, R. J. W.: J. chem. Soc. (London) **1935**, 1696–1701.
30 **1937**, 196–202.
31 **1937**, 1088–90.
32 **1950**, 1829–33.
33 Le Fèvre, C. G., Le Fèvre, R. J. W., Smith, M. R.: J. chem. Soc. (London) **1958**, 16–23.
34 Warren, F. L.: J. chem. Soc. (London) **1937**, 1858.
35 Hughes, E. D., Le Fèvre, C. G., Le Fèvre, R. J. W.: J. chem. Soc. (London) **1937**, 202–07.
36 Schulz, G.: Z. physik. Chem. (B) **40** (1938) 151–57.
37 Caldwell, C. C., Le Fèvre, R. J. W.: J. chem. Soc. (London) **1939**, 1614–22.
38 Ramakrishna, V.: Kolloid-Z. **132** (1953) 30–34.
39 **133** (1953) 4–7.
40 Meares, P.: Trans. Faraday Soc. **49** (1953) 1133–39.
41 Danusso, F.: Atti Accad. naz. Lincei, Rend., Cl. Sci. fisiche, mat. natur. [8] **17** (1954) 114–20.
42 Voltz, S. E.: J. Amer. chem. Soc. **76** (1954) 1025.
43 Schurz, J., Koren, H., Treiber, E.: Mh. Chem. **86** (1955) 986–94.
44 Boud, A. H., Cleverdon, D., Collins, G. B., Smith, J. W.: J. chem. Soc. (London) **1955**, 3793–98.
45 Soundarajan, S., Vold, M. J.: Trans. Faraday Soc. **54** (1958) 1155–59.
46 Dettre, R. H.: J. physic. Chem. **64** (1960) 67–70.
47 Lewis, G. L., Smyth, C. P.: J. Amer. chem. Soc. **62** (1940) 1529–33.

$C_{14}H_{14}O$ Dibenzyläther (X_1) – **C_6H_6 Benzol** (X_2)
[*13*] ⟨K 5, d 5⟩

Mol-% X_1	0,00	3,57	4,87	6,68	8,42
21 °C	0,877	0,890	0,894	0,900	0,906

$C_{14}H_{14}O$ Dibenzyläther (X_1) – **$C_8H_{14}O_6$ Diäthyltartrat** (X_2) [*5*]

$C_{14}H_9O$ Anthron (X_1) – **C_6H_6 Benzol** (X_2)
[*21*] ⟨K 6 bis 1,4 Mol-% X_1, d 4, ϑ 20 °C⟩
[*25*] ⟨K 8 bis 1,7 Mol-% X_1, d 5, ϑ 25 °C⟩

$C_{14}H_{10}O$ Anthranol(9) (X_1) – **C_6H_6 Benzol** (X_2) [*32*]

$C_{14}H_{10}O$ Anthranol (X_1) – **C_7H_8 Toluol** (X_2) [*32*]

$C_{14}H_{10}O$ Anthranol (X_1) – **$C_4H_8O_2$ Dioxan** (X_2) [*32*]

$C_{14}H_{10}O$ Diphenylketen (X_1) – **C_6H_6 Benzol** (X_2)
[*26*] ⟨K 4, d 4⟩

Gew.-% X_1	0,00	0,91	1,50	1,63
25 °C	0,874	0,876	0,877	0,877

$C_{14}H_{26}O_2$ n-Buttersäure-l-menthylester (X_1) – **C_6H_6 Benzol** (X_2)
[*12*] ⟨K 6, d 4⟩

Mol-% X_1	0,00	3,99	5,89	7,70	9,28	11,33
22 °C	0,877	0,879	0,880	0,882	0,883	0,884

$C_{14}H_{24}O_2$ n-Buttersäure-l-bornylester (X_1) — **C_6H_6 Benzol** (X_2)
[*12*] ⟨K 5, d 4⟩

Mol-% X_1	0,00	3,26	5,19	7,18	10,84
22 °C	0,877	0,883	0,887	0,890	0,896

$C_{14}H_{14}O_2$ Hydrobenzoin (X_1) — **C_6H_6 Benzol** (X_2)
[*16*] ⟨K 8 bis 0,3 Mol-% X_1, d 4, ϑ 25 °C⟩

$C_{14}H_{14}O_2$ Hydrobenzoin (X_1) — **C_2H_6O Äthanol** (X_2)
[*17*] ⟨K 4 bis 0,3 Mol-% X_1, d 4, ϑ 25 °C⟩

$C_{14}H_{14}O_2$ Isohydrobenzoin (X_1) — **C_6H_6 Benzol** (X_2)
[*16*] ⟨K 9 bis 0,5 Mol-% X_1, d 4, ϑ 25 °C⟩

$C_{14}H_{14}O_2$ Isohydrobenzoin (X_1) — **C_2H_6O Äthanol** (X_2)
[17] ⟨K 10 bis 0,5 Mol-% X_1, d 4, ϑ 25 °C⟩

$C_{14}H_{12}O_2$ Benzylbenzoat (X_1) — **C_6H_6 Benzol** (X_2)
[*9, 10*] ⟨K 5, d 4, ϑ 15°, 40°, 75 °C⟩

Gew.-% X_1	0	25	50	75	100
5 °C	0,894	0,947	1,002	1,064	1,133
25 °C	0,873	0,926	0,993	1,045	1,116
60 °C	0,835	0,890	0,956	1,015	1,087

$C_{14}H_{12}O_2$ Benzylbenzoat (X_1) — **$C_4H_8O_2$ Äthylacetat** (X_2)
[*8, 10*] ⟨K 12, d 4⟩

Mol-% X_1	0,00	10,20	20,10	30,27	41,37	50,00	59,99	69,98	76,53	85,74	92,16	100,00
25 °C	0,895	0,939	0,972	0,999	1,025	1,045	1,063	1,078	1,087	1,098	1,105	1,112

$C_{14}H_{12}O_2$ Benzylbenzoat (X_1) — **$C_9H_{10}O_2$ Äthylbenzoat** (X_2)
[*8, 10*] ⟨K 12, d 4⟩

Mol-% X_1	0,00	10,37	19,77	30,94	40,59	49,46	60,55	70,27	75,25	84,51	95,35	100,00
25 °C	1,043	1,052	1,060	1,068	1,076	1,083	1,091	1,097	1,101	1,105	1,110	1,112

$C_{14}H_{10}O_2$ Benzil (X_1) — **C_6H_{14} n-Hexan** (X_2)
[*22*] ⟨K 6 bis 0,9 Gew.-% X_1, d 5, ϑ 25 °C⟩

$C_{14}H_{10}O_2$ Benzil (X_1) — **C_6H_6 Benzol** (X_2)
[*22*] ⟨K 12, d 5⟩

Gew.-% X_1	0,00	0,96	1,67	2,67	3,35	4,97	6,35
25 °C	0,874	0,876	0,877	0,880	0,881	0,885	0,888

[*2*] ⟨K 6 bis 17 Gew.-% X_1, d 5, ϑ 25 °C⟩

$C_{14}H_{10}O_2$ Benzil (X_1) — **C_7H_8 Toluol** (X_2)
[*2*] ⟨K 6, d 5⟩

Gew.-% X_1	0,00	2,78	4,17	6,70	16,94	22,04
25 °C	0,861	0,868	0,871	0,877	0,902	0,915

$C_{14}H_{10}O_2$ Benzil (X_1) — **$C_{10}H_{18}$ Decahydronaphthalin** (X_2)
[*22*] ⟨K 4, d 5, ϑ 70 °C⟩

Gew.-% X_1	0,00	0,99	1,67
25 °C	0,879	0,882	0,883
50 °C	0,861	0,863	0,864
90 °C	0,830	0,832	0,834

$C_{14}H_{10}O_2$ Benzil (X_1) — **$CHCl_3$ Chloroform** (X_2)
[2] ⟨K 5, d 5⟩

Gew.-% X_1	0,00	2,03	3,82	9,51	15,32
25 °C	1,477	1,470	1,464	1,443	1,422

[22] ⟨K 6 bis 2,8 Gew.-% X_1, d 5, ϑ 25 °C⟩

$C_{14}H_{10}O_2$ Benzil (X_1) — **CCl_4 Tetrachlormethan** (X_2)
[22] ⟨K 6, d 5⟩

Gew.-% X_1	0,00	0,70	1,35	2,05	2,79	3,44
25 °C	1,585	1,582	1,578	1,574	1,570	1,567

$C_{14}H_{10}O_2$ Benzil (X_1) — **$C_4H_{10}O$ Diäthyläther** (X_2)
[2] ⟨K 4, d 5⟩

Gew.-% X_1	0,00	2,10	4,81	10,49
25 °C	0,708	0,715	0,724	0,743

$C_{14}H_{10}O_2$ Benzil (X_1) — **$C_4H_8O_2$ Äthylacetat** (X_2)
[2] ⟨K 5, d 5⟩

Gew.-% X_1	0,00	1,99	4,22	7,00	15,14
25 °C	0,895	0,899	0,904	0,911	0,930

$C_{14}H_{10}O_2$ Benzil (X_1) — **$C_4H_8O_2$ Dioxan** (X_2)
[22] ⟨K 3, d 5⟩

Gew.-% X_1	0,00	1,60	3,73
25 °C	1,029	1,031	1,034

$C_{14}H_8O_2$ Anthrachinon (X_1) — **C_6H_6 Benzol** (X_2) [23]

$C_{14}H_8O_2$ Phenanthrenchinon (X_1) — **C_6H_6 Benzol** (X_2)
[22] ⟨K 4 bis 0,3 Gew.-% X_1, d 5, ϑ 25 °C⟩

$C_{14}H_8O_2$ Phenanthrenchinon (X_1) — **$CHCl_3$ Chloroform** (X_2)
[22] ⟨K 4 bis 0,8 Gew.-% X_1, d 5, ϑ 25 °C⟩

$C_{14}H_8O_2$ Phenanthrenchinon (X_1) — **$C_4H_8O_2$ Dioxan** (X_2)
[22] ⟨K 3 bis 0,8 Gew.-% X_1, d 5, ϑ 25 °C⟩

$C_{14}H_{10}O_3$ Benzoesäureanhydrid (X_1) — **C_6H_6 Benzol** (X_2)
[24] ⟨K 5, d 5⟩

Mol-% X_1	0,00	1,01	2,21	3,81	7,14
25 °C	0,874	0,881	0,888	0,900	0,920

$C_{14}H_8O_3$ Diphensäureanhydrid (X_1) — **C_6H_6 Benzol** (X_2)
[20] ⟨K 5 bis 0,3 Gew.-% X_1, d 5, ϑ 25 °C⟩

$C_{14}H_{26}O_4$ Sebacinsäure-diäthylester (X_1) — **C_6H_6 Benzol** (X_2)
[15] ⟨K 7, d 4⟩

Mol-% X_1	0,00	1,19	2,29	2,73	6,06
25 °C	0,873	0,876	0,879	0,880	0,888
50 °C	0,847	0,850	0,853	0,854	0,862

$C_{14}H_{18}O_4$ Phthalsäuredi-n-propylester (X_1) — **C_8H_{10} Äthylbenzol** (X_2) [31]

Lacmann

$C_{14}H_{10}O_4$ Benzoylperoxid (X_1) — **C_6H_6 Benzol** (X_2)
[*24*] ⟨K 4, d 5⟩

Mol-% X_1	0,00	2,10	3,45	6,38
45 °C	0,852	0,868	0,878	0,900

$C_{14}H_8O_4$ Disalicylid (X_1) — **C_6H_6 Benzol** (X_2) [*28*]

$C_{15}H_{14}O$ Benzylacetophenon (X_1) — **$C_7H_{14}O_2$ Amylacetat** (X_2) [*4*]

$C_{15}H_{14}O$ Diphenylaceton (X_1) — **$C_7H_{14}O_2$ Amylacetat** (X_2) [*4*]

$C_{15}H_{12}O$ Benzylidenacetophenon (X_1) — **C_6H_6 Benzol** (X_2)
[*14*] ⟨K 4, d 4⟩

Mol-% X_1	0,00	0,71	1,18	1,61
19,8 °C	0,879	0,882	0,885	0,887

$C_{15}H_{12}O$ Benzylidenacetophenon (X_1) — **$C_7H_{14}O_2$ Amylacetat** (X_2) [*4*]

$C_{15}H_{12}O$ Anthranolmethyläther (X_1) — **C_6H_6 Benzol** (X_2)
[*25*] ⟨K 6, d 5⟩

Gew.-% X_1	1,28	1,84	2,93	4,06
25 °C	0,877	0,878	0,881	0,884

$C_{15}H_{16}O_2$ Dianisylmethan (X_1) — **C_6H_6 Benzol** (X_2)
[*11*] ⟨K 3, d 5⟩

Mol-% X_1	1,10	1,77
22 °C	0,882	0,887

$C_{15}H_{14}O_2$ p-Phenylbenzoesäure-äthylester (X_1) — **C_6H_6 Benzol** (X_2)
[*14*] ⟨K 5, d 4⟩

Mol-% X_1	0,00	0,92	1,41	1,90
14,6 °C	0,885	0,891	0,894	0,897

$C_{15}H_{10}O_2$ 3-Phenylcumarin (X_1) — **C_6H_6 Benzol** (X_2)
[*19*] ⟨K 4 bis 1,2 Gew.-% X_1, d 5, ϑ 25 °C⟩

$C_{15}H_{14}O_3$ Dianisylketon (X_1) — **C_6H_6 Benzol** (X_2)
[*11*] ⟨K 4 bis 1,1 Mol-% X_1, d 5, ϑ 22 °C⟩

$C_{15}H_{18}O_7$ Diäthylmonobenzoyltartrat (X_1) — **C_6H_6 Benzol** (X_2) [*1*]

$C_{15}H_{18}O_7$ Diäthylmonobenzoyltartrat (X_1) — **$C_2H_4O_2$ Essigsäure** (X_2) [*1*]

$C_{15}H_{22}O_{10}$ 2.3.4.6-Tetraacetyl-α-methyl-D-glucose (X_1) — **C_6H_6 Benzol** (X_2)
[*29*] ⟨K 6, d 4, ϑ 40 °C⟩

Gew.-% X_1	0,00	1,59	2,31	4,07	5,49	6,18
30 °C	0,869	0,873	0,874	0,878	0,881	0,883

$C_{15}H_{22}O_{10}$ 2.3.4.6-Tetraacetyl-α-methyl-D-glucose (X_1) — **$C_4H_8O_2$ Dioxan** (X_2)
[*30*] ⟨K 6, d 4, ϑ 40 °C⟩

Gew.-% X_1	0,00	2,43	4,34	6,94	8,11	9,93
30 °C	1,019	1,024	1,027	1,030	1,045	1,048

$C_{15}H_{22}O_{10}$ 2.3.4.6-Tetraacetyl-β-methyl-D-glucose (X_1) — **C_6H_6 Benzol** (X_2)
[29] ⟨K 7, d 4, ϑ 40 °C⟩

Gew.-% X_1	0,00	1,59	2,66	4,94	7,57	9,27	10,53
30 °C	0,869	0,872	0,875	0,879	0,886	0,890	0,893

$C_{15}H_{22}O_{10}$ 2.3.4.6-Tetraacetyl-β-methyl-D-glucose (X_1) — **$C_4H_8O_2$ Dioxan** (X_2)
[30] ⟨K 6, d 4, ϑ 40 °C⟩

Gew.-% X_1	0,00	2,72	4,35	6,94	8,41	11,02
30 °C	1,019	1,022	1,026	1,031	1,034	1,038

$C_{16}H_{34}O$ Hexadecanol (X_1) — **CCl_4 Tetrachlormethan** (X_2)
[34] ⟨K 6, d 4⟩

Mol-% X_1	0,00	1,10	2,02	3,80	7,71	14,55
18 °C	1,600	1,575	1,555	1,519	1,447	1,342

$C_{16}H_{16}O$ Mesitylphenylketon (X_1) — **C_6H_6 Benzol** (X_2)
[26] ⟨K 5, d 4⟩

Gew.-% X_1	0,00	1,28	1,89	2,55	3,12
25 °C	0,874	0,876	0,877	0,878	0,879

$C_{16}H_{32}O_2$ Palmitinsäure (X_1) — **C_6H_6 Benzol** (X_2)
[18] ⟨K 10, d 4⟩

Gew.-% X_1	0,00	5,14	10,55	20,57	35,55	51,03	65,40	80,05	90,15	100,00
71 °C	0,826	0,827	0,828	0,829	0,832	0,836	0,839	0,843	0,846	0,850

$C_{16}H_{32}O_2$ Palmitinsäure (X_1) — **$C_{12}H_{24}O_2$ Laurinsäure** (X_2)
[7] ⟨K 9, d 4⟩

Gew.-% X_1	0,0	15,5	27,2	40,2	45,7	59,4	72,1	85,1	100,0
75 °C	0,853	0,851	0,851	0,850	0,849	0,848	0,848	0,847	0,846

$C_{16}H_{14}O_2$ α-Phenylzimtsäure-methylester (X_1) — **C_6H_6 Benzol** (X_2)
[14] ⟨K 5, d 4⟩

Mol-% X_1	0,00	0,72	1,62	2,04	2,22
18,4 °C	0,881	0,884	0,888	0,890	0,891

$C_{16}H_{14}O_2$ β-Phenylzimtsäure-methylester (X_1) — **C_6H_6 Benzol** (X_2)
[14] ⟨K 4, d 4⟩

Mol-% X_1	0,00	1,68	2,14	2,57
18,7 °C	0,880	0,889	0,891	0,893

$C_{16}H_{22}O_4$ Phthalsäure-monooctylester (X_1) — **C_6H_6 Benzol** (X_2)
[3] ⟨K 11 bis 19 Gew.-% X_1, d 4, ϑ 25 °C⟩

$C_{16}H_{22}O_4$ Phthalsäuredi-n-butylester (X_1) — **C_8H_{10} Äthylbenzol** (X_2) [31]

$C_{16}H_{14}O_4$ Diphensäure-dimethylester (X_1) — **C_6H_6 Benzol** (X_2)
[20] ⟨K 4 bis 1,1 Gew.-% X_1, d 5, ϑ 25 °C⟩

$C_{16}H_{12}O_4$ Di-o-cresotid (X_1) — **C_6H_6 Benzol** (X_2) [28]

$C_{16}H_{12}O_4$ Di-m-cresotid (X_1) — **C_6H_6 Benzol** (X_2) [28]

$C_{16}H_{12}O_4$ Di-p-cresotid (X_1) — **C_6H_6 Benzol** (X_2) [28]

$C_{16}H_{22}O_6$ Di-per-phthalsäure-di-tert.-butylester (X_1) — **C_6H_6 Benzol** (X_2)
[33] ⟨K4, d4⟩

Mol-% X_1	0,94	1,52	2,60	3,35
30 °C	0,874	0,878	0,885	0,889

$C_{16}H_{20}O_7$ Diäthylmono-o-toluyltartrat (X_1) — **$C_2H_4O_2$ Essigsäure** (X_2) *[1]*

$C_{16}H_{20}O_7$ Diäthyl-mono-p-toluyltartrat (X_1) — **$C_2H_4O_2$ Essigsäure** (X_2) *[1]*

$C_{16}H_{26}O_8$ Isobutyl-diacetyl-d-tartrat (X_1) — **$C_2H_2Cl_4$ 1.1.2.2-Tetrachloräthan** (X_2) *[6]*

$C_{16}H_{22}O_{10}$ Pentaacetylviboquercitol (X_1) — **C_6H_6 Benzol** (X_2)
[27] ⟨K4, d5⟩

Gew.-% X_1	0,00	1,14	1,70	2,28
25 °C	0,874	0,876	0,877	0,879

$C_{16}H_{22}O_{10}$ Pentaacetylscilloquercitol (X_1) — **C_6H_6 Benzol** (X_2)
[27] ⟨K4, d5⟩

Gew.-% X_1	0,00	0,35	0,72
25 °C	0,874	0,875	0,876

$C_{16}H_{22}O_{11}$ 2.3.4.6-Tetraacetyl-α-acetyl-D-glucose (X_1) — **C_6H_6 Benzol** (X_2)
[29] ⟨K6, d4, ϑ 40 °C⟩

Gew.-% X_1	0,00	3,24	5,27	7,20	8,62	10,81
30 °C	0,869	0,889	0,894	0,899	0,903	0,906

$C_{16}H_{22}O_{11}$ 2.3.4.6-Tetraacetyl-α-acetyl-D-glucose (X_1) — **$C_4H_8O_2$ Dioxan** (X_2)
[30] ⟨K7, d4, ϑ 40 °C⟩

Gew.-% X_1	0,00	2,27	4,98	6,73	8,60	9,44
30 °C	1,019	1,026	1,030	1,033	1,036	1,037

$C_{16}H_{22}O_{11}$ 2.3.4.6-Tetraacetyl-β-acetyl-D-glucose (X_1) — **C_6H_6 Benzol** (X_2)
[29] ⟨K6, d4, ϑ 40 °C⟩

Gew.-% X_1	0,00	2,14	4,38	5,36	8,47	12,50
30 °C	0,869	0,887	0,892	0,894	0,902	0,912

$C_{16}H_{22}O_{11}$ 2.3.4.6-Tetraacetyl-β-acetyl-D-glucose (X_1) — **$C_4H_8O_2$ Dioxan** (X_2)
[30] ⟨K6, d4, ϑ 40 °C⟩

Gew.-% X_1	0,00	2,48	5,95	6,46	12,05	13,13
30 °C	1,019	1,040	1,048	1,049	1,062	1,065

$C_{16}H_{22}O_{11}$ 2.3.4.6-Tetraacetyl-β-acetyl-D-galaktose (X_1) — **C_6H_6 Benzol** (X_2)
[29] ⟨K6, d4, ϑ 40 °C⟩

Gew.-% X_1	0,00	2,59	4,95	6,32	8,12	9,73
30 °C	0,869	0,875	0,880	0,884	0,888	0,892

$C_{16}H_{22}O_{11}$ 2.3.4.6-Tetraacetyl-β-acetyl-D-galaktose (X_1) — **$C_4H_8O_2$ Dioxan** (X_2)
[30] ⟨K6, d4, ϑ 40 °C⟩

Gew.-% X_1	0,00	2,19	4,14	5,60	6,95	8,57
30 °C	1,019	1,024	1,028	1,031	1,033	1,036

1 Frankland, McRae: J. chem. Soc. (London) **73** (1898) 307 (nach ICT).
2 Tyrer, D.: J. chem. Soc. (London) **97** (1910) 2620—34.
3 Dunstan, A. E., Thole, F. B.: J. chem. Soc. (London) **97** (1910) 1249—56.
4 Dunstan, A. E., Hilditch, T. P.: Z. Elektrochem., angew. physik. Chem. **18** (1912) 185.
5 Patterson, T. S., Stevenson, E. F.: J. chem. Soc. (London) **101** (1912) 241—49.
6 Patterson, T. S.: J. chem. Soc. (London) **109** (1916) 1139—75.
7 Waentig, P., Peschek, G.: Z. physik. Chem. **93** (1919) 529—69.
8 Kendall, D., Wright: J. Amer. chem. Soc. **42** (1920) 1776—84.
9 Bingham, E. C., Sarver, L. A.: J. Amer. chem. Soc. **42** (1920) 2011—22.
10 Bingham, E. C., Brown, D. F.: J. Rheology **3** (1932) 95—112.
11 Donle, H. L., Volkert, G.: Z. physik. Chem. (B) **8** (1930) 60—71.
12 Donle, H. L.: Z. physik. Chem. (B) **14** (1931) 326—38.
13 Bergmann, E., Engel, L., Sándor, St.: Z. physik. Chem. (B) **10** (1930) 397—413.
14 Bergmann, E.: J. chem. Soc. (London) **1936**, 402—11.
15 Smyth, C. P., Walls, W. S.: J. Amer. chem. Soc. **53** (1931) 527—39.
16 Weissberger, A., Sängewald, R.: Z. physik. Chem. (B) **12** (1931) 399—407.
17 Eisenlohr, F., Hill, L.: Z. physik. Chem. (B) **36** (1937) 30—44.
18 Hrynakowski, K., Zochowski, A.: Ber. dtsch. chem. Ges. **B 70** (1937) 1739—43.
19 Le Fèvre, C. G., Le Fèvre, R. J. W.: J. chem. Soc. (London) **1937**, 1088—90.
20 Le Fèvre, R. J. W., Vine, H.: J. chem. Soc. (London) **1938**, 967—72.
21 Coomber, D. I., Partington, J. R.: J. chem. Soc. (London) **1938**, 1444—52.
22 Caldwell, C. C., Le Fèvre, R. J. W.: J. chem. Soc. (London) **1939**, 1614—22.
23 Fischer, E., Rogowski, F.: Physik. Z. **40** (1939) 331—37.
24 Oesper, P. F., Smyth, C. P.: J. Amer. chem. Soc. **64** (1942) 768—71.
25 Angyal, C. L., Le Fèvre, R. J. W.: J. chem. Soc. (London) **1950**, 562—64.
26 Angyal, C. L., Barclay, G. A., Hukins, A. A., Le Fèvre, R. J. W.: J. chem. Soc. (London) **1951**, 2583—88.
27 Angyal, C. L., Angyal, S. J.: J. chem. Soc. (London) **1952**, 695—97.
28 Edgerley, P. G., Sutton, L. E.: J. chem. Soc. (London) **1951**, 1069—74.
29 Ramakrishna, V.: Kolloid-Z. **132** (1953) 30—34.
30 **133** (1953) 4—7.
31 Meares, P.: Trans. Faraday Soc. **49** (1953) 1133—39.
32 Nukada, K., Bansho, Y.: Bull. chem. Soc. Japan **26** (1953) 454—57.
33 Voltz, S. E.: J. Amer. chem. Soc. **76** (1954) 1025.
34 Rehfeld, K.: Z. physik. Chem. **205** (1955) 78—83.

$C_{17}H_{16}O$ Mesitylphenylketen (X_1) — **C_6H_6 Benzol** (X_2)
[*33*] ⟨K 5, d 4⟩

Gew.-% X_1	0,00	1,07	2,48	3,77
30 °C	0,867	0,869	0,871	0,873

$C_{17}H_{14}O$ Dibenzylidenaceton (X_1) — **$C_7H_{14}O_2$ Amylacetat** (X_2) [*9*]

$C_{17}H_{14}O$ Cinnamylidenacetophenon (X_1) — **$C_7H_{14}O_2$ Amylacetat** (X_2) [*9*]

$C_{17}H_{16}O_2$ β-Phenylzimtsäureäthylester (X_1) — **C_6H_6 Benzol** (X_2) [*20*]

$C_{17}H_{24}O_{11}$ Pentaacetylquerbrachitol (X_1) — **C_6H_6 Benzol** (X_2)
[*34*] ⟨K 4, d 5⟩

Gew.-% X_1	0,00	1,05	2,08
25 °C	0,874	0,876	0,879

$C_{17}H_{24}O_{11}$ Pentaacetylpinitol (X_1) — **C_6H_6 Benzol** (X_2)
[*34*] ⟨K 4, d 5⟩

Gew.-% X_1	0,00	0,99	1,94
25 °C	0,874	0,876	0,879

$C_{18}H_{38}O$ Octadecylalkohol (X_1) — **$C_6H_4Cl_2$ p-Dichlorbenzol** (X_2)
[*31*] ⟨K8, d4⟩

Mol-% X_1	0,00	2,63	5,07	7,74	10,50	20,33	30,17	100,00
55 °C	1,253	1,223	1,199	1,171	1,146	1,074	1,017	0,825

$C_{18}H_{36}O_2$ Stearinsäure (X_1) — **C_6H_6 Benzol** (X_2)
[*25*] ⟨K10, d4⟩

Gew.-% X_1	0,00	5,15	10,31	20,77	35,42	50,30	65,39	80,42	91,23	100,00
71 °C	0,826	0,827	0,827	0,829	0,831	0,835	0,839	0,843	0,845	0,847

$C_{18}H_{36}O_2$ Stearinsäure (X_1) — **$C_4H_8O_2$ Dioxan** (X_2)
[*19*] ⟨K4, d5⟩

Mol-% X_1	0,00	0,93	1,74
25 °C	1,028	1,022	1,017

$C_{18}H_{36}O_2$ Stearinsäure (X_1) — **$C_{12}H_{24}O_2$ Laurinsäure** (X_2)
[*14*] ⟨K7, d4⟩

Gew.-% X_1	0,0	15,8	34,0	48,6	61,3	74,9	100,0
75 °C	0,853	0,851	0,849	0,848	0,847	0,846	0,844

$C_{18}H_{36}O_2$ Stearinsäure (X_1) — **$C_{16}H_{32}O_2$ Palmitinsäure** (X_2)
[*14*] ⟨K5, d4⟩

Gew.-% X_1	0,0	39,6	54,5	73,9	100,0
75 °C	0,846	0,845	0,844	0,844	0,844

$C_{18}H_{36}O_2$ Cetylacetat (X_1) — **$C_2H_4O_2$ Essigsäure** (X_2)
[*40*] ⟨K5, d4, ϑ 50°, 70 °C⟩

Gew.-% X_1	0,00	32,91	34,21	83,33	100,00
40 °C	1,028	0,958	0,902	0,873	0,846
60 °C	1,007	0,939	0,884	0,857	0,831

$C_{18}H_{36}O_2$ Äthylpalmitat (X_1) — **C_7H_{16} Heptan** (X_2)
[*26*] ⟨K10, d5⟩

Mol-% X_1	0,00	1,88	3,11	4,06	6,05	8,18	11,27	15,18
25 °C	0,680	0,687	0,692	0,696	0,703	0,711	0,721	0,732

$C_{18}H_{34}O_2$ Ölsäure (X_1) — **CH_4O Methanol** (X_2) [*1*]

$C_{18}H_{34}O_2$ Ölsäure (X_1) — **C_2H_6O Äthanol** (X_2)
[*13*] ⟨K12, d4⟩

Gew.-% X_1	0,31	1,66	3,54	8,53	9,93	11,72	17,49	20,45	28,92	22,84	50,70
60 °C	0,754	0,757	0,759	0,766	0,768	0,770	0,776	0,779	0,791	0,796	0,837

[*1*]

$C_{18}H_{34}O_2$ Ölsäure (X_1) — **C_3H_6O Aceton** (X_2)
[*12*] ⟨K6, d4⟩

Gew.-% X_1	0,00	40,06	62,61	79,56	97,18	100,00
30 °C	0,810	0,839	0,856	0,870	0,883	0,886

$C_{18}H_{34}O_2$ Ölsäure (X_1) — **$C_4H_{10}O$ Diäthyläther** (X_2)
[*12*] ⟨K6, d4⟩

Gew.-% X_1	0,00	46,71	59,09	75,45	90,48	100,00
30 °C	0,701	0,790	0,812	0,843	0,869	0,886

$C_{18}H_{34}O_2$ Ölsäure (X_1) – **$C_5H_{12}O$ Amylalkohol** (X_2) *[1]*

$C_{18}H_{34}O_2$ Ölsäure (X_1) – **$C_{10}H_{20}O$ Menthol** (X_2)
[18] ⟨K6, d4⟩

Gew.-% X_1	75	85	95	100
20 °C	0,900	0,900	0,900	0,898

$C_{18}H_{34}O_2$ Ölsäure (X_1) – **$C_{10}H_{16}O$ Campher** (X_2)
[18] ⟨K6, d4⟩

Gew.-% X_1	75	80	85	90	95	100
20 °C	0,917	0,908	0,905	0,903	0,900	0,896

$C_{18}H_{33}O_2K$ Kaliumoleat (X_1) – **C_2H_6O Äthanol** (X_2)
[13] ⟨K9, d4⟩

Gew.-% X_1	0,95	4,30	6,87	8,77	10,86	12,85	15,45	19,59	26,77
40 °C	0,776	0,781	0,785	0,788	0,792	0,796	0,801	—	—
60 °C	0,757	0,764	0,771	0,775	0,780	0,785	0,792	0,803	0,822

$C_{18}H_{34}O_3$ Ricinolsäure (X_1) – **$C_4H_8O_2$ Dioxan** (X_2)
[38] ⟨K6, d4, ϑ 40 °C⟩

Gew.-% X_1	0,00	3,00	5,75	8,15
25 °C	1,028	1,026	1,024	1,023

$C_{18}H_{34}O_4$ Sebacinsäure-dibutylester (X_1) – **CH_4O Methanol** (X_2)
[39] ⟨K8, d4⟩

Mol-% X_1	0,0	5,6	14,2	20,6	39,1	69,4	78,9	100,0
20 °C	0,792	0,840	0,878	0,893	0,916	0,931	0,934	0,938

$C_{18}H_{38}O_6$ Pentaäthylenglykol-monooctyläther (X_1) – **C_6H_6 Benzol** (X_2)
[30] ⟨K7, d3, ϑ 20 °C⟩

$C_{18}H_{24}O_{12}$ Hexaacetyl-mesoinositol (X_1) – **C_6H_6 Benzol** (X_2)
[34] ⟨K4 bis 1,4 Gew.-% X_1, d5, ϑ 25 °C⟩

$C_{18}H_{24}O_{12}$ Hexaacetyl-inositol (X_1) – **C_6H_6 Benzol** (X_2)
[34] ⟨K4 bis 2,1 Gew.-% X_1, d5, ϑ 25 °C⟩

$C_{18}H_{24}O_{12}$ Hexaacetyl-epiinositol (X_1) – **C_6H_6 Benzol** (X_2)
[34] ⟨K4 bis 1,8 Gew.-% X_1, d5, ϑ 25 °C⟩

$C_{18}H_{24}O_{12}$ Hexaacetyl-scylloinositol (X_1) – **$C_4H_8O_2$ Dioxan** (X_2)
[34] ⟨K4 bis 0,6 Gew.-% X_1, d4, ϑ 25 °C⟩

$C_{19}H_{16}O$ Triphenylcarbinol (X_1) – **C_6H_6 Benzol** (X_2)
[17] ⟨K4, d4⟩

Mol-% X_1	0,00	1,03	2,14	3,75
10 °C	0,889	0,896	0,904	0,914
30 °C	0,868	0,875	0,883	0,893
50 °C	0,846	0,853	0,862	0,872
70 °C	0,824	0,831	0,840	0,851

$C_{19}H_{16}O$ Triphenylcarbinol (X_1) – **$C_7H_{14}O_2$ Amylacetat** (X_2) *[7]*

$C_{19}H_{14}O$ 4-Benzoyldiphenyl (X_1) – **C_6H_6 Benzol** (X_2)
[29] ⟨K6, d4⟩

Mol-% X_1	0,00	0,54	0,74	0,98
20 °C	0,879	0,882	0,884	0,886

$C_{19}H_{12}O$ Benzylidenacetophenon (X_1) — **C_6H_6 Benzol** (X_2) [20]

$C_{19}H_{28}O_2$ β-Phenylpropionsäure-menthylester (X_1) — **$C_7H_{14}O_2$ Amylacetat** (X_2) [8]

$C_{19}H_{26}O_2$ Zimtsäurementhylester (X_1) — **$C_7H_{14}O_2$ Amylacetat** (X_2) [8]

$C_{19}H_{20}O_2$ 2.6-Diphenyl-3.5-dimethyltetrahydro-γ-pyron (X_1) — **C_6H_6 Benzol** (X_2)
[21] ⟨K 4 bis 1,9 Gew.-% X_1, d 5, ϑ 25 °C⟩

$C_{19}H_{18}O_4$ Dibenzylidenpentaerythrit (X_1) — **CCl_4 Tetrachlormethan** (X_2)
[24] ⟨K 6 bis 0,9 Gew.-% X_1, d 5, ϑ 25 °C⟩

$C_{20}H_{40}O_2$ Äthylstearat (X_1) — **C_7H_{16} Heptan** (X_2)
[26] ⟨K 6, d 5⟩

Mol-% X_1	0,00	2,06	4,15	6,50	8,91	11,98
25 °C	0,680	0,688	0,697	0,706	0,715	0,723

$C_{20}H_{38}O_3$ Ricinolsäure-äthylester (X_1) — **C_6H_6 Benzol** (X_2)
[37] ⟨K 6, d 4, ϑ 40 °C⟩

Gew.-% X_1	0,00	9,81	13,79	40,76	63,74	100,00
25 °C	0,874	0,875	0,877	0,887	0,898	0,909

$C_{20}H_{38}O_3$ Ricinolsäure-äthylester (X_1) — **CCl_4 Tetrachlormethan** (X_2)
[37] ⟨K 7, d 4, ϑ 40 °C⟩

Gew.-% X_1	0,00	9,95	15,95	28,33	34,93	56,05	100,00
25 °C	1,585	1,480	1,416	1,308	1,256	1,118	0,909

$C_{20}H_{38}O_3$ Ricinolsäure-äthylester (X_1) — **$C_4H_8O_2$ Dioxan** (X_2)
[37] ⟨K 7, d 4, ϑ 40 °C⟩

Gew.-% X_1	0,00	11,15	20,69	34,32	58,27	73,47	100,00
25 °C	1,028	1,015	1,004	0,985	0,958	0,941	0,909

$C_{20}H_{38}O_3$ Ricinelaidinsäure-äthylester (X_1) — **C_6H_6 Benzol** (X_2)
[37] ⟨K 7, d 4, ϑ 40 °C⟩

Gew.-% X_1	0,00	15,12	30,07	47,07	58,41	72,03	100,00
25 °C	0,874	0,880	0,882	0,889	0,894	0,899	0,911

$C_{20}H_{38}O_3$ Ricinelaidinsäure-äthylester (X_1) — **CCl_4 Tetrachlormethan** (X_2)
[37] ⟨K 7, d 4, ϑ 40 °C⟩

Gew.-% X_2	0,00	10,12	22,00	42,97	63,84	78,33	100,00
25 °C	1,585	1,485	1,340	1,213	1,089	1,015	0,911

$C_{20}H_{38}O_3$ Ricinelaidinsäure-äthylester (X_1) — **$C_4H_8O_2$ Dioxan** (X_2)
[37] ⟨K 7, d 4, ϑ 40 °C⟩

Gew.-% X_1	0,00	10,03	23,63	36,00	62,46	70,70	100,00
25 °C	1,028	1,011	0,998	0,982	0,953	0,944	0,911

$C_{21}H_{12}O_6$ Trisalicylid (X_1) — **C_6H_6 Benzol** (X_2) [32]

$C_{22}H_{42}O_4$ Hexadecamethylendicarbonsäure-diäthylester (X_1) — **C_6H_6 Benzol** (X_2)
[16] ⟨K 6, d 4⟩

Mol-% X_1	0,00	0,97	2,74	3,13
25 °C	0,873	0,875	0,878	0,879
50 °C	0,847	0,849	0,853	0,854

Lacmann

$C_{24}H_{42}O_6$ Di-l-menthyl-l-tartrat (X_1) – **C_6H_6 Benzol** (X_2)
[*3*] ⟨K 3, d 5⟩

Gew.-% X_1	0,00	2,73	5,39
20 °C	0,878	0,881	0,884

$C_{24}H_{42}O_6$ Di-l-menthyl-l-tartrat (X_1) – **C_2H_6O Äthanol** (X_2)
[*3*] ⟨K 3, d 5⟩

Gew.-% X_1	0,00	2,42	7,05
20 °C	0,790	0,796	0,804

$C_{24}H_{42}O_6$ Di-l-menthyl-d-tartrat (X_1) – **C_6H_6 Benzol** (X_2) [*2*]

$C_{24}H_{42}O_6$ Di-l-menthyl-d-tartrat (X_1) – **C_2H_6O Äthanol** (X_2) [*2*]

$C_{24}H_{18}O_6$ Tri-o-cresotid (X_1) – **C_6H_6 Benzol** (X_2) [*32*]

$C_{24}H_{18}O_6$ Tri-m-cresotid (X_1) – **C_6H_6 Benzol** (X_2) [*32*]

$C_{24}H_{18}O_6$ Tri-p-cresotid (X_1) – **C_6H_6 Benzol** (X_2) [*32*]

$C_{26}H_{18}O$ Diphenylmethylenanthron (X_1) – **C_6H_6 Benzol** (X_2)
[*23*] ⟨K 7 bis 1,5 Gew.-% X_1, d 5, ϑ 25°, 55 °C⟩

$C_{26}H_{30}O_8$ Isobutyl-dibenzoyl-d-tartrat (X_1) – **$C_2H_4Br_2$ Äthylenbromid** (X_2) [*5*]

$C_{26}H_{30}O_8$ Isobutyl-dibenzoyl-d-tartrat (X_1) – **C_9H_8O Zimtaldehyd** (X_1) [*5*]

$C_{27}H_{46}O$ Cholesterin (X_1) – **$CHCl_3$ Chloroform** (X_2) [*28*]

$C_{27}H_{46}O$ Cholesterin (X_1) – **CCl_4 Tetrachlormethan** (X_2) [*28*]

$C_{27}H_{46}O_4$ Cholesterin-ozonid (X_1) – **$CHCl_3$ Chloroform** (X_2) [*28*]

$C_{27}H_{46}O_4$ Cholesterin-ozonid (X_1) – **CCl_4 Tetrachlormethan** (X_2) [*28*]

$C_{28}H_{46}O_8$ Di-l-menthyl-diacetyl-dl-tartrat (X_1) – **C_6H_6 Benzol** (X_2) [*4*]

$C_{28}H_{46}O_8$ Di-l-menthyl-diacetyl-dl-tartrat (X_1) – **C_2H_6O Äthanol** (X_2) [*4*]

$C_{28}H_{46}O_8$ Di-l-menthyl-diacetyl-l-tartrat (X_1) – **C_6H_6 Benzol** (X_2)
[*3*] ⟨K 3, d 5⟩

Gew.-% X_1	0,00	2,06	5,22
20 °C	0,878	0,881	0,885

$C_{28}H_{46}O_8$ Di-l-menthyl-diacetyl-l-tartrat (X_1) – **C_2H_6O Äthanol** (X_2)
[*3*] ⟨K 3, d 5⟩

Gew.-% X_1	0,00	3,95	5,80
20 °C	0,790	0,799	0,803

$C_{28}H_{46}O_8$ Di-l-menthyl-diacetyl-d-tartrat (X_1) – **C_6H_6 Benzol** (X_2) [*2*]

$C_{28}H_{46}O_8$ Di-l-menthyl-diacetyl-d-tartrat (X_1) – **C_2H_6O Äthanol** (X_2) [*2*]

$C_{28}H_{16}O_8$ Tetrasalicylid (X_1) – **C_6H_6 Benzol** (X_2) [*32*]

$C_{28}H_{38}O_{19}$ 2.3.6-Triacetyl-4(tetraacetyl-D-galactosido-)β-acetylglucopyranoside (X_1) – **C_6H_6 Benzol** (X_2)
[*35*] ⟨K 6, d 4, ϑ 40 °C⟩

Gew.-% X_1	0,00	2,59	4,85	6,52	7,84	9,54
30 °C	0,869	0,875	0,881	0,885	0,888	0,893

$C_{28}H_{38}O_{19}$ 2.3.6-Triacetyl-4(tetraacetyl-D-galactosido-)β-acetylglucopyranoside (X_1) — **$C_4H_8O_2$ Dioxan** (X_2)
[36] ⟨K6, d4, ϑ 40 °C⟩

Gew.-% X_1	0,00	2,59	3,69	5,90	7,23	8,30
30 °C	1,019	1,025	1,026	1,029	1,031	1,034

$C_{30}H_{52}O$ Fridelinol (X_1) — **C_6H_6 Benzol** (X_2) *[27]*

$C_{30}H_{50}O$ Fridelin (X_1) — **C_6H_6 Benzol** (X_2) *[27]*

$C_{30}H_{50}O_2$ Cerin (X_1) — **C_6H_6 Benzol** (X_2) *[27]*

$C_{32}H_{24}O_8$ Tetra-o-cresotid (X_1) — **C_6H_6 Benzol** (X_2) *[32]*

$C_{34}H_{22}O_2$ m-Benzotetraphenyl-difurfuran (X_1) — **C_6H_6 Benzol** (X_2)
[22] ⟨K4 bis 1,2 Gew.-% X_1, d5, ϑ 25 °C⟩

$C_{34}H_{22}O_2$ p-Benzotetraphenyl-difurfuran (X_1) — **C_6H_6 Benzol** (X_1)
[22] ⟨K4 bis 0,3 Gew.-% X_1, d5, ϑ 25 °C⟩

$C_{51}H_{98}O_6$ Tripalmitin (X_1) — **C_6H_6 Benzol** (X_2)
[6] ⟨K3 bis 7,8 Gew.-% X_1, d4, ϑ 25°, 50 °C⟩

$C_{57}H_{110}O_6$ Tristearin (X_1) — **C_6H_6 Benzol** (X_2) *[6]*

$C_{57}H_{104}O_6$ Triolein (X_1) — **$C_{10}H_{20}O$ Menthol** (X_2)
[18] ⟨K5, d4⟩

Gew.-% X_1	80	90	100
20 °C	0,910	0,911	0,914

$C_{57}H_{104}O_6$ Triolein (X_1) — **$C_{10}H_{16}O$ Campher** (X_2)
[18] ⟨K4, d4⟩

Gew.-% X_1	75	80	90	100
20 °C	0,913	0,918	0,922	0,924

[11] ⟨K4 ab 70 Gew.-% X_1, d4, ϑ 20 °C⟩

$C_{57}H_{104}O_6$ Triolein (X_1) — **$C_{10}H_{14}O$ Thymol** (X_2)
[10] ⟨K11, d4, ϑ 13°, 30°, 37 °C⟩

Gew.-% X_1	50	60	70	80	90	100
20,6 °C	0,944	0,938	0,931	0,925	0,919	0,913

$C_{57}H_{107}O_9$ Triricinolein (X_1) — **C_5H_{12} Pentan** (X_2) *[15]*

$C_{57}H_{107}O_9$ Triricinolein (X_1) — **C_6H_{14} Hexan** (X_2) *[15]*

$C_{57}H_{107}O_9$ Triricinolein (X_1) — **C_6H_{12} Cyclohexan** (X_2) *[15]*

$C_{57}H_{107}O_9$ Triricinolein (X_1) — **C_6H_6 Benzol** (X_2) *[15]*

$C_{57}H_{107}O_9$ Triricinolein (X_1) — **C_7H_{16} Heptan** (X_2) *[15]*

$C_{57}H_{107}O_9$ Triricinolein (X_1) — **C_7H_8 Toluol** (X_2) *[15]*

$C_{57}H_{107}O_9$ Triricinolein (X_1) — **C_8H_{10} Xylol** (X_2) *[15]*

$C_{57}H_{107}O_9$ Triricinolein (X_1) — **$C_{10}H_{18}$ Decalin** (X_2) *[15]*

$C_{57}H_{107}O_9$ Triricinolein (X_1) — **$C_{10}H_{12}$ Tetralin** (X_2) *[15]*

1 Dennhardt, R.: Wied. Ann. Physik **67** (1899) 325–44.
2 Patterson, T. S., Taylor, F.: J. chem. Soc. (London) **87** (1905) 122–35.
3 Patterson, T. S., Kaye, J.: J. chem. Soc. (London) **89** (1906) 1884–99.
4 **91** (1907) 705–11.
5 Patterson, T. S., Moudgill: Proc. Roy. Soc. Edinburgh **39** (1919) 18 (nach ICT u. Tabl. ann.).
6 Walden, P.: Z. physik. Chem. **75** (1910) 555–77.
7 Thole, F. B.: J. chem. Soc. (London) **97** (1910) 2596–2606.
8 Hilditch, T. P., Dunstan, A. E.: Z. Elektrochem. angew. physik. Chem. **17** (1911) 929–34.
9 Dunstan, A. E., Hilditch, T. P.: Z. Elektrochem., angew. physik. Chem. **18** (1912) 185.
10 Seidell, A.: Amer. chem. J. **48** (1912) 453 (nach Tim.).
11 Malosse, H.: C. R. hebd. Séances Acad. Sci. **154** (1912) 1697; Bull. Soc. chim. France **15** (1914) 5 (nach ICT, Tabl. ann. u. Tim.).
12 Campbell, F. H.: Trans. Faraday Soc. **11** (1915) 91–103.
13 Laing, M. E.: J. chem. Soc. (London) **113** (1918) 435–44.
14 Waentig, P., Peschek, G.: Z. physik. Chem. **93** (1919) 529–69.
15 Tausz, J., Staab, A.: Petroleum **26** (1930) 1129 (nach Tim.).
16 Smyth, C. P., Walls, W. S.: J. Amer. chem. Soc. **53** (1931) 527–39.
17 Smyth, C. P., Dornte, R. W.: J. Amer. chem. Soc. **53** (1931) 545–55.
18 Castiglioni, A.: Gazz. chim. ital. **63** (1933) 395; **64** (1934) 469 (nach Tim.).
19 Wilson, C. J., Wenzke, H. H.: J. chem. Physics **2** (1934) 546–47.
20 Bergmann, E.: J. chem. Soc. (London) **1936**, 402–11.
21 Le Fèvre, C. G., Le Fèvre, R. J. W.: J. chem. Soc. (London) **1937**, 1088–90.
22 Le Fèvre, R. J. W., Taylor, C. R., Whittem, R. N.: J. chem. Soc. (London) **1948**, 1992.
23 Le Fèvre, R. J. W., Youhotsky, I.: J. chem. Soc. (London) **1953**, 1318–19.
24 Le Fèvre, C. G., Le Fèvre, R. J. W., Smith, M. R.: J. chem. Soc. (London) **1958**, 16–23.
25 Hrynakowski, K., Zochowski, A.: Ber. dtsch. chem. Ges. **B 70** (1937) 1739–43.
26 Lewis, G. L., Smyth, C. P.: J. Amer. chem. Soc. **62** (1940) 1529–33.
27 Lander, J. J., Svirbely, W. J.: J. Amer. chem. Soc. **66** (1944) 235–39.
28 Paillard, H., Berenstein, M., Bringer, E.: Arch. Sci. physiques natur [5] **26** (149.) C. R. Séances Soc. Physique Hist. natur. Genève **61** (1944) 67–71 (nach Chem. Zbl.).
29 Lumbroso, M.: Bull. Soc. chim. France, Documentat. [5] **16** (1949) 387–93.
30 Sarolea, L.: Thesis, Bruxelles, 1950 (nach Tim.).
31 Starobinetz, G. L., Starobinetz, K. S.: J. physik. Chem. (Shurnal Fisitschesskoi Chimii) **25** (1951) 753 (nach Tim.).
32 Edgerley, P. G., Sutton, L. E.: J. chem. Soc. (London) **1951**, 1069–74.
33 Angyal, C. L., Barclay, G. A., Hukins, A. A., Le Fèvre, R. J. W.: J. chem. Soc. (London) **1951**, 2583–88.
34 Angyal, C. L., Angyal, S. J.: J. chem. Soc. (London) **1952**, 695–97.
35 Ramakrishna, V.: Kolloid. Z. **132** (1953) 30–34.
36 **133** (1953) 4–7.
37 Phadke, R. S.: J. Indian Inst. Sci., Sect. A, **35** (1953) 31–37.
38 **35** (1953) 123–29.
39 Colmant, P.: Bull. Soc. chim. France **63** (1954) 5 (nach Tim.).
40 Ssumarokowa, T., Biljalow, K.: J. allg. Chem. (Shurnal Obschtschei Chimii) **25** (1955) 477–79.

1.4.4 C–H–O-Halogenverbindungen — C–H–O-halogen compounds

CCl_2O Carbonylchlorid (X_1) – **C_6H_6 Benzol** (X_2) [*28*]

CCl_2O Carbonylchlorid (X_1) – **CCl_4 Tetrachlormethan** (X_2)
[*13*] ⟨K8, d4⟩

Mol-% X_1	0,00	0,93	1,55	2,01	6,09	9,03
0 °C	1,632	1,630	1,629	1,628	1,622	1,617

C_2H_5ClO Äthylenchlorhydrin (X_1) – **C_6H_6 Benzol** (X_2)
[*12*] ⟨K10, d4⟩

Mol-% X_1	0,00	1,25	1,78	3,05	4,09	6,23	8,00	18,41
25 °C	0,873	0,876	0,878	0,881	0,883	0,888	0,892	0,919
50 °C	0,847	0,849	0,851	0,853	0,856	0,861	0,865	0,892

[*34*] ⟨K6, d4, ϑ 30°, 55°, 75 °C⟩

C_2H_5ClO Äthylenchlorhydrin (X_1) – **$C_2H_4Cl_2$ Äthylenchlorid** (X_2)
[*30*] ⟨K 11, d 4⟩

Gew.-% X_1	0	10	20	30	40	50	60	70	80	90	100
20 °C	1,253	1,248	1,242	1,237	1,233	1,228	1,222	1,218	1,212	1,207	1,202

C_2H_5ClO Äthylenchlorhydrin (X_1) – **$C_4H_8O_2$ 1.4-Dioxan** (X_2)
[*12*] ⟨K 6, d 4⟩

Mol-% X_1	0,00	1,95	3,47	5,23	5,96	8,11
25 °C	1,031	1,036	1,038	1,041	1,041	1,044
50 °C	1,003	1,008	1,010	1,012	1,013	1,016

C_2H_3ClO Acetylchlorid (X_1) – **C_6H_6 Benzol** (X_2)
[*15*] ⟨K 6, d 4⟩

Mol-% X_1	0,00	0,98	1,99	3,04	3,95	100,00
20 °C	0,879	0,881	0,882	0,884	0,886	1,104

[*17*] ⟨K 5 bis 2 Mol-% X_1, d 5, ϑ 25 °C⟩

C_2H_3BrO Acetylbromid (X_1) – **C_6H_6 Benzol** (X_2)
[*15*] ⟨K 6, d 4⟩

Mol-% X_1	0,00	1,48	2,36	3,36	3,77	100,00
20 °C	0,878	0,888	0,894	0,900	0,903	1,650

$C_2H_2Cl_2O$ Chloracetylchlorid (X_1) – **C_6H_6 Benzol** (X_2)
[*15*] ⟨K 6, d 4⟩

Mol-% X_1	0,00	0,94	1,74	2,74	3,57	100,00
20 °C	0,879	0,883	0,887	0,892	0,896	1,420

$C_2H_3F_3O$ 2.2.2-Trifluoräthanol (X_1) – **C_2H_6O Äthanol** (X_2)
[*31*] ⟨K 15, d 4, ϑ 35 °C⟩

Gew.-% X_1	0,00	4,12	6,21	7,98	12,11	21,53	28,07	43,07	48,90	73,73	90,10	100,00
25 °C	0,786	0,803	0,810	0,817	0,833	0,870	0,900	0,963	0,990	1,139	1,276	1,382

C_2HCl_3O Chloral (X_1) – **C_6H_6 Benzol** (X_2)
[*35*] ⟨K 11, d 4⟩

Mol-% X_1	0,00	10,09	18,44	32,57	37,59	47,24	61,02	67,89	78,67	88,97	100,00
20 °C	0,879	0,947	1,003	1,096	1,128	1,189	1,275	1,317	1,382	1,442	1,508

[*27*] ⟨K 4, d 3⟩

Mol-% X_1	25,0	50,0	75,0	87,5
40 °C	0,935	1,098	1,302	1,395

[*18*] ⟨K 5, d 4, ϑ 20 °C⟩

C_2HCl_3O Chloral (X_1) – **C_6H_5Cl Chlorbenzol** (X_2)
[*35*] ⟨K 11, d 4⟩

Mol-% X_1	0,00	10,38	20,22	31,09	41,18	50,80	60,90	70,66	81,03	89,84	100,00
20 °C	1,1066	1,1469	1,1850	1,2278	1,2677	1,3063	1,3469	1,3866	1,4290	1,4655	1,5078

C_2HCl_3O Chloral (X_1) — **CH_4O Methanol** (X_2)
[20] ⟨K 14, d 4⟩

Mol-% X_1	0,00	11,62	24,08	30,32	42,07	50,32	59,58	71,59	84,16	96,03	100,00
40 °C	0,775	1,110	1,236	1,313	1,428	1,484	1,493	1,510	1,505	1,490	1,480
60 °C	0,749	0,990	1,202	1,283	1,401	1,462	1,469	1,469	1,461	1,453	1,446
75 °C	—	—	1,181	1,238	1,385	1,411	1,430	1,430	1,434	1,430	1,406

C_2HCl_3O Chloral (X_1) — **CH_2O_2 Ameisensäure** (X_2)
[35] ⟨K 11, d 4⟩

Mol-% X_1	0,00	4,05	8,85	11,35	20,17	27,77	36,95	47,05	60,81	77,78	100,00
20 °C	1,2205	1,2585	1,2930	1,3285	1,3590	1,3913	1,4225	1,4473	1,4730	1,4938	1,5078

C_2HCl_3O Chloral (X_1) — **C_2H_6O Äthanol** (X_2)
[6] ⟨K 19, d 4, ϑ 45°, 50°, 70 °C⟩

Mol-% X_1	0,0	10,0	20,0	30,0	42,5	55,0	70,0	80,0	90,0	100,0
40 °C	0,773	0,923	1,053	1,176	1,309	1,393	1,437	1,464	1,487	1,492
60 °C	0,755	0,899	1,031	1,152	1,279	1,361	1,407	1,431	1,452	1,455
85 °C	—	0,877	1,004	1,122	1,244	1,323	1,370	1,390	—	1,407

[35] ⟨K 18, d 4, ϑ 50 °C⟩
[7]

C_2HCl_3O Chloral (X_1) — **$C_2H_4O_2$ Essigsäure** (X_2)
[35] ⟨K 11, d 4⟩

Mol-% X_1	0,00	6,61	12,68	20,11	28,02	36,67	46,85	57,63	69,97	84,18	100,00
20 °C	1,0492	1,1099	1,1607	1,2170	1,2695	1,3203	1,3700	1,4123	1,4510	1,4843	1,5078

C_2HCl_3O Chloral (X_1) — **C_3H_6O Allylalkohol** (X_2)
[9] ⟨K 10, d 3⟩

Gew.-% X_1	0,00	22,01	30,42	45,48	57,50	65,19	73,69	82,40	91,04	100,00
25 °C	0,848	0,961	1,020	1,132	1,237	1,307	1,389	1,448	1,491	1,505
50 °C	0,826	0,937	0,990	1,100	1,206	1,274	1,348	1,408	1,453	1,473
85 °C	0,792	0,900	0,950	1,060	1,163	1,221	1,289	1,345	—	—

C_2HCl_3O Chloral (X_1) — **C_3H_6O Aceton** (X_2)
[23] ⟨K 11, d 4, ϑ 35 °C⟩

Mol-% X_1	0,00	7,13	13,71	26,97	37,08	47,23	56,64	65,61	77,31	89,64	100,00
25 °C	0,786	0,863	0,940	1,062	1,120	1,192	1,255	1,309	1,381	1,447	1,501
50 °C	0,768	0,835	0,912	1,030	1,086	1,156	1,217	1,275	1,343	1,408	1,460

C_2HCl_3O Chloral (X_1) — **$C_3H_6O_2$ Äthylformiat** (X_2)
[25] ⟨K 9, d 4, ϑ 35 °C⟩

Mol-% X_1	0,00	9,63	26,28	34,80	50,15	64,09	74,34	87,27	100,00
25 °C	0,918	0,997	1,124	1,176	1,269	1,346	1,401	1,453	1,501
50 °C	0,889	0,963	1,090	1,140	1,233	1,306	1,348	1,413	1,460

C_2HCl_3O Chloral (X_1) — **$C_4H_{10}O$ Diäthyläther** (X_2)
[25] ⟨K 11, d 4, ϑ 35 °C⟩

Mol-% X_1	0,00	9,72	19,81	29,94	39,92	50,26	59,97	70,25	80,06	89,91	100,00
25 °C	0,705	0,862	0,986	1,094	1,175	1,251	1,316	1,375	1,421	1,467	1,501

[35] ⟨K 11, d 4, ϑ 20 °C⟩

C_2HCl_3O Chloral (X_1) — **C_4H_8O Methyläthylketon** (X_2)
[*23*] ⟨K 11, d 4⟩

Mol-% X_1	0,00	11,83	20,18	30,06	39,59	50,07	59,79	68,14	75,99	84,70	100,00
25 °C	0,800	0,905	0,967	1,040	1,108	1,181	1,245	1,307	1,351	1,408	1,501
50 °C	0,776	0,877	0,940	1,010	1,076	1,149	1,211	1,267	1,314	1,369	1,460
75 °C	0,755	0,850	0,909	0,978	1,045	1,116	1,177	1,227	1,276	1,329	1,419

C_2HCl_3O Chloral (X_1) — **$C_4H_8O_2$ Äthylacetat** (X_2)
[*25*] ⟨K 11, d 4⟩

Mol-% X_1	0,00	9,53	20,23	29,01	39,47	49,10	59,82	69,72	81,13	89,92	100,00
25 °C	0,898	0,956	1,023	1,075	1,139	1,200	1,270	1,330	1,399	1,449	1,501
50 °C	0,867	0,924	0,992	1,045	1,106	1,165	1,233	1,293	1,360	1,409	1,460
75 °C	0,845	0,895	0,962	1,014	1,071	1,129	1,202	1,254	1,320	1,371	1,419

C_2HCl_3O Chloral (X_1) — **$C_5H_{12}O$ Dimethyläthylcarbinol** (X_2)
[*8*] ⟨K 16, d 4, ϑ 40°, 70 °C⟩

Gew.-% X_1	0,00	15,68	29,50	41,78	52,74	60,20	71,50	79,60	87,00	100,00
25 °C	0,807	0,888	0,966	1,051	1,139	1,200	1,292	1,357	1,423	1,505
50 °C	0,782	0,861	0,939	1,020	1,102	1,155	1,251	1,318	1,384	1,473
85 °C	0,744	0,815	0,894	0,969	1,045	1,098	1,179	—	1,314	1,407

C_2HCl_3O Chloral (X_1) — **$C_5H_{12}O$ Isoamylalkohol** (X_2)
[*20*] ⟨K 18, d 4⟩

Mol-% X_1	0,00	7,15	22,26	28,51	35,09	43,35	52,51	61,65	73,76	88,68	100,00
40 °C	0,800	0,858	0,980	1,040	1,091	1,180	1,244	1,296	1,359	1,433	1,480
60 °C	0,784	0,838	0,966	1,026	1,069	1,145	1,218	1,272	1,330	1,403	1,446
80 °C	0,767	0,821	0,945	1,008	1,052	1,121	1,194	1,242	1,300	1,364	1,413

C_2HCl_3O Chloral (X_1) — **$C_5H_{10}O$ Methylpropylketon** (X_2)
[*23*] ⟨K 10, d 4⟩

Mol-% X_1	0,00	11,99	24,89	37,14	50,58	60,71	72,88	81,16	90,01	100,00
25 °C	0,799	0,882	0,971	1,054	1,148	1,219	1,293	1,366	1,426	1,501
50 °C	0,777	0,857	0,942	1,026	1,118	1,182	1,269	1,327	1,387	1,460
75 °C	0,758	0,833	0,916	0,996	1,090	1,147	1,238	1,290	1,359	1,419

C_2HCl_3O Chloral (X_1) — **$C_5H_8O_2$ Acetylaceton** (X_2)
[*23*] ⟨K 12, d 4, ϑ 75 °C⟩

Mol-% X_1	0,00	9,96	19,95	29,97	40,08	48,44	50,48	51,34	59,84	70,00	82,75	100,00
65 °C	0,934	1,013	1,091	1,189	1,263	1,343	1,368	1,370	1,410	1,436	1,439	1,433
85 °C	0,913	0,978	1,064	1,167	1,222	1,318	1,340	1,345	1,377	1,408	1,400	1,400

C_2HCl_3O Chloral (X_1) — **$C_6H_{12}O$ Cyclohexanol** (X_2)
[*22*] ⟨K 14, d 4⟩

Mol-% X_1	0,00	12,19	19,98	29,84	39,76	49,60	59,51	70,22	79,73	89,17	100,00
60 °C	0,912	1,002	1,054	1,123	1,193	1,265	1,310	1,346	1,378	1,408	1,441
80 °C	0,902	0,983	1,033	1,101	1,169	1,239	1,283	1,318	1,351	1,379	1,410

C_2HCl_3O Chloral (X_1) — **C_7H_8O Benzylalkohol** (X_2)
[*22*] ⟨K 16, d 4⟩

Mol-% X_1	0,00	9,86	18,91	27,95	35,62	47,51	59,25	66,79	75,64	88,27	100,00
25 °C	1,019	1,107	1,167	1,231	1,284	1,368	1,419	1,439	1,460	1,491	1,501
50 °C	1,001	1,086	1,145	1,208	1,259	1,335	1,389	1,408	1,423	1,456	1,460
75 °C	0,982	1,066	1,123	1,183	1,234	1,305	1,353	1,373	1,391	1,412	1,419

C_2HCl_3O Chloral $(X_1) - C_7H_8O$ **Anisol** (X_2)
[25] ⟨K 11, d 4⟩

Mol-% X_1	0,00	10,22	19,96	28,94	39,98	49,87	59,29	70,18	80,10	89,58	100,00
25 °C	0,991	1,038	1,088	1,129	1,182	1,237	1,280	1,343	1,402	1,449	1,501
50 °C	0,968	1,014	1,061	1,100	1,155	1,200	1,249	1,309	1,361	1,407	1,460
75 °C	0,945	0,989	1,036	1,073	1,125	1,170	1,217	1,275	1,324	1,369	1,419

C_2HCl_3O Chloral $(X_1) - C_7H_6O$ **Benzaldehyd** (X_2)
[24] ⟨K 10, d 4⟩

Mol-% X_1	0,00	11,28	21,15	30,13	39,93	49,85	64,83	80,01	90,29	100,00
25 °C	1,046	1,096	1,140	1,183	1,226	1,274	1,346	1,410	1,465	1,501
50 °C	1,023	1,071	1,115	1,153	1,200	1,244	1,311	1,375	1,425	1,460
75 °C	1,000	1,048	1,090	1,128	1,169	1,213	1,277	1,338	1,386	1,419

C_2HCl_3O Chloral $(X_1) - C_7H_6O_2$ **Salicylaldehyd** (X_2)
[24] ⟨K 10, d 4⟩

Mol-% X_1	0,00	9,98	19,04	29,91	40,08	51,65	64,09	75,91	89,63	100,00
25 °C	1,160	1,193	1,225	1,265	1,298	1,340	1,375	1,419	1,466	1,501
50 °C	1,138	1,167	1,191	1,237	1,268	1,308	1,344	1,383	1,429	1,460
75 °C	1,113	1,143	1,172	1,209	1,241	1,278	1,311	1,347	1,393	1,419

C_2HCl_3O Chloral $(X_1) - C_8H_8O$ **Acetophenon** (X_2)
[24] ⟨K 11, d 4⟩

Mol-% X_1	0,00	9,86	19,81	30,04	40,67	49,91	59,69	69,97	80,03	89,75	100,00
25 °C	1,025	1,063	1,105	1,149	1,197	1,241	1,290	1,343	1,392	1,454	1,501
50 °C	1,004	1,042	1,081	1,124	1,169	1,212	1,259	1,310	1,356	1,414	1,460
75 °C	0,982	1,020	1,059	1,098	1,144	1,184	1,228	1,279	1,319	1,376	1,419

C_2HCl_3O Chloral $(X_1) - C_{13}H_{10}O$ **Benzophenon** (X_2)
[24] ⟨K 11, d 4⟩

Mol-% X_1	0,00	9,95	19,95	28,65	40,10	49,86	58,49	69,90	79,39	88,37	100,00
25 °C	1,107	1,124	1,156	1,183	1,219	1,261	1,296	1,342	1,385	1,435	1,501
50 °C	1,080	1,107	1,134	1,160	1,194	1,235	1,268	1,312	1,353	1,401	1,460
75 °C	1,065	1,087	1,112	1,133	1,160	1,210	1,240	1,282	1,321	1,364	1,419

C_2HBr_3O Bromal $(X_1) - C_6H_6$ **Benzol** (X_2)
[18] ⟨K 6, d 4⟩

Mol-% X_1	0,00	0,85	1,37	2,01	3,13	3,85
20 °C	0,879	0,897	0,908	0,922	0,946	0,960

C_2Cl_4O Trichloracetylchlorid $(X_1) - C_6H_6$ **Benzol** (X_2)
[15] ⟨K 6, d 4⟩

Mol-% X_1	0,00	0,71	1,41	2,11	2,84	100,00
20 °C	0,879	0,885	0,892	0,898	0,905	1,618

$C_2H_3ClO_2$ Chloressigsäure $(X_1) - C_6H_6$ **Benzol** (X_2)
[4] ⟨K 4, d 5⟩

Gew.-% X_1	0,00	3,97	8,41	10,85
12,87 °C	0,886	0,899	0,914	0,923

[14] ⟨K 8, d 4⟩

Gew.-% X_1	0,00	1,05	2,88	5,00	5,98
25 °C	0,874	0,877	0,883	0,890	0,893

[1]

$C_2H_3ClO_2$ Chloressigsäure (X_1) — **C_7H_8 Toluol** (X_2)
[*4*] ⟨K 4, d 5⟩

Gew.-% X_1	0,00	2,55	8,13	11,00
12,87 °C	0,872	0,881	0,900	0,910

[*1*]

$C_2H_3ClO_2$ Chloressigsäure (X_1) — **C_2H_6O Äthanol** (X_2)
[*36*] ⟨graph., ϑ 20°, 40°, 60 °C⟩

$C_2H_3ClO_2$ Chloressigsäure (X_1) — **$C_2H_4O_2$ Essigsäure** (X_2)
[*40*] ⟨K 13, d 3⟩

Mol-% X_1	0	10	20	30	40	45	50	55	60	70	80	90	100
25 °C	1,044	1,091	1,133	1,174	1,212	1,232	1,251	1,270	1,287	1,324	1,357	—	—
50 °C	1,015	1,061	1,103	1,144	1,184	1,203	1,222	1,240	1,258	1,293	1,326	1,358	1,387

$C_2H_3ClO_2$ Chloressigsäure (X_1) — **C_3H_6O Aceton** (X_2)
[*32*] ⟨K 8, d 3⟩

Mol-% X_1	0	10	20	30	40	50	60	70
20 °C	0,806	0,864	0,935	0,999	1,060	1,126	1,184	—
30 °C	0,791	0,860	0,924	0,982	1,053	1,117	1,180	—
40 °C	0,786	0,853	0,917	0,975	1,042	1,105	1,166	1,234

[*19*] ⟨K 8, d 4, ϑ 25°, 35°, 50 °C⟩

$C_2H_3ClO_2$ Chloressigsäure (X_1) — **$C_4H_8O_2$ Dioxan** (X_2)
[*38*] ⟨K 11, d 4⟩

Mol-% X_1	0	10	20	30	40	50	60	70	80	90	100
25 °C	1,0308	1,0658	1,0992	1,1365	1,1741	1,2166	1,2541	1,2975	1,3412	—	—
50 °C	1,0049	1,0349	1,0732	1,1087	1,1475	1,1906	1,2283	1,2703	1,3095	1,3543	—
75 °C	0,9772	1,0089	1,0454	1,0801	1,1234	1,1649	1,1999	1,2396	1,2812	1,3242	1,3652

[*37*] ⟨graph., ϑ 62 °C⟩

$C_2H_3ClO_2$ Chloressigsäure (X_1) — **C_6H_6O Phenol** (X_2)
[*21*] ⟨K 14, d 4, ϑ 60 °C⟩

Mol-% X_1	0,00	9,70	17,84	29,63	39,40	48,87	59,50	74,00	88,72	100,00
50 °C	1,050	1,075	1,094	1,130	1,156	1,192	1,221	1,283	1,333	—
75 °C	1,028	1,053	1,074	1,112	1,132	1,166	1,195	1,255	1,305	1,352

[*33*] ⟨K 7, d 3, ϑ 50°, 70°, 90 °C⟩

$C_2H_2Cl_2O_2$ Dichloressigsäure (X_1) — **C_6H_6 Benzol** (X_2)
[*14*] ⟨K 12, d 4⟩

Gew.-% X_1	0,00	1,01	1,81	3,16	7,71	13,25	32,66	52,04
25 °C	0,874	0,878	0,881	0,886	0,904	0,927	1,018	1,129

[*1*]

$C_2H_2Cl_2O_2$ Dichloressigsäure (X_1) — **C_7H_8 Toluol** (X_2)
[*1*] ⟨K 3, d 4⟩

Gew.-% X_1	0,00	7,59	24,70
16 °C	0,869	0,898	0,976

Lacmann

$C_2H_2Cl_2O_2$ Dichloressigsäure (X_1) — CH_4O Methanol (X_2)
[11] ⟨K3, d4⟩

Gew.-% X_1	0,00	2,41	4,79
25 °C	0,787	0,793	0,800

$C_2H_2Cl_2O_2$ Dichloressigsäure (X_1) — C_2H_6O Äthanol (X_2)
[11] ⟨K2, d4⟩

Gew.-% X_1	0,00	2,41
25 °C	0,785	0,792

$C_2H_2Cl_2O_2$ Dichloressigsäure (X_1) — $C_2H_4O_2$ Essigsäure (X_2)
[40] ⟨K13, d3⟩

Mol-% X_1	0	10	20	30	40	45	50	55	60	70	80	90	100
25 °C	1,044	1,121	1,186	1,249	1,303	1,329	1,353	1,379	1,402	1,447	1,485	1,526	1,558
50 °C	1,015	1,091	1,157	1,217	1,272	1,297	1,323	1,347	1,369	1,413	1,453	1,489	1,521

$C_2Cl_2O_2$ Oxalylchlorid (X_1) — C_6H_6 Benzol (X_2)
[16] ⟨K6, d4⟩

Mol-% X_1	0,00	2,15	4,35	6,52	8,36	100,00
20 °C	0,879	0,891	0,903	0,915	0,926	1,479

$C_2H_3Cl_3O_2$ Chloralhydrat (X_1) — C_7H_8 Toluol (X_2)
[2] ⟨K8, d5⟩

Gew.-% X_1	0,00	2,00	5,00	9,99	19,99	39,98	59,98
20,2 °C	0,865	0,872	0,884	0,904	0,951	1,070	—
44,0 °C	0,843	0,850	0,861	0,879	0,925	1,043	1,186

[3]

$C_2H_3Cl_3O_2$ Chloralhydrat (X_1) — $CHCl_3$ Chloroform (X_2) [3]

$C_2H_3Cl_3O_2$ Chloralhydrat (X_1) — C_2H_6O Äthanol (X_2)
[2] ⟨K8, d5⟩

Gew.-% X_1	0,00	5,00	9,99	19,99	39,98	59,98	79,99
20,2 °C	0,791	0,812	0,844	0,895	1,021	1,184	1,401
44,0 °C	0,770	0,793	0,823	0,872	1,002	1,158	1,371

[3]

$C_2HF_3O_2$ Trifluoressigsäure (X_1) — $C_2H_4O_2$ Essigsäure (X_2)
[39] ⟨K15, d3⟩

Mol-% X_1	0,00	11,26	20,06	25,41	30,20	33,26	40,55	50,04	59,62	70,12	75,17	79,97	100,00
25 °C	1,044	1,110	1,159	1,188	1,211	1,226	1,261	1,304	1,344	1,387	1,405	1,423	1,477
50 °C	1,015	1,079	1,124	1,152	1,174	1,188	1,222	1,261	1,298	1,337	1,354	1,370	1,418

$C_2HF_3O_2$ Trifluoressigsäure (X_1) — $C_2H_3ClO_2$ Chloressigsäure (X_2)
[39] ⟨K13, d3⟩

Mol-% X_1	0,00	11,87	31,54	35,09	40,60	49,93	52,40	59,50	66,78	80,01	87,43	100,00
25 °C	—	—	1,449	1,452	1,456	1,462	1,465	1,469	1,472	1,477	1,477	1,477
50 °C	1,387	1,400	1,412	1,413	1,416	1,421	1,422	1,423	1,424	1,427	1,423	1,418

Lacmann

$C_2HCl_3O_2$ Trichloressigsäure (X_1) — C_6H_6 Benzol (X_2)
[14] ⟨K 14, d 4⟩

Gew.-% X_1	0,00	1,09	2,30	3,87	4,36	6,65	8,15	13,01	17,11	33,32
25 °C	0,874	0,878	0,883	0,890	0,892	0,902	0,909	0,939	0,951	1,037

[26] ⟨K 11 bis 6,8 Gew.-% X_1, d 4, ϑ 25 °C⟩

$C_2HCl_3O_2$ Trichloressigsäure (X_1) — C_8H_{10} Xylol (X_2)
[26] ⟨K 23 bis 6,2 Gew.-% X_1, d 4, ϑ 25 °C⟩

$C_2HCl_3O_2$ Trichloressigsäure (X_1) — $C_2H_4O_2$ Essigsäure (X_2)
[40] ⟨K 13, d 3⟩

Mol-% X_1	0	10	20	30	40	45	50	55	60	70	80	90	100
25 °C	1,044	1,146	1,234	1,319	1,381	1,411	1,445	1,469	1,495	1,543	1,585	1,622	1,665
50 °C	1,015	1,115	1,203	1,279	1,348	1,378	1,407	1,435	1,459	1,507	1,550	1,588	1,618

[10] ⟨K 8, d 3, ϑ 25 °C⟩

$C_2HCl_3O_2$ Trichloressigsäure (X_1) — C_3H_6O Aceton (X_2)
[32] ⟨K 9, d 3, ϑ 40 °C⟩

Mol-% X_1	0	10	20	30	40	50	60	70	80
30 °C	0,791	0,915	1,030	1,137	1,234	1,331	1,408	1,477	—
50 °C	0,771	0,889	1,010	1,118	1,220	1,309	1,374	1,453	1,523

[10] ⟨K 8 bis 72 Mol-% X_1, d 3, ϑ 25 °C⟩
[19] ⟨K 10, d 4, ϑ 35°, 45°, 55 °C⟩

$C_2HCl_3O_2$ Trichloressigsäure (X_1) — $C_4H_{10}O$ Diäthyläther (X_2)
[5] ⟨K 6, d 3⟩

Gew.-% X_1	0,00	17,63	31,18	42,76	62,63	74,60
18 °C	0,717	0,812	0,899	0,993	1,159	1,314

$C_2HCl_3O_2$ Trichloressigsäure (X_1) — $C_4H_8O_2$ Äthylacetat (X_2)
[10] ⟨K 8, d 3⟩

Mol-% X_1	0,00	11,18	18,40	28,07	38,46	48,78	61,42	70,08
25 °C	0,895	0,997	1,045	1,123	1,202	1,295	1,386	1,454

$C_2HCl_3O_2$ Trichloressigsäure (X_1) — $C_4H_8O_2$ Dioxan (X_2)
[38] ⟨K 10, d 4⟩

Mol-% X_1	0	10	20	30	40	50	60	80	90	100
25 °C	1,0308	1,1068	1,1724	1,2505	1,3251	1,3859	1,4588	1,5633	1,5742	—
50 °C	1,0049	1,0750	1,1503	1,2250	1,3004	1,3589	1,4336	1,5350	1,5508	—
75 °C	0,9772	1,0540	1,1250	1,1941	1,2602	1,3271	1,3979	1,5031	1,5203	1,5837

[37] ⟨graph., ϑ 60 °C⟩

$C_2HCl_3O_2$ Trichloressigsäure (X_1) — C_6H_6O Phenol (X_2)
[21] ⟨K 13, d 4, ϑ 60 °C⟩

Mol-% X_1	0,00	8,83	14,56	23,00	40,75	49,75	59,68	66,95	75,50	81,66	89,95	100,00
50 °C	1,052	1,095	1,138	1,199	1,294	1,345	1,402	1,445	1,486	1,520	1,567	1,618
75 °C	1,029	1,075	1,118	1,172	1,270	1,315	1,364	1,416	1,459	1,486	1,533	1,578

[33] ⟨K 9, d 3, ϑ 50°, 70°, 90 °C⟩

$C_2HCl_3O_2$ Trichloressigsäure (X_1) — $C_6H_{12}O_2$ Butylacetat (X_2)
[*29*] ⟨K 11, d 4, ϑ 60 °C⟩

Gew.-% X_1	0,00	14,30	27,30	35,40	50,10	59,10	69,80	76,60	86,00	92,40	100,00
50 °C	0,850	0,899	0,980	1,071	1,127	1,194	1,285	1,351	1,449	1,531	1,616
70 °C	0,829	0,865	0,958	1,004	1,105	1,170	1,258	1,325	1,420	1,503	1,591

$C_2HCl_3O_2$ Trichloressigsäure (X_1) — $C_7H_{14}O_2$ Amylacetat (X_2)
[*29*] ⟨K 6, d 4, ϑ 60 °C⟩

Gew.-% X_1	0,00	8,89	43,14	62,23	82,23	100,00
50 °C	0,836	0,926	1,074	1,220	1,393	1,616
70 °C	0,818	0,905	1,051	1,197	1,366	1,591

$C_2HCl_3O_2$ Trichloressigsäure (X_1) — C_8H_8O Acetophenon (X_2)
[*10*] ⟨K 9, d 3⟩

Mol-% X_1	0,00	8,96	14,00	21,21	29,39	40,90	48,76	57,94	68,15
25 °C	1,026	1,076	1,103	1,146	1,192	1,268	1,317	1,376	1,442

$C_2HCl_3O_2$ Trichloressigsäure (X_1) — $C_9H_{10}O_2$ Äthylbenzoat (X_2)
[*10*] ⟨K 8, d 4⟩

Mol-% X_1	0,00	8,87	20,96	31,25	39,82	49,07	57,95	67,58
25 °C	1,046	1,086	1,147	1,192	1,241	1,292	1,350	1,403

$C_2HCl_3O_2$ Trichloressigsäure (X_1) — $C_2HF_3O_2$ Trifluoressigsäure (X_2)
[*39*] ⟨K 8, d 3⟩

Mol-% X_1	0,00	24,52	37,26	50,43	62,17	74,68	85,17	100,00
25 °C	1,477	1,524	1,549	1,573	1,591	1,613	—	—
50 °C	1,418	1,475	1,501	1,528	1,551	1,573	1,593	1,618

$C_2HBr_3O_2$ Tribromessigsäure (X_1) — C_6H_6 Benzol (X_2)
[*26*] ⟨K 10, d 4⟩

Gew.-% X_1	0,00	0,42	0,87	1,54	2,14	3,77	4,69	5,52	6,22	6,82
25 °C	0,873	0,876	0,878	0,882	0,886	0,897	0,902	0,908	0,912	0,916

1 Humburg, O.: Z. physik. Chem. **12** (1893) 401—15.
2 Rudolphi, M.: Z. physik. Chem. **37** (1901) 426—47.
3 Speyers, C. L.: Amer. J. Sci. **14** (1902) 293 (nach Tim.).
4 Tyrer, D.: J. chem. Soc. (London) **99** (1911) 871—80.
5 Tsakalatos, D. E.: Bull. Soc. chim. France **9** (1911) 519 (nach ICT u. Tabl. ann.).
6 Kurnakow, N., Efremov, N. N.: Z. physik. Chem. **85** (1913) 401—18; Ann. Inst. Polytechn. Pierre le Grand, Petrograd **18** (1913) 386.
7 Mathews, J. H., Cooke, R. D.: J. physic. Chem. **18** (1914) 559—85.
8 Efremov, N. N.: J. russ. physik.-chem. Ges. (Shurnal Russkogo Fisiko-Chimitschesskogo Obschtschesstwa) **50** (1918) 338 (nach ICT u. Tabl. ann.).
9 Ann. Inst. Analyse physico-chim. (Iswesstija Instituta Fisiko-Chimitschesskogo Analisa) **4** (1928) 117 (nach Tabl. ann. u. Tim.).
10 Kendall, J., Brakeley, E.: J. Amer. chem. Soc. **43** (1921) 1826—34.
11 Goldschmidt, H., Aarflot, H.: Z. physik. Chem. **122** (1926) 371—82.
12 Smyth, C. P., Walls, W. S.: J. Amer. chem. Soc. **54** (1932) 2261—70.
13 Le Fèvre, C. G., Le Fèvre, R. J. W.: J. chem. Soc. (London) **1935**, 1696—1701.
14 Le Fèvre, R. J. W., Vine, H.: J. chem. Soc. (London) **1938**, 1795—1801.
15 Martin, G. T. O., Partington, J. R.: J. chem. Soc. (London) **1936**, 158—63.
16 **1936**, 1178—82.
17 Koehl, S. M., Wenzke, H. H.: J. Amer. chem. Soc. **59** (1937) 1418—20.
18 Coomber, D. I., Partington, J. R.: J. chem. Soc. (London) **1938**, 1444—52.

19 Udowenko, W. W.: J. allg. Chem. (Shurnal Obschtschei Chimii) **9** (1939) 1162—66.
20 Udowenko, W. W., Kalabanowskaja, Je. I., Prokobjewa, M. F.: J. allg. Chem. (Shurnal Obschtschei Chimii) **19** (1949) 165—68.
21 Udowenko, W. W., Airapetowa, R. P., Malachowa, W. T.: J. allg. Chem. (Shurnal Obschtschei Chimii) **22** (1952) 1759—61.
22 Udowenko, W. W., Chomenko, R. I.: J. allg. Chem. (Shurnal Obschtschei Chimii) **26** (1956) 2693—97.
23 **26** (1956) 3270—73.
24 **27** (1957) 37—40.
25 **27** (1957) 322—25.
26 Drucker, C.: Ark. Kem., Mineralog. Geol., Ser. A, **14** (1941) Nr. 15, 1—48.
27 Rawitsch, M. I., Ssilnitschenko, W. G.: Ann. Secteur Analyse Physiko-Chim. (Iswesstija Ssektora Fisiko-Chimitschesskogo Analisa) **15** (1947) 68—73.
28 Angyal, C. L., Barclay, G. A., Le Fèvre, R. J. W.: J. chem. Soc. (London) **1950**, 3370—73.
29 Ussanowitsch, M., Biljalow, K., Kressnomolowa, L.: J. allg. Chem. (Shurnal Obschtschei Chimii) **26** (1956) 2723—26.
30 Kaplan, S. I., Grishin, N. A., Skvortsova, S. S.: J. allg. Chem. (Shurnal Obschtschei Chimii) **69** (1937) 538 (nach Tim.).
31 Mukherjee, L. M., Grunwald, E.: J. physic. Chem. **62** (1958) 1311—14.
32 Bochowkin, I. M.: J. allg. Chem. (Shurnal Obschtschei Chimii) **28** (1958) 862—67.
33 Bochowkin, I. M., Wesselkowa, Je. G.: J. allg. Chem. (Shurnal Obschtschei Chimii) **28** (1958) 819—23; J. Gen. Chem. USSR **28** (1958) 795—99.
34 Ling, D. V., van Winkle, M.: Chem. Engng. Data Series **3** (1958) 88—95.
35 Tutundzic, P. S., Rancic, D. M.: Ber. chem. Ges. Belgrad (Glassnik Chemisskog Druschtwa Beograd) **25/26** (1960/61) 455—63.
36 Drutman, S. Ss.: J. physik. Chem. (Shurnal Fisitschesskoi Chimii) **34** (1960) 1581—84; Russ. J. physic. Chem. **34** (1960) 754—56.
37 Drutman, S. Ss., Litwinenko, R. A., Ssandler, F. Ss.: Ukrain. chem. J. (Ukrainskii Chimitschesski Shurnal) **27** (1961) 50—54.
38 Kudryashov, S. F.: J. allg. Chem. (Shurnal Obschtschei Chimii) **33** (1963) 1718—22; J. Gen. Chem. USSR **33** (1963) 1674—78.
39 Fialkov, Ju. Ja., Zicherev, V. S.: J. allg. Chem. (Shurnal Obschtschei Chimii) **33** (1963) 3471—77; J. Gen. Chem. USSR **33** (1963) 3402—06.
40 Fialkov, Ju. Ja., Kholodnikova, S. N.: J. allg. Chem. (Shurnal Obschtschei Chimii) **37** (1967) 20—25; J. Gen. Chem. USSR **37** (1967) 16—20.

C_3H_7ClO Trimethylenchlorhydrin (X_1) — C_6H_6 Benzol (X_2)
[6] ⟨K 7, d 4⟩

Mol-% X_1	0,00	2,04	3,82	5,89	8,34	11,88	14,64
25 °C	0,873	0,878	0,883	0,887	0,893	0,902	0,909
50 °C	0,847	0,851	0,856	0,860	0,866	0,875	0,882

C_3H_7ClO Trimethylenchlorhydrin (X_1) — $C_4H_8O_2$ 1.4-Dioxan (X_2)
[6] ⟨K 6, d 4⟩

Mol-% X_1	0,00	2,76	4,38	7,72	8,52	12,56
25 °C	1,031	1,030	1,032	1,035	1,035	1,039
50 °C	1,003	1,002	1,003	1,006	1,007	1,011

C_3H_7BrO Trimethylenbromhydrin (X_1) — C_6H_6 Benzol (X_2)
[6] ⟨K 6, d 4⟩

Mol-% X_1	0,00	1,63	2,98	6,78	7,53	8,43
25 °C	0,873	0,885	0,894	0,920	0,926	0,932
50 °C	0,847	0,858	0,867	0,893	0,898	0,904

C_3H_5ClO Propionylchlorid (X_1) — C_6H_6 Benzol (X_2)
[11] ⟨K 6, d 4⟩

Mol-% X_1	0,00	1,34	2,47	3,38	4,26	100,00
20 °C	0,878	0,881	0,883	0,884	0,886	1,057

[13] ⟨K 5 bis 2,5 Mol-% X_1, d 5, ϑ 25 °C⟩

$C_3H_4F_4O$ 2.2.3.3-Tetrafluorpropanol(1) (X_1) — **C_6H_6 Benzol** (X_2)
[*29*] ⟨K 22, ΔV, ϑ 25 °C⟩

$C_3H_4F_4O$ 2.2.3.3-Tetrafluorpropanol(1) (X_1) — **$CHCl_3$ Chloroform** (X_2)
[*29*] ⟨K 15, ΔV, ϑ 25 °C⟩

$C_3H_4F_4O$ 2.2.3.3-Tetrafluorpropanol(1) (X_1) — **CH_2Cl_2 Methylenchlorid** (X_2)
[*29*] ⟨K 18, ΔV, ϑ 25 °C⟩

$C_3H_2F_6O$ 1.1.1.3.3.3-Hexafluorpropanol(2) (X_1) — **C_6H_6 Benzol** (X_2)
[*30*] ⟨K 14, d 4⟩

Gew.-% X_1	0,00	9,95	19,73	33,70	47,86	56,62	64,78	72,10	86,75	93,77	100,00
25 °C	0,8736	0,9104	0,9505	1,0161	1,0948	1,1511	1,2113	1,2722	1,4212	1,5112	1,6049
40 °C	0,8576	0,8935	0,9324	0,9960	1,0723	1,1267	1,1848	1,2435	1,3874	1,4737	1,5637
50 °C	0,8467	0,8818	0,9200	0,9822	1,0567	1,1098	1,1665	1,2241	1,3636	1,4475	1,5347

$C_3H_2Cl_2O_2$ Malonylchlorid (X_1) — **C_6H_6 Benzol** (X_2)
[*12*] ⟨K 6, d 4⟩

Mol-% X_1	0,00	1,33	2,34	3,60	4,69	100,00
20 °C	0,879	0,888	0,894	0,903	0,910	1,451

$C_3H_3ClO_3$ Monochloräthylencarbonat (X_1) — **C_6H_6 Benzol** (X_2)
[*26*] ⟨K 5 bis 1,2 Mol-% X_1, d 5, ϑ 25 °C⟩

$C_3H_2Cl_2O_3$ 1.2-Dichloräthylencarbonat (X_1) — **C_6H_6 Benzol** (X_2)
[*26*] ⟨K 5 bis 1,2 Mol-% X_1, d 5, ϑ 25 °C⟩

C_4H_7ClO n-Butyrylchlorid (X_1) — **C_6H_6 Benzol** (X_2)
[*11*] ⟨K 6, d 4⟩

Mol-% X_1	0,00	2,02	3,11	4,28	4,91	100,00
20 °C	0,878	0,881	0,883	0,885	0,886	1,021

[*13*] ⟨K 5 bis 2,4 Mol-% X_1, d 5, ϑ 25 °C⟩

$C_4H_8Cl_2O$ β.β′-Dichlordiäthyläther (X_1) — **C_6H_{14} n-Hexan** (X_2)
[*24*] ⟨K 16, d 5⟩

Mol-% X_1	0,00	11,09	21,82	35,79	42,45	55,65	62,53	72,34	81,65	90,89	100,00
12 °C	0,666	0,722	0,778	0,853	0,890	0,965	1,004	1,062	1,118	1,173	1,229

Mol-% X_1	0,00	8,24	19,38	26,06	34,20	42,18	55,65	62,06	67,96	77,97	90,46	100,0
20 °C	0,659	0,701	0,758	0,793	0,837	0,881	0,956	0,993	1,027	1,086	1,161	1,219

$C_4H_8Cl_2O$ β.β′-Dichlordiäthyläther (X_1) — **C_6H_{12} Cyclohexan** (X_2)
[*20*] ⟨K 11, d 3⟩

Mol-% X_1	0	10	20	30	40	50	60	70	80	90	100
20 °C	0,776	0,821	0,867	0,910	0,956	1,001	1,043	1,089	1,129	1,177	1,217

[*10*] ⟨K 8, d 4, ϑ 20 °C⟩

$C_4H_8Cl_2O$ β.β′-Dichlordiäthyläther (X_1) — **C_6H_6 Benzol** (X_2)
[*19*] ⟨K 11, d 3⟩

Mol-% X_1	0	10	20	30	40	50	60	70	80	90	100
20 °C	0,876	0,921	0,961	1,001	1,036	1,072	1,104	1,136	1,164	1,192	1,217

[*6*] ⟨K 8, d 4⟩

Mol-% X_1	0,0	1,60	2,44	3,97	5,69	8,03	9,82	12,25
25 °C	0,873	0,881	0,884	0,891	0,898	0,909	0,916	0,926
50 °C	0,846	0,854	0,857	0,864	0,871	0,882	0,889	0,899

$C_4H_8Cl_2O$ β.β'-Dichlordiäthyläther (X_1) — **C_7H_{14} Methylcyclohexan** (X_2)
[20] ⟨K 11, d 3⟩

Mol-% X_1	0	10	20	30	40	50	60	70	80	90	100
20 °C	0,767	0,808	0,855	0,893	0,929	0,979	1,026	1,073	1,123	1,168	1,217

$C_4H_8Cl_2O$ β.β'-Dichlordiäthyläther (X_1) — **C_7H_8 Toluol** (X_2)
[19] ⟨K 11, d 3⟩

Mol-% X_1	0	10	20	30	40	50	60	70	80	90	100
20 °C	0,862	0,901	0,938	0,975	1,013	1,048	1,079	1,118	1,154	1,185	1,217

$C_4H_8Cl_2O$ β.β'-Dichlordiäthyläther (X_1) — **C_8H_{18} n-Octan** (X_2)
[21] ⟨ΔV, graph. Darst.⟩

$C_4H_8Cl_2O$ β.β'-Dichlordiäthyläther (X_1) — **C_8H_{18} 2.2.4-Trimethylpentan** (X_2)
[21] ⟨ΔV, graph. Darst.⟩

$C_4H_8Cl_2O$ β.β'-Dichlordiäthyläther (X_1) — **C_8H_{10} Äthylbenzol** (X_2)
[19] ⟨K 11, d 3⟩

Mol-% X_1	0	10	20	30	40	50	60	70	80	90	100
20 °C	0,864	0,895	0,929	0,964	1,000	1,034	1,071	1,107	1,143	1,180	1,217

$C_4H_8Cl_2O$ β.β'-Dichlordiäthyläther (X_1) — **C_8H_{10} o-Xylol** (X_2)
[20] ⟨K 3, d 3⟩

Mol-% X_1	0	90	100
20 °C	0,875	1,183	1,217

$C_4H_8Cl_2O$ β.β'-Dichlordiäthyläther (X_1) — **C_8H_{10} m-Xylol** (X_2)
[20] ⟨K 11, d 3⟩

Mol-% X_1	0	10	20	30	40	50	60	70	80	90	100
20 °C	0,863	0,895	0,931	0,964	0,998	1,029	1,069	1,108	1,143	1,181	1,217

$C_4H_8Cl_2O$ β.β'-Dichlordiäthyläther (X_1) — **C_8H_{10} p-Xylol** (X_2)
[20] ⟨K 11, d 3⟩

Mol-% X_1	0	10	20	30	40	50	60	70	80	90	100
20 °C	0,858	0,891	0,927	0,963	0,999	1,036	1,072	1,108	1,142	1,178	1,217

$C_4H_8Cl_2O$ β.β'-Dichlordiäthyläther (X_1) — **C_8H_8 Styrol** (X_2)
[20] ⟨K 9, d 4⟩

Mol-% X_1	0,0	9,6	19,1	32,0	49,9	62,0	75,2	86,5	100,0
20 °C	0,905	0,936	0,966	1,006	1,063	1,100	1,142	1,177	1,217

$C_4H_8Cl_2O$ β.β'-Dichlordiäthyläther (X_1) — **C_9H_{12} n-Propylbenzol** (X_2)
[19] ⟨K 11, d 3⟩

Mol-% X_1	0	10	20	30	40	50	60	70	80	90	100
20 °C	0,866	0,895	0,927	0,957	0,989	1,024	1,059	1,097	1,135	1,175	1,217

$C_4H_8Cl_2O$ β.β'-Dichlordiäthyläther (X_1) — **C_9H_{12} 1.2.4-Trimethylbenzol** (X_2)
[20] ⟨K 11, d 3⟩

Mol-% X_1	0	10	20	30	40	50	60	70	80	90	100
20 °C	0,877	0,906	0,936	0,968	0,999	1,032	1,065	1,102	1,138	1,177	1,216

$C_4H_8Cl_2O$ β.β'-Dichlordiäthyläther (X_1) — **$C_{10}H_{14}$ n-Butylbenzol** (X_2)
[*19*] ⟨K 11, d 3⟩

Mol-% X_1	0	10	20	30	40	50	60	70	80	90	100
20 °C	0,865	0,890	0,918	0,948	0,978	1,013	1,048	1,086	1,128	1,172	1,217

$C_4H_8Cl_2O$ β.β'-Dichlordiäthyläther (X_1) — **$C_{12}H_{18}$ n-Hexylbenzol** (X_2)
[*19*] ⟨K 11, d 3⟩

Mol-% X_1	0	10	20	30	40	50	60	70	80	90	100
20 °C	0,852	0,873	0,888	0,923	0,953	0,988	1,023	1,063	1,108	1,158	1,216

$C_4H_8Cl_2O$ β.β'-Dichlordiäthyläther (X_1) — **$C_{13}H_{20}$ n-Heptylbenzol** (X_2)
[*19*] ⟨K 11, d 3⟩

Mol-% X_1	0	10	20	30	40	50	60	70	80	90	100
20 °C	0,848	0,861	0,891	0,917	0,942	0,978	1,015	1,056	1,100	1,154	1,216

$C_4H_8Cl_2O$ β.β'-Dichlordiäthyläther (X_1) — **$C_{14}H_{22}$ n-Octylbenzol** (X_2)
[*19*] ⟨K 11, d 3⟩

Mol-% X_1	0	10	20	30	40	50	60	70	80	90	100
20 °C	0,849	0,868	0,890	0,914	0,941	0,973	1,011	1,053	1,098	1,151	1,216

$C_4H_8Cl_2O$ β.β'-Dichlordiäthyläther (X_1) — **$CHCl_3$ Chloroform** (X_2)
[*10*] ⟨K 10, d 4⟩

Mol-% X_1	0,00	5,18	11,16	19,33	36,15	47,96	62,78	77,91	88,26	100,00
20 °C	1,489	1,471	1,451	1,424	1,374	1,341	1,303	1,267	1,244	1,219

$C_4H_8Cl_2O$ β.β'-Dichlordiäthyläther (X_1) — **CH_4O Methanol** (X_2)
[*22*] ⟨ΔV, graph. Darst.⟩

$C_4H_8Cl_2O$ β.β'-Dichlordiäthyläther (X_1) — **C_3H_8O Propanol(1)** (X_2)
[*22*] ⟨ΔV, graph. Darst.⟩

$C_4H_8Cl_2O$ β.β'-Dichlordiäthyläther (X_1) — **$C_5H_{12}O$ n-Amylalkohol** (X_2)
[*22*] ⟨ΔV, graph. Darst.⟩

$C_4H_8J_2O$ β.β'-Dijoddiäthyläther (X_1) — **C_6H_6 Benzol** (X_2)
[*6*] ⟨K 7, d 4⟩

Mol-% X_1	0,00	1,29	2,35	3,13	4,30	5,00	5,51
25 °C	0,873	0,903	0,927	0,944	0,969	0,985	0,996
50 °C	0,846	0,875	0,899	0,916	0,941	0,956	0,966

$C_4H_7ClO_2$ Äthylchloracetat (X_1) — **C_6H_6 Benzol** (X_2)
[*15*] ⟨K 4, d 4⟩

Gew.-% X_1	0,00	1,52	2,64	3,48
25 °C	0,874	0,877	0,879	0,881

$C_4H_6Cl_2O_2$ Äthyldichloracetat (X_1) — **C_6H_6 Benzol** (X_2)
[*15*] ⟨K 5, d 4⟩

Gew.-% X_1	0,00	0,63	1,46	2,63	4,58
25 °C	0,874	0,876	0,878	0,881	0,887

$C_4H_4Cl_2O_2$ Bernsteinsäuredichlorid (X_1) — **C_6H_6 Benzol** (X_2)
[*12*] ⟨K 6, d 4⟩

Mol-% X_1	0,00	1,48	2,88	4,31	5,69	100,00
20 °C	0,879	0,888	0,897	0,906	0,914	1,375

$C_4H_5Cl_3O_2$ Trichlorbuttersäure (X_1) — **CH_4O Methanol** (X_2)
[4] ⟨K2, d4⟩

Gew.-% X_1	0,00	1,62
25 °C	0,787	0,797

$C_4H_5Cl_3O_2$ Trichlorbuttersäure (X_1) — **C_2H_6O Äthanol** (X_2)
[4] ⟨K2, d4⟩

Gew.-% X_1	0,00	1,62
25 °C	0,785	0,794

$C_4H_5Cl_3O_2$ Äthyltrichloracetat (X_1) — **C_6H_6 Benzol** (X_2)
[15] ⟨K6, d4⟩

Gew.-% X_1	0,00	0,98	1,92	2,76	5,21	11,27
25 °C	0,874	0,877	0,880	0,883	0,891	0,912

$C_4H_5Cl_3O_2$ Äthyltrichloracetat (X_1) — **$C_2H_4O_2$ Essigsäure** (X_2)
[23] ⟨K11, d4, ϑ 40 °C⟩

Gew.-% X_1	0,00	14,38	19,49	26,13	36,43	44,23	57,62	68,53	82,34	91,27	100,00
25 °C	1,044	1,075	1,090	1,108	1,136	1,161	1,205	1,243	1,295	1,333	1,383
60 °C	1,008	1,038	1,053	1,070	1,097	1,121	1,164	1,201	1,253	1,291	1,338

$C_4H_5Cl_3O_3$ Äthyltrichloracetat (X_1) — **$C_4H_8O_2$ Äthylacetat** (X_2)
[2] ⟨K5, d4, ϑ 11 °C⟩

Mol-% X_1	0	25	50	75	100
20 °C	0,901	1,057	1,187	1,294	1,383
70 °C	—	0,992	1,118	1,224	1,312

$C_4H_5Cl_3O_2$ Äthyltrichloracetat (X_1) — **$C_2HCl_3O_2$ Trichloressigsäure** (X_2)
[23] ⟨K6, d4, ϑ 60 °C⟩

Gew.-% X_1	0,00	26,56	44,73	63,62	81,76	100,00
50 °C	1,616	1,541	1,487	1,436	1,388	1,343
70 °C	1,591	1,513	1,459	1,407	1,361	1,315

$C_4H_7ClO_3$ Glykolmonochloracetat (X_1) — **C_6H_6 Benzol** (X_2)
[9] ⟨K4, d4⟩

Mol-% X_1	0,00	0,45	1,06
25 °C	0,873	0,875	0,879

$C_4H_5ClO_3$ Chlormethyläthylencarbonat (X_1) — **C_6H_6 Benzol** (X_2)
[26] ⟨K5 bis 1 Mol-% X_1, d5, ϑ 25 °C⟩

$C_4H_3ClO_3$ Chlortetronsäure (X_1) — **$C_4H_8O_2$ Dioxan** (X_2)
[17] ⟨K4 bis 0,35 Gew.-% X_1, d5, ϑ 25 °C⟩

$C_4H_3BrO_3$ α-Bromtetronsäure (X_1) — **$C_4H_8O_2$ Dioxan** (X_2)
[17] ⟨K4, d5⟩

Gew.-% X_1	0,00	0,85	1,62	2,57
25 °C	1,028	1,032	1,037	1,042

$C_4H_3JO_3$ α-Jodtetronsäure (X_1) — **$C_4H_8O_2$ Dioxan** (X_2)
[17] ⟨K4, d5⟩

Gew.-% X_1	0,00	0,64	1,01	1,96
25 °C	1,028	1,031	1,033	1,038

$C_4H_6Cl_2O_3$ Glykolmonodichloracetat (X_1) — **C_6H_6 Benzol** (X_2)
[*9*] ⟨K 5, d 4⟩

Mol-% X_1	0,00	0,35	0,68	1,00
25 °C	0,873	0,876	0,878	0,881

$C_4F_6O_3$ Trifluoressigsäureanhydrid (X_1) — **C_3H_6O Aceton** (X_2)
[*27*] ⟨K 10, Molvolumen⟩

Mol-% X_1	0,00	19,55	28,79	37,46	49,66	49,75	62,76	83,88	92,00	100,00
25 °C	0,785	1,013	1,099	1,170	1,256	1,256	1,331	1,433	1,467	1,498

C_5H_9ClO n-Valerylchlorid (X_1) — **C_6H_6 Benzol** (X_2)
[*11*] ⟨K 6, d 4⟩

Mol-% X_1	0,00	0,83	1,76	2,32	3,21	100,00
20 °C	0,879	0,880	0,882	0,882	0,884	1,000

C_5H_9ClO iso-Valerylchlorid (X_1) — **C_6H_6 Benzol** (X_2)
[*11*] ⟨K 6, d 4⟩

Mol-% X_1	0,00	1,49	2,91	4,12	5,59	100,00
20 °C	0,879	0,881	0,883	0,885	0,887	0,986

$C_5H_5BrO_3$ Methyl-α-Bromtetronat (X_1) — **$C_4H_8O_2$ Dioxan** (X_2)
[*17*] ⟨K 5, d 5⟩

Gew.-% X_1	0,00	0,64	1,02	2,09
25 °C	1,028	1,030	1,033	1,038

$C_5H_5JO_3$ Methyl-α-jodtetronat (X_1) — **$C_4H_8O_2$ Dioxan** (X_2)
[*17*] ⟨K 4, d 5⟩

Gew.-% X_1	0,00	0,22	0,74	1,19
25 °C	1,028	1,029	1,032	1,035

C_6H_5FO p-Fluorphenol (X_1) — **C_6H_6 Benzol** (X_2)
[*18*] ⟨K 4, d 4⟩

Mol-% X_1	0,62	1,26	2,24	3,61
25 °C	0,876	0,878	0,881	0,886

C_6H_5ClO o-Chlorphenol (X_1) — **C_6H_6 Benzol** (X_2)
[*5*] ⟨K 7, d 4⟩

Mol-% X_1	0,00	0,42	0,69	1,10	2,04	3,36
25 °C	0,874	0,875	0,877	0,879	0,883	0,889

[*7*] ⟨K 6 bis 3,5 Mol-% X_1, d 5⟩

C_6H_5ClO o-Chlorphenol (X_1) — **C_3H_6O Aceton** (X_2)
[*3*] ⟨K 9, d 4, ϑ 10°, 30°, 50°, 60°, 70 °C⟩

Gew.-% X_1	0,00	8,27	16,78	28,99	39,51	50,05	67,62	81,51	100,00
0 °C	1,274	1,228	1,183	1,118	1,064	1,014	0,936	0,880	0,815
20 °C	1,251	1,206	1,161	1,096	1,043	0,992	0,915	0,858	0,791
40 °C	1,228	1,184	1,139	1,075	1,022	0,971	0,893	0,835	0,767

[*8*]

C_6H_5ClO o-Chlorphenol (X_1) – **$C_4H_8O_2$ Dioxan** (X_2)
[*28*] ⟨K6, d4⟩

Mol-% X_1	0	20	40	60	80	100
25 °C	1,0279	1,0865	1,1391	1,1855	1,2228	1,2491

C_6H_5ClO o-Chlorphenol (X_1) – **$C_7H_{14}O_2$ Amylacetat** (X_2) [*1*]

C_6H_5ClO m-Chlorphenol (X_1) – **C_6H_6 Benzol** (X_2)
[*5*] ⟨K7, d4⟩

Mol-% X_1	0,00	0,56	0,97	1,36	2,04	2,70
25 °C	0,874	0,876	0,878	0,880	0,883	0,886

[*7*] ⟨K5 bis 3 Mol-% X_1, d5⟩

C_6H_5ClO m-Chlorphenol (X_1) – **$C_7H_{14}O_2$ Amylacetat** (X_2) [*1*]

C_6H_5ClO p-Chlorphenol (X_1) – **C_6H_6 Benzol** (X_2)
[*5*] ⟨K7, d4⟩

Mol-% X_1	0,00	0,42	0,69	1,10	2,04	3,36
25 °C	0,874	0,875	0,876	0,878	0,883	0,889

[*7*] ⟨K6 bis 8,8 Mol-% X_1, d5⟩

C_6H_5ClO p-Chlorphenol (X_1) – **$C_7H_{14}O_2$ Amylacetat** (X_2) [*1*]

C_6H_5BrO o-Bromphenol (X_1) – **C_6H_6 Benzol** (X_2)
[*5*] ⟨K7, d4⟩

Mol-% X_1	0,00	0,31	0,52	0,82	1,33	2,02
25 °C	0,874	0,876	0,878	0,881	0,885	0,891

C_6H_5BrO p-Bromphenol (X_1) – **C_6H_6 Benzol** (X_2)
[*5*] ⟨K7, d4⟩

Mol-% X_1	0,00	0,31	0,52	0,82	1,33	2,02
25 °C	0,874	0,876	0,878	0,881	0,886	0,894

[*7*] ⟨K7, d5⟩

$C_6H_4Cl_2O$ 2.4-Dichlorphenol (X_1) – **C_6H_6 Benzol** (X_2)
[*14*] ⟨K8, d4⟩

Mol-% X_1	0,00	4,03	8,62	13,29	19,94	28,81	39,67	100,00
25 °C	0,872	0,899	0,967	0,996	1,030	1,073	1,123	1,472

$C_6H_2Cl_2O_2$ 2.5-Dichlor-1.4-benzochinon (X_1) – **C_6H_6 Benzol** (X_2)
[*16*] ⟨K6, d4⟩

Mol-% X_1	0,00	0,83	1,33	1,65	1,88	2,05
25 °C	0,874	0,881	0,886	0,888	0,890	0,892

$C_6H_2Br_2O_2$ 2.5-Dibrom-1.4-benzochinon (X_1) – **C_6H_6 Benzol** (X_2)
[*16*] ⟨K2, d4⟩

Mol-% X_1	0,00	0,78
25 °C	0,874	0,888

$C_6Cl_4O_2$ Tetrachlorbenzochinon (X_1) – **C_6H_6 Benzol** (X_2)
[*25*] ⟨K 5, d 5⟩

Mol-% X_1	0,00	0,15	0,28	0,40	0,55
35 °C	0,863	0,865	0,867	0,868	0,870

$C_6Br_4O_2$ Tetrabrombenzochinon (X_1) – **C_6H_6 Benzol** (X_2)
[*25*] ⟨K 5, d 5⟩

Mol-% X_1	0,00	0,13	0,28	0,37	0,50
35 °C	0,863	0,866	0,872	0,875	1,079

$C_6Br_2J_2O_2$ Dibromdijodbenzochinon (X_1) – **C_6H_6 Benzol** (X_2)
[*25*] ⟨K 5, d 5⟩

Mol-% X_1	0,00	0,10	0,13	0,17	0,24
35 °C	0,863	0,865	0,867	0,869	0,872

1 Thole, F. B.: J. chem. Soc. (London) **97** (1910) 2596–2606.
2 Kremann, R., Meingast, R., Gugl, F.: Mh. Chem. **35** (1914) 876–82, 1235.
3 Bramley, A.: J. chem. Soc. (London) **109** (1916) 434–69.
4 Goldschmidt, H., Aarflot, H.: Z. physik. Chem. (A) **122** (1926) 371–82.
5 Williams, J., Fogelberg, J.: J. Amer. chem. Soc. **52** (1930) 1356–63.
6 Smyth, C. P., Walls, W. S.: J. Amer. chem. Soc. **54** (1932) 2261–70.
7 Donle, H. L., Gehreckens, K.: Z. physik. Chem. (B) **18** (1932) 316–26.
8 MacLeod, D.: Trans. Faraday Soc. **30** (1934) 482–93.
9 Allen, J. S., Hibbert, H.: J. Amer. chem. Soc. **56** (1934) 1398–1403.
10 Earp, D. P., Glasstone, S.: J. chem. Soc. (London) **1935**, 1709–23.
11 Martin, G. T. O., Partington, J. R.: J. chem. Soc. (London) **1936**, 158–63.
12 **1936**, 1178–82.
13 Koehl, S. M., Wenzke, H. H.: J. Amer. chem. Soc. **59** (1937) 1418–20.
14 Sun, C. E., Liu, C.: J. Chin. chem. Soc. **5** (1937) 39–40.
15 Le Fèvre, R. J. W., Vine, H.: J. chem. Soc. (London) **1938**, 1795–1801.
16 Hammick, D. L., Jenkins, G. I., Hampson, G. C.: J. chem. Soc. (London) **1938**, 1263–68.
17 Kumler, W. D.: J. Amer. chem. Soc. **62** (1940) 3292–95.
18 Leonard, N. J., Sutton, L. E.: J. Amer. chem. Soc. **70** (1948) 1564–71.
19 Tschamler, H.: Mh. Chem. **79** (1948) 162–77.
20 **79** (1948) 223–32, 233–42, 243–47.
21 Tschamler, H., Wettig, F., Richter, E.: Mh. Chem. **80** (1949) 572–82.
22 Tschamler, H., Richter, E., Wettig, F.: Mh. Chem. **80** (1949) 749–58.
23 Ussanowitsch, M., Biljalow, K., Krassnomolowa, L.: J. allg. Chem. (Shurnal Obschtschei Chimii) **26** (1956) 1881–83, 2723–26; J. Gen. Chem. USSR **26** (1956) 2091–2101, 3033–35.
24 Neckel, A., Volk, H.: Mh. Chem. **88** (1957) 925–47.
25 Soundarajan, S., Vold, M. J.: Trans. Faraday Soc. **54** (1958) 1155–59.
26 Kempa, R., Lee, W. H.: J. chem. Soc. (London) **1958**, 1936–38.
27 Kreglewski, A.: Bull. Acad. polon. Sci., Ser. Sci. chim. **11** (1963) 301–03.
28 Fort, R. J., Moore, W. R.: Trans. Faraday Soc. **61** (1965) 2102–11.
29 Brandreth, D. A., O'Neill, S. P., Missen, R. W.: Trans. Faraday Soc. **62** (1966) 2355–66.
30 Murto, J., Kivinen, A., Lindell, E.: Suomen Kemistilehti **B 43** (1970) 28–30.

C_7H_9ClO Butylpropiolylchlorid (X_1) – **C_6H_6 Benzol** (X_2)
[*11*] ⟨K 5, d 4⟩

Mol-% X_1	0,00	0,99	1,15	100,00
25 °C	0,874	0,876	0,876	1,061

C_7H_7FO p-Fluoranisol (X_1) – **C_6H_6 Benzol** (X_2)
[*5*] ⟨K 5, d 5⟩

Mol-% X_1	0,00	2,60	2,95	3,63	4,41
19,9 °C	0,879	0,887	0,889	0,891	0,893

[*17*] ⟨K 4 bis 2,2 Mol-% X_1, d 4, ϑ 25 °C⟩

C_7H_7ClO p-Chloranisol (X_1) — **C_6H_6 Benzol** (X_2)
[*4*] ⟨K 5, d 5⟩

Mol-% X_1	0,00	1,53	2,39	3,11	3,64
21,8 °C	0,877	0,884	0,888	0,891	0,894

C_7H_7BrO p-Bromanisol (X_1) — **C_6H_6 Benzol** (X_2)
[*7*] ⟨K 8, d 4⟩

Mol-% X_1	0,00	1,72	2,89	4,32	6,37	6,90	9,09	100,00
25 °C	0,873	0,888	0,898	0,911	0,927	0,932	0,949	1,490
50 °C	0,847	0,861	0,871	0,883	0,900	0,905	0,923	1,460

[*5*] ⟨K 5 bis 3,2 Mol-% X_1, d 5, ϑ 19,8 °C⟩

C_7H_7BrO p-Bromanisol (X_1) — **C_7H_{16} Heptan** (X_2)
[*7*] ⟨K 8, d 4⟩

Mol-% X_1	0,00	2,18	4,53	6,30	7,36	10,48	14,45	100,00
25 °C	0,680	0,695	0,712	0,724	0,732	0,754	0,783	1,490
50 °C	0,658	0,673	0,689	0,702	0,709	0,731	0,760	1,460

C_7H_7JO p-Jodanisol (X_1) — **C_6H_6 Benzol** (X_2)
[*5*] ⟨K 5, d 5⟩

Mol-% X_1	0,00	2,49	2,74	2,97	3,21
20,2 °C	0,878	0,913	0,916	0,919	0,923

C_7H_5FO p-Fluorbenzaldehyd (X_1) — **C_6H_6 Benzol** (X_2)
[*17*] ⟨K 4, d 4⟩

Mol-% X_1	0,68	1,39	1,78
25 °C	0,876	0,878	0,880

C_7H_5ClO p-Chlorbenzaldehyd (X_1) — **C_6H_6 Benzol** (X_2)
[*15*] ⟨K 5, d 4⟩

Mol-% X_1	0,00	0,78	1,24
20 °C	0,879	0,882	0,884

C_7H_5BrO p-Brombenzaldehyd (X_1) — **$C_4H_8O_2$ Dioxan** (X_2)
[*8*] ⟨K 4, d 5⟩

Mol-% X_1	1,01	2,02	2,85	4,56
25 °C	1,036	1,043	1,049	1,062

C_7H_5ClO Benzoylchlorid (X_1) — **C_6H_6 Benzol** (X_2)
[*10*] ⟨K 6, d 4⟩

Mol-% X_1	0,00	1,39	2,58	3,50	4,76	100,00
20 °C	0,878	0,884	0,889	0,893	0,899	1,211

[*11*] ⟨K 5 bis 4,1 Mol-% X_1, d 5, ϑ 25 °C⟩

C_7H_5BrO Benzoylbromid (X_1) — **C_6H_6 Benzol** (X_2)
[*10*] ⟨K 6, d 4⟩

Mol-% X_1	0,00	0,71	1,40	2,04	2,60	100,00
20 °C	0,879	0,885	0,891	0,897	0,902	1,546

$C_7H_4Cl_2O$ p-Chlorbenzoylchlorid (X_1) — C_6H_6 Benzol (X_2)
[10] ⟨K6, d4⟩

Mol-% X_1	0,00	1,26	2,29	3,35	4,40	100,00
20 °C	0,879	0,888	0,895	0,902	0,909	1,362

C_7H_4ClBrO p-Brombenzoylchlorid (X_1) — C_6H_6 Benzol (X_2)
[10] ⟨K5, d4⟩

Mol-% X_1	0,00	1,08	2,12	3,15	4,29
20 °C	0,879	0,892	0,903	0,915	0,928

$C_7HF_{15}O$ 1-Hydroxypentadekafluorheptan (X_1) — $C_4H_8O_2$ Dioxan (X_2)
[21] ⟨K5, ΔV, ϑ 36°, 40°, 50 °C⟩

$C_7H_4Br_2O_2$ 5.6-Dibrom-1.3-dioxoindan (X_1) — C_6H_6 Benzol (X_2)
[18] ⟨K6, d4⟩

Mol-% X_1	0,95	1,59	2,04	2,18	2,94
25 °C	0,891	0,902	0,910	0,913	0,926

$C_8H_{11}ClO$ Amylpropiolylchlorid (X_1) — C_6H_6 Benzol (X_2)
[11] ⟨K5 bis 1,6 Mol-% X_1, d5, ϑ 25 °C⟩

C_8H_9BrO p-Bromphenetol (X_1) — C_6H_6 Benzol (X_2)
[7] ⟨K8, d4⟩

Mol-% X_1	0,00	1,12	2,06	3,45	5,20	7,01	9,85	100,00
25 °C	0,873	0,883	0,891	0,902	0,917	0,931	0,953	1,407
50 °C	0,847	0,856	0,864	0,875	0,889	0,904	0,925	1,377

C_8H_9BrO p-Bromphenetol (X_1) — C_7H_{16} Heptan (X_2)
[7] ⟨K7, d4⟩

Mol-% X_1	0,00	2,29	3,85	6,49	10,20	13,17	100,00
25 °C	0,680	0,696	0,707	0,726	0,752	0,774	1,407
50 °C	0,658	0,674	0,685	0,704	0,730	0,751	1,377

C_8H_7ClO Phenylacetylchlorid (X_1) — C_6H_6 Benzol (X_2)
[10] ⟨K6, d4⟩

Mol-% X_1	0,00	1,48	2,68	3,87	5,11	100,00
20 °C	0,879	0,886	0,890	0,895	0,900	1,169

C_8H_7ClO Toluylchlorid (X_1) — C_6H_6 Benzol (X_2)
[10] ⟨K6, d4⟩

Mol-% X_1	0,00	1,36	2,65	3,86	5,18	100,00
20 °C	0,879	0,884	0,890	0,895	0,900	1,169

$C_8F_{16}O$ Cycl. Perfluoroctanoxyd (X_1) — C_6H_{14} n-Hexan (X_2)
[19] ⟨K8, d4⟩

Mol-% X_1	0,00	5,99	12,21	19,04	56,59	69,07	83,29	100,00
25 °C	0,655	0,760	0,860	0,964	1,409	1,523	1,631	1,764

$C_8F_{16}O$ Cycl. Perfluoroctanoxyd (X_1) — C_8H_{18} 2.2.4-Trimethylpentan (X_2)
[19] ⟨K11, d4⟩

Mol-% X_1	0,00	7,25	14,96	23,17	31,94	41,31	51,36	62,16	73,89	86,37	100,00
25 °C	0,688	0,789	0,888	0,990	1,093	1,199	1,306	1,414	1,527	1,644	1,764

$C_8F_{16}O$ Cycl. Perfluoroctanoxyd (X_1) — **$C_4Cl_3F_7$ 2.2.3-Trichlorheptafluorbutan** (X_2)
[19] ⟨K 11, d 4⟩

Mol-% X_1	0,00	7,45	14,98	23,09	31,86	41,43	51,32	62,13	73,54	85,93	100,00
25 °C	1,739	1,739	1,739	1,740	1,742	1,744	1,746	1,749	1,753	1,758	1,764

[20] ⟨K 14, d 4, ϑ 25 °C⟩

$C_8F_{16}O$ Cycl. Perfluoroctanoxid (X_1) — **$C_5Cl_2F_6$ 1.2-Dichlor-hexafluorcyclopenten** (X_2)
[19] ⟨K 11, d 4⟩

Mol-% X_1	0,00	6,54	13,64	21,31	29,64	38,72	48,66	59,59	71,65	85,05	100,00
25 °C	1,643	1,653	1,663	1,673	1,684	1,696	1,708	1,720	1,734	1,748	1,764

[20] ⟨K 15, d 4, ϑ 25 °C⟩

$C_8F_{16}O$ Cycl. Perfluoroctanoxid (X_1) — **C_7F_{16} Perfluorheptan** (X_2)
[19] ⟨K 11, d 4⟩

Mol-% X_1	0,00	9,57	19,23	28,99	38,84	48,78	58,82	68,97	79,21	89,55	100,00
25 °C	1,728	1,731	1,735	1,739	1,743	1,746	1,750	1,754	1,757	1,761	1,764

[20] ⟨K 14, d 4, ϑ 25 °C⟩

$C_8H_7BrO_2$ p-Brombenzoesäuremethylester (X_1) — **C_6H_6 Benzol** (X_2)
[6] ⟨K 5, d 4⟩

Mol-% X_1	0,00	1,61	2,06	2,68	3,45
14 °C	0,886	0,904	0,909	0,915	0,924

$C_8H_6Br_2O_2$ 6.7-Dibrom-1.4-dioxotetralin (X_1) — **C_6H_6 Benzol** (X_2)
[18] ⟨K 6, d 4⟩

Mol-% X_1	0,77	0,84	1,06	1,34	2,18
25 °C	0,888	0,889	0,893	0,898	0,914

$C_8H_4Cl_2O_2$ s-Phthalylchlorid (X_1) — **C_6H_6 Benzol** (X_2)
[10] ⟨K 6, d 4⟩

Mol-% X_1	0,00	1,03	2,03	3,04	4,00	100,00
20 °C	0,879	0,888	0,897	0,905	0,913	1,406

C_9H_7ClO Zimtsäurechlorid (X_1) — **C_6H_6 Benzol** (X_2)
[11] ⟨K 4, d 5⟩

Mol-% X_1	0,00	0,82	0,99	1,58
25 °C	0,873	0,877	0,878	0,881

$C_9H_9ClO_2$ p-Chlorbenzoesäureäthylester (X_1) — **C_6H_6 Benzol** (X_2)
[4] ⟨K 5, d 5⟩

Mol-% X_1	0,00	1,66	2,68	3,54	5,63
20,2 °C	0,878	0,887	0,893	0,897	0,908

$C_9H_9BrO_2$ p-Brombenzoesäureäthylester (X_1) — **$C_9H_{10}O_2$ Äthylbenzoat** (X_2)
[1] ⟨K 6, d 4⟩

Gew.-% X_1	0,00	38,48	60,95	61,72	77,57	100,00
25 °C	1,042	1,164	1,249	1,252	1,320	1,431

$C_9H_5ClO_2$ o-Chlorphenylpropiolsäure (X_1) — **$C_4H_8O_2$ Dioxan** (X_2)
[9] ⟨K4, d5⟩

Mol-% X_1	0,00	0,81	1,62	2,58
25 °C	1,027	1,031	1,035	1,040

$C_9H_5ClO_2$ p-Chlorphenylpropiolsäure (X_1) — **$C_4H_8O_2$ Dioxan** (X_2)
[9] ⟨K4, d5⟩

Mol-% X_1	0,00	0,69	1,21
25 °C	1,027	1,030	1,040

$C_{10}H_{15}BrO$ Bromcampher (X_1) — **C_6H_6 Benzol** (X_2)
[3] ⟨K6, d4⟩

Gew.-% X_1	0,00	0,47	4,51	21,21	32,50	46,12
25 °C	0,873	0,874	0,887	0,943	0,985	1,041

$C_{10}H_{15}BrO$ Bromcampher (X_1) — **C_2H_6O Äthanol** (X_2)
[3] ⟨K6, d4⟩

Gew.-% X_1	0,00	0,51	4,98	9,77	14,32	18,73
25 °C	0,787	0,789	0,804	0,821	0,838	0,855

$C_{10}H_{15}BrO$ Bromcampher (X_1) — **C_3H_6O Aceton** (X_2)
[3] ⟨K6, d4⟩

Gew.-% X_1	0,00	0,77	7,38	22,93	34,72	48,58
25 °C	0,787	0,790	0,812	0,872	0,922	0,988

$C_{10}H_{15}BrO$ Bromcampher (X_1) — **$C_4H_8O_2$ Äthylacetat** (X_2)
[3] ⟨K6, d4⟩

Gew.-% X_1	0,00	0,46	4,39	20,76	31,89	38,90
25 °C	0,895	0,896	0,908	0,963	1,003	1,029

$C_{10}H_{11}BrO_2$ p-Brom-β-Phenylpropionsäuremethylester (X_1) — **C_6H_6 Benzol** (X_2)
[6] ⟨K5, d4⟩

Mol-% X_1	0,00	1,15	1,47	1,99	2,52
19,8 °C	0,879	0,889	0,892	0,897	0,901

$C_{10}H_9BrO_2$ β-Bromzimtsäuremethylester (X_1) — **C_6H_6 Benzol** (X_2)
[6] ⟨K5, d4⟩

Mol-% X_1	0,00	0,90	1,37	2,02	2,65
21,6 °C	0,877	0,887	0,892	0,899	0,905

$C_{10}H_8Br_2O_2$ α.β-Dibromzimtsäuremethylester [Fp. 134 °C] (X_1) — **C_6H_6 Benzol** (X_2)
[6] ⟨K4, d4⟩

Mol-% X_1	0,00	1,45	1,68	2,05
21,4 °C	0,877	0,902	0,906	0,913

$C_{11}H_{11}BrO_2$ α-Bromzimtsäureäthylester [Fp. 131 °C] (X_1) — **C_6H_6 Benzol** (X_2)
[6] ⟨K5, d4⟩

Mol-% X_1	0,00	1,37	2,16	3,02	3,57
21,6 °C	0,877	0,891	0,899	0,908	0,913

$C_{11}H_{11}BrO_2$ β-Bromzimtsäureäthylester (X_1) — **C_6H_6 Benzol** (X_2)
[*6*] ⟨K 5, d 4⟩

Mol-% X_1	0,00	1,25	1,46	1,97	2,66
19,2 °C	0,880	0,894	0,896	0,902	0,910

$C_{12}H_9FO$ p-Fluordiphenyläther (X_1) — **C_6H_6 Benzol** (X_2)
[*17*] ⟨K 4, d 4⟩

Mol-% X_1	0,47	1,57	3,15
25 °C	0,876	0,882	0,890

$C_{12}H_9BrO$ p-Bromdiphenyläther (X_1) — **C_6H_6 Benzol** (X_2)
[*7*] ⟨K 7, d 4⟩

Mol-% X_1	0,00	1,59	3,23	4,92	7,66	10,20	100,00
25 °C	0,873	0,891	0,908	0,925	0,952	0,975	1,416
50 °C	0,847	0,863	0,881	0,898	0,925	0,948	1,390

[*5*] ⟨K 5 bis 2,4 Mol-% X_1, d 5, ϑ 19,3 °C⟩

$C_{12}H_9BrO$ p-Bromdiphenyläther (X_1) — **C_7H_{16} Heptan** (X_2)
[*7*] ⟨K 6, d 4⟩

Mol-% X_1	0,00	1,92	4,04	7,11	11,64	100,00
25 °C	0,680	0,697	0,716	0,743	0,783	1,416
50 °C	0,658	0,675	0,694	0,721	0,760	1,390

$C_{12}H_8F_2O$ p.p′-Difluordiphenyläther (X_1) — **C_6H_6 Benzol** (X_2)
[*17*] ⟨K 4, d 4⟩

Mol-% X_1	0,43	0,79	1,33	2,02
25 °C	0,876	0,879	0,882	0,886

$C_{12}H_8Br_2O$ p.p′-Dibromdiphenyläther (X_1) — **C_6H_6 Benzol** (X_2)
[*7*] ⟨K 7, d 4⟩

Mol-% X_1	0,00	1,14	1,66	2,48	3,31	4,39	6,57
25 °C	0,873	0,894	0,903	0,918	0,932	0,950	0,985
50 °C	0,847	0,867	0,876	0,890	0,904	0,922	0,957

[*5*] ⟨K 6 bis 5,1 Mol-% X_1, d 5, ϑ 17,8 °C⟩

$C_{12}H_8Br_2O$ p.p′-Dibromdiphenyläther (X_1) — **C_7H_{16} Heptan** (X_2)
[*7*] ⟨K 6, d 4⟩

Mol-% X_1	0,00	1,56	2,77	3,37	4,35	4,54
25 °C	0,680	0,702	0,717	0,725	0,739	0,742
50 °C	0,658	0,680	0,695	0,703	0,717	0,719

$C_{13}H_9FO$ p-Fluorbenzophenon (X_1) — **C_6H_6 Benzol** (X_2)
[*17*] ⟨K 4, d 4⟩

Mol-% X_1	0,36	0,94	1,72	2,64
25 °C	0,875	0,879	0,884	0,889

$C_{13}H_8F_2O$ p.p′-Difluorbenzophenon (X_1) — **C_6H_6 Benzol** (X_2)
[*17*] ⟨K 4, d 4⟩

Mol-% X_1	0,34	0,74	1,14	1,70
25 °C	0,876	0,879	0,882	0,886

$C_{13}H_6Br_2O$ 2.7-Dibromfluorenon (X_1) — **C_6H_6 Benzol** (X_2) [*12*]

$C_{13}H_6Br_2O_2$ β-Dibromxanthon (X_1) — **C_6H_6 Benzol** (X_2)
[13] ⟨K 5 bis 0,26 Mol-% X_1, d 5, ϑ 25 °C⟩

$C_{14}H_7ClO_2$ 1-Chloranthrachinon (X_1) — **C_6H_6 Benzol** (X_2)
[16] ⟨K 3 bis 0,74 Mol-% X_1, d 5, ϑ 22 °C⟩

$C_{14}H_7ClO_2$ 1-Chloranthrachinon (X_1) — **$C_4H_8O_2$ Dioxan** (X_2)
[16] ⟨K 2 bis 0,82 Mol-% X_1, d 5, ϑ 22 °C⟩

$C_{14}H_7ClO_2$ 2-Chloranthrachinon (X_1) — **C_6H_6 Benzol** (X_2)
[16] ⟨K 3 bis 0,16 Mol-% X_1, d 5, ϑ 22 °C⟩

$C_{14}H_6Cl_2O_2$ 1.8-Dichloranthrachinon (X_1) — **C_6H_6 Benzol** (X_2)
[16] ⟨K 5 bis 0,07 Mol-% X_1, d 5, ϑ 22 °C⟩

$C_{14}H_6Cl_2O_2$ 1.8-Dichloranthrachinon (X_1) — **C_3H_6O Aceton** (X_2)
[16] ⟨K 3 bis 0,21 Mol-% X_1, d 5, ϑ 22 °C⟩

$C_{14}H_6Cl_2O_2$ 2.3-Dichloranthrachinon (X_1) — **C_6H_6 Benzol** (X_2)
[16] ⟨K 6 bis 0,06 Mol-% X_1, d 5, ϑ 22 °C⟩

$C_{15}H_{11}BrO$ α-Brombenzylidenacetophenon (X_1) — **C_6H_6 Benzol** (X_2)
[6] ⟨K 5, d 4⟩

Mol-% X_1	0,00	0,50	0,86	1,15	1,51
20,05 °C	0,879	0,885	0,890	0,894	0,899

$C_{15}H_{11}BrO$ β-Brombenzylidenacetophenon (X_1) — **C_6H_6 Benzol** (X_2)
[6] ⟨K 5, d 4⟩

Mol-% X_1	0,00	0,51	0,87	1,22	1,63
20,9 °C	0,878	0,884	0,889	0,893	0,899

$C_{15}H_{11}BrO$ p-Brombenzylidenacetophenon (X_1) — **C_6H_6 Benzol** (X_2)
[6] ⟨K 5, d 4⟩

Mol-% X_1	0,00	0,93	1,24	1,51	1,84
22,15 °C	0,876	0,888	0,892	0,896	0,900

$C_{15}H_{11}BrO$ Benzyliden-p-bromacetophenon (X_1) — **C_6H_6 Benzol** (X_2)
[6] ⟨K 5, d 4⟩

Mol-% X_1	0,00	1,00	1,19	1,53	1,93
18,2 °C	0,881	0,893	0,895	0,899	0,904

$C_{15}H_{10}Br_2O$ p.p'-Dibrombenzylidenacetophenon (X_1) — **$C_4H_8O_2$ Dioxan** (X_2)
[6] ⟨K 3, d 4⟩

Mol-% X_1	0,00	0,49	0,68
17,1 °C	1,034	1,043	1,046

$C_{15}H_{10}Br_2O$ α.β-Dibrombenzylidenacetophenon (X_1) — **C_6H_6 Benzol** (X_2)
[6] ⟨K 5, d 4⟩

Mol-% X_1	0,00	0,59	0,88	1,20	1,52
21,6 °C	0,877	0,889	0,895	0,901	0,907

$C_{16}H_{12}Br_2O_4$ 4.4-Dibromdiphensäuredimethylester (X_1) — **C_6H_6 Benzol** (X_2)
[14] ⟨K 5, d 5⟩

Gew.-% X_1	0,00	0,42	0,85
25 °C	0,874	0,875	0,877

Lacmann

$C_{20}H_{16}Cl_2O_8$ Methyl-di-(o-chlorbenzoyl)tartrat (X_1) — **C_2H_6O Äthanol** (X_2)
[2] ⟨K 1, d 4, ϑ 20 °C⟩

$C_{20}H_{16}Cl_2O_8$ Methyl-di-(m-chlorbenzoyl)tartrat (X_1) — **C_2H_6O Äthanol** (X_2)
[2] ⟨K 1, d 4, ϑ 20 °C⟩

$C_{20}H_{16}Cl_2O_8$ Methyl-di-(p-chlorbenzoyl)tartrat (X_1) — **C_2H_6O Äthanol** (X_2)
[2] ⟨K 1, d 4, ϑ 20 °C⟩

$C_{20}H_{16}Br_2O_8$ Methyl-di-(o-brombenzoyl)tartrat (X_1) — **C_2H_6O Äthanol** (X_2)
[2] ⟨K 2, d 4, ϑ 20 °C⟩

$C_{20}H_{16}Br_2O_8$ Methyl-di-(m-brombenzoyl)tartrat (X_1) — **C_2H_6O Äthanol** (X_2)
[2] ⟨K 3, d 4, ϑ 20 °C⟩

$C_{20}H_{16}Br_2O_8$ Methyl-di-(p-brombenzoyl)tartrat (X_1) — **C_2H_6O Äthanol** (X_2)
[2] ⟨K 2, d 4, ϑ 20 °C⟩

1 Reid: Amer. J. Chem. **45** (1911) 479 (nach ICT).
2 Frankland, P. F., Carter, S. R., Adams, E. B.: J. chem. Soc. (London) **101** (1912) 2470—83. (nach ICT).
3 Peacock, D. H.: J. chem. Soc. (London) **107** (1915) 1547—67.
4 Bergmann, E., Engel, L.: Z. physik. Chem. (B) **15** (1931) 85—96.
5 Bergmann, E., Tschudnowski, M.: Z. physik. Chem. (B) **17** (1932) 107—15.
6 Bergmann, E.: J. chem. Soc. (London) **1936**, 402—11.
7 Smyth, C. P., Walls, W. S.: J. Amer. chem. Soc. **54** (1932) 3230—40.
8 Pearce, J. N., Berhenke, L. F.: J. physic. Chem. **39** (1935) 1005—10.
9 Wilson, C. J., Wenzke, H. H.: J. Amer. chem. Soc. **57** (1935) 1265—67.
10 Martin, G. T. O., Partington, J. R.: J. chem. Soc. (London) **1936**, 1175—78, 1178—82.
11 Koehl, S. M., Wenzke, H. H.: J. Amer. chem. Soc. **59** (1937) 1418—20.
12 Hughes, E. D., Le Fèvre, C. G., Le Fèvre, R. J. W.: J. chem. Soc. (London) **1937**, 202—07.
13 Le Fèvre, C. G., Le Fèvre, R. J. W.: J. chem. Soc. (London) **1937**, 196—202.
14 Le Fèvre, R. J. W., Vine, H.: J. chem. Soc. (London) **1938**, 967—72.
15 Coomber, D. I., Partington, J. R.: J. chem. Soc. (London) **1938**, 1444—52.
16 Fischer, E., Rogowski, F.: Physik. Z. **40** (1939) 331—37.
17 Leonard, N. J., Sutton, L. E.: J. Amer. chem. Soc. **70** (1948) 1564—71.
18 Springall, H. D., Hampson, G. C., May, C. G., Spedding, H.: J. chem. Soc. (London) **1949**, 1524—32.
19 Reed III, T. M., Taylor, T. E.: J. physic. Chem. **63** (1959) 58—67.
20 Yen, L. C., Reed III, T. M.: J. chem. Engng. Data **4** (1959) 102—07.
21 Watson, I. D., Knight, R. J., McKinnon, I. R., Williamson, A. G.: Trans. Faraday Soc. **64** (1968) 1763—75.

1.4.5 Organische Schwefelverbindungen — Organic sulphur compounds

C_2H_6S Äthylmercaptan (X_1) — **C_6H_6 Benzol** (X_2)
[15] ⟨K 12, d 5⟩

Mol-% X_1	0,00	3,05	4,69	9,07	12,39	16,14	24,59	73,26	92,47	100,00
15 °C	0,884	0,883	0,882	0,880	0,879	0,878	0,874	0,854	0,846	0,842

C_2H_6S Dimethylsulfid (X_1) — **C_6H_6 Benzol** (X_2)
[7] ⟨K 7, d 4⟩

Mol-% X_1	0,00	1,96	4,89	100,00
20 °C	0,879	0,878	0,877	0,848

$C_2H_6S_2$ Dimethyldisulfid (X_1) — **C_6H_6 Benzol** (X_2)
[22] ⟨K 5 bis 0,6 Mol-% X_1, d 5, ϑ 30 °C⟩

$C_2H_6S_3$ Dimethyltrisulfid (X_1) — **C_6H_6 Benzol** (X_2)
[22] ⟨K 5 bis 0,6 Mol-% X_1, d 5, ϑ 30 °C⟩

C_3H_8S Propylmercaptan (X_1) — **C_6H_6 Benzol** (X_2)
[*7*] ⟨K 5, d 4⟩

Mol-% X_1	0,00	2,00	4,34	7,21	100,00
20 °C	0,878	0,877	0,876	0,874	0,839

[*23*] ⟨K 6 bis 4,3 Gew.-% X_1, d 4, ϑ 25 °C⟩

C_3H_8S Iso-propylmercaptan (X_1) — **C_6H_6 Benzol** (X_2)
[*23*] ⟨K 5 bis 4,7 Gew.-% X_1, d 4, ϑ 25 °C⟩

$C_4H_{10}S$ Butylmercaptan (X_1) — **C_6H_6 Benzol** (X_2)
[*8*] ⟨K 9, d 4⟩

Mol-% X_1	0,00	2,77	5,20	7,85	13,77	22,96	37,17	56,84	100,00
25 °C	0,873	0,871	0,870	0,869	0,866	0,862	0,856	0,849	0,837
50 °C	0,846	0,845	0,844	0,842	0,840	0,836	0,830	0,824	0,812

[*7*] ⟨K 7 bis 9 Mol-% X_1, d 4, ϑ 20 °C⟩
[*23*] ⟨K 6 bis 5,4 Gew.-% X_1, d 4, ϑ 25 °C⟩

$C_4H_{10}S$ Isobutylmercaptan (X_1) — **C_6H_6 Benzol** (X_2)
[*23*] ⟨K 6 bis 4,9 Gew.-% X_1, d 4, ϑ 25 °C⟩

$C_4H_{10}S$ sek.-Butylmercaptan (X_1) — **C_6H_6 Benzol** (X_2)
[*23*] ⟨K 6 bis 5,4 Gew.-% X_1, d 4, ϑ 25 °C⟩

$C_4H_{10}S$ tert.-Butylmercaptan (X_1) — **C_6H_6 Benzol** (X_2)
[*23*] ⟨K 6 bis 5,1 Gew.-% X_1, d 4, ϑ 25 °C⟩

$C_4H_{10}S$ Diäthylsulfid (X_1) — **C_6H_6 Benzol** (X_2)
[*8*] ⟨K 9, d 4⟩

Mol-% X_1	0,00	1,82	3,50	5,60	10,29	33,00	50,07	60,39	100,00
25 °C	0,873	0,872	0,871	0,870	0,868	0,857	0,850	0,846	0,831
50 °C	0,846	0,845	0,844	0,843	0,841	0,831	0,824	0,820	0,806

C_4H_4S Thiophen (X_1) — **C_6H_6 Benzol** (X_2)
[*19*] ⟨K 11, d 5⟩

Mol-% X_1	0,00	10,32	19,60	29,54	38,00	49,67	61,07	70,19	80,29	89,96	100,00
20 °C	0,8790	0,8962	0,9120	0,9293	0,9443	0,9656	0,9870	1,0045	1,0244	1,0439	1,0647

[*18*] ⟨K 12, d 4, ϑ 20 °C⟩
[*25*] ⟨K 10 bis 7 Gew.-% X_1, d 4, ϑ 25 °C⟩

C_4H_4S Thiophen (X_1) — **CCl_4 Tetrachlormethan** (X_2)
[*12*] ⟨K 5, d 5⟩

Gew.-% X_1	0,00	0,15	2,23	2,67	5,19
25 °C	1,585	1,583	1,567	1,564	1,545

$C_4H_{10}S_2$ Diäthyldisulfid (X_1) — **C_6H_6 Benzol** (X_2)
[*22*] ⟨K 5 bis 0,4 Mol-% X_1, d 5, ϑ 30 °C⟩

$C_5H_{12}S$ n-Amylmercaptan (X_1) — **C_6H_6 Benzol** (X_2)
[*8*] ⟨K 11, d 4⟩

Mol-% X_1	0,00	2,97	5,36	6,43	13,82	21,76	23,51	40,59	51,98	100,00
25 °C	0,873	0,871	0,870	0,869	0,865	0,861	0,860	0,854	0,849	0,837
50 °C	0,846	0,844	0,843	0,843	0,839	0,836	0,835	0,829	0,826	0,815

$C_6H_{14}S$ Di-n-Propylsulfid (X_1) — **C_6H_6 Benzol** (X_2)
[*7*] ⟨K 6, d 4⟩

Mol-% X_1	0,00	1,06	3,14	5,47	100,00
20 °C	0,879	0,878	0,877	0,875	0,844

$C_6H_{12}S$ Cyclohexanthiol (X_1) — **C_6H_6 Benzol** (X_2)
[*24*] ⟨K 6, d 5⟩

Gew.-% X_1	0,00	0,96	2,14	3,03	3,98	4,62
25 °C	0,8737	0,8742	0,8749	0,8754	0,8760	0,8764

C_6H_6S Thiophenol (X_1) — **C_6H_6 Benzol** (X_2)
[*24*] ⟨K 6, d 5⟩

Gew.-% X_1	0,00	1,97	2,98	3,88	4,86	5,76
25 °C	0,8736	0,8768	0,8785	0,8800	0,8816	0,8831

[*7*] ⟨K 6 bis 6 Gew.-% X_1, d 4, ϑ 20 °C⟩

$C_6H_{14}S_2$ Dipropyldisulfid (X_1) — **C_6H_6 Benzol** (X_2)
[*22*] ⟨K 5 bis 0,6 Mol-% X_1, d 5, ϑ 30 °C⟩

C_7H_8S α-Toluolthiol (X_1) — **C_6H_6 Benzol** (X_2)
[*24*] ⟨K 6, d 5⟩

Gew.-% X_1	0,00	1,04	2,04	2,96	4,04	4,97
25 °C	0,8736	0,8751	0,8766	0,8780	0,8796	0,8811

C_7H_8S Thioanisol (X_1) — **C_6H_6 Benzol** (X_2)
[*3*] ⟨K 5, d 5⟩

Mol-% X_1	0,00	0,49	4,96	6,10	7,19
20,6 °C	0,878	0,879	0,890	0,893	0,895

$C_8H_{18}S$ Di-n-Butylsulfid (X_1) — **C_6H_6 Benzol** (X_2)
[*7*] ⟨K 7, d 4⟩

Mol-% X_1	0,00	1,30	2,96	3,50	100,00
20 °C	0,879	0,878	0,877	0,876	0,845

$C_{10}H_{22}S$ Di-n-Amylsulfid (X_1) — **C_6H_6 Benzol** (X_2)
[*8*] ⟨K 9, d 4⟩

Mol-% X_1	0,00	1,27	2,40	3,63	9,01	14,17	28,30	46,31	100,00
25 °C	0,873	0,872	0,871	0,869	0,864	0,861	0,853	0,846	0,836
50 °C	0,846	0,845	0,844	0,843	0,840	0,836	0,830	0,824	0,816

$C_{12}H_{10}S$ Biphenylensulfid (X_1) — **C_6H_6 Benzol** (X_2)
[*4*] ⟨K 6, d 5⟩

Mol-% X_1	0,00	1,63	3,39	4,70	6,84	8,49
23,7 °C	0,874	0,884	0,894	0,901	0,910	0,922

$C_{12}H_{10}S$ Diphenylsulfid (X_1) — **C_6H_6 Benzol** (X_2)
[*3*] ⟨K 8, d 5⟩

Mol-% X_1	0,00	0,35	0,68	0,90	2,74	3,76	5,32	8,08
21 °C	0,877	0,879	0,880	0,881	0,889	0,894	0,900	0,912

$C_{12}H_{10}S_2$ Diphenyldisulfid (X_1) — **C_6H_6 Benzol** (X_2)
[4] ⟨K 5, d 5⟩

Mol-% X_1	0,00	1,78	2,02	2,16	3,21
24,0 °C	0,874	0,892	0,894	0,901	0,906

$C_{12}H_8S_2$ Thiantren (X_1) — **C_6H_6 Benzol** (X_2)
[8] ⟨K 6, d 4⟩

Mol-% X_1	0,00	0,62	1,05	1,20	1,35	1,76
25 °C	0,873	0,878	0,882	0,883	0,884	0,887
50 °C	0,846	0,851	0,855	0,856	0,857	0,861

[13] ⟨K 5 bis 1 Gew.-% X_1, d 5, ϑ 25 °C⟩

$C_{14}H_{14}S$ Dibenzylsulfid (X_1) — **C_6H_6 Benzol** (X_2)
[3] ⟨K 7, d 5⟩

Mol-% X_1	0,00	0,60	1,01	2,79	3,54	5,36	7,44
20,6 °C	0,878	0,881	0,882	0,890	0,894	0,902	0,911

$C_{12}H_9FS$ p-Fluordiphenylsulfid (X_1) — **C_6H_6 Benzol** (X_2)
[20] ⟨K 4, d 4⟩

Mol-% X_1	0,40	1,01	1,85	2,63
25 °C	0,876	0,880	0,885	0,890

$C_{12}H_9ClS$ p-Chlordiphenylsulfid (X_1) — **C_6H_6 Benzol** (X_2)
[3] ⟨K 9, d 5⟩

Mol-% X_1	0,00	0,28	0,49	0,69	3,06	3,87	4,75	6,81
20,8 °C	0,878	0,880	0,881	0,882	0,898	0,904	0,909	0,923

[4] ⟨K 5 bis 2,7 Mol-% X_1, d 5, ϑ 20,5 °C⟩

$C_{12}H_8F_2S$ p.p′-Difluordiphenylsulfid (X_1) — **C_6H_6 Benzol** (X_2)
[20] ⟨K 4, d 4⟩

Mol-% X_1	0,37	0,69	1,08	2,59
25 °C	0,876	0,879	0,882	0,893

$C_{12}H_8Cl_2S$ p.p′-Dichlordiphenylsulfid (X_1) — **C_6H_6 Benzol** (X_2)
[4] ⟨K 4, d 5⟩

Mol-% X_1	0,00	1,38	3,31	3,82
21,8 °C	0,877	0,888	0,904	0,918

$C_{12}H_8Br_2S$ p.p′-Dibromdiphenylsulfid (X_1) — **C_6H_6 Benzol** (X_2)
[5] ⟨K 11, d 4⟩

Mol-% X_1	0,00	0,83	1,24	1,72	2,17	2,56	2,98	3,08	3,69	4,08
25 °C	0,873	0,889	0,897	0,906	0,914	0,921	0,928	0,930	0,941	0,948
50 °C	0,846	0,862	0,870	0,879	0,887	0,894	0,901	0,902	0,914	0,921

C_2H_6OS Dimethylsulfoxid (X_1) — **C_6H_6 Benzol** (X_2)
[26] ⟨K 16, d 5⟩

Gew.-% X_1	0,00	11,05	19,73	28,90	39,91	52,60	64,04	81,39	95,25	100,00
25 °C	0,8731	0,8953	0,9127	0,9314	0,9542	0,9815	1,0072	1,0482	1,0827	1,0962

[27] ⟨K 11, d 4, ϑ 35 °C⟩

Mol-% X_1	0,00	9,97	20,27	30,65	40,36	59,62	68,92	79,62	89,92	100,00
45 °C	0,853	0,873	0,894	0,915	0,936	0,978	0,999	1,024	1,050	1,076

C_2H_6OS Dimethylsulfoxid (X_1) — **C_7H_8 Toluol** (X_2)
[32] ⟨K 11, d4, ϑ 35 °C⟩

Mol-% X_1	0	10	20	30	40	50	60	70	80	90	100
25 °C	0,8616	0,8794	0,8980	0,9176	0,9378	0,9590	0,9822	1,0077	1,0343	1,0639	1,0957
45 °C	0,8417	0,8589	0,8770	0,8964	0,9168	0,9386	0,9621	0,9869	1,0142	1,0439	1,0756

C_2H_6OS Dimethylsulfoxid (X_1) — **$CHCl_3$ Chloroform** (X_2)
[27] ⟨K 11, d4, ϑ 35 °C⟩

Mol-% X_1	0,00	9,55	20,39	30,21	40,68	60,44	70,38	80,47	90,14	100,00
25 °C	1,479	1,454	1,413	1,378	1,337	1,259	1,218	1,176	1,137	1,096
45 °C	1,441	1,419	1,382	1,348	1,310	1,234	1,195	1,154	1,116	1,076

C_2H_6OS Dimethylsulfoxid (X_1) — **CCl_4 Tetrachlormethan** (X_2)
[35] ⟨K 11, Molvolumen⟩

Mol-% X_1	0	10	20	30	40	50	60	70	80	90	100
25 °C	1,5843	1,5515	1,5157	1,4764	1,4340	1,3884	1,3385	1,2836	1,2255	1,1628	1,0955
45 °C	1,5461	1,5106	1,4733	1,4338	1,3918	1,3473	1,2999	1,2493	1,1953	1,1374	1,0752

C_2H_6OS Dimethylsulfoxid (X_1) — **C_6H_5Cl Chlorbenzol** (X_2)
[32] ⟨K 11, d4, ϑ 35 °C⟩

Mol-% X_1	0	10	20	30	40	50	60	70	80	90	100
25 °C	1,1015	1,1015	1,1014	1,1011	1,1006	1,1000	1,0992	1,0984	1,0975	1,0966	1,0957
45 °C	1,0798	1,0798	1,0798	1,0796	1,0793	1,0788	1,0783	1,0777	1,0770	1,0763	1,0756

C_2H_6OS Dimethylsulfoxid (X_1) — **CH_4O Methanol** (X_2)
[30] ⟨K 11, d4, ϑ 35 °C⟩

Mol-% X_1	0,00	15,31	19,61	29,39	40,44	53,30	63,03	71,67	81,70	88,86	100,00
25 °C	0,7870	0,8697	0,8889	0,9283	0,9659	0,9972	1,0206	1,0432	1,0650	1,0777	1,0958
45 °C	0,7674	0,8498	0,8690	0,9082	0,9457	0,9769	1,0002	1,0228	1,0446	1,0573	1,0757

[35] ⟨K 11, Molvolumen, ϑ 25°, 45 °C⟩
[34] ⟨K 6, d4, ϑ 25 °C⟩

C_2H_6OS Dimethylsulfoxid (X_1) — **C_2H_6O Äthanol** (X_2)
[30] ⟨K 11, d4, ϑ 35 °C⟩

Mol-% X_1	0,00	10,26	19,71	28,92	40,43	50,29	62,00	71,17	80,36	90,17	100,00
25 °C	0,7856	0,8250	0,8593	0,8911	0,9291	0,9603	0,9928	1,0210	1,0462	1,0716	1,0958
45 °C	0,7677	0,8074	0,8413	0,8731	0,9112	0,9416	0,9740	1,0018	1,0270	1,0521	1,0757

C_2H_6OS Dimethylsulfoxid (X_1) — **$C_2H_6O_2$ Äthylenglykol** (X_2)
[31] ⟨K 6, d4, ϑ 35 °C⟩

Mol-% X_1	0	20	40	60	80	100
25 °C	1,1098	1,1090	1,1070	1,1041	1,1003	1,0958
45 °C	1,0958	1,0938	1,0905	1,0863	1,0815	1,0757

C_2H_6OS Dimethylsulfoxid (X_1) — **$C_2H_4O_2$ Essigsäure** (X_2)
[27] ⟨K 11, d4, ϑ 35 °C⟩

Mol-% X_1	0,00	9,78	19,97	29,91	40,69	52,47	60,36	70,38	80,40	90,30	100,00
25 °C	1,044	1,060	1,072	1,080	1,086	1,088	1,090	1,092	1,093	1,094	1,096
45 °C	1,022	1,039	1,051	1,060	1,066	1,069	1,071	1,072	1,073	1,075	1,076

[34] ⟨K 6, d4, ϑ 25 °C⟩

C_2H_6OS Dimethylsulfoxid (X_1)—**C_3H_8O Propanol(1)** (X_2)
[*30*] ⟨K11, d4, ϑ 35 °C⟩

Mol-% X_1	0,00	10,53	20,78	29,73	41,30	50,99	59,89	70,25	79,84	90,11	100,00
25 °C	0,7996	0,8301	0,8594	0,8852	0,9188	0,9473	0,9735	1,0048	1,0339	1,0651	1,0958
45 °C	0,7838	0,8132	0,8423	0,8676	0,9014	0,9290	0,9552	0,9863	1,0148	1,0458	1,0757

C_2H_6OS Dimethylsulfoxid (X_1)—**C_3H_6O Aceton** (X_2)
[*28*] ⟨K7, d4⟩

Mol-% X_1	0	10	25	50	75	90	100
30 °C	0,779	0,800	0,836	0,916	0,997	1,056	1,091

[*38*] ⟨K11, d4, ϑ 25°, 40 °C⟩
[*39*] ⟨K9, d4, ϑ 30 °C⟩

C_2H_6OS Dimethylsulfoxid (X_1)—**$C_3H_8O_2$ 2-Methoxyäthanol** (X_2)
[*31*] ⟨K6, d4, ϑ 35 °C⟩

Mol-% X_1	0	20	40	60	80	100
25 °C	0,9604	0,9875	1,0140	1,0408	1,0681	1,0958
45 °C	0,9417	0,9689	0,9952	1,0215	1,0483	1,0757

C_2H_6OS Dimethylsulfoxid (X_1)—**$C_3H_8O_3$ Glycerin** (X_2)
[*31*] ⟨K6, d4, ϑ 35 °C⟩

Mol-% X_1	0	20	40	60	80	100
25 °C	1,2581	1,2310	1,2010	1,1685	1,1332	1,0958
45 °C	1,2457	1,2170	1,1859	1,1523	1,1157	1,0757

C_2H_6OS Dimethylsulfoxid (X_1)—**$C_3H_4O_3$ Äthylencarbonat** (X_2)
[*40*] ⟨K12, d4⟩

Gew.-% X_1	0,00	6,45	15,78	26,12	34,24	43,94	53,72	64,76	77,68	86,48	100,00
40 °C	1,3218	1,3017	1,2738	1,2444	1,2227	1,1982	1,1749	1,1499	1,1227	1,1053	1,0804

C_2H_6OS Dimethylsulfoxid (X_1)—**$C_4H_8O_2$ Dioxan** (X_2)
[*35*] ⟨K11, Molvolumen⟩

Mol-% X_1	0	10	20	30	40	50	60	70	80	90	100
25 °C	1,0281	1,0339	1,0401	1,0467	1,0532	1,0597	1,0664	1,0733	1,0805	1,0877	1,0955
45 °C	1,0061	1,0125	1,0184	1,0246	1,0312	1,0378	1,0451	1,0525	1,0599	1,0673	1,0752

[*38*] ⟨K11, d4, ϑ 25°, 40 °C⟩

C_2H_6OS Dimethylsulfoxid (X_1)—**C_6H_6O Phenol** (X_2)
[*32*] ⟨K9, d4, ϑ 35 °C⟩

Mol-% X_1	20	30	40	50	60	70	80	90	100
25 °C	1,0812	1,0844	1,0866	1,0879	1,0888	1,0901	1,0918	1,0937	1,0957
45 °C	1,0633	1,0662	1,0683	1,0694	1,0702	1,0710	1,0720	1,0735	1,0756

[*36*] ⟨K9, d3, ϑ 20°, 40°, 60 °C⟩

C_2H_6OS Dimethylsulfoxid (X_1)—**$C_6H_{12}O_6$ D-Fructose** (X_2)
[*33*] ⟨K10, d4, ϑ 45 °C⟩

Gew.-% X_1	60,00	63,74	67,58	70,91	74,90	78,53	84,42	89,37	94,50	100,00
25 °C	1,2467	1,2319	1,2167	1,2035	1,1883	1,1742	1,1517	1,1340	1,1151	1,0955
35 °C	1,2377	1,2227	1,2075	1,1942	1,1790	1,1646	1,1419	1,1240	1,1051	1,0855
55 °C	1,2195	1,2043	1,1891	1,1760	1,1602	1,1459	1,1228	1,1046	1,0853	1,0657

C_2H_6OS Dimethylsulfoxid (X_1) — **$C_6H_{12}O_6$ D-Glucose** (X_2)
[*33*] ⟨K 5, d 4, ϑ 45 °C⟩

Gew.-% X_1	66,63	74,53	82,78	91,07	100,00
25 °C	1,2259	1,1946	1,1614	1,1291	1,0955
35 °C	1,2166	1,1853	1,1520	1,1198	1,0855
55 °C	1,1987	1,1669	1,1331	1,1002	1,0657

C_2H_6OS Dimethylsulfoxid (X_1) — **C_7H_8O o-Kresol** (X_2)
[*36*] ⟨K 9, d 3⟩

Mol-% X_1	10	20	30	40	50	60	70	80	90
20 °C	1,059	1,065	1,070	1,076	1,079	1,086	1,088	1,100	1,106
40 °C	1,046	1,050	1,053	1,059	1,063	1,069	1,070	1,080	1,092
60 °C	1,036	1,037	1,040	1,044	1,047	1,053	1,056	1,065	1,076

C_2H_6OS Dimethylsulfoxid (X_1) — **C_7H_8O m-Kresol** (X_2)
[*36*] ⟨K 9, d 3⟩

Mol-% X_1	10	20	30	40	50	60	70	80	90
20 °C	1,049	1,060	1,068	1,073	1,080	1,090	1,095	1,102	1,109
40 °C	1,039	1,047	1,052	1,058	1,066	1,076	1,083	1,087	1,095
60 °C	1,022	1,029	1,037	1,045	1,052	1,060	1,068	1,073	1,080

C_2H_6OS Dimethylsulfoxid (X_1) — **C_7H_8O p-Kresol** (X_2)
[*36*] ⟨K 9, d 3⟩

Mol-% X_1	10	20	30	40	50	60	70	80	90
20 °C	1,055	1,060	1,064	1,067	1,068	1,079	1,084	1,090	1,100
40 °C	1,042	1,048	1,051	1,053	1,057	1,067	1,072	1,076	1,082
60 °C	1,030	1,037	1,038	1,040	1,047	1,054	1,056	1,060	1,066

C_2H_6OS Dimethylsulfoxid (X_1) — **C_7H_6O Benzaldehyd** (X_2)
[*32*] ⟨K 11, d 4, ϑ 35 °C⟩

Mol-% X_1	0	10	20	30	40	50	60	70	80	90	100
25 °C	1,0431	1,0468	1,0508	1,0549	1,0593	1,0640	1,0692	1,0750	1,0816	1,0884	1,0957
45 °C	1,0251	1,0285	1,0320	1,0357	1,0397	1,0442	1,0492	1,0547	1,0607	1,0675	1,0756

C_2H_6OS Dimethylsulfoxid (X_1) — **$C_7H_8O_2$ Guajakol** (X_2)
[*32*] ⟨K 9, d 4, ϑ 35 °C⟩

Mol-% X_1	20	30	40	50	60	70	80	90	100
25 °C	1,1388	1,1404	1,1391	1,1352	1,1296	1,1226	1,1144	1,1054	1,0957
45 °C	1,1192	1,1208	1,1199	1,1161	1,1104	1,1032	1,0948	1,0856	1,0756

C_2H_6OS Dimethylsulfoxid (X_1) — **$C_{12}H_{22}O_{11}$ Sucrose** (X_2)
[*33*] ⟨K 14, d 4, ϑ 45 °C⟩

Gew.-% X_1	61,22	65,60	67,87	72,32	76,96	81,90	86,78	91,95	94,59	97,23	100,00
25 °C	1,2507	1,2320	1,2223	1,2035	1,1849	1,1650	1,1452	1,1256	1,1156	1,1056	1,0955
35 °C	1,2424	1,2231	1,2134	1,1946	1,1755	1,1553	1,1357	1,1158	1,1057	1,0957	1,0855
55 °C	1,2250	1,2055	1,1957	1,1769	1,1573	1,1368	1,1167	1,0970	1,0864	1,0760	1,0657

C_2H_4OS Thioessigsäure (X_1) — **C_6H_6 Benzol** (X_2)
[*29*] ⟨K 7, d 4⟩

Mol-% X_1	0	20	40	50	60	80	100
25 °C	0,8735	0,9017	0,9346	0,9515	0,9700	1,0100	1,0572

C_2H_4OS Thioessigsäure (X_1) — **C_3H_6O Aceton** (X_2)
[29] ⟨K 7, d 4⟩

Mol-% X_1	0	20	40	50	60	80	100
25 °C	0,7854	0,8421	0,8982	0,9254	0,9526	1,0052	1,0572

$C_2H_6O_4S$ Dimethylsulfat (X_1) — **C_6H_6 Benzol** (X_2)
[16] ⟨K 11, d 3⟩

Gew.-% X_1	0	10	20	30	40	60	70	80	90	100
17 °C	0,873	0,895	0,933	0,972	1,017	1,103	1,153	1,204	1,251	1,333

$C_2H_6O_4S$ Dimethylsulfat (X_1) — **C_7H_8 Toluol** (X_2)
[16] ⟨K 11, d 3⟩

Gew.-% X_1	0	10	20	30	40	60	70	80	90	100
17 °C	0,866	0,890	0,929	0,968	1,023	1,099	1,151	1,202	1,250	1,333

$(C_3H_5OS_2)_3Fe$ Eisen(III)-o-Äthylxanthogenat (X_1) — **C_6H_6 Benzol** (X_2) *[14]*

$C_4H_8O_2S$ Tetramethylensulfon (X_1) — **C_6H_6 Benzol** (X_2)
[37] ⟨K 15, d 4⟩

Mol-% X_1	0,0	9,7	19,7	30,7	39,5	50,6	58,7	73,8	83,5	93,1	100,0
30 °C	0,8681	0,9139	0,9587	1,0058	1,0119	1,0858	1,1175	1,1724	1,2070	1,2400	1,2626

$C_4H_8O_2S$ Tetramethylensulfon (X_1) — **CH_2Cl_2 Methylenchlorid** (X_2)
[37] ⟨K 13, d 4⟩

Mol-% X_1	0,0	7,2	19,7	24,3	35,3	50,4	58,7	66,3	80,5	90,9	100,0
30 °C	1,3077	1,3096	1,3082	1,3065	1,3014	1,2930	1,2878	1,2831	1,2742	1,2683	1,2626

$C_4H_{10}O_3S$ symm.-Diäthylsulfit (X_1) — **C_6H_6 Benzol** (X_2) *[21]*

$(C_4O_7OS_2)_3Fe$ Eisen(III)-O-Isopropylxanthogenat (X_1) — **C_6H_6 Benzol** (X_2) *[14]*

$(C_4H_7OS_2)_3Co$ Cobalt(III)-O-Isopropylxanthogenat (X_1) — **C_6H_6 Benzol** (X_2) *[14]*

$(C_4H_7OS_2)_2Ni$ Nickel-O-Isopropylxanthogenat (X_1) — **C_6H_6 Benzol** (X_2) *[14]*

$C_5H_{10}OS_2$ O-Äthylxanthogensäureäthylester (X_1) — **C_6H_6 Benzol** (X_2) *[14]*

$(C_5H_9OS_2)_2Zn$ Zink-O-n-Butylxanthogenat (X_1) — **C_6H_6 Benzol** (X_2) *[14]*

$(C_5H_9OS_2)_2Ni$ Nickel-O-Isobutylxanthogenat (X_1) — **C_6H_6 Benzol** (X_2) *[14]*

$(C_6H_{11}OS_2)_2Zn$ Zink-O-Isoamylxanthogenat (X_1) — **C_6H_6 Benzol** (X_2) *[14]*

$C_8H_{10}O_3S$ p-Toluolsulfonsäuremethylester (X_1) — **C_6H_6 Benzol** (X_2)
[11] ⟨K 4, d 5⟩

Gew.-% X_1	0,00	1,87	3,35	3,89
25 °C	0,874	0,879	0,883	0,884

$C_8H_{10}O_3S$ p-Toluolsulfonsäuremethylester (X_1) — **$CHCl_3$ Chloroform** (X_2)
[11] ⟨K 4, d 5⟩

Gew.-% X_1	0,00	0,29	1,12	1,63
25 °C	1,479	1,478	1,476	1,475

$C_8H_{10}O_3S$ p-Toluolsulfonsäuremethylester (X_1) — **$C_4H_{10}O$ Diäthyläther** (X_2)
[*11*] ⟨K 5, d 5⟩

Gew.-% X_1	0,00	0,87	1,98	3,69	7,09
25 °C	0,707	0,709	0,713	0,719	0,732

$C_{12}H_{10}OS$ Diphenylsulfoxid (X_1) — **C_6H_6 Benzol** (X_2)
[*3*] ⟨K 6, d 5⟩

Mol-% X_1	0,00	0,43	0,62	0,93	1,32	2,36
22,7 °C	0,875	0,878	0,879	0,881	0,884	0,890

$C_{12}H_8OS$ Phenoxthin (X_1) — **C_6H_6 Benzol** (X_2)
[*20*] ⟨K 4, d 4⟩

Mol-% X_1	0,35	0,74	1,03	1,72
25 °C	0,876	0,879	0,881	0,886

$C_{12}H_{10}O_4S_2$ Diphenyldisulfon (X_1) — **C_6H_6 Benzol** (X_2) [*17*]

$C_{14}H_{14}OS$ Dibenzylsulfoxid (X_1) — **C_6H_6 Benzol** (X_2)
[*3*] ⟨K 5, d 6⟩

Mol-% X_1	0,00	0,37	0,46	0,62	0,81
22,6 °C	0,876	0,878	0,879	0,880	0,881

$C_{14}H_{10}O_2S_2$ Benzoylpersulfid (X_1) — **C_6H_6 Benzol** (X_2)
[*17*] ⟨K 3, d 5⟩

Mol-% X_1	0,00	1,10	1,81
25 °C	0,874	0,885	0,892

Mol-% X_1	0,00	1,93	4,04
45 °C	0,852	0,869	0,888

$C_{15}H_{14}O_2S$ Dianisylthioketon (X_1) — **C_6H_6 Benzol** (X_2)
[*2*] ⟨K 4 bis 1 Mol-% X_1, d 5, ϑ 22 °C⟩

$C_{16}H_{24}O_3S$ Menthylbenzolsulfonat (X_1) — **C_6H_6 Benzol** (X_2) [*1*]

$C_{15}H_{14}O_2S$ Dianisylthioketon (X_1) — **C_2H_6O Äthanol** (X_2) [*1*]

$C_{17}H_{16}OS$ cis-2.6-Diphenyl-thiopyran-4-on (X_1) — **C_6H_6 Benzol** (X_2)
[*9*] ⟨K 5, d 4⟩

Mol-% X_1	0,00	0,93	1,25	1,45	1,85
20 °C	0,879	0,887	0,889	0,892	0,994

$C_{17}H_{16}OS$ trans-2.6-Diphenylthiopyran-4-on (X_1) — **C_6H_6 Benzol** (X_2)
[*9*] ⟨K 5, d 4⟩

Mol-% X_1	0,00	1,12	1,54	1,97	2,52
20 °C	0,879	0,888	0,891	0,895	0,898

$C_{17}H_{12}OS$ 2.6-Diphenylthiopyron (X_1) — **C_6H_6 Benzol** (X_2)
[*9*] ⟨K 5, d 4⟩

Mol-% X_1	0,00	0,95	1,37	2,03	2,26
20 °C	0,879	0,887	0,891	0,897	0,899

$C_{17}H_{12}O_3S$ 2.6-Diphenylthiopyron-1-dioxid (X_1) — **C_6H_6 Benzol** (X_2)
[*9*] ⟨K 4, d 4⟩

Mol-% X_1	0,00	1,66	1,93	2,39
20 °C	0,878	0,896	0,899	0,904

Lacmann

$C_{20}H_{26}O_3S$ Menthylnaphthalin-β-sulfonat (X_1) — **C_6H_6 Benzol** (X_2) [*1*]

$C_{20}H_{26}O_3S$ Menthylnaphthalin-β-sulfonat (X_1) — **C_2H_6O Äthanol** (X_2) [*1*]

CF_3O_3S-Li Lithium-Trifluormethansulfonat (X_1) — **$C_2H_6O_3S$ Dimethylsulfit** (X_2)
[*41*] ⟨K9 bis 1,3 molar X_1, d4, ϑ 25 °C⟩

$C_6H_5ClO_2S$ Benzolsulfochlorid (X_1) — **C_6H_6 Benzol** (X_2)
[*10*] ⟨K6, d4⟩

Mol-% X_1	0,00	0,71	1,43	2,11	2,81	100,00
20 °C	0,879	0,884	0,890	0,895	0,900	1,378

$C_6H_4ClBrO_2S$ p-Brombenzolsulfochlorid (X_1) — **C_6H_6 Benzol** (X_2)
[*10*] ⟨K5, d4⟩

Mol-% X_1	0,00	1,09	2,16	3,27	4,37
20 °C	0,879	0,893	0,910	0,926	0,941

$C_7H_7ClO_2S$ p-Toluolsulfochlorid (X_1) — **C_6H_6 Benzol** (X_2)
[*10*] ⟨K5, d4⟩

Mol-% X_1	0,00	0,66	1,30	1,89	2,55
20 °C	0,879	0,884	0,886	0,893	0,897

$C_{12}H_8F_2OS$ p.p′-Difluordiphenylsulfoxid (X_1) — **C_6H_6 Benzol** (X_2)
[*20*] ⟨K4, d4⟩

Mol-% X_1	0,48	0,96	1,66	2,25
25 °C	0,878	0,882	0,889	0,894

$C_{12}H_9FO_2S$ p-Fluordiphenylsulfon (X_1) — **C_6H_6 Benzol** (X_2)
[*20*] ⟨K4, d4⟩

Mol-% X_1	0,32	0,67	0,99	1,42
25 °C	0,876	0,880	0,882	0,886

$C_{12}H_8F_2O_2S$ p.p′-Difluordiphenylsulfon (X_1) — **C_6H_6 Benzol** (X_2)
[*20*] ⟨K4, d4⟩

Mol-% X_1	0,26	0,41	0,51	1,03
25 °C	0,876	0,878	0,879	0,884

1.4.6 Organische Verbindungen mit Selen oder Telur — Organic compounds with Se or Te

$C_{12}H_{10}Se$ Diphenylselenid (X_1) — **C_6H_6 Benzol** (X_2)
[*3*] ⟨K8, d5⟩

Mol-% X_1	0,00	0,51	2,31	2,93	4,09
20,3 °C	0,878	0,882	0,900	0,906	0,916

$C_{12}H_8Se_2$ Selenanthren (X_1) — **C_6H_6 Benzol** (X_2) [*13*]

$C_{12}H_{10}Cl_2Se$ Diphenylselendichlorid (X_1) — **C_6H_6 Benzol** (X_2)
[*6*] ⟨K3, d4⟩

Mol-% X_1	0,00	1,11	1,79
50 °C	0,848	0,868	0,878

$C_{12}H_{10}Te$ Diphenyltellurid (X_1) — **C_6H_6 Benzol** (X_2)
[3] ⟨K9, d5⟩

Mol-% X_1	0,00	0,27	0,42	3,29	3,97	4,72	6,78
20,8 °C	0,878	0,881	0,884	0,923	0,932	0,943	0,971

1 Patterson, T. S., Frew, I.: J. chem. Soc. (London) **89** (1906) 332—39.
2 Donle, H. L., Volker, G.: Z. physik. Chem. (B) **8** (1930) 60—71.
3 Bergmann, E., Engel, L., Sándor, St.: Z. physik. Chem. (B) **10** (1930) 397—413.
4 Bergmann, E., Tschudnowsky, M.: Z. physik. Chem. (B) **17** (1932) 107—15.
5 Smyth, C. P., Walls, W. S.: J. Amer. chem. Soc. **54** (1932) 3230—40.
6 Smyth, C. P., Grossman, A. J., Ginsburg, S. R.: J. Amer. chem. Soc. **62** (1940) 192—95.
7 Hunter, E. C. E., Partington, J. R.: J. chem. Soc. (London) **1932**, 2812—29.
8 Walls, W. S., Smyth, C. P.: J. chem. Physics **1** (1933) 337—40.
9 Arndt, F., Partington, J. R., Martin, G. T. O.: J. chem. Soc. (London) **1935**, 602—04.
10 Martin, G. T. O., Partington, J. R.: J. chem. Soc. (London) **1936**, 1182—84.
11 Le Fèvre, R. J. W., Vine, H.: J. chem. Soc. (London) **1938**, 1790—95.
12 Le Fèvre, C. G., Le Fèvre, R. J. W., Rao, B. P., Smith, M. R.: J. chem. Soc. (London) **1959**, 1188—92.
13 Campbell, I. G. M.: J. chem. Soc. (London) **1938**, 404—09.
14 Malatesta, L.: Gazz. chim. ital. **70** (1940) 541—53.
15 Wang, Y. L.: Z. physik. Chem. (B) **45** (1940) 323—28.
16 Pascal, P., Quinet, M.-L.: Ann. chim. analyt. Chim. appl. [3] **23** (1941) 5—15.
17 Oesper, P. F., Smyth, C. P.: J. Amer. chem. Soc. **64** (1942) 768—71.
18 Fawcett, F. S., Rasmussen, H. E.: J. Amer. chem. Soc. **67** (1945) 1705—09.
19 Coulson, E. A., Hales, J. L., Herington, E. F. G.: Trans. Faraday Soc. **44** (1948) 636—44.
20 Leonard, N. J., Sutton, L. E.: J. Amer. chem. Soc. **70** (1948) 1564—71.
21 Svirbely, W. J., Lander, J. J.: J. Amer. chem. Soc. **70** (1948) 4121—23.
22 Kushner, L. M., Gorin, G., Smyth, C. P.: J. Amer. chem. Soc. **72** (1950) 477—79.
23 Mathias, S.: J. physic. Chem. **57** (1953) 344—46.
24 Mathias, S., de Carvalho Filho, E., Cecchini, R. C.: J. physic. Chem. **65** (1961) 425—27.
25 Harris, B., Le Fèvre, R. J. W., Sullivan, E. P. A.: J. chem. Soc. (London) **1953**, 1622—26.
26 Kenttämaa, J., Lindberg, J. J., Nissema, A.: Suomen Kemistilehti B **34** (1961) 102—04.
27 Lindberg, J. J., Laurén, R.: Finska Kemistsamfundets Medd. **71** (1962) 37—43.
28 Clever, H. L., Snead, C. C.: J. physic. Chem. **67** (1963) 918—20.
29 Lutzki, A. E., Obukhova, E. M.: J. allg. Chem. (Shurnal Obschtschei Chimii) **31** (1961) 2702 bis 2708; J. Gen. Chem. USSR **31** (1961) 2522—27.
30 Lindberg, J. J.: Finska Kemistsamfundets Medd. **71** (1962) 77—85.
31 Hästbacka, K., Lindberg, J. J.: Finska Kemistsamfundets Medd. **74** (1964) 61—67.
32 Lindberg, J. J., Stenholm, V.: Finska Kemistsamfundets Medd. **75** (1966) 22—31.
33 Sears, P. G., Siegfried, W. D., Sands, D. E.: J. chem. Engng. Data **9** (1964) 261—63.
34 Fort, R. J., Moore, W. R.: Trans. Faraday Soc. **61** (1965) 2102—11.
35 Quitzsch, K., u. a.: Z. physik. Chem. (Leipzig) **241** (1969) 273—84.
36 Chesnokov, V. F., Bokhovkin, I. M., Khazova, I. V.: J. allg. Chem. (Shurnal Obschtschei Chimii) **39** (1969) 500—07; J. Gen. Chem. USSR **39** (1969) 472—77.
37 Benoit, R. L., Charbonneau, J.: Canad. J. Chem. **47** (1969) 4195—98.
38 Tommila, E., Yrjövuori, R.: Suomen Kemistilehti **B 42** (1969) 90—93.
39 Haynes, L. L., Schmidt, R. L., Clever, H. L.: J. chem. Engng. Data **15** (1970) 534—36.
40 Sears, P. G., Stoeckinger, Th. M., Dawson, L. R.: J. chem. Engng. Data **16** (1971) 220—22.
41 Tiedemann, W. H., Bennion, D. N.: J. chem. Engng. Data **16** (1971) 368—70.

1.4.7 C—H—N-Verbindungen — C—H—N compounds

CH_5N Methylamin (X_1) — **$C_{12}H_{22}O_{11}$ Rohrzucker** (X_2) [3]

C_2H_7N Dimethylamin (X_1) — **C_9H_{12} Cumol** (X_2)
[23] ⟨K6, d4⟩

Mol-% X_1	0	20	40	60	80	100
20 °C	0,861	0,879	0,897	0,916	0,936	0,956
40 °C	0,845	0,863	0,881	0,900	0,920	0,940
60 °C	0,828	0,846	0,864	0,884	0,903	0,924

C_2H_3N Acetonitril (X_1) – **C_5H_{10} Penten(1)** (X_2)
[29] ⟨K11, d4⟩

Gew.-% X_1	0	10	20	30	40	50	60	70	80	90	100
20 °C	0,6403	0,6519	0,6641	0,6773	0,6904	0,7049	0,7200	0,7350	0,7504	0,7667	0,7818

C_2H_3N Acetonitril (X_1) – **C_5H_{10} Penten(2)** (X_2)
[29] ⟨K11, d4⟩

Gew.-% X_1	0	10	20	30	40	50	60	70	80	90	100
20 °C	0,6504	0,6607	0,6722	0,6846	0,6976	0,7110	0,7248	0,7388	0,7527	0,7674	0,7818

C_2H_3N Acetonitril (X_1) – **C_5H_{10} Trimethyläthylen** (X_2)
[29] ⟨K11, d4⟩

Gew.-% X_1	0	10	20	30	40	50	60	70	80	90	100
20 °C	0,6614	0,6715	0,6822	0,6938	0,7056	0,7178	0,7306	0,7434	0,7562	0,7689	0,7818

C_2H_3N Acetonitril (X_1) – **C_5H_8 Isopren** (X_2)
[29] ⟨K11, d4⟩

Gew.-% X_1	0	10	20	30	40	50	60	70	80	90	100
20 °C	0,6804	0,6910	0,7016	0,7120	0,7227	0,7324	0,7422	0,7521	0,7620	0,7719	0,7818

C_2H_3N Acetonitril (X_1) – **C_6H_6 Benzol** (X_2)
[8] ⟨K9, d4⟩

Mol-% X_1	0,00	1,88	3,30	4,66	100,00
20 °C	0,879	0,878	0,877	0,876	0,782

[5] ⟨K7 bis 3,5 Mol-% X_1, d4, ϑ 20 °C⟩
[20] ⟨ΔV, graph.⟩
[26]

C_2H_3N Acetonitril (X_1) – **CCl_4 Tetrachlormethan** (X_2)
[35] ⟨K11, d4⟩

Mol-% X_1	0,00	16,57	31,45	44,06	54,98	64,73	73,48	81,13	87,97	94,30	100,00
15 °C	1,6038	1,5255	1,4432	1,3615	1,2806	1,1984	1,1149	1,0333	0,9518	0,8694	0,7874
25 °C	1,5844	1,5066	1,4248	1,3441	1,2640	1,1827	1,1003	1,0194	0,9390	0,8575	0,7766
40 °C	1,5551	1,4784	1,3972	1,3178	1,2389	1,1589	1,0777	0,9986	0,9196	0,8397	0,7603
50 °C	1,5354	1,4590	1,3786	1,2999	1,2218	1,1429	1,0628	0,9843	0,9064	0,8275	0,7493

[17] ⟨K8 bis 3,4 Gew.-% X_1, d4, ϑ 25 °C⟩
[19] ⟨K13, d5, ϑ 25 °C⟩
[25] ⟨K7, d4, ϑ 25 °C⟩
[20] ⟨ΔV, graph.⟩

C_2H_3N Acetonitril (X_1) – **C_7H_7Cl Benzylchlorid** (X_2)
[32] ⟨K10, d4⟩

Mol-% X_1	0,00	16,75	31,25	43,17	50,28	60,21	68,07	79,09	88,38	100,00
20 °C	1,0999	1,0748	1,0484	1,0216	1,0029	0,9747	0,9478	0,9032	0,8577	0,7824
30 °C	1,0908	1,0665	1,0389	1,0129	0,9941	0,9653	0,9380	0,8921	0,8482	0,7718
50 °C	1,0703	1,0463	1,0200	0,9917	0,9724	0,9431	0,9121	0,8719	0,8265	0,7497

C_2H_3N Acetonitril (X_1) – **CH_4O Methanol** (X_2)
[1] ⟨K11, d4⟩

Gew.-% X_1	0	10	20	30	40	60	70	80	90	100
0 °C	0,810	0,811	0,812	0,812	0,811	0,809	0,808	0,807	0,806	0,805

[31] ⟨K4, d5, ϑ 25 °C⟩
[33] ⟨K4, d4, ϑ 25 °C⟩

C_2H_3N Acetonitril (X_1) — **C_2H_6O Äthanol** (X_2)
[*15*] ⟨K 11, d 4⟩

Mol-% X_1	0	10	17	28	33	43	55	67	83	100
20 °C	0,789	0,792	0,792	0,790	0,790	0,789	0,788	0,786	0,785	0,783

[*21*] ⟨ΔV, Formel, ϑ 25 °C⟩
[*33*] ⟨K 8, d 4, ϑ 25 °C⟩

C_2H_3N Acetonitril (X_1) — **C_3H_6O Aceton** (X_2)
[*12*] ⟨K 9, d 4⟩

Mol-% X_1	0,00	20,74	34,46	49,65	59,99	69,84	77,75	90,40	100,00
25 °C	0,969	0,951	0,936	0,914	0,896	0,876	0,856	0,816	0,777

C_2H_3N Acetonitril (X_1) — **C_7H_5ClO Benzoylchlorid** (X_2)
[*32*] ⟨K 10, d 4⟩

Mol-% X_1	0,00	13,20	22,25	31,08	40,46	54,66	63,93	76,21	87,38	100,00
20 °C	1,2116	1,1850	1,1634	1,1409	1,1132	1,0625	1,0229	0,9589	0,8876	0,7824
30 °C	1,2026	1,1753	1,1544	1,1316	1,1031	1,0531	1,0125	0,9488	0,8770	0,7718
50 °C	1,1805	1,1536	1,1322	1,1091	1,0903	1,0305	0,9899	0,9260	0,8539	0,7497

C_2H_3N Acetonitril (X_1) — **C_2H_6OS Dimethylsulfoxid** (X_2)
[*30*] ⟨K 6, d 4⟩

Mol-% X_1	0	20	40	60	80	100
25 °C	1,0957	1,0474	0,9929	0,9311	0,8599	0,7773

$C_2H_8N_2$ Äthylendiamin (X_1) — **CH_4O Methanol** (X_2)
[*7*] ⟨K 16, d 4⟩

Gew.-% X_1	0,0	9,2	21,4	31,9	39,1	44,3	56,2	65,5	71,0	78,5	88,7	100,0
0 °C	0,810	0,830	0,853	0,871	0,880	0,885	0,899	0,907	0,908	0,909	0,912	0,915
25 °C	0,787	0,807	0,831	0,849	0,857	0,862	0,876	0,881	0,882	0,886	0,889	0,892

C_3H_9N Isopropylamin (X_1) — **C_7H_{16} n-Heptan** (X_2)
[*22*] ⟨K 5 bis 9,3 Mol-% X_1, d 4, ϑ −25°, 25 °C⟩

C_3H_9N Isopropylamin (X_1) — **C_3H_8O Propanol(2)** (X_2)
[*21*] ⟨ΔV, Formel⟩

Mol-% X_1	0	10	20	30	40	50	60	70	80	90	100
25 °C	0,781	0,775	0,768	0,760	0,751	0,741	0,730	0,719	0,707	0,695	0,682

C_3H_9N Isopropylamin (X_1) — **C_3H_6O Aceton** (X_2)
[*21*] ⟨ΔV, Formel⟩

Mol-% X_1	0	10	20	30	40	50	60	70	80	90	100
25 °C	0,785	0,775	0,765	0,754	0,744	0,733	0,723	0,712	0,702	0,692	0,682

C_3H_5N Propionitril (X_1) — **C_6H_{14} Hexan** (X_2)
[*9*] ⟨K 7 bis 2,2 Mol-% X_1, d 4, ϑ −22,9°, 0°, 20 °C⟩

C_3H_5N Propionitril (X_1) — **C_6H_{12} Cyclohexan** (X_2)
[*9*] ⟨K 5 bis 1,9 Mol-% X_1, d 4, ϑ 20 °C⟩

C_3H_5N Propionitril (X_1) — **C_6H_6 Benzol** (X_2)
[*8*] ⟨K 9 bis 4,7 Mol-% X_1, d 4, ϑ 20 °C⟩

C_3H_5N Propionitril (X_1) — **C_7H_8 Toluol** (X_2)
[*9*] ⟨K 6 bis 2,4 Mol-% X_1, d 4, ϑ −78,5°, −63,5°, −22,9°, 0°, +20 °C⟩

C_3H_5N Propionitril (X_1) — **CCl_4 Tetrachlormethan** (X_2)
[*9*] ⟨K6, d4, ϑ 40 °C⟩

Mol-% X_1	0,00	0,60	1,23	1,82	2,27	100,00
0 °C	1,633	1,629	1,625	1,622	1,619	—
20 °C	1,594	1,591	1,587	1,583	1,581	1,783

C_3H_5N Propionitril (X_1) — **C_3H_8O Propanol(1)** (X_2)
[*28*] ⟨K7, d4⟩

Mol-% X_1	0	20	40	50	60	80	100
20 °C	0,8065	0,8021	0,7970	0,7947	0,7918	0,7872	0,7829

C_3H_5N Propionitril (X_1) — **C_3H_8O Propanol(2)** (X_2)
[*21*] ⟨ΔV, Formel⟩

Mol-% X_1	0	10	20	30	40	50	60	70	80	90	100
25 °C	0,781	0,780	0,779	0,778	0,777	0,777	0,776	0,776	0,776	0,776	0,777

C_3H_5N Propionitril (X_1) — **C_3H_6O Aceton** (X_2)
[*21*] ⟨ΔV, Formel⟩

Mol-% X_1	0	10	20	30	40	50	60	70	80	90	100
25 °C	0,785	0,784	0,783	0,782	0,781	0,781	0,780	0,779	0,778	0,778	0,777

[*28*] ⟨K7, d4, ϑ 20 °C⟩

C_3H_5N Propionitril (X_1) — **C_3H_9N Isopropylamin** (X_2)
[*21*] ⟨ΔV, Formel⟩

Mol-% X_1	0	10	20	30	40	50	60	70	80	90	100
25 °C	0,682	0,691	0,700	0,709	0,718	0,728	0,737	0,747	0,757	0,767	0,777

C_3H_5N Äthylisocyanid (X_1) — **C_6H_6 Benzol** (X_2)
[*6*] ⟨K5 bis 4,2 Mol-% X_1, d4, ϑ 25 °C⟩

$C_3H_4N_2$ Pyrazol (X_1) — **C_6H_6 Benzol** (X_2) [*13*]

$C_4H_{11}N$ Diäthylamin (X_1) — **C_6H_{14} n-Hexan** (X_2)
[*34*] ⟨K6, d4⟩

Mol-% X_1	0	20	40	60	80	100
10 °C	0,6676	0,6726	0,6805	0,6893	0,6911	0,7136
20 °C	0,6594	0,6644	0,6720	0,6807	0,6835	0,7040
30 °C	0,6521	0,6573	0,6643	0,6723	0,6749	0,6956

$C_4H_{11}N$ Diäthylamin (X_1) — **C_6H_{12} Cyclohexan** (X_2)
[*22*] ⟨K5, d4⟩

Mol-% X_1	0,00	3,08	5,11	7,07	9,05
25 °C	0,774	0,771	0,769	0,768	0,766

$C_4H_{11}N$ Diäthylamin (X_1) — **C_6H_6 Benzol** (X_2)
[*27*] ⟨K7, d4⟩

Mol-% X_1	0	20	40	50	60	80	100
20 °C	—	0,8391	0,8022	0,7847	0,7686	0,7356	0,7051
30 °C	—	0,8285	0,7917	0,7743	0,7582	0,7250	0,6943
35 °C	0,8628	0,8232	0,7865	0,7691	0,7529	0,7197	0,6885

[*24*] ⟨K3, d4, ϑ 20°, 35 °C⟩
[*4*] ⟨K5, d4, ϑ 25 °C⟩
[*36*] ⟨Gleichung, ϑ 25 °C⟩

$C_4H_{11}N$ Diäthylamin (X_1) — **C_7H_{16} n-Heptan** (X_2)
[*22*] ⟨K 5 bis 9,1 Mol-% X_1, d4, ϑ −25°, 25 °C⟩
[*36*] ⟨Gleichung, ϑ 25 °C⟩

$C_4H_{11}N$ Diäthylamin (X_1) — **C_6H_5Cl Chlorbenzol** (X_2)
[*37*] ⟨Gleichung, ϑ 25 °C⟩

$C_4H_{11}N$ Diäthylamin (X_1) — **C_3H_6O Aceton** (X_2)
[*2*] ⟨K 5, d4⟩

Gew.-% X_1	0,00	59,17	59,63	62,05	100,00
15 °C	0,796	0,742	0,742	0,740	0,710

$C_4H_{11}N$ Diäthylamin (X_1) — **$C_3H_6O_2$ Äthylformiat** (X_2)
[*28*] ⟨K 7, d4⟩

Mol-% X_1	0	20	40	50	60	80	100
25 °C	0,9094	0,8708	0,8330	0,8085	0,7849	0,7403	0,6996

$C_4H_{11}N$ Diäthylamin (X_1) — **$C_4H_{10}O$ n-Butanol** (X_2)
[*28*] ⟨K 7, d4⟩

Mol-% X_1	0	20	40	50	60	80	100
25 °C	0,8063	0,7932	0,7759	0,7623	0,7540	0,7284	0,7007

$C_4H_{11}N$ Diäthylamin (X_1) — **$C_4H_{10}O$ Diäthyläther** (X_2)
[*28*] ⟨K 7, d4⟩

Mol-% X_1	0	20	40	50	60	80	100
25 °C	0,7083	0,7063	0,7046	0,7038	0,7028	0,7014	0,7003

$C_4H_{11}N$ Diäthylamin (X_1) — **C_4H_8O Methyläthylketon** (X_2)
[*28*] ⟨K 7, d4⟩

Mol-% X_1	0	20	40	50	60	80	100
25 °C	0,8004	0,7777	0,7566	0,7466	0,7366	0,7179	0,6996

$C_4H_{11}N$ n-Butylamin (X_1) — **C_6H_6 Benzol** (X_2)
[*14*] ⟨K 7, d 5⟩

Mol-% X_1	0,00	0,98	2,08	4,01	6,07
25 °C	0,873	0,872	0,870	0,867	0,863

[*36*] ⟨Gleichung, ϑ 25 °C⟩

$C_4H_{11}N$ n-Butylamin (X_1) — **C_7H_{16} n-Heptan** (X_2)
[*36*] ⟨Gleichung, ϑ 25 °C⟩

$C_4H_{11}N$ n-Butylamin (X_1) — **C_6H_5Cl Chlorbenzol** (X_2)
[*36*] ⟨Gleichung, ϑ 25 °C⟩

$C_4H_{11}N$ n-Butylamin (X_1) — **$C_4H_{11}N$ Diäthylamin** (X_2)
[*36*] ⟨Gleichung, ϑ 25 °C⟩

$C_4H_{11}N$ sek.-Butylamin (X_1) — **C_6H_6 Benzol** (X_2)
[*14*] ⟨K 7, d 5⟩

Mol-% X_1	0,00	1,14	1,89	3,27	4,22	5,55	6,39
25 °C	0,873	0,871	0,870	0,868	0,866	0,863	0,862

$C_4H_{11}N$ tert.-Butylamin (X_1) – **C_6H_6 Benzol** (X_2)
[*14*] ⟨K 7, d 5⟩

Mol-% X_1	0,00	0,89	1,34	2,44	3,72
25 °C	0,873	0,872	0,871	0,868	0,866

C_4H_7N n-Butyronitril (X_1) – **C_6H_6 Benzol** (X_2)
[*8*] ⟨K 9, d 4⟩

Mol-% X_1	0,00	0,76	1,65	2,73	3,65	4,56	100,00
20 °C	0,879	0,878	0,877	0,877	0,876	0,875	0,791

C_4H_7N Isobutyronitril (X_1) – **C_6H_6 Benzol** (X_2)
[*14*] ⟨K 7 bis 2,5 Mol-% X_1, d 5, ϑ 25 °C⟩

C_4H_5N Pyrrol (X_1) – **C_6H_6 Benzol** (X_2)
[*16*] ⟨K 5, d 5⟩

Gew.-% X_1	0,00	1,25	2,64	3,67
25 °C	0,874	0,875	0,876	0,877

C_4H_5N Pyrrol (X_1) – **$CHCl_3$ Chloroform** (X_2)
[*11*] ⟨K 9, d 4⟩

Mol-% X_1	0	20	30	40	50	60	70	80	100
20 °C	1,476	1,389	1,331	1,266	1,229	1,185	1,151	1,071	0,948

C_4H_5N Pyrrol (X_1) – **CCl_4 Tetrachlormethan** (X_2)
[*18*] ⟨K 5, d 5⟩

Gew.-% X_1	0,00	0,91	1,52
25 °C	1,585	1,576	1,570

C_4H_5N Pyrrol (X_1) – **C_4H_8O Butyraldehyd** (X_2)
[*11*] ⟨K 7, d 4⟩

Mol-% X_1	0	10	20	40	60	80	100
20 °C	0,792	0,815	0,828	0,860	0,893	0,929	0,948

C_4H_5N Pyrrol (X_1) – **$C_4H_{11}N$ Diäthylamin** (X_2)
[*10, 11*] ⟨K 9, d 4⟩

Mol-% X_1	10	20	30	40	50	60	70	80	100
15 °C	0,709	0,751	0,779	0,801	0,824	0,848	0,871	0,894	0,952

$C_4H_6N_2$ N-Methylimidazol (X_1) – **C_6H_6 Benzol** (X_2)
[*13*] ⟨K 5, d 4⟩

Gew.-% X_1	3,19	3,83	5,84
20 °C	0,883	0,885	0,888

1 Vincent, Delachanal: Ann. chim. physique **20** (1880) 207 (nach ICT).
2 Marshall, A.: J. chem. Soc. (London) **89** (1906) 1350–86.
3 Fitzgerald, F. F.: J. physic. Chem. **16** (1912) 621–61.
4 Fogelberg, J. M., Williams, J. W.: Physik. Z. **32** (1931) 27–31.
5 Hunter, E. C. E., Partington, J. R.: J. chem. Soc. (London) **1932**, 2812–29.
6 New, R. G. A., Sutton, L. E.: J. chem. Soc. (London) **1932**, 1415–22.
7 Elgort, M. S.: Bull. Acad. Sci. URSS, Ser. chim. (Iswesstija Akademii Nauk SSSR, Sserija Chimitschesskaja) **1936**, 495–505.
8 Cowley, E. G., Partington, J. R.: J. chem. Soc. (London) **1935**, 604–09.

Lacmann

9 **1936**, 1184—94.
10 Dezelic, M.: Trans. Faraday Soc. **33** (1937) 713—19.
11 Dezelic, M., Belia, B.: Bull. Soc. Chim. Belgrad **9** (1938) 151 (nach Tim.).
12 Bowden, S. T., Butler, E. T.: J. chem. Soc. (London) **1939**, 79—83.
13 Hückel, W., Datow, J., Simmersbach, E.: Z. physik. Chem. (A) **186** (1940) 129—79.
14 Rogers, M. T.: J. Amer. chem. Soc. **69** (1947) 457—59.
15 Vierck, A. L.: Z. anorg. allg. Chem. **261** (1950) 283—96.
16 Buckingham, A. D., Harris, B., Le Fèvre, R. J. W.: J. chem. Soc. (London) **1953**, 1626—27.
17 Le Fèvre, C. G., Le Fèvre, R. J. W.: J. chem. Soc. (London) **1954**, 1577—88.
18 Le Fèvre, C. G., Le Fèvre, R. J. W., Rao, B. P.: J. chem. Soc. (London) **1959**, 1188—92.
19 Brown, I., Smith, F.: Austral. J. Chem. **7** (1954) 264—69 (nach Tim.).
20 **15** (1960) 9—12.
21 Thaker, R., Rowlinson, J. S.: Trans. Faraday Soc. **50** (1954) 1036—42.
22 Shirai, M.: Bull. chem. Soc. Japan **29** (1956) 518—21.
23 Toropow, A. P.: J. allg. Chem. [Shurnal Obschtschei Chimii] **26** (1956) 3267—69.
24 Lutzki, A. Je., Obuchowa, Je. M.: J. physik. Chem. [Shurnal Fisitschesskoi Chimii] **31** (1957) 1964—75.
25 Accascina, F., Petrucci, S., Fuoss, R. M.: J. Amer. chem. Soc. **81** (1959) 1301—05.
26 Accascina, F., Petrucci, S., Schiavo, S.: Sci. e Tecn. [N. S.] **2** (1958) 27—38 (nach Chem. Zbl.).
27 Lutzki, A. Je., Obuchowa, Je. M., Ssidorow, I. A.: J. allg. Chem. (Shurnal Obschtschei Chimii) **28** (1958) 2386—95; J. Gen. Chem. USSR **28** (1958) 2423—32.
28 Lutzki, A. E., Obukhova, E. M.: J. all. Chem. (Shurnal Obschtschei Chimii) **31** (1961) 2692 bis 2702; J. Gen. Chem. USSR **31** (1961) 2512—21.
29 Ogorodnikov, S. K., Kogan, V. B., Nemtsov, N. S., Burova, G. V.: J. angew. Chem. (Shurnal Prikladnoi Chimii) **34** (1961) 1096—1102; J. appl. Chem. USSR **34** (1961) 1046—51.
30 Fort, R. J., Moore, W. R.: Trans. Faraday Soc. **61** (1965) 2102—11.
31 Cunningham, G. P., Vidulich, G. A., Kay, R. L.: J. chem. Engng. Data **12** (1967) 336—37.
32 Slavinskaya, R. A., Lerchenko, L. V., Sumarokova, T. N., Karelova, A. V.: J. allg. Chem. (Shurnal Obschtschei Chimii) **39** (1969) 493—97; J. Gen. Chem. USSR **39** (1969) 465—68.
33 D'Aprano, A., Fuoss, R. M.: J. physic. Chem. **73** (1969) 400—06.
34 Reiche, B., Lanschina, L. W., Schachparanow, M. I.: Z. physik. Chem. (Leipzig) **246** (1971) 371—78.
35 Kalliorinne, K.: Suomen Kemistilehti **B 42** (1969) 424—26.
36 Letcher, T. M., Bayles, J. W.: J. chem. Engng. Data **16** (1971) 266—71.

$C_5H_{11}N$ Piperidin (X_1)—**C_6H_{12} Cyclohexan** (X_2)
[*56*] ⟨K6, Gleichungen⟩

Mol-% X_1	0,00	19,55	38,80	61,92	79,61	100,00
25 °C	0,7739	0,7876	0,8024	0,8215	0,8377	0,8568
45 °C	0,7549	0,7687	0,7834	0,8027	0,8190	0,8386

$C_5H_{11}N$ Piperidin (X_1)—**C_7H_8 Toluol** (X_2) [*1*]

$C_5H_{11}N$ Piperidin (X_1)—**CH_4O Methanol** (X_2)
[*21*] ⟨K2 bis 1,1 Gew.-% X_1, d4, ϑ 25 °C⟩

$C_5H_{11}N$ Piperidin (X_1)—**CH_2O_2 Ameisensäure** (X_2)
[*41*] ⟨K17, d4⟩

Mol-% X_1	0,00	10,31	20,07	30,75	41,04	50,33	60,57	73,19	85,76	100,00
25 °C	1,200	1,166	1,139	1,107	1,077	1,057	1,012	0,953	0,905	0,857
50 °C	1,180	1,150	1,120	1,087	1,059	1,034	0,992	0,933	0,878	0,831
75 °C	1,156	1,129	1,101	1,067	1,042	1,015	0,974	0,911	0,856	0,806

$C_5H_{11}N$ Piperidin (X_1)—**C_2H_6O Äthanol** (X_2)
[*21*] ⟨K2 bis 1,1 Gew.-% X_1, d4, ϑ 25 °C⟩

$C_5H_{11}N$ Piperidin (X_1)—**$C_2H_4O_2$ Essigsäure** (X_2)
[*55*] ⟨K22, d4⟩

Mol-% X_1	0,00	8,19	18,11	29,51	38,28	51,01	61,92	70,06	78,83	90,70	100,00
70 °C	0,9995	1,0240	1,0309	1,0291	1,0251	1,0102	0,9850	0,9489	0,8999	0,8501	0,8182
90 °C	0,9758	1,0007	1,0152	1,0130	1,0103	0,9953	0,9640	0,9228	0,8760	0,8290	0,7981

$C_5H_{11}N$ Piperidin (X_1) — **$C_3H_6O_2$ Propionsäure** (X_2) [32]

$C_5H_{11}N$ Piperidin (X_1) — **$C_4H_8O_2$ Buttersäure** (X_2) [32]

$C_5H_{11}N$ Piperidin (X_1) — **$C_4H_8O_2$ Äthylacetat** (X_2)
[25] ⟨K 11, d 4⟩

Mol-% X_1	0	10	20	30	40	50	60	70	80	90	100
30 °C	0,892	0,886	0,881	0,877	0,872	0,868	0,865	0,861	0,858	0,855	0,853

$C_5H_{11}N$ Piperidin (X_1) — **$C_5H_{10}O$ Tetrahydropyran** (X_2)
[56] ⟨K 6, Gleichungen⟩

Mol-% X_1	0,00	19,61	40,22	59,00	79,98	100,00
25 °C	0,8792	0,8733	0,8681	0,8639	0,8598	0,8568
45 °C	0,8593	0,8537	0,8489	0,8449	0,8413	0,8386

$C_5H_{11}N$ Piperidin (X_1) — **$C_5H_{10}O_2$ Isovaleriansäure** (X_2) [32]

$C_5H_{11}N$ Piperidin (X_1) — **C_6H_6O Phenol** (X_2)
[31] ⟨K 19, d 4⟩

Gew.-% X_1	0,00	10,00	20,00	27,50	40,00	52,52	64,42	70,00	80,00	90,00	100,00
25 °C	1,071	1,082	1,080	1,064	1,030	0,990	0,949	0,936	0,910	0,883	0,856
50 °C	1,053	1,062	1,058	1,040	1,008	0,964	0,930	0,913	0,887	0,861	0,833
75 °C	1,032	1,041	1,029	1,013	0,979	0,945	0,903	0,888	0,861	0,835	0,810
100 °C	1,012	1,015	1,003	0,986	0,954	0,919	0,882	0,865	0,838	0,811	0,789

$C_5H_{11}N$ Piperidin (X_1) — **$C_6H_{12}O_2$ Hexansäure** (X_2) [32]

$C_5H_{11}N$ Piperidin (X_1) — **$C_7H_{14}O_2$ Heptansäure** (X_2) [32]

$C_5H_{11}N$ Piperidin (X_1) — **$C_8H_{16}O_2$ Octansäure** (X_2) [32]

$C_5H_{11}N$ Piperidin (X_1) — **C_4H_5N Pyrrol** (X_2)
[33] ⟨K 10, d 4⟩

Mol-% X_1	0	20	30	40	50	60	70	80	90	100
20 °C	0,953	0,932	0,922	0,917	0,905	0,900	0,892	0,885	0,877	0,863

[34]

C_5H_9N n-Valerolnitril (X_1) — **C_6H_6 Benzol** (X_2)
[28] ⟨K 9, d 4⟩

Mol-% X_1	0,00	0,96	1,88	2,65	3,92	4,63	100,00
20 °C	0,879	0,878	0,877	0,876	0,875	0,875	0,801

C_5H_9N tert-Butylcyanid (X_1) — **C_6H_6 Benzol** (X_2)
[38] ⟨K 7 bis 2,1 Mol-% X_1, d 5, ϑ 25 °C⟩

C_5H_5N Pyridin (X_1) — **C_6H_{14} Hexan** (X_2)
[54] ⟨K 6, d 4⟩

Gew.-% X_1	0,0	27,7	49,4	68,8	85,6	100,0
20 °C	0,6701	0,7361	0,7936	0,8566	0,9224	0,9816

C_5H_5N Pyridin (X_1) — **C_6H_{12} Cyclohexan** (X_2)
[43] ⟨ΔV, graph.⟩

C_5H_5N Pyridin (X_1) – **C_6H_6 Benzol** (X_2)
[*51*] ⟨K6, d4⟩

Mol-% X_1	0	20	40	60	80	100
20 °C	0,879	0,899	0,920	0,941	0,962	0,983
40 °C	0,857	0,878	0,899	0,920	0,941	0,963
60 °C	0,836	0,857	0,879	0,900	0,921	0,943

[*50*] ⟨K7, d5⟩

Gew.-% X_1	0,99	1,88	2,89	4,99	6,08	6,94
25 °C	0,874	0,876	0,877	0,879	0,880	0,881

[*4*] ⟨K6, d5, ϑ 25 °C⟩
[*20, 36*] ⟨K7 bis 31,6 Gew.-% X_1, d3, ϑ 25 °C⟩
[*37*] ⟨K5 bis 2,8 Mol-% X_1, d4, ϑ 25 °C⟩
[*49*] ⟨K6 bis 2,5 Gew.-% X_1, d5, ϑ 25 °C⟩
[*53*] ⟨K6 bis 4 Gew.-% X_1, d5, ϑ 25 °C⟩
[*63*] ⟨K6, ΔV, ϑ 25 °C⟩

C_5H_5N Pyridin (X_1) – **C_7H_8 Toluol** (X_2)
[*63*] ⟨K6, ΔV, ϑ 25 °C⟩

C_5H_5N Pyridin (X_1) – **$C_{10}H_8$ Naphthalin** (X_2)
[*8*] ⟨K3, d6⟩

Gew.-% X_1	96,89	98,41	100,00
18 °C	0,973	0,972	0,971

[*26*]

C_5H_5N Pyridin (X_1) – **CCl_4 Tetrachlormethan** (X_2)
[*59*] ⟨K15, d4⟩

Mol-% X_1	3,29	5,81	13,05	28,69	39,18	52,76	64,72	74,73	85,73	96,33
25 °C	1,5678	1,5555	1,5194	1,4375	1,3791	1,2992	1,2245	1,1587	1,0827	1,0058

[*50*] ⟨K6 bis 2,03 Gew.-% X_1, d5, ϑ 25 °C⟩
[*7*]

C_5H_5N Pyridin (X_1) – **C_2H_5Br Äthylbromid** (X_2) [*7*]

C_5H_5N Pyridin (X_1) – **C_2H_5J Äthyljodid** (X_2) [*23*]

C_5H_5N Pyridin (X_1) – **C_2Cl_4 Tetrachloräthylen** (X_2)
[*59*] ⟨K15, d4⟩

Mol-% X_1	2,33	9,06	18,51	28,83	38,80	47,64	64,60	72,83	87,40	92,76	98,27
25 °C	1,6021	1,5668	1,5159	1,4581	1,3999	1,3470	1,2379	1,1817	1,0762	1,0352	0,9920

[*58*] ⟨K24, d4⟩

Mol-% X_1	0,00	12,97	23,18	33,77	39,49	50,30	64,14	71,19	80,27	89,56	100,00
30 °C	1,6063	1,5380	1,4823	1,4218	1,3886	1,3223	1,2333	1,1861	1,1222	1,0538	0,9728

C_5H_5N Pyridin (X_1) – **CH_4O Methanol** (X_2) [*35*]

C_5H_5N Pyridin (X_1) – **CH_2O_2 Ameisensäure** (X_2) [*26*]

C_5H_5N Pyridin (X_1) – **C_2H_6O Äthanol** (X_2)
[*42*] ⟨K11, d4⟩

Gew.-% X_1	0,00	10,10	20,93	29,67	41,78	50,06	62,03	69,11	80,07	88,75	100,00
25 °C	0,785	0,804	0,828	0,847	0,872	0,888	0,912	0,929	0,944	0,960	0,978

C_5H_5N Pyridin (X_1) — **C_2H_6O Äthanol** (X_2) (Forts.)
[40] ⟨K 10, d 4, ϑ 18°, 25°, 30 °C⟩

Mol-% X_1	1,96	3,64	9,96	18,91	34,21	58,50	82,86	93,28	95,12	100,00
20 °C	0,790	0,801	0,820	0,833	0,879	0,922	0,961	0,975	0,977	0,983
35 °C	0,779	0,789	0,810	0,821	0,866	0,911	0,948	0,961	0,964	0,969

[3] ⟨K 4, d 4, ϑ 15,5 °C⟩
[4] ⟨K 6, d 5, ϑ 25 °C⟩
[46] ⟨K 9, d 4, ϑ 25 °C⟩
[60] ⟨K 13, d 5, ϑ 25 °C⟩

C_5H_5N Pyridin (X_1) — **$C_2H_4O_2$ Essigsäure** (X_2)
[12] ⟨K 10, d 3⟩

Gew.-% X_1	0,00	0,54	0,99	3,23	8,97	13,22	17,08	22,52	29,00	100,00
25 °C	1,046	1,046	1,047	1,050	1,052	1,055	1,058	1,061	1,064	0,977

[48] ⟨K 11, d 5⟩

Gew.-% X_1	0,00	9,45	19,00	28,64	38,47	48,40	58,43	68,63	78,95	89,41	100,00
30 °C	1,038	1,065	1,071	1,064	1,050	1,034	1,021	1,009	0,997	0,985	0,973

[9] ⟨K 6, d 4⟩

Mol-% X_1	0	15	17,5	20	50	100
18,4 °C	1,056	1,083	1,082	1,079	1,037	0,988
40 °C	1,034	1,064	1,063	1,060	1,017	0,966
70 °C	0,999	1,030	1,032	1,031	0,985	0,938
99 °C	0,964	0,997	1,000	0,998	0,959	0,907

[52] ⟨K 11, d 3, ϑ 31 °C⟩
[29] ⟨K 33, d 4, ϑ 32,38 °C⟩
[10, 14, 15, 44]

C_5H_5N Pyridin (X_1) — **C_3H_8O Propanol(1)** (X_2)
[60] ⟨K 16, d 5⟩

Mol-% X_1	0,00	9,58	18,68	27,93	38,44	49,54	58,83	69,19	84,19	92,56	100,00
25 °C	0,7996	0,8193	0,8373	0,8552	0,8746	0,8947	0,9106	0,9282	0,9528	0,9663	0,9780

C_5H_5N Pyridin (X_1) — **C_3H_6O Aceton** (X_2)
[22] ⟨K 3, d 5⟩

Gew.-% X_1	0,00	13,11	53,80
25 °C	0,786	0,807	0,881

[23]

C_5H_5N Pyridin (X_1) — **$C_3H_6O_2$ Propionsäure** (X_2)
[61] ⟨K 3, d 3, ϑ 25 °C⟩

C_5H_5N Pyridin (X_1) — **$C_4H_{10}O$ n-Butanol** (X_2)
[60] ⟨K 15, d 5⟩

Mol-% X_1	0,00	11,26	20,01	33,05	42,15	52,21	62,62	71,26	79,61	89,49	100,00
25 °C	0,8057	0,8240	0,8384	0,8597	0,8750	0,8920	0,9102	0,9252	0,9402	0,9582	0,9780

C_5H_5N Pyridin (X_1) — **$C_4H_{10}O$ tert.-Butanol** (X_2) [23]

C_5H_5N Pyridin (X_1) — **$C_4H_8O_2$ Buttersäure** (X_2)
[6] ⟨K 8, d 3⟩

Mol-% X_1	0,0	15,2	25,6	42,9	52,8	64,2	81,8	100,0
20 °C	0,965	0,984	0,991	0,998	0,993	0,988	0,982	0,976

[44]

C_5H_5N Pyridin (X_1) — **$C_4H_8O_2$ Äthylacetat** (X_2)
[15] ⟨K 1, d 4, ϑ 0°, 25°, 40°, 55 °C⟩

C_5H_5N Pyridin (X_1) — **$C_4H_8O_2$ Dioxan** (X_2)
[37] ⟨K 5 bis 2,5 Mol-% X_1, d 4, ϑ 25 °C⟩

C_5H_5N Pyridin (X_1) — **C_6H_6O Phenol** (X_2)
[30] ⟨K 15, d 4, ϑ 19,5°, 40°, 45 °C⟩

Gew.-% X_1	0	10	20	25	30	40	50	60	70	80	90	100
25 °C	1,071	1,066	1,061	1,057	1,053	1,044	1,034	1,026	1,015	1,004	0,992	0,983
50 °C	1,053	1,047	1,040	1,037	1,033	1,025	1,014	1,004	0,992	0,982	0,969	0,958
75 °C	1,032	1,027	1,020	1,017	1,012	1,004	0,993	0,982	0,972	0,961	0,948	0,934
100 °C	1,012	1,006	1,000	0,997	0,992	0,983	0,973	0,960	0,950	0,939	0,926	0,911

[16] ⟨K 14, d 4, ϑ 10°, 20°, 30°, 40°, 60°, 80°, 110 °C⟩

C_5H_5N Pyridin (X_1) — **$C_6H_{10}O_3$ Äthylacetoacetat** (X_2)
[5] ⟨K 6, d 4⟩

Gew.-% X_1	0,00	28,93	49,00	67,91	82,89	100,00
25 °C	1,022	1,009	1,000	0,992	0,985	0,978

C_5H_5N Pyridin (X_1) — **$C_6H_{12}O_6$ Fructose** (X_2) *[39]*

C_5H_5N Pyridin (X_1) — **C_7H_8O o-Kresol** (X_2)
[17] ⟨K 11, d 4, ϑ 10°, 30 °C⟩

Gew.-% X_1	0,00	8,15	14,28	22,27	33,17	44,09	54,17	66,40	75,45	87,95	100,00
0 °C	1,065	1,063	1,061	1,057	1,051	1,044	1,036	1,027	1,020	1,010	1,001
20 °C	1,048	1,046	1,044	1,041	1,035	1,027	1,020	1,009	1,001	0,991	0,982
40 °C	1,031	1,029	1,027	1,024	1,018	1,011	1,003	0,992	0,984	0,972	0,963
60 °C	1,014	1,012	1,010	1,007	1,001	0,994	0,986	0,974	0,965	0,953	0,942
80 °C	0,996	0,995	0,993	0,990	0,985	0,977	0,968	0,957	0,947	0,934	0,922
110 °C	0,968	0,966	0,965	0,962	0,957	0,949	0,940	0,928	0,918	0,904	0,890

C_5H_5N Pyridin (X_1) — **C_7H_8O m-Kresol** (X_2)
[17] ⟨K 12, d 4, ϑ 10°, 30 °C⟩

Gew.-% X_1	0,00	8,59	14,83	24,10	29,38	38,20	44,67	53,08	58,60	72,55	85,91	100,00
0 °C	1,049	1,048	1,047	1,044	1,042	1,038	1,035	1,030	1,026	1,018	1,010	1,001
20 °C	1,033	1,032	1,030	1,028	1,025	1,021	1,017	1,012	1,009	1,000	0,991	0,982
40 °C	1,017	1,016	1,014	1,011	1,009	1,005	1,000	0,995	0,991	0,981	0,972	0,963
60 °C	1,002	1,000	0,998	0,995	0,993	0,988	0,984	0,978	0,974	0,963	0,953	0,942

Gew.-% X_1	0,00	9,12	17,67	29,06	38,48	49,28	61,57	73,25	85,53	100,00
80 °C	0,985	0,984	0,982	0,977	0,972	0,964	0,955	0,945	0,934	0,922
110 °C	0,959	0,958	0,956	0,951	0,946	0,938	0,926	0,915	0,904	0,890

C_5H_5N Pyridin (X_1) — **C_7H_8O p-Kresol** (X_2)
[17] ⟨K 12, d 4, ϑ 10°, 30 °C⟩

Gew.-% X_1	0,00	8,99	16,72	24,64	32,18	39,63	45,54	53,29	59,96	70,39	78,97	100,00
0 °C	1,049	1,048	1,046	1,045	1,042	1,039	1,035	1,031	1,027	1,020	1,015	1,001
20 °C	1,034	1,032	1,031	1,028	1,025	1,022	1,018	1,013	1,009	1,002	0,996	0,982
40 °C	1,018	1,016	1,014	1,012	1,009	1,005	1,001	0,996	0,991	0,984	0,977	0,963
60 °C	1,003	1,001	0,998	0,996	0,993	0,989	0,985	0,980	0,974	0,966	0,959	0,942

Gew.-% X_1	0,00	10,05	18,28	28,12	36,89	45,97	58,90	72,52	85,94	100,00
80 °C	0,987	0,985	0,983	0,979	0,974	0,968	0,958	0,946	0,934	0,922
110 °C	0,960	0,959	0,957	0,953	0,947	0,941	0,929	0,917	0,904	0,890

C_5H_5N Pyridin (X_1) — **$C_7H_8O_2$ Guajakol** (X_2)
[24] ⟨K 13, d 4⟩

Mol-% X_1	0	10	20	30	40	50	60	70	80	90	100
30 °C	1,124	1,118	1,111	1,103	1,091	1,077	1,061	1,042	1,019	0,996	0,976

C_5H_5N Pyridin (X_1) — **$C_7H_6O_2$ Benzoesäure** (X_2)
[19] ⟨K 12, d 4⟩

Mol-% X_1	0	40	50	56	62	72	82	86	92	100
110 °C	0,890	1,012	1,033	1,046	1,056	1,069	1,075	—	—	—
125 °C	—	1,000	1,019	1,033	1,044	1,056	1,061	1,070	1,074	1,077
140 °C	—	—	1,006	1,018	1,030	1,042	1,050	1,056	1,061	—

C_5H_5N Pyridin (X_1) — **$C_8H_{14}O_3$ Äthyl-äthylacetoacetat** (X_2)
[5] ⟨K 6, d 4⟩

Gew.-% X_1	0,00	14,67	36,01	59,38	87,30	100,00
25 °C	0,975	0,975	0,976	0,975	0,974	0,974

C_5H_5N Pyridin (X_1) — **$C_8H_{14}O_6$ Äthyltartrat** (X_2) [18]

C_5H_5N Pyridin (X_1) — **$C_9H_{10}O_2$ Benzylacetat** (X_2) [47]

C_5H_5N Pyridin (X_1) — **$C_{10}H_{18}O_3$ Äthyl-diäthylacetoacetat** (X_2)
[5] ⟨K 6, d 4⟩

Gew.-% X_1	0,00	49,17	78,90	93,09	100,00
25 °C	0,965	0,972	0,976	0,978	0,978

C_5H_5N Pyridin (X_1) — **$C_{10}H_{18}O_6$ Di-n-propyltartrat** (X_2)
[2] ⟨K 12, d 4⟩

Gew.-% X_1	0	10	25	50	75	80	90	95	98,88
26 °C	1,130	1,118	1,100	1,059	1,016	1,006	0,990	0,982	0,974

C_5H_5N Pyridin (X_1) — **C_6H_5ClO o-Chlorphenol** (X_2)
[17] ⟨K 14, d 4, ϑ 10°, 30 °C⟩

Gew.-% X_1	0,00	14,83	27,50	39,85	48,52	57,69	68,43	78,38	88,83	100,00
0 °C	1,274	1,238	1,204	1,167	1,140	1,112	1,082	1,056	1,029	1,001
20 °C	1,251	1,218	1,184	1,149	1,121	1,094	1,063	1,036	1,009	0,982
40 °C	1,228	1,196	1,165	1,130	1,103	1,075	1,044	1,017	0,990	0,963
60 °C	1,206	1,175	1,145	1,111	1,084	1,056	1,025	0,998	0,970	0,942
80 °C	1,183	1,155	1,125	1,092	1,065	1,037	1,006	0,978	0,950	0,922
110 °C	1,149	1,123	1,094	1,062	1,036	1,008	0,977	0,949	0,920	0,890

[27]

C_5H_5N Pyridin (X_1) — **$C_{20}H_{16}Br_2O_8$ Methyl-di(o-brombenzoyl)tartrat** (X_2)
[11] ⟨K 2, d 4, ϑ 20 °C⟩

C_5H_5N Pyridin (X_1) — **C_2H_3N Acetonitril** (X_2) [13]

C_5H_5N Pyridin (X_1) — **$C_2H_8N_2$ Äthylendiamin** (X_2)
[62] ⟨K 10, d 3⟩

Mol-% X_1	0,00	15,94	27,30	37,13	48,78	57,16	65,14	78,47	85,73	100,00
25 °C	0,891	0,906	0,916	0,924	0,934	0,942	0,948	0,960	0,966	0,978
50 °C	0,866	0,882	0,893	0,899	0,909	0,918	0,924	0,934	0,939	0,953
75 °C	0,842	0,858	0,868	0,873	0,882	0,892	0,898	0,908	0,912	0,927

C_5H_5N Pyridin (X_1)—**C_4H_5N Pyrrol** (X_2)
[*33, 34*] ⟨K9, d4, ϑ 15 °C⟩

Mol-% X_1	0	10	30	50	70	100
20 °C	0,948	0,946	0,958	0,966	0,972	0,982

C_5H_5N Pyridin (X_1)—**$C_5H_{11}N$ Piperidin** (X_2)
[*57*] ⟨K8, d3⟩

Mol-% X_1	0,00	15,96	23,54	47,22	62,57	73,57	85,10	100,00
25 °C	0,860	0,876	0,882	0,908	0,927	0,941	0,957	0,978
50 °C	0,836	0,857	0,862	0,884	0,899	0,909	0,929	0,953
75 °C	0,811	0,832	0,845	0,859	0,878	0,897	0,906	0,927

$C_5H_6N_2$ 4-Aminopyridin (X_1)—**$C_4H_8O_2$ Dioxan** (X_2)
[*37*] ⟨K4 bis 1 Mol-% X_1, d4, ϑ 25 °C⟩

$C_5H_6N_2$ Glutaronitril (X_1)—**C_7H_8 Toluol** (X_2) [*45*]

$C_5H_6N_2$ Glutaronitril (X_1)—**$CHCl_3$ Chloroform** (X_2) [*45*]

$C_5H_6N_2$ Glutaronitril (X_1)—**$C_2H_4Br_2$ Äthylenbromid** (X_2) [*45*]

$C_5H_6N_2$ Glutaronitril (X_1)—**CH_4O Methanol** (X_2) [*45*]

$C_5H_6N_2$ Glutaronitril (X_1)—**C_2H_6O Äthanol** (X_2) [*45*]

$C_5H_6N_2$ Glutaronitril (X_1)—**$C_2H_6O_2$ Äthylenglykol** (X_2) [*45*]

$C_5H_6N_2$ Glutaronitril (X_1)—**$C_2H_4O_2$ Essigsäure** (X_2) [*45*]

$C_5H_6N_2$ Glutaronitril (X_1)—**C_3H_6O Aceton** (X_2) [*45*]

$C_5H_6N_2$ Glutaronitril (X_1)—**$C_3H_6O_2$ Propionsäure** (X_2) [*45*]

$C_5H_6N_2$ Glutaronitril (X_1)—**C_4H_8O Methyläthylketon** (X_2) [*45*]

$C_5H_6N_2$ Glutaronitril (X_1)—**$C_4H_8O_2$ Äthylacetat** (X_2) [*45*]

$C_5H_6N_2$ Glutaronitril (X_1)—**$C_4H_8O_2$ Dioxan** (X_2) [*45*]

$C_5H_6N_2$ Glutaronitril (X_1)—**$C_4H_6O_2$ γ-Butyrolacton** (X_2) [*45*]

$C_5H_6N_2$ Glutaronitril (X_1)—**$C_4H_6O_3$ Propylencarbonat** (X_2) [*45*]

$C_5H_6N_2$ Glutaronitril (X_1)—**C_5H_8O Cyclopentanon** (X_2) [*45*]

$C_5H_6N_2$ Glutaronitril (X_1)—**$C_6H_{10}O$ Cyclohexanon** (X_2) [*45*]

$C_5H_6N_2$ Glutaronitril (X_1)—**$C_6H_{10}O_2$ Acetonylaceton** (X_2) [*45*]

$C_5H_6N_2$ Glutaronitril (X_1)—**$C_4H_8O_2S$ Tetramethylensulfon** (X_2) [*45*]

$C_5H_6N_2$ Glutaronitril (X_1)—**C_5H_5N Pyridin** (X_2) [*45*]

1 Herzen: Bibl. univ. Arch. Sci. Physic. natur **14** (1902) 232 (nach ICT).
2 Holty, J. G.: J. physic. Chem. **9** (1905) 764—79.
3 Holmes, J.: J. chem. Soc. (London) **89** (1906) 1774—86.
4 Dunstan, A. E., Thole, F. B., Hunt, J. S.: J. chem. Soc. (London) **91** (1907) 1728—36.
5 Dunstan, A. E., Stubbs, J. A.: Z. physik. Chem. **66** (1909) 153—61; J. chem. Soc. (London) **93** (1908) 1919—27.
6 Tsakalatos, D. E.: Bull. Soc. chim. France **3** (1908) 234 (nach ICT u. Tim.).
7 Baud: Bull. Soc. chim. France **7** (1910) 117 (nach ICT).
8 Dawson, H. M.: J. chem. Soc. (London) **97** (1910) 1041—56.
9 Faust, O.: Z. physik. Chem. **79** (1912) 97—123.
10 Z. anorg. allg. Chem. **154** (1926) 61—68.
11 Frankland, P. F., Carter, S. R., Adams, E. B.: J. chem. Soc. (London) **101** (1912) 2470—83.

12 Sachanow, A.: Z. physik. Chem. **83** (1913) 129–50.
13 Sachanow, A., Rabinovic: J. Soc. physic. Chem. St. Petersburg **47** (1915) 861 (nach Tabl. ann.).
14 Worley, R. P.: J. chem. Soc. (London) **105** (1914) 273–82.
15 Mathews, J. H., Cooke, R. D.: J. physic. Chem. **18** (1914) 559–85.
16 Bramley, A.: J. chem. Soc. (London) **109** (1916) 10–45.
17 **109** (1916) 434–69.
18 Patterson, T. S.: J. chem. Soc. (London) **109** (1916) 1139–75.
19 Baskov: J. russ. physik. chem. Ges. (Shurnal Russkogo Fisiko-Chimitschesskogo Obschtschesstwa) **50** (1918) 589 (nach ICT u. Tabl. ann.).
20 Lange, L.: Z. Physik **33** (1925) 169–82.
21 Goldschmidt, H., Aarflot, H.: Z. physik. Chem. (A) **122** (1926) 371–82.
22 Burrows, G. J.: Proc. Roy. Soc. New South Wales **60** (1927) 197–207.
23 Prentiss, S. W.: J. Amer. chem. Soc. **51** (1929) 2825–32.
24 Puschin, N. A., Pinter, T.: Z. physik. Chem. (A) **142** (1929) 211–26.
25 **151** (1930) 135–37.
26 Kosakewitsch, P. P., Kosakewitsch, N. S.: Z. physik. Chem. (A) **166** (1933) 113–35.
27 MacLeod, D.: Trans. Faraday Soc. **30** (1934) 482–93.
28 Cowley, E. G., Partington, J. R.: J. chem. Soc. (London) **1935**, 604–09.
29 Swearingen, L. E., Ross, R. F.: J. physic. Chem. **39** (1935) 821–27.
30 Winogradowa, A. D., Jefrenow, N. N., Tichomirowa, A. M.: Bull. Acad. Sci. URSS, Ser. chim. (Iswesstija Akademii Nauk SSSR, Sserija Chimitschesskaja) **1936**, 1027–43.
31 Winogradowa, A. D., Jefrenow, N. N.: Ann. Secteur Analyse physico-chim. (Iswesstija Ssektora Fisiko-Chimitschesskogo Analisa) **15** (1947) 58–66.
32 Prideaux, E. B. R., Coleman, R. N.: J. chem. Soc. (London) **1936**, 1346–53.
33 Dezelic, M.: Trans. Faraday Soc. **33** (1937) 713–19.
34 Dezelic, M., Belia, B.: Bull. Soc. Chim. Belgrad **9** (1938) 151 (nach Tim.).
35 Holzschmidt, W. A., Worobjew, N. K.: Trans. Inst. chem. Techn. Ivanovo USSR (Trudy Iwanowskogo Chimiko-Technologitschesskogo Instituta) **1939**, Nr. 2, 5–12 (nach Chem. Zbl.).
36 Böttcher, C. J. F.: Recueil. Trav. chim. Pays-Bas **62** (1943) 119–33.
37 Leis, D. G., Curran, B. C.: J. Amer. chem. Soc. **67** (1945) 79–81.
38 Rogers, M. T.: J. Amer. chem. Soc. **69** (1947) 457–59.
39 Shukla, S. O., Bhagwat, W. V.: J. Indian chem. Soc. **24** (1947) 307–09.
40 Hatem, S. : Bull. Soc. chim. France **1949**, 599–600.
41 Babak, S. F., Airapetowa, R. P., Udowenko, W. W.: J. allg. Chem. (Shurnal Obschtschei Chimii) **20** (1950) 770–73.
42 Griffiths, V. S.: J. chem. Soc. (London) **1952**, 1326–28.
43 Kortüm, G., Walz, H.: Z. Elektrochem. Ber. Bunsenges. physik. Chem. **57** (1953) 73–81.
44 Balachandran, C. G.: J. Indian Inst. Sci. **36** (1954) 10–18.
45 Phibbs, M. K.: J. physic. Chem. **59** (1955) 346–53.
46 Fleming, R., Sounders, L.: J. chem. Soc. (London) **1955**, 4147–50.
47 Moore, W. R., Styan, G. E.: Trans. Faraday Soc. **52** (1956) 1556–63.
48 Venkatesan, V. K., Suryanarayana, C. V.: J. physic. Chem. **60** (1956) 777–79.
49 Cumper, C. W. N., Vogel, A. I., Walker, S.: J. chem. Soc. (London) **1956**, 3621–28.
50 Buckingham, A. D., Chau, J. Y. H., Freeman, H. C., Le Fèvre, R. J. W., Rao, N., Tardif, J.: J. chem. Soc. (London) **1956**, 1405–11.
51 Toropow, A. P.: J. allg. Chem. (Shurnal Obschtschei Chimii) **26** (1956) 3267–69.
52 Desphande, V. T., Pathki, K. G.: Trans. Faraday Soc. **58** (1962) 2134–38.
53 Purall, W. P.: J. physic. Chem. **68** (1964) 2666–70.
54 Jacobson, B.: Acta chem. scand. **6** (1952) 1485–98.
55 Naumova, A. S.: J. allg. Chem. (Shurnal Obschtschei Chimii) **31** (1961) 3501–04; J. Gen. Chem. USSR **31** (1961) 3264–67.
56 Moelwyn-Hughes, E. A., Thorpe, P. L.: Proc. Roy. Soc. (London) Ser. A, **278** (1964) 574–87.
57 Fialkov, Yu. Ya., Chviruk, O. V.: J. allg. Chem. (Shurnal Obschtschei Chimii) **37** (1967) 754 bis 758; J. Gen. Chem. USSR **37** (1967) 708–11.
58 Fried, V., Gallant, P., Schneier, G. B.: J. chem. Engng. Data **12** (1967) 504–08.
59 Fried, V., Franceschetti, D. R., Schneier, G. B.: J. chem. Engng. Data **13** (1968) 415–16.
60 Findlay, T. J. V., Copp, J. L.: Trans. Faraday Soc. **65** (1969) 1463–69.
61 Borovikov, Yu. Ya.: J. allg. Chem. (Shurnal Obschtschei Chimii) **38** (1968) 1215–19; J. Gen. Chem. USSR **38** (1968) 1171–74.
62 Fialkov, Yu. Ya., Chviruk, O. V., Kudra, O. K.: J. allg. Chem. (Shurnal Obschtschei Chimii) **65** (1965) 1891–97; J. Gen. Chem. USSR **65** (1965) 1885–90.
63 Woycicki, W., Sadowska, K. W.: Bull. Acad. Polon. Sci., Ser. Sci. chim. **16** (1968) 329–34.

$C_6H_{15}N$ Triäthylamin (X_1) — C_6H_{12} Cyclohexan (X_2)
[7] ⟨K 5, d 4⟩

Mol-% X_1	0,00	3,09	5,12	7,10	9,20
25 °C	0,774	0,772	0,770	0,769	0,767

[9] ⟨K 7, d 4⟩

Mol-% X_1	0,00	12,54	33,33	44,41	57,11	79,69	100,00
29 °C	0,771	0,762	0,749	0,744	0,739	0,729	0,723

$C_6H_{15}N$ Triäthylamin (X_1) — C_6H_6 Benzol (X_2)
[2] ⟨K 6, d 4⟩

Mol-% X_1	0,00	8,69	22,06	32,39	74,88	100,00
25 °C	0,874	0,859	0,829	0,810	0,751	0,725

[1] ⟨K 4 bis 2,4 Mol-% X_1, d 4, ϑ 25 °C⟩
[9] ⟨K 7, d 4, ϑ 25 °C⟩
[14] ⟨Gleichung, ϑ 25 °C⟩

$C_6H_{15}N$ Triäthylamin (X_1) — C_7H_{16} n-Heptan (X_2)
[7] ⟨K 5, d 4⟩

Mol-% X_1	0,00	3,18	5,11	7,32	9,12
−25 °C	0,723	0,724	0,725	0,725	0,726
+25 °C	0,682	0,684	0,684	0,685	0,685

[14] ⟨Gleichung, ϑ 25 °C⟩

$C_6H_{15}N$ Triäthylamin (X_1) — C_7H_8 Toluol (X_2)
[9] ⟨K 7, d 4⟩

Mol-% X_1	0,00	13,10	22,56	44,89	56,73	79,86	100,00
29 °C	0,840	0,820	0,794	0,772	0,762	0,734	0,723

$C_6H_{15}N$ Triäthylamin (X_1) — C_8H_{10} o-Xylol (X_2)
[9] ⟨K 7, d 4⟩

Mol-% X_1	0,00	12,70	34,21	46,57	59,17	81,51	100,00
29,4 °C	0,873	0,857	0,822	0,802	0,784	0,743	0,723

$C_6H_{15}N$ Triäthylamin (X_1) — C_8H_{10} m-Xylol (X_2)
[9] ⟨K 7, d 4⟩

Mol-% X_1	0,00	13,22	35,27	46,96	58,97	84,74	100,00
28 °C	0,857	0,839	0,808	0,791	0,775	0,741	0,724

$C_6H_{15}N$ Triäthylamin (X_1) — C_8H_{10} p-Xylol (X_2)
[9] ⟨K 7, d 4⟩

Mol-% X_1	0,00	13,68	34,54	46,94	59,65	82,30	100,00
29,5 °C	0,863	0,845	0,815	0,796	0,781	0,753	0,726

$C_6H_{15}N$ Triäthylamin (X_1) — C_9H_{12} Mesitylen (X_2)
[6] ⟨K 16, ΔV⟩

Mol-% X_1	0,00	11,88	19,58	29,63	45,84	57,41	67,11	82,07	90,95	100,00
25 °C	0,861	0,845	0,835	0,821	0,799	0,783	0,770	0,749	0,736	0,723

$C_6H_{15}N$ Triäthylamin (X_1) — $CHCl_3$ Chloroform (X_2)
[12] ⟨ΔV, graph., ϑ 20 °C⟩

Lacmann

$C_6H_{15}N$ Triäthylamin (X_1) — C_2HCl_3 Trichloräthylen (X_2)
[*12*] ⟨ΔV, graph., ϑ 20 °C⟩

$C_6H_{15}N$ Triäthylamin (X_1) — C_6H_5Cl Chlorbenzol (X_2)
[*14*] ⟨Gleichung, ϑ 25 °C⟩

$C_6H_{15}N$ Triäthylamin (X_1) — CH_4O Methanol (X_2) [*8*]

$C_6H_{15}N$ Triäthylamin (X_1) — C_2H_6O Äthanol (X_2) [*8*]

$C_6H_{15}N$ Triäthylamin (X_1) — $C_2H_4O_2$ Essigsäure (X_2)
[*4*] ⟨K 12, d 3⟩

Gew.-% X_1	0,00	10,40	13,50	23,25	36,40	42,35	45,80	54,00	100,00
25 °C	1,045	1,045	1,041	1,030	1,009	0,994	0,976	0,936	0,723

$C_6H_{15}N$ Triäthylamin (X_1) — C_3H_8O Propanol(1) (X_2) [*8*]

$C_6H_{15}N$ Triäthylamin (X_1) — C_3H_6O Aceton (X_2)
[*9*] ⟨K 9, d 4⟩

Mol-% X_1	0,00	8,91	24,46	25,51	27,69	34,57	41,92	75,11	100,00
27 °C	0,789	0,779	0,765	0,767	0,764	0,756	0,749	0,734	0,724

$C_6H_{15}N$ Triäthylamin (X_1) — $C_3H_6O_2$ Propionsäure (X_2)
[*11*] ⟨K 5, d 3⟩

Vol-% X_1	0,0	26,7	45,0	66,7	100,0
25 °C	0,989	0,988	0,968	0,870	0,723

$C_6H_{15}N$ Triäthylamin (X_1) — $C_4H_{10}O$ n-Butanol (X_2) [*8*]

$C_6H_{15}N$ Triäthylamin (X_1) — $C_4H_8O_2$ Buttersäure (X_2)
[*11*] ⟨K 9, d 3⟩

Vol-% X_1	0,0	11,1	25,0	40,0	50,0	66,7	85,7	100,0
25 °C	0,953	0,958	0,961	0,945	0,915	0,850	0,794	0,723
50 °C	0,929	0,937	0,941	0,926	0,894	0,830	0,770	0,700

$C_6H_{15}N$ Triäthylamin (X_1) — $C_4H_8O_2$ Äthylacetat (X_2)
[*9*] ⟨K 7, d 4⟩

Mol-% X_1	0,00	11,18	29,32	41,01	52,99	79,22	100,00
25 °C	0,896	0,870	0,831	0,809	0,788	0,749	0,725

$C_6H_{15}N$ Triäthylamin (X_1) — $C_4H_8O_2$ Dioxan (X_2)
[*9*] ⟨K 7, d 4⟩

Mol-% X_1	0,00	9,97	26,78	37,88	52,01	77,16	100,00
28,5 °C	1,024	0,984	0,915	0,879	0,844	0,769	0,723

$C_6H_{15}N$ Triäthylamin (X_1) — $C_4H_6O_3$ Essigsäureanhydrid (X_2)
[*9*] ⟨K 7, d 4⟩

Mol-% X_1	0,00	12,32	29,35	40,56	53,34	79,41	100,00
25 °C	1,077	1,027	0,960	0,910	0,872	0,792	0,725

$C_6H_{15}N$ Triäthylamin (X_1) — $C_5H_{10}O_2$ Valeriansäure (X_2)
[*11*] ⟨K 9, d 3, ϑ 25°, 50 °C⟩

$C_6H_{15}N$ Triäthylamin (X_1) — **$C_7H_{14}O_2$ Amylacetat** (X_2)
[*9*] ⟨K 7, d 4⟩

Mol-% X_1	0,00	16,68	39,81	52,90	63,91	85,30	100,00
25,5 °C	0,865	0,849	0,815	0,796	0,781	0,746	0,725

$C_6H_{15}N$ Triäthylamin (X_1) — **C_8H_8O Acetophenon** (X_2)
[*9*] ⟨K 7, d 4⟩

Mol-% X_1	0,00	1,55	33,85	45,05	58,23	82,02	100,00
25 °C	1,029	0,985	0,923	0,889	0,848	0,778	0,725

$C_6H_{15}N$ Triäthylamin (X_1) — **$C_{12}H_{10}O$ Diphenyläther** (X_2)
[*9*] ⟨K 7, d 4⟩

Mol-% X_1	0,00	17,17	40,81	53,46	66,28	84,69	100,00
25 °C	1,068	1,021	0,947	0,904	0,856	0,785	0,725

$C_6H_{15}N$ Triäthylamin (X_1) — **$C_4H_{11}N$ n-Butylamin** (X_2)
[*14*] ⟨Gleichung, ϑ 25 °C⟩

$C_6H_{15}N$ Triäthylamin (X_1) — **$C_4H_{11}N$ Diäthylamin** (X_2)
[*13*] ⟨K 19, d 4, ϑ 30°, 50 °C⟩

Mol-% X_1	0,00	7,64	16,99	27,48	40,70	50,30	61,86	70,37	81,48	90,31	100,00
20 °C	0,7042	0,7062	0,7085	0,7114	0,7145	0,7169	0,7195	0,7214	0,7237	0,7257	0,7277
Mol-% X_1	0,00	10,25	20,76	30,33	40,29	50,72	61,13	71,43	80,41	90,31	100,00
40 °C	0,6827	0,6858	0,6889	0,6916	0,6943	0,6971	0,6998	0,7023	0,7045	0,7069	0,7091

[*14*] ⟨Gleichung, ϑ 25 °C⟩

$C_6H_{15}N$ Triäthylamin (X_1) — **C_4H_5N Pyrrol** (X_2)
[*3*] ⟨K 7, d 4⟩

Mol-% X_1	0	20	40	50	60	80	100
20 °C	0,948	0,883	0,839	0,818	0,798	0,761	0,729

$C_6H_{15}N$ Triäthylamin (X_1) — **C_5H_5N Pyridin** (X_2)
[*9*] ⟨K 10, d 4⟩

Mol-% X_1	0,00	12,70	27,09	39,95	52,70	59,67	72,73	82,53	90,55	100,00
30 °C	0,975	0,935	0,883	0,856	0,819	0,795	0,781	0,769	0,739	0,722

$C_6H_{13}N$ Cyclohexylamin (X_1) — **C_6H_6 Benzol** (X_2)
[*10*] ⟨K 5, d 5⟩

Mol-% X_1	0,00	12,94	20,88	27,45	100,00
25 °C	0,8734	0,8708	0,8695	0,8682	0,8625

$C_6H_{11}N$ Isoamylcyanid (X_1) — **C_6H_6 Benzol** (X_2)
[*5*] ⟨K 7 bis 2 Mol-% X_1, d 5, ϑ 25 °C⟩

C_6H_9N 2.4-Dimethylpyrrol (X_1) — **$C_5H_{11}N$ Piperidin** (X_2)
[*3*] ⟨K 9, d 4⟩

Mol-% X_1	0	20	40	50	60	67,7	70	80	100
20 °C	0,865	0,887	0,901	0,907	0,911	0,915	0,918	0,918	0,920

C_6H_9N 2.4-Dimethylpyrrol (X_1) — **C_5H_5N Pyridin** (X_2)
[3] ⟨K5, d4⟩

Mol-% X_1	0	30	50	70	100
20 °C	0,983	0,961	0,950	0,941	0,920

1 | Fogelberg, J. M., Williams, J. W.: Physik. Z. **32** (1931) 27—31.
2 | Hammick, D. L., Norris, A., Sutton, L. E.: J. chem. Soc. (London) **1938**, 1755—61.
3 | Dezelic, M., Belia, B.: Bull. Soc. Chim. Belgrad **9** (1938) 151 (nach Tim.).
4 | van Kloster, H. S., Douglas, W. A.: J. physic. Chem. **49** (1945) 67—70.
5 | Rogers, M. T.: J. Amer. chem. Soc. **69** (1947) 457—59.
6 | Kohler, F., Rott, E.: Mh. Chem. **85** (1954) 703—18.
7 | Shirai, M.: Bull. chem. Soc. Japan **29** (1956) 518—21.
8 | Copp, J. L., Findlay, T. J. V.: Trans. Faraday Soc. **56** (1960) 13—22.
9 | Reddy, K. C., Subrahmanyam, S. V., Bhimasenachar, J.: Trans. Faraday Soc. **58** (1962) 2352—57.
10 | Lewis, G. L., Smyth, C. P.: J. Amer. chem. Soc. **61** (1939) 3067—70.
11 | Borovikov, Yu. Ya.: J. allg. Chem. (Shurnal Obschtschei Chimii) **38** (1968) 1215—19; J. Gen. Chem. USSR **38** (1968) 1171—74.
12 | Boule, P.: C. R. hebd. Séances Acad. Sci., Ser. C, **268** (1969) 5—7.
13 | Langguth, U., Bittrich, H.-J.: Z. physik. Chem. (Leipzig) **244** (1970) 327—39.
14 | Letcher, T. M., Bayles, J. W.: J. chem. Engng. Data **16** (1971) 266—71.

C_6H_7N Anilin (X_1) — **C_5H_{10} Amylen** (X_2)
[11] ⟨K5, d4⟩

Gew.-% X_1	0,0	27,8	61,1	76,0	100,0
20 °C	0,658	0,743	0,857	0,913	1,022

[6] ⟨K8, d4, ϑ 19 °C⟩

C_6H_7N Anilin (X_1) — **C_6H_{14} Hexan** (X_2)
[70] ⟨ΔV, graph., ϑ 25°, 60°, 65 °C⟩

C_6H_7N Anilin (X_1) — **C_6H_{12} Cyclohexan** (X_2)
[55] ⟨K7, d5⟩

Mol-% X_1	0,00	7,69	10,58	15,51	100,00
22 °C	0,777	0,791	0,796	0,806	1,020

[46] ⟨K8, d4⟩

Gew.-% X_1	0,00	13,32	27,01	53,38	61,72	74,25	88,64	100,00
32 °C	0,767	0,790	0,817	0,878	0,898	0,932	0,975	1,011
60 °C	0,740	0,763	0,791	0,851	0,873	0,907	0,950	0,987

[44]

C_6H_7N Anilin (X_1) — **C_6H_6 Benzol** (X_2)
[66] ⟨K10, d5, ϑ 25 °C⟩

Mol-% X_1	17,14	35,79	42,56	49,53	55,39	57,05	65,99	84,84
20 °C	0,9049	0,9328	0,9436	0,9529	0,9608	0,9638	0,9784	1,0016
30 °C	0,8943	0,9228	0,9335	0,9433	0,9519	0,9545	0,9689	0,9929

[63] ⟨K3, d4⟩

Mol-% X_1	20	50	100
25 °C	0,905	0,949	1,017
50 °C	0,879	0,925	0,995

[41] ⟨K6, d4⟩

Mol-% X_1	0,00	18,03	37,75	59,68	79,34	100,00
70 °C	0,825	0,855	0,887	0,921	0,949	0,978

C_6H_7N Anilin (X_1) — **C_6H_6 Benzol** (X_2) (Forts.)

[*9*] ⟨K 7, d 3, ϑ 9,5°, 77 °C⟩
[*2*] ⟨K 5, d 4, ϑ 20 °C⟩
[*20*] ⟨K 9, d 5, ϑ 20 °C⟩
[*36*] ⟨K 3 bis 11 Mol-% X_1, d 3, ϑ 20°, 30°, 40°, 50 °C⟩
[*38*] ⟨K 5 bis 4,1 Mol-% X_1, d 4, ϑ 20 °C⟩
[*15*] ⟨K 11, d 4, ϑ 25 °C⟩
[*50*] ⟨K 4 bis 0,4 Mol-% X_1, d 5, ϑ 25 °C⟩
[*51*] ⟨K 15, d 5, ϑ 25 °C⟩
[*56*] ⟨K 10 bis 11,4 Gew.-% X_1, d 5, ϑ 25 °C⟩
[*5, 14, 59*]

C_6H_7N Anilin (X_1) — **C_7H_8 Toluol** (X_2)
[*2*] ⟨K 7, d 4⟩

Gew.-% X_1	0,00	25,43	40,95	60,07	80,84	87,45	100,00
20 °C	0,865	0,901	0,924	0,954	0,988	0,999	1,021

[*73*] ⟨K 11, d 5, ϑ 35 °C⟩

Mol-% X_1	0,00	9,77	19,80	30,04	39,17	49,93	60,03	69,78	80,09	89,98	100,00
25 °C	0,8621	0,8758	0,8902	0,9047	0,9182	0,9349	0,9510	0,9668	0,9826	1,0002	1,0175
30 °C	0,8575	0,8711	0,8861	0,9001	0,9131	0,9304	0,9461	0,9623	0,9791	0,9957	1,0132
40 °C	0,8483	0,8618	0,8772	0,8911	0,9052	0,9216	0,9376	0,9534	0,9706	0,9873	1,0046

[*4*] ⟨K 8, d 3, ϑ 25 °C⟩
[*5, 25*]

C_6H_7N Anilin (X_1) — **C_8H_{10} Xylol** (X_2)
[*3*] ⟨K 7, d 3⟩

Gew.-% X_1	0,0	19,4	37,4	54,4	63,6	87,0	100,0
0 °C	0,909	0,917	0,938	0,960	0,975	1,014	1,039

C_6H_7N Anilin (X_1) — **$C_{10}H_8$ Naphthalin** (X_2) [*42*]

C_6H_7N Anilin (X_1) — **$C_{10}H_{12}$ Tetrahydronaphthalin** (X_2)
[*74*] ⟨K 8, d 5⟩

Mol-% X_1	0,00	15,14	39,99	45,23	60,59	70,78	79,89	100,00
35 °C	0,9554	0,9594	0,9687	0,9711	0,9794	0,9856	0,9918	1,0088

C_6H_7N Anilin (X_1) — **$CHCl_3$ Chloroform** (X_2) [*60*]

C_6H_7N Anilin (X_1) — **CCl_4 Tetrachlormethan** (X_2)
[*29*] ⟨K 13, d 5⟩

Gew.-% X_1	0,00	6,49	12,95	20,94	28,83	37,92	48,13	58,97	70,40	84,54	100,00
25 °C	1,585	1,531	1,481	1,423	1,370	1,313	1,254	1,196	1,141	1,079	1,017

[*66*] ⟨K 11, d 5, ϑ 20°, 25°, 30 °C⟩

C_6H_7N Anilin (X_1) — **C_6H_5Cl Chlorbenzol** (X_2)
[*66*] ⟨K 14, d 5, ϑ 20°, 30 °C⟩

Mol-% X_1	0,00	13,79	22,89	27,15	42,24	50,40	63,56	71,15	80,47	88,64	100,00
25 °C	1,0977	1,0868	1,0793	1,0760	1,0636	1,0469	1,0454	1,0395	1,0315	1,0245	1,0145

C_6H_7N Anilin (X_1) — **C_6H_5Br Brombenzol** (X_2)
[*74*] ⟨K 10, d 5⟩

Mol-% X_1	0,00	19,12	29,77	45,17	50,23	55,52	60,04	70,85	85,83	100,00
35 °C	1,4754	1,3936	1,3477	1,2785	1,2552	1,2305	1,2092	1,1572	1,0826	1,0088

C_6H_7N Anilin (X_1) — **CH_4O Methanol** (X_2)
[68] ⟨K 11, d 4⟩

Gew.-% X_1	0,00	10,20	20,49	29,87	39,28	54,26	59,39	70,62	79,91	89,62	100,00
20 °C	0,7914	0,8141	0,8381	0,8600	0,8840	0,9182	—	0,9558	0,9768	0,9999	1,0220
30 °C	0,7828	0,8061	0,8305	0,8550	0,8780	0,9128	0,9222	0,9482	0,9702	0,9916	1,0125
40 °C	0,7732	0,8002	0,8243	0,8480	0,8712	0,9051	0,9179	0,9436	0,9641	0,9844	1,0045

[12] ⟨K 8, d 4, ϑ 25 °C⟩
[29] ⟨K 12, d 5, ϑ 25 °C⟩
[35] ⟨K 3 bis 2 Gew.-% X_1, d 4, ϑ 25 °C⟩
[74] ⟨K 9, d 5, ϑ 35 °C⟩

C_6H_7N Anilin (X_1) — **C_2H_6O Äthanol** (X_2)
[57] ⟨K 16, d 4, ϑ 15°, 25°, 35 °C⟩

Mol-% X_1	0,00	5,05	10,16	22,66	28,91	38,44	59,00	88,68	95,00	100,00
20 °C	0,790	0,811	0,830	0,873	0,890	0,915	0,958	1,004	1,014	1,022
30 °C	0,782	0,802	0,822	0,864	0,882	0,906	0,950	0,996	1,006	1,013

[1] ⟨K 7, d 5, ϑ 16,3 °C⟩
[35] ⟨K 2 bis 1 Gew.-% X_1, d 4, ϑ 25 °C⟩
[31] ⟨K 5, d 5, ϑ 30 °C⟩
[26, 59, 60]

C_6H_7N Anilin (X_1) — **$C_2H_4O_2$ Essigsäure** (X_2)
[49] ⟨K 11, d 4⟩

Mol-% X_1	0,00	6,46	13,54	21,10	29,04	38,40	48,59	59,19	71,32	84,68	100,00
25 °C	1,053	1,075	1,088	1,091	1,087	1,077	1,065	1,052	1,038	1,027	1,018

[34] ⟨K 10, d 4⟩

Gew.-% X_1	0,00	5,26	10,73	21,01	28,69	83,62	91,81	97,11	98,38	100,00
30 °C	1,038	1,053	1,066	1,081	1,084	1,028	1,020	1,015	1,014	1,013

[22] ⟨K 9, d 3⟩

Gew.-% X_1	0,0	15,5	24,7	37,9	40,9	44,5	49,55	62,3	100,0
25 °C	1,052	1,082	1,091	1,088	1,085	1,084	1,076	1,061	1,022
50 °C	—	1,047	—	1,056	1,057	1,051	—	1,035	0,992

[16] ⟨K 5 bis 13 Gew.-% X_1, d 5, ϑ 12,87 °C⟩
[19] ⟨K 6, d 3, ϑ 17,5°, 58,5°, 100 °C⟩
[30] ⟨K 21, d 3, ϑ 21 °C⟩
[23] ⟨K 12 bis 35,8 Gew.-% X_1, d 3, ϑ 25 °C⟩
[27] ⟨K 1, d 5, ϑ 25°, 40°, 55°, 70 °C⟩
[32] ⟨K 16, d 5, ϑ 30,4 °C⟩
[33] ⟨K 6, d 5, ϑ 30 °C⟩
[22, 53, 58]

C_6H_7N Anilin (X_1) — **C_3H_8O Propanol** (X_2)
[8] ⟨K 4, d 3⟩

Mol-% X_1	0,0	20,3	65,0	100,0
20 °C	0,804	0,868	0,962	1,024
70 °C	0,762	0,824	0,919	0,980

C_6H_7N Anilin (X_1) — **C_3H_6O Aceton** (X_2)
[43] ⟨K 7, d 3⟩

Gew.-% X_1	0,0	22,5	44,0	59,7	79,5	90,0	100,0
30 °C	0,794	0,840	0,884	0,912	0,956	0,980	1,010

[27] ⟨K 1, d 4, ϑ 0°, 25°, 40°, 55°, 70 °C⟩
[19] ⟨K 4, d 4, ϑ 18°, 41 °C⟩

C_7H_6N Anilin (X_1)—**$C_4H_{10}O$ n-Butanol** (X_2)
[*73*] ⟨K 11, d 5, ϑ 35 °C⟩

Mol-% X_1	0,00	9,98	19,35	30,51	40,55	48,37	60,05	69,46	80,28	89,96	100,00
25 °C	0,8059	0,8288	0,8496	0,8739	0,8953	0,9120	0,9364	0,9560	0,9779	0,9975	1,0175
30 °C	0,8022	0,8247	0,8455	0,8697	0,8911	0,9078	0,9320	0,9516	0,9735	0,9931	1,0132
40 °C	0,7944	0,8167	0,8372	0,8613	0,8826	0,8990	0,9234	0,9427	0,9648	0,9842	1,0046

C_7H_6N Anilin (X_1)—**$C_4H_{10}O$ tert. Butanol** (X_2)
[*74*] ⟨K 10, d 5⟩

Mol-% X_1	0,00	19,20	30,98	40,30	45,47	57,61	65,23	76,00	85,70	100,00
35 °C	0,7707	0,8172	0,8460	0,8688	0,8814	0,9102	0,9284	0,9538	0,9765	1,0088

C_6H_7N Anilin (X_1)—**$C_4H_{10}O$ Diäthyläther** (X_2)
[*62*] ⟨K 7, d 4⟩

Mol-% X_1	0	20	40	50	60	80	100
20 °C	0,715	0,785	0,851	0,881	0,910	0,969	1,022

[*29*] ⟨K 10, d 5, ϑ 20 °C⟩

C_6H_7N Anilin (X_1)—**C_4H_8O Tetrahydrofuran** (X_2)
[*74*] ⟨K 9, d 5⟩

Mol-% X_1	0,00	19,12	40,52	45,26	51,36	60,84	71,12	80,92	100,00
35 °C	0,8733	0,9092	0,9414	0,9481	0,9564	0,9681	0,9799	0,9902	1,0088

C_6H_7N Anilin (X_1)—**$C_4H_8O_2$ Buttersäure** (X_2)
[*32*] ⟨K 9, d 5⟩

Gew.-% X_1	0,00	17,70	23,17	30,03	39,14	51,59	61,06	77,85	100,00
30 °C	0,950	0,979	0,985	0,993	0,999	1,003	1,005	1,009	1,013

C_6H_7N Anilin (X_1)—**$C_4H_8O_2$ Äthylacetat** (X_2)
[*13*] ⟨K 13, d 4⟩

Mol-% X_1	0,0	15,2	22,3	42,8	50,8	67,2	74,9	77,6	85,5	93,9	100,0
0 °C	0,923	0,944	0,952	0,978	0,985	1,004	1,012	1,015	1,024	1,033	1,034

C_6H_7N Anilin (X_1)—**$C_4H_8O_2$ Dioxan** (X_2)
[*62*] ⟨K 7, d 4⟩

Mol-% X_1	0	20	40	50	60	80	100
20 °C	1,034	1,035	1,036	1,036	1,033	1,029	1,022

[*55*] ⟨K 9, d 5⟩
[*56*] ⟨K 9 bis 11,1 Gew.-% X_1, d 5, ϑ 25 °C⟩
[*71*] ⟨K 7, ΔV, ϑ 30 °C⟩

C_6H_7N Anilin (X_1)—**$C_4H_6O_3$ Essigsäureanhydrid** (X_2)
[*54*] ⟨K 22, d 3⟩

Gew.-% X_1	0,00	17,49	23,36	30,47	40,84	50,99	61,00	69,09	80,06	88,56	100,00
50 °C	1,037	1,046	1,048	1,057	1,069	1,060	1,054	1,045	1,026	1,012	1,007
75 °C	1,009	1,023	1,028	1,032	1,054	1,040	1,032	1,026	1,001	0,991	0,985

[*34*] ⟨K 4 ab 90,6%, d 5, ϑ 30 °C⟩

C_6H_7N Anilin (X_1) — C_6H_6O Phenol (X_2)
[47] ⟨K 14, d 4, ϑ 19,5°, 40°, 45 °C⟩

Gew.-% X_1	0	10	20	30	40	50	60	70	80	90	100
25 °C	(1,071)	1,069	1,066	1,062	1,057	1,052	1,046	1,041	1,034	1,026	1,020
50 °C	1,053	1,049	1,045	1,041	1,037	1,031	1,025	1,020	1,014	1,006	0,999
75 °C	1,032	1,029	1,025	1,020	1,015	1,010	1,002	0,996	0,990	0,983	0,976
100 °C	1,012	1,008	1,003	0,999	0,994	0,989	0,979	0,972	0,967	0,960	0,952

[28] ⟨K 14, d 4, ϑ 20°, 30°, 40°, 60°, 80°, 125 °C⟩
[22] ⟨K 5, d 3, ϑ 35 °C⟩
[39] ⟨K 3, d 4, ϑ 50°, 70°, 90°, 120°, 150 °C⟩
[7]

C_6H_7N Anilin (X_1) — C_7H_8O m-Kresol (X_2)
[48] ⟨K 11, d 4, ϑ 28 °C⟩

Mol-% X_1	0,00	12,38	24,87	42,54	52,12	57,25	73,21	87,95	100,00
25 °C	1,030	1,030	1,032	1,031	1,028	1,027	1,025	1,021	1,018

[7, 10]

C_6H_7N Anilin (X_1) — C_7H_8O p-Kresol (X_2)
[22] ⟨K 7, d 3⟩

Gew.-% X_1	0,0	10,0	20,5	37,3	46,4	70,0	100,0
25 °C	—	1,029	1,028	1,028	1,027	1,022	1,020
50 °C	1,005	1,005	1,005	1,004	1,001	0,997	0,992

C_6H_7N Anilin (X_1) — $C_7H_{14}O_2$ Amylacetat (X_2) [21]

C_6H_7N Anilin (X_1) — $C_7H_8O_2$ Guajacol (X_2)
[37] ⟨K 11, d 4⟩

Mol-% X_1	0	10	20	30	40	50	60	70	80	90	100
30 °C	1,124	1,116	1,108	1,098	1,088	1,079	1,065	1,054	1,042	1,028	1,014

C_6H_7N Anilin (X_1) — $C_7H_6O_2$ Benzoesäure (X_2)
[34] ⟨K 5, d 5⟩

Gew.-% X_1	85,11	91,32	94,95	98,00	100,00
30 °C	1,037	1,027	1,021	1,016	1,013

[16] ⟨K 5 bis 12 Gew.-% X_1, d 5, ϑ 12,87 °C⟩

C_6H_7N Anilin (X_1) — $C_8H_{10}O$ Phenetol (X_2)
[28] ⟨K 10, d 4, ϑ 9,9°, 29,6 °C⟩

Gew.-% X_1	0,00	11,51	23,46	34,31	45,36	56,32	67,70	78,25	88,26	100,00
0 °C	0,985	0,991	0,998	1,004	1,010	1,016	1,022	1,027	1,033	1,039
20,2 °C	0,967	0,973	0,980	0,985	0,992	0,997	1,004	1,009	1,015	1,021
40,0 °C	0,948	0,955	0,962	0,968	0,974	0,980	0,986	0,992	0,998	1,005
60,0 °C	0,930	0,936	0,943	0,950	0,956	0,962	0,969	0,975	0,981	0,987
80,0 °C	0,911	0,918	0,925	0,932	0,938	0,944	0,951	0,957	0,964	0,970

C_6H_7N Anilin (X_1) — $C_8H_4O_3$ Phthalsäureanhydrid (X_2)
[34] ⟨K 3, d 5⟩

Gew.-% X_1	95,00	99,27	100,00
30 °C	1,032	1,015	1,013

C_6H_7N Anilin (X_1) — $C_8H_{14}O_6$ Äthyltartrat (X_2) [17]

Lacmann

C_6H_7N Anilin (X_1) – **$C_9H_{10}O_2$ Benzylacetat** (X_2)
[65] ⟨K9, Molvolumen, ϑ 30 °C⟩
[61]

C_6H_7N Anilin (X_1) – **C_6H_5ClO o-Chlorphenol** (X_2)
[28] ⟨K13, d4, ϑ 10°, 30 °C⟩

Gew.-% X_1	0,00	10,35	22,20	31,50	39,39	48,32	53,39	59,84	71,06	84,46	100,00
20 °C	1,251	1,228	1,200	1,179	1,160	1,140	1,128	1,112	1,087	1,056	1,022
40 °C	1,228	1,206	1,179	1,158	1,140	1,120	1,108	1,093	1,068	1,038	1,005
60 °C	1,206	1,184	1,158	1,138	1,120	1,100	1,089	1,074	1,050	1,020	0,987
80 °C	1,183	1,162	1,137	1,117	1,099	1,080	1,069	1,055	1,031	1,002	0,970
110 °C	1,149	1,128	1,104	1,084	1,068	1,049	1,039	1,025	1,002	0,974	0,943
150 °C	1,103	1,082	1,059	1,040	1,025	1,007	0,997	0,984	0,962	0,935	0,905

[22] ⟨K9, d3, ϑ 25°, 50 °C⟩
[45]

C_6H_7N Anilin (X_1) – **C_6H_5ClO m-Chlorphenol** (X_2)
[22] ⟨K8, d3⟩

Gew.-% X_1	0,0	9,0	19,35	30,1	40,3	60,1	75,4	100,0
25 °C	1,268	1,238	1,207	1,181	1,153	1,104	1,071	1,022
50 °C	1,237	1,210	1,180	1,153	1,126	1,077	1,045	0,992

C_6H_7N Anilin (X_1) – **C_6H_5ClO p-Chlorphenol** (X_2)
[22] ⟨K11, d3⟩

Gew.-% X_1	0,0	7,8	15,4	22,2	29,9	37,2	41,8	50,2	70,2	90,3	100,0
25 °C	—	1,249	1,228	1,209	1,185	1,166	1,154	1,133	1,084	1,037	1,022
50 °C	1,244	1,223	1,199	1,179	1,158	1,140	1,128	1,107	1,058	1,012	0,992

C_6H_7N Anilin (X_1) – **C_2H_6OS Dimethylsulfoxid** (X_2)
[67] ⟨K11, d4, ϑ 35 °C⟩

Mol-% X_1	0	10	20	30	40	50	60	70	80	90	100
25 °C	1,0957	1,0889	1,0818	1,0749	1,0677	1,0604	1,0526	1,0445	1,0359	1,0271	1,0183
45 °C	1,0756	1,0688	1,0621	1,0554	1,0485	1,0413	1,0336	1,0255	1,0172	1,0086	0,9998

C_6H_7N Anilin (X_1) – **$C_2H_8N_2$ Äthylendiamin** (X_2)
[72] ⟨K11, d3⟩

Mol-% X_1	0,00	9,72	16,66	24,73	33,08	43,36	52,79	62,82	76,82	90,96	100,00
25 °C	0,891	0,900	0,921	0,934	0,947	0,961	0,973	0,984	0,998	1,011	1,018
50 °C	0,866	0,885	0,899	0,911	0,924	0,938	0,950	0,962	0,978	0,988	0,996
75 °C	0,842	0,862	0,875	0,887	0,901	0,914	0,927	0,938	0,955	0,965	0,973

C_6H_7N Anilin (X_1) – **C_4H_5N Pyrrol** (X_2)
[52] ⟨K8, d4⟩

Mol-% X_1	0	20	40	50	60	70	80	100
20 °C	0,948	0,966	0,985	0,990	0,998	1,004	1,010	1,021

[62] ⟨K6, d4, ϑ 20 °C⟩

C_6H_7N Anilin (X_1) – **$C_5H_{11}N$ Piperidin** (X_2)
[69] ⟨K8, d3⟩

Mol-% X_1	0,00	23,41	31,92	50,69	59,17	77,76	87,92	100,00
25 °C	0,860	0,902	0,916	0,945	0,957	0,986	1,000	1,018
50 °C	0,836	0,879	0,893	0,922	0,935	0,964	0,978	0,996
75 °C	0,811	0,823	0,869	0,902	0,911	0,940	0,954	0,973

C_6H_7N Anilin (X_1) — **C_5H_5N Pyridin** (X_2)
[*19*] ⟨K3, d3⟩

Mol-% X_1	0	50	100
0 °C	1,001	1,025	1,033
19 °C	0,990	1,007	1,020
58,6 °C	0,945	0,974	0,988
100 °C	0,905	0,937	0,953

[*74*] ⟨K9, d5⟩

Mol-% X_1	0,00	27,13	42,18	45,33	50,66	55,50	60,05	81,64	100,00
35 °C	0,9682	0,9836	0,9917	0,9929	0,9948	0,9965	0,9980	1,0040	1,0088

[*27*] ⟨K1, d4, ϑ 0°, 19°, 58,6°, 100 °C⟩
[*24*]

C_6H_7N Anilin (X_1) — **$C_6H_{15}N$ Triäthylamin** (X_2)
[*64*] ⟨K7, d3, ϑ 24 °C⟩

Mol-% X_1	0,00	21,60	47,35	57,53	69,98	89,33	100,00
24 °C	0,728	0,778	0,847	0,876	0,913	0,972	1,015

1 Johst, W.: Wied. Ann. Physik **20** (1883) 47—62.
2 Herzen: Bibl. univ. Arch. Sci. phys. natur **14** (1902) 232 (nach ICT).
3 Clarke, B.: Physik. Z. **6** (1905) 154—59.
4 Riedel, R.: Z. physik. Chem. **56** (1906) 243—53.
5 Ritzel, A.: Z. physik. Chem. **60** (1907) 319—58.
6 Antonov, G. N.: J. Chim. physique **5** (1907) 364; J. russ. physik.-chem. Ges. (Shurnal Russkogo Fisiko-Chimitschesskogo Obschtschesstwa) **39** (1907) 342 (nach Tim.).
7 Kremann, R., Ehrlich, R.: Mh. Chem. **28** (1907) 831 (nach ICT).
8 Kremann, R., Meingast, R., Gugl, F.: Mh. Chem. **35** (1914) 876—82, 1235.
9 Kremann, R., Borjanovics, V.: Mh. Chem. **37** (1916) 59 (nach Tim.).
10 Tsakalatos, D. E.: Bull. Soc. chim. France **3** (1908) 234 (nach ICT).
11 Z. physik. Chem. **68** (1910) 32—38.
12 Holmes, J., Sageman, P. J.: J. chem. Soc. (London) **95** (1909) 1919—43.
13 Wroczynski, A., Guye, P. A.: J. phys. chim. **8** (1910) 189—221.
14 Baud: Bull. Soc. chim. France **7** (1910) 117 (nach ICT).
15 Guerdjikova: Thesis, Nancy, 1910 (nach Tim.).
16 Tyrer, D.: J. chem. Soc. (London) **99** (1911) 871—80.
17 Patterson, T. S., Stevenson, E. F.: J. chem. Soc. (London) **101** (1912) 241—49.
18 Karhi, Suikkanen: Översikt av Finska Vetenskap Societetens Förhandlingar **54** (1912) Nr. 19 (nach ICT).
19 Faust, O.: Z. physik. Chem. **79** (1912) 97—123.
20 Biron, E. V., Morguleva, O.: J. russ. physik.-chem. Ges. (Shurnal Russkogo Fisiko-Chimitschesskogo Obschtschesstwa) **45** (1913) 1985 (nach Tim.).
21 Thole, F. B.: J. chem. Soc. (London) **103** (1913) 317—23.
22 Thole, F. B., Mussell, A. G., Dunstan, A. E.: J. chem. Soc. (London) **103** (1913) 1108—19.
23 Sachanow, A.: Z. physik. Chem. **83** (1913) 129—50.
24 Sachanow, A., Przeborowski: J. russ. physik.-chem. Ges. (Shurnal Russkogo Fisiko-Chimitschesskogo Obschtschesstwa) **47** (1915) 849 (nach ICT u. Tabl. ann.).
25 Herz, W.: Z. physik. Chem. **87** (1914) 63—68.
26 Z. Elektrochem., angew. physik. Chem. **36** (1930) 850—52.
27 Mathews, J. H., Cooke, R. D.: J. physic. Chem. **18** (1914) 559—85.
28 Bramley, A.: J. chem. Soc. (London) **109** (1916) 10—45, 434—69.
29 Hartung, E. J.: Trans. Faraday Soc. **12** (1917) 66—85.
30 Rabinowitsch, A. J.: J. physik. Chem. **99** (1921) 434—53.
31 Burrows, G. J., Eastwood, F.: Proc. Roy. Soc. New South Wales, Phil. Sect., **57** (1923) 118—25.
32 Pound, J. R., Russell, R. S.: J. chem. Soc. (London) **125** (1924) 769—80.
33 Pound, J. R.: J. chem. Soc. (London) **125** (1924) 1560—64.
34 J. physic. Chem. **31** (1927) 547—63.

35 Goldschmidt, H., Aarflot, H.: Z. physik. Chem. (A) **122** (1926) 371–82.
36 Estermann, J.: Z. physik. Chem. (B) **1** (1928) 134–69.
37 Puschin, N. A., Pinter, T.: Z. physik. Chem. (A) **142** (1929) 211–26.
38 Tiganik, L.: Z. physik. Chem. (B) **14** (1931) 135–48.
39 Buehler, C. A., Wood, J. H., Hull, D. C., Erwin, E. C.: J. Amer. chem. Soc. **54** (1932) 2398.
40 Martin, A. R., Collie, B.: J. chem. Soc. (London) **1932**, 2658–67.
41 Martin, A. R.: Trans. Faraday Soc. **33** (1937) 191–200.
42 Kosakewitsch, P. P., Kosakewitsch, N. S.: Z. physik. Chem. (A) **166** (1933) 113–35.
43 Rao, S. R.: Indian J. Physics **8** (1934) 483 (nach Tim.).
44 Schlegel, H.: J. Chim. physique **31** (1934) 668–88.
45 Mac Leod, D.: Trans. Faraday Soc. **30** (1934) 482–93.
46 Wellm, J.: Z. physik. Chem. (B) **28** (1935) 119–22.
47 Winogradowa, A. D., Jefrenow, N. N., Tichomirowa, A. M.: Bull. Acad. Sci. URSS, Ser. chim. (Iswesstija Akademii Nauk SSSR, Sserija Chimitschesskaja) **1936**, 1027–43.
48 Trew, V. C. G., Spencer, J. F.: Trans. Faraday Soc. **32** (1936) 701–08.
49 Angulescu, A., Eustatiu, C.: Z. physik. Chem. (A) **177** (1936) 263–76.
50 Le Fèvre, C. G., Le Fèvre, R. J. W.: J. chem. Soc. (London) **1936**, 1130–37.
51 Le Fèvre, R. J. W., Roberts, W. P. H., Smythe, B. M.: J. chem. Soc. (London) **1949**, 902–04.
52 Dezelic, M., Belia, B.: Bull. Soc. Chim. Belgrad **9** (1938) 151 (nach Tim.).
53 Klotschko, M. A., Tschaunukwadse, O. I.: Bull. Acad. Sci. URSS, Ser. chim. (Iswesstija Akademii Nauk SSSR, Sserija Chimitschesskaja) **1938**, 987–1002.
54 **1947**, 585–90.
55 Klapproth, H.: Nova Acta Leopoldina [N. F.] **9** (1940) 305–60.
56 Few, A. V., Smith, J. W.: J. chem. Soc. (London) **1949**, 753–60.
57 Hatem, S.: Bull. Soc. chim. France, Mem. [5] **16** (1949) 483–86.
58 Naumowa, A. S.: J. allg. Chem. (Shurnal Obschtschei Chimii) **19** (1949) 1216–21.
59 Anissimow, W. I.: J. physik. Chem. (Shurnal Fisitschesskoi Chimii) **27** (1953) 1797–1807.
60 Migal, P. K., Belotzki, D. P.: J. allg. Chem. (Shurnal Obschtschei Chimii) **25** (1955) 1908–13.
61 Moore, W. R., Styan, G. E.: Trans. Faraday Soc. **52** (1956) 1556–63.
62 Ossipov, O. A., Shelomov, I. K.: J. physik. Chem. (Shurnal Fisitschesskoi Chimii) **30** (1956) 608–15.
63 Lutzki, A. Je., Obuchowa, Je. M.: J. physik. Chem. (Shurnal Fisitschesskoi Chimii) **31** (1957) 1964–75.
64 Reddy, K. C., Subrahmanyam, S. V., Bhimasenachar, J.: Trans. Faraday Soc. **58** (1962) 2352–57.
65 Katti, P. K.: J. chem. Engng. Data **9** (1964) 442–43.
66 Deshpande, D. D., Pandya, M. V.: Trans. Faraday Soc. **61** (1965) 1858–68.
67 Lindberg, J. J., Stenholm, V.: Finska Kemistsamfundets Medd. **75** (1966) 22–31.
68 Sumer, K. M., Thompson, A. R.: J. chem. Engng. Data **12** (1967) 489–93.
69 Fialkov, Yu. Ya., Chviruk, O. V.: J. allg. Chem. (Shurnal Obschtschei Chimii) **37** (1967) 754–58; J. Gen. Chem. USSR **37** (1967) 708–11.
70 Campbell, A. N., u. a.: Canad. J. Chem. **46** (1968) 2399–2407.
71 Chand, K., Ramakrishna, V.: J. physic. Soc. Japan **26** (1969) 239–44.
72 Fialkov, Yu. Ya., Chviruk, O. V., Kudra, O. K.: J. allg. Chem. (Shurnal Obschtschei Chimii) **65** (1965) 1891–97; J. Gen. Chem. USSR **65** (1965) 1885–90.
73 Katz, M., Lobo, P. W., Minjano, A. S., Solimo, H.: Canad. J. Chem. **49** (1971) 2605–09.
74 Deshpande, D. D., u. a.: J. chem. Engng. Data **16** (1971) 469–73.

C_6H_7N α-Picolin (X_1) – C_6H_6 Benzol (X_2)
[*10*] ⟨K 7 bis 2,1 Gew.-% X_1, d 5, ϑ 25 °C⟩
[*13*] ⟨K 6, ΔV, ϑ 25 °C⟩

C_6H_7N α-Picolin (X_1) – C_7H_8 Toluol (X_2)
[*11*] ⟨K 6, d 4⟩

Mol-% X_1	0	20	40	60	80	100
20 °C	0,866	0,881	0,896	0,911	0,926	0,942
40 °C	0,848	0,863	0,873	0,893	0,908	0,924
60 °C	0,829	0,844	0,859	0,874	0,889	0,905

[*13*] ⟨K 6, ΔV, ϑ 25 °C⟩

C_6H_7N α-Picolin (X_1) — **C_6H_5Br Brombenzol** (X_2)
[*11*] ⟨K6, d4⟩

Mol-% X_1	0	20	40	60	80	100
20 °C	1,494	1,389	1,282	1,171	1,058	0,942
40 °C	1,468	1,364	1,258	1,149	1,038	0,924
60 °C	1,441	1,339	1,234	1,127	1,017	0,905

C_6H_7N α-Picolin (X_1) — **C_5H_5N Pyridin** (X_2)
[*13*] ⟨K6, ΔV, ϑ 25 °C⟩

C_6H_7N β-Picolin (X_1) — **C_6H_6 Benzol** (X_2)
[*10*] ⟨K5 bis 2,6 Gew.-% X_1, d5, ϑ 25 °C⟩

C_6H_7N β-Picolin (X_1) — **$C_5H_{12}O$ (—)2-Methylbutanol** (X_2)
[*12*] ⟨K11, d4⟩

Gew.-% X_1	0,00	10,09	20,14	30,21	40,02	49,99	60,01	70,03	80,01	89,94	100,00
25 °C	0,815	0,829	0,841	0,853	0,865	0,878	0,890	0,902	0,914	0,927	0,940

C_6H_7N β-Picolin (X_1) — **$C_5H_{12}O$ 3-Methylbutanol** (X_2)
[*12*] ⟨K11, d4⟩

Gew.-% X_1	0,00	10,15	20,03	29,97	40,02	50,05	60,03	69,95	79,85	89,90	100,00
25 °C	0,806	0,819	0,832	0,846	0,859	0,872	0,885	0,898	0,912	0,925	0,940

C_6H_7N β-Picolin (X_1) — **C_4H_5N Pyrrol** (X_2)
[*6*] ⟨K9, d4⟩

Mol-% X_1	0,0	20,0	30,0	33,3	40,0	50,0	60,0	80,0	100,0
20 °C	0,945	0,946	0,946	0,946	0,946	0,947	0,948	0,949	0,950

C_6H_7N γ-Picolin (X_1) — **C_6H_6 Benzol** (X_2)
[*8*] ⟨K4, d4⟩

Mol-% X_1	0,00	2,58	3,44
25 °C	0,873	0,875	0,876

[*10*] ⟨K6 bis 2,6%, d5, ϑ 25 °C⟩

$C_6H_8N_2$ o-Phenylendiamin (X_1) — **C_6H_6 Benzol** (X_2)
[*4*] ⟨K4, d4⟩

Mol-% X_1	0,00	0,61	1,10	2,05
20 °C	0,878	0,880	0,881	—
30 °C	0,867	0,869	0,871	0,873

$C_6H_8N_2$ o-Phenylendiamin (X_1) — **$C_7H_{14}O_2$ Amylacetat** (X_2) [*1*]

$C_6H_8N_2$ m-Phenylendiamin (X_1) — **C_6H_6 Benzol** (X_2)
[*4*] ⟨K4, d4⟩

Mol-% X_1	0,00	0,61	1,11	1,54
20 °C	0,879	0,881	0,882	0,884

$C_6H_8N_2$ m-Phenylendiamin (X_1) — **$C_7H_{14}O_2$ Amylacetat** (X_2) [*1*]

$C_6H_8N_2$ m-Phenylendiamin (X_1) — **$C_7H_6O_2$ Benzoesäure** (X_2)
[*7*] ⟨K9, d3, ϑ 100 °C⟩

Mol-% X_1	0	30	40	45	50	55	60	70	100
90 °C	—	1,130	1,131	1,129	1,127	1,122	1,118	1,107	1,084
125 °C	1,083	1,090	1,090	1,088	1,086	1,085	1,083	1,079	1,055

$C_6H_8N_2$ m-Phenylendiamin (X_1) — $C_7H_6O_3$ Salicylsäure (X_2)
[7] ⟨K 7, d 3, ϑ 100°C⟩

Mol-% X_1	33	40	50	60	70	85	100
90°C	1,205	1,197	1,183	1,167	1,150	1,120	1,084
125°C	1,159	1,152	1,140	1,126	1,110	1,085	1,055

$C_6H_8N_2$ p-Phenylendiamin (X_1) — C_6H_6 Benzol (X_2)
[4] ⟨K 4 bis 0,7 Mol-% X_1, d 4, ϑ 40°C⟩

$C_6H_8N_2$ Phenylhydrazin (X_1) — C_6H_6O Phenol (X_2)
[2] ⟨K 8, d 3⟩

Gew.-% X_1	0,0	20,2	40,2	50,1	53,7	62,8	80,4	100,0
50°C	1,048	1,056	1,065	1,068	1,069	1,069	1,069	1,068

$C_6H_8N_2$ Phenylhydrazin (X_1) — $C_7H_8O_2$ Guajakol (X_2)
[3] ⟨K 13, d 4⟩

Mol-% X_1	0	10	20	30	40	50	60	70	80	90	100
30°C	1,124	1,123	1,121	1,121	1,119	1,117	1,111	1,105	1,100	1,096	1,090

$C_6H_8N_2$ Phenylhydrazin (X_1) — C_6H_5ClO o-Chlorphenol (X_2)
[2] ⟨K 7, d 3⟩

Gew.-% X_1	0,00	14,75	36,00	46,50	49,30	75,00	100,00
50°C	1,203	1,187	1,166	1,154	1,145	1,108	1,068

$C_6H_8N_2$ Phenylhydrazin (X_1) — C_4H_5N Pyrrol (X_2)
[6] ⟨K 6, d 4⟩

Mol-% X_1	0	20	40	60	80	100
20°C	0,941	0,975	1,012	1,044	1,071	1,095

$C_6H_8N_2$ Adipinsäurenitril (X_1) — $C_5H_6N_2$ Glutarsäurenitril (X_2) *[9]*

$C_6H_4N_2$ Isonicotinsäurenitril (X_1) — C_6H_6 Benzol (X_2)
[8] ⟨K 4, d 4⟩

Mol-% X_1	0,00	1,19	1,34	1,72
25°C	0,874	0,876	0,877	0,878

$C_6H_{12}N_4$ Hexamethylentetramin (X_1) — $CHCl_3$ Chloroform (X_2)
[5] ⟨K 8, d 5⟩

Gew.-% X_1	0,00	1,28	2,23	2,50	3,25	4,34	4,62
25°C	1,479	1,477	1,475	1,474	1,473	1,471	1,470

Gew.-% X_1	0,00	2,86	3,25	4,62
35°C	1,461	1,456	1,456	1,453
45°C	1,442	1,438	1,437	—

1 Thole, F. B.: J. chem. Soc. (London) **103** (1913) 317—23.
2 Thole, F. B., Mussell, A. G., Dunstan, A. E.: J. chem. Soc. (London) **103** (1913) 1108—19.
3 Puschin, N. A., Pinter, T.: Z. physik. Chem. (A) **142** (1929) 211—26.
4 Tiganik, L.: Z. physik. Chem. (B) **14** (1931) 135—48.
5 Le Fèvre, R. J. W., Rayner, G. J.: J. chem. Soc. (London) **1938**, 1921—25.
6 Dezelic, M., Belia, B.: Bull. Soc. Chim. Belgrad **9** (1938) 151 (nach Tim.).
7 Kurnakow, N. S., Schternina, E. B.: Ann. Secteur Analyse physico-chim. (Iswesstija Ssektora Fisiko-Chimitschesskogo Analisa) **13** (1940) 135—63.

8 | Leis, D. G., Curran, B. C.: J. Amer. chem. Soc. **67** (1945) 79–81.
9 | Phibbs, M. K.: J. physic. Chem. **59** (1955) 346–53.
10 | Cumper, C. W. N., Vogel, A. I., Waller, S.: J. chem. Soc. (London) **1956**, 3621–28.
11 | Toropow, A. P.: J. allg. Chem. (Shurnal Obschtschei Chimii) **26** (1956) 3267–69.
12 | Terry, T. D., Kepner, R. E., Webb, A. D.: J. chem. Engng. Data **5** (1960) 403–12.
13 | Woycicki, W., Sadowska, K. W.: Bull. Acad. Polon. Sci., Ser. Sci. chim. **16** (1968) 329–34.

$C_7H_{15}N$ 1.2-Dimethylpiperidin (X_1) – **$C_5H_{12}O$ 3-Methylbutanol** (X_2)
[47] ⟨K 7, d 4⟩

Gew.-% X_1	0,00	10,11	20,10	29,96	40,00	50,13	100,00
25 °C	0,806	0,812	0,816	0,819	0,821	0,822	0,818

$C_7H_{15}N$ 2.6-Dimethylpiperidin (X_1) – **$C_5H_{12}O$ (–) 2-Methylbutanol** (X_2)
[47] ⟨K 11, d 4⟩

Gew.-% X_1	0,00	10,04	20,08	30,30	40,02	50,08	59,98	69,91	80,02	89,91	100,00
25 °C	0,815	0,820	0,824	0,827	0,829	0,829	0,829	0,827	0,825	0,821	0,816

$C_7H_{15}N$ 2.6-Dimethylpiperidin (X_1) – **$C_5H_{12}O$ 3-Methylbutanol** (X_2)
[47] ⟨K 11, d 4⟩

Gew.-% X_1	0,00	10,02	20,09	30,01	40,09	50,02	59,97	70,00	79,92	89,88	100,00
25 °C	0,806	0,811	0,816	0,820	0,823	0,825	0,825	0,824	0,823	0,820	0,816

C_7H_9N o-Toluidin (X_1) – **C_6H_6 Benzol** (X_2)
[20] ⟨K 5, d 4⟩

Mol-% X_1	0,00	0,52	1,03	2,06	4,07
20 °C	0,878	0,879	0,880	0,881	0,884

[22] ⟨K 5 bis 8,7 Mol-% X_1, d 5⟩
[1]

C_7H_9N o-Toluidin (X_1) – **C_7H_8 Toluol** (X_2)
[3] ⟨K 8, d 4⟩

Gew.-% X_1	0,00	11,16	20,66	41,41	64,12	82,31	92,51	100,00
54,5 °C	0,834	0,848	0,859	0,887	0,918	0,948	0,959	0,970

C_7H_9N o-Toluidin (X_1) – **CH_2O_2 Ameisensäure** (X_2)
[30] ⟨K 8, d 4⟩

Mol-% X_1	0,00	3,87	8,13	13,09	18,95	25,92	34,60	100,00
25 °C	1,211	1,206	1,198	1,187	1,171	1,151	1,132	0,994

C_7H_9N o-Toluidin (X_1) – **C_2H_6O Äthanol** (X_2)
[39] ⟨K 10, d 4, ϑ 18°, 25°, 30°⟩

Mol-% X_1	0,60	1,10	12,52	26,89	50,55	89,82	94,42	97,29	100,00
20 °C	0,793	0,794	0,863	0,884	0,935	0,988	0,993	0,996	0,998
35 °C	0,780	0,781	0,849	0,872	0,922	0,976	0,981	0,984	0,986

C_7H_9N o-Toluidin (X_1) – **$C_2H_4O_2$ Essigsäure** (X_2)
[30] ⟨K 11, d 4⟩

Mol-% X_1	0,00	5,60	11,66	18,41	25,83	34,37	44,07	55,20	67,03	82,13	100,00
25 °C	1,053	1,069	1,078	1,079	1,073	1,062	1,048	1,033	1,019	1,006	0,994

C_7H_9N o-Toluidin (X_1)—**$C_3H_6O_2$ Propionsäure** (X_2)
[*30*] ⟨K 11, d 4⟩

Mol-% X_1	0,00	7,26	14,93	23,20	31,70	41,02	51,18	61,76	73,65	85,96	100,00
25 °C	0,989	1,003	1,012	1,018	1,020	1,018	1,013	1,010	1,005	1,000	0,994

C_7H_9N o-Toluidin (X_1)—**$C_4H_8O_2$ Buttersäure** (X_2)
[*30*] ⟨K 11, d 4⟩

Mol-% X_1	0,00	6,70	17,73	26,63	35,99	45,98	56,32	66,77	77,19	88,05	100,00
25 °C	0,955	0,969	0,980	0,987	0,992	0,995	0,995	0,996	0,996	0,995	0,994

C_7H_9N o-Toluidin (X_1)—**$C_4H_8O_2$ Dioxan** (X_2)
[*43*] ⟨K 7, d 4⟩

Mol-% X_1	0	20	40	50	60	80	100
20 °C	1,034	1,028	1,023	1,020	1,016	1,008	0,998

C_7H_9N o-Toluidin (X_1)—**C_6H_6O Phenol** (X_2)
[*23*] ⟨K 3, d 4, ϑ 120 °C⟩

Mol-% X_1	0	50	100
50 °C	1,050	1,015	0,974
70 °C	1,033	0,998	0,958
90 °C	1,015	0,979	0,941
150 °C	0,959	0,924	0,889

C_7H_9N o-Toluidin (X_1)—**C_7H_8O m-Kresol** (X_2)
[*12*] ⟨K 5, d 4⟩

Mol-% X_1	10	25	50	75	100
20 °C	1,034	1,030	1,022	1,011	0,999
70 °C	—	0,990	0,980	0,971	—

[*70*]

C_7H_9N o-Toluidin (X_1)—**$C_7H_{14}O_2$ Amylacetat** (X_2) [*9*]

C_7H_9N o-Toluidin (X_1)—**$C_7H_8O_2$ Guajacol** (X_2)
[*18*] ⟨K 11, d 4⟩

Mol-% X_1	0	10	20	30	40	50	60	70	80	90	100
30 °C	1,124	1,113	1,101	1,086	1,076	1,063	1,051	1,035	1,020	1,006	0,991

C_7H_9N o-Toluidin (X_1)—**$C_8H_{14}O_6$ Äthyltartrat** (X_2) [*8*]

C_7H_9N o-Toluidin (X_1)—**C_6H_7N Anilin** (X_2)
[*11*] ⟨K 5, d 5⟩

Mol-% X_1	0,00	22,02	45,65	70,71	100,00
20 °C	1,022	1,016	1,010	1,005	0,999

[*3*] ⟨K 8, d 4, ϑ 54 °C⟩

C_7H_9N m-Toluidin (X_1)—**C_6H_{14} Hexan** (X_2)
[*17, 41*] ⟨K 6, d 4⟩

Mol-% X_1	0,0	23,6	39,6	57,9	79,8	100,0
22 °C	0,662	0,728	0,776	0,836	0,914	0,991
32 °C	0,653	0,719	0,767	0,827	0,905	0,983

C_7H_9N m-Toluidin (X_1) — **C_6H_{12} Cyclohexan** (X_2)
[*17*] ⟨K6, d4⟩

Mol-% X_1	0,0	20,0	39,8	55,8	78,6	100,0
15 °C	0,783	0,825	0,867	0,901	0,951	0,997
30 °C	0,770	0,812	0,854	0,889	0,938	0,985

C_7H_9N m-Toluidin (X_1) — **C_6H_6 Benzol** (X_2)
[*17, 41*] ⟨K6, d4⟩

Mol-% X_1	0,0	19,6	40,4	59,8	79,4	100,0
15 °C	0,884	0,910	0,935	0,956	0,977	0,997
30 °C	0,868	0,895	0,920	0,943	0,964	0,985

[*20*] ⟨K5 bis 4 Mol-% X_1, d4, ϑ 20 °C⟩
[*22*] ⟨K5 bis 4,7 Mol-% X_1, d5⟩

C_7H_9N m-Toluidin (X_1) — **C_7H_{14} Methylcyclohexan** (X_2)
[*17*] ⟨K6, d4⟩

Mol-% X_1	0,0	20,0	39,9	60,0	80,0	100,0
0 °C	0,787	0,826	0,866	0,911	0,958	1,009
15 °C	0,773	0,813	0,853	0,898	0,946	0,997
30 °C	0,760	0,800	0,840	0,885	0,933	0,985

C_7H_9N m-Toluidin (X_1) — **C_7H_8 Toluol** (X_2)
[*17*] ⟨K6, d4⟩

Mol-% X_1	0,0	16,8	42,2	61,9	80,1	100,0
0 °C	0,885	0,907	0,938	0,963	0,985	1,009
15 °C	0,872	0,893	0,925	0,950	0,972	0,997
30 °C	0,858	0,879	0,911	0,937	0,960	0,985

C_7H_9N m-Toluidin (X_1) — **CH_2O_2 Ameisensäure** (X_2)
[*30*] ⟨K9, d4⟩

Mol-% X_1	0,00	6,26	12,85	20,43	27,95	37,51	47,32	84,51	100,00
25 °C	1,211	1,201	1,183	1,164	1,147	1,128	1,111	1,025	0,986

C_7H_9N m-Toluidin (X_1) — **C_2H_6O Äthanol** (X_2)
[*39*] ⟨K10, d4, ϑ 18°, 25°, 30 °C⟩

Mol-% X_1	0,61	2,46	4,46	12,37	30,18	53,85	88,17	92,75	96,75	100,00
20 °C	0,792	0,794	0,798	0,838	0,888	0,934	0,980	0,985	0,988	0,991
35 °C	0,780	0,782	0,787	0,827	0,875	0,923	0,965	0,971	0,974	0,972

C_7H_9N m-Toluidin (X_1) — **$C_2H_4O_2$ Essigsäure** (X_2)
[*30*] ⟨K11, d4⟩

Mol-% X_1	0,00	5,69	11,69	18,70	25,60	34,68	44,14	55,27	67,54	82,58	100,00
25 °C	1,053	1,068	1,077	1,078	1,074	1,061	1,047	1,031	1,015	0,999	0,986

C_7H_9N m-Toluidin (X_1) — **$C_3H_6O_2$ Propionsäure** (X_2)
[*30*] ⟨K11, d4⟩

Mol-% X_1	0,00	7,25	14,83	21,54	31,51	40,67	50,69	61,59	73,46	85,95	100,00
25 °C	0,989	1,005	1,017	1,024	1,024	1,020	1,014	1,007	0,999	0,992	0,986

C_7H_9N m-Toluidin (X_1) — **$C_4H_8O_2$ Buttersäure** (X_2)
[*30*] ⟨K11, d4⟩

Mol-% X_1	0,00	8,89	17,18	26,50	36,27	45,89	56,37	66,56	77,22	87,77	100,00
25 °C	0,955	0,971	0,985	0,990	0,993	0,994	0,993	0,991	0,989	0,987	0,986

C_7H_9N m-Toluidin (X_1)—**C_6H_6O Phenol** (X_2)
[*23*] ⟨K3, d4⟩

Mol-% X_1	0	50	100
25 °C	—	1,029	0,985
50 °C	1,050	1,009	0,965
70 °C	1,033	0,992	0,949

Mol-% X_1	0	50	100
90 °C	1,015	0,975	0,933
120 °C	0,989	0,949	0,907
150 °C	0,959	0,920	0,881

C_7H_9N m-Toluidin (X_1)—**$C_7H_{14}O_2$ Amylacetat** (X_2) [*9*]

C_7H_9N m-Toluidin (X_1)—**$C_8H_{14}O_6$ Äthyltartrat** (X_2) [*8*]

C_7H_9N p-Toluidin (X_1)—**C_6H_6 Benzol** (X_2)
[*1*] ⟨K5, d4⟩

Gew.-% X_1	1,78	3,21	4,18	19,72	40,41
15 °C	0,886	0,887	0,889	0,904	0,924

[*45*] ⟨K11, d5⟩

Gew.-% X_1	0,00	1,86	3,36	6,14
25 °C	0,874	0,876	0,877	0,880

[*20*] ⟨K5 bis 4,2 Mol-% X_1, d4, ϑ 20 °C⟩
[*22*] ⟨K4 bis 7,1 Mol-% X_1, d5⟩

C_7H_9N p-Toluidin (X_1)—**C_7H_8 Toluol** (X_2) [*2*]

C_7H_9N p-Toluidin (X_1)—**$C_{10}H_8$ Naphthalin** (X_2)
[*13*] ⟨K9, d4⟩

Mol-% X_1	0	10	20	40	60	71	80	90	100
80 °C	0,978	0,973	0,968	0,959	0,951	0,947	0,943	0,940	0,937
90 °C	0,970	0,965	0,960	0,951	0,943	0,938	0,935	0,932	0,928

C_7H_9N p-Toluidin (X_1)—**$CHCl_3$ Chloroform** (X_2) [*2*]

C_7H_9N p-Toluidin (X_1)—**CH_4O Methanol** (X_2)
[*16*] ⟨K2, d4⟩

Gew.-% X_1	0,00	1,23
25 °C	0,787	0,790

C_7H_9N p-Toluidin (X_1)—**C_2H_6O Äthanol** (X_2)
[*39*] ⟨K4, d4, ϑ 18°, 25°, 30 °C⟩

Mol-% X_1	0,57	5,66	13,05	23,63
20 °C	0,792	0,812	0,841	0,871
35 °C	0,780	0,801	0,829	0,858

[*16*] ⟨K2 bis 1,2 Gew.-% X_1, d4, ϑ 25 °C⟩
[*2, 15*]

C_7H_9N p-Toluidin (X_1)—**$C_4H_8O_2$ Dioxan** (X_2)
[*45*] ⟨K7 bis 5,9 Gew.-% X_1, d5, ϑ 25 °C⟩

C_7H_9N p-Toluidin (X_1)—**C_6H_6O Phenol** (X_2)
[*14*] ⟨K12, d4, ϑ 150°, 175 °C⟩

Gew.-% X_1	0,00	10,24	19,81	28,89	37,30	44,91	53,75	61,43	70,14	79,33	90,15	100,00
39,9 °C	1,059	1,051	1,044	1,037	1,031	1,024	1,016	1,009	1,000	0,991	0,981	0,970
59,9 °C	1,041	1,034	1,027	1,020	1,014	1,007	0,999	0,992	0,984	0,974	0,964	0,953
79,8 °C	1,024	1,017	1,010	1,003	0,997	0,990	0,982	0,975	0,967	0,957	0,947	0,937
99,9 °C	1,007	1,000	0,992	0,986	0,980	0,972	0,965	0,958	0,949	0,940	0,930	0,919
125 °C	0,983	0,977	0,970	0,963	0,957	0,950	0,942	0,935	0,926	0,917	0,907	0,896

[*10*] ⟨K6, d3, ϑ 30 °C⟩
[*23*] ⟨K3, d4, ϑ 50°, 70°, 90°, 120 °C⟩

C_7H_9N p-Toluidin (X_1) — **$C_7H_{14}O_2$ Amylacetat** (X_2) *[9]*

C_7H_9N p-Toluidin (X_1) — **$C_8H_{14}O_6$ Äthyltartrat** (X_2) *[8]*

C_7H_9N Methylanilin (X_1) — **C_6H_6 Benzol** (X_2)
[40] ⟨K 9, d 5⟩

Gew.-% X_1	0,00	2,77	6,04	8,69	10,69
25 °C	0,874	0,877	0,880	0,883	0,885

[21] ⟨K 5 bis 2,4 Mol-% X_1, d 4, ϑ 25 °C⟩

C_7H_9N Methylanilin (X_1) — **$C_4H_8O_2$ Dioxan** (X_2)
[40] ⟨K 9, d 5⟩

Gew.-% X_1	0,00	3,70	7,31	10,76
25 °C	1,028	1,026	1,025	1,023

C_7H_9N Methylanilin (X_1) — **C_6H_6O Phenol** (X_2)
[37] ⟨K 15, d 4, ϑ 19,5°, 40°, 45 °C⟩

Gew.-% X_1	0,0	10,0	20,0	32,0	40,0	50,0	60,0	70,0	80,0	90,0	100,00
25 °C	—	1,069	1,063	1,053	1,048	1,040	1,032	1,023	1,013	1,006	0,996
50 °C	1,063	1,047	1,040	1,033	1,028	1,020	1,013	1,002	0,992	0,986	0,974
75 °C	1,032	1,028	1,023	1,015	1,009	1,002	0,993	0,982	0,978	0,968	0,954
100 °C	1,012	1,008	1,001	0,993	0,987	0,978	0,970	0,961	0,953	0,948	0,939

C_7H_9N Methylanilin (X_1) — **$C_7H_8O_2$ Guajacol** (X_2)
[18] ⟨K 11, d 4⟩

Mol-% X_1	0	10	20	30	40	50	60	70	80	90	100
30 °C	1,124	1,109	1,094	1,080	1,069	1,050	1,034	1,019	1,003	0,987	0,973

C_7H_9N Methylanilin (X_1) — **$C_8H_{14}O_6$ Äthyltartrat** (X_2) *[8]*

C_7H_9N Methylanilin (X_1) — **$C_5H_{11}N$ Piperidin** (X_2)
[51] ⟨K 8, d 3⟩

Mol-% X_1	0,00	10,59	20,02	32,23	47,49	67,01	81,93	100,00
25 °C	0,860	0,877	0,891	0,907	0,927	0,949	0,965	0,982
50 °C	0,836	0,854	0,868	0,886	0,905	0,928	0,945	0,962
75 °C	0,811	0,830	0,846	0,862	0,899	0,905	0,922	0,941

C_7H_9N Methylanilin (X_1) — **$C_6H_{15}N$ Triäthylamin** (X_2)
[48] ⟨K 7, d 4⟩

Mol-% X_1	0,00	16,93	43,26	50,16	66,92	87,10	100,00
29 °C	0,723	0,765	0,832	0,867	0,895	0,948	0,980

C_7H_9N 4-Äthylpyridin (X_1) — **C_6H_6 Benzol** (X_2)
[44] ⟨K 6 bis 2 Gew.-% X_1, d 5, ϑ 25 °C⟩

C_7H_9N 2.3-Lutidin (X_1) — **C_6H_6 Benzol** (X_2)
[44] ⟨K 6 bis 2,4 Gew.-% X_1, d 5, ϑ 25 °C⟩

C_7H_9N 2.4-Lutidin (X_1) — **C_6H_6 Benzol** (X_2)
[44] ⟨K 6 bis 2,2 Gew.-% X_1, d 5, ϑ 25 °C⟩

C_7H_9N 2.5-Lutidin (X_1) — **C_6H_6 Benzol** (X_2)
[44] ⟨K 5 bis 1,4 Gew.-% X_1, d 5, ϑ 25 °C⟩

C_7H_9N 2.6-Lutidin (X_1) — **C_6H_6 Benzol** (X_2)
[*44*] ⟨K 6 bis 2,1 Gew.-% X_1, d 5, ϑ 25 °C⟩

C_7H_9N 2.6-Lutidin (X_1) — **C_2H_6O Äthanol** (X_2)
[*5, 28*] ⟨K 8, d 5⟩

Gew.-% X_1	0,00	9,97	19,88	39,77	59,70	79,43	90,55	100,00
25 °C	0,790	0,804	0,820	0,851	0,880	0,907	0,921	0,932

C_7H_9N 2.6-Lutidin (X_1) — **$C_5H_{12}O$ 3-Methylbutanol** (X_2)
[*47*] ⟨K 11, d 4⟩

Gew.-% X_1	0,00	10,14	20,14	30,04	40,03	49,97	59,99	69,96	79,83	89,98	100,00
25 °C	0,806	0,819	0,831	0,843	0,855	0,866	0,878	0,889	0,899	0,909	0,919

C_7H_9N 2.6-Lutidin (X_1) — **$C_6H_{10}O_3$ Äthylacetacetat** (X_2)
[*6*] ⟨K 6, d 4⟩

Gew.-% X_1	0,00	11,45	47,99	67,37	89,10	100,00
25 °C	1,022	1,011	0,977	0,960	0,941	0,932

C_7H_9N 3.5-Lutidin (X_1) — **C_6H_6 Benzol** (X_2)
[*44*] ⟨K 6 bis 2,8 Gew.-% X_1, d 5, ϑ 25 °C⟩

C_7H_9N Benzylamin (X_1) — **$C_6H_{15}N$ Triäthylamin** (X_2)
[*48*] ⟨K 6, d 4⟩

Mol-% X_1	0,00	19,10	43,68	56,92	68,16	100,00
29,5 °C	0,723	0,775	0,844	0,878	0,909	0,999

C_7H_9N Benzylamin (X_1) — **C_6H_9N 2.4-Dimethylpyrrol** (X_2)
[*38*] ⟨K 6, d 4⟩

Mol-% X_1	0	20	30	50	70	100
20 °C	0,920	0,947	0,956	0,968	0,972	0,983

C_7H_9N Butylpropiolnitril (X_1) — **C_6H_6 Benzol** (X_2)
[*36*] ⟨K 4 bis 2,2 Mol-% X_1, d 5, ϑ 25 °C⟩

C_7H_5N Benzonitril (X_1) — **C_6H_{14} Hexan** (X_2)
[*29*] ⟨K 6, d 4⟩

Mol-% X_1	0,00	0,51	0,88	1,51	2,04	100,00
−22,9 °C	0,711	0,712	0,713	0,715	0,716	—
0 °C	0,689	0,690	0,692	0,694	0,695	—
20 °C	0,673	0,675	0,676	0,678	0,680	1,005

C_7H_5N Benzonitril (X_1) — **C_6H_{12} Cyclohexan** (X_2)
[*29*] ⟨K 5, d 4⟩

Mol-% X_1	0,00	0,69	1,38	2,16	2,79
20 °C	0,778	0,780	0,781	0,783	0,784

C_7H_5N Benzonitril (X_1) — **C_6H_6 Benzol** (X_2)
[*42*] ⟨K 19, d 5⟩

Mol-% X_1	0,00	5,50	10,85	16,77	23,77	34,73	54,28	77,95	90,18	94,88	100,00
20 °C	0,879	0,887	0,895	0,903	0,913	0,928	0,953	0,981	0,994	1,000	1,005

C_7H_5N Benzonitril (X_1) — C_6H_6 Benzol (X_2) (Forts.)
[25] ⟨K15, d5⟩

Mol-% X_1	0,00	9,70	20,56	31,30	39,26	44,01	55,56	63,91	85,75	100,00
25 °C	0,873	0,888	0,904	0,918	0,929	0,935	0,950	0,960	0,985	1,001

[26] ⟨K6, d4⟩

Mol-% X_1	0,00	20,68	37,78	59,68	78,18	100,00
70 °C	0,825	0,858	0,883	0,913	0,936	0,960

[19] ⟨K5 bis 4 Mol-% X_1, d5, ϑ 20,6 °C⟩
[24] ⟨K7 bis 1,5 Mol-% X_1, d5, ϑ 22 °C⟩
[49] ⟨K3, d4, ϑ 25°, 35°, 45°, 50 °C⟩
[27, 41]

C_7H_5N Benzonitril (X_1) — C_7H_8 Toluol (X_2)
[29] ⟨K5 bis 2 Mol-% X_1, d4, ϑ −78,5°, −63,5°, −22,9°, 0°, +20 °C⟩

C_7H_5N Benzonitril (X_1) — CCl_4 Tetrachlormethan (X_2)
[42] ⟨K10, d4⟩

Mol-% X_1	0,00	0,70	1,58	2,86	6,29	14,65	27,74	56,66	79,49	100,00
20 °C	1,594	1,590	1,585	1,577	1,556	1,506	1,428	1,257	1,124	1,005

[29] ⟨K5, d5⟩

Mol-% X_1	0,00	0,98	1,81
0 °C	1,633	1,626	1,621
20 °C	1,594	1,588	1,583
40 °C	1,556	1,550	1,545

[35] ⟨K7 bis 0,9 Gew.-% X_1, d4, ϑ 20 °C⟩

C_7H_5N Benzonitril (X_1) — C_6H_5Cl Chlorbenzol (X_2)
[42] ⟨K14, d5⟩

Mol-% X_1	0,00	5,82	8,22	15,43	18,54	26,40	33,12	66,50	89,47	94,79	100,00
20 °C	1,106	1,101	1,098	1,091	1,088	1,080	1,073	1,039	1,016	1,012	1,005

C_7H_5N Benzonitril (X_1) — $C_6H_4Cl_2$ o-Dichlorbenzol (X_2)
[50] ⟨K8, d4⟩

Gew.-% X_1	0,00	1,51	4,99	7,53	17,51	30,04	44,99	100,00
25 °C	1,301	1,299	1,291	1,281	1,241	1,200	1,151	1,008

C_7H_5N Benzonitril (X_1) — $C_6H_4Cl_2$ p-Dichlorbenzol (X_2)
[31] ⟨K4, d5⟩

Mol-% X_1	0,00	5,26	10,58	12,10
25 °C	1,001	1,017	1,034	1,038

C_7H_5N Benzonitril (X_1) — C_7H_7Cl Benzylchlorid (X_2)
[52] ⟨K6, d4⟩

Mol-% X_1	0,00	19,77	44,97	58,54	80,34	100,00
30 °C	1,0908	1,0752	1,0539	1,0416	1,0205	0,9960
50 °C	1,0703	1,0548	1,0350	1,0230	1,0029	0,9828
70 °C	1,0513	1,0345	1,0135	1,0010	0,9810	0,9599

C_7H_5N Benzonitril (X_1) — C_2H_6O Äthanol (X_2) [4]

C_7H_5N Benzonitril (X_1) — $C_4H_{10}O$ Isobutanol (X_2) [4]

C_7H_5N Benzonitril (X_1) — $C_6H_{12}O_3$ Paraldehyd (X_2)
[32] ⟨K5 ab 85,9 Gew.-% X_1, d5, ϑ 25 °C⟩

C_7H_5N Benzonitril (X_1) — **C_7H_5ClO Benzoylchlorid** (X_2)
[52] ⟨K10, d4⟩

Mol-% X_1	0,00	15,73	20,97	37,67	51,23	60,00	67,40	79,40	91,04	100,00
30 °C	1,2026	1,1737	1,1653	1,1330	1,1016	1,0883	1,0718	1,0457	1,0212	0,9960
50 °C	1,1805	1,1527	1,1436	1,1125	1,0810	1,0683	1,0524	1,0263	1,0028	0,9828
70 °C	1,1598	1,1318	1,1207	1,0957	1,0632	1,0476	1,0320	1,0053	0,9822	0,9599

C_7H_5N Benzoisonitril (X_1) — **C_6H_6 Benzol** (X_2)
[24] ⟨K6 bis 2,6 Mol-% X_1, d5, ϑ 22 °C⟩

$C_7H_{10}N_2$ 4-Dimethylaminopyridin (X_1) — **C_6H_6 Benzol** (X_2)
[46] ⟨K4 bis 1,1 Gew.-% X_1, d4, ϑ 25 °C⟩

$C_7H_7N_3$ 1-Methylbenzo-1.2.3-triazol (X_1) — **C_6H_6 Benzol** (X_2) *[34]*

$C_7H_5N_3$ Benzoldiazoniumcyanid (X_1) — **C_6H_6 Benzol** (X_2)
[33] ⟨K3 bis 1,2 Gew.-% X_1, d5, ϑ 25 °C⟩

1 Mortzun, G. E.: Thesis, Genf, 1900 (nach Tim.).
2 Speyers, C. L.: Amer. J. Sci. **14** (1902) 293 (nach ICT).
3 Herzen: Bibl. univ. Arch. Sci. phys. natur **14** (1902) 232 (nach ICT).
4 Wagner, J.: Z. physik. Chem. **46** (1903) 867—77.
5 Dunstan, A. E., Thole, F. B. Th., Hunt, J. S.: J. chem. Soc. (London) **91** (1907) 1728—36.
6 Dunstan, A. E., Stubbs, J. A.: Z. physik. Chem. **66** (1909) 153—61; J. chem. Soc. (London) **93** (1908) 1919—27.
7 Tsakalatos, D. E.: Bull. Soc. chim. France **3** (1908) 234 (nach ICT).
8 Patterson, T. S., Stevenson, E. F.: J. chem. Soc. (London) **101** (1912) 241—49.
9 Thole, F. B.: J. chem. Soc. (London) **103** (1913) 317—23.
10 Thole, F. B., Mussell, A. G., Dunstan, A. E.: J. chem. Soc. (London) **103** (1913) 1108—19.
11 Biron, E. V., Morguleva, O.: J. russ. physik.-chem. Ges. (Shurnal Russkogo Fisiko-Chimitschesskogo Obschtschesstwa) **45** (1913) 1985 (nach Tim.).
12 Kremann, R., Meingast, R., Gugl, F.: Mh. Chem. **35** (1914) 1235 (nach ICT).
13 Kultasev: Dissert., Dorpat, 1915 (nach ICT u. Tabl. ann.).
14 Bramley, A.: J. chem. Soc. (London) **109** (1916) 10—45.
15 Burrows, G. J., Eastwood, F.: Proc. Roy. Soc. New South Wales, Phil. Sect., **57** (1923) 118—25.
16 Goldschmidt, H., Aarflot, H.: Z. physik. Chem. (A) **122** (1926) 371—82.
17 Dessart, A.: Bull. Soc. chim. Belgique **35** (1926) 9 (nach Tabl. ann.).
18 Puschin, N. A., Pinter, T.: Z. physik. Chem. (A) **142** (1929) 211—26.
19 Bergmann, E., Engel, L., Sandor, St.: Z. physik. Chem. (B) **10** (1930) 397—413.
20 Tiganik, L.: Z. physik. Chem. (B) **14** (1931) 135—48.
21 Fogelberg, J. M., Williams, J. W.: Physik. Z. **32** (1931) 27—31.
22 Donle, H. L., Gehreckens, K.: Z. physik. Chem. (B) **18** (1932) 316—26.
23 Buehler, C. A., Wood, J. H., Hull, D. C., Erwin, E. C.: J. Amer. chem. Soc. **54** (1932) 2398.
24 Poltz, H., Steil, O., Strasser, O.: Z. physik. Chem. (B) **17** (1932) 155—60.
25 Martin, A. R., Collie, B.: J. chem. Soc. (London) **1932**, 2658—67.
26 Martin, A. R.: Trans. Faraday Soc. **33** (1937) 191—200.
27 Wolf, K. L., Strasser, O.: Z. physik. Chem. (B) **21** (1933) 389—409.
28 Spells, K. E.: Trans. Faraday Soc. **32** (1936) 530—40.
29 Cowley, E. G., Partington, J. R.: J. chem. Soc. (London) **1936**, 1184—94.
30 Angulescu, A., Eustatiu, C.: Z. physik. Chem. (A) **177** (1936) 263—76.
31 Le Fèvre, C. G., Le Fèvre, R. J. W.: J. chem. Soc. (London) **1936**, 487—91.
32 Le Fèvre, R. J. W., Russell, P.: J. chem. Soc. (London) **1936**, 496—97.
33 Le Fèvre, R. J. W., Northcott, J.: J. chem. Soc. (London) **1949**, 333—37.
34 Le Fèvre, R. J. W., Liddicoet, T. H.: J. chem. Soc. (London) **1951**, 2743—48.
35 Le Fèvre, C. G., Le Fèvre, R. J. W.: J. chem. Soc. (London) **1954**, 1577—88.
36 Curran, B. C., Wenzke, H. H.: J. Amer. chem. Soc. **59** (1937) 943—44.
37 Winogradowa, A. D., Jefrenow, N. N.: Bull. Acad. Sci. URSS, Ser. chim. (Iswesstija Akademii Nauk SSSR, Sserija Chimitschesskaja) **1937**, 143—56.
38 Dezelic, M., Belia, B.: Bull. Soc. Chim. Belgrad **9** (1938) 151 (nach Tim.).
39 Hatem, S.: Bull. Soc. chim. France Mem. [5] **16** (1949) 486—89.
40 Few, A. V., Smith, J. W.: J. chem. Soc. (London) **1949**, 753—60.
41 Anissimow, W. I.: J. physik. Chem. (Shurnal Fisitschesskoi Chimii) **27** (1953) 1797—1807.

42 Pilpel, N.: J. Amer. chem. Soc. **77** (1955) 2949—53.
43 Ossipov, O. A., Shelomov, I. K.: J. physik. Chem. (Shurnal Fisitschesskoi Chimii) **30** (1956) 608—15.
44 Cumper, C. W. N., Vogel, A. I., Walker, S.: J. chem. Soc. (London) **1956**, 3621—28.
45 Smith, J. W., Walshaw, S. M.: J. chem. Soc. (London) **1957**, 3217—22.
46 Katritzky, A. R., Randall, E. W., Sutton, L. E.: J. chem. Soc. (London) **1957**, 1769—75.
47 Terry, T. D., Kepner, R. E., Webb, A. D.: J. chem. Engng. Data **5** (1960) 403—12.
48 Reddy, K. C., Subrahmanyam, S. H., Bhimasenachar, J.: Trans. Faraday Soc. **58** (1962) 2352 bis 2357.
49 Lutzki, A. Je., Obuchowa, Je. M., Ssidorow, I. A.: J. allg. Chem. (Shurnal Obschtschei Chimii) **28** (1958) 2386—95; J. Gen. Chem. USSR **28** (1958) 2423—32.
50 Bodensch, H. K., Ramsey, J. B.: J. physic. Chem. **67** (1963) 140—43.
51 Fialkov, Yu. Ya., Chviruk, O. V.: J. allg. Chem. (Shurnal Obschtschei Chimii) **37** (1967) 754—58; J. Gen. Chem. USSR **37** (1967) 708—11.
52 Slavinskaya, R. A., Lerchenko, L. V., Sumarokova, T. N., Karelova, A. V.: J. allg. Chem. (Shurnal Obschtschei Chimii) **39** (1969) 493—97; J. Gen. Chem. USSR **39** (1969) 465—68.

$C_8H_{13}N$ 2.4-Dimethyl-3-äthylpyrrol (X_1) — **$C_5H_{11}N$ Piperidin** (X_2)
[*38*] ⟨K7, d4⟩

Mol-% X_1	0	30	50	70	80	85	100
20 °C	0,865	0,905	0,912	0,918	0,919	0,916	0,914

$C_8H_{13}N$ 2.4-Dimethyl-3-äthylpyrrol (X_1) — **C_5H_5N Pyridin** (X_2)
[*38*] ⟨K5, d4⟩

Mol-% X_1	0	30	50	70	100
20 °C	0,983	0,940	0,932	0,923	0,914

$C_8H_{13}N$ 2.4-Dimethyl-3-äthylpyrrol (X_1) — **C_6H_7N α-Picolin** (X_2)
[*38*] ⟨K5, d4⟩

Mol-% X_1	0	30	50	70	100
20 °C	0,942	0,926	0,922	0,921	0,914

$C_8H_{11}N$ N-Äthylanilin (X_1) — **$C_2H_8N_2$ Äthylendiamin** (X_2)
[*59*] ⟨K6, d3⟩

Mol-% X_1	0,00	21,03	38,15	49,78	64,50	100,00
25 °C	0,891	0,913	0,927	0,935	0,943	0,958
50 °C	0,866	0,889	0,904	0,918	0,921	0,937
75 °C	0,842	0,866	0,879	0,895	0,897	0,915

$C_8H_{11}N$ Äthylanilin (X_1) — **C_5H_5N Pyridin** (X_2)
[*48*] ⟨K9, d4⟩

Mol-% X_1	0	15	25	40	50	60	75	85	100
0 °C	1,001	0,997	0,995	0,991	0,989	0,987	0,983	0,982	0,979
20 °C	0,983	0,979	0,977	0,974	0,972	0,970	0,966	0,965	0,962
70 °C	0,934	0,932	0,931	0,928	0,927	0,925	0,923	0,920	0,919

$C_8H_{11}N$ Dimethylanilin (X_1) — **C_6H_6 Benzol** (X_2)
[*19, 50*] ⟨K14, d5⟩

Mol-% X_1	0,00	4,10	10,62	17,14	21,55	30,45	37,79	45,82	56,95	79,32	89,55	93,00	100,00
25 °C	0,873	0,877	0,884	0,891	0,895	0,903	0,909	0,916	0,924	0,940	0,946	0,948	0,952

$C_8H_{11}N$ Dimethylanilin (X_1) — **C_6H_6 Benzol** (X_2) (Forts.)
[*20*] ⟨K6, d4⟩

Mol-% X_1	0,00	22,92	36,06	60,55	80,21	100,00
70 °C	0,825	0,852	0,866	0,887	0,902	0,915

[*2*] ⟨K4, d4, ϑ 15 °C⟩
[*11*] ⟨K14, d4, ϑ 25 °C⟩
[*15*] ⟨K5 bis 2,2 Mol-% X_1, d4, ϑ 25 °C⟩
[*35*] ⟨K5 bis 4 Mol-% X_1, d4, ϑ 25 °C⟩
[*47*] ⟨K9 bis 9,3 Gew.-% X_1, d5, ϑ 25 °C⟩
[*55*] ⟨K3, d4, ϑ 25°, 50 °C⟩

$C_8H_{11}N$ Dimethylanilin (X_1) — **C_7H_{16} Heptan** (X_2)
[*11*] ⟨K8, d4⟩

Gew.-% X_1	0,00	1,66	9,73	18,95	31,84	58,35	80,78	100,00
25 °C	0,681	0,684	0,700	0,720	0,749	0,817	0,885	0,954

$C_8H_{11}N$ Dimethylanilin (X_1) — **C_7H_8 Toluol** (X_2)
[*60*] ⟨K11, d5, ϑ 35 °C⟩

Mol-% X_1	0,00	10,11	19,61	31,25	40,11	49,30	59,74	70,10	80,15	89,83	100,00
25 °C	0,8621	0,8734	0,8833	0,8946	0,9028	0,9114	0,9208	0,9289	0,9369	0,9447	0,9523
30 °C	0,8575	0,8687	0,8788	0,8901	0,8983	0,9071	0,9161	0,9247	0,9328	0,9406	0,9482
40 °C	0,8483	0,8595	0,8695	0,8812	0,8892	0,8982	0,9078	0,9162	0,9243	0,9323	0,9398

[*3*] ⟨K8, d4, ϑ 20 °C⟩

$C_8H_{11}N$ Dimethylanilin (X_1) — **C_8H_{10} m-Xylol** (X_2)
[*8*] ⟨K4, d4⟩

Mol-% X_1	0,0	26,6	71,3	100,0
12 °C	0,872	0,899	0,938	0,964
64 °C	0,828	0,854	0,895	0,920

$C_8H_{11}N$ Dimethylanilin (X_1) — **C_9H_{12} Cumol** (X_2)
[*56*] ⟨K6, d4⟩

Mol-% X_1	0	20	40	60	80	100
20 °C	0,861	0,879	0,897	0,916	0,936	0,956
40 °C	0,845	0,863	0,881	0,900	0,920	0,940
60 °C	0,828	0,846	0,864	0,884	0,903	0,924

$C_8H_{11}N$ Dimethylanilin (X_1) — **$CHCl_3$ Chloroform** (X_2)
[*42*] ⟨K11, d4⟩

Gew.-% X_1	0,00	7,11	14,41	21,94	30,72	39,91	48,00	59,60	70,89	84,65	100,00
25 °C	1,479	1,423	1,369	1,319	1,264	1,211	1,168	1,111	1,061	1,007	0,952

Gew.-% X_1	0,00	10,65	22,50	35,83	49,76	66,25	85,61	100,00
40 °C	1,450	1,372	1,293	1,214	1,141	1,066	0,989	0,940

$C_8H_{11}N$ Dimethylanilin (X_1) — **CH_2Cl_2 Methylenchlorid** (X_2)
[*42*] ⟨K11, d4⟩

Gew.-% X_1	0,00	20,17	42,67	62,33	81,52	100,00
0 °C	1,362	1,258	1,160	1,086	1,025	0,972

Gew.-% X_1	0,00	7,70	15,88	23,22	31,22	41,00	50,32	62,08	73,63	86,15	100,00
25 °C	1,318	1,279	1,240	1,207	1,174	1,136	1,102	1,061	1,025	0,989	0,952

$C_8H_{11}N$ Dimethylanilin (X_1) — **$C_6H_4Cl_2$ p-Dichlorbenzol** (X_2)
[30] ⟨K 5, d 5⟩

Mol-% X_1	0,00	4,40	5,20	7,29	9,00
25 °C	0,952	0,965	0,967	0,974	0,979

$C_8H_{11}N$ Dimethylanilin (X_1) — **CH_4O Methanol** (X_2) *[43]*

$C_8H_{11}N$ Dimethylanilin (X_1) — **$C_2H_4O_2$ Essigsäure** (X_2)
[44] ⟨K 12, d 4⟩

Mol-% X_1	0,00	9,75	15,24	20,72	29,98	40,22	50,43	60,27	65,76	79,90	89,92	100,00
25 °C	1,043	1,056	1,049	1,040	1,022	1,004	0,991	0,979	0,973	0,962	0,956	0,951
45 °C	1,020	1,033	1.027	1,017	1,000	0,983	0,970	0,960	0,955	0,945	0,940	0,935
65 °C	0,998	1,009	1,003	0,993	0,977	0,961	0,950	0,941	0,937	0,928	0,923	0,919

$C_8H_{11}N$ Dimethylanilin (X_1) — **C_3H_6O Aceton** (X_2) *[43]*

$C_8H_{11}N$ Dimethylanilin (X_1) — **$C_4H_8O_2$ Äthylacetat** (X_2)
[3] ⟨K 8, d 5⟩

Gew.-% X_1	0,00	9,36	18,43	39,89	50,08	77,32	90,07	100,00
20 °C	0,898	0,904	0,910	0,921	0,932	0,943	0,950	0,956

$C_8H_{11}N$ Dimethylanilin (X_1) — **$C_4H_8O_2$ 1.4-Dioxan** (X_2)
[47] ⟨K 9, d 5⟩

Gew.-% X_1	0,00	2,26	4,75	6,83	8,57
25 °C	1,028	1,026	1,024	1,022	1,020

$C_8H_{11}N$ Dimethylanilin (X_1) — **C_6H_6O Phenol** (X_2)
[39] ⟨K 15, d 4, ϑ 19,5°, 40°, 45 °C⟩

Gew.-% X_1	0	10	20	30	40	50	60	70	80	90	100
25 °C	—	1,059	1,050	1,037	1,026	1,014	1,001	0,989	0,976	0,965	0,953
50 °C	1,053	1,043	1,030	1,019	1,006	0,994	0,982	0,970	0,958	0,946	0,934
75 °C	1,032	1,022	1,010	0,998	0,986	0,973	0,962	0,948	0,938	0,927	0,914
100 °C	1,012	1,001	0,988	0,976	0,966	0,953	0,941	0,929	0,918	0,907	0,895

[9] ⟨K 14, d 4, ϑ 10°, 20°, 29,8°, 40,2°, 59,9°, 80°, 126°, 177 °C⟩

$C_8H_{11}N$ Dimethylanilin (X_1) — **$C_6H_{12}O_3$ Paraldehyd** (X_2)
[31] ⟨K 5 ab 91,8 Gew.-% X_1, d 5, ϑ 25 °C⟩

$C_8H_{11}N$ Dimethylanilin (X_1) — **C_7H_8O Benzylalkohol** (X_2) *[43]*

$C_8H_{11}N$ Dimethylanilin (X_1) — **C_7H_8O m-Kresol** (X_2)
[8] ⟨K 5, d 4⟩

Mol-% X_1	0	25	50	75	100
20 °C	1,034	1,015	0,995	0,976	0,957
70 °C	—	0,974	0,954	0,934	—

$C_8H_{11}N$ Dimethylanilin (X_1) — **$C_7H_8O_2$ Guajacol** (X_2)
[13] ⟨K 11, d 4⟩

Mol-% X_1	0	10	20	30	40	50	60	70	80	90	100
30 °C	1,124	1,103	1,086	1,067	1,048	1,031	1,014	0,998	0,980	0,964	0,948

$C_8H_{11}N$ Dimethylanilin (X_1) — **C_8H_8O Acetophenon** (X_2) *[43]*

$C_8H_{11}N$ Dimethylanilin (X_1) — **$C_8H_{14}O_6$ Äthyltartrat** (X_2) *[5]*

Lacmann

$C_8H_{11}N$ Dimethylanilin (X_1) — **$C_{10}H_{16}O$ d-Campher** (X_2)
[7] ⟨K 7, d 4, ϑ 20 °C⟩

$C_8H_{11}N$ Dimethylanilin (X_1) — **C_6H_5ClO o-Chlorphenol** (X_2)
[9] ⟨K 12, d 4, ϑ 10°, 30 °C⟩

Gew.-% X_1	0,00	9,86	16,19	19,13	24,59	29,50	39,60	47,51	59,35	72,29	85,33	100,00
0 °C	1,274	1,242	1,221	1,211	1,193	1,176	1,144	1,119	1,082	1,043	1,007	0,973
20 °C	1,251	1,219	1,199	1,189	1,172	1,156	1,124	1,099	1,063	1,025	0,990	0,956
40 °C	1,228	1,197	1,177	1,168	1,151	1,135	1,104	1,080	1,044	1,007	0,972	0,940
60 °C	1,206	1,175	1,156	1,147	1,130	1,114	1,084	1,060	1,025	0,989	0,955	0,924
80 °C	1,183	1,154	1,134	1,125	1,109	1,094	1,064	1,040	1,006	0,971	0,937	0,907

$C_8H_{11}N$ Dimethylanilin (X_1) — **$C_{15}H_{11}ClO_5$ 2-Phenylbenzopyrryliumperchlorat** (X_2)
[30] ⟨K 5 bis 0,2 Mol-% X_1, d 5, ϑ 25 °C⟩

$C_8H_{11}N$ Dimethylanilin (X_1) — **$C_{16}H_{13}ClO_5$ 2-Phenyl-3-methylbenzopyrryliumperchlorat** (X_2)
[30] ⟨K 5 bis 0,4 Mol-% X_1, d 5, ϑ 25 °C⟩

$C_8H_{11}N$ Dimethylanilin (X_1) — **C_4H_5N Pyrrol** (X_2)
[38] ⟨K 7, d 4⟩

Mol-% X_1	0	20	40	50	60	80	100
20,4 °C	0,939	0,942	0,945	0,946	0,949	0,952	0,956

$C_8H_{11}N$ Dimethylanilin (X_1) — **$C_5H_{11}N$ Piperidin** (X_2)
[57] ⟨K 8, d 3⟩

Mol-% X_1	0,00	14,55	25,71	44,81	63,81	77,40	87,23	100,00
25 °C	0,860	0,874	0,886	0,905	0,923	0,933	0,943	0,952
50 °C	0,836	0,851	0,864	0,883	0,901	0,913	0,922	0,930
75 °C	0,811	0,827	0,840	0,861	0,878	0,891	0,901	0,906

$C_8H_{11}N$ Dimethylanilin (X_1) — **C_6H_7N Anilin** (X_2)
[3] ⟨K 8, d 3⟩

Gew.-% X_1	0,00	7,99	19,59	46,08	64,42	82,60	88,24	100,00
54,7 °C	0,992	0,986	0,978	0,960	0,948	0,938	0,934	0,928

$C_8H_{11}N$ 2-n-Propylpyridin (X_1) — **C_6H_6 Benzol** (X_2)
[52] ⟨K 6 bis 2,5 Gew.-% X_1, ϑ 25 °C⟩

$C_8H_{11}N$ 3-n-Propylpyridin (X_1) — **C_6H_6 Benzol** (X_2)
[52] ⟨K 6 bis 2,6 Gew.-% X_1, ϑ 25 °C⟩

$C_8H_{11}N$ 4-n-Propylpyridin (X_1) — **C_6H_6 Benzol** (X_2)
[52] ⟨K 6 bis 2,3 Gew.-% X_1, ϑ 25 °C⟩

$C_8H_{11}N$ 4-iso-Propylpyridin (X_1) — **C_6H_6 Benzol** (X_2)
[52] ⟨K 6 bis 3,1 Gew.-% X_1, ϑ 25 °C⟩

$C_8H_{11}N$ 4-Amino-1.3-dimethylbenzol (X_1) — **C_6H_6O Phenol** (X_2)
[18] ⟨K 3, d 4⟩

Mol-% X_1	0	50	100
25 °C	—	1,019	0,972
50 °C	1,050	1,000	0,952
70 °C	1,033	0,983	0,936
90 °C	1,015	0,965	0,920
120 °C	0,989	0,939	0,895
150 °C	0,959	0,912	0,870

$C_8H_{11}N$ Amylpropiolnitril (X_1) – **C_6H_6 Benzol** (X_2)
[*36*] ⟨K4 bis 2,4 Mol-% X_1, d5, ϑ 25 °C⟩

C_8H_7N Benzylcyanid (X_1) – **C_6H_6 Benzol** (X_2)
[*21*] ⟨K7, d4⟩

Mol-% X_1	0,00	1,00	1,44	2,49	3,03	3,88	4,73
25 °C	0,873	0,875	0,876	0,878	0,879	0,881	0,883
50 °C	0,847	0,848	0,849	0,852	0,853	0,854	0,856

C_8H_7N Benzylcyanid (X_1) – **C_7H_{16} Heptan** (X_2)
[*21*] ⟨K10, d4⟩

Mol-% X_1	0,00	0,69	1,54	1,98	2,64	3,12	4,26	4,68
25 °C	0,680	0,681	0,684	0,685	0,686	0,688	0,691	0,692
50 °C	0,658	0,660	0,662	0,663	0,665	0,666	0,669	0,670

C_8H_7N Benzylcyanid (X_1) – **$C_8H_{10}O$ Phenetol** (X_2) [*1*]

C_8H_7N o-Tolunitril (X_1) – **C_6H_6 Benzol** (X_2)
[*16*] ⟨K5, d5⟩

Mol-% X_1	0,00	1,11	2,05
22 °C	0,877	0,878	0,880

C_8H_7N m-Tolunitril (X_1) – **C_6H_6 Benzol** (X_2)
[*22*] ⟨K7 bis 1,6 Mol-% X_1, d5, ϑ 22 °C⟩

C_8H_7N p-Tolunitril (X_1) – **C_6H_6 Benzol** (X_2)
[*22*] ⟨K8 bis 0,4 Mol-% X_1, d5, ϑ 22 °C⟩

C_8H_7N o-Toluisonitril (X_1) – **C_6H_6 Benzol** (X_2)
[*22*] ⟨K5 bis 2,7 Mol-% X_1, d5, ϑ 22 °C⟩

C_8H_7N p-Toluisonitril (X_1) – **C_6H_6 Benzol** (X_2)
[*14*] ⟨K12, d4⟩

Mol-% X_1	0,97	1,98	2,93	4,57	6,40
25 °C	0,874	0,875	0,876	0,878	0,881

[*22*] ⟨K6 bis 2,1 Mol-% X_1, d5, ϑ 22 °C⟩

C_8H_7N p-Toluisonitril (X_1) – **CCl_4 Tetrachlormethan** (X_2)
[*14*] ⟨K4, d4, ϑ 6 bis 25 °C⟩

C_8H_7N Indol (X_1) – **C_6H_6 Benzol** (X_2)
[*34*] ⟨K5, d4⟩

Mol-% X_1	0,00	0,63	1,44	2,30	2,84
20 °C	0,879	0,880	0,883	0,886	0,887

$C_8H_{12}N_2$ p-Aminodimethylanilin (X_1) – **C_6H_6 Benzol** (X_2)
[*35*] ⟨K8, d4⟩

Mol-% X_1	0,00	0,61	0,86	1,27	1,88	2,38
25 °C	0,874	0,875	0,876	0,877	0,878	0,879

$C_8H_4N_2$ p-Dicyanobenzol (X_1) – **C_6H_6 Benzol** (X_2)
[*28*] ⟨K4 bis 0,7 Mol-% X_1, d4, ϑ 25 °C⟩

$C_8H_4N_2$ p-Di-isocyanobenzol (X_1) – **C_6H_6 Benzol** (X_2)
[*23*] ⟨K7 bis 2,2 Mol-% X_1, d4, ϑ 25 °C⟩

$C_8H_{11}N_3$ 3.3-Dimethyl-1-phenyltriazen (X_1)—**C_6H_6 Benzol** (X_2)
[33] ⟨K5 bis 1,9 Gew.-% X_1, d5, ϑ 25 °C⟩

$C_8H_7N_3$ p-Toluoldiazoniumcyanid (X_1)—**C_6H_6 Benzol** (X_2)
[32] ⟨K4 bis 0,9 Gew.-% X_1, d5, ϑ 25 °C⟩

$C_9H_{13}N$ Monoäthyl-o-toluidin (X_1)—**C_7H_9N o-Toluidin** (X_2)
[24] ⟨K46, d4⟩

Gew.-% X_1	0,0	10,0	20,0	30,0	39,0	49,9	60,3	69,0	81,0	90,0	100,0
15 °C	1,003	0,997	0,992	0,987	0,983	0,977	0,972	0,968	0,962	0,957	0,953

$C_9H_{13}N$ Dimethyl-o-toluidin (X_1)—**C_6H_6 Benzol** (X_2)
[3] ⟨K8, d4⟩

Gew.-% X_1	0,00	11,50	23,36	44,07	63,19	76,99	89,56	100,00
54,6 °C	0,843	0,849	0,855	0,867	0,878	0,886	0,893	0,899

$C_9H_{13}N$ Dimethyl-o-toluidin (X_1)—**C_7H_8 Toluol** (X_2)
[3] ⟨K8, d4⟩

Gew.-% X_1	0,00	9,12	28,44	53,30	60,12	80,22	85,94	100,00
54,6 °C	0,834	0,840	0,852	0,864	0,872	0,886	0,889	0,899

$C_9H_{13}N$ Dimethyl-p-toluidin (X_1)—**C_6H_6 Benzol** (X_2)
[35] ⟨K5, d4⟩

Mol-% X_1	0,00	0,94	1,99	4,42
25 °C	0,874	0,875	0,876	0,878

$C_9H_{13}N$ 2-n-Butylpyridin (X_1)—**C_6H_6 Benzol** (X_2)
[52] ⟨K7 bis 1,9 Gew.-% X_1, d5, ϑ 25 °C⟩

$C_9H_{13}N$ 3-n-Butylpyridin (X_1)—**C_6H_6 Benzol** (X_2)
[52] ⟨K7 bis 1,8 Gew.-% X_1, d5, ϑ 25 °C⟩

$C_9H_{13}N$ 4-n-Butylpyridin (X_1)—**C_6H_6 Benzol** (X_2)
[52] ⟨K7 bis 2,2 Gew.-% X_1, d5, ϑ 25 °C⟩

$C_9H_{13}N$ 4-sec.-Butylpyridin (X_1)—**C_6H_6 Benzol** (X_2)
[52] ⟨K6 bis 1,6 Gew.-% X_1, d5, ϑ 25 °C⟩

$C_9H_{13}N$ 4-tert.-Butylpyridin (X_1)—**C_6H_6 Benzol** (X_2)
[52] ⟨K6 bis 2,6 Gew.-% X_1, d5, ϑ 25 °C⟩

C_9H_9N Skatol (X_1)—**C_6H_6 Benzol** (X_2)
[34] ⟨K5, d4⟩

Mol-% X_1	0,00	0,69	1,58	2,43	2,78
20 °C	0,879	0,881	0,883	0,886	0,887

C_9H_7N Chinolin (X_1)—**C_6H_{12} Cyclohexan** (X_2)
[27] ⟨K7, d4⟩

Mol-% X_1	0,00	11,03	23,97	39,56	62,02	76,57	100,00
20 °C	0,778	0,815	0,858	0,909	0,981	1,025	1,093

C_9H_7N Chinolin (X_1)—**C_6H_6 Benzol** (X_2)
[12, 45] ⟨K11, d4⟩

Gew.-% X_1	0,00	10,40	20,55	30,71	40,61	50,76	61,23	71,80	80,73	90,11	100,00
18 °C	0,878	0,895	0,915	0,935	0,956	0,978	0,999	1,027	1,047	1,069	1,092

C_9H_7N Chinolin (X_1) — **C_6H_6 Benzol** (X_2) (Forts.)
[25] ⟨K 5, d 4, ϑ 10°, 30 °C⟩

Mol-% X_1	0,00	0,80	2,29	3,26	4,25
20 °C	0,879	0,881	0,886	0,889	0,892
40 °C	0,857	0,860	0,865	0,868	0,871

[17] ⟨K 3, d 4, ϑ 18 °C⟩
[29] ⟨K 5 bis 5,1 Mol-% X_1, d 5, ϑ 25 °C⟩
[51] ⟨K 11 bis 3,6 Gew.-% X_1, d 4, ϑ 25 °C⟩

C_9H_7N Chinolin (X_1) — **$CHCl_3$ Chloroform** (X_2)
[54] ⟨K 8, d 4⟩

Mol-% X_1	0,00	9,20	19,30	31,80	49,00	65,30	82,80	100,00
25 °C	1,489	1,442	1,394	1,337	1,266	1,205	1,146	1,093

[27] ⟨K 10, d 4, ϑ 20 °C⟩

C_9H_7N Chinolin (X_1) — **$CHBr_3$ Bromoform** (X_2)
[27] ⟨K 10, d 4⟩

Mol-% X_1	0,00	3,33	9,45	20,11	34,59	51,65	66,45	80,60	93,98	100,00
20 °C	2,890	2,805	2,665	2,434	2,144	1,833	1,587	1,368	1,176	1,093

C_9H_7N Chinolin (X_1) — **CCl_4 Tetrachlormethan** (X_2)
[27] ⟨K 10, d 4⟩

Mol-% X_1	0,00	3,22	12,05	24,65	38,85	53,67	67,46	83,16	95,45	100,00
20 °C	1,594	1,577	1,528	1,461	1,386	1,311	1,243	1,165	1,113	1,093

[51] ⟨K 6 bis 1,8 Gew.-% X_1, d 5, ϑ 25 °C⟩,

C_9H_7N Chinolin (X_1) — **C_6H_5Cl Chlorbenzol** (X_2)
[12] ⟨K 11, d 4⟩

Gew.-% X_1	0,00	10,11	19,68	30,23	40,50	50,71	60,86	71,13	80,18	91,31	100,00
15 °C	1,109	1,107	1,107	1,105	1,105	1,102	1,101	1,099	1,097	1,095	1,092

[45]

C_9H_7N Chinolin (X_1) — **C_2H_6O Äthanol** (X_2)
[46] ⟨K 10, d 4, ϑ 18°, 25°, 35 °C⟩

Mol-% X_1	0,00	0,46	0,89	1,40	2,21	38,27	85,04	88,78	100,00
20 °C	0,790	0,793	0,796	0,798	0,805	0,973	1,076	1,081	1,095
30 °C	0,782	0,786	0,788	0,791	0,797	0,966	1,069	1,073	1,088

C_9H_7N Chinolin (X_1) — **$C_2H_4O_2$ Essigsäure** (X_2)
[58] ⟨K 11, d 4⟩

Mol-% X_1	0,00	5,42	10,51	15,42	20,48	24,51	30,80	40,25	50,87	58,93	100,00
25 °C	1,0436	1,0682	1,0824	1,0905	1,0950	1,0963	1,0969	1,0958	1,0934	1,0915	1,0900

[53]

C_9H_7N Chinolin (X_1) — **$C_4H_{10}O$ Diäthyläther** (X_2)
[12] ⟨K 10, d 4⟩

Gew.-% X_1	0,00	9,69	21,59	29,84	39,91	49,79	59,61	70,41	85,07	100,00
18 °C	0,717	0,746	0,786	0,818	0,851	0,894	0,926	0,970	1,032	1,092

C_9H_7N Chinolin $(X_1)-$ **C_6H_6O Phenol** (X_2)
[9] ⟨K14, d4, ϑ 9,8°, 29,9°, 125°, 175°C⟩

Gew.-% X_1	0,00	7,94	16,63	31,79	39,70	54,92	62,48	77,27	85,44	92,46	100,00
20,1 °C	1,075	1,079	1,084	1,091	1,095	1,099	1,100	1,098	1,096	1,094	1,093

Gew.-% X_1	0,00	8,21	16,51	32,08	40,11	55,38	62,86	78,04	85,08	92,23	100,00
40 °C	1,058	1,063	1,067	1,076	1,079	1,084	1,084	1,082	1,081	1,079	1,077
60 °C	1,041	1,046	1,050	1,059	1,063	1,068	1,068	1,067	1,065	1,064	1,062
80 °C	1,024	1,029	1,034	1,043	1,047	1,051	1,052	1,051	1,049	1,048	1,046

C_9H_7N Chinolin $(X_1)-$ **C_7H_8O m-Kresol** (X_2)
[49] ⟨K8, d4⟩

Mol-% X_1	0,0	11,2	29,7	48,2	70,0	83,0	89,0	100,0
25 °C	1,028	1,040	1,058	1,070	1,078	1,082	1,083	1,086
40 °C	1,015	1,027	1,043	1,055	1,064	—	1,069	1,071

C_9H_7N Chinolin $(X_1)-$ **$C_7H_8O_2$ Guajacol** (X_2)
[13] ⟨K11, d4⟩

Mol-% X_1	0	10	20	30	40	50	60	70	80	90	100
30 °C	1,124	1,127	1,126	1,126	1,125	1,119	1,114	1,108	1,097	1,089	1,083

C_9H_7N Chinolin $(X_1)-$ **$C_7H_6O_2$ Benzoesäure** (X_2)
[10] ⟨K6, d4, ϑ 99°, 104°, 115°, 125°C⟩

C_9H_7N Chinolin $(X_1)-$ **$C_8H_{14}O_6$ Äthyltartrat** (X_2) [4, 6]

C_9H_7N Chinolin $(X_1)-$ **$C_{12}H_{22}O_6$ Isobutyltartrat** (X_2) [6]

C_9H_7N Chinolin $(X_1)-$ **$C_{16}H_{26}O_8$ Isobutyldiacetyl-d-tartrat** (X_2) [6]

C_9H_7N Chinolin $(X_1)-$ **C_6H_5ClO o-Chlorphenol** (X_2)
[9] ⟨K13, d4, ϑ 10°, 30°C⟩

Gew.-% X_1	0,00	13,34	27,82	36,58	42,08	46,72	51,19	57,61	67,47	83,21	100,00
0 °C	1,274	1,259	1,241	1,228	1,221	1,213	1,205	1,193	1,173	1,141	1,108
20 °C	1,251	1,237	1,221	1,210	1,202	1,195	1,187	1,175	1,156	1,125	1,093
40 °C	1,228	1,215	1,201	1,191	1,184	1,177	1,169	1,158	1,139	1,109	1,077
60 °C	1,206	1,194	1,181	1,172	1,166	1,159	1,151	1,140	1,122	1,093	1,062
80 °C	1,183	1,173	1,162	1,153	1,147	1,141	1,133	1,123	1,105	1,077	1,046
110 °C	1,149	1,141	1,131	1,123	1,118	1,112	1,105	1,095	1,079	1,052	1,021
150 °C	1,103	1,098	1,089	1,082	1,077	1,072	1,067	1,058	1,043	1,018	0,988

[26]

C_9H_7N Chinolin $(X_1)-$ **$C_2H_8N_2$ Äthylendiamin** (X_2)
[59] ⟨K10, d3⟩

Mol-% X_1	0,00	9,41	26,78	28,58	40,07	49,76	63,19	72,52	84,40	100,00
25 °C	0,891	0,920	0,966	0,970	0,995	1,014	1,037	1,053	1,069	1,088
50 °C	0,868	0,896	0,943	0,947	0,972	0,993	1,015	1,032	1,049	1,069
75 °C	0,842	0,871	0,920	0,924	0,947	0,969	0,992	1,010	1,027	1,048

C_9H_7N Chinolin $(X_1)-$ **C_4H_5N Pyrrol** (X_2)
[37, 38] ⟨K8, d4⟩

Mol-% X_1	0	20	30	50	70	80	90	100
20 °C	0,948	1,000	1,014	1,041	1,065	1,076	1,086	1,093

C_9H_7N Chinolin (X_1) — **$C_5H_{11}N$ Piperidin** (X_2)
[40] ⟨K 11, d 4⟩

Gew.-% X_1	0,00	10,00	20,00	30,00	40,00	50,00	60,25	70,00	80,00	90,00	100,00
25 °C	0,856	0,874	0,895	0,916	0,940	0,961	0,985	1,020	1,035	1,064	1,089
50 °C	0,833	0,852	0,873	0,894	0,917	0,938	0,960	1,000	1,015	1,044	1,071
75 °C	0,810	0,825	0,844	0,866	0,891	0,914	0,940	0,976	0,991	1,020	1,047
100 °C	0,789	0,806	0,824	0,846	0,870	0,891	0,918	0,953	0,970	1,002	1,028

C_9H_7N Chinolin (X_1) — **C_6H_7N Anilin** (X_2)
[54] ⟨K 6, d 4⟩

Mol-% X_1	0	20	40	60	80	100
20 °C	1,022	1,039	1,067	1,073	1,084	1,093

C_9H_7N Chinolin (X_1) — **$C_8H_{11}N$ Äthylanilin** (X_2)
[48] ⟨K 11, d 4⟩

Mol-% X_1	0	15	25	35	50	60	65	70	75	85	100
0 °C	0,979	0,998	1,009	1,024	1,045	1,059	1,065	1,072	1,077	1,092	1,109
20 °C	0,962	0,982	0,991	1,010	1,029	1,045	1,051	1,057	1,062	1,077	1,093
70 °C	0,919	0,942	0,954	0,971	0,990	1,007	1,014	1,020	1,029	1,039	1,055

C_9H_7N Isochinolin (X_1) — **C_6H_6 Benzol** (X_2)
[29] ⟨K 5, d 5⟩

Mol-% X_1	0,00	2,10	3,20	4,33	6,50
25 °C	0,874	0,881	0,884	0,887	0,894

[51] ⟨K 6 bis 2,2 Gew.-% X_1, d 5, ϑ 25 °C⟩

C_9H_7N Isochinolin (X_1) — **CCl_4 Tetrachlormethan** (X_2)
[51] ⟨K 6, d 5⟩

Gew.-% X_1	0,80	1,26	1,66	2,43
25 °C	1,584	1,584	1,576	1,568

C_9H_7N β-Cyano-Styrol (X_1) — **$C_4H_8O_2$ Dioxan** (X_2)
[41] ⟨K 5 bis 1,2 Mol-% X_1, d 5, ϑ 25 °C⟩

C_9H_5N Phenylpropionitril (X_1) — **C_6H_6 Benzol** (X_2)
[36] ⟨K 4 bis 1,8 Mol-% X_1, d 5, ϑ 25 °C⟩

$C_9H_{13}N_3$ 3.3-Dimethyl-1-p-tolyl-triazen (X_1) — **C_6H_6 Benzol** (X_2)
[33] ⟨K 6 bis 2 Gew.-% X_1, d 5, ϑ 25 °C⟩

1 Perkin, W. H.: J. chem. Soc. (London) **77** (1900) 267—94.
2 Mortzun, G. E.: Thesis, Genf, 1900 (nach Tim.).
3 Herzen: Bibl. univ. Arch. Sci. phys. natur **14** (1902) 232 (nach ICT).
4 Patterson, T. S., Paterson, D.: J. chem. Soc. (London) **95** (1909) 321—27.
5 Patterson, T. S., Stevenson, E. F.: J. chem. Soc. (London) **101** (1912) 241—49.
6 Patterson, T. S.: J. chem. Soc. (London) **109** (1916) 1139—75.
7 Malosse, H.: C. R. hebd. Séances Acad. Sci. **154** (1912) 1697 (nach Tabl. ann., ICT, Tim.).
8 Kremann, R., Meingast, R., Gugl, F.: Mh. Chem. **35** (1914) 876—82; 1235.
9 Bramley, A.: J. chem. Soc. (London) **109** (1916) 10—45, 434—69.
10 Baskov: J. russ. physik.-chem. Ges. (Shurnal Russkogo Fisiko-Chimitschesskogo Obschtschesstwa) **50** (1918) 589 (nach Tabl. ann., ICT).
11 Mathews, J. H., Stamm, A. J.: J. Amer. chem. Soc. **46** (1924) 1071—79.
12 Rolinski, J.: Physik. Z. **29** (1928) 658—67.
13 Puschin, N. A., Pinter, T.: Z. physik. Chem. (A) **142** (1929) 211—26.
14 Hammick, D. L., New, R. C. A., Sidgwick, N. V., Sutton, L. E.: J. chem. Soc. (London) **1930**, 1876—87.
15 Fogelberg, J. M., Williams, J. W.: Physik. Z. **32** (1931) 27—31.

16 Wolf, K. L., Trieschmann, H. G.: Z. physik. Chem. (B) **14** (1931) 346—49.
17 Verhaeghe, J.: Bull. Acad. Roy. Belgique **17** (1931) 1221 (nach Tim.).
18 Buehler, C. A., Wood, J. H., Hull, D. C., Erwin, E. C.: J. Amer. chem. Soc. **54** (1932) 2398.
19 Martin, A. R., Collie, B.: J. chem. Soc. (London) **1932**, 2658—67.
20 Martin, A. R.: Trans. Faraday Soc. **33** (1937) 191—200.
21 Smyth, C. P., Walls, W. S.: J. Amer. chem. Soc. **54** (1932) 1854—62.
22 Poltz, H., Steil, O., Strasser, O.: Z. physik. Chem. (B) **17** (1932) 155—60.
23 New, R. G. A., Sutton, L. E.: J. chem. Soc. (London) **1932**, 1415—22.
24 Fierz-David, H. E., Rufener, J. P.: Helv. chim. Acta **17** (1934) 1452—59.
25 Rau, M. G. A., Narayanswamy, B. N.: Z. physik. Chem. (B) **26** (1934) 23—44.
26 MacLeod, D.: Trans. Faraday Soc. **30** (1934) 482—93.
27 Earp, D. P., Glasstone, S.: J. chem. Soc. (London) **1935**, 1709—23.
28 Weissberger, A., Sängewald, R.: J. chem. Soc. (London) **1935**, 855.
29 Le Fèvre, C. G., Le Fèvre, R. J. W.: J. chem. Soc. (London) **1935**, 1470—75.
30 **1936**, 398—99, 487—91.
31 Le Fèvre, R. J. W., Russell, P.: J. chem. Soc. (London) **1936**, 496—97.
32 Le Fèvre, R. J. W., Northcott, J.: J. chem. Soc. (London) **1949**, 333—37.
33 Le Fèvre, R. J. W., Liddicoet, T. H.: J. chem. Soc. (London) **1951**, 2743—48.
34 Cowley, E. G., Partington, J. R.: J. chem. Soc. (London) **1936**, 47—50.
35 Marsden, R. J. B., Sutton, L. E.: J. chem. Soc. (London) **1936**, 599—606.
36 Curran, B. C., Wenzke, H. H.: J. Amer. chem. Soc. **59** (1937) 943—44.
37 Dezelic, M.: Trans. Faraday Soc. **33** (1937) 713—19.
38 Dezelic, M., Belia, B.: Bull. Soc. Chim. Belgrad **9** (1938) 151 (nach Tim.).
39 Winogradowa, A. D., Jefrenow, N. N.: Bull. Acad. Sci. URSS, Ser. chim. (Iswesstija Akademii Nauk SSR, Sserija Chimitschesskaja) **1937**, 143—56.
40 Ann. Secteur Analyse physico-chim. (Iswesstija Ssektora Fisiko-Chimitschesskogo Analisa) **15** (1947) 58—66.
41 Goebel, H. L., Wenzke, H. H.: J. Amer. chem. Soc. **60** (1938) 697—99.
42 Davies, W. C., Evans, E. B., Whitehead, H. R.: J. chem. Soc. (London) **1939**, 644—46.
43 Holzschmidt, W. A., Worobjew, N. K.: Trans. Inst. chem. Techn. Ivanovo (USSR) (Trudy Iwanowskogo Chimiko-Technologitschesskogo Instituta) **1939**, Nr. 2, 5—12 (nach Chem. Zbl.).
44 Udowenko, W. W.: J. allg. Chem. (Shurnal Obschtschei Chimii) **10** (1940) 1923—25.
45 Böttcher, C. J. F.: Recueil Trav. chim. Pays-Bas **62** (1943) 119—33.
46 Hatem, S.: Bull. Soc. chim. France, **1949**, 599—600.
47 Few, A. V., Smith, J. W.: J. chem. Soc. (London) **1949**, 753—60.
48 Kowalenko, K. N., Trifonow, N. A.: J. allg. Chem. (Shurnal Obschtschei Chimii) **20** (1950) 1131—38.
49 Tschamler, H., Krischai, H.: Mh. Chem. **82** (1951) 259—70.
50 Anissimow, W. I.: J. physik. Chem. (Shurnal Fisitschesskoi Chimii) **27** (1953) 1797—1807.
51 Buckingham, A. D., Chau, J. Y. H., Freeman, H. C., Le Fèvre, R. J. W., Rao, N., Tardif, J.: J. chem. Soc. (London) **1956**, 1405—11.
52 Cumper, C. W. N., Vogel, A. I., Walker, S.: J. chem. Soc. (London) **1956**, 3621—28.
53 Misskidshjan, Ss. P., Kiriljuk, Ss. Ss.: J. allg. Chem. (Shurnal Obschtschei Chimii) **26** (1956) 1350—55.
54 Ossipov, O. A., Shelomov, I. K.: J. physik. Chem. (Shurnal Fisitschesskoi Chimii) **30** (1956) 608—15.
55 Lutzki, A. Je., Obuchowa, Je. M.: J. physik. Chem. (Shurnal Fisitschesskoi Chimii) **31** (1957) 1964—75.
56 Toropov: 1956 (nach (Tim.).
57 Fialkov, Yu. Ya., Chviruk, O. V.: J. allg. Chem. (Shurnal Obschtschei Chimii) **37** (1967) 754—58; J. Gen. Chem. USSR **37** (1967) 708—11.
58 Sundaram, K. M. S.: Z. physik. Chem. (Leipzig) **241** (1969) 107—11.
59 Fialkov, Yu. Ya., Chviruk, O. V., Kudra, O. K.: J. allg. Chem. (Shurnal Obschtschei Chimii) **65** (1965) 1891—97; J. Gen. Chem. USSR **65** (1965) 1885—90.
60 Katz, M., Labo, P. W., Miñano, A. S., Solino, H.: Canad. J. Chem. **49** (1971) 2605—09.

$C_{10}H_{15}N$ Diäthylanilin (X_1)—$C_2H_4O_2$ Essigsäure (X_2)
[*15*] ⟨K13, d4⟩

Mol-% X_1	0,00	9,73	15,33	20,18	25,31	29,98	40,20	49,78	60,14	70,41	80,15	90,08	100,00
25 °C	1,043	1,053	1,048	1,037	1,025	1,015	0,994	0,977	0,963	0,952	0,942	0,935	0,930
45 °C	1,020	1,034	1,028	1,018	1,006	0,995	0,975	0,959	0,945	0,935	0,926	0,918	0,913
65 °C	0,998	1,015	1,007	0,997	0,985	0,975	0,955	0,940	0,926	0,917	0,908	0,903	0,898

Lacmann

$C_{10}H_{15}N$ Diäthylanilin (X_1) — **$C_5H_{12}O$ Isoamylalkohol** (X_2)
[*4*] ⟨K 7, d 4⟩

Gew.-% X_1	0,00	9,97	29,48	49,92	69,48	90,00	100,00
0 °C	0,825	0,837	0,859	0,883	0,909	0,937	0,950

Gew.-% X_1	0,00	9,98	30,00	49,92	69,85	89,93	100,00
76,5 °C	0,766	0,776	0,800	0,822	0,847	0,874	0,890

$C_{10}H_{15}N$ Diäthylanilin (X_1) — **$C_2H_3ClO_2$ Chloressigsäure** (X_2)
[*24*] ⟨K 13, d 3⟩

Mol-% X_1	0	10	20	27	30	33	40	50	60	70	80	90	100
25 °C	1,420	1,353	1,283	1,240	1,224	1,204	1,165	1,110	1,063	1,021	0,989	0,959	0,930
50 °C	1,387	1,324	1,260	1,217	1,197	1,181	1,139	1,088	1,040	0,998	0,966	0,936	0,909
75 °C	1,354	1,296	1,237	1,195	1,177	1,159	1,117	1,065	1,018	0,977	0,944	0,912	0,887

$C_{10}H_{15}N$ Diäthylanilin (X_1) — **$C_2H_2Cl_2O_2$ Dichloressigsäure** (X_2)
[*24*] ⟨K 13, d 3⟩

Mol-% X_1	0	10	20	30	34	36	40	50	60	70	80	90	100
25 °C	1,558	1,479	1,401	1,334	1,306	1,295	1,268	1,195	1,129	1,072	1,018	0,972	0,930
50 °C	1,521	1,449	1,375	1,307	1,281	1,268	1,239	1,171	1,107	1,048	0,998	0,949	0,909
75 °C	1,487	1,423	1,352	1,286	1,260	1,247	1,217	1,150	1,085	1,028	0,977	0,929	0,887

$C_{10}H_{15}N$ Diäthylanilin (X_1) — **$C_2HF_3O_2$ Trifluoressigsäure** (X_2)
[*24*] ⟨K 12, d 3⟩

Mol-% X_1	0	10	20	30	40	46	50	60	70	80	90	100
25 °C	1,477	1,423	1,350	1,291	1,235	1,206	1,183	1,120	1,062	1,013	0,971	0,930
50 °C	1,418	1,381	1,317	1,262	1,209	1,180	1,157	1,098	1,041	0,992	0,950	0,909
75 °C	—	1,341	1,288	1,239	1,186	1,156	1,132	1,075	1,019	0,971	0,929	0,887

$C_{10}H_{15}N$ N.N-Diäthylanilin (X_1) — **$C_2H_8N_2$ Äthylendiamin** (X_2)
[*25*] ⟨K 5, d 3⟩

Mol-% X_1	0,00	25,66	49,69	74,13	100,00
25 °C	0,891	0,902	0,912	0,920	0,930
50 °C	0,867	0,879	0,890	0,899	0,909
75 °C	0,842	0,854	0,867	0,877	0,889

$C_{10}H_{15}N$ 2-n-Pentylpyridin (X_1) — **C_6H_6 Benzol** (X_2)
[*22*] ⟨K 6 bis 1,2 Gew.-% X_1, d 5, ϑ 25 °C⟩

$C_{10}H_{15}N$ 4-n-Pentylpyridin (X_1) — **C_6H_6 Benzol** (X_2)
[*22*] ⟨K 6 bis 2,3 Gew.-% X_1, d 5, ϑ 25 °C⟩

$C_{10}H_{15}N$ 4.1'-Äthylpropylpyridin (X_1) — **C_6H_6 Benzol** (X_2)
[*22*] ⟨K 6 bis 2,1 Gew.-% X_1, d 5, ϑ 25 °C⟩

$C_{10}H_9N$ α-Naphthylamin (X_1) — **C_6H_6 Benzol** (X_2)
[*10*] ⟨K 5, d 4⟩

Mol-% X_1	0,00	2,27	3,18	4,16	5,01
22,8 °C	0,876	0,884	0,888	0,891	0,895

[*16*] ⟨K 9 bis 0,9 Mol-%, X_1 d 4, ϑ 25 °C⟩

$C_{10}H_9N$ Naphthylamin (X_1) — $C_{10}H_8$ Naphthalin (X_2)
[1] ⟨K8, d3⟩

Gew.-% X_1	0,00	11,11	50,00	67,67	75,00	88,89	94,20	100,00
0 °C	1,179	1,161	1,151	1,154	1,156	1,160	1,170	1,189
18 °C	1,175	1,156	1,146	1,145	1,146	1,148	1,159	1,177
91 °C	0,971	0,980	1,017	1,028	1,038	1,053	1,062	1,071

$C_{10}H_9N$ α-Naphthylamin (X_1) — C_6H_6O Phenol (X_2)
[6] ⟨K6, d3⟩

Gew.-% X_1	0,0	52,0	56,5	79,1	92,5	100,0
30 °C	1,067	1,094	1,097	1,106	—	—
50 °C	1,048	1,075	1,076	1,092	1,102	1,108

$C_{10}H_9N$ α-Naphthylamin (X_1) — $C_7H_{14}O_2$ Amylacetat (X_2) [5]

$C_{10}H_9N$ β-Naphthylamin (X_1) — C_6H_6 Benzol (X_2)
[10] ⟨K4, d4⟩

Mol-% X_1	0,00	2,55	3,15
22,8 °C	0,875	0,883	0,885

[16] ⟨K14 bis 1,0 Mol-%, d4, ϑ 25 °C⟩

$C_{10}H_9N$ β-Naphthylamin (X_1) — $C_7H_{14}O_2$ Amylacetat (X_2) [5]

$C_{10}H_9N$ Chinaldin (X_1) — C_4H_5N Pyrrol (X_2)
[13] ⟨K8, d4⟩

Mol-% X_1	0	20	40	60	66,6	70	80	100
20 °C	0,948	0,991	1,013	1,035	1,040	1,043	1,049	1,059

$C_{10}H_9N$ 6-Methylchinolin (X_1) — C_6H_6 Benzol (X_2)
[7] ⟨K5, d5⟩

Mol-% X_1	0,00	1,61	2,50	3,27	4,34
25 °C	0,874	0,879	0,881	0,883	0,886

$C_{10}H_7N$ p-Tolylpropiolnitril (X_1) — C_6H_6 Benzol (X_2)
[11] ⟨K4, d5⟩

Mol-% X_1	0,00	1,70	2,19	2,26
25 °C	0,874	0,876	0,877	0,878

$C_{10}H_{14}N_2$ Nicotin (X_1) — C_6H_6 Benzol (X_2) [2]

$C_{10}H_{14}N_2$ Nicotin (X_1) — CCl_4 Tetrachlormethan (X_2)
[19] ⟨K9, d4⟩

Mol-% X_1	0,00	12,76	25,89	37,70	50,36	62,15	75,70	85,20	100,00
25 °C	1,578	1,475	1,377	1,303	1,228	1,170	1,103	1,062	1,007
35 °C	1,558	1,461	1,361	1,290	1,218	1,156	1,092	1,052	0,999
50 °C	1,529	1,436	1,338	1,268	1,193	1,130	1,077	1,037	0,987

$C_{10}H_{14}N_2$ Nicotin (X_1) — $C_2H_4Cl_2$ Äthylenchlorid (X_2)
[19] ⟨K9, d4⟩

Mol-% X_1	0,00	12,12	25,33	37,80	50,60	64,74	77,10	89,36	100,00
25 °C	1,249	1,192	1,150	1,111	1,084	1,056	1,033	1,019	1,007
50 °C	1,207	1,159	1,117	1,081	1,057	1,031	1,012	0,997	0,987
75 °C	1,168	1,123	1,088	1,057	1,030	1,005	0,990	0,975	0,967

$C_{10}H_{14}N_2$ Nicotin (X_1) — **$C_2H_4Br_2$ Äthylenbromid** (X_2)
[*3*] ⟨K6, d5⟩

Gew.-% X_1	0,00	10,14	17,42	36,29	58,12	100,00
20 °C	2,179	1,947	1,810	1,531	1,301	1,010

$C_{10}H_{14}N_2$ Nicotin (X_1) — **C_6H_5Cl Chlorbenzol** (X_2)
[*19*] ⟨K9, d4⟩

Mol-% X_1	0,00	13,64	25,87	37,71	50,63	63,45	72,16	86,64	100,00
25 °C	1,098	1,082	1,068	1,058	1,044	1,033	1,024	1,016	1,007
50 °C	1,071	1,057	1,044	1,033	1,020	1,011	1,002	0,994	0,987
75 °C	1,046	1,032	1,021	1,009	0,996	0,987	0,983	0,972	0,967

$C_{10}H_{14}N_2$ Nicotin (X_1) — **C_6H_5Br Brombenzol** (X_2)
[*19*] ⟨K9, d4⟩

Mol-% X_1	0,00	12,33	25,14	37,25	48,72	63,30	74,67	88,85	100,00
25 °C	1,494	1,408	1,330	1,263	1,207	1,132	1,092	1,044	1,007
50 °C	1,459	1,379	1,299	1,234	1,180	1,110	1,070	1,019	0,987
75 °C	1,431	1,343	1,268	1,213	1,155	1,090	1,050	0,998	0,967

$C_{10}H_{14}N_2$ Nicotin (X_1) — **CH_4O Methanol** (X_2)
[*3*] ⟨K9, d5⟩

Gew.-% X_1	0,00	3,44	6,03	12,07	25,21	47,61	65,11	81,23	100,00
20 °C	0,794	0,801	0,806	0,819	0,847	0,896	0,935	0,971	1,010

[*2*]

$C_{10}H_{14}N_2$ Nicotin (X_1) — **CH_2O_2 Ameisensäure** (X_2)
[*18*] ⟨K11, d4⟩

Mol-% X_1	0,00	10,07	20,33	30,36	39,92	50,03	58,31	71,44	79,56	88,60	100,00
25 °C	1,200	1,219	1,188	1,161	1,132	1,095	1,070	1,046	1,027	1,015	1,007
50 °C	1,180	1,197	1,168	1,140	1,111	1,073	1,047	1,023	1,008	0,997	0,987
75 °C	1,156	1,171	1,148	1,120	1,089	1,052	1,023	1,000	0,984	0,974	0,967

[*14*] ⟨K11, d4, ϑ 20 °C⟩

$C_{10}H_{14}N_2$ Nicotin (X_1) — **C_2H_6O Äthanol** (X_2)
[*21*] ⟨K9, d4⟩

Mol-% X_1	0,00	11,31	12,74	17,68	26,02	45,12	61,42	89,18	100,00
25 °C	0,785	0,848	0,855	0,874	0,902	0,942	0,970	0,997	1,004

[*3*] ⟨K6, d5, ϑ 10 °C⟩

Gew.-% X_1	0,00	10,24	25,93	41,90	56,73	100,00
0 °C	0,809	0,829	0,862	0,896	0,928	1,025
20 °C	0,792	0,812	0,845	0,878	0,912	1,010
30 °C	0,783	0,804	0,836	0,871	0,903	1,003

$C_{10}H_{14}N_2$ Nicotin (X_1) — **$C_2H_4O_2$ Essigsäure** (X_2)
[*17*] ⟨K15, d4⟩

Mol-% X_1	0,00	11,69	19,85	29,52	37,11	47,00	58,88	73,06	84,35	100,00
25 °C	1,046	1,102	1,110	1,101	1,086	1,062	1,045	1,029	1,022	1,007
50 °C	1,017	1,079	1,089	1,075	1,061	1,040	1,022	1,007	1,000	0,987
75 °C	0,989	1,057	1,067	1,052	1,037	1,018	1,000	0,987	0,980	0,967

[*14*] ⟨K10, d4, ϑ 20 °C⟩

$C_{10}H_{14}N_2$ Nicotin (X_1) — **C_3H_6O Aceton** (X_2)
[*19*] ⟨K 9, d 4⟩

Mol-% X_1	0,00	11,73	24,98	37,80	50,05	62,28	74,85	84,39	100,0
25 °C	0,782	0,840	0,887	0,918	0,941	0,962	0,980	0,995	1,007
35 °C	0,771	0,829	0,872	0,906	0,930	0,952	0,973	0,983	0,999
50 °C	0,753	0,812	0,862	0,893	0,918	0,942	0,961	0,972	0,987

$C_{10}H_{14}N_2$ Nicotin (X_1) — **$C_3H_6O_2$ Propionsäure** (X_2)
[*14*] ⟨K 11, d 4⟩

Mol-% X_1	0,0	10,0	20,0	22,5	25,0	33,4	40,0	50,0	60,0	80,0	100,0
20 °C	0,993	1,044	1,066	1,067	1,066	1,056	1,047	1,034	1,026	1,016	1,010

$C_{10}H_{14}N_2$ Nicotin (X_1) — **C_4H_8O Methyläthylketon** (X_2)
[*19*] ⟨K 9, d 4⟩

Mol-% X_1	0,00	12,53	24,63	36,42	48,78	61,33	73,74	88,30	100,00
25 °C	0,800	0,847	0,882	0,910	0,940	0,960	0,980	0,997	1,007
50 °C	0,768	0,819	0,855	0,885	0,916	0,936	0,957	0,977	0,987
75 °C	0,744	0,794	0,832	0,863	0,893	0,914	0,936	0,955	0,967

[*23*] ⟨K 11, d 5, ϑ 25 °C⟩

$C_{10}H_{14}N_2$ Nicotin (X_1) — **$C_4H_8O_2$ Buttersäure** (X_2)
[*17*] ⟨K 16, d 4⟩

Mol-% X_1	0,00	9,90	19,92	29,93	38,72	50,11	60,81	69,70	80,40	89,28	100,00
25 °C	0,954	1,001	1,027	1,030	1,026	1,021	1,018	1,016	1,014	1,011	1,007
50 °C	0,927	0,977	1,003	1,006	1,002	0,999	0,997	0,995	0,992	0,989	0,987
75 °C	0,902	0,953	0,980	0,985	0,983	0,978	0,976	0,974	0,972	0,970	0,967

$C_{10}H_{14}N_2$ Nicotin (X_1) — **C_6H_6O Phenol** (X_2)
[*17*] ⟨K 16, d 4⟩

Mol-% X_1	0,00	10,04	20,60	30,78	40,35	49,81	66,36	79,61	86,10	100,00
35 °C	1,065	1,068	1,066	1,058	1,048	1,038	1,023	1,013	1,009	0,999
50 °C	1,051	1,054	1,052	1,044	1,034	1,027	1,010	1,001	0,996	0,987
75 °C	1,029	1,033	1,030	1,023	1,014	1,005	0,991	0,981	0,977	0,967

$C_{10}H_{14}N_2$ Nicotin (X_1) — **C_8H_8O Acetophenon** (X_2)
[*19*] ⟨K 9, d 4⟩

Mol-% X_1	0,00	13,32	24,26	37,82	49,34	61,30	74,31	84,02	100,0
25 °C	1,024	1,023	1,022	1,020	1,016	1,014	1,012	1,010	1,007
50 °C	1,003	1,002	1,000	0,999	0,996	0,993	0,991	0,990	0,987
75 °C	0,981	0,978	0,978	0,977	0,975	0,972	0,971	0,970	0,967

$C_{10}H_{14}N_2$ Nicotin (X_1) — **$C_{18}H_{36}O_2$ Stearinsäure** (X_2)
[*17*] ⟨K 16, d 4⟩

Mol-% X_1	0,00	11,49	20,24	29,71	39,91	49,52	60,34	69,86	79,61	89,73	100,00
25 °C	—	—	—	—	—	—	—	0,956	0,972	0,987	1,007
50 °C	—	—	—	—	0,903	0,914	0,927	0,940	0,954	0,970	0,987
75 °C	0,845	0,860	0,868	0,877	0,887	0,897	0,910	0,923	0,938	0,951	0,967

$C_{10}H_{14}N_2$ Nicotin (X_1) — **$C_{18}H_{34}O_2$ Ölsäure** (X_2)
[*17*] ⟨K 19, d 4⟩

Mol-% X_1	0,00	10,49	19,89	29,80	41,02	48,41	59,48	70,31	79,39	89,75	100,00
25 °C	0,895	0,908	0,923	0,930	0,938	0,944	0,955	0,966	0,978	0,991	1,007
50 °C	0,876	0,882	0,909	0,913	0,921	0,925	0,937	0,947	0,958	0,973	0,987
75 °C	0,858	0,872	0,882	0,896	0,903	0,909	0,919	0,930	0,940	0,953	0,967

$C_{10}H_{14}N_2$ Nicotin (X_1) — **C_4H_5N Pyrrol** (X_2)
[*12*, *13*] ⟨K 10, d 4⟩

Mol-% X_1	0,0	20,0	33,3	40,0	50,0	60,0	70,0	80,0	90,0	100,0
20 °C	0,948	0,970	0,980	0,988	0,993	0,998	1,001	1,004	1,007	1,010

$C_{10}H_{14}N_2$ Nicotin (X_1) — **C_6H_9N 2.4-Dimethylpyrrol** (X_2)
[*13*] ⟨K 8, d 4⟩

Mol-% X_1	0,0	20,0	33,3	40,0	50,0	60,0	80,0	100,0
20 °C	0,920	0,954	0,970	0,977	0,981	0,990	1,001	1,010

$C_{10}H_{14}N_2$ Nicotin (X_1) — **$C_8H_{13}N$ 2.4-Dimethyl-3-äthylpyrrol** (X_2)
[*13*] ⟨K 7, d 4⟩

Mol-% X_1	0,0	10,0	29,0	33,3	50,0	70,0	100,0
20 °C	0,914	0,923	0,934	0,938	0,951	0,973	1,010

$C_{10}H_{14}N_2$ Anabasin (X_1) — **CH_2O_2 Ameisensäure** (X_2)
[*18*] ⟨K 7, d 4⟩

Mol-% X_1	0,00	19,53	32,16	49,81	62,36	76,91	100,00
25 °C	1,200	1,205	1,170	—	1,114	1,077	1,043
50 °C	1,180	1,184	1,157	—	1,097	1,063	1,024
75 °C	1,156	1,161	1,139	1,100	1,072	1,043	1,000

$C_{10}H_8N_2$ 2.2′-Dipyridyl (X_1) — **C_6H_6 Benzol** (X_2)
[*20*] ⟨K 5, d 5⟩

Gew.-% X_1	0,00	0,90	1,56	2,03
25 °C	0,874	0,876	0,877	0,878

$C_{10}H_8N_4$ 2.2′-Azopyridin (X_1) — **C_6H_6 Benzol** (X_2)
[*9*] ⟨K 5 bis 2,0 Gew.-% X_1, d 5, ϑ 25°, 30 °C⟩

$C_{11}H_{11}N$ 2.4-Dimethylchinolin (X_1) — **C_6H_6 Benzol** (X_2)
[*7*] ⟨K 5, d 5⟩

Mol-% X_1	0,00	2,31	5,50	8,40
25 °C	0,874	0,881	0,890	0,898

$C_{11}H_{11}N$ 2.6-Dimethylchinolin (X_1) — **C_6H_6 Benzol** (X_2)
[*7*] ⟨K 5, d 5⟩

Mol-% X_1	0,00	0,68	1,02	1,97
25 °C	0,874	0,876	0,877	0,879

$C_{11}H_7N_3$ α-Naphthalindiazoniumcyanid (X_1) — **C_6H_6 Benzol** (X_2)
[*8*] ⟨K 5 bis 1,0 Gew.-% X_1, d 5, ϑ 27 °C⟩

$C_{11}H_7N_3$ β-Naphthalindiazoniumcyanid (X_1) — **C_6H_6 Benzol** (X_2)
[*8*] ⟨K 7 bis 0,8 Gew.-% X_1, d 5, ϑ 25 °C⟩

1 Battelli, Martinetti: Atti Reale Accad. naz. Lincei, Rend., Cl. Sci. fisiche, mat., natur **2** II (1886) 247 (nach ICT).
2 Gennari, G.: Z. physik. Chem. **19** (1896) 130—34.
3 Winther, C.: Z. physik. Chem. **60** (1907) 563—89, 590—625.
4 Drucker, K., Kassel, R.: Z. physik. Chem. **76** (1911) 367—84.
5 Thole, F. B.: J. chem. Soc. (London) **103** (1913) 317—23.
6 Thole, F. B., Mussell, A. G., Dunstan, A. E.: J. chem. Soc. (London) **103** (1913) 1108—19.
7 Le Fèvre, C. G., Le Fèvre, R. J. W.: J. chem. Soc. (London) **1935**, 1470—75.

8 Le Fèvre, R. J. W., Northcott, J.: J. chem. Soc. (London) **1949**, 333—37.
9 Le Fèvre, R. J. W., Worth, C. V.: J. chem. Soc. (London) **1951**, 1814—17.
10 Bergmann, E., Weizmann, A.: Trans. Faraday Soc. **32** (1936) 1318—26.
11 Curran, B. C., Wenzke, H. H.: J. Amer. chem. Soc. **59** (1937) 943—44.
12 Dezelic, M.: Trans. Faraday Soc. **33** (1937) 713—19.
13 Dezelic, M., Belia, B.: Bull. Soc. Chim. Belgrad **9** (1938) 151 (nach Tim.).
14 Dezelic, M.: Mitt. jugosl. Akad. Wiss. Künste, math. naturwiss. Reihe (Rad Jugoslavenske Akademije Znanosti i Umjetnosti. Razreda Matematicko-Prirodoslovnoga) **263** (1939) 157—68.
15 Udowenko, W. W.: J. allg. Chem. (Shurnal Obschtschei Chimii) **10** (1940) 1923—25.
16 Hertel, E.: Z. Elektrochem., angew. physik. Chem. **47** (1941) 813—19.
17 Babak, Ss. F.: J. allg. Chem. (Shurnal Obschtschei Chimii) **19** (1949) 1604—09, 1610—14.
18 Babak, Ss. F., Airapetova, R. P., Udowenko, W. W.: J. allg. Chem. (Shurnal Obschtschei Chimii) **20** (1950) 770—73.
19 Babak, Ss. F., Udowenko, W. W.: J. allg. Chem. (Shurnal Obschtschei Chimii) **20** (1950) 2121—23, 2124—26.
20 Fielding, P. E., Le Fèvre, R. J. W.: J. chem. Soc. (London) **1951**, 1811—14.
21 Fleming, R., Sounders, L.: J. chem. Soc. (London) **1955**, 4147—50.
22 Cumper, C. W. N., Vogel, A. I., Walker, S.: J. chem. Soc. (London) **1956**, 3621—28.
23 Campbell, A. N., Kartzmark, E. M., Falconer, W. E.: Canad. J. Chem. **36** (1958) 1475—86.
24 Fialkov, Yu. Ya., Kholodnikova, S. N.: J. allg. Chem. (Shurnal Obschtschei Chimii) **38** (1968) 685—90; J. Gen. Chem. USSR **38** (1968) 663—66.
25 Fialkov, Yu. Ya., Chviruk, O. V., Kudra, O. K.: J. allg. Chem. (Shurnal Obschtschei Chimii) **65** (1965) 1891—97; J. Gen. Chem. USSR **65** (1965) 1885—90.

$C_{12}H_{11}N$ Diphenylamin (X_1) — **C_6H_6 Benzol** (X_2)
[*28*] ⟨K 5, d 4⟩

Mol-% X_1	0,00	1,13	3,97	9,66	18,93
20 °C	0,879	0,883	0,894	0,915	0,949

[*23*] ⟨K 4 bis 3,2 Mol-% X_1, d 4, ϑ 25 °C⟩
[*7*]

$C_{12}H_{11}N$ Diphenylamin (X_1) — **$C_4H_2O_3$ Maleinsäureanhydrid** (X_2)
[*27*] ⟨K 9, d 4⟩

Mol-% X_1	0	20	40	45	50	55	60	80	100
100 °C	1,259	1,242	1,191	1,169	1,160	1,113	1,102	1,073	1,028
120 °C	1,235	1,184	1,165	1,141	1,107	1,094	1,078	1,053	1,004

$C_{12}H_{11}N$ Diphenylamin (X_1) — **C_6H_6O Phenol** (X_2)
[*6*] ⟨K 14, d 4⟩

Gew.-% X_1	0,00	7,96	15,41	23,40	40,35	46,57	61,40	69,13	84,82	92,13	100,00
30 °C	1,067	1,068	1,069	1,070	1,072	1,073	1,075	1,076	1,078	1,079	—
40 °C	1,058	1,060	1,061	1,062	1,064	1,065	1,067	1,068	1,070	1,071	—
61 °C	1,041	1,042	1,043	1,044	1,046	1,047	1,049	1,050	1,052	1,053	1,054
81 °C	1,023	1,025	1,026	1,027	1,029	1,030	1,032	1,033	1,036	1,037	1,038

[*4*]

$C_{12}H_{11}N$ Diphenylamin (X_1) — **$C_7H_{14}O_2$ Amylacetat** (X_2) [*3*]

$C_{12}H_{11}N$ Diphenylamin (X_1) — **$C_8H_{14}O_6$ Äthyltartrat** (X_2) [*2*]

$C_{12}H_{11}N$ Diphenylamin (X_1) — **$C_2H_3ClO_2$ Chloressigsäure** (X_2)
[*32*] ⟨K 14, d 4, ϑ 70 °C⟩

Mol-% X_1	0,00	9,99	20,33	31,08	38,19	48,59	62,17	69,98	80,74	100,00
60 °C	1,3757	1,3182	1,2620	1,2131	1,1869	1,1559	1,1200	1,1027	1,0822	1,0555
80 °C	1,3497	1,2900	1,2368	1,1908	1,1656	1,1352	1,1024	1,0861	1,0644	1,0403

$C_{12}H_{11}N$ Diphenylamin (X_1) — **$C_2H_2Cl_2O_2$ Dichloressigsäure** (X_2)
[*32*] ⟨K10, d4, ϑ 70 °C⟩

Mol-% X_1	0,00	4,22	14,60	22,43	25,03	26,92	35,12	49,62	74,95	100,00
50 °C	1,5152	1,4965	1,4384	1,3921	1,3767	1,3630	1,3173	1,2445	1,1390	1,0635
80 °C	1,4785	1,4586	1,4050	1,3560	1,3431	1,3302	1,2862	1,2140	1,1112	1,0403

$C_{12}H_{11}N$ Diphenylamin (X_1) — **$C_2HCl_3O_2$ Trichloressigsäure** (X_2)
[*32*] ⟨K8, d4, ϑ 110 °C⟩

Mol-% X_1	0,00	7,78	18,63	22,82	29,71	79,18	89,02	100,00
100 °C	1,5495	1,5105	1,4573	1,4440	1,4080	1,1191	1,0673	1,0253
120 °C	1,5191	1,4857	1,4370	1,4170	1,3853	—	1,0510	1,0086

[*31*] ⟨graph., ϑ 115°, 125 °C⟩

$C_{12}H_{11}N$ Diphenylamin (X_1) — **$C_2H_8N_2$ Äthylendiamin** (X_2)
[*34*] ⟨K11, d3⟩

Mol-% X_1	0,00	2,07	15,06	30,45	43,10	50,13	58,89	61,55	71,71	85 79	100,00
25 °C	0,891	0,900	0,948	0,992	1,023	1,036	1,047	1,050	1,062	1,074	1,084
50 °C	0,866	0,876	0,925	0,970	1,002	1,014	1,024	1,027	1,039	1,052	1,063
75 °C	0,842	0,851	0,901	0,945	0,974	0,990	1,000	1,005	1,017	1,030	1,042

$C_{12}H_{11}N$ Diphenylamin (X_1) — **$C_5H_{11}N$ Piperidin** (X_2)
[*33*] ⟨K9, d3⟩

Mol-% X_1	0,00	13,15	25,99	38,19	47,95	60,78	70,52	85,69	100,00
25 °C	0,860	0,907	0,949	0,981	1,005	1,030	1,046	1,067	1,084
50 °C	0,836	0,884	0,926	0,959	0,982	1,008	1,025	1,046	1,063
76 °C	0,811	0,861	0,903	0,936	0,959	0,985	1,003	1,025	1,042

$C_{12}H_{11}N$ Diphenylamin (X_1) — **C_5H_5N Pyridin** (X_2)
[*34*] ⟨K12, d3⟩

Mol-% X_1	0,60	10,50	16,97	23,85	34,53	46,54	54,23	58,41	68,82	75,66	84,13	100,00
25 °C	0,978	1,001	1,013	1,025	1,036	1,052	1,056	1,059	1,069	1,073	1,084	—
50 °C	0,953	0,977	0,990	1,002	1,016	1,030	1,037	1,040	1,048	1,052	1,057	1,063
75 °C	0,927	0,953	0,966	0,978	0,992	1,008	1,015	1,017	1,028	1,029	1,035	1,042

$C_{12}H_{11}N$ Diphenylamin (X_1) — **$C_6H_{15}N$ Triäthylamin** (X_2)
[*34*] ⟨K10, d3⟩

Mol-% X_1	0,00	19,27	23,07	41,64	45,74	51,84	64,70	68,88	78,11	100,00
25 °C	0,725	0,811	0,837	0,901	0,916	0,937	0,982	0,996	1,025	1,084
50 °C	0,701	0,787	0,813	0,877	0,893	0,916	0,960	0,975	1,002	1,063
75 °C	0,680	0,760	0,790	0,855	0,870	0,896	0,939	0,961	0,982	1,042

$C_{12}H_{11}N$ Diphenylamin (X_1) — **C_6H_7N Anilin** (X_2)
[*29*] ⟨K11, d4⟩

Gew.-% X_1	0,00	15,78	29,79	42,14	53,12	62,97	71,82	79,86	87,17	93,86	100,00
60 °C	0,988	0,999	1,009	1,017	1,025	1,031	1,039	1,043	1,050	1,053	1,058
90 °C	0,962	0,973	0,983	0,991	1,000	1,006	1,013	1,018	1,023	1,028	1,034

[*5*]

$C_{12}H_{11}N$ Diphenylamin (X_1) — **C_9H_7N Chinolin** (X_2)
[*29*] ⟨K11, d4⟩

Gew.-% X_1	0,00	12,14	24,79	36,13	46,78	56,90	60,19	72,43	87,38	92,20	100,00
60 °C	1,063	1,064	1,065	1,066	1,066	1,064	1,063	1,062	1,061	1,059	1,058
90 °C	1,039	1,040	1,041	1,041	1,041	1,040	1,039	1,037	1,036	1,035	1,034

$C_{12}H_{11}N$ Diphenylamin (X_1) — **$C_{10}H_{15}N$ N.N-Diäthylanilin** (X_2)
[*34*] ⟨K 10, d 3⟩

Mol-% X_1	0,00	11,69	21,61	43,08	56,54	66,88	75,45	83,27	94,90	100,0
25 °C	0,930	0,948	0,964	0,997	1,018	1,034	—	—	—	1,084
50 °C	0,909	0,927	0,943	0,976	0,997	1,013	1,026	1,038	1,057	1,063
75 °C	0,887	0,905	0,921	0,955	0,977	0,991	1,004	1,021	1,035	1,042

$C_{12}H_{11}N$ 4-Aminodiphenyl (X_1) — **C_6H_6 Benzol** (X_2)
[*15*] ⟨K 4 bis 0,7 Mol-% X_1, d 5, ϑ 25 °C⟩

$C_{12}H_9N$ Carbazol (X_1) — **$C_4H_8O_2$ Dioxan** (X_2)
[*14*] ⟨K 5, d 4⟩

Mol-% X_1	0,00	0,76	1,62	2,16	2,80
20 °C	1,033	1,035	1,037	1,038	1,039

$C_{12}H_{10}N_2$ Azobenzol (X_1) — **C_6H_{14} Hexan** (X_2)
[*1*] ⟨K 3, d 5⟩

Gew.-% X_1	0,00	1,38	3,67
25 °C	0,668	0,676	0,682

$C_{12}H_{10}N_2$ Azobenzol (X_1) — **C_6H_6 Benzol** (X_2)
[*28*] ⟨K 4, d 4⟩

Mol-% X_1	1,22	3,03	6,06	10,02
20 °C	0,882	0,887	0,896	0,907

[*1*] ⟨K 5 bis 13,7 Gew.-% X_1, d 5, ϑ 25 °C⟩
[*21*] ⟨K 10 bis 1,6 Gew.-% X_1, d 5, ϑ 25 °C⟩

$C_{12}H_{10}N_2$ Azobenzol (X_1) — **C_7H_8 Toluol** (X_2)
[*1*] ⟨K 5, d 5⟩

Gew.-% X_1	0,00	2,84	4,46	8,55	10,71
25 °C	0,861	0,867	0,870	0,877	0,881

$C_{12}H_{10}N_2$ Azobenzol (X_1) — **$CHCl_3$ Chloroform** (X_2)
[*1*] ⟨K 4, d 5⟩

Gew.-% X_1	0,00	3,12	7,48	10,82
25 °C	1,477	1,462	1,440	1,423

$C_{12}H_{10}N_2$ Azobenzol (X_1) — **$C_4H_{10}O$ Diäthyläther** (X_2)
[*1*] ⟨K 5, d 5⟩

Gew.-% X_1	0,00	2,02	5,83	8,53	16,59
25 °C	0,708	0,714	0,725	0,733	0,758

$C_{12}H_{10}N_2$ Azobenzol (X_1) — **$C_4H_8O_2$ Äthylacetat** (X_2)
[*1*] ⟨K 5, d 5⟩

Gew.-% X_1	0,00	1,97	4,64	10,52	12,43
25 °C	0,895	0,898	0,903	0,913	0,917

$C_{12}H_{10}N_2$ Azobenzol (X_1) — **$C_4H_8O_2$ Dioxan** (X_2)
[*12*] ⟨K 3, d 4⟩

Mol-% X_1	0,00	4,53	8,93
15,1 °C	1,034	1,038	1,041

$C_{12}H_8N_2$ Phenazin (X_1) — C_6H_6 Benzol (X_2)
[20] ⟨K 5 bis 1 Gew.-% X_1, d 5, ϑ 25 °C⟩

$C_{12}H_8N_2$ Benzocinnolin (X_1) — C_6H_6 Benzol (X_2)
[22] ⟨K 5 bis 1,1 Gew.-% X_1, d 5, ϑ 27 °C⟩

$C_{12}H_8N_2$ 4.5-Phenanthrolin (X_1) — C_6H_6 Benzol (X_2)
[26] ⟨K 8, d 5⟩

Gew.-% X_1	0,00	0,52	1,02	1,59
25 °C	0,874	0,875	0,876	0,878

$C_{12}H_{13}N_3$ 3.3-Dimethyl-β-naphthyl-1-triazen (X_1) — C_6H_6 Benzol (X_2)
[17] ⟨K 5 bis 1,1 Gew.-% X_1, d 5, ϑ 25 °C⟩

$C_{12}H_{11}N_3$ p-Aminoazobenzol (X_1) — C_6H_6 Benzol (X_2)
[12] ⟨K 4, d 4⟩

Mol-% X_1	0,00	0,81	1,09	1,52
15,4 °C	0,884	0,887	0,888	0,890

$C_{12}H_{11}N_3$ Diazoaminobenzol (X_1) — C_6H_6 Benzol (X_2)
[16] ⟨K 9, d 5⟩

Gew.-% X_1	0,00	1,19	2,59	3,59	4,19	7,10	8,49
25 °C	0,874	0,876	0,879	0,881	0,883	0,889	0,892

$C_{13}H_{13}N$ Phenyl-p-tolylamin (X_1) — C_6H_6 Benzol (X_2)
[23] ⟨K 6, d 4⟩

Mol-% X_1	0,47	1,14	1,65	2,10	2,80
25 °C	0,875	0,877	0,879	0,881	0,883

$C_{13}H_{13}N$ Diphenylmethylamin (X_1) — C_6H_6O Phenol (X_2)
[6] ⟨K 12, d 4, ϑ 9,8°, 30 °C⟩

Gew.-% X_1	0,00	10,70	21,21	32,90	43,13	51,58	63,08	72,31	82,82	90,52	100,00
20,1 °C	1,075	1,072	1,069	1,067	1,064	1,062	1,059	1,057	1,055	1,053	1,052

Gew.-% X_1	0,00	9,95	17,78	26,42	37,88	50,13	64,66	79,96	89,79	95,02	100,00
40 °C	1,058	1,056	1,054	1,052	1,050	1,047	1,044	1,040	1,038	1,037	1,036
60 °C	1,041	1,039	1,037	1,035	1,033	1,030	1,027	1,024	1,022	1,021	1,020
80 °C	1,024	1,022	1,021	1,019	1,016	1,014	1,010	1,008	1,006	1,005	1,004

$C_{13}H_{13}N$ Diphenylmethylamin (X_1) — $C_8H_{14}O_6$ Äthyltartrat (X_2) *[2]*

$C_{13}H_{13}N$ Diphenylmethylamin (X_1) — C_6H_5ClO o-Chlorphenol (X_2)
[6] ⟨K 10, d 4, ϑ 10°, 30 °C⟩

Gew.-% X_1	0,00	10,38	20,66	31,24	42,42	49,48	61,65	74,10	86,17	100,00
0 °C	1,274	1,249	1,226	1,203	1,179	1,164	1,139	1,115	1,092	1,068
20 °C	1,251	1,227	1,205	1,183	1,159	1,145	1,121	1,098	1,076	1,052
40 °C	1,228	1,205	1,184	1,162	1,140	1,126	1,103	1,080	1,060	1,036
60 °C	1,206	1,184	1,163	1,142	1,120	1,108	1,085	1,063	1,043	1,020
80 °C	1,183	1,162	1,142	1,122	1,101	1,089	1,067	1,046	1,027	1,004

$C_{13}H_{11}N$ Benzylidenanilin (X_2) — C_6H_6 Benzol (X_2)
[18] ⟨K 5 bis 1 Gew.-% X_1, d 5, ϑ 25 °C⟩

Lacmann

$C_{13}H_9N$ o-Phenylbenzonitril (X_1) — **C_6H_6 Benzol** (X_2)
[*11*] ⟨K 5, d 4⟩

Mol-% X_1	0,00	0,49	0,66	0,99
17,7 °C	0,881	0,883	0,884	0,885

$C_{13}H_{12}N_2$ Benzophenonhydrazon (X_1) — **C_6H_6 Benzol** (X_2)
[*12*] ⟨K 7, d 4⟩

Mol-% X_1	0,00	0,28	1,72	2,98
15,6 °C	0,884	0,885	0,891	0,896

$C_{13}H_{12}N_2$ 2.9-Diaminofluoren (X_1) — **C_6H_6 Benzol** (X_2)
[*9*] ⟨K 5, d 5⟩

Mol-% X_1	0,00	1,14	1,42	1,75	2,27
17,8 °C	1,030	1,034	1,035	1,036	1,038

$C_{13}H_{13}N_3$ N-Methyldiazoaminobenzol (X_1) — **C_6H_6 Benzol** (X_2)
[*16*] ⟨K 6, d 5⟩

Gew.-% X_1	0,00	0,79	1,53	2,25	3,28	4,62
25 °C	0,874	0,875	0,877	0,878	0,880	0,883

$C_{13}H_9N_3$ Diphenyl-4-diazocyanid (X_1) — **C_6H_6 Benzol** (X_2)
[*25*] ⟨K 5, d 5⟩

Gew.-% cis-X_1	0,00	2,96	4,20	4,76
25 °C	0,874	0,881	0,884	0,885

Gew.-% trans-X_1	0,00	1,44	2,48	3,86
25 °C	0,874	0,877	0,879	0,882

$C_{14}H_{15}N$ Di-p-tolylamin (X_1) — **C_6H_6 Benzol** (X_2)
[*23*] ⟨K 5, d 4⟩

Mol-% X_1	0,56	1,00	1,75	2,78
25 °C	0,875	0,877	0,880	0,884

$C_{14}H_{16}N_2$ 6.6′-Diamino-2.2′-ditolyl (X_1) — **C_6H_6 Benzol** (X_2)
[*8*] ⟨K 5, d 5⟩

Mol-% X_1	0,00	1,55	1,94	2,41
19,9 °C	0,879	0,885	0,887	0,889

$C_{14}H_{14}N_2$ p-Azotoluol (X_1) — **C_6H_6 Benzol** (X_2)
[*21*] ⟨K 4, d 5⟩

Gew.-% X_1	0,00	2,65	3,80
25 °C	0,874	0,878	0,880

$C_{14}H_{14}N_2$ 9.10-Dimethyl-9.10-dihydrophenazin (X_1) — **C_6H_6 Benzol** (X_2)
[*20*] ⟨K 5 bis 1 Gew.-% X_1, d 5, ϑ 25 °C⟩

$C_{14}H_8N_2$ 4.4-Dicyanodiphenyl (X_1) — **C_6H_6 Benzol** (X_2)
[*16*] ⟨K 4 bis 1 Gew.-% X_1, d 5, ϑ 25 °C⟩

$C_{14}H_{15}N_3$ Dimethylamino-azobenzol (X_1) — **C_6H_6 Benzol** (X_2)
[*12*] ⟨K4, d4⟩

Mol-% X_1	0,00	0,50	0,89	1,26
26,9 °C	0,870	0,873	0,875	0,878

$C_{14}H_{15}N_3$ 4.4′-Dimethyldiazoaminobenzol (X_1) — **C_6H_6 Benzol** (X_2)
[*16*] ⟨K7, d5, ϑ 25 °C⟩

Gew.-% X_1	0,00	0,83	1,66	2,00	3,01
25 °C	0,874	0,875	0,877	0,877	0,879

$C_{14}H_{15}N_3$ 1-o-Diphenylyl-3.3-dimethyltriazen (X_1) — **C_6H_6 Benzol** (X_2)
[*17*] ⟨K5 bis 0,6 Gew.-% X_1, d5, ϑ 25 °C⟩

$C_{14}H_{15}N_3$ 1-p-Diphenylyl-3.3-dimethyltriazen (X_1) — **C_6H_6 Benzol** (X_2)
[*17*] ⟨K4 bis 0,9 Gew.-% X_1, d5, ϑ 25 °C⟩

$C_{14}H_8N_6$ 4.4′-Diphenylbisdiazocyanid (X_1) — **C_6H_6 Benzol** (X_2)
[*16*] ⟨K3 bis 0,8 Gew.-% X_1, d5, ϑ 25 °C⟩

$C_{16}H_{13}N$ Phenyl-β-naphthylamin (X_1) — **C_6H_6 Benzol** (X_2)
[*30*] ⟨K4, d5⟩

Mol-% X_1	0,22	0,47	0,71	1,04
35 °C	0,864	0,866	0,867	0,869

$C_{16}H_{20}N_2$ Tetramethyl-N.N-diamino-2.2′-diphenyl (X_1) — **C_6H_6 Benzol** (X_2)
[*24*] ⟨K5 bis 0,8 Mol-% X_1, d4, ϑ 20 °C⟩

$C_{16}H_{13}N_3$ 4-Benzolazo-1-naphthylamin (X_1) — **C_6H_6 Benzol** (X_2)
[*12*] ⟨K4, d4⟩

Mol-% X_1	0,00	0,88	1,25	1,60
15,6 °C	0,884	0,890	0,893	0,896

$C_{16}H_{13}N_3$ 1-Benzolazo-2-naphthylamin (X_1) — **C_6H_6 Benzol** (X_2)
[*12*] ⟨K4, d4⟩

Mol-% X_1	0,00	1,06	1,41	1,76
15,8 °C	0,884	0,892	0,895	0,898

$C_{18}H_{15}N$ Triphenylamin (X_1) — **C_6H_6 Benzol** (X_2)
[*10*] ⟨K5, d4⟩

Mol-% X_1	0,00	2,03	2,74	3,49	4,34
15,25 °C	0,884	0,895	0,899	0,903	0,908

$C_{18}H_{16}N_2$ N.N′-Diphenyl-p-phenylendiamin (X_1) — **C_6H_6 Benzol** (X_2)
[*30*] ⟨K4 bis 0,4 Mol-% X_1, d5, ϑ 35 °C⟩

$C_{19}H_{16}N_2$ Benzophenonphenylhydrazon (X_1) — **C_6H_6 Benzol** (X_2)
[*12*] ⟨K7, d4⟩

Mol-% X_1	0,00	1,12	1,53	2,59
15,3 °C	0,884	0,892	0,894	0,901

$C_{19}H_{14}N_2$ Fluorenonphenylhydrazon (X_1) — **C_6H_6 Benzol** (X_2)
[*12*] ⟨K8, d4⟩

Mol-% X_1	0,00	0,18	0,95	1,24	1,46
16,0 °C	0,883	0,885	0,891	0,893	0,895

$C_{20}H_{28}N_2$ Tetraäthyl-N.N-diamino-2.2′-diphenyl (X_1) — **C_6H_6 Benzol** (X_2)
[24] ⟨K 3 bis 0,2 Mol-% X_1, d 4, ϑ 20 °C⟩

$C_{20}H_{16}N_4$ Nitron (X_1) — **C_6H_6 Benzol** (X_2)
[19] ⟨K 5 bis 0,07 Mol-% X_1, d 5, ϑ 30 °C⟩

$C_{20}H_{16}N_4$ Nitron (X_1) — **$CHCl_3$ Chloroform** (X_2)
[19] ⟨K 3 bis 0,4 Mol-% X_1, d 5, ϑ 30 °C⟩

$C_{26}H_{22}N_2$ Benzophenonbenzylphenylhydrazon (X_1) — **C_6H_6 Benzol** (X_2)
[12] ⟨K 4, d 4⟩

Mol-% X_1	0,00	0,93	1,26	1,90
25,9 °C	0,874	0,882	0,884	0,889

$C_{26}H_{20}N_2$ N.N′-Dinaphthyl-p-phenylendiamin (X_1) — **$C_4H_8O_2$ Dioxan** (X_2)
[30] ⟨K 6 bis 0,2 Mol-% X_1, d 4, ϑ 35 °C⟩

$C_{27}H_{16}N_2$ 2.3-Diphenylindonhydrazon (X_1) — **$C_4H_8O_2$ Dioxan** (X_2)
[12] ⟨K 4 bis 1,8 Mol-% X_1, d 4, ϑ 14,2 °C⟩

$C_{54}H_{111}N$ Trioctadecylamin (X_1) — **$C_4H_8O_2$ Äthylacetat** (X_2)
[13] ⟨K 34, d 4⟩

Gew.-% X_1	0	10	20	30	40	50	60	70	80	90	100
20 °C	0,900	0,914	0,927	0,941	0,953	0,966	0,978	0,989	1,001	1,012	1,024

1 Tyrer, D.: J. chem. Soc. (London) **97** (1910) 2620—34.
2 Patterson, T. S., Stevenson, E. F.: J. chem. Soc. (London) **101** (1912) 241—49.
3 Thole, F. B.: J. chem. Soc. (London) **103** (1913) 317—23.
4 Thole, F. B., Mussell, A. G., Dunstan, A. E.: J. chem. Soc. (London) **103** (1913) 1108—19.
5 Herz, W.: Z. physik. Chem. **87** (1914) 63—68.
6 Bramley, A.: J. chem. Soc. (London) **109** (1916) 10—45, 434—69.
7 Estermann, J.: Z. physik. Chem. (B) **1** (1928) 134—69.
8 Bergmann, E., Engel, L.: Z. physik. Chem. (B) **15** (1931) 85—96.
9 Bergmann, E., Engel, L., Hoffmann, H.: Z. physik. Chem. (B) **17** (1932) 92—99.
10 Bergmann, E., Schütz, W.: Z. physik. Chem. (B) **19** (1932) 401—04.
11 Bergmann, E.: J. chem. Soc. (London) **1936**, 402—11.
12 Bergmann, E., Weizmann, A.: Trans. Faraday Soc. **32** (1936) 1318—26.
13 Tarasov, V. V., Bering, V. P., Siderova, A. A.: J. physik. Chem. (Shurnal Fisitschesskoi Chimii) **8** (1936) 372 (nach Tim.).
14 Cowley, E. G., Partington, J. R.: J. chem. Soc. (London) **1936**, 47—50.
15 Le Fèvre, C. G., Le Fèvre, R. J. W.: J. chem. Soc. (London) **1936**, 1130—37.
16 Le Fèvre, R. J. W., Vine, H.: J. chem. Soc. (London) **1937**, 1805—09; **1938**, 1878—82.
17 Le Fèvre, R. J. W., Liddicoet, T. H.: J. chem. Soc. (London) **1951**, 2743—48.
18 de Gaouck, V., Le Fèvre, R. J. W.: J. chem. Soc. (London) **1938**, 741—45.
19 Warren, F. L.: J. chem. Soc. (London) **1938**, 1100.
20 Campbell, I. G. M.: J. chem. Soc. (London) **1938**, 404—09.
21 Hartley, G. S., Le Fèvre, R. J. W.: J. chem. Soc. (London) **1939**, 531—35.
22 Calderbank, K. E., Le Fèvre, R. J. W.: J. chem. Soc. (London) **1948**, 1949—52.
23 Leonard, N. J., Sutton, L. E.: J. Amer. chem. Soc. **70** (1948) 1564—71.
24 Lumbroso, M.: Bull. Soc. chim. France, Documentat **16** (1949) 387—93.
25 Freeman, H. C., Le Fèvre, R. J. W.: J. chem. Soc. (London) **1950**, 3128—31.
26 Fielding, P. E., Le Fèvre, R. J. W.: J. chem. Soc. (London) **1951**, 1811—14.
27 Ossipow, O. A., Fedorow, Ju. W.: J. allg. Chem. (Shurnal Obschtschei Chimii) **21** (1951) 1434—37.
28 Marinin, W. A.: J. physik. Chem. (Shurnal Fisitschesskoi Chimii) **25** (1951) 641—46.
29 Kowalenko, K. N., Trifonow, N. A.: J. physik. Chem. (Shurnal Fisitschesskoi Chimii) **28** (1954) 312—16.
30 Soundarajan, S., Vold, M. J.: Trans. Faraday Soc. **54** (1958) 1151—54.
31 Tsvetkova, N. K., Dionisev, D. E.: J. allg. Chem. (Shurnal Obschtschei Chimii) **28** (1958) 868—71; J. Gen. Chem. USSR **28** (1958) 840—44.

32 Udowenko, V. V., Topornina, K. P.: J. allg. Chem. (Shurnal Obschtschei Chimii) **31** (1961) 3–8; J. Gen. Chem. USSR **31** (1961) 8–12.
33 Fialkov, Yu. Ya., Chviruk, O. V.: J. allg. Chem. (Shurnal Obschtschei Chimii) **37** (1967) 754–58; J. Gen. Chem. USSR **37** (1967) 708–11.
34 Fialkov, Yu. Ya., Chviruk, O. V., Kudra, O. K.: J. allg. Chem. (Shurnal Obschtschei Chimii) **35** (1965) 1523–29; J. Gen. Chem. USSR **35** (1965) 1527–32.

1.4.8 C–H–Halogen–N-Verbindungen — C–H–halogen–N compounds

C_2H_8ClN Äthylammoniumchlorid (X_1) – **C_2H_7N Äthylamin** (X_2)
[*5*] ⟨K4 bis 15 Gew.-% X_1, d3, ϑ −33,5 °C⟩

C_2H_8ClN Dimethylammoniumchlorid (X_1) – **C_2H_7N Dimethylamin** (X_2)
[*5*] ⟨K4 bis 8 Gew.-% X_1, d3, ϑ −33,5 °C⟩

C_2H_2ClN Chloracetonitril (X_1) – **C_6H_6 Benzol** (X_2)
[*25*] ⟨K4, d5⟩

Mol-% X_1	0,00	1,58	1,95
25 °C	0,873	0,877	0,878

$C_4H_{12}ClN$ Diäthylammoniumchlorid (X_1) – **$CHCl_3$ Chloroform** (X_2) [*2*]

$C_4H_{12}JN$ Tetramethylammoniumjodid (X_1) – **CH_4O Methanol** (X_2) [*1*]

$C_4H_{12}JN$ Tetramethylammoniumjodid (X_1) – **C_2H_6O Äthanol** (X_2) [*1*]

$C_4H_{12}JN$ Tetramethylammoniumjodid (X_1) – **$C_2H_6O_2$ Äthylenglykol** (X_2) [*1*]

$C_4H_{12}JN$ Tetramethylammoniumjodid (X_1) – **$C_7H_6O_2$ Salicylaldehyd** (X_2) [*1*]

$C_4H_{12}J_5N$ Tetramethylammoniumpentajodid (X_1) – **C_5H_5N Pyridin** (X_2) [*20*]

C_5H_6ClN Pyridinhydrochlorid (X_1) – **C_5H_5N Pyridin** (X_2)
[*23*] ⟨K11, d3⟩

Mol-% X_1	0,00	11,50	27,56	37,83	54,16	57,02	74,15	82,09	84,12	92,62	100,0
95 °C	0,899	0,968	1,020	1,052	—	1,128	1,193	—	1,230	—	—
115 °C	0,871	0,931	0,999	1,024	1,092	1,103	1,152	1,175	1,185	—	1,231
135 °C	—	—	—	—	1,035	1,062	1,120	1,150	1,152	1,155	1,182

C_5H_4ClN 4-Chlorpyridin (X_1) – **C_6H_6 Benzol** (X_2)
[*24*] ⟨K5, d4⟩

Mol-% X_1	0,00	2,00	2,57	100,00
25 °C	0,873	0,880	0,882	1,200

$C_6H_{16}ClN$ Triäthylammoniumchlorid (X_1) – **$CHCl_3$ Chloroform** (X_2) [*2*]

C_6H_8ClN Anilinhydrochlorid (X_1) – **C_6H_7N Anilin** (X_2)
[*7*] ⟨K5, d4⟩

Gew.-% X_1	0,00	0,82	4,40	6,38
30 °C	1,013	1,015	1,022	1,025

C_6H_8JN Anilinhydrojodid (X_1) – **C_6H_7N Anilin** (X_2)
[*4*] ⟨K7, d3⟩

Gew.-% X_1	0,00	2,04	4,21	9,04	14,05	18,00	20,48
25 °C	1,018	1,027	1,039	1,063	1,089	1,110	1,125

C_6H_6FN p-Fluoranilin (X_1) — **C_6H_6 Benzol** (X_2)
[*26*] ⟨K 4, d 4⟩

Mol-% X_1	0,63	1,46	2,23	3,46
25 °C	0,876	0,878	0,881	0,885

[*10*] ⟨K 5 bis 4,2 Mol-% X_1, d 5, ϑ 23,5 °C⟩

C_6H_6ClN o-Chloranilin (X_1) — **C_6H_6 Benzol** (X_2)
[*12*] ⟨K 5, d 4⟩

Mol-% X_1	0,00	0,53	1,02	2,02	4,14
20 °C	0,878	0,880	0,883	0,886	0,895

[*11*] ⟨K 5 bis 2,1 Mol-% X_1, d 4, ϑ 25 °C⟩

C_6H_6ClN o-Chloranilin (X_1) — **$C_7H_{14}O_2$ Amylacetat** (X_2) [*3*]

C_6H_6ClN o-Chloranilin (X_1) — **$C_6H_{15}N$ Triäthylamin** (X_2)
[*32*] ⟨K 7, d 4⟩

Mol-% X_1	0,00	20,96	43,86	56,11	68,00	87,22	100,00
29 °C	0,722	0,808	0,916	0,973	1,033	1,133	1,196

C_6H_6ClN m-Chloranilin (X_1) — **C_6H_6 Benzol** (X_2)
[*12*] ⟨K 5, d 4⟩

Mol-% X_1	0,00	0,57	1,05	1,37	4,10
20 °C	0,878	0,880	0,882	0,884	0,895

[*11*] ⟨K 5 bis 2,1 Mol-% X_1, d 4, ϑ 25 °C⟩

C_6H_6ClN m-Chloranilin (X_1) — **$C_7H_{14}O_2$ Amylacetat** (X_2) [*3*]

C_6H_6ClN p-Chloranilin (X_1) — **C_6H_6 Benzol** (X_2)
[*12*] ⟨K 5, d 4⟩

Mol-% X_1	0,00	0,51	1,00	2,02	4,21
20 °C	0,878	0,880	0,882	0,887	0,896

[*10*] ⟨K 5 bis 3,6 Mol-% X_1, d 5, ϑ 24,4 °C⟩
[*11*] ⟨K 5 bis 2,1 Mol-% X_1, d 4, ϑ 25 °C⟩

C_6H_6ClN p-Chloranilin (X_1) — **C_2H_6O Äthanol** (X_2)
[*6*] ⟨K 3 bis 1,4 Gew.-% X_1, d 5, ϑ 30 °C⟩

C_6H_6ClN p-Chloranilin (X_1) — **$C_7H_{14}O_2$ Amylacetat** (X_2) [*3*]

C_6H_6BrN o-Bromanilin (X_1) — **C_6H_6 Benzol** (X_2)
[*12*] ⟨K 5, d 4⟩

Mol-% X_1	0,00	0,56	0,93	2,07	4,19
20 °C	0,879	0,884	0,887	0,897	0,915

C_6H_6BrN o-Bromanilin (X_1) — **$C_7H_{14}O_2$ Amylacetat** (X_2) [*3*]

C_6H_6BrN m-Bromanilin (X_1) — **C_6H_6 Benzol** (X_2)
[*29*] ⟨K 6, d 5⟩

Gew.-% X_1	0,00	0,54	1,15	2,19	2,72	3,58
25 °C	0,874	0,876	0,878	0,883	0,885	0,888

[*12*] ⟨K 5 bis 4,2 Mol-% X_1, d 4, ϑ 20 °C⟩

C_6H_6BrN m-Bromanilin (X_1) — $C_4H_8O_2$ Dioxan (X_2)
[29] ⟨K 7, d 5⟩

Gew.-% X_1	0,00	0,47	1,05	1,52	1,92	2,43	3,04
25 °C	1,028	1,030	1,032	1,033	1,035	1,037	1,039

C_6H_6BrN p-Bromanilin (X_1) — C_6H_6 Benzol (X_2)
[29] ⟨K 7, d 5⟩

Gew.-% X_1	0,00	0,41	0,86	1,25	1,69	2,35	3,38
25 °C	0,874	0,875	0,877	0,879	0,881	0,883	0,887

[12] ⟨K 5 bis 4,2 Mol-% X_1, d 4, ϑ 20 °C⟩
[10] ⟨K 5 bis 2,7 Mol-% X_1, d 5, ϑ 23,4 °C⟩
[15] ⟨K 4 bis 2,4 Mol-% X_1, d 5, ϑ 25 °C⟩

C_6H_6BrN p-Bromanilin (X_1) — C_2H_6O Äthanol (X_2)
[6] ⟨K 3, d 5⟩

Gew.-% X_1	0,00	3,34	4,71
30 °C	0,781	0,796	0,802

C_6H_6BrN p-Bromanilin (X_1) — $C_4H_8O_2$ Dioxan (X_2)
[29] ⟨K 7, d 5⟩

Gew.-% X_1	0,00	0,62	1,22	1,85	2,48	3,12	4,05
25 °C	1,027	1,029	1,032	1,034	1,037	1,039	1,043

C_6H_6BrN p-Bromanilin (X_1) — $C_7H_{14}O_2$ Amylacetat (X_2) [3]

C_6H_6JN p-Jodanilin (X_1) — C_6H_6 Benzol (X_2)
[10] ⟨K 5, d 5⟩

Mol-% X_1	0,00	0,81	1,10	1,66	2,69
24,6 °C	0,873	0,882	0,885	0,891	0,903

C_6H_6JN p-Jodanilin (X_1) — $C_7H_{14}O_2$ Amylacetat (X_2) [3]

$C_6H_5Cl_2N$ 2.4-Dichloranilin (X_1) — $C_7H_{14}O_2$ Amylacetat (X_2) [3]

$C_6H_5Br_2N$ 2.4-Dibromanilin (X_1) — C_6H_6 Benzol (X_2)
[30] ⟨K 7 bis 3,1 Gew.-% X_1, d 5, ϑ 25 °C⟩

$C_6H_5Br_2N$ 2.4-Dibromanilin (X_1) — $C_4H_8O_2$ Dioxan (X_2)
[30] ⟨K 7 bis 2,6 Gew.-% X_1, d 5, ϑ 25 °C⟩

$C_6H_5Br_2N$ 2.4-Dibromanilin (X_1) — $C_7H_{14}O_2$ Amylacetat (X_2) [3]

$C_6H_5Br_2N$ 2.6-Dibromanilin (X_1) — $C_7H_{14}O_2$ Amylacetat (X_2) [3]

$C_6H_5Br_2N$ 3.5-Dibromanilin (X_1) — C_6H_6 Benzol (X_2)
[30] ⟨K 7 bis 3,7, Gew.-% X_1 d 5, ϑ 25 °C⟩

$C_6H_5Br_2N$ 3.5-Dibromanilin (X_1) — $C_4H_8O_2$ Dioxan (X_2)
[30] ⟨K 7 bis 2,0, d 5, ϑ 25 °C⟩

$C_6H_5J_2N$ 2.4-Dijodanilin (X_1) — $C_7H_{14}O_2$ Amylacetat (X_2) [3]

$C_6H_4Cl_3N$ 2.4.6-Trichloranilin (X_1) — $C_7H_{14}O_2$ Amylacetat (X_2) [3]

$C_6H_4Br_3N$ 2.4.6-Tribromanilin (X_1) — $C_7H_{14}O_2$ Amylacetat (X_2) [3]

C_7H_8BrN p-Brom-N-methylanilin (X_1) — **C_6H_6 Benzol** (X_2)
[*31*] ⟨K6, d5⟩

Gew.-% X_1	0,00	1,17	2,80	4,45	6,05	8,74
25 °C	0,874	0,878	0,884	0,890	0,896	0,907

C_7H_8BrN p-Brom-N-methylanilin (X_1) — **$C_4H_8O_2$ Dioxan** (X_2)
[*31*] ⟨K5, d5⟩

Gew.-% X_1	0,00	1,07	2,00	3,52	5,96
25 °C	1,028	1,031	1,034	1,039	1,047

C_7H_4ClN o-Chlorbenzonitril (X_1) — **C_6H_6 Benzol** (X_2)
[*9*] ⟨K5, d6⟩

Mol-% X_1	0,00	0,36	0,59	1,04	2,81
20,6 °C	0,878	0,879	0,880	0,882	0,888

C_7H_4ClN m-Chlorbenzonitril (X_1) — **C_6H_6 Benzol** (X_2) [*13*]

C_7H_4ClN p-Chlorbenzonitril (X_1) — **C_6H_6 Benzol** (X_2)
[*10*] ⟨K5, d5⟩

Mol-% X_1	0,00	1,14	2,14	2,51	3,30
23,2 °C	0,875	0,879	0,882	0,883	0,886

[*13*]

C_7H_4ClN p-Chlorphenylisocyanid (X_1) — **C_6H_6 Benzol** (X_2) [*8, 13*]

C_7H_4BrN p-Brombenzonitril (X_1) — **C_6H_6 Benzol** (X_2)
[*9*] ⟨K5, d5⟩

Mol-% X_1	0,00	1,23	1,74	2,53	3,50
20,8 °C	0,878	0,889	0,894	0,901	0,910

C_7H_4JN p-Jodbenzonitril (X_1) — **C_6H_6 Benzol** (X_2)
[*10*] ⟨K5, d5⟩

Mol-% X_1	0,00	1,03	1,30	1,52	2,01
23,3 °C	0,875	0,889	0,892	0,895	0,902

$C_7H_7Br_2N$ 2.4-Dibrom-N-methylanilin (X_1) — **C_6H_6 Benzol** (X_2)
[*31*] ⟨K6, d5⟩

Gew.-% X_1	0,00	0,92	1,98	3,17	4,21	6,14
25 °C	0,874	0,878	0,883	0,889	0,894	0,904

$C_7H_7Br_2N$ 2.4-Dibrom-N-methylanilin (X_1) — **$C_4H_8O_2$ Dioxan** (X_2)
[*31*] ⟨K6, d5⟩

Gew.-% X_1	0,00	1,10	2,29	3,25	4,25	5,37
25 °C	1,028	1,033	1,039	1,043	1,048	1,054

$C_7H_6Br_3N$ 2.4.6-Tribrom-N-methylanilin (X_1) — **C_6H_6 Benzol** (X_2)
[*31*] ⟨K6, d5⟩

Gew.-% X_1	0,00	1,42	2,52	3,49	4,81	5,49
25 °C	0,874	0,881	0,887	0,892	0,900	0,904

$C_7H_6Br_3N$ 2.4.6-Tribrom-N-methylanilin (X_1) – **$C_4H_8O_2$ Dioxan** (X_2)
[31] ⟨K6, d5⟩

Gew.-% X_1	0,00	1,29	2,15	2,93	3,78	4,65
25 °C	1,028	1,035	1,040	1,044	1,049	1,054

$C_7H_4ClN_3$ cis-p-Chlorbenzoldiazoniumcyanid (X_1) – **C_6H_6 Benzol** (X_2)
[16] ⟨K4, d5⟩

Gew.-% X_1	0,00	1,63	3,02	3,87
25 °C	0,874	0,878	0,882	0,885

$C_7H_4BrN_3$ o-Brombenzoldiazoniumcyanid (X_1) – **C_6H_6 Benzol** (X_2)
[16] ⟨K3, d5⟩

Gew.-% cis-X_1	0,00	1,42	2,51
25 °C	0,874	0,876	0,879

Gew.-% trans-X_1	0,00	0,67	1,19
25 °C	0,874	0,876	0,879

$C_7H_4BrN_3$ p-Brombenzoldiazoniumcyanid (X_1) – **C_6H_6 Benzol** (X_2)
[16] ⟨K4, d5⟩

Gew.-% cis-X_1	0,00	0,75	1,22
25 °C	0,874	0,877	0,879

Gew.-% trans-X_1	0,00	0,60	0,77	1,06
25 °C	0,874	0,876	0,877	0,878

$C_7H_2Br_3N_3$ 2.4.6-Tribrombenzoldiazoniumcyanid (X_1) – **C_6H_6 Benzol** (X_2)
[16] ⟨K3, d5⟩

Gew.-% X_1	0,00	0,64	0,87
25 °C	0,874	0,877	0,879

$C_8H_{20}ClN$ Tetraäthylammoniumchlorid (X_1) – **$CHCl_3$ Chloroform** (X_2) [2]

$C_8H_{20}BrN$ Tetraäthylammoniumbromid (X_1) – **$CHCl_3$ Chloroform** (X_2) [2]

$C_8H_{20}JN$ Tetraäthylammoniumjodid (X_1) – **CH_4O Methanol** (X_2) [1]

$C_8H_{20}JN$ Tetraäthylammoniumjodid (X_1) – **C_2H_6O Äthanol** (X_2) [1]

$C_8H_{20}JN$ Tetraäthylammoniumjodid (X_1) – **$C_2H_6O_2$ Äthylenglykol** (X_2) [1]

$C_8H_{20}JN$ Tetraäthylammoniumjodid (X_1) – **C_3H_6O Aceton** (X_2) [1]

$C_8H_{20}JN$ Tetraäthylammoniumjodid (X_1) – **$C_5H_8O_2$ Acetylaceton** (X_2) [1]

$C_8H_{20}JN$ Tetraäthylammoniumjodid (X_1) – **$C_5H_4O_2$ Furfurol** (X_2) [1]

$C_8H_{20}JN$ Tetraäthylammoniumjodid (X_1) – **$C_5H_8O_4$ Dimethylmalonat** (X_2) [1]

$C_8H_{20}JN$ Tetraäthylammoniumjodid (X_1) – **$C_{11}H_{12}O_3$ Äthylbenzoylacetat** (X_2) [1]

$C_8H_{20}JN$ Tetraäthylammoniumjodid (X_1) – **C_3H_5ClO Epichlorhydrin** (X_2) [1]

$C_8H_{20}JN$ Tetraäthylammoniumjodid (X_1) – **C_2H_3N Acetonitril** (X_2) [1]

$C_8H_{20}JN$ Tetraäthylammoniumjodid (X_1) – **C_3H_5N Propionitril** (X_2) [1]

$C_8H_{20}JN$ Tetraäthylammoniumjodid (X_1) – **C_7H_5N Benzonitril** (X_2) [1]

$C_8H_{20}JN$ Tetraäthylammoniumjodid (X_1) – **C_8H_7N Benzylcyanid** (X_2) [1]

$C_8H_{20}Br_2JN$ Tetraäthylammoniumjoddibromid (X_1) – **C_5H_5N Pyridin** (X_2) [20]

$C_8H_{20}J_3N$ Tetraäthylammoniumtrijodid (X_1) – **C_5H_5N Pyridin** (X_2) [20]

$C_8H_{10}FN$ p-Fluordimethylanilin (X_1) — **C_6H_6 Benzol** (X_2)
[26] ⟨K4, d4⟩

Mol-% X_1	0,47	1,07	2,15	3,07
25 °C	0,875	0,877	0,880	0,883

$C_8H_{10}ClN$ p-Chlordimethylanilin (X_1) — **C_6H_6 Benzol** (X_2)
[19] ⟨K8, d4⟩

Mol-% X_1	0,00	0,61	0,91	1,20	1,68	2,19
25 °C	0,873	0,876	0,877	0,878	0,880	0,882

$C_8H_{10}BrN$ p-Bromdimethylanilin (X_1) — **C_6H_6 Benzol** (X_2)
[19] ⟨K8, d4⟩

Mol-% X_1	0,00	0,26	0,39	0,58	0,71	0,98
25 °C	0,873	0,876	0,877	0,878	0,879	0,882

$C_8H_{10}JN$ p-Joddimethylanilin (X_1) — **C_6H_6 Benzol** (X_2)
[19] ⟨K5, d4⟩

Mol-% X_1	0,00	0,29	0,48	0,71	1,14
25 °C	0,874	0,877	0,879	0,883	0,888

$C_8H_{10}ClN_3$ 1-o-Chlorphenyl-3.3-dimethyltriazen (X_1) — **C_6H_6 Benzol** (X_2)
[17] ⟨K4 bis 2 Gew.-% X_1, d5, ϑ 25 °C⟩

$C_8H_{10}ClN_3$ 1-m-Chlorphenyl-3.3-dimethyltriazen (X_1) — **C_6H_6 Benzol** (X_2)
[17] ⟨K5 bis 2,7 Gew.-% X_1, d5, ϑ 25 °C⟩

$C_8H_{10}ClN_3$ 1-p-Chlorphenyl-3.3-dimethyltriazen (X_1) — **C_6H_6 Benzol** (X_2)
[17] ⟨K4 bis 1,7 Gew.-% X_1, d5, ϑ 25 °C⟩

$C_8H_{10}BrN_3$ 1-p-Bromphenyl-3.3-dimethyltriazen (X_1) — **C_6H_6 Benzol** (X_2)
[17] ⟨K7 bis 2,1 Gew.-% X_1, d5, ϑ 25 °C⟩

C_9H_6ClN 1-Chlorisochinolin (X_1) — **C_6H_6 Benzol** (X_2)
[15] ⟨K5, d5⟩

Mol-% X_1	0,00	1,23	1,72	2,52	3,20
25 °C	0,874	0,881	0,883	0,888	0,892

$C_{10}H_{24}ClN$ Di-isoamylammoniumchlorid (X_1) — **$CHCl_3$ Chloroform** (X_2) *[2]*

$C_{10}H_8BrN$ 2.6-Bromnaphthylamin (X_1) — **C_6H_6 Benzol** (X_2)
[22] ⟨K8 bis 0,2 Mol-% X_1, d4, ϑ 25 °C⟩

$C_{12}H_{28}ClN$ Tri-n-butylammoniumchlorid (X_1) — **C_6H_6 Benzol** (X_2)
[18] ⟨K2, d4, ϑ 25 °C⟩

$C_{12}H_{28}BrN$ Tri-n-butylammoniumbromid (X_1) — **C_6H_6 Benzol** (X_2)
[18] ⟨K2, d4, ϑ 25 °C⟩

$C_{12}H_{28}JN$ Tri-n-butylammoniumjodid (X_1) — **C_6H_6 Benzol** (X_2)
[28] ⟨K4, d4⟩

Gew.-% X_1	3,45	7,92	12,46	17,87
25 °C	0,882	0,894	0,907	0,923

[18] ⟨K2, d4, ϑ 25 °C⟩

$C_{12}H_{28}JN$ Tetrapropylammoniumjodid (X_1) — **CH_4O Methanol** (X_2) *[1]*

$C_{12}H_{28}JN$ Tetrapropylammoniumjodid (X_1) – **C_2H_6O Äthanol** (X_2) [*1*]

$C_{12}H_{28}JN$ Tetrapropylammoniumjodid (X_1) – **C_3H_6O Aceton** (X_2) [*1*]

$C_{12}H_{28}JN$ Tetrapropylammoniumjodid (X_1) – **$C_4H_8O_2$ Äthylacetat** (X_2) [*1*]

$C_{12}H_{28}JN$ Tetrapropylammoniumjodid (X_1) – **$C_5H_8O_4$ Dimethylmalonat** (X_2) [*1*]

$C_{12}H_{28}JN$ Tetrapropylammoniumjodid (X_1) – **C_7H_6O Benzaldehyd** (X_2) [*1*]

$C_{12}H_{28}JN$ Tetrapropylammoniumjodid (X_1) – **$C_8H_8O_2$ Anisaldehyd** (X_2) [*1*]

$C_{12}H_{28}JN$ Tetrapropylammoniumjodid (X_1) – **C_2H_3N Acetonitril** (X_2) [*1*]

$C_{12}H_{28}JN$ Tetrapropylammoniumjodid (X_1) – **C_3H_5N Propionitril** (X_2) [*1*]

$C_{12}H_{28}JN$ Tetrapropylammoniumjodid (X_1) – **C_7H_5N Benzonitril** (X_2) [*1*]

$C_{12}H_{10}FN$ p-Fluordiphenylamin (X_1) – **C_6H_6 Benzol** (X_2)
[*26*] ⟨K4, d4⟩

Mol-% X_1	0,46	0,99	1,50
25 °C	0,876	0,879	0,882

$C_{12}H_{10}BrN$ 4-Brom-4′-Aminodiphenyl (X_1) – **C_6H_6 Benzol** (X_2) [*15*]

$C_{12}H_9F_2N$ p-p′-Difluordiphenylamin (X_1) – **C_6H_6 Benzol** (X_2)
[*26*] ⟨K3, d4⟩

Mol-% X_1	0,43	0,66	1,16
25 °C	0,876	0,878	0,881

$C_{12}F_{27}N$ n-Perfluortributylamin (X_1) – **C_6H_{12} Cyclohexan** (X_2)
[*35*] ⟨K8, d4⟩

Mol-% X_1	0,00	0,26	0,32	78,20	79,75	81,72	86,01	100,00
25 °C	0,774	0,782	0,784	1,782	1,788	1,797	1,813	1,871

$C_{12}H_{10}BrN_3$ 4-Bromdiazoaminobenzol (X_1) – **C_6H_6 Benzol** (X_2)
[*16*] ⟨K6, d5⟩

Gew.-% X_1	0,00	0,86	1,59	3,57	4,63	5,36
25 °C	0,874	0,877	0,879	0,887	0,891	0,893

$C_{12}H_9Cl_2N_3$ 4.4′-Dichlordiazoaminobenzol (X_1) – **C_6H_6 Benzol** (X_2)
[*16*] ⟨K5, d5⟩

Gew.-% X_1	0,00	0,46	0,74	1,00	1,52
25 °C	0,874	0,875	0,876	0,877	0,878

$C_{12}H_9Br_2N_3$ 4.4′-Dibromdiazoaminobenzol (X_1) – **C_6H_6 Benzol** (X_2)
[*16*] ⟨K5, d5⟩

Gew.-% X_1	0,00	0,26	0,43	0,78	1,49
25 °C	0,874	0,875	0,876	0,877	0,880

$C_{13}H_{10}ClN$ p-Chlorbenzylidenanilin (X_1) – **C_6H_6 Benzol** (X_2)
[*21*] ⟨K5 bis 0,9%, d5, ϑ 25 °C⟩

$C_{13}H_9Cl_2N$ p-Chlorbenzyliden-p-Chloranilin (X_1) – **C_6H_6 Benzol** (X_2)
[*21*] ⟨K7 bis 1,6%, d5, ϑ 25 °C⟩

$C_{13}H_{11}Br_2N_3$ 4.4'-Dibrom-N-methyl-diazoaminobenzol (X_1) — **C_6H_6 Benzol** (X_2)
[16] ⟨K 5, d 5⟩

Gew.-% X_1	0,00	0,57	0,75	1,44	2,13
25 °C	0,874	0,876	0,877	0,880	0,883

$C_{14}H_{12}ClN$ p-Chlorbenzyliden-p-toluidin (X_1) — **C_6H_6 Benzol** (X_2)
[21] ⟨K 7 bis 1,1%, d 5, ϑ 25 °C⟩

$C_{16}H_{36}BrN$ Tetra-n-butylammoniumbromid (X_1) — **C_6H_6 Benzol** (X_2)
[27] ⟨K 7, d 4⟩

Gew.-% X_1	0,00	5,24	7,87	10,33	15,61	19,65	31,25
25 °C	0,874	0,885	0,889	0,893	0,903	0,911	0,929

[18] ⟨K 2, d 4, ϑ 25 °C⟩
[33] ⟨Gleichung, Kl. Konzz., ϑ 25°, 35°, 45 °C⟩

$C_{16}H_{36}BrN$ Tetrabutylammoniumbromid (X_1) — **C_7H_8 Toluol** (X_2)
[33] ⟨Gleichung, Kl. Konzz., ϑ 25°, 35°, 45 °C⟩

$C_{16}H_{36}JN$ Tetrabutylammoniumjodid (X_1) — **$C_6H_4Cl_2$ Dichlorbenzol** (X_2)
[34] ⟨Gleichung bis 0,05 molar X_1, ϑ 25 °C⟩

$C_{17}H_{38}JN$ n-Amyl-tri-n-butylammoniumjodid (X_1) — **C_6H_6 Benzol** (X_2)
[27] ⟨K 4, d 4⟩

Gew.-% X_1	0,00	6,22	9,26	11,78
25 °C	0,874	0,889	0,896	0,903

$C_{18}H_{14}FN$ p-Fluortriphenylamin (X_1) — **C_6H_6 Benzol** (X_2)
[26] ⟨K 4, d 4⟩

Mol-% X_1	0,31	0,60	0,84	0,99
25 °C	0,876	0,878	0,880	0,881

$C_{20}H_{44}BrN$ Tetraisoamylammoniumbromid (X_1) — **C_6H_6 Benzol** (X_2) *[14]*

1 Walden, P.: Z. physik. Chem. **55** (1906) 207—49, 683—720.
2 Bull. acad. imperial Sci. St. Petersburg **9** (1915) 789, 1021 (nach Tabl. ann., ICT).
3 Thole, F. B.: J. chem. Soc. (London) **103** (1913) 317—23.
4 Sachanow, A.: Z. physik. Chem. **83** (1913) 129—50.
5 McElsey, H.: J. Amer. chem. Soc. **42** (1920) 2454—76.
6 Burrows, G. J., Eastwood, F.: Proc. Roy. Soc. New South Wales, Phil. Sect., **57** (1923) 118—25.
7 Pound, J. R.: J. physic. Chem. **31** (1927) 547—63.
8 Hammick, D. L., New, R. C. A., Sidgwick, N. V., Sutton, L. E.: J. chem. Soc. (London) **1930**, 1876—87.
9 Bergmann, E., Engel, L., Sándor, St.: Z. physik. Chem. (B) **10** (1930) 397—413.
10 Bergmann, E., Tschudnowsky, M.: Z. physik. Chem. (B) **17** (1932) 100—06, 116—19.
11 Fogelberg, J. M., Williams, J. W.: Physik. Z. **32** (1931) 27—31.
12 Tiganik, L.: Z. physik. Chem. (B) **14** (1931) 135—48.
13 Wolf, K. L., Strasser, O.: Z. physik. Chem. (B) **21** (1933) 389—409.
14 Hooper, G. S., Kraus, C. A.: J. Amer. chem. Soc. **56** (1934) 2265—68.
15 Le Fèvre, C. G., Le Fèvre, R. J. W.: J. chem. Soc. (London) **1935**, 1470—75; **1936**, 1130—37.
16 Le Fèvre, R. J. W., Vine, H.: J. chem. Soc. (London) **1937**, 1805—09; **1938**, 431—38.
17 Le Fèvre, R. J. W., Liddicoet, T. H.: J. chem. Soc. (London) **1951**, 2743—48.
18 Geddes, J. A., Kraus, C. A.: Trans. Faraday Soc. **32** (1936) 585—93.
19 Marsden, R. J. B., Sutton, L. E.: J. chem. Soc. (London) **1936**, 599—606.
20 Ray, S. K., Majumdar, D.: J. Indian chem. Soc. **14** (1937) 197—207.
21 Gaouck, V. de, Le Fèvre, R. J. W.: J. chem. Soc. (London) **1938**, 741—45.
22 Hertel, E.: Z. Elektrochem., angew. physik. Chem. **47** (1941) 813—19.
23 Schtamova, S. S.: J. physik. Chem. (Shurnal Fisitschesskoi Chimii) **14** (1940) 225—34.

24 Leis, D. G., Curran, B. C.: J. Amer. chem. Soc. **67** (1945) 79–81.
25 Rogers, M. T.: J. Amer. chem. Soc. **69** (1947) 457–59.
26 Leonard, N. J., Sutton, L. E.: J. Amer. chem. Soc. **70** (1948) 1564–71.
27 Strong, L. E., Kraus, C. A.: J. Amer. chem. Soc. **72** (1950) 166–71.
28 Young, H. S., Kraus, C. A.: J. Amer. chem. Soc. **73** (1951) 4732–35.
29 Smith, J. W., Walshaw, S. M.: J. chem. Soc. (London) **1957**, 3217–22.
30 **1957**, 4527–31.
31 **1959**, 3784–88.
32 Reddy, K. C., Subrahmanyam, S. V., Bhimasenackar, J.: Trans. Faraday Soc. **58** (1962) 2352–57.
33 Richardson, E. A., Stern, K. H.: J. Amer. chem. Soc. **82** (1960) 1296–1302.
34 Gilkerson, W. R., Stewart, J. L.: J. physic. Chem. **65** (1961) 1465–66.
35 Fujishiro, R., Hildebrand, J. H.: J. physic. Chem. **66** (1962) 573–74.

1.4.9 C—H—N—O-Verbindungen — C—H—N—O compounds

CH_3ON Formamid (X_1) — **CH_4O Methanol** (X_2)
[*9*] ⟨K 11, d 4⟩

Mol-% X_1	0,00	10,00	20,00	30,00	39,66	49,78	60,00	70,00	79,88	90,20	100,00
25 °C	0,789	0,831	0,870	0,907	0,942	0,977	1,010	1,043	1,073	1,103	1,134
40 °C	0,775	0,817	0,856	0,894	0,929	0,964	0,998	1,030	1,061	1,091	—

CH_3ON Formamid (X_1) — **CH_2O_2 Ameisensäure** (X_2)
[*9*] ⟨K 11, d 4⟩

Mol-% X_1	0,00	10,00	20,05	30,15	40,00	50,02	60,01	70,00	80,01	90,00	100,00
25 °C	1,213	1,211	1,206	1,199	1,192	1,183	1,174	1,164	1,154	1,144	1,132
40 °C	1,194	1,193	1,189	1,183	1,176	1,168	1,159	1,150	1,141	1,131	—

CH_3ON Formamid (X_1) — **Li-CHO_2 Lithium-Formiat** (X_2)
[*12*] ⟨K 4, d 4⟩

Gew.-% X_1	97,72	98,86	99,54	100,00
25 °C	1,140	1,136	1,133	1,131

CH_3ON Formamid (X_1) — **Rb-CHO_2 Rubidium-Formiat** (X_2)
[*12*] ⟨K 3, d 4⟩

Gew.-% X_1	97,15	98,85	100,00
25 °C	1,146	1,137	1,131

CH_3ON Formamid (X_1) — **NH_4-CHO_2 Ammonium-Formiat** (X_2)
[*12*] ⟨K 3, d 4⟩

Gew.-% X_1	98,61	99,44	100,00
25 °C	1,132	1,131	1,130

CH_3ON Formamid (X_1) — **C_2H_6O Äthanol** (X_2)
[*9*] ⟨K 11, d 4⟩

Mol-% X_1	0,00	10,05	19,91	30,14	40,71	49,91	60,93	70,24	81,08	90,00	100,00
25 °C	0,786	0,813	0,840	0,870	0,902	0,934	0,970	1,004	1,046	1,085	1,131
40 °C	0,773	0,800	0,827	0,857	0,890	0,921	0,957	0,993	1,033	1,072	1,119

[*13*] ⟨K 4 bis 15 Gew.-% X_1, d 5, ϑ 30 °C⟩
[*12*]

CH_3ON Formamid (X_1) — **$C_2H_4O_2$ Essigsäure** (X_2)
[*9*] ⟨K 11, d 4⟩

Mol-% X_1	0,00	10,90	21,05	30,58	40,11	50,18	59,44	70,26	79,61	90,38	100,00
25 °C	1,046	1,062	1,076	1,085	1,094	1,102	1,112	1,114	1,120	1,128	1,132
40 °C	1,029	1,046	1,060	1,069	1,079	1,087	1,098	1,101	1,106	1,115	—

CH_3ON Formamid (X_1) — **C_3H_8O Propanol(1)** (X_2)
[*10*] ⟨K 11, d 4⟩

Gew.-% X_1	0,00	5,45	9,97	20,03	30,01	40,01	50,01	60,04	70,06	79,33	88,77
25 °C	0,800	0,813	0,825	0,852	0,880	0,909	0,941	0,975	1,011	1,047	1,085

CH_3ON Formamid (X_1) — **$C_3H_6O_2$ Propionsäure** (X_2)
[*9*] ⟨K 12, d 4⟩

Mol-% X_1	0,00	10,02	19,49	29,92	39,79	49,76	59,87	73,38	81,15	91,01	97,60	100,00
25 °C	0,989	1,006	1,022	1,039	1,055	1,070	1,085	1,108	1,119	1,125	1,130	1,133
40 °C	0,973	0,991	1,007	1,025	1,041	1,057	1,071	1,095	1,106	1,113	—	—

CH_3ON Formamid (X_1) — **$C_4H_{10}O$ Isobutanol** (X_2)
[*10*] ⟨K 12, d 4⟩

Gew.-% X_1	0,00	5,00	10,04	19,98	30,16	40,12	50,02	60,19	70,00	80,05	89,91	100,00
25 °C	0,798	0,810	0,822	0,849	0,878	0,908	0,940	0,975	1,009	1,048	1,085	1,131

CH_3ON Formamid (X_1) — **$C_4H_8O_2$ Buttersäure** (X_2)
[*9*] ⟨K 12, d 4⟩

Mol-% X_1	0,00	10,43	20,44	30,13	40,31	50,27	59,96	70,11	79,90	85,70	95,10	100,00
25 °C	0,953	0,968	0,983	0,999	1,015	1,032	1,051	1,071	1,095	1,110	1,117	1,132
40 °C	0,938	0,954	0,968	0,985	1,002	1,019	1,038	1,058	1,083	1,098	1,104	—

CH_3ON Formamid (X_1) — **$C_4H_8O_2$ 1.3-Dioxan** (X_2)
[*24*] ⟨K 5, d 4⟩

Gew.-% X_1	0,00	43,52	76,73	91,65	100,00
5 °C	1,081	1,118	1,135	1,146	—
25 °C	1,027	1,065	1,103	1,121	1,130

Gew.-% X_1	0,00	45,02	77,21	91,60	100,00
40 °C	1,004	1,049	1,085	1,103	1,113

CH_3ON Formamid (X_1) — **$C_4H_8O_2$ 1.4-Dioxan** (X_2)
[*24*] ⟨K 11, d 4⟩

Gew.-% X_1	0,00	14,93	28,08	39,44	50,45	60,04	69,35	77,90	85,81	93,24	100,00
5 °C	—	—	1,072	1,081	1,093	1,102	1,112	1,120	1,129	1,137	1,146
25 °C	1,027	1,041	1,054	1,066	1,077	1,087	1,097	1,105	1,114	1,123	1,130

Gew.-% X_1	0,00	15,87	30,10	41,38	51,98	61,60	70,56	78,55	85,91	93,15	100,00
40 °C	1,004	1,020	1,035	1,046	1,058	1,068	1,078	1,087	1,096	1,104	1,113

[*46*] ⟨K 12, d 4, ϑ 25 °C⟩

CH_3ON Formamid (X_1) — **$Na_2C_4H_4O_4$ Natrium-Succinat** (X_2) [*12*]

CH_3ON Formamid (X_1) — **$C_5H_{12}O$ Isoamylalkohol** (X_2)
[*10*] ⟨K 13, d 4⟩

Gew.-% X_1	0,00	4,99	10,14	15,08	20,05	30,02	40,00	49,99	60,05	70,02	80,06	89,99	100,00
25 °C	0,806	0,824	0,830	0,842	0,855	0,883	0,911	0,941	0,976	1,012	1,049	1,087	1,131

[*7*] ⟨K 8, d 4, ϑ 0°, 76,5 °C⟩

CH_3ON Formamid (X_1) — **$Na\text{-}C_7H_5O_2$ Natrium-Benzoat** (X_2) [*12*]

CH_3ON Formamid (X_1) — **$Na\text{-}C_7H_5O_3$ Natrium-Salicylat** (X_2)
[*12*] ⟨K 3, d 4⟩

Gew.-% X_1	96,49	98,59	100,00
25 °C	1,142	1,135	1,131

CH_3ON Formamid (X_1) — **$C_8H_{14}O_6$ Äthyltartrat** (X_2)
[*5*] ⟨K 8, d 5⟩

Gew.-% X_1	0,00	25,33	48,90	74,31	91,14	94,65	98,10	100,00
20 °C	1,204	1,199	1,181	1,158	1,142	1,140	1,136	1,135

CH_3ON Formamid (X_1) — **$Na\text{-}C_6H_5O_3S$ Natrium-Benzolsulfonat** (X_2) [*12*]

CH_3ON Formamid (X_1) — **C_5H_5N Pyridin** (X_2)
[*6*] ⟨K 4, d 4⟩

Gew.-% X_1	0,00	7,77	11,10	17,12
25 °C	0,975	0,987	0,994	1,001

CH_3ON Formamid (X_1) — **$C_5H_6N_2$ Glutarsäurenitril** (X_2) [*35*]

CH_3ON Formamid (X_1) — **$C_{10}H_{14}N_2$ Nicotin** (X_2)
[*5*] ⟨K 6, d 5⟩

Gew.-% X_1	0,00	38,46	61,67	82,20	88,68	100,00
20 °C	1,010	1,061	1,089	1,114	1,122	1,135

CH_3ON Formamid (X_1) — **$C_8H_{20}JN$ Tetraäthylammoniumjodid** (X_2)
[*48*] ⟨Molvolumen, graph., ϑ 25° bis 70 °C⟩

CH_3ON Formamid (X_1) — **$C_{12}H_{28}JN$ Tetrapropylammoniumjodid** (X_2)
[*48*] ⟨Molvolumen, graph., ϑ 25° bis 70 °C⟩

CH_3ON Formamid (X_1) — **$C_{16}H_{36}JN$ Tetrabutylammoniumjodid** (X_2)
[*48*] ⟨Molvolumen, graph., ϑ 25° bis 70 °C⟩

CH_3ON Formamid (X_1) — **$C_{20}H_{44}JN$ Tetrapentylammoniumjodid** (X_2)
[*48*] ⟨Molvolumen, graph., ϑ 25° bis 70 °C⟩

CH_3ON Formamid (X_1) — **$C_{24}H_{52}JN$ Tetrahexylammoniumjodid** (X_2)
[*48*] ⟨Molvolumen, graph., ϑ 25° bis 70 °C⟩

CH_3O_2N Nitromethan (X_1) — **C_6H_6 Benzol** (X_2)
[*15, 17*] ⟨K 11, d 4⟩

Mol-% X_1	0,00	6,56	13,51	14,41	16,90	23,27	37,37	55,94	73,62	100,00
25 °C	0,874	0,885	0,896	0,897	0,902	0,912	0,940	0,982	1,032	1,132

[*32*] ⟨K 7 bis 4 Gew.-% X_1, d 5, ϑ 25 °C⟩
[*36*] ⟨ΔV, graph.⟩

CH_3O_2N Nitromethan (X_1) — **C_7H_{16} Heptan** (X_2)
[21] ⟨K 11, d 4⟩

Mol-% X_1	0,00	1,01	2,04	2,81	3,94	100,00
25 °C	0,680	0,681	0,682	0,683	0,685	1,131
50 °C	0,658	0,659	0,660	0,662	0,663	—

CH_3O_2N Nitromethan (X_1) — **CCl_4 Tetrachlormethan** (X_2)
[47] ⟨K 11, d 4, ϑ 35 °C⟩

Mol-% X_1	0	10	20	30	40	50	60	70	80	90	100
30 °C	1,5749	1,5471	1,5170	1,4842	1,4465	1,4086	1,3630	1,3128	1,2564	1,1917	1,1172
45 °C	1,5456	—	—	1,4553	—	—	—	—	—	—	1,0977

[36] ⟨ΔV, graph.⟩

CH_3O_2N Nitromethan (X_1) — **CH_4O Methanol** (X_2)
[29] ⟨K 7, d 4⟩

Gew.-% X_1	0,00	1,85	3,93	29,63	57,38	81,70	100,00
25 °C	0,787	0,792	0,797	0,866	0,955	1,044	1,125

CH_3O_2N Nitromethan (X_1) — **C_2H_6O Äthanol** (X_2) *[3]*

CH_3O_2N Nitromethan (X_1) — **$C_2H_4O_2$ Essigsäure** (X_2)
[45] ⟨K 7, d 4⟩

Mol-% X_1	0	20	40	50	60	80	100
25 °C	1,0469	1,0637	1,0801	1,0883	1,0965	1,1137	1,1311

CH_3O_2N Nitromethan (X_1) — **C_3H_8O Propanol** (X_2)
[45] ⟨K 7, d 4⟩

Mol-% X_1	0	20	40	50	60	80	100
25 °C	0,8032	0,8511	0,9060	0,9366	0,9693	1,0425	1,1311

CH_3O_2N Nitromethan (X_1) — **C_3H_6O Aceton** (X_2)
[36] ⟨K 14, d 5⟩

Mol-% X_1	0,00	4,88	8,83	18,21	30,28	40,71	50,01	57,49	69,50	79,79	90,00	94,81	100,00
25 °C	0,784	0,797	0,808	0,834	0,870	0,903	0,933	0,960	1,004	1,044	1,087	1,108	1,131

CH_3O_2N Nitromethan (X_1) — **$C_9H_{10}O_2$ Benzylacetat** (X_2) *[37]*

CH_3O_2N Nitromethan (X_1) — **C_2HCl_3O Chloral** (X_2)
[42] ⟨K 11, d 4⟩

Mol-% X_1	0,00	10,35	19,93	30,52	41,67	50,34	59,96	70,37	79,97	89,98	100,00
25 °C	1,501	1,490	1,463	1,437	1,405	1,376	1,346	1,301	1,253	1,193	1,130
50 °C	1,460	1,444	1,422	1,392	1,366	1,338	1,308	1,264	1,218	1,159	1,098
75 °C	1,419	1,403	1,383	1,357	1,328	1,302	1,273	1,230	1,182	1,125	1,065

CH_3O_2N Nitromethan (X_1) — **C_2H_3N Acetonitril** (X_2)
[36] ⟨K 15, d 5⟩

Mol-% X_1	0,00	5,41	9,67	20,04	30,15	40,52	49,90	59,82	69,45	79,42	89,49	94,28	100,00
25 °C	0,777	0,797	0,812	0,850	0,887	0,924	0,957	0,992	1,026	1,061	1,095	1,112	1,131

CH_3O_2N Nitromethan (X_1) — **$C_5H_6N_2$ Glutarsäurenitril** (X_2) *[35]*

CH_3O_2N Nitromethan (X_1) — **$C_4H_{12}JN$ Tetramethylammoniumjodid** (X_2) *[4]*

CH_3O_2N Nitromethan (X_1) — $C_8H_{20}JN$ Tetraäthylammoniumjodid (X_2) [*4*]

CH_3O_2N Nitromethan (X_1) — $C_{12}H_{28}JN$ Tetrapropylammoniumjodid (X_2) [*4*]

CH_4ON_2 Harnstoff (X_1) — CH_4O Methanol (X_2)
[*23*] ⟨K 8, d 5⟩

Gew.-% X_1	0,00	2,00	4,06	6,03	8,83	10,14	15,40	18,92
25 °C	0,787	0,795	0,803	0,811	0,823	0,828	0,851	0,866

[*14*] ⟨K 3, d 5, ϑ 25 °C⟩
[*2, 25*]

CH_4ON_2 Harnstoff (X_1) — C_2H_6O Äthanol (X_2)
[*13*] ⟨K 5, d 5⟩

Gew.-% X_1	0,00	2,42	2,75	3,40	5,15
25 °C	0,785	0,794	0,795	0,798	0,805

[*2, 11, 25*]

CH_4ON_2 Harnstoff (X_1) — $C_2H_4O_2$ Essigsäure (X_2)
[*41*] ⟨K 12, d 3, ϑ 60 °C⟩

Mol-% X_1	5	10	15	20	25	28	30	33	35	40	45	50
45 °C	1,049	1,065	1,082	1,097	1,112	1,121	1,126	1,135	1,140	1,155	1,170	—
70 °C	1,023	1,039	1,057	1,073	1,089	—	1,104	1,113	1,116	1,132	1,146	1,157

[*27*]

CH_4ON_2 Harnstoff (X_1) — $C_4H_8O_2$ Buttersäure (X_2) [*27*]

CH_4ON_2 Harnstoff (X_1) — C_6H_6O Phenol (X_2)
[*26*] ⟨K 9, d 4⟩

Mol-% X_1	10	20	30	40	50	60	70	80	90
120 °C	0,997	1,010	1,035	1,052	1,078	1,115	1,136	1,175	—
135 °C	0,990	1,005	1,025	1,041	1,068	1,105	1,125	1,165	1,195

[*44*] ⟨K 9 bis 45 Mol-% X_1, d 3, ϑ 80°, 90°, 95 °C⟩

CH_4ON_2 Harnstoff (X_1) — $C_6H_6O_2$ Brenzcatechin (X_2)
[*26*] ⟨K 9, d 4⟩

Mol-% X_1	10	20	30	40	50	60	70	80	90
120 °C	1,159	1,169	1,179	1,188	1,197	1,208	1,216	1,227	—
135 °C	1,148	1,156	1,168	1,174	1,184	1,193	1,209	1,213	1,221

CH_4ON_2 Harnstoff (X_1) — $C_6H_6O_2$ Resorcin (X_2)
[*26*] ⟨K 9, d 4⟩

Mol-% X_1	10	20	30	40	50	60	70	80	90
120 °C	1,174	1,174	1,178	1,189	1,195	1,202	1,212	1,221	—
135 °C	1,165	1,171	1,176	1,179	1,184	1,190	1,198	1,206	1,218

CH_4ON_2 Harnstoff (X_1) — $C_6H_6O_2$ Hydrochinon (X_2)
[*26*] ⟨K 9, d 4⟩

Mol-% X_1	25	30	35	40	50	60	70	80	90
135 °C	—	—	1,181	1,183	1,189	1,195	—	1,210	1.218
150 °C	1,167	1,168	1,170	1,172	1,178	1,184	1,190	1,199	1,207

CH_4ON_2 Harnstoff (X_1) — $C_7H_6O_2$ Benzoesäure (X_2) [*27*]

Lacmann

CH_4ON_2 Harnstoff (X_1) — **$C_7H_6O_3$ Salicylsäure** (X_2) [27]

CH_4ON_2 Harnstoff (X_1) — **$C_2H_3ClO_2$ Chloressigsäure** (X_2)
[41] ⟨K 9, d 3, ϑ 80 °C⟩

Mol-% X_1	0,00	14,88	21,70	27,97	34,42	40,29	45,74	51,17	53,28
65 °C	1,356	1,355	1,355	1,352	1,350	1,345	1,340	1,335	1,333
90 °C	1,335	1,328	1,325	1,320	1,315	1,310	1,306	1,299	1,298

[27]

CH_4ON_2 Harnstoff (X_1) — **$C_2H_2Cl_2O_2$ Dichloressigsäure** (X_2)
[41] ⟨K 12, d 3, ϑ 70 °C⟩

Mol-% X_1	0,00	4,19	8,26	12,06	19,26	27,50	34,95	41,74	47,95	53,65	58,90	60,89
65 °C	1,490	1,490	1,490	1,488	1,483	1,476	1,467	1,458	1,450	1,437	1,428	1,420
75 °C	1,480	1,480	1,480	1,479	1,475	1,468	1,459	1,448	1,438	1,427	1,415	1,408

CH_4ON_2 Harnstoff (X_1) — **$C_2HCl_3O_2$ Trichloressigsäure** (X_2)
[41] ⟨K 10, d 3, ϑ 85 °C⟩

Mol-% X_1	0,00	12,53	21,23	27,09	32,47	40,52	47,59	53,87
80 °C	1,564	1,564	1,563	1,561	1,557	1,548	1,530	1,512
95 °C	1,553	1,552	1,548	1,544	1,539	1,527	1,512	1,492

CH_4ON_2 Harnstoff (X_1) — **CH_5N Methylamin** (X_2) [8]

CH_4ON_2 Harnstoff (X_1) — **C_5H_5N Pyridin** (X_2)
[6] ⟨K 2 bis 0,91 Gew.-% X_1, d 4, ϑ 25 °C⟩

CH_4ON_2 Harnstoff (X_1) — **CH_3ON Formamid** (X_2) [25]

CHO_6N_3 Nitroform (X_1) — **CCl_4 Tetrachlormethan** (X_2)
[43] ⟨K 5, d 5⟩

Mol-% X_1	0,00	0,97	1,35	2,94	3,99
25 °C	1,584	1,580	1,579	1,573	1,567

CO_8N_4 Tetranitromethan (X_1) — **C_6H_6 Benzol** (X_2)
[30] ⟨K 8, d 4⟩

Gew.-% X_1	0,00	20,03	36,13	49,59	64,35	74,41	85,25	100,00
20 °C	0,879	0,965	1,048	1,131	1,241	1,330	1,444	1,639

[16] ⟨K 5, d 3, ϑ 25 °C⟩
[25]

CO_8N_4 Tetranitromethan (X_1) — **CCl_4 Tetrachlormethan** (X_2)
[43] ⟨K 8, d 5⟩

Mol-% X_1	0,00	4,04	8,42	14,29	18,44	26,08	30,90	100,00
25 °C	1,584	1,582	1,582	1,583	1,584	1,585	1,586	1,623

[33] ⟨K 3 bis 2,1 Gew.-% X_1, d 5, ϑ 25 °C⟩

C_2H_7ON Äthanolamin (X_1) — **$C_4H_8O_2$ Dioxan** (X_2) [20]

C_2H_7ON Äthanolamin (X_1) — **$C_5H_6N_2$ Glutarsäurenitril** (X_2) [35]

C_2H_5ON Acetamid (X_1) — **CH_4O Methanol** (X_2) [18]

C_2H_5ON Acetamid (X_1) — **CH_2O_2 Ameisensäure** (X_2) [31]

C_2H_5ON Acetamid (X_1) — **C_2H_6O Äthanol** (X_2)
[*13*] ⟨K4, d5⟩

Gew.-% X_1	0,00	4,16	6,57	8,80
30 °C	0,781	0,790	0,795	0,800

[*2, 18*]

C_2H_5ON Acetamid (X_1) — **$C_2H_4O_2$ Essigsäure** (X_2)
[*39*] ⟨K12, d3⟩

Mol-% X_1	10	15	20	25	30	35	40	45	50	55	60	65
20 °C	1,112	1,118	1,120	1,123	1,125	1,125	1,123	1,120	1,119	—	—	—
60 °C	1,036	1,040	1,043	1,046	1,048	1,050	1,048	1,045	1,045	1,043	1,040	1,040
80 °C	0,999	1,002	1,006	1,008	1,010	1,012	1,014	1,013	1,016	—	1,014	1,014

[*28, 31*]

C_2H_5ON Acetamid (X_1) — **C_3H_6O Aceton** (X_2)
[*14*] ⟨K4, d5⟩

Gew.-% X_1	0,00	5,46	7,70	14,32
25 °C	0,786	0,799	0,804	0,820

C_2H_5ON Acetamid (X_1) — **$C_3H_6O_2$ Propionsäure** (X_2) [*31*]

C_2H_5ON Acetamid (X_1) — **$C_4H_8O_2$ n-Buttersäure** (X_2) [*28, 31*]

C_2H_5ON Acetamid (X_1) — **$C_4H_8O_2$ Dioxan** (X_2)
[*19*] ⟨K3 bis 2,8 Mol-% X_1, d5, ϑ 30 °C⟩

C_2H_5ON Acetamid (X_1) — **C_6H_6O Phenol** (X_2)
[*44*] ⟨K11, d3, ϑ 70 °C⟩

Mol-% X_1	10	20	30	40	45	50	55	60	70	80	90
60 °C	1,042	1,040	1,040	1,037	1,036	1,035	1,033	1,031	1,027	—	—
80 °C	1,020	1,020	1,020	1,019	1,018	1,017	1,015	1,014	1,010	1,006	1,004

[*38*]

C_2H_5ON Acetamid (X_1) — **$C_6H_{12}O_2$ n-Capronsäure** (X_2) [*28*]

C_2H_5ON Acetamid (X_1) — **$C_6H_6O_2$ Brenzcatechin** (X_2) [*38*]

C_2H_5ON Acetamid (X_1) — **$C_6H_6O_2$ Resorcin** (X_2) [*38*]

C_2H_5ON Acetamid (X_1) — **$C_6H_6O_2$ Hydrochinon** (X_2) [*38*]

C_2H_5ON Acetamid (X_1) — **$C_7H_6O_2$ Benzoesäure** (X_2) [*38*]

C_2H_5ON Acetamid (X_1) — **$C_7H_6O_3$ Salicylsäure** (X_2) [*38*]

C_2H_5ON Acetamid (X_1) — **$C_9H_8O_2$ Zimtsäure** (X_2) [*38*]

C_2H_5ON Acetamid (X_1) — **$C_{18}H_{36}O_2$ Stearinsäure** (X_2) [*28*]

C_2H_5ON Acetamid (X_1) — **$C_2H_3ClO_2$ Chloressigsäure** (X_2)
[*39*] ⟨K13, d3⟩

Mol-% X_1	25	30	35	40	42	45	48	50	52	55	60	65	70
50 °C	1,064	1,061	1,059	1,055	1,053	1,051	1,049	1,047	1,045	1,042	1,038	1,035	—
90 °C	1,056	1,052	1,049	1,045	1,044	1,042	1,040	1,038	1,036	1,034	1,034	1,027	1,022

C_2H_5ON Acetamid (X_1) — **$C_2H_2Cl_2O_2$ Dichloressigsäure** (X_2) [*31*]

C_2H_5ON Acetamid (X_1) — **$C_2HCl_3O_2$ Trichloressigsäure** (X_2)
[40] ⟨K13, d3⟩

Mol-% X_1	25	28	30	35	38	40	45	50	55	60	62	68	70
50 °C	1,111	1,109	1,108	1,103	1,101	1,099	1,094	1,089	1,083	1,075	1,073	1,064	1,061
70 °C	1,107	1,105	1,103	1,098	1,097	1,094	1,089	1,084	1,078	1,070	1,068	1,060	1,057

C_2H_5ON Acetamid (X_1) — **C_5H_5N Pyridin** (X_2)
[6] ⟨K5, d4⟩

Gew.-% X_1	0,00	3,87	5,65	8,51	16,27
25 °C	0,975	0,979	0,981	0,983	0,996

C_2H_5ON Acetaldoxim (X_1) — **C_3H_6O Aceton** (X_2)
[45] ⟨K6, d4⟩

Mol-% X_1	0	20	40	50	60	100
25 °C	0,7842	0,8207	0,8567	0,8748	0,8931	0,9666

$C_2H_5O_2N$ Nitroäthan (X_1) — **CCl_4 Tetrachlormethan** (X_2)
[47] ⟨K11, d4, ϑ 35 °C⟩

Mol-% X_1	0	10	20	30	40	50	60	70	80	90	100
30 °C	1,5749	1,5333	1,4897	1,4437	1,3957	1,3447	1,2912	1,2328	1,1707	1,1044	1,0346
45 °C	1,5456	1,5034	1,4614	1,4177	1,3706	1,3207	1,2680	1,2122	1,1515	1,0870	1,0169

$C_2H_5O_2N$ Nitroäthan (X_1) — **$C_5H_6N_2$ Glutarsäurenitril** (X_2) [35]

$C_2H_5O_3N$ Äthylnitrat (X_1) — **C_7H_{16} Heptan** (X_2) [1]

$C_2H_5O_3N$ Äthylnitrat (X_1) — **$C_{10}H_7Br$ α-Bromnaphthalin** (X_2) [1]

$C_2H_5O_3N$ Äthylnitrat (X_1) — **$C_8H_{20}JN$ Tetraäthylammoniumjodid** (X_2) [4]

$C_2H_5O_3N$ Äthylnitrat (X_1) — **$C_{12}H_{28}JN$ Tetrapropylammoniumjodid** (X_1) [4]

$C_2H_5O_4N$ Glykolmononitrat (X_1) — **C_3H_6O Aceton** (X_2)
[34] ⟨K6, d4⟩

Mol-% X_1	0,00	19,15	38,87	59,17	80,16	100,00
20 °C	0,791	0,911	1,031	1,146	1,256	1,356

$C_2H_6ON_2$ Dimethylnitrosamin (X_1) — **$C_8H_{20}JN$ Tetraäthylammoniumjodid** (X_2) [4]

$C_2H_4O_2N_2$ Glyoxim (X_1) — **$C_4H_8O_2$ Dioxan** (X_2) [22]

1 Perkin, W. H.: J. chem. Soc. (London) **77** (1900) 267—94.
2 Speyers, C. L.: Amer. J. Sci. **14** (1902) 293 (nach ICT).
3 Wagner, J.: Z. physik. Chem. **46** (1903) 867—77.
4 Walden, P.: Z. physik. Chem. **55** (1906) 683—720.
5 Winther, C.: Z. physik. Chem. **60** (1907) 563—89.
6 Dunstan, A. E., Mussel, A. E.: J. chem. Soc. (London) **97** (1910) 1935—44.
7 Drucker, K., Kassel, R.: Z. physik. Chem. **76** (1911) 367—84.
8 Fitzgerald, F. F.: J. physic. Chem. **16** (1912) 621—61.
9 Merry, E. W., Turner, W. E. S.: J. chem. Soc. (London) **105** (1914) 748—59.
10 English, S., Turner, W. E. S.: J. chem. Soc. (London) **105** (1914) 1656—59.
11 Price, T. W.: J. chem. Soc. (London) **107** (1915) 188—98.
12 Jones, Davis, Johnson: Carnegie Institution of Washington, Publ. Nr. 260 (1918) 71 (nach ICT).
13 Burrows, G. J.: Proc. Roy. Soc. New South Wales **53** (1199) 74 (nach ICT).
14 **60** (1927) 197—207.
15 Hammick, D. L., Andrew, L. W.: J. chem. Soc. (London) **1929**, 754—59.

16 Hammick, D. L., Wilmut, H. F.: J. chem. Soc. (London) **1934**, 32–34.
17 Hammick, D. L., Norris, A., Sutton, L. E.: J. chem. Soc. (London) **1938**, 1755–61.
18 Kosakewitsch, P. P., Kosakewitsch, N. S.: Z. physik. Chem., (A) **166** (1933) 113–35.
19 Kumler, W. D., Porter, C. W.: J. Amer. chem. Soc. **56** (1934) 2549–54.
20 Pearce, J. N., Berhenke, L. F.: J. physic. Chem. **39** (1935) 1005–10.
21 Smyth, C. P., Walls, W. S.: J. chem. Physics **3** (1935) 557–59.
22 Milone, M.: Gazz. chim. ital. **65** (1935) 94–102.
23 Wright, R. W., Albright, P. S., Stuber, L. S.: J. Amer. chem. Soc. **61** (1939) 228–30.
24 Parks, W. G., Le Baron, I. M., Molloy, E. W.: J. Amer. chem. Soc. **63** (1941) 3331–36.
25 Shukla, S. O., Bhagat, W. V.: J. Indian chem. Soc. **24** (1947) 307–09.
26 Dionissjew, D. Je., Rudenko, N. S.: J. allg. Chem. (Shurnal Obschtschei Chimii) **22** (1952) 51–58, 58–65.
27 Rudenko, N. S., Dionissjew, D. Je.: J. allg. Chem. (Shurnal Obschtschei Chimii) **23** (1953) 556–59, 721–25.
28 Rudenko, N. S., Dshelomanova, S. K., Dionissjew, D. Je.: J. allg. Chem. (Shurnal Obschtschei Chimii **25** (1955) 2430–35.
29 Miller, R. C., Fuoss, R. M.: J. Amer. chem. Soc. **75** (1953) 3076–80.
30 Ioffe, B. W., Lilitsch, L. Ss.: J. allg. Chem. (Shurnal Obschtschei Chimii) **24** (1954) 81–88.
31 Tutundžić, P. S., Liler, M., Kosanovic, D.: Ber. chem. Ges. Belgrad (Glassnik Chemisskog Druschtwa Beograd) **19** (1954) 207–23; **20** (1955) 73–83.
32 Le Fèvre, C. G., Le Fèvre, R. J. W.: J. chem. Soc. (London) **1954**, 1577–88.
33 Le Fèvre, C. G., Le Fèvre, R. J. W., Smith, M. R.: J. chem. Soc. (London) **1958**, 16–23.
34 Twist, D. R., Baughom, E. C.: Trans. Faraday Soc. **51** (1955) 15–19.
35 Phibbs, M. K.: J. physic. Chem. **59** (1955) 346–53.
36 Brown, I., Smith, F.: Austral. J. Chem. **8** (1955) 62–67; **13** (1960) 30–37; **15** (1962) 9–12.
37 Moore, W. R., Styan, G. E.: Trans. Faraday Soc. **52** (1956) 1556–63.
38 Dshelomanowa, S. K., Rudenko, N. S., Dionissjew, D. Je.: J. allg. Chem. (Shurnal Obschtschei Chimii) **26** (1956) 1322–26, 1866–72.
39 Bochowkin, I. M., Bochowkina, Ju. I.: J. allg. Chem. (Shurnal Obschtschei Chimii) **26** (1956) 1315–18, 1318–22; J. Gen. Chem. USSR **26** (1956) 1485–88, 1489–92.
40 **26** (1956) 1872–76; **26** (1956) 2089–92.
41 Bochowkina, Ju. I.: J. allg. Chem. (Shurnal Obschtschei Chimii) **26** (1956) 2399–2404; J. Gen. Chem. USSR **26** (1956) 2679–83.
42 Udowenko, W. W., Chomenko, R. I.: J. allg. Chem. (Shurnal Obschtschei Chimii) **27** (1957) 583–85.
43 Lewis, G. L., Smyth, C. P.: J. Amer. chem. Soc. **61** (1939) 3064–70.
44 Bochowkin, I. M.: J. allg. Chem. (Shurnal Obschtschei Chimii) **29** (1959) 2485–89.
45 Lutzki, A. E., Obukhova, E. M.: J. allg. Chem. (Shurnal Obschtschei Chimii) **31** (1961) 2692–2702; J. Gen. Chem. USSR **31** (1961) 2512–21.
46 Tewari, P. H., Johari, G. P.: J. physic. Chem. **69** (1965) 2857–61.
47 Günter, C. R., u. a.: J. chem. Engng. Data **12** (1967) 472–74.
48 Gopal, R., Siddiqi, M. A.: Z. physik. Chem. [Neue Folge] **67** (1969) 122–31.

C_3H_9ON Trimethylaminoxid (X_1) – **C_6H_6 Benzol** (X_2)
[20] ⟨K 5 bis 0,2 Gew.-% X_1, d 5, ϑ 25 °C⟩

C_3H_9ON Trimethylaminoxid (X_1) – **$C_4H_8O_2$ Dioxan** (X_2)
[20] ⟨K 8 bis 0,4 Gew.-% X_1, d 4, ϑ 25 °C⟩

C_3H_7ON Propionamid (X_1) – **C_2H_6O Äthanol** (X_2) *[6]*

C_3H_7ON Propionamid (X_1) – **C_5H_5N Pyridin** (X_2)
[4] ⟨K 4, d 4⟩

Gew.-% X_1	0,00	7,92	13,66	23,75
25 °C	0,975	0,977	0,979	0,982

C_3H_7ON N-Methylacetamid (X_1) – **CH_4O Methanol** (X_2)
[33] ⟨K 21, d 4⟩

Mol-% X_1	0,00	2,55	9,77	19,09	30,91	40,88	52,11	58,21	68,19	78,83	95,28	100,00
30 °C	0,782	0,791	0,814	0,840	0,866	0,884	0,901	0,909	0,922	0,932	0,946	0,950

C_3H_7ON N-Methylacetamid (X_1) — **C_2H_6O Äthanol** (X_2)
[*33*] ⟨K21, d4⟩

Mol-% X_1	0,00	11,58	19,05	29,00	39,87	50,58	60,05	70,27	79,96	94,39	100,00
30 °C	0,781	0,807	0,823	0,843	0,863	0,881	0,896	0,911	0,925	0,943	0,950

C_3H_7ON N-Methylacetamid (X_1) — **C_3H_8O n-Propanol** (X_2)
[*33*] ⟨K21, d4⟩

Mol-% X_1	0,00	12,53	19,35	30,79	36,57	51,63	59,58	70,17	86,31	94,33	100,00
30 °C	0,798	0,817	0,828	0,846	0,856	0,878	0,890	0,906	0,930	0,942	0,950

C_3H_7ON N-Methylacetamid (X_1) — **$C_3H_4O_3$ Äthylencarbonat** (X_2)
[*39*] ⟨K12, d4⟩

Gew.-% X_1	0,00	11,12	19,81	28,78	38,27	47,36	57,35	67,66	79,24	91,14	100,00
40 °C	1,3218	1,2659	1,2254	1,1858	1,1467	1,1116	1,0750	1,0398	1,0027	0,9668	0,9415

C_3H_7ON N-Methylacetamid (X_1) — **$C_4H_{10}O$ n-Butanol** (X_2)
[*33*] ⟨K21, d4⟩

Mol-% X_1	0,00	12,86	18,05	30,44	45,23	54,69	62,98	71,81	79,39	91,79	100,00
30 °C	0,802	0,818	0,825	0,842	0,862	0,876	0,889	0,902	0,915	0,937	0,950

C_3H_7ON N-Methylacetamid (X_1) — **$C_5H_{12}O$ n-Amylalkohol** (X_2)
[*33*] ⟨K21, d4⟩

Mol-% X_1	0,00	6,57	20,61	28,81	40,23	51,69	60,77	78,20	83,29	89,26	100,00
30 °C	0,807	0,814	0,829	0,839	0,853	0,868	0,881	0,909	0,918	0,929	0,950

C_3H_7ON N-Methylacetamid (X_1) — **C_2H_6OS Dimethylsulfoxid** (X_2)
[*39*] ⟨K12, d4⟩

Gew.-% X_1	0,00	11,94	22,36	31,30	41,01	50,70	60,41	71,06	81,31	92,10	100,00
40 °C	1,0804	1,0622	1,0477	1,0343	1,0203	1,0072	0,9938	0,9794	0,9658	0,9517	0,9415

C_3H_7ON N-Methylacetamid (X_1) — **C_5H_5N Pyridin** (X_2)
[*4*] ⟨K4, d4⟩

Gew.-% X_1	0,00	6,59	11,2	16,44
25 °C	0,975	0,979	0,982	0,984

C_3H_7ON N-Methylacetamid (X_1) — **$C_5H_6N_2$ Glutaronitril** (X_2) [*29*]

C_3H_7ON Dimethylformamid (X_1) — **C_5H_{10} Trimethyläthylen** (X_2)
[*36*] ⟨K11, d4⟩

Gew.-% X_1	0	10	20	30	40	50	60	70	80	90	100
20 °C	0,6614	0,6834	0,7068	0,7320	0,7582	0,7857	0,8155	0,8468	0,8791	0,9133	0,9494

C_3H_7ON Dimethylformamid (X_1) — **C_5H_8 Isopren** (X_2)
[*36*] ⟨K11, d4⟩

Gew.-% X_1	0	10	20	30	40	50	60	70	80	90	100
20 °C	0,6803	0,7034	0,7272	0,7518	0,7776	0,8040	0,8312	0,8596	0,8885	0,9236	0,9494

C_3H_7ON Dimethylformamid (X_1) — **C_7H_{16} n-Heptan** (X_2)
[*38*] ⟨K12, d4⟩

Mol-% X_1	0,00	1,25	2,25	3,27	93,5	94,6	95,6	96,2	97,9	98,7	100,0
25 °C	0,6793	0,6817	0,6829	0,6850	0,9141	0,9186	0,9231	0,9254	0,9332	0,9379	0,9445

C_3H_7ON Dimethylformamid (X_1) — **CH_4O Methanol** (X_2)
[2] ⟨K 1, d 4, ϑ −50° bis 25 °C⟩

C_3H_7ON Dimethylformamid (X_1) — **CH_2O_2 Ameisensäure** (X_2)
[35] ⟨K 18, d 4⟩

Mol-% X_1	0	10	20	30	40	50	60	70	80	90	100
20 °C	1,2201	1,1696	1,1278	1,0948	1,0645	1,0385	1,0161	0,9963	0,9783	0,9628	0,9484
80 °C	1,1461	1,1016	1,0620	1,0294	1,0061	0,9803	0,9580	0,9397	0,9201	0,9059	0,8920
100 °C	1,1158	1,0794	1,0399	1,0079	0,9827	0,9598	0,9371	0,9189	0,9022	0,8881	0,8749

C_3H_7ON Dimethylformamid (X_1) — **$C_5H_6N_2$ Glutaronitril** (X_2) [29]

C_3H_7ON Acetoxim (X_1) — **C_6H_6 Benzol** (X_2)
[25] ⟨K 6 bis 1,7 Gew.-% X_1, d 5, ϑ 25 °C⟩

C_3H_5ON Milchsäurenitril (X_1) — **C_2H_3N Acetonitril** (X_2)
[2] ⟨K 5, d 4, ϑ 0°, 25 °C⟩

C_3H_5ON Äthylisocyanat (X_1) — **C_6H_6 Benzol** (X_2)
[17] ⟨K 6 bis 5,1 Mol-% X_1, d 4, ϑ 20 °C⟩

C_3H_5ON Äthylencyanhydrin (X_1) — **$C_5H_6N_2$ Glutaronitril** (X_2) [29]

$C_3H_7O_2N$ Urethan (X_1) — **C_6H_6 Benzol** (X_2)
[7] ⟨K 7, d 4⟩

Gew.-% X_1	0	1	2	3	4	5	10
20 °C	0,878	0,880	0,882	0,883	0,885	0,886	0,894

$C_3H_7O_2N$ Urethan (X_1) — **C_7H_8 Toluol** (X_2) [1]

$C_3H_7O_2N$ Urethan (X_1) — **$CHCl_3$ Chloroform** (X_2) [1]

$C_3H_7O_2N$ Urethan (X_1) — **CH_4O Methanol** (X_2) [1]

$C_3H_7O_2N$ Urethan (X_1) — **C_2H_6O Äthanol** (X_2)
[7] ⟨K 12, d 4⟩

Gew.-% X_1	0	1	2	3	4	5	10	20	30	40	50	60
20 °C	0,789	0,792	0,794	0,796	0,799	0,801	0,813	0,838	0,863	0,890	0,918	0,947

[1]

$C_3H_7O_2N$ Urethan (X_1) — **C_3H_8O Propanol** (X_2) [1]

$C_3H_7O_2N$ Urethan (X_1) — **$C_4H_{10}O$ Diäthyläther** (X_2)
[7] ⟨K 10, d 4⟩

Gew.-% X_1	0	1	2	3	4	5	10	20	30	40
20 °C	0,714	0,717	0,720	0,723	0,726	0,729	0,744	0,775	0,808	0,843

$C_3H_7O_2N$ Urethan (X_1) — **C_5H_5N Pyridin** (X_2)
[4] ⟨K 3, d 4⟩

Gew.-% X_1	0,00	9,09	14,96
25 °C	0,975	0,983	0,990

$C_3H_5O_3N$ Formylglycin (X_1) — **C_2H_6O Äthanol** (X_2) [13]

$C_3H_4ON_2$ Cyanacetamid (X_1) — **$C_4H_8O_2$ Dioxan** (X_2)
[32] ⟨K 5, d 5⟩

Mol-% X_1	0,00	0,82	1,42	1,96
35 °C	1,017	1,021	1,022	1,023

$C_3H_6O_2N_2$ Methylglyoxim (X_1) — **$C_4H_8O_2$ Dioxan** (X_2)
[16] ⟨K6, d4⟩

Gew.-% X_1	0,00	0,18	0,26	0,48
20 °C	1,034	1,037	1,038	1,043

$C_3H_4O_2N_2$ Hydantoin (X_1) — **C_2H_6O Äthanol** (X_2) *[13]*

$C_3H_6O_3N_2$ Hydantoinsäure (X_1) — **C_2H_6O Äthanol** (X_2) *[13]*

$C_3H_3O_3N_3$ Cyanursäure (X_1) — **C_5H_5N Pyridin** (X_2) *[4]*

C_4H_9ON Butyramid (X_1) — **C_2H_6O Äthanol** (X_2)
[6] ⟨K3, d5⟩

Gew.-% X_1	0,00	2,63	5,63
30 °C	0,781	0,785	0,790

C_4H_9ON Äthylacetamid (X_1) — **$C_4H_8O_2$ Dioxan** (X_2)
[14] ⟨K3 bis 2,3 Mol-% X_1, d5, ϑ 30 °C⟩

C_4H_9ON Dimethylacetamid (X_1) — **$C_4H_8O_2$ Dioxan** (X_2)
[14] ⟨K3 bis 1,5 Mol-% X_1, d5, ϑ 30 °C⟩

C_4H_9ON Dimethylacetamid (X_1) — **$C_5H_6N_2$ Glutaronitril** (X_2) *[29]*

C_4H_9ON N-Methylpropionamid (X_1) — **C_6H_6 Benzol** (X_2)
[37] ⟨Gleichung, ϑ 15°, 20°, 25 °C⟩

C_4H_9ON N-Methylpropionamid (X_1) — **C_5H_5N Pyridin** (X_2)
[37] ⟨Gleichung, ϑ 15°, 20°, ..., 40 °C⟩

C_4H_9ON Äthylacetiminoäther (X_1) — **$C_4H_8O_2$ Dioxan** (X_2)
[14] ⟨K4, d5⟩

Mol-% X_1	0,54	1,76	3,83
30 °C	1,021	1,019	1,015

C_4H_9ON Morpholin (X_1) — **C_6H_6 Benzol** (X_2)
[34] ⟨K7, d5⟩

Mol-% X_1	0,00	8,59	18,19	22,97	27,62	35,61	100,00
25 °C	0,873	0,884	0,897	0,903	0,909	0,919	0,996

[19] ⟨K6 bis 5,7 Mol-% X_1, d4, ϑ 30 °C⟩

C_4H_7ON Acetoncyanhydrin (X_1) — **C_6H_6 Benzol** (X_2)
[24] ⟨K7 bis 1,6 Mol-%, d5, ϑ 25 °C⟩

C_4H_5ON α-Methylisoxazol (X_1) — **C_6H_6 Benzol** (X_2) *[18]*

C_4H_5ON γ-Methylisoxazol (X_1) — **C_6H_6 Benzol** (X_2) *[18]*

C_4H_4ON Pyridinoxid (X_1) — **C_6H_6 Benzol** (X_2)
[20] ⟨K7 bis 1,2 Gew.-% X_1, d5, ϑ 25 °C⟩

C_4H_4ON Pyridinoxid (X_1) — **$C_4H_8O_2$ Dioxan** (X_2)
[20] ⟨K6 bis 1,2 Gew.-% X_1, d4, ϑ 25 °C⟩

$C_4H_{11}O_2N$ Diäthanolamin (X_1) — **$C_4H_8O_2$ Dioxan** (X_2)
[15] ⟨K4 bis 4,5 Mol-% X_1, d5, ϑ 25 °C⟩

$C_4H_9O_2N$ Methylurethan (X_1) — **$C_{10}H_{20}O$ L-Menthol** (X_2) *[5]*

Lacmann

$C_4H_9O_2N$ 1-Nitrobutan (X_1) — **C_6H_6 Benzol** (X_2)
[*23*] ⟨K4 bis 1 Mol-% X_1, d 5, ϑ 25 °C⟩

$C_4H_5O_2N$ Succinimid (X_1) — **C_2H_6O Äthanol** (X_2) [*1*]

$C_4H_5O_2N$ Succinimid (X_1) — **$C_4H_8O_2$ Dioxan** (X_2)
[*17*] ⟨K4, d4⟩

Mol-% X_1	0,00	0,59	1,27	1,75	2,26
20 °C	1,033	1,034	1,036	1,038	1,039

$C_4H_5O_2N$ Cyanessigsäuremethylester (X_1) — **C_3H_6O Aceton** (X_2)
[*2*] ⟨K5, d4, ϑ 0°, 25 °C⟩

$C_4H_5O_2N$ Cyanessigsäuremethylester (X_1) — **$C_8H_{20}JN$ Tetraäthylammoniumjodid** (X_2) [*2*]

$C_4H_7O_4N$ L-Asparginsäure (X_1) — **C_2H_6O Äthanol** (X_2) [*13*]

$C_4H_6ON_2$ Dimethyl-1.3.4-oxdiazol (X_1) — **$C_4H_8O_2$ Dioxan** (X_2)
[*16*] ⟨K5, d4⟩

Gew.-% X_1	0,00	0,16	0,29	0,51
20 °C	1,034	1,032	1,029	1,027

$C_4H_6ON_2$ Dimethyl-1.2.5-oxdiazol (X_1) — **$C_4H_8O_2$ Dioxan** (X_2)
[*16*] ⟨K5, d4⟩

Gew.-% X_1	0,00	0,16	0,32	0,61	0,70
20 °C	1,034	1,030	1,029	1,026	1,023

$C_4H_4ON_2$ Pyridazon (X_1) — **$C_4H_8O_2$ Dioxan** (X_2)
[*21*] ⟨K5, d4⟩

Mol-% X_1	0,00	1,27	1,72	3,05	5,04
20 °C	1,034	1,038	1,038	1,041	1,046

$C_4H_4ON_2$ Pyridazon (X_1) — **C_9H_7N Chinolin** (X_2) [*21*]

$C_4H_6O_2N_2$ Diazoessigester (X_1) — **C_6H_6 Benzol** (X_2)
[*11*] ⟨K9, d4⟩

Mol-% X_1	1,57	2,00	2,76	4,01	5,35	8,38	13,05	100,00
22 °C	0;884	0,885	0,887	0,890	0,893	0,901	0,913	1,082

$C_4H_{12}O_3N_2$ Diäthylammoniumnitrat (X_1) — **$CHCl_3$ Chloroform** (X_2) [*3*]

$C_4H_8O_3N_2$ L-Aspargin (X_1) — **C_2H_6O Äthanol** (X_2) [*13*]

$C_4H_8O_3N_2$ Glycylglycin (X_1) — **C_2H_6O Äthanol** (X_2) [*13*]

$C_4H_8O_3N_2$ Methylhydantoinsäure (X_1) — **C_2H_6O Äthanol** (X_2) [*13*]

$C_4H_4O_3N_2$ Barbitursäure (X_1) — **$C_4H_8O_2$ Dioxan** (X_2)
[*32*] ⟨K4 bis 0,5 Mol-% X_1, d 5, ϑ 35 °C⟩

$C_4H_4O_5N_2$ Alloxan-Monohydrat (X_1) — **$C_4H_8O_2$ Dioxan** (X_2)
[*32*] ⟨K4 bis 0,4 Mol-% X_1, d 5, ϑ 35 °C⟩

$C_5H_{11}ON$ Diäthylformamid (X_1) — **C_7H_{16} n-Heptan** (X_2)
[*38*] ⟨K22, d4⟩

Mol-% X_1	0,0	8,5	16,6	31,7	40,1	49,5	59,8	68,0	80,8	90,8	100,0
25 °C	0,6796	0,6963	0,7101	0,7379	0,7557	0,7770	0,8016	0,8208	0,8518	0,8775	0,9024

$C_5H_{11}ON$ Diäthylformamid (X_1) — **CH_3ON Formamid** (X_2)
[*27*] ⟨K 16, d 4⟩

Mol-% X_1	0,00	15,28	21,49	29,87	43,35	50,36	62,78	70,44	78,36	92,46	100,00
0 °C	1,150	1,076	—	1,030	0,999	0,985	0,966	0,955	0,945	0,931	0,923
25 °C	1,129	1,055	1,033	1,009	0,978	0,964	0,944	0,934	0,924	0,909	0,901
50 °C	1,108	1,034	1,012	0,988	0,957	0,943	0,923	0,913	0,902	0,887	0,879
75 °C	1,086	1,013	0,991	0,967	0,935	0,922	0,901	0,891	0,880	0,865	0,857

C_5H_9ON 1-Methyl-2-pyrrolidon (X_1) — **C_6H_6 Benzol** (X_2) [*28*]

C_5H_7ON α.γ-Dimethylisoxazol (X_1) — **C_6H_6 Benzol** (X_2) [*18*]

C_5H_5ON 4-Pyridol (X_1) — **$C_4H_8O_2$ Dioxan** (X_2)
[*22*] ⟨K 5 bis 0,1 Mol-% X_1, d 4, ϑ 50 °C⟩

$C_5H_7O_2N$ Cyanessigsäureäthylester (X_1) — **$C_8H_{20}JN$ Tetraäthylammoniumjodid** (X_2) [*2*]

$C_5H_5O_2N$ Furfuraldoxim (X_1) — **C_6H_6 Benzol** (X_2)
[*25*] ⟨K 8, d 5⟩

Gew.-% X_1	0,00	0,40	0,79	1,14	1,69
25 °C	0,871	0,873	0,874	0,875	0,876

$C_5H_5O_2N$ Furfuraldehyd (X_1) — **$CHCl_3$ Chloroform** (X_2) [*25*]

$C_5H_9O_3N$ Formyl-α-aminobuttersäure (X_1) — **C_2H_6O Äthanol** (X_2) [*13*]

$C_5H_9O_4N$ d-Glutaminsäure (X_1) — **C_2H_6O Äthanol** (X_2) [*13*]

$C_5H_8ON_2$ Methyl-äthyl-1.2.5-oxdiazol (X_1) — **$C_4H_8O_2$ Dioxan** (X_2)
[*16*] ⟨K 5, d 4⟩

Gew.-% X_1	0,00	0,13	0,29	0,50	0,72
20 °C	1,034	1,032	1,031	1,030	1,028

$C_5H_{10}O_2N_2$ Methyläthylglyoxim (X_1) — **$C_4H_8O_2$ Dioxan** (X_2) [*16*]

$C_5H_8O_2N_2$ α-Amino-n-buttersäurehydantoin (X_1) — **C_2H_6O Äthanol** (X_2) [*13*]

$C_5H_4O_2N_2$ 4-Nitropyridin (X_1) — **C_6H_6 Benzol** (X_2)
[*30*] ⟨K 4 bis 1,1 Gew.-% X_1, d 4, ϑ 25 °C⟩

$C_5H_{10}O_3N_2$ d-Glutamin (X_1) — **C_2H_6O Äthanol** [*13*]

$C_5H_4O_3N_2$ 4-Nitropyridin-1-oxid (X_1) — **C_6H_6 Benzol** (X_2)
[*30*] ⟨K 11 bis 0,8 Gew.-% X_1, d 4, ϑ 25 °C⟩

$C_5H_6O_4N_2$ Asparginsäurehydantoin (X_1) — **C_2H_6O Äthanol** (X_2) [*13*]

$C_5H_8O_{12}N_4$ Pentaerythrittetranitrat (X_1) — **$C_4H_8O_2$ Dioxan** (X_2)
[*31*] ⟨K 4, d 4⟩

Gew.-% X_1	2,05	3,30	4,18
25 °C	1,035	1,040	1,042

$C_6H_{13}ON$ Caproamid (X_1) — **C_2H_6O Äthanol** (X_2) [*6*]

$C_6H_{13}ON$ Diäthylacetamid (X_1) — **$C_4H_8O_2$ Dioxan** (X_2)
[*14*] ⟨K 3 bis 1,2 Mol-% X_1, d 5, ϑ 30 °C⟩

C_6H_9ON α.β.γ-Trimethylisoxazol (X_1) — **C_6H_6 Benzol** (X_2) [*18*]

C_6H_7ON m-Aminophenol (X_1) — **C_6H_6 Benzol** (X_2) [*9*]

C_6H_7ON 4-Methoxypyridin (X_1) — **C_6H_6 Benzol** (X_2)
[22] ⟨K 5, d 4⟩

Mol-% X_1	0,00	0,86	1,36	1,74	100,00
25 °C	0,873	0,875	0,876	0,878	1,075

[30] ⟨K 5 bis 0,9 Gew.-% X_1, d 4, ϑ 25 °C⟩

C_6H_7ON 4-Methyl-pyridin-1-oxid (X_1) — **C_6H_6 Benzol** (X_2)
[30] ⟨K 4 bis 0,7 Gew.-% X_1, d 4, ϑ 25 °C⟩

C_6H_5ON Nitrosobenzol (X_1) — **C_6H_6 Benzol** (X_2)
[10] ⟨K 12 bis 5,4 Mol-% X_1, d 4, ϑ 25 °C⟩

$C_6H_{13}O_2N$ α-Aminovaleriansäuremethylester (X_1) — **C_6H_6 Benzol** (X_2) [8]

$C_6H_{13}O_2N$ δ-Aminovaleriansäuremethylester (X_1) — **C_6H_6 Benzol** (X_2) [8]

$C_6H_{11}O_2N$ N-Acetylmorpholin (X_1) — **$C_5H_6N_2$ Glutaronitril** (X_2) [29]

1 Speyers, C. L.: Amer. J. Sci. **14** (1902) 293 (nach ICT).
2 Walden, P.: Z. physik. Chem. **55** (1906) 207—49, 683—720.
3 Bull. acad. imperial Sci. St. Petersburg **9** (1915) 789 (nach ICT u. Tabl. ann.).
4 Dunstan, A. E., Mussel, A. E.: J. chem. Soc. (London) **97** (1910) 1935—44.
5 Scheuer: Z. physik. Chem. **72** (1910) 513—608.
6 Burrows, G. J.: Proc. Roy. Soc. New South Wales **53** (1919) 74 (nach ICT).
7 Richards, T. W., Chadwell, H. M.: J. Amer. chem. Soc. **47** (1925) 2283—2302.
8 Estermann, J.: Z. physik. Chem. (B) **1** (1928) 134—69.
9 Williams, J., Fogelberg, J.: J. Amer. chem. Soc. **52** (1930) 1356—63.
10 Hammick, D. L., New, R. G. A., Sutton, L. E.: J. chem. Soc. (London) **1932**, 742—48.
11 Wolf, F.: Z. physik. Chem. (B) **17** (1932) 46—67.
12 Sutton, T. C., Harden, H. L.: J. physic. Chem. **38** (1934) 779—81.
13 McMeekin, T. L., Cohn, E. J., Weare, J. H.: J. Amer. chem. Soc. **57** (1935) 626—33.
14 Kumler, W. D., Porter, C. W.: J. Amer. chem. Soc. **56** (1934) 2549—54.
15 Pearce, J. N., Berhenke, L. F.: J. physic. Chem. **39** (1935) 1005—10.
16 Milone, M.: Gazz. chim. ital. **65** (1935) 94—102, 152—58.
17 Cowley, E. G., Partington, J. R.: J. chem. Soc. (London) **1936**, 45—47, 47—50.
18 Tappi, G., Springer, C.: Gazz. chim. ital. **70** (1940) 190—96.
19 Maryott, A. A., Gross, P. M., Hobbs, M. E.: J. Amer. chem. Soc. **62** (1940) 2320—24.
20 Linton, E. P.: J. Amer. chem. Soc. **62** (1940) 1945—48.
21 Hückel, W., Jahnetz, W.: Ber. dtsch. chem. Ges. **74** (1941) 652—56.
22 Leis, D. G., Curran, B. C.: J. Amer. chem. Soc. **67** (1945) 79—81.
23 Miller, J. G., Angel, H. S.: J. Amer. chem. Soc. **68** (1946) 2358—59.
24 Rogers, M. T.: J. Amer. chem. Soc. **69** (1947) 457—59.
25 Calderbank, K. E., Le Fèvre, R. J. W.: J. chem. Soc. (London) **1949**, 1462—68.
26 Dawson, L. R., Leader, G. B., Keely, W. M., Zimmerman jr., H. K.: J. physic. Chem. **55** (1951) 422—28.
27 Wassenko, Je. N., Dubrowski, Ss. M.: J. physik. Chem. (Shurnal Fisitschesskoi Chimii) **27** (1953) 281—84.
28 Fischer, E.: J. chem. Soc. (London) **1955**, 1382—83.
29 Phibbs, M. K.: J. physic. Chem. **59** (1955) 346—53.
30 Katritzky, A. R., Randall, E. W., Sutton, L. E.: J. chem. Soc. (London) **1957**, 1769—75.
31 Mortimer, C. T., Spedding, H., Springall, H. D.: J. chem. Soc. (London) **1957**, 188—91.
32 Soundarajan, S.: Trans. Faraday Soc. **53** (1957) 159—66; **54** (1958) 1147—50.
33 Hovermaley, R. A., Sears, P. G., Plucknett, W. K.: J. chem. Engng. Data **8** (1963) 490—93.
34 Lewis, G. L., Smyth, C. P.: J. Amer. chem. Soc. **61** (1939) 3067—70.
35 Korol'kova, M. D., Kricheviov, B. K.: J. allg. Chem. (Shurnal Obschtschei Chimii) **28** (1958) 2915—19; J. Gen. Chem. USSR **28** (1958) 2943—48.
36 Ogorodnikov, S. K., Kogan, V. B., Nemtsov, M. S.: J. angew. Chem. (Shurnal Prikladnoi Chimii) **34** (1961) 2441—46; J. Appl. Chem. USSR **34** (1961) 2311—15.
37 Millero, F. J.: J. physic. Chem. **72** (1968) 3209—14.
38 Quitzsch, K., Strittmatter, D., Geiseler, G.: Z. physik. Chem. (Leipzig) **240** (1969) 107—26.
39 Sears, P. G., Stoeckinger, Th. M., Dawson, L. R.: J. chem. Engng. Data **16** (1971) 220—22.

$C_6H_5O_2N$ Nitrobenzol (X_1) — **C_6H_{14} Hexan** (X_2)
[*1*] ⟨K 9, d 4⟩

Gew.-% X_1	0,00	15,34	31,19	68,24	74,30	75,01	100,00
8 °C	0,700	0,750	0,809	0,992	1,028	1,033	1,215

Gew.-% X_1	0,00	15,02	31,01	34,74	43,10	47,43	60,19	81,82	100,00
15 °C	0,693	0,725	0,803	0,818	0,854	0,874	0,942	1,070	1,208

[*13*] ⟨K 11, d 5⟩

Mol-% X_1	0,00	16,67	24,97	35,80	45,52	55,40	66,28	75,23	83,82	92,01	100,00
21 °C	0,6585	0,7340	0,7742	0,8282	0,8786	0,9323	0,9940	1,0464	1,0985	1,1497	1,2021
25 °C	0,6550	0,7319	0,7716	0,8250	0,8766	0,9315	0,9924	1,0450	1,0967	1,1475	1,1983

[*12*] ⟨K 11, d 4⟩

Mol-% X_1	0,00	13,8	26,5	38,2	49,0	60,9	68,2	75,4	85,2	92,5	100,0
30 °C	0,6501	0,6833	0,7181	0,7562	0,8037	0,8645	0,9109	0,9781	1,0408	1,1048	1,1928

[*3*] ⟨K 8, d 5, ϑ 0° bis 30 °C⟩
[*4*] ⟨K 5 bis 0,9 Mol-% X_1, d 6, ϑ 20 °C⟩
[*2*] ⟨K 6, d 3, ϑ 25 °C⟩
[*5*] ⟨K 4 bis 4,7 Mol-% X_1, d 4, ϑ 25 °C⟩
[*6*] ⟨K 5 bis 25,6 Mol-% X_1, d 4, ϑ 25 °C⟩

$C_6H_5O_2N$ Nitrobenzol (X_1) — **C_6H_{12} Cyclohexan** (X_2)
[*11*] ⟨K 19, ΔV⟩

Mol-% X_1	0,00	8,16	19,54	25,13	34,68	51,54	62,12	70,08	79,70	89,78	100,00
20 °C	0,7785	0,8102	0,8556	0,8783	0,9177	0,9884	1,0339	1,0687	1,1113	1,1565	1,2033

[*8*] ⟨K 4, d 5⟩

Mol-% X_1	0,00	12,26	50,57	100,00
22 °C	0,777	0,824	0,983	1,201
33 °C	0,766	0,814	0,972	1,190

[*6*] ⟨K 9, d 4⟩

Mol-% X_1	0,00	3,23	8,14	11,17	15,45	20,21	20,67	26,77	30,18
25 °C	0,774	0,786	0,805	0,817	0,834	0,853	0,855	0,880	0,894

[*14*] ⟨ΔV, ϑ 20°, 30 °C⟩
[*7*] ⟨K 10, d 4, ϑ 22 °C⟩
[*5*] ⟨K 5 bis 3,9 Mol-% X_1, d 4, ϑ 25 °C⟩
[*10*] ⟨K 8 ab 90 Gew.-% X_1, d 5, ϑ 30 °C⟩

1 Timofeiew, N. F., Stakhorsky, K. M.: Ukrain. chem. J. (Ukrainski Chemitschni Shurnal) 2 (1926) 395—407 (nach Tabl. ann., Tim.).
2 Williams, J. W., Ogg, E. F.: J. Amer. chem. Soc. **50** (1928) 94—101.
3 Pickara, A.: Bull. Acad. Sci. Cracovie **1933**, 319 (nach Tim.).
4 Müller, H.: Physik. **Z. 34** (1933) 689—710.
5 Jenkins, H. O.: J. chem. Soc. (London) **1934**, 480—85.
6 Jenkins, H. O., Sutton, L. E.: J. chem. Soc. (London) **1935**, 609—15.
7 Klapproth, H.: Nova Acta Leopoldina [N.F.] **9** (1940) 305—60.
8 Grafe, R.: Nova Acta Leopoldina [N.F.] **12** (1943) 141—94.
9 Böttcher, C. J. F.: Recueil Trav. chim. Pays-Bas **62** (1943) 119—33.
10 Holland, H. G., Le Fèvre, R. J. W.: J. chem. Soc. (London) **1950**, 2166—69.
11 Mecke, R., Zirker, K.: Ber. Bunsenges. physik. Chem. (Z. Elektrochem.) **68** (1964) 174—81.
12 Zhuravlev, E. F.: J. allg. Chem. (Shurnal Obschtschei Chimii) **31** (1961) 363—67; J. Gen. Chem. USSR **31** (1961) 327—30.
13 Neckel, A., Volk, H.: Mh. Chem. **95** (1964) 822—41.
14 Suri, S. K., Ramakrishna, V.: Indian J. Chem. **7** (1969) 490—94 (nach Chem. Abstr.).

Lacmann

$C_6H_5O_2N$ Nitrobenzol (X_1) — C_6H_6 Benzol (X_2)

[27] ⟨K10, d4⟩

Gew.-% X_1	0,00	11,79	23,04	34,69	45,16	56,51	66,45	77,04	89,14	100,00
10 °C	0,8894	0,9190	0,9485	0,9814	1,0125	1,0479	1,0819	1,1200	1,1674	1,2132
20 °C	0,8787	0,9083	0,9379	0,9710	1,0023	1,0379	1,0719	1,1105	1,1575	1,2033
30 °C	0,8681	0,8976	0,9273	0,9606	0,9921	1,0279	1,0619	1,1010	1,1476	1,1934
40 °C	0,8573	0,8871	0,9169	0,9503	0,9819	1,0179	1,0519	1,0915	1,1377	1,1835
50 °C	0,8465	0,8769	0,9068	0,9404	0,9719	1,0080	1,0420	1,0820	1,1278	1,1736

[21] ⟨K6, d4⟩

Mol-% X_1	0,00	18,76	39,50	60,59	78,03	100,00
70 °C	0,825	0,896	0,969	1,037	1,091	1,153

[8] ⟨K1, 50 Gew.-%, d4, ϑ 0°, 25°, 40°, 55°, 70 °C⟩
[1] ⟨K6, d3, ϑ 16 °C⟩
[6] ⟨K11, d5, ϑ 20 °C⟩
[33] ⟨ΔV, ϑ 20°, 30 °C⟩
[7] ⟨K9 bis 16,2 Gew.-% X_1, d4, ϑ 20 °C⟩
[10] ⟨K7, d5, ϑ 20 °C⟩
[15] ⟨K5 bis 2,8 Mol-% X_1, d5, ϑ 20,7 °C⟩
[17] ⟨K5 bis 4,1 Mol-% X_1, d4, ϑ 20 °C⟩
[19] ⟨K8 bis 2,1 Mol-% X_1, d5, ϑ 22 °C⟩
[26] ⟨K9 bis 4,1 Mol-% X_1, d4, ϑ 22 °C⟩
[30] ⟨K6 bis 19,2 Gew.-% X_1, d4, ϑ 23 °C⟩
[11] ⟨K6, d3, ϑ 24°, 45°, 65 °C⟩
[12] ⟨K5 bis 10,3 Mol-% X_1, d4, ϑ 25 °C⟩
[13] ⟨K6 ab 21,3 Mol-% X_1, d4, ϑ 25 °C⟩
[16] ⟨K6 bis 8,9 Mol-% X_1, d4, ϑ 25 °C⟩
[20] ⟨K11, d5, ϑ 25 °C⟩
[23] ⟨K6 bis 3,5 Mol-% X_1, d4, ϑ 25 °C⟩
[24] ⟨K9 bis 22 Mol-% X_1, d4, ϑ 25 °C⟩
[25] ⟨K4 bis 7 Mol-% X_1, d5, ϑ 25 °C⟩
[26] ⟨K8 bis 2,4 Mol-% X_1 und ab 89,3 Mol-% X_1, d5, ϑ 25 °C⟩
[32] ⟨K3, d4, ϑ 25°, 50 °C⟩
[14, 28] ⟨K10, d3, ϑ 27 °C⟩
[9] ⟨K6, d4, ϑ 28 °C⟩
[29] ⟨K8 ab 89 Gew.-% X_1, d5, ϑ 30 °C⟩
[3] ⟨K8, d4, ϑ 55 °C⟩
[2, 4, 5, 18, 31]

1 Philip, J. C.: Z. physik. Chem. **24** (1897) 18–38.
2 Mortzun, G. E.: Thesis, Genf, 1900 (nach Tim.).
3 Herzen: Bibl. univ. Arch. Sci. phys. natur **14** (1902) 232 (nach ICT).
4 Ritzel, A.: Z. physik. Chem. **60** (1907) 319–58.
5 Baud: Bull. Soc. chim. France **7** (1910) 117 (nach ICT).
6 Biron, E. V., Morguleva, O.: J. russ. physik. chem. Ges. (Shurnal Russkogo Fisiko-Chimitschesskogo Obschtschesstwa) **45** (1913) 1985 (nach Tim.).
7 Muchin, G.: Z. Elektrochem. angew. physik. Chem. **19** (1913) 819–21.
8 Mathews, J. H., Cooke, R. D.: J. physic. Chem. **18** (1914) 559–85.
9 Trifonov, N. A.: Mem. Sci. Univ. Saratov **1924**, 2, 1 (nach Tim.).
10 Rakshit, J. N.: Z. Elektrochem. angew. physik. Chem. **31** (1925) 320–23.
11 Lange, L.: Z. Physik **33** (1925) 169–82.
12 Williams, J. W., Schwingel, C. H.: J. Amer. chem. Soc. **50** (1928) 362–68.
13 Hammick, D. L., Andrew, L. W.: J. chem. Soc. (London) **1929**, 754–59.
14 Pal, N. N.: Philos. Mag. [7] **10** (1930) 265–80.
15 Bergmann, E., Engel, L., Sándor, St.: Z. physik. Chem. (B) **10** (1930) 397–413.
16 Wehrle, J. A.: Physic. Rev. [2] **37** (1931) 1135–46.
17 Tiganik, L.: Z. physik. Chem. (B) **13** (1931) 425–61.
18 Bottecchia, G.: Atti Reale Ist. Veneto Sci., Lettere Arti, Parte II **92** (1932/33) 9–17.
19 Poltz, H., Steil, O., Strasser, O.: Z. physik. Chem. (B) **20** (1933) 351–56.
20 Martin, A. R., George, C. M.: J. chem. Soc. (London) **1933**, 1413–16.
21 Martin, A. R.: Trans. Faraday Soc. **33** (1937) 191–200.
22 Rao, S. R.: Indian J. Physics **8** (1934) 483 (nach Tim.).
23 Jenkins, H. O.: J. chem. Soc. (London) **1934**, 480–85.
24 Jenkins, H. O., Sutton, L. E.: J. chem. Soc. (London) **1935**, 609–15.
25 Le Fèvre, R. J. W., Russell, P.: J. chem. Soc. (London) **1936**, 491–95.
26 Le Fèvre, C. G., Le Fèvre, R. J. W.: J. chem. Soc. (London) **1936**, 487–91, 1130–37; **1953**, 4041–50.
27 Seely, S.: Physic. Rev. [2] **49** (1936) 812–19.
28 Böttcher, C. J. F.: Recueil Trav. chim. Pays-Bas **62** (1943) 119–33.
29 Holland, H. G., Le Fèvre, R. J. W.: J. chem. Soc. (London) **1950**, 2166–69.
30 Marinin, W. A.: J. physik. Chem. (Shurnal Fisitschesskoi Chimii) **25** (1951) 641–46.
31 Lutzki, A. Je.: J. allg. Chem. (Shurnal Obschtschei Chimii) **24** (1954) 74–78.
32 Lutzki, A. Je., Obuchowa, Je. M.: J. physik. Chem. (Shurnal Fisitschesskoi Chimii) **31** (1957) 1964–75.
33 Suri, S. K., Ramakrishna, V.: Indian J. Chem. **7** (1969) 490–94 (nach Chem. Abstr.).

Lacmann

$C_6H_5O_2N$ Nitrobenzol (X_1) — **C_7H_8 Toluol** (X_2)
[*35*] ⟨K 8, d 3⟩

Gew.-% X_1	0,00	3,41	5,37	10,73	19,88	28,35	50,02	100,00
24 °C	0,863	0,872	0,877	0,890	0,915	0,941	1,010	1,210

Gew.-% X_1	0,00	4,21	5,80	11,58	21,42	30,20	52,86	100,00
100 °C	0,785	0,797	0,801	0,817	0,838	0,870	0,942	1,122

[*2*] ⟨K 5, d 3, ϑ 16 °C⟩
[*14, 26, 33*]

$C_6H_5O_2N$ Nitrobenzol (X_1) — **C_8H_{10} p-Xylol** (X_2)
[*48*] ⟨K 10, d 4⟩

Gew.-% X_1	0,00	2,07	4,67	7,17	9,35	11,42	16,68	22,45	27,81	100,00
20 °C	0,861	0,866	0,873	0,879	0,885	0,891	0,906	0,922	0,937	1,204
40 °C	0,844	0,849	0,856	0,862	0,868	0,873	0,888	0,904	0,919	—
60 °C	0,826	0,831	0,838	0,845	0,850	0,855	0,870	0,886	0,902	—
80 °C	0,808	0,813	0,820	0,827	0,832	0,837	0,852	0,868	0,884	—
100 °C	0,790	0,795	0,802	0,808	0,814	0,819	0,834	0,850	0,865	—
120 °C	0,772	0,776	0,783	0,789	0,795	0,800	0,815	0,831	0,846	1,104

$C_6H_5O_2N$ Nitrobenzol (X_1) — **$C_{10}H_{22}$ Di-isoamyl** (X_2)
[*48*] ⟨K 4, d 4⟩

Gew.-% X_1	0,00	1,89	3,77	100,00
20 °C	0,724	0,729	0,734	1,204
40 °C	0,708	0,713	0,719	—
60 °C	0,693	0,698	0,703	—
80 °C	0,677	0,682	0,687	—
100 °C	0,660	0,665	0,671	—
120 °C	0,644	0,649	0,654	1,104

$C_6H_5O_2N$ Nitrobenzol (X_1) — **$C_{10}H_{20}$ sek. Butylcyclohexan** (X_2)
[*37*] ⟨K 5, d 4⟩

Gew.-% X_1	0,0	27,6	50,5	75,2	100,0
15 °C	0,816	0,894	0,974	1,078	1,208

$C_6H_5O_2N$ Nitrobenzol (X_1) — **$C_{10}H_{18}$ Dekalin** (X_2)
[*49*] ⟨K 5, d 4, ϑ 142,4 °C⟩

Mol-% X_1	0,00	1,27	2,15	2,62
25 °C	0,881	0,883	0,885	0,886

[*67*] ⟨K 8, d 5⟩

Gew.-% X_1	89,01	92,04	95,23	96,85	97,95	98,36	98,76	100,00
30 °C	1,151	1,163	1,177	1,184	1,189	1,191	1,193	1,198

$C_6H_5O_2N$ Nitrobenzol (X_1) — **$C_{10}H_{14}$ Durol** (X_2)
[*20*] ⟨K 3, d 5⟩

Gew.-% X_1	94,22	97,98	100,00
25 °C	1,174	1,189	1,198

$C_6H_5O_2N$ Nitrobenzol (X_1) — **$C_{10}H_8$ Naphthalin** (X_2)
[*19*] ⟨K 3, d 5⟩

Gew.-% X_1	97,96	98,97	100,00
18 °C	1,201	1,203	1,205

$C_6H_5O_2N$ Nitrobenzol (X_1) — $C_{10}H_8$ Naphthalin (X_2) (Forts.)
[67] ⟨K 8, d 5⟩

Gew.-% X_1	89,37	92,58	95,79	97,57	99,03	100,00
30 °C	1,179	1,182	1,189	1,193	1,196	1,198

[29, 30, 45] ⟨K 8, d 4⟩

Mol-% X_1	0	10	20	30	50	70	80	100
80 °C	0,979	0,995	1,012	1,030	1,063	1,096	1,114	1,144

[51] ⟨K 5 bis 7,1 Mol-% X_1, d 4, ϑ 85 °C⟩

$C_6H_5O_2N$ Nitrobenzol (X_1) — $C_{12}H_{10}$ Acenaphthen (X_2)
[20] ⟨K 3, d 5⟩

Gew.-% X_1	96,13	97,16	100,00
25 °C	1,192	1,194	1,198

$C_6H_5O_2N$ Nitrobenzol (X_1) — $C_{12}H_{10}$ Diphenyl (X_2)
[67] ⟨K 8, d 5⟩

Gew.-% X_1	89,86	91,24	96,70	97,76	98,79	100,00
30 °C	1,178	1,181	1,192	1,194	1,196	1,198

[20] ⟨K 3 ab 4,3 Gew.-% X_1, d 4, ϑ 25 °C⟩
[57] ⟨K 4 ab 94,8 Mol-% X_1, d 5, ϑ 25 °C⟩

$C_6H_5O_2N$ Nitrobenzol (X_1) — $CHCl_3$ Chloroform (X_2)
[58] ⟨K 8, d 5⟩

Mol-% X_1	0,00	3,96	6,25	9,04	73,51	85,11	90,72	100,00
25 °C	1,468	1,457	1,450	1,442	1,263	1,234	1,220	1,199

[49] ⟨K 4 bis 2,9 Mol-% X_1, d 4, ϑ 25 °C⟩
[46]

$C_6H_5O_2N$ Nitrobenzol (X_1) — $CHBr_3$ Bromoform (X_2)
[21] ⟨K 7, d 4⟩

Gew.-% X_1	0,00	9,68	25,85	50,08	65,83	88,39	100,00
10 °C	2,889	2,472	2,081	1,683	1,499	1,296	1,213
76,5 °C	2,717	2,334	1,960	1,587	1,414	1,225	1,116

[58] ⟨K 4 ab 84,7 Mol-% X_1, d 5, ϑ 25 °C⟩

$C_6H_5O_2N$ Nitrobenzol (X_1) — CCl_4 Tetrachlormethan (X_2)
[41] ⟨K 17, d 4⟩

Mol-% X_1	0,00	9,59	20,98	31,03	40,39	50,01	59,17	71,66	80,46	89,36	100,00
10 °C	1,613	1,575	1,529	1,487	1,449	1,410	1,373	1,322	1,288	1,254	1,214
20 °C	1,594	1,557	1,512	1,472	1,435	1,396	1,360	1,311	1,277	1,243	1,204
30 °C	1,575	1,539	1,495	1,457	1,421	1,383	1,347	1,299	1,266	1,233	1,194
40 °C	1,556	1,520	1,478	1,441	1,406	1,369	1,334	1,287	1,255	1,222	1,184
50 °C	1,536	1,502	1,462	1,426	1,392	1,355	1,321	1,275	1,243	1,212	1,174

[71] ⟨K 9, d 4⟩

Gew.-% X_1	0,00	14,19	28,59	42,65	53,35	64,13	76,91	89,96	100,00
25 °C	1,5839	1,5187	1,4561	1,3984	1,3568	1,3170	1,2722	1,2291	1,1977

[56] ⟨K 9, d 4, ϑ 10°, 20°, 30°, 40°, 50 °C⟩
[42] ⟨K 5, d 4, ϑ 20 °C⟩
[47] ⟨K 5 bis 0,6 Mol-% X_1, d 5, ϑ 20 °C⟩
[49] ⟨K 4 bis 3,4 Mol-% X_1, d 4, ϑ 25 °C⟩
[50] ⟨K 5 bis 23 Mol-% X_1, d 4, ϑ 25 °C⟩
[40] ⟨K 6, d 4, ϑ 25,5 °C⟩

$C_6H_5O_2N$ Nitrobenzol (X_1) — **$C_2H_2Cl_4$ Tetrachloräthan** (X_2)
[*21*] ⟨K 7, d 4⟩

Gew.-% X_1	0,00	10,00	30,05	48,33	69,26	89,64	100,00
5 °C	1,610	1,557	1,467	1,392	1,314	1,248	1,217
76,5 °C	1,499	1,454	1,375	1,305	1,237	—	1,148

$C_6H_5O_2N$ Nitrobenzol (X_1) — **C_4H_9Cl sek. Butylchlorid** (X_2)
[*36*] ⟨K 6, d 4⟩

Gew.-% X_1	0,0	20,1	40,0	60,0	80,1	100,0
20 °C	0,873	0,927	0,987	1,050	1,122	1,203

$C_6H_5O_2N$ Nitrobenzol (X_1) — **C_6H_5Cl Chlorbenzol** (X_2)
[*58*] ⟨K 8, d 5⟩

Mol-% X_1	0,00	3,56	6,18	10,62	91,99	92,91	95,38	100,00
25 °C	1,199	1,195	1,193	1,189	1,109	1,108	1,106	1,101

[*44*] ⟨K 6 bis 11 Mol-% X_1, d 4, ϑ 25 °C⟩

$C_6H_5O_2N$ Nitrobenzol (X_1) — **$C_6H_4Cl_2$ p-Dichlorbenzol** (X_2)
[*67*] ⟨K 8, d 5⟩

Gew.-% X_1	89,57	91,45	93,75	96,34	97,50	98,75	100,00
30 °C	1,206	1,204	1,203	1,201	1,200	1,199	1,198

[*57*] ⟨K 5 ab 90,4 Mol-% X_1, d 5, ϑ 25 °C⟩

$C_6H_5O_2N$ Nitrobenzol (X_1) — **$C_{12}H_8Cl_2$ 4.4′-Dichlordiphenyl** (X_2)
[*57*] ⟨K 4, d 5⟩

Mol-% X_1	97,56	98,50	100,00
25 °C	1,201	1,200	1,199

$C_6H_5O_2N$ Nitrobenzol (X_1) — **CH_4O Methanol** (X_2)
[*42*] ⟨K 5, d 4⟩

Gew.-% X_1	0,00	27,14	49,01	63,42	100,00
20 °C	0,791	0,876	0,957	1,017	1,202

[*23*] ⟨K 5, d 4, ϑ 25 °C⟩

$C_6H_5O_2N$ Nitrobenzol (X_1) — **CH_2O_2 Ameisensäure** (X_2) [*66*]

$C_6H_5O_2N$ Nitrobenzol (X_1) — **C_2H_6O Äthanol** (X_2)
[*43*] ⟨K 7, d 4⟩

Mol-% X_1	0,00	5,94	15,93	36,25	57,02	83,65	100,00
25 °C	0,785	0,826	0,891	1,000	1,076	1,154	1,193

[*28*] ⟨K 10 bis 53 Mol-% X_1, d 5, ϑ 20°, 30°, 40°, 50°, 60 °C⟩
[*34*] ⟨K 4 bis 8,2 Gew.-% X_1, d 5, ϑ 30 °C⟩
[*4, 70*]

$C_6H_5O_2N$ Nitrobenzol (X_1) — **$C_2H_4O_2$ Essigsäure** (X_2) [*18*]

$C_6H_5O_2N$ Nitrobenzol (X_1) — **C_3H_6O Aceton** (X_2)
[*52*] ⟨K 13, d 3⟩

Mol-% X_1	0,0	6,3	13,8	20,9	28,2	41,6	48,9	59,9	79,1	85,0	100,00
20 °C	0,789	0,819	0,867	0,897	0,938	0,990	1,019	1,068	1,136	1,152	1,194

$C_6H_5O_2N$ Nitrobenzol (X_1) – C_3H_6O Aceton (X_2) (Forts.)
[43] ⟨K6, d4⟩

Mol-% X_1	0,00	19,22	41,65	62,49	86,53	100,00
25 °C	0,786	0,895	0,998	1,077	1,160	1,193

[24] ⟨K9 bis 16 Gew.-% X_1, d5, ϑ 20 °C⟩
[23] ⟨K5, d4, ϑ 25 °C⟩
[54] ⟨K8, d3, ϑ 30 °C⟩

$C_6H_5O_2N$ Nitrobenzol (X_1) – $C_3H_6O_3$ Dimethylcarbonat (X_2)
[62] ⟨K8, d4⟩

Mol-% X_1	0,00	12,66	24,44	38,73	52,16	68,07	83,74	100,00
25 °C	1,060	1,083	1,102	1,123	1,142	1,162	1,180	1,198

$C_6H_5O_2N$ Nitrobenzol (X_1) – $C_4H_{10}O$ n-Butanol (X_2) *[69]*

$C_6H_5O_2N$ Nitrobenzol (X_1) – $C_4H_{10}O$ Isobutanol (X_2)
[38] ⟨K24, d4, ϑ 65°, 105 °C⟩

Mol-% X_1	0,00	9,80	21,00	29,08	36,50	48,98	60,97	70,00	78,97	90,04	100,00
9,4 °C	0,811	0,858	0,905	0,942	0,973	1,024	1,069	1,102	1,137	1,178	1,213
25 °C	0,799	0,843	0,890	0,923	0,953	1,005	1,052	1,086	1,121	1,160	1,199
45 °C	0,785	0,810	0,860	0,893	0,924	0,971	1,018	1,052	1,085	1,131	1,179
85 °C	0,749	0,774	0,821	0,852	0,881	0,931	0,975	1,011	1,044	1,085	1,140

$C_6H_5O_2N$ Nitrobenzol (X_1) – $C_4H_{10}O$ Diäthyläther (X_1)
[32] ⟨K8, d5⟩

Gew.-% X_1	0,00	15,79	34,13	51,15	65,66	79,79	89,65	100,00
20 °C	0,713	0,771	0,843	0,921	0,995	1,073	1,134	1,204

[44] ⟨K6, d4⟩

Mol-% X_1	0,00	2,05	4,09	6,13	8,17	10,21
25 °C	0,712	0,723	0,735	0,745	0,757	0,770

$C_6H_5O_2N$ Nitrobenzol (X_1) – $C_4H_8O_2$ Äthylacetat (X_2)
[3] ⟨K8, d4⟩

Gew.-% X_1	0,00	7,98	20,02	44,45	63,43	70,76	85,00	100,00
20 °C	0,898	0,919	0,950	1,019	1,078	1,102	1,150	1,203

[27] ⟨K1 50 Gew.-% X_1, d4, ϑ 0°, 25°, 40°, 55°, 70 °C⟩

$C_6H_5O_2N$ Nitrobenzol (X_1) – $C_4H_8O_2$ Dioxan (X_2)
[65] ⟨K9, d4⟩

Mol-% X_1	0,00	8,16	15,31	24,81	40,03	55,59	70,14	85,89	100,00
22 °C	1,031	1,045	1,057	1,073	1,099	1,127	1,151	1,177	1,201

[77] ⟨ΔV, ϑ 20°, 30 °C⟩

$C_6H_5O_2N$ Nitrobenzol (X_1) – $C_4H_8O_3$ Methyl-l-lactat (X_2) *[10]*

$C_6H_5O_2N$ Nitrobenzol (X_1) – $C_5H_{12}O$ Isoamylalkohol (X_2)
[21] ⟨K7, d4⟩

Gew.-% X_1	0,00	9,98	29,99	50,00	70,02	90,06	100,00
0 °C	0,825	0,854	0,917	0,987	1,070	1,166	1,221

Gew.-% X_1	0,00	9,98	29,97	50,04	69,97	89,94	100,00
80 °C	0,764	0,791	0,850	0,915	0,994	1,088	1,144

Lacmann

$C_6H_5O_2N$ Nitrobenzol (X_1) — **$C_5H_{10}O_3$ Diäthylcarbonat** (X_2)
[*62*] ⟨K 9, d 4⟩

Mol-% X_1	0,00	14,81	30,62	44,65	57,74	69,90	82,73	94,81	100,00
25 °C	0,969	1,001	1,036	1,067	1,097	1,126	1,156	1,185	1,198

$C_6H_5O_2N$ Nitrobenzol (X_1) — **$C_5H_{10}O_3$ Methyl-l-α-methoxypropionat** (X_2) [*10*]

$C_6H_5O_2N$ Nitrobenzol (X_1) — **$C_6H_{14}O$ Diisopropyläther** (X_2)
[*59*] ⟨K 7, d 4⟩

Mol-% X_1	0,00	1,87	3,36	4,65	6,65	11,59	16,78
25 °C	0,720	0,728	0,734	0,739	0,747	0,768	0,789

$C_6H_5O_2N$ Nitrobenzol (X_1) — **C_6H_6O Phenol** (X_2)
[*31*] ⟨K 11, d 4⟩

Gew.-% X_1	0,00	15,32	28,97	41,36	50,27	62,04	72,59	81,88	91,16	95,84	100,00
20 °C	1,075	1,093	1,109	1,123	1,135	1,150	1,164	1,176	1,189	1,196	1,202

$C_6H_5O_2N$ Nitrobenzol (X_1) — **$C_6H_{12}O_3$ Paraldehyd** (X_2)
[*58*] ⟨K 5, d 5⟩

Mol-% X_1	0,00	89,21	96,13	96,76	100,00
25 °C	0,990	1,175	1,190	1,192	1,199

[*24*] ⟨K 10 ab 76,4 Gew.-% X_1, d 4, ϑ 20 °C⟩

$C_6H_5O_2N$ Nitrobenzol (X_1) — **$C_6H_{10}O_4$ Methyl-l-α-acetoxypropionat** (X_2) [*10*]

$C_6H_5O_2N$ Nitrobenzol (X_1) — **$C_6H_{10}O_6$ Methyltartrat** (X_2) [*9*]

$C_6H_5O_2N$ Nitrobenzol (X_1) — **C_7H_8O o-Kresol** (X_2)
[*20*] ⟨K 4, d 5⟩

Gew.-% X_1	83,78	90,46	96,92	100,00
12,87 °C	1,181	1,193	1,205	1,211

$C_6H_5O_2N$ Nitrobenzol (X_1) — **C_7H_8O m-Kresol** (X_2)
[*55*] ⟨K 11, d 3, ϑ 28 °C⟩

Mol-% X_1	0,00	12,14	26,80	42,22	52,10	58,52	72,80	87,02	100,00
25 °C	1,030	1,051	1,075	1,103	1,117	1,128	1,152	1,176	1,198

$C_6H_5O_2N$ Nitrobenzol (X_1) — **C_7H_8O Anisol** (X_2)
[*74*] ⟨K 13, d 4⟩

Gew.-% X_1	0,00	8,30	19,81	29,20	33,34	40,61	42,93	49,59	56,85	69,72	80,92	88,95	100,00
25 °C	0,989	1,003	1,024	1,042	1,050	1,066	1,071	1,084	1,098	1,127	1,153	1,171	1,199

$C_6H_5O_2N$ Nitrobenzol (X_1) — **$C_8H_{18}O$ Di-n-butyläther** (X_2)
[*59*] ⟨K 6, d 4⟩

Mol-% X_1	0,00	0,71	1,27	1,78	2,12	3,21
25 °C	0,764	0,767	0,769	0,770	0,771	0,774

$C_6H_5O_2N$ Nitrobenzol (X_1) — **$C_8H_{14}O_6$ Diäthyltartrat** (X_2)
[*8*] ⟨K 6, d 5⟩

Gew.-% X_1	49,98	80,06	90,00	95,00	98,00	100,00
20 °C	1,202	1,202	1,202	1,203	1,203	1,204

$C_6H_5O_2N$ Nitrobenzol (X_1) — **$C_8H_{14}O_6$ Dimethyl-d-dimethoxysuccinat** (X_2) [*11*]

$C_6H_5O_2N$ Nitrobenzol (X_1) — **$C_{10}H_{22}O$ Diamyläther** (X_2)
[*59*] ⟨K6, d4⟩

Mol-% X_1	0,00	1,20	2,00	2,86	3,80	6,15
25 °C	0,772	0,774	0,776	0,778	0,781	0,786

$C_6H_5O_2N$ Nitrobenzol (X_1) — **$C_{10}H_{20}O$ Menthol** (X_2) [*5, 17*]

$C_6H_5O_2N$ Nitrobenzol (X_1) — **$C_{12}H_{18}O_8$ Diäthyldiacetyltartrat** (X_2) [*17*]

$C_6H_5O_2N$ Nitrobenzol (X_1) — **$C_{14}H_{10}O_2$ Benzil** (X_2)
[*20*] ⟨K3, d5⟩

Gew.-% X_1	95,36	98,19	100,00
25 °C	1,195	1,197	1,198

$C_6H_5O_2N$ Nitrobenzol (X_1) — **$C_{16}H_{26}O_8$ Isobutyldiacetyl-d-tartrat** (X_2) [*12*]

$C_6H_5O_2N$ Nitrobenzol (X_1) — **$C_{18}H_{16}O_6$ act. Methyldibenzoylglycerat** (X_2) [*1*]

$C_6H_5O_2N$ Nitrobenzol (X_1) — **$C_{24}H_{42}O_6$ Di-l-Menthyltartrat** (X_2) [*5*]

$C_6H_5O_2N$ Nitrobenzol (X_1) — **$C_{24}H_{42}O_6$ Di-l-Menthyl-l-tartrat** (X_2)
[*7*] ⟨K3 ab 94,7 Gew.-% X_1, d5, ϑ 20 °C⟩

$C_6H_5O_2N$ Nitrobenzol (X_1) — **$C_{28}H_{46}O_8$ Di-Menthyldiacetyltartrat** (X_2)
[*7*] ⟨K3 ab 94,6 Gew.-% X_1, d5, ϑ 20 °C⟩
[*5*]

$C_6H_5O_2N$ Nitrobenzol (X_1) — **$C_8H_9Cl_3O_7$ Methyl-mono(trichloracetyl)-tartrat** (X_2) [*9*]

$C_6H_5O_2N$ Nitrobenzol (X_1) — **$C_{10}H_8Cl_6O_8$ Methyl-di(trichloracetyl)-tartrat** (X_2) [*9*]

$C_6H_5O_2N$ Nitrobenzol (X_1) — **$C_{12}H_{12}Cl_6O_8$ Äthyl-di(trichloracetyl)-tartrat** (X_2) [*9*]

$C_6H_5O_2N$ Nitrobenzol (X_1) — **$C_{16}H_{20}Cl_6O_8$ Isobutyl-di(trichloracetyl)-tartrat** (X_2) [*9*]

$C_6H_5O_2N$ Nitrobenzol (X_1) — **C_2H_6OS Dimethylsulfoxid** (X_2)
[*76*] ⟨K11, d4, ϑ 35 °C⟩

Mol-% X_1	0	10	20	30	40	50	60	70	80	90	100
25 °C	1,0957	1,1081	1,1202	1,1317	1,1427	1,1531	1,1631	1,1726	1,1816	1,1903	1,1986
45 °C	1,0765	1,0880	1,0999	1,1114	1,1227	1,1334	1,1436	1,1530	1,1619	1,1705	1,1789

$C_6H_5O_2N$ Nitrobenzol (X_1) — **$C_{16}H_{24}O_3S$ Menthylbenzolsulfonat** (X_2) [*6*]

$C_6H_5O_2N$ Nitrobenzol (X_1) — **$C_{20}H_{26}O_3S$ Menthylnaphthalin-β-sulfonat** (X_2) [*6*]

$C_6H_5O_2N$ Nitrobenzol (X_1) — **C_2H_3N Acetonitril** (X_2)
[*73*] ⟨K6, d5⟩

Mol-% X_1	0,00	7,18	25,73	46,88	73,15	100,00
25 °C	0,777	0,834	0,952	1,049	1,135	1,198

$C_6H_5O_2N$ Nitrobenzol (X_1) — **C_4H_5N Pyrrol** (X_1)
[*61*] ⟨K8, d4⟩

Mol-% X_1	0	20	40	50	60	70	80	100
20 °C	0,948	1,024	1,079	1,098	1,126	1,143	1,165	1,202

$C_6H_5O_2N$ Nitrobenzol (X_1) — **C_5H_5N Pyridin** (X_2) [*39, 64*]

$C_6H_5O_2N$ Nitrobenzol (X_1) — **$C_6H_{15}N$ Triäthylamin** (X_2)
[75] ⟨K 7, d 3⟩

Mol-% X_1	0,00	19,60	45,46	57,94	68,97	88,63	100,00
28 °C	0,724	0,793	0,913	0,967	1,026	1,124	1,177

$C_6H_5O_2N$ Nitrobenzol (X_1) — **C_6H_7N Anilin** (X_2)
[63] ⟨K 9, ΔV, Gleichung⟩

Gew.-% X_1	0,00	13,94	25,03	37,90	50,48	63,56	75,07	86,85	100,00
25 °C	1,0172	1,0376	1,0547	1,0758	1,0978	1,1218	1,1445	1,1690	1,1983
45 °C	1,0000	1,0200	1,0370	1,0579	1,0794	1,1033	1,1256	1,1497	1,1784
65 °C	0,9825	1,0024	1,0191	1,0398	1,0610	1,0845	1,1065	1,1303	1,1586
85 °C	0,9649	0,9846	1,0012	1,0215	1,0425	1,0657	1,0874	1,1108	1,1386

[15] ⟨K 5, d 3, ϑ 0°, 62 °C⟩
[25] ⟨K 11, d 5, ϑ 20 °C⟩
[55] ⟨K 11, d 3, ϑ 25°, 28 °C⟩
[22] ⟨K 9, d 3, ϑ 25 °C⟩
[26]

$C_6H_5O_2N$ Nitrobenzol (X_1) — **C_7H_9N Methylanilin** (X_2)
[16] ⟨K 5, d 4⟩

Mol-% X_1	0	25	50	75	100
20 °C	0,999	1,048	1,098	1,149	1,203
70 °C	0,957	1,004	1,052	1,102	1,155

$C_6H_5O_2N$ Nitrobenzol (X_1) — **C_7H_9N o-Toluidin** (X_2)
[16] ⟨K 5, d 3⟩

Mol-% X_1	0,00	33,33	50,00	66,66	100,00
11 °C	1,006	1,072	1,106	1,142	1,212

$C_6H_5O_2N$ Nitrobenzol (X_1) — **C_7H_5N Benzonitril** (X_2)
[72] ⟨K 13, d 5⟩

Mol-% X_1	0,00	2,46	5,00	9,46	21,00	42,77	72,72	77,08	89,27	92,06	94,99	98,48	100,00
20 °C	1,006	1,011	1,017	1,026	1,048	1,092	1,150	1,159	1,182	1,188	1,194	1,200	1,203

$C_6H_5O_2N$ Nitrobenzol (X_1) — **$C_8H_{11}N$ Äthylanilin** (X_2)
[16] ⟨K 5, d 3⟩

Mol-% X_1	0,00	20,00	50,00	73,80	100,00
11 °C	0,994	—	1,097	—	1,212
77,5 °C	0,912	0,951	1,011	1,076	1,148

$C_6H_5O_2N$ Nitrobenzol (X_1) — **$C_8H_{11}N$ Dimethylanilin** (X_2)
[16] ⟨K 6, d 3⟩

Mol-% X_1	0,00	31,28	50,00	75,00	100,00
11 °C	0,965	1,029	1,077	1,126	1,212
77,5 °C	0,909	—	1,018	1,085	1,148

[22] ⟨K 8, d 3, ϑ 25 °C⟩
[64]

$C_6H_5O_2N$ Nitrobenzol (X_1) — **$C_{10}H_{15}N$ Diäthylanilin** (X_2)
[16] ⟨K 5, d 3⟩

Mol-% X_1	0,00	33,34	50,00	66,81	100,00
11 °C	0,942	1,006	1,052	1,098	1,212

$C_6H_5O_2N$ Nitrobenzol (X_1) — $C_{10}H_{14}N$ Nicotin (X_2)
[68] ⟨K 11, d 4⟩

Mol-% X_1	0,00	10,87	20,52	30,37	38,46	50,13	60,54	69,73	79,47	89,41	100,00
25 °C	1,007	1,023	1,035	1,047	1,064	1,084	1,102	1,124	1,144	1,170	1,200
50 °C	0,987	1,001	1,016	1,027	1,041	1,060	1,078	1,099	1,119	1,144	1,172
75 °C	0,967	0,979	0,994	1,004	1,019	1,038	1,056	1,077	1,095	1,123	1,149

$C_6H_5O_2N$ Nitrobenzol (X_1) — $C_{12}H_{10}N_2$ Azobenzol (X_2)
[20] ⟨K 3, d 5⟩

Gew.-% X_1	95,52	98,16	100,00
25 °C	1,191	1,195	1,198

$C_6H_5O_2N$ Nitrobenzol (X_1) — $C_8H_{20}Cl_3BrJN$ Tetraäthylammoniumjodobromotrichlorid (X_2) [60]

$C_6H_5O_2N$ Nitrobenzol (X_1) — $C_9H_{13}Br_4N$ p-Bromphenyltrimethylammoniumtribromid (X_2) [60]

$C_6H_5O_2N$ Nitrobenzol (X_1) — $C_9H_{13}Cl_2BrJN$ p-Bromphenyltrimethylammoniumjoddichlorid (X_2) [60]

$C_6H_5O_2N$ Nitrobenzol (X_1) — $C_9H_{13}Cl_4BrJN$ p-Bromphenyltrimethylammoniumjodtetrachlorid (X_2) [60]

$C_6H_5O_2N$ Nitrobenzol (X_1) — $C_{12}H_{28}JN$ Tetrapropylammoniumjodid (X_2) [13]

$C_6H_5O_2N$ Nitrobenzol (X_1) — $C_3H_5O_9N_3$ Nitroglycerin (X_2)
[53] ⟨K 13, d 3, ϑ 18° bis 20,3 °C⟩

1 Frankland, Pickard: J. chem. Soc. (London) **69** (1896) 123 (nach ICT).
2 Philip, J. C.: Z. physik. Chem. **24** (1897) 18—38.
3 Herzen: Bibl. univ. Arch. Sci. phys. natur. **14** (1902) 232 (nach ICT).
4 Wagner, J.: Z. physik. Chem. **46** (1903) 867—77.
5 Patterson, T. S., Taylor, F.: J. chem. Soc. (London) **87** (1905) 122—35.
6 Patterson, T. S., Frew, J.: J. chem. Soc. (London) **89** (1906) 332—39.
7 Patterson, T. S., Kaye, J.: J. chem. Soc. (London) **89** (1906) 1884—99; **91** (1907) 705—11.
8 Patterson, T. S.: J. chem. Soc. (London) **93** (1908) 1836—57.
9 Patterson, T. S., Davidson, A.: J. chem. Soc. (London) **101** (1912) 374—82.
10 Patterson, T. S., Forsyth, W. C.: J. chem. Soc. (London) **103** (1913) 2263—71.
11 Patterson, T. S., Patterson, D. C.: J. chem. Soc. (London) **107** (1915) 142—55.
12 Patterson, T. S., McArthur, D. N.: J. chem. Soc. (London) **107** (1915) 814—15.
13 Walden, P.: Z. physik. Chem. **55** (1906) 683—720.
14 Ritzel, A.: Z. physik. Chem. **60** (1907) 319—58.
15 Kremann, R., Ehrlich, R.: Mh. Chem. (1907) 831 (nach ICT).
16 Kremann, R., Meingast, R., Gugl, F.: Mh. Chem. **35** (1914) 876—82, 1235.
17 Scheuer: Z. physik. Chem. **72** (1910) 513—608.
18 Baud: Bull. Soc. chim. France **7** (1910) 117 (nach ICT).
19 Dawson, H. M.: J. chem. Soc. (London) **97** (1910) 1041—56.
20 Tyrer, D.: J. chem. Soc. (London) **97** (1910) 2620—34; **99** (1911) 871—80.
21 Drucker, K., Kassel, R.: Z. physik. Chem. **76** (1911) 367—84.
22 Tsakalatos, D. E.: Bull. Soc. chim. Belgique **11** (1912) 284 (nach Tim.).
23 Fischler, J.: Z. Elektrochem. angew. physik. Chem. **19** (1913) 126—32.
24 Muchin, G.: Z. Elektrochem. angew. physik. Chem. **19** (1913) 819—21.
25 Biron, E. V., Morguleva, O.: J. russ. physik.-chem. Ges. (Shurnal Russkogo Fisiko-Chimitschesskogo Obschtschesstwa) **45** (1913) 1985 (nach Tim.).
26 Herz, W.: Z. physik. Chem. **87** (1914) 63—68.
27 Mathews, J. H., Cooke, R. D.: J. physic. Chem. **18** (1914) 559—85.
28 Price, T. W.: J. chem. Soc. (London) **107** (1915) 188—98.
29 Kurnakow, N. S., Krotkov, D., Oksman, M.: Bull. Acad. Sci. St. Petersburg **9** (1915) 45; J. russ. physik.-chem. Ges. (Shurnal Russkogo Fisiko-Chimitschesskogo Obschtschesstwa) **47** (1915) 558 (nach ICT).
30 Kurnakow, N. S.: Z. anorg. allg. Chem. **135** (1924) 81—117.
31 Bramley, A.: J. chem. Soc. (London) **109** (1916) 10—45.
32 Hartung, E. J.: Trans. Faraday Soc. **12** (1917) 66—85.
33 Ylönen: Societas scientiarium fennica Commentationes physico-mathematicae **1** (1922) Nr. 7 (nach ICT).

34 Burrows, G. J., Eastwood, F.: Proc. Roy. Soc. New South Wales, Phil. Sect., **57** (1923) 118—25.
35 Lange, L.: Z. Physik **33** (1925) 169—82.
36 Veltmans, M.: Thesis, Brüssel, 1926 (nach Tim.).
37 Delcourt, Y.: Thesis, Brüssel, 1927 (nach Tim.).
38 Efremov, N. N.: Ann. Inst. Analyse Physico-chim. (Iswesstija Instituta Fisiko-Chimitschesskogo Analisa) **4** (1928) 117 (nach Tabl. ann.).
39 Prentiss, S. W.: J. Amer. chem. Soc. **51** (1929) 2825—32.
40 Hammick, D. L., Andrew, L. W.: J. chem. Soc. (London) **1929**, 754—59.
41 Pal, N. N.: Philos. Mag. [7] **10** (1930) 265—80.
42 Münter, E.: Ann. Physik [5] **11** (1931) 558—78.
43 Graffunder, W., Heymann, E.: Z. Physik **72** (1931) 744—62.
44 Wehrle, J. A.: Physic. Rev. [2] **37** (1931) 1135—46.
45 Bernoulli, A. L., Veillon, E. A.: Helv. chim. Acta **15** (1932) 810—39.
46 Bottecchia, G.: Atti Reale Ist. Veneto Sci., Lettere Arti, Parte II **92** (1932/33) 9—17.
47 Müller, H.: Physik. Z. **34** (1933) 689—710.
48 Fairbrother, F.: J. chem. Soc. (London) **1934**, 1846—49.
49 Jenkins, H. O.: Trans. Faraday Soc. **30** (1934) 739—45; J. chem. Soc. (London) **1934**, 480—85.
50 Jenkins, H. O., Sutton, L. E.: J. chem. Soc. (London) **1935**, 609—15.
51 Briegleb, G., Kambeitz, J.: Z. physik. Chem. (B) **25** (1934) 251—56.
52 Garssen, J. E.: C. R. hebd. Séances Acad. Sci. **196** (1933) 541—43.
53 Sutton, T. C., Harden, H. L.: J. physic. Chem. **38** (1934) 779—81.
54 Rao, S. R.: Indian J. Physics **8** (1934) 483 (nach Tim.).
55 Trew, V. C. G., Spencer, J. F.: Trans. Faraday Soc. **32** (1936) 701—08.
56 Seely, S.: Physic. Rev. [2] **49** (1936) 812—19.
57 Le Fèvre, C. G., Le Fèvre, R. J. W.: J. chem. Soc. (London) **1936**, 487—91.
58 Le Fèvre, R. J. W., Russell, P.: J. chem. Soc. (London) **1936**, 491—97.
59 Thomson, G.: J. chem. Soc. (London) **1937**, 1051—57.
60 Ray, S. K., Majumdar, D.: J. Indian chem. Soc. **14** (1937) 197—207.
61 Dezelic, M., Beka, B.: Bull. Soc. Chim. Belgrade **9** (1938) 151 (nach Tim.).
62 Bowden, S. T., Butler, E. T.: J. chem. Soc. (London) **1939**, 79—83.
63 Gibson, R. E., Loeffler, O. H.: J. Amer. chem. Soc. **61** (1939) 2877—84.
64 Holzschmidt, W. A., Worobjew, N. K.: Trans. Inst. chem. Techn. Ivanovo (USSR) (Trudy Iwanowskogo Chimiko-Technologitschesskogo Instituta) **1939**, 5—12 (nach Chem. Zbl.).
65 Klapproth, H.: Nova Acta Leopoldina [N. F.] **9** (1940) 305—60.
66 Udowenko, U. S., Airapetrowa, R. P.: J. allg. Chem. (Shurnal Obschtschei Chimii) **17** (1947) 425—29.
67 Holland, H. G., Le Fèvre, R. J. W.: J. chem. Soc. (London) **1950**, 2166—69.
68 Babak, Ss. F., Udowenko, W. W.: J. allg. Chem. (Shurnal Obschtschei Chimii) **20** (1950) 1568—71.
69 Balachandran, C. G.: J. Indian Inst. Sci. **36** (1954) 10—18.
70 Lutzki, A. Je.: J. allg. Chem. (Shurnal Obschtschei Chimii) **24** (1954) 74—78.
71 Sadek, H., Fuoss, R. M.: J. Amer. chem. Soc. **76** (1954) 5905—09.
72 Pilpel, N.: J. Amer. chem. Soc. **77** (1955) 2949—53.
73 Kortüm, G., Gokhale, S. D., Wilski, H.: Z. physik. Chem. [N. F.] **4** (1955) 286—96.
74 Powell, A. L., Martell, A. E.: J. Amer. chem. Soc. **79** (1957) 2118—23.
75 Reddy, K. C., Subrahmanyam, S. V., Bhimasenackar, J.: Trans. Faraday Soc. **58** (1962) 2352—57.
76 Lindberg, J. J., Stenholm, V.: Finska Kemistsamfundets Medd. **75** (1966) 22—31.
77 Suri, S. K., Ramakrishna, V.: Indian J. Chem. **7** (1969) 490—94 (nach Chem. Abstr.).

$C_6H_5O_2N$ p-Nitrosophenol (X_1) — **$C_4H_8O_2$ Dioxan** (X_2)
[42] ⟨K 5 bis 1,1 Mol-% X_1, d 5, ϑ 35 °C⟩

$C_6H_{15}O_3N$ Triäthanolamin (X_1) — **$C_4H_8O_2$ Dioxan** (X_2)
[29] ⟨K 5, d 5⟩

Mol-% X_1	0,72	1,99	2,86	3,96
25 °C	1,029	1,031	1,032	1,034

$C_6H_5O_3N$ o-Nitrophenol (X_1) — **C_6H_6 Benzol** (X_2)
[5] ⟨K 5, d 5⟩

Gew.-% X_1	0,00	3,04	6,62	11,44	25,10
12,87 °C	0,886	0,895	0,906	0,921	0,967

$C_6H_5O_3N$ o-Nitrophenol (X_1) — **C_6H_6 Benzol** (X_2) (Forts.)
[*17*] ⟨K7, d4⟩

Mol-% X_1	0,00	0,38	0,64	1,02	1,91	3,11
25 °C	0,874	0,876	0,877	0,879	0,883	0,890

[*31*] ⟨K8 bis 2,9 Mol-% X_1, d4, ϑ 25 °C⟩
[*37*]

$C_6H_5O_3N$ o-Nitrophenol (X_1) — **$CHCl_3$ Chloroform** (X_2)
[*2*] ⟨K1, 8,3 Gew.-% X_1, d4, ϑ 15°, 25°, 35°, 45°, 55 °C⟩

$C_6H_5O_3N$ o-Nitrophenol (X_1) — **C_2H_6O Äthanol** (X_2)
[*14*] ⟨K4, d3⟩

Gew.-% X_1	0,00	3,56	5,26	100,00
30 °C	0,781	0,793	0,799	1,329

[*5*] ⟨K4 bis 11,2 Gew.-% X_1, d5, ϑ 12,87 °C⟩
[*37*]

$C_6H_5O_3N$ o-Nitrophenol (X_1) — **$C_7H_{14}O_2$ Amylacetat** (X_2) [*6*]

$C_6H_5O_3N$ o-Nitrophenol (X_1) — **$C_8H_{14}O_6$ Äthyltartrat** (X_2) [*4*]

$C_6H_5O_3N$ o-Nitrophenol (X_1) — **C_5H_5N Pyridin** (X_2)
[*12*] ⟨K12, d4⟩

Gew.-% X_1	0,00	11,32	20,74	27,58	39,62	52,25	60,24	68,32	76,79	86,96	91,25	100,00
30 °C	0,972	1,005	1,033	1,054	1,094	1,136	1,165	1,193	1,223	1,258	—	—
40 °C	0,963	0,995	1,023	1,044	1,083	1,126	1,154	1,182	1,213	1,247	1,262	1,294
60,1 °C	0,942	0,974	1,002	1,023	1,062	1,104	1,132	1,160	1,190	1,225	1,240	1,271
80 °C	0,922	0,954	0,982	1,003	1,041	1,082	1,110	1,138	1,169	1,204	1,219	1,248

$C_6H_5O_3N$ o-Nitrophenol (X_1) — **C_6H_7N Anilin** (X_2)
[*12*] ⟨K12, d4⟩

Gew.-% X_1	0,00	10,88	22,36	32,77	42,00	51,28	60,52	68,32	77,11	85,04	91,49	100,00
30 °C	1,013	1,038	1,066	1,092	1,118	1,145	1,172	1,197	1,226	1,253	—	—
40 °C	1,005	1,029	1,057	1,083	1,108	1,135	1,162	1,187	1,216	1,243	1,264	1,294
60 °C	0,987	1,011	1,038	1,065	1,089	1,115	1,142	1,166	1,195	1,222	1,243	1,271
80 °C	0,970	0,993	1,020	1,046	1,070	1,096	1,122	1,146	1,175	1,201	1,222	1,248

$C_6H_5O_3N$ o-Nitrophenol (X_1) — **C_7H_9N p-Toluidin** (X_2)
[*7*] ⟨K4, d3⟩

Gew.-% X_1	0,0	35,3	79,6	100,0
50 °C	0,958	1,050	1,220	1,282

$C_6H_5O_3N$ o-Nitrophenol (X_1) — **C_9H_7N Chinolin** (X_2)
[*12*] ⟨K14, d4⟩

Gew.-% X_1	0,00	10,80	21,43	30,69	41,61	49,16	58,20	67,04	77,56	82,41	91,18	100,00
30 °C	1,085	1,107	1,131	1,152	1,176	1,194	1,214	1,234	1,255	1,266	1,285	—
40 °C	1,077	1,099	1,122	1,143	1,167	1,184	1,205	1,224	1,246	1,256	1,275	1,294
60 °C	1,062	1,082	1,105	1,125	1,148	1,165	1,185	1,204	1,225	1,235	1,253	1,271
80 °C	1,046	1,066	1,088	1,107	1,129	1,146	1,165	1,184	1,204	1,214	1,231	1,248

$C_6H_5O_3N$ o-Nitrophenol (X_1) — **$C_{10}H_{14}N_2$ Nicotin** (X_2)
[*36*] ⟨K16, d4⟩

Mol-% X_1	0,00	10,63	20,12	30,12	39,70	49,95	59,23	69,80	79,81	89,80	100,00
35 °C	0,999	1,023	1,048	1,075	1,104	1,133	1,163	1,199	1,231	—	—
50 °C	0,987	1,010	1,034	1,061	1,088	1,117	1,147	1,181	1,214	1,250	1,285
75 °C	0,967	0,989	1,011	1,037	1,063	1,091	1,120	1,154	1,186	1,224	1,257

$C_6H_5O_3N$ m-Nitrophenol (X_1) — C_6H_6 Benzol (X_2)
[17] ⟨K6, d4⟩

Mol-% X_1	0,00	0,38	0,64	1,02	1,39
25 °C	0,874	0,876	0,877	0,879	0,881

$C_6H_5O_3N$ m-Nitrophenol (X_1) — C_2H_6O Äthanol (X_2) [37]

$C_6H_5O_3N$ m-Nitrophenol (X_1) — $C_7H_{14}O_2$ Amylacetat (X_2) [6]

$C_6H_5O_3N$ p-Nitrophenol (X_1) — C_6H_6 Benzol (X_2)
[17] ⟨K5 bis 0,6 Mol-% X_1, d4, ϑ 25 °C⟩
[19, 37]

$C_6H_5O_3N$ p-Nitrophenol (X_1) — $C_{10}H_8$ Naphthalin (X_2)
[33] ⟨K12, d3⟩

Gew.-% X_1	0,00	10,09	14,77	21,52	27,54	44,28	48,38	59,62	66,49	79,89	89,71	100,00
117,3 °C	0,954	0,978	0,988	1,007	1,023	1,070	1,084	1,121	1,148	1,195	1,236	1,282

$C_6H_5O_3N$ p-Nitrophenol (X_1) — C_2H_6O Äthanol (X_2)
[14] ⟨K4 bis 0,96 Gew.-% X_1, d5, ϑ 30 °C⟩

$C_6H_5O_3N$ p-Nitrophenol (X_1) — $C_7H_{14}O_2$ Amylacetat (X_2) [6]

$C_6H_6ON_2$ Nicotinsäureamid (X_1) — C_6H_6 Benzol (X_2)
[43] ⟨K6 bis 0,03 Gew.-% X_1, d5, ϑ 25 °C⟩

$C_6H_6ON_2$ iso-Nicotinsäureamid (X_1) — $C_4H_8O_2$ Dioxan (X_2)
[34] ⟨K4 bis 1,2 Mol-% X_1, d4, ϑ 25 °C⟩

$C_6H_4ON_2$ p-Benzochinondiazid (X_1) — C_6H_6 Benzol (X_2)
[35] ⟨K4 bis 0,3 Gew.-% X_1, d5, ϑ 25 °C⟩

$C_6H_{12}O_2N_2$ Methyl-n-Propylglyoxim (X_1) — $C_4H_8O_2$ Dioxan (X_2)
[27] ⟨K6 bis 0,03 molar X_1, d4, ϑ 20 °C⟩

$C_6H_6O_2N_2$ o-Nitroanilin (X_1) — C_6H_6 Benzol (X_2)
[28] ⟨K8, d4⟩

Gew.-% X_1	0,00	3,05	5,98	8,24	11,65	14,03
20 °C	0,878	0,888	0,897	0,904	0,915	0,922

[18] ⟨K5 bis 4,2 Mol-% X_1, d4, ϑ 20 °C⟩

$C_6H_6O_2N_2$ o-Nitroanilin (X_1) — $C_7H_{14}O_2$ Amylacetat (X_2) [6]

$C_6H_6O_2N_2$ o-Nitroanilin (X_1) — $C_8H_{14}O_6$ Äthyltartrat (X_2) [4]

$C_6H_6O_2N_2$ m-Nitroanilin (X_1) — C_6H_6 Benzol (X_2)
[18] ⟨K4, d4⟩

Mol-% X_1	0,00	0,54	1,27	2,21
40 °C	0,857	0,860	0,864	0,868

[41] ⟨K8 bis 0,9 Gew.-% X_1, d5, ϑ 25 °C⟩

$C_6H_6O_2N_2$ m-Nitroanilin (X_1) — C_2H_6O Äthanol (X_2)
[14] ⟨K4, d5⟩

Gew.-% X_1	0,00	2,44	2,69	100,00
30 °C	0,781	0,790	0,791	1,296

$C_6H_6O_2N_2$ m-Nitroanilin (X_1) — $C_4H_8O_2$ Dioxan (X_2)
[41] ⟨K 7, d 5⟩

Gew.-% X_1	0,00	0,59	1,13	1,74	2,31	2,89	5,59
25 °C	1,028	1,029	1,031	1,032	1,033	1,034	1,040

$C_6H_6O_2N_2$ m-Nitroanilin (X_1) — $C_7H_{14}O_2$ Amylacetat (X_2) *[6]*

$C_6H_6O_2N_2$ m-Nitroanilin (X_1) — $C_8H_{14}O_6$ Äthyltartrat (X_2) *[4]*

$C_6H_6O_2N_2$ p-Nitroanilin (X_1) — C_6H_{14} Hexan (X_2) *[21]*

$C_6H_6O_2N_2$ p-Nitroanilin (X_1) — C_6H_6 Benzol (X_2)
[18] ⟨K 4, d 4⟩

Mol-% X_1	0,00	0,26	0,53	1,08
70 °C	0,825	0,827	0,828	0,831

[41] ⟨K 8 bis 0,4 Gew.-% X_1, d 5, ϑ 25 °C⟩
[30] ⟨K 5 bis 0,3 Mol-% X_1, d 5, ϑ 25 °C⟩
[21]

$C_6H_6O_2N_2$ p-Nitroanilin (X_1) — C_2H_6O Äthanol (X_2)
[14] ⟨K 4 bis 0,96 Gew.-% X_1, d 5, ϑ 30 °C⟩

$C_6H_6O_2N_2$ p-Nitroanilin (X_1) — C_3H_6O Aceton (X_2)
[22] ⟨K 5, d 3⟩

Mol-% X_1	0,0	6,4	9,8	15,3	100,0
10 °C	0,791	0,851	0,883	0,916	1,424

$C_6H_6O_2N_2$ p-Nitroanilin (X_1) — $C_4H_8O_2$ Dioxan (X_2)
[24] ⟨K 3, d 4⟩

Mol-% X_1	0,17	0,73	1,46
30 °C	1,022	1,024	1,027

[41] ⟨K 6 bis 3,7 Gew.-% X_1, d 5, ϑ 25 °C⟩

$C_6H_6O_2N_2$ p-Nitroanilin (X_1) — $C_8H_{14}O_6$ Äthyltartrat (X_2) *[4]*

$C_6H_4O_4N_2$ o-Dinitrobenzol (X_1) — C_6H_6 Benzol (X_2)
[18] ⟨K 5, d 4⟩

Mol-% X_1	0,00	0,58	1,06	1,93	2,76
20 °C	0,878	0,882	0,886	0,893	0,899

[16] ⟨K 5 bis 2,2 Mol-% X_1, d 4, ϑ 25 °C⟩

$C_6H_4O_4N_2$ m-Dinitrobenzol (X_1) — C_6H_6 Benzol (X_2)
[5] ⟨K 4, d 4⟩

Gew.-% X_1	0,00	4,60	8,21	13,96
20 °C	0,879	0,895	0,909	0,931
40 °C	0,857	0,874	0,888	0,909
60 °C	0,836	0,853	0,866	0,888

[16] ⟨K 7, d 4⟩

Mol-% X_1	0,00	1,54	2,02	4,18	4,64	6,14	8,37
25 °C	0,873	0,885	0,889	0,906	0,909	0,921	0,938

[18] ⟨K 5 bis 4,2 Mol-% X_1 d 4, ϑ 20 °C⟩
[30] ⟨K 6 bis 2 Gew.-% X_1, d 5, ϑ 25 °C⟩
[40] ⟨K 7 bis 4 Gew.-% X_1, d 5, ϑ 25 °C⟩

$C_6H_4O_4N_2$ m-Dinitrobenzol (X_1) — **C_7H_8 Toluol** (X_2)
[*5*] ⟨K4, d4, ϑ 12,87°, 15°, 30°, 50°, 70 °C⟩

Gew.-% X_1	0,00	3,93	7,13	13,49
20 °C	0,866	0,881	0,893	0,918
40 °C	0,847	0,862	0,874	0,899
60 °C	0,828	0,843	0,855	0,880

$C_6H_4O_4N_2$ m-Dinitrobenzol (X_1) — **$C_{10}H_8$ Naphthalin** (X_2)
[*10, 11, 20*] ⟨K8, d4⟩

Mol-% X_1	0	25	40	46	50	57,5	75	100
52 °C	—	—	1,162	1,175	1,196	1,218	—	—
90 °C	0,970	1,075	1,132	1,151	1,171	1,198	1,267	1,364

[*25*] ⟨K6 bis 8,1 Mol-% X_1, d4, ϑ 85 °C⟩

$C_6H_4O_4N_2$ m-Dinitrobenzol (X_1) — **$CHCl_3$ Chloroform** (X_2) [*5*]

$C_6H_4O_4N_2$ m-Dinitrobenzol (X_1) — **$C_4H_8O_2$ Äthylacetat** (X_2)
[*5*] ⟨K4, d4, ϑ 15°, 30°, 50 °C⟩

Gew.-% X_1	0,00	3,59	6,04	14,17
20 °C	0,901	0,914	0,923	0,954
40 °C	0,876	0,889	0,898	0,930
60 °C	0,851	0,864	0,874	0,906

[*13*] ⟨K6, d5⟩

Gew.-% X_1	0,00	25,75	31,86	34,22	39,14	43,21
30 °C	0,889	0,992	1,019	1,030	1,053	1,073

$C_6H_4O_4N_2$ m-Dinitrobenzol (X_1) — **$C_8H_{14}O_6$ Äthyltartrat** (X_2) [*3*]

$C_6H_4O_4N_2$ p-Dinitrobenzol (X_1) — **C_6H_6 Benzol** (X_2)
[*39*] ⟨K4, d5⟩

Gew.-% X_1	1,57	2,01	2,62	2,93
25 °C	0,881	0,883	0,885	0,887

[*18*] ⟨K4 bis 1,2 Mol-% X_1, d4, ϑ 20 °C⟩
[*16*] ⟨K4 bis 1,4 Mol-% X_1, d4, ϑ 25 °C⟩
[*30*] ⟨K5 bis 1 Mol-% X_1, d5, ϑ 25°, 45 °C⟩

$C_6H_4O_4N_2$ p-Dinitrobenzol (X_1) — **$CHCl_3$ Chloroform** (X_2)
[*30*] ⟨K5 bis 1,1 Mol-% X_1, d5, ϑ 25 °C⟩
[*31*] ⟨K4 bis 1,1 Mol-% X_1, d4, ϑ 25 °C⟩

$C_6H_4O_4N_2$ p-Dinitrobenzol (X_1) — **$C_4H_8O_2$ Dioxan** (X_2)
[*39*] ⟨K4, d5⟩

Gew.-% X_1	1,30	1,62	2,48	3,80
25 °C	1,034	1,036	1,038	1,042

[*30*] ⟨K5 bis 0,9 Mol-% X_1, d5, ϑ 25 °C⟩

$C_6H_5O_4N_3$ 2.4-Dinitroanilin (X_1) — **C_6H_6 Benzol** (X_2)
[*41*] ⟨K7 bis 1,3 Gew.-% X_1, d5, ϑ 25 °C⟩

$C_6H_5O_4N_3$ 2.4-Dinitroanilin (X_1) — **$C_4H_8O_2$ Dioxan** (X_2)
[*41*] ⟨K7 bis 8,1 Gew.-% X_1, d4, ϑ 25 °C⟩

$C_6H_5O_4N_3$ 2.4-Dinitroanilin (X_1) — **CH_5N Methylamin** (X_2) *[8]*

$C_6H_5O_4N_3$ 3.5-Dinitroanilin (X_1) — **C_6H_6 Benzol** (X_1)
[41] ⟨K 7 bis 2,2 Gew.-% X_1, d 5, ϑ 25 °C⟩

$C_6H_5O_4N_3$ 3.5-Dinitroanilin (X_1) — **$C_4H_8O_2$ Dioxan** (X_2)
[41] ⟨K 7 bis 1,3 Gew.-% X_1, d 5, ϑ 25 °C⟩

$C_6H_3O_6N_3$ 1.3.5-Trinitrobenzol (X_1) — **C_6H_6 Benzol** (X_2)
[39] ⟨K 4, d 4⟩

Gew.-% X_1	2,56	3,94	5,83
25 °C	0,884	0,889	0,898

[30] ⟨K 5, d 5⟩

Mol-% X_1	0,00	0,61	0,75	1,22	1,66
25 °C	0,874	0,880	0,882	0,887	0,892
45 °C	0,852	0,859	0,860	0,865	0,869

[38] ⟨K 9 bis 1,7 Mol-% X_1, d 4, ϑ 20 °C⟩
[25] ⟨K 8 bis 1,9 Mol-% X_1, d 4, ϑ 20 °C⟩
[18] ⟨K 4 bis 2,1 Mol-% X_1, d 4, ϑ 20 °C⟩
[16] ⟨K 4 bis 2 Mol-% X_1, d 4, ϑ 25 °C⟩

$C_6H_3O_6N_3$ 1.3.5-Trinitrobenzol (X_1) — **$C_{10}H_8$ Naphthalin** (X_2)
[10, 11, 20] ⟨K 7, d 4⟩

Mol-% X_1	0	25	40	50	60	75	100
152 °C	0,921	1,088	1,116	1,237	1,292	1,368	1,478

[25] ⟨K 3 bis 5,9 Mol-% X_1, d 4, ϑ 85 °C⟩

$C_6H_3O_6N_3$ 1.3.5-Trinitrobenzol (X_1) — **$CHCl_3$ Chloroform** (X_2)
[30] ⟨K 5, d 5⟩

Mol-% X_1	0,00	0,27	0,55	1,03
25 °C	1,468	1,469	1,470	1,472

[31] ⟨K 3 bis 0,9 Mol-% X_1, d 4, ϑ 25 °C⟩

$C_6H_3O_6N_3$ 1.3.5-Trinitrobenzol (X_1) — **CCl_4 Tetrachlormethan** (X_2) *[26]*

$C_6H_3O_6N_3$ 1.3.5-Trinitrobenzol (X_1) — **$C_4H_8O_2$ Dioxan** (X_2)
[39] ⟨K 3, d 4⟩

Gew.-% X_1	1,70	3,69
25 °C	1,034	1,040

[30] ⟨K 5 bis 1,3 Mol-% X_1, d 5, ϑ 25 °C⟩

$C_6H_3O_6N_3$ 1.3.5-Trinitrobenzol (X_1) — **$C_{12}H_{11}N$ Diphenylamin** (X_2) *[9]*

$C_6H_3O_7N_3$ Pikrinsäure (X_1) — **C_8H_{10} Xylol** (X_2)
[32] ⟨K 10, d 4⟩

Gew.-% X_1	0,00	0,60	1,08	1,53	2,04	2,77	3,56	4,57	5,55	6,42
25 °C	0,860	0,862	0,864	0,867	0,869	0,872	0,876	0,881	0,885	0,889

$C_6H_3O_7N_3$ Pikrinsäure (X_1) — **CH_4O Methanol** (X_2)
[15] ⟨K 2, d 4⟩

Gew.-% X_1	0,00	2,86
25 °C	0,787	0,801

[23] ⟨K 4 bis 2,2 Mol-% X_1, d 3, ϑ 13 °C⟩

$C_6H_3O_7N_3$ Pikrinsäure (X_1) — **C_2H_6O Äthanol** (X_2)
[14] ⟨K3, d5⟩

Gew.-% X_1	0,00	1,09	2,22
30 °C	0,781	0,786	0,792

[15] ⟨K2 bis 2,86 Gew.-% X_1, d4, ϑ 25 °C⟩
[1]

$C_6H_4O_6N_4$ 2.4.6-Trinitroanilin (X_1) — **C_6H_6 Benzol** (X_2)
[41] ⟨K7 bis 5,9 Gew.-% X_1, d5, ϑ 25 °C⟩

$C_6H_4O_6N_4$ 2.4.6-Trinitroanilin (X_1) — **$C_4H_8O_2$ Dioxan** (X_2)
[41] ⟨K5 bis 0,7 Gew.-% X_1, d5, ϑ 25 °C⟩

1 Behrend, R.: Z. physik. Chem. **10** (1892) 265—83.
2 Lumsden, J. S.: J. chem. Soc. (London) **91** (1907) 24—35.
3 Patterson, T. S.: J. chem. Soc. (London) **93** (1908) 1836—57.
4 Patterson, T. S., Stevenson, E. F.: J. chem. Soc. (London) **97** (1910) 2110—28; **101** (1912) 241—49.
5 Tyrer, D.: J. chem. Soc. (London) **97** (1910) 2620—34; **99** (1911) 871—80.
6 Thole, F. B.: J. chem. Soc. (London) **97** (1910) 2596—2606; **103** (1913) 317—23.
7 Thole, F. B., Mussell, A. G., Dunstan, A. E.: J. chem. Soc. (London) **103** (1913) 1108—19.
8 Fitzgerald, F. F.: J. physic. Chem. **16** (1912) 621—61.
9 Tinkler, C. K.: J. chem. Soc. (London) **103** (1913) 2171—79.
10 Kurnakow, N. S., Krotkov, D., Oksman, M.: Bull. Acad. Sci. St. Petersburg **9** (1915) 45; J. russ. physik.-chem. Ges. (Shurnal Russkogo Fisiko-Chimitschesskogo Obschtschesstwa) **47** (1915) 558 (nach ICT).
11 Kurnakow, N. S.: Z. anorg. allg. Chem. **135** (1924) 81—117.
12 Bramley, A.: J. chem. Soc. (London) **109** (1916) 434—69.
13 Cohen, E., Moesveld, A. L. Th.: Z. physik. Chem. **93** (1919) 385—515.
14 Burrows, G. J., Eastwood, F.: Proc. Roy. Soc. New South Wales, Phil. Sect., **57** (1923) 118—25.
15 Goldschmidt, H., Aarflot, H.: Z. physik. Chem. **122** (1926) 371—82.
16 Williams, J. W., Schwingel, C. H.: J. Amer. chem. Soc. **50** (1928) 362—68.
17 Williams, J., Fogelberg, J.: J. Amer. chem. Soc. **52** (1930) 1356—63.
18 Tiganik, L.: Z. physik. Chem. (B) **13** (1931) 425—61; **14** (1931) 135—48.
19 Donle, H. L., Gehreckens, K.: Z. physik. Chem. (B) **18** (1932) 316—26.
20 Bernoulli, A. L., Veillon, E. A.: Helv. chim. Acta **15** (1932) 810—39.
21 Müller, H.: Physik. Z. **34** (1933) 689—710.
22 Garssen, J. E.: C. R. hebd. Séances Acad. Sci. **196** (1933) 541—43.
23 Kosakewitsch, P. P., Kosakewitsch, N. S.: Z. physik. Chem. (A) **166** (1933) 113—35.
24 Kumler, W. D., Porter, C. W.: J. Amer. chem. Soc. **56** (1934) 2549—54.
25 Briegleb, G., Kambeitz, J.: Z. physik. Chem. (B) **25** (1934) 251—56; **27** (1934) 11—14.
26 Briegleb, G., Czekalla, J.: Z. Elektrochem. angew. physik. Chem. **59** (1955) 184—202.
27 Milone, M.: Gazz. chim. ital. **65** (1935) 94—102.
28 Jagielski, A., Wesolowski, J.: Bull. int. Acad. polon. Sci. Lettres, Cl. Sci. math. natur.; Ser. A, **1935**, 260 (nach Tim.).
29 Pearce, J. N., Berhenke, L. F.: J. physic. Chem. **39** (1935) 1005—10.
30 Le Fèvre, C. G., Le Fèvre, R. J. W.: J. chem. Soc. (London) **1935**, 957—65; **1936**, 1130—37; **1950**, 1829—33.
31 Jenkins, H. O.: J. chem. Soc. (London) **1936**, 862—67, 1049—50.
32 Drucker, C.: Arkiv, Kemi, Mineral. Geol. **14 A** (1941) 1—48, Nr. 15.
33 Campbell, A. N., Campbell, A. J. R.: Canad. J. Res., Sect. B, **19** (1941) 73—85.
34 Leis, D. G., Curran, B. C.: J. Amer. chem. Soc. **67** (1945) 79—81.
35 Anderson, J. D. C., Le Fèvre, R. J. W., Wilson, I. R.: J. chem. Soc. (London) **1949**, 2082—88.
36 Babak, Ss. F., Udowenko, W. W.: J. allg. Chem. (Shurnal Obschtschei Chimii) **20** (1950) 1568 bis 1571.
37 Lutzki, A. Je.: J. allg. Chem. (Shurnal Obschtschei Chimii) **24** (1954) 74—78.
38 Schurz, J., Koren, H., Treiber, E.: Mh. Chem. **86** (1955) 986—94.
39 Cass, R. C., Spedding, H., Springall, H. D.: J. chem. Soc. (London) **1957**, 3451—56.
40 Littlejohn, A. C., Smith, J. W.: J. chem. Soc. (London) **1957**, 2476—82.
41 Smith, J. W., Walshaw, S. M.: J. chem. Soc. (London) **1957**, 3217—22, 4527—31.
42 Soundarajan, S., Vold, M. J.: Trans. Faraday Soc. **54** (1958) 1155—59.
43 Purall, W. P.: J. physic. Chem. **68** (1964) 2666—70.

Lacmann

C_7H_9ON o-Anisidin (X_1) — C_6H_6 Benzol (X_2)
[*19*] ⟨K6, d4⟩

Mol-% X_1	0,00	0,43	0,72	1,15	1,71
25 °C	0,874	0,875	0,876	0,877	0,878

[*23*] ⟨K5 bis 5,9 Mol-% X_1, d5, ϑ 22 °C⟩

C_7H_9ON o-Anisidin (X_1) — $C_7H_{14}O_2$ Amylacetat (X_2) [*11*]

C_7H_9ON p-Anisidin (X_1) — C_6H_6 Benzol (X_2)
[*19*] ⟨K6, d4⟩

Mol-% X_1	0,00	0,43	0,72	1,15	1,71
25 °C	0,874	0,875	0,876	0,877	0,879

[*23*] ⟨K5 bis 3,9 Mol-% X_1, d5, ϑ 22 °C⟩

C_7H_8ON 4-Acetylpyridin (X_1) — C_6H_6 Benzol (X_2)
[*44*] ⟨K4 bis 1,7 Gew.-% X_1, d4, ϑ 25 °C⟩

C_7H_7ON Formanilid (X_1) — C_5H_5N Pyridin (X_2)
[*7*] ⟨K3, d3⟩

Gew.-% X_1	0,00	10,32	19,14
25 °C	0,975	0,990	1,004

C_7H_7ON Benzamid (X_1) — C_2H_6O Äthanol (X_2) [*1*]

C_7H_7ON Benzamid (X_1) — C_5H_5N Pyridin (X_2)
[*7*] ⟨K3, d4⟩

Gew.-% X_1	0,00	5,16	12,46
25 °C	0,975	0,984	0,997

C_7H_7ON Benzaldoxim (X_1) — C_6H_6 Benzol (X_2) [*37*]

C_7H_7ON Benzaldoxim (X_1) — $CHCl_3$ Chloroform (X_2) [*37*]

C_7H_7ON Benz-anti-aldoxim (X_1) — $C_8H_{14}O_6$ Äthyltartrat (X_2) [*3*]

C_7H_5ON Salicylsäurenitril (X_1) — C_6H_6 Benzol (X_2)
[*35*] ⟨K4 bis 1,2 Mol-% X_1, d4, ϑ 25 °C⟩

C_7H_5ON Salicylsäurenitril (X_1) — CCl_4 Tetrachlormethan (X_2)
[*35*] ⟨K3 bis 0,2 Mol-% X_1, d4, ϑ 25 °C⟩

C_7H_5ON Salicylsäurenitril (X_1) — $C_4H_8O_2$ Dioxan (X_2)
[*35*] ⟨K4 bis 1,7 Mol-% X_1, d4, ϑ 25 °C⟩

C_7H_5ON Phenylisocyanat (X_1) — C_6H_6 Benzol (X_2)
[*29*] ⟨K6 bis 5,1 Mol-% X_1, d4, ϑ 20 °C⟩

$C_7H_9O_2N$ Phenylammoniumformiat (X_1) — CH_2O_2 Ameisensäure (X_2)
[*12*] ⟨K7 bis 1,04 molar X_1, d4, ϑ 25 °C⟩

$C_7H_7O_2N$ o-Nitrotoluol (X_1) — C_6H_{12} Cyclohexan (X_2)
[*47*] ⟨K11, d4⟩

Mol-% X_1	0,00	10,01	18,42	27,50	37,32	46,79	57,75	67,57	78,37	88,77	100,00
25 °C	0,774	0,814	0,847	0,883	0,922	0,959	1,001	1,038	1,079	1,117	1,158

$C_7H_7O_2N$ o-Nitrotoluol (X_1) — **C_6H_6 Benzol** (X_2)
[*25*] ⟨K 8, d 4⟩

Gew.-% X_1	0,00	6,19	11,06	25,12	37,72	57,16	62,79	78,72
20 °C	0,878	0,893	0,904	0,937	0,969	1,022	1,038	1,088

[*22*] ⟨K 5 bis 4,1 Mol-% X_1, d 4, ϑ 20 °C⟩
[*24*] ⟨K 6 bis 1,7 Mol-% X_1, d 5, ϑ 22 °C⟩
[*18*] ⟨K 7 bis 21,2 Mol-% X_1, d 4, ϑ 25 °C⟩

$C_7H_7O_2N$ o-Nitrotoluol (X_1) — **C_8H_{10} o-Xylol** (X_2)
[*47*] ⟨K 11, d 4⟩

Mol-% X_1	0,00	9,63	19,91	29,26	40,05	49,77	59,69	69,79	79,94	89,40	100,00
25 °C	0,876	0,903	0,932	0,959	0,989	1,017	1,044	1,073	1,102	1,128	1,158
35 °C	0,867	0,895	0,923	0,950	0,981	1,008	1,035	1,064	1,093	1,119	1,149

$C_7H_7O_2N$ o-Nitrotoluol (X_1) — **C_8H_{10} m-Xylol** (X_2)
[*47*] ⟨K 11, d 4⟩

Mol-% X_1	0,00	10,32	19,94	29,20	40,63	52,60	60,50	69,57	79,82	89,36	100,00
25 °C	0,860	0,891	0,919	0,947	0,982	1,017	1,040	1,067	1,102	1,128	1,158
35 °C	0,852	0,882	0,911	0,938	0,973	1,008	1,031	1,058	1,089	1,117	1,149

$C_7H_7O_2N$ o-Nitrotoluol (X_1) — **C_8H_{10} p-Xylol** (X_2)
[*47*] ⟨K 11, d 4⟩

Mol-% X_1	0,00	10,15	20,41	30,55	40,60	50,56	60,52	70,26	80,25	90,28	100,00
25 °C	0,857	0,887	0,918	0,949	0,979	1,009	1,039	1,069	1,098	1,129	1,158
35 °C	0,848	0,879	0,910	0,940	0,970	1,000	1,030	1,059	1,089	1,119	1,149

$C_7H_7O_2N$ o-Nitrotoluol (X_1) — **$CHCl_3$ Chloroform** (X_2)
[*47*] ⟨K 9, d 4⟩

Mol-% X_1	0,00	8,41	16,88	26,65	57,05	67,09	79,47	88,12	100,00
25 °C	1,480	1,444	1,410	1,373	1,271	1,242	1,208	1,186	1,158

$C_7H_7O_2N$ o-Nitrotoluol (X_1) — **CH_4O Methanol** (X_2)
[*42*] ⟨K 20, d 4⟩

Mol-% X_1	0,00	2,87	8,42	14,80	26,59	37,26	44,79	56,81	65,75	79,36	85,43	96,06	100,00
25 °C	0,787	0,818	0,869	0,916	0,983	1,027	1,052	1,085	1,105	1,130	1,139	1,154	1,159

$C_7H_7O_2N$ o-Nitrotoluol (X_1) — **C_2H_6O Äthanol** (X_2)
[*14*] ⟨K 6, d 5⟩

Gew.-% X_1	0,00	3,13	14,22	31,00	51,97	100,00
30 °C	0,781	0,800	0,821	0,871	0,941	1,154

$C_7H_7O_2N$ o-Nitrotoluol (X_1) — **$C_8H_{14}O_6$ Äthyltartrat** (X_2)
[*4*] ⟨K 5, d 5⟩

Gew.-% X_1	49,79	74,99	90,00	95,00	100,00
20 °C	1,180	1,170	1,166	1,164	1,164

$C_7H_7O_2N$ o-Nitrotoluol (X_1) — **$C_{16}H_{26}O_8$ Isobutyl-diacetyl-d-tartrat** (X_2) [*4*]

$C_7H_7O_2N$ o-Nitrotoluol (X_1) — **$C_6H_{15}N$ Triäthylamin** (X_2)
[*46*] ⟨K 7, d 4⟩

Mol-% X_1	0,00	18,45	41,16	52,13	64,59	84,57	100,00
29 °C	0,724	0,798	0,895	0,945	1,000	1,091	1,157

$C_7H_7O_2N$ o-Nitrotoluol (X_1) — $C_{10}H_{14}N_2$ Nicotin (X_2)
[*38*] ⟨K11, d4⟩

Mol-% X_1	0,00	10,91	21,36	31,06	40,32	50,61	59,73	70,72	79,73	89,42	100,00
25 °C	1,007	1,018	1,030	1,043	1,060	1,072	1,088	1,103	1,118	1,136	1,158
50 °C	0,987	0,998	1,012	1,021	1,037	1,047	1,065	1,079	1,097	1,111	1,131
75 °C	0,967	0,978	0,989	0,999	1,014	1,028	1,043	1,054	1,071	1,087	1,106

$C_7H_7O_2N$ m-Nitrotoluol (X_1) — C_6H_{14} Hexan (X_2)
[*16*] ⟨K6, d4⟩

Mol-% X_1	0,0	19,9	41,5	59,1	80,2	100,0
15 °C	0,668	0,761	0,866	0,952	1,059	1,163
30 °C	0,655	0,747	0,851	0,937	1,042	1,148

$C_7H_7O_2N$ m-Nitrotoluol (X_1) — C_6H_{12} Cyclohexan (X_2)
[*47*] ⟨K11, d4⟩

Mol-% X_1	0,00	10,00	19,09	28,99	38,65	49,05	59,75	68,73	80,01	89,11	100,00
25 °C	0,774	0,813	0,849	0,887	0,925	0,965	1,005	1,039	1,080	1,114	1,153

[*16*] ⟨K6, d4, ϑ 15°, 30 °C⟩

$C_7H_7O_2N$ m-Nitrotoluol (X_1) — C_6H_6 Benzol (X_2)
[*16*] ⟨K6, d4⟩

Mol-% X_1	0,0	20,0	40,0	59,8	80,4	100,0
15 °C	0,884	0,954	1,013	1,069	1,120	1,163
30 °C	0,868	0,938	0,998	1,054	1,105	1,148

[*22*] ⟨K5 bis 4,2 Mol-% X_1, d4, ϑ 20 °C⟩
[*24*] ⟨K5 bis 2,2 Mol-% X_1, d5, ϑ 22 °C⟩
[*18*] ⟨K4 bis 8,2 Mol-% X_1, d4, ϑ 25 °C⟩

$C_7H_7O_2N$ m-Nitrotoluol (X_1) — C_7H_{14} Methylcyclohexan (X_2)
[*16*] ⟨K6, d4⟩

Mol-% X_1	0,0	20,1	40,0	60,0	79,8	100,0
15 °C	0,773	0,847	0,921	0,999	1,079	1,163
30 °C	0,760	0,833	0,907	0,985	1,065	1,148

$C_7H_7O_2N$ m-Nitrotoluol (X_1) — C_7H_8 Toluol (X_2)
[*16, 39*] ⟨K6, d4⟩

Mol-% X_1	0,0	20,1	40,5	60,3	80,0	100,0
15 °C	0,872	0,935	0,997	1,054	1,110	1,163
30 °C	0,858	0,921	0,983	1,040	1,095	1,148

$C_7H_7O_2N$ m-Nitrotoluol (X_1) — C_8H_{10} o-Xylol (X_2)
[*47*] ⟨K10, d4⟩

Mol-% X_1	0,00	9,62	19,64	30,35	49,30	60,09	69,65	80,07	89,57	100,00
25 °C	0,876	0,903	0,930	0,961	1,013	1,043	1,069	1,098	1,124	1,153
35 °C	0,867	0,894	0,922	0,952	1,004	1,034	1,060	1,089	1,114	1,143

$C_7H_7O_2N$ m-Nitrotoluol (X_1) — C_8H_{10} m-Xylol (X_2)
[*47*] ⟨K11, d4⟩

Mol-% X_1	0,00	10,82	20,47	30,68	39,67	49,75	60,24	70,02	80,31	89,55	100,00
25 °C	0,860	0,892	0,921	0,950	0,976	1,006	1,037	1,065	1,095	1,123	1,153
35 °C	0,852	0,884	0,912	0,942	0,968	0,998	1,028	1,056	1,086	1,113	1,143

$C_7H_7O_2N$ m-Nitrotoluol (X_1) — C_8H_{10} p-Xylol (X_2)
[47] ⟨K 11, d 4⟩

Mol-% X_1	0,00	10,44	20,80	31,11	41,30	51,49	61,39	71,03	80,78	90,31	100,00
25 °C	0,857	0,888	0,919	0,949	0,979	1,009	1,039	1,067	1,096	1,124	1,153
35 °C	0,848	0,879	0,911	0,941	0,970	1,001	1,030	1,058	1,087	1,115	1,143

$C_7H_7O_2N$ m-Nitrotoluol (X_1) — $CHCl_3$ Chloroform (X_2)
[47] ⟨K 11, d 4⟩

Mol-% X_1	0,00	8,10	16,55	26,50	36,28	49,02	59,41	69,10	78,21	87,69	100,00
25 °C	1,480	1,444	1,409	1,370	1,333	1,291	1,258	1,231	1,206	1,181	1,153

$C_7H_7O_2N$ m-Nitrotoluol (X_1) — C_2H_6O Äthanol (X_2) [2]

$C_7H_7O_2N$ m-Nitrotoluol (X_1) — $C_8H_{14}O_6$ Äthyltartrat (X_2)
[4] ⟨K 5, d 5⟩

Gew.-% X_1	48,81	75,00	90,01	95,00	100,00
20 °C	1,177	1,165	1,160	1,158	1,158

$C_7H_7O_2N$ m-Nitrotoluol (X_1) — $C_{12}H_{18}O_8$ Diäthyldiacetyltartrat (X_2) [8]

$C_7H_7O_2N$ m-Nitrotoluol (X_1) — $C_7H_7O_2N$ o-Nitrotoluol (X_2)
[47] ⟨K 11, d 4⟩

Mol-% X_1	0,00	19,52	38,97	59,69	79,59	100,00
25 °C	1,158	1,157	1,156	1,155	1,154	1,153

$C_7H_7O_2N$ p-Nitrotoluol (X_1) — C_6H_6 Benzol
[18] ⟨K 5, d 4⟩

Mol-% X_1	0,00	2,45	4,62	9,07	13,48
25 °C	0,873	0,883	0,891	0,908	0,925

[22] ⟨K 5 bis 4,1 Mol-% X_1, d 4, ϑ 20 °C⟩
[24] ⟨K 6 bis 1,7 Mol-% X_1, d 5, ϑ 22 °C⟩

$C_7H_7O_2N$ p-Nitrotoluol (X_1) — C_8H_{10} o-Xylol (X_2)
[47] ⟨K 6, d 4⟩

Mol-% X_1	0,00	11,42	19,61	27,71	39,03	46,37
25 °C	0,876	0,907	0,930	0,952	0,983	1,003
35 °C	0,867	0,899	0,921	0,944	0,975	0,995

$C_7H_7O_2N$ p-Nitrotoluol (X_1) — C_8H_{10} m-Xylol (X_2)
[47] ⟨K 6, d 4⟩

Mol-% X_1	0,00	10,69	20,80	29,08	37,44	48,36
25 °C	0,860	0,892	0,921	0,945	0,969	1,001
35 °C	0,852	0,883	0,912	0,936	0,960	0,992

$C_7H_7O_2N$ p-Nitrotoluol (X_1) — C_8H_{10} p-Xylol (X_2)
[47] ⟨K 7, d 4⟩

Mol-% X_1	0,00	10,10	18,49	27,59	36,68	48,59	52,98
25 °C	0,857	0,887	0,911	0,938	0,964	0,999	1,010
35 °C	0,848	0,878	0,903	0,930	0,956	0,990	1,003

$C_7H_7O_2N$ p-Nitrotoluol (X_1) — C_2H_6O Äthanol (X_2)
[15] ⟨K6, d5⟩

Gew.-% X_1	0,00	15,43	27,80	41,73	47,99	53,19
30 °C	0,781	0,824	0,861	0,906	0,927	0,945

[14] ⟨K3 bis 1,1 Gew.-% X_1, d5, ϑ 30 °C⟩
[2, 10]

$C_7H_7O_2N$ p-Nitrotoluol (X_1) — $C_8H_{14}O_6$ Äthyltartrat (X_2) *[4]*

$C_7H_7O_2N$ p-Nitrotoluol (X_1) — $C_{10}H_{14}N_2$ Nicotin (X_2)
[38] ⟨K12, d4⟩

Mol-% X_1	0,00	10,10	12,32	20,59	30,43	42,62	50,34	58,32	65,28	79,17	90,40	100,00
25 °C	1,007	—	1,016	1,026	1,038	1,054	1,066	1,079	—	—	—	—
50 °C	0,987	0,994	0,996	1,004	1,014	1,032	1,042	1,059	1,067	1,092	1,108	1,122
75 °C	0,967	0,973	0,974	0,983	0,993	1,008	1,018	1,036	1,042	1,068	1,084	1,101

$C_7H_7O_2N$ p-Nitrotoluol (X_1) — $C_7H_7O_2N$ o-Nitrotoluol (X_2)
[6] ⟨K8, d4⟩

Gew.-% X_1	0,0	32,0	46,5	61,0	68,4	89,4	100,0
80 °C	1,105	1,103	1,102	1,101	1,101	1,099	1,098

$C_7H_7O_2N$ o-Aminobenzoesäure (X_1) — $C_4H_8O_2$ Dioxan (X_2)
[34] ⟨K4, d5⟩

Mol-% X_1	0,00	0,51	1,29	2,10
25 °C	1,027	1,029	1,031	1,034

$C_7H_7O_2N$ m-Aminobenzoesäure (X_1) — $C_4H_8O_2$ Dioxan (X_2)
[34] ⟨K4 bis 1 Mol-% X_1, d5, ϑ 25 °C⟩

$C_7H_7O_2N$ p-Aminobenzoesäure (X_1) — $C_4H_8O_2$ Dioxan (X_2)
[34] ⟨K4, d5⟩

Mol-% X_1	0,00	0,63	1,44	1,97
25 °C	1,027	1,029	1,032	1,034

$C_7H_7O_2N$ Phenylnitromethan (X_1) — C_6H_6 Benzol (X_2)
[28] ⟨K4, d5⟩

Mol-% X_1	0,00	0,47	1,88	2,87
25 °C	0,874	0,875	0,881	0,884

$C_7H_7O_2N$ 4-Acetylpyridin-1-oxid (X_1) — C_6H_6 Benzol (X_2)
[44] ⟨K4 bis 0,8 Gew.-% X_1, d4, ϑ 25 °C⟩

$C_7H_{13}O_3N$ Formylleucin (X_1) — C_2H_6O Äthanol (X_2)
[26] ⟨K1 gesätt., ϑ 25 °C⟩

$C_7H_7O_3N$ o-Nitroanisol (X_1) — C_6H_6 Benzol (X_2)
[23] ⟨K6, d5⟩

Mol-% X_1	0,00	0,62	0,91	1,16	2,05
22 °C	0,876	0,880	0,881	0,883	0,887

[40]

$C_7H_7O_3N$ o-Nitroanisol (X_1) — C_2H_6O Äthanol (X_2) *[40]*

$C_7H_7O_3N$ o-Nitroanisol (X_1) — $C_8H_{14}O_6$ Äthyltartrat (X_2) *[5]*

Lacmann

$C_7H_7O_3N$ m-Nitroanisol (X_1) — **C_6H_6 Benzol** (X_2) *[40]*

$C_7H_7O_3N$ m-Nitroanisol (X_1) — **C_2H_6O Äthanol** (X_2) *[40]*

$C_7H_7O_3N$ p-Nitroanisol (X_1) — **C_6H_6 Benzol** (X_2)
[32] ⟨K 6, d 5⟩

Gew.-% X_1	0,00	1,03	2,54	3,19
25 °C	0,874	0,876	0,880	0,881

[23] ⟨K 7 bis 1,3 Mol-% X_1, d 5, ϑ 22 °C⟩
[40]

$C_7H_7O_3N$ p-Nitroanisol (X_1) — **C_2H_6O Äthanol** (X_2) *[40]*

$C_7H_7O_3N$ p-Nitroanisol (X_1) — **$C_8H_{14}O_6$ Äthyltartrat** (X_2) *[5]*

$C_7H_5O_3N$ o-Nitrobenzaldehyd (X_1) — **C_6H_6 Benzol** (X_2)
[37] ⟨K 3, d 5⟩

Gew.-% X_1	0,00	0,32	1,75
25 °C	0,874	0,875	0,879

$C_7H_5O_3N$ p-Nitrobenzaldehyd (X_1) — **C_6H_6 Benzol** (X_2)
[31] ⟨K 6, d 4⟩

Mol-% X_1	0,00	0,84	1,20	1,63	2,02	2,35
20 °C	0,879	0,883	0,886	0,888	0,890	0,892

$C_7H_5O_4N$ p-Nitrobenzoesäure (X_1) — **$C_4H_8O_2$ Dioxan** (X_2)
[27] ⟨K 4, d 5⟩

Mol-% X_1	0,00	0,45	0,69	1,12
25 °C	1,027	1,029	1,031	1,033

$C_7H_5O_4N$ 5-Nitro-1.3-dioxaindan (X_1) — **C_6H_6 Benzol** (X_2)
[36] ⟨K 4, d 4⟩

Mol-% X_1	0,54	0,82	1,13	1,46
25 °C	0,877	0,879	0,881	0,883

$C_7H_{10}ON_2$ 4-Dimethylaminopyridin-1-oxid (X_1) — **C_6H_6 Benzol** (X_2)
[44] ⟨K 3 bis 0,1 Gew.-% X_1, d 4, ϑ 25 °C⟩

$C_7H_8ON_2$ Benzoylhydrazid (X_1) — **C_6H_6 Benzol** (X_2)
[30] ⟨K 6 bis 0,14 Mol-% X_1, d 5, ϑ 25 °C⟩

$C_7H_8ON_2$ N-Methylnicotinamid (X_1) — **C_6H_6 Benzol** (X_2)
[48] ⟨K 6 bis 0,6 Gew.-% X_1, d 5, ϑ 25 °C⟩

$C_7H_8O_2N_2$ 2-Methyl-4-nitroanilin (X_1) — **C_6H_6 Benzol** (X_2)
[45] ⟨K 7 bis 6,6 Gew.-% X_1, d 5, ϑ 25 °C⟩

$C_7H_8O_2N_2$ 2-Methyl-4-nitroanilin (X_1) — **$C_4H_8O_2$ Dioxan** (X_2)
[45] ⟨K 6 bis 3,5 Gew.-% X_1, d 5, ϑ 25 °C⟩

$C_7H_8O_2N_2$ N-Methyl-p-nitroanilin (X_1) — **C_6H_6 Benzol** (X_2)
[45] ⟨K 6 bis 0,34 Gew.-% X_1, d 5, ϑ 25 °C⟩

$C_7H_8O_2N_2$ N-Methyl-p-nitroanilin (X_1) — **$C_4H_8O_2$ Dioxan** (X_2)
[45] ⟨K 6 bis 1,27 Gew.-% X_1, d 5, ϑ 25 °C⟩

$C_7H_4O_2N_2$ o-Nitrobenzoesäurenitril (X_1) — **C_6H_6 Benzol** (X_2)
[21] ⟨K 12 bis 1,4 Mol-% X_1, d 4, ϑ 25 °C⟩

$C_7H_4O_2N_2$ m-Nitrobenzoesäurenitril (X_1) — **C_6H_6 Benzol** (X_2)
[*21*] ⟨K 12 bis 3,3 Mol-% X_1, d 4, ϑ 25 °C⟩

$C_7H_4O_2N_2$ p-Nitrobenzoesäurenitril (X_1) — **C_6H_6 Benzol** (X_2)
[*20*] ⟨K 5, d 4⟩

Mol-% X_1	0,93	1,20	1,74	1,94	2,73
25 °C	0,879	0,880	0,883	0,884	0,888

$C_7H_6O_4N_2$ 2.4-Dinitrotoluol (X_1) — **C_6H_6 Benzol** (X_2)
[*43*] ⟨K 4, d 4⟩

Gew.-% X_1	2,02	3,23	4,87	6,18
25 °C	0,880	0,884	0,890	0,894

$C_7H_6O_4N_2$ 2.4-Dinitrotoluol (X_1) — **$C_4H_8O_2$ Dioxan** (X_2)
[*43*] ⟨K 4, d 4⟩

Gew.-% X_1	1,10	1,97	3,85	5,82
25 °C	1,033	1,033	1,037	1,043

$C_7H_6O_4N_2$ 2.4-Dinitrotoluol (X_1) — **$C_8H_{14}O_6$ Äthyltartrat** (X_2) [*4*]

$C_7H_6O_4N_2$ 2.5-Dinitrotoluol (X_1) — **C_6H_6 Benzol** (X_2)
[*43*] ⟨K 5, d 4⟩

Gew.-% X_1	0,72	1,40	2,12	2,19	3,05
25 °C	0,878	0,880	0,882	0,884	0,886

$C_7H_6O_4N_2$ 2.5-Dinitrotoluol (X_1) — **$C_4H_8O_2$ Dioxan** (X_2)
[*43*] ⟨K 4, d 4⟩

Gew.-% X_1	2,15	3,12	3,86	5,70
25 °C	1,037	1,039	1,041	1,046

$C_7H_6O_4N_2$ 2.6-Dinitrotoluol (X_1) — **C_6H_6 Benzol** (X_2)
[*43*] ⟨K 4, d 4⟩

Gew.-% X_1	2,28	3,25	4,78	5,13
25 °C	0,881	0,884	0,889	0,890

$C_7H_6O_4N_2$ 2.6-Dinitrotoluol (X_1) — **$C_4H_8O_2$ Dioxan** (X_2)
[*43*] ⟨K 3, d 4⟩

Gew.-% X_1	2,12	4,01	6,00
25 °C	1,033	1,043	1,043

$C_7H_6O_4N_2$ 2.6-Dinitrotoluol (X_1) — **$C_8H_{14}O_6$ Äthyltartrat** (X_2) [*4*]

$C_7H_6O_4N_2$ 3.5-Dinitrotoluol (X_1) — **C_6H_6 Benzol** (X_2)
[*43*] ⟨K 4, d 5⟩

Gew.-% X_1	0,79	1,08	2,08	2,93
25 °C	0,878	0,879	0,882	0,886

$C_7H_6O_4N_2$ 3.5-Dinitrotoluol (X_1) — **$C_4H_8O_2$ Dioxan** (X_2)
[*43*] ⟨K 5, d 5⟩

Gew.-% X_1	2,92	3,53	5,22	5,79	6,11
25 °C	1,038	1,040	1,045	1,046	1,047

Lacmann

$C_7H_4O_6N_2$ 2.4-Dinitrobenzoesäure (X_1) – **CH_4O Methanol** (X_2)
[*17*] ⟨K2, d4⟩

Gew.-% X_1	0,00	2,66
25 °C	0,787	0,798

$C_7H_4O_6N_2$ 2.4-Dinitrobenzoesäure (X_1) – **C_2H_6O Äthanol** (X_2)
[*17*] ⟨K2, d4⟩

Gew.-% X_1	0,00	2,66
25 °C	0,785	0,797

$C_7H_4O_6N_2$ 3.5-Dinitrobenzoesäure (X_1) – **CH_4O Methanol** (X_2)
[*17*] ⟨K2, d4⟩

Gew.-% X_1	0,00	2,66
25 °C	0,787	0,798

Na-$C_7H_3O_6N_2$ Natrium-3.5-Dinitrobenzoat (X_1) – **CH_3ON Formamid** (X_2) [*13*]

$C_7H_7O_4N_3$ N-Methyl-2.4-dinitroanilin (X_1) – **C_6H_6 Benzol** (X_2)
[*45*] ⟨K5 bis 0,2 Gew.-% X_1, d5, ϑ 25 °C⟩

$C_7H_7O_4N_3$ N-Methyl-2.4-dinitroanilin (X_1) – **$C_4H_8O_2$ Dioxan** (X_2)
[*45*] ⟨K6 bis 0,4 Gew.-% X_1, d5, ϑ 25 °C⟩

$C_7H_5O_6N_3$ Trinitrotoluol (X_1) – **C_6H_6 Benzol** (X_2)
[*9*] ⟨K5, d5⟩

Gew.-% X_1	0,00	4,04	7,26	11,38	13,39
12,87 °C	0,886	0,902	0,916	0,933	0,942

$C_7H_7O_4N_3$ N-Methyl-2.4-dinitroanilin (X_1) – **$CHCl_3$ Chloroform** (X_2)
[*9*] ⟨K4, d5⟩

Gew.-% X_1	0,00	1,60	2,55	3,10
12,87 °C	1,502	1,503	1,504	1,505

$C_7H_5O_6N_3$ 2.4.6-Trinitrotoluol (X_1) – **C_6H_6 Benzol** (X_2)
[*43*] ⟨K4, d4⟩

Gew.-% X_1	2,90	4,60	6,47	8,25
25 °C	0,884	0,890	0,898	0,905

[*32*] ⟨K4 bis 0,5 Mol-% X_1, d5, ϑ 25 °C⟩

$C_7H_5O_6N_3$ 2.4.6-Trinitrotoluol (X_1) – **$C_4H_8O_2$ Dioxan** (X_2)
[*43*] ⟨K4, d4⟩

Gew.-% X_1	2,27	3,15	3,52	4,75
25 °C	1,034	1,037	1,038	1,043

$C_7H_5O_6N_3$ 2.4.6-Trinitrotoluol (X_1) – **$C_6H_3O_7N_3$ Pikrinsäure** (X_2)
[*41*] ⟨K6, d4, Ausdehnungskoeffizient⟩

Gew.-% X_1	0	20	40	60	80	100
0 °C	1,707	1,673	1,640	1,606	1,574	1,545

$C_7H_5O_7N_3$ 2.4.6-Trinitroanisol (X_1) – **C_6H_6 Benzol** (X_2)
[*32*] ⟨K5, d5⟩

Mol-% X_1	0,00	0,26	0,80	1,32	1,45
25 °C	0,874	0,877	0,883	0,890	0,892

$C_7H_4O_2N_4$ p-Nitrobenzoldiazoniumcyanid (X_1)—**C_6H_6 Benzol** (X_2)
[33] ⟨K 5, d 5⟩

Gew.-% cis-X_1	0,00	1,67	2,06
25 °C	0,874	0,879	0,880

Gew.-% trans-X_1	0,00	1,03	1,24
25 °C	0,874	0,879	0,880

1 Speyers, C. L.: Amer. J. Sci. **14** (1902) 293 (nach ICT).
2 Wagner, J.: Z. physik. Chem. **46** (1903) 867—77.
3 Patterson, T. S., McMillan, A.: J. chem. Soc. (London) **91** (1907) 504—19.
4 Patterson, T. S.: J. chem. Soc. (London) **93** (1908) 1836—57; **109** (1916) 1139—75.
5 Patterson, T. S., Stevenson, E. F.: J. chem. Soc. (London) **97** (1910) 2110—28.
6 Holleman, A. F.: Recueil Trav. chim. Pays-Bas **28** (1909) 408 (nach Tim.).
7 Dunstan, A. E., Mussel, A. E.: J. chem. Soc. (London) **97** (1910) 1935—44.
8 Scheuer: Z. physik. Chem. **72** (1910) 513—608.
9 Tyrer, D.: J. chem. Soc. (London) **99** (1911) 871—80.
10 Karhi, Suikkanen: Översikt av Finska Vetenskap-Societetens Förhandlinger **54** (1912) Nr. 19 (nach ICT).
11 Thole, F. B.: J. chem. Soc. (London) **103** (1913) 317—23.
12 Schlesinger, H. I., Martin, A. W.: J. Amer. chem. Soc. **36** (1914) 1589—1620.
13 Jones, Davis, Johnson: Carnegie Institution of Washington, Publ. Nr. 260 (1918) 71 (nach ICT).
14 Burrows, G. J., Eastwood, F.: Proc. Roy. Soc. New South Wales, Phil. Sect., **57** (1923) 118—25.
15 Cohen, E., de Meester, W. A. T., Moesveld, A. L. Th.: Z. physik. Chem. **108** (1924) 103—17.
16 Dessart, A.: Bull. Soc. chim. Belgique **35** (1926) 9 (nach Tabl. ann.).
17 Goldschmidt, H., Aarflot, H.: Z. physik. Chem. **122** (1926) 371—82.
18 Williams, J. W., Schwingel, C. H.: J. Amer. chem. Soc. **50** (1928) 362—68.
19 Williams, J., Fogelberg, J.: J. Amer. chem. Soc. **52** (1930) 1356—63.
20 Hammick, D. L., New, R. C. A., Sidgwick, N. V., Sutton, L. E.: J. chem. Soc. (London) **1930**, 1876—87.
21 Sutton, L. E.: Proc. Roy. Soc. (London) (A) **133** (1931) 668—95.
22 Tiganik, L.: Z. physik. Chem. (B) **13** (1931) 425—61.
23 Donle, H. L., Gehreckens, K.: Z. physik. Chem. (B) **18** (1932) 316—26.
24 Poltz, H., Steil, O., Strasser, O.: Z. physik. Chem. (B) **20** (1933) 351—56.
25 Jagielski, A., Wesolowski, J.: Bull. int. Acad. polon. Sci. Lettres, Cl. Sci. math. natur. Ser. A, **1935**, 260 (nach Tim.).
26 McMeekin, T. L., Cohn, E. J., Weare, J. H.: J. Amer. chem. Soc. **57** (1935) 626—33.
27 Wilson, C. J., Wenzke, H. H.: J. Amer. chem. Soc. **57** (1935) 1265—67.
28 Frank, F. C.: J. chem. Soc. (London) **1936**, 1324—27.
29 Cowley, E. G., Partington, J. R.: J. chem. Soc. (London) **1936**, 45—47.
30 Frey, P. R., Gilbert, E. C.: J. Amer. chem. Soc. **59** (1937) 1344—47.
31 Coomber, D. I., Partington, J. R.: J. chem. Soc. (London) **1938**, 1444—52.
32 Le Fèvre, C. G., Le Fèvre, R. J. W.: J. chem. Soc. (London) **1950**, 1829—33.
33 Le Fèvre, R. J. W., Vine, H.: J. chem. Soc. (London) **1938**, 431—38.
34 Van Blaricom, L., Gilbert, E. C.: J. Amer. chem. Soc. **61** (1939) 3238—39.
35 Curran, C., Chaput, E. P.: J. Amer. chem. Soc. **69** (1947) 1134—37.
36 Springall, H. D., Hampson, G. C., May, C. G., Spedding, H.: J. chem. Soc. (London) **1949**, 1524—32.
37 Calderbank, K. E., Le Fèvre, R. J. W.: J. chem. Soc. (London) **1949**, 1462—68.
38 Babak, Ss. F., Udowenko, W. W.: J. allg. Chem. (Shurnal Obschtschei Chimii) **20** (1950) 1568—71.
39 Anissimow, W. I.: J. physik. Chem. (Shurnal Fisitschesskoi Chimii) **27** (1953) 1797—1807.
40 Lutzki, A. Je.: J. allg. Chem. (Shurnal Obschtschei Chimii) **24** (1954) 74—78.
41 Moore, D. W., Burkhardt, L. A., McEwan, W. S.: J. chem. Physics **25** (1956) 1235—41.
42 Miller, K. J.: J. physic. Chem. **61** (1957) 932—33.
43 Cass, R. C., Spedding, H., Springall, H. D.: J. chem. Soc. (London) **1957**, 3451—56.
44 Katritzky, A. R., Randall, E. W., Sutton, L. E.: J. chem. Soc. (London) **1957**, 1769—75.
45 Smith, J. W., Walshaw, S. M.: J. chem. Soc. (London) **1957**, 4527—31; **1959**, 3784—88.
46 Reddy, R. C., Subrahmanyam, S. V., Bhimasenackar, J.: Trans. Faraday Soc. **58** (1962) 2352—57.
47 Plucknett, W. K., Dowd, R. T.: J. chem. Engng. Data **8** (1963) 207—10.
48 Purall, W. P.: J. physic. Chem. **68** (1964) 2666—70.

$C_8H_{17}ON$ 2-Nitroso-2.5-dimethylhexan (X_1) — **C_6H_6 Benzol** (X_2)
[12] ⟨K4 bis 0,7 Mol-% X_1, d4, ϑ 25 °C⟩

$C_8H_{17}ON$ 2-Nitroso-2.5-dimethylhexan (X_1) — **CCl_4 Tetrachlormethan** (X_2)
[13] ⟨K5 bis 0,4 Mol-% X_1, d4, ϑ 0 °C⟩

$C_8H_{11}ON$ Dimethylanilinoxid (X_1) — **C_6H_6 Benzol** (X_2)
[28] ⟨K6 bis 0,8 Gew.-% X_1, d5, ϑ 25 °C⟩

$C_8H_{11}ON$ Dimethylanilinoxid (X_1) — **$C_4H_8O_2$ Dioxan** (X_2)
[28] ⟨K7 bis 0,8 Gew.-% X_1, d4, ϑ 25 °C⟩

C_8H_9ON Acetanilid (X_1) — **C_6H_6 Benzol** (X_2)
[20] ⟨K4 bis 0,5 Mol-% X_1, d5, ϑ 25 °C⟩

C_8H_9ON Acetanilid (X_1) — **$CHCl_3$ Chloroform** (X_2)
[3] ⟨K1 gesättigt, ϑ 0° bis 60 °C⟩
[2]

C_8H_9ON Acetanilid (X_1) — **CH_4O Methanol** (X_2)
[3] ⟨K1 gesättigt, ϑ 0° bis 60 °C⟩
[2]

C_8H_9ON Acetanilid (X_1) — **C_2H_6O Äthanol** (X_2)
[3] ⟨K1 gesättigt, ϑ 0° bis 60 °C⟩
[1, 2]

C_8H_7ON o-Methoxybenzonitril (X_1) — **C_6H_6 Benzol** (X_2)
[30] ⟨K5 bis 2,3 Mol-% X_1, d4, ϑ 25 °C⟩

$C_8H_{11}O_2N$ 2-Amino-1.4-dimethoxybenzol (X_1) — **C_6H_6 Benzol** (X_2)
[33] ⟨K5 bis 2,4 Gew.-% X_1, d5, ϑ 32 °C⟩

$C_8H_{11}O_2N$ 2-Amino-1.4-dimethoxybenzol (X_1) — **CCl_4 Tetrachlormethan** (X_2)
[33] ⟨K5 bis 0,75 Gew.-% X_1, d4, ϑ 32 °C⟩

$C_8H_{11}O_2N$ Anilinacetat (X_1) — **C_6H_6 Benzol** (X_2)
[37] ⟨K12, vor und nach der Reaktion, d3, ϑ 25°, 50 °C⟩

$C_8H_{11}O_2N$ Anilinacetat (X_1) — **$C_2H_4Cl_2$ Dichloräthan** (X_2)
[37] ⟨K12, vor und nach der Reaktion, d3, ϑ 25°, 50 °C⟩

$C_8H_{11}O_2N$ Anilinacetat (X_1) — **C_6H_5Cl Chlorbenzol** (X_2)
[37] ⟨K12, vor und nach der Reaktion, d3, ϑ 25°, 50 °C⟩

$C_8H_9O_2N$ o-Aminobenzoesäuremethylester (X_1) — **C_6H_6 Benzol** (X_2)
[7] ⟨K2, d4⟩

Mol-% X_1	0,00	4,89
20 °C	0,879	0,899
50 °C	0,847	0,868

$C_8H_9O_2N$ m-Aminobenzoesäuremethylester (X_1) — **C_6H_6 Benzol** (X_2)
[7] ⟨K4, d4, ϑ 30°, 40 °C⟩

Mol-% X_1	0,00	0,84	3,46	3,68
20 °C	0,879	0,882	0,893	0,894
50 °C	0,847	—	0,863	0,864

$C_8H_9O_2N$ p-Aminobenzoesäuremethylester (X_1) — **C_6H_6 Benzol** (X_2)
[7] ⟨K2, d4⟩

Mol-% X_1	0,00	0,91
20 °C	0,879	0,881
50 °C	0,847	0,852

Lacmann

$C_8H_9O_2N$ Isonicotinsäureäthylester (X_1) — **C_6H_6 Benzol** (X_2)
[29] ⟨K 5, d 4⟩

Mol-% X_1	0,00	1,65	2,47	100,00
25 °C	0,873	0,879	0,882	1,000

$C_8H_9O_2N$ 4-Äthoxycarbonylpyridin-1-oxid (X_1) — **C_6H_6 Benzol** (X_2)
[34] ⟨K 4 bis 0,8 Gew.-% X_1, d 4, ϑ 25 °C⟩

$C_8H_7O_2N$ β-Nitrostyrol (X_1) — **$C_4H_8O_2$ Dioxan** (X_2)
[26] ⟨K 4, d 5⟩

Mol-% X_1	0,00	1,93	2,46
25 °C	1,027	1,032	1,033

$C_8H_7O_2N$ ω-Nitrostyrol (X_1) — **C_6H_6 Benzol** (X_2)
[15] ⟨K 5, d 4⟩

Mol-% X_1	0,00	0,53	0,89	1,19
17,2 °C	0,882	0,884	0,885	0,886

$C_8H_5O_2N$ Phthalimid (X_1) — **$C_4H_8O_2$ Dioxan** (X_2)
[24] ⟨K 5, d 4⟩

Mol-% X_1	0,00	0,53	0,90	1,47	1,87
20 °C	1,032	1,034	1,036	1,038	1,040

$C_8H_5O_2N$ Phthalimid (X_1) — **C_5H_5N Pyridin** (X_2)
[4] ⟨K 3, d 4⟩

Gew.-% X_1	0,00	5,05	11,93
25 °C	0,975	0,988	1,006

$C_8H_5O_2N$ Isatin (X_1) — **$C_4H_8O_2$ Dioxan** (X_2)
[24] ⟨K 5, d 4⟩

Mol-% X_1	0,00	0,62	1,03	1,30	1,80
20 °C	1,033	1,036	1,037	1,039	1,041

$C_8H_5O_2N$ p-Nitrophenylacetylen (X_1) — **C_6H_6 Benzol** (X_2)
[17] ⟨K 4, d 5⟩

Mol-% X_1	0,59	0,76	1,12	1,27
25 °C	0,875	0,876	0,877	0,878

[14] ⟨K 5 bis 1,5 Mol-% X_1, d 5, ϑ 12,8 °C⟩

$C_8H_9O_3N$ o-Nitrophenetol (X_1) — **$C_8H_{14}O_6$ Äthyltartrat** (X_2) *[5]*

$C_8H_7O_3N$ Piperonaldoxim (X_1) — **C_6H_6 Benzol** (X_2)
[21] ⟨K 11 bis 1,3 Gew.-% X_1, d 5, ϑ 25 °C⟩

$C_8H_7O_4N$ 6-Nitro-1.4-dioxatetralin (X_1) — **C_6H_6 Benzol** (X_2)
[31] ⟨K 5, d 4⟩

Mol-% X_1	0,38	0,59	0,82	1,20	1,39
25 °C	0,876	0,878	0,879	0,882	0,883

$C_8H_{10}ON_2$ Nitrosodimethylanilin (X_1) — **C_6H_6O Phenol** (X_2)
[*10*] ⟨K 11, d 4, ϑ 97,5 °C⟩

Gew.-% X_1	0	10	20	30	40	50	60	70	80	90	100
77 °C	1,026	1,035	1,046	1,060	1,064	—	—	—	—	1,098	—
110 °C	0,996	1,005	1,014	1,025	1,030	1,038	1,045	1,053	1,063	1,072	1,086

$C_8H_{10}ON_2$ Nitrosodimethylanilin (X_1) — **C_7H_9N p-Toluidin** (X_2)
[*10*] ⟨K 11, d 4, ϑ 97,5 °C⟩

Gew.-% X_1	0	10	20	30	40	50	60	70	80	90	100
77 °C	0,940	0,952	0,965	0,976	0,984	0,993	0,997	1,038	1,071	—	—
110 °C	0,904	0,917	0,928	0,939	0,949	0,959	0,967	0,993	1,023	1,052	1,087

$C_8H_{10}ON_2$ N-Äthylnicotinamid (X_1) — **C_6H_6 Benzol** (X_2)
[*36*] ⟨K 6 bis 0,3 Gew.-% X_1, d 5, ϑ 25 °C⟩

$C_8H_{10}ON_2$ N.N-Dimethylnicotinamid (X_1) — **C_6H_6 Benzol** (X_2)
[*36*] ⟨K 6 bis 0,6 Gew.-% X_1, d 5, ϑ 25 °C⟩

$C_8H_6ON_2$ Phenyl-1.2.5-oxdiazol (X_1) — **$C_4H_8O_2$ Dioxan** (X_2)
[*19*] ⟨K 5 bis 0,02 molar X_1, d 4, ϑ 20 °C⟩

$C_8H_{10}O_2N_2$ p-Nitrodimethylanilin (X_1) — **C_6H_6 Benzol** (X_2)
[*25*] ⟨K 7, d 4⟩

Mol-% X_1	0,00	0,32	0,40	0,65	0,79
25 °C	0,874	0,875	0,876	0,877	0,878

$C_8H_8O_2N_2$ Phenylglyoxim (X_1) — **$C_4H_8O_2$ Dioxan** (X_2)
[*19*] ⟨K 6 bis 0,06 molar X_1, d 4, ϑ 20 °C⟩

$C_8H_6O_2N_2$ p-Nitrobenzylcyanid (X_1) — **C_6H_6 Benzol** (X_2)
[*11*] ⟨K 13, d 4⟩

Mol-% X_1	0,00	0,30	0,55	0,74	1,06	1,56
25 °C	0,873	0,875	0,877	0,878	0,880	0,883
50 °C	0,847	0,848	0,850	0,851	0,853	0,856

$C_8H_{12}O_3N_2$ 5.5-Diäthylbarbitursäure (X_1) — **$C_4H_8O_2$ Dioxan** (X_2)
[*35*] ⟨K 11 bis 1,1 Mol-% X_1, d 5, ϑ 35 °C⟩

$C_8H_8O_3N_2$ p-Nitrobenzaldoxim-α-0-methyläther (X_1) — **C_6H_6 Benzol** (X_2)
[*16*] ⟨K 4, d 4⟩

Mol-% X_1	0,79	1,15	1,66	2,18
25 °C	0,878	0,880	0,883	0,886

$C_8H_8O_3N_2$ p-Nitrobenzaldoxim-β-0-methyläther (X_1) — **C_6H_6 Benzol** (X_2)
[*16*] ⟨K 4, d 4⟩

Mol-% X_1	0,76	1,08	1,55	2,08
25 °C	0,878	0,880	0,883	0,886

$C_8H_{10}O_2N_4$ 3.3-Dimethyl-1-o-nitrophenyltriazen (X_1) — **C_6H_6 Benzol** (X_2)
[*22*] ⟨K 5 bis 0,7 Gew.-% X_1, d 5, ϑ 25 °C⟩

$C_8H_{10}O_2N_4$ 3.3-Dimethyl-1-m-nitrophenyltriazen (X_1) — **C_6H_6 Benzol** (X_2)
[*22*] ⟨K 5 bis 1,2 Gew.-% X_1, d 5, ϑ 25 °C⟩

$C_8H_{10}O_2N_4$ 3.3-Dimethyl-1-p-nitrophenyltriazen (X_1) — **C_6H_6 Benzol** (X_2)
[*22*] ⟨K 6 bis 0,6 Gew.-% X_1, d 5, ϑ 25 °C⟩

C_9H_9ON Zimtsäureamid (X_1) — **$C_4H_8O_2$ Dioxan** (X_2)
[26] ⟨K 5 bis 1,2 Mol-% X_1, d 5, ϑ 25 °C⟩

C_9H_7ON α-Phenylisoxazol (X_1) — **C_6H_6 Benzol** (X_2) [27]

C_9H_7ON γ-Phenylisoxazol (X_1) — **C_6H_6 Benzol** (X_2) [27]

C_9H_7ON 8-Oxychinolin (X_1) — **$C_2H_4O_2$ Essigsäure** (X_2) [32]

C_9H_7ON 8-Oxychinolin (X_1) — **$C_7H_6O_2$ Benzoesäure** (X_2) [32]

C_9H_7ON 8-Oxychinolin (X_1) — **$C_7H_6O_3$ Salicylsäure** (X_2) [32]

$C_9H_{11}O_2N$ Äthylanthralinat (X_1) — **$C_7H_{14}O_2$ Amylacetat** (X_2) [6]

$C_9H_{11}O_2N$ p-Aminobenzoesäureäthylester (X_1) — **$C_7H_{14}O_2$ Amylacetat** (X_2) [6]

$C_9H_{11}O_2N$ Nitromesitylen (X_1) — **C_6H_6 Benzol** (X_2)
[20] ⟨K 4, d 5⟩

Gew.-% X_1	0,00	1,01	2,61
25 °C	0,874	0,875	0,878

[13] ⟨K 4 bis 2 Mol-% X_1, d 4, ϑ 25 °C⟩

$C_9H_9O_2N$ p-Methyl-β-nitrostyrol (X_1) — **$C_4H_8O_2$ Dioxan** (X_2)
[26] ⟨K 5 bis 1,1 Mol-% X, d 5, ϑ 25 °C⟩

$C_9H_9O_3N$ 3-Nitro-4-methylacetophenon (X_1) — **C_6H_6 Benzol** (X_2)
[20] ⟨K 5 bis 0,8 Mol-%, d 5, ϑ 25 °C⟩

$C_9H_9O_4N$ p-Nitrobenzoesäureäthylester (X_1) — **C_6H_6 Benzol** (X_2)
[15] ⟨K 5, d 4⟩

Mol-% X_1	0,00	0,42	0,77	1,27	1,77
13,1 °C	0,887	0,890	0,892	0,896	0,900

$C_9H_5O_4N$ o-Nitrophenylpropiolsäure (X_1) — **$C_4H_8O_2$ Dioxan** (X_2)
[18] ⟨K 4, d 5⟩

Mol-% X_1	0,00	0,38	0,67	1,08
25 °C	1,027	1,029	1,030	1,034

$C_9H_5O_4N$ p-Nitrophenylpropiolsäure (X_1) — **$C_4H_8O_2$ Dioxan** (X_2)
[18] ⟨K 5, d 5⟩

Mol-% X_1	0,00	0,36	0,60	0,91	1,38
25 °C	1,027	1,029	1,031	1,033	1,036

$C_9H_8ON_2$ 3-Methyl-5-phenyl-1.2.4-oxdiazol (X_1) — **$C_4H_8O_2$ Dioxan** (X_2)
[19] ⟨K 5 bis 0,05 molar, d 4, ϑ 20 °C⟩

$C_9H_8ON_2$ 3-Phenyl-5-methyl-1.2.4-oxdiazol (X_1) — **$C_4H_8O_2$ Dioxan** (X_2)
[19] ⟨K 5 bis 0,06 molar X_1, d 4, ϑ 20 °C⟩

$C_9H_8ON_2$ Methyl-phenyl-1.2.5-oxdiazol (X_1) — **$C_4H_8O_2$ Dioxan** (X_2)
[19] ⟨K 5 bis 0,05 molar X_1, d 4, ϑ 20 °C⟩

$C_9H_8ON_2$ Methyl-phenyl-1.3.4-oxdiazol (X_1) — **$C_4H_8O_2$ Dioxan** (X_2)
[19] ⟨K 5 bis 0,05 molar X_1, d 4, ϑ 20 °C⟩

$C_9H_8ON_2$ p-Tolyl-1.2.5-oxdiazol (X_1) — **$C_4H_8O_2$ Dioxan** (X_2)
[19] ⟨K 5 bis 0,05 molar X_1, d 4, ϑ 20 °C⟩

$C_9H_{10}O_2N_2$ Methyl-phenyl-glyoxim (X_1) — **$C_4H_8O_2$ Dioxan** (X_2)
[*19*] ⟨K6 bis 0,04 molar X_1, d4, ϑ 20°C⟩

$C_9H_{10}O_2N_2$ p-Tolylglyoxim (X_1) — **$C_4H_8O_2$ Dioxan** (X_2)
[*19*] ⟨K6 bis 0,05 molar X_1, d4, ϑ 20°C⟩

$C_9H_6O_2N_2$ 5-Nitrochinolin (X_1) — **C_6H_6 Benzol** (X_2)
[*20*] ⟨K5 bis 0,46 Mol-% X_1, d5, ϑ 25°C⟩

$C_9H_6O_2N_2$ 6-Nitrochinolin (X_1) — **C_6H_6 Benzol** (X_2)
[*20*] ⟨K5, d5⟩

Mol-% X_1	0,00	0,18	0,46	0,60	0,77
25°C	0,874	0,875	0,877	0,878	0,879

$C_9H_6O_2N_2$ 8-Nitrochinolin (X_1) — **C_6H_6 Benzol** (X_2)
[*20*] ⟨K5, d5⟩

Mol-% X_1	0,00	0,23	0,70	1,16
25°C	0,874	0,875	0,879	0,882
45°C	0,852	0,854	0,858	0,861

$C_9H_6O_2N_2$ x-Nitroisochinolin (X_1) — **C_6H_6 Benzol** (X_2)
[*20*] ⟨K5 bis 0,52 Mol-% X_1, d5, ϑ 25°C⟩

$C_9H_{13}ON_3$ 1-p-Methoxyphenyl-3.3-dimethyltriazen (X_1) — **C_6H_6 Benzol** (X_2)
[*22*] ⟨K5 bis 1,8 Gew.-% X_1, d5, ϑ 25°C⟩

$C_9H_9O_6N_3$ Trinitromesitylen (X_1) — **C_6H_6 Benzol** (X_2)
[*20*] ⟨K5, d5⟩

Mol-% X_1	0,00	0,15	0,29	0,58	0,91
25°C	0,874	0,875	0,877	0,880	0,884
45°C	0,852	0,854	0,855	0,858	0,862

[*8*] ⟨K4 bis 0,8 Mol-% X_1, d4, ϑ 20°C⟩
[*9*] ⟨K4 bis 0,6 Mol-% X_1, d4, ϑ 20°, 51,2°C⟩
[*23*] ⟨K4 bis 0,7 Mol-% X_1, d4, ϑ 25°C⟩

$C_9H_9O_6N_3$ Trinitromesitylen (X_1) — **$CHCl_3$ Chloroform** (X_2)
[*20*] ⟨K5 bis 0,86 Mol-% X_1, d5, ϑ 25°C⟩

$C_9H_9O_6N_3$ Trinitromesitylen (X_1) — **$C_4H_8O_2$ Dioxan** (X_2)
[*20*] ⟨K5, d5⟩

Mol-% X_1	0,00	0,26	0,41	0,54
25°C	1,028	1,030	1,031	1,032

1 Tammann, G., Hirschberg, W.: Z. physik. Chem. **13** (1894) 543—49.
2 Speyers, C. L.: Amer. J. Sci. **14** (1902) 293 (nach ICT).
3 Seidell, A.: J. Amer. chem. Soc. **29** (1907) 1088—91.
4 Dunstan, A. E., Mussel, A. E.: J. chem. Soc. (London) **97** (1910) 1935—44.
5 Patterson, T. S., Stevenson, E. F.: J. chem. Soc. (London) **97** (1910) 2110—28.
6 Thole, F. B.: J. chem. Soc. (London) **103** (1913) 317—23.
7 Estermann, J.: Z. physik. Chem. (B) **1** (1928) 134—69.
8 Tiganik, L.: Z. physik. Chem. (B) **13** (1931) 425—61.
9 Lütgert, H.: Z. physik. Chem. (B) **14** (1931) 31—35.
10 Bernoulli, A. L., Veillon, E. A.: Helv. chim. Acta **15** (1932) 810—39.
11 Smyth, C. P., Walls, W. S.: J. Amer. chem. Soc. **54** (1932) 1854—62.
12 Hammick, D. L., New, R. G. A., Sutton, L. E.: J. chem. Soc. (London) **1932**, 742—48.
13 Hammick, D. L., New, R. G. A., Williams, R. B.: J. chem. Soc. (London) **1934**, 29—32.
14 Bergmann, E., Tschudnowsky, M.: Z. physik. Chem. (B) **17** (1932) 116—19.
15 Bergmann, E.: J. chem. Soc. (London) **1936**, 402—11.

16 Taylor, T. W. J., Sutton, L. E.: J. chem. Soc. (London) **1933**, 63–65.
17 Otto, M. M., Wenzke, H. H.: J. Amer. chem. Soc. **56** (1934) 1314–15.
18 Wilson, C. J., Wenzke, H. H.: J. Amer. chem. Soc. **57** (1935) 1265–67.
19 Milone, M.: Gazz. chim. ital. **65** (1935) 94–102, 152–58.
20 Le Fèvre, C. G., Le Fèvre, R. J. W.: J. chem. Soc. (London) **1935**, 957–65, 1470–75; **1936**, 1130–37; **1950**, 1829–33.
21 Le Fèvre, R. J. W., Northcoft, J.: J. chem. Soc. (London) **1949**, 2235–39.
22 Le Fèvre, R. J. W., Liddicoet, T. H.: J. chem. Soc. (London) **1951**, 2743–48.
23 Jenkins, H. O.: J. chem. Soc. (London) **1936**, 862–67.
24 Cowley, E. G., Partington, J. R.: J. chem. Soc. (London) **1936**, 47–50.
25 Marsden, R. J. B., Sutton, L. E.: J. chem. Soc. (London) **1936**, 599–606.
26 Goebel, H. L., Wenzke, H. H.: J. Amer. chem. Soc. **60** (1938) 697–99.
27 Tappi, G., Springer, C.: Gazz. chim. ital. **70** (1940) 190–96.
28 Linton, E. P.: J. Amer. chem. Soc. **62** (1940) 1945–48.
29 Leis, D. G., Curran, B. C.: J. Amer. chem. Soc. **67** (1945) 79–81.
30 Curran, C., Chaput, E. P.: J. Amer. chem. Soc. **69** (1947) 1134–37.
31 Springall, H. D., Hampson, G. C., May, C. G., Spedding, H.: J. chem. Soc. (London) **1949**, 1524–32.
32 Dionissjew, D. Je., Dshelomonowa, S. K.: J. allg. Chem. (Shurnal Obschtschei Chimii) **24** (1954) 88–94.
33 Anantakrishnan, S. V., Rao, D. S.: Proc. Indian Acad. Sci., Sect. A, **43** (1956) 99–105.
34 Katritzky, A. R., Randall, E. W., Sutton, L. E.: J. chem. Soc. (London) **1957**, 1769–75.
35 Soundarajan, S.: Trans. Faraday Soc. **54** (1958) 1147–50.
36 Purall, W. P.: J. physic. Chem. **68** (1964) 2666–70.
37 Fialkov, Yu. Ya., Tarasenko, Yu. A., Borovikov, Yu. Ya.: J. allg. Chem. (Shurnal Obschtschei Chimii) **36** (1966) 981–87; J. Gen. Chem. USSR **36** (1966) 996–1000.

$C_{10}H_{17}ON$ d-Campheroxim (X_1) – **$C_5H_{11}Br$ l-Amylbromid** (X_2) [*1*]

$C_{10}H_{17}ON$ l-Campheroxim (X_1) – **$C_5H_{11}Br$ l-Amylbromid** (X_2) [*1*]

$C_{10}H_{15}ON$ (–) Ephedrin (X_1) – **C_2H_6O Äthanol** (X_2)
[*23*] ⟨K 13, d 4⟩

Mol-% X_1	0,00	1,88	4,75	7,62	11,16	16,63	20,52	24,59
25 °C	0,785	0,800	0,820	0,839	0,860	0,880	0,904	0,924

$C_{10}H_{15}ON$ (+) Ephedrin (X_1) – **C_2H_6O Äthanol** (X_2)
[*23*] ⟨K 7, d 4⟩

Mol-% X_1	0,00	1,65	2,76	5,80	7,34	7,91
25 °C	0,785	0,797	0,804	0,823	0,832	0,835

$C_{10}H_9ON$ α-Methyl-γ-phenyl-isoxazol (X_1) – **C_6H_6 Benzol** (X_2) [*17*]

$C_{10}H_9ON$ γ-Methyl-α-phenyl-isoxazol (X_1) – **C_6H_6 Benzol** (X_2) [*17*]

$C_{10}H_{15}O_2N$ 2-Amino-1.4-diäthoxybenzol (X_1) – **C_6H_6 Benzol** (X_2)
[*25*] ⟨K 5, d 5⟩

Gew.-% X_1	0,00	0,73	1,38	1,78
32 °C	0,865	0,904	0,905	0,906

$C_{10}H_{15}O_2N$ 2-Amino-1.4-diäthoxybenzol (X_1) – **CCl_4 Tetrachlormethan** (X_2)
[*25*] ⟨K 5 bis 0,7 Gew.-% X_1, d 4, ϑ 32 °C⟩

$C_{10}H_{13}O_2N$ p-Nitro-tert. butylbenzol (X_1) – **C_6H_6 Benzol** (X_2)
[*11*] ⟨K 5, d 5⟩

Mol-% X_1	0,00	0,54	2,17	3,00	3,98
25 °C	0,874	0,876	0,884	0,888	0,892

$C_{10}H_9O_2N$ 5-Methoxy-3-phenylisoxazol (X_1) — **C_6H_6 Benzol** (X_2) [22]

$C_{10}H_7O_2N$ 1-Nitronaphthalin (X_1) — **C_6H_6 Benzol** (X_2)
[26] ⟨K 7 bis 1,1 Gew.-% X_1, d 4, ϑ 25 °C⟩

$C_{10}H_7O_2N$ 1-Nitronaphthalin (X_1) — **C_7H_8 Toluol** (X_2)
[26] ⟨K 7 bis 1,6 Gew.-% X_1, d 4, ϑ 25 °C⟩

$C_{10}H_7O_2N$ 1-Nitronaphthalin (X_1) — **$C_{10}H_8$ Naphthalin** (X_2)
[3] ⟨K 11, d 4⟩

Gew.-% X_1	0	10	20	30	40	50	60	70	80	90	100
77,0 °C	—	1,003	1,028	1,051	1,074	1,098	1,119	1,140	1,163	1,186	1,210
97,5 °C	0,965	0,987	1,010	1,032	1,055	1,079	1,101	1,123	1,146	1,169	1,192

$C_{10}H_7O_2N$ 1-Nitronaphthalin (X_1) — **CCl_4 Tetrachlormethan** (X_2)
[26] ⟨K 5 bis 0,6 Gew.-% X_1, d 4, ϑ 25 °C⟩

$C_{10}H_7O_2N$ 1-Nitronaphthalin (X_1) — **$C_4H_8O_2$ Dioxan** (X_2)
[26] ⟨K 6 bis 1,2 Gew.-% X_1, d 4, ϑ 25 °C⟩

$C_{10}H_7O_2N$ 1-Nitronaphthalin (X_1) — **$C_8H_{14}O_6$ Diäthyltartrat** (X_2) [2]

$C_{10}H_7O_2N$ 1-Nitronaphthalin (X_1) — **$C_{12}H_{11}N$ Diphenylamin** (X_2)
[3] ⟨K 11, d 4⟩

Gew.-% X_1	0	10	20	30	40	50	60	70	80	90	100
77,0 °C	1,055	1,070	1,085	1,101	1,117	1,128	1,148	1,163	1,179	1,194	1,210
97,5 °C	1,026	1,042	1,059	1,076	1,092	1,109	1,125	1,142	1,159	1,176	1,192

$C_{10}H_7O_2N$ 2-Nitronaphthalin (X_1) — **C_6H_6 Benzol** (X_2)
[18] ⟨K 9 bis 0,5 Mol-% X_1, d 4, ϑ 25 °C⟩

$C_{10}H_7O_2N$ 1-Nitroso-2-naphthol (X_1) — **C_6H_6 Benzol** (X_2)
[27] ⟨K 7, d 5⟩

Gew.-% X_1	0,00	0,96	1,49	1,82
25 °C	0,874	0,876	0,878	0,879

[29] ⟨K 5 bis 0,6 Mol-% X_1, d 5, ϑ 35 °C⟩

$C_{10}H_7O_2N$ 2-Nitroso-1-naphthol (X_1) — **C_6H_6 Benzol** (X_2)
[29] ⟨K 6 bis 0,1 Mol-% X_1, d 5, ϑ 35 °C⟩

$C_{10}H_{14}ON_2$ N.N-Diäthyl-nicotinamid (X_1) — **C_6H_6 Benzol** (X_2)
[30] ⟨K 6, d 5⟩

Gew.-% X_1	0,00	0,45	2,38	4,48	7,02	9,85
25 °C	0,873	0,874	0,877	0,880	0,885	0,890

$C_{10}H_6ON_2$ 1.2-Naphthochinon-1-diazid (X_1) — **C_6H_6 Benzol** (X_2)
[20] ⟨K 6 bis 1,6 Gew.-% X_1, d 5, ϑ 25 °C⟩

$C_{10}H_6ON_2$ 1.2-Naphthochinon-2-diazid (X_1) — **C_6H_6 Benzol** (X_2)
[20] ⟨K 5 bis 1 Gew.-% X_1, d 5, ϑ 25 °C⟩

$C_{10}H_6ON_2$ 1.4-Naphthochinondiazid (X_1) — **C_6H_6 Benzol** (X_2)
[20] ⟨K 6 bis 0,4 Gew.-% X_1, d 5, ϑ 25 °C⟩

$C_{10}H_8O_2N_2$ 1.2-Nitronaphthylamin (X_1) — **C_6H_6 Benzol** (X_2)
[18] ⟨K 9 bis 0,5 Mol-% X_1, d 4, ϑ 25 °C⟩

$C_{10}H_8O_2N_2$ 1.4-Nitronaphthylamin (X_1) — **C_6H_6 Benzol** (X_2)
[18] ⟨K 8 bis 0,1 Mol-% X_1, d 4, ϑ 25 °C⟩

$C_{10}H_8O_2N_2$ 1.5-Nitronaphthylamin (X_1) — **C_6H_6 Benzol** (X_2)
[*18*] ⟨K 11 bis 0,2 Mol-% X_1, d 4, ϑ 25 °C⟩

$C_{10}H_8O_2N_2$ 2.1-Nitronaphthylamin (X_1) — **C_6H_6 Benzol** (X_2)
[*18*] ⟨K 9 bis 0,1 Mol-% X_1, d 4, ϑ 25 °C⟩

$C_{10}H_8O_2N_2$ 2.6-Nitronaphthylamin (X_1) — **C_6H_6 Benzol** (X_2)
[*18*] ⟨K 7 bis 0,1 Mol-% X_1, d 4, ϑ 25 °C⟩

$C_{10}H_{16}O_3N_2$ 5-Butyl-5-äthyl-barbitursäure (X_1) — **$C_4H_8O_2$ Dioxan** (X_2)
[*28*] ⟨K 5 bis 0,9 Mol-% X_1, d 5, ϑ 35 °C⟩

$C_{10}H_{14}O_3N_2$ 5-Allyl-5-isopropyl-barbitursäure (X_1) — **$C_4H_8O_2$ Dioxan** (X_2)
[*28*] ⟨K 5 bis 1,8 Mol-% X_1, d 5, ϑ 35 °C⟩

$C_{10}H_{12}O_3N_2$ 5.5-Diallylbarbitursäure (X_1) — **$C_4H_8O_2$ Dioxan** (X_2)
[*28*] ⟨K 4 bis 1,6 Mol-% X_1, d 5, ϑ 35 °C⟩

$C_{10}H_{12}O_4N_2$ 1.2.3.4-Tetramethyl-5.6-dinitrobenzol (X_1) — **C_6H_6 Benzol** (X_2)
[*6*] ⟨K 7, d 5⟩

Mol-% X_1	0,00	0,20	0,46	0,72	1,00	1,43	1,94
25 °C	0,873	0,875	0,877	0,879	0,881	0,885	0,889

$C_{10}H_{12}O_4N_2$ 1-tert. Butyl-2.4-dinitrobenzol (X_1) — **C_6H_6 Benzol** (X_2)
[*24*] ⟨K 6, d 5⟩

Gew.-% X_1	0,00	0,77	1,53	2,43	3,12	4,27
25 °C	0,874	0,876	0,878	0,880	0,882	0,885

$C_{10}H_5O_3N_3$ 4-Nitro-1.2-naphthochinon-1-diazid (X_1) — **C_6H_6 Benzol** (X_2)
[*20*] ⟨K 6 bis 1,1 Gew.-% X_1, d 5, ϑ 25 °C⟩

$C_{10}H_{14}O_7N_4$ Diäthylammoniumpikrat (X_1) — **$C_6H_3O_7N_3$ Pikrinsäure** (X_2)
[*4*] ⟨K 2, d 4, ϑ 75°, 100°, 125 °C⟩

$C_{11}H_7ON$ α-Naphthylisocyanat (X_1) — **C_6H_6 Benzol** (X_2)
[*15*] ⟨K 5 bis 3 Mol-% X_1, d 4, ϑ 20 °C⟩

$C_{11}H_7ON$ β-Naphthylisocyanat (X_1) — **C_6H_6 Benzol** (X_2)
[*15*] ⟨K 5 bis 2,6 Mol-% X_1, d 4, ϑ 20 °C⟩

$C_{11}H_{11}O_2N$ 4.4-Dimethyl-3-phenylisoxazolon(5) (X_1) — **C_6H_6 Benzol** (X_2) [*22*]

$C_{11}H_{13}O_4N$ Äthyl-p-nitro-β-phenylpropionat (X_1) — **C_6H_6 Benzol** (X_2)
[*9*] ⟨K 5, d 4⟩

Mol-% X_1	0,00	0,67	1,06	1,37
20 °C	0,879	0,883	0,885	0,887

$C_{11}H_{11}O_4N$ Äthyl-p-nitrocinnamat (X_1) — **C_6H_6 Benzol** (X_2)
[*9*] ⟨K 4, d 4⟩

Mol-% X_1	0,00	0,48	1,18	1,49
21,3 °C	0,877	0,879	0,884	0,885

$C_{11}H_9O_4N$ Äthyl-p-nitrophenylpropiolat (X_1) — **C_6H_6 Benzol** (X_2)
[*9*] ⟨K 5, d 4⟩

Mol-% X_1	0,00	0,63	0,85	1,19	1,63
21,8 °C	0,877	0,881	0,882	0,885	0,888

$C_{11}H_{22}O_2N_2$ Methyl-n-octyl-glyoxim (X_1) — **$C_4H_8O_2$ Dioxan** (X_2)
[10] ⟨K6 bis 0,03 molar X_1, d4, ϑ 20 °C⟩

$C_{11}H_{16}O_3N_2$ 5-Allyl-5-isobutyl-barbitursäure (X_1) — **$C_4H_8O_2$ Dioxan** (X_2)
[28] ⟨K5 bis 1,2 Mol-% X_1, d5, ϑ 35 °C⟩

$C_{12}H_9O_2N$ 2-Nitrodiphenyl (X_1) — **C_6H_6 Benzol** (X_2)
[21] ⟨K5, d4⟩

Mol-% X_1	0,00	0,39	0,50	0,81	1,20
20 °C	0,879	0,882	0,883	0,884	0,886

[12] ⟨K5 bis 0,4 Mol-% X_1, d5, ϑ 25 °C⟩

$C_{12}H_9O_2N$ 4-Nitrodiphenyl (X_1) — **C_6H_6 Benzol** (X_2)
[12] ⟨K5 bis 0,4 Mol-% X_1, d5, ϑ 25 °C⟩

$C_{12}H_9O_2N$ 4-Nitrodiphenyl (X_1) — **CCl_4 Tetrachlormethan** (X_2)
[26] ⟨K6 bis 0,3 Mol-% X_1, d4, ϑ 25 °C⟩

$C_{12}H_9O_2N$ 4-Nitrodiphenyl (X_1) — **$C_4H_8O_2$ Dioxan** (X_2)
[26] ⟨K7 bis 0,6 Gew.-% X_1, d4, ϑ 25 °C⟩

$C_{12}H_9O_3N$ p-Nitrodiphenyläther (X_1) — **C_6H_6 Benzol** (X_2)
[7] ⟨K5, d5⟩

Mol-% X_1	0,00	0,36	0,71	1,13
18,9 °C	0,880	0,882	0,884	0,887

$C_{12}H_{10}ON_2$ o-Hydroxyazobenzol (X_1) — **C_6H_6 Benzol** (X_2)
[8] ⟨K5, d4⟩

Mol-% X_1	0,00	1,11	1,65	2,19	2,71
15,4 °C	0,884	0,890	0,893	0,896	0,899

$C_{12}H_{10}ON_2$ p-Hydroxyazobenzol (X_1) — **C_6H_6 Benzol** (X_2)
[8] ⟨K2 bis 0,5 Mol-% X_1, d4, ϑ 14,7 °C⟩

$C_{12}H_{10}ON_2$ p-Hydroxyazobenzol (X_1) — **$C_4H_8O_2$ Dioxan** (X_1)
[8] ⟨K4, d4⟩

Mol-% X_1	0,00	1,56	2,11	4,07
15,2 °C	1,034	1,039	1,041	1,047

$C_{12}H_{10}ON_2$ trans-Azoxybenzol (X_1) — **C_6H_6 Benzol** (X_2)
[19] ⟨K6, d5⟩

Gew.-% X_1	0,00	0,50	0,87	1,08	2,02	2,66
27 °C	0,869	0,870	0,871	0,872	0,874	0,875

$C_{12}H_8ON_2$ Benzocinnolinoxyd (X_1) — **C_6H_6 Benzol** (X_2)
[19] ⟨K7 bis 0,7 Gew.-% X_1, d5, ϑ 27 °C⟩

$C_{12}H_{10}O_2N_2$ 4-Nitro-4′-aminodiphenyl (X_1) — **C_6H_6 Benzol** (X_2) *[12]*

$C_{12}H_{10}O_2N_2$ 4.4-Dihydrooxyazobenzol (X_1) — **$C_4H_8O_2$ Dioxan** (X_2)
[16] ⟨K9 bis 1 Gew.-% X_1, d5, ϑ 25 °C⟩

$C_{12}H_{16}O_3N_2$ 5-Cyclohexenyl-5-äthylbarbitursäure (X_1) — **$C_4H_8O_2$ Dioxan** (X_2)
[28] ⟨K5 bis 1,3 Mol-% X_1, d5, ϑ 35 °C⟩

$C_{12}H_{12}O_3N_2$ 5-Phenyl-5-äthyl-barbitursäure (X_1) — **$C_4H_8O_2$ Dioxan** (X_2)
[28] ⟨K4 bis 0,6 Mol-% X_1, d5, ϑ 35 °C⟩

$C_{12}H_8O_4N_2$ 2.4-Dinitrodiphenyl (X_1) — **C_6H_6 Benzol** (X_2)
[24] ⟨K 7, d 5⟩

Gew.-% X_1	0,00	0,42	0,84	1,27	1,68	2,07	2,45
25 °C	0,874	0,875	0,876	0,878	0,879	0,880	0,882

$C_{12}H_8O_4N_2$ 2.2′-Dinitrodiphenyl (X_1) — **C_6H_6 Benzol** (X_2)
[13] ⟨K 6 bis 1 Gew.-% X_1, d 5, ϑ 25 °C⟩

$C_{12}H_8O_4N_2$ 2.4′-Dinitrodiphenyl (X_1) — **C_6H_6 Benzol** (X_2)
[21] ⟨K 4, d 4⟩

Mol-% X_1	0,00	0,44	0,54	0,64
20 °C	0,878	0,883	0,884	0,885

$C_{12}H_8O_4N_2$ 4.4′-Dinitrodiphenyl (X_1) — **C_6H_6 Benzol** (X_2)
[13] ⟨K 6 bis 0,15 Gew.-% X_1, d 5, ϑ 25 °C⟩

$C_{12}H_{16}O_5N_2$ 2.4-Dinitro-3-methyl-6-tert. butylanisol (X_1) — **C_6H_6 Benzol** (X_2)
[12] ⟨K 5, d 5⟩

Gew.-% X_1	0,00	2,72	4,61	4,89	6,95
25 °C	0,874	0,881	0,886	0,887	0,892

$C_{12}H_8O_5N_2$ 4.4′-Dinitrodiphenyläther (X_1) — **C_6H_6 Benzol** (X_2)
[5] ⟨K 9, d 4⟩

Mol-% X_1	0,00	0,20	0,31	0,34	0,47	0,48	0,60	0,69	0,98
25 °C	0,873	0,876	0,877	0,877	0,879	0,879	0,880	0,881	0,885
50 °C	0,846	0,849	0,850	0,850	0,852	0,852	0,853	0,854	0,858

$C_{12}H_{15}O_6N_3$ 1.3.5-Trinitro-2.4.6-triäthylbenzol (X_1) — **C_6H_6 Benzol** (X_2)
[14] ⟨K 3, d 4⟩

Mol-% X_1	0,00	0,64	0,88
25 °C	0,874	0,880	0,882

$C_{12}H_{15}O_6N_3$ 1.3.5-Trinitro-2.4.6-triäthylbenzol (X_1) — **CCl_4 Tetrachlormethan** (X_2)
[14] ⟨K 6, d 4⟩

Mol-% X_1	0,00	0,51	0,64	0,77	1,10
25 °C	1,585	1,581	1,580	1,579	1,577

$C_{12}H_{15}O_6N_3$ Trinitro-5-tert. butyl-m-xylol (X_1) — **C_6H_6 Benzol** (X_2)
[12] ⟨K 5, d 5⟩

Mol-% X_1	0,00	0,52	0,60	0,85	1,74
25 °C	0,874	0,879	0,880	0,883	0,892
45 °C	0,852	0,858	0,859	0,861	0,871

$C_{12}H_{15}O_6N_3$ Trinitro-5-tert. butyl-m-xylol (X_1) — **CCl_4 Tetrachlormethan** (X_2)
[12] ⟨K 5, d 5⟩

Mol-% X_1	0,00	0,83	1,01	1,27	1,96
25 °C	1,584	1,579	1,578	1,576	1,572

$C_{12}H_7O_6N_3$ 2.4.6-Trinitrodiphenyl (X_1) — **C_6H_6 Benzol** (X_2)
[24] ⟨K 7, d 5⟩

Gew.-% X_1	0,00	0,77	1,30	1,82	2,20	2,74	2,98
25 °C	0,874	0,876	0,879	0,880	0,882	0,884	0,885

$C_{12}H_{10}O_2N_4$ 4-Nitrodiazoaminobenzol (X_1) — **C_6H_6 Benzol** (X_2)
[*13*] ⟨K6 bis 0,6 Gew.-% X_1, d5, ϑ 25 °C⟩

$C_{12}H_6O_8N_4$ 2.2'.4.4'-Tetranitrodiphenyl (X_1) — **C_6H_6 Benzol** (X_2)
[*13*] ⟨K5, d5⟩

Gew.-% X_1	0,00	0,30	0,57	0,78
25 °C	0,874	0,875	0,876	0,877

1 Jones: Proc. Cambridge Phil. Soc. **14** (1908) 27 (nach ICT).
2 Patterson, T. S.: J. chem. Soc. (London) **93** (1908) 1836—57.
3 Bernoulli, A. L., Veillon, E. A.: Helv. chim. Acta **15** (1932) 810—39.
4 Walden, P., Birr, E. J.: Z. physik. Chem. (A) **160** (1932) 161—93.
5 Smyth, C. P., Walls, W. S.: J. Amer. chem. Soc. **54** (1932) 3230—40.
6 Smyth, C. P., Lewis, G. L.: J. Amer. chem. Soc. **62** (1940) 721—27.
7 Bergmann, E., Tschudnowsky, M.: Z. physik. Chem. (B) **17** (1932) 107—15.
8 Bergmann, E., Weizmann, A.: Trans. Faraday Soc. **32** (1936) 1318—26.
9 Bergmann, E.: J. chem. Soc. (London) **1936**, 402—11.
10 Milone, M.: Gazz. chim. ital. **65** (1935) 94—102.
11 Le Fèvre, C. G., Le Fèvre, R. J. W., Robertson, W.: J. chem. Soc. (London) **1935**, 480—88.
12 Le Fèvre, C. G., Le Fèvre, R. J. W.: J. chem. Soc. (London) **1935**, 957—65; **1936**, 1130—37; **1950**, 1829—33.
13 Le Fèvre, R. J. W., Vine, H.: J. chem. Soc. (London) **1937**, 1805—09; **1938**, 967—72, 1878—82.
14 Jenkins, H. O.: J. chem. Soc. (London) **1936**, 862—67.
15 Cowley, E. G., Partington, J. R.: J. chem. Soc. (London) **1936**, 45—47.
16 Dostrovsky, I., Le Fèvre, R. J. W.: J. chem. Soc. (London) **1939**, 535—37.
17 Tappi, G., Springer, C.: Gazz. chim. ital. **70** (1940) 190—96.
18 Hertel, E.: Z. Elektrochem. angew. physik. Chem. **47** (1941) 813—19.
19 Calderbank, K. E., Le Fèvre, R. J. W.: J. chem. Soc. (London) **1948**, 1949—52.
20 Anderson, J. D. C., Le Fèvre, R. J. W., Wilson, I. R.: J. chem. Soc. (London) **1949**, 2082—88.
21 Lumbroso, M.: Bull. Soc. chim. France, Documentat, [5] **16** (1949) 387—93.
22 Angyal, C. L., Le Fèvre, R. J. W.: J. chem. Soc. (London) **1953**, 2181—84.
23 Fleming, R., Saunders, L.: J. chem. Soc. (London) **1955**, 4150—52.
24 Littlejohn, A. C., Smith, J. W.: J. chem. Soc. (London) **1957**, 2476—82.
25 Anantakrishnan, S. V., Rao, D. S.: Proc. Indian Acad. Sci., Sect. A, **43** (1956) 99—105.
26 Chau, J. Y. H., Le Fèvre, R. J. W.: J. chem. Soc. (London) **1957**, 2300—02.
27 Armstrong, R. S., Le Fèvre, C. G., Le Fèvre, R. J. W.: J. chem. Soc. (London) **1957**, 371—76.
28 Soundarajan, S.: Trans. Faraday Soc. **54** (1958) 1147—50.
29 Soundarajan, S., Vold, M. J.: Trans. Faraday Soc. **54** (1958) 1155—59.
30 Purall, W. P.: J. physic. Chem. **68** (1964) 2666—70.

$C_{13}H_{11}ON$ Benzanilid (X_1) — **$C_4H_8O_2$ Dioxan** (X_2)
[*35*] ⟨K4, d4⟩

Gew.-% X_1	0,00	1,92	2,77	4,10
25 °C	1,027	1,030	1,031	1,033
40 °C	1,010	1,013	1,014	1,016

$C_{13}H_{11}ON$ Benzanilid (X_1) — **C_5H_5N Pyridin** (X_2)
[*1*] ⟨K4, d4⟩

Gew.-% X_1	0,00	5,40	9,02	12,75
25 °C	0,975	0,984	0,990	0,996

$C_{13}H_{11}ON$ Salicylidenanilin (X_1) — **C_6H_6 Benzol** (X_2)
[*23*] ⟨K5 bis 1,1 Gew.-% X_1, d5, ϑ 25 °C⟩
[*29*] ⟨K3 bis 1,9 Mol-% X_1, d4, ϑ 25 °C⟩

$C_{13}H_{11}ON$ Salicylidenanilin (X_1) — **$C_4H_8O_2$ Dioxan** (X_2)
[*29*] ⟨K3 bis 1,3 Mol-% X_1, d4, ϑ 25 °C⟩

$C_{13}H_7O_3N$ 2-Nitrofluorenon (X_1) — **C_6H_6 Benzol** (X_2) [*22*]

$C_{13}H_7O_3N$ 2-Nitrofluorenon (X_1) — **$C_4H_8O_2$ Dioxan** (X_2)
[9] ⟨K 5 bis 0,2 Mol-% X_1, d 5, ϑ 10,7 °C⟩

$C_{13}H_{12}ON_2$ p-Methoxyazobenzol (X_1) — **C_6H_6 Benzol** (X_2)
[11] ⟨K 5, d 4⟩

Mol-% X_1	0,00	1,11	1,92	2,55	3,46
22,8 °C	0,875	0,880	0,884	0,886	0,890

$C_{13}H_{12}ON_2$ Carbanilid (X_1) — **C_5H_5N Pyridin** (X_2)
[1] ⟨K 3, d 4⟩

Gew.-% X_1	0,00	5,69	7,19
25 °C	0,975	0,984	0,986

$C_{13}H_{12}ON_2$ Phenyl-p-tolylnitrosamin (X_1) — **C_6H_6 Benzol** (X_2)
[30] ⟨K 3, d 4⟩

Mol-% X_1	0,56	1,39	2,02
25 °C	0,877	0,881	0,884

$C_{13}H_{10}O_4N_2$ p.p′-Dinitrodiphenylmethan (X_1) — **C_6H_6 Benzol** (X_2)
[8] ⟨K 5, d 5⟩

Mol-% X_1	0,00	0,17	0,23	0,29	0,34
23,9 °C	0,874	0,876	0,877	0,878	0,879

$C_{13}H_8O_4N_2$ 2.5-Dinitrofluoren (X_1) — **C_6H_6 Benzol** (X_2) *[22]*

$C_{13}H_8O_4N_2$ 2.7-Dinitrofluoren (X_1) — **C_6H_6 Benzol** (X_2) *[22]*

$C_{13}H_6O_5N_2$ 2.5-Dinitrofluorenon (X_1) — **C_6H_6 Benzol** (X_2) *[22]*

$C_{13}H_6O_5N_2$ 2.7-Dinitrofluorenon (X_1) — **C_6H_6 Benzol** (X_2) *[22]*

$C_{13}H_6O_6N_2$ α-Dinitroxanthon (X_1) — **C_6H_6 Benzol** (X_2)
[17] ⟨K 5 bis 0,02 Mol-% X_1, d 5, ϑ 25 °C⟩

$C_{13}H_6O_6N_2$ β-Dinitroxanthon (X_1) — **C_6H_6 Benzol** (X_2)
[17] ⟨K 5 bis 0,02 Mol-% X_1, d 5, ϑ 25 °C⟩

$C_{13}H_{20}O_7N_4$ n-Heptylammoniumpikrat (X_1) — **$C_{10}H_{14}O_7N_4$ Diäthylammoniumpikrat** (X_2)
[7] ⟨K 3, d 4, ϑ 75°, 125 °C⟩

Mol-% X_1	25	50	75
100 °C	1,295	1,274	1,253
150 °C	1,260	1,239	1,218

$C_{14}H_{13}ON$ Salizyliden-m-toluidin (X_1) — **C_6H_6 Benzol** (X_2)
[23] ⟨K 7 bis 1,5 Gew.-% X_1, d 5, ϑ 25 °C⟩

$C_{14}H_{13}ON$ Salizyliden-p-toluidin (X_1) — **C_6H_6 Benzol** (X_2)
[29] ⟨K 4 bis 2,0 Mol-% X_1, d 4, ϑ 25 °C⟩

$C_{14}H_{13}ON$ Salizyliden-p-toluidin (X_1) — **$C_4H_8O_2$ Dioxan** (X_2)
[29] ⟨K 4 bis 1,6 Mol-% X_1, d 4, ϑ 25 °C⟩

$C_{14}H_{13}ON$ Phenylacetanilid (X_1) — **$C_4H_8O_2$ Dioxan** (X_2)
[35] ⟨K 4, d 4⟩

Gew.-% X_1	0,00	1,91	3,65	5,07
25 °C	1,027	1,030	1,032	1,034
40 °C	1,011	1,013	1,015	1,017

Lacmann

$C_{14}H_{13}ON$ Benzbenzylamid (X_1) — **$C_4H_8O_2$ Dioxan** (X_2)
[*35*] ⟨K4, d4⟩

Gew.-% X_1	0,00	2,04	3,36	5,31
25 °C	1,027	1,029	1,030	1,033
40 °C	1,010	1,012	1,014	1,016

$C_{14}H_{13}ON$ 4-Acetamidodiphenyl (X_1) — **C_6H_6 Benzol** (X_2) [*17*]

$C_{14}H_{13}ON$ o-Methoxybenzylidenanilin (X_1) — **C_6H_6 Benzol** (X_2)
[*23*] ⟨K8 bis 1,2 Gew.-% X_1, d5, ϑ 25 °C⟩

$C_{14}H_{14}O_2N$ Piperonydenanilin (X_1) — **C_6H_6 Benzol** (X_2)
[*19*] ⟨K4 bis 0,9 Gew.-% X_1, d5, ϑ 25 °C⟩

$C_{14}H_9O_2N$ 9-Nitroanthracen (X_1) — **C_6H_6 Benzol** (X_2)
[*36*] ⟨K8 bis 0,8 Gew.-% X_1, d4, ϑ 25 °C⟩

$C_{14}H_9O_2N$ 9-Nitroanthracen (X_1) — **CCl_4 Tetrachlormethan** (X_2)
[*36*] ⟨K5 bis 0,1 Gew.-% X_1, d4, ϑ 25 °C⟩

$C_{14}H_9O_2N$ Phthalanil (X_1) — **C_5H_5N Pyridin** (X_2)
[*1*] ⟨K2, d4⟩

Gew.-% X_1	0,00	3,55
25 °C	0,975	0,982

$C_{14}H_{14}ON_2$ Di-p-tolylnitrosamin (X_1) — **C_6H_6 Benzol** (X_2)
[*30*] ⟨K3, d4⟩

Mol-% X_1	0,62	1,37	2,11
25 °C	0,877	0,881	0,885

$C_{14}H_{10}ON_2$ 2.5-Diphenylfurazan (X_1) — **C_6H_6 Benzol** (X_2)
[*20*] ⟨K6 bis 0,3 Mol-% X_1, d5, ϑ 25 °C⟩

$C_{14}H_{10}ON_2$ Diphenyl-1.2.4-oxdiazol (X_1) — **$C_4H_8O_2$ Dioxan** (X_2)
[*15*] ⟨K5 bis 0,05 molar X_1, d4, ϑ 20 °C⟩

$C_{14}H_{10}ON_2$ Diphenyl-1.2.5-oxdiazol (X_1) — **$C_4H_8O_2$ Dioxan** (X_2)
[*15*] ⟨K5 bis 0,03 molar X_1, d4, ϑ 20 °C⟩

$C_{14}H_{10}ON_2$ Diphenyl-1.3.4-oxdiazol (X_1) — **$C_4H_8O_2$ Dioxan** (X_2)
[*15*] ⟨K5 bis 0,05 molar X_1, d4, ϑ 20 °C⟩

$C_{14}H_{10}ON_2$ Azibenzil (X_1) — **C_6H_6 Benzol** (X_2)
[*32*] ⟨K6 bis 2,6 Gew.-% X_1, d5, ϑ 25 °C⟩

$C_{14}H_{12}O_2N_2$ α-β-Dibenzoylhydrazid (X_1) — **$C_4H_8O_2$ Dioxan** (X_2)
[*20*] ⟨K5 bis 0,1 Mol-% X_1, d5, ϑ 25 °C⟩

$C_{14}H_{12}O_2N_2$ Diphenylglyoxim (X_1) — **$C_4H_8O_2$ Dioxan** (X_2)
[*15*] ⟨K6 bis 0,04 molar X_1, d4, ϑ 20 °C⟩

$C_{14}H_{10}O_2N_2$ Azodibenzoyl (X_1) — **C_6H_6 Benzol** (X_2)
[*20*] ⟨K7 bis 1,3 Mol-% X_1, d5, ϑ 25 °C⟩

$C_{14}H_{12}O_3N_2$ p-Nitrobenzophenon-α-oxim-O-methyläther (X_1) — **C_6H_6 Benzol** (X_2)
[*12*] ⟨K3, d4⟩

Mol-% X_1	0,52	0,76	1,08
25 °C	0,878	0,880	0,883

$C_{14}H_{12}O_3N_2$ p-Nitrobenzophenon-β-oxim-O-methyläther $(X_1) - C_6H_6$ **Benzol** (X_2)
[12] ⟨K3, d4⟩

Mol-% X_1	0,84	1,22	1,64
25 °C	0,881	0,884	0,887

$C_{14}H_{12}O_3N_2$ p-Nitrobenzophenon-α-oxim-N-methyläther $(X_1) - C_6H_6$ **Benzol** (X_2)
[12] ⟨K4, d4⟩

Mol-% X_1	0,29	0,42	0,60	0,86
25 °C	0,876	0,878	0,880	0,882

$C_{14}H_{12}O_3N_2$ p-Nitrobenzophenon-β-oxim-N-methyläther $(X_1) - C_6H_6$ **Benzol** (X_2)
[12] ⟨K3, d4⟩

Mol-% X_1	0,28	0,41	0,56
25 °C	0,877	0,878	0,880

$C_{14}H_{12}O_4N_2$ 4.4′-Dinitro-2.2′-dimethyldiphenyl $(X_1) - C_6H_6$ **Benzol** (X_2)
[18] ⟨K3, d5⟩

Gew.-% X_1	0,00	1,27	1,95
25 °C	0,874	0,877	0,879

$C_{14}H_{10}O_4N_2$ α.β-Dinitrostilben $(X_1) - C_6H_6$ **Benzol** (X_2)
[10] ⟨K3, d4⟩

Mol-% X_1	0,00	0,52	0,66
16,4 °C	0,883	0,887	0,888

$C_{14}H_{18}O_5N_2$ 3.5-Dinitro-2.6-dimethyl-4-tert.butylacetophenon $(X_1) - C_6H_6$ **Benzol** (X_2)
[17] ⟨K5, d5⟩

Mol-% X_1	0,00	0,38	0,85	1,28	1,51
25 °C	0,874	0,877	0,882	0,886	0,888

$C_{14}H_{11}O_4N_3$ α-Benzoyl-β-p-nitrobenzoylhydrazid $(X_1) - C_4H_8O_2$ **Dioxan** (X_2)
[20] ⟨K5 bis 0,2 Mol-% X_1, d5, ϑ 25 °C⟩

$C_{14}H_{22}O_7N_4$ Tetraäthylammoniumpikrat $(X_1) - C_6H_5O_2N$ **Nitrobenzol** (X_2) [13]

$C_{14}H_6O_{12}N_4$ 2.2′.4.4′-Tetranitrodiphenyl-6.6′-dicarboxylsäure $(X_1) - C_4H_8O_2$ **Dioxan** (X_2)
[31] ⟨K5, d4⟩

Mol-% X_1	0,00	0,07	0,18	0,28
20 °C	1,033	1,035	1,037	1,039

$C_{15}H_{15}ON$ Phenylpropionanilid $(X_1) - C_4H_8O_2$ **Dioxan** (X_2)
[35] ⟨K4, d4⟩

Gew.-% X_1	0,00	1,87	3,64	5,14
25 °C	1,028	1,030	1,032	1,033
40 °C	1,011	1,013	1,015	1,017

$C_{15}H_{15}ON$ Phenylacetbenzylamid $(X_1) - C_4H_8O_2$ **Dioxan** (X_2)
[35] ⟨K4 bis 3,5 Gew.-% X_1, d4, ϑ 25°, 40 °C⟩

$C_{15}H_{11}ON$ α.γ-Diphenylisoxazol $(X_1) - C_6H_6$ **Benzol** (X_2) [26]

$C_{15}H_{14}O_2N_2$ α-Benzoyl-β-p-toluylhydrazid $(X_1) - C_4H_8O_2$ **Dioxan** (X_2)
[20] ⟨K5 bis 0,2 Mol-% X_1, d5, ϑ 25 °C⟩

$C_{15}H_{24}O_7N_4$ Tri-n-propylammoniumpikrat (X_1) — **$C_{10}H_{14}O_7N_4$ Diäthylammoniumpikrat** (X_2)
[7] ⟨K3, d4, ϑ 125 °C⟩

Mol-% X_1	25	50	75
100 °C	1,272	1,239	1,215
150 °C	1,235	1,206	1,177

$C_{16}H_{17}ON$ Phenylpropionbenzylamid (X_1) — **$C_4H_8O_2$ Dioxan** (X_2)
[35] ⟨K4 bis 4,3 Gew.-% X_1, d4, ϑ 25°, 40 °C⟩

$C_{16}H_{17}ON$ Phenylacetphenyläthylamid (X_1) — **$C_4H_8O_2$ Dioxan** (X_2)
[35] ⟨K4, d4⟩

Gew.-% X_1	0,00	1,98	3,59	5,17
25 °C	1,028	1,028	1,030	1,032
40 °C	1,011	1,013	1,014	1,016

$C_{16}H_{16}ON$ 2-Methyl-4.5-diphenyloxazol (X_1) — **C_6H_6 Benzol** (X_2)
[28] ⟨K3, d5⟩

Mol-% X_1	0,00	1,03	2,03
25 °C	0,874	0,881	0,887

$C_{16}H_{13}O_4N$ Methyl-p-nitro-α-phenylcinnamat (X_1) — **C_6H_6 Benzol** (X_2)
[10] ⟨K5, d4⟩

Mol-% X_1	0,00	0,32	0,40	0,47	0,62
16,8 °C	0,882	0,885	0,886	0,887	0,888

$C_{16}H_{12}ON_2$ 2-Benzolazo-1-naphthol (X_1) — **C_6H_6 Benzol** (X_2)
[11] ⟨K3, d4⟩

Mol-% X_1	0,00	0,59	1,45
28,2 °C	0,869	0,873	0,880

$C_{16}H_{12}ON_2$ 4-Benzolazo-1-naphthol (X_1) — **$C_4H_8O_2$ Dioxan** (X_2)
[11] ⟨K3 bis 0,6 Mol-% X_1, d4, ϑ 28,3 °C⟩

$C_{16}H_{12}ON_2$ Benzolazo-2-naphthol (X_1) — **C_6H_6 Benzol** (X_2)
[25] ⟨K4 bis 0,3 Gew.-% X_1, d5, ϑ 25 °C⟩

$C_{16}H_{20}O_2N_2$ 4.4′-Diäthoxy-2.2′-diaminodiphenyl (X_1) — **C_6H_6 Benzol** (X_2)
[31] ⟨K3 bis 0,1 Mol-% X_1, d4, ϑ 20 °C⟩

$C_{16}H_{18}O_3N_2$ p-Azoxyphenetol (X_1) — **$C_{14}H_{14}O_3N_2$ p-Azoxyanisol** (X_2)
[2] ⟨K7, d3⟩

Mol-% X_1	0,0	10,2	30,2	50,2	70,7	90,1	100,0
136 °C	1,147	1,143	1,132	1,121	1,112	1,104	1,100

$C_{16}H_{12}O_8N_2$ Dimethyl-4.4′-dinitrodiphenat (X_1) — **C_6H_6 Benzol** (X_2)
[18] ⟨K4 bis 0,6 Gew.-% X_1, d5, ϑ 25 °C⟩

$C_{17}H_{14}ON_2$ p-Toluolazo-2-naphthol (X_1) — **C_6H_6 Benzol** (X_2)
[25] ⟨K4 bis 0,5 Gew.-% X_1, d5, ϑ 25 °C⟩

$C_{17}H_{14}ON_2$ 4-Benzolazo-1-methoxynaphthalin (X_1) — **C_6H_6 Benzol** (X_2)
[11] ⟨K3, d4⟩

Mol-% X_1	0,00	1,35	2,17
24,8 °C	0,873	0,882	0,888

$C_{18}H_{39}O_2N$ Tetra-n-butylammoniumacetat (X_1) — **C_6H_6 Benzol** (X_2)
[*16*] ⟨K2, d4, ϑ 25 °C⟩

$C_{18}H_{11}O_2N$ Chinolingelb (X_1) — **$C_4H_8O_2$ Dioxan** (X_2)
[*11*] ⟨K4 bis 0,2 Mol-% X_1, d4, ϑ 14,2 °C⟩

$C_{18}H_{30}O_7N_4$ Tetra-n-propylammoniumpikrat (X_1) — **$C_{10}H_{14}O_7N_4$ Diäthylammoniumpikrat** (X_2)
[*7*] ⟨K3, d4, ϑ 75°, 125 °C⟩

Mol-% X_1	25	50	75
100 °C	1,260	1,219	1,188
150 °C	1,225	1,185	1,153

$C_{18}H_{30}O_7N_4$ Tetra-n-propylammoniumpikrat (X_1) — **$C_{13}H_{20}O_7N_4$ n-Heptylammoniumpikrat** (X_2)
[*7*] ⟨K3, d4, ϑ 125 °C⟩

Mol-% X_1	25	50	75
100 °C	1,212	1,190	1,184
150 °C	1,179	1,159	1,152

$C_{18}H_{30}O_7N_4$ Tetra-n-propylammoniumpikrat (X_1) — **$C_{15}H_{24}O_7N_4$ Tri-n-propylammoniumpikrat** (X_2)
[*7*] ⟨K3, d4, ϑ 125 °C⟩

Mol-% X_1	25	50	75
100 °C	1,176	1,172	1,169
150 °C	1,142	1,137	1,137

$C_{18}H_{30}O_7N_4$ Tri-n-butylammoniumpikrat (X_1) — **C_6H_6 Benzol** (X_2)
[*16*] ⟨K2, d4, ϑ 25 °C⟩

$C_{18}H_{30}O_7N_4$ Tributylammoniumpikrat (X_1) — **C_2H_5Cl Äthylchlorid** (X_2)
[*24*] ⟨Gleichung bis 0,37 molal X_1, d4, ϑ 25 °C⟩

$C_{18}H_{14}O_{12}N_4$ Diäthyl-2.2′.4.4′-tetranitro-6.6′-diphenyldicarboxylat (X_1) — **C_6H_6 Benzol** (X_2)
[*31*] ⟨K3 bis 0,2 Mol-% X_1, d4, ϑ 20 °C⟩

$C_{19}H_{13}O_3N$ 4-(m-Nitrobenzoyl)diphenyl (X_1) — **C_6H_6 Benzol** (X_2)
[*31*] ⟨K5 bis 0,5 Mol-% X_1, d4, ϑ 20 °C⟩

$C_{19}H_{22}ON_2$ Cinchonin (X_1) — **C_2H_6O Äthanol** (X_2)
[*3, 4*] ⟨K8, d4⟩

Gew.-% X_1	0,00	0,16	0,79	1,20	3,62	5,55	10,47	11,36
25 °C	0,788	0,789	0,791	0,792	0,798	0,803	0,817	0,819

$C_{19}H_{22}ON_2$ Cinchonin (X_1) — **C_3H_6O Aceton** (X_2)
[*3, 4*] ⟨K6, d4⟩

Gew.-% X_1	0,00	0,65	2,66	5,19	7,45	10,88
25 °C	0,788	0,790	0,795	0,802	0,810	0,815

$C_{19}H_{14}O_2N_2$ p-Benzoyloxyazobenzol (X_1) — **C_6H_6 Benzol** (X_2)
[*21*] ⟨K5, d5⟩

Mol-% X_1	0,00	0,37	0,72	1,29
30 °C	0,868	0,872	0,875	0,880

$C_{19}H_{13}O_6N_3$ Tri-p-nitrophenylmethan (X_1) — **$C_4H_8O_2$ Dioxan** (X_2)
[*8*] ⟨K4, d5⟩

Mol-% X_1	0,00	0,50	0,71	0,93
16,3 °C	1,032	1,037	1,040	1,043

$C_{20}H_{13}O_7N_3$ Phenanthrenpikrat (X_1) — **C_8H_{10} Xylol** (X_2)
[*27*] ⟨K11, d4⟩

Gew.-% X_1	0,00	0,44	0,80	1,21	1,80	2,35	3,15	3,95	4,77	5,62	6,37
25 °C	0,860	0,861	0,862	0,864	0,866	0,868	0,871	0,873	0,876	0,879	0,882

$C_{21}H_{36}O_7N_4$ Tri-isoamylammoniumpikrat (X_1) — **C_6H_6 Benzol** (X_2)
[*33*] ⟨K8, d4⟩

Gew.-% X_1	0,00	1,74	4,26	6,96	12,33	21,54	31,27	47,18
25 °C [*14*]	0,874	0,877	0,882	0,887	0,898	0,918	0,938	0,973

$C_{22}H_{23}O_7N$ Narkotin (X_1) — **C_6H_6 Benzol** (X_2)
[*5*] ⟨K7 bis 5 Vol.-% X_1, d5, ϑ 20 °C⟩

$C_{22}H_{38}O_7N_4$ Tetra-n-butylammoniumpikrat (X_1) — **C_6H_6 Benzol** (X_2)
[*16*] ⟨K2, d4, ϑ 25 °C⟩

$C_{22}H_{38}O_7N_4$ Tetra-n-butylammoniumpikrat (X_1) — **C_6H_5Cl Chlorbenzol** (X_2)
[*38*] ⟨Gleichung bis 0,05 molar X_1, ϑ 35 °C⟩

$C_{22}H_{38}O_7N_4$ Tetra-n-butylammoniumpikrat (X_1) — **$C_4H_{10}O$ n-Butanol** (X_2)
[*34*] ⟨K10, d3⟩

Gew.-% X_1	0,00	11,39	25,14	41,29	61,47	75,23	86,41	93,36	97,72	100,00
91 °C	0,758	0,790	0,838	0,894	0,949	1,014	1,050	1,076	1,093	1,105

$C_{22}H_{38}O_7N_4$ Tetra-n-butylammoniumpikrat (X_1) — **$C_6H_5O_2N$ Nitrobenzol** (X_2)
[*38*] ⟨Gleichung bis 0,05 molar X_1, ϑ 25 °C⟩

$C_{23}H_{18}ON_2$ β-Naphthochinon-β-phenylbenzylhydrazon (X_1) — **C_6H_6 Benzol** (X_2)
[*11*] ⟨K3, d4⟩

Mol-% X_1	0,00	0,63	0,81
29 °C	0,868	0,875	0,877

$C_{25}H_{23}O_7N_5$ Pikrylcinchonin (X_1) — **C_3H_6O Aceton** (X_2) [*4*]

$C_{26}H_{26}O_2N_2$ Benzoylcinchonin (X_1) — **C_2H_6O Äthanol** (X_2)
[*3, 4*] ⟨K3, d4⟩

Gew.-% X_1	0,00	1,23	2,64
25 °C	0,788	0,791	0,795

$C_{26}H_{26}O_2N_2$ Benzoylcinchonin (X_1) — **C_3H_6O Aceton** (X_2)
[*3, 4*] ⟨K5, d4⟩

Gew.-% X_1	0,00	1,19	3,17	5,18	7,67
25 °C	0,788	0,792	0,797	0,803	0,810

$C_{26}H_{46}O_7N_4$ Tetra-isoamylammoniumpikrat (X_1) — **C_6H_6 Benzol** (X_2)
[16] ⟨K2, d4, ϑ 25 °C⟩
[14]

$C_{26}H_{46}O_7N_4$ Tetra-isoamylammoniumpikrat (X_1) — **$C_6H_3O_7N_3$ Pikrinsäure** (X_2)
[7] ⟨K2, d4, ϑ 75°, 100°, 125 °C⟩

$C_{26}H_{46}O_7N_4$ Tetra-isoamylammoniumpikrat (X_1) — **$C_{18}H_{30}O_7N_4$ Tetra-n-propylammoniumpikrat** (X_2)
[7] ⟨K3, d4, ϑ 125 °C⟩

Mol-% X_1	25	50	75
100 °C	1,127	1,098	1,073
150 °C	1,096	1,066	1,041

$C_{32}H_{38}O_7N_4$ Tetrabutylammoniumpikrat (X_1) — **C_6H_6 Benzol** (X_2)
[37] ⟨Gleichung, Kl. Konzz., ϑ 25°, 35°, 45 °C⟩

$C_{32}H_{38}O_7N_4$ Tetrabutylammoniumpikrat (X_1) — **C_7H_8 Toluol** (X_2)
[37] ⟨Gleichung, Kl. Konzz., ϑ 25°, 35°, 45 °C⟩

$C_{32}H_{38}O_7N_4$ Tetrabutylammoniumpikrat (X_1) — **$C_4H_8O_2$ Dioxan** (X_2)
[37] ⟨Gleichung, Kl. Konzz., ϑ 25°, 35°, 45 °C⟩

1 Dunstan, A. E., Mussel, A. E.: J. chem. Soc. (London) **97** (1910) 1935—44.
2 Pick, H.: Z. physik. Chem. **77** (1911) 577—86.
3 Peacock, D. H.: J. chem. Soc. (London) **105** (1914) 2782—89.
4 Proc. chem. Soc. (London) **30** (1914) 274 (nach ICT).
5 Rakshit, J. N.: Z. Elektrochem. angew. physik. Chem. **31** (1925) 320—23.
6 Sutton, L. E., Taylor, T. W. J.: J. chem. Soc. (London) **1931**, 2190—95.
7 Walden, P., Birr, E. J.: Z. physik. Chem. (A) **160** (1932) 161—93.
8 Bergmann, E., Engel, L., Wolff, H. A.: Z. physik. Chem. (B) **17** (1932) 81—91.
9 Bergmann, E., Engel, L., Hoffmann, H.: Z. physik. Chem. (B) **17** (1932) 92—99.
10 Bergmann, E.: J. chem. Soc. (London) **1936**, 402—11.
11 Bergmann, E., Weizmann, A.: Trans. Faraday Soc. **32** (1936) 1318—26.
12 Taylor, T. W. J., Sutton, L. E.: J. chem. Soc. (London) **1933**, 63—65.
13 Cox, W. M., Wolfenden, J. H.: Proc. Roy. Soc. (London), Ser. A, **145** (1934) 475—88.
14 Hooper, G. S., Kraus, C. A.: J. Amer. chem. Soc. **56** (1934) 2265—68.
15 Milone, M.: Gazz. chim. ital. **65** (1935) 94—102, 152—58.
16 Geddes, J. A., Kraus, C. A.: Trans. Faraday Soc. **32** (1936) 585—93.
17 Le Fèvre, C. G., Le Fèvre, R. J. W.: J. chem. Soc. (London) **1936**, 1130—37; **1937**, 196—202; **1950**, 1829—33.
18 Le Fèvre, R. J. W., Vine, H.: J. chem. Soc. (London) **1938**, 967—72.
19 Le Fèvre, R. J. W., Northcott, J.: J. chem. Soc. (London) **1949**, 2374—75.
20 Frey, P. R., Gilbert, E. C.: J. Amer. chem. Soc. **59** (1937) 1344—47.
21 Warren, F. L.: J. chem. Soc. (London) **1937**, 1858.
22 Hughes, E. D., Le Fèvre, C. G., Le Fèvre, R. J. W.: J. chem. Soc. (London) **1937**, 202—07.
23 de Gaouck, V., Le Fèvre, R. J. W.: J. chem. Soc. (London) **1938**, 741—45.
24 Mead, D. J., Kraus, C. A., Fuoss, R. M.: J. Amer. chem. Soc. **61** (1939) 3257—59.
25 Hartley, G. S., Le Fèvre, R. J. W.: J. chem. Soc. (London) **1939**, 531—35.
26 Tappi, G., Springer, C.: Gazz. chim. ital. **70** (1940) 190—96.
27 Drucker, C.: Arkiv kemi, Mineral. Geol., Ser. A, **14** (1941) Nr. 15, 1—48.
28 Oesper, P. F., Smyth, C. P., Lewis, G. L.: J. Amer. chem. Soc. **64** (1942) 1130—33.
29 Curran, C., Chaput, E. P.: J. Amer. chem. Soc. **69** (1947) 1134—37.
30 Leonard, N. J., Sutton, L. E.: J. Amer. chem. Soc. **70** (1948) 1564—71.
31 Lumbroso, M.: Bull. Soc. chim. France, Documentat, [5] **16** (1949) 387—93.
32 Anderson, J. D. C., Le Fèvre, R. J. W., Wilson, I. R.: J. chem. Soc. (London) **1949**, 2082—88.
33 Strong, L. E., Kraus, C. A.: J. Amer. chem. Soc. **72** (1950) 166—71.
34 Seward, R. P.: J. Amer. chem. Soc. **73** (1951) 515—17.
35 Kotera, A., Shibata, S., Sone, K.: J. Amer. chem. Soc. **77** (1955) 6183—86.
36 Chau, J. Y. H., Le Fèvre, R. J. W.: J. chem. Soc. (London) **1957**, 2300—02.
37 Richardson, E. A., Stern, K. H.: J. Amer. chem. Soc. **82** (1960) 1296—1302.
38 Gilkerson, W. R., Stewart, J. L.: J. physic. Chem. **65** (1961) 1465—66.

1.4.10 C—H—N—O-Halogenverbindungen — C—H—N—O-halogen compounds

C_2H_4ClON Chloracetamid (X_1) — **$C_4H_8O_2$ Dioxan** (X_2)
[*29*] ⟨K 5, d 5⟩

Mol-% X_1	0,00	0,75	1,55	2,02	4,10
35 °C	1,017	1,022	1,024	1,025	1,032

C_5H_4ClON 4-Chlor-pyridin-1-oxid (X_1) — **C_6H_6 Benzol** (X_2)
[*27*] ⟨K 4 bis 0,7 Gew.-% X_1, d 4, ϑ 25 °C⟩

C_6H_4ClON p-Chlornitrosobenzol (X_1) — **C_6H_6 Benzol** (X_2)
[*8*] ⟨K 10, d 4⟩

Mol-% X_1	0,80	1,35	1,64	2,18	2,86
25 °C	0,878	0,880	0,882	0,884	0,887

$C_6H_4FO_2N$ p-Fluornitrobenzol (X_1) — **C_6H_6 Benzol** (X_2)
[*4*] ⟨K 5, d 5⟩

Mol-% X_1	0,00	1,38	2,23	3,38	4,79
20,6 °C	0,878	0,885	0,889	0,895	0,903

[*23*] ⟨K 4 bis 2,5 Mol-% X_1, d 4, ϑ 25 °C⟩

$C_6H_4ClO_2N$ o-Chlornitrobenzol (X_1) — **C_6H_6 Benzol** (X_2)
[*13*] ⟨K 8, d 4⟩

Gew.-% X_1	0,00	4,55	12,18	14,79	21,95	28,95	37,75	50,62
20 °C	0,878	0,894	0,920	0,929	0,955	0,982	1,018	1,076

[*6*] ⟨K 5 bis 4,1 Mol-% X_1, d 4, ϑ 20 °C⟩
[*7*] ⟨K 7 bis 0,6 Mol-% X_1, d 5, ϑ 25°, 62,1 °C⟩

$C_6H_4ClO_2N$ o-Chlornitrobenzol (X_1) — **$C_{12}H_{11}N$ Diphenylamin** (X_2) [*1*]

$C_6H_4ClO_2N$ m-Chlornitrobenzol (X_1) — **C_6H_6 Benzol** (X_2)
[*6*] ⟨K 5, d 4⟩

Mol-% X_1	0,00	0,52	1,05	2,12	3,95
20 °C	0,878	0,881	0,885	0,892	0,903

[*7*] ⟨K 8 bis 0,9 Mol-% X_1, d 5, ϑ 25°, 65,4 °C⟩

$C_6H_4ClO_2N$ p-Chlornitrobenzol (X_1) — **C_6H_6 Benzol** (X_2)
[*13*] ⟨K 10, d 4⟩

Gew.-% X_1	0,00	1,75	3,66	4,56	7,75	9,74	12,22	13,34	14,95	22,06
20 °C	0,878	0,884	0,890	0,893	0,904	0,911	0,919	0,924	0,929	0,955

[*6*] ⟨K 5 bis 4,1 Mol-% X_1, d 4, ϑ 20 °C⟩
[*7*] ⟨K 8 bis 1,1 Mol-% X_1, d 5, ϑ 25°, 65,4 °C⟩
[*28*] ⟨K 8 bis 5,2 Gew.-% X_1, d 5, ϑ 25 °C⟩

$C_6H_4BrO_2N$ o-Bromnitrobenzol (X_1) — **C_6H_6 Benzol** (X_2)
[*6*] ⟨K 5, d 4⟩

Mol-% X_1	0,00	0,51	1,05	2,05	4,14
20 °C	0,878	0,884	0,890	0,901	0,924

[*7*] ⟨K 6 bis 0,5 Mol-% X_1, d 5, ϑ 25°, 65,4 °C⟩

$C_6H_4BrO_2N$ m-Bromnitrobenzol (X_1) – **C_6H_6 Benzol** (X_2)
[*6*] ⟨K 5, d 4⟩

Mol-% X_1	0,00	0,54	1,07	2,04	4,06
20 °C	0,878	0,884	0,890	0,901	0,923

[*7*] ⟨K 7 bis 0,6 Mol-% X_1, d 5, ϑ 25°, 65,4 °C⟩

$C_6H_4BrO_2N$ p-Bromnitrobenzol (X_1) – **C_6H_6 Benzol** (X_2)
[*6*] ⟨K 5, d 4⟩

Mol-% X_1	0,00	0,51	1,04	2,04	4,09
20 °C	0,878	0,884	0,890	0,901	0,924

[*7*] ⟨K 8 bis 0,5 Mol-% X_1, d 5, ϑ 25°, 65,4 °C⟩
[*28*] ⟨K 7 bis 5,9 Gew.-% X_1, d 5, ϑ 25 °C⟩

$C_6H_4JO_2N$ o-Jodnitrobenzol (X_1) – **C_6H_6 Benzol** (X_2)
[*10*] ⟨K 6, d 5⟩

Mol-% X_1	0,00	0,60	0,95	1,30	1,64	1,99
22 °C	0,877	0,886	0,892	0,897	0,902	0,908

[*7*] ⟨K 7 bis 0,4 Mol-% X_1, d 5, ϑ 25°, 65,4 °C⟩

$C_6H_4JO_2N$ m-Jodnitrobenzol (X_1) – **C_6H_6 Benzol** (X_2)
[*10*] ⟨K 6, d 5⟩

Mol-% X_1	0,00	0,72	1,30	1,87	2,45	3,01
22 °C	0,877	0,888	0,897	0,906	0,915	0,923

[*7*] ⟨K 7 bis 0,6 Mol-% X_1, d 5, ϑ 25°, 65,4 °C⟩

$C_6H_4JO_2N$ p-Jodnitrobenzol (X_1) – **C_6H_6 Benzol** (X_2)
[*10*] ⟨K 6, d 5⟩

Mol-% X_1	0,00	0,47	0,72	0,94	1,18	1,28
22 °C	0,877	0,884	0,888	0,891	0,895	0,897

[*7*] ⟨K 6 bis 0,7 Mol-% X_1, d 5, ϑ 65,4 °C⟩

$C_6H_3Cl_2O_2N$ 2.3-Dichlornitrobenzol (X_1) – **C_6H_6 Benzol** (X_2)
[*21*] ⟨K 7, d 5⟩

Mol-% X_1	0,00	0,74	0,94	1,06	1,27	1,54	1,96
25 °C	0,873	0,880	0,882	0,883	0,885	0,887	0,891

$C_6H_3Cl_2O_2N$ 2.4-Dichlornitrobenzol (X_1) – **C_6H_6 Benzol** (X_2)
[*21*] ⟨K 6, d 5⟩

Mol-% X_1	0,00	0,37	0,66	0,91	1,28	1,64
25 °C	0,873	0,877	0,880	0,882	0,885	0,888

$C_6H_3Cl_2O_2N$ 2.5-Dichlornitrobenzol (X_1) – **C_6H_6 Benzol** (X_2)
[*21*] ⟨K 6, d 5⟩

Mol-% X_1	0,00	0,50	0,68	0,84	0,96	1,28
25 °C	0,873	0,878	0,880	0,882	0,883	0,886

[*17*] ⟨K 6 bis 3 Gew.-% X_1, d 5, ϑ 25 °C⟩

$C_6H_3Cl_2O_2N$ 2.6-Dichlornitrobenzol (X_1) — **C_6H_6 Benzol** (X_2)
[*21*] ⟨K6, d5⟩

Mol-% X_1	0,00	0,42	0,81	1,23	1,50
25 °C	0,873	0,877	0,881	0,884	0,887

$C_6H_3Cl_2O_2N$ 3.4-Dichlornitrobenzol (X_1) — **C_6H_6 Benzol** (X_2)
[*21*] ⟨K6, d5⟩

Mol-% X_1	0,00	0,45	0,69	0,82	1,02	1,46
25 °C	0,873	0,878	0,880	0,882	0,883	0,887

$C_6H_3Cl_2O_2N$ 3.5-Dichlornitrobenzol (X_1) — **C_6H_6 Benzol** (X_2)
[*21*] ⟨K6, d5⟩

Mol-% X_1	0,00	0,35	0,45	0,69	1,02	1,16
25 °C	0,873	0,877	0,878	0,880	0,883	0,884

$C_6H_2Br_3O_2N$ 1.3.5-Tribrom-2-nitrobenzol (X_1) — **C_6H_6 Benzol** (X_2)
[*28*] ⟨K7, d5⟩

Gew.-% X_1	0,00	1,09	1,72	2,13	2,72	3,42	3,65
25 °C	0,874	0,880	0,883	0,886	0,889	0,893	0,894

$C_6H_2Br_2ON_2$ 3.5-Dibrom-1.2-benzochinon-2-diazid (X_1) — **C_6H_6 Benzol** (X_2)
[*25*] ⟨K7 bis 1,4 Gew.-% X_1, d5, ϑ 25 °C⟩

$C_6H_3ClO_4N_2$ 1-Chlor-2.4-dinitrobenzol (X_1) — **C_6H_6 Benzol** (X_2)
[*28*] ⟨K7, d5⟩

Gew.-% X_1	0,00	1,23	1,79	2,32	2,65	3,56	4,48
25 °C	0,874	0,879	0,881	0,883	0,884	0,888	0,892

[*17*] ⟨K5 bis 1 Gew.-% X_1, d5, ϑ 25 °C⟩

$C_6H_3BrO_4N_2$ 1-Brom-2.4-dinitrobenzol (X_1) — **C_6H_6 Benzol** (X_2)
[*28*] ⟨K6, d5⟩

Gew.-% X_1	0,00	1,52	2,79	3,44	4,14	5,63
25 °C	0,874	0,881	0,887	0,890	0,894	0,901

$C_6HBr_3O_4N_2$ 1.3.5-Tribrom-2.4-dinitrobenzol (X_1) — **C_6H_6 Benzol** (X_2)
[*28*] ⟨K7, d5⟩

Gew.-% X_1	0,00	1,36	1,92	2,97	5,43	7,51	8,50
25 °C	0,874	0,881	0,885	0,891	0,906	0,918	0,925

$C_6H_2ClO_6N_3$ 2-Chlor-1.3.5-trinitrobenzol (Pikrylchlorid) (X_1) — **C_6H_6 Benzol** (X_2)
[*9*] ⟨K8, d4⟩

Mol-% X_1	0,00	0,56	1,30	2,65	4,64	6,07	8,19	100,00
25 °C	0,873	0,878	0,884	0,896	0,913	0,925	0,943	1,648
50 °C	0,846	0,851	0,857	0,868	0,884	0,897	0,914	—

[*17*] ⟨K5 bis 0,6 Mol-% X_1, d4, ϑ 25 °C⟩

$C_6H_2ClO_6N_3$ 2-Chlor-1.3.5-trinitrobenzol (Pikrylchlorid) (X_1) — **C_7H_{14} Heptan** (X_2)
[*9*] ⟨K8, d4⟩

Mol-% X_1	0,00	0,84	1,75	3,87	7,10	11,07	100,00
25 °C	0,680	0,685	0,691	0,705	0,727	0,754	1,648
50 °C	0,658	0,663	0,669	0,683	0,704	0,731	—

$C_6Cl_3O_6N_3$ 1.3.5-Trichlor-2.4.6-trinitrobenzol (X_1) — **C_6H_6 Benzol** (X_2)
[6] ⟨K 5, d 4⟩

Mol-% X_1	0,00	0,53	1,17	2,10	4,03
20 °C	0,879	0,889	0,900	0,916	0,950

$C_6Br_3O_6N_3$ 1.3.5-Tribrom-2.4.6-trinitrobenzol (X_1) — **C_6H_6 Benzol** (X_2)
[6] ⟨K 4, d 4⟩

Mol-% X_1	0,00	0,46	1,13	2,28
20 °C	0,879	0,894	0,915	0,951

[7] ⟨K 4 bis 0,5 Mol-% X_1, d 4, ϑ 20°, 58,6 °C⟩

$C_7H_7Br_2ON$ Dibrombenzamid (X_1) — **$C_6H_5O_2N$ Nitrobenzol** (X_2)
[3] ⟨K 6, d 3⟩

Gew.-% X_1	1,23	1,47	4,47	8,00	13,50	19,22
25 °C	1,202	1,213	1,217	1,232	1,253	1,280

Gew.-% X_1	3,56	14,69	30,10	47,87	52,19
35 °C	1,195	1,248	1,322	1,421	1,431

$C_7H_6ClO_2N$ o-Nitrobenzylchlorid (X_1) — **C_6H_6 Benzol** (X_2)
[11] ⟨K 6, d 5⟩

Mol-% X_1	0,00	0,30	0,60	0,75
30 °C	0,868	0,870	0,872	0,873

$C_7H_6ClO_2N$ o-Nitrobenzylchlorid (X_1) — **CCl_4 Tetrachlormethan** (X_2)
[11] ⟨K 5 bis 0,7 Mol-% X_1, d 5, ϑ 30 °C⟩

$C_7H_6ClO_2N$ m-Nitrobenzylchlorid (X_1) — **C_6H_6 Benzol** (X_2)
[11] ⟨K 6, d 5⟩

Mol-% X_1	0,00	0,28	0,59	0,90	1,18
30 °C	0,868	0,870	0,872	0,874	0,876

$C_7H_6ClO_2N$ m-Nitrobenzylchlorid (X_1) — **CCl_4 Tetrachlormethan** (X_2)
[11] ⟨K 6 bis 0,7 Mol-% X_1, d 5, ϑ 30 °C⟩

$C_7H_6ClO_2N$ p-Nitrobenzylchlorid (X_1) — **C_6H_6 Benzol** (X_2)
[9] ⟨K 9, d 4⟩

Mol-% X_1	0,00	0,74	1,55	2,53	3,04	3,56	4,19
25 °C	0,873	0,879	0,884	0,890	0,894	0,897	0,901
50 °C	0,847	0,852	0,857	0,864	0,867	0,871	0,875

[5] ⟨K 5 bis 4,9 Mol-% X_1, d 5, ϑ 20,2 °C⟩

$C_7H_6BrO_2N$ p-Nitrobenzylbromid (X_1) — **C_6H_6 Benzol** (X_2)
[9] ⟨K 8, d 4⟩

Mol-% X_1	0,00	0,56	0,92	1,33	1,79	2,39	3,31
25 °C	0,873	0,880	0,884	0,889	0,894	0,901	0,911
50 °C	0,847	0,853	0,857	0,862	0,867	0,874	0,884

$C_7H_6BrO_2N$ p-Bromphenylnitromethan (X_1) — **C_6H_6 Benzol** (X_2)
[14] ⟨K 4, d 5⟩

Mol-% X_1	0,00	0,82	1,21	2,24
25 °C	0,874	0,883	0,887	0,898

$C_7H_4ClO_3N$ p-Nitrobenzoylchlorid (X_1) — **C_6H_6 Benzol** (X_2)
[*15*] ⟨K 5, d 4⟩

Mol-% X_1	0,00	1,33	2,64	3,90	5,07
20 °C	0,878	0,889	0,899	0,909	0,918

$C_7H_3ClO_5N_2$ 3.5-Dinitrobenzoylchlorid (X_1) — **C_6H_6 Benzol** (X_2)
[*15*] ⟨K 5, d 4⟩

Mol-% X_1	0,00	1,24	2,46	3,55	4,55
20 °C	0,879	0,894	0,908	0,921	0,932

C_8H_8ClON p-Chloracetanilid (X_1) — **C_2H_6O Äthanol** (X_2)
[*2*] ⟨K 3, d 5⟩

Gew.-% X_1	0,00	1,28	2,15
30 °C	0,781	0,785	0,788

$C_8H_4BrO_2N$ p-Nitrophenylbromacetylen (X_1) — **C_6H_6 Benzol** (X_2)
[*12*] ⟨K 4, d 5⟩

Mol-% X_1	0,00	0,37	0,62	1,10
25 °C	0,872	0,877	0,880	0,885

$C_8H_4JO_2N$ p-Nitrophenyljodacetylen (X_1) — **C_6H_6 Benzol** (X_2)
[*12*] ⟨K 4, d 5⟩

Mol-% X_1	0,00	0,30	0,41	0,66
25 °C	0,872	0,877	0,879	0,883

$C_9H_5Br_2O_2N$ 4.4-Dibrom-3-phenylisooxazolon(5) (X_1) — **C_6H_6 Benzol** (X_2) [*26*]

$C_{11}H_{13}BrO_2N_2$ 4′-Brom-2′-nitro-1-phenylpiperidin (X_1) — **C_6H_6 Benzol** (X_2) [*17*]

$C_{12}H_6F_2O_4N_2$ 4.4′-Difluor-2.2′-dinitrodiphenyl (X_1) — **C_6H_6 Benzol** (X_2)
[*24*] ⟨K 5, d 4⟩

Mol-% X_1	0,00	0,28	0,48	0,57
20 °C	0,879	0,882	0,884	0,885

$C_{12}H_6Cl_2O_4N_2$ 4.4′-Dichlor-2.2′-dinitrodiphenyl (X_1) — **C_6H_6 Benzol** (X_2)
[*24*] ⟨K 4, d 4⟩

Mol-% X_1	0,00	0,34	0,56	0,70
20 °C	0,879	0,884	0,887	0,889

[*18*] ⟨K 5 bis 1,4 Gew.-% X_1, d 5, ϑ 25 °C⟩

$C_{12}H_6Br_2O_4N_2$ 4.4′-Dibrom-2.2′-dinitrodiphenyl (X_1) — **C_6H_6 Benzol** (X_2)
[*24*] ⟨K 4, d 4⟩

Mol-% X_1	0,00	0,16	0,25	0,50
20 °C	0,879	0,881	0,884	0,891

[*18*] ⟨K 6 bis 1,2 Gew.-% X_1, d 5, ϑ 25 °C⟩

$C_{13}H_{10}ClON$ Salicyliden-p-chloranilin (X_1) — **C_6H_6 Benzol** (X_2)
[*22*] ⟨K 4 bis 1,8 Mol-% X_1, d 4, ϑ 25 °C⟩

$C_{13}H_{10}ClON$ Salicyliden-p-chloranilin (X_1) — **$C_4H_8O_2$ Dioxan** (X_2)
[*22*] ⟨K 3 bis 1,8 Mol-% X_1, d 4, ϑ 25 °C⟩

$C_{13}H_{10}BrON$ 5-Bromsalizylidenanilin (X_1) — **C_6H_6 Benzol** (X_2)
[20] ⟨K 5 bis 0,7 Gew.-% X_1, d 5, ϑ 25 °C⟩

$C_{14}H_{12}ClON$ o-Methoxybenzyliden-p-chloranilin (X_1) — **C_6H_6 Benzol** (X_2)
[22] ⟨K 4 bis 1,4 Mol-% X_1, d 4, ϑ 25 °C⟩

$C_{14}H_{11}ClO_2N_2$ α-Benzoyl-β-p-chlorbenzoylhydrazid (X_1) — **$C_4H_8O_2$ Dioxan** (X_2)
[19] ⟨K 5 bis 0,2 Mol-% X_1, d 5, ϑ 25 °C⟩

$C_{16}H_{36}ClO_4N$ Tetra-n-butyl-ammoniumperchlorat (X_1) — **C_6H_6 Benzol** (X_2)
[16] ⟨K 2, d 4, ϑ 25 °C⟩

$C_{17}H_{17}BrO_2N_2$ 4-Brom-3′-Nitro-4′-piperidinodiphenyl (X_1) — **C_6H_6 Benzol** (X_2) [17]

1 Tinkler, C. K.: J. chem. Soc. (London) **103** (1913) 2171—79.
2 Burrows, G. C., Eastwood, F.: Proc. Roy. Soc. New South Wales, Phil. Sect., **57** (1923) 118—25.
3 Finkelstein, W., Kudra, O.: Z. physik. Chem. (A) **131** (1928) 338—46; J. russ. physik.-chem. Ges. (Shurnal Russkogo Fisiko-Chimitschesskogo Obschtschesstwa) **60** (1928) 783.
4 Bergmann, E., Engel, L., Sándor, St.: Z. physik. Chem. (B) **10** (1930) 397—413.
5 Bergmann, E., Engel, L.: Z. physik. Chem. (B) **15** (1931) 85—96.
6 Tiganik, L.: Z. physik. Chem. (B) **13** (1931) 425—61.
7 Lütgert, H.: Z. physik. Chem. (B) **14** (1931) 31—35, 350—58.
8 Hammick, D. L., New, R. G. A., Sutton, L. E.: J. chem. Soc. (London) **1932**, 742—48.
9 Smyth, C. P., Walls, W. S.: J. Amer. chem. Soc. **54** (1932) 1854—62; J. chem. Physics **3** (1935) 557—59.
10 Poltz, H., Steil, O., Strasser, O.: Z. physik. Chem. (B) **20** (1933) 351—56.
11 de Bruyne, J. M. A., Davis, R. M., Gross, P. M.: J. Amer. chem. Soc. **55** (1933) 3936.
12 Wilson, C. J., Wenzke, H. H.: J. Amer. chem. Soc. **56** (1934) 2025—27.
13 Jagielski, A., Wesolowski, J.: Bull. int. Acad. polon. Sci. Lettres, Cl. Sci. math. natur., Ser. A, **1935**, 269 (nach Tim.).
14 Frank, F. C.: J. chem. Soc. (London) **1936**, 1324—27.
15 Martin, G. T. O., Partington, J. R.: J. chem. Soc. (London) **1936**, 1175—78.
16 Geddes, J. A., Kraus, C. A.: Trans. Faraday Soc. **32** (1936) 585—93.
17 Le Fèvre, C. G., Le Fèvre, R. J. W.: J. chem. Soc. (London) **1936**, 1130—37; **1950**, 1829—33.
18 Le Fèvre, R. J. W., Vine, H.: J. chem. Soc. (London) **1938**, 967—72.
19 Frey, P. R., Gilbert, E. C.: J. Amer. chem. Soc. **59** (1937) 1344—47.
20 de Gaouck, V., Le Fèvre, R. J. W.: J. chem. Soc. (London) **1938**, 741—45.
21 Thomson, G.: J. chem. Soc. (London) **1944**, 404—08.
22 Curran, C., Chaput, E. P.: J. Amer. chem. Soc. **69** (1947) 1134—37.
23 Leonard, N. J., Sutton, L. E.: J. Amer. chem. Soc. **70** (1948) 1564—71.
24 Lumbroso, M.: Bull. Soc. chim. France, Documentat., [5] **16** (1949) 387—93.
25 Anderson, J. D. C., Le Fèvre, R. J. W., Wilson, I. R.: J. chem. Soc. (London) **1949**, 2082—88.
26 Angyal, C. L., Le Fèvre, R. J. W.: J. chem. Soc. (London) **1953**, 2181—84.
27 Katritzky, A. R., Randall, E. W., Sutton, L. E.: J. chem. Soc. (London) **1957**, 1769—75.
28 Littlejohn, A. C., Smith, J. W.: J. chem. Soc. (London) **1957**, 2476—82.
29 Soundarajan, S.: Trans. Faraday Soc. **53** (1957) 159—66.

1.4.11 Organische Verbindungen mit Stickstoff und Schwefel, Selen oder Tellur — Organic compounds with N and S, Se or Te

CH_4SN_2 Thioharnstoff (X_1) — **C_5H_5N Pyridin** (X_2)
[3] ⟨K 3, d 4⟩

Gew.-% X_1	0,00	5,52	12,57
25 °C	0,975	0,999	1,019

[22]

C_2H_5SN Thioacetamid (X_1) — **$C_4H_8O_2$ Dioxan** (X_2)
[30] ⟨K 5, d 5⟩

Mol-% X_1	0,00	0,90	1,89
35 °C	1,017	1,020	1,021

C_2H_3SN Methylthiocyanat (X_1) — C_6H_6 Benzol (X_2)
[*13*] ⟨K6, d4⟩

Mol-% X_1	0,00	1,47	1,95	3,18	4,18	100,00
20 °C	0,879	0,881	0,882	0,884	0,885	1,075

C_2H_3SN Methylthiocyanat (X_1) — $C_8H_{20}JN$ Tetraäthylammoniumjodid (X_2) [*2*]

C_2H_3SN Methylisothiocyanat (X_1) — C_6H_6 Benzol (X_2)
[*13*] ⟨K6, d4⟩

Mol-% X_1	0,00	0,89	1,57	2,47	3,17	3,82
20 °C	0,879	0,880	0,882	0,883	0,884	0,885

C_3H_5SN Äthylthiocyanat (X_1) — C_6H_6 Benzol (X_2)
[*13*] ⟨K6, d4⟩

Mol-% X_1	0,00	1,23	1,69	2,47	3,44	100,00
20 °C	0,879	0,880	0,881	0,882	0,883	1,011

C_3H_5SN Äthylthiocyanat (X_1) — $C_4H_{11}N$ Diäthylamin (X_2)
[*7*] ⟨K5, d4, ϑ 50 °C⟩

C_3H_5SN Äthylthiocyanat (X_1) — $C_8H_{20}JN$ Tetraäthylammoniumjodid (X_2) [*2*]

C_3H_5SN Äthylisothiocyanat (X_1) — C_6H_6 Benzol (X_2)
[*13*] ⟨K5, d4⟩

Mol-% X_1	0,00	1,39	3,02	4,69	100,00
20 °C	0,879	0,881	0,883	0,885	0,999

C_3H_5SN Äthylisothiocyanat (X_1) — $C_5H_{11}N$ Piperidin (X_2)
[*6*] ⟨K9, d4⟩

Mol-% X_1	0	5	25	45	50	55	75	94	100
50 °C	0,834	0,856	0,947	1,041	1,063	1,054	1,015	0,977	0,967

C_4H_5SN Allylisothiocyanat (X_1) — C_6H_6 Benzol (X_2)
[*13*] ⟨K7, d4⟩

Mol-% X_1	0,00	1,05	1,63	2,20	3,18	100,00
20 °C	0,879	0,880	0,881	0,882	0,883	1,015

C_4H_5SN Allylisothiocyanat (X_1) — C_2H_6O Äthanol (X_2)
[*29*] ⟨K9, d4⟩

Mol-% X_1	0	10	20	30	40	50	67	80	100
20 °C	0,790	0,830	0,860	0,888	0,913	0,934	0,963	0,987	1,012

[*1*]

C_4H_5SN Allylisothiocyanat (X_1) — $C_2H_8N_2$ Äthylendiamin (X_2)
[*31*] ⟨K11, d4⟩

Mol-% X_1	0,00	15,00	27,94	45,15	49,48	54,96	59,94	66,70	75,02	85,10	100,00
40 °C	0,871	0,939	1,012	1,080	1,096	1,116	1,133	1,155	1,126	1,074	0,999

C_4H_5SN Allylisothiocyanat (X_1) — C_4H_5N Pyrrol (X_2)
[*15*] ⟨K6, d4⟩

Mol-% X_1	0	20	40	60	80	100
20 °C	0,948	0,974	0,988	0,994	1,012	1,015

C_4H_5SN Allylisothiocyanat (X_1) — $C_5H_{11}N$ Piperidin (X_2)
[6] ⟨K14, d4⟩

Mol-% X_1	0	10	25	40	45	50	55	60	75	90	100
25 °C	0,856	0,903	0,973	1,038	1,057	1,081	1,081	1,077	1,069	1,020	1,013
50 °C	0,834	—	—	—	1,045	1,067	1,064	—	—	—	0,989
80 °C	0,803	0,853	—	—	1,025	1,045	1,045	—	—	—	0,954

C_4H_5SN Allylisothiocyanat (X_1) — C_5H_5N Pyridin (X_2) [6]

C_4H_5SN Allylisothiocyanat (X_1) — C_7H_9N Benzylamin (X_2)
[18] ⟨K10, d4⟩

Gew.-% X_1	0,0	15,1	20,0	28,6	37,4	47,0	55,8	73,2	85,5	100,0
25 °C	1,128	1,101	1,094	1,080	1,065	1,044	1,036	1,014	0,997	0,978

C_4H_5SN Allylisothiocyanat (X_1) — C_7H_9N Methylanilin (X_2)
[6] ⟨K12, d4⟩

Mol-% X_1	0	10	25	40	45	48	50	52	60	75	90	100
25 °C	0,984	1,028	1,029	1,070	1,082	1,093	1,098	1,097	1,085	1,059	1,036	1,012
50 °C	0,963	0,986	1,009	1,051	1,070	1,072	1,077	1,068	1,063	1,035	1,017	0,989

C_4H_5SN Allylisothiocyanat (X_1) — C_7H_9N o-Toluidin (X_2)
[18] ⟨K10, d3⟩

Gew.-% X_1	0,0	18,8	31,6	45,1	48,1	51,3	56,1	64,9	78,7	100,0
95 °C	0,936	0,974	1,011	1,054	1,069	1,065	1,059	1,045	1,012	0,942

C_4H_5SN Allylisothiocyanat (X_1) — C_7H_9N p-Toluidin (X_2)
[18] ⟨K13, d4⟩

Mol-% X_1	0	10	20	30	40	47	50	53	60	70	80	90	100
85 °C	0,933	0,956	0,983	1,010	1,037	1,059	1,068	1,064	1,052	1,030	1,008	0,979	0,952

C_4H_5SN Allylisothiocyanat (X_1) — $C_8H_{11}N$ Äthylanilin (X_2)
[10] ⟨K9, d4⟩

Mol-% X_1	0,00	23,66	40,21	46,73	50,00	53,46	60,32	73,85	100,00
25 °C	0,958	1,005	1,043	1,062	1,071	1,068	1,058	1,046	1,014
50 °C	0,926	0,974	1,015	1,031	1,040	1,038	1,019	1,015	0,978

C_4H_5SN Allylisothiocyanat (X_1) — $C_8H_{11}N$ Dimethylanilin (X_2)
[10] ⟨K5, d4⟩

Mol-% X_1	0,00	23,24	48,46	73,77	100,00
30 °C	0,949	0,961	0,975	0,991	1,010

C_4H_5SN Allylisothiocyanat (X_1) — C_9H_7N Chinolin (X_2)
[33] ⟨graph., ϑ 20 °C⟩

C_4H_5SN Allylisothiocyanat (X_1) — $C_{10}H_{15}N$ Diäthylanilin (X_2)
[10] ⟨K7, d4⟩

Mol-% X_1	0	25	50	70	75	80	100
30 °C	0,929	0,939	0,960	0,975	0,978	0,987	1,010

C_4H_5SN Allylisothiocyanat (X_1) — $C_{10}H_{14}ON_2$ Nikotinsäureäthylamid (X_2)
[33] ⟨K13, d4, ϑ 20 °C⟩

$C_4H_9S_2N$ N-Methyldithiocarbaminsäureäthylester (X_1) — C_6H_6 Benzol (X_2) [19]

$C_4H_4S_2N_2$ 2.4-Dithiouracil (X_1) — **$C_4H_8O_2$ Dioxan** (X_2) *[23]*

$(C_5H_{10}S_2N)_3Co$ Cobalt-(III)-N-isobutyl-dithiocarbamat (X_1) — **C_6H_6 Benzol** (X_2) *[19]*

$C_5H_6S_2N_2$ 2-Methylthio-4-thiouracil (X_1) — **$C_4H_8O_2$ Dioxan** (X_2) *[23]*

$C_6H_4SN_2$ Benz-1-thio-3-diazol (X_1) — **C_6H_6 Benzol** (X_2)
[26] ⟨K 6 bis 1,9 Gew.-% X_1, d 5, ϑ 25 °C⟩

C_7H_5SN Phenylthiocyanat (X_1) — **C_6H_6 Benzol** (X_2)
[11] ⟨K 6, d 5⟩

Mol-% X_1	0,00	0,92	1,09	1,83	2,12	3,53
23,3 °C	0,875	0,878	0,879	0,881	0,882	0,887

C_7H_5SN Phenylthiocyanat (X_1) — **$C_{10}H_7Br$ α-Bromnaphthalin** (X_2) *[4]*

C_7H_5SN Phenylthiocyanat (X_1) — **$C_{10}H_{12}O$ Anethol** (X_2) *[4]*

C_7H_5SN Phenylisothiocyanat (X_1) — **C_6H_6 Benzol** (X_2)
[11] ⟨K 5, d 5⟩

Mol-% X_1	0,00	0,80	1,63	2,67	3,61
23,9 °C	0,874	0,876	0,879	0,882	0,885

[12] ⟨K 5 bis 2,5 Mol-% X_1, d 5, ϑ 19,6 °C⟩

C_7H_5SN Phenylisothiocyanat (X_1) — **$C_4H_{11}N$ Diäthylamin** (X_2)
[6] ⟨K 14, d 4, ϑ 35 °C⟩

Mol-% X_1	0	10	25	33,3	40	45	50	55	60	75	90	100
25 °C	0,700	0,789	0,930	0,996	1,047	1,088	1,109	1,111	1,114	1,117	1,124	1,129
50 °C	—	—	—	—	—	1,068	1,091	1,092	1,093	1,096	1,101	1,106

C_7H_5SN Phenylisothiocyanat (X_1) — **C_5H_5N Pyridin** (X_2)
[18] ⟨K 10, d 4, ϑ 25 °C⟩

C_7H_5SN Benzothiazol (X_1) — **C_6H_6 Benzol** (X_2)
[20] ⟨K 5, d 5⟩

Mol-% X_1	0,00	2,36	4,25	7,42	13,66
25 °C	0,874	0,885	0,894	0,909	0,937

$C_7H_{15}S_2N$ N-Butyldithiocarbaminsäureäthylester (X_1) — **C_6H_6 Benzol** (X_2) *[19]*

$C_7H_{15}S_2N$ N.N-Diäthyldithiocarbaminsäureäthylester (X_1) — **C_6H_6 Benzol** (X_2) *[19]*

$(C_7H_{14}S_2N)_2Zn$ Zink-N.N-Di-n-propyldithiocarbamat (X_1) — **C_6H_6 Benzol** (X_2) *[19]*

$(C_7H_{14}S_2N)_3Fe$ Eisen(III)-N.N-Di-n-propyldithiocarbamat (X_1) — **C_6H_6 Benzol** (X_2) *[19]*

$(C_7H_{14}S_2N)_3Co$ Cobalt(III)-N.N-Di-n-propyldithiocarbamat (X_1) — **C_6H_6 Benzol** (X_2) *[19]*

$(C_7H_{14}S_2N)_2Cu$ Kupfer(II)-N.N-Di-n-propyldithiocarbamat (X_1) — **C_6H_6 Benzol** (X_2) *[19]*

$(C_7H_{14}S_2N)_2Zn$ Zink-N-n-Hexyl-dithiocarbamat (X_1) — **C_6H_6 Benzol** (X_2) *[19]*

$(C_7H_{14}S_2N)_2Ni$ Nickel-N-isohexyldithiocarbamat (X_1) — **C_6H_6 Benzol** (X_2) *[19]*

$C_7H_5S_2N$ 2-Merkaptobenzothiazol (X_1) — **C_6H_6 Benzol** (X_2)
[20] ⟨K 5 bis 0,2 Mol-% X_1, d 5, ϑ 25 °C⟩

$C_7H_8SN_2$ Phenylthioharnstoff (X_1) — **C_2H_6O Äthanol** (X_2)
[17] ⟨K6, d5⟩

Gew.-% X_1	0,00	1,01	2,01	2,82	3,04	3,57
25 °C	0,785	0,789	0,792	0,795	0,796	0,798

$C_7H_6SN_2$ p-Aminophenylthiocyanat (X_1) — **C_6H_6 Benzol** (X_2)
[24] ⟨K5 bis 0,4 Mol-% X_1, d5, ϑ 25 °C⟩

C_8H_7SN p-Methylphenylsenföl (X_1) — **C_6H_6 Benzol** (X_2)
[12] ⟨K5, d5⟩

Mol-% X_1	0,00	1,72	2,05	2,51	2,92
20,5 °C	0,878	0,885	0,886	0,889	0,890

$C_8H_7S_2N$ N-Methylbenzthiazolthion (X_1) — **C_6H_6 Benzol** (X_2)
[20] ⟨K5 bis 1,5 Mol-% X_1, d5, ϑ 25 °C⟩

$C_8H_7S_2N$ 2-Methylmerkaptobenzothiazol (X_1) — **C_6H_6 Benzol** (X_2)
[20] ⟨K5 bis 1,1 Mol-% X_1, d5, ϑ 25 °C⟩

$C_8H_7S_2N$ 4-Methyl-2-merkaptobenzothiazol (X_1) — **C_6H_6 Benzol** (X_2)
[20] ⟨K3 bis 0,2 Mol-% X_1, d5, ϑ 25 °C⟩

$C_8H_7S_2N$ 6-Methyl-2-merkaptobenzothiazol (X_1) — **C_6H_6 Benzol** (X_2)
[20] ⟨K3 bis 0,2 Mol-% X_1, d5, ϑ 25 °C⟩

$(C_9H_{18}S_2N)_2Cd$ Cadmium-N.N-Diiso-butyldithiocarbamat (X_1) — **C_6H_6 Benzol** (X_2) [19]

$(C_9H_{18}S_2N)_3Cr$ Chrom(III)-N.N-Di-n-butyldithiocarbamat (X_1) — **C_6H_6 Benzol** (X_2) [19]

$(C_9H_{18}S_2N)_2Ni$ Nickel-N.N-Diiso-butyldithiocarbamat (X_1) — **C_6H_6 Benzol** (X_2) [19]

$C_9H_{10}SN_2$ p-Dimethylaminophenylthiocyanat (X_1) — **C_6H_6 Benzol** (X_2)
[24] ⟨K6 bis 0,8 Mol-% X_1, d5, ϑ 25 °C⟩

$C_{12}H_9SN$ Phenthiazin (X_1) — **C_6H_6 Benzol** (X_2)
[25] ⟨K4, d4⟩

Mol-% X_1	0,22	0,46	0,66	0,89
25 °C	0,875	0,877	0,878	0,880

$C_{13}H_{12}SN_2$ Thiocarbanilid (X_1) — **C_5H_5N Pyridin** (X_2)
[3] ⟨K3, d4⟩

Gew.-% X_1	0,00	7,40	14,51
25 °C	0,975	0,992	1,005

$C_{17}H_{36}SN_2$ Tetra-n-butylammoniumthiocyanat (X_1) — **C_6H_6 Benzol** (X_2)
[27] ⟨K4, d4⟩

Gew.-% X_1	0,00	11,32	31,82	60,43
25 °C	0,874	0,885	0,903	0,925

$C_{21}H_{44}SN_2$ Tetra-n-pentylammoniumthiocyanat (X_1) — **$C_6H_5O_2N$ Nitrobenzol** (X_2)
[34] ⟨Gleichung, 0 bis 1,8 normal X_1, ϑ 25 °C⟩

$C_{21}H_{44}SN_2$ Tetra-iso-amylammoniumthiocyanat (X_1) — **C_6H_6 Benzol** (X_2)
[27] ⟨K4, d4⟩

Gew.-% X_1	0,00	6,12	12,97	42,33
25 °C	0,874	0,878	0,881	0,897

[14] ⟨K2, d4, ϑ 25 °C⟩

Lacmann

$C_{31}H_{64}SN_2$ n-Octadecyl-tri-n-butylammoniumcyanat (X_1) — **C_6H_6 Benzol** (X_2)
[28] ⟨K 3 bis 0,5 molal X_1, d 4, ϑ 25 °C⟩

$C_{34}H_{70}SN_2$ n-Octadecyl-tri-n-amylammoniumthiocyanat (X_1) — **C_6H_6 Benzol** (X_2)
[28] ⟨K 2 bis 0,5 molal X_1, d 4, ϑ 25 °C⟩

C_7H_4ClSN Chlorphenylthiocyanat (X_1) — **C_6H_6 Benzol** (X_2)
[11] ⟨K 5, d 5⟩

Mol-% X_1	0,00	0,89	1,35	1,77	2,06
20,9 °C	0,878	0,883	0,886	0,889	0,891

C_7H_4ClSN p-Chlorphenyl-iso-thiocyanat (X_1) — **C_6H_6 Benzol** (X_2)
[12] ⟨K 5, d 5⟩

Mol-% X_1	0,00	2,12	2,38	2,71	3,05
19,4 °C	0,879	0,894	0,895	0,898	0,900

C_7H_4BrSN p-Bromphenyl-iso-thiocyanat (X_1) — **C_6H_6 Benzol** (X_2)
[12] ⟨K 5, d 5⟩

Mol-% X_1	0,00	1,92	2,18	2,43	2,70
20,4 °C	0,879	0,900	0,903	0,906	0,909

$C_2H_7O_2SN$ Äthylsulfonamid (X_1) — **C_6H_6 Benzol** (X_2)
[21] ⟨K 5 bis 0,2 Mol-% X_1, d 5, ϑ 25 °C⟩

$C_2H_7O_2SN$ Äthylsulfonamid (X_1) — **$C_4H_8O_2$ Dioxan** (X_2)
[21] ⟨K 6 bis 0,8 Mol-% X_1, d 5, ϑ 25 °C⟩

$C_2H_7O_2SN$ N-Methylmethansulfonamid (X_1) — **C_6H_6 Benzol** (X_2) [32]

$C_3H_9O_2SN$ N.N-Dimethylmethansulfonamid (X_1) — **C_6H_6 Benzol** (X_2) [32]

$C_4H_3O_2SN$ 2-Nitrothiophen (X_1) — **C_6H_6 Benzol** (X_2)
[20] ⟨K 5, d 5⟩

Mol-% X_1	0,00	0,31	0,53	0,80	1,02
25 °C	0,874	0,876	0,877	0,878	0,880

$C_4H_4OSN_2$ 2-Thiouracil (X_1) — **$C_4H_8O_2$ Dioxan** (X_2) [23]

$C_4H_4OSN_2$ 4-Thiouracil (X_1) — **$C_4H_8O_2$ Dioxan** (X_2) [23]

$C_5H_6OSN_2$ 2-Methylthiopyrimidon(4) (X_1) — **$C_4H_8O_2$ Dioxan** (X_2) [23]

$C_5H_3OSN_3$ 5-Cyano-2-thiouracil (X_1) — **$C_4H_8O_2$ Dioxan** (X_2) [23]

$C_6H_7O_2SN$ Benzolsulfonamid (X_1) — **C_6H_6 Benzol** (X_2)
[21] ⟨K 5 bis 0,1 Mol-% X_1, d 5, ϑ 25 °C⟩

$C_6H_7O_2SN$ Benzolsulfonamid (X_1) — **$C_4H_8O_2$ Dioxan** (X_2)
[21] ⟨K 6 bis 0,5 Mol-% X_1, d 5, ϑ 25 °C⟩

$C_6H_8OSN_2$ 1-Äthyl-2-thiouracil (X_1) — **$C_4H_8O_2$ Dioxan** (X_2) [23]

$C_6H_8OSN_2$ 3-Äthyl-2-thiouracil (X_1) — **$C_4H_8O_2$ Dioxan** (X_2) [23]

$C_6H_8OSN_2$ 5-Äthyl-2-thiouracil (X_1) — **$C_4H_8O_2$ Dioxan** (X_2) [23]

$C_6H_8OSN_2$ 6-Äthyl-2-thiouracil (X_1) — **$C_4H_8O_2$ Dioxan** (X_2) [23]

$C_6H_8O_2SN_2$ p-Aminobenzolsulfonamid (X_1) — **$C_4H_8O_2$ Dioxan** (X_2)
[21] ⟨K 7 bis 0,9 Mol-% X_1, d 5, ϑ 25 °C⟩

$C_6H_6O_4SN_2$ m-Nitrobenzolsulfonamid (X_1) — **$C_4H_8O_2$ Dioxan** (X_2)
[*21*] ⟨K6 bis 0,4 Mol-% X_1, d 5, ϑ 25 °C⟩

$C_7H_9O_2SN$ N-Methylbenzolsulfonamid (X_1) — **C_6H_6 Benzol** (X_2) [*32*]

$C_7H_9O_2SN$ p-Toluolsulfonamid (X_1) — **C_6H_6 Benzol** (X_2)
[*21*] ⟨K5 bis 0,1 Mol-% X_1, d 5, ϑ 25 °C⟩

$C_7H_9O_2SN$ p-Toluolsulfonamid (X_1) — **$C_4H_8O_2$ Dioxan** (X_2)
[*21*] ⟨K6 bis 0,5 Mol-% X_1, d 5, ϑ 25 °C⟩

$C_7H_9O_3SN$ m-Methoxybenzolsulfonamid (X_1) — **CH_5N Methylamin** (X_2) [*5*]

$C_7H_5O_3SN$ o-Benzoesäuresulfimid (X_1) — **C_6H_7N Anilin** (X_2)
[*9*] ⟨K6, d 5⟩

Gew.-% X_1	0,00	2,57	5,06	6,21	7,96	8,26
30 °C	1,013	1,024	1,034	1,039	1,046	1,048

$C_7H_{10}OSN_2$ 1-Methyl-2-äthyl-thiopyrimidon (X_1) — **$C_4H_8O_2$ Dioxan** (X_2) [*23*]

$C_7H_{10}OSN_2$ 2-Methylthio-5-äthyl-pyrimidon(4) (X_1) — **$C_4H_8O_2$ Dioxan** (X_2) [*23*]

$C_7H_{10}OSN_2$ 2-Äthylthio-3-methyl-pyrimidon (X_1) — **$C_4H_8O_2$ Dioxan** (X_2) [*23*]

$C_7H_4O_2SN_2$ p-Nitrophenylthiocyanat (X_1) — **C_6H_6 Benzol** (X_2)
[*24*] ⟨K6 bis 1,1 Mol-% X_1, d 5, ϑ 25 °C⟩

$C_7H_8O_4SN_2$ p-Nitrotoluol-o-sulfonamid (X_1) — **$C_4H_8O_2$ Dioxan** (X_2)
[*21*] ⟨K8 bis 0,7 Mol-% X_1, d 5, ϑ 25 °C⟩

$C_8H_{11}O_2SN$ p-Toluolsulfonsäuremethylamid (X_1) — **C_6H_6 Benzol** (X_2)
[*16*] ⟨K8, d 5⟩

Gew.-% X_1	0,00	0,38	0,73	1,27	1,96	3,75	4,50	5,95
25 °C	0,874	0,875	0,876	0,877	0,879	0,884	0,886	0,890

$C_8H_{11}O_2SN$ p-Toluolsulfonsäuremethylamid (X_1) — **$CHCl_3$ Chloroform** (X_2)
[*16*] ⟨K9, d 5⟩

Gew.-% X_1	0,00	0,35	0,87	1,28	1,98	3,40	6,33
25 °C	1,479	1,478	1,477	1,476	1,474	1,470	1,463

$C_8H_{11}O_2SN$ p-Toluolsulfonsäuremethylamid (X_1) — **$C_4H_{10}O$ Diäthyläther** (X_2)
[*16*] ⟨K8, d 5⟩

Gew.-% X_1	0,00	0,24	0,43	0,74	1,13	2,03	2,95	4,60
25 °C	0,727	0,730	0,732	0,737	0,744	0,758	0,771	0,793

$C_8H_{11}O_2SN$ N.N-Dimethylbenzolsulfonamid (X_1) — **C_6H_6 Benzol** (X_2) [*32*]

$C_8H_{12}OSN_2$ 2-Äthylthio-4-äthoxy-pyrimidin (X_1) — **$C_4H_8O_2$ Dioxan** (X_2) [*23*]

$C_8H_{12}OSN_2$ 2-Äthylthio-3-äthyl-pyrimidon(4) (X_1) — **$C_4H_8O_2$ Dioxan** (X_2) [*23*]

$C_8H_{12}OSN_2$ 1.3-Diäthyl-2-thiouracil (X_1) — **$C_4H_8O_2$ Dioxan** (X_2) [*23*]

$C_9H_{13}O_2SN$ p-Toluolsulfonsäuredimethylamid (X_1) — **C_6H_6 Benzol** (X_2)
[*16*] ⟨K5, d 5⟩

Gew.-% X_1	0,00	0,42	0,93	2,29	5,23
25 °C	0,874	0,875	0,876	0,880	0,887

$C_9H_{13}O_2SN$ p-Toluolsulfonsäuredimethylamid (X_1) — **$CHCl_3$ Chloroform** (X_2)
[*16*] ⟨K 3, d 5⟩

Gew.-% X_1	0,00	0,91	2,26
25 °C	1,479	1,476	1,472

$C_{10}H_{11}O_2SN$ α-Naphthalinsulfonamid (X_1) — **$C_4H_8O_2$ Dioxan** (X_2)
[*21*] ⟨K 7 bis 0,6 Mol-% X_1, d 5, ϑ 25 °C⟩

$C_{10}H_{11}O_2SN$ β-Naphthalinsulfonamid (X_1) — **$C_4H_8O_2$ Dioxan** (X_2)
[*21*] ⟨K 7 bis 0,4 Mol-% X_1, d 5, ϑ 25 °C⟩

$C_{11}H_{10}OSN_2$ 2-Benzylthiopyrimidon(4) (X_1) — **$C_4H_8O_2$ Dioxan** (X_2) [*23*]

$C_{12}H_{12}OSN_2$ 1-Methyl-2-benzylthio-pyrimidon(4) (X_1) — **$C_4H_8O_2$ Dioxan** (X_2) [*23*]

$C_{12}H_{12}OSN_2$ 2-Benzylthio-3-methyl-pyrimidon(4) (X_1) — **$C_4H_8O_2$ Dioxan** (X_2) [*23*]

$C_{12}H_8O_4S_2N_2$ p.p′-Dinitrodiphenyldisulfid (X_1) — **C_6H_6 Benzol** (X_2)
[*12*] ⟨K 2 bis 0,2 Mol-% X_2, d 5, ϑ 19,4°, 21,4 °C⟩

$C_{12}H_{12}O_4S_4N_2$ Diphenyldisulfid-4.4′-disulfonamid (X_1) — **$C_4H_8O_2$ Dioxan** (X_1)
[*21*] ⟨K 5 bis 0,04 Mol-% X_1, d 5, ϑ 25 °C⟩

$C_{13}H_{14}OSN_2$ 1-Äthyl-2-benzyl-thiopyrimidon(4) (X_1) — **$C_4H_8O_2$ Dioxan** (X_2) [*23*]

$C_{14}H_{11}O_4SN$ Benzilsulfonamid (X_1) — **C_6H_6 Benzol** (X_2)
[*21*] ⟨K 6 bis 0,2 Mol-% X_1, d 5, ϑ 25 °C⟩

$C_{14}H_{11}O_4SN$ Benzilsulfonamid (X_1) — **$C_4H_8O_2$ Dioxan** (X_2)
[*21*] ⟨K 6 bis 0,4 Mol-% X_1, d 5, ϑ 25 °C⟩

$C_{26}H_{28}O_3SN_2$ p-Toluolsulfonylcinchonin (X_1) — **C_2H_6O Äthanol** (X_2) [*8*]

$C_{26}H_{28}O_3SN_2$ p-Toluolsulfonylcinchonin (X_1) — **C_3H_6O Aceton** (X_2) [*8*]

$C_5H_3F_3OSN_2$ 6-Trifluormethyl-2-thiouracil (X_1) — **$C_4H_8O_2$ Dioxan** (X_2) [*23*]

$C_6H_6ClO_2SN$ p-Chlorbenzolsulfonamid (X_1) — **C_6H_6 Benzol** (X_2)
[*21*] ⟨K 4 bis 0,1 Mol-% X_1, d 5, ϑ 25 °C⟩

$C_6H_6ClO_2SN$ p-Chlorbenzolsulfonamid (X_1) — **$C_4H_8O_2$ Dioxan** (X_1)
[*21*] ⟨K 6 bis 0,6 Mol-% X_1, d 5, ϑ 25 °C⟩

$C_6H_6BrO_2SN$ p-Brombenzolsulfonamid (X_1) — **$C_4H_8O_2$ Dioxan** (X_2)
⟨K 6 bis 0,5 Mol-% X_1, d 5, ϑ 25 °C⟩

$C_6H_6JO_2SN$ p-Jodbenzolsulfonamid (X_1) — **$C_4H_8O_2$ Dioxan** (X_2)
[*21*] ⟨K 5 bis 0,2 Mol-% X_1, d 5, ϑ 25 °C⟩

$C_7H_6SeN_2$ p-Aminophenylselenocyanat (X_1) — **C_6H_6 Benzol** (X_2)
[*24*] ⟨K 4 bis 0,2 Mol-% X_1, d 5, ϑ 25 °C⟩

$C_9H_{10}SeN_2$ p-Dimethylaminophenylselenocyanat (X_1) — **C_6H_6 Benzol** (X_2)
[*24*] ⟨K 6 bis 0,4 Mol-% X_1, d 5, ϑ 25 °C⟩

$C_7H_4O_2SeN_2$ p-Nitrophenylselenocyanat (X_1) — **C_6H_6 Benzol** (X_2)
[*24*] ⟨K 6 bis 1,1 Mol-% X_1, d 5, ϑ 25 °C⟩

C_8H_7OSeN p-Methoxyphenylselenocyanat (X_1) — **C_6H_6 Benzol** (X_2)
[*24*] ⟨K 3 bis 0,5 Mol-% X_1, d 5, ϑ 25 °C⟩

$C_8H_4SSeN_2$ p-Selenocyanophenylthiocyanat (X_1) — **C_6H_6 Benzol** (X_2)
[*24*] ⟨K 3 bis 0,9 Mol-% X_1, d 5, ϑ 25 °C⟩

1 Wagner, J.: Z. physik. Chem. **46** (1903) 867—77.
2 Walden, P.: Z. physik. Chem. **55** (1906) 683—720.
3 Dunstan, A. E., Mussel, A. E.: J. chem. Soc. (London) **97** (1910) 1935—44.
4 Schwers, F.: Bull. Acad. Sci. Belgique **1912**, 55 (nach ICT).
5 Fitzgerald, F. F.: J. physic. Chem. **16** (1912) 621—61.
6 Kurnakow, N., Zemcuzny, S.: Z. physik. Chem. **83** (1913) 481—506.
7 Kurnakow, N. S., Voskresenskaya, N. K.: Bull. Acad. Sci. URSS, Ser. chim. (Iswesstija Akademii Nauk SSSR, Sserija Chimitschesskaja) **1936**, 439 (nach Tim.).
8 Peacock, D. H.: Proc. chem. Soc. (London) **30** (1914) 274 (nach Tabl. ann.).
9 Pound, J. R.: J. physic. Chem. **31** (1927) 547—63.
10 Trifonow, N. A., Samarina, K. I.: Bull. Inst. Rech. Biolog. Perm **6** (1929) 291 (nach Tim.).
11 Bergmann, E., Engel, L., Sándor, St.: Z. physik. Chem. (B) **10** (1930) 397—413.
12 Bergmann, E., Tschunowsky, M.: Z. physik. Chem. (B) **17** (1932) 100—06, 107—15.
13 Hunter, E. C. E., Partington, J. R.: J. chem. Soc. (London) **1932**, 2812—29.
14 Geddes, J. A., Kraus, C. A.: Trans. Faraday Soc. **32** (1936) 585—93.
15 Dezelic, M., Belia, B.: Bull. Soc. Chim. Belgrade **9** (1938) 151 (nach Tim.).
16 Le Fèvre, R. J. W., Vine, H.: J. chem. Soc. (London) **1938**, 1790—95.
17 Wright, R. W., Albright, P. S., Stuber, L. S.: J. Amer. chem. Soc. **61** (1939) 228—30.
18 Puschin, N. A.: J. allg. Chem. (Shurnal Obschtschei Chimii) **18** (1948) 1278—89, 1591.
19 Malatesta, L.: Gazz. chim. ital. **70** (1940) 541—53.
20 Oesper, P. F., Smyth, C. P., Lewis, G. L.: J. Amer. chem. Soc. **64** (1942) 1130—33.
21 Gurjanowa, Je. N.: J. physik. Chem. (Shurnal Fisitschesskoi Chimii) **21** (1947) 633—42.
22 Shukla, S. O., Bhagwat, W. V.: J. Indian chem. Soc. **24** (1947) 307—09.
23 Schneider, W. C., Halverstadt, I. F.: J. Amer. chem. Soc. **70** (1948) 2626—31.
24 Campbell, T. W., Rogers, M. T.: J. Amer. chem. Soc. **70** (1948) 1029—31.
25 Leonard, N. J., Sutton, L. E.: J. Amer. chem. Soc. **70** (1948) 1564—71.
26 Anderson, J. D. C., Le Fèvre, R. J. W., Wilson, I. R.: J. chem. Soc. (London) **1949**, 2082—88.
27 Strong, L. E., Kraus, C. A.: J. Amer. chem. Soc. **72** (1950) 166—71.
28 Young, H. S., Kraus, C. A.: J. Amer. chem. Soc. **73** (1951) 4732—35.
29 Koslenko, F. N., Misskidshjan, Ss. P.: J. allg. Chem. (Shurnal Obschtschei Chimii) **25** (1955) 35—40; J. Gen. Chem. USSR **25** (1955) 33—36.
30 Soundarajan, S.: Trans. Faraday Soc. **53** (1957) 159—66.
31 Dianow, M. P., Trifonow, N. A.: J. allg. Chem. (Shurnal Obschtschei Chimii) **28** (1958) 872—75.
32 Plucknett, W. K., Woods, H. P.: J. physic. Chem .**67** (1963) 271—73.
33 Kiriljuk, Ss. Ss., Misskidshjan, Ss. P.: J. physik. Chem. (Shurnal Fisitschesskoi Chimii) **33** (1959) 1918—21; Russ. J. physic. Chem. (1959) 220—21; Ukrain. Chem. J. (Ukrainski Chimitschesski Shurnal) **25** (1959) 312—16.
34 Longo, F. R., Kerstetter, J. D., Kumosinki, Th. F., Evers, E. Ch.: J. physic. Chem. **70** (1966) 431—35.

1.4.12 Organische Verbindungen mit Phosphor, Arsen, Antimon oder Wismut — Organic compounds with P, As, Sb or Bi

$C_{18}H_{15}P$ Triphenylphosphin (X_1) — **C_6H_6 Benzol** (X_2)
[2] ⟨K5, d4⟩

Mol-% X_1	0,00	1,47	1,99	2,47	3,21
16,6 °C	0,883	0,892	0,896	0,899	0,904

$C_6H_{15}O_4P$ Triäthylphosphat (X_1) — **C_6H_6 Benzol** (X_2) [7]

$C_{18}H_{15}O_3P$ Triphenylphosphit (X_1) — **C_6H_6 Benzol** (X_2)
[6] ⟨K6, d5⟩

Mol-% X_1	0,00	1,42	2,99	4,00	5,30	6,39
25 °C	0,873	0,886	0,899	0,908	0,919	0,928

$C_{18}H_{15}O_4P$ Triphenylphosphat (X_1) — **C_6H_6 Benzol** (X_2)
[*6*] ⟨K 6, d 5⟩

Mol-% X_1	0,00	2,10	3,21	5,14	6,83	8,35
25 °C	0,873	0,893	0,904	0,922	0,938	0,953

$C_{18}H_{15}O_3SP$ Triphenylthiophosphat (X_1) — **C_6H_6 Benzol** (X_2)
[*6*] ⟨K 6, d 5⟩

Mol-% X_1	0,00	1,04	2,77	3,37	4,01	5,33
25 °C	0,873	0,884	0,902	0,909	0,915	0,929

$C_9H_{20}O_4NP$ Diäthylphosphonameisensäurediäthylamid (X_1) — **C_6H_6 Benzol** (X_2) [*10*]

$C_{11}H_{24}O_4NP$ Di-n-Propylphosphonameisensäurediäthylamid (X_2) — **C_6H_6 Benzol** (X_2) [*10*]

$C_{11}H_{24}O_4NP$ Di-iso-propylphosphonameisensäurediäthylamid (X_1) — **C_6H_6 Benzol** (X_2) [*10*]

$C_{13}H_{28}O_4NP$ Di-n-butylphosphonameisensäurediäthylamid (X_1) — **C_6H_6 Benzol** (X_2) [*10*]

$C_{15}H_{32}O_4NP$ Di-iso-amylphosphonameisensäurediäthylamid (X_1) — **C_6H_6 Benzol** (X_2) [*10*]

$C_{17}H_{36}O_4NP$ Di-hexylphosphonameisensäurediäthylamid (X_1) — **C_6H_6 Benzol** (X_2) [*10*]

$C_{12}H_{10}As_2$ Arsenobenzol (X_1) — **C_6H_6 Benzol** (X_2)
[*5*] ⟨K 4 bis 0,2 Gew.-% X_1, d 5, ϑ 25 °C⟩

$C_{18}H_{15}As$ Triphenylarsin (X_1) — **C_6H_6 Benzol** (X_2)
[*2*] ⟨K 5, d 4⟩

Mol-% X_1	0,00	1,55	2,18	2,81	3,46
17,65 °C	0,881	0,898	0,905	0,911	0,918

$C_{18}H_{15}As$ Triphenylarsin (X_1) — **C_7H_8 Toluol** (X_2)
[*1*] ⟨K 3, d 4⟩

Gew.-% X_1	0,00	29,05	44,56
16,2 °C	0,870	0,963	1,020

$C_{19}H_{17}As$ Diphenyl-p-tolylarsin (X_1) — **C_7H_8 Toluol** (X_2)
[*1*] ⟨K 4, d 4⟩

Gew.-% X_1	0,00	16,05	27,25	100,00
16 °C	0,870	0,917	0,951	1,255

$C_{24}H_{20}OAs_2$ Diphenylarsinoxid (X_1) — **C_7H_8 Toluol** (X_2)
[*1*] ⟨K 3, d 4⟩

Gew.-% X_1	0,00	13,27	19,29
17 °C	0,869	0,917	0,939

C_3H_6NAs Dimethylcyanarsin (X_1) — **C_7H_8 Toluol** (X_2)
[*1*] ⟨K 4, d 4⟩

Gew.-% X_1	0,00	10,88	17,74	33,06
13,5 °C	0,873	0,911	0,936	1,001

$C_{18}H_{15}Sb$ Triphenylstibin (X_1) — **C_6H_6 Benzol** (X_2)
[*2*] ⟨K 5, d 4⟩

Mol-% X_1	0,00	1,36	1,98	2,68	3,45
13,75 °C	0,886	0,907	0,916	0,927	0,938

$C_{18}H_{15}Bi$ Triphenylwismut (X_1) — **C_6H_6 Benzol** (X_2)
[2] ⟨K5, d4⟩

Mol-% X_1	0,00	1,08	1,59	2,19	2,73
15,5 °C	0,884	0,911	0,923	0,938	0,952

$C_{20}H_{26}J_8O_2N_2Bi_2$ Chininjodwismutat (X_1) — **C_3H_6O Aceton** (X_2)
[3] ⟨Gesättigte Lsgg., ϑ 9 bis 49 °C⟩

1.4.13 Organische Verbindungen mit Silizium — Organic compounds with Si

$C_6H_{16}Si$ Triäthylsilan (X_1) — **C_6H_6 Benzol** (X_2)
[9] ⟨K6, d5⟩

Mol-% X_1	0,00	0,56	0,92	1,41	2,05	2,86
25 °C	0,873	0,871	0,870	0,869	0,867	0,865

$C_9H_{14}Si$ Trimethylphenylsilan (X_1) — **C_6H_6 Benzol** (X_2)
[11] ⟨K4 bis 8,7 Mol-% X_1, d5, ϑ 30 °C⟩

$C_{10}H_{16}Si$ Trimethyl-o-tolylsilan (X_1) — **C_6H_6 Benzol** (X_2)
[11] ⟨K4 bis 3,1 Mol-% X_1, d5, ϑ 30 °C⟩

$C_{10}H_{16}Si$ Trimethyl-m-tolylsilan (X_1) — **C_6H_6 Benzol** (X_2)
[11] ⟨K4 bis 5,5 Mol-% X_1, d5, ϑ 30 °C⟩

$C_{10}H_{16}Si$ Trimethyl-p-tolylsilan (X_1) — **C_6H_6 Benzol** (X_2)
[11] ⟨K4, d5⟩

Mol-% X_1	0,00	3,55	7,72
30 °C	0,868	0,866	0,864

$C_{14}H_{16}Si$ Dimethyldiphenylsilan (X_1) — **C_6H_6 Benzol** (X_2)
[11] ⟨K5, d5⟩

Mol-% X_1	0,00	2,59	3,06	3,92	4,47
30 °C	0,868	0,875	0,876	0,879	0,880

$C_2H_6Cl_2Si$ Äthyldichlorsilan (X_1) — **C_6H_6 Benzol** (X_2)
[9] ⟨K5, d5⟩

Mol-% X_1	0,00	0,48	0,92	1,58	2,17
25 °C	0,873	0,874	0,875	0,877	0,879

$C_2H_6Cl_2Si$ Dimethyldichlorsilan (X_1) — **CH_3Cl_3Si Methyltrichlorsilan** (X_2)
[8] ⟨K8, d4⟩

Gew.-% X_1	0,00	14,04	29,40	42,93	66,01	81,45	100,00
27 °C	1,259	1,228	1,194	1,166	1,122	1,094	1,062

C_3H_9ClSi Trimethylchlorsilan (X_1) — **CH_4Cl_2Si Methyldichlorsilan** (X_2)
[13] ⟨K6, d4⟩

Mol-% X_1	0,00	10,00	50,00	72,4	90,00	100,0
20 °C	1,105	1,078	0,970	0,906	0,878	0,858

C_3H_9ClSi Trimethylchlorsilan (X_1) — **CH_3Cl_3Si Methyltrichlorsilan** (X_2)
[14] ⟨K3, d4⟩

Mol-% X_1	15,0	46,8	85,0
20 °C	1,2087	1,0800	0,9338

$C_4H_{11}ClSi$ Diäthylchlorsilan (X_1) — **C_6H_6 Benzol** (X_2)
[9] ⟨K 5 bis 1,2 Mol-% X_1, d 5, ϑ 25 °C⟩

$C_4H_{10}Cl_2Si$ Bis(chlormethyl)dimethylsilan (X_1) — **C_6H_6 Benzol** (X_2)
[11] ⟨K 5, d 5⟩

Mol-% X_1	0,00	1,12	1,96	3,11	4,25
30 °C	0,868	0,872	0,875	0,878	0,882

$C_9H_{13}ClSi$ m-Chlorphenyltrimethylsilan (X_1) — **C_6H_6 Benzol** (X_2)
[11] ⟨K 5, d 5⟩

Mol-% X_1	0,00	0,88	1,61	1,93	2,49
30 °C	0,868	0,870	0,872	0,873	0,874

$C_9H_{13}ClSi$ Chlormethyldimethylphenylsilan (X_1) — **C_6H_6 Benzol** (X_2)
[11] ⟨K 5, d 5⟩

Mol-% X_1	0,00	0,94	2,72	2,96	4,19
30 °C	0,868	0,871	0,876	0,877	0,880

$C_5H_{14}OSi$ Äthoxytrimethylsilan (X_1) — **C_6H_6 Benzol** (X_2)
[11] ⟨K 4, d 5⟩

Mol-% X_1	0,00	2,22	3,37	4,23
30 °C	0,868	0,864	0,862	0,860

$C_5H_{20}O_5Si_5$ Pentamethylcyclopentasiloxan (X_1) — **C_6H_6 Benzol** (X_2) *[12]*

$C_6H_{16}O_2Si$ Diäthoxydimethylsilan (X_1) — **C_6H_6 Benzol** (X_2)
[11] ⟨K 5 bis 4,2 Mol-% X_1, d 5, ϑ 30 °C⟩

$C_6H_{16}O_3Si$ Triäthoxysilan (X_1) — **C_6H_6 Benzol** (X_2)
[9] ⟨K 6 bis 2,6 Mol-% X_1, d 5, ϑ 25 °C⟩

$C_8H_{20}O_4Si$ Tetraäthylsilikat (X_1) — **C_6H_6 Benzol** (X_2) *[7]*

$C_6H_{18}OSi_2$ Hexamethyldisiloxan (X_1) — **C_6H_6 Benzol** (X_2)
[11] ⟨K 5, d 5⟩

Mol-% X_1	0,00	5,42	7,46	9,35
30 °C	0,868	0,855	0,851	0,848

$C_6H_{18}OSi_2$ Hexamethyldisiloxan (X_1) — **$CHCl_3$ Chloroform** (X_2) *[12]*

$C_6H_{18}OSi_2$ Hexamethyldisiloxan (X_1) — **CCl_4 Tetrachlormethan** (X_2) *[12]*

$C_6H_{18}OSi_2$ Hexamethyldisiloxan (X_1) — **C_2HCl_3 Trichloräthylen** (X_2) *[12]*

$C_8H_{24}O_2Si_3$ Octamethyltrisiloxan (X_1) — **$CHCl_3$ Chloroform** (X_2) *[12]*

$C_8H_{24}O_2Si_3$ Octamethyltrisiloxan (X_1) — **C_2HCl_3 Trichloräthylen** (X_2) *[12]*

$C_8H_{24}O_4Si_4$ Octamethylcyclotetrasiloxan (X_1) — **C_6H_6 Benzol** (X_2)
[15] ⟨K 12, ΔV, ϑ 25°, 60 °C⟩

$C_8H_{24}O_4Si_4$ Octamethylcyclotetrasiloxan (X_1) — **$C_{16}H_{34}$ n-Hexadecan** (X_2)
[16] ⟨K 9, d 5⟩

Mol-% X_1	0,00	11,81	24,48	38,35	48,76	63,52	73,17	86,88	100,00
30 °C	0,7664	0,7881	0,8115	0,8366	0,8553	0,8813	0,8981	0,9218	0,9443

$C_8H_{24}O_4Si_4$ Octamethylcyclotetrasiloxan (X_1) — **$CHCl_3$ Chloroform** (X_2) *[12]*

$C_8H_{24}O_4Si_4$ Octamethylcyclotetrasiloxan (X_1) — **CCl_4 Tetrachlormethan** (X_2)
[16] ⟨K 13, d 5⟩

Mol-% X_1	0,00	12,12	25,13	36,72	48,30	62,14	73,16	80,56	87,19	92,49	100,00
30 °C	1,5742	1,3821	1,2489	1,1652	1,1022	1,0446	1,0085	0,9874	0,9708	0,9589	0,9443

[15] ⟨K 16, ΔV, ϑ 25 °C⟩

$C_{10}H_{16}OSi$ Äthoxydimethylphenylsilan (X_1) — **C_6H_6 Benzol** (X_2)
[11] ⟨K 4, d 5⟩

Mol-% X_1	0,00	2,23	3,52	4,59
30 °C	0,868	0,871	0,872	0,873

$C_{10}H_{30}O_3Si_4$ Decamethyltetrasiloxan (X_1) — **$CHCl_3$ Chloroform** (X_2) [12]

$C_{20}H_{20}OSi$ Äthoxyltriphenylsilan (X_1) — **C_6H_6 Benzol** (X_2)
[11] ⟨K 5, d 5⟩

Mol-% X_1	0,00	0,53	1,06	1,96	2,99
30 °C	0,868	0,872	0,875	0,881	0,887

$C_5H_{13}ClOSi$ Chlormethyläthoxydimethylsilan (X_1) — **C_6H_6 Benzol** (X_2)
[11] ⟨K 5, d 5⟩

Mol-% X_1	0,00	1,24	1,94	3,39	4,27
30 °C	0,868	0,870	0,871	0,872	0,874

$C_6H_{19}NSi$ Hexamethyldisilazan (X_1) — **CCl_4 Tetrachlormethan** (X_2)
[16] ⟨K 11, d 4⟩

Mol-% X_1	0,00	4,38	11,28	24,35	37,19	49,91	62,67	72,68	79,44	87,43	100,00
30 °C	1,5742	1,5017	1,4007	1,2426	1,1153	1,0218	0,9397	0,8840	0,8506	0,8148	0,7655

$C_9H_{13}O_2NSi$ Trimethyl-m-nitrophenylsilan (X_1) — **C_6H_6 Benzol** (X_2)
[11] ⟨K 4, d 5⟩

Mol-% X_1	0,00	0,32	0,82
30 °C	0,868	0,869	0,871

1.4.14 Organische Verbindungen mit Bor — Organic compounds with B

$C_4H_{11}O_3B$ Butylborsäure (X_1) — **C_6H_6 Benzol** (X_2)
[4] ⟨K 7 bis 0,4 Mol-% X_1, d 5, ϑ 25 °C⟩

$C_4H_{11}O_3B$ Butylborsäure (X_1) — **$C_4H_8O_2$ Dioxan** (X_2)
[4] ⟨K 4 bis 1,6 Mol-% X_1, d 5, ϑ 25 °C⟩

$C_5H_{13}O_3B$ Amylborsäure (X_1) — **C_6H_6 Benzol** (X_2)
[4] ⟨K 7 bis 0,6 Mol-% X_1, d 5, ϑ 25 °C⟩

$C_5H_{13}O_3B$ Amylborsäure (X_1) — **$C_4H_8O_2$ Dioxan** (X_2)
[4] ⟨K 5 bis 2,2 Mol-% X_1, d 5, ϑ 25 °C⟩

$C_6H_7O_3B$ Phenylborsäure (X_1) — **C_6H_6 Benzol** (X_2)
[4] ⟨K 6 bis 1,2 Mol-% X_1, d 5, ϑ 25 °C⟩

$C_6H_7O_3B$ Phenylborsäure (X_1) — **$C_4H_8O_2$ Dioxan** (X_2)
[4] ⟨K 4 bis 2 Mol-% X_1, d 5, ϑ 25 °C⟩

$C_9H_{21}O_3B$ n-Propylborat (X_1) — **C_6H_6 Benzol** (X_2)
[6] ⟨K4, d5⟩

Mol-% X_1	0,00	4,86	8,47	13,32
25 °C	0,873	0,871	0,869	0,867

$C_{12}H_{27}O_3B$ Butylborat (X_1) — **C_6H_6 Benzol** (X_2)
[4] ⟨K5 bis 9 Mol-% X_1, d5, ϑ 25 °C⟩

$C_{12}H_{27}O_3B$ Butylborat (X_1) — **$C_4H_8O_2$ Dioxan** (X_2)
[4] ⟨K4, d4⟩

Mol-% X_1	0,00	2,49	3,65	4,63
25 °C	1,028	1,015	1,009	1,004

$C_{12}H_{27}O_3B$ sek.-Butylborat (X_1) — **C_6H_6 Benzol** (X_2)
[6] ⟨K4, d5⟩

Mol-% X_1	0,00	3,86	6,91	9,24
25 °C	0,873	0,869	0,865	0,861

$C_{12}H_{27}O_3B$ iso-Butylborat (X_1) — **C_6H_6 Benzol** (X_2)
[6] ⟨K4, d5⟩

Mol-% X_1	0,00	3,24	7,20	10,73
25 °C	0,873	0,870	0,866	0,862

$C_{15}H_{33}O_3B$ Amylborat (X_1) — **C_6H_6 Benzol** (X_2)
[4] ⟨K5, d5⟩

Mol-% X_1	2,89	5,31	7,11	9,24
25 °C	0,870	0,869	0,867	0,865

$C_{15}H_{33}O_3B$ Amylborat (X_1) — **$C_4H_8O_2$ Dioxan** (X_2)
[4] ⟨K4, d5⟩

Mol-% X_1	0,00	5,52	7,22	9,17
25 °C	1,028	0,996	0,986	0,975

1 Gryszkiewicz-Trochimowski, E., Sikorski, S. F.: Roczniki Chem. (Ann. Soc. chim. Polonorum) **7** (1927) 54; Bull. Soc. chim. France [4] **41** (1927) 1570 (nach Tim.).
2 Bergmann, E., Schulz, W.: Z. physik. Chem. (B) **19** (1932) 401—04.
3 Picon, M.: Bull. Soc. chim. France Mèm. [5] **1** (1934) 926—34.
4 Otto, M. M.: J. Amer. chem. Soc. **57** (1935) 1476—78.
5 Le Fèvre, R. J. W., Parker, C. A.: J. chem. Soc. (London) **1939**, 677.
6 Lewis, G. L., Smyth, C. P.: J. Amer. chem. Soc. **62** (1940) 1529—33.
7 Svirbely, W. J., Lander, J. J.: J. Amer. chem. Soc. **70** (1948) 4121—23.
8 Balis, E. W., Gilliam, W. F., Hadsell, E. M., Liebhafsky, H. A., Winslow, E. H.: J. Amer. chem. Soc. **70** (1948) 1654.
9 Spauschus, H. O., Scott, J. M., MacKenzie, C. A., Mills, A. P.: J. Amer. chem. Soc. **72** (1950) 1377—79.
10 Arbusow, B. A., Schawscha, T. G.: Nachr. Akad. Wiss. UdSSR, Abt. Chem. Wiss. (Iswesstija Akademii Nauk SSSR, Otdelenije Chimitschesskich Nauk) **1952**, 875—81.
11 Freiser, H., Eagle, M. V., Speier, J.: J. Amer. chem. Soc. **75** (1953) 2821—24, 2824—27.
12 Joerges-Heyden, M., Markgraf, H. G., Nikuradse, A., Ulbrich, R.: Z. Naturforsch. **10a** (1955) 10—21.
13 Shakhparonov, M. I., u. a.: J. angew. Chem. (Shurnal Prikladnoi Chimii) **33** (1960) 2699—2703; J. Appl. Chem. USSR **33** (1960) 2663—67.
14 Korchemskaya, K. M., u. a.: J. Appl. Chem. USSR **33** (1960) 2668—70.
15 Marsh, K. N.: Trans. Faraday Soc. **64** (1968) 883—901; **66** (1970) 783—90.
16 Myers, R. S., Clever, H. L.: J. chem. Engng. Data **14** (1969) 161—64.

Lacmann

1.4.15 Metallorganische Verbindungen — Organometallic compounds

$C_4H_{10}Be$ Berylliumdiäthyl (X_1) — **C_6H_6 Benzol** (X_2)
[*12*] ⟨K 8, d 4⟩

Mol-% X_1	0,00	1,57	2,60	4,56	7,38	8,70	12,09
20 °C	0,879	0,877	0,876	0,873	0,871	0,870	0,865

$C_4H_{10}Be$ Berylliumdiäthyl (X_1) — **C_7H_{16} Heptan** (X_2)
[*12*] ⟨K 5, d 4⟩

Mol-% X_1	0,00	5,00	7,78	13,10	24,00
20 °C	0,684	0,687	0,688	0,692	0,698

$C_4H_{10}Be$ Berylliumdiäthyl (X_1) — **$C_4H_8O_2$ Dioxan** (X_2)
[*12*] ⟨K 7, d 4⟩

Mol-% X_1	0,00	1,02	1,90	6,46	10,50
20 °C	1,034	1,033	1,031	1,026	1,022

$C_{12}H_{10}Be$ Berylliumdiphenyl (X_1) — **C_6H_6 Benzol** (X_2)
[*12*] ⟨K 5 bis 0,5 Mol-% X_1, d 4, ϑ 20 °C⟩

$C_{12}H_{10}Be$ Berylliumdiphenyl (X_1) — **$C_4H_8O_2$ Dioxan** (X_2)
[*12*] ⟨K 5 bis 1,1 Mol-% X_1, d 4, ϑ 20 °C⟩

$C_{10}H_{14}O_4Be$ Berylliumbisacetylaceton (X_1) — **CCl_4 Tetrachlormethan** (X_2)
[*14*] ⟨K 5, d 5⟩

Gew.-% X_1	0,00	0,66	0,99	1,14	1,60
25 °C	1,585	1,580	1,577	1,576	1,573

$C_{30}H_{22}O_4Be$ Berylliumdibenzoylmethan (X_1) — **C_6H_6 Benzol** (X_2)
[*13*] ⟨K 6 bis 4,4 Gew.-% X_1, d 5, ϑ 25 °C⟩

$C_{30}H_{22}O_4Be$ Berylliumdibenzoylmethan (X_1) — **$C_4H_8O_2$ Dioxan** (X_2)
[*13*] ⟨K 6 bis 3,0 Gew.-% X_1, d 5, ϑ 25 °C⟩

$C_4H_{10}Mg$ Magnesiumdiäthyl (X_1) — **$C_4H_8O_2$ Dioxan** (X_2)
[*12*] ⟨K 5, d 4⟩

Mol-% X_1	0,00	1,75	2,80	4,85	9,60
20 °C	1,033	1,034	1,035	1,037	1,040

$C_{12}H_{10}Mg$ Magnesiumdiphenyl (X_1) — **$C_4H_8O_2$ Dioxan** (X_2)
[*11*] ⟨K 8, d 4⟩

Mol-% X_1	0,00	0,30	0,56	0,97	1,39
20 °C	1,034	1,035	1,036	1,038	1,039

$C_6H_{15}Al$ Aluminiumtriäthyl (X_1) — **$C_8H_{20}JN$ Tetraäthylammoniumjodid** (X_2) [*2*]

$C_6H_{15}Al$ Aluminiumtriäthyl (X_1) — **$C_{20}H_{44}JN$ Tetra-iso-amylammoniumjodid** (X_2) [*2*]

$C_{15}H_{21}O_6Al$ Aluminiumacetylaceton (X_1) — **C_6H_6 Benzol** (X_2)
[*14*] ⟨K 5, d 5⟩

Gew.-% X_1	0,00	0,74	1,37	2,58	3,24
25 °C	0,874	0,876	0,877	0,879	0,882

[*13*] ⟨K 6 bis 4,9 Gew.-% X_1, d 5, ϑ 25 °C⟩

$C_{15}H_{21}O_6Al$ Aluminiumacetylaceton (X_1) — **$C_4H_8O_2$ Dioxan** (X_2)
[*13*] ⟨K 12 bis 5,7 Gew.-% X_1, d 5, ϑ 25 °C⟩
[*14*] ⟨K 5 bis 2,7 Gew.-% X_1, d 4, ϑ 25 °C⟩

$C_{21}H_{33}O_{12}Al$ Aluminiumdiäthylmalonat (X_1) — **C_6H_6 Benzol** (X_2)
[*13*] ⟨K 5 bis 3,1%, d 5, ϑ 25 °C⟩

$C_4H_9Cl_3OTi$ Mono-n-butoxytrichlortitan (X_1) — **$C_4H_{10}O$ n-Butanol** (X_2)
[*16*] ⟨K 17, d 4⟩

Mol-% X_1	0,00	5,74	12,69	19,06	25,69	30,20	35,07	41,43	49,61	54,24	63,42	80,00
60 °C	0,778	0,855	0,939	1,010	1,080	1,119	1,157	1,197	1,239	1,254	1,277	1,310

$C_4H_{10}Zn$ Zinkdiäthyl (X_1) — **C_6H_6 Benzol** (X_2)
[*10*] ⟨K 5, d 4⟩

Mol-% X_1	0,00	1,96	3,30	7,14	10,99
20 °C	0,879	0,886	0,891	0,905	0,918

$C_4H_{10}Zn$ Zinkdiäthyl (X_1) — **C_7H_{16} Heptan** (X_1)
[*10*] ⟨K 4, d 4⟩

Mol-% X_1	0,00	6,70	11,89	20,58
20 °C	0,684	0,708	0,731	0,762

$C_4H_{10}Zn$ Zinkdiäthyl (X_1) — **$C_4H_8O_2$ Dioxan** (X_2)
[*10*] ⟨K 8, d 4⟩

Mol-% X_1	0,00	1,31	2,23	5,00	11,15	15,43
20 °C	1,035	1,039	1,041	1,049	1,065	1,075

$C_4H_{10}Zn$ Zinkdiäthyl (X_1) — **$C_7H_{10}JN$ Äthylpyridoniumjodid** (X_2) [*2*]

$C_4H_{10}Zn$ Zinkdiäthyl (X_1) — **$C_8H_{20}JN$ Tetraäthylammoniumjodid** (X_2) [*2*]

$C_4H_{10}Zn$ Zinkdiäthyl (X_1) — **$C_{12}H_{28}JN$ Tetrapropylammoniumjodid** (X_2) [*2*]

$C_4H_{10}Zn$ Zinkdiäthyl (X_1) — **$C_{20}H_{44}JN$ Tetra-iso-amylammoniumjodid** (X_2) [*2*]

$C_{12}H_{10}Zn$ Zinkdiphenyl (X_1) — **C_6H_6 Benzol** (X_2)
[*11*] ⟨K 5, d 4⟩

Mol-% X_1	0,00	1,05	1,48	2,03	3,00
20 °C	0,877	0,883	0,889	0,894	0,903

$C_{12}H_{10}Zn$ Zinkdiphenyl (X_1) — **$C_4H_8O_2$ Dioxan** (X_2)
[*11*] ⟨K 8, d 4⟩

Mol-% X_1	0,00	0,33	0,43	0,85	1,27	1,90	2,63
20 °C	1,034	1,035	1,036	1,039	1,042	1,046	1,051

$C_4H_{10}Cd$ Cadmiumdiäthyl (X_1) — **C_6H_6 Benzol** (X_2)
[*12*] ⟨K 5, d 4⟩

Mol-% X_1	0,00	1,12	1,78	2,72	3,84
20 °C	0,879	0,890	0,895	0,903	0,913

$C_4H_{10}Cd$ Cadmiumdiäthyl (X_1) — **C_7H_{16} Heptan** (X_2)
[*12*] ⟨K 9, d 4⟩

Mol-% X_1	0,00	1,50	2,07	2,80	3,22	4,30	4,70	5,97	6,90
20 °C	0,687	0,697	0,700	0,706	0,707	0,714	0,717	0,726	0,732

$C_4H_{10}Cd$ Cadmiumdiäthyl (X_1) — $C_4H_8O_2$ Dioxan (X_2)
[12] ⟨K8, d4⟩

Mol-% X_1	0,00	0,60	0,92	1,14	1,43	1,75	2,88	4,90
20 °C	1,033	1,039	1,042	1,043	1,046	1,048	1,056	1,071

$C_4H_{10}Cd$ Cadmiumdiäthyl (X_1) — $C_8H_{20}JN$ Tetraäthylammoniumjodid (X_2) [2]

$C_4H_{10}Cd$ Cadmiumdiäthyl (X_1) — $C_{20}H_{44}JN$ Tetra-iso-amylammoniumjodid (X_2) [2]

$C_{12}H_{10}Cd$ Cadmiumdiphenyl (X_1) — C_6H_6 Benzol (X_2)
[11] ⟨K5, d4⟩

Mol-% X_1	0,00	0,16	0,26	0,37	0,48
20 °C	0,877	0,879	0,880	0,882	0,883

$C_{12}H_{10}Cd$ Cadmiumdiphenyl (X_1) — $C_4H_8O_2$ Dioxan (X_2)
[11] ⟨K5, d4⟩

Mol-% X_1	0,00	0,50	1,02	1,70	2,88
20 °C	1,033	1,040	1,045	1,054	1,067

$C_4H_{10}Hg$ Quecksilberdiäthyl (X_1) — C_6H_6 Benzol (X_2)
[12] ⟨K5, d4⟩

Mol-% X_1	0,00	0,97	1,94	3,93	6,80
20 °C	0,879	0,895	0,915	0,951	1,004

[1] ⟨K3 bis 5,2 Mol-% X_1, d4, ϑ 14,7 °C⟩

$C_4H_{10}Hg$ Quecksilberdiäthyl (X_1) — C_7H_{16} Heptan (X_2)
[12] ⟨K7, d4⟩

Mol-% X_1	0,00	3,25	4,11	5,02	8,13	10,14	13,15
20 °C	0,683	0,726	0,742	0,750	0,789	0,816	0,858

$C_4H_{10}Hg$ Quecksilberdiäthyl (X_1) — $C_4H_8O_2$ Dioxan (X_2)
[12] ⟨K5, d4⟩

Mol-% X_1	0,00	2,32	3,72	6,16	11,15
20 °C	1,033	1,072	1,096	1,138	1,221

$C_{12}H_{10}Hg$ Quecksilberdiphenyl (X_1) — C_6H_6 Benzol (X_2)
[11] ⟨K5, d4⟩

Mol-% X_1	0,00	0,58	0,88	1,39	2,66
20 °C	0,877	0,890	0,897	0,909	0,939

[1] ⟨K5 bis 3,5 Mol-% X_1, d4, ϑ 14,15 °C⟩
[3] ⟨K7 bis 3,1 Mol-% X_1, d4, ϑ 25 °C⟩

$C_{12}H_{10}Hg$ Quecksilberdiphenyl (X_1) — $C_{10}H_{18}$ Dekalin (X_2)
[3] ⟨K5, d4, ϑ 142,4 °C⟩

Mol-% X_1	0,74	1,40	2,09
25 °C	0,890	0,898	0,907

$C_{12}H_{10}Hg$ Quecksilberdiphenyl (X_1) — CCl_4 Tetrachlormethan (X_2)
[14] ⟨K10, d4⟩

Gew.-% X_1	0,00	0,62	1,06	1,45
25 °C	1,585	1,587	1,589	1,591

$C_{12}H_{10}Hg$ Quecksilberdiphenyl (X_1) — **$C_4H_8O_2$ Dioxan** (X_2)
[*11*] ⟨K6, d4⟩

Mol-% X_1	0,00	0,98	1,54	2,03	3,43	5,71
20 °C	1,033	1,051	1,065	1,072	1,101	1,148

[*4*] ⟨K5 bis 1,3 Mol-% X_1, d4, ϑ 25 °C⟩

$C_{14}H_{14}Hg$ Quecksilberdi-p-tolyl (X_1) — **$C_{10}H_{18}$ Dekalin** (X_2)
[*3*] ⟨K5, d4⟩

Mol-% X_1	0,00	0,81	0,99	1,82	2,10
142,4 °C	0,788	0,798	0,800	0,810	0,813

C_4H_9BrHg Butyl-Quecksilberbromid (X_1) — **$C_4H_8O_2$ Dioxan** (X_2)
[*7*] ⟨K3, d4⟩

Mol-% X_1	0,00	0,94	1,01
25 °C	1,027	1,050	1,051

$C_5H_{11}ClHg$ Amyl-Quecksilberchlorid (X_1) — **C_6H_6 Benzol** (X_2)
[*7*] ⟨K3, d4⟩

Mol-% X_1	0,00	0,84	0,88
25 °C	0,874	0,892	0,893

$C_5H_{11}ClHg$ Amyl-Quecksilberchlorid (X_1) — **$C_4H_8O_2$ Dioxan** (X_2)
[*7*] ⟨K4, d4⟩

Mol-% X_1	0,00	0,85	1,04	1,15
25 °C	1,026	1,043	1,046	1,049

C_6H_5BrHg Phenyl-Quecksilberbromid (X_1) — **$C_4H_8O_2$ Dioxan** (X_2)
[*7*] ⟨K4, d4⟩

Mol-% X_1	0,00	0,68	0,72
50 °C	1,000	1,019	1,020

$C_6H_4ClBrHg$ p-Chlorphenyl-Quecksilberbromid (X_1) — **$C_4H_8O_2$ Dioxan** (X_2)
[*7*] ⟨K4, d4⟩

Mol-% X_1	0,00	0,60	0,82	0,96
25 °C	1,027	1,045	1,053	1,056

C_7H_7BrHg p-Tolyl-Quecksilberbromid (X_1) — **$C_4H_8O_2$ Dioxan** (X_2)
[*7*] ⟨K4, d4⟩

Mol-% X_1	0,00	0,88	0,98
25 °C	1,027	1,052	1,055

Mol-% X_1	0,00	0,80	0,94	1,03
50 °C	1,001	1,022	1,026	1,028

$C_{12}H_8F_2Hg$ Quecksilberdi-p-fluorphenyl (X_1) — **$C_{10}H_{18}$ Dekalin** (X_2)
[*3*] ⟨K5, d4⟩

Mol-% X_1	0,00	1,37	2,18	4,13
142,4 °C	0,791	0,809	0,820	0,845

$C_{12}H_8Cl_2Hg$ Quecksilberdi-p-chlorphenyl (X_1) — **$C_{10}H_{18}$ Dekalin** (X_2)
[*3*] ⟨K6, d4, ϑ 134 °C⟩

Mol-% X_1	0,00	0,74	0,83	0,92	1,19
142,4 °C	0,788	0,799	0,801	0,802	0,806

$C_{12}H_8Br_2Hg$ Quecksilberdi-p-bromphenyl (X_1) — $C_{10}H_{18}$ Dekalin (X_2)
[3] ⟨K4, d4⟩

Mol-% X_1	0,00	0,47	0,93	1,08
142,4 °C	0,791	0,800	0,809	0,812

$C_{12}H_{28}Sn$ Zinntetra-iso-propyl (X_1) — C_6H_{12} Cyclohexan (X_2)
[8] ⟨K9, d5⟩

Mol-% X_1	0,00	15,67	27,35	36,84	45,56	61,36	70,08	89,90	100,00
25 °C	0,774	0,884	0,946	0,987	1,019	1,068	1,091	1,134	1,152

$C_{12}H_{28}Sn$ Zinntetra-iso-propyl (X_1) — C_6H_6 Benzol (X_2)
[8] ⟨K8, d5⟩

Mol-% X_1	0,00	9,63	30,21	35,18	52,69	87,03	87,81	100,00
25 °C	0,873	0,933	1,019	1,035	1,079	1,136	1,137	1,152

$C_{12}H_{28}Sn$ Zinntetra-iso-propyl (X_1) — CCl_4 Tetrachlormethan (X_2)
[8] ⟨K8, d5⟩

Mol-% X_1	0,00	11,40	28,16	35,86	48,79	83,09	98,80	100,00
25 °C	1,584	1,467	1,348	1,308	1,256	1,163	1,133	1,130

$C_{18}H_{15}Pb$ Bleitriphenyl (X_1) — C_6H_6 Benzol (X_2)
[5] ⟨K5, d4⟩

Mol-% X_1	0,00	0,15	0,26	0,51	0,76
25 °C	0,873	0,877	0,880	0,886	0,892

C_3H_9ClPb Trimethylbleichlorid (X_1) — C_6H_6 Benzol (X_2)
[5] ⟨K5 bis 0,1 Mol-% X_1, d4, ϑ 25 °C⟩

$C_4H_{10}Cl_2Pb$ Diäthylbleidichlorid (X_1) — C_6H_6 Benzol (X_2)
[5] ⟨K4, d4⟩

Mol-% X_1	0,00	0,10	0,18	0,25
25 °C	0,873	0,876	0,878	0,879

$C_6H_{15}ClPb$ Triäthylbleichlorid (X_1) — C_6H_6 Benzol (X_2)
[5] ⟨K5, d4⟩

Mol-% X_1	0,00	0,27	0,31	0,62	0,82
25 °C	0,873	0,879	0,880	0,886	0,890

$C_6H_{15}BrPb$ Triäthylbleibromid (X_1) — C_6H_6 Benzol (X_2)
[5] ⟨K5, d4⟩

Mol-% X_1	0,00	0,32	0,47	0,63	0,95
25 °C	0,873	0,881	0,885	0,888	0,896

$C_{18}H_{15}ClPb$ Triphenylbleichlorid (X_1) — C_6H_6 Benzol (X_2)
[5] ⟨K4 bis 0,1 Mol-% X_1, d5, ϑ 25 °C⟩

$C_{18}H_{15}BrPb$ Triphenylbleichlorid (X_1) — C_6H_6 Benzol (X_1)
[5] ⟨K4 bis 0,2 Mol-% X_1, d5, ϑ 25 °C⟩

$C_{18}H_{15}JPb$ Triphenylbleijodid (X_1) — C_6H_6 Benzol (X_2)
[5] ⟨K4, d5⟩

Mol-% X_1	0,00	0,19	0,33	0,74
25 °C	0,873	0,879	0,884	0,899

$C_{22}H_{16}Cl_2Fe$ Eisen-bis-(p-chlorphenylcyclopentadienyl) (X_1) — **C_6H_6 Benzol** (X_2)
[15] ⟨K 5, d 5⟩

Gew.-% X_1	0,00	1,09	1,64	2,32	3,09
24,9 °C	0,873	0,877	0,879	0,881	0,884

$C_{14}H_{14}O_2Fe$ Monoacetylferrocen (X_1) — **C_6H_6 Benzol** (X_2)
[9] ⟨K 9, d 4⟩

Gew.-% X_1	0,00	0,62	0,71	1,15	1,93
30 °C	0,869	0,870	0,871	0,872	0,875

$C_{15}H_{21}O_6Fe$ Eisen(III)-acetylaceton (X_1) — **C_6H_6 Benzol** (X_2)
[13] ⟨K 6 bis 5,0 Gew.-% X_1, d 5, ϑ 25 °C⟩

$C_{15}H_{21}O_6Fe$ Eisen(III)-acetylaceton (X_1) — **$C_4H_8O_2$ Dioxan** (X_2)
[13] ⟨K 6 bis 6,1 Gew.-% X_1, d 5, ϑ 25 °C⟩

$C_{18}H_{18}O_4Fe$ Diacetylferrocen (X_1) — **C_6H_6 Benzol** (X_2)
[9] ⟨K 4, d 4⟩

Gew.-% X_1	0,00	1,14	1,55	1,91
30 °C	0,868	0,872	0,873	0,875

$C_{45}H_{33}O_6Fe$ Eisen-III-dibenzoylmethan (X_1) — **C_6H_6 Benzol** (X_2)
[13] ⟨K 6 bis 1,1 Gew.-% X_1, d 5, ϑ 25 °C⟩

$C_{45}H_{33}O_6Fe$ Eisen-III-dibenzoylmethan (X_1) — **$C_4H_8O_2$ Dioxan** (X_2)
[13] ⟨K 6 bis 0,9 Gew.-% X_1, d 5, ϑ 25 °C⟩

$C_{30}H_{18}O_6N_3Fe$ Eisen-III-1-nitroso-2-naphthoxid (X_1) — **C_6H_6 Benzol** (X_2)
[14] ⟨K 4 bis 1,0 Gew.-% X_1, d 5, ϑ 25 °C⟩

$C_{20}H_{12}O_4N_2Co$ Cobalt-1-nitroso-2-naphthoxid (X_1) — **C_6H_6 Benzol** (X_2)
[14] ⟨K 4 bis 0,8 Gew.-% X_1, d 5, ϑ 25 °C⟩

$C_{20}H_{18}O_4Ni$ Nickelbisbenzoylaceton (X_1) — **$C_4H_8O_2$ Dioxan** (X_2)
[14] ⟨K 9 bis 1,5 Gew.-% X_1, d 5, ϑ 25 °C⟩

$C_{20}H_{16}N_6Ni$ trans-Nickel-2-phenylazopyrrol (X_1) — **C_6H_6 Benzol** (X_2)
[13] ⟨K 4 bis 1,7 Gew.-% X_1, d 5, ϑ 25 °C⟩

$C_{14}H_{12}O_4N_2Ni$ trans-Nickel-salicylaldoxim (X_1) — **$C_4H_8O_2$ Dioxan** (X_2)
[13] ⟨K 4 bis 0,7 Gew.-% X_1, d 5, ϑ 25 °C⟩

$C_{26}H_{22}O_2N_4Ni$ trans-Nickel-phenylazo-p-kresol (X_1) — **C_6H_6 Benzol** (X_2)
[13] ⟨K 5 bis 2,2 Gew.-% X_1, d 5, ϑ 25 °C⟩

$C_{10}H_{14}O_4Cu$ Kupfer-bis-acetylaceton (X_1) — **$C_4H_8O_2$ Dioxan** (X_2)
[14] ⟨K 8 bis 0,6 Gew.-% X_1, d 4, ϑ 25 °C⟩

$C_{14}H_{10}O_4Cu$ trans-Kupfersalicylaldehyd (X_1) — **$C_4H_8O_2$ Dioxan** (X_2)
[13] ⟨K 6 bis 0,7 Gew.-% X_1, d 5, ϑ 25 °C⟩

$C_{14}H_{12}O_4N_2Cu$ trans-Kupfersalicylaldoxim (X_1) — **$C_4H_8O_2$ Dioxan** (X_2)
[13] ⟨K 5 bis 1,3 Gew.-% X_1, d 5, ϑ 25 °C⟩

$C_{16}H_{16}O_2N_2Cu$ trans-Kupfersalicylidenmethylamin (X_1) — **$C_4H_8O_2$ Dioxan** (X_2)
[13] ⟨K 6 bis 2,2 Gew.-% X_1, d 5, ϑ 25 °C⟩

$C_{24}H_{20}O_2N_6Cu$ trans-Kupfer-3-hydroxy-1.3-diphenyltriazen (X_1) — **$C_4H_8O_2$ Dioxan** (X_2)
[13] ⟨K 5 bis 2,7 Gew.-% X_1, d 5, ϑ 25 °C⟩

$C_{26}H_{18}Cl_2O_2N_2Cu$ trans-Kupfersalicyliden-p-chloranilin (X_1) — **$C_4H_8O_2$ Dioxan** (X_2)
[13] ⟨K 6 bis 2,6 Gew.-% X_1, d 5, ϑ 25 °C⟩

$C_{26}H_{18}Br_2O_2N_2Cu$ trans-Kupfersalicyliden-p-bromanilin (X_1) — **$C_4H_8O_2$ Dioxan** (X_2)
[*13*] ⟨K 5 bis 2,0 Gew.-% X_1, d 5, ϑ 25 °C⟩

$C_{26}H_{18}J_2O_2N_2Cu$ trans-Kupfersalicyliden-p-jodanilin (X_1) — **$C_4H_8O_2$ Dioxan** (X_2)
[*13*] ⟨K 6 bis 1,5 Gew.-% X_1, d 5, ϑ 25 °C⟩

1 Bergmann, E., Schulz, W.: Z. physik. Chem. (B) **19** (1932) 401—04.
2 Hein, F., Pauling, H.: Z. physik. Chem. (A) **165** (1933) 338—66.
3 Hampson, G. C.: Trans. Faraday Soc. **30** (1934) 877—84.
4 Curran, W. J., Wenzke, H. H.: J. Amer. chem. Soc. **57** (1935) 2162—63.
5 Lewis, G. L., Oesper, P. F., Smyth, C. P.: J. Amer. chem. Soc. **62** (1940) 3243—46.
6 Malatesta, L.: Gazz. chim. ital. **70** (1940) 734—37.
7 Curran, C.: J. Amer. chem. Soc. **64** (1942) 830—32.
8 Schulze, W.: Z. physik. Chem. **197** (1951) 63—74.
9 Richmond, H. H., Freiser, H.: J. Amer. chem. Soc. **77** (1955) 2022—23.
10 Strohmeier, W., Nützel, K.: Z. Elektrochem., Ber. Bunsenges. physik. Chem. **59** (1955) 538—42.
11 Strohmeier, W.: Z. Elektrochem., Ber. Bunsenges. physik. Chem. **60** (1956) 58—61.
12 Strohmeier, W., Hümpfner, K.: Z. Elektrochem., Ber. Bunsenges. physik. Chem. **60** (1956) 1111—14.
13 Macqueen, J., Smith, J. W.: J. chem. Soc. (London) **1956**, 1821—27.
14 Armstrong, R. S., Le Fèvre, C. G., Le Fèvre, R. J. W.: J. chem. Soc. (London) **1957**, 371—76.
15 Semenow, D. A., Roberts, J. D.: J. Amer. chem. Soc. **79** (1957) 2741—42.
16 Archambault, J., Rivest, R.: Canad. J. Chem. **35** (1957) 879—86.

Lacmann

1.5 Nichtwässerige Systeme dreier und mehr Komponenten — Nonaqueous systems of three or more components

1.5.1 Ternäre und polynäre nichtwässerige Systeme anorganischer Komponenten — Ternary and polynary nonaqueous systems of inorganic components

$HNO_3 - H_2SO_4 - SO_3$
[8] ⟨K42, d4, ϑ 20 °C⟩
[6]

KF — LiF — HF [7]

$NH_4Cl - NaCl - NH_3$ [2]

$AlCl_3 - CaCl_2 - COCl_2$
[1] ⟨K7, d4, ϑ 0°, 25 °C⟩

$AlBr_3 - SbBr_3 - AsBr_3$
[3] ⟨K11, d3, ϑ 85°, 90°, 95°, 100 °C⟩

$ZnBr_2 - AlBr_3 - AsBr_3$ [4]

$SnBr_4 - AlBr_3 - SbBr_3$ [5]

1 Germann, A. F. O., Timpany, C. R.: J. physic. Chem. **29** (1925) 1423—31.
2 Kikuti, S.: J. Soc. chem. Ind. Japan, Suppl. Bind., **42** (1939) 15B (nach Chem. Zbl.).
3 Gorenbein, Je. Ja., Kriss, Je. Je.: J. physik. Chem. (Shurnal Fisitschesskoi Chimii) **25** (1951) 791—97.
4 J. allg. Chem. (Shurnal Obschtschei Chimii) **21** (1951) 1387.
5 J. physik. Chem. (Shurnal Fisitschesskoi Chimii) **25** (1951) 1160—68.
6 Ussolzewa, W. A.: J. angew. Chem. (Shurnal Prikladnoi Chimii) **29** (1956) 302—08.
7 Ssemerikowa, I. A., Alabyschew, A. F.: J. physik. Chem. (Shurnal Fisitschesskoi Chimii) **37** (1963) 207—09.
8 Ussolzewa, W. A., Klimowa, O. M., Sasslawski, I. I.: J. angew. Chem. (Shurnal Prikladnoi Chimii) **25** (1952) 1309—11.

1.5.2 Ternäre und polynäre nichtwässerige Systeme anorganischer und organischer Komponenten — Ternary and polynary nonaqueous systems of inorganic and organic components

HCl — $C_5H_{11}N$ Piperidin — CH_4O Methanol [10]

HCl (X_1) **— $C_5H_{11}N$ Piperidin** (X_2) **— C_2H_6O Äthanol** (X_3) [10]

HCl (X_1) **— C_6H_7N Anilin** (X_2) **— CH_4O Methanol** (X_3) [10]

HCl (X_1) **— C_6H_7N Anilin** (X_2) **— C_2H_6O Äthanol** (X_3) [10]

HCl (X_1) **— C_7H_9N p-Toluidin** (X_2) **— CH_4O Methanol** (X_3) [10]

HCl (X_1) **— C_7H_9N p-Toluidin** (X_2) **— C_2H_6O Äthanol** (X_3) [10]

Br_2 (X_1) **— C_2H_5ON Acetamid** (X_2) **— $C_2H_4Cl_2$ Dichloräthan** (X_3)
[65] ⟨K12, d3, ϑ 18°, 25°, 30 °C⟩

Br_2 (X_1) **— $C_6H_5O_2N$ Nitrobenzol** (X_2) **— C_2H_5ON Acetamid** (X_3)
[66] ⟨K6, d4, ϑ 18 °C⟩

Br_2 (X_1) **— $C_6H_5O_2N$ Nitrobenzol** (X_2) **— C_2H_5ON Acetamid** (X_3) **— CCl_4 Tetrachlormethan** (X_4)
[66] ⟨K6, d4, ϑ 18 °C⟩

J_2 (X_1) **— $C_4H_8O_2$ Dioxan** (X_2) **— C_6H_{12} Cyclohexan** (X_3) [37]

J_2 (X_1) — **C_5H_5N Pyridin** (X_2) — **C_2H_3N Acetonitril** (X_3)
[*67*] ⟨K16, d4, ϑ 18°, 25°, 30 °C⟩

J_2 (X_1) — **$C_6H_{15}N$ Triäthylamin** (X_2) — **$C_4H_8O_2$ Dioxan** (X_3) [*40*]

J_2 (X_1) — **C_2H_5ON Acetamid** (X_2) — **C_2H_3N Acetonitril** (X_3)
[*69*] ⟨K4, d4, ϑ 25 °C⟩

J_2 (X_1) — **$C_6H_5O_2N$ Nitrobenzol** (X_2) — **C_5H_5N Pyridin** (X_3)
[*67*] ⟨K18, d4, ϑ 18°, 25°, 30 °C⟩

JBr (X_1) — **$C_6H_5O_2N$ Nitrobenzol** (X_2) — **C_5H_5N Pyridin** (X_3)
[*71*] ⟨K10, d4, ϑ 18°, 25°, 35 °C⟩

S (X_1) — **C_8H_{10} m-Xylol** (X_2) — **C_6H_6 Benzol** (X_3) [*34*]

JBr (X_1) — **C_8H_{10} m-Xylol** (X_2) — **C_7H_8 Toluol** (X_3) [*34*]

JBr (X_1) — **$CHCl_3$ Chloroform** (X_2) — **C_6H_6 Benzol** (X_3) [*34*]

JBr (X_1) — **$CHCl_3$ Chloroform** (X_2) — **C_7H_8 Toluol** (X_3) [*34*]

JBr (X_1) — **$CHCl_3$ Chloroform** (X_2) — **C_8H_{10} m-Xylol** (X_3) [*34*]

S (X_1) — **CCl_4 Tetrachlorkohlenstoff** (X_2) — **C_6H_6 Benzol** (X_3) [*34*]

S (X_1) — **CCl_4 Tetrachlorkohlenstoff** (X_2) — **C_7H_8 Toluol** (X_3) [*34*]

S (X_1) — **CCl_4 Tetrachlorkohlenstoff** (X_2) — **C_8H_{10} m-Xylol** (X_3) [*34*]

S (X_1) — **CCl_4 Tetrachlorkohlenstoff** (X_2) — **$CHCl_3$ Chloroform** (X_3) [*34*]

H_3NSO_3 Sulfaminsäure (X_1) — **C_4H_9ON N.N-Dimethylacetamid** (X_2) — **C_2H_6OS Dimethylsulfoxid** (X_3)
[*47*] ⟨K10, d4, ϑ 25 °C⟩

CS_2 (X_1) — **$C_{14}H_{10}$ Phenanthren** (X_2) — **$C_{10}H_8$ Naphthalin** (X_3)
[*51*] ⟨K1, d4, ϑ 20°, 40 °C⟩

CS_2 (X_1) — **C_6F_{14} Perfluor-n-hexan** (X_2) — **C_6H_{14} n-Hexan** (X_3)
[*50*] ⟨K11, d4, ϑ 25 °C⟩

CS_2 (X_1) — **C_3H_6O Aceton** (X_2) — **CH_4O Methanol** (X_3) [*33*]

CS_2 (X_1) — **$C_4H_6O_3$ Essigsäureanhydrid** (X_2) — **C_3H_6O Aceton** (X_3)
[*72*] ⟨ΔV, Gleichung, ϑ 25 °C⟩

CS_2 (X_1) — **J_2** (X_2) — **C_6H_6 Benzol** (X_3)
[*51*] ⟨K1, d4, ϑ 20°, 40 °C⟩

BCl_3 (X_1) — **$C_4H_{10}O$ Diäthyläther** (X_2) — **C_6H_6 Benzol** (X_3) [*17*]

BCl_3 (X_1) — **C_2H_3N Acetonitril** (X_2) — **C_6H_6 Benzol** (X_3) [*17*]

BCl_3 (X_1) — **C_3H_5N Propionitril** (X_2) — **C_6H_6 Benzol** (X_3) [*17*]

BBr_3 (X_1) — **C_4H_9Br tert. Butylbromid** (X_2) — **C_6H_{12} Cyclohexan** (X_3) [*21*]

BBr_3 (X_1) — **C_7H_7Br Benzylbromid** (X_2) — **C_6H_{12} Cyclohexan** (X_3) [*21*]

LiCl (X_1) — **$C_4H_8O_2$ Buttersäure** (X_2) — **$C_2H_4O_2$ Essigsäure** (X_3)
[*68*] ⟨graph., ϑ 25 °C⟩

LiCl (X_1) — **$C_6H_{12}O_2$ Capronsäure** (X_2) — **$C_2H_4O_2$ Essigsäure** (X_3)
[*68*] ⟨graph., ϑ 25 °C⟩

LiCl (X_1) — **$C_6H_{12}O_2$ Capronsäure** (X_2) — **$C_4H_8O_2$ Buttersäure** (X_3)
[*68*] ⟨graph., ϑ 25 °C⟩

LiBr (X_1) — **C_3H_6O Aceton** (X_2) — **CH_4O Methanol** (X_3) [*36*]

$LiNO_3$ (X_1) — **CH_3ON Formamid** (X_2) — **C_2H_6O Äthanol** (X_3) [*2*]

NaBr (X_1) — **C_2H_6O Äthanol** (X_2) — **CH_4O Methanol** (X_3) [*5*]

NaBr (X_1) — **C_3H_8O Propanol** (X_2) — **CH_4O Methanol** (X_3) [*5*]

NaBr (X_1) — **C_3H_8O Propanol** (X_2) — **C_2H_6O Äthanol** (X_3) [*5*]

NaBr (X_1) — **HBr** (X_2) — **$C_5H_{12}O$ Isoamylalkohol** (X_3) [*14*]

NaJ (X_1) — **C_2H_6O Äthanol** (X_2) — **CH_4O Methanol** (X_3) [*5*]

NaJ (X_1) — **C_3H_8O Propanol** (X_2) — **CH_4O Methanol** (X_3) [*5*]

NaJ (X_1) — **C_3H_8O Propanol** (X_2) — **C_2H_6O Äthanol** (X_3) [*5*]

NaJ (X_1) — **$LiClO_4$** (X_2) — **C_2H_6O Äthanol** (X_3) [*13*]

NaJ (X_1) — **LiJ** (X_2) — **C_2H_6O Äthanol** (X_3) [*11*]

NaCNS (X_1) — **NaJ** (X_2) — **C_2H_6O Äthanol** (X_3) [*11*]

NaCNS (X_1) — **NaJ** (X_2) — **C_3H_6O Allylalkohol** (X_3) [*16*]

KJ (X_1) — **C_2H_6O Äthanol** (X_2) — **CH_4O Methanol** (X_3) [*5*]

KJ (X_1) — **C_3H_8O Propanol** (X_2) — **CH_4O Methanol** (X_3) [*5*]

KJ (X_1) — **C_3H_8O Propanol** (X_2) — **C_2H_6O Äthanol** (X_3) [*5*]

KJ (X_1) — **$C_4H_{10}O$ n-Butanol** (X_2) — **$C_3H_8O_3$ Glycerin** (X_3)
[*59*] ⟨graph., ϑ 298° bis 360 °K⟩

KJ (X_1) — **J_2** (X_2) — **CH_4O Methanol** (X_3)
[*9*] ⟨K 12, d 4, ϑ 25,6 °C⟩
[*38*]

KJ (X_1) — **NaJ** (X_2) — **C_2H_6O Äthanol** (X_3) [*13, 15*]

KJ (X_1) — **NaJ** (X_2) — **C_3H_6O Allylalkohol** (X_3) [*16*]

KJ (X_1) — **NaJ** (X_2) — **C_7H_8O Benzylalkohol** (X_3) [*16*]

K_2SO_4 (X_1) — **C_6H_7N Anilin** (X_2) — **C_7H_8 Toluol** (X_3) [*3*]

KBO_2 (X_1) — **C_6H_7N Anilin** (X_2) — **C_7H_8 Toluol** (X_3) [*3*]

RbJ (X_1) — **CH_3ON Formamid** (X_2) — **C_2H_6O Äthanol** (X_3) [*2*]

NH_4Cl (X_1) — **C_2H_6O Äthanol** (X_2) — **CH_4O Methanol** (X_3) [*5*]

NH_4Cl (X_1) — **C_3H_8O Propanol** (X_2) — **CH_4O Methanol** (X_3) [*5*]

NH_4Cl (X_1) — **C_3H_8O Propanol** (X_2) — **C_2H_6O Äthanol** (X_3) [*5*]

NH_4Br (X_1) — **C_2H_6O Äthanol** (X_2) — **CH_4O Methanol** (X_3) [*5*]

NH_4Br (X_1) — **C_3H_8O Propanol** (X_2) — **CH_4O Methanol** (X_3) [*5*]

NH_4Br (X_1) — **C_3H_8O Propanol** (X_2) — **C_2H_6O Äthanol** (X_3) [*5*]

NH_4NO_3 (X_1) — **$LiNO_3$** (X_2) — **C_2H_5ON Acetamid** (X_3)
[*19*] ⟨ϑ 25°, 75°, 125 °C⟩

$BeCl_2$ (X_1) — **$C_4H_{10}O$ Diäthyläther** (X_2) — **C_6H_6 Benzol** (X_3) [*17*]

$BeBr_2$ (X_1) — **$C_4H_{10}O$ Diäthyläther** (X_2) — **C_6H_6 Benzol** (X_3) *[17]*

MgJ_2 (X_1) — **KJ** (X_2) — **C_2H_6O Äthanol** (X_3) *[12]*

$Ca(OH)_2$ (X_1) — **C_6H_7N Anilin** (X_2) — **C_7H_8 Toluol** (X_3) *[3]*

$Ca(NO_3)_2$ (X_1) — **C_3H_6O Aceton** (X_2) — **CH_4O Methanol** (X_3) *[1]*

$Ca(NO_3)$ (X_1) — **C_3H_6O Aceton** (X_2) — **C_2H_6O Äthanol** (X_3) *[1]*

$Ca(NO_3)$ (X_1) — **CH_3ON Formamid** (X_2) — **C_2H_6O Äthanol** (X_3) *[2]*

$Sr(OH)_2$ (X_1) — **C_6H_7N Anilin** (X_2) — **C_7H_8 Toluol** (X_3) *[3]*

$Ba(OH)_2$ (X_1) — **C_6H_7N Anilin** (X_2) — **C_7H_8 Toluol** (X_3) *[3]*

$AlCl_3$ (X_1) — **$C_4H_{10}O$ Diäthyläther** (X_2) — **C_6H_6 Benzol** (X_3) *[17]*

$AlCl_3$ (X_1) — **$C_{13}H_{10}O$ Benzophenon** (X_2) — **C_6H_6 Benzol** (X_3) *[17]*

$AlCl_3$ (X_1) — **C_7H_5ClO Benzoylchlorid** (X_2) — **C_6H_6 Benzol** (X_3) *[17]*

$AlCl_3$ (X_1) — **$C_8H_{11}N$ Äthylanilin** (X_2) — **C_6H_6 Benzol** (X_3) *[17]*

$AlCl_3$ (X_1) — **$C_6H_5O_2N$ Nitrobenzol** (X_2) — **C_6H_6 Benzol** (X_3) *[17]*

$AlCl_3$ (X_1) — **$C_6H_5O_2N$ Nitrobenzol** (X_2) — **$C_4H_{10}O$ Diäthyläther** (X_3)
[63] ⟨K 25, d 4, ϑ 18°, 25°, 30 °C⟩

$AlCl_3$ (X_1) — **CS_2** (X_2) — **$C_4H_{10}O$ Diäthyläther** (X_3) *[17]*

$AlCl_3$ (X_1) — **CS_2** (X_2) — **C_7H_5ClO Benzoylchlorid** (X_3) *[17]*

$AlBr_3$ (X_1) — **C_2H_5Br Äthylbromid** (X_2) — **C_6H_{12} Cyclohexan** (X_3) *[20, 21]*

$AlBr_3$ (X_1) — **C_6H_5Br Brombenzol** (X_2) — **C_6H_{12} Cyclohexan** (X_3) *[20]*

$AlBr_3$ (X_1) — **$C_4H_{10}O$ Diäthyläther** (X_2) — **C_6H_6 Benzol** (X_3) *[17, 27]*

$AlBr_3$ (X_1) — **$C_4H_{10}O$ Diäthyläther** (X_2) — **C_6H_5Cl Chlorbenzol** (X_3) *[26]*

$AlBr_3$ (X_1) — **$C_4H_{10}O$ Diäthyläther** (X_2) — **C_6H_5Br Brombenzol** (X_3) *[26]*

$AlBr_3$ (X_1) — **$C_4H_{10}O$ Diäthyläther** (X_2) — **C_2H_5Br Äthylbromid** (X_3) *[26]*

$AlBr_3$ (X_1) — **$C_6H_5O_2N$ Nitrobenzol** (X_2) — **C_6H_6 Benzol** (X_3) *[17]*

$AlBr_3$ (X_1) — **$C_6H_5O_2N$ Nitrobenzol** (X_2) — **C_3H_8O Propanol** (X_3)
[64] ⟨K 9, d 4, ϑ 25 °C⟩

$AlBr_3$ (X_1) — **$C_6H_5O_2N$ Nitrobenzol** (X_2) — **C_3H_6O Aceton** (X_3)
[64] ⟨K 9, d 4, ϑ 25 °C⟩

$AlBr_3$ (X_1) — **$C_6H_5O_2N$ Nitrobenzol** (X_2) — **C_5H_5N Pyridin** (X_3)
[49] ⟨K 11, d 4, ϑ 18°, 25°, 35 °C⟩
[64] ⟨K 7, d 4, ϑ 25 °C⟩

$AlBr_3$ (X_1) — **H_2S** (X_2) — **C_6H_6 Benzol** (X_3) *[17]*

$AlBr_3$ (X_1) — **$SbCl_3$** (X_2) — **$C_6H_5O_2N$ Nitrobenzol** (X_3)
[48] ⟨K 14, d 4, ϑ 18°, 25 °C⟩

$AlBr_3$ (X_1) — **$SbBr_3$** (X_2) — **C_7H_8 Toluol** (X_3)
[52] ⟨K 16, d 3, ϑ 0°, 10°, 20°, 30°, 40 °C⟩

$AlBr_3$ (X_1) — **$SbBr_3$** (X_2) — **C_2H_5Br Äthylbromid** (X_3)
[52] ⟨K 25, d 3, ϑ 0°, 10°, 20 °C⟩

$AlBr_3$ (X_1)—**$SbBr_3$** (X_2)—**C_6H_5Cl Chlorbenzol** (X_3) *[25]*

$AlBr_3$ (X_1)—**$SbBr_3$** (X_2)—**CBr_4 Tetrabrommethan** (X_3)
[24] ⟨K 9, d 3, ϑ 85°, 90°, 95 °C⟩

$AlBr_3$ (X_1)—**$SbBr_3$** (X_2)—**$C_6H_5O_2N$ Nitrobenzol** (X_3)
[52] ⟨K 16, d 3, ϑ 10°, 20°, 30°, 40°, 50 °C⟩

$AlBr_3$ (X_1)—**CS_2** (X_2)—**C_6H_6 Benzol** (X_3)
[45] ⟨d 4, ϑ 20 °C⟩

$AlBr_3$ (X_1)—**LiCl** (X_2)—**C_6H_6 Benzol** (X_3)
[32] ⟨K 6, d 4, ϑ 20 °C⟩

$AlBr_3$ (X_1)—**LiBr** (X_2)—**C_6H_6 Benzol** (X_3)
[32] ⟨K 6, d 4, ϑ 20 °C⟩

$AlBr_3$ (X_1)—**LiBr** (X_2)—**C_7H_8 Toluol** (X_3)
[58] ⟨K 7, d 3, ϑ 18°, 25°, 30°, 35°, 40°, 45°, 50 °C⟩

$AlBr_3$ (X_1)—**LiBr** (X_2)—**C_2H_5Br Äthylbromid** (X_3)
[54] ⟨K 9, d 4, ϑ 18°, 25 °C⟩

$AlBr_3$ (X_1)—**LiBr** (X_2)—**C_4H_8O Tetrahydrofuran** (X_3)
[73] ⟨K 9, d 3, ϑ 18°, 25 °C⟩

$AlBr_3$ (X_1)—**NaCl** (X_2)—**C_6H_6 Benzol** (X_3)
[32] ⟨K 6, d 4, ϑ 20 °C⟩

$AlBr_3$ (X_1)—**NaCl** (X_2)—**$C_6H_5O_2N$ Nitrobenzol** (X_3)
[53] ⟨K 10, d 4, ϑ 10°, 20°, 30°, 40 °C⟩

$AlBr_3$ (X_1)—**NaBr** (X_2)—**C_6H_6 Benzol** (X_3)
[32] ⟨K 6, d 4, ϑ 20 °C⟩

$AlBr_3$ (X_1)—**NaBr** (X_2)—**C_7H_8 Toluol** (X_3)
[58] ⟨K 5, d 3, ϑ 18°, 25°, 30°, 35°, 40°, 45°, 50 °C⟩

$AlBr_3$ (X_1)—**NaBr** (X_2)—**C_8H_{10} Xylol** (X_3)
[58] ⟨K 5, d 4, ϑ 50 °C⟩

$AlBr_3$ (X_1)—**KCl** (X_2)—**C_6H_6 Benzol** (X_3)
[32] ⟨K 5, d 4, ϑ 20 °C⟩

$AlBr_3$ (X_1)—**KCl** (X_2)—**$C_6H_5O_2N$ Nitrobenzol** (X_3) *[23]*

$AlBr_3$ (X_1)—**KBr** (X_2)—**C_6H_6 Benzol** (X_3)
[32] ⟨K 5, d 4, ϑ 20 °C⟩

$AlBr_3$ (X_1)—**KBr** (X_2)—**C_7H_8 Toluol** (X_3)
[58] ⟨K 6, d 3, ϑ 18°, 25°, 30°, 35°, 40°, 45°, 50 °C⟩

$AlBr_3$ (X_1)—**KBr** (X_2)—**$C_6H_5O_2N$ Nitrobenzol** (X_3)
[28] ⟨K 11, d 4, ϑ 20°, 30°, 40°, 50 °C⟩
[18]
[53] ⟨K 13, d 4, ϑ 20°, 30°, 40°, 50 °C⟩

$AlBr_3$ (X_1)—**NH_4Cl** (X_2)—**$C_6H_5O_2N$ Nitrobenzol** (X_3)
[30] ⟨K 11, d 4, ϑ 20°, 30°, 40°, 50 °C⟩
[29]

$AlBr_3$ (X_1)—**NH_4Br** (X_2)—**$C_6H_5O_2N$ Nitrobenzol** (X_3)
[31] ⟨graph., ϑ 20°, 30°, 40°, 50 °C⟩

$TiCl_4$ (X_1)—**$C_4H_8O_2$ Äthylacetat** (X_2)—**C_6H_6 Benzol** (X_3)
[46] ⟨kl. Konzz., d 4, ϑ 20 °C⟩

Lacmann

$TiCl_4$ (X_1) — **$(C_2H_5)_4Si$ Siliciumtetraäthyl** (X_2) — **C_6H_6 Benzol** (X_3)
[57] ⟨K 9, d 4, ϑ 20 °C⟩

$TiCl_4$ (X_1) — **$(C_2H_5)_4Sn$ Zinntetraäthyl** (X_2) — **C_6H_6 Benzol** (X_3)
[57] ⟨K 9, d 4, ϑ 20 °C⟩

$TiCl_4$ (X_1) — **$(C_2H_5)_4Pb$ Bleitetraäthyl** (X_2) — **C_6H_6 Benzol** (X_3)
[57] ⟨K 9, d 4, ϑ 20 °C⟩

$TiBr_4$ (X_1) — **$C_4H_8O_2$ Äthylacetat** (X_2) — **C_6H_6 Benzol** (X_3)
[46] ⟨kl. Konzz., d 4, ϑ 20 °C⟩

$TiBr_4$ (X_1) — **$C_5H_{10}O_2$ Propylacetat** (X_2) — **C_6H_6 Benzol** (X_3)
[46] ⟨kl. Konzz., d 4, ϑ 20 °C⟩

$TiBr_4$ (X_1) — **$C_7H_{14}O_2$ Isoamylacetat** (X_2) — **C_6H_6 Benzol** (X_3)
[46] ⟨kl. Konzz., d 4, ϑ 20 °C⟩

TiJ_4 (X_1) — **$C_4H_8O_2$ Äthylacetat** (X_2) — **C_6H_6 Benzol** (X_3)
[46] ⟨kl. Konzz., d 4, ϑ 20 °C⟩

TiJ_4 (X_1) — **$C_7H_{14}O_2$ Isoamylacetat** (X_2) — **C_6H_6 Benzol** (X_3)
[46] ⟨kl. Konzz., d 4, ϑ 20 °C⟩

$ZrCl_4$ (X_1) — **$C_3H_6O_2$ Äthylformiat** (X_2) — **C_6H_6 Benzol** (X_3)
[42] ⟨K 7 bis 2 Mol-% X_1, d 4, ϑ 20 °C⟩

$ZrCl_4$ (X_1) — **$C_4H_8O_2$ Isopropylformiat** (X_2) — **C_6H_6 Benzol** (X_3)
[42] ⟨K 7 bis 2 Mol-% X_1, d 4, ϑ 20 °C⟩

$ZrCl_4$ (X_1) — **$C_4H_8O_2$ Äthylacetat** (X_2) — **C_6H_6 Benzol** (X_3)
[42] ⟨K 7 bis 2 Mol-% X_1, d 4, ϑ 20 °C⟩

$ZrCl_4$ (X_1) — **$C_5H_{10}O_2$ Propylacetat** (X_2) — **C_6H_6 Benzol** (X_3)
[42] ⟨K 7 bis 2 Mol-% X_1, d 4, ϑ 20 °C⟩

$ZrCl_4$ (X_1) — **$C_6H_{12}O_2$ Isobutylacetat** (X_2) — **C_6H_6 Benzol** (X_3)
[42] ⟨K 7 bis 2 Mol-% X_1, d 4, ϑ 20 °C⟩

$ZrCl_4$ (X_1) — **$C_6H_{12}O_2$ Äthylbutyrat** (X_2) — **C_6H_6 Benzol** (X_3)
[42] ⟨K 7 bis 2 Mol-% X_1, d 4, ϑ 20 °C⟩

$ZrCl_4$ (X_1) — **$C_9H_{10}O_2$ Benzylacetat** (X_2) — **C_6H_6 Benzol** (X_3)
[42] ⟨K 7 bis 2 Mol-% X_1, d 4, ϑ 20 °C⟩

$ZnCl_2$ (X_1) — **LiCl** (X_2) — **CH_4O Methanol** (X_3)
[44] ⟨K 13, d 4, ϑ 20 °C⟩

$ZnCl_2$ (X_1) — **NH_4Cl** (X_2) — **CH_4O Methanol** (X_3)
[35] ⟨d 4⟩

$HgCl_2$ (X_1) — **C_2H_6O Äthanol** (X_2) — **CH_4O Methanol** (X_3) *[4]*

$HgCl_2$ (X_1) — **C_3H_8O Propanol** (X_2) — **CH_4O Methanol** (X_3) *[5]*

$HgCl_2$ (X_1) — **C_3H_8O Propanol** (X_2) — **C_2H_6O Äthanol** (X_3) *[5]*

$HgBr_2$ (X_1) — **C_2H_6O Äthanol** (X_2) — **CH_4O Methanol** (X_3) *[4]*

$HgBr_2$ (X_1) — **C_3H_8O Propanol** (X_2) — **CH_4O Methanol** (X_3) *[5]*

$HgBr_2$ (X_1) — **C_3H_8O Propanol** (X_2) — **C_2H_6O Äthanol** (X_3) *[5]*

HgJ_2 (X_1) — **C_2H_6O Äthanol** (X_2) — **CH_4O Methanol** (X_3) *[4]*

HgJ_2 (X_1) — **C_3H_8O Propanol** (X_2) — **CH_4O Methanol** (X_3) *[5]*

HgJ_2 (X_1) — **C_3H_8O Propanol** (X_2) — **C_2H_6O Äthanol** (X_3) *[5]*

$Hg(CN)_2$ (X_1) — **C_2H_6O Äthanol** (X_2) — **CH_4O Methanol** (X_3) *[4]*

$Hg(CN)_2$ (X_1) — **C_3H_8O Propanol** (X_2) — **CH_4O Methanol** (X_3) *[5]*

$Hg(CN)_2$ (X_1) — **C_3H_8O Propanol** (X_2) — **C_2H_6O Äthanol** (X_3) *[5]*

$SnCl_4$ (X_1) — **C_2H_6O Äthanol** (X_2) — **C_6H_6 Benzol** (X_3)
[55] ⟨K 20, d 4, ϑ 40°, 60 °C⟩

$SnCl_4$ (X_1) — **$C_2H_4O_2$ Essigsäure** (X_2) — **C_6H_6 Benzol** (X_3)
[41] ⟨K 12, d 4⟩

$SnCl_4$ (X_1) — **C_3H_8O Propanol(1)** (X_2) — **C_6H_6 Benzol** (X_3)
[55] ⟨K 9, d 4, ϑ 20°, 40°, 60 °C⟩

$SnCl_4$ (X_1) — **$C_4H_{10}O$ n-Butanol** (X_2) — **C_6H_6 Benzol** (X_3)
[56] ⟨K 10, d 4, ϑ 20°, 40°, 60 °C⟩

$SnCl_4$ (X_1) — **n-$C_5H_{12}O$ n-Pentanol** (X_2) — **C_6H_6 Benzol** (X_3)
[56] ⟨K 9, d 4, ϑ 20°, 40°, 60 °C⟩

$SnCl_4$ (X_1) — **$C_7H_6O_2$ Benzoesäure** (X_2) — **C_6H_6 Benzol** (X_3)
[41] ⟨K 10, d 4⟩

$SnCl_4$ (X_1) — **$C_7H_6O_2$ Benzoesäure** (X_2) — **$C_2H_4O_2$ Essigsäure** (X_3)
[43] ⟨graph. Darst.⟩

$SnCl_4$ (X_1) — **$C_2H_3ClO_2$ Chloressigsäure** (X_2) — **C_6H_6 Benzol** (X_2)
[41] ⟨K 11, d 4⟩

$SnCl_4$ (X_1) — **$C_2HCl_3O_2$ Trichloressigsäure** (X_2) — **C_6H_6 Benzol** (X_3)
[41] ⟨K 10, d 4⟩

$SnCl_4$ (X_1) — **$C_2HCl_3O_2$ Trichloressigsäure** (X_2) — **$C_7H_6O_2$ Benzoesäure** (X_3)
[43] ⟨K 8, d 4, ϑ 60°, 80°, 100 °C⟩

$SnCl_4$ (X_1) — **C_7H_5N Benzoesäurenitril** (X_2) — **$C_2H_2Br_4$ Tetrabromäthan** (X_3)
[70] ⟨K 9, d 4, ϑ 30°, 50°, 70 °C⟩

$SnCl_4$ (X_1) — **$C_6H_5O_2N$ Nitrobenzol** (X_2) — **$C_2H_4O_2$ Essigsäure** (X_3)
[43] ⟨K 10, d 4, ϑ 50°, 60°, 70 °C⟩

$SnCl_4$ (X_1) — **$C_6H_5O_2N$ Nitrobenzol** (X_2) — **$C_6H_5O_2$ Benzoesäure** (X_3)
[43] ⟨K 7, d 4, ϑ 60°, 80°, 100 °C⟩

$SnCl_4$ (X_1) — **$C_8H_{17}O_2N$ Capronsäuremonoäthanolamid** (X_2) — **$C_4H_8O_2$ Dioxan** (X_3)
[62] ⟨K 11, d 4, ϑ 25 °C⟩

$SnCl_4$ (X_1) — **$C_{10}H_{21}O_3N$ Capronsäurediäthanolamid** (X_2) — **$C_4H_8O_2$ Dioxan** (X_3)
[62] ⟨K 11, d 4, ϑ 25 °C⟩

$SnCl_4$ (X_1) — **$C_8H_{20}O_4Si$ Tetraäthoxysilicium** (X_2) — **C_6H_6 Benzol** (X_3)
[60] ⟨K 10, d 4, ϑ 25 °C⟩

$SnCl_4$ (X_1) — **$C_6H_{15}ClO_3Si$ Monochlortriäthoxysilicium** (X_2) — **C_6H_6 Benzol** (X_3)
[60] ⟨K 10, d 4, ϑ 25 °C⟩

$SnCl_4$ (X_1) — **$C_4H_{10}Cl_2O_2Si$ Dichlordiäthoxysilicium** (X_2) — **C_6H_6 Benzol** (X_3)
[60] ⟨K 10, d 4, ϑ 25 °C⟩

$SnCl_4$ (X_1) — **$C_2H_5Cl_3OSi$ Trichlormonoäthoxysilicium** (X_2) — **C_6H_6 Benzol** (X_3)
[60] ⟨K 10, d 4, ϑ 25 °C⟩

$SnCl_4$ (X_1) — **$C_{16}H_{36}O_4Ti$ Tetrabutoxytitan** (X_2) — **C_6H_6 Benzol** (X_3)
[61] ⟨K 18, ϑ 25 °C⟩

$SnBr_4$ (X_1) – C_4H_9Br **tert. Butylbromid** (X_2) – C_6H_{12} **Cyclohexan** (X_3) *[21]*

$SnBr_4$ (X_1) – $C_{19}H_{15}Br$ **Triphenylmethylbromid** (X_2) – C_6H_6 **Benzol** (X_3) *[21]*

$SnBr_4$ (X_1) – $AlBr_3$ (X_2) – $C_6H_5O_2N$ **Nitrobenzol** (X_3)
[48] ⟨K 16, d 4, ϑ 18°, 25 °C⟩

$MnCl_2$ (X_1) – $LiCl$ (X_2) – CH_4O **Methanol** (X_3)
[44] ⟨K 13, d 4, ϑ 20 °C⟩

$CoCl_2$ (X_1) – $LiCl$ (X_2) – C_3H_6O **Aceton** (X_3) *[39]*

$CuCl_2$ (X_1) – C_2H_6O **Äthanol** (X_2) – C_7H_8 **Toluol** (X_3) *[6]*

Cu_2Br_2 (X_1) – $AlBr_3$ (X_2) – C_7H_8 **Toluol** (X_3) *[22]*

$AgNO_3$ (X_1) – C_5H_5N **Pyridin** (X_2) – C_2H_3N **Acetonitril** (X_3) *[8]*

$AgNO_3$ (X_1) – C_7H_7N **Anilin** (X_2) – C_5H_5N **Pyridin** (X_3)
[7] ⟨K 20, d 3, ϑ 25 °C⟩

1 Jones, Bingham: Amer. chem. J. **34** (1906) 481 (nach ICT).
2 Jones, Davis, Johnson: Carnegie Inst. Washington, Publ. Nr. **260** (1918) 71 (nach ICT).
3 Riedel, R.: Z. physik. Chem. **56** (1906) 243–53.
4 Herz, W., Kuhn, F.: Z. anorg. Chem. **58** (1908) 159–67.
5 **60** (1908) 152–62.
6 Cheneveau: Sur les propriétés optiques des solutions, Gauthier, Paris, 1913, 80 (nach ICT).
7 Sachanov u. Przeborovski: J. Russ. physik.-chem. Ges. (Shurnal Russkogo Fisiko-Chimitschesskogo Obschtschesstwa) **47** (1915) 849 (nach ICT, Tabl. ann.).
8 Sachanov, Rabinovic: J. Soc. Physic. Chim. St. Petersburg **47** (1915) 861 (nach ICT, Tabl. ann.).
9 Dancaster, E. A.: J. chem. Soc. (London) **125** (1924) 2036–37.
10 Goldschmidt, H., Aarflot, H.: Z. physik. Chem. **122** (1926) 371–82.
11 King, F. E., Partington, J. R.: Trans. Faraday Soc. **23** (1927) 522–35.
12 Hawkins, F. S., Partington, J. R.: Trans. Faraday Soc. **24** (1928) 518–30.
13 **26** (1930) 78–86.
14 Yagoda, H.: J. Amer. chem. Soc. **52** (1930) 3068–76.
15 Partington, J. R., Simpson, H. G.: Trans. Faraday Soc. **26** (1930) 147–54.
16 Partington, J. R., Winterton, R. J.: Trans. Faraday Soc. **30** (1934) 619–26.
17 Nespital, W.: Z. physik. Chem., Abt. B, **16** (1932) 153–79.
18 Klotschko, M. A.: Bull. Acad. Sci. URSS, Ser. chim. (Iswesstija Akademii Nauk SSSR, Sserija Chimitschesskaja), **1938**, 1003–13 (nach Chem. Zbl.).
19 Klotschko, M. A., Gubskaja, G. F.: J. anorg. Chem. (Shurnal Neorganitschesskoi Chimii) **3** (1958) 2571–81 (nach Chem. Zbl.).
20 Fairbrother, F.: Trans. Faraday Soc. **37** (1941) 763–69.
21 J. chem. Soc. (London) **1945**, 503–09.
22 Gorenbein, E. Ya., Ridler, G. A.: J. allg. Chem. (Shurnal Obschtschei Chimii) **11** (1941) 1069–75 (nach Chem. Abstr.).
23 Gorenbein, Je. Ja., Burstin, Ju. A.: J. allg. Chem. (Shurnal Obschtschei Chimii) **18** (1948) 1590–98.
24 Gorenbein, Je. Ja., Kriss, Je. Je.: J. allg. Chem. (Shurnal Obschtschei Chimii) **21** (1951) 1387–92.
25 Gorenbein, Je. Ja.: J. allg. Chem. (Shurnal Obschtschei Chimii) **23** (1953) 1273–78.
26 Gorenbein, Je. Ja., Danilowa, W. N.: J. allg. Chem. (Shurnal Obschtschei Chimii) **27** (1957) 858–67; J. Gen. Chem. USSR **27** (1957) 935–43.
27 Gorenbein, Je. Ja., Pivnutel, V. L.: J. allg. Chem. (Shurnal Obschtschei Chimii) **27** (1957) 20–22; J. Gen. Chem. USSR **27** (1957) 19–21.
28 Bigitsch, I. Ss.: J. allg. Chem. (Shurnal Obschtschei Chimii) **18** (1948) 2059–66.
29 **19** (1949) 169–76 (nach Chem. Zbl.).
30 Bigitsch, I. Ss.: J. allg. Chem. (Shurnal Obschtschei Chimii) **20** (1950) 979–85.
31 Bigitsch, I. Ss., Ssachnowskaja, B. W.: J. allg. Chem. (Shurnal Obschtschei Chimii) **23** (1953) 185–90.
32 Scheka, S. A., Scheka, I. A.: J. physik. Chem. (Shurnal Fisitschesskoi Chimii) **23** (1949) 1275–80.
33 Joerges, M., Nikuradse, A.: Z. Naturforsch. **5a** (1950) 259–69.

34 Ssiwer, P. Ja.: J. physik. Chem. (Shurnal Fisitschesskoi Chimii) **24** (1950) 261—67.

35 Dawson, L. R., Sears, P. G., Dinga, P. G., Zimmermann jr., H. K.: J. electrochem. Soc. **99** (1952) 536—41.

36 Dawson, L. R., Hagstrom, R. A., Sears, P. G.: J. electrochem. Soc. **102** (1955) 341—43.

37 Kortüm, G., Walz, H.: Z. Elektrochem., Ber. Bunsenges. physik. Chem. **57** (1953) 73—81.

38 Mac Innes, D. A., Dayhoff, M. O.: J. Amer. chem. Soc. **75** (1953) 5219—20.

39 Barwinok, M. Ss.: J. allg. Chem. (Shurnal Obschtschei Chimii) **25** (1955) 1265—73.

40 Tsubomura, H., Nagakura, S.: J. chem. Physics **27** (1957) 819—20.

41 Ossipow, O. A., Ssamofalowa, G. Ss., Gluschenko, Je. I.: J. allg. Chem. (Shurnal Obschtschei Chimii) **27** (1957) 1428—33; J. Gen. Chem. USSR **27** (1957) 1502—05.

42 Ossipow, O. A., Kretenik, Ju. B.: J. allg. Chem. (Shurnal Obschtschei Chimii) **27** (1957) 2921—26; J. Gen. Chem. USSR **27** (1957) 2953—58.

43 Sumarokova, T., Litvyak, T.: J. allg. Chem. (Shurnal Obschtschei Chimii) **27** (1957) 837—39, 1125—30; J. Gen. Chem. USSR **27** (1957) 913—15, 1207—12.

44 Deich, A. Ya.: J. anorg. Chem. (Shurnal Neorganskii Chimii) **5** (1960) 2111—14; Russ. J. Inorg. Chem. **5** (1960) 1024—26.

45 Janjic, D., Susz, B.-P.: Helv. chim. Acta **43** (1960) 2019—28.

46 Kletenik, Yu. B., Osipov, O. A.: J. allg. Chem. (Shurnal Obschtschei Chimii) **31** (1961) 710—16; J. Gen. Chem. USSR **31** (1961) 651—55.

47 Sears, P. G., Fortune, W. H., Blumenshine, R. L.: J. chem. Engng. Data **11** (1966) 406—09.

48 Gorenbein, Je. Ja., Ssuchan, W. W., Abartschuk, I. L.: Ukrain. chem. J. (Ukrainski Chimitschesski Shurnal) **29** (1963) 797—805.

49 Gorenbein, Je. Ja., Ponomarenko, A. G.: J. anorg. Chem. (Shurnal Neorganitschesskoi Chimii) **6** (1961) 1926—29; Russ. J. Inorg. Chem. **6** (1961) 982—84.

50 Pliskin, I., Treybal, R. E.: J. chem. Engng. Data **11** (1966) 49—52.

51 Herz, W., Scheliga, G.: Z. anorg. allg. Chem. **169** (1928) 161—72.

52 Gorenbein, E. Ya.: Zapiski Inst. Chim. (Ukraine) VII (1940) 213, VIII (1941) 551; J. allg. Chem. (Shurnal Obschtschei Chimii) **11** (1941) 925 (nach Tim.).

53 Bigich, I. S.: J. allg. Chem. (Shurnal Obschtschei Chimii) **16** (1946) 1786 (nach Tim.).

54 Gorenbein, Je. Ja.: Ukrain. chem. J. (Ukrainskii Chimitschesski Shurnal) **25** (1959) 301—08.

55 Ssumarokowa, T., Newskaja, Ju.: J. allg. Chem. (Shurnal Obschtschei Chimii) **30** (1960) 3526—31; J. Gen. Chem. USSR **30** (1960) 3493—97.

56 Newskaja, Ju., Ssumarokowa, T.: J. allg. Chem. (Shurnal Obschtschei Chimii) **31** (1961) 345—48; J. Gen. Chem. USSR **31** (1961) 309—12.

57 Shelomov, I. K., Osipov, O. A., Kashireninov, O. E.: J. allg. Chem. (Shurnal Obschtschei Chimii) **33** (1963) 1056—59; J. Gen. Chem. USSR **33** (1963) 1045—47.

58 Gorenbein, Je. Ja., Russin, G. G.: Ukrain. chem. J. (Ukrainskii Chimitschesski Shurnal) **30** (1964) 582—89.

59 Oriscenko, A. V., Artemcenko, A. I.: Ukrain. chem. J. (Ukrainskii Chimitschesski Shurnal) **32** (1966) 936—46.

60 Kolodyazhnyi, Yu. V., Osipov, O. A., Chenskaya, T. B.: J. allg. Chem. (Shurnal Obschtschei Chimii) **36** (1966) 2189—93; J. Gen. Chem. USSR **36** (1966) 2183—86.

61 Kolodyazhnyi, Yu. V., Marchenko, V. N., Osipov, O. A., Kogan, M. G.: J. allg. Chem. (Shurnal Obschtschei Chimii) **36** (1966) 1693—1702; J. Gen. Chem. USSR **36** (1966) 1690—97.

62 Kozlov, I. A., Shelmov, I. K., Osipov, O. A.: J. allg. Chem. (Shurnal Obschtschei Chimii) **36** (1966) 744—48; J. Gen. Chem. USSR **36** (1966) 756—59.

63 Gorenbein, E. Ya., Beznik, A. T., Abarbarchuk, I. L.: J. allg. Chem. (Shurnal Obschtschei Chimii) **37** (1967) 293—99; J. Gen. Chem. USSR **37** (1967) 275—79.

64 Gorenbein, E. Ya., Fominskaya, A. A.: Russ. J. Inorg. Chem. **12** (1967) 1103—06.

65 Gorenbein, E. Ya., Gorenbein, A. E.: J. allg. Chem. (Shurnal Obschtschei Chimii) **37** (1967) 969—74; J. Gen. Chem. USSR **37** (1967) 915—19.

66 Russ. J. Inorg. Chem. **12** (1967) 954—58.

67 Gorenbein, E. Ya., Trofimchuk, A. K.: J. allg. Chem. (Shurnal Obschtschei Chimii) **37** (1967) 1422—28; J. Gen. Chem. USSR **37** (1967) 1350—54.

68 Kotorlenko, L. A.: Ukrain. chem. J. (Ukrainskii Chimitschesski Shurnal) **33** (1967) 664—72.

69 Gorenbein, E. Ya., Gorenbein, A. E., Forminskaya, A. A.: J. allg. Chem. (Shurnal Obschtschei Chimii) **38** (1968) 960—63; J. Gen. Chem. USSR **38** (1968) 924—26.

70 Slavskaya, R. A., u. a.: J. allg. Chem. (Shurnal Obschtschei Chimii) **39** (1969) 487—93; J. Gen. Chem. USSR **39** (1969) 460—64.

71 Trofimchuk, A. K., Gorenbein, E. Ya., Ababarchuk, I. L.: J. allg. Chem. (Shurnal Obschtschei Chimii) **40** (1970) 1435—40; J. Gen. Chem. USSR **40** (1970) 1422—26.

72 Campbell, A. N., Kartzmark, E. M.: Canad. J. Chem. **48** (1970) 904—09.

73 Gorenbein, Je. Ja., Russin, G. G.: J. anorg. Chem. (Shurnal Neorganskii Chimii) **9** (1964) 2463—68; J. Inorg. Chem. **9** (1964) 1329—32.

Lacmann

1.5.3 Ternäre und polynäre nichtwässerige Systeme organischer Komponenten — Ternary and polynary nonaqueous systems of organic components

C_6H_6 Benzol (X_1) — **C_6H_{12} Cyclohexan** (X_2) — **C_4H_{10} Butan** (X_3) *[31]*

C_7H_{16} n-Heptan (X_1) — **C_6H_6 Benzol** (X_2) — **C_6H_{12} Cyclohexan** (X_3)
[28] ⟨K25, d5, ϑ 60°, 100°F⟩

C_8H_{16} Äthylcyclohexan (X_1) — **C_8H_{18} n-Octan** (X_2) — **C_7H_8 Toluol** (X_3) *[37]*

$C_{14}H_{10}$ Phenanthren (X_1) — **$C_{10}H_8$ Naphthalin** (X_2) — **C_6H_6 Benzol** (X_3)
[51] ⟨K1, d4, ϑ 20°, 40°, 60°C⟩

$C_{14}H_{10}$ Phenanthren (X_1) — **$C_{10}H_8$ Naphthalin** (X_2) — **C_7H_8 Toluol** (X_3)
[51] ⟨K1, d4, ϑ 20°, 40°, 60°C⟩

$C_{16}H_{34}$ n-Hexadecan (X_1) — **C_6H_6 Benzol** (X_2) — **C_6H_{14} n-Hexan** (X_3)
[55] ⟨K15, d4, ϑ 20°C⟩

$C_{16}H_{34}$ n-Hexadecan (X_1) — **$C_{14}H_{30}$ n-Tetradecan** (X_2) — **C_6H_{14} n-Hexan** (X_3)
[55] ⟨K15, d4, ϑ 20°C⟩

CHJ_3 Jodoform (X_1) — **$CHBr_3$ Bromoform** (X_2) — **C_6H_6 Benzol** (X_3) *[5]*

CHJ_3 Jodoform (X_1) — **$CHBr_3$ Bromoform** (X_2) — **C_8H_{10} Xylol** (X_3) *[5]*

CCl_4 Tetrachlormethan (X_1) — **C_6H_6 Benzol** (X_2) — **C_6H_{14} n-Hexan** (X_3)
[55] ⟨K14, d4, ϑ 20°C⟩

CCl_4 Tetrachlormethan (X_1) — **$C_{14}H_{10}$ Phenanthren** (X_2) — **$C_{10}H_8$ Naphthalin** (X_3)
[51] ⟨K1, d4, ϑ 20°, 40°, 60°C⟩

CCl_4 Tetrachlormethan (X_1) — **$C_{16}H_{34}$ n-Hexadecan** (X_2) — **C_6H_{14} n-Hexan** (X_3)
[55] ⟨K14, d4, ϑ 20°C⟩

CCl_4 Tetrachlormethan (X_1) — **$C_{16}H_{34}$ n-Hexadecan** (X_2) — **C_6H_6 Benzol** (X_3)
[55] ⟨K14, d4, ϑ 20°C⟩

CCl_4 Tetrachlormethan (X_1) — **$C_{16}H_{34}$ n-Hexadecan** (X_2) — **C_6H_6 Benzol** (X_3) — **C_6H_{14} n-Hexan** (X_4)
[56] ⟨K29, d4, ϑ 25°C⟩

CCl_4 Tetrachlorkohlenstoff (X_1) — **$CHCl_3$ Chloroform** (X_2) — **CH_2Cl_2 Methylenchlorid** (X_3)
[47] ⟨K33, d3, ϑ 20°C⟩

C_2HCl_5 Pentachloräthan (X_1) — **CCl_4 Tetrachlormethan** (X_2) — **$CHCl_3$ Chloroform** (X_3)
[47] ⟨K33, d3, ϑ 20°C⟩

C_2Cl_6 Perchloräthan (X_1) — **CCl_4 Tetrachlormethan** (X_2) — **$CHCl_3$ Chloroform** (X_3)
[47] (K12, d3, ϑ 20°C⟩

C_2Cl_6 Perchloräthan (X_1) — **C_2HCl_5 Pentachloräthan** (X_2) — **CCl_4 Tetrachlormethan** (X_3)
[47] ⟨K10, d3, ϑ 20°C⟩

C_2H_5J Äthyljodid (X_1) — **CH_3J Methyljodid** (X_2) — **C_6H_6 Benzol** (X_3) *[5]*

C_2H_5J Äthyljodid (X_1) — **CH_3J Methyljodid** (X_2) — **C_8H_{10} Xylol** (X_3) *[5]*

$C_2H_4Br_2$ Äthylenbromid (X_1) — **CCl_4 Tetrachlormethan** (X_2) — **C_7H_8 Toluol** (X_3)
[6] ⟨K112, d4, ϑ 25°C⟩

C_4H_9Br 2-Brombutan (X_1) — **$C_{14}H_{30}$ n-Tetradecan** (X_2) — **C_6H_{14} n-Hexan** (X_3)
[55] ⟨K14, d4, ϑ 20°C⟩

C_4H_9Br 2-Brombutan (X_1) — **$C_{16}H_{34}$ n-Hexadecan** (X_2) — **C_6H_{14} n-Hexan** (X_3)
[55] ⟨K15, d4, ϑ 20°C⟩

C_4H_9Br 2-Brombutan (X_1) — **$C_{16}H_{34}$ n-Hexadecan** (X_2) — **$C_{14}H_{30}$ n-Tetradecan** (X_3)
[55] ⟨K 15, d 4, ϑ 20 °C⟩

C_4H_9Br 2-Brombutan (X_1) — **$C_{16}H_{34}$ n-Hexadecan** (X_2) — **$C_{14}H_{30}$ n-Tetradecan** (X_3) — **C_6H_{14} n-Hexan** (X_4)
[56] ⟨K 28, d 4, ϑ 25 °C⟩

C_6H_5Cl Chlorbenzol (X_1) — **CCl_4 Tetrachlormethan** (X_2) — **C_6H_6 Benzol** (X_3) *[40]*

C_6H_5Br Brombenzol (X_1) — **C_6H_5Cl Chlorbenzol** (X_2) — **C_7H_8 Toluol** (X_3)
[53] ⟨K 41, d 4, ϑ 25 °C⟩

C_6F_{14} Perfluor-n-hexan (X_1) — **C_6H_6 Benzol** (X_2) — **C_6H_{14} n-Hexan** (X_3)
[49] ⟨K 13, d 4, ϑ 30 °C⟩

CH_4O Methanol (X_1) — **C_5H_8 Isopren** (X_2) — **C_5H_{12} Isopentan** (X_3)
[48] ⟨K 50, d 4, ϑ 20 °C⟩

CH_4O Methanol (X_1) — **C_5H_8 Isopren** (X_2) — **C_5H_{10} Trimethyläthylen** (X_3)
[48] ⟨K 50, d 4, ϑ 20 °C⟩

CH_4O Methanol (X_1) — **CCl_4 Tetrachlormethan** (X_2) — **C_6H_6 Benzol** (X_3) *[23]*

CH_4O Methanol (X_1) — **C_6H_5Cl Chlorbenzol** (X_2) — **C_6H_{14} Hexan** (X_3) *[20]*

$C_2H_4O_2$ Essigsäure (X_1) — **CCl_4 Tetrachlormethan** (X_2) — **$CHCl_3$ Chloroform** (X_3)
[52] ⟨K 14, d 4, ϑ 25 °C⟩

$C_2H_4O_2$ Essigsäure (X_1) — **C_2H_6O Äthanol** (X_2) — **CCl_4 Tetrachlormethan** (X_3)
[36] ⟨K 44, d 4, ϑ 10 °C⟩

$(C_2H_3O_2)_2Pb$ Bleiacetat (X_1) — **$C_2H_3O_2$-Na Na-acetat** (X_2) — **$C_2H_4O_2$ Essigsäure** (X_3) *[33]*

C_3H_6O Aceton (X_1) — **C_5H_8 Isopren** (X_2) — **C_5H_{12} Isopentan** (X_3)
[48] ⟨K 50, d 4, ϑ 20 °C⟩

C_3H_6O Aceton (X_1) — **C_5H_8 Isopren** (X_2) — **C_5H_{10} Trimethyläthylen** (X_3)
[48] ⟨K 50, d 4, ϑ 20 °C⟩

C_3H_6O Aceton (X_1) — **$C_{14}H_{10}$ Phenanthren** (X_2) — **$C_{10}H_8$ Naphthalin** (X_3)
[51] ⟨K 2, d 4, ϑ 20°, 40 °C⟩

C_3H_6O Aceton (X_1) — **$CHCl_3$ Chloroform** (X_2) — **C_6H_6 Benzol** (X_3)
[45] ⟨K 53, d 4, ϑ 25 °C⟩
[44] ⟨ΔV, graph., ϑ 25 °C⟩

C_3H_6O Aceton (X_1) — **CCl_4 Tetrachlormethan** (X_2) — **C_6H_6 Benzol** (X_3)
[50] ⟨graph. 0—100 Gew.-% X_1, ϑ 30 °C⟩

C_3H_6O Aceton (X_1) — **$C_2H_4Cl_2$ Äthylenchlorid** (X_2) — **C_6H_6 Benzol** (X_3)
[43] ⟨Gleichungen, Molvolumen, ϑ 25°, 35°, 45 °C⟩

C_3H_6O Aceton (X_1) — **C_6H_5Cl Chlorbenzol** (X_2) — **C_6H_6 Benzol** (X_3)
[46] ⟨K 40, d 4, ϑ 25 °C⟩

$C_3H_6O_2$ Methylacetat (X_1) — **C_6H_6 Benzol** (X_2) — **C_6H_{12} Cyclohexan** (X_3)
[42] ⟨0—100 Mol-% X_1, d 4, ϑ 25 °C⟩

$C_3H_6O_2$ Methylacetat (X_1) — **$CHCl_3$ Chloroform** (X_2) — **C_6H_6 Benzol** (X_3)
[42] ⟨0—100 Mol-% X_1, d 4, ϑ 25 °C⟩

$C_3H_6O_2$ Methylacetat (X_1) — **C_3H_6O Aceton** (X_2) — **CH_4O Methanol** (X_3) *[18]*

$C_3H_8O_3$ Glycerin (X_1) — **C_2H_6O Äthanol** (X_2) — **CH_4O Methanol** (X_3)
[35] ⟨d 4, ϑ 20 °C⟩

$C_4H_{10}O$ Butanol (X_1) — **C_3H_6O Aceton** (X_2) — **C_2H_6O Äthanol** (X_3)
[41] ⟨graph., ϑ 25 °C⟩

Lacmann

$C_4H_{10}O$ Diäthyläther (X_1) — **C_3H_6O Aceton** (X_2) — **C_6H_6 Benzol** (X_3) [*10*]

$C_4H_{10}O$ Diäthyläther (X_1) — **$C_3H_8O_3$ Glycerin** (X_2) — **$C_2H_4O_2$ Essigsäure** (X_3) [*4*]

C_4H_8O Methyläthylketon (X_1) — **C_6H_6 Benzol** (X_2) — **C_6H_{12} Cyclohexan** (X_3)
[*34*] ⟨0 — 100 Mol-% X_1, graph., ϑ 25 °C⟩

C_4H_8O Methyläthylketon (X_1) — **C_3H_6O Aceton** (X_2) — **$CHCl_3$ Chloroform** (X_3) [*30*]

$C_4H_8O_2$ Äthylacetat (X_1) — **CH_4O Methanol** (X_2) — **$CHCl_3$ Chloroform** (X_3)
[*42*] ⟨0 — 100 Mol-% X_1, d4, ϑ 25 °C⟩

$C_4H_8O_2$ Äthylacetat (X_1) — **$C_4H_{10}O$ Butanol** (X_2) — **C_7H_8 Toluol** (X_3) [*16*]

$C_6H_{14}O$ Di-isopropyläther (X_1) — **$CHCl_3$ Chloroform** (X_2) — **C_6H_6 Benzol** (X_3) [*14*]

$C_6H_{12}O$ Methylisobutylketon (X_1) — **C_3H_6O Aceton** (X_2) — **$CHCl_3$ Chloroform** (X_3) [*21*]

C_6H_6O Phenol (X_1) — **C_9H_{12} Isopropylbenzol** (X_2) — **C_9H_{10} α-Methylstyrol** (X_3) [*29*]

$C_6H_{12}O_2$ Butylacetat (X_1) — **$C_4H_{10}O$ n-Butanol** (X_2) — **C_6H_6 Benzol** (X_3)
[*53*] ⟨K35, d4, ϑ 25°, 35 °C⟩

$C_7H_{12}O$ 4-Methylcyclohexanon (X_1) — **$C_{14}H_{30}$ n-Tetradecan** (X_2) — **C_6H_{14} n-Hexan** (X_3)
[*55*] ⟨K14, d4, ϑ 20 °C⟩

$C_7H_{12}O$ 4-Methylcyclohexanon (X_1) — **$C_{16}H_{34}$ n-Hexadecan** (X_2) — **C_6H_{14} n-Hexan** (X_3)
[*55*] ⟨K13, d4, ϑ 20 °C⟩

$C_7H_{12}O$ 4-Methylcyclohexanon (X_1) — **$C_{16}H_{34}$ n-Hexadecan** (X_2) — **$C_{14}H_{30}$ n-Tetradecan** (X_3)
[*55*] ⟨K14, d4, ϑ 20 °C⟩

$C_7H_{12}O$ 4-Methylcyclohexanon (X_1) — **$C_{16}H_{34}$ n-Hexadecan** (X_2) — **$C_{14}H_{30}$ n-Tetradecan** (X_3) —
C_6H_{14} n-Hexan (X_4)
[*56*] ⟨K29, d4, ϑ 25 °C⟩

C_7H_8O m-Kresol (X_1) — **C_7H_8O o-Kresol** (X_2) — **C_6H_6O Phenol** (X_3) [*7*]

C_7H_8O p-Kresol (X_1) — **C_7H_8O m-Kresol** (X_2) — **C_6H_6O Phenol** (X_3) [*7*]

$C_{13}H_{10}O$ Benzophenon (X_1) — **C_3H_6O Aceton** (X_2) — **C_6H_6 Benzol** (X_3) [*9*]

$C_{13}H_{10}O$ Benzophenon (X_1) — **C_3H_6O Aceton** (X_2) — **C_2H_6O Äthanol** (X_3) [*9*]

C_2HCl_3O Chloral (X_1) — **C_2H_6O Äthanol** (X_2) — **C_6H_6 Benzol** (X_3) [*19*]

$C_2H_3ClO_2$ Monochloressigsäure (X_1) — **C_2H_6O Äthanol** (X_2) — **CCl_4 Tetrachlormethan** (X_3)
[*38*] ⟨graph., ϑ 20°, 40°, 60 °C⟩

$C_2H_6O_4S$ Dimethylsulfat (X_1) — **C_7H_{16} Heptan** (X_2) — **C_6H_6 Benzol** (X_3) [*17*]

$C_2H_6O_4S$ Dimethylsulfat (X_1) — **C_7H_8 Toluol** (X_2) — **C_7H_{16} Heptan** (X_3) [*17*]

C_2H_3N Acetonitril (X_1) — **$C_{17}H_{34}O_2$ Methylpalmitat** (X_2) — **C_6H_{14} Hexan** (X_3)
[*54*] ⟨K8, ges. Lsgg., d3, ϑ 25 °C⟩

C_2H_3N Acetonitril (X_1) — **$C_{19}H_{36}O_2$ Methyloleat** (X_2) — **C_6H_{14} Hexan** (X_3)
[*54*] ⟨K8, ges. Lsgg., d3, ϑ 25 °C⟩

C_2H_3N Acetonitril (X_1) — **$C_{19}H_{36}O_2$ Methyloleat** (X_2) — **$C_{17}H_{34}O_2$ Methylpalmitat** (X_3)
[*54*] ⟨K8, ges. Lsgg., d3, ϑ 25 °C⟩

C_2H_3N Acetonitril (X_1) — **$C_{19}H_{36}O_2$ Methyloleat** (X_2) — **$C_{17}H_{34}O_2$ Methylpalmitat** (X_3) —
C_6H_{14} Hexan (X_4)
[*54*] ⟨K20, ges. Lsgg., d3, ϑ 25 °C⟩

$C_5H_{11}N$ Piperidin (X_1) — $C_3H_6O_2$ Propionsäure (X_2) — C_6H_6 Benzol (X_3) *[13]*

$C_5H_{11}N$ Piperidin (X_1) — $C_7H_6O_2$ Benzoesäure (X_2) — CH_4O Methanol (X_3) *[11]*

$C_5H_{11}N$ Piperidin (X_1) — $C_7H_6O_2$ Benzoesäure (X_2) — C_2H_6O Äthanol (X_3) *[11]*

$C_5H_{11}N$ Piperidin (X_1) — $C_7H_6O_3$ Salicylsäure (X_2) — CH_4O Methanol (X_3) *[11]*

$C_5H_{11}N$ Piperidin (X_1) — $C_7H_6O_3$ Salicylsäure (X_2) — C_2H_6O Äthanol (X_3) *[11]*

$C_5H_{11}N$ Piperidin (X_1) — $C_2H_2Cl_2O_2$ Dichloressigsäure (X_2) — CH_4O Methanol (X_3) *[11]*

$C_5H_{11}N$ Piperidin (X_1) — $C_2H_2Cl_2O_2$ Dichloressigsäure (X_2) — C_2H_6O Äthanol (X_3)

$C_5H_{11}N$ Piperidin (X_1) — $C_2HCl_3O_2$ Trichloressigsäure (X_2) — CH_4O Methanol (X_3) *[11]*

$C_5H_{11}N$ Piperidin (X_1) — $C_2HCl_3O_2$ Trichloressigsäure (X_2) — C_2H_6O Äthanol (X_3) *[11]*

C_5H_5N Pyridin (X_1) — $C_2H_4O_2$ Essigsäure (X_2) — C_6H_6 Benzol (X_3)
[32] ⟨K26, d4, ϑ 20 °C⟩

$C_6H_{15}N$ Triäthylamin (X_1) — $CHCl_3$ Chloroform (X_2) — C_6H_6 Benzol (X_3) *[14]*

C_6H_7N Anilin (X_1) — $C_2H_4O_2$ Essigsäure (X_2) — C_6H_6 Benzol (X_3)
[32] ⟨K26, d4, ϑ 20 °C⟩

C_6H_7N Anilin (X_1) — $C_7H_6O_2$ Benzoesäure (X_2) — CH_4O Methanol (X_3) *[11]*

C_6H_7N Anilin (X_1) — $C_7H_6O_2$ Benzoesäure (X_2) — C_2H_6O Äthanol (X_3) *[11]*

C_6H_7N Anilin (X_1) — $C_7H_6O_3$ Salicylsäure (X_2) — CH_4O Methanol (X_3) *[11]*

C_6H_7N Anilin (X_1) — $C_7H_6O_3$ Salicylsäure (X_2) — C_2H_6O Äthanol (X_3) *[11]*

C_6H_7N Anilin (X_1) — $C_2H_2Cl_2O_2$ Dichloressigsäure (X_2) — CH_4O Methanol (X_3) *[11]*

C_6H_7N Anilin (X_1) — $C_2H_2Cl_2O_2$ Dichloressigsäure (X_2) — C_2H_6O Äthanol (X_3) *[11]*

C_6H_7N Anilin (X_1) — $C_2HCl_3O_2$ Trichloressigsäure (X_2) — CH_4O Methanol (X_3) *[11]*

C_6H_7N Anilin (X_1) — $C_2HCl_3O_2$ Trichloressigsäure (X_2) — C_2H_6O Äthanol (X_3) *[11]*

$C_6H_8N_2$ m-Phenylendiamin (X_1) — $C_7H_6O_3$ Salicylsäure (X_2) — $C_7H_6O_2$ Benzoesäure (X_3) *[15]*

C_7H_9N p-Toluidin (X_1) — $C_7H_6O_2$ Benzoesäure (X_2) — CH_4O Methanol (X_3) *[11]*

C_7H_9N p-Toluidin (X_1) — $C_7H_6O_2$ Benzoesäure (X_2) — C_2H_6O Äthanol (X_3) *[11]*

C_7H_9N p-Toluidin (X_1) — $C_7H_6O_3$ Salicylsäure (X_2) — CH_4O Methanol (X_3) *[11]*

C_7H_9N p-Toluidin (X_1) — $C_7H_6O_3$ Salicylsäure (X_2) — C_2H_6O Äthanol (X_3) *[11]*

C_7H_9N p-Toluidin (X_1) — $C_2H_2Cl_2O_2$ Dichloressigsäure (X_2) — CH_4O Methanol (X_3) *[11]*

C_7H_9N p-Toluidin (X_1) — $C_2H_2Cl_2O_2$ Dichloressigsäure (X_2) — C_2H_6O Äthanol (X_3) *[11]*

C_7H_9N p-Toluidin (X_1) — $C_2HCl_3O_2$ Trichloressigsäure (X_2) — CH_4O Methanol (X_3) *[11]*

C_7H_9N p-Toluidin (X_1) — $C_2HCl_3O_2$ Trichloressigsäure (X_2) — C_2H_6O Äthanol (X_3) *[11]*

C_9H_7N Chinolin (X_1) — $C_8H_{14}O_6$ Äthyltartrat (X_2) — $C_2H_4Br_2$ Äthylenbromid (X_3) *[2]*

$C_8H_{20}JN$ Tetraäthylammoniumjodid (X_1) — CH_3ON Formamid (X_2) — C_2H_6O Äthanol (X_3) *[8]*

$C_{16}H_{36}BrN$ Tetrabutylammoniumbromid (X_1) — CH_4O Methanol (X_2) — C_6H_6 Benzol (X_3)
[39] ⟨kl. Konzz., Gleichung, ϑ 25°, 35°, 45 °C⟩

CH_3ON Formamid (X_1) — C_3H_6O Aceton (X_2) — C_6H_6 Benzol (X_3) *[27]*

CH_3O_2N Nitromethan (X_1) — C_6H_6 Benzol (X_2) — C_6H_{12} Cyclohexan (X_3) *[25]*

CH_3O_2N Nitromethan (X_1) — $CHCl_3$ Chloroform (X_2) — C_6H_6 Benzol (X_3) *[14]*

C_3H_7ON Dimethylformamid (X_1) — CHO_2-NH_4 Ammoniumformiat (X_2) — CH_4O Methanol (X_3) *[22]*

$C_6H_5O_2N$ Nitrobenzol (X_1) — **$C_{10}H_8$ Naphthalin** (X_2) — **C_6H_6 Benzol** (X_3) [*24*]

$C_6H_5O_2N$ Nitrobenzol (X_1) — **CCl_4 Tetrachlormethan** (X_2) — **C_6H_6 Benzol** (X_3) [*57*] ⟨K 8, d 4, ϑ 20°, 45 °C⟩

$C_6H_5O_2N$ Nitrobenzol (X_1) — **$C_4H_{10}O$ Diäthyläther** (X_2) — **C_6H_6 Benzol** (X_3) [*12*]

$C_6H_5O_2N$ Nitrobenzol (X_1) — **$C_8H_{14}O_6$ Äthyltartrat** (X_2) — **$C_2H_4Br_2$ Äthylenbromid** (X_3) [*2*]

$C_6H_5O_2N$ Nitrobenzol (X_1) — **$C_{16}H_{36}BrN$ Tetrabutylammoniumbromid** (X_2) — **C_6H_6 Benzol** (X_3) ⟨kl. Konzz., Gleichung, ϑ 25°, 35°, 45 °C⟩

$C_6H_4O_4N_2$ m-Dinitrobenzol (X_1) — **$C_{10}H_8$ Naphthalin** (X_2) — **C_7H_8 Toluol** (X_3) [*3*] ⟨K 18, d 5, ϑ 13 °C⟩

$C_6H_4O_4N_2$ m-Dinitrobenzol (X_1) — **$C_6H_5O_2N$ Nitrobenzol** (X_2) — **$C_{10}H_8$ Naphthalin** (X_3) [*24*]

$C_6H_3O_6N_3$ 1.3.5-Trinitrobenzol (X_1) — **CCl_4 Tetrachlormethan** (X_2) — **C_6H_6 Benzol** (X_3) [*57*] ⟨K 8, d 4, ϑ 20°, 45 °C⟩

$C_6H_3O_6N_3$ 1.3.5-Trinitrobenzol (X_1) — **CCl_4 Tetrachlormethan** (X_2) — **$C_{10}H_{14}$ 1.2.4.5-Tetramethylbenzol** (X_3) [*26*]

$C_6H_3O_6N_3$ 1.3.5-Trinitrobenzol (X_1) — **CCl_4 Tetrachlormethan** (X_2) — **$C_{10}H_8$ Naphthalin** (X_3) [*26*]

$C_6H_3O_6N_3$ 1.3.5-Trinitrobenzol (X_1) — **CCl_4 Tetrachlormethan** (X_2) — **$C_{12}H_{18}$ Hexamethylbenzol** (X_3) [*26*]

$C_6H_3O_6N_3$ 1.3.5-Trinitrobenzol (X_1) — **CCl_4 Tetrachlormethan** (X_2) — **$C_{14}H_{12}$ Stilben** (X_3) [*26*]

$C_6H_3O_6N_3$ 1.3.5-Trinitrobenzol (X_1) — **$C_6H_5O_2N$ Nitrobenzol** (X_2) — **$C_{10}H_8$ Naphthalin** (X_3) [*24*]

$C_6H_3O_7N_3$ Pikrinsäure (X_1) — **C_2H_6O Äthanol** (X_2) — **$C_{14}H_{10}$ Phenanthren** (X_3) [*1*]

$C_6H_3O_7N_3$ Pikrinsäure (X_1) — **$C_5H_{11}N$ Piperidin** (X_2) — **CH_4O Methanol** (X_3) [*11*]

$C_6H_3O_7N_3$ Pikrinsäure (X_1) — **$C_5H_{11}N$ Piperidin** (X_2) — **C_2H_6O Äthanol** (X_3) [*11*]

$C_6H_3O_7N_3$ Pikrinsäure (X_1) — **C_6H_7N Anilin** (X_2) — **CH_4O Methanol** (X_3) [*11*]

$C_6H_3O_7N_3$ Pikrinsäure (X_1) — **C_6H_7N Anilin** (X_2) — **C_2H_6O Äthanol** (X_3) [*11*]

$C_6H_3O_7N_3$ Pikrinsäure (X_1) — **C_7H_9N p-Toluidin** (X_2) — **CH_4O Methanol** (X_3) [*11*]

$C_6H_3O_7N_3$ Pikrinsäure (X_1) — **C_7H_9N p-Toluidin** (X_2) — **C_2H_6O Äthanol** (X_3) [*11*]

$C_7H_4O_6N_2$ 1.2.4-Dinitrobenzoesäure (X_1) — **$C_5H_{11}N$ Piperidin** (X_2) — **CH_4O Methanol** (X_3) [*11*]

$C_7H_4O_6N_2$ 1.2.4-Dinitrobenzoesäure (X_1) — **$C_5H_{11}N$ Piperidin** (X_2) — **C_2H_6O Äthanol** (X_3) [*11*]

$C_7H_4O_6N_2$ 1.2.4-Dinitrobenzoesäure (X_1) — **C_6H_7N Anilin** (X_2) — **CH_4O Methanol** (X_3) [*11*]

$C_7H_4O_6N_2$ 1.2.4-Dinitrobenzoesäure (X_1) — **C_6H_7N Anilin** (X_2) — **C_2H_6O Äthanol** (X_3) [*11*]

$C_7H_4O_6N_2$ 1.2.4-Dinitrobenzoesäure (X_1) — **C_7H_9N p-Toluidin** (X_2) — **CH_4O Methanol** (X_3) [*11*]

$C_7H_4O_6N_2$ 1.2.4-Dinitrobenzoesäure (X_1) — **C_7H_9N p-Toluidin** (X_2) — **C_2H_6O Äthanol** (X_3) [*11*]

$C_7H_5O_6N_3$ Trinitrotoluol (X_1) — **$C_{10}H_8$ Naphthalin** (X_2) — **C_6H_6 Benzol** (X_3) [*3*] ⟨K 13, d 5, ϑ 13 °C⟩

$C_{32}H_{38}O_7N_4$ Tetrabutylammoniumpikrat (X_1) — **CH_4O Methanol** (X_2) — **C_6H_6 Benzol** (X_3) [*39*] ⟨kl. Konzz., Gleichung, ϑ 15°, 35°, 45 °C⟩

1 | Behrend, R.: Z. physik. Chem. **10** (1892) 265–83.
2 | Patterson, T. S., Montgomerie, H. H.: J. chem. Soc. [London] **95** (1909) 1128–42.
3 | Tyrer, D.: J. chem. Soc. [London] **99** (1911) 871–80.
4 | Cheneveau: Sur les propriétés optiques des solutions, Paris, Gauthier, 1913, S. 80 (nach ICT).
5 | Recueil de constantes physiques, Gauthier, Paris, 1913, 148 (nach ICT).
6 | Schulze, J. F. W.: J. Amer. chem. Soc. **36** (1914) 498–513.
7 | Fox, J. J., Barker, M. F.: J. Soc. chem. Ind. **36** (1917) 842 (nach ICT, Tim., Tabl. ann. **5**).
8 | Jones, Davis, Johnson: Carnegie Institution of Washington, Publ. Nr. 260 (1918) 71 (nach ICT).

9 Burrows, G. J.: Proc. Roy. Soc. N. S. Wales **53** (1919) 74 (nach ICT).
10 Bingham, Brown: Thesis, Lafayette, 1921 (nach ICT).
11 Goldschmidt, H., Aarflot, H.: Z. physik. Chem. **122** (1926) 371—82.
12 Wehrle, J. A.: Physic. Rev. [2] **37** (1931) 1135—46.
13 Prideaux, E. B. R., Coleman, R. N.: J. chem. Soc. [London] **1937**, 462—65.
14 Hammick, D. L., Norris, A., Sutton, L. E.: J. chem. Soc. [London] **1938**, 1755—61.
15 Kurnakow, N. S., Schternina, E. B.: Ann. Secteur Analyse physico-chim. (Iswesstija Ssektora Fisiko-Chimitschesskogo Analisa) **13** (1940) 135—63.
16 Litkenhaus, E. E., van Arsdale, J. P., Hutebison jr., I. W.: J. physic. Chem. **44** (1940) 377—88.
17 Pascal, P., Quinet, M.-L.: Ann. chim. analyt. Chim. appl. (3) **23** (1941) 5—15.
18 Ssumarokow, P., Dawydona, M. T.: J. angew. Chem. (Shurnal Prikladnoi Chimii) **14** (1941) 256—63 (nach Chem. Zbl., Chem. Abstr.).
19 Rawitsch, M. I., Ssilnitschenko, W. G.: Ann. Secteur Analyse physico-chim. (Iswesstija Ssektora Fisiko-Chimitschesskogo Analisa) **15** (1947) 68—73.
20 Joerges, M., Nikuradse, A.: Z. Naturforsch. **5a** (1950) 259—69.
21 Karr, A. E., Bowes, W. M., Scheibel, E. G.: Analytic. Chem. **23** (1951) 459—63.
22 Dawson, L. R., Leader, G. B., Keely, W. M., Zimmermann jr., H. K.: J. physic. Chem. **55** (1951) 422—28.
23 Scatchard, G., Ticknor, L. B.: J. Amer. chem. Soc. **74** (1952) 3724—29.
24 Ssucharew, Ss. Ss.: Nachr. Akad. Wiss. Kasach SSR, Ser. Chem. (Iswesstija Akademii Nauk Kasachskoi SSR, Sserija Chimitschesskaja) **1953**, Nr. 6, 32—38.
25 Weck, H. I., Hunt, H.: Ind. Engng. Chem. **46** (1954) 2521—23.
26 Briegleb, G., Czekalla, J.: Z. Elektrochem., Ber. Bunsenges. physik. Chem. **59** (1955) 184—202.
27 Wassenko, Je. N., Blank, M. G.: Ukrain. chem. J. (Ukrainski Chimitschesski Shurnal) **21** (1955) 327—30.
28 Sanghvi, M. K. D., Kay, W. B.: Chem. Engng. Sci. **6** (1956) 10—25.
29 Byk, Ss. Sch., Stroitelewa, R. G.: J. physik. Chem. (Shurnal Fisitschesskoi Chimii) **30** (1956) 2451—55.
30 Dakshinamurty, P., Rao, C. V.: J. sci. ind. Res. (New Delhi), Sect. B, **15** (1956) 118—27.
31 Conolly, J. F.: Ind. Engng. Chem. **48** (1956) 813—16.
32 Scheka, I. A.: J. allg. Chem. (Shurnal Obschtschei Chimii) **27** (1957) 848—55; J. Gen. Chem. USSR **27** (1957) 925—32.
33 Deitsch, A. Ja.: J. anorg. Chem. (Shurnal Neorganitschesskoi Chimii) **2** (1957) 2436—37.
34 Donald, N. B., Ridgway, K.: J. appl. Chem. **8** (1958) 408—15.
35 Gromakow, Ss. D., Tscherkassow, A. P.: J. physik. Chem. (Shurnal Fisitschesskoi Chimii) **32** (1958) 2473—78.
36 Drutman, S. Ss.: J. physik. Chem. (Shurnal Fisitschesskoi Chimii) **33** (1959) 822—27.
37 Crawford, H. R., van Winkle, M.: Ind. Engng. Chem. **51** (1959) 601—06.
38 Drutman, S. Ss.: J. physik. Chem. (Shurnal Fisitschesskoi Chimii) **34** (1960) 1581—84; Russ. J. physic. Chem. **34** (1960) 754—56.
39 Richardson, E. A., Stern, K. H.: J. Amer. chem. Soc. **82** (1960) 1296—1302.
40 Nyvlt, J., Erdös, E.: Coll. Czech. chem. Commun. **26** (1961) 500—14; **27** (1962) 1229—41.
41 Ssolomko, W. P., Galadshi, O. F.: Ukrain. chem. J. (Ukrainski Chimitschesski Shurnal) **27** (1961) 160—67.
42 Nagata, I.: J. chem. Engng. Data **7** (1962) 360—73, 461—66.
43 Cronauer, D. C., Rothfus, R. R., Kermode, R. I.: J. chem. Engng. Data **10** (1965) 131—33.
44 Campbell, A. N., Kartzmark, E. M., Chatterjee, R. M.: Canad. J. Chem. **44** (1966) 1183—89.
45 Campbell, A. N., Kartzmarck, E., Friesen, H.: Canad. J. Chem. **39** (1961) 735—44.
46 Free, K. W., Hutchison, H. P.: J. chem. Engng. Data **4** (1959) 193—97.
47 Stojana-Antoszczyszyn, M., Zielinski, A. Z.: Przemysl Chem. **40** (1961) 577—80.
48 Ogorodnikov, S. K., Kogan, V. B., Nemtsov, M. S.: J. angew. Chem. (Shurnal Prikladnoi Chimii) **34** (1961) 836—41; J. appl. Chem. USSR **34** (1961) 801—06.
49 Pliskin, I., Treybal, R. E.: J. chem. Engng. Data **11** (1966) 49—52.
50 Subbarao, B. V., Rao, C. V.: J. chem. Engng. Data **11** (1966) 158—62.
51 Herz, W., Scheliga, G.: Z. anorg. allg. Chem. **169** (1928) 161—72.
52 Campbell, A. N., Gieskes, J. M. T.: Canad. J. Chem. **42** (1964) 1379—87.
53 Dubrovskii, S. M., Afonina, K. V.: J. allg. Chem. (Shurnal Obschtschei Chimii) **36** (1966) 1869—77; J. Gen. Chem. USSR **36** (1966) 1863—70.
54 Rusling, J. F., Bertsch, R. J., Barford, R. A., Rothbart, H. L.: J. chem. Engng. Data **14** (1969) 169—73.
55 Heric, E. L., Brewer, J. G.: J. chem. Engng. Data **14** (1969) 55—63.
56 **15** (1970) 379—82.
57 Nagareva, V. N., Polle, N. N., Polle, E. G.: J. allg. Chem. (Shurnal Obschtschei Chimii) **40** (1970) 2320—24; J. Gen. Chem. USSR **40** (1970) 2306—09.

Lacmann

1.6 Register zu 1 — Index for 1

Das Substanzenverzeichnis besteht aus einem Formelverzeichnis (1.6.1) für binäre und einem Formelverzeichnis (1.6.2) für ternäre Systeme. Jedes System erscheint nur einmal. Die Anordnung ist folgendermaßen:

Die nach den Elementsymbolen alphabetisch geordneten Bruttoformeln der Komponenten sind in alphabetischer Reihenfolge in der ersten Registerspalte geordnet. Jedes System wird unter ihrer als erste in dieser Reihenfolge erscheinenden Komponente eingeordnet, während die als zweite (oder dritte) erscheinende Komponente in entsprechender Reihenfolge in der zweiten (oder dritten) Registerspalte angegeben ist. Der Name der einzelnen Verbindungen ist jeweils nach der Bruttoformel aufgeführt.

Abweichend von dieser Reihenfolge sind die C-enthaltenden Verbindungen behandelt: sie stehen alle unter C und sind nach steigenden C-Zahlen, steigenden H-Zahlen und danach alphabetisch nach den weiteren Elementsymbolen geordnet.

The index of substances consists of a formula index for binary systems (1.6.1) and a formula index for ternary systems (1.6.2). Each system appears only once; the arrangement is as follows:

The gross formulae for the individual components, ordered alphabetically according to their element symbols, are arranged alphabetically in the first column of the index. Each system is listed under that component which appears as first one in this arrangement, while its second (or third) component is listed in the second (or third) column, respectively. The name of each substance follows the gross formula.

Deviating from this order all compounds containing C are listed under C. They are arranged according to their increasing C-numbers, increasing H-numbers and thereafter alphabetically according to their other element symbols.

1.6.1 Register zu 1.2···1.4 — Index for 1.2···1.4

1. Komponente		2. Komponente		Seite
Brutto-formel	Name	Brutto-formel	Name	
AgCl	Silberchlorid	$C_2H_8N_2$	Äthylendiamin	109
		H_3N	Ammoniak	22
$AgClO_4$	Silberperchlorat	C_2H_6O	Äthanol	109
		C_5H_5N	Pyridin	109
		C_6H_6	Benzol	109
		C_6H_7N	Anilin	109
		C_7H_8	Toluol	109
$AgHO_4S$	Silberhydrogensulfat	H_2O_4S	Schwefelsäure	22
AgJ	Silberjodid	H_3N	Ammoniak	22
$AgNO_3$	Silbernitrat	CH_4N_2O	Harnstoff	110
		CH_5N	Methylamin	109
		C_2H_3N	Acetonitril	109
		C_2H_5NO	Acetamid	110
		C_2H_7N	Äthylamin	109
		$C_2H_8N_2$	Äthylendiamin	109
		C_3H_6O	Aceton	109
		C_3H_9N	Propylamin	109
		C_5H_5N	Pyridin	109
		C_6H_6ClN	m-Chloranilin	110
		C_6H_7N	Anilin	109
		C_7H_5N	Benzonitril	110
		C_9H_7N	Chinolin	110
		H_3N	Ammoniak	22
$AlBr_3$	Aluminiumbromid	BrJ	Jodbromid	20
		CCl_4	Tetrachlormethan	89
		CS_2	Schwefelkohlenstoff	20
		C_2H_5Br	Äthylbromid	89
		$C_6H_5NO_2$	Nitrobenzol	89
		C_6H_6	Benzol	89
		C_6H_{12}	Cyclohexan	89

Lacmann

1. Komponente		2. Komponente		Seite
Brutto-formel	Name	Brutto-formel	Name	
$AlCl_3$	Aluminiumchlorid	CCl_2O	Phosgen	20
		CH_3NO_2	Nitromethan	89
		C_2H_6O	Äthanol	88
		$C_6H_4ClNO_2$	o-Chlornitrobenzol	89
		$C_6H_4ClNO_2$	p-Chlornitrobenzol	89
		$C_6H_5NO_2$	Nitrobenzol	89
		$C_6H_{14}O$	Äthyl-n-butyläther	89
		$C_7H_7NO_2$	o-Nitrotoluol	89
		$C_7H_7NO_2$	p-Nitrotoluol	89
		C_7H_8O	Benzylalkohol	89
		ClJ	Jodchlorid	20
Ar	Argon	Kr	Krypton	9
		N_2	Stickstoff	11
		O_2	Sauerstoff	9
$AsBr_3$	Arsentribromid	CCl_4	Tetrachlormethan	49
		CS_2	Schwefelkohlenstoff	13
		C_3H_8O	Methyläthyläther	49
		$C_4H_8O_2$	Dioxan	49
		$C_4H_{10}O$	Diäthyläther	49
		C_7H_8	Toluol	49
$AsCl_3$	Arsentrichlorid	CCl_4	Tetrachlormethan	48
		$C_2HCl_3O_2$	Trichloressigsäure	49
		$C_2H_3ClO_2$	Monochloressigsäure	49
		$C_2H_4O_2$	Essigsäure	48
		$C_4H_8O_2$	Dioxan	48
		$C_4H_{10}O$	Diäthyläther	48
		C_6H_6	Benzol	48
		ClJ	Jodmonochlorid	12
AsF_3	Arsentrifluorid	C_6H_6	Benzol	48
AsH_3O_4	Arsensäure	C_2H_6O	Äthanol	48
		$C_4H_{10}O$	Diäthyläther	48
AsJ_3	Arsentrijodid	CS_2	Schwefelkohlenstoff	13
		CH_2J_2	Methylenjodid	49
		$C_4H_8O_2$	Dioxan	49
BBr_3	Bortribromid	CCl_4	Tetrachlormethan	67
		C_3H_9N	Trimethylamin	67
		C_5H_5N	Pyridin	67
		C_6H_6	Benzol	67
		C_6H_{12}	Cyclohexan	67
BCl_3	Bortrichlorid	CCl_4	Tetrachlormethan	66
		C_5H_4ClN	4-Chlorpyridin	67
		C_5H_5N	Pyridin	66
		$C_6H_4N_2$	4-Cyanopyridin	67
		$C_6H_4N_2O$	4-Cyanopyridin-1-oxid	67
		C_6H_6	Benzol	66
		C_6H_7N	4-Methylpyridin	66
		C_6H_7NO	4-Methoxypyridin	67
		$C_8H_9NO_2$	Äthoxycarbonylpyridin	67
BF_3	Bortrifluorid	BF_5	Borpentafluorid	14
		$C_2H_4O_2$	Essigsäure	66
		C_5H_5N	Pyridin	66
BH_3O_3	Borsäure	CH_4O	Methanol	66
		C_2H_6O	Äthanol	66
		C_3H_8O	Propanol(1)	66
		$C_3H_8O_3$	Glycerin	66
		$C_4H_{10}O$	Isobutanol	66
		$C_5H_{12}O$	Isoamylalkohol	66
BH_4Li	Lithiumborhydrid	H_3N	Ammoniak	16
$BH_5O_{16}S_4$	Hydrogen-Bor-hydrogensulfat	H_2O_4S	Schwefelsäure	14
B_2H_6	Boran	C_3H_9N	Trimethylamin	66
		C_5H_5N	Pyridin	66

1. Komponente		2. Komponente		Seite
Bruttoformel	Name	Bruttoformel	Name	
B_5H_9	Pentaboran	$C_{16}H_{36}J$	Tetra-n-butylammoniumjodid	66
$BaBr_2$	Bariumbromid	CH_4O	Methanol	88
$BaCl_2O_8$	Bariumperchlorat	CH_4O	Methanol	88
		C_2H_6O	Äthanol	88
		C_3H_6O	Aceton	88
		C_3H_8O	Propanol(1)	88
		$C_4H_8O_2$	Äthylacetat	88
		$C_4H_{10}O$	n-Butanol	88
		$C_4H_{10}O$	Isobutanol	88
$BaH_2O_8S_2$	Bariumhydrogensulfat	H_2O_4S	Schwefelsäure	20
BaN_2O_6	Bariumnitrat	CH_3NO	Formamid	88
		H_3N	Ammoniak	20
$BiCl_3$	Wismut(III)chlorid	C_3H_6O	Aceton	54
		$C_4H_8O_2$	Äthylacetat	54
BiJ_3	Wismut(III)jodid	CH_2J_2	Methylenjodid	54
$BrCs$	Cäsiumbromid	CH_2O_2	Ameisensäure	82
		CH_3NO	Formamid	82
		CH_4O	Methanol	82
		C_2H_3N	Acetonitril	82
BrF_3	Bromtrifluorid	BrF_5	Brompentafluorid	9
BrF_5	Brompentafluorid	FH	Fluorwasserstoff	9
BrH	Bromwasserstoff	CCl_4	Tetrachlormethan	29
		C_2H_6O	Äthanol	29
		$C_4H_{10}O$	Diäthyläther	29
		C_6H_6	Benzol	28
		$C_6H_{14}O$	n-Hexanol	29
		$C_7H_{16}O$	n-Heptanol	29
		$C_{10}H_{22}O$	Diisoamyläther	29
BrH_4N	Ammoniumbromid	CH_3NO	Formamid	83
		CH_4O	Methanol	83
		C_2H_6O	Äthanol	83
		C_3H_8O	Propanol	83
		H_3N	Ammoniak	19
BrK	Kaliumbromid	CH_2O_2	Ameisensäure	77
		CH_3NO	Formamid	78
		CH_4O	Methanol	77
		C_2H_3N	Acetonitril	78
		C_2H_6O	Äthanol	77
		$C_2H_6O_2$	Glykol	77
		C_3H_8O	Propanol(1)	77
		C_3H_8O	Propanol(2)	78
		$C_3H_8O_3$	Glycerin	78
		$C_4H_{10}O$	Butanol-(1)	78
		H_3N	Ammoniak	18
$BrLi$	Lithiumbromid	CH_2O_2	Ameisensäure	70
		CH_4O	Methanol	70
		C_2H_3N	Acetonitril	70
		$C_2H_4O_2$	Essigsäure	70
		C_2H_6O	Äthanol	70
		$C_2H_6O_2$	Glykol	70
		C_3H_6O	Aceton	70
		C_5H_5N	Pyridin	70
		C_8H_8O	Acetophenon	70
		H_3N	Ammoniak	16
$BrNa$	Natriumbromid	CH_2O_2	Ameisensäure	73
		CH_3NO	Formamid	74
		CH_4O	Methanol	73
		C_2H_3N	Acetonitril	73
		C_2H_6O	Äthanol	73
		$C_2H_6O_2$	Glykol	73
		$C_2H_8N_2$	Äthylendiamin	74

1. Komponente		2. Komponente		Seite
Bruttoformel	Name	Bruttoformel	Name	
BrNa	Natriumbromid	C_3H_6O	Aceton	73
		C_3H_8O	Propanol(1)	73
		C_3H_8O	Propanol(2)	73
		$C_4H_{10}O$	Butanol-(1)	73
		$C_4H_{10}O$	Butanol-(2)	73
		$C_4H_{10}O$	2-Methylpropanol-(1)	73
		$C_5H_{12}O$	Pentanol-(1)	73
		H_3N	Ammoniak	16
BrRb	Rubidiumbromid	CH_2O_2	Ameisensäure	81
		CH_3NO	Formamid	81
		CH_4O	Methanol	81
		C_2H_3N	Acetonitril	81
Br_2	Brom	CCl_4	Tetrachlormethan	27
		C_2Br_2	Dibromacetylen	28
		C_2H_6O	Dimethyläther	28
		$C_3H_8O_2$	Methylal	28
		$C_3H_{10}ClN$	Trimethylammoniumchlorid	28
		$C_4H_8Cl_2O$	Di(chloräthyl)äther	28
		$C_4H_{10}O$	Diäthyläther	28
		$C_5H_{11}BrO$	Äthyl-brompropyl-äther	28
		C_5H_{12}	Trimethyläthan	27
		$C_6H_5NO_2$	Nitrobenzol	28
		$C_6H_{14}O$	Dipropyläther	28
		C_7H_7NO	Benzamid	28
		C_8H_6	Phenylacetylen	27
		$C_8H_{10}O$	Methylbenzyläther	28
		$C_{10}H_{22}O$	Diisoamyläther	28
		$C_{14}H_{14}O$	Dibenzyläther	28
		Cl_2	Chlor	9
		Cl_3J	Jodtrichlorid	9
		Cl_3P	Phosphortrichlorid	12
		Cl_3Sb	Antimontrichlorid	12
		Cl_4Ti	Titantetrachlorid	20
		J_2	Jod	9
		S	Schwefel	9
Br_2Ca	Calciumbromid	C_2H_6O	Äthanol	87
Br_2Cd	Cadmiumbromid	C_2H_6O	Äthanol	91
		C_3H_6O	Aceton	91
Br_2Co	Cobaltbromid	$C_3H_6O_2$	Methylacetat	108
Br_2Hg	Quecksilber-II-bromid	CH_4O	Methanol	93
		C_2H_6O	Äthanol	93
		$C_3H_6O_2$	Methylacetat	94
		C_3H_8O	Propanol	94
		$C_4H_8O_2$	Äthylacetat	94
		$C_4H_8O_2$	Dioxan	94
		C_6H_6	Benzol	93
Br_2Mg	Magnesiumbromid	$C_4H_{10}O$	Diäthyläther	85
Br_2Sr	Strontiumbromid	C_2H_6O	Äthanol	87
Br_3HS	Tribromsilan	C_7H_{16}	Heptan	65
Br_3In	Indium-III-bromid	$CHCl_3$	Chloroform	96
		CH_4O	Methanol	96
		$C_2H_2Cl_2$	1.2-Dichloräthylen	96
		C_2H_6O	Äthanol	96
		$C_2H_6O_2$	Glykol	96
		C_3H_6O	Aceton	96
		$C_3H_8O_3$	Glycerin	96
		$C_4H_8O_2$	Äthylacetat	96
		$C_4H_8O_2$	Dioxan	97
		$C_4H_{10}O$	Diäthyläther	96
		$C_5H_{12}O$	Amylalkohol	97
		C_6H_6	Benzol	96

1. Komponente		2. Komponente		Seite
Brutto-formel	Name	Brutto-formel	Name	
Br_3In	Indium-III-bromid	$C_7H_{14}O_2$	Amylacetat	97
Br_3P	Phosphortribromid	CCl_4	Tetrachlormethan	47
		$C_4H_8O_2$	Dioxan	47
		C_6H_6	Benzol	47
Br_3Sb	Antimon-III-bromid	CCl_4	Tetrachlormethan	53
		CS_2	Schwefelkohlenstoff	13
		$C_2H_3BrO_2$	Bromessigsäure	53
		$C_4H_8O_2$	Dioxan	53
		C_6H_6	Benzol	53
		C_6H_6BrN	Bromanilin	54
		$C_6H_6N_2O_2$	p-Nitroanilin	54
		C_6H_7N	Anilin	54
		C_7H_9N	Methylanilin	54
		C_8H_8O	Acetophenon	53
		$C_{10}H_8$	Naphthalin	53
		$C_{13}H_{10}O$	Benzophenon	53
		$C_{19}H_{16}$	Triphenylmethan	53
		J_2	Jod	12
Br_3Tl	Thallium-III-bromid	C_6H_6	Benzol	97
Br_4Si	Siliciumtetrabromid	Br_4Sn	Zinntetrabromid	21
		CCl_4	Tetrachlormethan	65
		$C_4H_8O_2$	Dioxan	65
		Cl_4Si	Siliciumtetrachlorid	14
Br_4Sn	Zinn-IV-bromid	CCl_4	Tetrachlormethan	103
		$C_2H_3BrO_2$	Bromessigsäure	105
		C_2H_3N	Acetonitril	105
		$C_2H_4O_2$	Essigsäure	103
		C_2H_6O	Äthanol	103
		$C_3H_6O_2$	Äthylformiat	104
		$C_3H_6O_2$	Methylacetat	104
		$C_3H_6O_2$	Propionsäure	103
		$C_3H_6O_3$	Methylcarbonat	104
		$C_3H_9BO_3$	Methylborat	106
		$C_4H_6O_4$	Methyloxalat	104
		$C_4H_8O_2$	Äthylacetat	104
		$C_4H_8O_2$	Buttersäure	104
		$C_4H_{10}S$	Äthylsulfid	105
		$C_5H_{10}O_3$	Äthylcarbonat	104
		$C_6H_5NO_2$	Nitrobenzol	106
		C_6H_6	Benzol	103
		C_6H_6O	Phenol	104
		$C_6H_{10}O_4$	Methylsuccinat	105
		C_6H_{12}	Cyclohexan	103
		$C_6H_{12}O_2$	Capronsäure	105
		$C_6H_{15}BO_3$	Äthylborat	106
		C_7H_5N	Benzonitril	105
		$C_7H_{12}O_4$	Äthylmalonat	105
		$C_9H_{16}O_4$	Äthyl-äthylmalonat	105
		Cl_4Si	Siliciumtetrachlorid	21
Br_5P	Phosphorpentabromid	J_2	Jod	12
C_1				
CBr_4	Tetrabrommethan	CCl_4	Tetrachlormethan	156
		$C_4H_{10}O$	Diäthyläther	251
		C_6H_{12}	Cyclohexan	156
		$C_6H_{14}O$	Di-iso-propyläther	286
CCl_2O	Carbonylchlorid	CCl_4	Tetrachlormethan	363
		C_6H_6	Benzol	363
CCl_4	Tetrachlormethan	CN_4O_8	Tetranitromethan	466
		CS_2	Schwefelkohlenstoff	58
		$CHCl_3$	Chloroform	156
		CHN_3O_6	Nitroform	466

1. Komponente		2. Komponente		Seite
Brutto-formel	Name	Brutto formel	Name	
CCl_4	Tetrachlormethan	CH_2Cl_2	Methylenchlorid	155
		CH_3Br	Methylbromid	154
		CH_3Cl	Methylchlorid	154
		CH_3F	Methylfluorid	154
		CH_3J	Methyljodid	154
		CH_3NO_2	Nitromethan	464
		CH_4O	Methanol	208
		C_2Cl_4	Tetrachloräthylen	164
		C_2Cl_6	Hexachloräthan	164
		C_2HCl_3	Trichloräthylen	163
		C_2HCl_5	Pentachloräthan	164
		$C_2H_2Cl_2$	1.1-Dichloräthylen	162
		$C_2H_2Cl_2$	cis-Dichloräthylen	162
		$C_2H_2Cl_2$	trans-Dichloräthylen	162
		$C_2H_2Cl_4$	Tetrachloräthan	163
		C_2H_3N	Acetonitril	397
		$C_2H_4Br_2$	Äthylenbromid	162
		$C_2H_4Cl_2$	Äthylenchlorid	161
		$C_2H_4O_2$	Essigsäure	218
		C_2H_5Br	Äthylbromid	157
		C_2H_5J	Äthyljodid	158
		$C_2H_5NO_2$	Nitroäthan	468
		C_2H_6O	Äthanol	214
		C_2H_6OS	Dimethylsulfoxid	390
		C_3H_5N	Propionitril	399
		C_3H_6O	Aceton	230
		$C_3H_6O_2$	Methylacetat	236
		C_3H_7J	1-Jodpropan	165
		C_3H_7J	2-Jodpropan	166
		C_3H_8O	Propanol(-1)	222
		C_3H_8O	Propanol(2)	225
		C_4H_4O	Furan	256
		$C_4H_4O_2$	Dimeres Keten	270
		C_4H_4S	Thiophen	387
		C_4H_5N	Pyrrol	401
		C_4H_8O	Tetrahydrofuran	255
		$C_4H_8O_2$	Äthylacetat	260
		$C_4H_8O_2$	Buttersäure	258
		$C_4H_8O_2$	Dioxan	266
		$C_4H_8O_2$	Methylpropionat	263
		$C_4H_8O_2$	Propylformiat	258
		C_4H_9Br	tert.-Butylbromid	169
		C_4H_9Cl	tert. Butylchlorid	167
		C_4H_9J	n-Butyljodid	169
		C_4H_9J	2-Butyljodid	169
		C_4H_9J	Isobutyljodid	170
		C_4H_9J	tert. Butyljodid	170
		$C_4H_{10}O$	n-Butanol	240
		$C_4H_{10}O$	Iso-butanol	244
		$C_4H_{10}O$	sek. Butanol	246
		$C_4H_{10}O$	tert. Butanol	247
		$C_4H_{10}O$	Diäthyläther	250
		$C_4H_{10}O_2$	2-Äthoxyäthanol	257
		C_5H_5N	Pyridin	404
		$C_5H_8Br_4$	Pentaerythrittetrabromid	172
		$C_5H_8Cl_4$	Pentaerythrittetrachlorid	172
		C_5H_8O	Cyclopentanon	279
		C_5H_9Br	Cyclopentylbromid	172
		C_5H_9Cl	Cyclopentylchlorid	171
		C_5H_9J	Cyclopentyljodid	172
		C_5H_{10}	Cyclopentan	147

1. Komponente Bruttoformel	Name	2. Komponente Bruttoformel	Name	Seite
CCl_4	Tetrachlormethan	$C_5H_{10}O_2$	Propylacetat	282
		$C_5H_{10}O_3$	Diäthylcarbonat	284
		$C_5H_{11}J$	n-Amyljodid	171
		$C_5H_{11}J$	2-Amyljodid	171
		$C_5H_{11}J$	3-Amyljodid	171
		$C_5H_{11}J$	tert. Amyljodid	171
		$C_5H_{12}O$	n-Amylalkohol	273
		$C_5H_{12}O$	Isoamylalkohol	275
		$C_5H_{12}O$	tert. Amylalkohol	277
		$C_5H_{12}O$	2.2-Dimethylpropanol(-1)	277
		$C_5H_{12}O$	2-Methylbutanol(-1)	273
		$C_5H_{12}O$	Pentanol(-3)	277
		$C_5H_{12}O_2$	3-Äthoxypropanol(1)	280
		$C_6H_3Br_3$	1.3.5-Tribrombenzol	187
		$C_6H_3Cl_3$	1.3.5-Trichlorbenzol	187
		$C_6H_3N_3O_6$	1.3.5-Trinitrobenzol	491
		$C_6H_4Br_2$	p-Dibrombenzol	187
		$C_6H_4Cl_2$	o-Dichlorbenzol	185
		$C_6H_4Cl_2$	p-Dichlorbenzol	185
		$C_6H_4O_2$	p-Benzochinon	297
		C_6H_5Br	Brombenzol	179
		C_6H_5Cl	Chlorbenzol	177
		C_6H_5F	Fluorbenzol	174
		C_6H_5J	Jodbenzol	180
		$C_6H_5NO_2$	Nitrobenzol	479
		C_6H_6	Benzol	149
		C_6H_6O	Phenol	290
		C_6H_7N	Anilin	414
		C_6H_{10}	Cyclohexen	148
		$C_6H_{10}BrCl$	1.1-Chlorbromcyclohexan	182
		$C_6H_{10}BrCl$	cis-1-Brom-2-chlorcyclohexan	182
		$C_6H_{10}BrCl$	1.2-trans-Chlorbromcyclohexan	182
		$C_6H_{10}Br_2$	1.1-Dibromcyclohexan	183
		$C_6H_{10}Br_2$	1.2-cis-Dibromcyclohexan	183
		$C_6H_{10}Br_2$	1.2-trans-Dibromcyclohexan	183
		$C_6H_{10}Br_2$	1.4-cis-Dibromcyclohexan	183
		$C_6H_{10}Br_2$	1.4-trans-Dibromcyclohexan	183
		$C_6H_{10}Cl_2$	1.1-Dichlorcyclohexan	181
		$C_6H_{10}Cl_2$	1.2-cis-Dichlorcyclohexan	181
		$C_6H_{10}Cl_2$	1.2-trans-Dichlorcyclohexan	181
		$C_6H_{10}Cl_2$	1.4-cis-Dichlorcyclohexan	182
		$C_6H_{10}Cl_2$	1.4-trans-Dichlorcyclohexan	182
		$C_6H_{10}J_2$	1.4-cis-Dijodcyclohexan	184
		$C_6H_{10}J_2$	1.4-trans-Dijodcyclohexan	184
		$C_6H_{10}O$	Cyclohexanon	288
		$C_6H_{10}O_3$	Äthylacetacetat	299
		$C_6H_{11}Br$	Bromcyclohexan	174
		$C_6H_{11}Cl$	Chlorcyclohexan	173
		$C_6H_{11}J$	Jodcyclohexan	174
		C_6H_{12}	Cyclohexan	148
		C_6H_{12}	Hexen-(1)	148
		C_6H_{12}	Methylcyclopentan	148
		$C_6H_{12}O$	Cyclohexanol	287
		$C_6H_{12}O_2$	Capronsäure	293
		$C_6H_{12}O_3$	Paraldehyd	297
		$C_6H_{13}J$	n-Hexyljodid	173
		C_6H_{14}	2.2-Dimethylbutan	148
		C_6H_{14}	2.3-Dimethylbutan	148
		C_6H_{14}	n-Hexan	147
		C_6H_{14}	2-Methylpentan	147
		C_6H_{14}	3-Methylpentan	147

1. Komponente		2. Komponente		Seite
Bruttoformel	Name	Bruttoformel	Name	
CCl_4	Tetrachlormethan	$C_6H_{14}O$	Di-iso-propyläther	286
		$C_6H_{14}O$	n-Hexanol	285
		$C_6H_{18}OSi_2$	Hexamethyldisiloxan	536
		$C_6H_{19}NSi$	Hexamethyldisilazan	537
		C_7H_5N	Benzonitril	429
		C_7H_5NO	Salicylsäurenitril	493
		$C_7H_6ClNO_2$	m-Nitrobenzylchlorid	523
		$C_7H_6ClNO_2$	o-Nitrobenzylchlorid	523
		$C_7H_6Cl_2$	m-Chlorbenzylchlorid	192
		$C_7H_6Cl_2$	o-Chlorbenzylchlorid	191
		$C_7H_6Cl_2$	p-Chlorbenzylchlorid	192
		C_7H_8	Toluol	151
		$C_7H_{10}O_4$	Dimethylenpentaerythrit	312
		C_7H_{14}	Methylcyclohexan	151
		$C_7H_{14}O_2$	n-Hexancarbonsäure	307
		$C_7H_{15}J$	n-Heptyljodid	189
		C_7H_{16}	2.4-Dimethylpentan	151
		C_7H_{16}	n-Heptan	151
		$C_7H_{16}O$	Äthylamyläther	302
		$C_7H_{16}O$	n-Heptanol	302
		C_8H_5J	Phenyljodacetylen	195
		C_8H_7Br	β-Bromstyrol	194
		C_8H_7N	p-Toluisonitril	435
		C_8H_8	Phenyläthylen	152
		C_8H_8O	Acetophenon	319
		C_8H_{10}	m-Xylol	152
		C_8H_{10}	o-Xylol	151
		C_8H_{10}	p-Xylol	152
		$C_8H_{10}O$	Phenetol	317
		$C_8H_{11}NO_2$	2-Amino-1.4-dimethoxybenzol	502
		$C_8H_{12}O_2$	1.1.3.3-Tetramethylcyclo-butan-dion	320
		$C_8H_{12}O_4$	Diäthylfumarat	323
		$C_8H_{12}O_4$	Diäthylmaleat	323
		$C_8H_{12}O_7$	Diäthylfumarat-ozonid	328
		$C_8H_{12}O_7$	Diäthylmaleat-ozonid	328
		$C_8H_{14}O_6$	Diäthyltartrat	325
		C_8H_{16}	Octen	151
		$C_8H_{16}O_2$	n-Caprylsäure	320
		$C_8H_{16}O_2$	2-Äthylhexansäure	320
		$C_8H_{17}J$	n-Octyljodid	193
		$C_8H_{17}J$	β-Jodoctan	194
		$C_8H_{17}NO$	2-Nitroso-2.5-dimethylhexan	502
		C_8H_{18}	n-Octan	151
		C_8H_{18}	2.2.4-Trimethylpentan	151
		$C_8H_{18}O$	Di-n-Butyläther	316
		$C_8H_{18}O$	n-Octanol	
		$C_8H_{18}O$	d,l-Octanol-(2)	315
		$C_8H_{24}O_4Si_4$	Octamethylcyclotetrasiloxan	537
		C_9H_7N	Chinolin	437
		C_9H_7N	Isochinolin	439
		$C_9H_9Br_3$	Tribrommesitylen	196
		$C_9H_{10}O_2$	Äthylbenzoat	331
		C_9H_{12}	1.3.5-Trimethylbenzol	152
		$C_9H_{18}O_2$	3-Methyl-5-dimethylhexan-säure	330
		C_9H_{20}	2.2.5-Trimethylhexan	152
		$C_{10}H_7Br$	1-Bromnaphthalin	198
		$C_{10}H_7Br$	2-Bromnaphthalin	199
		$C_{10}H_7Cl$	1-Chlornaphthalin	198
		$C_{10}H_7Cl$	2-Chlornaphthalin	198

1. Komponente Bruttoformel	1. Komponente Name	2. Komponente Bruttoformel	2. Komponente Name	Seite
CCl_4	Tetrachlormethan	$C_{10}H_7F$	1-Fluornaphthalin	197
		$C_{10}H_7F$	2-Fluornaphthalin	198
		$C_{10}H_7J$	1-Jodnaphthalin	199
		$C_{10}H_7J$	2-Jodnaphthalin	199
		$C_{10}H_7NO_2$	1-Nitronaphthalin	508
		$C_{10}H_8$	Naphthalin	153
		$C_{10}H_{12}$	Tetrahydronaphthalin	153
		$C_{10}H_{14}$	p-Cymol	153
		$C_{10}H_{14}$	1.2.4.5-Tetramethylbenzol	153
		$C_{10}H_{14}BeO_4$	Berylliumbisacetylaceton	539
		$C_{10}H_{14}N_2$	Nicotin	442
		$C_{10}H_{15}NO_2$	2-Amino-1.4-diäthoxybenzol	507
		$C_{10}H_{16}O$	Campher	337
		$C_{10}H_{18}$	cis-Decahydronaphthalin	153
		$C_{10}H_{18}$	trans-Decahydronaphthalin	153
		$C_{10}H_{22}O$	n-Decanol	335
		$C_{12}H_8Cl_2$	m,m'-Dichlordiphenyl	201
		$C_{12}H_8Cl_2$	o,o'Dichlordiphenyl	201
		$C_{12}H_8O_2$	Diphenylendioxid	348
		$C_{12}H_9Br$	p-Bromdiphenyl	201
		$C_{12}H_9Cl$	m-Chlordiphenyl	201
		$C_{12}H_9Cl$	o-Chlordiphenyl	201
		$C_{12}H_9Cl$	p-Chlordiphenyl	201
		$C_{12}H_9NO_2$	4-Nitrodiphenyl	510
		$C_{12}H_{10}$	Diphenyl	153
		$C_{12}H_{10}Hg$	Quecksilberdiphenyl	541
		$C_{12}H_{15}N_3O_6$	Trinitro-5-tert. butyl-m-xylol	511
		$C_{12}H_{15}N_3O_6$	1.3.5-Trinitro-2.4.6-triäthylbenzol	511
		$C_{12}H_{18}$	Hexamethylbenzol	153
		$C_{12}H_{25}J$	Lauryljodid	200
		$C_{12}H_{28}Sn$	Zinntetra-iso-propyl	543
		$C_{13}H_{20}O_8$	Pentaerythrit-tetraacetat	350
		$C_{14}H_9NO_2$	9-Nitroanthracen	514
		$C_{14}H_{10}$	Phenanthren	154
		$C_{14}H_{10}O_2$	Benzil	353
		$C_{14}H_{12}$	Stilben	154
		$C_{16}H_{16}$	1.1-Diphenyl-2.2-dimethyläthylen	154
		$C_{16}H_{33}J$	Cetyljodid	203
		$C_{16}H_{34}$	n-Hexadecan	154
		$C_{16}H_{34}O$	Hexadecanol	355
		$C_{19}H_{18}O_4$	Dibenzylidenpentaerythrit	360
		$C_{20}H_{38}O_3$	Ricinelaidinsäure-äthylester	360
		$C_{20}H_{38}O_3$	Ricinolsäure-äthylester	360
		$C_{27}H_{46}O$	Cholesterin	361
		$C_{27}H_{46}O_4$	Cholesterin-ozonid	361
		ClH	Chlorwasserstoff	24
		ClJ	Jodchlorid	32
		Cl_2	Chlor	24
		Cl_2CrO_2	Chromylchlorid	106
		Cl_2GeH_2	Dichlorgerman	98
		Cl_2O	Dichlormonoxid	26
		Cl_2O_7	Dichlorheptoxid	26
		Cl_3P	Phosphortrichlorid	46
		Cl_4Ge	Germanium-IV-chlorid	97
		Cl_4Si	Siliciumtetrachlorid	64
		Cl_4Sn	Zinn-IV-chlorid	98
		Cl_4Ti	Titantetrachlorid	89
		Cl_5P	Phosphorpentachlorid	47
		Cl_5Sb	Antimon-V-chlorid	52

1. Komponente Bruttoformel	Name	2. Komponente Bruttoformel	Name	Seite
CCl_4	Tetrachlormethan	HJ	Jodwasserstoff	32
		J_2	Jod	30
		N_2O_4	Distickstofftetroxid	44
		N_2O_5	Distickstoffpentoxid	44
		O_2S	Schwefeldioxid	34
		S	Schwefel	33
CF_3LiO_3S	Lithium-Trifluormethan-sulfonat	$C_2H_6O_3S$	Dimethylsulfit	395
CF_4	Tetrafluormethan	CH_4	Methan	147
CJN	Jodcyan	C_6H_6	Benzol	63
CKN	Kaliumcyanid	H_3N	Ammoniak	18
CKNS	Kaliumrhodanid	CH_4O	Methanol	80
		O_2S	Schwefeldioxid	18
CLiNS	Lithiumthiocyanat	CH_5N	Methylamin	71
CNNaS	Natriumrhodanid	H_3N	Ammoniak	17
CN_4O_8	Tetranitromethan	C_6H_6	Benzol	466
CO_2	Kohlendioxid	CH_2Cl_2	Methylenchlorid	55
		CH_4O	Methanol	55
		$C_2H_4O_2$	Essigsäure	55
		C_6H_6	Benzol	55
		C_7H_{16}	n-Heptan	55
		$C_{10}H_8$	Naphthalin	55
CS_2	Schwefelkohlenstoff	$CHCl_3$	Chloroform	57
		CH_2Cl_2	Methylenchlorid	57
		CH_2J_2	Methylenjodid	57
		CH_3J	Jodmethan	57
		CH_4	Methan	55
		CH_4O	Methanol	59
		$C_2H_2Cl_2O$	Chloracetylchlorid	61
		$C_2H_4Br_2$	1.2-Dibromäthan	58
		$C_2H_4Cl_2$	1.2-Dichloräthan	58
		$C_2H_4O_2$	Essigsäure	59
		$C_2H_4O_2$	Methylformiat	59
		C_2H_5Br	Äthylbromid	58
		C_2H_5J	Äthyljodid	58
		$C_2H_5NO_3$	Äthylnitrat	62
		C_2H_6	Äthan	55
		C_2H_6O	Äthanol	59
		C_3H_5N	Propionitril	62
		C_3H_6O	Aceton	60
		C_3H_8O	Propanol(1)	59
		$C_3H_8O_2$	Methylal	60
		$C_4H_6O_3$	Essigsäureanhydrid	60
		$C_4H_8O_2$	Äthylacetat	60
		$C_4H_8O_2$	Isobuttersäure	60
		$C_4H_8O_2$	Dioxan	60
		$C_4H_{10}O$	Isobutanol	60
		$C_4H_{10}O$	sek. Butanol	60
		$C_4H_{10}O$	Diäthyläther	60
		C_5H_8O	Cyclopentanon	60
		C_5H_{10}	Amylen	55
		$C_5H_{10}O_2$	Isovaleriansäure	61
		$C_6H_4Br_2$	p-Dibrombenzol	59
		C_6H_5Br	Brombenzol	59
		C_6H_5Cl	Chlorbenzol	58
		$C_6H_5NO_2$	Nitrobenzol	62
		C_6H_6	Benzol	56
		$C_6H_6N_2O_2$	p-Nitroanilin	62
		C_6H_6O	Phenol	61
		C_6H_7N	Anilin	62
		C_6H_7O	Benzaldehyd	61

1. Komponente		2. Komponente		Seite
Brutto-formel	Name	Brutto-formel	Name	
CS_2	Schwefelkohlenstoff	$C_6H_{10}O_3$	Äthylacetoacetat	61
		C_6H_{12}	Cyclohexan	56
		$C_6H_{12}O_2$	d-β-Butylacetat	61
		$C_6H_{12}O_3$	Paraldehyd	61
		C_6H_{14}	n-Hexan	55
		C_7H_5N	Benzonitril	62
		C_7H_5NS	Phenylrhodanid	62
		$C_7H_6O_2$	Benzoesäure	61
		$C_7H_7NO_2$	p-Nitrotoluol	62
		C_7H_8	Toluol	56
		$C_7H_{14}O_2$	Amylacetat	61
		C_7H_{16}	Heptan	56
		$C_8H_{11}N$	Dimethylanilin	62
		C_9H_8O	Zimtaldehyd	61
		$C_9H_8O_2$	Zimtsäure	61
		$C_{10}H_7Br$	Bromnaphthalin	59
		$C_{10}H_8$	Naphthalin	57
		$C_{10}H_{12}O$	Anethol	61
		$C_{10}H_{12}O_2$	1-Hydroxy-2-Methoxy-4-β-propenylbenzol	61
		$C_{10}H_{16}$	Pinen	57
		$C_{10}H_{16}O$	Campher	61
		$C_{10}H_{20}O_2$	d-β-Octylacetat	61
		$C_{12}H_{10}$	Acenaphthen	57
		$C_{12}H_{10}$	Diphenyl	57
		$C_{12}H_{10}N_2$	Azobenzol	62
		$C_{14}H_8O_2$	Phenanthrenchinon	61
		$C_{14}H_{10}$	Anthracen	57
		$C_{14}H_{10}$	Phenanthren	57
		$C_{16}H_{12}N_2O$	1-Benzol-azo-naphthol-2	62
		$C_{19}H_{16}$	Triphenylmethan	57
		Cl_3Sb	Antimontrichlorid	13
		Cl_4Sn	Zinntetrachlorid	21
		Cl_5P	Phosphorpentachlorid	13
		Cl_5Ta	Tantalpentachlorid	21
		J_2	Jod	12
		J_3P	Phosphortrijodid	13
		J_3Sb	Antimontrijodid	13
		O_2S	Schwefeldioxid	13
		S	Schwefel	12
$CHBr_3$	Bromoform	$CHCl_3$	Chloroform	147
		CH_4O	Methanol	208
		C_2H_6O	Äthanol	213
		C_3H_6O	Aceton	230
		C_3H_8O	Propanol(-1)	222
		$C_4H_{10}O$	Diäthyläther	250
		$C_5H_{12}O$	Isoamylalkohol	275
		C_6H_5Cl	Chlorbenzol	177
		$C_6H_5NO_2$	Nitrobenzol	479
		C_6H_6	Benzol	146
		C_6H_{12}	Cyclohexan	146
		$C_6H_{14}O$	Di-iso-propyläther	286
		$C_8H_{14}O_6$	Diäthyltartrat	324
		C_9H_7N	Chinolin	437
		O_2S	Schwefeldioxid	34
$CHCl_2F$	Monofluor-dichlor-methan	C_3H_6O	Aceton	228
$CHCl_3$	Chloroform	CH_2Cl_2	Methylenchlorid	146
		CH_3J	Methyljodid	146
		CH_4O	Methanol	208
		C_2Cl_6	Hexachloräthan	164
		C_2HCl_5	Pentachloräthan	164

1. Komponente Bruttoformel	Name	2. Komponente Bruttoformel	Name	Seite
$CHCl_3$	Chloroform	$C_2H_3Cl_3O_2$	Chloralhydrat	369
		$C_2H_4Br_2$	Äthylenbromid	161
		$C_2H_4O_2$	Essigsäure	218
		C_2H_6O	Äthanol	213
		C_2H_6OS	Dimethylsulfoxid	390
		$C_3H_4F_4O$	2.2.3.3-Tetrafluorpropanol(1)	373
		C_3H_6O	Aceton	229
		$C_3H_6O_2$	Methylacetat	236
		$C_3H_6O_2$	Propionsäure	235
		$C_3H_6O_3$	Dimethylcarbonat	238
		$C_3H_7NO_2$	Urethan	471
		C_3H_8O	Propanol(-1)	222
		C_4H_5N	Pyrrol	401
		$C_4H_8Cl_2O$	$\beta.\beta'$-Dichlordiäthyläther	375
		C_4H_8O	n-Butyraldehyd	254
		C_4H_8O	Methyläthylketon	254
		$C_4H_8O_2$	Äthylacetat	260
		$C_4H_8O_2$	Dioxan	266
		C_4H_9Br	n-Butylbromid	168
		C_4H_9Cl	n-Butylchlorid	167
		C_4H_9J	n-Butyljodid	169
		$C_4H_{10}O$	Iso-butanol	243
		$C_4H_{10}O$	Diäthyläther	249
		$C_4H_{12}ClN$	Diäthylammoniumchlorid	453
		$C_4H_{12}N_2O_3$	Diäthylammoniumnitrat	473
		$C_5H_5NO_2$	Furfuraldehyd	474
		$C_5H_6N_2$	Glutaronitril	408
		C_5H_{10}	Amylen	144
		$C_5H_{10}O_3$	Diäthylcarbonat	284
		C_5H_{12}	Pentan	144
		$C_5H_{12}O$	n-Amylalkohol	273
		$C_5H_{12}O$	Isoamylalkohol	275
		$C_6H_3N_3O_6$	1.3.5-Trinitrobenzol	491
		$C_6H_4Br_2$	p-Dibrombenzol	187
		$C_6H_4N_2O_4$	m-Dinitrobenzol	490
		$C_6H_4N_2O_4$	p-Dinitrobenzol	490
		C_6H_5Br	Brombenzol	179
		C_6H_5Cl	Chlorbenzol	177
		C_6H_5J	Jodbenzol	180
		$C_6H_5NO_2$	Nitrobenzol	479
		$C_6H_5NO_3$	o-Nitrophenol	487
		C_6H_6	Benzol	144
		C_6H_6O	Phenol	290
		C_6H_7N	Anilin	414
		$C_6H_{10}O_3$	Äthylacetacetat	299
		C_6H_{12}	Cyclohexan	144
		$C_6H_{12}N_4$	Hexamethylentetramin	422
		$C_6H_{12}O$	Methylisobutylketon	288
		$C_6H_{12}O_3$	Paraldehyd	297
		C_6H_{14}	Hexan	144
		$C_6H_{14}O$	Di-iso-propyläther	286
		$C_6H_{15}N$	Triäthylamin	410
		$C_6H_{16}ClN$	Triäthylammoniumchlorid	453
		$C_6H_{18}OSi_2$	Hexamethyldisiloxan	536
		$C_7H_6O_2$	Benzoesäure	309
		C_7H_7NO	Benzaldoxim	493
		$C_7H_7NO_2$	m-Nitrotoluol	496
		$C_7H_7NO_2$	o-Nitrotoluol	494
		$C_7H_7N_3O_4$	N-Methyl-2.4-dinitroanilin	500
		C_7H_8	Toluol	145
		C_7H_8O	Benzylalkohol	303

1. Komponente Brutto-formel	Name	2. Komponente Brutto-formel	Name	Seite
$CHCl_3$	Chloroform	C_7H_9N	p-Toluidin	426
		C_7H_{16}	Heptan	145
		$C_7H_{16}O$	Äthylamyläther	302
		C_8H_8O	Acetophenon	318
		C_8H_9NO	Acetanilid	502
		$C_8H_{10}O$	Phenetol	317
		$C_8H_{10}O_3S$	p-Toluolsulfonsäuremethylester	393
		$C_8H_{11}N$	Dimethylanilin	432
		$C_8H_{11}NO_2S$	p-Toluolsulfonsäuremethylamid	531
		$C_8H_{12}O_6$	Dimethylacetylmaleat	327
		$C_8H_{14}O_6$	Diäthyltartrat	324
		$C_8H_{20}BrN$	Tetraäthylammoniumbromid	457
		$C_8H_{20}ClN$	Tetraäthylammoniumchlorid	457
		$C_8H_{24}O_2Si_3$	Octamethyltrisiloxan	536
		$C_8H_{24}O_4Si_4$	Octamethylcyclotetrasiloxan	536
		C_9H_7N	Chinolin	437
		$C_9H_9N_3O_6$	Trinitromesitylen	506
		$C_9H_{10}O_2$	Benzylacetat	330
		$C_9H_{13}NO_2S$	p-Toluolsulfonsäuredimethyl-amid	532
		$C_{10}H_8$	Naphthalin	146
		$C_{10}H_{14}$	Tetramethylbenzol	145
		$C_{10}H_{16}O$	Campher	337
		$C_{10}H_{20}O$	Menthol	336
		$C_{10}H_{24}ClN$	Di-isoamylammoniumchlorid	458
		$C_{10}H_{30}O_3Si_4$	Decamethyltetrasiloxan	537
		$C_{12}H_{10}$	Acenaphthen	146
		$C_{12}H_{10}$	Diphenyl	146
		$C_{12}H_{10}N_2$	Azobenzol	448
		$C_{12}H_{10}O$	Diphenyläther	346
		$C_{14}H_8O_2$	Phenanthrenchinon	353
		$C_{14}H_{10}$	Phenanthren	146
		$C_{14}H_{10}O_2$	Benzil	353
		$C_{19}H_{16}$	Triphenylmethan	146
		$C_{20}H_{16}N_4$	Nitron	452
		$C_{27}H_{46}O$	Cholesterin	361
		$C_{27}H_{46}O_4$	Cholesterin-ozonid	361
		Cl_3In	Indium-III-chlorid	96
		Cl_3Sb	Antimon-III-chlorid	50
		Cl_4Sn	Zinn-IV-chlorid	98
		HNO_3	Salpetersäure	44
		H_2S	Schwefelwasserstoff	33
		InJ_3	Indium-III-jodid	97
		J_2	Jod	30
		N_2O_4	Distickstofftetroxid	44
		O_2S	Schwefeldioxid	34
		S	Schwefel	33
CHJ_3	Jodoform	$C_4H_{10}O$	Diäthyläther	250
		C_6H_6	Benzol	147
$CHKO_2$	Kaliumformiat	CH_2O_2	Ameisensäure	209
$CHLiO_2$	Lithiumformiat	CH_2O_2	Ameisensäure	209
		CH_3NO	Formamid	461
CHN	Cyanwasserstoff	C_6H_6	Benzol	62
		C_8H_{10}	p-Xylol	62
$CHNaO_2$	Natriumformiat	CH_2O_2	Ameisensäure	209
CHO_2Rb	Rubidiumformiat	CH_2O_2	Ameisensäure	209
		CH_3NO	Formamid	461
CH_2Br_2	Methylenbromid	C_6H_6	Benzol	143
CH_2Cl_2	Methylenchlorid	CH_3J	Methyljodid	143
		$C_3H_4F_4O$	2.2.3.3-Tetrafluorpropanol(1)	373
		C_3H_6O	Aceton	228

1. Komponente		2. Komponente		Seite
Brutto-formel	Name	Brutto-formel	Name	
CH_2Cl_2	Methylenchlorid	$C_3H_6O_2$	Methylacetat	236
		$C_3H_6O_2$	Propionsäure	235
		$C_4H_8O_2S$	Tetramethylensulfon	393
		$C_4H_{10}O$	Diäthyläther	249
		C_6H_6	Benzol	143
		C_6H_{12}	Cyclohexan	143
		$C_8H_{11}N$	Dimethylanilin	432
CH_2J_2	Methylenjodid	$C_4H_{10}O$	Diäthyläther	249
		C_6H_6	Benzol	143
		$C_6H_{10}O_4$	Diäthyloxalat	300
		$C_8H_{14}O_6$	Diäthyltartrat	324
		$C_{10}H_7Cl$	1-Chlornaphthalin	198
		HgJ_2	Quecksilber-II-jodid	94
		J_3Sb	Antimon(III)jodid	54
		J_4Sn	Zinn-IV-jodid	106
CH_2O_2	Ameisensäure	CH_3NO	Formamid	461
		CH_4O	Methanol	209
		CH_5NO_2	Ammoniumformiat	209
		C_2HCl_3O	Chloral	365
		$C_2H_4O_2$	Essigsäure	219
		C_2H_5NO	Acetamid	466
		C_3H_6O	Aceton	231
		$C_3H_6O_2$	Äthylformiat	236
		C_3H_7NO	Dimethylformamid	471
		C_4H_8O	Methyläthylketon	255
		$C_4H_8O_2$	Äthylacetat	261
		$C_4H_8O_2$	Dioxan	267
		$C_4H_{10}O$	Diäthyläther	252
		C_5H_5N	Pyridin	404
		$C_5H_{10}O$	Diäthylketon	278
		$C_5H_{10}O$	Methylpropylketon	278
		$C_5H_{11}N$	Piperidin	402
		$C_6H_5NO_2$	Nitrobenzol	480
		C_6H_6	Benzol	209
		C_7H_8O	Anisol	304
		C_7H_9N	m-Toluidin	425
		C_7H_9N	o-Toluidin	423
		$C_7H_9NO_2$	Phenylammoniumformiat	493
		$C_{10}H_{14}N_2$	Anabasin	445
		$C_{10}H_{14}N_2$	Nicotin	443
		$C_{10}H_{16}O$	Campher	338
		$CaCl_2$	Calciumchlorid	86
		ClCs	Cäsiumchlorid	81
		ClK	Kaliumchlorid	76
		ClLi	Lithiumchlorid	68
		ClNa	Natriumchlorid	72
		ClRb	Rubidiumchlorid	81
		CsJ	Cäsiumjodid	82
		JK	Kaliumjodid	78
		JLi	Lithiumjodid	70
		JNa	Natriumjodid	74
		JRb	Rubidiumjodid	81
CH_3Br	Methylbromid	$C_4H_{10}O$	Diäthyläther	249
		C_6H_6	Benzol	143
		C_6H_{14}	Hexan	142
CH_3Cl	Methylchlorid	C_6H_6	Benzol	142
		C_6H_{14}	Hexan	142
CH_3Cl_3Si	Methyltrichlorsilan	$C_2H_6Cl_2Si$	Dimethyldichlorsilan	535
		C_3H_9ClSi	Trimethylchlorsilan	535
		Cl_4Si	Siliciumtetrachlorid	65
		Cl_4Sn	Zinn-IV-chlorid	103

1. Komponente		2. Komponente		Seite
Brutto-formel	Name	Brutto-formel	Name	
CH_3CsO	Cäsiummethylat	CH_4O	Methanol	209
CH_3J	Methyljodid	C_2H_5J	Äthyljodid	157
		C_2H_6O	Äthanol	213
		C_3H_6O	Aceton	228
		C_3H_8O	Propanol(-1)	222
		$C_4H_8O_2$	Äthylacetat	260
		C_6H_6	Benzol	143
		C_6H_{14}	Hexan	143
		$C_8H_{14}O_6$	Diäthyltartrat	324
CH_3KO	Kaliummethylat	CH_4O	Methanol	209
CH_3LiO	Lithiummethylat	CH_4O	Methanol	209
CH_3NO	Formamid	CH_4N_2O	Harnstoff	466
		CH_4O	Methanol	461
		CH_5NO_2	Ammoniumformiat	461
		$C_2H_4O_2$	Essigsäure	462
		C_2H_6O	Äthanol	461
		$C_3H_6O_2$	Propionsäure	462
		C_3H_8O	Propanol(1)	462
		$C_4H_4Na_2O_4$	Natriumsuccinat	462
		$C_4H_8O_2$	Buttersäure	462
		$C_4H_8O_2$	1.3-Dioxan	462
		$C_4H_8O_2$	1.4-Dioxan	462
		$C_4H_{10}O$	Isobutanol	462
		C_5H_5N	Pyridin	463
		$C_5H_6N_2$	Glutarsäurenitril	463
		$C_5H_{11}NO$	Diäthylformamid	474
		$C_5H_{12}O$	Isoamylalkohol	463
		$C_6H_5NaO_3S$	Natriumbenzolsulfonat	463
		$C_7H_3N_2NaO_6$	Natrium-3.5-Dinitrobenzoat	500
		$C_7H_5NaO_2$	Natriumbenzoat	463
		$C_7H_5NaO_3$	Natriumsalicylat	463
		$C_8H_{14}O_6$	Diäthyltartrat	463
		$C_8H_{20}JN$	Tetraäthylammoniumjodid	463
		$C_{10}H_{14}N_2$	Nicotin	463
		$C_{12}H_{28}JN$	Tetrapropylammoniumjodid	463
		$C_{16}H_{36}JN$	Tetrabutylammoniumjodid	463
		$C_{20}H_{44}JN$	Tetrapentylammoniumjodid	463
		$C_{24}H_{52}JN$	Tetrahexylammoniumjodid	463
		ClCs	Cäsiumchlorid	81
		ClH	Chlorwasserstoff	26
		ClH_4N	Ammoniumchlorid	83
		ClK	Kaliumchlorid	77
		ClLi	Lithiumchlorid	69
		ClNa	Natriumchlorid	72
		ClRb	Rubidiumchlorid	81
		CsJ	Cäsiumjodid	82
		$CsNO_3$	Cäsiumnitrat	82
		$H_4N_2O_3$	Ammoniumnitrat	84
		JK	Kaliumjodid	80
		JNa	Natriumjodid	75
		JRb	Rubidiumjodid	81
		KNO_3	Kaliumnitrat	80
		$NNaO_3$	Natriumnitrat	75
		NO_3Rb	Rubidiumnitrat	81
		N_2O_6Sr	Strontiumnitrat	87
CH_3NO_2	Nitromethan	CH_4O	Methanol	464
		C_2HCl_3O	Chloral	464
		C_2H_3N	Acetonitril	464
		$C_2H_4O_2$	Essigsäure	464
		C_2H_6O	Äthanol	464
		C_3H_6O	Aceton	464

1. Komponente		2. Komponente		Seite
Brutto-formel	Name	Brutto-formel	Name	
CH_3NO_2	Nitromethan	C_3H_8O	Propanol	464
		$C_4H_{12}JN$	Tetramethylammoniumjodid	464
		$C_5H_6N_2$	Glutarsäurenitril	464
		C_6H_6	Benzol	463
		C_7H_{16}	Heptan	464
		$C_8H_{20}JN$	Tetraäthylammoniumjodid	465
		$C_9H_{10}O_2$	Benzylacetat	464
		$C_{12}H_{28}JN$	Tetrapropylammoniumjodid	465
		JK	Kaliumjodid	80
CH_3NaO	Natriummethylat	CH_4O	Methanol	209
CH_3ORb	Rubidiummethylat	CH_4O	Methanol	209
CH_4	Methan	C_3H_8	Propan	111
		C_5H_{12}	n-Pentan	111
		C_6H_6	Benzol	112
		C_6H_{12}	Cyclohexan	112
		C_6H_{14}	Hexan	111
		C_7F_{16}	Hexadecafluorheptan	193
		$C_{10}H_{22}$	n-Decan	127
CH_4Cl_2Si	Methyldichlorsilan	C_3H_9ClSi	Trimethylchlorsilan	535
		Cl_4Si	Siliciumtetrachlorid	65
CH_4N_2O	Harnstoff	CH_4O	Methanol	465
		CH_5N	Methylamin	466
		$C_2HCl_3O_2$	Trichloressigsäure	466
		$C_2H_2Cl_2O_2$	Dichloressigsäure	466
		$C_2H_3ClO_2$	Chloressigsäure	466
		$C_2H_4O_2$	Essigsäure	465
		C_2H_6O	Äthanol	465
		$C_4H_8O_2$	Buttersäure	465
		C_5H_5N	Pyridin	466
		C_6H_6O	Phenol	465
		$C_6H_6O_2$	Brenzcatechin	465
		$C_6H_6O_2$	Hydrochinon	465
		$C_6H_6O_2$	Resorcin	465
		$C_7H_6O_2$	Benzoesäure	465
		$C_7H_6O_3$	Salicylsäure	466
		H_3N	Ammoniak	43
CH_4N_2S	Thioharnstoff	C_5H_5N	Pyridin	525
CH_4O	Methanol	C_2HgN_2	Quecksilber-II-cyanid	94
		C_2HCl_3O	Chloral	365
		$C_2H_2Cl_2O_2$	Dichloressigsäure	369
		$C_2H_2O_4$	Oxalsäure	220
		C_2H_3N	Acetonitril	397
		$C_2H_4Cl_2$	Dichloräthan	208
		$C_2H_4O_2$	Essigsäure	219
		C_2H_5J	Äthyljodid	208
		C_2H_5NO	Acetamid	466
		C_2H_6O	Äthanol	215
		C_2H_6OS	Dimethylsulfoxid	390
		$C_2H_6O_2$	Äthylenglykol	216
		$C_2H_8N_2$	Äthylendiamin	398
		C_3H_6O	Aceton	231
		$C_3H_6O_2$	Methylacetat	237
		C_3H_7NO	Dimethylformamid	471
		C_3H_7NO	N-Methylacetamid	469
		$C_3H_7NO_2$	Urethan	471
		C_3H_8O	Propanol(-1)	222
		$C_3H_8O_3$	Glycerin	237
		$C_4H_2O_4$	Acetylendicarbonsäure	271
		$C_4H_4O_4$	Fumarsäure	271
		$C_4H_5Cl_3O_2$	Trichlorbuttersäure	376
		$C_4H_6O_4$	Bernsteinsäure	270

1. Komponente Bruttoformel	Name	2. Komponente Bruttoformel	Name	Seite
CH_4O	Methanol	$C_4H_6O_5$	Äpfelsäure	271
		$C_4H_8Cl_2O$	β.β'-Dichlordiäthyläther	375
		C_4H_8O	Methyläthylketon	254
		C_4H_8O	Tetrahydrofuran	255
		$C_4H_8O_2$	Äthylacetat	261
		$C_4H_8O_2$	Buttersäure	258
		$C_4H_8O_2$	Dioxan	267
		C_4H_{10}	Butan	204
		$C_4H_{10}O$	n-Butanol	241
		$C_4H_{10}O$	Iso-butanol	244
		$C_4H_{10}O$	sek. Butanol	246
		$C_4H_{10}O$	tert. Butanol	247
		$C_4H_{10}O$	Diäthyläther	252
		$C_4H_{12}JN$	Tetramethylammoniumjodid	453
		C_5H_5N	Pyridin	404
		$C_5H_6N_2$	Glutaronitril	408
		C_5H_8	Isopren	205
		$C_5H_8O_2$	Methacrylsäuremethylester	283
		C_5H_{10}	Trimethyläthylen	204
		$C_5H_{10}O$	Methylpropylketon	278
		$C_5H_{10}O$	Diäthylketon	278
		$C_5H_{11}N$	Piperidin	402
		C_5H_{12}	Isopentan	204
		$C_5H_{12}O$	Isoamylalkohol	275
		$C_6H_3N_3O_7$	Pikrinsäure	491
		C_6H_5Cl	Chlorbenzol	209
		$C_6H_5NO_2$	Nitrobenzol	480
		C_6H_6	Benzol	205
		C_6H_6O	Phenol	291
		C_6H_7N	Anilin	415
		$C_6H_{10}O$	Cyclohexanon	289
		C_6H_{12}	Cyclohexan	205
		$C_6H_{12}O$	Cyclohexanol	287
		C_6H_{14}	Hexan	205
		$C_6H_{14}O$	n-Hexanol	285
		$C_6H_{15}N$	Triäthylamin	411
		$C_7H_4N_2O_6$	2.4-Dinitrobenzoesäure	500
		$C_7H_4N_2O_6$	3.5-Dinitrobenzoesäure	500
		$C_7H_6O_2$	Benzoesäure	310
		$C_7H_6O_3$	Salicylsäure	311
		$C_7H_7NO_2$	o-Nitrotoluol	494
		C_7H_8	Toluol	207
		C_7H_8O	Anisol	304
		C_7H_9N	p-Toluidin	426
		C_7H_{16}	Heptan	206
		C_8H_9NO	Acetanilid	502
		C_8H_{10}	m-Xylol	207
		$C_8H_{10}O$	Phenetol	317
		$C_8H_{11}N$	Dimethylanilin	433
		$C_8H_{12}O_6$	Dimethylacetylmaleat	327
		$C_8H_{14}O_6$	Diäthyltartrat	326
		$C_8H_{14}O_6$	Dimethyldimethoxysuccinat	327
		$C_8H_{18}O$	n-Octanol	314
		$C_8H_{20}JN$	Tetraäthylammoniumjodid	457
		$C_9H_6O_2$	Phenylpropiolsäure	333
		$C_9H_8O_2$	Zimtsäure	333
		$C_9H_{10}O$	Zimtalkohol	329
		$C_9H_{10}O_2$	β-Phenylpropionsäure	330
		C_9H_{12}	Mesitylen	207
		$C_{10}H_8$	Naphthalin	207
		$C_{10}H_{12}$	Tetrahydronaphthalin	207

Lacmann

1. Komponente Bruttoformel	1. Komponente Name	2. Komponente Bruttoformel	2. Komponente Name	Seite
CH_4O	Methanol	$C_{10}H_{14}$	p-Cymol	207
		$C_{10}H_{14}N_2$	Nicotin	443
		$C_{10}H_{14}O$	Thymol	340
		$C_{10}H_{16}O$	Campher	338
		$C_{10}H_{18}O_6$	Äthyldimethoxysuccinat	344
		$C_{10}H_{22}O$	n-Decanol	335
		$C_{12}H_{10}$	Acenaphthen	207
		$C_{12}H_{22}O_6$	Propyldimethoxysuccinat	348
		$C_{12}H_{26}O$	n-Dodecanol	346
		$C_{12}H_{28}JN$	Tetrapropylammoniumjodid	458
		$C_{18}H_{34}O_2$	Ölsäure	358
		$C_{18}H_{34}O_4$	Sebacinsäure-dibutylester	359
		$CaCl_2$	Calciumchlorid	85
		$CaCl_2O_8$	Calciumperchlorat	86
		CaN_2O_6	Calciumnitrat	87
		CdJ_2	Cadmiumjodid	92
		ClCs	Cäsiumchlorid	81
		$ClCsO_4$	Cäsiumperchlorat	82
		ClH	Chlorwasserstoff	25
		ClH_4N	Ammoniumchlorid	83
		ClH_4NO_4	Ammoniumperchlorat	83
		ClK	Kaliumchlorid	76
		$ClKO_4$	Kaliumperchlorat	77
		ClLi	Lithiumchlorid	67
		$ClLiO_4$	Lithiumperchlorat	69
		ClNa	Natriumchlorid	72
		$ClNaO_4$	Natriumperchlorat	72
		ClO_4Rb	Rubidiumperchlorat	81
		ClRb	Rubidiumchlorid	81
		Cl_2Co	Cobalt-II-chlorid	108
		Cl_2Hg	Quecksilber-II-chlorid	92
		Cl_2Mg	Magnesiumchlorid	84
		Cl_2MgO_8	Magnesiumperchlorat	85
		Cl_2O_8Sr	Strontiumperchlorat	87
		Cl_2Zn	Zinkchlorid	91
		Cl_3In	Indium-III-chlorid	96
		Cl_3Sb	Antimon-III-chlorid	50
		Cl_4Hf	Hafniumtetrachlorid	90
		Cl_4Zr	Zirkontetrachlorid	90
		CsJ	Cäsiumjodid	82
		FK	Kaliumfluorid	76
		FNa	Natriumfluorid	71
		F_3In	Indium-III-fluorid	95
		H_3N	Ammoniak	43
		$H_4N_2O_3$	Ammoniumnitrat	84
		H_4N_4	Ammoniumazid	84
		HgJ_2	Quecksilber-II-jodid	94
		InJ_3	Indium-III-jodid	97
		JK	Kaliumjodid	78
		JLi	Lithiumjodid	70
		JNa	Natriumjodid	74
		JRb	Rubidiumjodid	81
		J_2	Jod	31
		J_2Zn	Zinkjodid	91
		O_2S	Schwefeldioxid	35
CH_5N	Methylamin	$C_6H_5N_3O_4$	2.4-Dinitroanilin	491
		$C_7H_9NO_3S$	m-Methoxybenzolsulfonamid	531
		$C_{12}H_{22}O_{11}$	Rohrzucker	396
		ClH	Chlorwasserstoff	26
		ClLi	Lithiumchlorid	69
		JK	Kaliumjodid	79

1. Komponente Bruttoformel	1. Komponente Name	2. Komponente Bruttoformel	2. Komponente Name	Seite
CH_5N	Methylamin	Li	Lithium	67
		$NNaO_3$	Natriumnitrat	75
CH_6N_2	Methylhydrazin	H_4N_2	Hydrazin	42
C_2				
$C_2Cl_2O_2$	Oxalylchlorid	C_6H_6	Benzol	369
C_2Cl_4	Tetrachloräthylen	C_3H_6O	Aceton	231
		C_5H_5N	Pyridin	404
		C_5H_{10}	Cyclopentan	163
		C_6H_6	Benzol	163
		C_8H_8O	Acetophenon	319
C_2Cl_4O	Trichloracetylchlorid	C_6H_6	Benzol	367
C_2Cl_6	Hexachloräthan	C_2HCl_5	Pentachloräthan	165
		C_2H_6	Äthan	164
		$C_4H_{10}O$	Diäthyläther	251
		C_6H_{12}	Cyclohexan	164
C_2HgN_2	Quecksilber-II-cyanid	C_2H_6O	Äthanol	94
		$C_2H_8N_2$	Äthylendiamin	94
		C_3H_8O	Propanol	94
		$C_4H_8O_2$	Äthylacetat	94
		C_5H_5N	Pyridin	94
C_2HBr_3O	Bromal	C_6H_6	Benzol	367
$C_2HBr_3O_2$	Tribromessigsäure	C_6H_6	Benzol	371
C_2HCl_3	Trichloräthylen	C_2HCl_5	Pentachloräthan	164
		C_3H_6O	Aceton	230
		$C_4H_{10}O$	Diäthyläther	251
		$C_6H_{10}O$	Cyclohexanon	289
		$C_6H_{15}N$	Triäthylamin	411
		$C_6H_{18}OSi_2$	Hexamethyldisiloxan	536
		$C_8H_{24}O_2Si_3$	Octamethyltrisiloxan	536
C_2HCl_3O	Chloral	$C_2H_4O_2$	Essigsäure	365
		C_2H_6O	Äthanol	365
		C_3H_6O	Aceton	365
		C_3H_6O	Allylalkohol	365
		$C_3H_6O_2$	Äthylformiat	365
		C_4H_8O	Methyläthylketon	366
		$C_4H_8O_2$	Äthylacetat	366
		$C_4H_{10}O$	Diäthyläther	365
		$C_5H_8O_2$	Acetylaceton	366
		$C_5H_{10}O$	Methylpropylketon	366
		$C_5H_{12}O$	Dimethyläthylcarbinol	366
		$C_5H_{12}O$	Isoamylalkohol	366
		C_6H_5Cl	Chlorbenzol	364
		C_6H_6	Benzol	364
		$C_6H_{12}O$	Cyclohexanol	366
		C_7H_6O	Benzaldehyd	367
		$C_7H_6O_2$	Salicylaldehyd	367
		C_7H_8O	Anisol	367
		C_7H_8O	Benzylalkohol	366
		C_8H_8O	Acetophenon	367
		$C_{13}H_{10}O$	Benzophenon	367
$C_2HCl_3O_2$	Trichloressigsäure	$C_2HF_3O_2$	Trifluoressigsäure	371
		$C_2H_4O_2$	Essigsäure	370
		C_2H_5NO	Acetamid	468
		C_3H_6O	Aceton	370
		$C_4H_5Cl_3O_2$	Äthyltrichloracetat	376
		$C_4H_8O_2$	Äthylacetat	370
		$C_4H_8O_2$	Dioxan	370
		$C_4H_{10}O$	Diäthyläther	370
		C_6H_6	Benzol	370
		C_6H_6O	Phenol	370
		$C_6H_{12}O_2$	Butylacetat	371

1. Komponente		2. Komponente		Seite
Brutto-formel	Name	Brutto-formel	Name	
$C_2HCl_3O_2$	Trichloressigsäure	$C_7H_{14}O_2$	Amylacetat	371
		C_8H_8O	Acetophenon	371
		C_8H_{10}	Xylol	370
		$C_9H_{10}O_2$	Äthylbenzoat	371
		$C_{12}H_{11}N$	Diphenylamin	447
		$ClHO_4$	Perchlorsäure	27
		Cl_3Sb	Antimon-III-chlorid	52
		Cl_4Sn	Zinn-IV-chlorid	102
		H_2O_4S	Schwefelsäure	37
C_2HCl_5	Pentachloräthan	C_3H_6O	Aceton	231
		$C_4H_{10}O$	Diäthyläther	251
		C_6H_6	Benzol	164
		C_6H_{12}	Cyclohexan	164
		C_8H_8O	Acetophenon	319
		$C_8H_{10}O$	Phenetol	317
		$C_{12}H_{10}O$	Diphenyläther	347
$C_2HF_3O_2$	Trifluoressigsäure	$C_2H_3ClO_2$	Chloressigsäure	369
		$C_2H_4O_2$	Essigsäure	369
		$C_{10}H_{15}N$	Diäthylanilin	441
		$ClHO_4$	Perchlorsäure	26
		HNO_3	Salpetersäure	45
		H_2O_4S	Schwefelsäure	37
		$H_2O_7S_2$	Pyroschwefelsäure	38
$C_2H_2Br_4$	Tetrabromäthan	$C_2H_3Br_3$	Vinyltribromid	163
		$C_8H_{14}O_6$	Diäthyltartrat	325
		$C_{12}H_{25}Br$	1-Bromdodecan	200
		J_2	Jod	30
C_2H_2ClN	Chloracetonitril	C_6H_6	Benzol	453
$C_2H_2Cl_2$	cis-Dichloräthylen	$C_2H_2Cl_2$	trans-Dichloräthylen	162
$C_2H_2Cl_2$	1.1-Dichloräthylen	C_6H_6	Benzol	162
$C_2H_2Cl_2$	1.2-Dichloräthylen	InJ_3	Indium-III-jodid	97
$C_2H_2Cl_2O$	Chloracetylchlorid	C_6H_6	Benzol	364
$C_2H_2Cl_2O_2$	Dichloressigsäure	$C_2H_4O_2$	Essigsäure	369
		C_2H_5NO	Acetamid	467
		C_2H_6O	Äthanol	369
		C_6H_6	Benzol	368
		C_7H_8	Toluol	368
		$C_{10}H_{15}N$	Diäthylanilin	441
		$C_{12}H_{11}N$	Diphenylamin	447
		$ClHO_4$	Perchlorsäure	26
		Cl_4Sn	Zinn-IV-chlorid	102
		H_2O_4S	Schwefelsäure	37
		H_2O_4Se	Selensäure	41
$C_2H_2Cl_4$	1.1.2.2-Tetrachloräthan (Tetrachloräthan)	C_3H_6O	Aceton	230
		$C_4H_8O_3$	Methyl-l-Lactat	270
		$C_4H_{10}O$	Iso-butanol	244
		$C_4H_{10}O$	Diäthyläther	251
		$C_5H_{10}O_3$	Methyl-L-α-methoxy-propionat	284
		$C_6H_5NO_2$	Nitrobenzol	480
		$C_6H_{10}O_4$	Methyl-L-α-acetoxypropionat	300
		C_8H_8O	Acetophenon	319
		$C_8H_{10}O$	Phenetol	317
		$C_8H_{14}O_6$	Diäthyltartrat	325
		$C_{10}H_8$	Naphthalin	163
		$C_{12}H_{22}O_6$	Diisobutyltartrat	348
		$C_{16}H_{26}O_8$	Isobutyl-diacetyl-d-tartrat	356
		Cl_3Sb	Antimon-III-chlorid	50
C_2H_2O	Keten	C_6H_6	Benzol	216
C_2H_3Br	Bromäthylen	C_6H_6	Benzol	158
C_2H_3BrO	Acetylbromid	C_6H_6	Benzol	364

1. Komponente		2. Komponente		Seite
Brutto-formel	Name	Brutto-formel	Name	
$C_2H_3BrO_2$	Bromessigsäure	H_3O_4P	Phosphorsäure	46
C_2H_3ClO	Acetylchlorid	C_6H_6	Benzol	364
$C_2H_3ClO_2$	Chloressigsäure	$C_2H_4O_2$	Essigsäure	368
		C_2H_5NO	Acetamid	467
		C_2H_6O	Äthanol	368
		C_3H_6O	Aceton	368
		$C_4H_8O_2$	Dioxan	368
		C_6H_6	Benzol	367
		C_6H_6O	Phenol	368
		C_7H_8	Toluol	368
		$C_{10}H_{15}N$	Diäthylanilin	441
		$C_{12}H_{11}N$	Diphenylamin	446
		$ClHO_4$	Perchlorsäure	26
		Cl_3Sb	Antimon-III-chlorid	52
		Cl_4Sn	Zinn-IV-chlorid	102
		H_2O_4S	Schwefelsäure	37
		H_2O_4Se	Selensäure	41
		$H_2O_7S_2$	Pyroschwefelsäure	38
		H_3O_4P	Phosphorsäure	46
$C_2H_3Cl_3$	Trichloräthan	C_3H_6O	Aceton	230
		$C_4H_{10}O$	Diäthyläther	251
		C_6H_6	Benzol	163
		C_6H_{12}	Cyclohexan	163
$C_2H_3Cl_3O_2$	Chloralhydrat	C_2H_6O	Äthanol	369
		C_7H_8	Toluol	369
$C_2H_3F_3O$	2.2.2-Trifluoräthanol	C_2H_6O	Äthanol	364
$C_2H_3KO_2$	Kaliumacetat	C_2H_6O	Äthanol	219
		H_3N	Ammoniak	43
C_2H_3N	Acetonitril	C_2H_6O	Äthanol	398
		C_2H_6OS	Dimethylsulfoxid	398
		C_3H_5NO	Milchsäurenitril	471
		C_3H_6O	Aceton	398
		C_5H_5N	Pyridin	407
		C_5H_8	Isopren	397
		C_5H_{10}	Penten(1)	397
		C_5H_{10}	Penten(2)	397
		C_5H_{10}	Trimethyläthylen	397
		$C_6H_5NO_2$	Nitrobenzol	483
		C_6H_6	Benzol	397
		C_7H_5ClO	Benzoylchlorid	398
		C_7H_7Cl	Benzylchlorid	397
		$C_8H_{20}JN$	Tetraäthylammoniumjodid	457
		$C_{12}H_{28}JN$	Tetrapropylammoniumjodid	459
		CdJ_2	Cadmiumjodid	92
		$ClLi$	Lithiumchlorid	69
		Cl_2Hg	Quecksilber-II-chlorid	93
		CsJ	Cäsiumjodid	82
		FNa	Natriumfluorid	71
		JK	Kaliumjodid	79
		JLi	Lithiumjodid	71
		JNa	Natriumjodid	75
		JRb	Rubidiumjodid	81
C_2H_3NS	Methylthiocyanat	C_6H_6	Benzol	526
		$C_8H_{20}JN$	Tetraäthylammoniumjodid	526
C_2H_3NS	Methylisothiocyanat	C_6H_6	Benzol	526
C_2H_4BrCl	Äthylenchlorbromid	C_7H_{16}	Heptan	161
$C_2H_4Br_2$	Äthylenbromid	$C_2H_4Cl_2$	Äthylenchlorid	162
		$C_2H_4O_2$	Essigsäure	218
		C_3H_8O	Propanol(-1)	222
		$C_4H_{10}O$	Diäthyläther	251
		$C_5H_6N_2$	Glutaronitril	408

1. Komponente		2. Komponente		Seite
Brutto-formel	Name	Brutto-formel	Name	
$C_2H_4Br_2$	Ätylenbromid	C_5H_{10}	Amylen	161
		C_6H_5Cl	Chlorbenzol	177
		C_6H_6	Benzol	161
		C_6H_{12}	Cyclohexan	161
		C_7H_8	Toluol	161
		C_7H_{16}	Heptan	161
		$C_8H_{14}O_6$	Diäthyltartrat	325
		$C_8H_{14}O_6$	Dimethyl-d-dimethoxysuccinat	327
		$C_{10}H_8$	Naphthalin	161
		$C_{10}H_{14}N_2$	Nicotin	443
		$C_{10}H_{16}O$	Campher	338
		$C_{10}H_{18}O_6$	Dipropyltartrat	343
		$C_{12}H_{18}O_8$	Diäthyl-diacetyltartrat	348
		$C_{26}H_{30}O_8$	Isobutyl-dibenzoyl-d-tartrat	361
		J_2	Jod	30
C_2H_4ClNO	Chloracetamid	$C_4H_8O_2$	Dioxan	520
$C_2H_4Cl_2$	Dichloräthan	$C_5H_{12}O$	Isoamylalkohol	275
		$C_8H_{11}NO_2$	Anilinacetat	502
$C_2H_4Cl_2$	1.1-Dichloräthan	$C_8H_{14}O_6$	Diäthyltartrat	325
$C_2H_4Cl_2$	Äthylenchlorid	C_2H_5ClO	Äthylenchlorhydrin	364
		C_2H_6O	Äthanol	215
		C_3H_6O	Aceton	230
		C_3H_8O	Propanol(-1)	222
		$C_4H_{10}O$	n-Butanol	241
		$C_4H_{10}O$	Diäthyläther	251
		C_6H_6	Benzol	158
		C_6H_{12}	Cyclohexan	158
		C_6H_{14}	Hexan	158
		C_7H_8	Toluol	159
		C_7H_{14}	Methylcyclohexan	159
		C_7H_{16}	Heptan	159
		C_8H_8O	Acetophenon	319
		C_8H_{10}	Äthylbenzol	160
		C_8H_{10}	m-Xylol	160
		C_8H_{10}	o-Xylol	160
		C_8H_{10}	p-Xylol	160
		$C_8H_{14}O_6$	Diäthyltartrat	325
		C_9H_{12}	n-Propylbenzol	160
		C_9H_{12}	2.4.5-Trimethylbenzol	160
		$C_{10}H_{12}$	Tetrahydronaphthalin	160
		$C_{10}H_{14}$	n-Butylbenzol	160
		$C_{10}H_{14}N_2$	Nicotin	442
		$C_{12}H_{18}$	n-Hexylbenzol	160
		$C_{13}H_{20}$	n-Heptylbenzol	160
		$C_{14}H_{22}$	n-Octylbenzol	160
		ClH	Chlorwasserstoff	25
$C_2H_4N_2O_2$	Glyoxim	$C_4H_8O_2$	Dioxan	468
C_2H_4O	Acetaldehyd	$C_2H_4O_2$	Essigsäure	219
		C_2H_6O	Äthanol	216
		C_6H_6	Benzol	216
		$C_6H_{12}O_3$	Paraldehyd	298
C_2H_4O	Äthylenoxyd	C_6H_6	Benzol	216
C_2H_4OS	Thioessigsäure	C_3H_6O	Aceton	393
		C_6H_6	Benzol	392
$C_2H_4O_2$	Essigsäure	C_2H_5Br	Äthylbromid	218
		C_2H_5NO	Acetamid	467
		C_2H_6O	Äthanol	219
		C_2H_6OS	Dimethylsulfoxid	390
		$C_3H_6Br_2$	Propylenbromid	218
		C_3H_6O	Aceton	232
		$C_3H_6O_2$	Äthylformiat	236

1. Komponente Bruttoformel	Name	2. Komponente Bruttoformel	Name	Seite
$C_2H_4O_2$	Essigsäure	$C_3H_6O_2$	Propionsäure	235
		C_3H_8O	Propanol(-1)	223
		$C_3H_8O_3$	Glycerin	237
		$C_4H_5Cl_3O_2$	Äthyltrichloracetat	376
		$C_4H_6O_3$	Essigsäureanhydrid	270
		C_4H_8O	Methyläthylketon	255
		$C_4H_8O_2$	Äthylacetat	261
		$C_4H_8O_2$	Buttersäure	258
		$C_4H_8O_2$	Isobuttersäure	258
		$C_4H_8O_2$	Dioxan	268
		$C_4H_{10}O$	n-Butanol	241
		$C_4H_{10}O$	Diäthyläther	253
		C_5H_5N	Pyridin	405
		$C_5H_6N_2$	Glutaronitril	408
		$C_5H_{10}O$	Methylpropylketon	278
		$C_5H_{11}N$	Piperidin	402
		C_6H_5Cl	Chlorbenzol	218
		$C_6H_5NO_2$	Nitrobenzol	480
		C_6H_6	Benzol	217
		C_6H_6O	Phenol	291
		C_6H_7N	Anilin	415
		$C_6H_{12}O_2$	Butylacetat	294
		$C_6H_{12}O_2$	Capronsäure	294
		$C_6H_{12}O_3$	Paraldehyd	298
		C_6H_{14}	Hexan	217
		$C_6H_{15}N$	Triäthylamin	411
		C_7H_8	Toluol	218
		C_7H_9N	m-Toluidin	425
		C_7H_9N	o-Toluidin	423
		$C_7H_{14}O_2$	Amylacetat	307
		C_8H_8O	Acetophenon	319
		C_8H_{10}	Xylol-Gemisch	218
		$C_8H_{11}N$	Dimethylanilin	433
		C_9H_7N	Chinolin	437
		C_9H_7NO	8-Oxychinolin	505
		$C_9H_{10}O_2$	Äthylbenzoat	331
		$C_9H_{14}O_6$	Äthyl-l-diacetylglycerat	334
		$C_9H_{18}O_2$	Amylbutyrat	330
		$C_{10}H_8$	Naphthalin	218
		$C_{10}H_{14}N_2$	Nicotin	443
		$C_{10}H_{15}N$	Diäthylanilin	440
		$C_{10}H_{16}O$	Campher	338
		$C_{15}H_{18}O_7$	Diäthylmonobenzoyltartrat	354
		$C_{16}H_{20}O_7$	Diäthylmono-o-toluyltartrat	356
		$C_{16}H_{20}O_7$	Diäthyl-mono-p-toluyltartrat	356
		$C_{18}H_{36}O_2$	Cetylacetat	358
		$CaCl_2$	Calciumchlorid	86
		$ClHO_4$	Perchlorsäure	26
		ClLi	Lithiumchlorid	68
		Cl_2Hg	Quecksilber-II-chlorid	93
		Cl_3Sb	Antimon-III-chlorid	51
		Cl_4Sn	Zinn-IV-chlorid	99
		Cl_5Sb	Antimon-V-chlorid	52
		HNO_3	Salpetersäure	44
		H_2O_4S	Schwefelsäure	35
		H_2O_4Se	Selensäure	40
		$H_2O_7S_2$	Pyroschwefelsäure	38
		H_3O_4P	Phosphorsäure	46
		H_4N_2	Hydrazin	42
		JLi	Lithiumjodid	71
$C_2H_4O_2$	Methylformiat	C_5H_8	Isopren	219

1. Komponente		2. Komponente		Seite
Brutto-formel	Name	Brutto-formel	Name	
$C_2H_4O_2$	Methyformiat	C_5H_{10}	Trimethyläthylen	219
		C_6H_6	Benzol	220
		C_6H_{14}	n-Hexan	219
C_2H_5Br	Äthylbromid	C_2H_5J	Äthyljodid	158
		$C_4H_{10}O$	sek. Butanol	246
		$C_4H_{10}O$	Diäthyläther	251
		C_5H_5N	Pyridin	404
		$C_6H_4Br_2$	p-Dibrombenzol	187
		C_6H_6	Benzol	157
		C_6H_{12}	Cyclohexan	157
		C_6H_{14}	Hexan	156
		C_7H_8	Toluol	157
		$C_8H_{14}O_6$	Diäthyltartrat	325
		ClH	Chlorwasserstoff	24
C_2H_5Cl	Äthylchlorid	$C_{18}H_{30}N_4O_7$	Tributylammoniumpikrat	517
C_2H_5ClO	Äthylenchlorhydrin	$C_4H_8O_2$	1.4-Dioxan	364
		C_6H_6	Benzol	363
C_2H_5J	Äthyljodid	$C_4H_8O_2$	Äthylacetat	260
		C_5H_5N	Pyridin	404
		C_6H_6	Benzol	157
		C_7H_{16}	n-Heptan	157
		$C_8H_{10}O$	Phenetol	317
		$C_8H_{14}O_6$	Diäthyltartrat	325
		$C_{10}H_8$	Naphthalin	157
		J_2	Jod	30
C_2H_5NO	Acetaldoxim	C_3H_6O	Aceton	468
C_2H_5NO	Acetamid	C_2H_6O	Äthanol	467
		C_3H_6O	Aceton	467
		$C_3H_6O_2$	Propionsäure	467
		$C_4H_8O_2$	n-Buttersäure	467
		$C_4H_8O_2$	Dioxan	467
		C_5H_5N	Pyridin	468
		C_6H_6O	Phenol	467
		$C_6H_6O_2$	Brenzcatechin	467
		$C_6H_6O_2$	Hydrochinon	467
		$C_6H_6O_2$	Resorcin	467
		$C_6H_{12}O_2$	n-Capronsäure	467
		$C_7H_6O_2$	Benzoesäure	467
		$C_7H_6O_3$	Salicylsäure	467
		$C_9H_8O_2$	Zimtsäure	467
		$C_{18}H_{36}O_2$	Stearinsäure	467
		ClJ	Jodchlorid	32
		H_2O_4S	Schwefelsäure	38
		H_3O_4P	Phosphorsäure	46
C_2H_5NO	N-Methylformamid	ClCs	Cäsiumchlorid	82
		ClNa	Natriumchlorid	72
$C_2H_5NO_2$	Nitroäthan	$C_5H_6N_2$	Glutarsäurenitril	468
$C_2H_5NO_3$	Äthylnitrat	C_7H_{16}	Heptan	468
		$C_8H_{20}JN$	Tetraäthylammoniumjodid	468
		$C_{10}H_7Br$	α-Bromnaphthalin	468
		$C_{12}H_{28}JN$	Tetrapropylammoniumjodid	468
		Cl_4Sn	Zinn-IV-chlorid	102
$C_2H_5NO_4$	Glykolmononitrat	C_3H_6O	Aceton	468
C_2H_5NS	Thioacetamid	$C_4H_8O_2$	Dioxan	525
C_2H_6	Äthan	C_3H_6	Propen	111
		C_6H_{14}	Hexan	111
		C_7H_{16}	Hexadecafluorheptan	193
		$C_{19}H_{40}$	n-Nonadecan	140
$C_2H_6Cl_2Si$	Äthyldichlorsilan	C_6H_6	Benzol	535
$C_2H_6N_2O$	Dimethylnitrosamin	$C_8H_{20}JN$	Tetraäthylammoniumjodid	468
C_2H_6O	Äthanol	C_2H_6OS	Dimethylsulfoxid	390

1. Komponente Bruttoformel	Name	2. Komponente Bruttoformel	Name	Seite
C_2H_6O	Äthanol	$C_2H_6O_2$	Äthylenglykol	216
		$C_3H_4N_2O_2$	Hydantoin	472
		$C_3H_5NO_3$	Formylglycin	471
		$C_3H_6N_2O_3$	Hydantoinsäure	472
		C_3H_6O	Aceton	232
		$C_3H_6O_2$	Methylacetat	237
		$C_3H_6O_3$	Milchsäure	238
		C_3H_7Br	n-Propylbromid	215
		C_3H_7NO	N-Methylacetamid	470
		C_3H_7NO	Propionamid	469
		$C_3H_7NO_2$	Urethan	471
		C_3H_8O	Propanol(-1)	223
		C_3H_8O	Propanol(2)	225
		$C_3H_8O_3$	Glycerin	237
		$C_4H_5Cl_3O_2$	Trichlorbuttersäure	376
		$C_4H_5NO_3$	Succinimid	473
		C_4H_5NS	Allylisothiocyanat	526
		$C_4H_6O_4$	Bernsteinsäure	271
		$C_4H_6O_5$	Äpfelsäure	271
		$C_4H_6O_6$	Weinsäure	271
		$C_4H_7NO_4$	L-Asparginsäure	473
		$C_4H_8N_2O_3$	L-Aspargin	473
		$C_4H_8N_2O_3$	Glycylglycin	473
		$C_4H_8N_2O_3$	Methylhydantoinsäure	473
		C_4H_8O	Butyraldehyd	254
		C_4H_8O	Tetrahydrofuran	255
		$C_4H_8O_2$	Äthylacetat	261
		$C_4H_8O_2$	Buttersäure	258
		$C_4H_8O_2$	Dioxan	267
		C_4H_9NO	Butyramid	472
		$C_4H_{10}O$	n-Butanol	241
		$C_4H_{10}O$	Iso-butanol	244
		$C_4H_{10}O$	Diäthyläther	252
		$C_4H_{12}JN$	Tetramethylammoniumjodid	453
		C_5H_5N	Pyridin	404
		$C_5H_6N_2$	Glutaronitril	408
		$C_5H_6N_2O_4$	Asparginsäurehydantoin	474
		$C_5H_8N_2O_2$	α-Amino-n-buttersäure-hydantoin	474
		$C_5H_8O_4$	d-Methylbernsteinsäure	284
		$C_5H_9NO_3$	Formyl-α-aminobuttersäure	474
		$C_5H_9NO_4$	d-Glutaminsäure	474
		C_5H_{10}	Amylen	210
		$C_5H_{10}N_2O_3$	d-Glutamin	474
		$C_5H_{11}N$	Piperidin	402
		$C_5H_{12}O$	Isoamylalkohol	276
		$C_6H_3N_3O_7$	Pikrinsäure	492
		$C_6H_4Cl_2$	p-Dichlorbenzol	215
		C_6H_5Br	Brombenzol	215
		C_6H_5Cl	Chlorbenzol	215
		$C_6H_5NO_2$	Nitrobenzol	480
		$C_6H_5NO_3$	m-Nitrophenol	488
		$C_6H_5NO_3$	o-Nitrophenol	487
		$C_6H_5NO_3$	p-Nitrophenol	488
		C_6H_6	Benzol	211
		C_6H_6BrN	p-Bromanilin	455
		C_6H_6ClN	p-Chloranilin	454
		$C_6H_6N_2O_2$	m-Nitroanilin	488
		$C_6H_6N_2O_2$	p-Nitroanilin	489
		C_6H_6O	Phenol	291
		$C_6H_6O_2$	Resorcin	296

1. Komponente		2. Komponente		Seite
Brutto-formel	Name	Brutto-formel	Name	
C_2H_6O	Äthanol	C_6H_7N	Anilin	415
		$C_6H_8O_7$	Citronensäure	300
		$C_6H_{10}O$	Cyclohexanon	289
		$C_6H_{10}O_3$	Äthylacetacetat	299
		$C_6H_{10}O_4$	L-α.α'-Dimethylbernsteinsäure	300
		$C_6H_{10}O_4$	d-α-Methylglutarsäure	300
		C_6H_{12}	Cyclohexan	211
		$C_6H_{12}O_2$	Capronsäure	294
		$C_6H_{12}O_3$	Paraldehyd	298
		$C_6H_{13}NO$	Caproamid	474
		C_6H_{14}	Hexan	210
		$C_6H_{14}O$	n-Hexanol	285
		$C_6H_{15}N$	Triäthylamin	411
		$C_7H_4N_2O_6$	2.4-Dinitrobenzoesäure	500
		C_7H_5N	Benzonitril	429
		$C_7H_5NaO_3$	Natriumsalicylat	311
		C_7H_6O	Benzaldehyd	306
		$C_7H_6O_2$	Benzoesäure	310
		$C_7H_6O_2$	m-Oxybenzaldehyd	310
		$C_7H_6O_2$	o-Oxybenzaldehyd	310
		$C_7H_6O_3$	m-Oxybenzoesäure	311
		$C_7H_6O_3$	p-Oxybenzoesäure	311
		$C_7H_6O_3$	Salicylsäure	311
		C_7H_7NO	Benzamid	493
		$C_7H_7NO_2$	m-Nitrotoluol	496
		$C_7H_7NO_2$	o-Nitrotoluol	494
		$C_7H_7NO_2$	p-Nitrotoluol	497
		$C_7H_7NO_3$	m-Nitroanisol	498
		$C_7H_7NO_3$	o-Nitroanisol	497
		$C_7H_7NO_3$	p-Nitroanisol	498
		C_7H_8	Toluol	212
		$C_7H_8N_2S$	Phenylthioharnstoff	529
		C_7H_8O	Anisol	304
		C_7H_8O	m-Kresol	305
		C_7H_8O	o-Kresol	304
		C_7H_8O	p-Kresol	305
		C_7H_9N	2.6-Lutidin	428
		C_7H_9N	m-Toluidin	425
		C_7H_9N	o-Toluidin	423
		C_7H_9N	p-Toluidin	426
		$C_7H_9NO_3$	Ammoniumsalicylat	311
		$C_7H_{12}O_4$	d-α-Äthylglutarsäure	311
		$C_7H_{12}O_4$	d-α-Methyl-α'äthylbernsteinsäure	312
		$C_7H_{12}O_4$	d-α-Methylbernsteinsäuredimethylester	312
		$C_7H_{13}NO_3$	Formylleucin	497
		C_7H_{14}	Methylcyclohexan	212
		C_7H_{16}	Heptan	212
		C_8H_8ClNO	p-Chloracetanilid	524
		C_8H_8O	Acetophenon	319
		$C_8H_8O_2$	o-Methoxybenzaldehyd	321
		$C_8H_8O_2$	p-Methoxybenzaldehyd	321
		$C_8H_8O_3$	o-Methoxybenzoesäure	322
		$C_8H_8O_3$	p-Methoxybenzoesäure	322
		$C_8H_8O_3$	m-Oxybenzoesäuremethylester	322
		$C_8H_8O_3$	o-Oxybenzoesäuremethylester	322
		$C_8H_8O_3$	p-Oxybenzoesäuremethylester	322
		C_8H_9NO	Acetanilid	502
		C_8H_{10}	m-Xylol	213

1. Komponente		2. Komponente		Seite
Bruttoformel	Name	Bruttoformel	Name	
C_2H_6O	Äthanol	C_8H_{10}	o-Xylol	213
		C_8H_{10}	p-Xylol	213
		$C_8H_{10}O$	Phenetol	317
		$C_8H_{10}O$	m-Tolylmethyläther	318
		$C_8H_{10}O$	o-Tolylmethyläther	318
		$C_8H_{10}O$	p-Tolylmethyläther	318
		$C_8H_{14}O_3$	Äthylacetessigsäureäthylester	322
		$C_8H_{14}O_4$	d-$\alpha.\alpha'$-Diäthylbernsteinsäure	322
		$C_8H_{14}O_6$	Diäthyltartrat	326
		C_8H_{18}	2.2.4-Trimethylpentan	212
		$C_8H_{18}O$	n-Octanol	314
		$C_8H_{20}JN$	Tetraäthylammoniumjodid	457
		C_9H_7N	Chinolin	437
		C_9H_8O	Zimtaldehyd	330
		$C_9H_{10}O_2$	Äthylbenzoat	331
		$C_9H_{10}O_2$	m-Methoxyacetophenon	332
		$C_9H_{10}O_2$	o-Methoxyacetophenon	332
		$C_9H_{10}O_3$	o-Methoxybenzoesäure-methylester	333
		$C_9H_{10}O_3$	p-Methoxybenzoesäure-methylester	333
		C_9H_{12}	Mesitylen	213
		$C_{10}H_7Br$	Bromnaphthalin	215
		$C_{10}H_8$	Naphthalin	213
		$C_{10}H_{12}$	Tetrahydronaphthalin	213
		$C_{10}H_{14}N_2$	Nicotin	443
		$C_{10}H_{15}BrO$	Bromcampher	383
		$C_{10}H_{15}NO$	(—) Ephedrin	507
		$C_{10}H_{15}NO$	(ψ) Ephedrin	507
		$C_{10}H_{16}O$	Campher	338
		$C_{10}H_{16}O_4$	Camphersäure	343
		$C_{10}H_{18}O$	Borneol	336
		$C_{10}H_{18}O_3$	Diäthylacetessigsäure-äthylester	343
		$C_{10}H_{20}O$	Menthol	336
		$C_{10}H_{22}O$	n-Decanol	335
		$C_{12}H_{10}O$	Diphenyläther	347
		$C_{12}H_{28}JN$	Tetrapropylammoniumjodid	459
		$C_{13}H_{10}O$	Benzophenon	349
		$C_{13}H_{10}O_3$	Phenylsalicylat	350
		$C_{14}H_{10}$	Phenanthren	213
		$C_{14}H_{14}O_2$	Hydrobenzoin	352
		$C_{14}H_{14}O_2$	Iso-Hydrobenzoin	352
		$C_{15}H_{14}O_2S$	Dianisylthioketon	394
		$C_{18}H_{33}O_2K$	Kaliumoleat	359
		$C_{18}H_{34}O_2$	Ölsäure	358
		$C_{19}H_{22}N_2O$	Cinchonin	517
		$C_{20}H_{16}Br_2O_8$	Methyl-di-(m-brombenzoyl)-tartrat	386
		$C_{20}H_{16}Br_2O_8$	Methyl-di-(o-brombenzoyl)-tartrat	386
		$C_{20}H_{16}Br_2O_8$	Methyl-di-(p-brombenzoyl)-tartrat	386
		$C_{20}H_{16}Cl_2O_8$	Methyl-di-(m-chlorbenzoyl)-tartrat	386
		$C_{20}H_{16}Cl_2O_8$	Methyl-di-(o-chlorbenzoyl) tartrat	386
		$C_{20}H_{16}Cl_2O_8$	Methyl-di-(p-chlorbenzoyl)-tartrat	386
		$C_{20}H_{26}O_3S$	Menthylnaphthalin-β-sulfonat	395
		$C_{24}H_{42}O_6$	Di-l-menthyl-d-tartrat	361

1. Komponente		2. Komponente		Seite
Brutto-formel	Name	Brutto-formel	Name	
C_2H_6O	Äthanol	$C_{24}H_{42}O_6$	Di-l-menthyl-l-tartrat	361
		$C_{26}H_{26}N_2O_2$	Benzoylcinchonin	518
		$C_{26}H_{28}N_2O_3$	Sp-Toluolsulfonylcinchonin	532
		$C_{28}H_{46}O_8$	Di-l-menthyl-diacetyl-d-tartrat	361
		$C_{28}H_{46}O_8$	Di-l-menthyl-diacetyl-dl-tartrat	361
		$C_{28}H_{46}O_8$	Di-l-menthyl-diacetyl-l-tartrat	361
		$CaCl_2$	Calciumchlorid	86
		$CaCl_2O_8$	Calciumperchlorat	86
		CaN_2O_6	Calciumnitrat	87
		$CdCl_2$	Cadmiumchlorid	91
		CdJ_2	Cadmiumjodid	92
		$ClCsO_4$	Cäsiumperchlorat	82
		ClH	Chlorwasserstoff	25
		ClH_4N	Ammoniumchlorid	83
		ClH_4NO_4	Ammoniumperchlorat	83
		ClK	Kaliumchlorid	77
		$ClKO_4$	Kaliumperchlorat	77
		$ClLi$	Lithiumchlorid	68
		$ClLiO_4$	Lithiumperchlorat	69
		$ClNa$	Natriumchlorid	72
		$ClNaO_4$	Natriumperchlorat	72
		ClO_4Rb	Rubidiumperchlorat	81
		Cl_2Co	Cobaltchlorid	108
		Cl_2Cu	Kupfer-II-chlorid	108
		Cl_2Hg	Quecksilber-II-chlorid	93
		Cl_2Mg	Magnesiumchlorid	85
		Cl_2MgO_8	Magnesiumperchlorat	85
		Cl_2Ni	Nickelchlorid	108
		Cl_2O_8Sr	Strontiumperchlorat	87
		Cl_2Sn	Zinn-II-chlorid	98
		Cl_2Sr	Strontiumchlorid	87
		Cl_2Zn	Zinkchlorid	91
		Cl_3Fe	Eisen-III-chlorid	107
		Cl_3In	Indium-III-chlorid	96
		Cl_3Sb	Antimon-III-chlorid	51
		Cl_4Sn	Zinn-IV-chlorid	99
		F_3In	Indium-III-fluorid	95
		HKO	Kaliumhydroxid	76
		H_3N	Ammoniak	43
		H_4JN	Ammoniumjodid	83
		$H_4N_2O_3$	Ammoniumnitrat	84
		H_4N_4	Ammoniumazid	84
		HgJ_2	Quecksilber-II-jodid	94
		InJ_3	Indium-III-jodid	97
		JK	Kaliumjodid	78
		JLi	Lithiumjodid	70
		JNa	Natriumjodid	74
		J_2	Jod	31
		J_2Zn	Zinkjodid	91
		$LiNO_3$	Lithiumnitrat	71
C_2H_6O	Dimethyläther	C_6H_6	Benzol	216
		H_2O_4S	Schwefelsäure	35
C_2H_6OS	Dimethylsulfoxid	$C_2H_6O_2$	Äthylenglykol	390
		$C_3H_4O_3$	Äthylencarbonat	391
		C_3H_6O	Aceton	391
		C_3H_7NO	N-Methylacetamid	470
		C_3H_8O	Propanol(1)	391
		$C_3H_8O_2$	2-Methoxyäthanol	391
		$C_3H_8O_3$	Glycerin	391
		$C_4H_8O_2$	Dioxan	391
		C_6H_5Cl	Chlorbenzol	390

1. Komponente		2. Komponente		Seite
Bruttoformel	Name	Bruttoformel	Name	
C_2H_6OS	Dimethylsulfoxid	$C_6H_5NO_2$	Nitrobenzol	483
		C_6H_6	Benzol	389
		C_6H_6O	Phenol	391
		C_6H_7N	Anilin	418
		$C_6H_{12}O_6$	D-Fructose	391
		$C_6H_{12}O_6$	D-Glucose	392
		C_7H_6O	Benzaldehyd	392
		C_7H_8	Toluol	390
		C_7H_8O	m-Kresol	392
		C_7H_8O	o-Kresol	392
		C_7H_8O	p-Kresol	392
		$C_7H_8O_2$	Guajakol	392
		$C_{12}H_{22}O_{11}$	Sucrose	392
		H_3NO_3S	Schwefelsäuremonoamid	45
$C_2H_6O_2$	Äthylenglykol	C_3H_6O	Aceton	232
		C_3H_8O	Propanol(-1)	223
		C_3H_8O	Propanol(2)	225
		$C_3H_8O_2$	Propylenglykol	233
		$C_3H_8O_3$	Glycerin	237
		C_4H_8O	Tetrahydrofuran	255
		$C_4H_8O_2$	Dioxan	267
		$C_4H_{10}O$	n-Butanol	241
		$C_4H_{10}O$	Iso-butanol	244
		$C_4H_{10}O_3$	Diäthylenglykol	257
		$C_4H_{12}JN$	Tetramethylammoniumjodid	453
		$C_5H_6N_2$	Glutaronitril	408
		$C_5H_{12}O$	tert. Amylalkohol	277
		$C_6H_{12}O$	Cyclohexanol	287
		$C_8H_{18}O$	n-Octanol	314
		$C_8H_{20}JN$	Tetraäthylammoniumjodid	457
		CdJ_2	Cadmiumjodid	92
		ClK	Kaliumchlorid	77
		ClNa	Natriumchlorid	72
		Cl_3In	Indium-III-chlorid	96
		F_3In	Indium-III-fluorid	95
		InJ_3	Indium-III-jodid	97
		JK	Kaliumjodid	78
		JNa	Natriumjodid	74
$C_2H_6O_4S$	Dimethylsulfat	C_6H_6	Benzol	393
		C_7H_8	Toluol	393
		H_2O_4S	Schwefelsäure	37
C_2H_6S	Äthylmercaptan	C_6H_6	Benzol	386
C_2H_6S	Dimethylsulfid	C_6H_6	Benzol	386
$C_2H_6S_2$	Dimethyldisulfid	C_6H_6	Benzol	386
$C_2H_6S_3$	Dimethyltrisulfid	C_6H_6	Benzol	386
C_2H_7N	Äthylamin	C_2H_8ClN	Äthylammoniumchlorid	453
C_2H_7N	Dimethylamin	C_2H_8ClN	Dimethylammoniumchlorid	453
		C_9H_{12}	Cumol	396
C_2H_7NO	Äthanolamin	$C_4H_8O_2$	Dioxan	466
		$C_5H_6N_2$	Glutarsäurenitril	466
$C_2H_7NO_2S$	Äthylsulfonamid	$C_4H_8O_2$	Dioxan	530
		C_6H_6	Benzol	530
$C_2H_7NO_2S$	N-Methylmethansulfonamid	C_6H_6	Benzol	530
$C_2H_8N_2$	Äthylendiamin	C_4H_5NS	Allylisothiocyanat	526
		C_5H_5N	Pyridin	407
		C_6H_7N	Anilin	418
		$C_8H_{11}N$	N-Äthylanilin	431
		C_9H_7N	Chinolin	438
		$C_{10}H_{15}N$	N.N-Diäthylanilin	441
		$C_{12}H_{11}N$	Diphenylamin	447
		$ClNaO_4$	Natriumperchlorat	72

1. Komponente		2. Komponente		Seite
Brutto-formel	Name	Brutto-formel	Name	
$C_2H_8N_2$	Äthylendiamin	HgJ_2	Quecksilber-II-jodid	94
		JK	Kaliumjodid	79
		JNa	Natriumjodid	75
$C_2H_8N_2$	Dimethylhydrazin	H_4N_2	Hydrazin	42
C_3				
$C_3FeN_3S_3$	Eisen-III-rhodanid	$C_4H_8O_2$	Dioxan	108
C_3O_2	Kohlensuboxid	C_6H_6	Benzol	237
$C_3H_2Cl_2O_2$	Malonylchlorid	C_6H_6	Benzol	373
$C_3H_2Cl_2O_3$	1.2-Dichloräthylencarbonat	C_6H_6	Benzol	373
$C_3H_2F_6O$	1.1.1.3.3.3-Hexafluor-propanol(2)	C_6H_6	Benzol	373
$C_3H_2O_2$	Propiolsäure	$C_4H_8O_2$	Dioxan	268
$C_3H_3ClO_3$	Monochloräthylencarbonat	C_6H_6	Benzol	373
$C_3H_3N_3O_3$	Cyanursäure	C_5H_5N	Pyridin	472
$C_3H_4Cl_2$	1.1-Dichlorpropen	C_6H_6	Benzol	166
$C_3H_4F_4O$	2.2.3.3-Tetrafluorpropanol(1)	C_6H_6	Benzol	373
C_3H_4N	Pyrazol	C_6H_6	Benzol	399
$C_3H_4N_2O$	Cyanacetamid	$C_4H_8O_2$	Dioxan	471
C_3H_4O	Acrolëin	C_6H_6	Benzol	233
$C_3H_4O_3$	Äthylencarbonat	C_3H_7NO	N-Methylacetamid	470
		C_6H_6	Benzol	238
C_3H_5Br	Allylbromid	C_6H_6	Benzol	166
C_3H_5Br	cis-1-Brompropen(1)	C_6H_6	Benzol	166
C_3H_5Br	2-Brompropen	C_6H_6	Benzol	166
$C_3H_5Br_3$	1.2.3-Tribrompropan	C_6H_6	Benzol	166
		C_7H_{16}	Heptan	166
C_3H_5Cl	cis-1-Chlorpropen(1)	C_6H_6	Benzol	166
C_3H_5Cl	2-Chlorpropen	C_6H_6	Benzol	166
C_3H_5ClO	Epichlorhydrin	$C_8H_{20}JN$	Tetraäthylammoniumjodid	457
C_3H_5ClO	Propionylchlorid	C_6H_6	Benzol	372
C_3H_5N	Propionitril	C_3H_6O	Aceton	399
		C_3H_8O	Propanol(1)	399
		C_3H_8O	Propanol(2)	399
		C_3H_9N	Isopropylamin	399
		C_6H_6	Benzol	398
		C_6H_{12}	Cyclohexan	398
		C_6H_{14}	Hexan	398
		C_7H_8	Toluol	398
		$C_8H_{20}JN$	Tetraäthylammoniumjodid	457
		$C_{12}H_{28}JN$	Tetrapropylammoniumjodid	459
		JK	Kaliumjodid	79
C_3H_5N	Äthylisocyanid	C_6H_6	Benzol	399
C_3H_5NO	Äthylencyanhydrin	$C_5H_6N_2$	Glutaronitril	471
C_3H_5NO	Äthylisocyanat	C_6H_6	Benzol	471
C_3H_5NS	Äthylthiocyanat	$C_4H_{11}N$	Diäthylamin	526
		C_6H_6	Benzol	526
		$C_8H_{20}JN$	Tetraäthylammoniumjodid	526
C_3H_5NS	Äthylisothiocyanat	$C_5H_{11}N$	Piperidin	526
		C_6H_6	Benzol	526
$C_3H_5N_3O_9$	Nitroglycerin	$C_6H_5NO_2$	Nitrobenzol	485
C_3H_6AsN	Dimethylcyanarsin	C_7H_8	Toluol	534
$C_3H_6Br_2$	Trimethylenbromid	C_6H_6	Benzol	166
$C_3H_6N_2O_2$	Methylglyoxim	$C_4H_8O_2$	Dioxan	472
C_3H_6O	Aceton	C_3H_6O	Allylalkohol	233
		$C_3H_6O_2$	Methylacetat	237
		$C_3H_6O_2$	Propionsäure	235
		C_3H_8O	Propanol(1)	232
		C_3H_8O	Propanol(2)	233
		C_3H_9N	Isopropylamin	398
		$C_4F_6O_3$	Trifluoressigsäureanhydrid	377
		$C_4H_5NO_2$	Cyanessigsäuremethylester	473

1. Komponente		2. Komponente		Seite
Brutto-formel	Name	Brutto-formel	Name	
C_3H_6O	Aceton	$C_4H_6O_3$	Essigsäureanhydrid	270
		$C_4H_6O_4$	Bernsteinsäure	271
		$C_4H_6O_5$	Äpfelsäure	271
		C_4H_8O	Methyläthylketon	255
		$C_4H_8O_2$	Äthylacetat	262
		$C_4H_8O_2$	Buttersäure	258
		$C_4H_8O_2$	Dioxan	268
		C_4H_9Br	n-Butylbromid	231
		C_4H_9Cl	n-Butylchlorid	231
		C_4H_9J	n-Butyljodid	231
		$C_4H_{10}O$	n-Butanol	242
		$C_4H_{10}O$	Diäthyläther	253
		$C_4H_{10}O_3$	Diäthylenglykol	270
		$C_4H_{11}N$	Diäthylamin	400
		C_5H_5N	Pyridin	405
		$C_5H_6N_2$	Glutaronitril	408
		C_5H_8	Isopren	226
		$C_5H_8O_2$	Acetylaceton	283
		C_5H_{10}	Trimethyläthylen	225
		$C_5H_{10}O$	Methylpropylketon	278
		C_5H_{12}	Isopentan	225
		$C_5H_{12}O$	n-Amylalkohol	273
		$C_5H_{12}O$	Isoamylalkohol	276
		C_6H_5Br	Brombenzol	231
		C_6H_5Cl	Chlorbenzol	231
		C_6H_5ClO	o-Chlorphenol	377
		C_6H_5J	Jodbenzol	231
		$C_6H_5NO_2$	Nitrobenzol	480
		C_6H_6	Benzol	227
		$C_6H_6N_2O_2$	p-Nitroanilin	489
		C_6H_6O	Phenol	291
		$C_6H_6O_3$	Pyrogallol	299
		C_6H_7N	Anilin	415
		$C_6H_{10}O_2$	Acetonylaceton	296
		C_6H_{12}	Cyclohexan	226
		C_6H_{12}	Hexen	226
		$C_6H_{12}O$	Methylisobutylketon	288
		$C_6H_{12}O_2$	Capronsäure	294
		C_6H_{14}	Hexan	226
		$C_6H_{14}O_4$	Triäthylenglykol	299
		$C_6H_{15}N$	Triäthylamin	411
		C_7H_8	Toluol	228
		$C_7H_8O_2$	Guajakol	309
		$C_7H_{14}O_2$	Amylacetat	307
		C_7H_{16}	Heptan	228
		$C_8H_{11}N$	Dimethylanilin	433
		$C_8H_{14}O_6$	Diäthyltartrat	326
		$C_8H_{20}JN$	Tetraäthylammoniumjodid	457
		$C_9H_{10}O_2$	Benzylacetat	330
		$C_{10}H_8$	Naphthalin	228
		$C_{10}H_{14}N_2$	Nicotin	444
		$C_{10}H_{14}O$	Thymol	340
		$C_{10}H_{15}BrO$	Bromcampher	383
		$C_{10}H_{16}O$	Campher	339
		$C_{10}H_{18}O$	Borneol	336
		$C_{12}H_{10}O$	Diphenyläther	347
		$C_{12}H_{28}JN$	Tetrapropylammoniumjodid	459
		$C_{13}H_{10}O$	Benzophenon	349
		$C_{14}H_6Cl_2O_2$	1.8-Dichloranthrachinon	385
		$C_{14}H_{10}$	Phenanthren	228
		$C_{18}H_{34}O_2$	Ölsäure	358

1. Komponente		2. Komponente		Seite
Bruttoformel	Name	Bruttoformel	Name	
C_3H_6O	Aceton	$C_{19}H_{22}N_2O$	Cinchonin	517
		$C_{20}H_{26}BiJ_8 \cdot N_2O_2$	Chininjodwismutat	535
		$C_{25}H_{23}N_5O_7$	Pikrylcinchonin	518
		$C_{25}H_{28}N_2O_3S$	p-Toluolsulfonylcinchonin	532
		$C_{26}H_{26}N_2O_2$	Benzoylcinchonin	518
		$CaCl_2O_8$	Calciumperchlorat	86
		CaN_2O_6	Calciumnitrat	87
		CdJ_2	Cadmiumjodid	92
		$ClCsO_4$	Cäsiumperchlorat	82
		ClH	Chlorwasserstoff	25
		ClH_4N	Ammoniumchlorid	83
		ClH_4NO_4	Ammoniumperchlorat	83
		$ClKO_4$	Kaliumperchlorat	77
		$ClLi$	Lithiumchlorid	68
		$ClLiO_4$	Lithiumperchlorat	69
		$ClNaO_4$	Natriumperchlorat	72
		ClO_4Rb	Rubidiumperchlorat	81
		Cl_2Co	Cobaltchlorid	108
		Cl_2Cu	Kupfer-II-chlorid	108
		Cl_2Hg	Quecksilber-II-chlorid	93
		Cl_2MgO_8	Magnesiumperchlorat	85
		Cl_2O_8Sr	Strontiumperchlorat	87
		Cl_2Sn	Zinn-II-chlorid	98
		Cl_2Zn	Zinkchlorid	91
		Cl_3Fe	Eisen-III-chlorid	107
		Cl_3In	Indium-III-chlorid	96
		Cl_3Sb	Antimon-III-chlorid	51
		CsJ	Cäsiumjodid	82
		H_2O_4S	Schwefelsäure	35
		H_3O_4P	Phosphorsäure	46
		InJ_3	Indium-III-jodid	97
		JK	Kaliumjodid	79
		JLi	Lithiumjodid	71
		JNa	Natriumjodid	75
		JRb	Rubidiumjodid	81
		J_2	Jod	31
		O_2S	Schwefeldioxid	35
		S	Schwefel	33
C_3H_6O	Allylalkohol	C_6H_6	Benzol	233
		C_3H_8O	Propanol	233
		$C_8H_{14}O_6$	Diäthyltartrat	326
C_3H_6O	Trimethylenoxyd	C_6H_6	Benzol	233
C_3H_6O	Propionaldehyd	C_6H_6	Benzol	225
C_3H_6O	Propylenoxyd	C_6H_6	Benzol	233
$C_3H_6O_2$	Äthylformiat	$C_3H_6O_2$	Methylacetat	237
		$C_4H_8O_2$	Äthylacetat	262
		$C_4H_{11}N$	Diäthylamin	400
		C_6H_6	Benzol	235
		Cl_3Sb	Antimon-III-chlorid	51
		Cl_4Sn	Zinn-IV-chlorid	99
$C_3H_6O_2$	Methylacetat	$C_4H_8O_2$	Äthylacetat	262
		$C_4H_{10}O$	n-Butanol	242
		C_6H_6	Benzol	236
		C_6H_{12}	Cyclohexan	236
		$C_{10}H_8$	Naphthalin	236
		CaN_2O_6	Calciumnitrat	87
		Cl_2Co	Cobaltchlorid	108
		Cl_2Cu	Kupfer-II-chlorid	108
		Cl_2Hg	Quecksilber-II-chlorid	93
		J_2	Jod	31

1. Komponente		2. Komponente		Seite
Brutto-formel	Name	Brutto-formel	Name	
$C_3H_6O_2$	Propionsäure	$C_4H_8O_2$	Dioxan	268
		C_5H_5N	Pyridin	405
		$C_5H_6N_2$	Glutaronitril	408
		$C_5H_{11}N$	Piperidin	403
		C_5H_{12}	Pentan	234
		C_6H_6	Benzol	235
		C_6H_{12}	Cyclohexan	235
		C_6H_{14}	Hexan	234
		$C_6H_{15}N$	Triäthylamin	411
		C_7H_8	Toluol	235
		C_7H_9N	m-Toluidin	425
		C_7H_9N	o-Toluidin	424
		$C_{10}H_{14}N_2$	Nicotin	444
		$C_{10}H_{16}O$	Campher	339
		Cl_3Sb	Antimon-III-chlorid	52
		Cl_4Sn	Zinn-IV-chlorid	99
		H_2O_4S	Schwefelsäure	35
$C_3H_6O_3$	Dimethylcarbonat	$C_6H_5NO_2$	Nitrobenzol	481
		C_6H_6	Benzol	238
C_3H_7Br	1-Brompropan	C_6H_6	Benzol	165
		O_2S	Schwefeldioxid	34
C_3H_7Br	2-Brompropan	C_6H_6	Benzol	165
		O_2S	Schwefeldioxid	34
C_3H_7BrO	Trimethylenbromhydrin	C_6H_6	Benzol	372
C_3H_7Cl	1-Chlorpropan	C_6H_6	Benzol	165
		Cl_4Sn	Zinn-IV-chlorid	99
C_3H_7Cl	2-Chlorpropan	C_6H_6	Benzol	165
C_3H_7ClO	Trimethylenchlorhydrin	$C_4H_8O_2$	1.4-Dioxan	372
		C_6H_6	Benzol	372
C_3H_7J	1-Jodpropan	C_6H_6	Benzol	165
C_3H_7J	2-Jodpropan	C_6H_6	Benzol	165
C_3H_7NO	Acetoxim	C_6H_6	Benzol	471
C_3H_7NO	Dimethylformamid	$C_5H_6N_2$	Glutaronitril	471
		C_5H_8	Isopren	470
		C_5H_{10}	Trimethyläthylen	470
		C_7H_{16}	n-Heptan	470
C_3H_7NO	N-Methylacetamid	C_3H_8O	n-Propanol	470
		$C_4H_{10}O$	n-Butanol	470
		C_5H_5N	Pyridin	470
		$C_5H_6N_2$	Glutaronitril	470
		$C_5H_{12}O$	n-Amylalkohol	470
C_3H_7NO	Propionamid	C_5H_5N	Pyridin	469
$C_3H_7NO_2$	Urethan	C_3H_8O	Propanol	471
		$C_4H_{10}O$	Diäthyläther	471
		C_5H_5N	Pyridin	471
		C_6H_6	Benzol	471
		C_7H_8	Toluol	471
C_3H_8	Propan	C_6H_6	Benzol	112
C_3H_8O	Methylal	Cl_4Si	Siliciumtetrachlorid	64
C_3H_8O	Propanol(1) (Propanol, n-Propanol)	C_3H_8O	Propanol(2)	225
		$C_3H_8O_3$	Glycerin	238
		$C_4H_6O_5$	Äpfelsäure	271
		$C_4H_8Cl_2O$	$\beta.\beta'$-Dichlordiäthyläther	375
		$C_4H_8O_2$	Äthylacetat	261
		$C_4H_{10}O$	n-Butanol	241
		$C_4H_{10}O$	Iso-butanol	244
		$C_4H_{10}O$	Diäthyläther	253
		C_5H_5N	Pyridin	405
		$C_5H_{12}O$	Isoamylalkohol	276
		$C_6H_4Cl_2$	p-Dichlorbenzol	222
		C_6H_6	Benzol	221

Lacmann

1. Komponente		2. Komponente		Seite
Brutto-formel	Name	Brutto-formel	Name	
C_3H_8O	Propanol(1) (Propanol, n-Propanol)	C_6H_7N	Anilin	415
		$C_6H_{10}O$	Cyclohexanon	289
		C_6H_{12}	Cyclohexan	220
		$C_6H_{12}O$	Cyclohexanol	287
		$C_6H_{14}O$	n-Hexanol	285
		$C_6H_{14}O_2$	1.1-Diäthoxyäthan (Acetal)	293
		$C_6H_{15}N$	Triäthylamin	411
		C_7H_8	Toluol	221
		C_7H_{16}	Heptan	221
		$C_8H_{14}O_6$	Diäthyltartrat	326
		$C_8H_{18}O$	n-Octanol	314
		C_9H_{12}	Mesitylen	221
		$C_{10}H_{16}O$	Campher	338
		$C_{10}H_{22}O$	n-Decanol	335
		$CaCl_2$	Calciumchlorid	86
		$CaCl_2O_8$	Calciumperchlorat	86
		$ClCsO_4$	Cäsiumperchlorat	82
		ClH	Chlorwasserstoff	25
		ClH_4N	Ammoniumchlorid	83
		ClH_4NO_4	Ammoniumperchlorat	83
		ClK	Kaliumchlorid	77
		$ClKO_4$	Kaliumperchlorat	77
		$ClLi$	Lithiumchlorid	68
		$ClLiO_4$	Lithiumperchlorat	69
		$ClNa$	Natriumchlorid	72
		$ClNaO_4$	Natriumperchlorat	72
		ClO_4Rb	Rubidiumperchlorat	81
		Cl_2Hg	Quecksilber-II-chlorid	93
		Cl_2Mg	Magnesiumchlorid	85
		Cl_2MgO_8	Magnesiumperchlorat	85
		Cl_2O_8Sr	Strontiumperchlorat	87
		Cl_3Sb	Antimon-III-chlorid	51
		H_3N	Ammoniak	43
		HgJ_2	Quecksilber-II-jodid	94
		JK	Kaliumjodid	78
		JNa	Natriumjodid	74
		J_2Zn	Zinkjodid	91
C_3H_8O	Propanol(2) (Isopropanol)	$C_3H_8O_3$	Glycerin	238
		C_3H_9N	Isopropylamin	398
		$C_4H_8O_2$	Äthylacetat	262
		$C_4H_{10}O$	n-Butanol	241
		$C_4H_{10}O$	Iso-butanol	245
		$C_5H_8O_2$	Acetylaceton	283
		$C_6H_4Cl_2$	p-Dichlorbenzol	225
		C_6H_6	Benzol	224
		$C_6H_{10}O_2$	Acetonylaceton	296
		C_6H_{12}	Cyclohexan	224
		$C_6H_{12}O$	Cyclohexanol	287
		C_6H_{14}	Hexan	224
		$C_6H_{14}O$	Di-iso-propyläther	286
		C_7H_8	Toluol	224
		$C_{10}H_{22}O$	n-Decanol	335
		Cl_2Mg	Magnesiumchlorid	85
		Cl_3Sb	Antimon-III-chlorid	51
		H_3N	Ammoniak	43
		JK	Kaliumjodid	78
		JNa	Natriumjodid	74
$C_3H_8O_2$	Monooxymethylendimethyläther	C_6H_6	Benzol	233
$C_3H_8O_2$	Propandiol(1.2)	$C_4H_8O_2$	Dioxan	268

1. Komponente		2. Komponente		Seite
Bruttoformel	Name	Bruttoformel	Name	
C_4H_5N	Pyrrol	C_6H_7N	Anilin	418
		C_6H_7N	β-Picolin	421
		$C_6H_8N_2$	Phenylhydrazin	422
		$C_6H_{15}N$	Triäthylamin	412
		$C_8H_{11}N$	Dimethylanilin	434
		C_9H_7N	Chinolin	438
		$C_{10}H_9N$	Chinaldin	442
		$C_{10}H_{14}N_2$	Nicotin	445
C_4H_5NO	α-Methylisoxazol	C_6H_6	Benzol	472
C_4H_5NO	γ-Methylisoxazol	C_6H_6	Benzol	472
$C_4H_5NO_2$	Cyanessigsäuremethylester	$C_8H_{20}JN$	Tetraäthylammoniumjodid	473
		JK	Kaliumjodid	80
$C_4H_5NO_2$	Succinimid	$C_4H_8O_2$	Dioxan	473
C_4H_5NS	Allylisothiocyanat	C_5H_5N	Pyridin	527
		$C_5H_{11}N$	Piperidin	527
		C_6H_6	Benzol	526
		C_7H_9N	Benzylamin	527
		C_7H_9N	Methylanilin	527
		C_7H_9N	o-Toluidin	527
		C_7H_9N	p-Toluidin	527
		$C_8H_{11}N$	Äthylanilin	527
		$C_8H_{11}N$	Dimethylanilin	527
		C_9H_7N	Chinolin	527
		$C_{10}H_{14}N_2O$	Nikotinsäureäthylamid	527
		$C_{10}H_{15}N$	Diäthylanilin	527
$C_6H_5N_3O_4$	2.4-Dinitroanilin	C_6H_6	Benzol	490
$C_4H_6Cl_2O_2$	Äthyldichloracetat	C_6H_6	Benzol	375
$C_4H_6Cl_2O_3$	Glykolmonodichloracetat	C_6H_6	Benzol	377
$C_4H_6N_2$	N-Methylimidazol	C_6H_6	Benzol	401
$C_4H_6N_2O$	Dimethyl-1.2.5-oxdiazol	$C_4H_8O_2$	Dioxan	473
$C_4H_6N_2O$	Dimethyl-1.3.4-oxdiazol	$C_4H_8O_2$	Dioxan	473
$C_4H_6N_2O_2$	Diazoessigester	C_6H_6	Benzol	473
C_4H_6O	Dimethylketen	C_6H_6	Benzol	256
C_4H_6O	Divinyläther	C_6H_6	Benzol	256
C_4H_6O	α-Methacrolein	C_6H_6	Benzol	256
$C_4H_6O_2$	γ-Butyrolacton	$C_5H_6N_2$	Glutaronitril	408
		C_6H_6	Benzol	269
$C_4H_6O_2$	Diacetyl	C_6H_6	Benzol	269
$C_4H_6O_2$	Methacrylsäure	$C_5H_8O_2$	Methacrylsäuremethylester	283
$C_4H_6O_3$	Essigsäureanhydrid	$C_4H_8O_2$	Dioxan	270
		C_6H_6	Benzol	270
		C_6H_6O	Phenol	292
		C_6H_7N	Anilin	416
		$C_6H_{12}O_3$	Paraldehyd	298
		$C_6H_{15}N$	Triäthylamin	411
		HNO_3	Salpetersäure	45
		H_2O_4S	Schwefelsäure	36
		N_2O_4	Distickstofftetroxid	44
$C_4H_6O_3$	Methyläthylencarbonat	C_6H_6	Benzol	270
$C_4H_6O_3$	Propylencarbonat	$C_5H_6N_2$	Glutaronitril	408
C_4H_7ClO	n-Butyrylchlorid	C_6H_6	Benzol	373
$C_4H_7ClO_2$	Äthylchloracetat	C_6H_6	Benzol	375
		Cl_4Ti	Titantetrachlorid	90
		Cl_4Sn	Zinn-IV-chlorid	102
$C_4H_7ClO_3$	Glykolmonochloracetat	C_6H_6	Benzol	376
C_4H_7N	n-Butyronitril	C_6H_6	Benzol	401
C_4H_7N	Isobutyronitril	C_6H_6	Benzol	401
C_4H_7NO	Acetoncyanhydrin	C_6H_6	Benzol	472
$C_4H_8Br_2$	Tetramethylenbromid	C_6H_6	Benzol	170
		C_7H_{16}	Heptan	170
$C_4H_8Cl_2O$	β.β'-Dichlordiäthyläther	$C_5H_{12}O$	n-Amylalkohol	375

1. Komponente Bruttoformel	Name	2. Komponente Bruttoformel	Name	Seite
$C_4H_8Cl_2O$	β.β'-Dichlordiäthyläther	C_6H_6	Benzol	373
		C_6H_{12}	Cyclohexan	373
		C_6H_{14}	n-Hexan	373
		C_7H_8	Toluol	374
		C_7H_{14}	Methylcyclohexan	374
		C_8H_8	Styrol	374
		C_8H_{10}	Äthylbenzol	374
		C_8H_{10}	m-Xylol	374
		C_8H_{10}	o-Xylol	374
		C_8H_{10}	p-Xylol	374
		C_8H_{18}	n-Octan	374
		C_8H_{18}	2.2.4-Trimethylpentan	374
		C_9H_{12}	n-Propylbenzol	374
		C_9H_{12}	1.2.4-Trimethylbenzol	374
		$C_{10}H_{14}$	n-Butylbenzol	375
		$C_{12}H_{18}$	n-Hexylbenzol	375
		$C_{13}H_{20}$	n-Heptylbenzol	375
		$C_{14}H_{22}$	n-Octylbenzol	375
		HNO_3	Salpetersäure	45
$C_4H_8J_2O$	β.β'-Dijoddiäthyläther	C_6H_6	Benzol	375
C_4H_8O	n-Butyraldehyd	C_6H_6	Benzol	254
C_4H_8O	Isobutyraldehyd	C_6H_6	Benzol	254
C_4H_8O	Methyläthylketon	$C_4H_{10}O$	Diäthyläther	255
		$C_4H_{11}N$	Diäthylamin	400
		$C_5H_6N_2$	Glutaronitril	408
		$C_5H_{10}O$	Methylpropylketon	278
		C_6H_6	Benzol	254
		C_6H_6O	Phenol	292
		C_6H_{12}	Cyclohexan	254
		C_7H_8	Toluol	254
		C_7H_{16}	n-Heptan	254
		$C_{10}H_{14}N_2$	Nicotin	444
C_4H_8O	Tetrahydrofuran	$C_4H_8O_2$	Dioxan	269
		$C_4H_{10}O$	n-Butanol	256
		$C_4H_{10}O_2$	Butandiol(1.4)	257
		C_6H_6	Benzol	255
		C_6H_7N	Anilin	416
		C_6H_{12}	Cyclohexan	255
		$C_6H_{12}O$	Cyclohexanol	288
$C_4H_8O_2$	Äthylacetat	$C_4H_8O_2$	Propylformiat	262
		$C_4H_{10}O$	Butanol	262
		$C_4H_{10}O$	Isobutanol	262
		$C_4H_{10}O$	Diäthyläther	262
		C_5H_5N	Pyridin	406
		$C_5H_6N_2$	Glutaronitril	408
		$C_5H_{10}O_2$	Äthylpropionat	282
		$C_5H_{10}O_2$	Isobutylformiat	281
		$C_5H_{11}N$	Piperidin	403
		$C_5H_{12}O$	Isoamylalkohol	276
		$C_6H_4Br_2$	p-Dibrombenzol	261
		$C_6H_4N_2O_4$	m-Dinitrobenzol	490
		$C_6H_5NO_2$	Nitrobenzol	481
		C_6H_6	Benzol	259
		$C_6H_6O_2$	Resorcin	297
		C_6H_7N	Anilin	416
		C_6H_{14}	n-Hexan	259
		$C_6H_{15}N$	Triäthylamin	411
		C_7H_8	Toluol	259
		$C_7H_{14}O_2$	Amylacetat	308
		$C_7H_{14}O_2$	Isoamylacetat	308
		C_7H_{16}	Heptan	259

1. Komponente Bruttoformel	Name	2. Komponente Bruttoformel	Name	Seite
$C_4H_8O_2$	Äthylacetat	C_8H_{10}	Äthylbenzol	259
		$C_8H_{11}N$	Dimethylanilin	433
		$C_8H_{14}O_4$	Diäthylsuccinat	323
		$C_9H_{10}O_2$	Äthylbenzoat	332
		$C_{10}H_8$	Naphthalin	259
		$C_{10}H_{14}$	Durol	259
		$C_{10}H_{15}BrO$	Bromcampher	383
		$C_{10}H_{16}O$	Campher	339
		$C_{10}H_{18}O$	Borneol	337
		$C_{10}H_{22}O$	Diisoamyläther	336
		$C_{12}H_{10}$	Acenaphthen	260
		$C_{12}H_{10}$	Diphenyl	260
		$C_{12}H_{10}N_2$	Azobenzol	448
		$C_{12}H_{28}JN$	Tetrapropylammoniumjodid	459
		$C_{14}H_{10}$	Phenanthren	260
		$C_{14}H_{10}O_2$	Benzil	353
		$C_{14}H_{12}O_2$	Benzylbenzoat	352
		$C_{19}H_{16}$	Triphenylmethan	260
		$C_{54}H_{111}N$	Trioctadecylamin	452
		$CaCl_2O_8$	Calciumperchlorat	87
		CdJ_2	Cadmiumjodid	92
		ClH_4NO_4	Ammoniumperchlorat	83
		$ClLiO_4$	Lithiumperchlorat	69
		$ClNaO_4$	Natriumperchlorat	72
		Cl_2Cu	Kupfer-II-chlorid	108
		Cl_2Hg	Quecksilber-II-chlorid	93
		Cl_2MgO_8	Magnesiumperchlorat	85
		Cl_2OS	Thionylchlorid	40
		Cl_2O_8Sr	Strontiumperchlorat	87
		Cl_2Sn	Zinn-II-chlorid	98
		Cl_3In	Indium-III-chlorid	96
		Cl_3Sb	Antimon-III-chlorid	52
		Cl_4Sn	Zinn-IV-chlorid	100
		Cl_4Ti	Titantetrachlorid	90
		F_3In	Indium-III-fluorid	95
		H_2O_4S	Schwefelsäure	36
		H_3O_4P	Phosphorsäure	46
		HgJ_2	Quecksilber-II-jodid	94
		InJ_3	Indium-III-jodid	97
		J_2	Jod	31
		N_2O_4	Distickstofftetroxid	44
		O_2S	Schwefeldioxid	35
$C_4H_8O_2$	Buttersäure	$C_4H_{10}O$	Butanol	258
		C_5H_5N	Pyridin	405
		$C_5H_{11}N$	Piperidin	403
		C_6H_6	Benzol	257
		C_6H_7N	Anilin	416
		C_6H_{14}	n-Hexan	257
		$C_6H_{15}N$	Triäthylamin	411
		C_7H_8	Toluol	257
		C_7H_9N	m-Toluidin	425
		C_7H_9N	o-Toluidin	424
		$C_{10}H_8$	Naphthalin	258
		$C_{10}H_{14}N_2$	Nicotin	444
		$CaCl_2$	Calciumchlorid	86
		$ClLi$	Lithiumchlorid	69
		Cl_3Sb	Antimon-III-chlorid	53
		Cl_4Sn	Zinn-IV-chlorid	99
		H_2O_4S	Schwefelsäure	36
$C_4H_8O_2$	Isobuttersäure	C_6H_6	Benzol	258
$C_4H_8O_2$	Dioxan	C_4H_9BrHg	Butyl-Quecksilberbromid	542

1. Komponente		2. Komponente		Seite
Brutto-formel	Name	Brutto-formel	Name	
$C_4H_8O_2$	Dioxan	C_4H_9NO	Äthylacetamid	472
		C_4H_9NO	Äthylacetiminoäther	472
		C_4H_9NO	Dimethylacetamid	472
		$C_4H_{10}Be$	Berylliumdiäthyl	539
		$C_4H_{10}Cd$	Cadmiumdiäthyl	541
		$C_4H_{10}Hg$	Quecksilberdiäthyl	541
		$C_4H_{10}Mg$	Magnesiumdiäthyl	539
		$C_4H_{10}O$	Butanol	268
		$C_4H_{10}O$	Isobutanol	269
		$C_4H_{10}O$	sek-Butanol	269
		$C_4H_{10}O$	tert-Butanol	269
		$C_4H_{10}O_2$	Butandiol(1.4)	269
		$C_4H_{10}Zn$	Zinkdiäthyl	540
		$C_4H_{11}BO_3$	Butylborsäure	537
		$C_4H_{11}NO_2$	Diäthanolamin	472
		$C_5H_3F_3N_2OS$	6-Trifluormethyl-2-thiouracil	532
		$C_5H_3N_3OS$	5-Cyano-2-thiouracil	530
		$C_5H_5BrO_3$	Methyl-α-Bromtetronat	377
		$C_5H_5JO_3$	Methyl-α-jodtetronat	377
		C_5H_5N	Pyridin	406
		C_5H_5NO	4-Pyridol	474
		$C_5H_6N_2$	4-Aminopyridin	408
		$C_5H_6N_2$	Glutaronitril	408
		$C_5H_6N_2OS$	2-Methylthiopyrimidon(4)	530
		$C_5H_6N_2S_2$	2-Methylthio-4-thiouracil	528
		$C_5H_8Br_4$	Pentaerythrittetrabromid	266
		$C_5H_8J_4$	Pentaerythrittetrajodid	266
		$C_5H_8N_2O$	Methyl-äthyl-1.2.5-oxdiazol	474
		$C_5H_8N_4O_{12}$	Pentaerythrittetranitrat	474
		$C_5H_{10}N_2O_2$	Methyläthylglyoxim	474
		$C_5H_{10}O$	Cyclopentanol	279
		$C_5H_{11}ClHg$	Amyl-Quecksilberchlorid	542
		$C_5H_{12}O_3$	Trimethyloläthan	283
		$C_5H_{13}BO_3$	Amylborsäure	537
		$C_6H_3N_3O_6$	1.3.5-Trinitrobenzol	491
		$C_6H_4BrClHg$	p-Chlorphenyl-Quecksilber-bromid	542
		$C_6H_4N_2O_4$	p-Dinitrobenzol	490
		$C_6H_4N_4O_6$	2.4.6-Trinitroanilin	492
		C_6H_5Br	Brombenzol	266
		C_6H_5BrHg	Phenyl-Quecksilberbromid	542
		$C_6H_5Br_2N$	2.4-Dibromanilin	455
		$C_6H_5Br_2N$	3.5-Dibromanilin	455
		C_6H_5Cl	Chlorbenzol	266
		C_6H_5ClO	o-Chlorphenol	378
		C_6H_5F	Fluorbenzol	266
		$C_6H_5NO_2$	Nitrobenzol	481
		$C_6H_5NO_2$	p-Nitrosophenol	486
		$C_6H_5N_3O_4$	2.4-Dinitroanilin	490
		$C_6H_5N_3O_4$	3.5-Dinitroanilin	491
		C_6H_6	Benzol	265
		C_6H_6BrN	m-Bromanilin	455
		C_6H_6BrN	p-Bromanilin	455
		$C_6H_6Br\cdot NO_2S$	p-Brombenzolsulfonamid	532
		$C_6H_6ClNO_2S$	p-Chlorbenzolsulfonamid	532
		$C_6H_6JNO_2S$	p-Jodbenzolsulfonamid	532
		$C_6H_6N_2O$	iso-Nicotinsäureamid	488
		$C_6H_6N_2O_2$	m-Nitroanilin	489
		$C_6H_6N_2O_2$	p-Nitroanilin	489
		$C_6H_6N_2O_4S$	m-Nitrobenzolsulfonamid	531

1. Komponente		2. Komponente		Seite
Brutto-formel	Name	Brutto-formel	Name	
$C_4H_8O_2$	Dioxan	C_6H_6O	Phenol	292
		$C_6H_7BO_3$	Phenylborsäure	537
		C_6H_7N	Anilin	416
		$C_6H_7NO_2S$	Benzolsulfonamid	530
		$C_6H_8N_2OS$	1-Äthyl-2-thiouracil	530
		$C_6H_8N_2OS$	3-Äthyl-2-thiouracil	530
		$C_6H_8N_2OS$	5-Äthyl-2-thiouracil	530
		$C_6H_8N_2OS$	6-Äthyl-2-thiouracil	530
		$C_6H_8N_3O_2S$	p-Aminobenzolsulfonamid	530
		$C_6H_8O_3$	d-α.α'-Dimethylbernsteinsäureanhydrid	299
		$C_6H_8O_6$	L-Ascorbinsäure	300
		C_6H_{12}	Cyclohexan	264
		$C_6H_{12}N_2O_2$	Methyl-n-Propylglyoxim	488
		$C_6H_{12}O$	Cyclohexanol	288
		$C_6H_{12}O_3$	Paraldehyd	298
		$C_6H_{13}NO$	Diäthylacetamid	474
		C_6H_{14}	Hexan	264
		$C_6H_{14}O_2$	Hexamethylenglykol	293
		$C_6H_{15}N$	Triäthylamin	411
		$C_6H_{15}NO_3$	Triäthanolamin	486
		$C_7HF_{15}O$	1-Hydroxypentadekafluorheptan	381
		C_7H_5BrO	p-Brombenzaldehyd	380
		C_7H_5NO	Salicylsäurenitril	493
		$C_7H_5NO_4$	p-Nitrobenzoesäure	498
		$C_7H_5N_3O_6$	2.4.6-Trinitrotoluol	500
		$C_7H_6Br_3N$	2.4.6-Tribrom-N-methylanilin	457
		$C_7H_6N_2O_4$	2.4-Dinitrotoluol	499
		$C_7H_6N_2O_4$	2.5-Dinitrotoluol	499
		$C_7H_6N_2O_4$	2.6-Dinitrotoluol	499
		$C_7H_6N_2O_4$	3.5-Dinitrotoluol	499
		$C_7H_6O_2$	Benzoesäure	310
		$C_7H_6O_2$	p-Oxybenzaldehyd	310
		$C_7H_6O_3$	m-Oxybenzoesäure	311
		$C_7H_6O_3$	p-Oxybenzoesäure	311
		$C_7H_6O_3$	Salicylsäure	311
		C_7H_7BrHg	p-Tolyl-Quecksilberbromid	542
		$C_7H_7Br_2N$	2.4-Dibrom-N-methylanilin	456
		$C_7H_7NO_2$	m-Aminobenzoesäure	497
		$C_7H_7NO_2$	o-Aminobenzoesäure	497
		$C_7H_7NO_2$	p-Aminobenzoesäure	497
		$C_7H_7N_3O_4$	N-Methyl-2.4-dinitroanilin	500
		C_7H_8	Toluol	265
		C_7H_8BrN	p-Brom-N-methylanilin	456
		$C_7H_8N_2O_2$	2-Methyl-4-nitroanilin	498
		$C_7H_8N_2O_2$	N-Methyl-p-nitroanilin	498
		$C_7H_8N_2O_4S$	p-Nitrotoluol-o-sulfonamid	531
		C_7H_9N	Methylanilin	427
		C_7H_9N	o-Toluidin	424
		C_7H_9N	p-Toluidin	426
		$C_7H_9NO_2S$	p-Toluolsulfonamid	531
		$C_7H_{10}N_2OS$	2-Äthylthio-3-methyl-pyrimidon	531
		$C_7H_{10}N_2OS$	1-Methyl-2-äthyl-thio-pyrimidon	531
		$C_7H_{10}N_2OS$	2-Methylthio-5-äthyl-pyrimidon(4)	531
		$C_7H_{12}O$	1-Hydroxy-2-heptin	303
		$C_7H_{12}O_4$	d-α-Methyl-α'-äthylbernsteinsäure	312

1. Komponente		2. Komponente		Seite
Brutto-formel	Name	Brutto-formel	Name	
$C_4H_8O_2$	Dioxan	C_7H_{14}	Methylcyclohexan	265
		C_7H_{16}	2.4-Dimethylpentan	265
		C_7H_{16}	Heptan	265
		$C_7H_{16}O$	n-Heptanol	302
		$C_8H_5NO_2$	Isatin	503
		$C_8H_5NO_2$	Phthalimid	503
		$C_8H_6N_2O$	Phenyl-1.2.5-oxdiazol	504
		$C_8H_7NO_2$	β-Nitrostyrol	503
		$C_8H_8N_2O_2$	Phenylglyoxim	504
		$C_8H_8O_2$	Phenylessigsäure	321
		C_8H_{10}	m-Xylol	265
		C_8H_{10}	o-Xylol	265
		C_8H_{10}	p-Xylol	265
		$C_8H_{11}N$	Dimethylanilin	433
		$C_8H_{11}NO$	Dimethylanilinoxid	502
		$C_8H_{12}N_2OS$	2-Äthylthio-4-äthoxy-pyrimidin	531
		$C_8H_{12}N_2OS$	2-Äthylthio-3-äthyl-pyrimidon(4)	531
		$C_8H_{12}N_2OS$	1.3-Diäthyl-2-thiouracil	531
		$C_8H_{12}N_2O_3$	5.5-Diäthylbarbitursäure	504
		$C_8H_{14}O$	1-Hydroxyoctin-(2)	316
		$C_8H_{14}O$	1-Hydroxyoctin-(3)	316
		$C_9H_5ClO_2$	o-Chlorphenylpropiolsäure	383
		$C_9H_5ClO_2$	p-Chlorphenylpropiolsäure	383
		$C_9H_5NO_4$	o-Nitrophenylpropiolsäure	505
		$C_9H_5NO_4$	p-Nitrophenylpropiolsäure	505
		$C_9H_6O_2$	Phenylpropiolsäure	333
		C_9H_7N	β-Cyano-Styrol	439
		$C_9H_8N_2O$	3-Methyl-5-phenyl-1.2.4-oxdiazol	505
		$C_9H_8N_2O$	Methyl-phenyl-1.2.5-oxdiazol	505
		$C_9H_8N_2O$	Methyl-phenyl-1.3.4-oxdiazol	505
		$C_9H_8N_2O$	3-Phenyl-5-methyl-1.2.4-oxdiazol	505
		$C_9H_8N_2O$	p-Tolyl-1.2.5-oxdiazol	505
		$C_9H_8O_2$	Zimtsäure	333
		C_9H_9Cl	Zimtchlorid	266
		C_9H_9NO	Zimtsäureamid	505
		$C_9H_9NO_2$	p-Methyl-β-nitrostyrol	505
		$C_9H_9N_3O_6$	Trinitromesitylen	506
		$C_9H_{10}N_2O_2$	p-Tolylglyoxim	506
		$C_9H_{10}N_2O_2$	Methyl-phenyl-glyoxim	506
		$C_9H_{10}O$	Zimtalkohol	329
		$C_9H_{10}O_2$	Benzylacetat	330
		$C_9H_{11}Br$	γ-Phenyl-n-propylbromid	266
		$C_9H_{11}Cl$	γ-Phenyl-n-propylchlorid	266
		$C_9H_{12}O$	γ-Phenyl-n-propanol	329
		$C_9H_{16}O$	1-Hydroxy-3-nonin	329
		$C_{10}H_7NO_2$	1-Nitronaphthalin	508
		$C_{10}H_{10}O_2$	Zimtsäure-methylester	342
		$C_{10}H_{11}NO_2S$	α-Naphthalinsulfonamid	532
		$C_{10}H_{11}NO_2S$	β-Naphthalinsulfonamid	532
		$C_{10}H_{12}N_2O_3$	5.5-Diallylbarbitursäure	509
		$C_{10}H_{14}CuO_4$	Kupfer-bis-acetylaceton	544
		$C_{10}H_{14}N_2O_3$	5-Allyl-5-isopropyl-barbitursäure	509
		$C_{10}H_{16}N_2O_3$	5-Butyl-5-äthyl-barbitursäure	509
		$C_{10}H_{22}O_2$	Decandiol(1.10)	342
		$C_{11}H_{10}N_2OS$	2-Benzylthiopyrimidon(4)	532
		$C_{11}H_{10}N_2O_3$	5-Allyl-5-isobutyl-barbitursäure	510

1. Komponente		2. Komponente		Seite
Bruttoformel	Name	Bruttoformel	Name	
$C_4H_8O_2$	Dioxan	$C_{11}H_{22}N_2O_2$	Methyl-n-octyl-glyoxim	510
		$C_{11}H_{22}O_6$	2.3.4.6-Tetramethyl-α-methyl-D-glucose	346
		$C_{11}H_{22}O_6$	2.3.4.6-Tetramethyl-β-methyl-D-glucose	346
		$C_{12}H_9N$	Carbazol	448
		$C_{12}H_9NO_2$	4-Nitrodiphenyl	510
		$C_{12}H_{10}Be$	Berylliumdiphenyl	539
		$C_{12}H_{10}Cd$	Cadmiumdiphenyl	541
		$C_{12}H_{10}Hg$	Quecksilberdiphenyl	542
		$C_{12}H_{10}Mg$	Magnesiumdiphenyl	539
		$C_{12}H_{10}N_2$	Azobenzol	448
		$C_{12}H_{10}N_2O$	p-Hydroxyazobenzol	510
		$C_{12}H_{10}N_2O_2$	4.4-Dihydroxyazobenzol	510
		$C_{12}H_{10}O_2$	4.4-Dioxydiphenyl	348
		$C_{12}H_{10}O_4$	Chinhydron	348
		$C_{12}H_{10}Zn$	Zinkdiphenyl	540
		$C_{12}H_{12}N_2OS$	2-Benzylthio-3-methyl-pyrimidon(4)	532
		$C_{12}H_{12}N_2OS$	1-Methyl-2-benzylthio-pyrimidon	532
		$C_{12}H_{12}N_2O_3$	5-Phenyl-5-äthyl-barbitursäure	510
		$C_{12}H_{12}N_2 \cdot O_4S_4$	Diphenyldisulfid-4.4′-disulfonamid	532
		$C_{12}H_{16}N_2O_3$	5-Cyclohexenyl-5-äthyl-barbitursäure	510
		$C_{12}H_{24}O_2$	Laurinsäure	347
		$C_{12}H_{27}BO_3$	Butylborat	538
		$C_{13}H_7NO_3$	2-Nitrofluorenon	513
		$C_{13}H_{10}ClNO$	Salicyliden-p-chloranilin	524
		$C_{13}H_{11}NO$	Benzanilid	512
		$C_{13}H_{11}NO$	Salicylidenanilin	512
		$C_{13}H_{14}N_2OS$	1-Äthyl-2-benzyl-thiopyrimidon(4)	532
		$C_{14}H_6N_4O_{12}$	2.2′.4.4′-Tetranitrodiphenyl-6.6′-dicarboxylsäure	515
		$C_{14}H_7ClO_2$	1-Chloranthrachinon	385
		$C_{14}H_8O_2$	Phenanthrenchinon	353
		$C_{14}H_{10}CuO_4$	trans-Kupfersalicylaldehyd	544
		$C_{14}H_{10}N_2O$	Diphenyl-1.2.4-oxdiazol	514
		$C_{14}H_{10}N_2O$	Diphenyl-1.2.5-oxdiazol	514
		$C_{14}H_{10}N_2O$	Diphenyl-1.3.4-oxdiazol	514
		$C_{14}H_{10}O$	Anthranol	351
		$C_{14}H_{10}O_2$	Benzil	353
		$C_{14}H_{11}Cl \cdot N_2O_2$	α-Benzoyl-β-p-chlorbenzoyl-hydrazid	525
		$C_{14}H_{11}NO_4S$	Benzilsulfonamid	532
		$C_{14}H_{11}N_3O_4$	α-Benzoyl-β-p-nitrobenzoyl-hydrazid	515
		$C_{14}H_{12}Cu \cdot N_2O_4$	trans-Kupfersalicylaldoxim	544
		$C_{14}H_{12}N_2 \cdot NiO_4$	trans-Nickel-salicylaldoxim	544
		$C_{14}H_{12}N_2O_2$	α-β-Dibenzoylhydrazid	514
		$C_{14}H_{12}N_2O_2$	Diphenylglyoxim	514
		$C_{14}H_{13}NO$	Benzbenzylamid	514
		$C_{14}H_{13}NO$	Phenylacetanilid	513
		$C_{14}H_{13}NO$	Salizyliden-p-toluidin	513
		$C_{15}H_{10}Br_2O$	p.p′-Dibrombenzyliden-acetophenon	385
		$C_{15}H_{14}N_2O_2$	α-Benzoyl-β-p-toluylhydrazid	515

1. Komponente		2. Komponente		Seite
Brutto-formel	Name	Brutto-formel	Name	
$C_4H_8O_2$	Dioxan	$C_{15}H_{15}NO$	Phenylacetbenzylamid	515
		$C_{15}H_{15}NO$	Phenylpropionanilid	515
		$C_{15}H_{21}AlO_6$	Aluminiumacetylaceton	540
		$C_{15}H_{21}FeO_6$	Eisen(III)-acetylaceton	544
		$C_{15}H_{22}O_{10}$	2.3.4.6-Tetraacetyl-α-methyl-D-glucose	354
		$C_{15}H_{22}O_{10}$	2.3.4.6-Tetraacetyl-β-methyl-D-glucose	355
		$C_{15}H_{33}BO_3$	Amylborat	538
		$C_{16}H_{12}N_2O$	4-Benzolazo-1-naphthol	516
		$C_{16}H_{16}Cu \cdot N_3O_3$	trans-Kupfersalicyliden-methylamin	544
		$C_{16}H_{17}NO$	Phenylacetphenyläthylamid	516
		$C_{16}H_{17}NO$	Phenylpropionbenzylamid	516
		$C_{16}H_{22}O_{11}$	2.3.4.6-Tetraacetyl-β-acetyl-D-galaktose	356
		$C_{16}H_{22}O_{11}$	2.3.4.6-Tetraacetyl-α-acetyl-D-glucose	356
		$C_{16}H_{22}O_{11}$	2.3.4.6-Tetraacetyl-β-acetyl-D-glucose	356
		$C_{18}H_{11}NO_2$	Chinolingelb	517
		$C_{18}H_{24}O_{12}$	Hexaacetyl-scylloinositol	359
		$C_{18}H_{34}O_3$	Ricinolsäure	359
		$C_{18}H_{36}O_2$	Stearinsäure	358
		$C_{19}H_{13}N_3O_6$	Tri-p-nitrophenylmethan	518
		$C_{20}H_{18}NiO_4$	Nickelbisbenzoylaceton	544
		$C_{20}H_{38}O_3$	Ricinelaidinsäure-äthylester	360
		$C_{20}H_{38}O_3$	Ricinolsäure-äthylester	360
		$C_{24}H_{20}Cu \cdot N_6O_2$	trans-Kupfer-3-hydroxy-1.3-diphenyltriazen	544
		$C_{26}H_{18}Br_2 \cdot CuN_2O_2$	trans-Kupfersalicyliden-p-bromanilin	545
		$C_{26}H_{18}Cl_2Cu \cdot N_2O_2$	trans-Kupfersalicyliden-p-chloranilin	544
		$C_{26}H_{18}CuJ_2 \cdot N_2O_2$	trans-Kupfersalicyliden-p-jodanilin	545
		$C_{26}H_{20}N_2$	N.N'-Dinaphthyl-p-phenylen-diamin	452
		$C_{27}H_{16}N_2$	2.3-Diphenylindonhydrazon	452
		$C_{28}H_{38}O_{19}$	2.3.6-Triacetyl-4(tetraacetyl-D-galactosido-)β-acetyl-glucopyranoside	362
		$C_{30}H_{22}BeO_4$	Berylliumdibenzoylmethan	539
		$C_{32}H_{38}N_4O_7$	Tetrabutylammoniumpikrat	519
		$C_{45}H_{33}FeO_6$	Eisen-III-dibenzoylmethan	544
		$ClLiO_4$	Lithiumperchlorat	69
		Cl_2Hg	Quecksilber-II-chlorid	93
		Cl_3P	Phosphortrichlorid	47
		Cl_3Sb	Antimon-III-chlorid	52
		Cl_3Tl	Thallium-III-chlorid	97
		HNO_3	Salpetersäure	44
		HgJ_2	Quecksilber-II-jodid	94
		J_2	Jod	31
		N_2O_4	Distickstofftetroxid	44
$C_4H_8O_2$	Methylpropionat	C_6H_6	Benzol	263
		C_7H_{16}	Heptan	263
$C_4H_8O_2$	Propylformiat	$C_5H_{10}O_2$	Isobutylformiat	281
		C_6H_6	Benzol	258
		Cl_4Sn	Zinn-IV-chlorid	100
$C_4H_8O_2S$	Tetramethylensulfon	$C_5H_6N_2$	Glutaronitril	408
		C_6H_6	Benzol	393

1. Komponente		2. Komponente		Seite
Brutto-formel	Name	Brutto-formel	Name	
$C_4H_8O_3$	Methyl-l-lactat	$C_6H_5NO_2$	Nitrobenzol	481
C_4H_9Br	n-Butylbromid	C_6H_6	Benzol	167
		C_7H_{16}	Heptan	168
		C_8H_{18}	Octan	168
		O_2S	Schwefeldioxid	34
C_4H_9Br	Isobutylbromid	C_6H_6	Benzol	169
C_4H_9Br	2-Butylbromid	C_6H_6	Benzol	168
		C_6H_{14}	n-Hexan	168
		$C_{14}H_{30}$	n-Tetradecan	168
		$C_{16}H_{34}$	n-Hexadecan	168
C_4H_9Br	tert.-Butylbromid	C_6H_6	Benzol	168
C_4H_9Cl	n-Butylchlorid	C_4H_9Cl	2-Butylchlorid	167
		$C_4H_{10}O$	sek. Butanol	246
		C_6H_6	Benzol	166
		C_7H_{16}	Heptan	166
		$C_{16}H_{34}$	n-Hexadecan	167
		$C_{18}H_{37}Cl$	1-Chloroctadecan	203
C_4H_9Cl	Iso-Butylchlorid	C_6H_6	Benzol	167
C_4H_9Cl	2-Butylchlorid	$C_4H_{10}O$	n-Butanol	241
		$C_6H_5NO_2$	Nitrobenzol	480
		C_6H_6	Benzol	167
		C_7H_8	Toluol	167
		C_8H_{18}	Octan	167
C_4H_9Cl	tert. Butylchlorid	C_6H_6	Benzol	167
		C_7H_{16}	Heptan	167
		Cl_4Sn	Zinn-IV-chlorid	99
$C_4H_9Cl_3OTi$	Mono-n-butoxytrichlortitan	$C_4H_{10}O$	n-Butanol	540
C_4H_9J	n-Butyljodid	C_6H_6	Benzol	169
		C_7H_{16}	Heptan	169
C_4H_9J	Isobutyljodid	C_6H_6	Benzol	170
C_4H_9J	2-Butyljodid	C_6H_6	Benzol	169
C_4H_9J	tert. Butyljodid	C_6H_6	Benzol	170
C_4H_9NO	Dimethylacetamid	$C_5H_6N_2$	Glutaronitril	472
C_4H_9NO	N-N-Dimethylacetamid	H_3NO_3S	Schwefelsäuremonoamid	45
C_4H_9NO	N-Methylpropionamid	C_5H_5N	Pyridin	472
		C_6H_6	Benzol	472
		$NNaO_3$	Natriumnitrat	75
C_4H_9NO	Morpholin	C_6H_6	Benzol	472
$C_4H_9NO_2$	Methylurethan	$C_{10}H_{20}O$	L-Menthol	472
$C_4H_9NO_2$	1-Nitrobutan	C_6H_6	Benzol	473
$C_4H_9NS_2$	N-Methyldithiocarbaminsäure-äthylester	C_6H_6	Benzol	527
C_4H_{10}	Butan	C_6H_6	Benzol	112
		C_6H_{12}	Cyclohexan	112
$C_4H_{10}Be$	Berylliumdiäthyl	C_6H_6	Benzol	539
		C_7H_{16}	Heptan	539
$C_4H_{10}Cd$	Cadmiumdiäthyl	C_6H_6	Benzol	540
		C_7H_{16}	Heptan	540
		$C_8H_{20}JN$	Tetraäthylammoniumjodid	541
		$C_{20}H_{44}JN$	Tetra-iso-amylammoniumjodid	541
$C_4H_{10}Cl_2Pb$	Diäthylbleidichlorid	C_6H_6	Benzol	543
$C_4H_{10}Cl_2Si$	Bis(chlormethyl)dimethylsilan	C_6H_6	Benzol	536
$C_4H_{10}Hg$	Quecksilberdiäthyl	C_6H_6	Benzol	541
		C_7H_{16}	Heptan	541
$C_4H_{10}N_2O$	Diäthylnitrosoamin	N_2O_4	Distickstofftetroxid	44
$C_4H_{10}O$	Butanol, n-Butanol	$C_4H_{10}O$	Iso-butanol	245
		$C_4H_{10}O$	sek. Butanol	246
		$C_4H_{10}O$	Diäthyläther	253
		$C_4H_{11}N$	Diäthylamin	400
		C_5H_5N	Pyridin	405
		$C_5H_{12}O$	n-Amylalkohol	273

1. Komponente Bruttoformel	1. Komponente Name	2. Komponente Bruttoformel	2. Komponente Name	Seite
$C_4H_{10}O$	Butanol, n-Butanol	$C_5H_{12}O$	Iso-γ-Methyl-butanol	276
		$C_6H_5NO_2$	Nitrobenzol	481
		C_6H_6	Benzol	239
		C_6H_7N	Anilin	416
		$C_6H_{10}O$	Cyclohexanon	289
		C_6H_{12}	Cyclohexan	239
		$C_6H_{12}O$	Cyclohexanol	288
		$C_6H_{12}O_2$	Butylacetat	294
		$C_6H_{12}O_2$	Capronsäure	294
		$C_6H_{14}O$	n-Hexanol	285
		$C_6H_{15}N$	Triäthylamin	411
		$C_7H_6O_2$	Benzoesäure	310
		C_7H_8	Toluol	240
		C_7H_{16}	Heptan	240
		$C_8H_{14}O_6$	Diäthyltartrat	326
		$C_8H_{18}O$	n-Octanol	314
		$C_8H_{18}O$	Octanol-(2)	315
		$C_{10}H_8$	Naphthalin	240
		$C_{10}H_{12}$	Tetrahydronaphthalin	240
		$C_{10}H_{18}$	Decahydronaphthalin	240
		$C_{10}H_{22}$	Decan	240
		$C_{10}H_{22}O$	n-Decanol	335
		$C_{22}H_{38}N_4O_7$	Tetra-n-butylammoniumpikrat	518
		$CaCl_2O_8$	Calciumperchlorat	86
		$ClCsO_4$	Cäsiumperchlorat	82
		ClH	Chlorwasserstoff	25
		ClH_4NO_4	Ammoniumperchlorat	83
		$ClLi$	Lithiumchlorid	68
		$ClLiO_4$	Lithiumperchlorat	69
		$ClNaO_4$	Natriumperchlorat	72
		Cl_2Mg	Magnesiumchlorid	85
		Cl_2MgO_8	Magnesiumperchlorat	85
		Cl_2O_8Sr	Strontiumperchlorat	87
		Cl_3Sb	Antimon-III-chlorid	51
		Cl_4Sn	Zinn-IV-chlorid	99
		JK	Kaliumjodid	79
		JNa	Natriumjodid	75
$C_4H_{10}O$	Isobutanol, i-Butanol	$C_4H_{10}O$	Diäthyläther	254
		$C_5H_{12}O$	Isoamylalkohol	276
		$C_6H_4Cl_2$	p-Dichlorbenzol	244
		$C_6H_5NO_2$	Nitrobenzol	481
		C_6H_6	Benzol	243
		$C_6H_{12}O$	Cyclohexanol	288
		C_7H_5N	Benzonitril	429
		$C_8H_{14}O_6$	Diäthyltartrat	327
		$C_{10}H_{16}O$	Campher	339
		$C_{10}H_{18}O_6$	Dipropyltartrat	344
		$C_{13}H_{12}$	Diphenylmethan	243
		$CaCl_2O_8$	Calciumperchlorat	86
		$ClCsO_4$	Cäsiumperchlorat	82
		ClH_4NO_4	Ammoniumperchlorat	83
		$ClLi$	Lithiumchlorid	68
		$ClLiO_4$	Lithiumperchlorat	69
		$ClNaO_4$	Natriumperchlorat	72
		Cl_2Mg	Magnesiumchlorid	85
		Cl_2MgO_8	Magnesiumperchlorat	85
		Cl_2O_8Sr	Strontiumperchlorat	87
		JK	Kaliumjodid	79
		JNa	Natriumjodid	75
$C_4H_{10}O$	sek. Butanol	C_5H_{12}	Iso-pentan	245
		C_6H_6	Benzol	245

1. Komponente		2. Komponente		Seite
Bruttoformel	Name	Bruttoformel	Name	
$C_4H_{10}O$	sek. Butanol	C_6H_{12}	Cyclohexan	245
		C_8H_{18}	Octan	245
		Cl_2Mg	Magnesiumchlorid	85
		JK	Kaliumjodid	79
		JNa	Natriumjodid	75
$C_4H_{10}O$	tert. Butanol	C_5H_5N	Pyridin	405
		C_6H_6	Benzol	246
		C_6H_6O	Phenol	291
		C_6H_7N	Anilin	416
		C_7H_{16}	Heptan	246
$C_4H_{10}O$	Diäthyläther	$C_4H_{11}N$	Diäthylamin	400
		C_5H_{12}	Pentan	247
		$C_5H_{12}O$	Isoamylalkohol	276
		$C_6H_4Br_2$	p-Dibrombenzol	252
		C_6H_5Cl	Chlorbenzol	251
		$C_6H_5NO_2$	Nitrobenzol	481
		C_6H_6	Benzol	248
		C_6H_7N	Anilin	416
		$C_6H_{10}O_3$	Äthylacetacetat	299
		C_6H_{12}	Cyclohexan	247
		C_6H_{14}	Hexan	247
		$C_7H_6O_2$	Benzoesäure	310
		$C_7H_6O_3$	Salicylsäure	311
		C_7H_8	Toluol	248
		C_7H_{16}	Heptan	248
		$C_8H_{10}O$	Phenetol	317
		$C_8H_{10}O_3S$	p-Toluolsulfonsäuremethyl-ester	394
		$C_8H_{11}NO_2S$	p-Toluolsulfonsäuremethyl-amid	531
		C_9H_7N	Chinolin	437
		$C_{10}H_7Br$	α-Bromnaphthalin	252
		$C_{10}H_8$	Naphthalin	249
		$C_{10}H_{16}O$	Campher	339
		$C_{10}H_{17}Cl$	Pinenhydrochlorid	252
		$C_{10}H_{20}O$	Menthol	336
		$C_{12}H_{10}$	Acenaphthen	249
		$C_{12}H_{10}$	Diphenyl	249
		$C_{12}H_{10}N_2$	Azobenzol	448
		$C_{12}H_{10}O$	Diphenyläther	347
		$C_{14}H_{10}O_2$	Benzil	353
		$C_{18}H_{34}O_2$	Ölsäure	358
		$C_{19}H_{16}$	Triphenylmethan	249
		$CaCl_2O_8$	Calciumperchlorat	86
		$ClLiO_4$	Lithiumperchlorat	69
		ClH	Chlorwasserstoff	25
		Cl_2Hg	Quecksilber-II-chlorid	93
		Cl_2MgO_8	Magnesiumperchlorat	85
		Cl_2OS	Thionylchlorid	40
		Cl_2Zn	Zinkchlorid	91
		Cl_3In	Indium-III-chlorid	96
		Cl_3P	Phosphortrichlorid	46
		Cl_3Sb	Antimon-III-chlorid	51
		Cl_3Tl	Thallium-III-chlorid	97
		HNO_3	Salpetersäure	44
		H_2O_2	Wasserstoffperoxid	24
		H_2O_4S	Schwefelsäure	36
		H_3O_4P	Phosphorsäure	46
		H_4N_4	Ammoniumazid	84
		InJ_3	Indium-III-jodid	97
		J_2	Jod	31

1. Komponente		2. Komponente		Seite
Brutto-formel	Name	Brutto-formel	Name	
$C_4H_{10}O$	Diäthyläther	N_2O_4	Distickstofftetroxid	44
		O_2S	Schwefeldioxid	35
		P	Phosphor	46
$C_4H_{10}O_2$	2-Äthoxyäthanol	$C_6H_{12}O_2$	Butylacetat	295
$C_4H_{10}O_3$	Dioxymethylendimethyläther	C_6H_{14}	Hexan	270
$C_4H_{10}O_3S$	symm-Diäthylsulfit	C_6H_6	Benzol	393
$C_4H_{10}S$	Butylmercaptan	C_6H_6	Benzol	387
$C_4H_{10}S$	Isobutylmercaptan	C_6H_6	Benzol	387
$C_4H_{10}S$	sek. Butylmercaptan	C_6H_6	Benzol	387
$C_4H_{10}S$	tert.-Butylmercaptan	C_6H_6	Benzol	387
$C_4H_{10}S$	Diäthylsulfid	C_6H_6	Benzol	387
$C_4H_{10}S_2$	Diäthyldisulfid	C_6H_6	Benzol	387
$C_4H_{10}Zn$	Zinkdiäthyl	C_6H_6	Benzol	540
		$C_7H_{10}JN$	Äthylpyridoniumjodid	540
		C_7H_{16}	Heptan	540
		$C_8H_{20}JN$	Tetraäthylammoniumjodid	540
		$C_{12}H_{28}JN$	Tetrapropylammoniumjodid	540
		$C_{20}H_{44}JN$	Tetra-iso-amylammoniumjodid	540
$C_4H_{11}BO_3$	Butylborsäure	C_6H_6	Benzol	537
$C_4H_{11}ClSi$	Diäthylchlorsilan	C_6H_6	Benzol	536
$C_4H_{11}N$	n-Butylamin	$C_4H_{11}N$	Diäthylamin	400
		C_6H_5Cl	Chlorbenzol	400
		C_6H_6	Benzol	400
		$C_6H_{15}N$	Triäthylamin	412
		C_7H_{16}	n-Heptan	400
$C_4H_{11}N$	sek.-Butylamin	C_6H_6	Benzol	400
$C_4H_{11}N$	tert.-Butylamin	C_6H_6	Benzol	401
$C_4H_{11}N$	Diäthylamin	C_6H_5Cl	Chlorbenzol	400
		C_6H_6	Benzol	399
		C_6H_{12}	Cyclohexan	399
		C_6H_{14}	n-Hexan	399
		$C_6H_{15}N$	Triäthylamin	412
		C_7H_5NS	Phenylisothiocyanat	528
		C_7H_{16}	n-Heptan	400
$C_4H_{12}JN$	Tetramethylammoniumjodid	$C_7H_6O_2$	Salicylaldehyd	453
$C_4H_{12}J_5N$	Tetramethylammoniumpenta-jodid	C_5H_5N	Pyridin	453
$C_4H_{12}N_2O_3$	Tetramethylammoniumnitrat	HNO_3	Salpetersäure	45
C_5				
$C_5Cl_2F_6$	1.2-Dichlor-hexafluorcyclo-penten	C_6H_{14}	n-Hexan	172
		C_7F_{16}	Hexadecafluorheptan	193
		$C_8F_{16}O$	Cycl. Perfluoroctanoxid	382
		C_8H_{18}	2.2.4-Trimethylpentan	172
C_5FeO_5	Eisenpentacarbonyl	C_6H_6	Benzol	108
C_5H_4ClN	4-Chlorpyridin	C_6H_6	Benzol	453
C_5H_4ClNO	4-Chlor-pyridin-1-oxid	C_6H_6	Benzol	520
$C_5H_4N_2O_2$	4-Nitropyridin	C_6H_6	Benzol	474
$C_5H_4N_2O_3$	4-Nitropyridin-1-oxid	C_6H_6	Benzol	474
$C_5H_4O_2$	Furfurol	C_6H_6	Benzol	283
		C_8H_{10}	Äthylbenzol	283
		C_8H_{10}	p-Xylol	283
		$C_8H_{20}JN$	Tetraäthylammoniumjodid	457
		JK	Kaliumjodid	79
		JNa	Natriumjodid	75
C_5H_5N	Pyridin	C_5H_6ClN	Pyridinhydrochlorid	453
		$C_5H_6N_2$	Glutaronitril	408
		$C_5H_{11}N$	Piperidin	408
		C_6H_5ClO	o-Chlorphenol	407
		$C_6H_5NO_2$	Nitrobenzol	483

1. Komponente		2. Komponente		Seite
Bruttoformel	Name	Bruttoformel	Name	
C_5H_5N	Pyridin	$C_6H_5NO_3$	o-Nitrophenol	487
		C_6H_6	Benzol	404
		C_6H_6O	Phenol	406
		C_6H_7N	Anilin	419
		C_6H_7N	α-Picolin	421
		C_6H_9N	2.4-Dimethylpyrrol	413
		$C_6H_{10}O_3$	Äthylacetoacetat	406
		C_6H_{12}	Cyclohexan	403
		$C_6H_{12}O_6$	Fructose	406
		C_6H_{14}	Hexan	403
		$C_6H_{15}N$	Triäthylamin	412
		C_7H_5NS	Phenylisothiocyanat	528
		$C_7H_6O_2$	Benzoesäure	407
		C_7H_7NO	Benzamid	493
		C_7H_7NO	Formanilid	493
		C_7H_8	Toluol	404
		C_7H_8O	m-Kresol	406
		C_7H_8O	o-Kresol	406
		C_7H_8O	p-Kresol	406
		$C_7H_8O_2$	Guajakol	407
		$C_8H_5NO_2$	Phthalimid	503
		$C_8H_{11}N$	Äthylanilin	431
		$C_8H_{13}N$	2.4-Dimethyl-3-äthylpyrrol	431
		$C_8H_{14}O_3$	Äthyl-äthylacetoacetat	407
		$C_8H_{14}O_6$	Äthyltartrat	407
		$C_8H_{20}Br_2JN$	Tetraäthylammoniumjod-dibromid	457
		$C_8H_{20}J_3N$	Tetraäthylammoniumtrijodid	457
		$C_9H_{10}O_2$	Benzylacetat	407
		$C_{10}H_8$	Naphthalin	404
		$C_{10}H_{18}O_3$	Äthyl-diäthylacetoacetat	407
		$C_{10}H_{18}O_6$	Di-n-propyltartrat	407
		$C_{12}H_{11}N$	Diphenylamin	447
		$C_{13}H_{11}NO$	Benzanilid	512
		$C_{13}H_{12}N_2O$	Carbanilid	513
		$C_{13}H_{12}N_2S$	Thiocarbanilid	529
		$C_{14}H_9NO_2$	Phthalanil	514
		$C_{20}H_{16}Br_2O_8$	Methyl-di(o-brombenzoyl)-tartrat	407
		ClJ	Jodchlorid	32
		ClLi	Lithiumchlorid	69
		Cl_2Hg	Quecksilber-II-chlorid	93
		Cl_2Pb	Blei-II-chlorid	106
		Cl_3Tl	Thallium-III-chlorid	97
		H_3N	Ammoniak	43
		HgJ_2	Quecksilber-II-jodid	94
		JK	Kaliumjodid	79
		JLi	Lithiumjodid	71
		JNa	Natriumjodid	75
		J_2	Jod	31
$C_5H_5NO_2$	Furfuraldoxim	C_6H_6	Benzol	474
$C_5H_6N_2$	Glutaronitril	C_5H_8O	Cyclopentanon	408
		$C_6H_8N_2$	Adipinsäurenitril	422
		$C_6H_{10}O$	Cyclohexanon	408
		$C_6H_{10}O_2$	Acetonylaceton	408
		$C_6H_{11}NO_2$	N-Acetylmorpholin	475
		C_7H_8	Toluol	408
$C_5H_7Cl_3O_2$	Trichloressigsäurepropylester	Cl_4Sn	Zinn-IV-chlorid	102
C_5H_7NO	α.γ-Dimethylisoxazol	C_6H_6	Benzol	474
$C_5H_7NO_2$	Cyanessigsäureäthylester	$C_8H_{20}JN$	Tetraäthylammoniumjodid	474
		JK	Kaliumjodid	80

1. Komponente		2. Komponente		Seite
Brutto-formel	Name	Brutto-formel	Name	
C_5H_8	1-Methylbutadien	C_6H_6	Benzol	113
C_5H_8	2-Methyl-1.3-butadien	C_6H_{14}	Hexan	111
C_5H_8	Isopren	C_5H_{10}	Trimethyläthylen	111
		C_5H_{12}	Isopentan	111
$C_5H_8Br_4$	Pentaerythrittetrabromid	C_6H_6	Benzol	172
C_5H_8O	Cyclopentanon	C_6H_6	Benzol	279
C_5H_8O	2-Methyl-2-butenal	C_6H_6	Benzol	279
C_5H_8O	Propargyläthyläther	$C_7H_{14}O_2$	Amylacetat	308
$C_5H_8O_2$	Acetylaceton	$C_8H_{20}JN$	Tetraäthylammoniumjodid	457
$C_5H_8O_3$	Acetessigsäuremethylester	$C_8H_{14}O_6$	Diäthyltartrat	327
$C_5H_8O_4$	Dimethylmalonat	$C_8H_{20}JN$	Tetraäthylammoniumjodid	457
		$C_{12}H_{28}JN$	Tetrapropylammoniumjodid	459
C_5H_9ClO	n-Valerylchlorid	C_6H_6	Benzol	377
C_5H_9ClO	iso-Valerylchlorid	C_6H_6	Benzol	377
C_5H_9N	tert.-Butylcyanid	C_6H_6	Benzol	403
C_5H_9N	n-Valerolnitril	C_6H_6	Benzol	403
C_5H_9NO	1-Methyl-2-pyrrolidon	C_6H_6	Benzol	474
C_5H_9NO	N-Methyl-2-pyrrolidon	H_3NO_3S	Schwefelsäuremonoamid	45
C_5H_{10}	Amylen	C_6H_6	Benzol	112
		C_6H_7N	Anilin	413
C_5H_{10}	Isoamylen	C_6H_6	Benzol	113
C_5H_{10}	Cyclopentan	$C_5H_{10}O$	Cyclopentanol	278
		C_6H_6	Benzol	113
		C_6H_6O	Phenol	289
		C_6H_{12}	Cyclohexan	112
		$C_6H_{12}O$	Cyclohexanol	286
		C_6H_{14}	2.2-Dimethylbutan	111
		$C_6H_{14}O$	n-Hexanol	284
		$C_{10}H_{18}$	cis-Decahydronaphthalin	128
		$C_{10}H_{18}$	trans-Decahydronaphthalin	128
$C_5H_{10}Br_2$	Pentamethylenbromid	C_6H_6	Benzol	172
$C_5H_{10}O$	Äthyl-isopropenyläther	C_6H_6	Benzol	279
$C_5H_{10}O$	Allyläthyläther	$C_7H_{14}O_2$	Amylacetat	308
$C_5H_{10}O$	Cyclopentanol	C_6H_6	Benzol	279
		C_6H_{12}	Cyclohexan	279
		C_6H_{14}	Hexan	278
$C_5H_{10}O$	Methylpropylketon	C_6H_6	Benzol	277
$C_5H_{10}O$	Tetrahydropyran	$C_5H_{11}N$	Piperidin	403
		C_6H_6	Benzol	279
		C_6H_{12}	Cyclohexan	279
$C_5H_{10}O$	Valeraldehyd	C_6H_6	Benzol	277
$C_5H_{10}O$	Iso-valeraldehyd	C_6H_6	Benzol	277
$C_5H_{10}OS_2$	O-Äthylxanthogensäureäthyl-ester	C_6H_6	Benzol	393
$C_5H_{10}O_2$	Äthylpropionat	$C_5H_{10}O_2$	Isobutylformiat	282
		$C_5H_{10}O_2$	Propylacetat	282
		C_5H_{12}	Isopentan	282
		C_6H_6	Benzol	282
		C_9H_{12}	1.2.4-Trimethylbenzol	282
		Cl_4Sn	Zinn-IV-chlorid	100
$C_5H_{10}O_2$	n-Butylformiat	Cl_4Ti	Titantetrachlorid	90
$C_5H_{10}O_2$	Iso-butylformiat	$C_5H_{10}O_2$	Propylacetat	282
		C_6H_6	Benzol	281
		C_8H_{10}	Äthylbenzol	281
$C_5H_{10}O_2$	Methylbutyrat	C_6H_6	Benzol	283
		Cl_4Sn	Zinn-IV-chlorid	100
$C_5H_{10}O_2$	Propylacetat	C_6H_6	Benzol	281
		$C_6H_{12}O_2$	Amylformiat	294
		$C_6H_{12}O_2$	Butylacetat	295
		C_6H_{14}	Isohexan	281
		C_7H_{16}	Heptan	281

1. Komponente		2. Komponente		Seite
Brutto-formel	Name	Brutto-formel	Name	
$C_2H_{10}O_2$	Propylacetat	C_9H_{12}	1.2.4-Trimethylbenzol	281
		Cl_4Sn	Zinn-IV-chlorid	100
		Cl_4Ti	Titantetrachlorid	90
$C_5H_{10}O_2$	Iso-propylacetat	C_6H_6	Benzol	282
$C_5H_{10}O_2$	Valeriansäure	C_6H_6	Benzol	280
		$C_6H_{15}N$	Triäthylamin	411
		C_7H_{16}	Heptan	280
		H_2O_4S	Schwefelsäure	36
		H_3O_4P	Phosphorsäure	46
$C_5H_{10}O_2$	Isovaleriansäure	$C_5H_{11}N$	Piperidin	403
		C_6H_6	Benzol	281
		H_2O_4S	Schwefelsäure	36
		H_3O_4P	Phosphorsäure	46
$C_5H_{10}O_3$	Diäthylcarbonat	$C_6H_5NO_2$	Nitrobenzol	482
		C_6H_6	Benzol	283
		Cl_4Sn	Zinn-IV-chlorid	100
$C_5H_{10}O_3$	Äthyllactat	C_6H_6	Benzol	284
$C_5H_{10}O_3$	Methyl-1-α-methoxypropionat	$C_6H_5NO_2$	Nitrobenzol	482
$C_5H_{11}Br$	Isoamylbromid	C_6H_6	Benzol	171
$C_5H_{11}Br$	tert.-Amylbromid	C_6H_6	Benzol	171
$C_5H_{11}Br$	l-Amylbromid	$C_{10}H_{17}NO$	d-Campheroxim	507
		$C_{10}H_{17}NO$	l-Campheroxim	507
$C_5H_{11}Cl$	1-Chlorpentan	$C_{16}H_{34}$	n-Hexadecan	170
$C_5H_{11}Cl$	Isoamylchlorid	C_6H_6	Benzol	171
$C_5H_{11}Cl$	tert. Amylchlorid	C_6H_6	Benzol	170
$C_5H_{11}ClHg$	Amyl-Quecksilberchlorid	C_6H_6	Benzol	542
$C_5H_{11}F$	n-Amylfluorid	C_6H_6	Benzol	170
$C_5H_{11}F$	tert. Amylfluorid	C_6H_6	Benzol	170
$C_5H_{11}J$	Isoamyljodid	C_6H_6	Benzol	171
$C_5H_{11}J$	tert. Amyljodid	C_6H_6	Benzol	171
$C_5H_{11}N$	Piperidin	C_6H_6O	Phenol	403
		C_6H_7N	Anilin	418
		C_6H_9N	2.4-Dimethylpyrrol	412
		C_6H_{12}	Cyclohexan	402
		$C_6H_{12}O_2$	Hexansäure	403
		C_7H_8	Toluol	402
		C_7H_9N	Methylanilin	427
		$C_7H_{14}O_2$	Heptansäure	403
		$C_8H_{11}N$	Dimethylanilin	434
		$C_8H_{13}N$	2.4-Dimethyl-3-äthylpyrrol	431
		$C_8H_{16}O_2$	Octansäure	403
		C_9H_7N	Chinolin	439
		$C_{12}H_{11}N$	Diphenylamin	447
$C_5H_{11}NO$	Diäthylformamid	C_7H_{16}	n-Heptan	473
C_5H_{12}	Pentan	C_6H_6	Benzol	112
		C_7H_8	Toluol	116
		C_7H_{16}	Heptan	115
		C_9H_{12}	1.3.5-Trimethylbenzol	124
		$C_{10}H_{18}$	trans-Decahydronaphthalin	128
		$C_{10}H_{22}$	n-Decan	127
		$C_{16}H_{34}$	n-Hexadecan	139
		$C_{57}H_{107}O_9$	Triricinolein	362
C_5H_{12}	Isopentan	C_6H_{14}	Hexan	111
		C_9H_{12}	1.2.4-Trimethylbenzol	125
$C_5H_{12}O$	n-Amylalkohol	C_6H_6	Benzol	272
		C_6H_{12}	Cyclohexan	272
		C_7H_{16}	Heptan	272
		$C_{18}H_{34}O_2$	Ölsäure	359
		ClH	Chlorwasserstoff	25
		$ClLi$	Lithiumchlorid	69

1. Komponente		2. Komponente		Seite
Brutto-formel	Name	Brutto-formel	Name	
$C_6Cl_3N_3O_6$	1.3.5-Trichlor-2.4.6-trinitro-benzol	C_6H_6	Benzol	523
$C_6Cl_4O_2$	Tetrachlorbenzochinon	C_6H_6	Benzol	379
C_6Cl_6	Hexachlorbenzol	C_6H_6	Benzol	188
C_6Cl_{12}	Dodecachlorcyclohexan	C_6H_6	Benzol	189
C_6F_6	Hexafluorbenzol	C_6H_6	Benzol	188
		C_6H_8	1.3-Cyclohexadien	188
		C_6H_{10}	Cyclohexen	188
		C_6H_{12}	Cyclohexan	188
		C_7H_8	Toluol	188
		C_8H_{10}	Äthylbenzol	188
		C_8H_{10}	p-Xylol	188
		C_9H_{12}	Cumol	188
		C_9H_{12}	Mesitylen	188
		$C_{12}H_{18}$	1.3.5-Triäthylbenzol	188
		$C_{15}H_{24}$	1.3.5-Triisopropylbenzol	188
C_6F_{14}	Perfluor-n-hexan	C_6H_{14}	n-Hexan	189
$CHBr_3N_2O_4$	1.3.5-Tribrom-2.4-dinitrobenzol	C_6H_6	Benzol	522
C_6HCl_5	Pentachlorbenzol	C_6H_6	Benzol	188
$C_6H_2Br_2N_2O$	3.5-Dibrom-1.2-benzochinon-2-diazid	C_6H_6	Benzol	522
$C_6H_2Br_2O_2$	2.5-Dibrom-1.4-benzochinon	C_6H_6	Benzol	378
$C_6H_2Br_3NO_2$	1.3.5-Tribrom-2-nitrobenzol	C_6H_6	Benzol	522
$C_6H_2ClN_3O_6$	2-Chlor-1.3.5-trinitrobenzol (Pikrylchlorid)	C_6H_6	Benzol	522
		C_7H_{14}	Heptan	522
$C_6H_2Cl_2O_2$	2.5-Dichlor-1.4-benzochinon	C_6H_6	Benzol	378
$C_6H_2Cl_4$	1.2.3.4-Tetrachlorbenzol	C_6H_6	Benzol	188
$C_6H_3BrN_2O_4$	1-Brom-2.4-dinitrobenzol	C_6H_6	Benzol	522
$C_6H_3Br_3$	1.3.5-Tribrombenzol	C_6H_6	Benzol	187
$C_6H_3ClN_2O_4$	1-Chlor-2.4-dinitrobenzol	C_6H_6	Benzol	522
$C_6H_3Cl_2NO_2$	2.3-Dichlornitrobenzol	C_6H_6	Benzol	521
$C_6H_3Cl_2NO_2$	2.4-Dichlornitrobenzol	C_6H_6	Benzol	521
$C_6H_3Cl_2NO_2$	2.5-Dichlornitrobenzol	C_6H_6	Benzol	521
$C_6H_3Cl_2NO_2$	2.6-Dichlornitrobenzol	C_6H_6	Benzol	522
$C_6H_3Cl_2NO_2$	3.4-Dichlornitrobenzol	C_6H_6	Benzol	522
$C_6H_3Cl_2NO_2$	3.5-Dichlornitrobenzol	C_6H_6	Benzol	522
$C_6H_3Cl_3$	1.2.4-Trichlorbenzol	C_6H_{14}	n-Hexan	187
$C_6H_3Cl_3$	1.3.5-Trichlorbenzol	C_6H_6	Benzol	187
$C_6H_3J_3$	1.3.5-Trijodbenzol	C_6H_6	Benzol	187
$C_6H_3N_3O_6$	1.3.5-Trinitrobenzol	C_6H_6	Benzol	491
		$C_{10}H_8$	Naphthalin	491
		$C_{12}H_{11}N$	Diphenylamin	491
$C_6H_3N_3O_7$	Pikrinsäure	$C_7H_5N_3O_6$	2.4.6-Trinitrotoluol	500
		C_8H_{10}	Xylol	491
		$C_{10}H_{14}N_4O_7$	Diäthylammoniumpikrat	509
		$C_{26}H_{46}N_4O_7$	Tetra-isoamylammoniumpikrat	519
C_6H_4BrCl	m-Chlorbrombenzol	C_6H_6	Benzol	186
		C_6H_{14}	Hexan	186
C_6H_4BrCl	o-Chlorbrombenzol	C_6H_6	Benzol	186
		C_6H_{14}	Hexan	186
C_6H_4BrCl	p-Chlorbrombenzol	C_6H_6	Benzol	186
		C_6H_{14}	Hexan	186
$C_6H_4BrCl \cdot O_2S$	p-Brombenzolsulfochlorid	C_6H_6	Benzol	395
C_6H_4BrF	o-Fluorbrombenzol	C_6H_6	Benzol	186
C_6H_4BrF	p-Fluorbrombenzol	C_6H_6	Benzol	186
C_6H_4BrJ	o-Bromjodbenzol	C_6H_6	Benzol	187
$C_6H_4BrNO_2$	m-Bromnitrobenzol	C_6H_6	Benzol	521
$C_6H_4BrNO_2$	o-Bromnitrobenzol	C_6H_6	Benzol	520
$C_6H_4BrNO_2$	p-Bromnitrobenzol	C_6H_6	Benzol	521

1. Komponente		2. Komponente		Seite
Brutto-formel	Name	Brutto-formel	Name	
$C_6H_4Br_2$	m-Dibrombenzol	C_6H_6	Benzol	186
$C_6H_4Br_2$	o-Dibrombenzol	C_6H_6	Benzol	186
$C_6H_4Br_2$	p-Dibrombenzol	C_6H_6	Benzol	186
		C_6H_{14}	Hexan	186
		C_7H_8	Toluol	186
		$C_7H_{14}O_2$	Isoamylacetat	308
$C_6H_4Br_3N$	2.4.6-Tribromanilin	$C_7H_{14}O_2$	Amylacetat	455
C_6H_4ClF	o-Fluorchlorbenzol	C_6H_6	Benzol	184
C_6H_4ClJ	o-Chlorjodbenzol	C_6H_6	Benzol	187
C_6H_4ClNO	p-Chlornitrosobenzol	C_6H_6	Benzol	520
$C_6H_4ClNO_2$	m-Chlornitrobenzol	C_6H_6	Benzol	520
$C_6H_4ClNO_2$	o-Chlornitrobenzol	C_6H_6	Benzol	520
		$C_{12}H_{11}N$	Diphenylamin	520
$C_6H_4ClNO_2$	p-Chlornitrobenzol	C_6H_6	Benzol	520
$C_6H_4Cl_2$	Dichlorbenzol	$C_{16}H_{36}JN$	Tetrabutylammoniumjodid	460
$C_6H_4Cl_2$	m-Dichlorbenzol	C_6H_6	Benzol	185
		C_6H_{14}	Hexan	185
$C_6H_4Cl_2$	o-Dichlorbenzol	C_6H_6	Benzol	184
		$C_6H_{12}O_3$	Paraldehyd	298
		C_6H_{14}	Hexan	184
		C_7H_5N	Benzonitril	429
		$C_{10}H_{14}$	Diäthylbenzol	184
$C_6H_4Cl_2$	p-Dichlorbenzol	$C_6H_4Cl_2$	o-Dichlorbenzol	186
		C_6H_5Cl	Chlorbenzol	185
		$C_6H_5NO_2$	Nitrobenzol	480
		C_6H_6	Benzol	185
		C_7H_5N	Benzonitril	429
		C_7H_{16}	Heptan	185
		$C_7H_{16}O$	n-Heptanol	302
		$C_8H_{11}N$	Dimethylanilin	433
		$C_9H_{10}O_2$	Äthylbenzoat	331
		$C_{18}H_{38}O$	Octadecylalkohol	358
$C_6H_4Cl_2O$	2.4-Dichlorphenol	C_6H_6	Benzol	378
$C_6H_4Cl_3N$	2.4.6-Trichloranilin	$C_7H_{14}O_2$	Amylacetat	455
C_6H_4FJ	o-Fluorjodbenzol	C_6H_6	Benzol	187
$C_6H_4FNO_2$	p-Fluornitrobenzol	C_6H_6	Benzol	520
$C_6H_4F_2$	o-Difluorbenzol	C_6H_6	Benzol	184
$C_6H_4F_2$	p-Difluorbenzol	C_8H_{10}	p-Xylol	184
$C_6H_4JNO_2$	m-Jodnitrobenzol	C_6H_6	Benzol	521
$C_6H_4JNO_2$	o-Jodnitrobenzol	C_6H_6	Benzol	521
$C_6H_4JNO_2$	p-Jodnitrobenzol	C_6H_6	Benzol	521
$C_6H_4J_2$	m-Dijodbenzol	C_6H_6	Benzol	187
$C_6H_4J_2$	o-Dijodbenzol	C_6H_6	Benzol	187
$C_6H_4J_2$	p-Dijodbenzol	C_6H_6	Benzol	187
$C_6H_4N_2$	Isonicotinsäurenitril	C_6H_6	Benzol	422
$C_6H_4N_2O$	p-Benzochinondiazid	C_6H_6	Benzol	488
$C_6H_4N_2O_4$	m-Dinitrobenzol	C_6H_6	Benzol	489
		C_7H_8	Toluol	490
		$C_8H_{14}O_6$	Äthyltartrat	490
		$C_{10}H_8$	Naphthalin	490
		Cl_4Sn	Zinn-IV-chlorid	103
$C_6H_4N_2O_4$	o-Dinitrobenzol	C_6H_6	Benzol	489
$C_6H_4N_2O_4$	p-Dinitrobenzol	C_6H_6	Benzol	490
$C_6H_4N_2S$	Benz-1-thio-3-diazol	C_6H_6	Benzol	528
$C_6H_4N_4O_6$	2.4.6-Trinitroanilin	C_6H_6	Benzol	492
$C_6H_4O_2$	p-Benzochinon	C_6H_6	Benzol	297
		C_6H_{14}	Hexan	297
C_6H_5Br	Brombenzol	C_6H_5Cl	Chlorbenzol	180
		C_6H_6	Benzol	178
		C_6H_7N	Anilin	414
		C_6H_7N	α-Picolin	421

1. Komponente		2. Komponente		Seite
Bruttoformel	Name	Bruttoformel	Name	
C_6H_5Br	Brombenzol	C_6H_{12}	Cyclohexan	178
		C_6H_{14}	Hexan	178
		C_7H_8	Toluol	179
		$C_8H_{14}O_6$	Diäthyltartrat	325
		C_8H_{18}	2.2.4-Trimethylpentan	179
		$C_{10}H_{14}N_2$	Nicotin	443
		J_2	Jod	30
C_6H_5BrO	o-Bromphenol	C_6H_6	Benzol	378
C_6H_5BrO	p-Bromphenol	C_6H_6	Benzol	378
$C_6H_5Br_2N$	2.4-Dibromanilin	C_6H_6	Benzol	455
		$C_7H_{14}O_2$	Amylacetat	455
$C_6H_5Br_2N$	2.6-Dibromanilin	$C_7H_{14}O_2$	Amylacetat	455
$C_6H_5Br_2N$	3.5-Dibromanilin	C_6H_6	Benzol	455
C_6H_5Cl	Chlorbenzol	$C_6H_5NO_2$	Nitrobenzol	480
		C_6H_6	Benzol	175
		C_6H_6O	Phenol	291
		C_6H_7N	Anilin	414
		C_6H_{12}	Cyclohexan	175
		$C_6H_{12}O_3$	Paraldehyd	298
		C_6H_{14}	Hexan	174
		$C_6H_{14}O$	Di-iso-propyläther	286
		$C_6H_{15}N$	Triäthylamin	411
		C_7H_5N	Benzonitril	429
		C_7H_8	Toluol	176
		C_7H_{16}	Heptan	176
		$C_7H_{16}O$	Äthylamyläther	302
		C_8H_{10}	m-Xylol	177
		$C_8H_{11}NO_2$	Anilinacetat	502
		$C_8H_{14}O_6$	Diäthyltartrat	325
		$C_8H_{18}O$	Di-n-Butyläther	316
		C_9H_7N	Chinolin	437
		$C_{10}H_8$	Naphthalin	177
		$C_{10}H_{14}N_2$	Nicotin	443
		$C_{10}H_{16}O$	Campher	338
		$C_{10}H_{22}O$	Diamyläther	335
		$C_{12}H_8Cl_2$	p,p'-Dichlordiphenyl	201
		$C_{12}H_{10}$	Diphenyl	177
		$C_{22}H_{38}N_4O_7$	Tetra-n-butammoniumpikrat	518
		J_2	Jod	30
C_6H_5ClO	m-Chlorphenol	C_6H_6	Benzol	378
		C_6H_7N	Anilin	418
		$C_7H_{14}O_2$	Amylacetat	378
C_6H_5ClO	o-Chlorphenol	C_6H_6	Benzol	377
		C_6H_7N	Anilin	418
		$C_6H_8N_2$	Phenylhydrazin	422
		$C_7H_{14}O_2$	Amylacetat	378
		$C_8H_{11}N$	Dimethylanilin	434
		C_9H_7N	Chinolin	438
		$C_{13}H_{13}N$	Diphenylmethylamin	449
C_6H_5ClO	p-Chlorphenol	C_6H_6	Benzol	378
		C_6H_7N	Anilin	418
		$C_7H_{14}O_2$	Amylacetat	378
$C_6H_5ClO_2S$	Benzolsulfochlorid	C_6H_6	Benzol	395
$C_6H_5Cl_2N$	2.4-Dichloranilin	$C_7H_{14}O_2$	Amylacetat	455
$C_6H_5Cl_7$	Heptachlorcyclohexan	C_6H_6	Benzol	188
C_6H_5F	Fluorbenzol	C_6H_6	Benzol	174
		C_6H_{12}	Cyclohexan	174
		C_7H_{14}	Methylcyclohexan	174
C_6H_5FO	p-Fluorphenol	C_6H_6	Benzol	377
C_6H_5J	Jodbenzol	C_6H_6	Benzol	180
		$C_8H_{14}O_6$	Diäthyltartrat	326

1. Komponente		2. Komponente		Seite
Bruttoformel	Name	Bruttoformel	Name	
$C_6H_5J_2N$ C_6H_5NO $C_6H_5NO_2$	2.4-Dijodanilin Nitrosobenzol Nitrobenzol	$C_7H_{14}O_2$	Amylacetat	455
		C_6H_6	Benzol	475
		C_6H_6	Benzol	477
		C_6H_6O	Phenol	482
		C_6H_7N	Anilin	484
		$C_6H_{10}O_4$	Methyl-l-α-acetoxypropionat	482
		$C_6H_{10}O_6$	Methyltartrat	482
		C_6H_{12}	Cyclohexan	476
		$C_6H_{12}O_3$	Paraldehyd	482
		C_6H_{14}	Hexan	476
		$C_6H_{14}O$	Diisopropyläther	482
		$C_6H_{15}N$	Triäthylamin	484
		C_7H_5N	Benzonitril	484
		$C_7H_7Br_2NO$	Brombenzamid	523
		C_7H_8	Toluol	478
		C_7H_8O	Anisol	482
		C_7H_8O	m-Kresol	482
		C_7H_8O	o-Kresol	482
		C_7H_9N	Methylanilin	484
		C_7H_9N	o-Toluidin	484
		$C_8H_9Cl_3O_7$	Methyl-mono(trichloracetyl)-tartrat	483
		C_8H_{10}	p-Xylol	478
		$C_8H_{11}N$	Äthylanilin	484
		$C_8H_{11}N$	Dimethylanilin	484
		$C_8H_{14}O_6$	Diäthyltartrat	482
		$C_8H_{14}O_6$	Dimethyl-d-dimethoxysuccinat	483
		$C_8H_{18}O$	Di-n-butyläther	482
		$C_8H_{20}BrCl_3 \cdot JN$	Tetraäthylammoniumjodobromotrichlorid	485
		$C_9H_{13}BrCl_2 \cdot JN$	p-Bromphenyltrimethylammoniumjoddichlorid	485
		$C_9H_{13}BrCl_4 \cdot JN$	p-Bromphenyltrimethylammoniumjodtetrachlorid	485
		$C_9H_{13}Br_4N$	p-Bromphenyltrimethylammoniumtribromid	485
		$C_{10}H_8$	Naphthalin	478
		$C_{10}H_8Cl_6O_8$	Methyl-di(trichloracetyl)-tartrat	483
		$C_{10}H_{14}$	Durol	478
		$C_{10}H_{14}N$	Nicotin	485
		$C_{10}H_{15}N$	Diäthylanilin	484
		$C_{10}H_{18}$	Dekalin	478
		$C_{10}H_{20}$	sek. Butylcyclohexan	478
		$C_{10}H_{20}O$	Menthol	483
		$C_{10}H_{22}$	Di-isoamyl	478
		$C_{10}H_{22}O$	Diamyläther	483
		$C_{12}H_8Cl_2$	4.4'-Dichlordiphenyl	480
		$C_{12}H_{10}$	Acenaphthen	479
		$C_{12}H_{10}$	Diphenyl	479
		$C_{12}H_{10}N_2$	Azobenzol	485
		$C_{12}H_{12}Cl_6O_8$	Äthyl-di(trichloracetyl)-tartrat	483
		$C_{12}H_{18}O_8$	Diäthyldiacetyltartrat	483
		$C_{12}H_{28}JN$	Tetrapropylammoniumjodid	485
		$C_{14}H_{10}O_2$	Benzil	483
		$C_{14}H_{22}N_4O_7$	Tetraäthylammoniumpikrat	515
		$C_{16}H_{20}Cl_6O_8$	Isobutyl-di(trichloracetyl)-tartrat	483
		$C_{16}H_{24}O_3S$	Menthylbenzolsulfonat	483
		$C_{16}H_{26}O_8$	Isobutyldiacetyl-d-tartrat	483
		$C_{18}H_{16}O_6$	act. Methyldibenzoylglycerat	483

1. Komponente		2. Komponente		Seite
Brutto-formel	Name	Brutto-formel	Name	
$C_6H_5NO_2$	Nitrobenzol	$C_{20}H_{26}O_3S$	Menthylnaphthalin-β-sulfonat	483
		$C_{21}H_{44}N_2S$	Tetra-n-pentylammonium-thiocyanat	529
		$C_{22}H_{38}N_4O_7$	Tetra-n-butylammoniumpikrat	518
		$C_{24}H_{42}O_6$	Di-l-Menthyltartrat	483
		$C_{24}H_{42}O_6$	Di-l-Menthyl-l-tartrat	483
		$C_{28}H_{46}O_8$	Di-Menthyldiacetyltartrat	483
		Cl_2S_2	Dischwefeldichlorid	39
		Cl_4Sn	Zinn-IV-chlorid	102
		H_2O_4S	Schwefelsäure	38
		J_2	Jod	31
		N_2O_4	Distickstofftetroxid	44
$C_6H_5NO_3$	m-Nitrophenol	C_6H_6	Benzol	488
		$C_7H_{14}O_2$	Amylacetat	488
$C_6H_5NO_3$	o-Nitrophenol	C_6H_6	Benzol	486
		C_6H_7N	Anilin	487
		C_7H_9N	p-Toluidin	487
		$C_7H_{14}O_2$	Amylacetat	487
		$C_8H_{14}O_6$	Äthyltartrat	487
		C_9H_7N	Chinolin	487
		$C_{10}H_{14}N_2$	Nicotin	487
		Cl_4Sn	Zinn-IV-chlorid	103
$C_6H_5NO_3$	p-Nitrophenol	C_6H_6	Benzol	488
		$C_7H_{14}O_2$	Amylacetat	488
		$C_{10}H_8$	Naphthalin	488
$C_6H_5N_3O_4$	2.4-Dinitroanilin	C_6H_6	Benzol	490
$C_6H_5N_3O_4$	3.5-Dinitroanilin	C_6H_6	Benzol	491
C_6H_6	Benzol	C_6H_6BrN	m-Bromanilin	454
		C_6H_6BrN	o-Bromanilin	454
		C_6H_6BrN	p-Bromanilin	455
		$C_6H_6Br_2Cl_4$	γ-Tetrachlordibromcyclohexan	188
		C_6H_6ClN	m-Chloranilin	454
		C_6H_6ClN	o-Chloranilin	454
		C_6H_6ClN	p-Chloranilin	454
		$C_6H_6ClNO_2S$	p-Chlorbenzolsulfonamid	532
		$C_6H_6Cl_6$	Hexachlorcyclohexan	188
		$C_6H_6Cl_6$	1.1.2.4.4.5-Hexachlorcyclo-hexan	188
		$C_6H_6Cl_6$	α-Benzolhexachlorid	188
		$C_6H_6Cl_6$	β-Benzolhexachlorid	188
		C_6H_6FN	p-Fluoranilin	454
		C_6H_6JN	p-Jodanilin	455
		$C_6H_6N_2O$	Nicotinsäureamid	488
		$C_6H_6N_2O_2$	m-Nitroanilin	488
		$C_6H_6N_2O_2$	o-Nitroanilin	488
		$C_6H_6N_2O_2$	p-Nitroanilin	489
		C_6H_6O	Phenol	290
		$C_6H_6O_2$	Brenzcatechin	296
		$C_6H_6O_2$	Hydrochinon	297
		$C_6H_6O_2$	Resorcin	296
		C_6H_6S	Thiophenol	388
		$C_6H_7BO_3$	Phenylborsäure	537
		C_6H_7N	Anilin	413
		C_6H_7N	α-Picolin	420
		C_6H_7N	β-Picolin	421
		C_6H_7N	γ-Picolin	421
		C_6H_7NO	m-Aminophenol	474
		C_6H_7NO	4-Methoxypyridin	475
		C_6H_7NO	4-Methyl-pyridin-1-oxid	475
		$C_6H_7NO_2S$	Benzolsulfonamid	530
		$C_6H_8Cl_4$	Tetrachlorcyclohexan	187

1. Komponente		2. Komponente		Seite
Brutto-formel	Name	Brutto-formel	Name	
C_6H_6	Benzol	$C_6H_8N_2$	m-Phenylendiamin	421
		$C_6H_8N_2$	o-Phenylendiamin	421
		$C_6H_8N_2$	p-Phenylendiamin	422
		$C_6H_8O_2$	Cyclohexan-1.4-Dion	296
		C_6H_9Br	1-Bromhexin(1)	174
		C_6H_9Cl	1-Chlorhexin(1)	174
		C_6H_9J	1-Jodhexin(1)	174
		C_6H_9NO	$\alpha.\beta.\gamma$-Trimethylisoxazol	474
		C_6H_{10}	Cyclohexen	114
		C_6H_{10}	1.2-Dimethylbutadien	114
		C_6H_{10}	1.3-Dimethylbutadien	114
		C_6H_{10}	1.4-Dimethylbutadien	114
		C_6H_{10}	2.3-Dimethylbutadien	114
		$C_6H_{10}BrCl$	1.1-Chlorbromcyclohexan	182
		$C_6H_{10}BrCl$	cis-1-Brom-2-chlorcyclohexan	182
		$C_6H_{10}BrCl$	1.2-trans-Chlorbromcyclohexan	182
		$C_6H_{10}Br_2$	1.1-Dibromcyclohexan	182
		$C_6H_{10}Br_2$	1.2-cis-Dibromcyclohexan	183
		$C_6H_{10}Br_2$	1.2-trans-Dibromcyclohexan	183
		$C_6H_{10}Br_2$	1.4-cis-Dibromcyclohexan	183
		$C_6H_{10}Br_2$	1.4-trans-Dibromcyclohexan	183
		$C_6H_{10}Cl_2$	1.1-Dichlorcyclohexan	181
		$C_6H_{10}Cl_2$	1.2-cis-Dichlorcyclohexan	181
		$C_6H_{10}Cl_2$	1.2-trans-Dichlorcyclohexan	181
		$C_6H_{10}Cl_2$	1.4-cis-Dichlorcyclohexan	181
		$C_6H_{10}Cl_2$	1.4-trans-Dichlorcyclohexan	182
		$C_6H_{10}J_2$	1.4-cis-Dijodcyclohexan	183
		$C_6H_{10}J_2$	1.4-trans-Dijodcyclohexan	184
		$C_6H_{10}O$	Cyclohexanon	288
		$C_6H_{10}O_3$	Äthylacetacetat	299
		$C_6H_{10}O_4$	Äthyloxalat	299
		$C_6H_{10}O_6$	Traubensäuredimethylester	300
		$C_6H_{10}O_6$	d-Weinsäuredimethylester	300
		$C_6H_{11}Br$	Bromcyclohexan	173
		$C_6H_{11}Cl$	Chlorcyclohexan	173
		$C_6H_{11}N$	Isoamylcyanid	412
		C_6H_{12}	Cyclohexan	113
		$C_6H_{12}O$	Cyclohexanol	287
		$C_6H_{12}O$	Methylbutylketon	288
		$C_6H_{12}O$	Vinyl-butyläther	288
		$C_6H_{12}O$	Vinyl-isobutyläther	288
		$C_6H_{12}O_2$	Äthylbutyrat	295
		$C_6H_{12}O_2$	Amylformiat	294
		$C_6H_{12}O_2$	Butylacetat	294
		$C_6H_{12}O_2$	Isobutylacetat	295
		$C_6H_{12}O_2$	tert. Butylacetat	295
		$C_6H_{12}O_2$	Capronsäure	293
		$C_6H_{12}O_2$	Methylvaleriat	296
		$C_6H_{12}O_2$	Propylpropionat	295
		$C_6H_{12}O_3$	Paraldehyd	297
		$C_6H_{12}S$	Cyclohexanthiol	388
		$C_6H_{13}N$	Cyclohexylamin	412
		$C_6H_{13}NO_2$	α-Aminovaleriansäuremethylester	475
		$C_6H_{13}NO_2$	δ-Aminovaleriansäuremethylester	475
		C_6H_{14}	Hexan	113
		$C_6H_{14}O$	Di-propyläther	285
		$C_6H_{14}O$	Di-iso-propyläther	286
		$C_6H_{14}O$	n-Hexanol	285
		$C_6H_{14}O$	β-Methylpentanol	285

1. Komponente		2. Komponente		Seite
Brutto-formel	Name	Brutto-formel	Name	
C_6H_6	Benzol	$C_6H_{14}S$	Di-n-Propylsulfid	388
		$C_6H_{14}S_2$	Dipropyldisulfid	388
		$C_6H_{15}BrPb$	Triäthylbleibromid	543
		$C_6H_{15}ClPb$	Triäthylbleichlorid	543
		$C_6H_{15}N$	Triäthylamin	410
		$C_6H_{15}O_4P$	Triäthylphosphat	533
		$C_6H_{16}O_2Si$	Diäthoxydimethylsilan	536
		$C_6H_{16}O_3Si$	Triäthoxysilan	536
		$C_6H_{16}Si$	Triäthylsilan	535
		$C_6H_{18}OSi_2$	Hexamethyldisiloxan	536
		$C_7H_2Br_3N_3$	2.4.6-Tribrombenzoldiazonium-cyanid	457
		$C_7H_3ClN_2O_5$	3.5-Dinitrobenzoylchlorid	524
		$C_7H_3Cl_5$	Pentachlortoluol	192
		C_7H_4BrClO	p-Brombenzoylchlorid	381
		C_7H_4BrN	p-Brombenzonitril	456
		C_7H_4BrNS	p-Bromphenyl-iso-thiocyanat	530
		$C_7H_4BrN_3$	o-Brombenzoldiazoniumcyanid	457
		$C_7H_4BrN_3$	p-Brombenzoldiazoniumcyanid	457
		$C_7H_4Br_2O_2$	5.6-Dibrom-1.3-dioxoindan	381
		C_7H_4ClN	m-Chlorbenzonitril	456
		C_7H_4ClN	o-Chlorbenzonitril	456
		C_7H_4ClN	p-Chlorbenzonitril	456
		C_7H_4ClN	p-Chlorphenylisocyanid	456
		$C_7H_4ClNO_3$	p-Nitrobenzoylchlorid	524
		C_7H_4ClNS	Phenylthiocyanat	530
		C_7H_4ClNS	p-Chlorphenyl-iso-thiocyanat	530
		$C_7H_4ClN_3$	cis-p-Chlorbenzoldiazonium-cyanid	457
		$C_7H_4Cl_2O$	p-Chlorbenzoylchlorid	381
		$C_7H_4Cl_4$	p-Chlorbenzotrichlorid	192
		C_7H_4JN	p-Jodbenzonitril	456
		$C_7H_4N_2O_2$	m-Nitrobenzoesäurenitril	499
		$C_7H_4N_2O_2$	o-Nitrobenzoesäurenitril	498
		$C_7H_4N_2O_2$	p-Nitrobenzoesäurenitril	499
		$C_7H_4N_2O_2S$	p-Nitrophenylthiocyanat	531
		$C_7H_4N_2O_2Se$	p-Nitrophenylselenocyanat	532
		$C_7H_4N_4O_2$	p-Nitrobenzoldiazoniumcyanid	501
		C_7H_5BrO	Benzoylbromid	380
		$C_7H_5Br_3$	2.4.6-Tribromtoluol	192
		$C_7H_5Br_3$	3.5-Dibrombenzylbromid	192
		C_7H_5ClO	Benzoylchlorid	380
		C_7H_5ClO	p-Chlorbenzaldehyd	380
		$C_7H_5Cl_3$	Benzotrichlorid	192
		$C_7H_5Cl_3$	2.4.6-Trichlortoluol	192
		C_7H_5FO	p-Fluorbenzaldehyd	380
		C_7H_5N	Benzonitril	428
		C_7H_5N	Benzoisonitril	430
		C_7H_5NO	Phenylisocyanat	493
		C_7H_5NO	Salicylsäurenitril	493
		$C_7H_5NO_3$	o-Nitrobenzaldehyd	498
		$C_7H_5NO_3$	p-Nitrobenzaldehyd	498
		$C_7H_5NO_4$	5-Nitro-1.3-dioxaindan	498
		C_7H_5NS	Benzothiazol	528
		C_7H_5NS	Phenylthiocyanat	528
		C_7H_5NS	Phenylisothiocyanat	528
		$C_7H_5NS_2$	2-Merkaptobenzothiazol	528
		$C_7H_5N_3$	Benzoldiazoniumcyanid	430
		$C_7H_5N_3O_6$	Trinitrotoluol	500
		$C_7H_5N_3O_6$	2.4.6-Trinitrotoluol	500
		$C_7H_5N_3O_7$	2.4.6-Trinitroanisol	500

1. Komponente		2. Komponente		Seite
Bruttoformel	Name	Bruttoformel	Name	
C_6H_6	Benzol	$C_7H_6BrNO_2$	p-Bromphenylnitromethan	523
		$C_7H_6BrNO_2$	p-Nitrobenzylbromid	523
		$C_7H_6Br_2$	3.5-Dibromtoluol	192
		$C_7H_6Br_3N$	2.4.6-Tribrom-N-methylanilin	456
		$C_7H_6ClNO_2$	m-Nitrobenzylchlorid	523
		$C_7H_6ClNO_2$	o-Nitrobenzylchlorid	523
		$C_7H_6ClNO_2$	p-Nitrobenzylchlorid	523
		$C_7H_6Cl_2$	Benzalchlorid	191
		$C_7H_6Cl_2$	m-Chlorbenzylchlorid	191
		$C_7H_6Cl_2$	o-Chlorbenzylchlorid	191
		$C_7H_6Cl_2$	p-Chlorbenzylchlorid	192
		$C_7H_6Cl_2$	3.5-Dichlortoluol	192
		$C_7H_6N_2O_4$	2.4-Dinitrotoluol	499
		$C_7H_6N_2O_4$	2.5-Dinitrotoluol	499
		$C_7H_6N_2O_4$	2.6-Dinitrotoluol	499
		$C_7H_6N_2O_4$	3.5-Dinitrotoluol	499
		$C_7H_6N_2S$	p-Aminophenylthiocyanat	529
		$C_7H_6N_2Se$	p-Aminophenylselenocyanat	532
		C_7H_6O	Benzaldehyd	306
		$C_7H_6O_2$	Benzoesäure	309
		$C_7H_6O_2$	1.3-Dioxaindan	310
		C_7H_7Br	Benzylbromid	190
		C_7H_7Br	m-Bromtoluol	191
		C_7H_7Br	o-Bromtoluol	191
		C_7H_7Br	p-Bromtoluol	191
		C_7H_7BrO	p-Bromanisol	380
		$C_7H_7Br_2N$	2.4-Dibrom-N-methylanilin	456
		C_7H_7Cl	Benzylchlorid	190
		C_7H_7Cl	m-Chlortoluol	190
		C_7H_7Cl	o-Chlortoluol	190
		C_7H_7Cl	p-Chlortoluol	190
		C_7H_7ClO	p-Chloranisol	380
		$C_7H_7ClO_2S$	p-Toluolsulfochlorid	395
		C_7H_7F	Benzylfluorid	190
		C_7H_7F	p-Fluortoluol	190
		C_7H_7FO	p-Fluoranisol	379
		C_7H_7J	m-Jodtoluol	191
		C_7H_7J	o-Jodtoluol	191
		C_7H_7J	p-Jodtoluol	191
		C_7H_7JO	p-Jodanisol	380
		C_7H_7NO	Benzaldoxim	493
		$C_7H_7NO_2$	4-Acetylpyridin-1-oxid	497
		$C_7H_7NO_2$	m-Nitrotoluol	495
		$C_7H_7NO_2$	o-Nitrotoluol	494
		$C_7H_7NO_2$	p-Nitrotoluol	496
		$C_7H_7NO_2$	Phenylnitromethan	497
		$C_7H_7NO_3$	m-Nitroanisol	498
		$C_7H_7NO_3$	o-Nitroanisol	497
		$C_7H_7NO_3$	p-Nitroanisol	498
		$C_7H_7N_3$	1-Methylbenzo-1.2.3-triazol	430
		$C_7H_7N_3O_4$	N-Methyl-2.4-dinitroanilin	500
		C_7H_8	Toluol	117
		C_7H_8BrN	p-Brom-N-methylanilin	456
		C_7H_8NO	4-Acetylpyridin	493
		$C_7H_8N_2O$	Benzoylhydrazid	498
		$C_7H_8N_2O$	N-Methylnicotinamid	498
		$C_7H_8N_2O_2$	2-Methyl-4-nitroanilin	498
		$C_7H_8N_2O_2$	N-Methyl-p-nitroanilin	498
		C_7H_8O	Anisol	304
		C_7H_8O	Benzylalkohol	303
		C_7H_8O	m-Kresol	305

1. Komponente		2. Komponente		Seite
Brutto-formel	Name	Brutto-formel	Name	
C_6H_6	Benzol	C_7H_8O	o-Kresol	304
		C_7H_8O	p-Kresol	305
		$C_7H_8O_2$	2.6-Dimethyl-γ-pyron	309
		$C_7H_8O_2$	Guajakol	309
		C_7H_8S	Thioanisol	388
		C_7H_8S	α-Toluolthiol	388
		C_7H_9ClO	Butylpropiolylchlorid	379
		C_7H_9N	4-Äthylpyridin	427
		C_7H_9N	Butylpropiolnitril	428
		C_7H_9N	2.3-Lutidin	427
		C_7H_9N	2.4-Lutidin	427
		C_7H_9N	2.5-Lutidin	427
		C_7H_9N	2.6-Lutidin	428
		C_7H_9N	3.5-Lutidin	428
		C_7H_9N	Methylanilin	427
		C_7H_9N	m-Toluidin	425
		C_7H_9N	o-Toluidin	423
		C_7H_9N	p-Toluidin	426
		C_7H_9NO	o-Anisidin	493
		C_7H_9NO	p-Anisidin	493
		$C_7H_9NO_2S$	N-Methylbenzolsulfonamid	531
		$C_7H_9NO_2S$	p-Toluolsulfonamid	531
		$C_7H_{10}N_2$	4-Dimethylaminopyridin	430
		$C_7H_{10}N_2O$	4-Dimethylaminopyridin-1-oxid	498
		$C_7H_{10}O$	Butylpropiolaldehyd	303
		$C_7H_{10}O_4$	Dimethylcitraconat	312
		$C_7H_{10}O_4$	Dimethylmesaconat	312
		$C_7H_{10}O_7$	Dimethylcitraconatozonid	312
		$C_7H_{10}O_7$	Dimethylmesaconatozonid	312
		$C_7H_{11}Br$	1-Bromheptin(1)	190
		$C_7H_{11}Br$	1-Bromheptin(2)	190
		$C_7H_{11}Cl$	1-Chlorheptin(1)	189
		$C_7H_{11}Cl$	1-Chlorheptin(2)	189
		$C_7H_{11}J$	1-Jodheptin(1)	190
		$C_7H_{11}J$	1-Jodheptin(2)	190
		$C_7H_{12}O_2$	Cyclohexancarbonsäure	309
		$C_7H_{12}O_4$	Äthylmalonat	311
		$C_7H_{12}O_4$	5.5-spiro-Bis-1.3-dioxan	312
		C_7H_{14}	Methylcyclohexan	116
		$C_7H_{14}O$	2-Methylcyclohexanol	302
		$C_7H_{14}O$	3-Methylcyclohexanol	302
		$C_7H_{14}O$	4-Methylcyclohexanol	303
		$C_7H_{14}O_2$	Äthylvalerat	309
		$C_7H_{14}O_2$	Isoamylacetat	308
		$C_7H_{14}O_2$	Butylpropionat	308
		$C_7H_{14}O_2$	n-Hexancarbonsäure(1)	307
		$C_7H_{15}NS_2$	N-Butyldithiocarbaminsäure-äthylester	528
		$C_7H_{15}NS_2$	N.N-Diäthyldithiocarbamin-säureäthylester	528
		C_7H_{16}	2.4-Dimethylpentan	116
		C_7H_{16}	Heptan	116
		$C_7H_{16}O$	Äthylisoamyläther	302
		$C_7H_{16}O$	Diäthylisopropanol	302
		$C_7H_{16}O$	n-Heptanol	301
		$C_8H_4BrNO_2$	p-Nitrophenylbromacetylen	524
		C_8H_4ClJ	o-Chlorphenyljodacetylen	195
		C_8H_4ClJ	p-Chlorphenyljodacetylen	196
		$C_8H_4Cl_2O_2$	s-Phthalylchlorid	382
		$C_8H_4JNO_2$	p-Nitrophenyljodacetylen	524
		$C_8H_4N_2$	p-Dicyanobenzol	435

1. Komponente		2. Komponente		Seite
Brutto-formel	Name	Brutto-formel	Name	
C_6H_6	Benzol	$C_8H_4N_2$	p-Di-isocyanobenzol	435
		$C_8H_4N_2SSe$	p-Selenocyanophenylthiocyanat	532
		C_8H_5Br	o-Bromphenylacetylen	195
		C_8H_5Br	p-Bromphenylacetylen	195
		C_8H_5Br	Phenylbromacetylen	195
		C_8H_5Cl	m-Chlorphenylacetylen	195
		C_8H_5Cl	o-Chlorphenylacetylen	194
		C_8H_5Cl	p-Chlorphenylacetylen	195
		C_8H_5Cl	Phenylchloracetylen	194
		$C_8H_5Cl_5$	Pentachloräthylbenzol	196
		C_8H_5J	Phenyljodacetylen	195
		$C_8H_5NO_2$	p-Nitrophenylacetylen	503
		C_8H_6	Phenylacetylen	123
		$C_8H_6Br_2O_2$	6.7-Dibrom-1.4-dioxotetralin	382
		$C_8H_6Cl_4$	Tetrachlor-o-xylol	196
		$C_8H_6N_2O_2$	p-Nitrobenzylcyanid	504
		$C_8H_6O_3$	Piperonaldehyd	322
		C_8H_7Br	p-Bromphenyläthylen	194
		C_8H_7Br	β-Bromstyrol	194
		C_8H_7Br	ω-Bromstyrol	194
		$C_8H_7BrO_2$	p-Brombenzoesäuremethylester	382
		C_8H_7Cl	p-Chlorphenyläthylen	194
		C_8H_7Cl	ω-Chlorstyrol	194
		C_8H_7ClO	Phenylacetylchlorid	381
		C_8H_7ClO	Toluylchlorid	381
		$C_8H_7Cl_3$	3.4.5-Trichlor-o-xylol	196
		C_8H_7N	Benzylcyanid	435
		C_8H_7N	Indol	435
		C_8H_7N	m-Tolunitril	435
		C_8H_7N	o-Tolunitril	435
		C_8H_7N	p-Tolunitril	435
		C_8H_7N	o-Toluisonitril	435
		C_8H_7N	p-Toluisonitril	435
		C_8H_7NO	o-Methoxybenzonitril	502
		C_8H_7NOSe	p-Methoxyphenylselenocyanat	532
		$C_8H_7NO_2$	ω-Nitrostyrol	503
		$C_8H_7NO_3$	Piperonaldoxim	503
		$C_8H_7NO_4$	6-Nitro-1.4-dioxatetralin	503
		C_8H_7NS	p-Methylphenylsenföl	529
		$C_8H_7NS_2$	N-Methylbenzthiazolthion	529
		$C_8H_7NS_2$	2-Methylmerkaptobenzothiazol	529
		$C_8H_7NS_2$	4-Methyl-2-merkaptobenzo-thiazol	529
		$C_8H_7NS_2$	6-Methyl-2-merkaptobenzo-thiazol	529
		$C_8H_7N_3$	p-Toluoldiazoniumcyanid	436
		C_8H_8	Phenyläthylen	123
		$C_8H_8Br_2$	p-Xylidendibromid	195
		$C_8H_8Cl_2$	4.5-Dichlor-o-xylol	195
		$C_8H_8Cl_2$	p-Xylidendichlorid	195
		$C_8H_8N_2O_3$	p-Nitrobenzaldoxim-α-O-methyläther	504
		$C_8H_8N_2O_3$	p-Nitrobenzaldoxim-β-O-methyläther	504
		C_8H_8O	Acetophenon	318
		C_8H_8O	p-Methylbenzaldehyd	318
		C_8H_8O	Phenylacetaldehyd	318
		$C_8H_8O_2$	2.5-Dimethyl-1.4-benzochinon	322
		$C_8H_8O_2$	1.4-Dioxatetralin	321
		$C_8H_8O_2$	m-Methoxybenzaldehyd	321
		$C_8H_8O_2$	p-Methoxybenzaldehyd	321

1. Komponente		2. Komponente		Seite
Brutto-formel	Name	Brutto-formel	Name	
C_6H_6	Benzol	$C_8H_8O_2$	Methylbenzoat	321
		$C_8H_8O_2$	m-Oxyacetophenon	321
		$C_8H_8O_2$	o-Oxyacetophenon	321
		$C_8H_8O_2$	p-Oxyacetophenon	321
		$C_8H_8O_2$	Phenylacetat	321
		$C_8H_8O_3$	o-Methoxybenzoesäure	322
		$C_8H_8O_3$	m-Oxybenzoesäuremethylester	322
		$C_8H_8O_3$	o-Oxybenzoesäuremethylester	322
		$C_8H_8O_3$	p-Oxybenzoesäuremethylester	322
		C_8H_9BrO	p-Bromphenetol	381
		C_8H_9NO	Acetanilid	502
		$C_8H_9NO_2$	4-Äthoxycarbonylpyridin-1-oxid	503
		$C_8H_9NO_2$	m-Aminobenzoesäuremethylester	502
		$C_8H_9NO_2$	o-Aminobenzoesäuremethylester	502
		$C_8H_9NO_2$	p-Aminobenzoesäuremethylester	502
		$C_8H_9NO_2$	Isonicotinsäureäthylester	503
		C_8H_{10}	Äthylbenzol	120
		C_8H_{10}	m-Xylol	122
		C_8H_{10}	o-Xylol	121
		C_8H_{10}	p-Xylol	122
		$C_8H_{10}BrN$	p-Bromdimethylanilin	458
		$C_8H_{10}BrN_3$	1-p-Bromphenyl-3.3-dimethyltriazen	458
		$C_8H_{10}ClN$	p-Chlordimethylanilin	458
		$C_8H_{10}ClN_3$	1-m-Chlorphenyl-3.3-dimethyltriazen	458
		$C_8H_{10}ClN_3$	1-o-Chlorphenyl-3.3-dimethyltriazen	458
		$C_8H_{10}ClN_3$	1-p-Chlorphenyl-3.3-dimethyltriazen	458
		$C_8H_{10}FN$	p-Fluordimethylanilin	458
		$C_8H_{10}JN$	p-Joddimethylanilin	458
		$C_8H_{10}N_2O$	N-Äthylnicotinamid	504
		$C_8H_{10}N_2O$	N.N-Dimethylnicotinamid	504
		$C_8H_{10}N_2O_2$	p-Nitrodimethylanilin	504
		$C_8H_{10}N_4O_2$	3.3-Dimethyl-1-m-nitrophenyltriazen	504
		$C_8H_{10}N_4O_2$	3.3-Dimethyl-1-o-nitrophenyltriazen	504
		$C_8H_{10}N_4O_2$	3.3-Dimethyl-1-p-nitrophenyltriazen	504
		$C_8H_{10}O$	Phenetol	317
		$C_8H_{10}O$	Phenyläthanol	316
		$C_8H_{10}O$	Phenylmethylcarbinol	316
		$C_8H_{10}O$	m-Tolylmethyläther	318
		$C_8H_{10}O$	o-Tolylmethyläther	317
		$C_8H_{10}O$	p-Tolylmethyläther	318
		$C_8H_{10}O_2$	Hydrochinondimethyläther	321
		$C_8H_{10}O_3S$	p-Toluolsulfonsäuremethylester	393
		$C_8H_{10}O_5$	Dehydracetsäure	323
		$C_8H_{11}ClO$	Amylpropiolylchlorid	381
		$C_8H_{11}N$	Amylpropiolnitril	435
		$C_8H_{11}N$	Dimethylanilin	431
		$C_8H_{11}N$	2-n-Propylpyridin	434
		$C_8H_{11}N$	3-n-Propylpyridin	434
		$C_8H_{11}N$	4-n-Propylpyridin	434
		$C_8H_{11}N$	4-iso-Propylpyridin	434

1. Komponente		2. Komponente		Seite
Brutto-formel	Name	Brutto-formel	Name	
C_6H_6	Benzol	$C_8H_{11}NO$	Dimethylanilinoxid	502
		$C_8H_{11}NO_2$	2-Amino-1.4-dimethoxybenzol	502
		$C_8H_{11}NO_2$	Anilinacetat	502
		$C_8H_{11}NO_2S$	N.N-Dimethylbenzolsulfonamid	531
		$C_8H_{11}NO_2S$	p-Toluolsulfonsäuremethyl-amid	531
		$C_8H_{11}N_3$	3.3-Dimethyl-1-phenyltriazen	436
		$C_8H_{12}N_2$	p-Aminodimethylanilin	435
		$C_8H_{12}O$	Amylpropiolaldehyd	316
		$C_8H_{12}O$	Butylacetylacetylen	316
		$C_8H_{12}O_2$	2.2.4.4-Tetramethylcyclobutan-1.3-dion	320
		$C_8H_{12}O_4$	Diäthylfumarat	323
		$C_8H_{12}O_4$	Diäthylmaleat	323
		$C_8H_{12}O_6$	Dimethylacetylmaleat	327
		$C_8H_{13}Br$	1-Brom-2-octin	194
		$C_8H_{13}Cl$	1-Chlor-2-octin	194
		$C_8H_{13}J$	1-Jod-2-octin	194
		$C_8H_{14}NiO_2S_4$	Nickel-Isopropylxanthogenat	393
		$C_8H_{14}O_3$	Äthylacetessigsäureäthylester	322
		$C_8H_{14}O_4$	Diäthylsuccinat	323
		$C_8H_{14}O_6$	Diäthyltartrat	323
		$C_8H_{16}O$	α-Äthylcapronaldehyd	316
		$C_8H_{16}O_2$	n-Caprylsäure	320
		$C_8H_{17}NO$	2-Nitroso-2.5-dimethylhexan	502
		C_8H_{18}	n-Octan	119
		C_8H_{18}	2.2.4-Trimethylpentan	119
		$C_8H_{18}O$	2-Äthylhexanol(-1)	315
		$C_8H_{18}O$	Di-n-Butyläther	316
		$C_8H_{18}O$	2-Methylheptanol-(3)	315
		$C_8H_{18}O$	n-Octanol	313
		$C_8H_{18}O$	Octanol-(2)	315
		$C_8H_{18}S$	Di-n-Butylsulfid	388
		$C_8H_{20}O_4Si$	Tetraäthylsilikat	536
		$C_8H_{24}O_4Si_4$	Octamethylcyclotetrasiloxan	536
		$C_9H_5Br_2NO_2$	4.4-Dibrom-3-phenyliso-oxazolon(5)	524
		C_9H_5N	Phenylpropionitril	439
		C_9H_6ClN	1-Chlorisochinolin	458
		$C_9H_6N_2O_2$	5-Nitrochinolin	506
		$C_9H_6N_2O_2$	6-Nitrochinolin	506
		$C_9H_6N_2O_2$	8-Nitrochinolin	506
		$C_9H_6N_2O_2$	x-Nitroisochinolin	506
		C_9H_6O	Phenylpropiolaldehyd	330
		$C_9H_6O_2$	Cumarin	333
		C_9H_7Br	p-Tolylbromacetylen	196
		C_9H_7Cl	p-Tolylchloracetylen	196
		C_9H_7ClO	Zimtsäurechlorid	382
		C_9H_7J	p-Tolyljodacetylen	196
		C_9H_7N	Chinolin	436
		C_9H_7N	Isochinolin	439
		C_9H_7NO	α-Phenylisoxazol	505
		C_9H_7NO	γ-Phenylisoxazol	505
		C_9H_8	p-Methylphenylacetylen	126
		$C_9H_8O_2$	Zimtsäure	332
		C_9H_9Br	o-Brom-α-Methylstyrol	196
		C_9H_9Br	p-Brom-α-Methylstyrol	196
		$C_9H_9Br_3$	Tribrommesitylen	196
		C_9H_9Cl	m-Chlor-α-Methylstyrol	196
		$C_9H_9ClO_2$	p-Chlorbenzoesäureäthylester	382
		$C_9H_9Cl_3$	Trichlormesitylen	196

1. Komponente		2. Komponente		Seite
Brutto-formel	Name	Brutto-formel	Name	
C_6H_6	Benzol	$C_9H_9Cl_3$	Trichlorpseudocumol	196
		C_9H_9F	o-Fluor-α-Methylstyrol	196
		C_9H_9J	o-Jod-α-Methylstyrol	196
		C_9H_9N	Skatol	436
		$C_9H_9NO_3$	3-Nitro-4-methylacetophenon	505
		$C_9H_9NO_4$	p-Nitrobenzoesäureäthylester	505
		$C_9H_9N_3O_6$	Trinitromesitylen	506
		C_9H_{10}	p-Methylphenyläthylen	126
		$C_9H_{10}N_2S$	p-Dimethylaminophenylthio-cyanat	529
		$C_9H_{10}N_2Se$	p-Dimethylaminophenyl-selenocyanat	532
		$C_9H_{10}O$	4-Methylacetophenon	330
		$C_9H_{10}O$	α-Phenylpropionaldehyd	329
		$C_9H_{10}O$	β-Phenylpropionaldehyd	330
		$C_9H_{10}O_2$	Äthylbenzoat	331
		$C_9H_{10}O_2$	Essigsäure-m-kresylester	331
		$C_9H_{10}O_2$	Essigsäure-o-kresylester	331
		$C_9H_{10}O_2$	Essigsäure-p-kresylester	331
		$C_9H_{10}O_2$	m-Methoxyacetophenon	332
		$C_9H_{10}O_2$	o-Methoxyacetophenon	332
		$C_9H_{10}O_2$	p-Methoxyacetophenon	332
		$C_9H_{10}O_2$	Phenylpropionat	331
		$C_9H_{10}O_2$	m-Toluylsäure-methylester	332
		$C_9H_{10}O_2$	o-Toluylsäure-methylester	332
		$C_9H_{10}O_2$	p-Toluylsäure-methylester	332
		$C_9H_{10}O_3$	Äthyl-p-hydroxybenzoat	333
		$C_9H_{10}O_3$	Äthylsalicylat	333
		$C_9H_{10}O_3$	Mandelsäure-methylester	333
		$C_9H_{10}O_3$	o-Methoxybenzoesäure-methylester	333
		$C_9H_{10}O_3$	p-Methoxybenzoesäure-methylester	333
		$C_9H_{11}NO_2$	Nitromesitylen	505
		C_9H_{12}	p-Äthyltoluol	124
		C_9H_{12}	Isopropylbenzol	124
		C_9H_{12}	1.2.4-Trimethylbenzol	125
		C_9H_{12}	1.3.5-Trimethylbenzol	125
		$C_9H_{12}O$	Phenylpropylalkohol	329
		$C_9H_{13}ClSi$	Chlormethyldimethylphenyl-silan	536
		$C_9H_{13}ClSi$	m-Chlorphenyltrimethylsilan	536
		$C_9H_{13}N$	2-n-Butylpyridin	436
		$C_9H_{13}N$	3-n-Butylpyridin	436
		$C_9H_{13}N$	4-n-Butylpyridin	436
		$C_9H_{13}N$	4-sec.-Butylpyridin	436
		$C_9H_{13}N$	4-tert.-Butylpyridin	436
		$C_9H_{13}N$	Dimethyl-o-toluidin	436
		$C_9H_{13}N$	Dimethyl-p-toluidin	436
		$C_9H_{13}NO_2S$	p-Toluolsulfonsäuredimethyl-amid	531
		$C_9H_{13}NO_2Si$	Trimethyl-m-nitrophenylsilan	537
		$C_9H_{13}N_3$	3.3-Dimethyl-1-p-tolyl-triazen	439
		$C_9H_{13}N_3O$	1-p-Methoxyphenyl-3.3-di-methyltriazen	506
		$C_9H_{14}O$	Amylacetylacetylen	329
		$C_9H_{14}O$	Phoron	329
		$C_9H_{14}O_6$	Äthyl-l-diacetylglycerat	334
		$C_9H_{14}Si$	Trimethylphenylsilan	535
		$C_9H_{15}FeO_3S_6$	Eisen(III)-O-Äthylxanthogenat	393
		$C_9H_{16}O_4$	Diäthylglutarat	334

1. Komponente		2. Komponente		Seite
Brutto-formel	Name	Brutto-formel	Name	
C_6H_6	Benzol	$C_9H_{20}NO_4P$	Diäthylphosphonameisensäure-diäthylamid	534
		$C_9H_{20}O$	n-Nonanol	329
		$C_9H_{20}O_2$	2.2-Dimethyoxyheptan	330
		$C_9H_{20}O_4$	Pentaerythrit-tetramethyl-ester	334
		$C_9H_{21}BO_3$	n-Propylborat	538
		$C_{10}H_5N_3O_3$	4-Nitro-1.2-naphthochinon-1-diazid	509
		$C_{10}H_6Cl_2$	1.2-Dichlornaphthalin	199
		$C_{10}H_6Cl_2$	1.3-Dichlornaphthalin	200
		$C_{10}H_6Cl_2$	1.4-Dichlornaphthalin	200
		$C_{10}H_6Cl_2$	1.5-Dichlornaphthalin	200
		$C_{10}H_6Cl_2$	1.6-Dichlornaphthalin	200
		$C_{10}H_6Cl_2$	1.7-Dichlornaphthalin	200
		$C_{10}H_6Cl_2$	1.8-Dichlornaphthalin	200
		$C_{10}H_6Cl_2$	2.3-Dichlornaphthalin	200
		$C_{10}H_6Cl_2$	2.6-Dichlornaphthalin	200
		$C_{10}H_6Cl_2$	2.7-Dichlornaphthalin	200
		$C_{10}H_6N_2O$	1.2-Naphthochinon-1-diazid	508
		$C_{10}H_6N_2O$	1.2-Naphthochinon-2-diazid	508
		$C_{10}H_6N_2O$	1.4-Naphthochinondiazid	508
		$C_{10}H_6O_2$	1.2-Naphthochinon	343
		$C_{10}H_6O_2$	1.4-Naphthochinon	343
		$C_{10}H_7Br$	1-Bromnaphthalin	198
		$C_{10}H_7Br$	2-Bromnaphthalin	198
		$C_{10}H_7Cl$	1-Chlornaphthalin	198
		$C_{10}H_7Cl$	2-Chlornaphthalin	198
		$C_{10}H_7F$	1-Fluornaphthalin	197
		$C_{10}H_7F$	2-Fluornaphthalin	198
		$C_{10}H_7J$	1-Jodnaphthalin	199
		$C_{10}H_7J$	2-Jodnaphthalin	199
		$C_{10}H_7N$	p-Tolylpropiolnitril	442
		$C_{10}H_7NO_2$	1-Nitronaphthalin	508
		$C_{10}H_7NO_2$	2-Nitronaphthalin	508
		$C_{10}H_7NO_2$	1-Nitroso-2-naphthol	508
		$C_{10}H_7NO_2$	2-Nitroso-1-naphthol	508
		$C_{10}H_8$	Naphthalin	131
		$C_{10}H_8BrN$	2.6-Bromnaphthylamin	458
		$C_{10}H_8Br_2O_2$	α.β-Dibromzimtsäuremethyl-ester	383
		$C_{10}H_8N_2$	2.2′-Dipyridyl	445
		$C_{10}H_8N_2O_2$	1.2-Nitronaphthylamin	508
		$C_{10}H_8N_2O_2$	1.4-Nitronaphthylamin	508
		$C_{10}H_8N_2O_2$	1.5-Nitronaphthylamin	509
		$C_{10}H_8N_2O_2$	2.1-Nitronaphthylamin	509
		$C_{10}H_8N_2O_2$	2.6-Nitronaphthylamin	509
		$C_{10}H_8N_4$	2.2′-Azopyridin	445
		$C_{10}H_8O$	Phenylacetylacetylen	341
		$C_{10}H_9BrO_2$	β-Bromzimtsäuremethylester	383
		$C_{10}H_9N$	6-Methylchinolin	442
		$C_{10}H_9N$	α-Naphthylamin	441
		$C_{10}H_9N$	β-Naphthylamin	442
		$C_{10}H_9NO$	α-Methyl-γ-phenyl-isoxazol	507
		$C_{10}H_9NO$	γ-Methyl-α-phenyl-isoxazol	507
		$C_{10}H_9NO_2$	5-Methoxy-3-phenylisoxazol	508
		$C_{10}H_{10}$	p-Äthylphenylacetylen	130
		$C_{10}H_{10}Br_2$	1.2-Dibromtetralin	199
		$C_{10}H_{10}Br_2$	2.3-Dibromtetralin	199
		$C_{10}H_{10}Cl_2$	1.2-Dichlortetralin	199
		$C_{10}H_{10}Cl_2$	2.3-Dichlortetralin	199

Lacmann

1. Komponente		2. Komponente		Seite
Brutto-formel	Name	Brutto-formel	Name	
C_6H_6	Benzol	$C_{10}H_{11}BrO_2$	p-Brom-β-Phenylpropionsäure-methylester	383
		$C_{10}H_{12}$	p-Äthylphenyläthylen	130
		$C_{10}H_{12}$	o-α-Dimethylstyrol	130
		$C_{10}H_{12}$	Tetrahydronaphthalin	130
		$C_{10}H_{12}Cl_2$	Dichlordurol	199
		$C_{10}H_{12}Cl_2$	1.2.3.4-Tetramethyl-5.6-dichlorbenzol	199
		$C_{10}H_{12}N_2O_4$	1-tert. Butyl-2.4-dinitrobenzol	509
		$C_{10}H_{12}N_2O_4$	1.2.3.4-Tetramethyl-5.6-dinitrobenzol	509
		$C_{10}H_{12}O$	ω-Äthoxystyrol	340
		$C_{10}H_{12}O$	Anethol	341
		$C_{10}H_{12}O$	m-Methoxy-α-methylstyrol	340
		$C_{10}H_{12}O$	o-Methoxy-α-methylstyrol	340
		$C_{10}H_{12}O$	p-Methoxy-α-methylstyrol	341
		$C_{10}H_{13}Br$	2-Brom-p-Cymol	197
		$C_{10}H_{13}Br$	3-Brom-p-Cymol	197
		$C_{10}H_{13}Cl$	2-Chlor-p-Cymol	197
		$C_{10}H_{13}Cl$	3-Chlor-p-Cymol	197
		$C_{10}H_{13}NO_2$	p-Nitro-tert. butylbenzol	507
		$C_{10}H_{14}$	tert. Butylbenzol	129
		$C_{10}H_{14}$	1.4-Methylisopropylbenzol	129
		$C_{10}H_{14}$	Tetramethylbenzol	130
		$C_{10}H_{14}N_2$	Nicotin	442
		$C_{10}H_{14}N_2O$	N.N-Diäthyl-nicotinamid	508
		$C_{10}H_{14}O$	Carvacrol	340
		$C_{10}H_{14}O$	Thymol	340
		$C_{10}H_{14}O_2$	Campherchinon	342
		$C_{10}H_{15}BrO$	Bromcampher	383
		$C_{10}H_{15}N$	4.1'-Äthylpropylpyridin	441
		$C_{10}H_{15}N$	2-n-Pentylpyridin	441
		$C_{10}H_{15}N$	4-n-Pentylpyridin	441
		$C_{10}H_{15}NO_2$	2-Amino-1.4-diäthoxybenzol	507
		$C_{10}H_{16}$	± Dipenten	128
		$C_{10}H_{16}$	d-Limonen	128
		$C_{10}H_{16}$	+ Limonen	128
		$C_{10}H_{16}$	Pinen	128
		$C_{10}H_{16}$	d, l-Pinen	128
		$C_{10}H_{16}$	d-Pinen	128
		$C_{10}H_{16}O$	Campher	337
		$C_{10}H_{16}O$	Fenchon	340
		$C_{10}H_{16}O$	Piperiton	340
		$C_{10}H_{16}OSi$	Äthoxydimethylphenylsilan	537
		$C_{10}H_{16}O_2$	Diosphenol	342
		$C_{10}H_{16}Si$	Trimethyl-m-tolylsilan	535
		$C_{10}H_{16}Si$	Trimethyl-o-tolylsilan	535
		$C_{10}H_{16}Si$	Trimethyl-p-tolylsilan	535
		$C_{10}H_{17}Cl$	Terpenhydrochlorid	197
		$C_{10}H_{18}$	Decahydronaphthalin	127
		$C_{10}H_{18}$	cis-Decahydronaphthalin	128
		$C_{10}H_{18}Ni \cdot O_2S_4$	Nickel-O-Isobutylxanthogenat	393
		$C_{10}H_{18}O$	Borneol	336
		$C_{10}H_{18}O$	1.8-Cineol	337
		$C_{10}H_{18}O$	Menthon	337
		$C_{10}H_{18}O_2$	β, ζ-Dimethyloctolacton	342
		$C_{10}H_{18}O_2 \cdot S_4Zn$	Zink-O-n-Butylxanthogenat	393
		$C_{10}H_{18}O_3$	Diäthylacetessigsäure-äthylester	343

1. Komponente		2. Komponente		Seite
Brutto-formel	Name	Brutto-formel	Name	
C_6H_6	Benzol	$C_{10}H_{18}O_4$	Adipinsäure-diäthylester	343
		$C_{10}H_{18}O_6$	Äthyldimethoxysuccinat	344
		$C_{10}H_{18}O_6$	Dipropyltartrat	343
		$C_{10}H_{18}O_6$	Tetramethyl-3-mannolakton	344
		$C_{10}H_{20}Br_2$	Decamethylenbromid	199
		$C_{10}H_{20}O$	Menthol	336
		$C_{10}H_{20}O_2$	Amylvalerat	342
		$C_{10}H_{20}O_2$	β-Octylacetat	342
		$C_{10}H_{22}$	n-Decan	127
		$C_{10}H_{22}O$	Diamyläther	335
		$C_{10}H_{22}O$	n-Decanol	335
		$C_{10}H_{22}S$	Di-n-Amylsulfid	388
		$C_{11}H_7NO$	α-Naphthylisocyanat	509
		$C_{11}H_7NO$	β-Naphthylisocyanat	509
		$C_{11}H_7N_3$	α-Naphthalindiazoniumcyanid	445
		$C_{11}H_7N_3$	β-Naphthalindiazoniumcyanid	445
		$C_{11}H_9NO_4$	Äthyl-p-nitrophenylpropiolat	509
		$C_{11}H_{10}O_2$	Äthyl-phenylpropiolat	345
		$C_{11}H_{10}O_2$	Cyclopentadien-benzochinon	345
		$C_{11}H_{11}BrO_2$	α-Bromzimtsäureäthylester	383
		$C_{11}H_{11}BrO_2$	β-Bromzimtsäureäthylester	384
		$C_{11}H_{11}N$	2.4-Dimethylchinolin	445
		$C_{11}H_{11}N$	2.6-Dimethylchinolin	445
		$C_{11}H_{11}NO_2$	4.4-Dimethyl-3-phenyl-isoxazolon(-5)	509
		$C_{11}H_{11}NO_4$	Äthyl-p-nitrocinnamat	509
		$C_{11}H_{12}$	p-Isopropylphenylacetylen	133
		$C_{11}H_{12}O_2$	Zimtsäure-äthylester	345
		$C_{11}H_{12}O_4$	3.5-Diacetyl-2.6-dimethyl-γ-piron	345
		$C_{11}H_{13}Br \cdot N_2O_2$	4′-Brom-2′-nitro-1-phenyl-piperidin	524
		$C_{11}H_{13}NO_4$	Äthyl-p-nitro-β-phenyl-propionat	509
		$C_{11}H_{14}O$	2.4.6-Trimethylacetophenon	344
		$C_{11}H_{14}O_2$	Äthyl-β-phenyl-propionat	345
		$C_{11}H_{15}Cl$	Pentamethylchlorbenzol	200
		$C_{11}H_{16}$	p-tert.-Butyltoluol	132
		$C_{11}H_{18}O_2$	Ameisensäure-bornylester	345
		$C_{11}H_{20}O_2$	Ameisensäure-menthylester	345
		$C_{11}H_{22}O_6$	2.3.4.6-Tetramethyl-α-methyl-D-glucose	346
		$C_{11}H_{22}O_6$	2.3.4.6-Tetramethyl-β-methyl-D-glucose	346
		$C_{11}H_{24}$	n-Undecan	132
		$C_{11}H_{24}NO_4P$	Di-n-Propylphosphonameisen-säurediäthylamid	534
		$C_{11}H_{24}NO_4P$	Di-iso-propylphosphonameisen-säurediäthylamid	534
		$C_{11}H_{24}O$	Undecylalkohol	344
		$C_{11}H_{24}O_2$	2.2-Diäthoxyheptan	345
		$C_{11}H_{24}O_2$	Dineopentoxymethan	345
		$C_{12}H_6Br_2 \cdot N_2O_4$	4.4′Dibrom-2.2′-dinitro-diphenyl	524
		$C_{12}H_6Cl_2 \cdot N_2O_4$	4.4′-Dichlor-2.2′-dinitro-diphenyl	524
		$C_{12}H_6F_2 \cdot N_2O_4$	4.4′-Difluor-2.2′-dinitro-diphenyl	524
		$C_{12}H_6N_4O_8$	2.2′.4.4′-Tetranitrodiphenyl	512
		$C_{12}H_6O_2$	Acenaphthenchinon	348
		$C_{12}H_7N_3O_6$	2.4.6-Trinitrodiphenyl	511

1. Komponente		2. Komponente		Seite
Brutto-formel	Name	Brutto-formel	Name	
C_6H_6	Benzol	$C_{12}H_8Br_2O$	p.p'-Dibromdiphenyläther	384
		$C_{12}H_8Br_2S$	p.p'-Dibromdiphenylsulfid	389
		$C_{12}H_8Cl_2$	m, m'-Dichlordiphenyl	201
		$C_{12}H_8Cl_2$	o, o'-Dichlordiphenyl	201
		$C_{12}H_8Cl_2$	p.p'-Dichlordiphenyl	201
		$C_{12}H_8Cl_2S$	p.p'-Dichlordiphenylsulfid	389
		$C_{12}H_8F_2O$	p.p'-Difluordiphenyläther	384
		$C_{12}H_8F_2OS$	p.p'-Difluordiphenylsulfoxyd	395
		$C_{12}H_8F_2O_2S$	p.p'-Difluordiphenylsulfon	395
		$C_{12}H_8F_2S$	p.p'-Difluordiphenylsulfid	389
		$C_{12}H_8N_2$	Benzocinnolin	449
		$C_{12}H_8N_2$	4.5-Phenanthrolin	449
		$C_{12}H_8N_2$	Phenazin	449
		$C_{12}H_8N_2O$	Benzocinnolinoxyd	510
		$C_{12}H_8N_2O_4$	2.2'-Dinitrodiphenyl	511
		$C_{12}H_8N_2O_4$	2.4-Dinitrodiphenyl	511
		$C_{12}H_8N_2O_4$	2.4'-Dinitrodiphenyl	511
		$C_{12}H_8N_2O_4$	4.4-Dinitrodiphenyl	511
		$C_{12}H_8N_2 \cdot O_4S_2$	p.p'-Dinitrodiphenyldisulfid	532
		$C_{12}H_8N_2O_5$	4.4'-Dinitrodiphenyläther	511
		$C_{12}H_8OS$	Phenoxthin	394
		$C_{12}H_8O_2$	Diphenylendioxid	348
		$C_{12}H_8S_2$	Thiantren	389
		$C_{12}H_8Se_2$	Selenanthren	395
		$C_{12}H_9Br$	p-Bromdiphenyl	201
		$C_{12}H_9BrO$	p-Bromdiphenyläther	384
		$C_{12}H_9Br_2N_3$	4.4'-Dibromdiazoaminobenzol	459
		$C_{12}H_9Cl$	m-Chlordiphenyl	201
		$C_{12}H_9Cl$	o-Chlordiphenyl	201
		$C_{12}H_9Cl$	p-Chlordiphenyl	201
		$C_{12}H_9ClS$	p-Chlordiphenylsulfid	389
		$C_{12}H_9Cl_2N_3$	4.4'-Dichlordiazoaminobenzol	459
		$C_{12}H_9F$	p-Fluordiphenyl	201
		$C_{12}H_9FO$	p-Fluordiphenyläther	384
		$C_{12}H_9FO_2S$	p-Fluordiphenylsulfon	395
		$C_{12}H_9FS$	p-Fluordiphenylsulfid	389
		$C_{12}H_9F_2N$	p-p'-Difluordiphenylamin	459
		$C_{12}H_9NO_2$	2-Nitrodiphenyl	510
		$C_{12}H_9NO_2$	4-Nitrodiphenyl	510
		$C_{12}H_9NO_3$	p-Nitrodiphenyläther	510
		$C_{12}H_9NS$	Phenthiazin	529
		$C_{12}H_{10}$	Azenaphthen	135
		$C_{12}H_{10}$	Diphenyl	134
		$C_{12}H_{10}As_2$	Arsenobenzol	534
		$C_{12}H_{10}Be$	Berylliumdiphenyl	539
		$C_{12}H_{10}BrN$	4-Brom-4'-Aminodiphenyl	459
		$C_{12}H_{10}BrN_3$	4-Bromdiazoaminobenzol	459
		$C_{12}H_{10}Cd$	Cadmiumdiphenyl	541
		$C_{12}H_{10}Cl_2Se$	Diphenylselendichlorid	395
		$C_{12}H_{10}FN$	p-Fluordiphenylamin	459
		$C_{12}H_{10}Hg$	Quecksilberdiphenyl	541
		$C_{12}H_{10}N_2$	Azobenzol	448
		$C_{12}H_{10}N_2O$	trans-Azoxybenzol	510
		$C_{12}H_{10}N_2O$	o-Hydroxyazobenzol	510
		$C_{12}H_{10}N_2O$	p-Hydroxyazobenzol	510
		$C_{12}H_{10}N_2O_2$	4-Nitro-4'-aminodiphenyl	510
		$C_{12}H_{10}N_4O_2$	4-Nitrodiazoaminobenzol	512
		$C_{12}H_{10}O$	Diphenyläther	346
		$C_{12}H_{10}OS$	Diphenylsulfoxyd	394
		$C_{12}H_{10}O_4S_2$	Diphenyldisulfon	394

1. Komponente		2. Komponente		Seite
Brutto-formel	Name	Brutto formel	Name	
C_6H_6	Benzol	$C_{12}H_{10}S$	Biphenylensulfid	388
		$C_{12}H_{10}S$	Diphenylsulfid	388
		$C_{12}H_{10}S_2$	Diphenyldisulfid	389
		$C_{12}H_{10}Se$	Diphenylselenid	395
		$C_{12}H_{10}Te$	Diphenyltellurid	396
		$C_{12}H_{10}Zn$	Zinkdiphenyl	540
		$C_{12}H_{11}N$	4-Aminodiphenyl	448
		$C_{12}H_{11}N$	Diphenylamin	446
		$C_{12}H_{11}N_2$	p-Aminoazobenzol	449
		$C_{12}H_{11}N_3$	Diazoaminobenzol	449
		$C_{12}H_{13}N_3$	3.3-Dimethyl-β-naphthyl-triazen-1	449
		$C_{12}H_{14}O_5$	Äthylmonobenzoyl-glycerat	348
		$C_{12}H_{14}O_6$	tert.-Butylperphthalsäure	348
		$C_{12}H_{15}N_3O_6$	Trinitro-5-tert. butyl-m-xylol	511
		$C_{12}H_{15}N_3O_6$	1.3.5-Trinitro-2.4.6-triäthyl-benzol	511
		$C_{12}H_{16}N_2O_5$	2.4-Dinitro-3-methyl-6-tert.-butylanisol	511
		$C_{12}H_{16}O_2$	Amylbenzoat	347
		$C_{12}H_{18}$	5-tert.-Butyl-m-xylol	134
		$C_{12}H_{18}$	Hexamethylbenzol	134
		$C_{12}H_{18}O$	3-Methyl-5-tert. butylanisol	346
		$C_{12}H_{20}O_2$	Essigsäure-bornylester	347
		$C_{12}H_{21}Co\cdot O_3S_6$	Cobalt(III)-O-Isopropyl-xanthogenat	393
		$C_{12}H_{21}Fe\cdot O_3S_6$	Eisen(III)-O-Isopropyl-xanthogenat	393
		$C_{12}H_{22}O_2$	Essigsäure-menthylester	347
		$C_{12}H_{22}O_2\cdot S_4Zn$	Zink-O-Isoamylxanthogenat	393
		$C_{12}H_{22}O_6$	Propyldimethoxysuccinat	348
		$C_{12}H_{24}O_2$	Laurinsäure	347
		$C_{12}H_{26}$	n-Dodecan	133
		$C_{12}H_{27}BO_3$	Butylborat	538
		$C_{12}H_{27}BO_3$	iso-Butylborat	538
		$C_{12}H_{27}BO_3$	sek.-Butylborat	538
		$C_{12}H_{28}BrN$	Tri-n-butylammoniumbromid	458
		$C_{12}H_{28}ClN$	Tri-n-butylammoniumchlorid	458
		$C_{12}H_{28}JN$	Tri-n-butylammoniumjodid	458
		$C_{12}H_{28}Sn$	Zinntetra-iso-propyl	543
		$C_{13}H_6Br_2O$	2.7-Dibromfluorenon	384
		$C_{13}H_6Br_2O_2$	β-Dibromxanthon	385
		$C_{13}H_6N_2O_5$	2.5-Dinitrofluorenon	513
		$C_{13}H_6N_2O_5$	2.7-Dinitrofluorenon	513
		$C_{13}H_6N_2O_6$	α-Dinitroxanthon	513
		$C_{13}H_6N_2O_6$	β-Dinitroxanthon	513
		$C_{13}H_7NO_3$	2-Nitrofluorenon	512
		$C_{13}H_8Br_2$	2.7-Dibromfluoren	202
		$C_{13}H_8Cl_2$	9.9-Dichlorfluoren	202
		$C_{13}H_8Cl_4$	Di-p-Chlorphenyl-dichlor-methan	202
		$C_{13}H_8F_2O$	p.p'-Difluorbenzophenon	384
		$C_{13}H_8N_2O_4$	2.5-Dinitrofluoren	513
		$C_{13}H_8N_2O_4$	2.7-Dinitrofluoren	513
		$C_{13}H_8O$	Fluorenon	349
		$C_{13}H_8O_2$	Xanthon	350
		$C_{13}H_9Cl$	9-Chlorfluoren	202
		$C_{13}H_9Cl_2N$	p-Chlorbenzyliden-p-Chloranilin	459
		$C_{13}H_9FO$	p-Fluorbenzophenon	384
		$C_{13}H_9N$	o-Phenylbenzonitril	450

1. Komponente		2. Komponente		Seite
Brutto-formel	Name	Brutto-formel	Name	
C_6H_6	Benzol	$C_{13}H_9N_3$	Diphenyl-4-diazocyanid	450
		$C_{13}H_{10}$	Fluoren	136
		$C_{13}H_{10}BrNO$	5-Bromsalizylidenanilin	525
		$C_{13}H_{10}Br_2$	p.p'-Dibromdiphenylmethan	202
		$C_{13}H_{10}ClN$	p-Chlorbenzylidenanilin	459
		$C_{13}H_{10}ClNO$	Salicyliden-p-chloranilin	524
		$C_{13}H_{10}Cl_2$	p-Chlorbenzhydrylchlorid	202
		$C_{13}H_{10}Cl_2$	Diphenyldichlormethan	202
		$C_{13}H_{10}N_2O_4$	p.p'-Dinitrodiphenylmethan	513
		$C_{13}H_{10}O$	Benzophenon	349
		$C_{13}H_{10}O$	Xanthen	349
		$C_{13}H_{10}O_2$	Phenylbenzoat	350
		$C_{13}H_{10}O_3$	Phenylsalicylat	350
		$C_{13}H_{11}Br_2N_3$	4.4'-Dibrom-N-methyl-diazo-aminobenzol	460
		$C_{13}H_{11}Cl$	Benzhydrylchlorid	202
		$C_{13}H_{11}Cl$	3-α-Naphthyl-1-chlor-propen-1	202
		$C_{13}H_{11}N$	Benzylidenanilin	449
		$C_{13}H_{11}NO$	Salicylidenanilin	512
		$C_{13}H_{12}$	Diphenylmethan	136
		$C_{13}H_{12}$	α-Naphthylmethyläthylen	136
		$C_{13}H_{12}N_2$	Benzophenonhydrazon	450
		$C_{13}H_{12}N_2$	2.9-Diaminofluoren	450
		$C_{13}H_{12}N_2O$	p-Methoxyazobenzol	513
		$C_{13}H_{12}N_2O$	Phenyl-p-tolylnitrosamin	513
		$C_{13}H_{12}O$	Diphenylmethanol	349
		$C_{13}H_{12}O$	p-Methyldiphenyläther	349
		$C_{13}H_{13}N$	Phenyl-p-tolylamin	449
		$C_{13}H_{13}N_3$	N-Methyldiazoaminobenzol	450
		$C_{13}H_{22}O_2$	Propionsäure-bornylester	350
		$C_{13}H_{24}O_2$	Propionsäure-l-menthylester	350
		$C_{13}H_{28}NO_4P$	Di-n-butylphosphonameisen-säurediäthylamid	534
		$C_{13}H_{28}O_2$	2.2-Dipropoxyheptan	349
		$C_{14}H_6Cl_2O_2$	1.8-Dichloranthrachinon	385
		$C_{14}H_6Cl_2O_2$	2.3-Dichloranthrachinon	385
		$C_{14}H_7ClO_2$	1-Chloranthrachinon	385
		$C_{14}H_7ClO_2$	2-Chloranthrachinon	385
		$C_{14}H_8N_2$	4.4-Dicyanodiphenyl	450
		$C_{14}H_8N_6$	4.4'-Diphenylbisdiazocyanid	451
		$C_{14}H_8O_2$	Anthrachinon	353
		$C_{14}H_8O_2$	Phenanthrenchinon	353
		$C_{14}H_8O_3$	Diphensäureanhydrid	353
		$C_{14}H_8O_4$	Disalicylid	354
		$C_{14}H_9NO_2$	9-Nitroanthracen	514
		$C_{14}H_{10}$	Anthracen	138
		$C_{14}H_{10}$	Diphenylacetylen	138
		$C_{14}H_{10}$	Phenanthren	137
		$C_{14}H_{10}Br_2$	α,β-Dibromstilben	203
		$C_{14}H_{10}Cl_2$	α-Dichlorstilben	203
		$C_{14}H_{10}Cl_2$	β-Dichlorstilben	203
		$C_{14}H_{10}Cl_2$	α,β-Dichlorstilben	203
		$C_{14}H_{10}N_2O$	Azibenzil	514
		$C_{14}H_{10}N_2O$	2.5-Diphenylfurazan	514
		$C_{14}H_{10}N_2O_2$	Azodibenzoyl	514
		$C_{14}H_{10}N_2O_4$	α.β-Dinitrostilben	515
		$C_{14}H_{10}O$	Anthranol-(9)	351
		$C_{14}H_{10}O$	Anthron	351
		$C_{14}H_{10}O$	Diphenylketen	351
		$C_{14}H_{10}O_2$	Benzil	352
		$C_{14}H_{10}O_2S_2$	Benzoylpersulfid	394

1. Komponente		2. Komponente		Seite
Bruttoformel	Name	Bruttoformel	Name	
C_6H_6	Benzol	$C_{14}H_{10}O_3$	Benzoesäureanhydrid	353
		$C_{14}H_{10}O_4$	Benzoylperoxid	354
		$C_{14}H_{11}Br$	α-Bromstilben	203
		$C_{14}H_{11}NO_4S$	Benzilsulfonamid	532
		$C_{14}H_{12}$	9.10-Dihydroanthracen	137
		$C_{14}H_{12}$	1.1-Diphenyläthylen	137
		$C_{14}H_{12}$	trans-1.2-Diphenyläthylen	137
		$C_{14}H_{12}$	Isostilben	137
		$C_{14}H_{12}Br_2$	2.2′-Di(brommethyl)-diphenyl	203
		$C_{14}H_{12}ClN$	p-Chlorbenzyliden-p-toluidin	460
		$C_{14}H_{12}ClNO$	o-Methoxybenzyliden-p-chloranilin	525
		$C_{14}H_{12}Cl_2$	4.4′-Dichlor-2.2′-dimethyldiphenyl	203
		$C_{14}H_{12}N_2O_3$	p-Nitrobenzophenon-α-oxim-N-methyläther	515
		$C_{14}H_{12}N_2O_3$	p-Nitrobenzophenon-α-oxim-O-methyläther	514
		$C_{14}H_{12}N_2O_3$	p-Nitrobenzophenon-β-oxim-N-methyläther	515
		$C_{14}H_{12}N_2O_3$	p-Nitrobenzophenon-β-oxim-O-methyläther	515
		$C_{14}H_{12}N_2O_4$	4.4′-Dinitro-2.2′-dimethyldiphenyl	515
		$C_{14}H_{12}O_2$	Benzylbenzoat	352
		$C_{14}H_{13}NO$	4-Acetamidodiphenyl	514
		$C_{14}H_{13}NO$	o-Methoxybenzylidenanilin	514
		$C_{14}H_{13}NO$	Salizyliden-m-toluidin	513
		$C_{14}H_{13}NO$	Salizyliden-p-toluidin	513
		$C_{14}H_{14}$	Dibenzyl	137
		$C_{14}H_{14}$	2.2′-Dimethyldiphenyl	137
		$C_{14}H_{14}FeO_2$	Monoacetylferrocen	544
		$C_{14}H_{14}NO_2$	Piperonydenanilin	514
		$C_{14}H_{14}N_2$	p-Azotoluol	450
		$C_{14}H_{14}N_2$	9.10-Dimethyl-9.10-dihydrophenazin	450
		$C_{14}H_{14}N_2O$	Di-p-tolylnitrosamin	514
		$C_{14}H_{14}O$	Dibenzyläther	351
		$C_{14}H_{14}OS$	Dibenzylsulfoxyd	394
		$C_{14}H_{14}O_2$	Hydrobenzoin	352
		$C_{14}H_{14}O_2$	Isohydrobenzoin	352
		$C_{14}H_{14}S$	Dibenzylsulfid	389
		$C_{14}H_{15}N$	Di-p-tolylamin	450
		$C_{14}H_{15}N_3$	Dimethylamino-azobenzol	451
		$C_{14}H_{15}N_3$	4.4′-Dimethyldiazoaminobenzol	451
		$C_{14}H_{15}N_3$	1-o-Diphenyl-3.3-dimethyltriazen	451
		$C_{14}H_{15}N_3$	1-p-Diphenylyl-3.3-dimethyl-l triazen	451
		$C_{14}H_{16}N_2$	6.6′-Diamino-2.2′-ditolyl	450
		$C_{14}H_{16}Si$	Dimethyldiphenylsilan	535
		$C_{14}H_{18}N_2O_5$	3.5-Dinitro-2.6-dimethyl-4-tert.-butylacetophenon	515
		$C_{14}H_{24}O_2$	n-Buttersäure-l-bornylester	352
		$C_{14}H_{26}O_2$	n-Buttersäure-l-menthylester	351
		$C_{14}H_{26}O_4$	Sebacinsäure-diäthylester	353
		$C_{14}H_{28}CuN_2S_4$	Kupfer(II)-N.N-Di-n-propyldithiocarbamat	528
		$C_{14}H_{28}N_2 \cdot NiS_4$	Nickel-N-isohexyldithiocarbamat	528

1. Komponente		2. Komponente		Seite
Brutto-formel	Name	Brutto-formel	Name	
C_6H_6	Benzol	$C_{14}H_{28}N_2 \cdot S_4Zn$	Zink-N.N-Di-n-propyldithio-carbamat	528
		$C_{14}H_{28}N_2 \cdot S_4Zn$	Zink-N-n-Hexyl-dithio-carbamat	528
		$C_{14}H_{30}$	n-Tetradecan	136
		$C_{15}H_{10}Br_2O$	α.β-Dibrombenzyliden-acetophenon	385
		$C_{15}H_{10}O_2$	3-Phenylcumarin	354
		$C_{15}H_{11}BrO$	Benzyliden-p-bromaceto-phenon	385
		$C_{15}H_{11}BrO$	α-Brombenzylidenacetophenon	385
		$C_{15}H_{11}BrO$	β-Brombenzylidenacetophenon	385
		$C_{15}H_{11}BrO$	p-Brombenzylidenacetophenon	385
		$C_{15}H_{11}NO$	α.γ-Diphenylisoxazol	515
		$C_{15}H_{12}O$	Anthranolmethyläther	354
		$C_{15}H_{12}O$	Benzylidenacetophenon	354
		$C_{15}H_{14}O_2$	p-Phenylbenzoesäure-äthyl-ester	354
		$C_{15}H_{14}O_2S$	Dianisylthioketon	394
		$C_{15}H_{14}O_3$	Dianisylketon	354
		$C_{15}H_{16}O_2$	Dianisylmethan	354
		$C_{15}H_{18}O_7$	Diäthylmonobenzoyltartrat	354
		$C_{15}H_{21}AlO_6$	Aluminiumacetylaceton	539
		$C_{15}H_{21}FeO_6$	Eisen(III)-acetylaceton	544
		$C_{15}H_{22}O_{10}$	2.3.4.6-Tetraacetyl-α-methyl-D-glucose	354
		$C_{15}H_{22}O_{10}$	2.3.4.6-Tetraacetyl-β-methyl-D-glucose	355
		$C_{15}H_{30}Co \cdot N_3S_6$	Cobalt(III)-N-isobutyl-dithio-carbamat	528
		$C_{15}H_{32}N \cdot O_4P$	Di-iso-amylphosphonameisen-säurediäthylamid	534
		$C_{15}H_{33}BO_3$	Amylborat	538
		$C_{16}H_{12}Br_2O_4$	4.4-Dibromdiphensäure-dimethylester	385
		$C_{16}H_{12}N_2O$	Benzolazo-2-naphthol	516
		$C_{16}H_{12}N_2O$	2-Benzolazo-1-naphthol	516
		$C_{16}H_{12}N_2O_2$	Dimethyl-4.4′-dinitrodiphenat	516
		$C_{16}H_{12}O_4$	Di-m-cresotid	355
		$C_{16}H_{12}O_4$	Di-o-cresotid	355
		$C_{16}H_{12}O_4$	Di-p-cresotid	355
		$C_{16}H_{13}N$	Phenyl-β-naphthylamin	451
		$C_{16}H_{13}NO_4$	Methyl-p-nitro-α-phenyl-cinnamat	516
		$C_{16}H_{13}N_3$	1-Benzolazo-2-naphthylamin	451
		$C_{16}H_{13}N_3$	4-Benzolazo-1-naphthylamin	451
		$C_{16}H_{14}O_2$	α-Phenylzimtsäure-methylester	355
		$C_{16}H_{14}O_2$	β-Phenylzimtsäure-methylester	355
		$C_{16}H_{14}O_4$	Diphensäure-dimethylester	355
		$C_{16}H_{16}$	1:2-5:6-Dibenzocyclooctadien	140
		$C_{16}H_{16}$	1.1-Diphenyl-2.2-dimethyl-äthylen	140
		$C_{16}H_{16}NO$	2-Methyl-4.5-diphenyloxazol	516
		$C_{16}H_{16}O$	Mesitylphenylketon	355
		$C_{16}H_{20}N_2$	Tetramethyl-N.N-diamino-2.2′-diphenyl	451
		$C_{16}H_{20}N_2O_2$	4.4′-Diäthoxy-2.2′-diamino-diphenyl	516
		$C_{16}H_{22}O_4$	Phthalsäure-monooctylester	355
		$C_{16}H_{22}O_6$	Di-per-phthalsäure-di-tert.-butylester	356

1. Komponente		2. Komponente		Seite
Bruttoformel	Name	Bruttoformel	Name	
C_6H_6	Benzol	$C_{16}H_{22}O_{10}$	Pentaacetylscilloquercitol	356
		$C_{16}H_{22}O_{10}$	Pentaacetylviboquercitol	356
		$C_{16}H_{22}O_{11}$	2.3.4.6-Tetraacetyl-β-acetyl-D-galaktose	356
		$C_{16}H_{22}O_{11}$	2.3.4.6-Tetraacetyl-α-acetyl-D-glucose	356
		$C_{16}H_{22}O_{11}$	2.3.4.6-Tetraacetyl-β-acetyl-D-glucose	356
		$C_{16}H_{24}O_3S$	Menthylbenzolsulfonat	394
		$C_{16}H_{32}O_2$	Palmitinsäure	355
		$C_{16}H_{34}$	n-Hexadecan	139
		$C_{16}H_{36}BrN$	Tetra-n-butylammonium-bromid	460
		$C_{16}H_{36}ClNO_4$	Tetra-n-butyl-ammonium-perchlorat	525
		$C_{17}H_{12}OS$	2.6-Diphenylthiopyron	394
		$C_{17}H_{12}O_3S$	2.6-Diphenylthiopyron-1-dioxid	394
		$C_{17}H_{14}N_2O$	4-Benzolazo-1-methoxy-naphthalin	516
		$C_{17}H_{14}N_2O$	p-Toluolazo-2-naphthol	516
		$C_{17}H_{16}O$	Mesitylphenylketen	357
		$C_{17}H_{16}OS$	cis-2.6-Diphenyl-thiopyran-4-on	394
		$C_{17}H_{16}OS$	trans-2.6-Diphenylthiopyran-4-on	394
		$C_{17}H_{16}O_2$	β-Phenylzimtsäureäthylester	357
		$C_{17}H_{17}Br \cdot N_2O_2$	4-Brom-3′-Nitro-4′-piperidino-diphenyl	525
		$C_{17}H_{24}O_{11}$	Pentaacetylpinitol	357
		$C_{17}H_{24}O_{11}$	Pentaacetylquerbrachitol	357
		$C_{17}H_{36}NO_4P$	Di-hexylphosphonameisen-säurediäthylamid	534
		$C_{17}H_{36}N_2S$	Tetra-n-butylammoniumthio-cyanat	529
		$C_{17}H_{38}JN$	n-Amyl-tri-n-butylammonium-jodid	460
		$C_{18}H_{14}FN$	p-Fluortriphenylamin	460
		$C_{18}H_{14}N_4O_{12}$	Diäthyl-2.2′.4.4′-tetranitro-6.6′-diphenyldicarboxylat	517
		$C_{18}H_{15}As$	Triphenylarsin	534
		$C_{18}H_{15}Bi$	Triphenylwismut	535
		$C_{18}H_{15}BrPb$	Triphenylbleibromid	543
		$C_{18}H_{15}ClPb$	Triphenylbleichlorid	543
		$C_{18}H_{15}JPb$	Triphenylbleijodid	543
		$C_{18}H_{15}N$	Triphenylamin	451
		$C_{18}H_{15}O_3P$	Triphenylphosphit	533
		$C_{18}H_{15}O_3PS$	Triphenylthiophosphat	534
		$C_{18}H_{15}O_4P$	Triphenylphosphat	534
		$C_{18}H_{15}P$	Triphenylphosphin	533
		$C_{18}H_{15}Pb$	Bleitriphenyl	543
		$C_{18}H_{15}Sb$	Triphenylstibin	534
		$C_{18}H_{16}N_2$	N.N′-Diphenyl-p-phenylen-diamin	451
		$C_{18}H_{18}FeO_4$	Diacetylferrocen	544
		$C_{18}H_{24}O_{12}$	Hexaacetyl-inositol	359
		$C_{18}H_{24}O_{12}$	Hexaacetyl-epiinositol	359
		$C_{18}H_{24}O_{12}$	Hexaacetyl-mesoinositol	359
		$C_{18}H_{30}N_4O_7$	Tri-n-butylammoniumpikrat	517
		$C_{18}H_{36}Cd \cdot N_2S_4$	Cadmium-N.N-Diiso-butyl-dithiocarbamat	529

1. Komponente		2. Komponente		Seite
Bruttoformel	Name	Bruttoformel	Name	
C_6H_6	Benzol	$C_{18}H_{36}N_2 \cdot NiS_4$	Nickel-N.N-Diiso-butyldithiocarbamat	529
		$C_{18}H_{36}O_2$	Stearinsäure	358
		$C_{18}H_{38}$	n-Octadecan	140
		$C_{18}H_{38}O_6$	Pentaäthylenglykol-monooctyläther	359
		$C_{18}H_{39}NO_2$	Tetra-n-butylammoniumacetat	517
		$C_{19}H_{12}O$	Benzylidenacetophenon	360
		$C_{19}H_{13}NO_3$	4-(m-Nitrobenzoyl)diphenyl	517
		$C_{19}H_{14}Cl_2$	p-Chlor-triphenylmethylchlorid	204
		$C_{19}H_{14}N_2$	Fluorenonphenylhydrazon	451
		$C_{19}H_{14}N_2O_2$	p-Benzoyloxyazobenzol	517
		$C_{19}H_{14}O$	4-Benzoyldiphenyl	359
		$C_{19}H_{15}Br$	Triphenylmethylbromid	204
		$C_{19}H_{15}Cl$	Triphenylmethylchlorid	203
		$C_{19}H_{16}$	Triphenylmethan	140
		$C_{19}H_{16}N_2$	Benzophenonphenylhydrazon	451
		$C_{19}H_{16}O$	Triphenylcarbinol	359
		$C_{19}H_{20}O_2$	2.6-Diphenyl-3.5-dimethyltetrahydro-γ-pyron	360
		$C_{20}H_{12}Co \cdot N_2O_4$	Cobalt-1-nitroso-2-naphthoxid	544
		$C_{20}H_{14}BrCl$	$\alpha.\beta$-Diphenyl-p-chlorstyrylbromid	204
		$C_{20}H_{15}Cl$	$\alpha.\beta$-Diphenylstyrylchlorid	204
		$C_{20}H_{16}$	Triphenyläthylen	141
		$C_{20}H_{16}Cl_2$	1.4-Bis-(α-Chlorbenzyl)-benzol	204
		$C_{20}H_{16}Cl_2$	Iso-1.4-Bis-(α-chlor-benzyl)-benzol	204
		$C_{20}H_{16}N_4$	Nitron	452
		$C_{20}H_{16}N_6Ni$	trans-Nickel-2-phenylazopyrrol	544
		$C_{20}H_{18}$	1.1.1-Triphenyläthan	140
		$C_{20}H_{20}OSi$	Äthoxyltriphenylsilan	537
		$C_{20}H_{26}$	Diphenyloctan	140
		$C_{20}H_{26}O_3S$	Menthylnaphthalin-β-sulfonat	395
		$C_{20}H_{28}N_2$	Tetraäthyl-N.N-diamino-2.2'-diphenyl	452
		$C_{20}H_{38}O_3$	Ricinelaidinsäure-äthylester	360
		$C_{20}H_{38}O_3$	Ricinolsäure-äthylester	360
		$C_{20}H_{44}BrN$	Tetraisoamylammoniumbromid	460
		$C_{21}H_{12}O_6$	Trisalicylid	360
		$C_{21}H_{33}AlO_{12}$	Aluminiumdiäthylmalonat	540
		$C_{21}H_{36}N_4O_7$	Tri-isoamylammoniumpikrat	518
		$C_{21}H_{42}Co \cdot N_3S_6$	Cobalt(III)-N.N-Di-n-propyldithiocarbamat	528
		$C_{21}H_{42}Fe \cdot N_3S_6$	Eisen(III)-N.N-Di-n-propyldithiocarbamat	528
		$C_{21}H_{44}N_2S$	Tetra-iso-amylammoniumthiocyanat	529
		$C_{22}H_{16}Cl_2Fe$	Eisen-bis-(p-chlorphenylcyclopentadienyl)	544
		$C_{22}H_{23}NO_7$	Narkotin	518
		$C_{22}H_{38}N_4O_7$	Tetra-n-butylammoniumpikrat	518
		$C_{22}H_{42}O_4$	Hexadecamethylendicarbonsäure-diäthylester	360
		$C_{23}H_{18}N_2O$	β-Naphthochinon-β-phenylbenzylhydrazon	518
		$C_{24}H_{18}O_6$	Tri-m-cresotid	361
		$C_{24}H_{18}O_6$	Tri-o-cresotid	361
		$C_{24}H_{18}O_6$	Tri-p-cresotid	361

1. Komponente		2. Komponente		Seite
Brutto-formel	Name	Brutto-formel	Name	
C_6H_6	Benzol	$C_{24}H_{20}$	Triphenylcyclopentadienyl-methan	141
		$C_{24}H_{42}O_6$	Di-l-menthyl-d-tartrat	361
		$C_{24}H_{42}O_6$	Di-l-menthyl-l-tartrat	361
		$C_{26}H_{14}F_2$	2.2′-Difluorbisdiphenyläthylen	204
		$C_{26}H_{16}$	Bis-diphenyläthylen	141
		$C_{26}H_{18}O$	Diphenylmethylenanthron	361
		$C_{26}H_{20}$	Tetraphenyläthylen	141
		$C_{26}H_{22}N_2$	Benzophenonbenzylphenyl-hydrazon	452
		$C_{26}H_{22}N_4 \cdot NiO_2$	trans-Nickel-phenylazo-p-kresol	544
		$C_{26}H_{46}N_4O_7$	Tetra-isoamylammoniumpikrat	519
		$C_{27}H_{18}Br_2$	α.γ-Di-(p-bromphenyl)-α.γ-diphenylallen	204
		$C_{27}H_{18}Cl_2$	α.α-Di-(p-chlorphenyl)-γ.γ′-diphenylallen	204
		$C_{27}H_{19}Cl$	p-Chlortetraphenylallen	204
		$C_{27}H_{20}$	Tetraphenylallen	141
		$C_{27}H_{54}Cr \cdot N_3S_6$	Chrom(III)-N.N-Di-n-butyl-dithiocarbamat	529
		$C_{28}H_{16}O_8$	Tetrasalicylid	361
		$C_{28}H_{38}O_{19}$	2.3.6-Triacetyl-4(tetraacetyl-D-galactosido-)β-acetyl-glucopyranoside	361
		$C_{28}H_{46}O_8$	Di-l-menthyl-diacetyl-d-tartrat	361
		$C_{28}H_{46}O_8$	Di-l-menthyl-diacetyl-dl-tartrat	361
		$C_{28}H_{46}O_8$	Di-l-menthyl-diacetyl-l-tartrat	361
		$C_{30}H_{18}Fe \cdot N_3O_6$	Eisen-III-l-nitroso-2-naphthoxid	544
		$C_{30}H_{22}BeO_4$	Berylliumdibenzoylmethan	539
		$C_{30}H_{50}O$	Fridelin	362
		$C_{30}H_{50}O_2$	Cerin	362
		$C_{30}H_{52}O$	Fridelinol	362
		$C_{31}H_{64}N_2S$	n-Octadecyl-tri-n-butyl-ammoniumcyanat	530
		$C_{32}H_{24}O_8$	Tetra-o-cresotid	362
		$C_{32}H_{38}N_4O_7$	Tetrabutylammoniumpikrat	519
		$C_{34}H_{22}O_2$	m-Benzotetraphenyl-difurfuran	362
		$C_{34}H_{22}O_2$	p-Benzotetraphenyl-difurfuran	362
		$C_{34}H_{70}N_2S$	n-Octadecyl-tri-n-amyl-ammoniumthiocyanat	530
		$C_{38}H_{30}$	Hexaphenyläthan	141
		$C_{45}H_{33}FeO_6$	Eisen-III-dibenzoylmethan	544
		$C_{51}H_{98}O_6$	Tripalmitin	362
		$C_{57}H_{107}O_9$	Triricinolein	362
		$C_{57}H_{110}O_6$	Tristearin	362
		ClH	Chlorwasserstoff	24
		Cl_2Hg	Quecksilber-II-chlorid	92
		Cl_2OS	Thionylchlorid	39
		Cl_2OSe	Selenoxichlorid	41
		Cl_2O_2S	Sulfurylchlorid	40
		Cl_2S_2	Dischwefeldichlorid	39
		Cl_2Se_2	Diselendichlorid	40
		Cl_3HSi	Trichlorsilan	65
		Cl_3OP	Phosphoroxichlorid	47
		Cl_3P	Phosphortrichlorid	46
		Cl_3PS	Phosphorthiochlorid	47
		Cl_3Sb	Antimon(III)chlorid	50
		Cl_4Si	Siliciumtetrachlorid	64

1. Komponente		2. Komponente		Seite
Bruttoformel	Name	Bruttoformel	Name	
C_6H_6	Benzol	Cl_4Sn	Zinn-IV-chlorid	98
		Cl_4Te	Tellurtetrachlorid	41
		Cl_5P	Phosphorpentachlorid	47
		HJ	Jodwasserstoff	32
		H_2S	Schwefelwasserstoff	33
		H_2S_2	Dischwefelwasserstoff	33
		H_3N	Ammoniak	42
		H_4N_4	Ammoniumazid	84
		HgJ_2	Quecksilber-II-jodid	94
		InJ_3	Indium-III-jodid	97
		J_2	Jod	29
		J_3P	Phosphortrijodid	47
		J_3Sb	Antimon-III-jodid	54
		J_4Sn	Zinn-IV-jodid	106
		N_2O_4	Distickstofftetroxid	44
		O_2S	Schwefeldioxid	33
		P	Phosphor	46
		S	Schwefel	33
C_6H_6BrN	o-Bromanilin	$C_7H_{14}O_2$	Amylacetat	454
C_6H_6BrN	p-Bromanilin	$C_7H_{14}O_2$	Amylacetat	455
C_6H_6ClN	m-Chloranilin	$C_7H_{14}O_2$	Amylacetat	454
C_6H_6ClN	o-Chloranilin	$C_6H_{15}N$	Triäthylamin	454
		$C_7H_{14}O_2$	Amylacetat	454
C_6H_6ClN	p-Chloranilin	$C_7H_{14}O_2$	Amylacetat	454
C_6H_6JN	p-Jodanilin	$C_7H_{14}O_2$	Amylacetat	455
$C_6H_6N_2O_2$	m-Nitroanilin	$C_7H_{14}O_2$	Amylacetat	489
		$C_8H_{14}O_6$	Äthyltartrat	489
$C_6H_6N_2O_2$	o-Nitroanilin	$C_7H_{14}O_2$	Amylacetat	488
		$C_8H_{14}O_6$	Äthyltartrat	488
$C_6H_6N_2O_2$	p-Nitroanilin	C_6H_{14}	Hexan	489
		$C_8H_{14}O_6$	Äthyltartrat	489
C_6H_6O	Phenol	C_6H_7N	Anilin	417
		$C_6H_8N_2$	Phenylhydrazin	422
		C_6H_{12}	Cyclohexan	289
		C_6H_{14}	Hexan	289
		$C_6H_{14}O$	Hexanol	292
		C_7H_8	Toluol	290
		C_7H_8O	m-Kresol	305
		C_7H_8O	o-Kresol	304
		C_7H_8O	p-Kresol	305
		C_7H_9N	Methylanilin	427
		C_7H_9N	m-Toluidin	426
		C_7H_9N	o-Toluidin	424
		C_7H_9N	p-Toluidin	426
		$C_7H_{14}O_2$	Amylacetat	308
		C_8H_{10}	m-Xylol	290
		$C_8H_{10}N_2O$	Nitrosodimethylanilin	504
		$C_8H_{11}N$	4-Amino-1.3-dimethylbenzol	434
		$C_8H_{11}N$	Dimethylanilin	433
		$C_8H_{14}O_6$	Diäthyltartrat	327
		C_9H_7N	Chinolin	438
		C_9H_{12}	Isopropylbenzol	290
		$C_{10}H_8$	Naphthalin	290
		$C_{10}H_9N$	α-Naphthylamin	442
		$C_{10}H_{10}$	1-Methylstyrol	290
		$C_{10}H_{14}N_2$	Nicotin	444
		$C_{10}H_{16}O$	Campher	339
		$C_{12}H_{11}N$	Diphenylamin	446
		$C_{12}H_{18}O_8$	Diäthyl-diacetyltartrat	349
		$C_{13}H_{13}N$	Diphenylmethylamin	449
		Cl_4Sn	Zinn-IV-chlorid	100

1. Komponente		2. Komponente		Seite
Brutto-formel	Name	Brutto-formel	Name	
C_6H_7N	Anilin	C_6H_8ClN	Anilinhydrochlorid	453
		C_6H_8JN	Anilinhydrojodid	453
		C_6H_{12}	Cyclohexan	413
		C_6H_{14}	Hexan	413
		$C_6H_{15}N$	Triäthylamin	419
		$C_7H_5NO_3S$	o-Benzoesäuresulfimid	531
		$C_7H_6O_2$	Benzoesäure	417
		C_7H_8	Toluol	414
		C_7H_8O	m-Kresol	417
		C_7H_8O	p-Kresol	417
		$C_7H_8O_2$	Guajacol	417
		C_7H_9N	o-Toluidin	424
		$C_7H_{14}O_2$	Amylacetat	417
		$C_8H_4O_3$	Phthalsäureanhydrid	417
		C_8H_{10}	Xylol	414
		$C_8H_{10}O$	Phenetol	417
		$C_8H_{11}N$	Dimethylanilin	434
		$C_8H_{14}O_6$	Äthyltartrat	417
		C_9H_7N	Chinolin	439
		$C_9H_{10}O_2$	Benzylacetat	418
		$C_{10}H_8$	Naphthalin	414
		$C_{10}H_{12}$	Tetrahydronaphthalin	414
		$C_{12}H_{11}N$	Diphenylamin	447
		Cl_3Sb	Antimon-III-chlorid	52
		H_2O_4S	Schwefelsäure	37
C_6H_7N	α-Picolin	C_7H_8	Toluol	420
		$C_8H_{13}N$	2.4-Dimethyl-3-äthylpyrrol	431
$C_6H_8N_2$	o-Aminoanilin	H_2O_4S	Schwefelsäure	38
$C_6H_8N_2$	m-Phenylendiamin	$C_7H_6O_2$	Benzoesäure	421
		$C_7H_6O_3$	Salicylsäure	422
		$C_7H_{14}O_2$	Amylacetat	421
$C_6H_8N_2$	o-Phenylendiamin	$C_7H_{14}O_2$	Amylacetat	421
$C_6H_8N_2$	Phenylhydrazin	$C_7H_8O_2$	Guajakol	422
$C_6H_9Cl_3O_2$	n-Butyltrichloracetat	Cl_4Ti	Titantetrachlorid	90
$C_6H_9Cl_3O_2$	Isobutyltrichloracetat	Cl_4Ti	Titantetrachlorid	90
C_6H_9N	2.4-Dimethylpyrrol	C_7H_9N	Benzylamin	428
		$C_{10}H_{14}N_2$	Nicotin	445
C_6H_{10}	Cyclohexen	C_6H_{12}	Cyclohexan	112
		J_2	Jod	29
C_6H_{10}	1.1-Dimethyl-1.3-butadien	C_6H_{14}	Hexan	112
C_6H_{10}	2.3-Dimethyl-1.3-butadien	C_6H_{14}	Hexan	112
$C_6H_{10}O$	Cyclohexanon	C_6H_{14}	Hexan	288
$C_6H_{10}O$	Mesityloxid	$C_7H_{14}O_2$	Amylacetat	308
$C_6H_{10}O_3$	Äthylacetacetat	C_6H_{14}	Hexan	298
		C_7H_8	Toluol	299
		C_7H_9N	2.6-Lutidin	428
		$C_8H_{14}O_5$	Diäthyltartrat	327
		$C_8H_{18}O$	Di-n-butyläther	316
$C_6H_{10}O_4$	Äthyloxalat	C_8H_{10}	Xylol	300
$C_6H_{11}ClO_2$	n-Butylchloracetat	Cl_4Ti	Titantetrachlorid	90
C_6H_{12}	Cyclohexan	$C_6H_{12}O$	Cyclohexanol	287
		C_6H_{14}	Hexan	112
		$C_6H_{14}O$	Diisopropyläther	286
		$C_6H_{14}O$	n-Hexanol	284
		$C_6H_{15}N$	Triäthylamin	410
		C_7H_5N	Benzonitril	428
		$C_7H_7NO_2$	m-Nitrotoluol	495
		$C_7H_7NO_2$	o-Nitrotoluol	493
		C_7H_8	Toluol	117
		C_7H_9N	m-Toluidin	425
		C_7H_{14}	Methylcyclohexan	116

1. Komponente		2. Komponente		Seite
Brutto-formel	Name	Brutto-formel	Name	
C_6H_{12}	Cyclohexan	C_7H_{16}	2.4-Dimethylpentan	116
		C_7H_{16}	Heptan	116
		C_8H_{10}	m-Xylol	122
		C_8H_{10}	o-Xylol	121
		C_8H_{10}	p-Xylol	122
		C_8H_{18}	2.2.4-Trimethylpentan	119
		$C_8H_{18}O$	2-Äthylhexanol(1)	315
		$C_8H_{18}O$	Di-n-butyläther	315
		$C_8H_{18}O$	n-Octanol	313
		C_9H_7N	Chinolin	436
		$C_9H_{20}O$	Dibutylcarbinol	329
		$C_{10}H_8$	Naphthalin	131
		$C_{10}H_{12}$	Tetrahydronaphthalin	130
		$C_{10}H_{16}O$	Campher	337
		$C_{10}H_{18}$	Decahydronaphthalin	127
		$C_{10}H_{18}$	cis-Decahydronaphthalin	128
		$C_{10}H_{18}$	trans-Decahydronaphthalin	128
		$C_{10}H_{20}$	Tert. Butylcyclohexan	127
		$C_{10}H_{22}O$	n-Decanol	335
		$C_{12}F_{27}N$	n-Perfluortributylamin	459
		$C_{12}H_8O_2$	Diphenylendioxid	348
		$C_{12}H_{10}$	Diphenyl	134
		$C_{12}H_{22}$	Dicyclohexyl	133
		$C_{12}H_{24}O_2$	Laurinsäure	347
		$C_{12}H_{26}$	n-Dodecan	133
		$C_{12}H_{28}Sn$	Zinntetra-iso-propyl	543
		$C_{13}H_{24}$	Dicyclohexylmethan	135
		$C_{14}H_{26}$	1.2-Dicyclohexyläthan	136
		$C_{15}H_{28}$	1.3-Dicyclohexylpropan	139
		$C_{16}H_{34}$	n-Hexadecan	139
		$C_{57}H_{107}O_9$	Triricinolein	362
		ClH	Chlorwasserstoff	24
		ClJ	Jodchlorid	32
		Cl_2OS	Thionylchlorid	39
		Cl_2O_2S	Sulfurylchlorid	40
		Cl_4Si	Siliciumtetrachlorid	64
		Cl_4Sn	Zinn-IV-chlorid	98
		Cl_4Ti	Titantetrachlorid	89
		J_2	Jod	29
		N_2O_4	Distickstofftetroxid	44
$C_6H_{12}O$	Cyclohexanol	C_6H_{14}	Hexan	287
		$C_8H_{18}O$	n-Octanol	315
$C_6H_{12}O_2$	Äthylbutyrat	$C_6H_{12}O_2$	Äthylisobutyrat	296
		$C_6H_{12}O_2$	Isobutylacetat	295
		C_6H_{14}	n-Hexan	295
		C_7H_{16}	Heptan	295
		C_8H_{10}	Xylol	295
		Cl_4Sn	Zinn-IV-chlorid	101
$C_6H_{12}O_2$	Äthylisobutyrat	$C_6H_{12}O_2$	Iso-butylacetat	296
		C_6H_{14}	n-Hexan	296
		C_6H_{14}	2-Methylpentan	296
$C_6H_{12}O_2$	Amylformiat	C_8H_{10}	Xylol	294
$C_6H_{12}O_2$	Isoamylformiat	Cl_4Ti	Titantetrachlorid	90
$C_6H_{12}O_2$	n-Butylacetat	$C_7H_{14}O_2$	Isoamylacetat	308
		C_7H_{16}	Heptan	294
		C_8H_{10}	Xylol	294
		Cl_4Ti	Titantetrachlorid	90
$C_6H_{12}O_2$	Isobutylacetat	$C_7H_{14}O_2$	Äthylisovalerat	309
$C_6H_{12}O_2$	Capronsäure	C_8H_{18}	Octan	293
		$ClLi$	Lithiumchlorid	69
		Cl_4Sn	Zinn-IV-chlorid	100

1. Komponente		2. Komponente		Seite
Brutto-formel	Name	Brutto-formel	Name	
$C_6H_{12}O_3$	Paraldehyd	C_7H_5N	Benzonitril	429
		$C_8H_{11}N$	Dimethylanilin	433
		$C_8H_{14}O_6$	Diäthyltartrat	327
		$C_9H_{10}O_2$	Äthylbenzoat	332
$C_6H_{13}Cl$	1-Chlorhexan	$C_{16}H_{34}$	n-Hexadecan	173
C_6H_{14}	2.3-Dimethylbutan	C_6H_{14}	n-Hexan	111
		C_8H_{18}	n-Octan	119
		C_9H_{20}	2.2.3.3-Tetramethylpentan	124
		C_9H_{20}	2.2.5-Trimethylhexan	124
C_6H_{14}	Hexan	C_6H_{14}	Isohexan	111
		C_7H_5N	Benzonitril	428
		$C_7H_6O_2$	Benzoesäure	309
		$C_7H_7NO_2$	m-Nitrotoluol	495
		C_7H_8	Toluol	117
		C_7H_9N	m-Toluidin	424
		$C_7H_{12}O$	4-Methylcyclohexanon	303
		C_7H_{16}	Heptan	115
		$C_8F_{16}O$	Cycl. Perfluoroctanoxid	381
		C_8H_{18}	2.5-Dimethylhexan	119
		C_8H_{18}	n-Octan	118
		$C_8H_{18}O$	Di-n-butyläther	315
		$C_9H_{10}O$	β-Phenylpropionaldehyd	329
		$C_{10}H_7Br$	1-Bromnaphthalin	198
		$C_{10}H_8$	Naphthalin	131
		$C_{10}H_{14}$	Tetramethylbenzol	129
		$C_{10}H_{17}Cl$	Pinenhydrochlorid	197
		$C_{10}H_{22}$	n-Decan	127
		$C_{10}H_{22}O$	Diamyläther	335
		$C_{12}H_{10}$	Azenaphthen	134
		$C_{12}H_{10}$	Diphenyl	134
		$C_{12}H_{10}N_2$	Azobenzol	448
		$C_{12}H_{26}$	n-Dodecan	133
		$C_{13}H_{12}$	Diphenylmethan	135
		$C_{14}H_{10}O_2$	Benzil	352
		$C_{14}H_{26}$	1.2-Dicyclohexyläthan	136
		$C_{14}H_{30}$	n-Tetradecan	136
		$C_{16}H_{34}$	n-Hexadecan	139
		$C_{19}H_{16}$	Triphenylmethan	140
		$C_{24}H_{50}$	n-Tetraeikosan	141
		$C_{57}H_{107}O_9$	Triricinolein	362
$C_6H_{14}O$	Acetal	Cl_4Si	Siliciumtetrachlorid	65
$C_6H_{14}O$	Di-n-propyläther	ClH	Chlorwasserstoff	25
		H_2O_4S	Schwefelsäure	36
$C_6H_{14}O$	n-Hexanol	C_7H_{16}	Heptan	285
		$C_8H_{18}O$	n-Octanol	315
		$C_{10}H_{22}O$	n-Decanol	335
		ClH	Chlorwasserstoff	25
$C_6H_{15}Al$	Aluminiumtriäthyl	$C_8H_{20}JN$	Tetraäthylammoniumjodid	539
		$C_{20}H_{44}JN$	Tetra-iso-amylammonium-jodid	539
$C_6H_{15}N$	Triäthylamin	$C_7H_7NO_2$	o-Nitrotoluol	494
		C_7H_8	Toluol	410
		C_7H_9N	Benzylamin	428
		C_7H_9N	Methylanilin	427
		$C_7H_{14}O_2$	Amylacetat	412
		C_7H_{16}	n-Heptan	410
		C_8H_8O	Acetophenon	412
		C_8H_{10}	m-Xylol	410
		C_8H_{10}	o-Xylol	410
		C_8H_{10}	p-Xylol	410
		C_9H_{12}	Mesitylen	410

1. Komponente		2. Komponente		Seite
Brutto-formel	Name	Brutto-formel	Name	
$C_7H_7NO_2$	o-Nitrotoluol	$C_{16}H_{26}O_8$	Isobutyl-diacetyl-d-tartrat	494
$C_7H_7NO_2$	p-Nitrotoluol	C_8H_{10}	m-Xylol	496
		C_8H_{10}	o-Xylol	496
		C_8H_{10}	p-Xylol	496
		$C_8H_{14}O_6$	Äthyltartrat	497
		$C_{10}H_{14}N_2$	Nicotin	497
		H_2O_4S	Schwefelsäure	38
$C_7H_7NO_3$	o-Nitroanisol	$C_8H_{14}O_6$	Äthyltartrat	497
		Cl_4Sn	Zinn-IV-chlorid	103
$C_7H_7NO_3$	p-Nitroanisol	$C_8H_{14}O_6$	Äthyltartrat	498
		Cl_4Sn	Zinn-IV-chlorid	103
C_7H_8	Toluol	C_7H_8O	m-Kresol	305
		$C_7H_8O_2$	Guajakol	309
		C_7H_9N	m-Toluidin	425
		C_7H_9N	o-Toluidin	423
		C_7H_9N	p-Toluidin	426
		C_7H_{14}	Methylcyclohexan	118
		C_7H_{16}	Heptan	118
		$C_8H_8O_2$	Phenylessigsäure	321
		C_8H_{10}	Äthylbenzol	120
		C_8H_{10}	m-Xylol	122
		C_8H_{10}	o-Xylol	121
		C_8H_{10}	p-Xylol	123
		$C_8H_{11}N$	Dimethylanilin	432
		$C_8H_{14}O_6$	Diäthyltartrat	324
		C_8H_{16}	Äthylcyclohexan	120
		C_8H_{18}	n-Octan	119
		C_8H_{18}	2.2.4-Trimethylpentan	120
		$C_9H_{10}O_2$	Äthylbenzoat	331
		C_9H_{12}	Isopropylbenzol	124
		C_9H_{12}	1.2.4-Trimethylbenzol	125
		$C_9H_{13}N$	Dimethyl-o-toluidin	436
		$C_{10}H_7NO_2$	1-Nitronaphthalin	508
		$C_{10}H_8$	Naphthalin	132
		$C_{10}H_{14}$	Tetramethylbenzol	130
		$C_{12}H_{10}$	Azenaphthen	135
		$C_{12}H_{10}$	Diphenyl	134
		$C_{12}H_{10}N_2$	Azobenzol	448
		$C_{14}H_{10}$	Phenanthren	137
		$C_{14}H_{10}O$	Anthranol	351
		$C_{14}H_{10}O_2$	Benzil	352
		$C_{16}H_{36}BrN$	Tetrabutylammoniumbromid	460
		$C_{18}H_{15}As$	Triphenylarsin	534
		$C_{19}H_{16}$	Triphenylmethan	140
		$C_{19}H_{17}As$	Diphenyl-p-tolylarsin	534
		$C_{24}H_{20}As_2O$	Diphenylarsinoxid	534
		$C_{32}H_{38}N_4O_7$	Tetrabutylammoniumpikrat	519
		$C_{57}H_{107}O_9$	Triricinolein	362
		Cl_2OS	Thionylchlorid	39
		Cl_2O_2S	Sulfurylchlorid	40
		Cl_4Sn	Zinn-IV-chlorid	98
		J_2	Jod	30
		N_2O_4	Distickstofftetroxid	44
		O_2S	Schwefeldioxid	34
		S	Schwefel	33
C_7H_8O	Anisol	C_8H_{10}	m-Xylol	304
		$C_7H_{14}O_2$	Amylacetat	308
		$C_8H_{14}O_6$	Diäthyltartrat	327
		Cl_4Sn	Zinn-IV-chlorid	101
		J_2	Jod	31
C_7H_8O	Benzylalkohol	$C_7H_{14}O_2$	Amylacetat	308

Lacmann

1. Komponente		2. Komponente		Seite
Bruttoformel	Name	Bruttoformel	Name	
C_7H_8O	Benzylalkohol	$C_8H_{11}N$	Dimethylanilin	433
		$C_8H_{14}O_6$	Diäthyltartrat	327
C_7H_8O	m-Kresol	C_7H_8O	o-Kresol	305
		C_7H_8O	p-Kresol	306
		C_7H_9N	o-Toluidin	424
		$C_7H_{14}O_2$	Amylacetat	308
		$C_8H_{11}N$	Dimethylanilin	433
		C_9H_7N	Chinolin	438
		$C_9H_{10}O_2$	Benzylacetat	330
		$C_{10}H_{16}O$	Campher	339
C_7H_8O	o-Kresol	C_7H_8O	p-Kresol	306
		$C_7H_{14}O_2$	Amylacetat	308
		$C_{10}H_{16}O$	Campher	339
C_7H_8O	p-Kresol	$C_7H_{14}O_2$	Amylacetat	308
		$C_{10}H_{16}O$	Campher	340
$C_7H_8O_2$	Guajacol	C_7H_9N	Methylanilin	427
		C_7H_9N	o-Toluidin	424
		$C_8H_{11}N$	Dimethylanilin	433
		C_9H_7N	Chinolin	438
C_7H_9N	Methylanilin	$C_8H_{14}O_6$	Äthyltartrat	427
C_7H_9N	m-Toluidin	C_7H_{14}	Methylcyclohexan	425
		$C_7H_{14}O_2$	Amylacetat	426
		$C_8H_{14}O_6$	Äthyltartrat	426
C_7H_9N	o-Toluidin	$C_7H_{14}O_2$	Amylacetat	424
		$C_8H_{14}O_6$	Äthyltartrat	424
		$C_9H_{13}N$	Monoäthyl-o-toluidin	436
C_7H_9N	p-Toluidin	$C_7H_{14}O_2$	Amylacetat	427
		$C_8H_{10}N_2O$	Nitrosodimethylanilin	504
		$C_8H_{14}O_6$	Äthyltartrat	427
		$C_{10}H_8$	Naphthalin	426
C_7H_9NO	o-Anisidin	$C_7H_{14}O_2$	Amylacetat	493
$C_7H_{11}Cl_3O_2$	Amyltrichloracetat	Cl_4Ti	Titantetrachlorid	90
$C_7H_{12}O$	4-Methylcyclohexanon	$C_{14}H_{30}$	n-Tetradecan	303
		$C_{16}H_{34}$	n-Hexadecan	303
$C_7H_{12}O_3$	Methylacetessigsäure-äthylester	$C_8H_{14}O_6$	Diäthyltartrat	327
$C_7H_{12}O_4$	Äthylmalonat	C_8H_{10}	Xylol	311
C_7H_{14}	Methylcyclohexan	C_7H_{16}	n-Heptan	116
$C_7H_{14}O_2$	Äthylvalerat	C_8H_{10}	Xylol	309
$C_7H_{14}O_2$	Amylacetat	C_8H_6	Phenylacetylen	307
		C_8H_8	Phenyläthylen	307
		C_8H_8O	Acetophenon	319
		$C_8H_8O_2$	Phenylacetat	321
		$C_8H_8O_3$	Mandelsäure	322
		C_8H_{10}	Phenyläthan	307
		C_8H_{10}	Xylol	307
		$C_8H_{10}O$	Benzylmethyläther	318
		$C_8H_{10}O$	Phenetol	317
		$C_8H_{10}O$	m-Tolylmethyläther	318
		$C_8H_{10}O$	o-Tolylmethyläther	318
		$C_8H_{10}O$	p-Tolylmethyläther	318
		$C_9H_6O_2$	Phenylpropiolsäure	333
		$C_9H_8O_2$	Zimtsäure	333
		$C_9H_{10}O_2$	Benzylacetat	330
		$C_9H_{10}O_2$	β-Phenylpropionsäure	330
		$C_9H_{10}O_3$	Äthyl-m-hydroxybenzoat	333
		$C_9H_{10}O_3$	Äthyl-p-hydroxybenzoat	333
		$C_9H_{10}O_3$	Äthylsalicylat	333
		$C_9H_{11}NO_2$	Äthylanthralinat	505
		$C_9H_{11}NO_2$	p-Aminobenzoesäureäthylester	505
		$C_9H_{14}O$	Phoron	329

1. Komponente		2. Komponente		Seite
Bruttoformel	Name	Bruttoformel	Name	
$C_7H_{14}O_2$	Amylacetat	$C_{10}H_8O$	α-Naphthol	341
		$C_{10}H_8O$	β-Naphthol	341
		$C_{10}H_9N$	α-Naphthylamin	442
		$C_{10}H_9N$	β-Naphthylamin	442
		$C_{10}H_{10}O$	Benzylidenaceton	341
		$C_{10}H_{10}O_2$	Safrol	343
		$C_{10}H_{10}O_2$	Isosafrol	343
		$C_{10}H_{12}O$	Benzylaceton	340
		$C_{10}H_{12}O_2$	Eugenol	342
		$C_{10}H_{12}O_2$	Isoeugenol	342
		$C_{12}H_{11}N$	Diphenylamin	446
		$C_{12}H_{12}O$	Cinnamylidenaceton	346
		$C_{13}H_{10}O$	Benzophenon	349
		$C_{13}H_{12}O$	Diphenylmethanol	349
		$C_{13}H_{20}O_2$	Propiolsäure-menthylester	350
		$C_{14}H_{10}$	Diphenylacetylen	307
		$C_{14}H_{12}$	Diphenyläthylen	307
		$C_{15}H_{12}O$	Benzylidenacetophenon	354
		$C_{15}H_{14}O$	Benzylacetophenon	354
		$C_{15}H_{14}O$	Diphenylaceton	354
		$C_{16}H_{10}$	Diphenylbutadiin	307
		$C_{16}H_{14}$	Diphenylbutadien	307
		$C_{17}H_{14}O$	Cinnamylidenacetophenon	357
		$C_{17}H_{14}O_2$	Dibenzylidenaceton	357
		$C_{18}H_{18}$	Diphenylbutan	307
		$C_{19}H_{16}O$	Triphenylcarbinol	359
		$C_{19}H_{26}O_2$	Zimtsäurementhylester	360
		$C_{19}H_{28}O_2$	β-Phenylpropionsäure-menthylester	360
		Cl_3In	Indium-III-chlorid	96
		F_3In	Indium-III-fluorid	96
		InJ_3	Indium-III-jodid	97
$C_7H_{14}O_2$	Isoamylacetat	$C_{12}H_{10}$	Diphenyl	308
		$C_{14}H_{14}$	Diphenyläthan	308
		J_2	Jod	31
$C_7H_{14}O_7$	Methylhexonat	Cl_4Sn	Zinn-IV-chlorid	101
$C_7H_{15}Br$	n-Heptylbromid	C_7H_{16}	Heptan	189
C_7H_{16}	2.4-Dimethylpentan	C_8H_{18}	2.2.4-Trimethylpentan	120
		C_9H_{20}	2.2.5-Trimethylhexan	124
		$C_{12}H_{26}$	n-Dodecan	133
		$C_{16}H_{34}$	n-Hexadecan	139
C_7H_{16}	2.2.3-Trimethylbutan	C_8H_{18}	2.5-Dimethylhexan	119
		C_8H_{18}	2.3.3-Trimethylpentan	119
C_7H_{16}	Heptan	C_8H_6	Phenylacetylen	124
		C_8H_7N	Benzylcyanid	435
		C_8H_9BrO	p-Bromphenetol	381
		C_8H_{10}	p-Xylol	123
		$C_8H_{11}N$	Dimethylanilin	432
		C_8H_{18}	n-Octan	119
		C_8H_{18}	2.2.4-Trimethylpentan	119
		$C_8H_{18}O$	n-Octanol	314
		$C_{10}H_7Br$	1-Bromnaphthalin	198
		$C_{10}H_8$	Naphthalin	132
		$C_{10}H_{10}Br_2$	1.2-Dibromtetralin	199
		$C_{10}H_{10}Br_2$	2.3-Dibromtetralin	199
		$C_{10}H_{10}Cl_2$	1.2-Dichlortetralin	199
		$C_{10}H_{10}Cl_2$	2.3-Dichlortetralin	199
		$C_{10}H_{18}$	Decahydronaphthalin	127
		$C_{10}H_{18}$	trans-Decahydronaphthalin	128
		$C_{10}H_{22}O$	n-Decanol	335

1. Komponente		2. Komponente		Seite
Bruttoformel	Name	Bruttoformel	Name	
C_7H_{16}	Heptan	$C_{12}H_8Br_2O$	p.p'-Dibromdiphenyläther	384
		$C_{12}H_9BrO$	p-Bromdiphenyläther	384
		$C_{12}H_{10}$	Diphenyl	134
		$C_{12}H_{26}$	n-Dodecan	133
		$C_{13}H_{26}O_2$	Äthylundecylat	349
		$C_{14}H_{10}$	Phenanthren	137
		$C_{14}H_{30}$	n-Tetradecan	136
		$C_{16}H_{34}$	n-Hexadecan	139
		$C_{18}H_{36}O_2$	Äthylpalmitat	358
		$C_{18}H_{38}$	n-Octadecan	140
		$C_{20}H_{40}O_2$	Äthylstearat	360
		$C_{24}H_{50}$	n-Tetraeikosan	141
		$C_{36}H_{74}$	n-Hexatriakontan	141
		$C_{57}H_{107}O_9$	Triricinolein	362
		Cl_3PS	Phosphorthiochlorid	47
		H_3N	Ammoniak	42
		J_2	Jod	30
		N_2	Stickstoff	42
		O_2S	Schwefeldioxid	33
$C_7H_{16}O$	n-Heptanol	ClH	Chlorwasserstoff	26
C_8				
$C_8F_{16}O$	Cycl. Perfluoroctanoxyd	C_8H_{18}	2.2.4-Trimethylpentan	381
C_8H_7N	Benzylcyanid	$C_8H_{10}O$	Phenetol	435
		$C_8H_{20}JN$	Tetraäthylammoniumjodid	457
C_8H_7N	Phenylacetonitril	J_2	Jod	31
C_8H_8	Phenyläthylen	C_8H_{10}	Äthylbenzol	123
C_8H_8O	Acetophenon	$C_8H_{11}N$	Dimethylanilin	433
		$C_{10}H_{14}N_2$	Nicotin	444
		ClLi	Lithiumchlorid	69
		H_2O_4S	Schwefelsäure	36
		JK	Kaliumjodid	79
		JNa	Natriumjodid	75
$C_8H_8O_2$	Anisaldehyd	$C_{12}H_{28}JN$	Tetrapropylammoniumjodid	459
		JK	Kaliumjodid	79
$C_8H_8O_2$	Methylbenzoat	$C_9H_{10}O_2$	Äthylbenzoat	332
$C_8H_8O_2$	Phenylacetat	$C_8H_{14}O_6$	Diäthyltartrat	327
		Cl_4Sn	Zinn-IV-chlorid	101
$C_8H_9NO_3$	o-Nitrophenetol	$C_8H_{14}O_6$	Äthyltartrat	503
C_8H_{10}	Äthylbenzol	C_8H_{10}	m-Xylol	122
		C_8H_{10}	o-Xylol	122
		$C_8H_{10}O_4$	Dimethylphthalat	323
		C_8H_{16}	Äthylcyclohexan	121
		C_8H_{16}	Octen	121
		C_8H_{18}	Octan	121
		C_9H_{12}	n-Propylbenzol	124
		C_9H_{12}	Isopropylbenzol	124
		C_9H_{12}	1.2.4-Trimethylbenzol	125
		$C_{10}H_{12}$	Tetrahydronaphthalin	130
		$C_{10}H_{14}$	1.4-Methylisopropylbenzol	129
		$C_{11}H_{16}$	tert. Amylbenzol	132
		$C_{12}H_{14}O_4$	Phthalsäure-diäthylester	348
		$C_{14}H_{18}O_4$	Phthalsäuredi-n-propylester	353
		$C_{16}H_{22}O_4$	Phthalsäuredi-n-butylester	355
C_8H_{10}	Xylol	C_8H_{18}	Octan	121
		$C_{14}H_{10}$	Phenanthren	138
		$C_{20}H_{13}N_3O_7$	Phenanthrenpikrat	518
		$C_{57}H_{107}O_9$	Triricinolein	362
		Cl_2OS	Thionylchlorid	39
		Cl_2O_2S	Sulfurylchlorid	40
		O_2S	Schwefeldioxid	34

1. Komponente Bruttoformel	Name	2. Komponente Bruttoformel	Name	Seite
C_8H_{10}	m-Xylol	C_8H_{10}	o-Xylol	122
		C_8H_{10}	p-Xylol	123
		$C_8H_{11}N$	Dimethylanilin	432
		$C_8H_{14}O_4$	Diäthylsuccinat	323
		$C_8H_{14}O_6$	Diäthyltartrat	324
		C_8H_{16}	1.3-Dimethylcyclohexan	122
		$C_9H_{10}O_2$	Äthylbenzoat	331
		$C_9H_{10}O_3$	Äthylsalicylat	333
		$C_{10}H_8$	Naphthalin	132
		$C_{10}H_{20}O_2$	Amylvalerat	342
		$C_{12}H_{16}O_2$	Amylbenzoat	347
		Cl_4Sn	Zinn-IV-chlorid	98
		J_2	Jod	30
		S	Schwefel	33
C_8H_{10}	o-Xylol	C_8H_{10}	p-Xylol	123
		$C_8H_{14}O_6$	Diäthyltartrat	324
		C_8H_{16}	1.2-Dimethylcyclohexan	121
C_8H_{10}	p-Xylol	$C_8H_{14}O_6$	Diäthyltartrat	324
		C_8H_{16}	1.4-Dimethylcyclohexan	123
		J_2	Jod	30
		N_2O_4	Distickstofftetroxid	44
$C_8H_{10}O$	Phenetol	$C_8H_{14}O_6$	Diäthyltartrat	327
		$C_{12}H_{10}O$	Diphenyläther	347
		J_2	Jod	31
$C_8H_{10}O$	β-Phenyläthanol	$C_8H_{14}O_6$	Diäthyltartrat	327
$C_8H_{11}N$	Äthylanilin	C_9H_7N	Chinolin	439
$C_8H_{11}N$	Dimethylanilin	$C_8H_{14}O_6$	Äthyltartrat	433
		C_9H_{12}	Cumol	432
		$C_{10}H_{16}O$	d-Campher	434
		$C_{15}H_{11}ClO_5$	2-Phenylbenzopyrrylium-perchlorat	434
		$C_{16}H_{13}ClO_5$	2-Phenyl-3-methylbenzo-pyrryliumperchlorat	434
$C_8H_{12}O_4$	Äthylfumarat	$C_8H_{14}O_6$	Diäthyltartrat	327
$C_8H_{12}O_4$	Äthylmaleat	$C_8H_{14}O_6$	Diäthyltartrat	327
$C_8H_{13}N$	2.4-Dimethyl-3-äthylpyrrol	$C_{10}H_{14}N_2$	Nicotin	445
C_8H_{14}	Di-isobutylen	J_2	Jod	30
$C_8H_{14}O_3$	Dimethylacetessigsäure-äthylester	$C_8H_{14}O_6$	Diäthyltartrat	327
$C_8H_{14}O_4$	Äthylsuccinat	$C_8H_{14}O_6$	Diäthyltartrat	327
		Cl_4Sn	Zinn-IV-chlorid	101
$C_8H_{14}O_6$	Äthyltartrat, Diäthyltartrat	$C_8H_{18}O$	Methylhexylcarbinol	327
		C_9H_7N	Chinolin	438
		C_9H_8O	Zimtaldehyd	330
		$C_9H_{10}O_2$	Benzylacetat	330
		C_9H_{12}	Mesitylen	324
		$C_9H_{12}O$	γ-Phenyl-n-propanol	329
		$C_{10}H_7Br$	α-Bromnaphthalin	326
		$C_{10}H_7NO_2$	1-Nitronaphthalin	508
		$C_{10}H_8$	Naphthalin	324
		$C_{12}H_{11}N$	Diphenylamin	446
		$C_{13}H_{13}N$	Diphenylmethylamin	449
		$C_{14}H_{14}O$	Dibenzyläther	351
C_8H_{16}	Äthylcyclohexan	C_8H_{18}	n-Octan	120
C_8H_{16}	Octen	C_8H_{18}	Octan	120
$C_8H_{16}O_2$	Butylbutyrat	Cl_4Sn	Zinn-IV-chlorid	101
$C_8H_{17}Cl$	1-Chloroctan	$C_{16}H_{34}$	n-Hexadecan	193
C_8H_{18}	Octan, n-Octan	C_8H_{18}	2.2.4-Trimethylpentan	120
		$C_{10}H_{22}$	n-Decan	127
		$C_{16}H_{34}$	n-Hexadecan	139
		$C_{24}H_{50}$	n-Tetraeikosan	141

1. Komponente		2. Komponente		Seite
Brutto-formel	Name	Brutto-formel	Name	
C_8H_{18}	Octan, n-Octan	$C_{32}H_{66}$	n-Duotriakontan	141
		$C_{36}H_{74}$	n-Hexatriakontan	141
C_8H_{18}	Isooctan	$C_{10}H_{18}$	Decahydronaphthalin	128
		$C_{12}H_{26}$	n-Dodecan	133
		$C_{16}H_{34}$	n-Hexadecan	139
C_8H_{18}	2.5-Dimethylhexan	C_8H_{18}	2.2.4-Trimethylpentan	120
C_8H_{18}	2.2.4-Trimethylpentan	C_9H_{12}	Isopropylbenzol	124
		C_9H_{12}	1.3.5-Trimethylbenzol	125
$C_8H_{18}O$	Dibutyläther	ClH	Chlorwasserstoff	26
$C_8H_{18}O$	n-Octanol	$C_{10}H_{22}O$	n-Decanol	335
$C_8H_{20}JN$	Tetraäthylammoniumjodid	$C_{11}H_{12}O_3$	Äthylbenzoylacetat	457
$C_8H_{24}O_4Si_4$	Octamethylcyclotetrasiloxan	$C_{16}H_{34}$	n-Hexadecan	536
C_9				
$C_9H_6O_2$	Cumarin	H_2O_4S	Schwefelsäure	36
C_9H_7N	Chinolin	$C_{12}H_{11}N$	Diphenylamin	447
		$C_{12}H_{22}O_6$	Isobutyltartrat	438
		$C_{16}H_{26}O_8$	Isobutyldiacetyl-d-tartrat	438
		Cl_3Tl	Thallium-III-chlorid	97
C_9H_8O	Zimtaldehyd	$C_{10}H_{12}O$	Anethol	341
		$C_{26}H_{30}O_8$	Isobutyl-dibenzoyl-d-tartrat	361
$C_9H_9BrO_2$	p-Brombenzoesäureäthylester	$C_9H_{10}O_2$	Äthylbenzoat	382
C_9H_{10}	Indan	C_9H_{16}	Octahydronden	126
$C_9H_{10}O_2$	Äthylbenzoat	$C_{14}H_{12}O_2$	Benzylbenzoat	352
		Cl_4Sn	Zinn-IV-chlorid	101
		H_2O_4S	Schwefelsäure	36
C_9H_{12}	Propylbenzol	C_9H_{18}	Propylcyclohexan	124
C_9H_{12}	1.2.4-Trimethylbenzol	Cl_4Sn	Zinn-IV-chlorid	98
C_9H_{12}	1.3.5-Trimethylbenzol	C_9H_{18}	1.3.5-Trimethylcyclohexan	125
		C_9H_{20}	Nonan	125
C_9H_{12}	Mesitylen	Cl_2OS	Thionylchlorid	39
		Cl_2O_2S	Sulfurylchlorid	40
		O_2S	Schwefeldioxid	34
C_9H_{20}	n-Nonan	$C_{10}H_{18}$	trans-Decahydronaphthalin	128
		$C_{16}H_{34}$	n-Hexadecan	139
		$C_{24}H_{50}$	n-Tetraeikosan	141
		$C_{32}H_{66}$	n-Duotriakontan	141
		$C_{36}H_{74}$	n-Hexatriakontan	141
		$C_{62}H_{126}$	Duohexakontan	141
C_{10}				
$C_{10}H_7NO_2$	1-Nitronaphthalin	$C_{10}H_8$	Naphthalin	508
		$C_{12}H_{11}N$	Diphenylamin	508
$C_{10}H_8$	Naphthalin	$C_{10}H_9N$	Naphthylamin	442
		$C_{10}H_{12}$	Tetrahydronaphthalin	132
		$C_{10}H_{14}O$	Thymol	340
		$C_{10}H_{20}O$	Menthol	336
		$C_{12}H_{18}O_8$	Diäthyl-diacetyltartrat	348
		Cl_3Sb	Antimon-III-chlorid	50
$C_{10}H_{12}$	Tetrahydronaphthalin	$C_{10}H_{18}$	cis-Decahydronaphthalin	130
		$C_{10}H_{18}$	trans-Decahydronaphthalin	130
		$C_{57}H_{107}O_9$	Triricinolein	362
$C_{10}H_{12}O$	Anethol	$C_{10}H_{20}O$	L-Menthol	341
$C_{10}H_{13}Cl$	2-Chlor-p-Cymol	$C_{10}H_{14}$	p-Cymol	197
$C_{10}H_{14}$	n-Butylbenzol	$C_{10}H_{20}$	n-Butylcyclohexan	129
$C_{10}H_{14}$	sek. Butylbenzol	$C_{10}H_{20}$	sek. Butylcyclohexan	129
		$C_{10}H_{22}$	Diisoamyl	129
$C_{10}H_{14}$	1.2-Methyl-n-propylbenzol	$C_{10}H_{20}$	1.2-Methyl-n-propylcyclohexan	129
$C_{10}H_{14}$	1.4-Methyl-n-propylbenzol	$C_{10}H_{20}$	1.4-Methyl-n-propylcyclohexan	129
$C_{10}H_{14}$	1.4-Methylisopropylbenzol	$C_{10}H_{20}$	1.4-Methylisopropylcyclohexan	129
$C_{10}H_{14}N_2$	Nicotin	$C_{18}H_{34}O_2$	Ölsäure	444
		$C_{18}H_{36}O_2$	Stearinsäure	444

1. Komponente		2. Komponente		Seite
Bruttoformel	Name	Bruttoformel	Name	
$C_{10}H_{14}N_4O_7$	Diäthylammoniumpikrat	$C_{13}H_{20}N_4O_7$	n-Heptylammoniumpikrat	513
		$C_{15}H_{24}N_4O_7$	Tri-n-propylammoniumpikrat	516
		$C_{18}H_{30}N_4O_7$	Tetra-n-propylammonium-pikrat	517
$C_{10}H_{14}O$	Thymol	$C_{57}H_{104}O_6$	Triolein	362
$C_{10}H_{15}N$	N.N-Diäthylanilin	$C_{12}H_{11}N$	Diphenylamin	448
$C_{10}H_{16}$	d-Pinen	$C_{10}H_{16}$	l-Pinen	128
$C_{10}H_{16}O$	Campher	$C_{16}H_{10}$	Pyren	337
		$C_{18}H_{34}O_2$	Ölsäure	359
		$C_{57}H_{104}O_6$	Triolein	362
		Cl_2S_2	Dischwefeldichlorid	39
		Cl_3P	Phosphortrichlorid	47
		O_2S	Schwefeldioxid	35
$C_{10}H_{18}$	Dekalin (Decahydronaphthalin)	$C_{12}H_8Br_2Hg$	Quecksilberdi-p-bromphenyl	543
		$C_{12}H_8Cl_2Hg$	Quecksilberdi-p-chlorphenyl	542
		$C_{12}H_8F_2Hg$	Quecksilberdi-p-fluorphenyl	542
		$C_{12}H_{10}Hg$	Quecksilberdiphenyl	541
		$C_{14}H_{10}O_2$	Benzil	352
		$C_{14}H_{14}Hg$	Quecksilberdi-p-tolyl	542
		$C_{16}H_{34}$	n-Hexadecan	140
		$C_{57}H_{107}O_9$	Triricinolein	362
$C_{10}H_{18}$	cis-Decahydronaphthalin	$C_{10}H_{18}$	trans-Decahydronaphthalin	128
$C_{10}H_{18}$	trans-Decahydronaphthalin	$C_{12}H_{26}$	n-Dodecan	133
		$C_{16}H_{34}$	n-Hexadecan	140
$C_{10}H_{20}O$	Menthol	$C_{18}H_{34}O_2$	Ölsäure	359
		$C_{57}H_{104}O_6$	Triolein	362
$C_{10}H_{20}O_2$	Octylacetat	Cl_4Sn	Zinn-IV-chlorid	101
$C_{10}H_{20}O_2$	β-Octylacetat	$C_{11}H_{12}O_2$	Zimtsäure-äthylester	345
$C_{10}H_{21}Cl$	1-Chlordecan	$C_{16}H_{34}$	n-Hexadecan	197
$C_{10}H_{22}$	n-Decan	$C_{12}H_{26}$	n-Dodecan	133
		$C_{14}H_{30}$	n-Tetradecan	136
		$C_{16}H_{34}$	n-Hexadecan	139
		H_2S	Schwefelwasserstoff	33
$C_{10}H_{22}O$	Dipentyläther	ClH	Chlorwasserstoff	26
		H_2O_4S	Schwefelsäure	36
C_{11}				
$C_{11}H_{15}NO$	Diäthylbenzamid	ClJ	Jodchlorid	32
$C_{11}H_{16}$	Amylbenzol	$C_{11}H_{22}$	Amylcyclohexan	132
$C_{11}H_{16}$	Isoamylbenzol	$C_{11}H_{22}$	Isoamylcyclohexan	132
$C_{11}H_{16}$	Pentamethylbenzol	$C_{11}H_{22}$	1.2.3.4.5-Pentamethylcyclo-hexan	132
$C_{11}H_{22}O_2$	Decancarbonsäure	Cl_4Sn	Zinn-IV-chlorid	101
$C_{11}H_{25}O_3P$	Di-isopentylmethylphosphonat	N_2O_8U	Uranylnitrat	110
C_{12}				
$C_{12}H_{10}O$	Diphenyläther	$C_{13}H_{12}$	Diphenylmethan	346
$C_{12}H_{11}N$	Diphenylamin	H_2O_4S	Schwefelsäure	38
$C_{12}H_{16}$	Phenylcyclohexan	$C_{12}H_{26}$	n-Dodecan	134
$C_{12}H_{18}$	n-Hexylbenzol	$C_{12}H_{26}$	n-Dodecan	134
$C_{12}H_{22}$	Dicyclohexyl	$C_{12}H_{26}$	n-Dodecan	134
$C_{12}H_{22}O_{11}$	Saccharose	H_3N	Ammoniak	43
$C_{12}H_{24}$	n-Heptylcyclopentan	$C_{12}H_{26}$	n-Dodecan	133
$C_{12}H_{24}$	n-Hexylcyclohexan	$C_{12}H_{26}$	n-Dodecan	133
$C_{12}H_{24}O_2$	Laurinsäure	$C_{16}H_{32}O_2$	Palmitinsäure	355
		$C_{18}H_{36}O_2$	Stearinsäure	358
$C_{12}H_{25}Cl$	1-Chlordodecan	$C_{16}H_{34}$	n-Hexadecan	200
$C_{12}H_{26}$	n-Duodecan	$C_{14}H_{30}$	n-Tetradecan	136
		$C_{16}H_{34}$	n-Hexadecan	140
C_{13}				
$C_{13}H_8Cl_2O$	p.p'-Dichlorbenzophenon	H_2O_4S	Schwefelsäure	37

1. Komponente		2. Komponente		Seite
Bruttoformel	Name	Bruttoformel	Name	
$C_{13}H_{10}O$	Benzophenon	H_2O_4S	Schwefelsäure	36
$C_{13}H_{12}$	Diphenylmethan	Cl_3Sb	Antimon-III-chlorid	50
$C_{13}H_{20}N_4O_7$	n-Heptylammoniumpikrat	$C_{18}H_{30}N_4O_7$	Tetra-n-propylammonium-pikrat	517
C_{14}				
$C_{14}H_{14}N_2O_3$	p-Azoxyanisol	$C_{16}H_{18}N_2O_3$	p-Azoxyphenetol	516
$C_{14}H_{22}$	Octylbenzol	$C_{14}H_{28}$	Octylcyclohexan	136
$C_{14}H_{26}$	1.2-Dicyclohexyläthan	$C_{14}H_{30}$	n-Tetradecan	136
$C_{14}H_{29}Cl$	1-Chlortetradecan	$C_{16}H_{34}$	n-Hexadecan	203
$C_{14}H_{30}$	n-Tetradecan	$C_{16}H_{34}$	n-Hexadecan	140
C_{15}				
$C_{15}H_{14}O$	p, p'-Dimethylbenzophenon	H_2O_4S	Schwefelsäure	36
$C_{15}H_{24}N_4O_7$	Tri-n-propylammoniumpikrat	$C_{18}H_{30}N_4O_7$	Tetra-n-propylammonium-pikrat	517
C_{16}				
$C_{16}H_{32}O_2$	Palmitinsäure	$C_{18}H_{36}O_2$	Stearinsäure	358
		Cl_4Sn	Zinn-IV-chlorid	101
$C_{16}H_{33}Cl$	1-Chlorhexadecan	$C_{16}H_{34}$	n-Hexadecan	203
$C_{16}H_{34}$	n-Hexadecan	$C_{18}H_{37}Cl$	1-Chloroctadecan	203
C_{18}				
$C_{18}H_{15}N$	Triphenylamin	H_2O_4S	Schwefelsäure	38
$C_{18}H_{30}N_4O_7$	Tetra-n-propylammonium-pikrat	$C_{26}H_{46}N_4O_7$	Tetra-isoamylammonium-pikrat	519
$C_{18}H_{36}O_2$	Hexadecylacetat	Cl_4Sn	Zinn-IV-chlorid	101
C_{19}				
$C_{19}H_{16}$	Triphenylmethan	Cl_3Sb	Antimon-III-chlorid	50
$C_{19}H_{16}O$	Triphenylmethanol	H_2O_4S	Schwefelsäure	37
$C_{19}H_{34}$	Tricyclohexylmethan	$C_{19}H_{40}$	7-n-Hexyltridecan	140
$CaH_2O_8S_2$	Calciumhydrogensulfat	H_2O_4S	Schwefelsäure	20
$ClHO_4$	Perchlorsäure	CrO_3	Chrom-III-oxid	22
ClH_4N	Ammoniumchlorid	H_3N	Ammoniak	19
ClK	Kaliumchlorid	H_3N	Ammoniak	18
ClLi	Lithiumchlorid	H_3N	Ammoniak	16
ClNa	Natriumchlorid	H_3N	Ammoniak	16
Cl_2OS	Thionylchlorid	Cl_4Sn	Zinntetrachlorid	21
Cl_2O_2S	Sulfurylchlorid	Cl_3OP	Phosphoroxichlorid	12
		Cl_4Sn	Zinntetrachlorid	21
		H_2O_4S	Schwefelsäure	10
		O_3S	Schwefeltrioxid	10
Cl_2S	Schwefeldichlorid	Cl_2S_2	Dischwefelchlorid	10
Cl_2S_2	Dischwefeldichlorid	Cl_4Ge	Germaniumtetrachlorid	21
		Cl_4Sn	Zinntetrachlorid	21
Cl_3HSi	Trichlorsilan	Cl_4Si	Siliciumtetrachlorid	14
Cl_3Sb	Antimontrichlorid	Cl_5Sb	Antimonpentachlorid	12
		J_2	Jod	12
Cl_4Si	Siliciumtetrachlorid	Cl_4Sn	Zinntetrachlorid	21
		Cl_4Ti	Titantetrachlorid	20
Cl_4Sn	Zinntetrachlorid	Cl_4Ti	Titantetrachlorid	21
Cs	Cäsium	H_3N	Ammoniak	19
$CsHO_4S$	Cäsiumhydrogensulfat	H_2O_4S	Schwefelsäure	19
CsH_2N	Cäsiumamid	H_3N	Ammoniak	19
CuN_2O_6	Kupfer(II)nitrat	H_3N	Ammoniak	22
DKO_4S	Kaliumdeuteriumsulfat	D_2O_4S	Deuteroschwefelsäure	18
$DNaO_4S$	Natriumdeuteriumsulfat	D_2O_4S	Deuteroschwefelsäure	17
D_2O	Schweres Wasser	D_2O_4S	Deuteroschwefelsäure	10
D_2O_4S	Schwefelsäure	$D_2O_7S_2$	Pyrodeuteroschwefelsäure	10
D_3N	Deuteriumammoniak	K	Kalium	17

1. Komponente		2. Komponente		Seite
Brutto-formel	Name	Brutto-formel	Name	
FH	Fluorwasserstoff	F_5J	Jodpentafluorid	9
		F_5Sb	Antimonpentafluorid	12
FHO_4S	Fluorsulfonsäure	O_3S	Schwefeltrioxid	10
FNO_2	Nitrylfluorid	H_2O_4S	Schwefelsäure	11
HKO_4S	Kaliumhydrogensulfat	H_2O_4S	Schwefelsäure	18
$HLiO_4S$	Lithiumhydrogensulfat	H_2O_4S	Schwefelsäure	16
HNO_3	Salpetersäure	H_2O_4S	Schwefelsäure	11
		H_3O_4P	Phosphorsäure	12
		$H_4N_2O_3$	Ammoniumnitrat	19
		KNO_3	Kaliumnitrat	18
		$NNaO_3$	Natriumnitrat	17
		N_2O_4	Distickstofftetroxid	11
		N_2O_5	Distickstoffpentoxid	11
$HNaO_4S$	Natriumhydrogensulfat	H_2O_4S	Schwefelsäure	17
HO_4RbS	Rubidiumhydrogensulfat	H_2O_4S	Schwefelsäure	18
HO_4STl	Thallium-I-hydrogensulfat	H_2O_4S	Schwefelsäure	21
H_2KN	Kaliumamid	H_3N	Ammoniak	18
H_2NRb	Rubidiumamid	H_3N	Ammoniak	18
H_2O_4S	Schwefelsäure	$H_2O_8S_2Sr$	Strontiumhydrogensulfat	20
		H_3O_4P	Phosphorsäure	12
		H_5NO_4S	Ammoniumhydrogensulfat	19
		N_2O_4	Distickstofftetroxid	11
		O_3S	Schwefeltrioxid	10
		O_2Zr	Zirkondioxid	20
H_3N	Ammoniak	H_4JN	Ammoniumjodid	19
		$H_4N_2O_3$	Ammoniumnitrat	19
		JK	Kaliumjodid	18
		JLi	Lithiumjodid	16
		JNa	Natriumjodid	16
		K	Kalium	17
		KNO_3	Kaliumnitrat	18
		Li	Lithium	15
		$LiNO_3$	Lithiumnitrat	16
		$NNaO_2$	Natriumnitrit	17
		$NNaO_3$	Natriumnitrat	17
		Na	Natrium	16
JK	Kaliumjodid	J_2	Jod	18
JTl	Thallium-I-jodid	J_2	Jod	21
J_2	Jod	J_3P	Phosphortrijodid	12
		S	Schwefel	9
		Se	Selen	11
		Te	Tellur	11
Kr	Krypton	X	Xenon	9
N_2O_3	Distickstofftrioxid	N_2O_4	Distickstofftetroxid	11
O_2	Sauerstoff	O_3	Ozon	9

1.6.2 Register zu 1.5 — Index for 1.5

1. Komponente		2. Komponente		3. Komponente		Seite
Brutto-formel	Name	Brutto-formel	Name	Brutto-formel	Name	
$AgNO_3$		C_2H_3N	Acetonitril	C_5H_5N	Pyridin	553
		C_5H_5N	Pyridin	C_6H_7N	Anilin	553
$AlBr_3$		$AsBr_3$		Br_2Zn		546
		$AsBr_3$		Br_3Sb		546
		BrH_4N		$C_6H_5NO_2$	Nitrobenzol	550
		BrK		$C_6H_5NO_2$	Nitrobenzol	550

1. Komponente		2. Komponente		3. Komponente		Seite
Bruttoformel	Name	Bruttoformel	Name	Bruttoformel	Name	
$AlBr_3$		BrK		C_6H_6	Benzol	550
		BrK		C_7H_8	Toluol	550
		BrLi		C_2H_5Br	Äthylbromid	550
		BrLi		C_4H_8O	Tetrahydrofuran	550
		BrLi		C_6H_6	Benzol	550
		BrLi		C_7H_8	Toluol	550
		BrNa		C_6H_6	Benzol	550
		BrNa		C_7H_8	Toluol	550
		BrNa		C_8H_{10}	Xylol	550
		Br_2Cu_2		C_7H_8	Toluol	553
		Br_3Sb		Br_4Sn		546
		Br_3Sb		CBr_4	Tetrabrommethan	550
		Br_3Sb		C_2H_5Br	Äthylbromid	549
		Br_3Sb		C_6H_5Cl	Chlorbenzol	550
		Br_3Sb		$C_6H_5NO_2$	Nitrobenzol	550
		Br_3Sb		C_7H_8	Toluol	549
		Br_4Sn		$C_6H_5NO_2$	Nitrobenzol	553
		CS_2		C_6H_6	Benzol	550
		C_2H_5Br	Äthylbromid	$C_4H_{10}O$	Diäthyläther	549
		C_2H_5Br	Äthylbromid	C_6H_{12}	Cyclohexan	549
		C_3H_6O	Aceton	$C_6H_5NO_2$	Nitrobenzol	549
		C_3H_8O	Propanol	$C_6H_5NO_2$	Nitrobenzol	549
		$C_4H_{10}O$	Diäthyläther	C_6H_5Br	Brombenzol	549
		$C_4H_{10}O$	Diäthyläther	C_6H_5Cl	Chlorbenzol	549
		$C_4H_{10}O$	Diäthyläther	C_6H_6	Benzol	549
		C_5H_5N	Pyridin	$C_6H_5NO_2$	Nitrobenzol	549
		C_6H_5Br	Brombenzol	C_6H_{12}	Cyclohexan	549
		$C_6H_5NO_2$	Nitrobenzol	C_6H_6	Benzol	549
		$C_6H_5NO_2$	Nitrobenzol	ClH_4N		550
		$C_6H_5NO_2$	Nitrobenzol	ClK		550
		$C_6H_5NO_2$	Nitrobenzol	ClNa		550
		$C_6H_5NO_2$	Nitrobenzol	Cl_3Sb		549
		C_6H_6	Benzol	ClK		550
		C_6H_6	Benzol	ClLi		550
		C_6H_6	Benzol	ClNa		550
		C_6H_6	Benzol	H_2S		549
$AlCl_3$		CCl_2O		$CaCl_2$		546
		CS_2		$C_4H_{10}O$	Diäthyläther	549
		CS_2		C_7H_5ClO	Benzoylchlorid	549
		$C_4H_{10}O$	Diäthyläther	$C_6H_5NO_2$	Nitrobenzol	549
		$C_4H_{10}O$	Diäthyläther	C_6H_6	Benzol	549
		$C_6H_5NO_2$	Nitrobenzol	C_6H_6	Benzol	549
		C_6H_6	Benzol	C_7H_5ClO	Benzoylchlorid	549
		C_6H_6	Benzol	$C_8H_{11}N$	Äthylanilin	549
		C_6H_6	Benzol	$C_{13}H_{10}O$	Benzophenon	549
BBr_3		C_4H_9Br	tert. Butylbromid	C_6H_{12}	Cyclohexan	547
		C_6H_{12}	Cyclohexan	C_7H_7Br	Benzylbromid	547
BCl_3		C_2H_3N	Acetonitril	C_6H_6	Benzol	547
		C_3H_5N	Propionitril	C_6H_6	Benzol	547
		$C_4H_{10}O$	Diäthyläther	C_6H_6	Benzol	547
BKO_2		C_6H_7N	Anilin	C_7H_8	Toluol	548
BaH_2O_2		C_6H_7N	Anilin	C_7H_8	Toluol	549
$BeBr_2$		$C_4H_{10}O$	Diäthyläther	C_6H_6	Benzol	549
$BeCl_2$		$C_4H_{10}O$	Diäthyläther	C_6H_6	Benzol	548
BrH		BrNa		$C_5H_{12}O$	Isoamylalkohol	548
BrH_4N		CH_4O	Methanol	C_2H_6O	Äthanol	548
		CH_4O	Methanol	C_3H_8O	Propanol	548
		C_2H_6O	Äthanol	C_3H_8O	Propanol	548
BrJ		$CHCl_3$	Chloroform	C_6H_6	Benzol	547
		$CHCl_3$	Chloroform	C_7H_8	Toluol	547
		$CHCl_3$	Chloroform	C_8H_{10}	m-Xylol	547

1. Komponente		2. Komponente		3. Komponente		Seite
Bruttoformel	Name	Bruttoformel	Name	Bruttoformel	Name	
BrJ		C_5H_5N	Pyridin	$C_6H_5NO_2$	Nitrobenzol	547
		C_7H_8	Toluol	C_8H_{10}	m-Xylol	547
BrLi		CH_4O	Methanol	C_3H_6O	Aceton	548
BrNa		CH_4O	Methanol	C_2H_6O	Äthanol	548
		CH_4O	Methanol	C_3H_8O	Propanol	548
		C_2H_6O	Äthanol	C_3H_8O	Propanol	548
Br_2		CCl_4	Tetrachlormethan	C_2H_5NO	Acetamid	
		$C_6H_5NO_2$	Nitrobenzol (4. Komponente)			546
		$C_2H_4Cl_2$	Dichloräthan	C_2H_5NO	Acetamid	546
		C_2H_5NO	Acetamid	$C_6H_5NO_2$	Nitrobenzol	546
Br_2Hg		CH_4O	Methanol	C_2H_6O	Äthanol	551
		CH_4O	Methanol	C_3H_8O	Propanol	551
		C_2H_6O	Äthanol	C_3H_8O	Propanol	551
Br_4Sn		C_4H_9Br	tert. Butylbromid	C_6H_{12}	Cyclohexan	553
		C_6H_6	Benzol	$C_{19}H_{15}Br$	Triphenylmethylbromid	553
Br_4Ti		$C_4H_8O_2$	Äthylacetat	C_6H_6	Benzol	551
		$C_5H_{10}O_2$	Propylacetat	C_6H_6	Benzol	551
		C_6H_6	Benzol	$C_7H_{14}O_2$	Isoamylacetat	551
CCl_4	Tetrachlorkohlenstoff	$CHCl_3$	Chloroform	CH_2Cl_2	Methylenchlorid	555
	Tetrachlormethan	$CHCl_3$	Chloroform	C_2Cl_6	Perchloräthan	555
		$CHCl_3$	Chloroform	C_2HCl_5	Pentachloräthan	555
		$CHCl_3$	Chloroform	$C_2H_4O_2$	Essigsäure	556
		$CHCl_3$	Chloroform	S		547
		CH_4O	Methanol	C_6H_6	Benzol	556
		C_2Cl_6	Perchloräthan	C_2HCl_5	Pentachloräthan	555
		$C_2H_3ClO_2$	Monochloressigsäure	C_2H_6O	Äthanol	557
		$C_2H_4Br_2$	Äthylenbromid	C_7H_8	Toluol	555
		$C_2H_4O_2$	Essigsäure	C_2H_6O	Äthanol	556
		C_3H_6O	Aceton	C_6H_6	Benzol	556
		$C_6H_3N_3O_6$	1.3.5-Trinitrobenzol	C_6H_6	Benzol	559
		$C_6H_3N_3O_6$	1.3.5-Trinitrobenzol	$C_{10}H_8$	Naphthalin	559
		$C_6H_3N_3O_6$	1.3.5-Trinitrobenzol	$C_{10}H_{14}$	1.2.4.5-Tetramethylbenzol	559
		$C_6H_3N_3O_6$	1.3.5-Trinitrobenzol	$C_{12}H_{18}$	Hexamethylbenzol	559
		$C_6H_3N_3O_6$	1.3.5-Trinitrobenzol	$C_{14}H_{12}$	Stilben	559
		C_6H_5Cl	Chlorbenzol	C_6H_6	Benzol	556
		$C_6H_5NO_2$	Nitrobenzol	C_6H_6	Benzol	559
		C_6H_6	Benzol	C_6H_{14}	n-Hexan	555
		C_6H_6	Benzol	C_6H_{14}	n-Hexan	
		$C_{16}H_{34}$	n-Hexadecan (4. Komponente)			555
		C_6H_6	Benzol	$C_{16}H_{34}$	n-Hexadecan	555
		C_6H_6	Benzol	S		547
		C_6H_{14}	n-Hexan	$C_{16}H_{34}$	n-Hexadecan	555
		C_7H_8	Toluol	S		547
		C_8H_{10}	m-Xylol	S		547
		$C_{10}H_8$	Naphthalin	$C_{14}H_{10}$	Phenanthren	555
CNNaS		C_2H_6O	Äthanol	JNa		548
		C_3H_6O	Allylalkohol	JNa		548
CS_2		CH_4O	Methanol	C_3H_6O	Aceton	547
		C_3H_6O	Aceton	$C_4H_6O_3$	Essigsäureanhydrid	547
		C_6F_{14}	Perfluor-n-hexan	C_6H_{14}	n-Hexan	547
		C_6H_6	Benzol	J_2		547
		$C_{10}H_8$	Naphthalin	$C_{14}H_{10}$	Phenanthren	547
$CHBr_3$	Bromoform	CHJ_3	Jodoform	C_6H_6	Benzol	555
		CHJ_3	Jodoform	C_8H_{10}	Xylol	555
$CHCl_3$	Chloroform	CH_3NO_2	Nitromethan	C_6H_6	Benzol	558
		CH_3O	Methanol	$C_4H_8O_2$	Äthylacetat	557
		C_3H_6O	Aceton	C_4H_8O	Methyläthylketon	557
		C_3H_6O	Aceton	C_6H_6	Benzol	556

1. Komponente		2. Komponente		3. Komponente		Seite
Bruttoformel	Name	Bruttoformel	Name	Bruttoformel	Name	
$CHCl_3$	Chloroform	C_3H_6O	Aceton	$C_6H_{12}O$	Methylisobutylketon	575
		$C_3H_6O_2$	Methylacetat	C_6H_6	Benzol	556
		C_6H_6	Benzol	$C_6H_{14}O$	Di-isopropyläther	557
		C_6H_6	Benzol	$C_6H_{15}N$	Triäthylamin	558
CH_3J	Methyljodid	C_2H_5J	Äthyljodid	C_6H_6	Benzol	555
		C_2H_5J	Äthyljodid	C_8H_{10}	Xylol	555
CH_3NO	Formamid	C_2H_6O	Äthanol	$C_8H_{20}JN$	Tetraäthylammoniumjodid	558
		C_2H_6O	Äthanol	CaN_2O_6		549
		C_2H_6O	Äthanol	JRb		548
		C_2H_6O	Äthanol	$LiNO_3$		548
		C_3H_6O	Aceton	C_6H_6	Benzol	558
CH_3NO_2	Nitromethan	C_6H_6	Benzol	C_6H_{12}	Cyclohexan	558
CH_4O	Methanol	CH_5NO_2	Ammoniumformiat	C_3H_7NO	Dimethylformamid	558
		C_2HgN_2		C_2H_6O	Äthanol	552
		C_2HgN_2		C_3H_8O	Propanol	552
		$C_2HCl_3O_2$	Trichloressigsäure	$C_5H_{11}N$	Piperidin	558
		$C_2HCl_3O_2$	Trichloressigsäure	C_6H_7N	Anilin	558
		$C_2HCl_3O_2$	Trichloressigsäure	C_7H_9N	p-Toluidin	558
		$C_2H_2Cl_2 \cdot O_2$	Dichloressigsäure	$C_5H_{11}N$	Piperidin	558
		$C_2H_2Cl_2 \cdot O_2$	Dichloressigsäure	C_6H_7N	Anilin	558
		$C_2H_2Cl_2 \cdot O_2$	Dichloressigsäure	C_7H_9N	p-Toluidin	558
		C_2H_6O	Äthanol	$C_3H_8O_3$	Glycerin	556
		C_2H_6O	Äthanol	ClH_4N		548
		C_2H_6O	Äthanol	Cl_2Hg		551
		C_2H_6O	Äthanol	HgJ_2		551
		C_2H_6O	Äthanol	JK		548
		C_2H_6O	Äthanol	JNa		548
		C_3H_6O	Aceton	$C_3H_6O_2$	Methylacetat	556
		C_3H_6O	Aceton	CaN_2O_6		549
		C_3H_8O	Propanol	ClH_4N		548
		C_3H_8O	Propanol	Cl_2Hg		551
		C_3H_8O	Propanol	HgJ_2		551
		C_3H_8O	Propanol	JK		548
		C_3H_8O	Propanol	JNa		548
		C_5H_8	Isopren	C_5H_{10}	Trimethyläthylen	556
		C_5H_8	Isopren	C_5H_{12}	Isopentan	556
		$C_5H_{11}N$	Piperidin	$C_6H_3N_3O_7$	Pikrinsäure	559
		$C_5H_{11}N$	Piperidin	$C_7H_4N_2O_6$	1.2.4-Dinitrobenzoesäure	559
		$C_5H_{11}N$	Piperidin	$C_7H_6O_2$	Benzoesäure	558
		$C_5H_{11}N$	Piperidin	$C_7H_6O_3$	Salicylsäure	558
		$C_5H_{11}N$	Piperidin	ClH		546
		$C_6H_3N_3O_7$	Pikrinsäure	C_6H_7N	Anilin	559
		$C_6H_3N_3O_7$	Pikrinsäure	C_7H_9N	p-Toluidin	559
		C_6H_5Cl	Chlorbenzol	C_6H_{14}	Hexan	556
		C_6H_6	Benzol	$C_{16}H_{36} \cdot BrN$	Tetrabutylammoniumbromid	558
		C_6H_6	Benzol	$C_{32}H_{38} \cdot N_4O_7$	Tetrabutylammoniumpikrat	559
		C_6H_7N	Anilin	$C_7H_4N_2 \cdot O_6$	1.2.4-Dinitrobenzoesäure	559
		C_6H_7N	Anilin	$C_7H_6O_2$	Benzoesäure	558
		C_6H_7N	Anilin	$C_7H_6O_3$	Salicylsäure	558
		C_6H_7N	Anilin	ClH		546
		$C_7H_4N_2O_6$	1.2.4-Dinitrobenzoesäure	C_7H_9N	p-Toluidin	559

1. Komponente Bruttoformel	Name	2. Komponente Bruttoformel	Name	3. Komponente Bruttoformel	Name	Seite
CH_4O	Methanol	$C_7H_6O_2$	Benzoesäure	C_7H_9N	p-Toluidin	558
		$C_7H_6O_3$	Salicylsäure	C_7H_9N	p-Toluidin	558
		C_7H_9N	p-Toluidin	ClH		546
		ClH_4N		Cl_2Zn		551
		$ClLi$		Cl_2Mn		553
		$ClLi$		Cl_2Zn		551
		JK		J_2		548
C_2HgN_2		C_2H_6O	Äthanol	C_3H_8O	Propanol	552
C_2HCl_3O	Chloral	C_2H_6O	Äthanol	C_6H_6	Benzol	557
$C_2HCl_3O_2$	Trichloressigsäure	C_2H_6O	Äthanol	$C_5H_{11}N$	Piperidin	558
		C_2H_6O	Äthanol	C_6H_7N	Anilin	558
		C_2H_6O	Äthanol	C_7H_9N	p-Toluidin	558
		C_6H_6	Benzol	Cl_4Sn		552
		$C_7H_6O_2$	Benzoesäure	Cl_4Sn		552
$C_2H_2Br_4$	Tetrabromäthan	C_7H_5N	Benzoesäurenitril	Cl_4Sn		552
$C_2H_2Cl_2O_2$	Dichloressigsäure	C_2H_6O	Äthanol	$C_5H_{11}N$	Piperidin	558
		C_2H_6O	Äthanol	C_6H_7N	Anilin	558
		C_2H_6O	Äthanol	C_7H_9N	p-Toluidin	558
$C_2H_3ClO_2$	Chloressigsäure	C_6H_6	Benzol	Cl_4Sn		552
C_2H_3N	Acetonitril	C_2H_5NO	Acetamid	J_2		547
		C_5H_5N	Pyridin	J_2		547
		C_6H_{14}	Hexan	$C_{17}H_{34}O_2$	Methylpalmitat	557
		C_6H_{14}	Hexan	$C_{17}H_{34}O_2$	Methylpalmitat	
		$C_{19}H_{36}O_2$	Methyloleat (4. Komponente)			557
		C_6H_{14}	Hexan	$C_{19}H_{36}O_2$	Methyloleat	557
		$C_{17}H_{34}O_2$	Methylpalmitat	$C_{19}H_{36}O_2$	Methyloleat	557
$C_2H_3 \cdot NaO_2$	Natriumacetat	$C_2H_4O_2$	Essigsäure	$C_4H_6O_4 \cdot Pb$	Bleiacetat	556
$C_2H_4Br_2$	Äthylenbromid	$C_6H_5NO_2$	Nitrobenzol	$C_8H_{14}O_6$	Äthyltartrat	559
		$C_8H_{14}O_6$	Äthyltartrat	C_9H_7N	Chinolin	558
$C_2H_4Cl_2$	Dichloräthan	C_2H_5NO	Acetamid	Br_2		546
		C_3H_6O	Aceton	C_6H_6	Benzol	556
$C_2H_4O_2$	Essigsäure	$C_3H_8O_3$	Glycerin	$C_4H_{10}O$	Diäthyläther	557
		$C_4H_8O_2$	Buttersäure	$ClLi$		547
		C_5H_5N	Pyridin	C_6H_6	Benzol	538
		$C_6H_5NO_2$	Nitrobenzol	Cl_4Sn		552
		C_6H_6	Benzol	C_6H_7N	Anilin	558
		C_6H_6	Benzol	Cl_4Sn		552
		$C_6H_{12}O_2$	Capronsäure	$ClLi$		547
		$C_7H_6O_2$	Benzoesäure	Cl_4Sn		552
$C_2H_5Cl_3 \cdot OSi$	Trichlormonoäthoxysilicium	C_6H_6	Benzol	Cl_4Sn		552
C_2H_5NO	Acetamid	$H_4N_2O_3$		$LiNO_3$		548
C_2H_6O	Äthanol	C_3H_6O	Aceton	$C_4H_{10}O$	Butanol	556
		C_3H_6O	Aceton	$C_{13}H_{10}O$	Benzophenon	557
		C_3H_6O	Aceton	CaN_2O_6		549
		C_3H_8O	Propanol	ClH_4N		548
		C_3H_8O	Propanol	Cl_2Hg		551
		C_3H_8O	Propanol	HgJ_2		552
		C_3H_8O	Propanol	JK		548
		C_3H_8O	Propanol	JNa		548
		$C_5H_{11}N$	Piperidin	$C_6H_3N_3O_7$	Pikrinsäure	559
		$C_5H_{11}N$	Piperidin	$C_7H_4N_2O_6$	1.2.4-Dinitrobenzoesäure	559
		$C_5H_{11}N$	Piperidin	$C_7H_6O_2$	Benzoesäure	558
		$C_5H_{11}N$	Piperidin	$C_7H_6O_3$	Salicylsäure	558
		$C_5H_{11}N$	Piperidin	ClH		546
		$C_6H_3N_3O_7$	Pikrinsäure	C_6H_7N	Anilin	559
		$C_6H_3N_3O_7$	Pikrinsäure	C_7H_9N	p-Toluidin	559
		$C_6H_3N_3O_7$	Pikrinsäure	$C_{14}H_{10}$	Phenanthren	559
		C_6H_6	Benzol	Cl_4Sn		552

1. Komponente		2. Komponente		3. Komponente		Seite
Bruttoformel	Name	Bruttoformel	Name	Bruttoformel	Name	
C_2H_6O	Äthanol	C_6H_7N	Anilin	$C_7H_4N_2O_6$	1.2.4-Dinitrobenzoesäure	559
		C_6H_7N	Anilin	$C_7H_6O_2$	Benzoesäure	558
		C_6H_7N	Anilin	$C_7H_6O_3$	Salicylsäure	558
		C_6H_7N	Anilin	ClH		546
		$C_7H_4N_2O_6$	1.2.4-Dinitrobenzoesäure	C_7H_9N	p-Toluidin	559
		$C_7H_6O_2$	Benzoesäure	C_7H_9N	p-Toluidin	558
		$C_7H_6O_3$	Salicylsäure	C_7H_9N	p-Toluidin	558
		C_7H_8	Toluol	Cl_2Cu		553
		C_7H_9N	p-Toluidin	ClH		546
		$ClLiO_4$		JNa		548
		JK		JNa		548
		JK		J_2Mg		549
		JLi		JNa		548
C_2H_6OS	Dimethylsulfoxid	C_4H_9NO	N.N-Dimethylacetamid	H_3NO_3S	Sulfaminsäure	547
$C_2H_6O_4S$	Dimethylsulfat	C_6H_6	Benzol	C_7H_{16}	Heptan	557
		C_7H_8	Toluol	C_7H_{16}	Heptan	557
C_3H_6O	Aceton	$C_4H_{10}O$	Diäthyläther	C_6H_6	Benzol	557
		C_5H_8	Isopren	C_5H_{10}	Trimethyläthylen	556
		C_5H_8	Isopren	C_5H_{12}	Isopentan	556
		C_6H_5Cl	Chlorbenzol	C_6H_6	Benzol	556
		C_6H_6	Benzol	$C_{13}H_{10}O$	Benzophenon	557
		$C_{10}H_8$	Naphthalin	$C_{14}H_{10}$	Phenanthren	556
		ClLi		Cl_2Co		553
C_3H_6O	Allylalkohol	JK		JNa		548
$C_3H_6O_2$	Äthylformiat	C_6H_6	Benzol	Cl_4Zr		551
$C_3H_6O_2$	Methylacetat	C_6H_6	Benzol	C_6H_{12}	Cyclohexan	556
$C_3H_6O_2$	Propionsäure	$C_5H_{11}N$	Piperidin	C_6H_6	Benzol	558
C_3H_8O	Propanol(1)	C_6H_6	Benzol	Cl_4Sn		552
$C_3H_8O_3$	Glycerin	$C_4H_{10}O$	n-Butanol	JK		548
C_4H_8O	Methyläthylketon	C_6H_6	Benzol	C_6H_{12}	Cyclohexan	557
$C_4H_8O_2$	Äthylacetat	$C_4H_{10}O$	Butanol	C_7H_8	Toluol	557
		C_6H_6	Benzol	Cl_4Ti		550
		C_6H_6	Benzol	Cl_4Zr		551
		C_6H_6	Benzol	J_4Ti		551
$C_4H_8O_2$	Buttersäure	$C_6H_{12}O_2$	Capronsäure	ClLi		547
$C_4H_8O_2$	Dioxan	C_6H_{12}	Cyclohexan	J_2		546
		$C_6H_{15}N$	Triäthylamin	J_2		547
		$C_8H_{17}NO_2$	Capronsäure-monoäthanolamid	Cl_4Sn		552
		$C_{10}H_{21}\cdot NO_3$	Capronsäurediäthanolamid	Cl_4Sn		552
$C_4H_8O_2$	Isopropylformiat	C_6H_6	Benzol	Cl_4Zr		551
C_4H_9Br	2-Brombutan	C_6H_{14}	n-Hexan	$C_{14}H_{30}$	n-Tetradecan	555
		C_6H_{14}	n-Hexan	$C_{14}H_{30}$	n-Tetradecan	
		$C_{16}H_{34}$	n-Hexadecan (4. Komponente)			556
		C_6H_{14}	n-Hexan	$C_{16}H_{34}$	n-Hexadecan	555
		$C_{14}H_{30}$	n-Tetradecan	$C_{16}H_{34}$	n-Hexadecan	556
C_4H_{10}	Butan	C_6H_6	Benzol	C_6H_{12}	Cyclohexan	555
$C_4H_{10}Cl_2\cdot O_2Si$	Dichlordiäthoxysilicium	C_6H_6	Benzol	Cl_4Sn		552
$C_4H_{10}O$	n-Butanol	C_6H_6	Benzol	$C_6H_{12}O_2$	Butylacetat	557
		C_6H_6	Benzol	Cl_4Sn		552
$C_4H_{10}O$	Diäthyläther	$C_6H_5NO_2$	Nitrobenzol	C_6H_6	Benzol	559
C_5H_5N	Pyridin	$C_6H_5NO_2$	Nitrobenzol	J_2		547
$C_5H_{10}O_2$	Propylacetat	C_6H_6	Benzol	Cl_4Zr		551
$C_5H_{12}O$	n-Pentanol	C_6H_6	Benzol	Cl_4Sn		552
C_6F_{14}	Perfluor-n-hexan	C_6H_6	Benzol	C_6H_{14}	n-Hexan	556

1. Komponente		2. Komponente		3. Komponente		Seite
Bruttoformel	Name	Bruttoformel	Name	Bruttoformel	Name	
$C_6H_3 \cdot N_3O_6$	1.3.5-Trinitrobenzol	$C_6H_5NO_2$	Nitrobenzol	$C_{10}H_8$	Naphthalin	559
$C_6H_4N_2O_4$	m-Dinitrobenzol	$C_6H_5NO_2$	Nitrobenzol	$C_{10}H_8$	Naphthalin	559
		C_7H_8	Toluol	$C_{10}H_8$	Naphthalin	559
C_6H_5Br	Brombenzol	C_6H_5Cl	Chlorbenzol	C_7H_8	Toluol	556
$C_6H_5NO_2$	Nitrobenzol	C_6H_6	Benzol	$C_{10}H_8$	Naphthalin	559
		C_6H_6	Benzol	$C_{16}H_{36} \cdot BrN$	Tetrabutylammoniumbromid	559
		$C_7H_6O_2$	Benzoesäure	Cl_4Sn		552
C_6H_6	Benzol	C_6H_{12}	Cyclohexan	C_7H_{16}	n-Heptan	555
		$C_6H_{12}O_2$	Äthylbutyrat	Cl_4Zr		551
		$C_6H_{12}O_2$	Isobutylacetat	Cl_4Zr		551
		C_6H_{14}	n-Hexan	$C_{16}H_{34}$	n-Hexadecan	555
		$C_6H_{15}Cl \cdot O_3Si$	Monochlortriäthoxysilicium	Cl_4Sn		552
		$C_7H_5N_3O_6$	Trinitrotoluol	$C_{10}H_8$	Naphthalin	559
		$C_7H_6O_2$	Benzoesäure	Cl_4Sn		552
		$C_7H_{14}O_2$	Isoamylacetat	J_4Ti		551
		C_8H_{10}	m-Xylol	S		547
		$C_8H_{20}O_4 \cdot Si$	Tetraäthoxysilicium	Cl_4Sn		552
		$C_8H_{20}Pb$	Bleitetraäthyl	Cl_4Ti		551
		$C_8H_{20}Si$	Siliciumtetraäthyl	Cl_4Ti		551
		$C_8H_{20}Sn$	Zinntetraäthyl	Cl_4Ti		551
		$C_9H_{10}O_2$	Benzylacetat	Cl_4Zr		551
		$C_{10}H_8$	Naphthalin	$C_{14}H_{10}$	Phenanthren	555
		$C_{16}H_{36} \cdot O_4Ti$	Tetrabutoxytitan	Cl_4Sn		552
C_6H_6O	Phenol	C_7H_8O	m-Kresol	C_7H_8O	o-Kresol	557
		C_7H_8O	m-Kresol	C_7H_8O	p-Kresol	557
		C_9H_{10}	α-Methylstyrol	C_9H_{12}	Isopropylbenzol	557
C_6H_7N	Anilin	C_7H_8	Toluol	CaH_2O_2		549
		C_7H_8	Toluol	H_2O_2Sr		549
		C_7H_8	Toluol	K_2O_4S		548
$C_6H_8N_2$	m-Phenylendiamin	$C_7H_6O_2$	Benzoesäure	$C_7H_6O_3$	Salicylsäure	558
C_6H_{14}	n-Hexan	$C_7H_{12}O$	4-Methylcyclohexanon	$C_{14}H_{30}$	n-Tetradecan	
		$C_{16}H_{34}$	n-Hexadecan (4. Komponente)			557
		$C_7H_{12}O$	4-Methylcyclohexanon	$C_{14}H_{30}$	n-Tetradecan	557
		$C_7H_{12}O$	4-Methylcyclohexanon	$C_{16}H_{34}$	n-Hexadecan	557
		$C_{14}H_{30}$	n-Tetradecan	$C_{16}H_{34}$	n-Hexadecan	555
C_7H_8	Toluol	C_8H_{16}	Äthylcyclohexan	C_8H_{18}	n-Octan	555
		$C_{10}H_8$	Naphthalin	$C_{14}H_{10}$	Phenanthren	555
C_7H_8O	Benzylalkohol	JK		JNa		548
$C_7H_{12}O$	4-Methylcyclohexanon	$C_{14}H_{30}$	n-Tetradecan	$C_{16}H_{34}$	n-Hexadecan	557
ClH_4N		ClNa		H_3N		546
FH		FK		FLi		546
HNO_3		H_2O_4S		O_3S		546

2 Dichten ternärer und polynärer wässeriger Systeme — Densities of ternary and polynary aqueous systems

2.1 Einleitung — Introduction

2.1.1 Ternäre Systeme mit Wasser — Ternary systems containing water

Die folgenden Tabellen 2.2.1, 2.3.1 und 2.4.1 enthalten Angaben über die Dichten (oder das spezifische Gewicht) ternärer Systeme, bei denen eine Komponente Wasser ist. Der Eingang in die Tabellen ist ähnlich wie bei den binären Systemen in Kapitel 1 mit zwei variablen Komponenten X_1 und X_2. Es wird zwar beim Eingang jeder Einzeltabelle auch das Wasser der Vollständigkeit halber aufgeführt, da es aber betreffs der Anordnung der Einzeltabellen keine Rolle spielt, ist es stets an letzter Stelle genannt.

Kapitel 2 ist ebenso aufgeteilt wie Kapitel 1:

2.2. Systeme mit zwei anorganischen Komponenten und Wasser,
2.3 Systeme mit einer anorganischen und einer organischen Komponente und Wasser,
2.4 Systeme mit zwei organischen Komponenten und Wasser.

The following tables 2.2.1, 2.3.1 and 2.4.1 show data on densities (or specific gravities) of ternary systems with one of the components being water. Thus the input into the tables has two variable components X_1 and X_2 similar to the binary systems. For the sake of thoroughness the water is listed in the input of each table. However, since it has no bearing on the arrangement of the tables it is always listed last.

Chapter 2 is subdivided in the same way as chapter 1:

2.2 Systems of two inorganic components besides water,
2.3 Systems of one inorganic and one organic component besides water,
2.4 Systems of two organic components besides water.

Die Anordnung der Systeme in den Tabellen — Arrangement of the systems in the tables

In der Tabelle 2.2, Systeme mit zwei anorganischen Verbindungen und Wasser, folgen die Systeme in alphabetischer Reihenfolge der alphabetisch geordneten Komponenten aufeinander. Die Komponenten selbst sind alphabetisch nach ihren chemischen Formeln geordnet, wobei das oder die Kationen in der Formel an erster Stelle stehen und die zentralen Anionen folgen. Die hier als zentrale Anionen bezeichneten Elemente sind: B, Br, C, Cl, J, N, S. — Beispiel: Wenn das chemische Symbol des bestimmenden Elements der ersten anorganischen Verbindung mit A beginnt (z. B. $AgNO_3$), sind alle Verbindungen, die mit ihr zusammen vorkommen, alphabetisch in entsprechender alphabetischer Reihenfolge (z. B. $AlCl_3$ — NaCl — $ZnSO_4$) als zweite Komponente aufgeführt.

In der Tabelle 2.3, Systeme mit einer anorganischen und einer organischen Komponente und Wasser, ist die alphabetisch geordnete anorganische Komponente vorangestellt und ihre Reihenfolge wie in 2.2 bestimmt. Danach sind alle organischen Verbindungen als zweite Komponente aufgeführt, die mit dieser anorganischen Verbindung in den Tabellen vorkommen. Die organischen Komponenten sind dabei nach dem Hillschen System geordnet (J. Am. Chem. Soc. *22* (1900) 78), d. h. nach der Anzahl der C-Atome, Anzahl der H-Atome und alphabetischer Reihenfolge der chemischen Symbole der weiteren Elemente.

In der Tabelle 2.4, Systeme mit zwei organischen Komponenten und Wasser, sind die Verbindungen ebenfalls nach dem Hillschen System angeordnet,

In table 2.2, systems of two inorganic components besides water, the systems are arranged in alphabetical order of the alphabetically ordered components. The components themselves are arranged alphabetically according to the chemical symbols of their formulae with priority for the cations followed by the central anions. The elements termed the central anions are: B, Br, C, Cl, I, N, S. — For example: When the decisive element symbol of the first inorganic compound starts with A (e.g. $AgNO_3$) then all the inorganic compounds respectively follow in alphabetical order (e.g. $AlCl_3$ — NaCl — $ZnSO_4$) as second component.

In table 2.3, systems of one inorganic and one organic component besides water, the alphabetized inorganic component is listed first in the same order as in 2.2; all those organic compounds found in the tables together with this inorganic compound are listed secondly. The organic components are arranged by Hill's system (J. Am. Chem. Soc. *22* (1900) 78) i.e. by the number of C atoms, number of H atoms and by alphabetical order of the chemical symbols for the other elements.

In table 2.4, systems of two organic components besides water, the compounds are arranged by Hill's system and again all those organic compounds

wobei wieder alle die organischen Verbindungen an zweiter Stelle genannt sind, die mit der an erster Stelle aufgeführten organischen Verbindung in der Tabelle vorkommen.

are listed in the second place which appear with the first listed organic compound in the table.

Anordnung der Information — Arrangement of information

In den meisten Fällen werden nur Literaturzitate angegeben. Zahlenangaben sind im wesentlichen dann gemacht, wenn ein ternäres System in einem größeren Gebiet untersucht wurde oder das System auch in einem beschränkten Bereich ein gewisses Interesse beanspruchen kann (z. B. Lösungen mit der ungefähren Zusammensetzung des Meerwassers).

Die Zahlenangaben für ein System sind in Einzeltabellen mit einem eigenen Tabellenkopf aufgeführt. In der Regel steht in der ersten Spalte die Dichte (spezifisches Gewicht) und in den folgenden Spalten sind die zugehörigen Konzentrationen der beiden ersten Komponenten [(X_1) bzw. (X_2)] gelegentlich auch die H_2O-Konzentrationen angegeben.

Das Literaturzitat ist durch Abkürzungen gegeben, wobei der Anfangsbuchstabe des ersten Autors und eine Laufzahl für die Abkürzung gewählt wurde. Jede der drei Tabellen 2.2, 2.3, 2.4 besitzt ein eigenes Literaturverzeichnis, das den Tabellen jeweils nachfolgt. Die Literatur wurde bis Ende 1971 erfaßt.

Als Konzentrationsangaben wurden benutzt: Gew.-%, Mol-%, Vol.-%, Molarität M, Molalität m, Normalität n, g/l, mol/l, Val/l. Betreffs der Umrechnungen dieser Konzentrationsangaben ineinander s. 1.1.3, S. 3f.

Die Dichte ist in den meisten Fällen relativ zur Dichte des Wassers bei einer Normtemperatur angegeben und in den Einzeltabellen dementsprechend bezeichnet:

$D_t^{\vartheta}(X)$ = relative Dichte (spez. Gewicht) von X

$$= \frac{\varrho(X \text{ bei } \vartheta\,°C)}{\varrho(H_2O \text{ bei } t\,°C)},$$

$$D_4^{\vartheta}(X) = \frac{\varrho(X \text{ bei } \vartheta\,°C)}{\varrho(H_2O \text{ bei } 4\,°C)}$$ numerisch gleich (4 Dezimalen) $\varrho(X \text{ bei } \vartheta\,°C)$ [g/cm³],

$\varrho^{\vartheta}(X)$ = absolute Dichte von X bei ϑ °C; $\varrho(H_2O$ bei 4 °C) = 1,0000 g/cm³.

D^{ϑ} (ohne unteren Index): aus der Literatur war nicht zu entnehmen, welche Bezugstemperatur für Wasser gewählt war. Die Zahlen vermitteln dann aber immer noch eindeutig den Gang mit den Konzentrationen.

Da es manchmal für den Benutzer von Bedeutung ist, die Dichteangaben auf g/cm³ oder auf D_4 umzurechnen, ist eine Dichtetabelle des Wassers für das Temperaturintervall $0 \leqq \vartheta \leqq 45$ °C unter 2.1.3 vorangestellt.

In most cases references are only given. Numerical values are listed whenever research in a ternary system within a more extensive field was done or part of the system posed a special interest, as e.g. solutions similar to ocean water.

The numerical values for a particular system are listed in a subtable with its own heading. The density (specific gravity) is stated in the first column followed by the concentrations of the first two components [(X_1 resp. (X_2)]. Sometimes values of H_2O concentrations are also given. The original literature is given by abbreviations using the first letter of the first author and a running number. Each of the three tables 2.2, 2.3, 2.4 has its own index of references. The literature is up to and includes 1971.

Quantities used for concentrations: Gew.-%, Mol-%, Vol.-%, molarity M, molality m, normality n, mole/l, Val/l, g/l. For conversion of quantities for concentrations see 1.1.3, page 3f.

In most cases the density given is related to the density of water at standard temperature and marked in the tables accordingly.

$D_t^{\vartheta}(X)$ = relative density (specific gravity) of X

$$= \frac{\varrho(X \text{ at } \vartheta\,°C)}{\varrho(H_2O \text{ at } t\,°C)},$$

$$D_4^{\vartheta}(X) = \frac{\varrho(X \text{ at } \vartheta\,°C)}{\varrho(H_2O \text{ at } 4\,°C)};$$ numerically equal to $\varrho(X \text{ at } \vartheta\,°C)$ [g/cm³],

$\varrho^{\vartheta}(X)$ = absolute density of X at ϑ °C; $\varrho(H_2O$ at 4 °C) = 1,0000 g/cm³.

D^{ϑ}: the reference temperature chosen for water could not be found in the literature, but the numerical values still show clearly the variation with the concentrations.

A table for densities of water at $0 \leqq \vartheta \leqq 45$ °C is given in 2.1.3 to facilitate the conversion of densities to g/cm³ or D_4.

2.1.2 Polynäre Systeme mit Wasser — Polynary systems contayning water

Den Tabellen der ternären wässerigen Systeme sind jeweils einige wenige polynäre Systeme mit Wasser und mehreren anorganischen und/oder

A few polynary systems of several inorganic and/or organic components besides water are added to each table for ternary aqueous systems. The

organischen Komponenten angefügt. Die Anordnung und Bezeichnung sind analog wie bei den ternären Systemen. Nur in Ausnahmefällen sind Zahlenangaben gemacht. In der Regel findet der Benutzer lediglich Literaturhinweise.

Die Literatur ist mit der Literatur der ternären Systeme zusammengefaßt.

arrangement and notations are analogous to those for ternary systems.

Numerical values are only given for special cases. Usually the reader will find only references.

The literature is combined with the literature for ternary systems.

2.1.3 Dichte ϱ und relative Dichte *D* von reinem Wasser als Funktion der Temperatur $0 \leqq \vartheta \leqq 45\,°C$ bei Normaldruck — Density ϱ and relative density *D* of pure water as a function of temperature $0 \leqq \vartheta \leqq 45\,°C$

Umrechnung / Conversion:

$$D_t^{\vartheta}(X) = D_4^{\vartheta}(X) \;/\; D_4^{t}\,H_2O$$

ϑ [°C]	ϱ [g/cm³]	D_4^{ϑ}
0	0,999840	0,999868
1	0,999899	0,999927
2	0,999940	0,999968
3	0,999964	0,999992
4	0,999972	1,0000
5	0,999964	0,999992
6	0,999940	0,999968
7	0,999902	0,999930
8	0,999849	0,999877
9	0,999781	0,999809
10	0,999700	0,999728
11	0,999606	0,999634
12	0,999498	0,999526
13	0,999378	0,999406
14	0,999245	0,999273
15	0,999101	0,999129

ϑ [°C]	ϱ [g/cm³]	D_4^{ϑ}
16	0,998944	0,998972
17	0,998776	0,998804
18	0,998597	0,998625
19	0,998407	0,998435
20	0,998206	0,998234
21	0,997994	0,998022
22	0,997772	0,997800
23	0,997540	0,997568
24	0,997299	0,997327
25	0,997047	0,997075
26	0,996786	0,996814
27	0,996516	0,996544
28	0,996236	0,996264
29	0,995948	0,995976
30	0,995650	0,995678

ϑ [°C]	ϱ [g/cm³]	D_4^{ϑ}
31	0,995344	0,995372
32	0,995030	0,995058
33	0,994706	0,994734
34	0,994375	0,994403
35	0,994036	0,994064
36	0,993688	0,993716
37	0,993332	0,993360
38	0,992969	0,992997
39	0,992598	0,992626
40	0,992219	0,992247
41	0,991183	0,991858
42	0,99144	0,991468
43	0,99104	0,991068
44	0,99033	0,990358
45	0,99022	0,990248

2.2 Anorganisch-anorganische Systeme mit Wasser — Inorganic-inorganic systems containing water

2.2.1 Ternäre Systeme: anorganische Komponenten A, B und Wasser — Ternary systems: inorganic components A, B, and water

$AgBr-HBr-H_2O$ *[E15]*
$AgBr-NH_3-H_2O$ *[B33]*
$AgBrO_3-Ba(NO_3)_2-H_2O$ *[D1]*
$AgBrO_3-CdSO_4-H_2O$ *[D1]*
$AgBrO_3-Ce(NO_3)_3-H_2O$ *[D1]*
$AgBrO_3-KClO_4-H_2O$ *[D1]*
$AgBrO_3-KNO_3-H_2O$ *[D1]*
$AgBrO_3-K_2SO_4-H_2O$ *[D1]*
$AgBrO_3-Mg(NO_3)_2-H_2O$ *[D1]*
$AgBrO_3-MgSO_4-H_2O$ *[D1]*
$AgBrO_3-NaBrO_3-H_2O$ *[R13]*
$AgBrO_3-Na_2SO_4-H_2O$ *[D1]*
$AgCl-HCl-H_2O$ *[E16]*
$AgCl-NH_3-H_2O$ *[B33]*
$AgClO_3-NaClO_3-H_2O$ *[R23]*
$AgClO_4-HClO_4-H_2O$ *[E2, S32]*
$AgJ-HJ-H_2O$ *[E15]*
$AgJO_3-HJO_3-H_2O$ *[R14]*
$AgJO_3-HNO_3-H_2O$ *[H26, H27]*
$AlK(SO_4)_2-AlTl(SO_4)_2-H_2O$ *[F10]*
$AgNO_3-Ag_2SO_4-H_2O$ *[H5]*

$AgNO_3\ (X_1)-HNO_3\ (X_2)-H_2O$ *(I5, M5]*

D_4^{30}	X_1; [Mol/l]	X_2; [Mol/l]
2,3921	10,31	0,0
2,2754	9,36	0,4042
2,1243	8,08	0,962
1,9402	6,54	1,698
1,7052	4,526	2,834
1,4980	2,590	4,497
1,4195	1,698	5,992
1,3818	0,843	8,84
1,3976	0,347	12,53

$AgNO_3-KCN-H_2O$ [*R 28*]
$AgNO_3$ der Konz. 169,97 g/1000 cm³ H_2O und KCN der Konz. 195,57/3000 cm³ H_2O
Dichte bei 25 °C D^{25} = 1,0546 für 4000 cm³ Mischung
$AgNO_3$ (X_1)$-LiNO_3$ (X_2)$-H_2O$ [*R 28, C 11 a*]
D^{25} = 1,0797; X_1: 169,97 g/1000 cm³ H_2O; X_2: 69,07 g/1000 cm³ H_2O für 2000 cm³ Mischung
$AgNO_3-NH_4NO_3-H_2O$ [*C 11 a*]
$AgNO_3-TlNO_3-H_2O$ [*B 30 a*]
$Ag_2SO_4-CaSO_4-H_2O$ [*E 18*]
$Ag_2SO_4-Cs_2SO_4-H_2O$ [*D 9*]

Ag_2SO_4 (X_1)$-HNO_3$ (X_2)$-H_2O$ [*H 26, H 27*]

D^{25}	X_1; [Val/l]	X_2; [Val/l]
1,061	0,2186	1,002
1,1069	0,3142	2,014
1,1956	0,4695	4,144

$Ag_2SO_4-KNO_3-H_2O$ [*H 5*]
$Ag_2SO_4-K_2SO_4-H_2O$ [*H 5, S 29*]
$Ag_2SO_4-Li_2SO_4-H_2O$ [*S 29*]
$Ag_2SO_4-Mg(NO_3)_2-H_2O$ [*H 5*]
$Ag_2SO_4-MgSO_4-H_2O$ [*H 5*]
$Ag_2SO_4-(NH_4)_2SO_4-H_2O$ [*S 29*]
$Ag_2SO_4-Na_2SO_4-H_2O$ [*S 29*]
$Ag_2SO_4-Rb_2SO_4-H_2O$ [*D 9*]
$AlCl_3-Fe(NH_4)(SO_4)_2-H_2O$ [*D 2*]
$AlCl_3-HCl-H_2O$ [*S 19*]
$AlCl_3-H_2SO_3-H_2O$ [*T 8*]
$AlCl_3-HgCl_2-H_2O$ [*T 9*]

$AlCl_3$ (X_1)$-KCl$ (X_2)$-H_2O$ [*T 13*]

D^{20}	X_1; n =	X_2; n =
1,0067	0,069	0,1
1,0809	0,945	1,0

$AlK(SO_4)_2-KCl-H_2O$ [*D 2*]
$Al(NO_3)_3-Fe(NO_3)_3-H_2O$ [*Z 1*]
$Al(NO_3)_3-HNO_3-H_2O$ [*M 13*]
$Al_2(NO_3)_3-KNO_3-H_2O$ [*S 4*]
$Al(NO_3)_3-NaNO_3-H_2O$ [*S 4*]
$Al_2O_3-Al_2(SO_4)_3-H_2O$ [*G 11*]
$Al_2O_3-K_2O-H_2O$ [*M 3c*]
$Al_2O_3-Na_2O-H_2O$ [*P 1 a*]
$Al_2O_3-NaOH-H_2O$ [*R 36 a, T 12 a*]
$Al_2(SO_4)_3-Cs_2SO_4-H_2O$ [*C 24 a*]
$Al_2(SO_4)_3-H_2SO_4-H_2O$ [*H 37, M 3*]
$Al_2(SO_4)_3$ (X_1)$-K_2SO_4$ (X_2)$-H_2O$ [*R 28, C 24 a*]
D^{25} = 1,0466; X_1: 68,475 g/1000 cm³ H_2O; X_2: 34,872 g/1000 cm³ H_2O
$Al_2(SO_4)_3-Li_2SO_4-H_2O$ [*S 22 b*]
$Al_2(SO_4)_3$ (X_1)$-(NH_4)_2SO_4$ (X_2)$-H_2O$ [*K 1, R 28*]
D^{25} = 1,0407; X_1: 68,475 g/1000 cm³ H_2O;
X_2: 26,44 g/1000 cm³ H_2O für 2000 cm³ Mischung.

$Al_2(SO_4)_3$ (X_1)$-Na_2SO_4$ (X_2)$-H_2O$ [*K 1*]

D^{25}	X_1; [Val/l]	X_2; [Val/l]
1,0294	0,25	0,25
1,0147	0,125	0,125

$As_2O_3-H_2SO_4-H_2O$ [*M 3*]
As_2O_5 (X_1)$-CaO$ (X_2)$-H_2O$ [*S 30*]

D^{35}	X_1; [Gew.-%]	X_2; [Gew.-%]
0,996	0,198	0,096
1,09	7,98	1,903
1,157	12,97	3,206
1,242	18,70	4,59
1,300	21,97	5,34
1,413	28,78	6,54
1,48	35,03	5,34
1,590	43,43	4,07
1,697	50,30	2,95
1,795	55,43	1,87
1,975	62,66	0,822
2,167	71,04	0,135
2,217	72,22	0,114

As_2O_5 (X_1)$-MoO_3$ (X_2)$-H_2O$ [*R 28*]
D^{25} = 1,0084; X_1: 12,7597 g/1000 cm³ H_2O;
X_2: 12,0844 g/1000 cm³ H_2O für 2000 cm³ Mischung.
$As_2O_5-NaOH-H_2O$ [*S 22*]
$B_2O_3-K_2O-H_2O$ [*R 35 a*]
$B_2O_3-(NH_4)_2O-H_2O$ [*R 35 a*]
$B_2O_3-Na_2O-H_2O$ [*R 35 a*]

B_2O_3 (X_1)$-P_2O_5$ (X_2)$-H_2O$ [*L 7*]

D_4^{25}	X_1; [Gew.-%]	X_2; [Gew.-%]
1,042	2,55	3,63
1,048	2,53	4,34
1,190	1,12	21,51
1,215	1,05	23,66
1,281	0,62	31,01
1,391	0,45	40,39
1,434	0,68	43,70
1,504	1,27	48,08
1,516	1,20	48,51

B_2O_3 (X_1)$-SO_3$ (X_2)$-H_2O$ [*L 7*]

D_4^{25}	X_1; [Gew.-%]	X_2; [Gew.-%]
1,017	3,08	0,0
1,032	2,87	1,96
1,039	2,79	2,90
1,088	2,18	9,12
1,112	2,00	11,85
1,160	1,54	17,56
1,270	1,04	28,82
1,284	0,97	30,62
1,305	0,87	32,78
1,412	0,71	41,78
1,446	0,68	44,44
1,625	2,69	55,84
1,668	8,12	53,50
1,882	10,39	73,66

$BaBr_2-Ba(ClO_3)_2-H_2O$ [*R 19*]
$BaBr_2-Ba(NO_3)_2-H_2O$ [*R 19*]
$BaBr_2-HBr-H_2O$ [*C 20*]
$Ba(BrO_3)_2-BaCl_2-H_2O$ [*R 18*]

$Ba(BrO_3)_2$ (X_1) — $Ba(ClO_3)_2$ (X_2) — H_2O [*R 24*]

D^{25}	X_1; [Gew.-%]	X_2; [Gew.-%]
1,011	0,609	1,292
1,060	0,446	7,019
1,095	0,402	10,50
1,151	0,310	16,83
1,186	0,235	20,50
1,242	0,078	25,87

$Ba(BrO_3)_2$ — $Ba(NO_3)_2$ — H_2O [*H 5*]
$Ba(BrO_3)_2$ — $KBrO_3$ — H_2O [*H 5*]
$Ba(BrO_3)_2$ — KNO_3 — H_2O [*H 5*]
$Ba(BrO_3)_2$ — $Mg(NO_3)_2$ — H_2O [*H 5*]
$BaCl_2$ — $Ba(ClO_3)_2$ — H_2O [*R 18*]
$BaCl_2$ — $Ba(JO_3)_2$ — H_2O [*R 12*]

$BaCl_2$ (X_1) — $Ba(NO_3)_2$ (X_2) — H_2O [*K 1*]

D^{25}	$X_1 \cdot 2H_2O$; [Val/l]	X_2; [Val/l]
1,0481	0,25	0,25
1,0244	0,125	0,125

$BaCl_2$ — CO_2 — H_2O [*M 2*]
$BaCl_2$ — $CaCl_2$ — H_2O [*B 4*]

$BaCl_2$ (X_1) — HCl (X_2) — H_2O [*C 15, E 6, M 5*]

D_4^{30}	X_1; [Mol/l]	X_2; [Mol/l]
1,3056	1,745	0,0
1,2651	1,468	0,4709
1,2147	1,122	1,107
1,1789	0,861	1,622
1,1419	0,592	2,234
1,1068	0,307	3,041
1,0880	0,124	3,953
1,0895	0,020	5,059
1,1024	0,0	6,234
1,1609	0,0	10,25

$BaCl_2$ — $HgCl_2$ — H_2O [*R 27*]

$BaCl_2$ (X_1) — KCl (X_2) — H_2O [*B 16, D 14, K 1, S 33*]

D^{25}	$X_1 \cdot 2H_2O$; [Val/l]	X_2; [Val/l]
1,0674	0,5	0,5
1,0340	0,25	0,25
1,0171	0,125	0,125

$BaCl_2$ (X_1) — NH_4Cl (X_2) — H_2O [*K 1*]

D^{25}	$X_1 \cdot 2H_2O$; [Val/l]	X_2; [Val/l]
1,0523	0,5	0,5
1,0270	0,25	0,25
1,0137	0,125	0,125

$BaCl_2$ (X_1) — NaCl (X_2) — H_2O [*B 16, B 27, C 16, K 1*]

D^{25}	$X_1 \cdot 2H_2O$; [Val/l]	X_2; [Val/l]
1,0640	0,5	0,5
1,0324	0,25	0,25
1,0165	0,125	0,125

$BaCl_2$ — $ZnCl_2$ — H_2O [*B 41, M 8, R 32*]
$Ba(ClO_3)_2$ — $Ba(NO_3)_2$ — H_2O [*R 19*]

BaJ_2 (X_1) — J_2 (X_2) — H_2O [*R 31*]

D_4^0	X_1; [Gew.-%]	X_2; [Gew.-%]
1,169	10,5	7,4
1,365	17,9	15,2
1,780	25,5	29,5
2,415	29,0	45,4
2,561	41,7	35,1
2,322	50,4	20,3
2,167	57,7	8,2
2,108	60,7	3,0
2,071	62,5	0,0
D_4^{25}		
1,081	5,8	3,7
1,214	12,4	10,0
1,436	19,3	19,5
1,827	24,8	33,2
2,405	59,7	13,3
2,339	64,3	6,5
2,31	66,7	2,7
2,277	68,8	0,0

$Ba(JO_3)_2$ — J_2O_5 — H_2O [*R 18*]
$Ba(NO_2)_2$ — $Ba(NO_3)_2$ — H_2O [*A 5a*]
$Ba(NO_2)_2$ — $CsNO_2$ — H_2O [*P 14f*]
$Ba(NO_2)_2$ — $RbNO_2$ — H_2O [*P 14f*]
$Ba(NO_3)_2$ — $Ba(OH)_2$ — H_2O [*P 4*]

$Ba(NO_3)_2$ (X_1) — HNO_3 (X_2) — H_2O [*F 11, K 1, M 5, T 15, T 16, G 10*]

D_4^{30}	X_1; [Mol/l]	X_2; [Mol/l]
1,0891	0,4270	0,0
1,0811	0,3682	0,1318
1,0663	0,2410	0,4995
1,0619	0,1785	0,7494
1,0668	0,0847	1,493
1,0783	0,0598	1,998
1,1050	0,0334	2,993
1,1341	0,0223	3,994
1,1645	0,0147	5,012

$Ba(NO_3)_2$ — KCl — H_2O [*D 14*]

$Ba(NO_3)_2$ (X_1) — KNO_3 (X_2) — H_2O [*E 18, K 1, A 4a*]

D^{25}	X_1; [Val/l]	X_2; [Val/l]
1,0413	0,25	0,25
1,0205	0,125	0,125

$Ba(NO_3)_2$ (X_1) — NH_4NO_3 (X_2) — H_2O [*K 1*]

D^{25}	X_1; [Val/l]	X_2; [Val/l]
1,0342	0,25	0,25
1,0173	0,125	0,125

$Ba(NO_3)_2$ (X_1) — $NaNO_3$ (X_2) — H_2O [*K 1*]

D^{25}	X_1; [Val/l]	X_2; [Val/l]
1,0396	0,25	0,25
1,0200	0,125	0,125

$Ba(NO_3)_2-Pb(NO_3)_2-H_2O$ [*E 18, F 10*]
$Ba(OH)_2-H_3AsO_4-H_2O$ [*G 13, H 11*]
$Ba(OH)_2-H_3PO_4-H_2O$ [*T 6*]
$BeCl_2-BeO-H_2O$ [*S 25*]
$Be(NO_3)_2-Be(OH)_2-H_2O$ [*N 6a*]
$Be(NO_3)_2-KCl-H_2O$ [*D 14*]
$Be(NO_3)_2-Mg(NO_3)_2-H_2O$ [*B 1a*]

BeO (X_1) $-BeSO_4$ (X_2) $-H_2O$ [*S 25*]

D_4^{25}	X_1; [Gew.-%]	X_2; [Gew.-%]
1,278	—	29,74
1,318	2,16	31,73
1,327	2,62	32,12
1,347	4,26	34,55
1,416	7,73	37,48

$BeO-BeSeO_4-H_2O$ [*S 25*]
$BeSO_4-FeSO_4-H_2O$ [*N 7*]
$BeSO_4-Li_2SO_4-H_2O$ [*B 34a*]
$BeSO_4-MnSO_4-H_2O$ [*W 8*]
$BeSO_4-ZnSO_4-H_2O$ [*S 13*]

$BiCl_3$ (X_1) $-HCl$ (X_2) $-H_2O$ [*B 5*]

D_4^{25}	X_1 Mol/1000 g H_2O	X_2 Mol/1000 g H_2O
1,007	0,00376	0,4237
1,009	0,00646	0,4698
1,010	0,00869	0,4960
1,012	0,01323	0,5399
1,015	0,02720	0,6222
1,044	0,1177	0,8746
1,055	0,1620	0,9488
1,066	0,2025	1,016
1,075	0,2352	1,065
1,157	0,5685	1,481

$BiOCl-HCl-H_2O$ [*N 9*]

$Bi_2O_3-HClO_4-H_2O$ [*S 31*]

D^{25}	Mol $^1/_2 Bi_2O_3$/l	Mol ClO_4/l
1,0096	0,05	0,050
1,0126	0,05	0,100
1,0151	0,05	0,150
1,0180	0,05	0,200
1,0483	0,190	0,190
1,0597	0,190	0,380
1,0708	0,190	0,570
1,0827	0,190	0,760

$Bi_2O_3-HNO_3-H_2O$ [*S 31*]
$Br_2-KBr-H_2O$ [*B 34, J 6, J 7*]

Br_2 (X_1) $-NaBr$ (X_2) $-H_2O$ [*B 6*]

D^{25}	X_1; [g/l]	X_2; [g/l]
1,213	2,479	92,6
1,372	4,345	160,5
1,515	6,195	205,8
1,678	8,575	255,8
1,997	13,65	319,7
2,137	16,04	359,0
2,420	20,85	408,3

$CO_2-CaCl_2-H_2O$ [*M 2*]
$CO_2-KCl-H_2O$ [*M 2*]
$CO_2-MgO-H_2O$ [*T 1*]
$CO_2-NH_3-H_2O$ [*J 0*]
$CO_2-NH_4Cl-H_2O$ [*M 2*]
$CO_2-NaCl-H_2O$ [*E 2a, M 2*]
$CO_2-SrCl_2-H_2O$ [*M 2*]

$CaBr_2$ (X_1) $-CuBr_2$ (X_2) $-H_2O$ [*S 23*]

D^{20}	X_1 Mol/1000 g H_2O	X_2 Mol/1000 g H_2O
1,4056	1,08	1,216
1,3075	0,22	1,414
1,2899	0,07	1,439

$CaCO_3-KCl-H_2O$ [*C 6*]
$CaCO_3-K_2SO_4-H_2O$ [*C 6*]
$CaCO_3-MgCO_3-H_2O$ [*Y 3a*]
$CaCO_3-NaCl-H_2O$ [*C 4*]
$CaCO_3-Na_2SO_4-H_2O$ [*C 4*]

$CaCl_2$ (X_1) $-Ca(ClO)_2$ (X_2) $-H_2O$ [*L 12, O 1*]
Tabelle nach [*O 1*]

D_4^0	X_1; [Gew.-%]	X_2; [Gew.-%]
1,220	3,1	19,6
1,228	5,3	18,6
1,234	8,4	16,1
1,238	10,8	14,0
1,255	15,4	11,0
1,270	19,4	8,8
1,285	22,2	7,4
1,322	28,5	4,5
1,333	30,7	4,2
1,366	34,0	2,9
1,388	36,4	2,6
1,382	36,9	1,6

$CaCl_2-Ca(ClO_3)_2-H_2O$ [*E 1*]

$CaCl_2$ (X_1) $-Ca(JO_3)_2$ (X_2) $-H_2O$ [*H 19, W 6*]

D_4^{25}	X_1; [mmol/l]	X_2; [mmol/l]
1,0001	6,25	6,692
1,0016	25,0	5,444
1,0036	50,0	4,900

$CaCl_2-Ca(NO_3)_2-H_2O$ [*E 1*]

$CaCl_2$ (X_1) $-CaO$ (X_2) $-H_2O$ [*O 1*]

D_4^0	X_1; [Gew.-%]	X_2; [Gew.-%]
1,067	7,6	0,212
1,089	10,2	0,186
1,111	12,5	0,172
1,155	17,4	0,152
1,186	20,0	0,148
1,213	22,8	0,145
1,240	25,6	0,142
1,280	29,7	0,152
1,338	34,9	0,190
1,370	37,6	—

$CaCl_2-Cd(ClO_4)_2-H_2O$ [*L 2a*]
$CaCl_2-HCl-H_2O$ [*E 4, E 9*]
$CaCl_2-HgCl_2-H_2O$ [*R 27, T 9*]

$CaCl_2$ (X_1) — KCl (X_2) — H_2O [*D 14, L 5*]
Tabelle nach [*L 5*]

D_{25}^{25}	X_1 Gew.-%	X_2 Gew.-%	H_2O Gew.-%
1,182	—	26,74	73,26
1,204	8,53	17,63	73,84
1,236	16,55	11,64	71,81
1,273	23,15	7,52	69,33
1,349	32,34	3,72	63,94
1,402	37,82	3,15	59,03
1,485	44,66	3,05	52,29
1,47	45,06	—	54,94

$CaCl_2$ (X_1) — $MgCl_2$ (X_2) — H_2O [*L 5*]

D_{25}^{25}	X_1 Gew.-%	X_2 Gew.-%	H_2O Gew.-%
1,371	10,33	27,61	62,06
1,391	16,05	23,33	60,62
1,428	25,09	18,13	56,80
1,441	28,12	16,31	55,57
1,455	31,17	14,54	54,29
1,460	32,82	13,55	53,63
1,473	36,37	10,78	52,85
1,486	38,70	9,43	51,87
1,472	38,95	7,93	53,12
1,465	41,87	4,06	54,07

$CaCl_2$ (X_1) — NH_3 (X_2) — H_2O [*B 29*]

D_{25}^{25}	X_1; [Mol/1000 g H_2O]	X_2; [Mol/l]
1,047	0,548	0
1,040	0,548	1
1,033	0,548	2
1,008	0,548	6

$CaCl_2-NaCl-H_2O$ [*C 4, H 9b*]

$CaCl_2$ (X_1) — $ZnCl_2$ (X_2) — H_2O [*B 41, H 42, M 8, R 32*]
Tabelle nach [*R 32*]

D^{25}	X_1; [Mol/l]	X_2; [Mol/l]
1,152	0,787	0,787
1,170	0,849	0,849
1,189	0,927	0,927
1,205	1,005	1,005
1,239	1,203	1,203
1,264	1,399	1,399
1,281	1,566	1,566

$CaCl_2-Zn(ClO_4)_2-H_2O$ [*L 2a*]

$Ca(ClO)_2$ (X_1) — CaO (X_2) — H_2O [*O 1*]

D_4^0	X_1; [Gew.-%]	X_2; [Gew.-%]
1,030	3,0	0,106
1,077	8,2	0,110
1,123	13,0	0,093
1,142	15,1	0,077
1,189	19,2	0,113
1,203	21,2	0,106
1,220	19,6	3,1
1,234	16,1	8,4
1,270	8,8	19,4
1,366	2,9	34,0
1,382	1,6	36,9

$Ca_2[Fe(CN)_6]-Na_4[Fe(CN)_6]-H_2O$ [*F 2*]

$Ca(JO_3)_2$ (X_1) — $K_4[Fe(CN)_6]$ (X_2) — H_2O [*W 6*]

D_4^{25}	X_1; [mmol/l]	X_2; [mmol/l]
1,0007	8,377	1,25
1,0013	8,839	2,5
1,0018	9,430	3,75
1,0023	9,804	5,0

$Ca(JO_3)_2$ (X_1) — KCl (X_2) — H_2O [*H 19, W 6*]
Tabelle nach [*W 6*]

D_4^{25}	X_1; [mmol/l]	X_2; [mmol/l]
1,0008	8,312	12,5
1,0017	8,730	25,0
1,0032	9,387	50,0
1,0057	10,42	100,0

$Ca(JO_3)_2$ (X_1) — $MgSO_4$ (X_2) — H_2O [*H 19, W 6*]
Tabelle nach [*W 6*]

D_4^{25}	X_1; [mmol/l]	X_2; [mmol/l]
1,001	9,038	6,25
1,002	9,788	12,5
1,004	10,42	18,75
1,004	10,95	25,0

$Ca(JO_3)_2-NH_3-H_2O$ [*K 10*]

$Ca(JO_3)_2$ (X_1) — NaCl (X_2) — H_2O [*W 6*]

D_4^{25}	X_1; [mmol/l]	X_2; [mmol/l]
1,0010	8,285	12,5
1,0015	8,676	25,0
1,0025	9,287	50,0
1,0050	10,23	100,0

$Ca(JO_3)_2-NaJO_3-H_2O$ [*H 19, W 6*]

$Ca(JO_3)_2$ (X_1) — Na_2SO_4 (X_2) — H_2O [*H 19, W 6*]

D_4^{25}	X_1; [mmol/l]	X_2; [mmol/l]
1,001	8,898	6,25
1,002	9,745	12,5
1,003	10,45	18,75
1,004	11,05	25,0

$Ca(NO_2)_2-NaNO_2-H_2O$ [*M 8a*]
$Ca(NO_2)_2-RbNO_2-H_2O$ [*P 14c*]
$Ca(NO_2)_2-TlNO_2-H_2O$ [*B 42a*]
$Ca(NO_3)_2-Ca(OH)_2-H_2O$ [*C 7*]
$Ca(NO_3)_2-CaSO_4-H_2O$ [*S 21*]
$Ca(NO_3)_2-KCl-H_2O$ [*D 14*]
$Ca(NO_3)_2-NH_4NO_3-H_2O$ [*L 1*]
$Ca(NO_3)_2-Pb(BrO_3)_2-H_2O$ [*M 1*]
$CaO-P_2O_5-H_2O$ [*O 2a, S 29c*]
$Ca(OH)_2-H_3PO_4-H_2O$ [*E 3, B 12*]
$Ca(OH)_2-NH_3-H_2O$ [*K 10*]
$CaSO_4-CuSO_4-H_2O$ [*B 9, H 6*]
$CaSO_4-H_3PO_4-H_2O$ [*T 3, T 5*]
$CaSO_4-H_2SO_4-H_2O$ [*M 3*]
$CaSO_4-KNO_3-H_2O$ [*H 6, S 21*]
$CaSO_4-K_2SO_4-H_2O$ [*C 5, H 17*]
$CaSO_4-Mg(NO_3)_2-H_2O$ [*S 21*]
$CaSO_4-MgSO_4-H_2O$ [*C 3, H 6*]
$CaSO_4-(NH_4)_2SO_4-H_2O$ [*B 7, H 5, S 43*]
$CaSO_4-NaCl-H_2O$ [*C 4*]
$CaSO_4-NaNO_3-H_2O$ [*S 21*]
$CaSO_4-Na_2SO_4-H_2O$ [*C 4, C 5*]
$CdBr_2-KBr-H_2O$ [*H 13*]

$CdCl_2$ (X_1) $-$ HCl (X_2) $-H_2O$ [*C 17, K 1*]

D^{25}	$X_1 \cdot 2H_2O$; [Val/l]	X_2; [Val/l]
1,0483	0,5	0,5
1,0237	0,25	0,25
1,0121	0,125	0,125

$CdCl_2$ (X_1) $-$ KCN (X_2) $-H_2O$ [*R 28*]
D^{25} = 1,0396; X_1: 91,65/1000 cm³ H_2O; X_2: 195,57/3000 cm³ H_2O für 4000 cm³ Mischung.

$CdCl_2-KCl-H_2O$ [*D 14, H 13, J 4*]
CdJ_2-KJ-H_2O [*H 13*]
$CdJ_2-Na_2SO_4-H_2O$ [*D 15*]
$KCdJ_3-Na_2SO_4-H_2O$ [*D 15*]
$Cd(NO_2)_2-KNO_2-H_2O$ [*P 14b*]
$Cd(NO_3)_2-KCl-H_2O$ [*D 14*]
$CdO-CdSO_4-H_2O$ [*G 11*]
$CdSO_4-H_2SO_4-H_2O$ [*E 9*]
$CdSO_4-Na_2SO_4-H_2O$ [*B 17, S 8*]
$CeCl_3-LiCl-H_2O$ [*B 5e*]
$CeCl_3-NH_4Cl-H_2O$ [*B 5e*]
$CeCl_3-RbCl-H_2O$ [*B 5e*]
$Ce(NO_3)_3-HNO_3-H_2O$ [*T 15*]
$Ce(SO_4)_2-H_2SO_4-H_2O$ [*T 15*]
$Ce_2(SO_4)_3-(NH_4)_2SO_4-H_2O$ [*S 14, S 15*]
$ClO_2-H_2SO_4-H_2O$ [*K 1g*]
$CoCl_2-HCl-H_2O$ [*E 5, H 40, H 41, Y 1*]
$CoCl_2-KCl-H_2O$ [*T 20, Y 1*]
$CoCl_2-LiCl-H_2O$ [*Y 1*]
$CoCl_2-MgCl_2-H_2O$ [*Y 1*]
$CoCl_2-NH_4Cl-H_2O$ [*C 25, K 14*]
$CoCl_2-NaCl-H_2O$ [*T 20, Y 1*]
$Co(JO_3)_2-CoSO_4-H_2O$ [*T 18*]
$Co(JO_3)_2-NaCl-H_2O$ [*T 18*]
$Co(JO_3)_2-NaJO_3-H_2O$ [*T 18*]
$CO(NO_3)_2-Nd(NO_3)_3-H_2O$ [*P 14*]
$CO(NO_3)_2-Pr(NO_3)_3-H_2O$ [*P 14*]
$CoO-CoSO_4-H_2O$ [*G 11*]
$CoSO_4-Na_2SO_4-H_2O$ [*B 17*]

$CrCl_3-Na_5P_3O_{10}-H_2O$ [*E 16a*]
$CrO_3-H_3BO_3-H_2O$ [*G 5*]
$CrO_3-HNO_3-H_2O$ [*M 16*]
$CrO_3-H_2SO_4-H_2O$ [*G 6, M 10*]
$CrO_3-H_2SeO_4-H_2O$ [*M 10*]
CrO_3 (X_1) $-MoO_3$ (X_2) $-H_2O$ [*R 28*]
D^{25} = 1,0034; X_1: 7,1815 g/2000 cm³ H_2O; X_2: 12,0844 g/1000 cm³ H_2O für 3000 cm³ Mischung.
$Cr(OH)_3-KOH-H_2O$ [*F 13*]
$K_2CrO_4-K_2SO_4-H_2O$ [*C 14, F 10*]
$K_2CrO_4-NiSO_4-H_2O$ [*D 2*]

$K_2Cr_2O_7$ (X_1) $-H_2SO_4$ (X_2) $-H_2O$ [*K 1*]

D^{25}	X_1; [Val/l]	X_2; [Val/l]
1,0336	0,25	0,25
1,0165	0,125	0,125

$K_2Cr_2O_7$ (X_1) $-K_2SO_4$ (X_2) $-H_2O$ [*K 1*]

D^{25}	X_1; [Val/l]	X_2; [Val/l]
1,0427	0,25	0,25
1,0214	0,125	0,125

$K_2Cr_2O_7-MgCl_2-H_2O$ [*D 2*]
$(NH_4)_2CrO_4-Na_2CrO_4-H_2O$ [*K 1a*]
$CsCl-LiCl-H_2O$ [*S 39a*]
$CsCl-NaCl-H_2O$ [*S 39a*]
$CsCl-ZrOCl_2-H_2O$ [*B 5d*]
$CsNO_2-Sr(NO_2)_2-H_2O$ [*P 14i*]
$CsNO_3-Zn(NO_3)_2-H_2O$ [*C 19*]
$Cs_2SO_4-K_2SO_4-H_2O$ [*C 24a*]
$Cs_2SO_4-(NH_4)_2SO_4-H_2O$ [*C 1*]

$CuBr_2$ (X_1) $-$ HBr (X_2) $-H_2O$ [*C 13, S 23*]

D^{20}	X_1 Mol/1000 g H_2O	X_2 Mol/1000 g H_2O
1,8072	0,549	12,74
1,3415	0,596	4,40
1,1739	0,604	1,17
1,1270	0,596	0,21
1,3871	1,22	3,08
1,2257	1,178	0,019

$CuBr_2$ (X_1) $-$ KBr (X_2) $-H_2O$ [*S 23*]

D^{20}	X_1 Mol/1000 g H_2O	X_2 Mol/1000 g H_2O
1,3180	1,411	0,56
1,3003	1,450	0,266

$CuBr_2$ (X_1) $-$ KCl (X_2) $-H_2O$ [*S 23*]

D^{20}	X_1 Mol/1000 g H_2O	X_2 Mol/1000 g H_2O
1,3005	1,427	0,627

$Cu_2Cl_2-HCl-H_2O$ [*E 5*]
$CuCl_2-CuO-H_2O$ [*T 20*]
$CuCl_2-HCl-H_2O$ [*C 18, E 5, O 6, T 20, Y 1*]
$CuCl_2-H_2SO_4-H_2O$ [*O 4, O 6*]

$CuCl_2-KCl-H_2O$ [*C 24, T 20, Y 1*]
$CuCl_2-LiCl-H_2O$ [*Y 1*]
$CuCl_2-MgCl_2-H_2O$ [*Y 1*]
$CuCl_2-NH_4Cl-H_2O$ [*R 29*]
$CuCl_2-NaCl-H_2O$ [*T 20, Y 1*]
$CuCl_2-SrCl_2-H_2O$ [*H 7*]
$Cu(CNS)_2-NH_3-H_2O$ [*H 39*]

$Cu(NO_3)_2$ (X_1) $-HNO_3$ (X_2) $-H_2O$ [*O 6, S 23*]

D^{20}	X_1 Mol/1000 g H_2O	X_2 Mol/1000 g H_2O
1,4395	0,782	12,3
1,2120	0,795	3,10
1,1374	0,795	0,62

$Cu(NO_3)_2-H_2SO_4-H_2O$ [*O 4, O 6*]
$Cu(NO_3)_2-Pb(NO_3)_2-H_2O$ [*F 5*]
$CuSO_4-FeSO_4-H_2O$ [*A 3*]
$CuSO_4-HCl-H_2O$ [*O 4, O 6*]
$CuSO_4-HNO_3-H_2O$ [*O 4, O 6*]
$CuSO_4-H_2SO_4-H_2O$ [*A 2, A 13, B 8, E 2, E 9, G 9, H 34, H 35, H 37*]
$CuSO_4-KCl-H_2O$ [*A 13*]

$CuSO_4$ (X_1) $-K_2SO_4$ (X_2) $-H_2O$ [*A 10, K 1, R 16, T 20*]
Tabelle nach [*K 1*]

D^{25}	$X_1 \cdot 5H_2O$; [Val/l]	X_2; [Val/l]
1,0730	0,5	0,5
1,0370	0,25	0,25
1,0180	0,125	0,125

Tabelle nach [*R 16*]

D^{25}	X_1; [Gew.-%]	X_2; [Gew.-%]
1,097	1,29	11,03
1,085	3,42	6,35
1,089	4,30	5,70
1,093	4,94	5,38
1,246	19,16	3,09

$CuSO_4-MgSO_4-H_2O$ [*A 14*]

$CuSO_4$ (X_1) $-MnSO_4$ (X_2) $-H_2O$ [*K 1*]

D^{25}	$X_1 \cdot 5H_2O$ Val/l	$X_2 \cdot 4H_2O$ Val/l
1,0760	0,5	0,5
1,0381	0,25	0,25
1,0190	0,125	0,125

$CuSO_4-NH_3-H_2O$ [*C 14*]

$CuSO_4$ (X_1) $-(NH_4)_2SO_4$ (X_2) $-H_2O$ [*E 10, K 1, R 16*]
Tabelle nach [*K 1*]

D^{25}	$X_1 \cdot 5H_2O$; [Val/l]	X_2; [Val/l]
1,0585	0,5	0,5
1,0297	0,25	0,25
1,0152	0,125	0,125

Tabelle nach [*R 16*]

D^{25}	X_1; [Gew.-%]	X_2; [Gew.-%]
1,246	0,36	43,31
1,129	6,20	11,24
1,134	7,42	10,12
1,157	10,15	8,37
1,247	19,47	5,38
1,206	18,50	0,0

$CuSO_4$ (X_1) $-Na_2SO_4$ (X_2) $-H_2O$ [*K 1*]

D^{25}	$X_1 \cdot 4H_2O$; [Val/l]	X_2; [Val/l]
1,1351	1	1
1,0696	0,5	0,5
1,0355	0,25	0,25
1,0184	0,125	0,125

$CuSO_4$ (X_1) $-Tl_2SO_4$ (X_2) $-H_2O$ [*R 16*]

D^{25}	X_1; [Gew.-%]	X_2; [Gew.-%]
1,046	0,0	5,22
1,070	1,86	5,65
1,237	18,70	2,81
1,206	18,50	0,0

$D_2SO_4-MgSO_4-H_2O$ [*M 3a*]
$Er(SO_4)_3-(NH_4)_2SO_4-H_2O$ [*B 14a*]
$Eu(NO_3)_3-HNO_3-H_2O$ [*M 13b*]
$FeCl_2-HCl-H_2O$ [*S 5*]

$FeCl_3$ (X_1) $-HCl$ (X_2) $-H_2O$ [*K 1*]

D^{25}	X_1; [Val/l]	X_2; [Val/l]
1,0342	0,5	0,5
1,0171	0,25	0,25
1,0086	0,125	0,125

$FeCl_2-KCl-H_2O$ [*L 5a*]
$FeCl_2-K_2SO_4-H_2O$ [*L 5a*]
$FeCl_2-MgCl_2-H_2O$ [*S 4a, S 4b*]
$FeCl_3-MgSO_4-H_2O$ [*D 2*]
$FeCl_2-NH_4Cl-H_2O$ [*C 25*]

$FeCl_3$ (X_1) $-NH_4Cl$ (X_2) $-H_2O$ [*C 26, K 1*]
Tabelle nach [*K 1*]

D^{25}	X_1; [Val/l]	X_2; [Val/l]
1,0325	0,5	0,5
1,0168	0,25	0,25
1,0087	0,125	0,125

$FeCl_2-ZnCl_2-H_2O$ [*S 4b*]
$Fe(ClO_4)_2-HClO_4-H_2O$ [*L 9*]
$Fe(ClO_4)_3-HClO_4-H_2O$ [*L 9*]
$K_4[Fe(CN)_6]-Na_4[Fe(CN)_6]-H_2O$ [*H 8*]
$FeO-FeSO_4-H_2O$ [*G 11*]
$Fe_2O_3-HCl-H_2O$ [*C 8*]
$Fe_2O_3-HNO_3-H_2O$ [*C 10*]
$Fe_2O_3-H_2SO_4-H_2O$ [*C 9, B 4a*]
$Fe_2O_3-H_3PO_4-H_2O$ [*C 2, C 12*]

$FeSO_4-H_2SO_4-H_2O$ [*B 10, B 11, P 10, W 1, W 10*]
$Fe_2(SO_4)_3-H_2SO_4-H_2O$ [*M 3*]
$FeSO_4-K_2SO_4-H_2O$ [*L 5a*]
$FeSO_4-(NH_4)_2SO_4-H_2O$ [*D 2*]
$H_3AsO_4-K_3AsO_4-H_2O$ [*O 7*]
$H_3AsO_4-(NH_4)_3AsO_4-H_2O$ [*O 7*]
$H_3AsO_4-Na_3AsO_4-H_2O$ [*O 7*]
$H_3AsO_4-PbO-H_2O$ [*T 7*]
$H_3AsO_4-Sr(OH)_2-H_2O$ [*T 7*]
$H_3BO_3-NaCNS-H_2O$ [*G 8a*]
$H_3BO_3-NaF-H_2O$ [*R 38*]
$HBr-HfO_2-H_2O$ [*H 14*]
$HBr-InBr_3-H_2O$ [*E 13*]
$HBr-KBr-H_2O$ [*O 7*]
$HBr-NH_4Br-H_2O$ [*O 7*]
$HBr-NaBr-H_2O$ [*N 6, O 7*]

$HBr\ (X_1)-NiBr_2\ (X_2)-H_2O$ [*S 23*]

D^{20}	X_1 Mol/1000 g H_2O	X_2 Mol/1000 g H_2O
1,3523	4,25	0,6080
1,2323	2,11	0,6097

$HBr-PbBr_2-H_2O$ [*H 14*]
$HBr-SrCl_2-H_2O$ [*H 7*]
$HBr-UO_2SO_4-H_2O$ [*C 30, C 33*]
$HBr-ZrO_2-H_2O$ [*H 14*]
$HCl-HClO_4-H_2O$ [*W 5a*]
$HCl-HNO_3-H_2O$ [*H 3, R 3*]
$HCl-H_3PO_4-H_2O$ [*D 13*]
$HCl-H_2SO_4-H_2O$ [*C 34, D 2, L 13*]

$HCl\ (X_1)-HgCl_2\ (X_2)-H_2O$ [*E 5, K 1, L 4, R 27, T 9, Y 1*]
Tabelle nach [*K 1*]

D^{25}	X_1; [Val/l]	X_2; [Val/l]
1,0641	0,5	0,5
1,0320	0,25	0,25
1,0163	0,125	0,125

$HCl\ (X_1)-KCl\ (X_2)-H_2O$ [*D 14, E 4, I 3, N 3, O 7, R 36, T 13*]
Tabelle nach [*R 36*]

D^{25}	X_1 Mol/1000 g H_2O	X_2 Mol/1000 g H_2O
1,0086	0,4	0,1
1,0114	0,3	0,2
1,0143	0,2	0,3
1,0171	0,1	0,4
1,0198	0,8	0,2
1,0253	0,6	0,4
1,0308	0,4	0,6
1,0362	0,2	0,8
1,0410	1,6	0,4
1,0514	1,2	0,8
1,0616	0,8	1,2
1,0717	0,4	1,6
1,0781	3,2	0,8
1,0981	2,4	1,6
1,1168	1,6	2,4
1,1349	0,8	3,2

$HCl\ (X_1)-K_2SO_4\ (X_2)-H_2O$ [*O 4, O 6, T 13*]
Tabelle nach [*T 13*]

D^{20}	X_1; $n =$	X_2; $n =$
1,00648	0,1	0,1
1,07456	1,0	1,0

$HCl\ (X_1)-LiCl\ (X_2)-H_2O$ [*B 25b, E 4, I 2, N 3*]
Tabelle nach [*I 2*]

D_4^{25}	X_1 [Mol/l]	X_2 [Mol/l]	H_2O [Mol/l]
1,1176	0	5,407	49,20
1,1147	0,546	4,913	49,20
1,1087	1,635	3,799	49,29
1,1050	2,176	3,248	49,29
1,0985	3,246	2,160	49,32
1,0893	4,890	0,540	49,29

$HCl-MgCl_2-H_2O$ [*C 15, E 9, O 4, O 6*]
$HCl-MgO-H_2O$ [*R 33*]
$HCl-MgSO_4-H_2O$ [*O 4, O 6*]
$HCl-NH_4Cl-H_2O$ [*E 4, E 6, I 4, O 7*]
$HCl-(NH_4)_2SO_4-H_2O$ [*O 4, O 6*]
$HCl\ (X_1)-NaCl\ (X_2)-H_2O$ [*A 11, B 25a, E 4, E 6, F 12, G 12, I 3, M 5, N 3, O 5, O 7, R 36, T 13, W 5a*]

$HCl\ (X_1)-NaCl\ (X_2)-H_2O$
1. Tabelle nach [*R 36*]

D^{25}	X_1 Mol/1000 g H_2O	X_2 Mol/1000 g H_2O
1,0033	0,08	0,12
1,0025	0,12	0,08
1,0127	0,2	0,3
1,0104	0,3	0,2
1,0320	0,2	0,8
1,0275	0,4	0,6
1,0231	0,6	0,4
1,0187	0,8	0,2
1,0643	0,4	1,6
1,0558	0,8	1,2
1,0471	1,2	0,8
1,0386	1,6	0,4
1,1220	0,8	3,2
1,1066	1,6	2,4
1,0980	2,4	1,6
1,0750	3,2	0,8

$HCl\ (X_1)-NaCl\ (X_2)-H_2O$
2. Tabelle nach [*I 3*]

D_4^{25}	X_1; [Mol/l]	X_2; [Mol/l]
1,1867	0,503	4,880
1,1781	0,886	4,483
1,1511	2,265	3,149
1,1352	3,185	2,310
1,1282	3,830	1,797
1,1200	4,500	1,333
1,1160	5,253	0,907
1,1158	6,101	0,544

Tabelle [*I 3*] (Forts.)

D_4^{25}	X_1; [Mol/l]	X_2; [Mol/l]
1,1213	7,073	0,293
1,1302	7,976	0,158
1,1458	9,236	0,091
1,1970	13,41	0,017

$HCl-NaClO_4-H_2O$ [*W 5a*]

$HCl\ (X_1)-NaOH\ (X_2)-H_2O$ [*T 7a, T 13*]

D^{20}	X_1; $n =$	X_2; $n =$
1,00233	0,1	0,1
1,03860	1,0	1,0

$HCl-Na_2SO_4-H_2O$ [*O 4, O 5, O 6*]
$HCl-Na_2SiF_6-H_2O$ [*K 7*]
$HCl-PrCl_3-H_2O$ [*M 6*]
$HCl-SbCl_3-H_2O$ [*B 5*]
$HCl-SnCl_2-H_2O$ [*E 5*]
$HCl-SnCl_4-H_2O$ [*E 5*]
$HCl-SrCl_2-H_2O$ [*E 6, H 7*]
$HCl-U(SO_4)_2-H_2O$ [*C 29, C 32*]
$HCl-ZnCl_2-H_2O$ [*O 6*]
$HCl-ZnSO_4-H_2O$ [*O 4, O 6*]
$HClO_4-NaCl-H_2O$ [*W 5a*]
$HClO_4-NaClO_4-H_2O$ [*W 5a*]
$H_2CrO_4-K_2CrO_4-H_2O$ [*O 7*]
$H_2CrO_4-(NH_4)_2CrO_4-H_2O$ [*O 7*]
$H_2CrO_4-Na_2CrO_4-H_2O$ [*O 7*]
$HF-HfOF_2-H_2O$ [*H 14*]
$HF-ZrOF_2-H_2O$ [*H 14*]
$HJ-InJ_3-H_2O$ [*E 13*]

$HJ\ (X_1)-J_2\ (X_2)-H_2O$ [*P 13*]

D_4^{25}	X_1; [Gew.-%]	X_2; [Gew.-%]
1,946	18,1	72,85
1,877	18,2	71,55
1,644	17,5	67,8
1,557	17,8	64,6
1,486	18,1	60,5

$HJ-KJ-H_2O$ [*O 7*]
$HJ-NH_4J-H_2O$ [*M 12, O 7*]
$HJ-NaJ-H_2O$ [*O 7*]
$HJ-SrCl_2-H_2O$ [*H 7*]

$HJO_3\ (X_1)-LiJO_3\ (X_2)-H_2O$ [*R 14*]

D^{25}	X_1; [Gew.-%]	X_2; [Gew.-%]
1,558	0,0	43,86
1,579	1,03	43,96
1,620	3,13	43,96
1,697	6,67	43,84
1,797	11,18	43,56
1,923	16,65	43,08
2,027	20,89	42,49
2,237	28,80	40,81
2,300	30,78	40,42

$HJO_3\ (X_1)-MoO_3\ (X_2)-H_2O$ [*R 28*]
$D^{25} = 1,0049$; X_1: 4,4867 g/1000 cm³ H_2O; X_2: 24,1688 g/2000 cm³ H_2O für 3000 cm³ Mischung.

$HJO_4-KJO_4-H_2O$ [*H 15*]
$HJO_4-NaJO_4-H_2O$ [*H 15*]
$HNO_3-H_2SO_4-H_2O$ [*M 3, O 5, P 7, P 8, B 28, V 2, S 36, L 11, U 3*]
$HNO_3-In(JO_3)_3-H_2O$ [*E 12*]
$HNO_3-KCl-H_2O$ [*D 14*]
$HNO_3-KNO_3-H_2O$ [*E 9, G 12, L 11, O 7*]
$HNO_3-K_2SO_4-H_2O$ [*O 4, O 6*]
$HNO_3-La(NO_3)_3-H_2O$ [*M 13a, Q 1*]
$HNO_3-Mg(NO_3)_2-H_2O$ [*O 6*]
$HNO_3-MgSO_4-H_2O$ [*O 4, O 6*]
$HNO_3-NH_3-H_2O$ [*S 38*]
$HNO_3-NH_4NO_3-H_2O$ [*E 9, O 7*]
$HNO_3-(NH_4)_2SO_4-H_2O$ [*O 4, O 6*]
$HNO_3-N_2O_4-H_2O$ [*A 6a, K 8, M 3b, R 1b, S 34*]
$HNO_3-NaNO_3-H_2O$ [*E 9, O 7, W 7*]
$HNO_3-NaOH-H_2O$ [*S 38*]
$HNO_3-Na_2SO_4-H_2O$ [*O 4, O 5, O 6, W 7*]
$HNO_3-NaHSO_4-H_2O$ [*W 7*]
$HNO_3-Nd(NO_3)_3-H_2O$ [*Q 1, T 15*]
$HNO_3-Pb(NO_3)_2-H_2O$ [*D 2*]
$HNO_3-PbO-H_2O$ [*D 6*]
$HNO_3-Pr(NO_3)_3-H_2O$ [*T 15*]
$HNO_3-Pu(NO_3)_4-H_2O$ [*B 4b*]
$HNO_3-Sm(NO_3)_3-H_2O$ [*Q 1, T 15*]
$HNO_3-SrCl_2-H_2O$ [*H 7*]

$HNO_3\ (X_1)-TlCl\ (X_2)-H_2O$ [*H 26, H 27*]

D^{25}	X_1; [Val/l]	X_2; [Val/l]
0,996	0,0	0,01650
1,0184	0,4967	0,02475
1,0359	1,004	0,02875
1,0705	2,023	0,03401

$HNO_3-UO_2(NO_3)_2-H_2O$ [*L 11a, S 29a*]
$HNO_3-UO_2SO_4-H_2O$ [*C 31, C 33*]
$HNO_3-Zn(NO_3)_2-H_2O$ [*O 6*]
$HNO_3-ZnO-H_2O$ [*D 5*]
$HNO_3-ZnSO_4-H_2O$ [*O 4, O 6*]
$H_2O_2-H_2SO_4-H_2O$ [*C 14a*]
$H_3PO_4-H_2SO_4-H_2O$ [*V 3, V 4*]
$H_3PO_4-KOH-H_2O$ [*C 35, R 1, S 37*]
$H_3PO_4-K_3PO_4-H_2O$ [*O 7*]
$H_3PO_4-MgO-H_2O$ [*C 2*]
$H_3PO_4-MnO-H_2O$ [*S 2, T 4*]
$H_3PO_4-NH_3-H_2O$ [*F 8a, L 6a*]
Polyphosphorsäure$-NH_3-H_2O$ [*B 43a*]
$H_3PO_4-(NH_4)_3PO_4-H_2O$ [*O 7*]
$H_3PO_4-Na_3PO_4-H_2O$ [*O 7*]
$H_3PO_4-Na_2SO_4-H_2O$ [*D 2*]
$H_3PO_4-PbO-H_2O$ [*F 1*]
$H_3PO_4-Sr(OH)_2-H_2O$ [*T 6*]
$H_3PO_4-ZnO-H_2O$ [*S 2*]
$H_2SO_4-In_2(SO_4)_3-H_2O$ [*E 14*]
$H_2SO_4-KCl-H_2O$ [*D 14, O 4*]
$H_2SO_4-KNO_3-H_2O$ [*O 4, O 6*]
$H_2SO_4-K_2SO_4-H_2O$ [*H 37, O 4, O 6*]
$H_2SO_4-Li_2SO_4-H_2O$ [*M 14*]
$H_2SO_4-MgCl_2-H_2O$ [*O 4, O 6*]
$H_2SO_4-Mg(NO_3)_2-H_2O$ [*O 4, O 6*]
$H_2SO_4-MgSO_4-H_2O$ [*B 14b, H 37, M 3, M 3a, M 14, O 4, O 6*]
$H_2SO_4-MnSO_4-H_2O$ [*M 14*]

$H_2SO_4-NH_4Cl-H_2O$ [*O 4, O 6*]
$H_2SO_4-NH_4NO_3-H_2O$ [*O 4, O 6*]
$H_2SO_4-(NH_4)_2SO_4-H_2O$ [*G 12, H 37, O 4, O 6, S 41*]
$H_2SO_4-N_2O_3-H_2O$ [*K 9, W 2*]
$H_2SO_4-(NO)HSO_4-H_2O$ [*M 3*]
$H_2SO_4-NaCl-H_2O$ [*O 4, O 6*]
$H_2SO_4-NaNO_3-H_2O$ [*O 4, O 6*]
$H_2SO_4-NaOH-H_2O$ [*S 38*]
$H_2SO_4-Na_2SO_4-H_2O$ [*C 18, G 4, H 37, M 3, M 14, O 4, O 5, O 6*]
$H_2SO_4-NiSO_4-H_2O$ [*M 14*]
$H_2SO_4-PbSO_4-H_2O$ [*M 3*]
$H_2SO_4-SO_2-H_2O$ [*K 9*]
$H_2SO_4-SnO-H_2O$ [*D 7*]
$H_2SO_4-SnSO_4-H_2O$ [*D 8*]
$H_2SO_4-TiO_2-H_2O$ [*H 31*]
$H_2SO_4-Tl_2SO_4-H_2O$ [*N 8*]

Na_2SO_4 (X_1) $-C_2Na_2O_4$ Natriumoxalat (X_2) $-H_2O$ [*H 17*]

t [°C]	D^t_{15}	X_1 g/100 g Lösung	X_2 g/100 g Lösung
25	1,200	22,0	0,5
25	1,060	5,9	1,7
60	1,269	28,6	0,4
60	1,088	10,1	1,7

$H_2SO_4-U(SO_4)_2-H_2O$ [*C 29, C 32*]
$H_2SO_4-UO_2SO_4-H_2O$ [*C 31, C 32, C 33*]
$H_2SO_4-VO_2-H_2O$ [*R 35*]
$H_2SO_4-V_2O_5-H_2O$ [*L 2*]
$H_2SO_4-ZnCl_2-H_2O$ [*O 4, O 6*]
$H_2SO_4-Zn(NO_3)_2-H_2O$ [*O 4, O 6*]
$H_2SO_4-ZnSO_4-H_2O$ [*H 37, M 14, O 4, O 6, T 23*]
$H_2SeO_4-K_2SeO_4-H_2O$ [*O 7*]
$H_2SeO_4-(NH_4)_2SeO_4-H_2O$ [*O 7*]
$H_2SeO_4-Na_2SeO_4-H_2O$ [*O 7*]
$HgCl_2$ (X_1) $-KCN$ (X_2) $-H_2O$ [*R 28*]
D^{25} = 1,02253; X_1: 54,18 g/1000 cm³ H_2O; X_2: 13,038/1000 cm³ H_2O für 2000 cm³ Mischung.
$HgCl_2-KCl-H_2O$ [*N 2, T 17*]
$HgCl_2$ (X_1) $-KJ$ (X_2) $-H_2O$ [*R 28*]
D^{25} = 1,0247; X_1: 54,18 g/1000 cm³ H_2O; X_2: 166,00 g/5000 cm³ H_2O; für 6000 cm³ Mischung.
$HgCl_2-LiCl-H_2O$ [*T 9*]

$HgCl_2$ (X_1) $-NH_4Cl$ (X_2) $-H_2O$ [*A 4*]
Die NH_4Cl-Lösung ist 0,25 molar.

D^{35}	X_1; *M* =	D^{35}	X_1; *M* =
1,005	0,0	1,036	0,143
1,019	0,0625	1,041	0,167
1,020	0,0714	1,049	0,200
1,023	0,083	1,061	0,250
1,026	0,100	1,078	0,333
1,029	0,111	1,115	0,500
1,033	0,125		

$HgCl_2-NaCl-H_2O$ [*R 27, S 8*]
HgJ_2-KJ-H_2O [*S 8*]

$Hg(NO_3)_2-KNO_3-H_2O$ [*A 4a*]
$J_2-KBr-H_2O$ [*M 12*]
J_2-KJ-H_2O [*G 4, M 12, P 6, P 12, R 2*]
$J_2-NH_4Br-H_2O$ [*M 12*]
$J_2-NH_4J-H_2O$ [*M 12*]
$J_2-NaBr-H_2O$ [*M 12*]
$J_2-NaJ-H_2O$ [*G 7, M 12*]

KBr (X_1) $-KBrO_3$ (X_2) $-H_2O$ [*R 6*]

D^{25}	X_1; [Gew.-%]	X_2; [Gew.-%]
1,381	40,62	0,0
1,389	40,08	1,20
1,392	40,00	1,43
1,328	34,82	1,62
1,237	26,05	2,06
1,161	17,48	2,73
1,089	7,82	4,29
1,054	0,0	7,533

$KBr-KCl-H_2O$ [*F 10, S 7*]
$KBr-KClO_3-H_2O$ [*R 9*]
$KBr-KJO_3-H_2O$ [*R 4*]
$KBr-NH_4Br-H_2O$ [*F 10*]
$KBr-NaBr-H_2O$ [*S 40*]
$KBr-NaCl-H_2O$ [*W 5*]

$KBrO_3$ (X_1) $-KCl$ (X_2) $-H_2O$ [*R 6*]

D^{25}	X_1; [Gew.-%]	X_2; [Gew.-%]
1,179	0,0	26,36
1,197	1,61	25,90
1,183	1,65	24,87
1,147	1,97	19,71
1,112	2,44	14,45
1,082	3,24	9,03
1,058	4,63	4,33
1,054	7,533	0,0

$KBrO_3-KClO_3-H_2O$ [*S 44*]

$KBrO_3$ (X_1) $-KJ$ (X_2) $-H_2O$ [*R 6*]

D^{25}	X_1; [Gew.-%]	X_2; [Gew.-%]
1,718	0,0	59,76
1,728	0,96	59,15
1,707	0,99	58,14
1,565	1,21	50,06
1,402	1,63	38,99
1,278	2,17	28,60
1,182	2,96	18,85
1,103	4,54	8,77
1,054	7,533	0,0

$KBrO_3$ (X_1) $-KNO_3$ (X_2) $-H_2O$ [*R 6*]

D^{25}	X_1; [Gew.-%]	X_2; [Gew.-%]
1,193	0,0	27,71
1,211	2,64	27,27
1,227	3,90	27,01
1,193	4,00	23,17
1,110	4,64	10,10
1,074	5,61	5,05
1,054	7,533	0,0

$KBrO_3$ (X_1)—K_2SO_4 (X_2)—H_2O [*R 6*]

D^{25}	X_1; [Gew.-%]	X_2; [Gew.-%]
1,083	0,0	10,76
1,094	1,69	10,12
1,108	4,00	9,34
1,100	4,27	8,20
1,083	5,02	5,44
1,066	6,08	2,67
1,054	7,53	0,0

KCN (X_1)—KJ (X_2)—H_2O [*R 28*]
D^{25} = 1,01225; X_1: 13,038 g/1000 cm^3 H_2O; X_2: 33,20 g/1000 cm^3 H_2O für 2000 cm^3 Mischung.

KCN (X_1)—$NiCl_2$ (X_2)—H_2O [*S 23*]

D^{20}	X_1 Mol/1000 g H_2O	X_2 Mol/1000 g H_2O
1,1374	2,87	0,515
1,0957	2,02	0,351

K_2CO_3 (X_1)—$KHCO_3$ (X_2)—H_2O [*H 16*]

D^{25}	X_1; [Gew.-%]	X_2; [Gew.-%]
1,554	50,28	3,02
1,545	49,48	3,33
1,526	47,20	3,51
1,485	42,82	4,67
1,402	34,71	7,35
1,316	23,36	12,19
1,272	16,98	15,45
1,228	10,00	19,31
1,187	0,0	26,78

K_2CO_3—$KClO_3$—H_2O [*I 1*]
K_2CO_3—K_2MoO_4—H_2O [*K 1d*]
K_2CO_3—KOH—H_2O [*H 30, U 1*]
K_2CO_3—K_2HPO_4—H_2O [*D 2*]

K_2CO_3 (X_1)—K_2SO_4 (X_2)—H_2O [*H 22, M 11, T 2*]
D^{20}_{20} = 1,03198; 0,25 *n* X_1 und 0,25 *n* X_2
D^{20}_{20} = 1,06291; 0,5 *n* X_1 und 0,5 *n* X_2
2. Tabelle nach [*M 11*]

D^{25}_4	X_1; [Mol/l]	X_2; [Mol/l]
1,1103	0,470	0,430
1,193	1,536	0,170
1,222	1,95	0,121
1,065	0,566	0,0368
1,023	0,211	0,0101

K_2CO_3—NH_3—H_2O [*A 8*]
K_2CO_3—$(NH_4)_2CO_3$—H_2O [*B 5a*]

K_2CO_3 (X_1)—Na_2CO_3 (X_2)—H_2O [*B 1, H 21, I 1, K 1, S 42*]
Tabelle nach [*K 1*]

D^{25}	X_1; [Val/l]	X_2; [Val/l]
1,0590	0,5	0,5
1,0290	0,25	0,25
1,0150	0,125	0,125

K_2CO_3—NaCl—H_2O [*S 1*]
$KHCO_3$—KCl—H_2O [*P 3*]
$KHCO_3$—KOH—H_2O [*S 37*]
$KHCO_3$—$NaHCO_3$—H_2O [*O 2*]
KCl—$KClO_3$—H_2O [*D 12, F 9, N 1, W 4*]
KCl—$KClO_4$—H_2O [*T 22*]
KCl—KF—H_2O [*E 14b*]

KCl (X_1)—KJ (X_2)—H_2O [*B 43, D 14, E 14b, R 39*]
Tabelle nach [*R 39*]

D^{25}	X_1; *m* =	X_2; *m* =
1,0414	1,0	0,0
1,0589	0,75	0,25
1,0762	0,5	0,5
1,0934	0,25	0,75
1,1106	0,0	1,0

KCl—KJO_3—H_2O [*H 25*]
KCl—K_2MoO_4—H_2O [*K 1e*]

KCl (X_1)—KNO_3 (X_2)—H_2O [*B 32, D 14, E 14a, F 14, H 12, K 1, N 4, R 39*]
1. Tabelle nach [*R 39*]

D^{25}	X_1; *m* =	X_2; *m* =
1,0414	1,0	0,0
1,0425	0,9	0,1
1,0446	0,75	0,25
1,0482	0,5	0,5
1,0515	0,25	0,75
1,0534	0,1	0,9
1,0551	0,0	1,0

2. Tabelle nach [*B 32*]

$D^{17,5}$	X_1 g/100 ccm Lösung	X_2	H_2O
1,1730	29,39	0,0	87,85
1,1980	27,50	6,58	85,68
1,2100	27,34	8,83	84,76
1,2250	26,53	12,48	83,58
1,2360	25,98	14,83	82,84
1,2390	25,96	15,22	82,65
1,2388	25,95	15,49	82,43
1,2410	26,24	15,33	82,63
$D^{20,5}$			
1,1625	0,0	27,68	88,51
1,1700	4,72	24,39	87,89
1,1765	7,74	22,44	87,47
1,1895	12,23	20,23	86,48
1,1983	15,15	18,96	85,69
1,2150	19,61	17,67	84,23
1,2265	22,17	17,11	83,40
1,2400	24,96	16,79	82,24

KCl—KOH—H_2O [*A 7, E 7, J 2, W 4*]
KCl—KH_2PO_4—H_2O [*A 12*]
KCl—K_2SO_4—H_2O [*A 6, B 3, D 10, D 14, L 5a*]

KCl (X_1) – $KHSO_4$ (X_2) – H_2O [*T 13*]

D^{20}	X_1; n =	X_2; n =
1,007 99	0,1	0,1
1,089 33	1,0	1,0

KCl – $La(JO_3)_3$ – H_2O [*P 9*]
KCl – $La(NO_3)_3$ – H_2O [*D 14*]
KCl – LiCl – H_2O [*D 14*]
KCl – $LiNO_3$ – H_2O [*C 11, D 14*]

KCl (X_1) – $MgCl_2$ (X_2) – H_2O [*A 1, D 14, F 14, L 5, M 17, T 14*]
1. Tabelle nach [*L 5*]

D^{25}_{25}	X_1 Gew.-%	X_2 Gew.-%	H_2O Gew.-%
1,182	26,74	—	73,26
1,201	13,56	12,11	74,33
1,234	7,90	19,83	72,27
1,341	—	35,54	64,46

KCl (X_1) – $MgCl_2$ (X_2) – H_2O
2. Tabelle nach [*T 14*]

D^{20}_4	X_1; M =	X_2; M =
1,073 86	0,0	1,0
1,065 15	0,3	0,7
1,062 17	0,4	0,6
1,060 68	0,45	0,55
1,059 73	0,5	0,5
1,059 17	0,52	0,48
1,058 57	0,6	0,4
1,057 76	0,75	0,25
1,044 34	1,0	0,0

KCl – $Mg(NO_3)_2$ – H_2O [*D 14, F 14*]
KCl – $MgSO_4$ – H_2O [*D 14*]
KCl – NH_3 – H_2O [*C 14*]

KCl (X_1) – NH_4Cl (X_2) – H_2O [*B 27, D 10, D 14, F 10, G 3, J 3, K 1*]

D^{25}	X_1; [Val/l]	X_2; [Val/l]
1,0309	0,5	0,5
1,0160	0,25	0,25
1,0082	0,125	0,125

KCl – NH_4NO_3 – H_2O [*D 14*]
KCl – $(NH_4)_2SO_4$ – H_2O [*D 14*]

KCl (X_1) – NaCl (X_2) – H_2O [*A 1, B 15, B 35, B 39, B 27, C 11, C 16a, C 18, D 14, E 17, F 14, C 37, G 3, H 36, K 1, K 8a, K 11, L 3, N 1, N 4, N 5, P 1, R 28, R 36, S 40, T 13, T 14, W 5, S 29b*]
Tabelle nach [*R 36*]

D^{25}	X_1 Mol/1 000 g H_2O	X_2 Mol/1 000 g H_2O
1,0188	0,3	0,2
1,0183	0,2	0,3
1,0405	0,8	0,2

Tabelle nach [*R 36*] (Forts.)

D^{25}	X_1 Mol/1 000 g H_2O	X_2 Mol/1 000 g H_2O
1,0395	0,6	0,4
1,0384	0,4	0,6
1,0374	0,2	0,8
1,0800	1,6	0,4
1,0781	1,2	0,8
1,0762	0,8	1,2
1,0743	0,4	1,6
1,1498	3,2	0,8
1,1468	2,4	1,6
1,1438	1,6	2,4
1,1407	0,8	3,2

KCl – $NaClO_3$ – H_2O [*M 18*]

KCl (X_1) – NaJ (X_2) – H_2O [*R 39, S 29b*]
Tabelle nach [*R 39*]

D^{25}	X_1; m =	X_2; m =
1,0414	1,0	0,0
1,0575	0,75	0,25
1,0735	0,5	0,5
1,0890	0,25	0,75
1,1059	0,0	1,0

KCl (X_1) – $NaNO_3$ (X_2) – H_2O [*D 14, R 39, S 17*]

D^{25}	X_1; m =	X_2; m =
1,0414	1,0	0,0
1,0419	0,9	0,1
1,0433	0,75	0,25
1,0456	0,5	0,5
1,0479	0,25	0,75
1,0493	0,1	0,9
1,0497	0,0	1,0

KCl – Na_2SO_4 – H_2O [*A 10, D 14, D 15, H 32*]

KCl (X_1) – $NiCl_2$ (X_2) – H_2O [*S 23*]

D^{20}	X_1 Mol/1 000 g H_2O	X_2 Mol/1 000 g H_2O
1,3404	0,44	2,801

KCl – $SrCl_2$ – H_2O [*H 7, S 35*]
KCl – $ThCl_4$ – H_2O [*D 18*]
KCl – TlCl – H_2O [*B 45*]
$KClO_3$ – KJ – H_2O [*R 9*]
$KClO_3$ – KJO_3 – H_2O [*R 10*]

$KClO_3$ (X_1) – K_2SO_4 (X_2) – H_2O [*R 26*]

D^{25}	X_1; [Gew.-%]	X_2; [Gew.-%]
1,083	0,0	10,76
1,099	3,30	9,43
1,100	4,96	8,62
1,080	5,77	5,57
1,048	7,897	0,0

Tabelle [*R 26*] (Forts.)

D^{15}	X_1; [Gew.-%]	X_2; [Gew.-%]
1,076	0,0	9,258
1,084	3,29	7,86
1,032	5,676	0,0

$KClO_3-NaCl-H_2O$ [*M 18, N 1*]
$KClO_3-NaClO_3-H_2O$ [*I 1, N 1*]
$KClO_4-NaCl-H_2O$ [*C 39*]
$KClO_4-NaNO_3-H_2O$ [*C 39*]
$KJ-KJO_3-H_2O$ [*R 9*]
$KJ-KOH-H_2O$ [*K 6*]

KJ (X_1)—K_2SO_4 (X_2)—H_2O [*R 8*]

D^{25}	X_1; [Gew.-%]	X_2; [Gew.-%]
1,083	0,0	10,76
1,127	9,13	6,57
1,185	18,57	3,57
1,273	28,81	1,70
1,553	50,35	0,25
1,724	59,70	0,08
1,718	59,76	0,0

KJ (X_1)—LiCl (X_2)—H_2O [*R 39*]

D^{25}	X_1; $m =$	X_2; $m =$
1,0202	0,0	1,0
1,0433	0,25	0,75
1,0660	0,5	0,5
1,0884	0,75	0,25
1,1106	1,0	0,0

KJ (X_1)—NaCl (X_2)—H_2O [*R 39, S 29b*]

D^{25}	X_1; $m =$	X_2; $m =$
1,0360	0,0	1,0
1,0550	0,25	0,75
1,0735	0,5	0,5
1,0923	0,75	0,25
1,1106	1,0	0,0

$KJ-NaJ-H_2O$ [*S 40*]
$KJ-NaOH-H_2O$ [*K 5*]
$KJ-Na_2SO_4-H_2O$ [*D 15*]
$KJ-SrCl_2-H_2O$ [*H 7*]
$KJO_3-KNO_3-H_2O$ [*H 19*]
$KJO_3-K_2SO_4-H_2O$ [*H 25a*]
$KJO_3-La(JO_3)_3-H_2O$ [*P 9*]
$KJO_3-NaJO_3-H_2O$ [*H 24a*]

KJO_4 (X_1)—KOH (X_2)—H_2O [*H 15*]

D^{25}	X_1; [Gew.-%]	X_2; [Gew.-%]
1,00	0,51	0,0
1,044	4,12	1,01
1,087	8,03	1,99
1,116	10,32	2,55
1,165	13,15	4,55
1,221	16,12	6,03
1,326	20,8	8,0
1,377	24,1	9,7
1,484	28,9	11,9
1,64	35,2	14,5

$KMnO_4-K_2SO_4-H_2O$ [*T 19*]
$KMnO_4-(NH_4)_2HPO_4-H_2O$ [*D 2*]
$KMnO_4-Na_2SO_4-H_2O$ [*T 19*]
$KNO_2-KNO_3-H_2O$ [*B 44*]
$KNO_2-LiNO_2-H_2O$ [*P 14d*]
$KNO_2-Ni(NO_2)_2-H_2O$ [*A 5c*]
$KNO_2-Sr(NO_2)_2-H_2O$ [*S 16a*]
$KNO_3-K_2SO_4-H_2O$ [*E 18, H 12, M 9*]
$KNO_3-MgCl_2-H_2O$ [*F 14*]
$KNO_3-Mg(NO_3)_2-H_2O$ [*B 18, B 19, B 25, F 14, M 15*]

KNO_3 (X_1)—NH_4NO_3 (X_2)—H_2O [*K 1*]

D^{25}	X_1; [Val/l]	X_2; [Val/l]
1,0904	1	1
1,0462	0,5	0,5
1,0235	0,25	0,25
1,0119	0,125	0,125

KNO_3 (X_1)—NaCl (X_2)—H_2O [*D 2, K 11, L 3, P 1, R 39, S 17*]

D^{25}	X_1; $m =$	X_2; $m =$
1,0360	0,0	1,0
1,0379	0,1	0,9
1,0409	0,25	0,75
1,0455	0,5	0,5
1,0504	0,75	0,25
1,0530	0,9	0,1
1,0551	1,0	0,0

KNO_3 (X_1)—$NaNO_3$ (X_2)—H_2O [*C 38, F 14, K 1, M 9, N 4, P 1, S 4*]

D^{25}	X_1; [Val/l]	X_2; [Val/l]
1,0579	0,5	0,5
1,0291	0,25	0,25
1,0147	0,125	0,125
	X_1; $m =$	X_2; $m =$
1,0551	1,0	0,0
1,0537	0,75	0,25
1,0525	0,5	0,5
1,0512	0,25	0,75
1,0497	0,0	1,0

$KNO_3-Na_2SO_4-H_2O$ [*M 9*]
$KNO_3-Pb(BrO_3)_2-H_2O$ [*M 1*]

KNO_3 (X_1)—$Pb(NO_3)_2$ (X_2)—H_2O [*G 0a, K 1*]

D^{25}	X_1; [Val/l]	X_2; [Val/l]
1,1987	1	1
1,1004	0,5	0,5
1,0490	0,25	0,25
1,0270	0,125	0,125

$KNO_3-SrCl_2-H_2O$ [*H 7*]

KNO_3 (X_1) — $Sr(NO_3)_2$ (X_2) — H_2O [*K 1, A 4a*]

D^{25}	X_1; [Val/l]	$X_2 \cdot 4H_2O$; [Val/l]
1,0739	0,5	0,5
1,0402	0,25	0,25
1,0185	0,125	0,125

KNO_3 — $Th(NO_3)_4$ — H_2O [*B 37*]
KNO_3 — $TlCl$ — H_2O [*B 38, B 45*]
KNO_3 — $TlNO_3$ — H_2O [*F 10*]
KNO_3 — $Zn(NO_3)_2$ — H_2O [*A 4a, C 19*]
K_2O — Na_2O — H_2O [*M 3d*]
K_2O — P_2O_5 — H_2O [*O 2a*]
KOH — K_2S — H_2O [*B 31*]
KOH — Na_2CO_3 — H_2O [*D 2*]

KOH (X_1) — $NaOH$ (X_2) — H_2O [*K 1*]

D^{25}	X_1; [Val/l]	X_2; [Val/l]
1,1789	0,5	0,5
1,0883	0,25	0,25
1,0473	0,125	0,125

KOH — SiO_2 — H_2O [*M 6a*]
KOH — ZnO — H_2O [*D 7a*]
KH_2PO_4 — $(NH_4)H_2PO_4$ — H_2O [*A 12*]
K_2S — KHS — H_2O [*B 31*]
K_2SO_4 — $La(JO_3)_3$ — H_2O [*P 9*]
K_2SO_4 — $MgSO_4$ — H_2O [*B 18, B 19, B 25, B 36, M 7*]

K_2SO_4 (X_1) — $MnSO_4$ (X_2) — H_2O [*K 1, K 1c*]
Tabelle nach [*K 1*]

D^{25}	X_1; [Val/l]	$X_2 \cdot 4H_2O$; [Val/l]
1,0703	0,5	0,5
1,0349	0,25	0,25
1,0171	0,125	0,125

K_2SO_4 — NH_4Cl — H_2O [*D 2*]

K_2SO_4 (X_1) — $(NH_4)_2SO_4$ (X_2) — H_2O [*C 1, F 10, K 1, R 28*]
Tabelle nach [*K 1*]

D^{25}	X_1; [Val/l]	X_2; [Val/l]
1,0527	0,5	0,5
1,0270	0,25	0,25
1,0135	0,125	0,125
	X_1; [g/1000 g H_2O]	X_2; [g/1000 g H_2O]
1,0184	34,872	26,440

K_2SO_4 — $NaCl$ — H_2O [*A 10, P 1, W 5*]
K_2SO_4 — $NaNO_3$ — H_2O [*M 9*]

K_2SO_4 (X_1) — Na_2SO_4 (X_2) — H_2O [*K 1, C 38*]
Tabelle nach [*K 1*]

D^{25}	X_1; [Val/l]	X_2; [Val/l]
1,0644	0,5	0,5
1,0326	0,25	0,25
1,0162	0,125	0,125

K_2SO_4 — $PbSO_4$ — H_2O [*B 40*]
K_2SO_4 — $TlCl$ — H_2O [*B 38*]

K_2SO_4 (X_1) — Tl_2SO_4 (X_2) — H_2O [*R 16*]

D^{25}	X_1; [Gew.-%]	X_2; [Gew.-%]
1,046	0,0	5,22
1,056	1,51	5,04
1,080	4,38	4,91
1,113	8,40	4,50
1,118	9,42	4,13
1,113	9,53	3,61
1,100	10,24	1,79
1,085	10,76	0,0

K_2SO_4 — $ZnSO_4$ — H_2O [*B 2, T 20*]
$La(JO_3)_3$ — $La(NO_3)_3$ — H_2O [*H 9*]
$La(JO_3)_3$ — $MgCl_2$ — H_2O [*P 9*]
$La(JO_3)_3$ — $MgSO_4$ — H_2O [*P 9*]
$La(JO_3)_3$ — $NaJO_3$ — H_2O [*H 9*]
$La(JO_3)_3$ — $NaNO_3$ — H_2O [*H 9*]
$La_2(SO_4)_3$ — $TlCl$ — H_2O [*B 45*]
$LiBr$ — LiJ — H_2O [*P 10a*]
$LiBr$ — $PbBr_2$ — H_2O [*R 34*]

$LiCl$ (X_1) — NH_3 (X_2) — H_2O [*B 29*]

D_1^1	X_1; [Mol/1000 g H_2O]	X_2; [Mol/l]
1,014	0,5	0
1,006	0,5	1,0
1,001	0,5	1,97
0,998	0,5	2,50
0,995	0,5	2,96
0,989	0,5	4,06
1,037	1,504	0
1,024	1,504	1,97
1,010	1,504	3,92
1,003	1,504	5,15
0,998	1,504	7,65

$LiCl$ — $NaCl$ — H_2O [*B 16, C 11*]
$LiCl$ — $ThCl_4$ — H_2O [*D 18*]
$LiCl$ — $ZrOCl_2$ — H_2O [*B 5c*]
$LiClO_4$ — $LiNO_3$ — H_2O [*C 11b*]
$LiClO_4$ — $LiOH$ — H_2O [*C 11c*]
LiJ — PbJ_2 — H_2O [*D 3, R 34*]
$LiNO_2$ — $NaNO_2$ — H_2O [*R 1a*]
$LiNO_2$ — $TlNO_2$ — H_2O [*P 14h*]
$LiNO_3$ — NH_4NO_3 — H_2O [*C 11a, G 0b, G 12a, K 8b*]
$LiNO_3$ — $Pb(BrO_3)_2$ — H_2O [*M 1*]
$LiNO_3$ — $Th(NO_3)_4$ — H_2O [*B 37*]
$LiNO_3$ — $Zn(NO_3)_2$ — H_2O [*C 19*]

Li_2SO_4 (X_1) — NH_3 (X_2) — H_2O [*B 29*]

D_{25}^{25}	X_1; [Mol/1000 g H_2O]	X_2; [Mol/l]
1,048	1,097	0
1,042	1,097	1,10
1,034	1,097	2,21
1,019	1,097	4,41
1,007	1,097	6,52

Li_2SO_4 — $(NH_4)_2SO_4$ — H_2O [*S 22a*]
$MgCl_2$ — $MgMoO_4$ — H_2O [*R 20*]

$MgCl_2-Mg(NO_3)_2-H_2O$ [*K 12, K 13, K 15*]
$MgCl_2-MgSO_4-H_2O$ [*K 12, K 13, K 15*]
$MgCl_2-NH_4Cl-H_2O$ [*C 27*]
$MgCl_2-NaCl-H_2O$ [*C 16, F 14*]
$MgCl_2-NaNO_3-H_2O$ [*F 14, L 6, S 27*]
$MgCl_2-ZnCl_2-H_2O$ [*T 11*]
$Mg(ClO_4)_2-NH_4ClO_4-H_2O$ [*K 1b*]
$Mg(JO_3)_2-Mg(NO_3)_2-H_2O$ [*H 23*]
$Mg(JO_3)_2-NaJO_3-H_2O$ [*H 24*]
$MgMoO_4-MgSO_4-H_2O$ [*R 21*]
$MgMoO_4-Na_2MoO_4-H_2O$ [*R 21*]
$MgMoO_4-Na_2SO_4-H_2O$ [*R 21*]
$Mg(NO_2)_2-NaNO_2-H_2O$ [*P 14a*]
$Mg(NO_3)_2-MgSO_4-H_2O$ [*B 22, B 23, S 9, S 10*]
$Mg(NO_3)_2-NaCl-H_2O$ [*F 14, L 6*]
$Mg(NO_3)_2-NaNO_3-H_2O$ [*B 22, B 23, F 14, S 26, S 27*]
$Mg(NO_3)_2-Nd(NO_3)_3-H_2O$ [*P 14*]
$Mg(NO_3)_2-Pr(NO_3)_3-H_2O$ [*P 14*]
$MgSO_4-(NH_4)_2SO_4-H_2O$ [*C 14*]
$MgSO_4-NaCl-H_2O$ [*B 39, K 3*]
$MgSO_4-NaNO_3-H_2O$ [*B 22, B 23, S 9, S 10, S 11, S 12*]
$MgSO_4-Na_2SO_4-H_2O$ [*B 22, B 23, S 8, S 9, S 10, R 21*]
$MnCl_2-NH_4Cl-H_2O$ [*C 28, L 10a, S 6*]
$Mn(NO_3)_2-Nd(NO_3)_3-H_2O$ [*P 14*]
$Mn(NO_3)_2-Pr(NO_3)_3-H_2O$ [*P 14*]

$MnSO_4$ (X_1)$-(NH_4)_2SO_4$ (X_2)$-H_2O$ [*K 1, S 6*]
Tabelle nach [*K 1*]

D^{25}	$X_1 \cdot 4H_2O$; [Val/l]	X_2; [Val/l]
1,0546	0,5	0,5
1,0272	0,25	0,25
1,0136	0,125	0,125

$MnSO_4$ (X_1)$-Na_2SO_4$ (X_2)$-H_2O$ [*B 17, K 1, S 8*]
Tabelle nach [*K 1*]

D^{25}	$X_1 \cdot 4H_2O$; [Val/l]	X_2; [Val/l]
1,0674	0,5	0,5
1,0332	0,25	0,25
1,0166	0,125	0,125

$MnSO_4-ZnSO_4-H_2O$ [*D 2*]
$(NH_4)_2MoO_4-NH_4NO_3-H_2O$ [*K 1f*]

Na_2MoO_4 (X_1)$-NaBrO_3$ (X_2)$-H_2O$ [*R 22*]

D^{25}	X_1; [Gew.-%]	X_2; [Gew.-%]
1,432	39,38	0,0
1,453	37,09	3,86
1,468	35,58	6,29
1,440	32,64	7,49
1,363	22,44	12,56
1,304	11,47	19,40
1,278	4,85	24,42
1,264	0,0	28,29

Na_2MoO_4 (X_1)$-NaClO_3$ (X_2)$-H_2O$ [*R 22*]

D^{25}	X_1; [Gew.-%]	X_2; [Gew.-%]
1,432	39,38	0,0
1,441	36,11	4,23
1,441	32,42	9,04
1,440	28,53	14,12
1,442	22,83	21,94
1,453	17,95	29,14
1,466	14,59	34,39
1,478	11,77	39,21
1,456	5,72	44,70
1,438	2,60	47,60
1,438	0,0	50,02

Na_2MoO_4 (X_1)$-NaJO_3$ (X_2)$-H_2O$ [*R 22*]

D^{25}	X_1; [Gew.-%]	X_2; [Gew.-%]
1,432	39,38	0,0
1,453	38,46	2,20
1,368	31,49	2,54
1,277	24,24	3,08
1,204	17,89	3,42
1,143	11,41	4,16
1,099	5,57	5,67
1,074	0,0	8,49

Na_2MoO_4 (X_1)$-NaNO_3$ (X_2)$-H_2O$ [*R 15*]

D^{25}	X_1; [Gew.-%]	X_2; [Gew.-%]
1,430	39,42	0,0
1,446	15,16	34,23
1,452	14,31	35,48
1,453	14,42	35,36
1,455	14,28	35,46
1,434	10,74	38,46
1,405	5,03	43,44
1,389	0,0	47,87

$Na_2MoO_4-Na_2SO_4-H_2O$ [*L 10, R 21*]
MoO_3 (X_1)$-P_2O_5$ (X_2)$-H_2O$ [*R 28*]
D^{25} = 1,00573; X_1: 24,1688 g/2000 cm³ H_2O; X_2: 3,2267 g/1000 cm³ H_2O für 3000 cm³ Mischung.

NH_3 (X_1)$-NH_4Cl$ (X_2)$-H_2O$ [*B 29, E 7, K 1*]

D^{25}_{25}	X_1; [Mol/l]	X_2; [Mol/1000 g H_2O]
1,017	0	1,048
1,010	1,0	1,048
0,995	2,96	1,048
0,982	4,75	1,048

$NH_3-NH_4ClO_4-H_2O$ [*K 10*]

NH_3 (X_1)$-NH_4NO_3$ (X_2)$-H_2O$ [*K 1, S 3, S 16, W 9*]
Tabelle nach [*K 1*]

D^{25}	X_1; [Val/l]	X_2; [Val/l]
1,0246	1	1
1,0123	0,5	0,5
1,0062	0,25	0,25
1,0032	0,125	0,125

$NH_3-NaCl-H_2O$ [*H 10*]
$NH_3-NaNO_3-H_2O$ [*F 7, F 8*]
$NH_3-NaOH-H_2O$ [*D 2*]
$NH_3-Na_2SO_4-H_2O$ [*F 6*]

$NH_3-NiCl_2-H_2O$ [*S 23*]

D^{20}	NH_4OH Mol/1000 g H_2O	$NiCl_2$ Mol/1000 g H_2O
1,0107	3,81	0,3206
0,9930	5,20	0,2598

$NH_3-P_2O_5-H_2O$ [*O 2a*]
$NH_3-SO_2-H_2O$ [*Y 4, H 28*]
$NH_3-ZnSO_4-H_2O$ [*A 9*]
$(NH_4)_2CO_3-Na_2CO_3-H_2O$ [*B 5b*]

NH_4HCO_3 (X_1)$-NH_4Cl$ (X_2)$-H_2O$ [*F 4, K 1*]

D^{15}	X_1 g/1000 g H_2O	X_2 g/1000 g H_2O
1,064	186,4	0,0
1,063	162,9	29,9
1,062	142,2	60,6
1,065	116,8	116,8
1,069	93,3	183,0
1,076	77,3	269,3
1,085	66,4	332,5
D^0		
1,077	36	290,8

$NH_4HCO_3-NH_4NO_3-H_2O$ [*F 8*]
$NH_4HCO_3-(NH_4)_2SO_4-H_2O$ [*F 6*]

$NH_4HCO_3-NaHCO_3-H_2O$ [*F 4, F 6, F 7, F 8*]

D^{15}	NH_4HCO_3 g/1000 g H_2O	$NaHCO_3$ g/1000 g H_2O
1,056	0,0	88,0
1,061	23,0	80,0
1,065	44,0	74,6
1,073	85,7	66,7
1,090	170,6	59,2
1,064	186,4	0,0

$NH_4HCO_3-NaCl-H_2O$ [*K 10a*]

NH_4Cl (X_1)$-NH_4NO_3$ (X_2)$-H_2O$ [*K 1*]

D^{25}	X_1; [Val/l]	X_2; [Val/l]
1,0470	1	1
1,0240	0,5	0,5
1,0125	0,25	0,25
1,0063	0,125	0,125

$NH_4Cl-NH_4H_2PO_4-H_2O$ [*A 12*]
$NH_4Cl-(NH_4)_2SO_4-H_2O$ [*D 10*]

NH_4Cl (X_1)$-NaCl$ (X_2)$-H_2O$ [*B 16, B 27, F 4, G 3, J 3*]

D^{15}	X_1 g/1000 g H_2O	X_2 g/1000 g H_2O
1,200	0,0	357,6
1,191	57,3	326,4
1,183	118,9	300,0
1,176	186,4	271,6
1,175	198,8	266,8
1,153	224,7	208,9
1,120	277,0	122,4
1,097	316,4	59,8
1,077	355,0	0,0

$NH_4Cl-NiCl_2-H_2O$ [*C 25*]
$NH_4Cl-ZrOCl_2-H_2O$ [*B 5c*]
$NH_4NO_2-NH_4NO_3-H_2O$ [*P 14e*]
$NH_4NO_3-NaHCO_3-H_2O$ [*D 2*]

NH_4NO_3 (X_1)$-NaNO_3$ (X_2)$-H_2O$ [*K 1, F 7, F 8*]
Tabelle nach [*K 1*]

D^{25}	X_1; [Val/l]	X_2; [Val/l]
1,0440	0,5	0,5
1,0223	0,25	0,25
1,0114	0,125	0,125

NH_4NO_3 (X_1)$-Pb(NO_3)_2$ (X_2)$-H_2O$ [*K 1*]

D^{25}	X_1; [Val/l]	X_2; [Val/l]
1,1692	1	1
1,0861	0,5	0,5
1,0436	0,25	0,25
1,0238	0,125	0,125

$NH_4NO_3-Zn(NO_3)_2-H_2O$ [*C 19*]
$NH_4H_2PO_4-TlH_2PO_4-H_2O$ [*B 42*]
$(NH_4)_2SO_4-Na_2B_4O_7-H_2O$ [*F 3*]
$(NH_4)_2SO_4-Na_2CO_3-H_2O$ [*F 3*]
$(NH_4)_2SO_4-Na_2SO_4-H_2O$ [*F 6*]
$(NH_4)_2SO_4-Rb_2SO_4-H_2O$ [*C 1, S 22c*]

$(NH_4)_2SO_4-ZnSO_4-H_2O$ [*T 14*]

D_4^{20}	X_1; $n =$	X_2; $n =$
1,03576	1,0	0,0
1,03991	0,9	0,1
1,04417	0,8	0,2
1,05046	0,65	0,35
1,05710	0,5	0,5
1,06147	0,4	0,6
1,06361	0,35	0,65
1,06569	0,3	0,7
1,06783	0,25	0,75
1,06999	0,2	0,8
1,07230	0,15	0,85
1,08176	0,0	1,0

$Na_2B_4O_7-Na_2CO_3-H_2O$ [*H 29*]
$Na_2B_4O_7-NaF-H_2O$ [*R 37*]

Synowietz

$NaBr$ (X_1) — $NaBrO_3$ (X_2) — H_2O [*R 6*]

D^{10}	X_1; [Gew.-%]	X_2; [Gew.-%]
1,492	45,89	0,0
1,519	44,50	2,58
1,498	43,09	2,83
1,452	39,40	3,55
1,240	11,10	14,46
1,220	5,33	18,73
1,211	0,0	23,24
D^{25}		
1,530	48,41	0,0
1,555	46,84	2,93
1,542	45,62	3,15
1,457	38,66	4,78
1,377	29,83	7,86
1,320	21,27	12,04
1,282	13,82	16,72
1,270	6,46	22,38
1,257	0,0	28,29

$NaBr$ (X_1) — $NaClO_3$ (X_2) — H_2O [*R 11*]

D^{25}	X_1; [Gew.-%]	X_2; [Gew.-%]
1,583	40,28	13,89

$NaBr$ — NaJ — H_2O [*P 10b*]
$NaBr$ — $NaOH$ — H_2O [*N 6*]
$NaBr$ — $PbBr_2$ — H_2O [*R 34*]

$NaBrO_3$ (X_1) — $NaCl$ (X_2) — H_2O [*R 6*]

D^{10}	X_1; [Gew.-%]	X_2; [Gew.-%]
1,236	5,02	24,53
1,213	6,41	20,75
1,199	8,58	16,15
1,192	12,75	9,84
1,193	17,28	4,85
1,211	23,24	0,0
D^{25}		
1,195	0,0	26,46
1,236	5,62	24,35
1,248	6,92	23,95
1,234	8,32	20,99
1,228	13,67	12,95
1,225	16,31	9,98
1,229	20,27	6,17
1,241	23,13	3,76
1,257	28,29	0,0

$NaBrO_3$ (X_1) — NaJ (X_2) — H_2O [*R 6*]

D^{25}	X_1; [Gew.-%]	X_2; [Gew.-%]
1,904	0,0	64,71
1,911	1,17	63,98
1,874	1,30	62,13
1,727	2,23	54,89
1,619	3,62	48,11
1,521	5,78	40,76
1,438	8,92	32,12
1,332	16,57	17,32
1,257	28,29	0,0

$NaBrO_3$ (X_1) — $NaNO_3$ (X_2) — H_2O [*R 6*]

D^{25}	X_1; [Gew.-%]	X_2; [Gew.-%]
1,384	0,0	47,87
1,405	2,43	46,50
1,432	6,04	44,46
1,455	9,37	42,60
1,387	12,41	32,54
1,353	14,94	25,54
1,314	17,79	18,48
1,288	21,25	11,33
1,270	24,92	5,00
1,257	28,29	0,0

$NaBrO_3$ (X_1) — Na_2SO_4 (X_2) — H_2O [*R 6, R 7*]
Tabelle nach [*R 6*]

D^{10}	X_1; [Gew.-%]	X_2; [Gew.-%]
1,079	0,0	8,26
1,112	5,40	6,96
1,175	14,21	5,20
1,230	19,93	4,41
1,228	20,12	4,37
1,226	20,67	3,61
1,217	21,96	1,83
1,211	23,24	0,0
D^{30}		
1,286	0,0	29,14
1,312	5,18	26,92
1,351	10,43	25,28
1,343	13,86	21,04
1,311	19,89	12,43
1,284	29,85	0,0

Na_2CO_3 — $NaHCO_3$ — H_2O [*H 18*]
Na_2CO_3 — $NaCl$ — H_2O [*S 1, S 18*]
Na_2CO_3 — $NaClO_3$ — H_2O [*I 1*]
Na_2CO_3 — Na_2O — H_2O [*M 3e*]
Na_2CO_3 — $NaOH$ — H_2O [*W 3, H 30, S 39*]

Na_2CO_3 — Na_2SO_4 — H_2O [*S 18, T 2*]
Tabelle nach [*T 2*]

0,25 *n* Na_2CO_3 und 0,25 *n* Na_2SO_4 $D^{20}_{20} = 1{,}02903$
0,5 *n* Na_2CO_3 und 0,5 *n* Na_2SO_4 $D^{20}_{20} = 1{,}05691$

$NaHCO_3$ (X_1) — $NaCl$ (X_2) — H_2O [*F 4*]

D^{0}	X_1 Mol/l Lösung	X_2 Mol/l Lösung
1,208	0,08	5,33
D^{15}		
1,063	0,79	0,5
1,073	0,62	1,0
1,096	0,39	2,0
1,127	0,26	3,0
1,158	0,17	4,0
D^{30}		
1,079	0,83	0,98
1,100	0,53	1,96
1,127	0,35	2,95
1,156	0,24	3,96
1,199	0,14	5,35

$NaHCO_3-NaNO_2-H_2O$ [*B 44*]
$NaHCO_3-NaNO_3-H_2O$ [*F 7, F 8*]
$NaHCO_3-NaOH-H_2O$ [*S 37*]
$NaHCO_3-Na_2SO_4-H_2O$ [*F 6*]
$NaCl-NaClO_3-H_2O$ [*N 1, W 4*]
$NaCl-NaClO_4-H_2O$ [*W 5a*]

$NaCl\ (X_1)-NaJ\ (X_2)-H_2O$ [*R 25, S 29b*]
Tabelle nach [*R 25*]

D^{25}	X_1; [Gew.-%]	X_2; [Gew.-%]
1,195	26,46	0,0
1,304	18,02	16,61
1,367	14,04	24,72
1,464	9,14	35,24
1,593	4,59	46,48
1,714	2,06	54,84
1,836	0,72	61,43
1,904	0,0	64,71

$NaCl\ (X_1)-NaNO_3\ (X_2)-H_2O$ [*B 32, C 36, F 14, K 1, K 11, L 3, N 4, R 39, S 26, S 27, S 28*]
1. Tabelle nach [*R 39*]

D^{25}	X_1; $m =$	X_2; $m =$
1,0360	1,0	0,0
1,0373	0,9	0,1
1,0396	0,75	0,25
1,0431	0,5	0,5
1,0466	0,25	0,75
1,0485	0,1	0,9
1,0497	0,0	1,0

2. Tabelle nach [*B 32*]

$D^{15,5}$	X_1	X_2	H_2O
	g/100 cm³ Lösung		
1,2025	31,78	0,0	88,47
1,2305	27,89	7,53	87,63
1,2580	26,31	13,24	86,25
1,2810	23,98	21,58	82,66
1,3090	22,30	28,18	80,42
1,3345	20,40	33,80	79,25
1,3465	19,40	37,88	77,37
1,3465	19,67	37,64	77,34
D^{15}			
1,3720	0,0	62,38	74,82
1,3645	4,00	56,76	75,69
1,3585	7,24	52,09	75,71
1,3530	11,36	47,08	76,86
1,3495	15,33	42,66	76,96
1,3485	17,81	39,90	77,14
1,3485	18,97	38,73	77,15
1,3485	19,34	38,02	77,49

$NaCl\ (X_1)-NaOH\ (X_2)-H_2O$ [*A 7, D 4, E 7, E 8, G 8, H 38, T 13, W 4*]

D^{20}	X_1; $n =$	X_2; $n =$
1,0069	0,1	0,1
1,07815	1,0	0,983

$NaCl-Na_2SO_4-H_2O$ [*C 4, C 21, N 5, O 5, S 18, S 20*]
$NaCl-Na_2SiO_3-H_2O$ [*V 1*]
$NaCl-ThCl_4-H_2O$ [*D 18*]
$NaCl-ZnCl_2-H_2O$ [*H 9b, T 10*]
$NaClO_2-NaClO_3-H_2O$ [*C 40*]

$NaClO_3\ (X_1)-NaJ\ (X_2)-H_2O$ [*R 11*]

D^{25}	X_1; [Gew.-%]	X_2; [Gew.-%]
1,911	4,32	61,68

$NaClO_3-NaJO_3-H_2O$ [*R 10*]

$NaClO_3\ (X_1)-NaNO_3\ (X_2)-H_2O$ [*R 11*]

D^{25}	X_1; [Gew.-%]	X_2; [Gew.-%]
1,481	43,98	9,26
1,517	38,82	17,47
1,549	34,28	25,96
1,548	32,15	27,08
1,505	27,34	29,72
1,468	20,96	33,94
1,440	13,85	38,66
1,389	0,0	47,87

$NaClO_3\ (X_1)-Na_2SO_4\ (X_2)-H_2O$ [*R 26*]

D^{15}	X_1; [Gew.-%]	X_2; [Gew.-%]
1,106	0,0	11,60
1,200	19,86	5,52
1,323	34,75	4,06
1,348	36,89	4,15
1,422	44,14	4,03
1,393	35,93	8,91
1,424	41,92	6,36
1,422	44,34	3,83
1,406	47,91	0,0

$Na_4[Fe(CN)_6]-Na_2SO_4-H_2O$ [*D 11*]
$NaJ-NaJO_3-H_2O$ [*R 5*]

$NaJ\ (X_1)-NaOH\ (X_2)-H_2O$ [*P 11*]

D^{20}	X_1; [Mol/l]	X_2; [Mol/l]
1,910	8,14	0,0
1,881	7,69	1,40
1,872	7,11	2,62
1,865	6,48	4,90
1,905	6,44	7,10
1,981	6,92	8,20
1,948	6,34	9,70
1,970	5,42	15,21

$NaJ\ (X_1)-Na_2SO_4\ (X_2)-H_2O$ [*R 8*]

D^{15}	X_1; [Gew.-%]	X_2; [Gew.-%]
1,106	0,0	11,60
1,367	33,16	2,51
1,543	44,79	2,23
1,613	50,15	0,93
1,875	62,89	0,02
1,881	63,35	0,0

NaJ—PbJ_2—H_2O [*R 34*]
NaJ—$ZnCl_2$—H_2O [*D 2*]

$NaJO_3$ (X_1)—$NaNO_3$ (X_2)—H_2O [*H 20*]

D^{25}	X_1; [Gew.-%]	X_2; [Gew.-%]
1,077	8,67	0,0
1,078	5,99	3,91
1,109	4,30	10,10
1,149	3,68	16,08
1,171	3,41	19,47
1,276	2,84	32,67
1,328	2,60	38,19
1,408	2,23	46,81
1,396	1,09	47,44
1,388	0,0	47,98

$NaJO_4$—NaOH—H_2O [*H 15*]
$NaNO_2$—$NaNO_3$—H_2O [*B 44, O 8*]
$NaNO_2$—$Ni(NO_2)_2$—H_2O [*A 5b*]
$NaNO_2$—$Sr(NO_2)_2$—H_2O [*S 16a*]
$NaNO_3$—NaOH—H_2O [*E 7*]
$NaNO_3$—Na_2SO_4—H_2O [*B 20, B 21, B 22, B 24, M 9, O 5, S 9*]
$NaNO_3$—$Pb(BrO_3)_2$—H_2O [*M 1*]

$NaNO_3$ (X_1)—$Pb(NO_3)_2$ (X_2)—H_2O [*G 0a, K 1*]
Tabelle nach [*K 1*]

D^{25}	X_1; [Val/l]	X_2; [Val/l]
1,0979	0,5	0,5
1,0493	0,25	0,25
1,0246	0,125	0,125

$NaNO_3$—$SrCl_2$—H_2O [*H 7*]

$NaNO_3$ (X_1)—$Sr(NO_3)_2$ (X_2)—H_2O [*K 1*]

D^{25}	X_1; [Val/l]	$X_2 \cdot 4H_2O$; [Val/l]
1,0720	0,5	0,5
1,0362	0,25	0,25
1,0180	0,125	0,125

$NaNO_3$—$Th(NO_3)_4$—H_2O [*B 37*]
$NaNO_3$—$Zn(NO_3)_2$—H_2O [*C 19*]
NaOH—$NaHSO_4$—H_2O [*S 37*]
NaOH—Na_2SiO_3—H_2O [*V 1*]
NaOH—SiO_2—H_2O [*M 6a*]
NaOH—V_2O_5—H_2O [*K 2*]
Na_2HPO_4—$Pb(NO_3)_2$—H_2O [*G 13a*]

Na_2S (X_1)—Na_2SO_4 (X_2)—H_2O [*H 33, M 17, M 17a*]
Tabelle nach [*H 33*]

D_4^{18}	X_1; [Gew.-%]	X_2; [Gew.-%]
1,169	15,95	—
1,187	15,08	3,47
1,197	14,50	5,20
1,212	13,90	7,21
1,205	13,84	7,22
1,195	12,46	7,00
1,175	10,91	6,96
1,165	9,96	7,09
1,130	4,54	9,30
1,126	0,62	13,31

Tabelle [*H 33*] (Forts.)

D_4^{25}	X_1; [Gew.-%]	X_2; [Gew.-%]
1,183	17,86	—
1,202	17,17	3,40
1,229	15,84	7,18
1,228	14,68	8,06
1,241	10,04	14,51
1,204	4,40	17,12
1,203	3,27	17,84
D_4^{40}		
1,238	24,06	0,49
1,239	21,27	2,79
1,236	9,78	14,14
1,302	1,32	28,90

Na_2SO_3—Na_2SO_4—H_2O [*R 30*]

Na_2SO_4 (X_1)—Tl_2SO_4 (X_2)—H_2O [*N 8, R 17*]
Tabelle nach [*R 17*]

D^{25}	X_1; [Gew.-%]	X_2; [Gew.-%]
1,046	0,0	5,22
1,112	5,69	6,24
1,178	10,87	7,32
1,245	15,95	8,06
1,275	18,34	8,27
1,315	21,34	8,42
1,290	21,50	6,59
1,256	21,56	4,36
1,219	21,58	1,77
1,210	21,66	0,0
D^{45}		
1,064	0,0	7,73
1,166	8,00	9,62
1,254	14,65	10,86
1,308	18,39	11,32
1,356	22,11	11,41
1,434	28,80	11,05
1,434	28,75	10,95
1,399	29,57	8,46
1,362	30,42	5,74
1,308	32,05	0,0

Na_2SO_4—$NaVO_3$—H_2O [*T 21*]
Na_2SO_4—$NiSO_4$—H_2O [*B 17*]

Na_2SO_4 (X_1)—$Na_2S_2O_3$ (X_2)—H_2O [*G 1*]

D^{18}	X_1; [Gew.-%]	X_2; [Gew.-%]
1,130	14,11	—
1,150	12,31	4,01
1,180	10,71	9,36
1,194	9,83	11,34
1,225	8,45	15,84
1,248	7,65	19,16
1,276	7,14	22,46
1,301	6,01	25,53
1,314	5,97	27,00
1,338	6,04	29,57

Tabelle [*G 1*] (Forts.)

D^{25}	X_1; [Gew.-%]	X_2; [Gew.-%]
1,204	21,60	—
1,215	19,74	3,48
1,271	16,13	13,22
1,359	12,97	24,96
1,379	12,15	28,00
1,453	4,87	43,32
1,418	4,69	39,45
1,410	0,23	43,52
D^{40}		
1,326	24,79	9,06
1,383	8,13	34,35
1,444	4,28	43,06
1,494	2,24	49,73

$NaHSO_4-Tl_2SO_4-H_2O$ [*N 8*]
$Na_2SO_4-ZnSO_4-H_2O$ [*B 17*]
$Na_4SiO_4-Na_2WO_4-H_2O$ [*L 8*]
$Nd(NO_3)_3-Ni(NO_3)_2-H_2O$ [*P 14*]
$Nd(NO_3)_3-Zn(NO_3)_2-H_2O$ [*P 14*]
$Ni(NO_3)_2-Pr(NO_3)_3-H_2O$ [*P 14*]
$Pb(BrO_3)_2-Pb(NO_3)_2-H_2O$ [*M 1*]
$Pb(BrO_3)_2-Sr(NO_3)_2-H_2O$ [*M 1*]
$PbCl_2-Pb(NO_3)_2-H_2O$ [*H 5*]
$Pb(NO_3)_2-Sr(NO_3)_2-H_2O$ [*F 10*]
$PbS_2O_6-SrS_2O_6-H_2O$ [*F 10*]
$Pr(NO_3)_3-Zn(NO_3)_2-H_2O$ [*P 14*]
$RbCl-ZrOCl_2-H_2O$ [*B 5d*]
$RbNO_2-Sr(NO_2)_2-H_2O$ [*P 14i*]
$RbNO_2-TlNO_2-H_2O$ [*P 14g*]
$RbNO_3-Zn(NO_3)_2-H_2O$ [*C 19*]
$SrBr_2-SrCl_2-H_2O$ [*H 8*]
$SrCl_2-Sr(NO_3)_2-H_2O$ [*E 1, H 7*]
$SrCl_2-ZnCl_2-H_2O$ [*B 41, M 8, R 32*]
$Sr(NO_2)_2-TlNO_2-H_2O$ [*B 42a*]
$Sr(NO_3)_2-Sr(OH)_2-H_2O$ [*P 5*]
$TlCl-TlNO_3-H_2O$ [*B 45*]
$TlCl-Tl_2SO_4-H_2O$ [*B 38, B 45*]
$TlCl-ZnSO_4-H_2O$ [*B 45*]
$TlNO_3-Tl_2SO_4-H_2O$ [*N 8*]
$Yb(NO_3)_3-Yb(OH)_3-H_2O$ [*J 1*]
$ZnCl_2-ZnSO_4-H_2O$ [*G 2*]
$ZnO-ZnSO_4-H_2O$ [*G 11*]

2.2.2 Polynäre Systeme: anorganische Komponenten A, B, C, ..., Wasser — Polynary systems: inorganic components A, B, C, ..., water

$AlCl_3-HgCl_2-LiCl-H_2O$ [*T 9*]
$Al(NO_3)_3-KNO_3-NaNO_3-H_2O$ [*S 4*]
$Al_2O_3-CO_2-NaOH-H_2O$ [*H 2*]
$Al_2O_3-K_2O-Na_2O-H_2O$ [*S 24a, M 3c*]
$Al_2O_3-Na_2CO_3-Na_2O-H_2O$ [*M 3e*]
$Al_2(SO_4)_3-Cs_2SO_4-K_2SO_4-H_2O$ [*C 24b*]
$Al_2(SO_4)_3-K_2SO_4-Tl_2SO_4-H_2O$ [*F 10*]
$B_2O_3-(NH_4)_2O-Na_2O-H_2O$ [*R 35a*]
$BaBr_2-Ba(ClO_3)_2-Ba(NO_3)_2-H_2O$ [*R 19*]
$BaCl_2-KCl-NaCl-H_3O$ [*Y 2*]
$BeSO_4-H_2SO_4-Li_2SO_4-H_2O$ [*A 16*]
$BiBr_3-HBr-RbBr-H_2O$ [*V 5*]
$CO_2-CaCO_3-CaSO_4-NaCl-H_2O$ [*S 24*]
$CO_2-H_3BO_3-NaOH-H_2O$ [*H 29*]
$CaCO_3-CaSO_4-NaCl-Na_2SO_4-H_2O$ [*C 4*]
$CaCO_3-NaCl-Na_2SO_4-H_2O$ [*C 4*]
$CaCl_2-CaSO_4-NaCl-H_2O$ [*R 35b*]
$CaCl_2-FeCl_3-HCl-H_2O$ [*P 10c*]
$CaCl_2-HgCl_2-LiCl-H_2O$ [*T 9*]
$CaCl_2-NaCl-ZnCl_2-H_2O$ [*H 9b*]
$CaO-HNO_3-H_3PO_4-H_2O$ [*B 13, B 14*]
$CaSO_4-K_2SO_4-MgSO_4-H_2O$ [*L 6b*]
$CaSO_4-NaCl-Na_2SO_4-H_2O$ [*C 4*]
$CoSO_4-CuSO_4-(NH_4)_2SO_4-H_2O$ [*B 26*]
$K_2CrO_4-Na_2CrO_4-KClO_4-NaClO_4-H_2O$ [*D 17*]
$CsCl-HCl-SbCl_3-H_2O$ [*Z 2*]
$CuSO_4-FeSO_4-H_2SO_4-H_2O$ [*M 4*]
$CuSO_4-FeSO_4-(NH_4)_2SO_4-H_2O$ [*H 1*]
$CuSO_4-K_2SO_4-NH_4Cl-H_2O$ [*D 2*]
$CuSO_4-K_2SO_4-NiSO_4-H_2O$ [*H 4*]
$CuSO_4-K_2SO_4-Tl_2SO_4-H_2O$ [*R 16*]
$CuSO_4-MgSO_4-(NH_4)_2SO_4-H_2O$ [*A 15*]
$CuSO_4-MnSO_4-(NH_4)_2SO_4-H_2O$ [*B 26, H 1*]
$CuSO_4-(NH_4)_2SO_4-NiSO_4-H_2O$ [*O 3*]
$CuSO_4-(NH_4)_2SO_4-Tl_2SO_4-H_2O$ [*R 16*]
$CuSO_4-(NH_4)_2SO_4-ZnSO_4-H_2O$ [*H 4*]
$K_3Fe(CN)_6-K_4Fe(CN)_6-KOH-H_2O$ [*G 9a*]
$K_3[Fe(CN)_6]-K_4[Fe(CN)_6]-NaOH-H_2O$ [*E 2, G 9a*]
$HCl-H_2SO_4-Na_2SO_4-H_2O$ [*O 5*]
$HCl-KCl-MgCl_2-MgSO_4-NaCl-H_2O$ [*H 9a*]

HCl (X_1) — KCl (X_2) — NaCl (X_3) — H_2O [*R 36*]

D^{25}	X_1	X_2	X_3
	Mol/1000 g H_2O		
1,0244	0,5984	0,2007	0,2009
1,0286	0,4023	0,199	0,3987
1,0297	0,4013	0,3973	0,2014
1,0350	0,2051	0,5920	0,2029
1,0441	0,2000	0,3996	0,4004
1,0325	0,2044	0,1988	0,5968
1,0484	1,2291	0,3707	0,4002
1,0600	0,7860	0,8199	0,3941
1,0574	0,8079	0,3878	0,8043
1,0663	0,3778	0,3667	1,2555
1,0674	0,4218	0,7811	0,7971
1,0698	0,3969	1,2153	0,3878
1,0935	2,4449	0,7888	0,7662
1,1085	1,6840	0,7915	1,5244
1,1266	0,8698	1,4879	1,6423
1,1239	0,8656	0,7636	2,3708
1,1286	0,8827	2,2355	0,8818
1,1113	1,7110	1,4833	0,8057

$HCl-KCl-SbCl_3-H_2O$ [*Z 3*]
$HNO_3-H_2SO_4-Na_2SO_4-H_2O$ [*O 5*]
$HNO_3-NaNO_3-Na_2SO_4-H_2O$ [*O 5*]
$H_2SO_4-K_2SO_4-Na_2SO_4-H_2O$ [*M 14*]
$H_2SO_4-Na_2SO_4-ZnSO_4-H_2O$ [*P 2*]
$K_2CO_3-KClO_3-Na_2CO_3-H_2O$ [*I 1*]

$KCl-KClO_3-NaCl-H_2O$ [*N 1*]
$KCl-KClO_3-NaClO_3-H_2O$ [*N 1*]
$KCl-KNO_3-K_2SO_4-H_2O$ [*H 12*]
$KCl-KNO_3-NH_3-H_2O$ [*A 5*]
$KCl-KNO_3-NaCl-H_2O$ [*P 1*]
$KCl-KH_2PO_4-NH_4Cl-H_2O$ [*A 12*]
$KCl-K_2SO_4-NaCl-H_2O$ [*P 1*]
$KCl-K_2SO_4-NaCl-Na_2SO_4-H_2O$ [*B 30*]
$KCl-LiCl-NaCl-H_2O$ [*Y 2*]
$KCl-NH_4Cl-NaCl-H_2O$ [*G 3*]
$KCl-(NH_4)_2SO_4-NaNO_3-H_2O$ [*F 3*]
$KCl-NaCl-NaClO_3-H_2O$ [*N 1*]
$KCl-NaCl-Na_2SO_4-H_2O$ [*N 5*]
$KClO_3-Na_2CO_3-NaClO_3-H_2O$ [*I 1*]
$KClO_3-NaCl-NaClO_3-H_2O$ [*N 1*]
$KClO_4-NaCl-NaNO_3-H_2O$ [*C 39*]
$KJ-KNO_3-NaCl-H_2O$ [*D 2*]
$KNO_3-NaCl-NaNO_3-H_2O$ [*C 38, P 1*]
$KNO_3-K_2SO_4-Mg(NO_3)_2-MgSO_4-H_2O$ [*B 18*]
$KNO_3-Mg(NO_3)_2-NaNO_3-H_2O$ [*F 14*]
$K_2SO_4-Li_2SO_4-MgSO_4-H_2O$ [*S 6a, K 10b*]
$K_2SO_4-MgSO_4-NiSO_4-H_2O$ [*D 16*]
$La(JO_3)_3-La(NO_3)_3-NH_4NO_3-H_2O$ [*H 9*]
$MgCl_2-MgSO_4-NaCl-H_2O$ [*Y 3*]
$MgSO_4-NaCl-Na_2SO_4-H_2O$ [*F 0a*]
$NH_3-NH_4Cl-NH_4NO_3-H_2O$ [*A 5*]
$NH_3-NH_4NO_3-NaNO_3-H_2O$ [*F 7*]
$NH_3-SO_2-SO_3-H_2O$ [*H 28*]
$NH_4HCO_3-NH_4NO_3-NaHCO_3-H_2O$ [*F 7*]
$NH_4HCO_3-NaHCO_3-NaNO_3-H_2O$ [*F 7*]
$NH_4NO_3-NaHCO_3-NaNO_3-H_2O$ [*F 7*]
$(NH_4)_2SO_3-(NH_4)_2SO_4-NH_4HSO_4-H_2O$ [*C 19a*]
$(NH_4)_2SO_3-(NH_4)_2SO_4-NH_4HSO_4-(NH_4)_2S_2O_3-H_2O$ [*C 19a*]
$NaCO_3-NaCl-Na_2SO_4-H_2O$ [*S 18*]

2.2.3 Literatur zu 2.2 — References for 2.2

A 1 Achumow, E. I., Wassilijew, B. B.: J. allg. Chem. (Shurnal Obschtschei Chimii) **2** (1932) 271—89 (nach Seidell).
A 2 Agde, G., Barkholt, H.: Z. angew. Chem. **40** (1927) 374—79.
A 3 Agde, G., Barkholt, H.: Z. angew. Chem. **39** (1926) 851—55.
A 4 Aggarwal, R. C.: Z. physik. Chem. **207** (1957) 1—7.
A 4a Aggarwal, R. C.: Z. physik. Chem. **208** (1957) 1—5.
A 5 Alexandrov, N. P.: J. angew. Chem. (Shurnal Prikladnoi Chimii) **19** (1946) 63—70 (nach Seidell).
A 5a Andreeva, T. A., Pročenko, P. I., Požarskaja, S. S.: Ž. prikl. Chim. **40** (1967) 1, 180—82.
A 5b Andreeva, T. A., Požarskaja, S. S.: Ž. neorg. Chim. *12* (1967) 10, 2777—80.
A 5c Andreeva, T. A., Požarskaja, S. S.: Ž. neorg. Chim. **14** (1969) 2, 558—62.
A 6 Anossow, W. Ja., Bysowa, Je. A.: Ann. Secteur Analyse physico-chim. (Iswesstija Ssektora Fisiko-Chimitschesskogo Analisa) **15** (1947) 118—24.
A 6a Antipenko, G. L., Beletzkaja, Je. Ss., Korolewa, S. I.: J. angew. Chem. UdSSR **32** (1959) 1462—66.
A 7 von Antropoff, A., Markau, A., Sommer, W.: Z. Elektrochem. angew. physik. Chem. **30** (1924) 457—67.
A 8 Applebey, M. P., Leishman, M. A.: J. Chem. Soc. [London] **1932**, 1603—08.
A 9 Applebey, M. P., Windridge, M. E. D.: J. Chem. Soc. [London] **1932**, 1608—13.
A 10 Archibald: Proc. Trans. Nova Scotian Inst. Sci. **9** (1897) 335 (nach ICT).
A 11 Armstrong, H. E., Eyre, J. V.: Proc. Roy. Soc. [London] Ser. **A 84** (1910/11) 123—35 (nach Seidell).
A 12 Askenasy, P., Nessler, F.: Z. anorg. allg. Chem. **189** (1930) 305—28.
A 13 Asmus, E.: Ann. Physik. [5] **36** (1939) 166—82.
A 14 Averina, R. A., Ševčuk, V. G.: Ž. neorg. Chim. **12** (1967) 11, 3138—40.
A 15 Averina, R. A., Ševčuk, V. G.: Ž. neorg. Chim. **13** (1968) 1, 267—70.
A 16 Awirmed, A., Reschetnikowa, L. P., Nowosselowa, A. W.: Nachr. Moskauer Univ. Ser. II 17, Nr. 2, 47—49 [1962].

B 1 Bain, J. W.: J. Am. Chem. Soc. **49** (1927) 2734—38.
B 1a Balashova, E. F., u. Protsenko: Ukr. Chim. Ž. **37** (1971) 9, 870—73.
B 2 Banchetti, A.: Gazz. chim. ital. **64** (1934) 229—34 (nach Chem. Zbl.).
B 3 Barnes: Proc. Trans. Nova Scotian Inst. Sci. **10** (1899) 49 (nach ICT).
B 4 Baschilow, I.: Z. angew. Chem. **41** (1928) 57—59.
B 4a Baskerville, W. H., Cameron, F. K.: J. physic. Chem. **39** (1935) 769—79.
B 4b Baumgärtel, G., Kuhn, E.: Anal. Chim. Acta **53** (1971) 1, 208—10.
B 5 Becquerel: Ann. Chimie physique **12** (1877) 5 (nach ICT).
B 5a Beljaev, I. N., Grigor'eva, E. A.: Ž. neorg. Chim. **12** (1967) 6, 1693—95.
B 5b Beljaev, I. N., Grigor'eva, E. A.: Ž. neorg. Chim. **13** (1968) 2, 562—65.
B 5c Beljaev, I. N., Lobas, L. M.: Izvest. vyssich učebnych Zavedenij [Ivanovo], Chim. i chim. Technol. **10** (1967) 3, 255—58.
B 5d Beljaev, I. N., Lobas, L. M.: Ž. neorg. Chim. **13** (1968) 4, 1149—54.
B 5e Beljaev, I. N., Le T'juk: Ž. neorg. Chim. **11**, 1919—25 [1966].
B 6 Bell, J. M., Buckley, M. L.: J. Am. Chem. Soc. **34** (1912) 14/15.

B 7 Bell, J. M., Taber, W. C.: J. physic. Chem. **10** (1906) 119—22.
B 8 Bell, J. M., Taber, W. C.: J. physic. Chem. **12** (1908) 171—79.
B 9 Bell, J. M., Taber, W. C.: J. physic. Chem. **11** (1907) 637—38.
B 10 Belopolskii, A. P., Kolycheva, V. N., Shpunt, S.: J. angew. Chem. (Shurnal Prikladnoi Chimii) **21** (1948) 794—801 (nach Seidell).
B 11 Belopolskii, A. P., Urusov, V. V.: J. angew. Chem. (Shurnal Prikladnoi Chimii) **21** (1948) 781—93 (nach Seidell).
B 12 Belopolskii, A. P., Serebreunikova, M. T., Bilivic, A. V.: J. angew. Chem. (Shurnal Prikladnoi Chimii) **13** (1940) 3—8 (nach Seidell).
B 13 Belopolskii, A. P., Serebreunikova, M. T., Shpunt, J. S.: Chem. J. Ser. B, J. angew. Chem. (Chimitschesski Shurnal, Sserija B, Shurnal Prikladnoi Chimii) **9** (1936) 1523—29 (nach Seidell).
B 14 Belopolskii, A. P., Serebreunikova, M. T., Shpunt, J. S.: Chem. J. Ser. B, J. angew. Chem. (Chimitschesski Shurnal, Sserija B, Shurnal Prikladnoi Chimii) **10** (1937) 403—13 (nach Seidell).
B 14a Belousova, A. P., Shakhno, I. V., Plynshchev, V. E.: Ž. neorg. Chim. **16** (1971) 6, 1761—63.
B 14b Belotzki, D. P., Chodwl, M. F.: J. anorg. Chem. UdSSR **8** (1963) 1014—16.
B 15 Bender, C.: Ann. Physik (3) **22** (1884) 179—203.
B 16 Bender, C.: Ann. Physik (3) **31** (1887) 872—88.
B 17 Benrath, A., Benrath, H.: Z. anorg. allg. Chem. **179** (1929) 369—78.
B 18 Benrath, A., Benrath, H., Wazelle, H.: Z. anorg. allg. Chem. **184** (1929) 359—68.
B 19 Benrath, A., Benrath, H., Wazelle, H.: Z. anorg. allg. Chem. **189** (1930) 72—81.
B 20 Benrath, A., Beu, W.: Z. anorg. allg. Chem. **170** (1928) 257—87.
B 21 Benrath, A., Beu, W.: Caliche **11** (1929/30) 107.
B 22 Benrath, A., Pitzler, H., Ilieff, N.: Caliche **11** (1929/30) 100 (nach Gmelin).
B 23 Benrath, A., Pitzler, H., Ilieff, N.: Z. anorg. allg. Chem. **170** (1928) 257—87.
B 24 Benrath, A., Schloemer, A., Clermont, J., Kojitsch, S.: Caliche **11** (1929/30) 114 (nach Gmelin).
B 25 Benrath, A., Sichelschmidt, A.: Z. anorg. allg. Chem. **197** (1931) 113—28.
B 25a Berecz, E., Andra's, L., Geiger, I.: Ung. Z. Chem. **66** (1960) 85—90.
B 25b Berecz, E., Horányi, G.: Ung. Z. Chem. **67** (1961) 152—57.
B 26 Bertisch, B.: Roczniki Chem. (Ann. Soc. chim. Polonorum) **6** (1926) 705—10 (nach Seidell).
B 27 Bingham, E. C., Foley, R. T.: J. physic. Chem. **47** (1943) 511—27.
B 28 Bingham, E. C., Stone, S. B.: J. physic. Chem. **27** (1923) 701—38
B 29 Blanchard, A. A., Puchee, H. B.: J. Am. Chem. Soc. **34** (1912) 28—32.
B 30 Blasdale, W. C.: Ind. Engng. Chem. **10** (1918) 344—47.
B 30a Bochowkin, I. I.: J. allg. Chem. UdSSR **19** (1949) 805—11.
B 31 Bock, O.: Ann. Physik [3] **30** (1887) 631—38.
B 32 Bodländer, G.: Z. physik. Chem. **7** (1891) 358—66.
B 33 Bodländer, G.: Z. physik. Chem. **9** (1892) 730—43.
B 34 Boericke, F.: Z. Elektrochem. angew. physik. Chem. **11** (1905) 67—88.
B 34a Bossik, I. I., Worobjewa, O. I., Nowosselowa, A. W.: J. anorg. Chem. UdSSR **5** (1960) 1157—62.
B 35 Bousfield: Philos. Trans. Roy. Soc. London, Ser. A **206** (1906) 101 (nach ICT).
B 36 Bozza, G.: Giorn. Chim. ind. appl. **16** (1934) 109—16 (nach Seidell).
B 37 Braseliten, C.: C.R. hebd. Séances Acad. Sci. **211** (1940) 30/31.
B 38 Bray, W. C., Winninghoff, W. J.: J. Am. Chem. Soc. **33** (1911) 1663—72.
B 39 Brenner, R. W., Thompson, Th., Utterback, C. L.: J. Am. Chem. Soc. **60** (1938) 2616—18.
B 40 Brönsted, J. N.: Z. physik. Chem. **77** (1911) 315—30.
B 41 Brüll, L.: Gazz. chim. ital. **65** (1935) 14—19.
B 42 Bruzau: Bull. Soc. chim. France Mém. [5] **15** (1948) 1177—80.
B 42a Brykova, N. A., Procenko, P. I.: Ž. fiz. Chim. **39** (1965) 738—41.
B 43 Buchanan: Trans. Roy. Soc. Edinburgh **49** (1912) 1 (nach ICT).
B 43a Bugai, P. M., Eremenko, R. A.: Ž. prikl. Chim. **44** (1971) 3, 657—60.
B 44 Bureau, J.: Ann. Chimie [11] **8** (1937) 98—142.
B 45 Butler, J. A. V., Hiscocks, E. S.: J. Chem. Soc. [London] **1926**, 2554—62.

C 1 Calvo, C., Simons, E. L.: J. Am. Chem. Soc. **74** (1952) 1202/03.
C 2 Cameron, F. K., Bell, J. M.: J. physik. Chem. **11** (1907) 363—68.
C 3 Cameron, F. K., Bell, J. M.: J. physik. Chem. **10** (1906) 210—15.
C 4 Cameron, F. K., Bell, J. M., Robinson, W. O.: J. physic. Chem. **11** (1907) 396—420.
C 5 Cameron, F. K., Breazeale, J. F.: J. physic. Chem. **8** (1904) 335—40.
C 6 Cameron, F. K., Robinson, W. O.: J. physic. Chem. **11** (1906/07) 577—80.
C 7 Cameron, F. K., Robinson, W. O.: J. physic. Chem. **11** (1907) 273—78.
C 8 Cameron, F. K., Robinson, W. O.: J. physic. Chem. **11** (1906/07) 690—94.
C 9 Cameron, F. K., Robinson, W. O.: J. physic. Chem. **11** (1906/07) 641—50.

C 10 Cameron, F. K., Robinson, W. O.: J. physic. Chem. **13** (1909) 251—55.
C 11 Campbell, A. N., Kartzmark, E. M.: Canad. J. Chem. **34** (1956) 672—78.
C 11a Campbell, A. N., Kartzmark, E. M., Sherwood, A. G.: Canad. J. Chem. **36** (1958) 1325—31.
C 11b Campbell, A. N., Williams, D. F.: Canad. J. Chem. **42** (1964) 1778—87.
C 11c Campbell, A. N., Williams, D. F.: Canad. J. Chem. **42** (1964) 1984—95.
C 12 Carter, S. R., Hartshorne, N. H.: J. Chem. Soc. [London] **123** (1923) 2223—33.
C 13 Carter, S. R., Megsan, N. J. L.: J. Chem. Soc. [London] **1928**, 2954—67.
C 14 Cavazzi: Gazz. chim. ital. **44 I** (1914) 448 (nach ICT).
C 14a Černak, A. S., Chomutnikov, V. A.: Ž. neorg. Chim. **13** (1968) 1, 210—13.
C 15 Chacravarti, A. S., Prasad, B.: Trans. Faraday Soc. **36** (1940) 561—64.
C 16 Chacravarti, A. S., Prasad, B.: Trans. Faraday Soc. **36** (1940) 557—60.
C 16a Chajbullin, I. Ch., Borisov, N. M.: Teplofiz. vysokich Temperatur **4** (1966) 518—23.
C 17 Chacravarti, A. S., Prasad, B.: J. Indian chem. Soc. **15** (1938) 479—82.
C 18 Charpy: Ann. Chimie physique **29** (1893) 5 (nach ICT).
C 19 Chauvenet, M. R.: C.R. hebd. Séances Acad. Sci. **207** (1938) 1216.
C 19a Chertkov, B. A., Pekareva, I. I.: J. Prikladnoi Chimii **34** (1961) 143—50, 135—41.
C 20 Chlopin, W., Nikitin, B.: Z. anorg. allg. Chem. **166** (1927) 311—50.
C 21 Chretien, A.: Caliche **7** (1926) 439.
C 22 Chretien, A.: Caliche **8** (1926) 355, 390.
C 23 Chretien, A.: These [Paris] **1929** (nach Seidell).
C 24 Chretien, A., Weil, R.: Bull. Soc. chim. France [5] **2** (1935) 1577—91.
C 24a Chripin, L. A.: J. anorg. Chem. UdSSR **5** (1960) 180—89.
C 24b Chripin, L. A., Lepeschkow, J. N.: J. anorg. Chem. UdSSR **5** (1960) 481—93.
C 25 Clendinnen, F. W. J.: J. Chem. Soc. [London] **121** (1922) 801—05.
C 26 Clendinnen, F. W. J.: J. Chem. Soc. [London] **123** (1923) 1338—44.
C 27 Clendinnen, F. W. J., Rivett, A. C. D.: J. Chem. Soc. [London] **123** (1923) 1344—51.
C 28 Clendinnen, F. W. J., Rivett, A. C. D.: J. Chem. Soc. [London] **119** (1921) 1329—39.
C 29 de Coninck: Bull. Cl. Sci., Acad. roy. Belgique **1901**, 483 (nach ICT).
C 30 de Coninck: Bull. Cl. Sci., Acad. roy. Belgique **1901**, 222 (nach ICT).
C 31 de Coninck: C.R. hebd. Séances Acad. Sci. **132** (1901) 90 (nach ICT).
C 32 de Coninck: Ann. chim. physique **28** (1903) 5 (nach ICT).
C 33 de Coninck: Bull. Soc. chim. France **17** (1915) 422 (nach ICT).
C 34 Coppadora, A.: Gazz. chim. ital. **39 II** (1909) 616 (nach ICT und Seidell).
C 35 Cornec: Ann. Chimie physique **29** (1913) 490 (nach ICT).
C 36 Cornec, E., Chretien, A.: Caliche **6** (1924) 358—69 (nach Seidell).
C 37 Cornec, E., Krombach, H.: Ann. chim. [10] **18** (1932) 5—31.
C 38 Cornec, E., Krombach, H.: Ann. chim. [10] **12** (1929) 203—95.
C 39 Cornec, E., Neumünster, A.: Revista Caliche (Chile) **10** (1929) 492—99 (nach Seidell).
C 40 Cunningham, G. L., Oey, T. S.: J. Am. Chem. Soc. **77** (1955) 4498/99.

D 1 Dalton, R. H., Pomeroy, R., Weymouth, L. E.: J. Am. Chem. Soc. **46** (1924) 60—64.
D 2 Delaite: Mémoires (couronnés et autres mémoires) publiés par l'Académie Royale des sciences des lettres et des beaux-arts de Belgique. Collection in 8 Vo. **51** (1895) 18 (nach ICT).
D 3 Demassieux, N., Roger, L.: C.R. hebd. Séances Acad. Sci. **204** (1937) 1818/19.
D 4 Demolis: J. Chim. physique **4** (1906) 528 (nach ICT).
D 5 Denham, H. G., Dick, D. A.: J. Chem. Soc. [London] **1931**, 1753—57.
D 6 Denham, H. G., Kidson, J. D.: J. Chem. Soc. [London] **1931**, 1757—62.
D 7 Denham, H. G., King, W. E.: J. Chem. Soc. [London] **1935**, 1251—53.
D 7a Dirkse, T. P.: J. electrochem. Soc. **106** (1959) 154/55.
D 8 Discher, C. A.: J. electrochem. Soc. **100** (1953) 45—51, 480—84.
D 9 von Dohlen, W. C., Simons, E. L.: J. Am. Chem. Soc. **73** (1951) 461/62.
D 10 Doliqué, R., Pauc, M.: Trav. Soc. Pharmac. Montpellier **6** (1946/47) 86—92.
D 11 Dominik, W.: Przemysl chem. **6** (1922) 317—27 (nach Seidell).
D 12 Donald, M. B.: J. Chem. Soc. [London] **1937**, 1325/26.
D 13 Drucker, C.: Ark. Kem. Mineralog. Geol. **A 22** Nr. 21.
D 14 Drucker, C.: Ark. Kem. Mineralog. Geol. **11 A**, Nr. 18 (1935) 12.
D 15 Drucker, C.: Ark. Kem. Mineralog. Geol. **14 A**, Nr. 15 (1941) 1—48.
D 16 Druzhinin, I. G., Usmanova, M. Kh.: Ž. neorg. Chim. **16** (1971) 8, 2304—05.
D 17 Družinina, G. V., Karnauchov, A. S., Lepeškov, I. N.: Z. neorg. Chim. **12** (1967) 5, 1386—96.
D 18 Duell, P. M., Lambert, J. L.: J. physic. Chem. **66** (1962) 1299—1301.

E 1 Ehret, W. F.: J. Am. Chem. Soc. **54** (1932) 3126—34.
E 2 Eisenberg, M., Tobias, C. W., Wille, C. R.: J. electrochem. Soc. **103** (1956) 413—16.
E 2a Ellis, A. J., Golding, R. M.: Amer. J. Sci. **261** (1963) 47—60.
E 3 Elmore, K. L., Farr, T. D.: Ind. Engng. Chem. *32* (1940) 580—86.

E 4 Engel: Ann. Chim. physique **13** (1888) 370 (nach ICT und Seidell).
E 5 Engel: Ann. Chim. physique **17** (1889) 338, 362.
E 6 Engel: Bull. Soc. chim. Paris **45** (1886) 653 (nach ICT).
E 7 Engel: Bull. Soc. chim. Paris **6** (1891) 15.
E 8 Engel: C.R. hebd. Séances Acad. Sci. **112** (1891) 1130 (nach ICT).
E 9 Engel: C.R. hebd. Séances Acad. Sci. **104** (1887) 911, 506 (nach ICT und Seidell).
E 10 Engel: C.R. hebd. Séances Acad. Sci. **102** (1886) 114.
E 11 Engel: Bull. Soc. chim. Paris **6** (1891) 15 (nach ICT).
E 12 Ensslin, F.: Z. anorg. allg. Chem. **250** (1942/43) 199—201.
E 13 Ensslin, F., Dreyer, H.: Z. anorg. allg. Chem. **249** (1942) 119—32.
E 14 Ensslin, F., Lessmann, O., Ziemeck, B.: Z. anorg. allg. Chem. **254** (1947) 83—91.
E 14a Epichin, Ju. A., Stachanova, M. S., Karapet'janc, M. Ch.: Ž. fiz. Chim. **38** (1964) 364—66.
E 14b Epichin, Ju., A., Stachanova, M. S., Karapet'janc, M. Ch.: Ž. fiz. Chim. **40** (1966) 377—82.
E 15 Erber, W.: Z. anorg. allg. Chem. **248** (1941) 32—44.
E 16 Erber, W., Schühly: J. prakt. Chem. **158** (1941) 176—85.
E 16a Ermolenko, N. F., Prodan, L. J., Borovskaja, L. A.: Doklady Akad. Nauk Beloruss. SSR **11** (1967) 9, 813—15.
E 17 Esrochi, L. L.: J. angew. Chem. (Shurnal Prikladnoi Chimii) **26** (1953) 802—07.
E 18 Euler, H.: Z. physik. Chem. **49** (1904) 303—16.

F 0a Fabuss, B. M., Korosi, A., Shamsul, A. K. M.: J. Chem. Engng. Data **11** (1966) 325—31.
F 1 Fairhall, L. T.: J. Am. Chem. Soc. **46** (1924) 1593—98.
F 2 Farrow, M.: J. Chem. Soc. [London] **1927**, 1153—58.
F 3 Favre, Valson: C.R. hebd. Séances Acad. Sci. **77** (1873) 907 (nach ICT).
F 4 Fedotieff, P. P.: Z. physik. Chem. **49** (1904) 162—88.
F 5 Fedotieff, P. P.: Z. anorg. Chem. **73** (1912) 173—99.
F 6 Fedotieff, P. P., Kolossoff, A.: Z. anorg. allg. Chem. **130** (1923) 39—46.
F 7 Fedotieff, P. P., Koltunov, J.: Annales de l'Institut Polytechnique Pierre le Grand, Petrograd **20** (1913) 410 (nach ICT).
F 8 Fedotieff, P. P., Koltunov, J.: Z. anorg. Chem. **85** (1914) 247—60.
F 8a Fenfesty, F. A., Brosheer, I. C.: J. Chem. Engng. Data **5** (1960) 152—54.
F 9 Fleck, J.: Bull. Soc. chim. France Mém. (5) **4** (1937) 558—60.
F 10 Fock: Z. Kristallogr., Mineralog. **28** (1897) 337 (nach ICT und Seidell).
F 11 Fricke, R., Brümmer, F.: Z. anorg. allg. Chem. **213** (1933) 319/20.
F 12 Fricke, R., Brümmer, F.: Z. anorg. allg. Chem. **223** (1935) 397/98.
F 13 Fricke, R., Windhausen, O.: Z. anorg. allg. Chem. **132** (1924) 273—88.
F 14 Frowein, F., v. Mühlendahl, E.: Z. angew. Chem. **39** (1926) 1488—1500; Caliche **9** (1927/28) 72—79 (nach Gmelin).

G 0a Gabe, I.: Studii Cercetări ştiint. [Jaşi] Ser. I **6**, Nr. 3/4 (1955) 329—38, 339—45 (nach Chem. Zbl.).
G 0b Ganina, G. I., Karnauchov, A. S., Lepeškov, I. N.: Ž. neorg. Chim. **15** (1970) 4, 1105—08.
G 1 Garran, R. R.: J. Chem. Soc. [London] **1926**, 848—55.
G 2 Garwin, L., Winterbottom, J. M.: Ind. Engng. Chem. **49** (1957) 1355—60.
G 3 Gerosa, Mai: Atti Accad. Lincei Rend. Cl. Sci. fisiche, mat. natur. **4** (1887) 134 (nach ICT).
G 4 Gibson, R. E.: J. physic. Chem. **35** (1931) 690—99.
G 5 Gilbert, L. F.: J. Chem. Soc. [London] **127** (1925) 1541/42.
G 6 Gilbert, L. F., Buckley, H., Masson, I.: J. Chem. Soc. [London] **121** (1922) 1934—38.
G 7 Gill, H. W.: J. chem. metallurg. Mining Soc. South Africa **14** (1914) 290—92 (nach Seidell).
G 8 Giordani, F.: Rend. Accad. Sci. fisiche mat. Napoli (3) **30** (1924) 150 (nach Tabl. ann.).
G 8a Gode, K. G., Kljavinja, L. A.: Ž. neorg. Chim. **15** (1970) 4, 1147.
G 9 Goodwin, H. M., Horsch, W. G.: Chem. metallurg. Engng. **21** (1919) 181 (nach ICT u. Seidell).
G 9a Goordon, S. L., Newman, J. S., Tobias, C. W.: Ber. Bunsenges. physik. Chem. **70** (1966) 414—20.
G 10 Greene, C. H.: J. Am. Chem. Soc. **59** (1937) 1186—88.
G 11 Gromov, B. V.: J. angew. Chem. (Shurnal Prikladnoi Chimii) **21** (1948) 261—72 (nach Seidell).
G 12 Grunert: Z. anorg. allg. Chem. **151** (1926) 310.
G 12a Gubskaja, G. F., Klotschko, M. A.: J. anorg. Chem. UdSSR **3** (1958) 2571—81.
G 13 Guerin, H.: Bull. Soc. chim. France Mém. (5) **5** (1938) 1472—78.
G 13a Gyunner, E. A., Arkhipenko, V. P.: Ž. neorg. Chim. **16** (1971) 6, 1596—1600.

H 1 Haber, M., Chuwis, Q.: Roczniki Chem. (Ann. Soc. chim. Polonorum) **6** (1926) 700—04 (nach Seidell).
H 2 Hall, J. M., Green, S. J.: Ind. Engng. Chem. **37** (1945) 977—80.
H 3 Hall, J., Leslie: J. Soc. chem. Ind. **41** (1922) 285 (nach ICT).
H 4 Halpern, E.: Roczniki Chem. [Ann. Soc. chim. Polonorum] **6** (1926) 661—77 (nach Seidell).
H 5 Harkins, W. D.: J. Am. Chem. Soc. **33** (1911) 1807—27.

Synowietz

H 6 Harkins, W. D., Paine, H. M.: J. Am. Chem. Soc. **41** (1919) 1155–68.
H 7 Harkins, W. D., Paine, H. M.: J. Am. Chem. Soc. **38** (1916) 2709–14.
H 8 Harkins, W. D., Pearce, W. T.: J. Am. Chem. Soc. **38** (1916) 2714–17.
H 9 Harkins, W. D., Pearce, W. T.: J. Am. Chem. Soc. **38** (1916) 2679–2709.
H 9a Heinz, A.: Freiberger Forsch.-H, Reihe A **267** (1963) 443–55.
H 9b Helvenston, E. P., Cueras, E. A.: J. Chem. Engng. Data **9** (1964) 321–23.
H 10 Hempel, W., Tedesco, H.: Z. angew. Chem. **24** (1911) 2459–69.
H 11 Hendricks, S. B.: J. physic. Chem. **30** (1926) 248–53.
H 12 Hering, E.: Revista Caliche, Chile (1925/27) Thèse, Univ. Straßburg 1926 (nach Seidell).
H 13 Hering, H.: Ann. Chimie [11] **5** (1936) 483–586.
H 14 v. Hevesy, G., Wagner, O. H.: Z. anorg. allg. Chem. **191** (1930) 194–200.
H 15 Hill, A. E.: J. Am. Chem. Soc. **50** (1928) 2678–92.
H 16 Hill, A. E.: J. Am Chem. Soc. **52** (1930) 3817–25.
H 17 Hill, A. E.: J. Am. Chem. Soc. **56** (1934) 1071–78.
H 18 Hill, A. E., Bacon, L. R.: J. Am. Chem. Soc. **49** (1927) 2487–95.
H 19 Hill, A. E., Brown, S. F.: J. Am. Chem. Soc. **53** (1931) 4316–20.
H 20 Hill, A. E., Donovan, J. E.: J. Am. Chem. Soc. **53** (1931) 934–41.
H 21 Hill, A. E., Miller jr., F. W.: J. Am. Chem. Soc. **49** (1927) 669–86.
H 22 Hill, A. E., Moskowitz, S.: J. Am. Chem. Soc. **51** (1929) 2396–98.
H 23 Hill, A. E., Moskowitz, S.: J. Am. Chem. Soc. **53** (1931) 941–46.
H 24 Hill, A. E., Ricci, J. E.: J. Am. Chem. Soc. **53** (1931) 4308–10.
H 24a Hill, A. E., Ricci, J. E.: J. Am. Chem. Soc. **53** (1931) 4310–12.
H 25 Hill, A. E., Ricci, J. E.: J. Am. Chem. Soc. **53** (1931) 4312–14.
H 25a Hill, A. E., Ricci, J. E.: J. Am. Chem. Soc. **53** (1931) 4314/15.
H 26 Hill, A. E., Simmons, J. P.: J. Am. Chem. Soc. **31** (1909) 821–39.
H 27 Hill, A. E., Simmons, J. P.: Z. physik. Chem. **67** (1909) 594–617.
H 28 Hill, L. M.: J. Chem. Soc. [London] **1948**, 76–78.
H 29 Hill, L. M.: J. Chem. Soc. [London] **1945**, 476–78.
H 30 Hitschcock, Ilhenny: Ind. Engng. Chem. **27** (1935) 461–66.
H 31 Hixson, A. W., Plechner, W. W.: Ind. Engng. Chem. **25** (1933) 262–74.
H 32 Hofmann: Ann. Physik **133** (1868) 575 (nach ICT).
H 33 Hogg, A. R.: J. Chem. Soc. [London] **1926**, 855–62.
H 34 Holler, W. D., Pfeffer, E. L.: J. Am. Chem. Soc. **38** (1916) 1021–29.
H 35 Holler, W. D., Pfeffer, E. L.: Bureau of Standards, Bulletin **13** (1916) 273 (nach ICT).
H 36 Holluta, J., Mautner, S.: Z. physik. Chem. **127** (1927) 455–75.
H 37 Holmes, J., Sagemann, P. J.: J. Chem. Soc. **91** [London] **1907**, 1606–19.
H 38 Hooker: Chem. metallurg. Engng. **23** (1920) 961 (nach ICT).
H 39 Horn, D. W.: Am. Chem. J. **37** (1907) 467 (nach ICT und Seidell).
H 40 Howell, O. R.: J. Chem. Soc. [London] **1927**, 158.
H 41 Howell, O. R.: J. Chem. Soc. [London] **1929**, 162–72.
H 42 Hudgins, C. M.: J. chem. Engng. Data **9** (1964) 434–36.

I 1 Iljinsky, V. P.: J. russ. physik. chem. Ges. (Shurnal Russkogo Fisiko-Chimitschesskogo Obschtschesstwa) **54** (1924) 29–60 (nach Seidell).
I 2 Ingham, J. W.: J. Chem. Soc. [London] **1928**, 2381–88.
I 3 Ingham, J. W.: J. Chem. Soc. [London] **1928**, 1917–30.
I 4 Ingham, J. W.: J. Chem. Soc. [London] **1929**, 2059–67.
I 5 Ingham, J. W.: J. Chem. Soc. [London] **1930**, 542–52.

J 0 Jäger, L., Kočová, H., Nyvlt, J., Gottfried, J.: Collect. czechoslov. chem. Commun **30** (1965) 1968–75.
J 1 James, C., Pratt, L. A.: J. Am. Chem. Soc. **32** (1910) 873–79.
J 2 Jaquerod: J. Chim. physique **7** (1909) 129 (nach ICT).
J 3 Jarlykow, M. M.: Chem. J. Ser. B, J. angew. Chem. (Chimitschesski Shurnal Sserija B; Shurnal Prikladnoi Chimii) **7** (1934) 902–05.
J 4 Jermolenko, N. F., Makkawejewa, A. I.: J. allg. Chem. (Shurnal Obschtschei Chimii) **22** (1952) 1741–45.
J 5 Jones, G., Hartmann, M. L.: J. Am. Chem. Soc. **33** (1911) 1933–36.
J 6 Jones, G., Hartmann, M. L.: Trans. Amer. electrochem. Soc. **30** (1916) 295–326 (nach ICT).
J 7 Joseph, A. F.: J. Chem. Soc. [London] **117** (1920) 377–81.

K 1 Kanitz, A.: Z. physik. Chem. **22** (1897) 336–57.
K 1a Karnauchov, A. S., Guseva, A. D.: Ž. neorg. Chim. **12** (1967) 9, 2505–08.
K 1b Karnauchov, A. S., Leboščina, V. I., Lepeškov, I. N.: Ž. neorg. Chim. **12** (1967) 11, 3153–55.
K 1c Karnauchow, A. S., Runov, N. N.: Izvest. vyssich učebnych Zavedenij [Ivanovo], Chim. i chim. Technol. **10** (1967) 12, 1299–1302.

K 1d Karov, Z. G., Ashkhotov, V. G., Semenova, S. B.: Ž. neorg. Chim. **16** (1971) 9, 2580–85.
K 1e Karow, S. G., Perelman, F. M.: J. anorg. Chem. UdSSR **4** (1959) 936–40.
K 1f Karow, S. G., Perelman, F. M.: J. anorg. Chem. UdSSR **7** (1962) 2450–58.
K 1g Kepiński, J., Trzeszczyński, J.: Rocznika Chem. (Ann. Soc. chim. Polonorum) **38** (1964) 201–11.
K 2 Kiehl, S. J., Manfredo, E. J.: J. Am. Chem. Soc. **59** (1937) 2118–26.
K 3 Kikolajew, W. T., Burowaja, E. Je.: Ann. Secteur Analyse physicochim. (Iswesstija Ssektora Fisiko-Chimitschesskogo Analisa) **10** (1938) 2616–18, 245–57.
K 4 Kikuti, S.: J. Soc. chem. Ind., Japan, suppl. Binding **42** (1939) 15 B (nach Chem. Zbl.).
K 5 Kirschman, H. D., Pomeroy, R.: J. Am. Chem. Soc. **66** (1944) 1793/94.
K 6 Kirschman, H. D., Pomeroy, R.: J. Am. Chem. Soc. **65** (1943) 1695/96.
K 7 Kleiner, K. E.: J. Chim. appl. (Shurnal Prikladnoi Chimii) **17** (1944) 409–16 (nach Seidell).
K 8 Klemenc, A., Rupp, J.: Z. anorg. allg. Chem. **194** (1930) 51–72.
K 8a Klewzow, P. W.: Schr. Allunions mineralog. Ges. [2] **88** (1959) 93–96.
K 8b Klotschko, M. A., Gubskaja, G. F.: J. anorg. Chem. UdSSR **3** (1958) 2571–81.
K 9 Kolb: Bull. Soc. ind. Mulhouse **42** (1872) 209 (nach ICT).
K 10 Kolthoff, I. M., Stenger, V. A.: J. physic. Chem. **38** (1934) 639–43.
K 10a Koneczny, H., L. Boliński, Przemysl. chem. **48** (1969) 1, 15–18.
K 10b Kost', L. L., Ševčuk, V. G.: Ž. neorg. Chim. **13** (1968) 1, 271–76.
K 11 Kremers: Ann. Physik **98** (1856) 58 (nach ICT).
K 12 Kurńakow, N. S., Kusnetzow, W. G.: Ann. Inst. Analyse physicochim. (Iswesstija Instituta Fisiko-Chimitschesskogo Analisa) **7** (1935) 186 (nach Gmelin).
K 13 Kurnakow, N. S., Kusnetzow, W. G.: Arb. VI Allunions Mendelejew Kongr. theoret. angew. Chem. (Trudy VI Wssessojusnogo Mendelejewskogo Ssjesda po Teoretitschesskoi i Prikladnoi Chimii) 1932, **2** Teil 1 (1935) 619 (nach Chem. Zbl.).
K 14 Kurnakov, N. S., Luschnaja, N. P., Kusnetzow, W. G.: Bull. Acad. Sci. URSS, Sér. chim. (Iswesstija Akademii Nauk SSSR, Sserija Chimitschesskaja) **1937**, 577–605 (nach Seidell).
K 15 Kusnetzow, W. G.: Bull. Acad. Sci. URSS, Sér. chim. (Iswesstija Akademii Nauk SSSR, Sserija Chimitschesskaja) **1937**, 385–98 (nach Seidell).

L 1 Lamberger, J., Paris, R.: Bull. Soc. chim. France Mém. (5) **17** (1950) 546–52.
L 2 Lanford, O. E., Kiehl, S. J.: J. Am. Chem. Soc. **62** (1940) 1660–65.
L 2a Latysheva, V. A., Andreeva, I. N.: Ž. obšč. Chim. **41** (1971) 8, 1649–52.
L 3 Leather, J. W., Mukerji, J. M.: Mem. Dep. Agric. India, Chem. Ser. **3** (1913), 177–204 (nach Seidell).
L 4 Le Blanc, M., Rohland, P.: Z. physik. Chem. **19** (1896) 261–86.
L 5 Lee, W. B., Egerton, A. C.: J. Chem. Soc. [London] **123** (1923) 706–16.
L 5a Legrand, M., Pâris, R. A.: Bull. Soc. chim. France **11** (1967) 4283–85.
L 6 Leimbach, G., Pfeiffenberger, A.: Caliche **11** (1929/30) 64–69.
L 6a Lenfesty, F. A., Brosheer, J. C.: J. chem. Engng. Data **5** (1960) 152–54.
L 6b Lepeschkow, J. N., Nowikowa, L. W.: J. Anorg. Chem. UdSSR **3** (1958) 2395–2407.
L 7 Levi, M., Gilbert, L. F.: J. Chem. Soc. [London] **1927**, 2117–24.
L 8 van Liempf, J. A. M.: Z. anorg. allg. Chem. **122** (1922) 175–80.
L 9 Lindstrand, F.: Z. anorg. allg. Chem. **230** (1937) 187–208.
L 10 Linke, W. F., Cooper, J. A.: J. physic. Chem. **60** (1956) 1662/63.
L 10a Lissow, W. N.: Ukrain. chem. J. **28** (1962) 32–38.
L 11 Lloyd, L., Wyatt, P. A. H.: J. chem. Soc. [London] **1957**, 4262–67.
L 11a Loudin, D. J.: J. chem. Engng. Data **7** (1962) 266–68.
L 12 Lunge, Bachofen: Z. angew. Chem. **6** (1893) 326 (nach ICT).
L 13 Lutschinski, G. P., Litschatschewa, A. I.: J. Phys. Chem. (Shurnal Fisitschesskoi Chimii) **9** (1937) 199–212.

M 1 MacDougall, F. H., Hoffman, E. J.: J. physic. Chem. **40** (1936) 317–31.
M 2 Mackenzie, J. J.: Ann. Physik. Chem. **1** (1877) 438–51.
M 3 Marshall, J. Soc. chem. Ind. **21** (1902) 1508 (nach ICT).
M 3a Marshall, W. L., Slusher, R.: J. Chem. Engng. Data **10** (1965) 353–58.
M 3b Mason, D. M., Petker, I., Vango, St. P.: J. physic. Chem. **59** (1955) 511–16.
M 3c Mašovec, V. P., Kuročkina, V. V., Penkina, N. V., Pučkov, L. V., Fedorov, M. K.: Ž. prikl. Chim. **40** (1967) 11, 2587/88.
M 3d Mašovec, V. P., Kuročkina, V. V., Penkina, N. V., Pučkov, L. V., Fedorov, M. K.: Ž. prikl. Chim. **41** (1968) 3, 643–46.
M 3e Mašovec, V. P., Penkina, N. V., Pučkov, L. V., Kuročkina, V. V.: Ž. prikl. Chim. **44** (1971) 7, 1550–53.
M 4 Masower, N. D.: J. angew. Chem. (Shurnal Prikladnoi Chimii) **26** (1953) 612–18.
M 5 Masson, J. I. O.: J. Chem. Soc. [London] **99** (1911) 1132–39.

M 6	Matignon: Ann. chim. phys. **8** (1906) 386 (nach ICT).
M 6a	Matwejew, M. A., Rabuchin, A. T.: Glas und Keramik **18** (1961) 12—14.
M 7	McKay: Z. Electrochem. **6** (1899) 111 (nach ICT).
M 8	Mead, D. J., Fuoss, R. M.: J. physic. Chem. **49** (1945) 480—82.
M 8a	Medvedev, B. S., Procenko, P. I.: Hochschulnachr. [Ivanovo] Chem. u. chem. Technol. **9** (1966) 347—50.
M 9	Meyer: Ann. Physik **113** (1861) 383 (nach ICT).
M 10	Meyer, J., Stateczny, V.: Z. anorg. allg. Chem. **122** (1922) 1—21.
M 11	Meyerhoffer, W.: Z. physik. Chem. **53** (1905) 513—603.
M 12	Miller: Proc. Roy. Soc. [London] Ser. **A 106** (1924) 724 (nach Tabl. Ann.).
M 13	Milligan, L. H.: J. Am. Chem. Soc. **44** (1922) 567—70.
M 13a	Mironov, K. E., Popov, A. P., Chripin, L. A.: Z. anorg. Chem. UdSSR **11** (1966) 2789—98.
M 13b	Mironov, K. E., Popov, A. P., Vorob'eva, V. Ya., Grankina, E. A.: Ž. neorg. Chim. **16** (1971) 10, 2769—74.
M 14	Montemartini, C., Losana, L.: Ind. chimica **4** (1929) 107, 199, 291 (nach Seidell).
M 15	Mützel, K.: Wied. Ann. **43** (1891) 26.
M 16	Mumford, S. A., Gilbert, L. F.: J. Chem. Soc. [London] **123** (1923) 471—75.
M 17	Mun, A. I.: Nachr. Akad. Wiss. Kasach-SSR Ser. chem. (Iswesstija Akademii Nauk Kasachskoi SSR, Sserija Chimitschesskaja) **1956** Nr. 10, 22—29; **1955** Nr. 8, 35—43.
M 17a	Mun, A. I.: Nachr. Akad. Wiss. Kasach-SSR, Ser. Chem. [1956] Nr. 10, 22—29.
M 18	Munter, P. A., Brown, R. L.: J. Am. Chem. Soc. **65** (1943) 2456/57.
N 1	Nallet, A., Paris, R. A.: Bull. Soc. chim. France (5) **1956**, 488—97.
N 2	Nayar, M. R., Nayar, K. V., Srivastava, L. N.: J. Indian chem. Soc. **29** (1952) 241—47.
N 3	Nickels, Allmand, A. J.: J. physic. Chem. **41** (1937) 861—72.
N 4	Nicol: Philos. Mag. **17** (1884) 537 (nach ICT).
N 5	Nicolai, H. W., Ernst, W., Wegkamp, H.: Chem. Weekbl. **47** (1951) 88—90.
N 6	Nikolajew, V. I., Rawitsch, M. I.: J. Chim. gén. (Shurnal Obschtschei Chimii) **1** (1931) 785—91 (nach Seidell).
N 6a	Novoselova, A. V., Rešetnikova, L. P., Semenenko, K. N., Fan Van Tyong: Vestnik Moskovskogo Univ., Ser. II **22** (1967) 1, 32—35.
N 7	Nowosselowa, A. W., Worobjewa, O. I., Knjasewa, N. N., Passkutzkaja, L. N.: J. allg. Chem. (Shurnal Obschtschei Chimii) **23** (1953) 1284—87.
N 8	Noyes, A. A., Boggs, C. R., Farvell, F. S., Stewart, M. A.: J. Am. Chem. Soc. **33** (1911) 1650—63.
N 9	Noyes, A. A., Hall, F. W., Beattie, J. A.: J. Am. Chem. Soc. **39** (1917) 2526—32.
O 1	O'Connor, E. A.: J. Chem. Soc. [London] **1927**, 2700—10.
O 2	Oglesby, N. E.: J. Am. Chem. Soc. **51** (1929) 2352—62.
O 2a	Orekhov, I. I., Tereshchenko, L. Ya., Chebotarenko, N. M.: Ž. prikl. Chim. **44** (1971) 7, 1558—62.
O 3	Ostersetzer, D.: Roczniki Chem. [Ann. Soc. chim. Polonorum] **6** (1926) 679—89 (nach Seidell).
O 4	Ostwald, W.: Ann. Physik. Chem. **2** (1877) 429—54.
O 5	Ostwald, W.: Ann. Physik. Ergzbd. **8** (1878) 154 (nach ICT).
O 6	Ostwald, W.: J. prakt. Chem. **16** (1887) 385 (nach ICT).
O 7	Ostwald, W.: J. prakt. Chem. **18** (1878) 328 (nach ICT).
O 8	Ostwald, W.: C.R. hebd. Séances Acad. Sci. **155** (1912) 1504 (nach ICT).
P 1	Page, Keightley: J. Chem. Soc. [London] **25** (1872) 566 (nach ICT).
P 1a	Panassko, G. A., Jaschunin, P. W.: J. angew. Chem. UdSSR **37** (1964) 285—89.
P 2	Pariaud, J. C., Ferrier, J.: Bull. Soc. chim. France, Mém. [5] **19** (1952) 227—29.
P 3	Paris, R., Mondain-Monval, P.: Bull. Soc. chim. France Mém. [5] **5** (1938) 1142—47.
P 4	Parsons, C. L., Corson, H. D.: J. Am. Chem. Soc. **32** (1910) 1384.
P 5	Parsons, C. L., Perkins, C. L.: J. Am. Chem. Soc. **32** (1910) 1387—89.
P 6	Parsons, C. L., Whittemore, C. F.: J. Am. Chem. Soc. **33** (1911) 1933—36.
P 7	Pascal: Mém. Poudres et Salpetres **20** (1923) 17 (nach ICT und Tabl. ann.).
P 8	Pascal, Garnier: Bull. Soc. chim. France **25** (1919) 142 (nach ICT).
P 9	Pearce, J. N., Oelke, W. C.: J. physic. Chem. **42** (1938) 95—106.
P 10	Pearson, J., Bullough, W.: J. Iron Steel Inst. **167** (1951) 439—45.
P 10a	Perelman, F. M., Dolina, R. M.: J. anorg. Chem. UdSSR **7** (1962) 1681—84, 868—69.
P 10b	Perelman, F. M., Dolina, R. M.: J. anorg. Chem. UdSSR **7** (1962) 2459—62, 1274—76.
P 10c	Polubojarceva, L. A., Zarubin, P. I., Sidel'nikova, E. A.: Elektrochimija **3** (1967) 7, 878—81.
P 11	Pomeroy, R., Kirschman, H. D.: J. Am. Chem. Soc. **66** (1944) 178/79.
P 12	Possios, Weith: Z. Chemie *5* (1869) 379 (nach ICT).
P 13	Powell, C. F., Campbell, I. E.: J. Am. Chem. Soc. **69** (1947), 1227/28.
P 14	Prandtl, W., Ducrue, H.: Z. anorg. allg. Chem. **150** (1926) 105—16.
P 14a	Pročenko, P. I., Čechunova, N. P.: Z. anorg. Chem. UdSSR **11** (1966) 2784—88.

P 14b	Pročenko, P. I., Ivanova, E. M., Popov, P. S., Trufanov, V. N.: Ž. neorg. Chim. **13** (1968) 9, 2587—92.
P 14c	Pročenko, P. I., Medvedev, B. S.: Ž. fiz. Chim. **39** (1965) 2304—06.
P 14d	Pročenko, P. I., Razumovska, O. N., Litvinov, Ju. G.: Ukrainskij chim. Ž. **34** (1968) 12, 1221—24.
P 14e	Protsenko, P. I., Ugryumova, A. A., Kutsenko, T. E.: Ž. prikl. Chim. 44 (1971) 1, 30—34.
P 14f	Protzenko, P. I., Andrejewa, T. A.: J. anorg. Chem. UdSSR **9** (1964) 1441—45.
P 14g	Protzenko, P. I., Brykowa, N. A.: Hochschulnachr. [Iwanowo], Chem. u. chem. Technol. **7**. (1964) 3—6.
P 14h	Protzenko, P. I., Brykowa, N. A.: Ukrain. chem. J. **30** (1964) 448—51.
P 14i	Protzenko, P. I., Schurdumov, G. K.: J. anorg. Chem. UdSSR **10** (1965) 480—84.
Q 1	Quill, L. L., Robey, R. F.: J. Am. Chem. Soc. **59** (1937) 2591—95.
R 1	Rawitsch, M. I.: Ann. Secteur Analyse physicochim. **13** (1940) 331—53.
R 1a	Razumovskaja, O. N., Pročenko, P. I., Ivleva, T. I.: Ž. neorg. Chim. **14** (1969) 2, 563—66.
R 1b	Recuner, H. H., Sage, B. H.: Chem. Engng. Data Ser. **3** (1958) 245—52.
R 2	Reichstein, S., Ewentow, L., Kasarnowsky, I.: Z. anorg. allg. Chem. **216** (1934) 1—9.
R 3	Reid, R. C., Reynolds, A. B., Morgan, D. T., Bond jr., G. W., Savolainen, J. E., Hyman, M. L.: Ind. Engng. Chem. **49** (1957) 1307—11.
R 4	Ricci, J. E.: J. Am. Chem. Soc. **56** (1934) 290—95.
R 5	Ricci, J. E.: J. Am. Chem. Soc. **56** (1934) 295—99.
R 6	Ricci, J. E.: J. Am. Chem. Soc. **56** (1934) 299—303.
R 7	Ricci, J. E.: J. Am. Chem. Soc. **57** (1935) 805—10.
R 8	Ricci, J. E.: J. Am. Chem. Soc. **58** (1936) 1077—79.
R 9	Ricci, J. E.: J. Am. Chem. Soc. **59** (1937) 866/67.
R 10	Ricci, J. E.: J. Am. Chem. Soc. **60** (1938) 2040—43.
R 11	Ricci, J. E.: J. Am. Chem. Soc. **66** (1944) 1015—16.
R 12	Ricci, J. E.: J. Am. Chem. Soc. **73** (1951) 1375/76.
R 13	Ricci, J. E., Aleshnik, J. J.: J. Am. Chem. Soc. **66** (1944) 980—83.
R 14	Ricci, J. E., Amron, I.: J. Am. Chem. Soc. **73** (1951) 3613—18.
R 15	Ricci, J. E., Doppelt, L.: J. Am. Chem. Soc. **66** (1944) 1985—87.
R 16	Ricci, J. E., Fischer, J.: J. Am. Chem. Soc. **74** (1952) 1443—49.
R 17	Ricci, J. E., Fischer, J.: J. Am. Chem. Soc. **74** (1952) 1607/08.
R 18	Ricci, J. E., Freedman, A. J.: J. Am. Chem. Soc. **74** (1952) 1769—73.
R 19	Ricci, J. E., Freedman, A. J.: J. Am. Chem. Soc. **74** (1952) 1765—69.
R 20	Ricci, J. E., Linke, W. F.: J. Am. Chem. Soc. **73** (1951) 3603—06.
R 21	Ricci, J. E., Linke, W. F.: J. Am. Chem. Soc. **73** (1951) 3607—12.
R 22	Ricci, J. E., Linke, W. F.: J. Am. Chem. Soc. **69** (1947) 1080—83.
R 23	Ricci, J. E., Offenbach, J. A.: J. Am. Chem. Soc. **73** (1951) 1597—99.
R 24	Ricci, J. E., Smiley, S. H.: J. Am. Chem. Soc. **66** (1944) 1011—15.
R 25	Ricci, J. E., Yanick, N. S.: J. Am. Chem. Soc. **58** (1936) 313—15.
R 26	Ricci, J. E., Yanick, N. S.: J. Am. Chem. Soc. **59** (1937) 491—96.
R 27	Richards, T. W., Archibald, E. H.: Z. physik. Chem. **40** (1902) 385—98.
R 28	Rimbach, E., Wintgen, R.: Z. physik. Chem. **74** (1910) 233—52.
R 29	Rivett, A. C. D., Clendinnen, F. W. J.: J. Chem. Soc. [London] **123** (1923) 1634—40.
R 30	Rivett, A. C. D., Lewis: Recueil Trav. chim. Pays-Bas **42** (1923) 954—63.
R 31	Rivett, A. C. D., Packer, J.: J. Chem. Soc. [London] **1927**, 1342—49.
R 32	Robinson, R. A., Farelly, R. O.: J. physic. Chem. *51* (1947) 704—08.
R 33	Robinson, W. O., Waggaman, W. H.: J. physic. Chem. **13** (1909) 673—78.
R 34	Roger, L.: Ann. Chimie [11] **19** (1944) 362—93.
R 35	Rohrer, C. S., Lanford, O. E., Kiehl, S. J.: J. Am. Chem. Soc. **64** (1942) 2810—16.
R 35a	Rothbaum, H. P., Todd, H. J., Walker, I. K.: Chem. Engng. Data Ser. **1** (1956) 95—99.
R 35b	Rsasade, P. F., Russtamow, P. G.: Ber. Akad. Wiss. Aserbaidshan SSR **19** (1963) 57—63.
R 36	Ruby, C. E., Kawai, J.: J. Am. Chem. Soc. **48** (1926) 1124.
R 36a	Russell, A. S., Edwards, I. D., Taylor, C. S.: J. Metals **7**; AIME Trans. **203** (1955) 1123—28.
R 37	Ryss, I. G., Wituchnowskaja, B. Ss., Slutzkaja, M. M.: Ber. Akad. Wiss. UdSSR (Doklady Akademii Nauk SSSR) **78** (1951) 287—89.
R 38	Ryss, I. G., Wituchnowskaja, B. Ss., Slutzkaja, M. M.: J. angew. Chem. (Shurnal Prikladnoi Chimii) **25** (1952) 148—53.
R 39	Rysselberghe, P. V., Nutting, L.: J. Am. Chem. Soc. **59** (1937) 333—36.
S 1	Saegusa, F.: Sci. Rep. Tôhoku Imp. Univ. Ser. I **34** (1950) 192—98 (nach Chem. Abstr.).
S 2	Salmon, J. E., Terrey, H.: J. Chem. Soc. [London] **1950**, 2813—24.
S 3	Sanders, B. H., Young, D. A.: Ind. Engng. Chem. **43** (1951) 1430—33.
S 4	Saslawsky, A. J., Ettinger, J. E.: Z. anorg. allg. Chem. **223** (1935) 277—87.

Synowietz

S 4a	Ščedrina, A. P., Mel'ničenko, L. M., Ozerova, M. I.: Ž. neorg. Chim. **15** (1970) 9, 2504—06.
S 4b	Ščedrina, A. P., Ozerova, M. I.: Ž. neorg. Chim. **13** (1968) 6, 1713—16.
S 5	Schäfer, H.: Z. anorg. allg. Chem. **258** (1949) 69—76.
S 6	Scheka, I. A., Goldinow, A. L.: Ukrain. chem. J. (Ukrainski Chimitschesski Shurnal) **16** (1950) 83—98 (nach Chem. Zbl.).
S 6a	Schewtschuk, W. G., Kosst, L. L.: J. anorg. Chem. UdSSR **9** (1964) 1242—45.
S 7	Schlesinger, N. A., Zorkin, F. P., Novogenora, L. V.: Chem. J. Ser. B; J. angew. Chem. (Chimitschesski Shurnal, Sserija B; Shurnal Prikladnoi Chimii) **11** (1938) 1259—65 (nach Seidell).
S 8	Schönrock, O.: Z. physik. Chem. **11** (1893) 753—86.
S 9	Schröder, W.: Z. anorg. allg. Chem. **177** (1929) 71—85.
S 10	Schröder, W.: Z. anorg. allg. Chem. **184** (1929) 77—89.
S 11	Schröder, W.: Caliche **11** (1929) 154.
S 12	Schröder, W.: Caliche **12** (1930) 557.
S 13	Schröder, W.: Z. anorg. allg. Chem. **228** (1936) 129—59.
S 14	Schröder, W., Kehren, E., Frings, K.: Z. anorg. allg. Chem. **238** (1938) 209—24.
S 15	Schröder, W., van Poelvoorde, H.: Z. anorg. allg. Chem. **238** (1938) 304—20.
S 16	Schultz, J. F., Elmore, G. V.: Ind. Engng. Chem. ind. Edit **38** (1946) 296—98.
S 16a	Schurdumow, G. K., Protzenko, P. I.: J. anorg. Chem. UdSSR **9** (1964) 1237—41.
S 17	Sdanowski, A. B.: J. physik. Chem. (Shurnal Fisitschesskoi Chimii) **12** (1938) 106/07 (nach Chem. Zbl.).
S 18	Sedelnikov, D. S.: J. angew. Chem. (Shurnal Prikladnoi Chimii) **17** (1944) 337—45 (nach Seidell).
S 19	Seidel, W., Fischer, W.: Z. anorg. allg. Chem. **247** (1941) 367—83.
S 20	Seidell, A.: Am. Chem. J. **27** (1902) 52 (nach Seidell).
S 21	Seidell, A., Smith, J. G.: J. physic. Chem. **8** (1904) 493—99.
S 22	Serebrennikova, M. T.: J. angew. Chem. (Shurnal Prikladnoi Chimii) **12** (1939) 577—84 (nach Seidell).
S 22a	Ševčuk, V. G., Averina, R. A.: Ukrainskij chim. Ž. **32** (1966) 249—52.
S 22b	Ševčuk, V. G., Lebedinskij, B. N.: Ž. neorg. Chim. **12** (1967) 4, 1103—1105.
S 22c	Ševčuk, V. G., Ušakov, Ju. V.: Ž. neorg. Chim. **13** (1968) 2, 566—69.
S 23	Shaffer, S. S., Taylor, N. W.: J. Am. Chem. Soc. **48** (1926) 843—53.
S 24	Shternina, Z. B., Frolova, E. V.: C.R. Acad. Sci. URSS (Doklady Akademii Nauk SSSR) **47** (1945) (nach Seidell).
S 24a	Shvartsman, B. Kh., Volkova, N. S.: J. angew. Chem. UdSSR **34** (1961) 2495—2507.
S 25	Sidgwick, N. V., Lewis, N. B.: J. Chem. Soc. [London] **1926**, 1287—1302.
S 26	Sieverts, A., Müller, E. L.: Z. anorg. allg. Chem. **200** (1931) 305—20.
S 27	Sieverts, A., Müller, H.: Z. anorg. allg. Chem. **189** (1930) 241—57.
S 28	Sieverts, A., Müller, H.: Caliche **12** (1930) 112.
S 29	Simons, E. L., Ricci, J. E.: J. Am. Chem. Soc. **68** (1946) 2194—2202.
S 29a	Slepjan, T. A., Karpatschewa, Ss. M.: Radiochemie UdSSR **2** (1960) 369—76.
S 29b	Slowinskaja, W. M., Mukimov, Ss. M.: Usbek. chem. J. **1959** Nr. 2, 12—19.
S 29c	Smith, A. J., Huffman, E. O.: J. Chem. Engng. Data Ser. **1** (1956) 99—117.
S 30	Smith, C. M.: J. Am. Chem. Soc. **42** (1920) 259—65.
S 31	Smith, D. F.: J. Am. Chem. Soc. **45** (1923) 360—70.
S 32	Smith, G. F., Ring, F.: J. Am. Chem. Soc. **59** (1937) 1889/90.
S 33	Spacu, G., Popper, E.: Z. physik. Chem. (B) **30** (1935) 113—16.
S 34	Sprague, R. W., Kaufmann, E.: Ind. Engng. Chem. **47** (1955) 458—60.
S 35	Srivastava, L. N., Bose, P. C.: Z. physik. Chem. **207** (1957) 360—71.
S 36	Ssasslawski, I. I., Klimowa, O. M., Gusskowa, L. W.: J. allg. Chem. (Shurnal Obschtschei Chimii) **22** (1952) 752—57.
S 37	Ssasslawski, I. I., Ssachrow, W. I.: Chem. J. Ser. A, J. allg. Chem. (Chimitschesski Shurnal Sserija A Shurnal Obschtschei Chimii) **4** (1934) 1199—1203 (nach Chem. Zbl.).
S 38	Ssasslawski, I. I., Stendel, E. G., Towarow, W. W.: Z. anorg. allg. Chem. **180** (1929) 241—51.
S 39	Ssewzow, A. I.: Chem. J. Ser. B, J. angew. Chem. (Chimitschesski Shurnal Sserija B Shurnal Prikladnoi Chimii) **10** (1937) 1500—03.
S 39a	Stachanowat, M. Ss., Wossilew, W. A.: J. physik. Chem. UdSSR **37** (1963) 1568—74.
S 40	Stearn, A. E.: J. Am. Chem. Soc. **44** (1922) 670—78.
S 41	Stender, W. W., Shornitzki, I. G.: Chem. J. Ser. B, J. angew. Chem. (Chimitschesski Shurnal, Sserija B, Shurnal Prikladnoi Chimii) **10** (1937) 999—1010.
S 42	Stolba: J. prakt. Chem. **94** (1865) 406 (nach ICT).
S 43	Sullivan, E. C.: J. Am. Chem. Soc. **27** (1905) 529—39.
S 44	Swenson, T., Ricci, J. E.: J. Am. Chem. Soc. **61** (1939) 1974—77.
T 1	Takahashi, G.: Bull. Imp. Hyg. Lab. (Tokyo) **29** (1927) 165 (nach Seidell).
T 2	Tammann, G.: Z. physik. Chem. **14** (1894) 163—73.
T 3	Taperova, A. A.: J. angew. Chem. (Shurnal Prikladnoi Chimii) **13** (1940) 643—52 (nach Seidell).

T 4 Taperova, A. A., Isaera, T. T.: J. angew. Chem. (Shurnal Prikladnoi Chimii) **22** (1949) 343—53 (nach Seidell).
T 5 Taperova, A. A., Shulgina, M. N.: J. angew. Chem. (Shurnal Prikladnoi Chimii) **18** (1945) 521—28 (nach Seidell).
T 6 Tartar, H. V., Lorah, J. R.: J. Am. Chem. Soc. **51** (1929) 1091—97.
T 7 Tartar, H. V., Rice, M. R., Sweo, B. J.: J. Am. Chem. Soc. **53** (1931) 3949—56.
T 7a Tasköprüly, N. S.: Rev. Fac. Sci. Univ. Istanbul, Ser. C **21** (1956) 118—25.
T 8 Tesei, U.: Gazz. chim. ital. **72** (1942) 142—45. (nach Chem. Zbl.).
T 9 Thomas, H. C.: J. Am. Chem. Soc. **61** (1939) 920—25.
T 10 Titov, A. V.: J. allg. Chem. (Shurnal Obschtschei Chimii) **4** (1934) 567—76 (nach Gmelin).
T 11 Titov, A. V.: J. allg. Chem. (Shurnal Obschtschei Chimii) **19** (1949) 458—61 (nach Gmelin).
T 12 Titov, A. V.: Trans. Inst. chem. Technol. Ivanovo (USSR) (Trudy Iwanowskogo Chimiko-Technologitschesskogo Instituta) **2** (1939) 12—14 (nach Gmelin).
T 12a Tkkatai, T., Okada, N.: Light Metals [Tokyo] **12** (1962) 11—16.
T 13 Tollert, H.: Z. physik. Chem. **A 172** (1935) 129—42.
T 14 Tollert, H.: Z. physik. Chem. **A 184** (1939) 150—58.
T 15 Tollert, H.: Z. physik. Chem. **A 184** (1939) 165—78.
T 16 Tolmatschew, P.: C.R. Acad. Sci. URSS (Doklady Akademii Nauk SSSR) **A 1930**, 690 (nach Chem. Zbl.).
T 17 Tourneux, M. C.: Ann. Chimie [9] **11** (1919) 225—361.
T 18 Trimble, H. H.: J. Am. Chem. Soc. **58** (1936) 1868/69.
T 19 Trimble, H. M.: J. Am. Chem. Soc. **44** (1922) 451—60.
T 20 Trötsch, J.: Ann. Physik. Chem. **41** (1890) 259.
T 21 Trjujillo, R., Tejera, E.: J. Am. Chem. Soc. **75** (1953) 741.
T 22 Troickij, E. N., Turneckaja, A. F.: Ž. neorg. Chim. **11** (1966) 926—28.
T 23 Tschaikowskaja, W. M., Afanassjew, G. F., Snamenski, G. N.: J. angew. Chem. UdSSR **36**, (1963) 1355—57.

U 1 Ussanowitsch, M. T., Ssuschkewitsch, T. I.: J. angew. Chem. (Shurnal Prikladnoi Chimii) **24** (1951) 590—92.
U 2 Ussolzewa, W. A.: J. angew. Chem. (Shurnal Prikladnoi Chimii) **29** (1956) 302—08.
U 3 Ussolzewa, W. A.: Hochschulnachr. [Iwanowo] Chem. u. chem. Technol. **2** (1959) 662—64.

V 1 Vesterberg: International Congress of Applied Chemistry **8 II** (1912) 235 (nach ICT).
V 2 Vobecky, M.: Chem. Prumys **7** (1957) 23 (nach Chem. Zbl.).
V 3 Vladimirova, V. I., Mašovec, V. P.: Z. prikl. Chim. **39** (1966) 1861—64.
V 4 Vladimirova, V. I., Mašovec, V. P.: Z. prikl. Chim. **39** (1966) 1936—41.
V 5 Vlasova, I. V., Stepina, S. B., L. I. Stančeva, Pljuščev, V. E.: Ž. neorg. Chim. **11** (1966) 1424—28.

W 1 Wahle, O., Voigt, E.: Glashütte **73** (1943) 39.
W 2 Walamow, W. L.: J. angew. Chem. (Shurnal Prikladnoi Chimii) **23** (1950) 816—22.
W 3 Wegscheider, Walter: Mh. Chem. **26** (1905) 685 (nach ICT).
W 4 Winteler, F.: Z. Elektrochem. **7** (1900/01) 360—62.
W 5 Wirth, H. E.: J. Am. Chem. Soc. **59** (1937) 2549—54.
W 5a Wirth, H. E., Lindström, R. E., Johnson, J. N.: J. physic. Chem. **67** (1963) 2339—44.
W 5b Wirth, H. E., Losurdo, A.: J. Chem. Engng. Data **13** (1968) 226—31.
W 5c Wirth, H. E., Mills, W. L.: J. Chem. Engng. Data **13** (1968) 102—07.
W 6 Wise, W. C. A., Davies, C. W.: J. Chem. Soc. [London] **1938**, 273—77.
W 7 Withrow: Ind. Engng. Chem. **9** (1917) 771—76 (nach ICT).
W 8 Worobjewa, O. I., Ossanowa, L. R.: J. allg. Chem. (Shurnal Obschtschei Chimii) **23** (1953) 1288/89.
W 9 Worthington, E. A., Datin, R. C., Schütz, P. P.: Ind. Engng. Chem. **44** (1952) 910—13.
W 10 Wragge, W. B.: J. Iron Steel Inst. **162** (1949) 213—24.

Y 1 Yajnik, N. A., Uberoy, R. L.: J. Am. Chem. Soc. **46** (1924) 802—08.
Y 2 Yanatieva, O. K.: J. allg. Chem. (Shurnal Obschtschei Chimii) **17** (1947) 1039—43 (nach Seidell).
Y 3 Yanatieva, O. K.: J. angew. Chem. (Shurnal Prikladnoi Chimii) **21** (1948) 26—34 (nach Seidell).
Y 3a Yanatieva, O. K., Rapoport, G. S., Rassonskayat, T. S., Ustinova, M. B.: J. angew. Chem. UdSSR **23** (1950) 2223—25.
Y 4 Yasuda: Bull. Inst. physic. chem. Res. Japan **3** (1924) 44 (nach Tabl. ann.).

Z 1 Zaslavsky, A. I., Ravchine, J. A.: J. allg. Chem. (Shurnal Obschtschei Chimii) **9** (1939) 1473—78 (nach Seidell).
Z 2 Zimina, G. V., Stepina, S. B., Molčanova, O. P., Pljuščev, V. E.: Ž. neorg. Chim. **11** (1966) 859—63.
Z 3 Zimina, G. V., Stepina, S. B., Pljuščev, V. E.: Ž. neorg. Chim. **11** (1966) 1107—12.

Synowietz

2.3 Anorganisch-organische Systeme mit Wasser — Inorganic-organic systems containing water

2.3.1 Ternäre Systeme: anorganische Komponente A, organische Komponente B und Wasser — Ternary systems: inorganic component A, organic component B, and water

$AgClO_4$—$C_2H_3AgO_2$ Silberacetat—H_2O [*M 1*]

$AgClO_4$ (X_1)—$C_4H_8O_2$ Essigsäureäthylester (X_2) —H_2O [*W 2*]

D^{25}	X_1 m =	X_2 m =	X_2 g/100 g H_2O
1,141	1	1,008	10,49
1,069	0,5	0,9026	8,96

$AgClO_4$ (X_1)—C_5H_5N Pyridin (X_2)—H_2O [*M 9*]

D^{25}	X_1 Gew.-%	X_2 Gew.-%	H_2O Gew.-%
1,201	20,9	79,1	0,0
1,185	19,5	69,9	10,6
1,170	17,8	65,9	16,3
1,135	14,5	60,0	25,5
1,093	9,8	51,0	39,2
1,060	6,6	42,4	51,0
1,014	1,3	20,6	78,1
1,005	0,48	5,38	94,14

$AgClO_4$ (X_1)—C_6H_6Benzol (X_2)—H_2O [*H 18*]

D	T °C	X_1 Gew.-%	X_2 Gew.-%	H_2O Gew.-%
2,345	−58,2	73,98	0,0	26,02
2,257	−18	72,39	2,20	25,41
2,243	− 2,7	72,18	4,34	23,48
1,644	− 2,7	54,36	37,32	8,32
1,532	+ 5,24	52,02	35,30	12,68
1,276	+ 4,98	36,86	61,38	1,76
0,923	+ 4,98	5,03	94,71	0,20
0,875	+ 5,39	0,0	99,94	0,062

$AgClO_4$ (X_1)—C_6H_7N Anilin (X_2)—H_2O [*H 20*]

D^{25}	X_1 Gew.-%	X_2 Gew.-%	H_2O Gew.-%
1,063	5,00	95,00	0,00
1,096	8,48	88,92	2,60
1,106	9,42	86,34	4,24
1,007	1,02	*)	98,98
1,086	10,7	*)	89,3
1,294	28,55	*)	71,45
2,634	81,3	*)	18,7

*) Nur eine Spur von X_2

$AgClO_4$ (X_1)—C_7H_8 Toluol (X_2)—H_2O [*H 19*]

D^{25}	X_1 Gew.-%	X_2 Gew.-%	H_2O Gew.-%
1,675	56,66	41,42	1,92
1,672	56,65	41,46	1,89
1,639	54,92	43,66	1,42
1,628	54,75	43,84	1,41
1,606	53,49	45,49	1,02
1,580	52,54	46,86	0,60
1,525	50,30	49,70	0,0

$AgNO_3$—$C_2H_3AgO_2$ Silberacetat—H_2O [*M 1*]

$AgNO_3$ (X_1)—$C_4H_8O_2$ Essigsäureäthylester (X_2) —H_2O [*W 2*]

D^{25}	X_1 m =	X_2 m =	X_2 g/100 g H_2O
1,126	1	0,7612	7,536
1,061	0,5	0,7868	7,635

$AgNO_3$—C_6H_6O Phenol—H_2O [*B 1*]
$AgNO_3$—$C_{12}H_{22}O_{11}$ Saccharose—H_2O [*C 4*]
Ag_2SO_4—$C_2H_3AgO_2$ Silberacetat—H_2O [*E 1*]
$AlCl_3$—CH_4N_2O Harnstoff—H_2O [*R 2*]
$AlCl_3$—CH_4N_2S Thioharnstoff—H_2O [*J 1b*]
$AlCl_3$—C_2H_5NO Acetamid—H_2O [*R 1*]

$AlCl_3$ (X_1)—$C_3H_7NO_2$ Urethan (X_2)—H_2O [*P 1*]

X_1 Mol/1000 g H_2O	D_4^{25} X_2; 0,0786 Mol/1000 g H_2O	D_4^{25} X_2; 1,1225 Mol/1000 g H_2O
1,0	1,10614	1,10814

$AlCl_3$—$C_{12}H_{22}O_{11}$ Saccharose—H_2O [*S 21*]
$Al_2(SO_4)_3$—C_2H_6O Äthanol—H_2O [*G 3*]
$BaCl_2$—CH_4O Methanol—H_2O [*J 1a*]
$BaCl_2$—CH_4N_2O Harnstoff—H_2O [*P 2*]
$BaCl_2$—$C_2H_3NaO_2$ Natriumacetat—H_2O [*D 5*]

$BaCl_2$ (X_1)—C_2H_6O Äthanol (X_2)—H_2O [*B 5*, *J 1a*]
Tabelle nach [*B 5*]

X_1; m =	D^{25} 0 Gew.-% X_2	D^{25} 20 Gew.-% X_2
0,5	1,08545	1,05159
0,4	1,06812	1,03501
0,3	1,05066	1,01818
0,2	1,03304	1,00122
0,1	1,01513	0,98400
0,05	—	—

Tabelle [*B 5*] (Forts.)

X_1; m =	D^{25} 40 Gew.-% X_2	D^{25} 50 Gew.-% X_2
0,5	1,01151	—
0,4	0,99590	—
0,3	0,98005	—
0,2	0,96410	0,94141
0,1	0,94794	0,92584
0,05	—	0,91791

$BaCl_2$ (X_1)—$C_3H_7NO_2$ Urethan (X_2)—H_2O [*P 1*]

X_1; [Mol/1000 g H_2O]	D_4^{25} X_2; [0,0786 Mol/1000 g H_2O]	D_4^{25} X_2; [1,1225 Mol/1000 g H_2O]
0,5	1,08571	1,08857
1,0	1,16900	1,16540

$BaCl_2$—$C_6H_7NO_2$ o-Aminobenzoesäure—H_2O [*L 6*]
$BaCl_2$—$C_8H_6O_4$ Phthalsäure—H_2O [*R 10*]
$BaCl_2$—$C_8H_{14}O_6$ Diäthyltartrat—H_2O [*P 6*]
$Ba(ClO_3)_2$—C_2H_6O Äthanol—H_2O [*R 5*]
$Ba(NO_2)_2$—CH_4N_2O Harnstoff—H_2O [*Z 1*]
$Ba(NO_3)_2$—CH_4O Methanol—H_2O [*J 1a*]

$Ba(NO_3)_2$ (X_1)—$C_2H_2AgClO_2$ Silbermonochloracetat (X_2)—H_2O

D^{25}	Ag^+; m =	X_1; m =
1,0207	0,08878	0,0500
1,0319	0,09493	0,09916
1,0535	0,1035	0,2001
1,0739	0,1099	0,2980
1,0846	0,1131	0,3501
1,0922	0,1151	0,3871

$Ba(NO_3)_2$ (X_1)—$C_2H_3AgO_2$ Silberacetat (X_2)—H_2O [*M 7*]

D^{25}	Ag^+; m =	X_2; m =
1,0161	0,07597	0,05025
1,0273	0,08104	0,1002
1,0489	0,08831	0,2009
1,0697	0,09361	0,3014
1,0796	0,09572	0,3500
1,0876	0,09755	0,3902

$Ba(NO_3)_2$—C_2H_6O Äthanol—H_2O [*J 1a*]
$Ba(NO_3)_2$—$C_6H_7NO_2$ o-Aminobenzoesäure—H_2O [*L 6*]
$Ba(OH)_2$—CH_4O Methanol—H_2O [*J 1a*]
$Ba(OH)_2$—C_2H_6O Äthanol—H_2O [*J 1a*]
$Ba(OH)_2$—C_3H_6O Aceton—H_2O [*H 11*]
$BaSO_4$—CH_4O Methanol—H_2O [*J 1a*]
$BaSO_4$—C_2H_6O Äthanol—H_2O [*J 1a*]

BeO (X_1)—BeC_2O_4 Berylliumoxalat (X_2)—H_2O [*S 13*]

D_4^{25}	X_1; [Gew.-%]	X_2; [Gew.-%]
1,179	0,08	28,20
1,224	1,31	31,73
1,259	2,35	35,01
1,282	3,23	37,17
1,290	3,52	38,20

$BeSO_4$—CH_4N_2O Harnstoff—H_2O [*S 18a, G 3a*]
$BeSO_4$—CH_4N_2S Thioharnstoff—H_2O [*G 3a*]
CS_2—$C_7H_6O_5$ Gallussäure—H_2O [*S 8*]
$CaCl_2$—CH_4O Methanol—H_2O [*J 1a*]
$CaCl_2$—C_2H_6O Äthanol—H_2O [*J 1a*]

$CaCl_2$ (X_1)—$C_3H_7NO_2$ Urethan (X_2)—H_2O [*P 1*]

X_1; [Mol/1000 g H_2O]	D_4^{25} X_2; [0,0786 Mol/1000 g H_2O]	D_4^{25} X_2; [1,1225 Mol/1000 g H_2O]
1,7	1,13408	1,13297
3,997	1,28480	1,27174
6,02	1,38927	1,36910

$CaCl_2$ (X_1)—$C_4H_6CaO_4$ Calciumacetat (X_2)—H_2O [*B 15*]

D_{18}^{18}	X_1; M =	X_2; M =
1,1252	0	1,828
1,1306	0,0622	1,828
1,1396	0,233	1,828
1,1475	0,377	1,828
1,1600	0,569	1,828
1,1695	0,765	1,828

$CaCl_2$ (X_1)—$C_8H_{14}CaO_4$ Calciumisobutyrat (X_2)—H_2O [*B 15*]

D_{18}^{18}	X_1; M =	X_2; M =
1,0620	0	0,829
1,0656	0,0523	0,829
1,0673	0,0793	0,829
1,0785	0,235	0,829
1,0842	0,321	0,829
1,0905	0,410	0,829
1,0956	0,497	0,829

$CaCl_2$—$C_6H_{12}O_6$ d-Glucose—H_2O [*R 8*]
$CaCl_2$—$C_8H_6O_4$ Phthalsäure—H_2O [*R 10*]
$CaCl_2$—$C_{12}H_{22}O_{11}$ Saccharose—H_2O [*S 21, M 10a*]

$Ca(JO_3)_2$ (X_1)—$C_8H_7NaO_3$ Mandelsaures Natrium (X_2)—H_2O [*W 9*]

D_4^{25}	X_1; [Millimol/l]	X_2; [Millimol/l]
1,0002	9,177	20,0
1,0047	10,69	50,0
1,0090	12,83	100,0

$Ca(NO_3)_2$—CH_4O Methanol—H_2O [*J 1a*]

$Ca(NO_3)_2$ (X_1)—$C_2H_2AgClO_2$ Silbermonochloracetat (X_2)—H_2O [*M 7*]

D^{25}	Ag^+; m =	X_1; m =
1,0237	0,09747	0,09970
1,0363	0,1063	0,1996
1,0727	0,1265	0,4970
1,1280	0,1510	0,9962
1,1782	0,1728	1,4916
1,2254	0,1904	2,0009
1,2683	0,2073	2,4958
1,3073	0,2233	2,9860
1,3786	0,2550	3,9871

$Ca(NO_3)_2$ (X_1)—$C_2H_3AgO_2$ Silberacetat (X_2)—H_2O [*M 7*]

D^{25}	X_1; *m* =	Ag^+; *m* =
1,0318	0,1996	0,9311
1,0673	0,4970	0,1118
1,1225	0,9962	0,1363
1,2199	2,0009	0,1813
1,3026	2,9860	0,2259
1,3766	3,9871	0,2759

$Ca(NO_3)_2$—C_2H_6O Äthanol—H_2O [*M 13, J 1a*]
$Ca(OH)_2$—CH_4O Methanol—H_2O [*J 1a*]
$Ca(OH)_2$—C_2H_6O Äthanol—H_2O [*J 1a*]
$Ca(OH)_2$—$C_3H_8O_3$ Glycerin—H_2O [*H 12, C 1*]
$Ca(OH)_2$—$C_{12}H_{22}O_{11}$ Saccharose—H_2O [*C 1*]
$CaSO_4$—CH_4O Methanol—H_2O [*J 1a*]
$CaSO_4$—C_2H_6O Äthanol—H_2O [*J 1a*]
$CdBr_2$—C_3H_6O Aceton—H_2O [*D 4b*]
$Cd(NO_3)_2$—$C_2H_5NO_2$ Aminoessigsäure—H_2O [*D 4d*]
$CoCl_2$—CH_4N_2O Harnstoff—H_2O [*D 4e*]
$Co(NO_3)_2$—C_8H_8O Acetophenon—H_2O [*S 19*]
$CoSO_4$—CH_4N_2O Harnstoff—H_2O [*B 6d*]
CrO_4K_2—C_2H_6O Äthanol—H_2O [*L 4*]

CrO_4K_2 (X_1)—$C_3H_7NO_2$ Urethan (X_2)—H_2O [*P 1*]

X_1; [Mol/ 1000 g H_2O]	D_4^{25} X_2; [0,0786 Mol/ 1000 g H_2O]	D_4^{25} X_2; [1,1225 Mol/ 1000 g H_2O]
1,0	1,13600	1,13450
2,0	1,25210	1,24300

$Cr_2O_7Na_2$—C_2H_6O Äthanol—H_2O [*R 4*]
$CuSO_4$—CH_4N_2O Harnstoff—H_2O [*B 6d*]
$CuSO_4$—$C_2H_6O_2$ Glykol—H_2O [*T 4*]
$CuSO_4$—$C_3H_7NO_2$ Urethan—H_2O [*P 1*]
CsCl—$C_7H_5ClO_2$ o-Chlorbenzoesäure—H_2O [*O 2*]
CsCl—$C_7H_6O_2$ Benzoesäure—H_2O [*O 2*]
CsCl—$C_8H_6O_4$ Phthalsäure—H_2O [*R 10*]

$K_3[Fe(CN)_6]$ Kaliumeisen-III-cyanid (X_1)—$C_3H_7NO_2$ Urethan (X_2)—H_2O [*P 1*]

X_1; [Mol/ 1000 g H_2O]	D_4^{25} X_2; [0,0786 Mol/ 1000 g H_2O]	D_4^{25} X_2; [1,1225 Mol/ 1000 g H_2O]
1,0	1,14042	1,13993

$K_4[Fe(CN)_6]$ Kalium-eisen-II-cyanid (X_1) $C_3H_7NO_2$ Urethan (X_2)—H_2O [*P 1*]

X_1; [Mol/ 1000 g H_2O]	D_4^{25} X_2; [0,0786 Mol/ 1000 g H_2O]	D_4^{25} X_2; [1,1225 Mol/ 1000 g H_2O]
0,5	1,10558	1,10607

Fe_2O_3—$C_2H_2O_4$ Oxalsäure—H_2O [*C 2*]
H_3BO_3—C_2H_6O Äthanol—H_2O [*S 9*]
H_3BO_3—$C_3H_6O_3$ Milchsäure—H_2O [*M 14*]
H_3BO_3—C_3H_8O Propanol-(1)—H_2O [*M 14*]
H_3BO_3—$C_3H_8O_3$ Glycerin—H_2O [*M 14, H 10*]
H_3BO_3—$C_4H_{10}O$ Isobutanol—H_2O [*M 14*]
H_3BO_3—$C_5H_{12}O$ Amylalkohol—H_2O [*M 14*]
H_3BO_3—$C_5H_{12}O$ Isoamylalkohol—H_2O [*M 14*]
H_3BO_3—$C_6H_{14}O_6$ Dulcit—H_2O [*M 14*]
H_3BO_3—$C_6H_{14}O_6$ Mannit—H_2O [*M 14, K 2*]

HBr (X_1)—C_2H_6O Äthanol (X_2)—H_2O [*G 5, Y 1*]

D^{25}	X_1; *n* =	X_2; *n* =
0,7928	0,1	0
0,7934	0,1	0,1

HCl—CH_2O_2 Ameisensäure—H_2O [*D 8*]

HCl (X_1)—CH_4O Methanol (X_2)—H_2O [*G 1, G 5*]

D^{25}	X_1 Normalität *n* =	X_2 Normalität *n* =
0,7906	0,1	0,0
0,7912	0,1	0,1
0,7920	0,1	0,2
0,7934	0,1	0,5
0,7966	0,1	1,0
0,8029	0,1	2,0

HCl—$C_2HCl_2KO_2$ Kaliumdichloracetat—H_2O [*O 5*]
HCl—$C_2HCl_2NaO_2$ Natriumdichloracetat—H_2O [*O 5*]
HCl—C_2HCl_3O Chloral—H_2O [*H 7*]

HCl (X_1)—$C_2H_2Cl_2O_2$ Dichloressigsäure (X_2)—H_2O [*K 1, D 9*]

D^{25}	X_1; [Val/l]	X_2; [Val/l]
1,0341	0,5	0,5
1,0182	0,25	0,25
1,0093	0,125	0,125

HCl (X_1)—$C_2H_2O_4$ Oxalsäure (X_2)—H_2O [*C 6, M 11*]
Tabelle nach [*C 6*]

D_{25}^{25}	X_1; [Gew.-%]	X_2; [Gew.-%]
1,0178	0	3,43
1,0190	1,25	2,45
1,0214	1,95	2,20
1,0356	5,15	1,65
1,0518	8,51	1,34
1,0690	12,01	1,13
1,0855	15,31	1,03
1,1083	19,67	0,97
1,1227	22,15	0,98
1,1609	28,83	1,28
1,1796	31,57	1,73
1,1977	34,49	2,39

HCl (X_1)—$C_2H_2O_4$ Oxalsäure (X_2)—H_2O [*M 11*]
Zweite Tabelle nach [*M 11*]

D^{30}	X_1; [Mol/l]	X_2; [Mol/l]	H_2O; [Mol/l]
1,0594	0	1,479	51,15
1,0561	0,503	1,190	51,62
1,0577	0,970	1,032	51,34
1,0654	1,939	0,821	50,83
1,0757	2,959	0,675	50,10
1,0957	4,528	0,555	48,33
1,1165	6,026	0,525	46,89
1,1494	7,907	0,607	44,49
1,1843	9,68	0,871	41,52

HCl—$C_2H_3ClO_2$ Monochloressigsäure—H_2O [*D 8*]

HCl (X_1)—$C_2H_4O_2$ Essigsäure (X_2)—H_2O [*K 1, D 8*]

D^{25}	X_1; [Val/l]	X_2; [Val/l]
1,0130	0,5	0,5
1,0062	0,25	0,25
1,0033	0,125	0,125

HCl—$C_2H_5Cl_2NO_2$ Ammoniumdichloracetat—H_2O [*O 5*]

HCl (X_1)—C_2H_6O Äthanol (X_2)—H_2O [*G 5, H 4, H 7, J 5, W 4*]
Tabelle nach [*H 4*]

10 Gew.-% X_2		20 Gew.-% X_2	
D^{25}	X_1; m =	D^{25}	X_1; m =
0,98038	0,0	0,96640	0,0
0,98189	0,0800	0,96812	0,1042
0,98393	0,1990	0,97392	0,4751
0,98908	0,5050	0,98208	1,0216
1,00501	1,4987	0,98996	1,5492
1,01180	1,9938	0,99784	2,079

HCl (X_1)—$C_3H_7NO_2$ Urethan (X_2)—H_2O [*P 1*]

D_4^{25}	X_1; [Mol/1000 g H_2O]	X_2; [Mol/1000 g H_2O]
1,02300	1,0	0,0786
1,07398	5,0	0,0786
1,12453	10,0	0,0786

HCl (X_1)—C_3H_8O Isopropanol (X_2)—H_2O [*H 4*]

10 Gew.-% X_2	
D^{25}	X_1; m =
0,98122	0,0
0,98265	0,07947
0,98320	0,11188
0,98457	0,19215
0,98875	0,4451
0,99825	1,0000

HCl (X_1)—$C_4H_6CaO_4$ Calciumacetat (X_2)—H_2O [*B 15*]

D_{18}^{18}	X_1; n =	X_2; M =
1,1254	0,02	1,828
1,1307	1	1,828
1,1391	2	1,828

HCl—$C_4H_7NO_4$ Asparaginsäure—H_2O [*B 6*]
HCl—$C_4H_8N_2O_3$ Asparagin—H_2O [*B 6*]

HCl (X_1)—$C_4H_8O_2$ Dioxan (X_2)—H_2O [*H 3*]

I. Formel für die Dichte einer Lösung mit 20 Gew.-% Dioxan und M = Molarität HCl:
$d = d_0 + aM - bM^3 + eM \log M$

t [°C]	d_0	a	b	e
0	1,0271	0,0133	0,00032	0,008
20	1,0167	0,0160	0,00013	—
25	1,0141	0,0161	0,00013	—
50	1,0014	0,0164	0,00014	—

II. Formel für die Dichte einer Lösung mit 45 Gew.-% Dioxan und M = Molarität H-Cl:
$d = d_0 + aM - bM^3$

t [°C]	d_0	a	b
0	1,0484		
10	1,0419	0,0145	0,00008
20	1,0353	0,0147	0,00004
25	1,0319	0,0150	0,00010
50	1,0139	0,0163	0,00016

III. Formel für die Dichte einer Lösung mit 82 Gew.-% Dioxan und M = Molarität HCl:
$d = d_0 + aM$

t [°C]	d_0	a
5	1,0540	0,0152
20	1,0387	0,0165
25	1,0338	0,0166
45	1,0130	0,183

HCl—$C_6H_{12}O_6$ d-Fructose—H_2O [*C 11*]
HCl—$C_6H_{12}O_6$ Glucose—H_2O [*H 7*]
HCl—$C_6H_{13}O_2N$ l-Leucin—H_2O [*T 1*]
HCl—$C_6H_{14}O$ Isopropyläther—H_2O [*C 5*]
HCl—$C_6H_{14}O_6$ Mannit—H_2O [*H 7*]
HCl—$C_8H_6O_4$ Phthalsäure—H_2O [*R 10*]

HCl (X_1)—$C_{10}H_8O_3S$ β-Naphthalinsulfosäure (X_2)—H_2O [*M 11*]

D^{30}	X_1 Mol/l	X_2 Mol/l	H_2O Mol/l
1,1925	0,000	3,263	28,20
1,1653	1,291	2,470	33,25
1,1553	1,826	2,117	35,69
1,1115	4,017	0,762	44,49
1,1197	7,232	0,089	46,21
1,1569	9,88	0,063	43,21

$HCl-C_{12}H_{22}O_{11}$ Saccharose $-H_2O$ [*B 14*]
$HCl-C_{12}H_{27}PO_4$ Tri-n-butylphosphat $-H_2O$ [*N 4, O 1 a*]
$HClO_4-C_2H_4O$ Essigsäure $-H_2O$ [*S 16 a*]
$HClO_4-C_{12}H_{27}PO_4$ Tri-n-butylphosphat $-H_2O$ [*K 1 b, T 1 a*]

HNO_3 (X_1) $-C_2O_4Ag_2$ Silberoxalat (X_2) $-H_2O$ [*H 15, H 16*]

D^{25}	X_1; [Val/l]	X_2; [Val/l]
1,0186	0,5025	0,01411
1,0647	1,925	0,04720
1,1415	3,896	0,1192

$HNO_3-C_2HCl_2KO_2$ Kaliumdichloracetat $-H_2O$ [*O 5*]
$HNO_3-C_2HCl_2NaO_2$ Natriumdichloracetat $-H_2O$ [*O 5*]

HNO_3 (X_1) $-C_2H_2AgClO_2$ Silberchloracetat (X_2) $-H_2O$ [*H 15, H 16*]
Tabelle nach [*H 16*]

D^{25}	X_1; [Val/l]	X_2; [Val/l]
1,0095	0,0	0,0737
1,0791	0,4738	0,4560
1,1473	0,9525	0,8309
1,2716	1,751	1,543

HNO_3 (X_1) $-C_2H_2O_4$ Oxalsäure (X_2) $-H_2O$ [*M 11*]

D_4^{30}	X_1; [Mol/l]	X_2; [Mol/l]	H_2O; [Mol/l]
1,0594	0	1,479	51,15
1,0932	1,606	1,039	49,60
1,1666	4,224	0,790	45,74
1,3075	9,59	0,639	35,51
1,3938	13,62	0,847	25,15
1,4060	14,12	0,966	23,48
1,4443	16,92	0,840	16,42
1,4863	21,23	0,531	5,20
1,4886	21,57	0,548	4,07
1,4917	21,63	0,553	4,01

HNO_3 (X_1) $-C_2H_3AgO_2$ Silberacetat (X_2) $-H_2O$ [*H 15, H 16*]
Tabelle nach [*H 16*]

D^{25}	X_1; [Val/l]	X_2; [Val/l]
1,005	—	0,0667
1,072	0,4845	0,511
1,140	0,9506	0,97
1,267	1,789	1,841
1,561	3,923	3,929

HNO_3 (X_1) $-C_2H_4O_2$ Essigsäure (X_2) $-H_2O$ [*K 1*]

D^{25}	X_1; [Val/l]	X_2; [Val/l]
1,0203	0,5	0,5
1,0633	0,25	0,25
1,0718	0,125	0,125

$HNO_3-C_2H_5Cl_2NO_2$ Ammoniumdichloracetat $-H_2O$ [*O 5*]
$HNO_3-C_{12}H_{27}PO_4$ Tri-n-butylphosphat $-H_2O$ [*N 3, T 7*]
$HNO_3-C_{18}H_{32}O_{16}$ Raffinose $-H_2O$ [*G 4*]
$H_3PO_4-C_3H_8O_3$ Glycerin $-H_2O$ [*B 6 a*]
$H_3PO_4-C_5H_5N$ Pyridin $-H_2O$ [*P 11*]

H_2SO_4 (X_1) $-C_2H_2O_4$ Oxalsäure (X_2) $-H_2O$ [*H 17, W 7*]

t [°C]	D_{15}^t	X_1 g/100 g Lösung	X_2 g/100 g Lösung
25	1,078	9,6	6,6
25	1,119	15,4	4,7
60	1,150	7,2	25,2
60	1,334	38,5	12,1

H_2SO_4 (X_1) $-C_2H_4O_2$ Essigsäure (X_2) $-H_2O$ [*M 5*]

D^{25}	X_1; [Mol/l]	X_2; [Mol/l]
1,0022	0,0502	0,0991
1,0167	0,0457	1,801
1,0330	0,0383	4,538
1,0983	1,642	0,0991
1,1927	3,278	0,0991
1,1331	2,179	0,5470
1,1069	1,637	1,364
1,1440	2,184	2,187
1,1569	2,185	4,369
1,0059	0,0	1,087
1,0648	1,093	0,0

H_2SO_4 Schwefelsäure $-C_2H_6O$ Äthanol $-H_2O$ [*P 10*]
$H_2SO_4-C_3H_6O$ Aceton $-H_2O$ [*H 21 a*]
$H_2SO_4-C_3H_8O$ Propanol-(1) $-H_2O$ [*F 4*]

D_4^{25} 10 Mol-% C_3H_8O	D_4^{25} 20 Mol-% C_3H_8O	H_2SO_4 Molalität m =
0,9909	0,9745	0,1
0,9969	0,9804	0,2
1,0147	0,9979	0,5
1,0326	1,0157	0,8
1,0445	1,0276	1,0

H_2SO_4 (X_1) $-C_3H_8O_2$ Propylenglykol (X_2) $-H_2O$ [*F 4*]

D_4^{25} 5 Mol-% X_2	D_4^{25} 10 Mol-% X_2	X_1; m =
1,0103	1,0137	0,1
1,0162	1,0198	0,2
1,0340	1,0375	0,5
1,0516	1,0550	0,8
1,0634	1,0665	1,0

$H_2SO_4-C_3H_8O_3$ Glycerin $-H_2O$ [*B 6 c*]
$H_2SO_4-C_4H_6O_5$ Äpfelsäure $-H_2O$ [*S 7*]
$H_2SO_4-C_1H_7NO_4$ Asparaginsäure $-H_2O$ [*B 6*]
$H_2SO_4-C_4H_8N_2O_3$ Asparagin $-H_2O$ [*B 6*]

Synowietz

H_2SO_4 (X_1)—$C_4H_{10}O$ Diäthyläther (X_2)—H_2O [*P 9*]

1. X_1: 98,25 Gew.-%

D_4^{30}	X_2; [Gew.-%]
0,7021	100
0,85227	78,605
1,07857	53,850
1,20732	41,853
1,28714	35,022
1,45422	22,033
1,57435	13,884
1,72127	5,383

2. X_1: 95,25 Gew.-%

D_4^{30}	X_2; [Gew.-%]
0,84671	79,076
1,06685	54,578
1,19363	42,351
1,21850	40,074
1,31474	31,861
1,51579	17,016
1,72182	4,988

3. X_1: 84,10 Gew.-%

D_4^{30}	X_2; [Gew.-%]
1,0041	59,088
1,08563	50,633
1,18388	40,192
1,30565	28,580
1,43020	18,753
1,56499	10,040
1,66732	4,417

4. X_1: 49,77 Gew.-%

D_4^{30}	X_2; [Gew.-%]
1,2260	17,589
1,25373	14,057
1,27758	11,300
1,28614	10,428
1,34062	4,415
1,36180	2,257

H_2SO_4—C_5H_5N Pyridin—H_2O [*P 10*]
H_2SO_4—$C_6H_5NO_2$ Nicotinsäure—H_2O [*B 12a*]
H_2SO_4—$C_6H_8O_7$ Citronensäure—H_2O [*B 6b*]
H_2SO_4—$C_6H_{12}O$ Methylisobutylketon—H_2O [*H 4a*]
H_2SO_4—$C_{12}H_{27}PO_4$ Tri-n-butylphosphat—H_2O [*R 12*]
$HgBr_2$—CH_4O Methanol—H_2O [*H 8*]
$HgBr_2$—C_2H_6O Äthanol—H_2O [*H 8*]
$HgBr_2$—$C_3H_8O_3$ Glycerin—H_2O [*M 12*]
$HgBr_2$—$C_4H_8O_2$ Äthylacetat—H_2O [*H 8*]
$Hg(CN)_2$—CH_4O Methanol—H_2O [*H 8*]
$Hg(CN)_2$—C_2H_6O Äthanol—H_2O [*H 8*]
$Hg(CN)_2$—$C_4H_8O_2$ Essigsäureäthylester—H_2O [*H 8*]
$Hg(CN)_2$—$C_8H_6O_4$ Phthalsäure—H_2O [*R 10*]
$HgCl_2$—CH_4O Methanol—H_2O [*H 8*]
$HgCl_2$—C_2H_6O Äthanol—H_2O [*H 8*]

$HgCl_2$ (X_1)—$C_3H_7NO_2$ Urethan (X_2)—H_2O [*P 1*]

X_1; [Mol/1000 g H_2O]	D_4^{25} X_2; 0,0786 Mol/1000 g H_2O	D_4^{25} X_2; 1,1225 Mol/1000 g H_2O
0,2	1,04165	1,04799
0,3	—	1,07436

$HgCl_2$—$C_4H_8O_2$ Essigsäureäthylester—H_2O [*H 8*]
HgJ_2—CH_4O Methanol—H_2O [*H 8*]
HgJ_2—C_2H_6O Äthanol—H_2O [*H 10, H 8*]
J_2—$C_2H_4O_2$ Essigsäure—H_2O [*B 7*]
J_2—C_2H_6O Äthanol—H_2O [*P 3, D 2, D 7*]
J_2—$C_3H_8O_3$ Glycerin—H_2O [*H 10*]
KBr—CH_4O Methanol—H_2O [*H 8*]
KBr—C_2H_6O Äthanol—H_2O [*F 3*]
KBr—$C_2H_6O_2$ Glykol—H_2O [*T 4*]
KBr—C_3H_6O Aceton—H_2O [*H 10*]

KBr (X_1)—$C_3H_7NO_2$ Urethan (X_2)—H_2O [*P 1*]

X_1; [Mol/1000 g H_2O]	D_4^{25} X_2; 0,0786 Mol/1000 g H_2O	D_4^{25} X_2; 1,1225 Mol/1000 g H_2O
2,0	1,15087	1,14879
4,0	1,28002	1,34733

KBr—$C_3H_8O_3$ Glycerin—H_2O [*H 10*]
KBr—$C_4H_6CuO_4$ Kupferacetat—H_2O [*D 5*]
KBr—$C_4H_{12}NBr$ Tetramethylammoniumbromid—H_2O [*W 5a*]
KBr—$C_6H_{12}O_6$ Fructose—H_2O [*A 1*]
KBr—$C_6H_{12}O_6$ Glucose—H_2O [*A 1*]
KBr—$C_7H_5ClO_2$ o-Chlorbenzoesäure—H_2O [*O 2*]
KBr—$C_7H_5ClO_2$ m-Chlorbenzoesäure—H_2O [*O 2*]
KBr—$C_7H_6O_3$ Salicylsäure—H_2O [*O 3*]
KBr—$C_8H_6O_4$ Phthalsäure—H_2O [*R 10*]
KBr—$C_8H_{14}O_6$ Weinsäurediäthylester—H_2O [*P 6*]
KBr—$C_8H_{20}NBr$ Tetraäthylammoniumbromid—H_2O [*W 5a*]
KBr—$C_{12}H_{22}O_{11}$ Saccharose—H_2O [*A 1*]
KBr—$C_{12}H_{28}NBr$ Tetrapropylammoniumbromid—H_2O [*W 5a*]

$KBrO_3$ (X_1)—$C_3H_7NO_2$ Urethan (X_2)—H_2O [*P 1*]

X_1; [Mol/1000 g H_2O]	D_4^{25} X_2; 0,0786 Mol/1000 g H_2O	D_4^{25} X_2; 1,1225 Mol/1000 g H_2O
0,3	1,03349	1,04033

$KBrO_3$—$C_8H_6O_4$ Phthalsäure—H_2O [*R 10*]
KCNS—$C_8H_{14}O_6$ Weinsäurediäthylester—H_2O [*P 6*]
KCl—CH_4O Methanol—H_2O [*H 8*]
KCl—CH_4N_2O Harnstoff—H_2O [*H 7, H 9, D 8, S 12a*]
KCl—C_2HCl_3O Chloral—H_2O [*H 7*]
KCl—$C_2H_3KO_2$ Kaliumacetat—H_2O [*D 10*]
KCl—$C_2H_3NaO_2$ Natriumacetat—H_2O [*D 10*]
KCl—$C_2H_5NO_2$ Glycin—H_2O [*W 1*]
KCl—C_2H_6O Äthanol—H_2O [*B 13, F 3, H 7*]
KCl—$C_2H_6O_2$ Glykol—H_2O [*T 4*]
KCl—C_3H_6O Aceton—H_2O [*H 2, H 7*]

KCl (X_1)—$C_3H_7NO_2$ Urethan (X_2)—H_2O [*P 1*]

D_4^{25}	X_1 Mol/1 000 g H_2O	X_2 Mol/1 000 g H_2O
1,05194	1,1	1,1225
1,08185	2,0	0,0786
1,12831	3,3	1,1225
1,15192	4,0	0,0786
1,16440	4,49	1,1225

KCl—$C_3H_7NO_2$ Alanin—H_2O [*W 1*]
KCl—$C_3H_8O_3$ Glycerin—H_2O [*H 10*]
KCl—$C_4H_9NO_2$ α-Amino-n-buttersäure—H_2O [*W 1*]
KCl—$C_5H_{11}NO_2$ Valin—H_2O [*W 1*]
KCl—$C_6H_7NO_2$ o-Aminobenzoesäure—H_2O [*W 1*]
KCl—$C_6H_{12}O_6$ Fructose—H_2O [*A 1*]
KCl—$C_6H_{12}O_6$ Glucose—H_2O [*H 7, H 9, A 1, S 12*]
KCl—$C_6H_{14}O_6$ Mannit—H_2O [*H 7*]
KCl—$C_7H_5ClO_2$ o-Chlorbenzoesäure—H_2O [*O 2*]
KCl—$C_7H_5ClO_2$ m-Chlorbenzoesäure—H_2O [*O 2*]
KCl—$C_7H_5ClO_2$ p-Chlorbenzoesäure—H_2O [*O 2*]
KCl—$C_7H_6O_3$ Salicylsäure—H_2O [*O 3*]
KCl—$C_7H_6O_3$ m-Hydroxybenzoesäure—H_2O [*O 3*]
KCl—$C_7H_6O_3$ p-Hydroxybenzoesäure—H_2O [*O 3*]
KCl—$C_8H_6O_4$ Phthalsäure—H_2O [*R 10*]
KCl—$C_8H_{14}O_6$ Diäthyltartrat—H_2O [*P 6*]
KCl—$C_{12}H_{22}O_{11}$ Saccharose—H_2O [*H 7, A 1, S 21, M 10a*]
KCl—$C_{16}H_{36}NCl$ Tetrabutylammoniumchlorid—H_2O [*W 5a*]

$KClO_3$—$C_3H_7NO_2$ Urethan—H_2O [*P 1*]

$KClO_3$ [Mol/ 1 000 g H_2O]	D_4^{25} Urethan der Konzentration 0,0786 Mol/ 1 000 g H_2O	D_4^{25} Urethan der Konzentration 1,1225 Mol/ 1 000 g H_2O
0,5	1,03433	1,04085

$KClO_3$—$C_8H_6O_4$ Phthalsäure—H_2O [*R 10*]
$KClO_3$—$C_8H_{14}O_6$ Weinsäurediäthylester—H_2O [*P 6*]
KF—$C_8H_6O_4$ Phthalsäure—H_2O [*R 10*]
KJ—CH_4O Methanol—H_2O [*H 8*]
KJ—CH_4NO Harnstoff—H_2O [*H 9*]
KJ—C_2H_6O Äthanol—H_2O [*D 1, A 2, P 3, F 3, D 2, R 3*]
KJ—$C_2H_6O_2$ Glykol—H_2O [*T 4*]
KJ—C_3H_6O Aceton—H_2O [*H 2*]

KJ (X_1)—$C_3H_7NO_2$ Urethan (X_2)—H_2O [*P 1*]

X_1 [Mol/ 1 000 g H_2O	D_4^{25} X_2 0,0786 Mol/ 1 000 g H_2O	D_4^{25} X_2 1,1225 Mol/ 1 000 g H_2O
2,0	1,21243	1,20575
5,0	1,46611	1,44367
8,0	1,66340	1,63163

KJ—$C_6H_7O_2N$ o-Aminobenzoesäure—H_2O [*L 6*]
KJ—$C_6H_{12}O_6$ Fructose—H_2O [*A 1*]
KJ—$C_6H_{12}O_6$ Glucose—H_2O [*H 9, A 1*]
KJ—$C_8H_6O_4$ Phthalsäure—H_2O [*R 10*]
KJ—$C_8H_{14}O_6$ Weinsäurediäthylester—H_2O [*P 6*]
KJ—$C_{12}H_{22}O_{11}$ Saccharose—H_2O [*A 1*]
KJO_3—$C_8H_6O_4$ Phthalsäure—H_2O [*R 10*]

KNO_3 (X_1)—$C_2H_2AgClO_2$ Silbermonochloracetat (X_2)—H_2O [*M 7*]

D^{25}	Ag^+; $m =$	X_1; $m =$
1,0161	0,08641	0,1001
1,0416	0,1011	0,4993
1,0712	0,1139	0,9968
1,0984	0,1233	1,4914
1,1244	0,1316	1,9923
1,1499	0,1393	2,4997
1,1728	0,1440	2,9960

KNO_3 (X_1)—$C_2H_3AgO_2$ Silberacetat (X_2)—H_2O [*M 2*]

D^{25}	X_1; $m =$	X_2; $m =$
1,0047	0	0,06685
1,0077	0,05009	0,07041
1,0115	0,1006	0,07281
1,0180	0,2001	0,07659
1,0366	0,5013	0,08344
1,0537	0,8021	0,08786
1,0658	1,0155	0,09019
1,0944	1,5437	0,09453
1,1186	2,0371	0,09750
1,1653	3,0139	0,10163

KNO_3—C_2H_6O Äthanol—H_2O [*B 13, T 3*]

KNO_3 (X_1)—$C_3H_7NO_2$ Urethan (X_2)—H_2O [*P 1*]

X_1 Mol/1 000 g H_2O	D_4^{25} X_2 0,0786 Mol/ 1 000 g H_2O	D_4^{25} X_2 1,1225 Mol/ 1 000 g H_2O
1,0	1,05566	1,06037
3,0	1,15419	1,15099

KNO_3—C_3H_8O Isopropanol—H_2O [*T 2*]

KNO_3 (X_1)—$C_4H_8O_2$ Essigsäureäthylester (X_2)—H_2O [*W 2*]

D^{25}	X_1; $m =$	X_2; $m =$	X_2 g/100 g H_2O
1,053	1	0,7078	7,001
1,024	0,5	0,7761	7,548

KNO_3—$C_7H_7O_2N$ o-Aminobenzoesäure—H_2O [*L 6*]
KNO_3—$C_8H_6O_4$ Phthalsäure—H_2O [*R 10*]
KNO_3—$C_8H_{14}O_6$ Weinsäurediäthylester—H_2O [*P 6*]
KOH—$C_2H_4O_2$ Essigsäure—H_2O [*S 3*]
KOH—$C_4H_8O_2$ Dioxan—H_2O [*L 2*]

KOH (X_1) – $C_{18}H_{35}KO_2$ Kaliumstearat (X_2) – H_2O [*G 13*]
Dichte bei 60 °C von Kaliumstearat in 1,038 · 10^{-3} *n* KOH

D^{60}	X_2; *m* =
0,98324	0,001713
0,98337	0,01460
0,98339	0,04428
0,98343	0,08908
0,98345	0,1493

KOH (X_1) – $C_{18}H_{35}KO_4$ Kalium-9,10-dihydroxystearat (X_2) – H_2O [*G 13*]
Dichte bei 60 °C von Kalium-9,10-dihydroxystearat in 1,317 · 10^{-3} *n* KOH

D^{60}	X_2; *m* =
0,98324	0,0009062
0,98396	0,02145
0,98597	0,07020
0,98916	0,1597

KOH – $C_{18}H_{35}NaO_4$ Natrium-9,10-dihydroxystearat – H_2O [*G 13*]
KH_2PO_4 – $C_3H_7O_2N$ Urethan – H_2O [*P 1*]
KH_2PO_4 – $C_{12}H_{22}O_{11}$ Saccharose – H_2O [*F 5*]
K_2SO_3 – C_2H_6O Äthanol – H_2O [*K 3a*]
K_2SO_4 – CH_3OH Methanol – H_2O [*E 1a*]
K_2SO_4 – $C_2H_6O_2$ Glykol – H_2O [*T 4*]

K_2SO_4 (X_1) – $C_3H_7NO_2$ Urethan (X_2) – H_2O [*P 1*]

X_1 Mol/1000 g H_2O	D_4^{25} X_2 0,0786 Mol/1000 g H_2O	D_4^{25} X_2 1,1225 Mol/1000 g H_2O
0,468	—	1,06350
0,5	1,06279	—

K_2SO_4 – $C_6H_{12}O_6$ Fructose – H_2O [*A 1*]
K_2SO_4 – $C_6H_{12}O_6$ Glucose – H_2O [*A 1*]
K_2SO_4 – $C_8H_6O_4$ Phthalsäure – H_2O [*R 10*]
K_2SO_4 – $C_{12}H_{22}O_{11}$ Saccharose – H_2O [*A 1*]
$K_2S_2O_3$ – $C_6H_{12}O_6$ Fructose – H_2O [*A 1*]
$K_2S_2O_3$ – $C_6H_{12}O_6$ Glucose – H_2O [*A 1*]
$K_2S_2O_3$ – $C_{12}H_{22}O_{11}$ Saccharose – H_2O [*A 1*]

$La(NO_3)_3$ (X_1) – $C_2H_2AgClO_2$ Silbermonochloracetat (X_2) – H_2O [*M 7*]

D^{25}	Ag^+; *m* =	X_1; *m* =
1,0268	0,1080	0,05047
1,0424	0,1251	0,1016
1,1624	0,2147	0,5434
1,2526	0,2756	0,9216
1,3553	0,3480	1,3920
1,4465	0,4237	1,8568
1,6080	0,5939	2,8185

$La(NO_3)_3$ (X_1) – $C_2H_3AgO_2$ Silberacetat (X_2) – H_2O [*M 7*]

D^{25}	Ag^+; *m* =	X_1; *m* =
1,0228	0,1034	0,05047
1,1210	0,2315	0,3908
1,2558	0,3856	0,9216
1,3199	0,4678	1,2013
1,3618	0,5269	1,3920
1,5532	0,8682	2,3734
1,6277	1,0487	2,8185

LiCl – CH_4O Methanol – H_2O [*T 5*]
LiCl – CH_4N_2O Harnstoff – H_2O [*H 7, K 5*]
LiCl – CH_6ClN Methylammoniumchlorid – H_2O [*W 5, G 1*]
LiCl – C_2HCl_3O Chloral – H_2O [*H 7*]
LiCl – C_2H_6O Äthanol – H_2O [*H 7, B 16, S 4, S 5, K 5*]
LiCl – C_3H_6O Aceton – H_2O [*H 7*]

LiCl (X_1) – $C_3H_7NO_2$ Urethan (X_2) – H_2O [*P 1, K 5*]

D_4^{25}	X_1 Mol/1000 g H_2O	X_2 Mol/1000 g H_2O
1,11519	6,027	0,0786
1,17896	10,0	0,0786
1,17563	10,0	1,1225
1,24071	15,0	0,0786
1,23343	15,0	1,1225

LiCl – $C_6H_{12}O_6$ Glucose – H_2O [*H 7*]
LiCl – $C_6H_{14}O_6$ Mannit – H_2O [*H 7*]
LiCl – $C_7H_5ClO_2$ o-Chlorbenzoesäure – H_2O [*O 2*]
LiCl – $C_7H_5ClO_2$ p-Chlorbenzoesäure – H_2O [*O 2*]
LiCl – $C_7H_6O_3$ Salicylsäure – H_2O [*O 3*]
LiCl – $C_8H_6O_4$ Phthalsäure – H_2O [*R 10*]
LiCl – $C_{12}H_{22}O_{11}$ Saccharose – H_2O [*G 12, H 7, S 21*]
$LiClO_4$ – CH_4O Methanol – H_2O [*R 10a, W 5b*]
$LiClO_4$ – C_2H_6O Äthanol – H_2O [*R 10a*]
$LiClO_4$ – $C_4H_8O_2$ Dioxan – H_2O [*R 10a, C 5a*]

$LiClO_4$ (X_1) – $C_4H_8O_2$ Essigsäureäthylester (X_2) – H_2O [*W 3*]

D^{25}	X_1; *m* =	X_2; *m* =	X_2 g/100 g H_2O
1,050	1	1,094	11,35
1,022	0,5	0,9330	9,242

$LiClO_4$ – $C_4H_{10}O$ Diäthyläther – H_2O [*W 6*]
$LiNO_2$ – CH_4N_2O Harnstoff – H_2O [*P 9a*]
$LiNO_3$ – CH_4O Methanol – H_2O [*R 10a*]

$LiNO_3$ (X_1) – $C_2H_2AgClO_2$ Silbermonochloracetat (X_2) – H_2O [*M 7*]

D^{25}	Ag^+; *m* =	X_1; *m* =
1,0097	0,07832	0
1,0145	0,08489	0,1001
1,0318	0,1009	0,5075

Tabelle [*M 7*] (Forts.)

D^{25}	Ag^+; $m =$	X_1; $m =$
1,0514	0,1110	1,0065
1,0696	0,1186	1,5025
1,0878	0,1292	1,9967
1,1210	0,1436	2,9908
1,1529	0,1546	4,0011
1,2079	0,1648	6,0071

$LiNO_3$ (X_1)—$C_2H_3AgO_2$ Silberacetat (X_2)—H_2O [*M 7*]

D^{25}	Ag^+; $m =$	X_1; $m =$
1,0050	0,06666	0
1,0269	0,08765	0,5004
1,0461	0,09819	0,9975
1,0649	0,1072	1,4997
1,1002	0,1229	2,5193
1,1444	1,1479	4,0221
1,2560	0,2274	8,0152
1,3007	0,2768	10,055

$LiNO_3$—C_2H_6O Äthanol—H_2O [*C 3, R 10a*]
$LiNO_3$—$C_4H_8O_2$ Dioxan—H_2O [*R 10a*]

$LiNO_3$ (X_1)—$C_4H_8O_2$ Essigsäureäthylester (X_2)—H_2O [*W 2*]

D^{25}	X_1; $m =$	X_2; $m =$	X_2 g/100 g H_2O
1,033	1	0,7722	7,600
1,014	0,5	0,7905	7,640

$LiOH$—$C_4H_8O_2$ Dioxan—H_2O [*L 2*]
$MgCl_2$—CH_4O Methanol—H_2O [*O 1, J 1a*]
$MgCl_2$—C_2H_6O Äthanol—H_2O [*O 1, J 1a*]
$MgCl_2$—C_3H_8O n-Propanol—H_2O [*O 1, R 3a*]
$MgCl_2 \cdot 6H_2O$—C_3H_8O n-Pronanol—H_2O [*R 3a*]
$MgCl_2$—$C_4H_{10}O$ n-Butanol—H_2O [*O 1*]
$MgCl$—$C_6H_{12}O_6$ Glucose—H_2O [*R 8*]
$MgCl_2$—$C_8H_6O_4$ Phthalsäure—H_2O [*R 10*]
$Mg(NO_3)_2$—CH_4N_2O Harnstoff—H_2O [*G 14, P 9b*]
$Mg(NO_3)_2$—CH_4O Methanol—H_2O [*J 1a*]
$Mg(NO_3)_2$—C_2H_6O Äthanol—H_2O [*J 1a*]
$Mg(OH)_2$—CH_4O Methanol—H_2O [*J 1a*]
$Mg(OH)_2$—C_2H_6O Äthanol—H_2O [*J 1a*]
$MgSO_4$—CH_4O Methanol—H_2O [*J 1a*]
$MgSO_4$—C_2H_6O Äthanol—H_2O [*J 1a, P 0*]
$MgSO_4$—C_3H_6O Aceton—H_2O [*P 0*]

$MgSO_4$ (X_1)—$C_3H_7NO_2$ Urethan (X_2)—H_2O [*P 1*]

X_1 Mol/1000 g H_2O	D_4^{25} X_2 0,0786 Mol/1000 g H_2O	D_4^{25} X_2 1,1225 Mol/1000 g H_2O
1,0	1,10927	1,11024
2,0	1,21049	—

$MnCl_2$—C_2H_6O Äthanol—H_2O [*P 0*]
$MnCl_2$—C_3H_6O Aceton—H_2O [*P 0*]

$MnSO_4$ (X_1)—$C_3H_7NO_2$ Urethan (X_2)—H_2O [*P 1*]

X_1 Mol/1000 g H_2O	D_4^{25} X_2 0,0786 Mol/1000 g H_2O	D_4^{25} X_2 1,1225 Mol/1000 g H_2O
1,5	1,19967	1,19271
3,0	1,37247	—

MoO_3 (X_1)—$C_2H_2O_4$ Oxalsäure (X_2)—H_2O [*R 9*]

D^{25}	X_1 g/1000 g H_2O	X_2 g/1000 g H_2O
1,00289	12,0676	3,1407

MoO_3 (X_1)—$C_2H_4O_2$ Essigsäure (X_2)—H_2O [*R 9*]

D^{25}	X_1 g/1000 g H_2O	X_2 g/2000 g H_2O
1,02334	5,7626	567,506

MoO_3 (X_1)—$C_2H_4O_3$ Glykolsäure (X_2)—H_2O [*R 9*]

D^{25}	X_1 g/2000 g H_2O	X_2 g/1000 g H_2O
1,0042	9,607	40,43

MoO_3 (X_1)—$C_3H_6O_2$ Propionsäure (X_2)—H_2O [*R 9*]

D^{25}	X_1 g/1000 g H_2O	X_2 g/2000 g H_2O
1,01211	11,5253	442,794

MoO_3 (X_1)—$C_3H_6O_3$ Milchsäure (X_2)—H_2O [*R 9*]

D^{25}	X_1 g/2000 g H_2O	X_2 g/1000 g H_2O
1,01187	23,0506	93,8597

MoO_3 (X_1)—$C_4H_6O_4$ Bernsteinsäure (X_2)—H_2O [*R 9*]

D^{25}	X_1 g/2000 g H_2O	X_2 g/1000 g H_2O
1,00237	2,626	45,843

MoO_3 (X_1)—$C_4H_6O_5$ Äpfelsäure (X_2)—H_2O [*R 9*]

D^{25}	X_1 g/2000 g H_2O	X_2 g/1000 g H_2O
1,02442	23,7564	168,079

MoO_3 (X_1)—$C_4H_6O_6$ Weinsäure (X_2)—H_2O [*R 9*]

D^{25}	X_1 g/1000 g H_2O	X_2 g/1000 g H_2O
1,0228	22,3675	73,6565

MoO_3 (X_1) — $C_6H_8O_7$ Citronensäure (X_2) — H_2O [*R 9*]

D^{25}	X_1 g/2000 g H_2O	X_2 g/1000 g H_2O
1,01472	23,0506	89,8126

MoO_3 (X_1) — $C_7H_{12}O_6$ Chinasäure (X_2) — H_2O [*R 9*]

D^{25}	X_1 g/2000 g H_2O	X_2 g/1000 g H_2O
1,00682	10,9809	53,827

MoO_3 (X_1) — $C_8H_8O_2$ Phenylessigsäure (X_2) — H_2O [*R 9*]

D^{25}	X_1 g/1000 g H_2O	X_2 g/2000 g H_2O
0,99798	1,0030	11,7486

MoO_3 — $C_8H_8O_3$ Mandelsäure — H_2O [*R 9*]
MoO_4Na_2 — $C_4H_6O_5$ Äpfelsäure — H_2O [*P 7*]
MoO_4Na_2 — $C_6H_{14}O_6$ Mannit — H_2O [*S 17*]
NH_3 — CH_4N_2O Harnstoff — H_2O [*W 10*]
NH_3 — C_2H_6O Äthanol — H_2O [*D 6*]
NH_3 — $C_4H_7O_4N$ Asparaginsäure — H_2O [*B 6*]
NH_4Br — CH_4N_2O Harnstoff — H_2O [*B 1b*]
NH_4Br — $C_6H_{12}O_6$ Fructose — H_2O [*A 1*]
NH_4Br — $C_6H_{12}O_6$ Glucose — H_2O [*A 1*]
NH_4Br — $C_{12}H_{22}O_{11}$ Saccharose — H_2O [*A 1*]
NH_4Cl — C_2H_6O Äthanol — H_2O [*H 1*]
NH_4Cl — C_3H_6O Aceton — H_2O [*H 10*]

NH_4Cl (X_1) — $C_3H_7NO_2$ Urethan (X_2) — H_2O [*P 1*]

X_1 Mol/1000 g H_2O	D_4^{25} X_2 0,0786 Mol/1000 g H_2O	D_4^{25} X_2 1,1225 Mol/1000 g H_2O
2,0	1,02660	1,03367
4,0	1,04873	1,05384
6,0	1,06670	1,07036

NH_4Cl — $C_3H_8O_3$ Glycerin — H_2O [*H 10*]
NH_4Cl — $C_6H_{12}O_6$ Fructose — H_2O [*A 1*]
NH_4Cl — $C_6H_{12}O_6$ Glucose — H_2O [*A 1*]
NH_4Cl — $C_8H_6O_4$ Phthalsäure — H_2O [*R 10*]
NH_4Cl — $C_8H_{14}O_6$ Weinsäurediäthylester — H_2O [*P 6*]
NH_4Cl — $C_{12}H_{22}O_{11}$ Saccharose — H_2O [*A 1*]

$(NH_4)_6Mo_7O_{24}$ (X_1) — $C_4H_6O_6$ Weinsäure (X_2) — H_2O [*C 10, R 9*]

D^{25}	X_1 g/1000 g H_2O	X_2 g/1000 g H_2O
1,10927	200	200

NH_4NO_3 — C_2H_6O Äthanol — H_2O [*H 1, T 3*]
NH_4NO_3 — C_3H_8O Isopropanol — H_2O [*T 2*]
NH_4NO_3 — $C_8H_{14}O_6$ Weinsäurediäthylester — H_2O [*P 6*]

$NH_4H_2PO_4$ — CH_4N_2O Harnstoff — H_2O [*B 1b*]
$(NH_4)_2SO_4$ — CH_4N_2O Harnstoff — H_2O [*B 1b*]
$(NH_4)_2SO_4$ — C_2H_6O Äthanol — H_2O [*B 13*]

$(NH_4)_2SO_4$ (X_1) — $C_3H_7NO_2$ Urethan (X_2) — H_2O [*P 1*]

X_1 Mol/1000 g H_2O	D_4^{25} X_2 0,0786 Mol/1000 g H_2O	D_4^{25} X_2 1,1225 Mol/1000 g H_2O
0,5	1,03373	—
1,1	—	1,07379
2,272	—	1,12842
3,0	1,16031	—

$(NH_4)_2SO_4$ — $C_6H_{12}O_6$ Fructose — H_2O [*A 1*]
$(NH_4)_2SO_4$ — $C_6H_{12}O_6$ Glucose — H_2O [*A 1*]
$(NH_4)_2SO_4$ — $C_8H_{14}O_6$ Weinsäurediäthylester — H_2O [*P 6*]
$(NH_4)_2SO_4$ — $C_{12}H_{22}O_{11}$ Saccharose — H_2O [*A 1*]
$Na_2B_4O_7$ — $Na_2C_5H_6O_7$ Na-trihydroxyglutarat — H_2O [*P 12*]
$NaBr$ — $C_2H_3KO_2$ Kaliumacetat — H_2O [*D 5*]

$NaBr$ (X_1) — $C_2H_4O_2$ Essigsäure (X_2) — H_2O [*R 11*]

D_4^{25}	X_1; n =	X_2; n =
1,0582	0,125	5,111
1,0401	0,125	2,555
1,0284	0,125	1,277
1,0246	0,125	0,639
1,0156	0,125	0,319

$NaBr$ — $C_6H_{12}O_6$ Fructose — H_2O [*A 1*]
$NaBr$ — $C_6H_{12}O_6$ Glucose — H_2O [*A 1*]
$NaBr$ — $C_8H_{14}O_6$ Weinsäurediäthylester — H_2O [*P 6*]
$NaBr$ — $C_{12}H_{22}O_{11}$ Saccharose — H_2O [*A 1*]
Na_2CO_3 — C_2H_7N Dimethylamin — H_2O [*U 1*]
Na_2CO_3 — $C_6H_{12}O_6$ Fructose — H_2O [*A 1*]
Na_2CO_3 — $C_6H_{12}O_6$ Glucose — H_2O [*A 1*]
Na_2CO_3 — $C_{12}H_{22}O_{11}$ Saccharose — H_2O [*A 1*]
$NaCl$ — CH_4N_2O Harnstoff — H_2O [*H 9*]
$NaCl$ — CH_4O Methanol — H_2O [*W 5b*]
$NaCl$ — $C_2H_4O_2$ Essigsäure — H_2O [*W 8*]
$NaCl$ — C_2H_6O Äthanol — H_2O [*B 13*]
$NaCl$ — $C_2H_6O_2$ Glykol — H_2O [*T 4*]
$NaCl$ — C_2H_7N Dimethylamin — H_2O [*U 1*]

$NaCl$ (X_1) — $C_3H_7NO_2$ Urethan (X_2) — H_2O [*P 1*]

X_1 Mol/1000 g H_2O	D_4^{25} X_2 0,0786 Mol/1000 g H_2O	D_4^{25} X_2 1,1225 Mol/1000 g H_2O
1,0	1,03683	1,04326
2,0	1,07250	1,07634
3,0	1,10579	1,10702
4,0	1,13696	1,13582
5,0	1,16610	1,16293

$NaCl$ — $C_3H_8O_3$ Glycerin — H_2O [*H 10*]

NaCl (X_1)—$C_4H_6CaO_4$ Calciumacetat (X_2)—H_2O [*B 15*]

D^{18}_{18}	X_1; M =	X_2; M =
1,1252	0	1,828
1,1275	0,0604	1,828
1,1382	0,438	1,828
1,1491	0,809	1,828
1,1568	1,092	1,828
1,1670	1,454	1,828

NaCl—$C_5H_{12}O$ n-Amylalkohol—H_2O [*M 14*]
NaCl—$C_6H_{12}O_6$ Fructose—H_2O [*A 1*]
NaCl—$C_6H_{12}O_6$ Glucose—H_2O [*A 1, H 9*]
NaCl—$C_7H_5ClO_2$ o-Chlorbenzoesäure—H_2O [*O 2*]
NaCl—$C_7H_5ClO_2$ m-Chlorbenzoesäure—H_2O [*O 2*]
NaCl—$C_7H_5ClO_2$ p-Chlorbenzoesäure—H_2O [*O 2*]
NaCl—$C_7H_6O_3$ Salicylsäure—H_2O [*O 3*]
NaCl—$C_8H_6O_4$ Phthalsäure—H_2O [*R 10*]
NaCl—$C_8H_{14}O_6$ Weinsäurediäthylester—H_2O [*P 6*]
NaCl—$C_{10}H_{21}SO_4Na$ Natriumdecylsulfat—H_2O [*H 22*]
NaCl—$C_{12}H_{22}O_{11}$ Saccharose—H_2O [*B 12, A 1, S 20, M 10a*]
$NaClO_3$—$C_4H_8O_2$ Dioxan—H_2O [*C 5a*]
$NaClO_3$—$C_8H_{14}O_6$ Weinsäurediäthylester—H_2O [*P 6*]
$NaClO_4$—CH_4O Methanol—H_2O [*R 10a, W 5b*]
$NaClO_4$—C_2H_6O Äthanol—H_2O [*R 10a*]
$NaClO_4$—$C_4H_8O_2$ Dioxan—H_2O [*R 10a*]

$NaClO_4$ (X_1)—$C_4H_8O_2$ Essigsäureäthylester (X_2)—H_2O [*W 2*]

D^{25}	X_1; m =	X_2; m =	X_2 g/100 g H_2O
0,9957	1	0,9376	8,048
1,031	0,5	0,8867	8,750

$NaClO_4$—$C_7H_5ClO_2$ o-Chlorbenzoesäure—H_2O [*O 2*]
$NaClO_4$—$C_7H_5ClO_2$ m-Chlorbenzoesäure—H_2O [*O 2*]
$NaClO_4$—$C_7H_6O_3$ Salicylsäure—H_2O [*O 3*]

NaJ (X_1)—C_2H_6O Äthanol (X_2)—H_2O [*G 5*]

D^{25}	X_1; n =	X_2; n =
0,7986	0,1	0,0
0,7993	0,1	0,1

NaJ (X_1)—C_3H_6O Aceton (X_2)—H_2O [*M 10*]

D^{25}	X_1 Gew.-%	X_2 Gew.-%	H_2O Gew.-%
1,062	28,5	71,5	0,0
1,144	34,7	62,9	2,4
1,240	40,5	53,4	6,1
1,358	46,3	40,3	13,4
1,450	49,9	30,1	20,0
1,753	60,2	8,2	31,6
1,927	64,7	0,0	35,3

NaJ—$C_6H_{12}O_6$ Fructose—H_2O [*A 1*]
NaJ—$C_6H_{12}O_6$ Glucose—H_2O [*A 1*]
NaJ—$C_8H_{14}O_6$—Weinsäurediäthylester—H_2O [*P 6*]
NaJ—$C_{12}H_{22}O_{11}$ Saccharose—H_2O [*A 1*]
$NaNO_3$—CH_4N_2O Harnstoff—H_2O [*D 8*]
$NaNO_3$—CH_4O Methanol—H_2O [*R 10a*]

$NaNO_3$—$C_2H_2AgClO_2$ Silbermonochloracetat—H_2O [*M 7*]

D^{25}	Ag^+; m =	$NaNO_3$; m =
1,0158	0,08488	0,1000
1,0389	0,09833	0,4992
1,0659	0,1098	1,0008
1,0907	0,1170	1,4930
1,1152	0,1227	2,0028
1,1583	0,1320	2,9847
1,2693	0,1481	5,9807
1,3294	0,1531	7,9772

$NaNO_3$ (X_1)—$C_2H_3AgO_2$ Silberacetat (X_2)—H_2O [*M 7*]

D^{25}	Ag^+; m =	X_1; m =
1,0050	0,06666	0
1,0316	0,08414	0,4767
1,0629	0,09266	1,0504
1,0857	0,09766	1,5325
1,1458	0,1059	2,8723
1,2628	0,1113	6,0191
1,3212	0,1123	8,0098

$NaNO_3$—C_2H_6O Äthanol—H_2O [*B 13, R 10a*]
$NaNO_3$—$C_4H_6O_4Pb$ Bleiacetat—H_2O [*D 5*]
$NaNO_3$—$C_4H_8O_2$ Dioxan—H_2O [*R 10a, S 10*]

$NaNO_3$ (X_1)—$C_4H_8O_2$ Essigsäureäthylester (X_2)—H_2O [*W 2*]

D^{25}	X_1; m =	X_2; m =	X_2 g/100 g H_2O
1,048	1	0,7058	6,900
1,022	0,5	0,7740	7,474

$NaNO_3$—$C_8H_6O_4$ Phthalsäure—H_2O [*R 10*]
$NaNO_3$—$C_8H_{14}O_6$ Weinsäurediäthylester—H_2O [*P 6*]
NaOH—$C_2H_4O_2$ Essigsäure—H_2O [*S 3*]

NaOH (X_1)—$C_4H_6CaO_4$ Calciumacetat (X_2)—H_2O [*B 15*]

D^{18}_{18}	X_1; n =	X_2; M =
1,1244	0,02	1,828

NaOH—$C_4H_7O_4N$ Asparaginsäure—H_2O [*B 6*]
NaOH—$C_4H_8O_3N_2$ Asparagin—H_2O [*B 6*]
NaOH—C_5H_5N Pyridin—H_2O [*L 2*]

$NaOH - C_5H_8O_7$ Trihydroxyglutarsäure $- H_2O$ [*P 13*]
$NaOH - C_{16}H_{31}O_2Na$ Natriumpalmitat $- H_2O$ [*C 9*]
$Na_2HPO_4 - C_3H_7NO_2$ Urethan $- H_2O$ [*P 1*]
$Na_2SO_3 - C_2H_6O$ Äthanol $- H_2O$ [*K 3a*]
$Na_2SO_4 - CH_4N_2O$ Harnstoff $- H_2O$ [*D 8*]
$Na_2SO_4 - C_2H_6O$ Äthanol $- H_2O$ [*V 2, P 0*]
$Na_2SO_4 - C_2H_6O_2$ Glykol $- H_2O$ [*V 1*]
$Na_2SO_4 - C_3H_6O$ Aceton $- H_2O$ [*P 0*]
$Na_2SO_4 - C_3H_7NO_2$ Urethan $- H_2O$ [*P 1*]
$Na_2SO_4 - C_6H_{12}O_6$ Fructose $- H_2O$ [*A 1*]
$Na_2SO_4 - C_6H_{12}O_6$ Glucose $- H_2O$ [*A 1*]
$Na_2SO_4 - C_8H_6O_4$ Phthalsäure $- H_2O$ [*R 10*]
$Na_2SO_4 - C_{10}H_{21}SO_4Na$ Natriumdecylsulfat $- H_2O$ [*H 22*]
$Na_2SO_4 - C_{12}H_{22}O_{11}$ Saccharose $- H_2O$ [*A 1*]
$Na_2S_2O_3 - C_2H_6O$ Äthanol $- H_2O$ [*K 3a, P 8*]

$Na_2S_2O_3$ (X_1) $- C_3H_7NO_2$ Urethan (X_2) $- H_2O$ [*P 1*]

X_1 Mol/1 000 g H_2O	D_4^{25} X_2 0,0786 Mol/1 000 g H_2O	D_4^{25} X_2 1,1225 Mol/1 000 g H_2O
2,0	1,208 77	1,202 93
4,0	1,361 37	—

$Na_2S_2O_3 - C_6H_{12}O_6$ Fructose $- H_2O$ [*A 1*]
$Na_2S_2O_3 - C_6H_{12}O_6$ Glucose $- H_2O$ [*A 1*]
$Na_2S_2O_3 - C_{12}H_{22}O_{11}$ Saccharose $- H_2O$ [*A 1*]

$NiCl_2$ (X_1) $- CH_5N$ Methylamin (X_2) $- H_2O$ [*S 11*]

D^{20}	X_1 Mol/1 000 g H_2O	X_2 Mol/1 000 g H_2O
0,9529	0,207	9,26

$NiCl_2$ (X_1) $- C_2K_2O_4$ Kaliumoxalat (X_2) $- H_2O$ [*S 11*]

D^{20}	X_1 Mol/1 000 g H_2O	X_2 Mol/1 000 g H_2O
1,202	0,205	1,42
1,051	0,055	0,37

$NiSO_4 - CH_2O$ Ameisensäure $- H_2O$ [*B 1a*]
$H_2O_2 - C_4H_{10}O$ Diäthyläther $- H_2O$ [*L 5*]
$PbO - C_4H_6O_4Pb$ Blei-II-acetat $- H_2O$ [*J 1*]
$PbSO_4 - C_2H_6O$ Äthanol $- H_2O$ [*K 6*]
$PbSO_4 - C_4H_8O_2$ Dioxan $- H_2O$ [*K 7*]
$RbCl - C_8H_6O_4$ Phthalsäure $- H_2O$ [*R 10*]
$S - C_3H_6O$ Aceton $- H_2O$ [*H 10*]
$SO_2 - C_3H_6O$ Aceton $- H_2O$ [*L 3*]
$SnCl_4 - C_2H_6O$ Äthanol $- H_2O$ [*S 18c*]
$SnCl_4 - C_3H_8O$ n-Propanol $- H_2O$ [*S 18c*]
$SnCl_4 - C_4H_{10}O$ n-Butanol $- H_2O$ [*N 2*]
$SnCl_4 - C_5H_{11}OH$ n-Amylalkohol $- H_2O$ [*N 2*]
$SrCl_2 - CH_4O$ Methanol $- H_2O$ [*J 1a*]

$SrCl_2$ (X_1) $- C_2H_6O$ Äthanol (X_2) $- H_2O$ [*B 4, J 1a*]

D^{25} 0 Gew.-% X_2	D^{25} 20 Gew.-% X_2	X_1; m =
1,058 39	1,024 34	0,5
1,046 65	1,013 18	0,4
1,034 50	1,001 66	0,3
1,022 23	0,990 05	0,2
1,009 73	0,978 44	0,1
0,997 08	0,966 39	0

D^{25} 40 Gew.-% X_2	D^{25} 60 Gew.-% X_2	X_1; m =
0,987 07	0,940 25	0,5
0,976 26	0,929 92	0,4
0,965 36	0,919 47	0,3
0,954 31	0,908 85	0,2
0,943 05	0,898 07	0,1
0,931 48	0,886 99	0

D^{25} 80 Gew.-% X_2	X_1; m =
0,880 88	0,4
0,870 67	0,3
0,860 39	0,2
0,849 90	0,1
0,839 11	0

$Sr(NO_2)_2 - CH_4N_2O$ Harnstoff $- H_2O$ [*Z 1*]
$Sr(NO_3)_2 - CH_4O$ Methanol $- H_2O$ [*J 1a*]

$Sr(NO_3)_2$ (X_1) $- C_2H_2AgClO_2$ Silbermonochloracetat (X_2) $- H_2O$ [*M 7*]

D^{25}	Ag^+; m =	X_1; m =
1,0279	0,09524	0,09998
1,0452	0,1044	0,1989
1,0943	0,1224	0,4978
1,1709	0,1439	1,0002
1,2394	0,1606	1,4977
1,3625	0,1862	2,4953
1,4180	0,1975	2,9985

$Sr(NO_3)_2$ (X_1) $- C_2H_3AgO_2$ Silberacetat (X_2) $- H_2O$ [*M 7*]

D^{25}	Ag^+; m =	X_1; m =
1,0229	0,08178	0,1008
1,0891	0,1043	0,5023
1,1645	0,1218	1,0064
1,2338	0,1354	1,5072
1,2988	0,1488	2,0125
1,4110	0,1632	3,0012

$Sr(NO_3)_2-C_2H_6O$ Äthanol$-H_2O$ [*J 1a*]
$Sr(OH)_2-CH_4O$ Methanol$-H_2O$ [*J 1a*]
$Sr(OH)_2-C_2H_6O$ Äthanol$-H_2O$ [*J 1a*]
$SrSO_4-CH_4O$ Methanol$-H_2O$ [*J 1a*]
$SrSO_4-C_2H_6O$ Äthanol$-H_2O$ [*J 1a*]
$TlJO_3-C_2H_6O$ Äthanol$-H_2O$ [*L 1*]
$UO_2(NO_3)_2-C_2H_4O_2$ Essigsäure$-H_2O$ [*C 8*]
$ZnCl_2-C_5H_4O_2$ Furfurol$-H_2O$ [*G 2*]
$ZnSO_4-CH_4N_2O$ Harnstoff$-H_2O$ [*D 11*]

$ZnSO_4$ $(X_1)-C_3H_7NO_2$ Urethan $(X_2)-H_2O$ [*P 1*]

X_1 Mol/1000 g H_2O	D_4^{25} X_2 0,0786 Mol/1000 g H_2O	D_4^{25} X_2 1,1225 Mol/1000 g H_2O
1,0	1,15264	1,14937
2,0	1,30231	—
3,0	1,42506	—

$Zr(SO_4)_2-CH_4N_2S$ Thioharnstoff$-H_2O$ [*D 4c*]

2.3.2 Polynäre Systeme: anorganische Komponenten A, ... organische Komponente B, ..., und Wasser — Polynary systems: inorganic components A, ... organic components B, ..., and water

$AgClO_4-AgNO_3-C_4H_8O_2$ Essigsäureäthylester$-H_2O$ [*W 2*]
$AgClO_4-C_2H_3AgO_2$ Silberacetat$-C_2H_6O$ Äthanol$-H_2O$ [*M 3*]
$AgClO_4-C_2H_3AgO_2$ Silberacetat$-C_4H_8O_2$ Essigsäureäthylester$-H_2O$ [*W 2*]
$AgNO_3-C_2H_3AgO_2$ Silberacetat$-C_2H_6O$ Äthanol$-H_2O$ [*M 3*]
$Ba(NO_3)_2-C_2H_3AgO_2$ Silberacetat$-C_2H_6O$ Äthanol$-H_2O$ [*M 4*]
$Ca(NO_3)_2-C_2H_3AgO_2$ Silberacetat$-C_2H_6O$ Äthanol$-H_2O$ [*M 4*]
$Ca(NO_3)_2-C_2H_3AgO_2$ Silberacetat$-C_3H_6O$ Aceton$-H_2O$ [*M 6*]
$CoCl_2-LiCl-C_3H_6O$ Aceton$-H_2O$ [*B 3*]
$CuSO_4-H_2SO_4-C_3H_8O_3$ Glycerin$-H_2O$ [*E 1*]
$CsJ-J_2-C_2H_6O$ Äthanol$-H_2O$ [*V 3*]
$H_3BO_3-NaCl-C_5H_{12}O$ n-Pentanol$-H_2O$ [*M 14*]
$H_3BO_3-NaOH-C_5H_8O_7$ Trihydroxyglutarsäure$-H_2O$ [*P 14*]
$HBr-KBr-C_5H_{12}O$ Isoamylalkohol$-H_2O$ [*Y 1*]
$HBr-NaBr-C_5H_{12}O$ Isoamylalkohol$-H_2O$ [*Y 1*]

J_2 $(X_1)-KJ$ $(X_2)-C_2H_6O$ Äthanol $(X_3)-H_2O$ [*D 2, P 3*]
Tabelle nach [*D 2*]; 70 Vol.-% X_3

$D^{25,6}$	X_1; [g/l]	X_2; [g/l]
0,8912	12,692	0,0
0,8919	10,582	2,767
0,8922	10,154	3,320
0,8924	9,520	4,151
0,8926	8,464	5,534

Tabelle [*D 2*] (Forts.)

$D^{25,6}$	X_1; [g/l]	X_2; [g/l]
0,8926	8,464	5,534
0,8927	7,616	6,641
0,8931	6,347	8,302
0,8936	2,538	13,282
0,8938	0,0	16,602

$KBr-KCl-C_2H_6O$ Äthanol$-H_2O$ [*S 16*]
$KCl-K_2SO_4-CH_4O$ Methanol$-H_2O$ [*E 1a*]
$KCl-TlCl-C_2H_6O$ Äthanol$-H_2O$ [*H 21*]
$KNO_3-C_2H_3AgO_2$ Silberacetat$-C_2H_6O$ Äthanol$-H_2O$ [*M 4*]
$KNO_3-C_2H_3AgO_2$ Silberacetat$-C_3H_6O$ Aceton$-H_2O$ [*M 6*]
$La_2O_3-H_2SO_4-C_2H_2O_4$ Oxalsäure$-H_2O$ [*W 7*]
$LiClO_4-LiNO_3-C_4H_8O_2$ Essigsäureäthylester$-H_2O$ [*W 2*]
$LiNO_3-C_2H_3AgO_2$ Silberacetat$-C_2H_6O$ Äthanol$-H_2O$ [*M 4*]
$NaCl-Na_2SO_4-CH_3O$ Methanol$-H_2O$ [*E 1a*]
$NaCl-Na_2SO_4-C_3H_8O$ Isopropanol$-H_2O$ [*E 1a*]
$NaClO_4-NaNO_3-C_4H_8O_2$ Essigsäureäthylester$-H_2O$ [*W 2*]
$NaNO_3-C_2H_3AgO_2$ Silberacetat$-C_2H_6O$ Äthanol$-H_2O$ [*M 4*]
$NaNO_3-C_2H_3AgO_2$ Silberacetat$-C_3H_6O$ Aceton$-H_2O$ [*M 6*]
$Sr(NO_3)_2-C_2H_3AgO_2$ Silberacetat$-C_2H_6O$ Äthanol$-H_2O$ [*M 4*]
$Sr(NO_3)_2-C_2H_3AgO_2$ Silberacetat$-C_3H_6O$ Aceton$-H_2O$ [*M 6*]
$ZnCl_2-ZnSO_4-C_5H_4O_2$ Furfurol$-H_2O$ [*G 2*]

2.3.3 Literatur zu 2.3 — References for 2.3

A 1 Afferni, E.: Ind. saccarif ital. **30** (1937) 236—40.
A 2 Armstrong, H. E., Eyre, J. V., Hussey, A. V., Paddison, W. P.: Proc. Roy. Soc. [London] **A 79** (1907) 564—76.

B 1 Bailey, C. R.: J. Chem. Soc. [London] **1930**, 1534—39.
B 1a Bakaljuk, Ja. Ch., Kisilevič, V. O., Šejchetova, L. G.: Elektrochimija **2** (1966) 613—14.
B 1b Barkan, A. S., Tupčy, I. A.: Izvest. Akad. Nauk Beloruss. SSR, Ser. chim. Nauk **1967**, 1, 44—50.
B 2 Barnikok, M. Ss.: J. allg. Chem. (Shurnal Obschtschei Chimii) **25** (1955) 1265—73.
B 3 Barwinok, M. Ss.: J. allg. Chem. (Shurnal Obschtschei Chimii) **25** (1955) 1265—73.
B 4 Bateman, R. L.: J. Am. Chem. Soc. **71** (1949) 2291—93.

B 5	Bateman, R. L.: J. Am. Chem. Soc. **74** (1952) 5516.
B 6	Becker, A.: Ber. dtsch. chem. Ges. **14** (1881) 1028—41.
B 6a	Belotzki, D. P.: Hochschulnachr. [Iwanowo], Chem. u. chem. Technol. **4** (1961) 158—60.
B 6b	Belotzki, D. P., Chochol, M. F.: J. anorg. Chem. UdSSR **8** (1963) 1495—97.
B 6c	Belotzki, D. P., Nowalowski, N. P., Midonowa, N. N.: Hochschulnachr. [Iwanowo] Chem. u. chem. Technol. **4** (1961) 1035—37.
B 6d	Bergman, A. G., Ssulaimankulow, K.: J. anorg. Chem. UdSSR **4** (1959) 928—35.
B 7	Berthelot, M.: C.R. hebd. Séances Acad. Sci. **100** (1885) 763.
B 8	Bigitsch, I. Ss.: J. allg. Chem. (Shurnal Obschtschei Chimii) **18** (1948) 2059—66.
B 9	Bigitsch, I. Ss.: J. allg. Chem. (Shurnal Obschtschei Chimii) **19** (1949) 169—76.
B 10	Bigitsch, I. Ss.: J. allg. Chem. (Shurnal Obschtschei Chimii) **20** (1950) 979—85.
B 10a	Bigič, I. Ss., Škrobot, G. P., Korol, O. S.: Hochschulnachr. [Ivanovo] Chem. u. chem. Technol. **9** (1966) 3—5.
B 11	Bigitsch, I. Ss., Ssachnowskaja, B. W.: J. allg. Chemie (Shurnal Obschtschei Chimii) **23** (1953) 185—90.
B 12	Blaszkowska: Bull. Soc. chim. France **33** (1923) 562 (nach ICT).
B 12a	Blaszkowska, Z., Bogdaniak-Sulińska, W.: Przemysl. chem. **42** (1963) 618—20.
B 13	Bodländer, G.: Z. physik. Chem. **7** (1891) 308—22.
B 14	de Boer: Dissert. Utrecht 1913.
B 15	Bonnor, W. B., Smith, C. G.: J. Chem. Soc. [London] **1950**, 1359—67.
B 16	Butler, J. A. V., Lees, A. P.: Proc. Roy. Soc. [London] **131** (1931) 382—90.
C 1	Cameron, F. K., Patten, H. E.: J. physic. Chem. **15** (1910/11) 67—72.
C 2	Cameron, F. K., Robinson, W. O.: J. physic. Chem. **13** (1909) 157/58.
C 3	Campbell, A. N., Debus, G. H.: Canad. J. Chem. **34** (1956) 1232—42.
C 4	Campbell, A. N., Kartzmark, E. M.: Canad. J. Res. **28 B** (1950) 43—45.
C 5	Campbell, D. E., Clark, H. M., Laurene, A. H.: J. Am. Chem. Soc. **74** (1952) 6193—96.
C 5a	Campbell, A. N., Kartzmark, E. M., Oliver, B. G.: Canad. J. Chem. **44** (1966) 925—34.
C 6	Chapin, E. M., Bell, J. M.: J. Am. Chem. Soc. **53** (1931) 3284—87.
C 7	Cheneveau: Sur les propriétés optiques des solutions S. 80, Paris: Gauthier 1913 (nach ICT).
C 8	de Coninck: Bull. Soc. chim. France **17** (1915) 422 (nach ICT).
C 9	Cornish, E. C. V.: Z. physik. Chem. **76** (1911) 210/11.
C 10	Counson: Arch. Sci. physiques natur. **5** (1923) 361 (nach ICT).
C 11	Crockford, H. D.: J. Am. Chem. Soc. **73** (1951) 4177—79.
D 1	Damien: Ann. Sci. l'Ecole Norm. Super **10** (1881) 233 (nach ICT).
D 2	Dancaster, E. A.: J. Chem. Soc. [London] **125** (1924) 2036/37.
D 3	Dawson, L. R., Sears, P. G., Hagstrom, R. A.: J. electrochem. Soc. **102** (1955) 341—43.
D 4	Dawson, L. R., Zimmerman jr., H. K., Dinga, G. P., Sears, P. G.: J. electrochem. Soc. **99** (1952) 536—41.
D 4a	Deitsch, A. Ja.: J. anorg. Chem. UdSSR **5** (1960) 2111—14.
D 4b	Deitsch, A. Ja.: J. physik. Chem. UdSSR **36** (1962) 2479—80.
D 4c	Deitsch, A. Ja.: J. angew. Chem. UdSSR **33** (1960) 732—34.
D 4d	Deitsch, A. J., Belousova, R. G., Brandel, W.: Z. physik. Chem. [Leipzig] **238** (1968) 5/6, 341—47.
D 4e	Deitsch, A. Ja., Nassonow, W. Ss.: J. anorg. Chem. UdSSR **4** (1959) 1198—1201.
D 5	Delaite: Mémoires (couronnés et autres mémoires publies par l'Académie Royale des Sciences (des lettres et des beaux-arts) de Belgique. Collection in 8 vo. **51** (1895) 18 (nach ICT).
D 6	Delépine, M.: J. Pharmac. Chim. [5] **25** (1892) 496.
D 7	Delépine, M., Arguet, M.: Bull. Sci. pharmacol. **35** (1928) 625.
D 7a	Dombrovskaja, N. S., Bondarenko, O. P.: Ž. prikl. Chim. **39** (1966) 2223—27.
D 8	Drucker, C.: Ark. Kem. Mineralog. Geol. **14 A** (1941) Nr. 15, 1—48.
D 9	Drucker, C.: Ark. Kem. Mineralog. Geol. **22 A** (1941) Nr. 21.
D 10	Drucker, C.: Ark. Kem. Mineralog. Geol. **11 A** (1935) Nr. 18, 12.
D 11	Duischenalijewa, N., Ssulaimankulow, K., Drushinin, I. G.: J. anorg. Chem. UdSSR **6** (1961) 1919—21.
E 1	Eisenberg, M., Tobias, C. W., Wille, C. R.: J. electrochem. Soc. **103** (1956) 413—16.
E 1a	Emons, H. H., Röser, H.: Z. anorg. allg. Chem. **353** (1967) 3/4, 135—47.
E 2	Euler, H.: Z. physik. Chem. **49** (1904) 303—16.
F 1	Fairbrother, F.: Trans. Faraday Soc. **37** (1941) 763—69.
F 2	Fairbrother, F.: J. Chem. Soc. (London) **1945**, 503—09.
F 3	Flatt: Dissert. Zürich 1923 (nach ICT und Tabl. ann.).
F 4	French, C. M., Hussain, Ch. F.: J. Chem. Soc. [London] **1955**, 4156/58.
F 5	Fresenius, Grünhut: Z. analyt. Chem. **51** (1912) 104.

Synowietz

F 6	Fresenius, Grünhut: Z. analyt. Chem. **51** (1912) 23 (nach ICT).
F 7	Frolov, Ju. G., Sergievski, V. V., Sergievskaja, G. I.: Ž. neorg. Chim. **13** (1968) 7, 1914—17.
G 1	Garret, A. B., Woodruff, S. A.: J. physic. Colloid Chem. **55** (1951) 477—90.
G 2	Garwin, L., Winterbottom, J. M.: Ind. Engng. Chem. **49** (1957) 1355—60.
G 3	Gee, E. A.: J. Am. Chem. Soc. **67** (1945) 179—82.
G 3a	Gjumer, E. A.: J. anorg. Chem. UdSSR **6** (1961) 236—38.
G 4	Glover, W. H.: J. Chem. Soc. [London] **99** (1911) 371—78.
G 5	Goldschmidt, H., Aarflot, H.: Z. physik. Chem. **122** (1926) 371—82.
G 6	Gorenbein, Je. Ja.: J. allg. Chem. (Shurnal Obschtschei Chimii) **23** (1953) 1273—78.
G 7	Gorenbein, Je. Ja.: J. allg. Chem. (Shurnal Obschtschei Chimii) **27** (1957) 20—22.
G 8	Gorenbein, Je. Ja., Burstin, Ju. A.: J. allg. Chem. (Shurnal Obschtschei Chimii) **18** (1948) 1590—98.
G 9	Gorenbein, Je. Ja., Danilowa, W. N.: J. allg. Chem. (Shurnal Obschtschei Chimii) **27** (1957) 858—67.
G 10	Gorenbein, Je. Ja., Kriss, Je. Je.: J. allg. Chem. **21** (1951) 1387—92.
G 11	Gorenbein, Je. Ja., Ridler, G. A.: J. allg. Chem. (Shurnal Obschtschei Chimii) **11** (1941) 1069—75.
G 12	Green, H.: J. Chem. Soc. [London] **93** (1908) 2049—63.
G 13	Gregory, N. W., Tartar, H. V.: J. Am. Chem. Soc. **70** (1948) 1992—95.
G 14	Gryněarov, I. N., Procenko, G. P., Procenko, P. I.: Ž. prikl. Chim. **42** (1969) 2, 301—08.
H 1	Haffner, G.: Physik. Z. **2** (1901) 739—42.
H 2	Happart: Mém. Soc. Roy. Sci. Liège **4** (1902) Nr. 10 (nach ICT).
H 3	Harned, H. S., Calmon, C.: J. Am. Chem. Soc. **60** (1938) 334/35.
H 4	Harned, H. S., Calmon, C.: J. Am. Chem. Soc. **61** (1939) 1491—94.
H 4a	Harris, R. D., Geankoplos, C. J.: J. chem. Engng. Data **7** (1962) 218—23.
H 5	Hawkins, F. S., Partington, J. R.: Trans. Faraday Soc. **24** (1928) 518—30.
H 6	Hawkins, F. S., Partington, J. R.: Trans. Faraday Soc. **26** (1930) 78—86.
H 7	Hegedüs, M.: Dissert. Budapest 1927.
H 8	Herz, W., Anders, G.: Z. anorg. Chem. **55** (1907) 271—78.
H 9	Herz, W., Hiebenthal, F.: Z. anorg. allg. Chem. **184** (1929) 409—15.
H 10	Herz, W., Knoch, M.: Z. anorg. Chem. **45** (1905) 262—69.
H 11	Herz, W., Knoch, M.: Z. anorg. Chem. **41** (1904) 315—24.
H 12	Herz, W., Knoch, M.: Z. anorg. Chem. (1905) 193—96.
H 13	Herz, W., Kuhn, F.: Z. anorg. Chem. **60** (1908) 152—62.
H 14	Herz, W., Kuhn, F.: Z. anorg. Chem. **58** (1908) 159—67.
H 15	Hill, A. E., Simmons, J. P.: J. Am. Chem. Soc. **31** (1909) 821—39.
H 16	Hill, A. E., Simmons, J. P.: Z. physik. Chem. **67** (1909) 594—617.
H 17	Hill, L. M., Goulden, T. P., Hatlon, E.: J. Chem. Soc. [London] **1946**, 78—81.
H 18	Hill, A. E., J. Am. Chem. Soc. **44** (1922) 1163—93.
H 19	Hill, A. E., Miller jr., F. W.: J. Am. Chem. Soc. **47** (1925) 2702—12.
H 20	Hill, A. E., Macy, R.: J. Am. Chem. Soc. **46** (1924) 1132—50.
H 21	Hogge, E., Garret, A. B.: J. Am. Chem. Soc. **63** (1941) 1089—94.
H 21a	Hussain, F., Rauf, A.: Pakistan J. sci. ind. Res. **7** (1964) 171—73.
H 22	Hutchinson, E., Mosher, C. S.: J. Colloid. Sci. **11** (1956) 352—55.
J 1	Jackson, R. F.: J. Am. Chem. Soc. **36** (1914) 2346—57.
J 1a	Jankovič, S.: Bull. Sci. [Zagreb] **5** (1959) 21/22.
J 1b	Jermolenko, N. F., Deitsch, A. Ja.: Hochschulnachr. [Iwanowo], Chem. u. chem. Technol. **5** (1962) 536—38.
J 2	Joerges, M., Nikuradse, A.: Z. Naturforsch. **5a** (1950) 259—69.
J 3	Jones, Davis, Johnson: Carnegie Institution of Washington Publications Nr. **260** (1918) 71.
J 4	Jones, Bingham, McMaster: Am. Chem. J. **34** (1905/06) 481 (nach ICT).
J 5	Jones, W. J., Lapworth, A., Lingford, H. M.: J. Chem. Soc. [London] **103** (1913) 252—63.
K 1	Kanitz, A.: Z. physik. Chem. **22** (1897) 336—57.
K 1a	Kepiński, J., Trzeszczyński, J.: Rocznika Chem. (Ann. Soc. chim. Polonorum) **38** (1964) 201—11.
K 1b	Kertes, A. S., Kertes, V.: J. appl. Chem. **10** (1960) 287—92.
K 2	Kichimatsu, M., Kojima, H.: Bull. Inst. physic. chem. Res. **4** (1925) 54.
K 3	King, E. E., Partington, J. R.: Trans. Faraday Soc. **23** (1927) 522—35.
K 3a	Klebanov, G. S., Ostapkerich, N. A.: J. anorg. Chem. UdSSR **5** (1960) 1128/29.
K 4	Klotschko, M. A.: Bull. Acad. Sci. URSS, Sér. chim. (Iswesstija Akademii Nauk SSSR, Sserija Chimitschesskaja) **1938**, 1003—13.
K 5	Kobayashi, Y., Miura, M.: J. Sci. Hiroshima Univ., Ser. A 9 (1939) 33—50.
K 6	Kolzumi, E.: J. Chem. Soc. Japan, pure Chem. Sect. **69** (1948) 40/41.

K 7	Kolzumi, E.: J. Chem. Soc. Japan, pure Chem. Sect. **68** (1947) 81—83.
K 8	Kortüm, G., Walz, H.: Z. Elektrochem., Ber. Bunsenges. physik. Chem. **57** (1953) 73—81.
L 1	LaMer, V. K., Goldman, F. H.: J. Am. Chem. Soc. **53** (1931) 473—76.
L 2	Laurent, P. A., Duhamel, M. J.: Bull. Soc. chim. France Mém. (5) **20** (1953) 157—61.
L 3	Lewis, J. R.: J. Am. Chem. Soc. **47** (1925) 626—40.
L 4	Linke, W. F.: J. Am. Chem. Soc. **76** (1954) 291/92.
L 5	Linton, E. P., Maass, O.: Canad. J. Res. **4** (1931) 325 (nach Tabl. ann.).
L 6	Lundén, H.: Z. physik. Chem. **54** (1906) 532—68.
M 1	MacDougall, F. H.: J. physic. Chem. **46** (1942) 738—47.
M 2	MacDougall, F. H.: J. Am. Chem. Soc. **52** (1930) 1390—93.
M 3	MacDougall, F. H., Allen, M.: J. physic. Chem. **49** (1945) 245—60.
M 4	MacDougall, F. H., Bartsch, C. E.: J. physic. Chem. **40** (1936) 649—59.
M 5	MacDougall, F. H., Blumer, D.: J. Am. Chem. Soc. **55** (1933) 2236—49.
M 6	MacDougall, F. H., Larson, W. D.: J. physic. Chem. **41** (1937) 417—29.
M 7	MacDougall, F. H., Rehner jr., J.: J. Am. Chem. Soc. **56** (1934) 368—72.
M 8	MacInnes, D. A., Dayhoff, M. O.: J. Am. Chem. Soc. **75** (1953) 5219/20.
M 9	Macy, R.: J. Am. Chem. Soc. **47** (1925) 1031—36.
M 10	Macy, R., Thomas, E. W.: J. Am. Chem. Soc. **48** (1926) 1547—56.
M 10a	Mantovani, G., Indelli, A.: Int. Sugar J. **68** (1966) 104—08.
M 11	Masson, J. I. O.: J. Chem. Soc. [London] **101** (1912) 103—08.
M 12	Moles, E., Marquina, M.: An Soc. españ. Fisica Quim. **22** (1924) 551—54.
M 13	Muchin, Tarle: Travaux de la Société de physique et de chimie de Kharkoff **43** (1916) 54 (nach ICT).
M 14	Mueller, P., Abegg, R.: Z. physik. Chem. **57** (1907) 513—32.
N 1	Nespital, W.: Z. physik. Chem. **B 16** (1932) 153—79.
N 2	Newskaja, Ju., Ssumarokowa, T.: J. allg. Chem. UdSSR **31** (**93**) (1961) 345—48.
N 3	Nikolajew, A. W., Mironow, K. Je., Karassewa, E. W.: Ber. Akad. Wiss. UdSSR **147** (1962) 380—83. Sibir. Abt. Inst. für Anorg. Chem.
N 4	Nishimura, Sauji, Tokura, Iwao, Kondo, Yoshio: Mem. Fac. Engng. Kyoto Univ. **27** (1965) 202—17.
O 1	Olmer, F.: Bull. Soc. chim. France (5) **5** (1938) 1178—84.
O 1a	Ortmanns, G.: Z. physik. Chem. [Frankf./M.] **63** (1969) 5/6 312—15.
O 2	Osol, A., Kilpatrick, M.: J. Am. Chem. Soc. **55** (1933) 4430—40.
O 3	Osol, A., Kilpatrick, M.: J. Am. Chem. Soc. **55** (1933) 4440—44.
O 4	Ossipow, O. A., Ssamofalowa, G. Ss., Gluschenko, Je. I.: J. allg. Chem. (Shurnal Obschtschei Chimii) **27** (1957) 1428—33.
O 5	Ostwald, W.: J. prakt. Chem. **18** (1878) 328.
P 0	Padova, J.: J. chem. Physics **39** (1963) 2599—2602.
P 1	Palitzsch, S.: Z. physik. Chem. **138** (1928) 379—98.
P 2	Pande, C. S., Bhatnagar, M. P.: J. Indian chem. Soc. **31** (1954) 402—04.
P 3	Parson, C. L., Corliss, H. P.: J. Am. Chem. Soc. **32** (1910) 1367—78.
P 4	Partington, J. R., Simpson, H. G.: Trans. Faraday Soc. **26** (1930) 147—54.
P 5	Partington, J. R., Winterton, R. J.: Trans. Faraday Soc. **30** (1934) 619—26.
P 6	Patterson, T. S., Anderson: J. Chem. Soc. [London] **101** (1912) 1833—40.
P 7	Patterson, T. S., Buchanan, C.: J. Chem. Soc. [London] **1928**, 3006—19.
P 8	Polique, R.: Bull. Soc. chim. France [5] **1** (1934) 1745—52.
P 9	Pound, J. R.: J. Chem. Soc. [London] **121** (1922) 941—45.
P 9a	Procenko, P. I., Zaruba, N. V., Mjasnikova, T. P.: Z. anorg. Chem. **11** (1966) 2797—2802.
P 9b	Procenko, P. I., Zaruba, N. V., Mjasnikova, T. P., Brykova, N. A.: Doklady Akad. Nauk SSR **175** (1967) 2, 361—64.
P 10	Przeborowsky, J. S., Georgiewsky, V. G., Filippowa, N. D.: Z. physik. Chem. **A 145** (1929) 276—82.
P 11	Pusin, N. A., Miler, Z.: Ber. chem. Ges. Belgrad (Glassnik Chemisskog Druschtwa Beograd) **19** (1954) 253—65.
P 12	Putnyn, A. Ja., Švarc, E. M., Ievin'š, A. F.: Izvest. Akad. Nauk Latv. SSR, Ser. chim. 1965, 728—32.
P 13	Putnyn, A. Ja., Švarc, E. M., Ievin'š, A. F.: Ž. obšč. Chim. **36** (98) (1966) 777—80.
P 14	Putnin, A. Ja., Švarc, E. M., Ievin'š, A. F.: Izvest. Akad. Nauk Latv. SSR, Ser. chim. **3** (1967) 298—303, 304—08.
R 1	Rabinowitsch, B. Ja.: J. allg. Chem. UdSSR **24** (1954) 48—52.
R 2	Rabinowitsch, B. Ja.: J. allg. Chem. UdSSR **26** (88) (1956) 377—79.

R 3 Rakshit, J. N.: Z. Elektrochem. angew. physik. Chem. **31** (1925) 97—101.
R 3a Ramalho, R. S., Edgett, N. S.: J. chem. Engng. Data **10** (1965) 8—9.
R 4 Reinitzer, B.: Z. angew. Chem. **26** (1913) 456.
R 5 Remy-Genneté, P., Durand, G.: Bull. Soc. chim. France Mém. **5** (1955) 1059/60.
R 6 Retgers: Neues Jahrbuch Mineralog., Geol., Paläontol. **1889** II, 185 (nach ICT).
R 7 Riedel, R.: Z. physik. Chem. **56** (1906) 243—53.
R 8 Rimbach, E.: Z. physik. Chem. **9** (1892) 698—708.
R 9 Rimbach, E., Wintgen, R.: Z. physik. Chem. **74** (1910) 233—52.
R 10 Rivett, A. C. D., Rosenblum, E. I.: Trans. Faraday Soc. **9** (1913) 297—309.
R 10a Rossotti, F. J. C., Rossotti, H.: J. physic. Chem. **68** (1964) 3773—78.
R 11 Rudorf, G.: Z. physik. Chem. **43** (1903) 257—304.
R 12 Ryota, Mitamura, Nishimura, Sanji, Kondo, Yoshio: Mem. Fac. Engng. Kyoto Univ. **28** (1966) 198—212.

S 1 Sachanov, Rabinovic: J. russ. physik.-chem. Ges. (Shurnal Russkogo Fisiko-Chimitschesskogo Obschtschesstwa) **47** (1915) 859 (nach Tabl. ann. u. ICT).
S 2 Sachanov, Przeborovski: ebenda S. 849.
S 3 Saslawski, J. J., Stendel, E. G., Towarow, W. W.: Z. anorg. allg. Chem. **180** (1929) 241—51.
S 4 Schalberow, N. A., Osstroumova, N. M.: J. physik. Chem. (Shurnal Fisitschesskoi Chimii) **8** (1936) 117—23.
S 5 Schalberow, N. A., Osstroumov, W. W., Osstroumova, W. N.: J. physik. Chem. (Shurnal Fisitschesskoi Chimii) **6** (1935) 1398—1422.
S 6 Scheka, S. A., Scheka, I. A.: J. physik. Chem. (Shurnal Fisitschesskoi Chimii) **23** (1949) 1275—80.
S 7 Schneider, H. G.: Liebigs Ann. Chem. **207** (1881) 257—87.
S 8 Seidell, A.: United States Public Health Service. Hygienic Laboratory Bulletins Nr. **67** (1910/11); nach ICT.
S 9 Seidell, A.: Trans. Amer. electrochem. Soc. **13** (1908) 319—28.
S 10 Selikson, B., Ricci, J. E.: J. Am. Chem. Soc. **64** (1942) 2474—76.
S 11 Shafter, S. S., Taylor, N. W.: J. Am. Chem. Soc. **48** (1926) 843—53.
S 12 Shdanow, A. K., Nigai, K. G.: J. allg. Chem. (Shurnal Obschtschei Chimii) **26** (1956) 2134—37.
S 12a Shdanow, A. K., Nigai, K. G.: J. allg. Chem. (Shurnal Obschtschei Chimii) **26** (88) (1956) 2679/80.
S 13 Sidgwick, N. V., Lewis, N. B.: J. Chem. Soc. [London] **1926**, 1287—1302.
S 14 Sidgwick, N. V., Wilsdon, B. H.: J. Chem. Soc. [London] **99** (1911) 1118—22.
S 15 Sidgwick, N. V.: Pickford, P., Wilsdon, B. H.: J. Chem. Soc. [London] **99** (1911) 1122—32.
S 16 Simons, E. L., Blum, S. E.: J. Am. Chem. Soc. **73** (1951) 5717—19.
S 16a Sinowjew, A. A., Babajewa, W. P.: J. anorg. Chem. UdSSR **3** (1958) 1428—32.
S 17 Spacu, G., Popper, E.: Z. physik. Chem. **B 41** (1938) 112—16.
S 18 Ssiwer, P. Ja.: J. physik. Chem. (Shurnal Fisitschesskoi Chimii) **24** (1950) 261—67.
S 18a Ssulaimankulow, K.: J. anorg. Chem. UdSSR **7** (1962) 1418—20.
S 19 Stern, K. H., Templeton, C. C.: J. electrochem. Soc. **98** (1951) 443—46.
S 20 Strocchi, P. M., Gliozzi, E.: Ann. Chimica **41** (1951) 465—77.
S 21 Strocchi, P. M., Gliozzi, E.: Ann. Chimica **42** (1952) 3—17.

T 1 Takahashi, G., Yaginuma, T.: J. Chem. Soc. Japan **4** (1929) 19.
T 1a Tanabe, Teruo, Nishimura, Sanji, Kondo, Yoshio: Mem. Fac. Engng. Kyoto Univ. **29** (1967) 4, 440—53.
T 2 Thompson, A. R., Molstad, M. C.: Ind. Engng. Chem. **37** (1945) 1244—48.
T 3 Thompson, A. R., Vener, R. E.: Ind. Engng. Chem. **40** (1948) 478—81.
T 4 Trimble, H. M.: Ind. Engng. Chem. **23** (1931) 165—67.
T 5 Tschernajak, E. L.: Chem. J. Ser. A, J. allg. Chem. (Chimitschesski Shurnal. Sserija A. Shurnal Obschtschei Chimii) **8** (**70**) (1938) 1341—52 (nach Chem. Zbl.).
T 6 Tsubomura, H., Nagakura, S.: J. chem. Physics **27** (1957) 819/20.
T 7 Tuck, D. G.: J. Chem. Soc. [London] **1958**, 2783—89.

U 1 Uchida, T.: J. chem. Soc. Japan, ind. chem. Sect. **62** (1959) 1475—77.

V 1 Vener, R. E., Thompson, A. R.: Ind. Engng. Chem. **41** (1949) 2242—47.
V 2 Vener, R. E., Thompson, A. R.: Ind. Engng. Chem. **42** (1950) 171—74.
V 3 Venturello, G.: Gazz. chim. ital. **68** (1938) 394—404.

W 1 Wada, Y., Shimbo, S., Oda, M.: J. agric. chem. Soc. Japan **23** (1950) 258—61.
W 2 Waid, G. M.: J. Chem. Soc. [London] **1954**, 2879—81.
W 3 Ward, G. M.: J. Chem. Soc. [London] **1954**, 2879—81.
W 4 Wegscheider, Amann: Mh. Chem. **36** (1915) 690.
W 5 Welsh, J., Copper, R.: J. physic. Colloid Chem. **53** (1949) 505—18.

W 5a Wen-Yang Wen, Kenichi Nara: J. physic. Chem. **71** (1967) 3907–14.
W 5b Werblan, L., Rotowska, A., Minc, S.: Electrochim. Acta **16** (1971) 1, 41–59.
W 6 Willard, H. H., Smith, G. F.: J. Am. Chem. Soc. **45** (1923) 286–97.
W 7 Wirth, F.: Z. anorg. Chem. **58** (1908) 213–27.
W 8 Wirth, H. E.: J. Am. Chem. Soc. **70** (1948) 462–65.
W 9 Wise, W. C. A., Davies, C. W.: J. Chem. Soc. [London] **1938**, 273–77.
W 10 Worthington, E. A., Datin, R. C., Schutz, D. P.: Ind. Engng. Chem. **44** (1952) 910–13.
Y 1 Yagoda, H.: J. Am. chem. Soc. **52** (1930) 3068–76.
Z 1 Zaruba, N. V., Procenko, P. I.: Hochschulnachr. [Ivanovo] Chim. i chim. Technol. **10** (1967) **7**, 723–28.

2.4 Organisch-organische Systeme mit Wasser — Organic-organic systems containing water

2.4.1 Ternäre Systeme: organische Komponenten A, B und Wasser — Ternary systems: organic components A, B, and water

CCl_4 Tetrachlormethan – CH_4O Methanol – H_2O [*B 13*]
CCl_4 Tetrachlormethan – $C_2H_4O_2$ Essigsäure – H_2O [*P 7a*]
CCl_4 Tetrachlormethan – C_2H_6O Äthanol – H_2O [*B 13, C 13*]
CCl_4 Tetrachlormethan – C_3H_6O Aceton – H_2O [*B 20*]
CCl_4 Tetrachlormethan – C_3H_8O n-Propanol – H_2O [*B 13, P 5a*]
CCl_4 Tetrachlormethan – $C_4H_{10}O$ n-Butanol – H_2O [*M 7a*]
CCl_4 Tetrachlormethan – C_6H_6 Benzol – H_2O [*P 7a*]
$CHCl_3$ Chloroform – CH_4O Methanol – H_2O [*B 13*]
$CHCl_3$ Chloroform – $C_2H_4O_2$ Essigsäure – H_2O [*C 0a, C 0d*]
$CHCl_3$ Chloroform – C_2H_6O Äthanol – H_2O [*B 13*]
$CHCl_3$ Chloroform – C_3H_6O Aceton – H_2O [*B 13*]
$CHCl_3$ Chloroform – C_3H_8O n-Propanol – H_2O [*B 13*]
$CHCl_3$ Chloroform – C_3H_8O Isopropanol – H_2O [*J 1*]
CHO_2K Kaliumformiat – CH_2O_2 Ameisensäure – H_2O [*O 4*]
$CHKO_2$ Kaliumformiat – $C_2HCl_3O_2$ Trichloressigsäure – H_2O [*O 4*]
$CHKO_2$ Kaliumformiat – $C_2H_4O_2$ Essigsäure – H_2O [*O 4*]
$CHKO_2$ Kaliumformiat – $C_3H_6O_3$ Milchsäure – H_2O [*O 4*]
$CHKO_2$ Kaliumformiat – $C_4H_8O_2$ Buttersäure – H_2O [*O 4*]
$CHKO_2$ Kaliumformiat – $C_4H_8O_2$ Isobuttersäure – H_2O [*O 4*]
CHO_2Na Natriumformiat – CH_2O_2 Ameisensäure – H_2O [*O 4*]
$CHNaO_2$ Natriumformiat – $C_2HCl_3O_2$ Trichloressigsäure – H_2O [*O 4*]
$CHNaO_2$ Natriumformiat – $C_2H_4O_2$ Essigsäure – H_2O [*O 4*]
C_2H_6O Äthanol – CHO_2Na Natriumformiat – H_2O [*H 5a*]
CHO_2Na Natriumformiat – $C_3H_6O_3$ Milchsäure – H_2O [*O 4*]
$CHNaO_2$ Natriumformiat – $C_4H_8O_2$ Buttersäure – H_2O [*O 4*]
CH_2NaO_2 Natriumformiat – $C_4H_8O_2$ Isobuttersäure – H_2O [*O 4*]
CH_2O_2 Ameisensäure – CH_5NO_2 Ammoniumformiat – H_2O [*O 4*]
CH_2O_2 Ameisensäure – $C_2H_2CuO_4$ Kupferformiat – H_2O [*S 16*]
CH_2O_2 Ameisensäure – $C_2H_3KO_3$ Kaliumglykolat – H_2O [*O 4*]
CH_2O_2 Ameisensäure – $C_2H_3NaO_3$ Natriumglykolat – H_2O [*O 4*]
CH_2O_2 Ameisensäure – C_2H_6O Äthanol – H_2O [*H 3*]
CH_2O_2 Ameisensäure – $C_2H_7NO_3$ Ammoniumglykolat – H_2O [*O 4*]
CH_2O_2 Ameisensäure – $C_3H_5KO_2$ – Kaliumpropionat – H_2O [*O 4*]
CH_2O_2 Ameisensäure – $C_3H_5KO_3$ Kaliumlactat – H_2O [*O 4*]
CH_2O_2 Ameisensäure – $C_3H_5NaO_2$ Natriumpropionat – H_2O [*O 4*]
CH_2O_2 Ameisensäure – $C_3H_5NO_3$ Natriumlactat – H_2O [*O 4*]
CH_2O_2 Ameisensäure – $C_3H_9NO_2$ Ammoniumpropionat – H_2O [*O 4*]
CH_2O_2 Ameisensäure – $C_3H_9NO_3$ Ammoniumlactat – H_2O [*O 4*]
CH_2O_2 Ameisensäure – $C_4H_4K_2O_4$ Kaliumsuccinat – H_2O [*O 4*]
CH_2O_2 Ameisensäure – $C_4H_4K_2O_5$ Kaliummalat – H_2O [*O 4*]
CH_2O_2 Ameisensäure – $C_4H_4Na_2O_4$ Natriumsuccinat – H_2O [*O 4*]
CH_2O_2 Ameisensäure – $C_4H_4Na_2O_5$ Natriummalat – H_2O [*O 4*]
CH_2O_2 Ameisensäure – $C_4H_4Na_2O_6$ Natriumtartrat – H_2O [*O 4*]
CH_2O_2 Ameisensäure – $C_4H_7KO_2$ Kaliumbutyrat – H_2O [*O 4*]
CH_2O_2 Ameisensäure – $C_4H_7KO_2$ Kaliumisobutyrat – H_2O [*O 4*]

CH_2O_2 Ameisensäure—$C_4H_7NaO_2$ Natriumbutyrat —H_2O [*O 4*]
CH_2O_2 Ameisensäure—$C_4H_7NaO_2$ Natriumisobutyrat—H_2O [*O 4*]
CH_2O_2 Ameisensäure—$C_4H_{11}NO_2$ Ammoniumbutyrat—H_2O [*O 4*]
CH_2O_2 Ameisensäure—$C_4H_{11}NO_2$ Ammoniumisobutyrat—H_2O [*O 4*]
CH_2O_2 Ameisensäure—$C_4H_{12}N_2O_4$ Ammoniumsuccinat—H_2O [*O 4*]
CH_2O_2 Ameisensäure—$C_4H_{12}N_2O_5$ Ammoniummalat—H_2O [*O 4*]
CH_2O_2 Ameisensäure—C_6H_7N Anilin—H_2O [*P 6*]
CH_4 Methan—C_4H_{10} n-Butan—H_2O [*M 5*]

CH_4N_2O Harnstoff (X_1)—$C_2H_4O_2$ Essigsäure (X_2) —H_2O [*R 10*]

D^{25}	X_1; n =	X_2; n =
1,0408	0,125	1,0408
1,0221	0,125	1,0221
1,0115	0,125	1,0115
1,0075	0,125	1,0075
1,0051	0,125	1,0051

CH_4N_2O Harnstoff—$C_3H_7NO_2$ Urethan—H_2O [*B 2*]
CH_4N_2O Harnstoff—$C_8H_{14}O_6$ Äthyltartrat—H_2O [*P 2*]
CH_4O Methanol—C_2H_5Br Äthylbromid—H_2O [*B 13*]
CH_4O Methanol—C_2H_6O Äthanol—H_2O [*B 9, K 7, G 5, C 2a*]
CH_4O Methanol—$C_2H_6O_2$ Äthylenglykol—H_2O [*C 8, C 12a*]
C_3H_3N Acrylsäurenitril—CH_4O Methanol—H_2O [*N 2*]
CH_4O Methanol—C_3H_6O Aceton—H_2O [*G 3*]
CH_4O Methanol—$C_3H_6O_2$ Essigsäuremethylester—H_2O [*C 12*]
CH_4O Methanol—C_3H_8O n-Propanol—H_2O [*R 7*]
CH_4O Methanol—$C_3H_8O_3$ Glycerin—H_2O [*G 5*]
CH_4O Methanol—$C_4H_{10}O$ Isobutanol—H_2O [*J 3, S 18*]
CH_4O Methanol—$C_5H_8O_2$ Methacrylsäuremethylester—H_2O [*K 6a*]

CH_4O Methanol (X_1)—$C_6H_3N_3O_7$ Pikrinsäure (X_2) —H_2O [*G 2*]

D^{25}	X_1; n =	X_2; n =
0,8005	0,0	0,1
0,8039	0,5	0,1
0,8078	1,0	0,1
0,8137	2,0	0,1

CH_4O Methanol—C_6H_5Br Brombenzol—H_2O [*B 13*]
CH_4O Methanol—C_6H_6 Benzol—H_2O [*B 3, P 5a*]
CH_4O Methanol—C_6H_{14} Hexan—H_2O [*B 13*]
CH_4O Methanol—C_7H_{16}Heptan—H_2O [*B 13*]
CH_4O Methanol—$C_8H_{20}NBr$ Tetraäthylammoniumbromid—H_2O [*B 11*]
CH_4O Methanol—$C_8H_{20}NCl$ Tetraäthylammoniumchlorid—H_2O [*B 11*]
CH_4O Methanol—$C_8H_{20}NJ$ Tetraäthylammoniumjodid—H_2O [*B 11*]
CH_4O Methanol—$C_{10}H_{16}O$ Campher—H_2O [*M 4*]
CH_5NO_2 Ammoniumformiat—$C_2HCl_3O_2$ Trichloressigsäure—H_2O [*O 4*]
CH_5NO_2 Ammoniumformiat—$C_2H_4O_2$ Essigsäure —H_2O [*O 4*]
CH_5NO_2 Ammoniumformiat—$C_3H_6O_3$ Milchsäure—H_2O [*O 4*]
CH_5NO_2 Ammoniumformiat—$C_4H_8O_2$ Buttersäure—H_2O [*O 4*]
CH_5NO_2 Ammoniumformiat—$C_4H_8O_2$ Isobuttersäure—H_2O [*O 4*]

C_2BeO_4 Berylliumoxalat (X_1)—$C_2H_2O_4$ Oxalsäure (X_2)—H_2O [*S 15*]

D_4^{25}	X_1; [Gew.-%]	X_2; [Gew.-%]
1,178	26,55	1,81
1,187	25,33	4,42
1,188	25,23	4,79
1,197	24,49	6,88
1,168	20,78	7,63
1,139	15,79	8,46
1,112	11,24	9,07
1,087	7,60	9,52
1,064	3,45	10,03
1,043	0,0	10,23

$C_2Cl_3KO_2$ Kalium-trichloracetat—$C_2HCl_3O_2$ Trichloressigsäure—H_2O [*O 4*]
$C_2Cl_3KO_2$ Kalium-trichloracetat—$C_2H_3ClO_2$ Chloressigsäure—H_2O [*O 4*]
$C_2Cl_3NaO_2$ Natriumtrichloracetat—$C_2HCl_3O_2$ Trichloressigsäure—H_2O [*O 4*]
$C_2Cl_3NaO_2$ Natrium-trichloracetat—$C_2H_3ClO_2$ Chloressigsäure—H_2O [*O 4*]
$C_2K_2O_4$ Kaliumoxalat—$C_2Na_2O_4$ Natriumoxalat—H_2O [*R 8*]
$C_2HCl_2KO_2$ Kaliumdichloracetat—$C_2HCl_3O_2$ Trichloressigsäure—H_2O [*O 4*]
$C_2HCl_2KO_2$ Kalium-dichloracetat—$C_2H_2Cl_2O_2$ Dichloressigsäure—H_2O [*O 4*]
$C_2HCl_2KO_2$ Kalium-dichloracetat—$C_3H_6O_3$ Milchsäure—H_2O [*O 4*]
$C_2HCl_2NaO_2$ Natriumdichloracetat—$C_2HCl_3O_2$ Trichloressigsäure—H_2O [*O 4*]
$C_2HCl_2NaO_2$ Natrium-dichloracetat—$C_2H_2Cl_2O_2$ Dichloressigsäure—H_2O [*O 4*]
$C_2HCl_2NaO_2$ Natrium-dichloracetat—$C_3H_6O_3$ Milchsäure—H_2O [*O 4*]
C_2HCl_3 Trichloräthylen—C_4H_8O Methyläthylketon—H_2O [*N 1*]
$C_2HCl_3O_2$ Trichloressigsäure—$C_2H_2ClKO_2$ Kaliumchloracetat—H_2O [*O 4*]
$C_2HCl_3O_2$ Trichloressigsäure—$C_2H_2ClNaO_2$ Natriumchloracetat—H_2O [*O 4*]
$C_2HCl_3O_2$ Trichloressigsäure—$C_2H_4Cl_3NO_2$ Ammoniumtrichloracetat—H_2O [O 4]
$C_2HCl_3O_2$ Trichloressigsäure—$C_2H_5Cl_2NO_2$ Ammonium-dichloracetat—H_2O [*O 4*]

$C_2HCl_3O_2$ Trichloressigsäure — $C_2H_6ClNO_2$ Ammoniumchloracetat — H_2O [*O 4*]

$C_2HCl_3O_2$ Trichloressigsäure — C_6H_6 Benzol — H_2O [*B 8*]

$C_2H_2BaO_4$ Bariumformiat — $C_2H_2O_4Pb$ Bleiformiat — H_2O [*F 3*]

$C_2H_2ClKO_2$ Kaliumchloracetat — $C_2H_3ClO_2$ Chloressigsäure — H_2O [*O 4*]

$C_2H_2ClNaO_2$ Natriumchloracetat — $C_2H_3ClO_2$ Chloressigsäure — H_2O [*O 4*]

$C_2H_2Cl_2O_2$ Dichloressigsäure (X_1) — $C_2H_4O_2$ Essigsäure (X_2) — H_2O [*K 1*]

D^{25}	X_1; [Val/l]	X_2; [Val/l]
1,0315	0,5	0,5
1,0160	0,25	0,25
1,0083	0,125	0,125

$C_2H_2Cl_2O_2$ Dichloressigsäure — $C_3H_5KO_3$ Kaliumlactat — H_2O [*O 4*]

$C_2H_2Cl_2O_2$ Dichloressigsäure — $C_3H_5NaO_3$ Natriumlactat — H_2O [*O 4*]

$C_2H_2Cl_2O_2$ Dichloressigsäure — $C_3H_9NO_3$ Ammoniumlactat — H_2O [*O 4*]

$C_2H_2Cl_2O_2$ Dichloressigsäure — C_6H_6 Benzol — H_2O [*B 8*]

$C_2H_2O_4$ Oxalsäure (X_1) — $C_2Na_2O_4$ Natriumoxalat (X_2) — H_2O [*H 6*]

t [°C]	D^t_{15}	X_1 g/100 g Lösung	X_2 g/100 g Lösung
0	1,012	3,5	0,3
0	1,007	0,2	1,3
25	1,049	10,3	1,0
25	1,027	5,3	1,0
60	1,151	31,6	3,3
60	1,044	9,4	3,5

$C_2H_3AgO_2$ Silberacetat — $C_2H_3KO_2$ Kaliumacetat — H_2O [*M 1*]

$C_2H_3AgO_2$ Silberacetat — $C_2H_3NaO_2$ Natriumacetat — H_2O [*M 1*]

$C_2H_3AgO_2$ Silberacetat — C_2H_6O Äthanol — H_2O [*M 2*]

$C_2H_3AgO_2$ Silberacetat — C_3H_6O Aceton — H_2O [*M 3*]

$C_2H_3AgO_2$ Silberacetat — $C_4H_6CaO_4$ Calciumacetat — H_2O [*M 1*]

$C_2H_3AgO_2$ Silberacetat — $C_4H_6SrO_4$ Strontiumacetat — H_2O [*M 1*]

$C_2H_3ClO_2$ Chloressigsäure — $C_2H_4Cl_3NO_2$ Ammoniumtrichloracetat — H_2O [*O 4*]

$C_2H_3ClO_2$ Monochloressigsäure — C_6H_6 Benzol — H_2O [*B 8*]

$C_2H_3ClO_2$ Chloressigsäure — $C_2H_6ClNO_2$ Ammoniumchloracetat — H_2O [*O 4*]

$C_2H_3Cl_3$ 1,1,2-Trichloräthan — C_3H_6O Aceton — H_2O [*P 5a, T 3*]

$C_2H_3Cl_3$ 1,1,2-Trichloräthan — C_4H_8O Methyläthylketon — H_2O [*N 1, P 5a*]

$C_2H_3KO_2$ Kaliumacetat — $C_2H_4O_2$ Essigsäure — H_2O [*O 4*]

$C_2H_3KO_2$ Kaliumacetat — C_2H_6O Äthanol — H_2O [*S 12, P 0*]

$C_2H_3KO_2$ Kaliumacetat — C_3H_6O Aceton — H_2O [*P 0*]

$C_2H_3KO_2$ — $C_4H_6CuO_4$ — H_2O [*B 21*]

$C_2H_3KO_2$ Kaliumacetat — $C_4H_8O_2$ Buttersäure — H_2O [*O 4*]

$C_2H_3KO_2$ Kaliumacetat — $C_4H_8O_2$ Isobuttersäure — H_2O [*O 4*]

$C_2H_3KO_2$ Kaliumacetat — $C_6H_{12}O_6$ Fructose — H_2O [*A 1*]

$C_2H_3KO_2$ Kaliumacetat — $C_6H_{12}O_6$ Glucose — H_2O [*A 1*]

$C_2H_3KO_2$ Kaliumacetat — $C_8H_6O_4$ Phthalsäure — H_2O [*R 9*]

$C_2H_3KO_2$ Kaliumacetat — $C_{12}H_{22}O_{11}$ Saccharose — H_2O [*A 1*]

C_2H_3N Acetonitril — C_3H_3N Acrylonitril — H_2O [*B 11b*]

$C_2H_3NaO_2$ Natriumacetat (X_1) — $C_2H_4O_2$ Essigsäure (X_2) — H_2O [*K 1, O 4, W 5*]

D^{25}	X_1; [Val/l]	X_2; [Val/l]
1,0495	1	1
1,0250	0,5	0,5
1,0130	0,25	0,25
1,0070	0,125	0,125

$C_2H_3NaO_2$ Natriumacetat — C_2H_6O Äthanol — H_2O [*F 1, S 12, P 0*]

$C_2H_3NaO_2$ Natriumacetat — C_3H_6O Aceton — H_2O [*P 0*]

$C_2H_3NaO_2$ Natriumacetat (X_1) — $C_4H_6CaO_4$ Calciumacetat (X_2) — H_2O [*B 14*]

D^{18}_{18}	X_1; *M* =	X_2; *M* =
1,1252	0	1,828
1,1281	0,0524	1,828
1,1344	0,295	1,828
1,1452	0,768	1,828
1,1499	1,070	1,828

$C_2H_3NaO_2$ Natriumacetat — $C_4H_8O_2$ Buttersäure — H_2O [*O 4*]

$C_2H_3NaO_2$ Natriumacetat — $C_4H_8O_2$ Isobuttersäure — H_2O [*O 4*]

$C_2H_3NaO_2$ Natriumacetat — $C_6H_{12}O_6$ Fructose — H_2O [*A 1*]

$C_2H_3NaO_2$ Natriumacetat — $C_6H_{12}O_6$ Glucose — H_2O [*A 1*]

$C_2H_3NaO_2$ Natriumacetat — $C_8H_{14}O_6$ Weinsäurediäthylester — H_2O [*P 2*]

$C_2H_3NaO_2$ Natriumacetat — $C_{12}H_{22}O_{11}$ Saccharose — H_2O [*A 1*]

$C_2H_4Cl_2$ 1,1-Dichloräthan — C_2H_6O Äthanol — H_2O [*B 13*]

$C_2H_4Cl_2$ 1,2-Dichloräthan — C_2H_6O Äthanol — H_2O [*B 13, U 1*]

C_2H_4O Acetaldehyd — $C_6H_{12}O_3$ Paraldehyd — H_2O [*S 23*]

$C_2H_4O_2$ Essigsäure — $C_2H_7NO_2$ Ammoniumacetat — H_2O [*O 4*]

$C_2H_4O_2$ Essigsäure—$C_4H_6O_2Cu$ Kupferacetat—H_2O [*S 16*]
$C_2H_4O_2$ Essigsäure—$C_4H_6O_5$ Äpfelsäure—H_2O [*S 4*]
$C_2H_4O_2$ Essigsäure—$C_4H_7KO_2$ Kaliumbutyrat—H_2O [*O 4*]
$C_2H_4O_2$ Essigsäure—$C_4H_7KO_2$ Kaliumisobutyrat—H_2O [*O 4*]
$C_2H_4O_2$ Essigsäure—C_6H_7N Anilin—H_2O [*P 6*]
$C_2H_4O_2$ Essigsäure—$C_7H_7NO_2$ m-Aminobenzoesäure—H_2O [*B 4*]
$C_2H_4O_2$ Essigsäure—$C_4H_7NO_4$ Asparaginsäure—H_2O [*B 6*]
$C_2H_4O_2$ Essigsäure—$C_4H_7NaO_2$ Natriumbutyrat—H_2O [*O 4*]
$C_2H_4O_2$ Essigsäure—$C_4H_7NaO_2$ Natriumisobutyrat—H_2O [*O 4*]
$C_2H_4O_2$ Essigsäure—$C_4H_8N_2O_3$ Asparagin—H_2O [*B 6*]
$C_2H_4O_2$ Essigsäure—$C_4H_{10}O$ Diäthyläther—H_2O [*B 12*]
$C_2H_4O_2$ Essigsäure—$C_4H_{11}NO_2$ Ammoniumbutyrat—H_2O [*O 4*]
$C_2H_4O_2$ Essigsäure—$C_4H_{11}NO_2$ Ammoniumisobutyrat—H_2O [*O 4*]
$C_2H_4O_2$ Essigsäure—C_6H_6 Benzol—H_2O [*B 17, F 10*]

$C_2H_4O_2$ Essigsäure (X_1)—$C_6H_6O_2$ Hydrochinon (X_2)—H_2O [*R 10*]

D^{25}	X_1; n =	X_2; n =
1,0395	5,111	0,0625
1,0230	2,555	0,0625
1,0124	1,277	0,0625
1,0071	0,639	0,0625

$C_2H_4O_2$ Essigsäure—$C_6H_9CeO_6$ Cer-III-acetat—H_2O [*D 7, H 1*]
$C_2H_4O_2$ Essigsäure—$C_6H_{12}O_2$ 2-Äthylbuttersäure—H_2O [*O 5*]
$C_2H_4O_2$ Essigsäure—$C_6H_{12}O_2$ Capronsäure—H_2O [*O 5*]
$C_2H_4O_2$ Essigsäure—C_7H_8 Toluol—H_2O [*W 6*]
$C_2H_4O_2$ Essigsäure—$C_8H_6O_4$ Phthalsäure—H_2O [*R 9*]
$C_2H_4O_2$ Essigsäure—$C_8H_{16}O_2$ 2-Äthyl-hexansäure—H_2O [*O 5*]
$C_2H_4O_2$ Essigsäure—$C_9H_{13}NO_3S$ Trimethylsulfanilsäure—H_2O [*K 3*]
C_2H_5Br Äthylbromid—C_2H_6O Äthanol—H_2O [*B 13*]
C_2H_5Br Äthylbromid—C_3H_8O n-Propanol—H_2O [*B 13*]
$C_2H_5Cl_2NO_2$ Ammonium-dichloracetat—$C_2H_2Cl_2O_2$ Dichloressigsäure—H_2O [*O 4*]
$C_2H_5Cl_2NO_2$ Ammonium-dichloracetat—$C_3H_6O_3$ Milchsäure—H_2O [*O 4*]
$C_2H_5NO_2$ Glycin—$C_5H_9NO_4$ Glutaminsäure—H_2O [*S 14*]
$C_2H_5NO_2$ Glycin—$C_5H_{11}NO_2$ d,l-Norvalin—H_2O [*S 14*]
$C_2H_5NO_2$ Glycin—C_2H_6O Äthanol—H_2O [*C 6, D 6*]

C_2H_6O Äthanol—$C_3H_4N_2O_2$ Hydantoin—H_2O [*M 6*]
C_2H_6O Äthanol—$C_3H_5NO_3$ Formylglycin—H_2O [*M 6*]
C_2H_6O Äthanol—$C_3H_6N_2O_3$ Hydantoinsäure—H_2O [*M 6*]
C_2H_6O Äthanol—C_3H_6O Aceton—H_2O [*G 2a*]
C_2H_6O Äthanol—C_3H_7Br Propylbromid—H_2O [*B 13*]
C_2H_6O Äthanol—$C_3H_7NO_2$ Alanin—H_2O [*H 9*]
C_2H_6O Äthanol—$C_3H_7NO_2$ d,l-Alanin—H_2O [*D 6*]
C_2H_6O Äthanol—$C_3H_7NO_2$ d,l-α-Alanin—H_2O [*C 6*]
C_2H_6O Äthanol—$C_3H_7NO_2$ β-Alanin—H_2O [*M 7*]
C_2H_6O Äthanol—$C_3H_7NO_3$ d,l-Serin—H_2O [*D 6*]
C_2H_6O Äthanol—C_3H_8O n-Propanol—H_2O [*B 9a, B 18*]
C_2H_6O Äthanol—$C_3H_8O_3$ Glycerin—H_2O [*E 2, F 9, G 5*]
C_2H_6O Äthanol—$C_4H_4KNaO_6$ Natrium-kalium-tartrat—H_2O [*F 9, S 13*]
C_2H_6O Äthanol—C_4H_4KOSb Kalium-antimonyl-tartrat—H_2O [*S 13*]
C_2H_6O Äthanol—$C_4H_5KO_6$ Kaliumhydrogentartrat—H_2O [*P 4, S 13*]
C_2H_6O Äthanol—$C_4H_6BaO_4$ Bariumacetat—H_2O [*P 0*]
C_2H_6O Äthanol—$C_4H_6MgO_4$ Magnesiumacetat—H_2O [*P 0*]
C_2H_6O Äthanol—$C_4H_6O_4Pb$ Blei-II-acetat—H_2O [*S 12*]
C_2H_6O Äthanol—$C_4H_6O_4Zn$ Zinkacetat—H_2O [*S 12*]
C_2H_6O Äthanol—$C_4H_6O_6$ Weinsäure—H_2O [*S 13*]
C_2H_6O Äthanol—$C_4H_7NO_4$ d,l-Asparaginsäure—H_2O [*D 6*]
C_2H_6O Äthanol—$C_4H_7NO_4$ L(+)-Asparaginsäure—H_2O [*C 6*]
C_2H_6O Äthanol—$C_4H_8N_2O_3$ Glycylglycin—H_2O [*M 6*]
C_2H_6O Äthanol—$C_4H_8N_2O_3$ Methylhydantoinsäure—H_2O [*M 6*]
C_2H_6O Äthanol—$C_4H_8N_2O_3$ L-Asparagin—H_2O [*M 6*]
C_2H_6O Äthanol—$C_4H_8O_2$ Essigsäureäthylester—H_2O [*B 13, G 4, S 13, S 22*]
C_2H_6O Äthanol—$C_4H_8O_2$ Dioxan—H_2O [*S 5*]
C_2H_6O Äthanol—C_4H_9Br Isobutylbromid—H_2O [*B 13*]
C_2H_6O Äthanol—$C_4H_9NO_2$ d,l-α-Aminobuttersäure—H_2O [*C 6*]

C_2H_6O Äthanol (X_1)—$C_4H_{10}O$ Diäthyläther (X_2)—H_2O [*B 13, B 19, C 10, D 4, H 10, K 4, L 1, M 8, S 1, S 8*]

D^{25}	X_1 Gew.-%	X_2 Gew.-%	H_2O Gew.-%
0,78496	99,68	0,00	0,32
0,78437	98,66	1,01	0,33
0,78380	97,66	2,01	0,33
0,78323	96,75	2,91	0,34
0,78260	95,64	4,01	0,35
0,78205	94,78	4,87	0,35

Tabelle [Äthanol-Diäthyläther — H_2O] (Forts.)

D^{25}	X_1 Gew.-%	X_2 Gew.-%	H_2O Gew.-%
0,78806	98,67	0,00	1,33
0,78744	97,63	1,04	1,33
0,78684	96,72	1,95	1,33
0,78613	95,65	3,03	1,32
0,78548	94,61	4,07	1,32
0,78483	93,61	5,08	1,31
0,79091	97,72	0,00	2,28
0,79029	96,78	0,95	2,27
0,78949	95,62	2,13	2,25
0,78824	95,12	2,90	1,98
0,78752	94,05	3,98	1,96
0,78755	92,71	5,08	2,21
0,79088	97,73	0,00	2,27
0,79020	96,75	1,00	2,25
0,78879	94,79	3,01	2,20
0,78742	92,87	4,97	2,16
0,79371	96,78	0,00	3,22
0,79300	95,78	1,03	3,19
0,79216	94,72	2,12	3,16
0,79154	93,85	3,02	3,13
0,79091	93,00	3,90	3,10
0,79011	91,98	4,95	3,07
0,79641	95,85	0,00	4,15
0,79566	94,79	1,10	4,11
0,79494	93,88	2,05	4,07
0,79421	92,90	3,07	4,03
0,79352	92,05	3,96	3,99
0,79279	91,07	4,96	3,96
0,80022	94,50	0,00	5,50
0,79941	93,51	1,05	5,44
0,79862	92,56	2,05	5,39
0,79793	91,71	2,95	5,34
0,79717	90,82	3,90	5,29
0,79626	89,77	5,00	5,23

C_2H_6O Äthanol — $C_4H_{10}O$ n-Butanol — H_2O [*H 7*]

C_2H_6O Äthanol — $C_4H_{10}O$ Isobutanol — H_2O [*B 13, B 18*]

C_2H_6O Äthanol — $C_5H_4O_2$ Furfurol — H_2O [*D 5*]

C_2H_6O Äthanol — $C_5H_8N_2O_2$ Hydantoin der α-Aminobuttersäure — H_2O [*M 6*]

C_2H_6O Äthanol — $C_5H_9NO_3$ Formyl-α-amino-buttersäure — H_2O [*M 6*]

C_2H_6O Äthanol — $C_5H_9NO_4$ d-Glutaminsäure — H_2O [*D 6*]

C_2H_6O Äthanol — $C_5H_{10}O$ Diäthylketon — H_2O [*B 13*]

C_2H_6O Äthanol — $C_5H_{10}O_2$ Propionsäureäthylester — H_2O [*B 13*]

C_2H_6O Äthanol — $C_5H_{11}Br$ Isoamylbromid — H_2O [*B 13*]

C_2H_6O Äthanol — $C_5H_{11}NO_2$ d,l-Valin — H_2O [*D 6*]

C_2H_6O Äthanol — $C_5H_{11}NO_2$ d,l-α-Aminoisovaleriansäure — H_2O [*C 6*]

C_2H_6O Äthanol — $C_5H_{12}O$ Amylalkohol — H_2O [*B 18, F 4*]

C_2H_6O Äthanol — $C_5H_{12}O$ Isoamylalkohol — H_2O [*B 13, M 9*]

C_2H_6O Äthanol — $C_6H_3N_3O_6$ 1,3,5-Trinitrobenzol — [*H 9*]

C_2H_6O Äthanol(X_1) — $C_6H_3N_3O_7$ Pikrinsäure (X_2) — H_2O [*G 2*]

D^{25}	X_1; n =	X_2; n =
0,7987	0,0	0,1
0,7995	0,1	0,1
0,8003	0,2	0,1
0,8023	0,5	0,1
0,8058	1,0	0,1
0,8123	2,0	0,1

C_2H_6O Äthanol — C_6H_5Br Brombenzol — H_2O [*B 13*]

C_2H_6O Äthanol — $C_6H_5K_3O_7$ Kaliumcitrat — H_2O [*S 13*]

C_2H_6O Äthanol — $C_6H_5Li_3O_7$ Lithiumcitrat — H_2O [*S 13*]

C_2H_6O Äthanol — $C_6H_5NO_2$ Nitrobenzol — H_2O [*B 13*]

C_2H_6O Äthanol — $C_6H_5NaO_4S$ Natrium-p-phenol-sulfonat — H_2O [*S 13*]

C_2H_6O Äthanol — $C_6H_5Na_3O_7$ Natriumcitrat — H_2O [*S 13*]

C_2H_6O Äthanol — C_6H_6 Benzol — H_2O [*B 13, B 4, W 1*]

C_2H_6O Äthanol — C_6H_7N Anilin — H_2O [*G 1*]

C_2H_6O Äthanol — $C_6H_8O_7$ Citronensäure — H_2O [*S 13*]

C_2H_6O Äthanol — $C_6H_{11}N_3O_4$ Triglycin — H_2O [*M 7*]

C_2H_6O Äthanol — $C_6H_{12}O_2$ Buttersäureäthylester — H_2O [*B 13*]

C_2H_6O Äthanol — $C_6H_{13}NO_2$ d,l-α-Amino-iso-capronsäure — H_2O [*C 6*]

C_2H_6O Äthanol — $C_6H_{13}NO_2$ d,l-α-Aminocapronsäure — H_2O [*C 6*]

C_2H_6O Äthanol — $C_6H_{13}NO_2$ d,l-Norleucin — H_2O [*D 6*]

C_2H_6O Äthanol — $C_6H_{13}NO_2$ d,l-Leucin — H_2O [*D 6*]

C_2H_6O Äthanol — C_6H_{14} Hexan — H_2O [*B 13*]

C_2H_6O Dimethyläther — $C_6H_{14}O_4$ Triäthylenglykol — H_2O [*W 0*]

C_2H_6O Äthanol — $C_7H_5BiO_4$ Bismutylsalicylat — H_2O [*S 9*]

C_2H_6O Äthanol — $C_7H_5LiO_2$ Lithiumbenzoat — H_2O [*S 11*]

C_2H_6O Äthanol (X_1) — $C_7H_5LiO_3$ Lithiumsalicylat (X_2) — H_2O [*S 9, S 13*]

D^{25}	X_1; [Gew.-%]	$X_2 \cdot {}^1/_2H_2O$; [Gew.-%]
1,209	0	56,0
1,195	10	55,9
1,180	20	55,4
1,163	30	54,5
1,144	40	53,7
1,124	50	52,5
1,104	60	51,1
1,083	70	49,5
1,056	80	47,5
1,026	90	45,8
1,027	100	48,2

C_2H_6O Äthanol — $C_7H_5NaO_2$ Natriumbenzoat — H_2O [*S 11*]

C_2H_6O Äthanol (X_1) – $C_7H_5NaO_3$ Natrium-salicylat (X_2) – H_2O [*S 9*]

D^{25}	X_1; [Gew.-%]	X_2; [Gew.-%]
1,256	0	53,6
1,235	10	52,1
1,205	20	50,2
1,176	30	48,0
1,142	40	45,5
1,106	50	42,2
1,066	60	38,4
1,016	70	33,0
0,957	80	25,0
0,885	90	15,0
0,805	100	3,82

C_2H_6O Äthanol – C_7H_6O Benzaldehyd – H_2O [*B 13*]
C_2H_6O Äthanol – $C_7H_6O_2$ Benzoesäure – H_2O [*S 11, S 13*]

C_2H_6O Äthanol (X_1) – $C_7H_6O_3$ Salicylsäure (X_2) – H_2O [*S 9, S 11, S 13*]

D^{25}	X_1; [Gew.-%]	X_2; [Gew.-%]
1,001	0	0,22
0,984	10	0,38
0,970	20	0,80
0,959	30	2,20
0,951	40	5,90
0,945	50	12,20
0,943	60	18,30
0,941	70	24,00
0,937	80	28,30
0,930	90	31,40
0,919	100	33,20

C_2H_6O Äthanol – $C_7H_6O_5$ Gallussäure – H_2O [*S 13*]
C_2H_6O Äthanol – C_7H_7Br Bromtoluol – H_2O [*B 13*]
C_2H_6O Äthanol – C_7H_7NO Benzamid – H_2O [*H 9*]
C_2H_6O Äthanol – $C_7H_7NO_2$ p-Nitrotoluol – H_2O [*B 13*]
C_2H_6O Äthanol – C_7H_8 Toluol – H_2O [*B 13, M 10*]
C_2H_6O Äthanol – C_7H_8O Benzylalkohol – H_2O [*B 13*]
C_2H_6O Äthanol – $C_7H_8SN_2$ Phenylthioharnstoff – H_2O [*H 9*]
C_2H_6O Äthanol – C_7H_9N o-Toluidin – H_2O [*B 13*]
C_2H_6O Äthanol – C_7H_9N Methylanilin – H_2O [*B 13*
C_2H_6O Äthanol – $C_7H_9NO_2$ Ammoniumbenzoat – H_2O [*S 11*]

C_2H_6O Äthanol (X_1) – $C_7H_9NO_3$ Ammonium-salicylat (X_2) – H_2O [*S 9, S 13*]

D^{25}	X_1; [Gew.-%]	X_2; [Gew.-%]
1,148	0	50,8
1,122	20	50,3
1,088	40	48,3
1,067	50	46,7
1,042	60	44,7
1,015	70	42,0
0,979	80	38,0
0,936	90	31,6
0,907	95	27,8
0,875	100	22,3

C_2H_6O Äthanol – $C_7H_{12}N_2O_2$ Hydantoin des Leucin – H_2O [*M 6*]
C_2H_6O Äthanol – $C_7H_{13}NO_3$ Formylleucin – H_2O [*M 6*]
C_2H_6O Äthanol – C_7H_{16} Heptan – H_2O [*B 13, S 7*]
C_2H_6O Äthanol – $C_8H_6O_4$ Phthalsäure – H_2O [*R 9*]
C_2H_6O Äthanol – $C_8H_8O_3$ Methylsalicylat – H_2O [*S 13*]

C_2H_6O Äthanol (X_1) – C_8H_9NO Acetanilid (X_2) – H_2O [*H 9, S 10*]

X_1 Gew.-%	g X_2/ 100 g Lsg.	D^{25}	g X_2/ 100 g Lsg.	D^{30}
0	0,54	0,997	0,69	1,000
10	0,93	0,985	1,00	0,984
20	1,28	0,973	2,20	0,970
30	2,30	0,962	4,80	0,956
40	4,85	0,950	9,40	0,945
50	8,87	0,939	15,40	0,934
60	14,17	0,928	22,0	0,926
70	19,84	0,918	27,60	0,917
80	25,17	0,907	31,20	0,907
90	27,65	0,890	31,60	0,893
100	24,77	0,851	29,00	0,876

C_2H_6O Äthanol – C_8H_{10} o-Xylol – H_2O [*B 13*]
C_2H_6O Äthanol – C_8H_{10} m-Xylol – H_2O [*B 13, M 10*]
C_2H_6O Äthanol – C_8H_{10} p-Xylol – H_2O [*B 13*]
C_2H_6O Äthanol – $C_8H_{10}O$ Phenetol – H_2O [*B 13*]
C_2H_6O Äthanol – C_8H_{18} 2, 2, 4-Trimethylpentan – H_2O [*N 3*]
C_2H_6O Äthanol – $C_8H_{20}NBr$ Tetraäthylammonium-bromid – H_2O [*B 11*]
C_2H_6O Äthanol – $C_8H_{20}NCl$ Tetraäthylammonium-chlorid – H_2O [*B 11*]
C_2H_6O Äthanol – $C_8H_{20}NJ$ Tetraäthylammonium-jodid – H_2O [*B 11*]
C_2H_6O Äthanol – $C_9H_{10}O_2$ Essigsäurebenzylester – H_2O [*B 13*]
C_2H_6O Äthanol – $C_9H_{11}NO$ p-Acettoluidid – H_2O [*H 9*]
C_2H_6O Äthanol – C_9H_{12} Mesitylen – H_2O [*B 13*]
C_2H_6O Äthanol – $C_9H_{12}O$ Äthylbenzyläther – H_2O [*B 13*]
C_2H_6O Äthanol – $C_{10}H_{13}NO_2$ ε-Aminocapronsäure – H_2O [*M 7*]
C_2H_6O Äthanol – $C_{10}H_{13}NO_2$ Phenacetin – H_2O [*S 12*]
C_2H_6O Äthanol – $C_{10}H_{16}$ Pinen – H_2O [*B 13*]
C_2H_6O Äthanol – $C_{10}H_{16}O$ Campher – H_2O [*M 4*]
C_2H_6O Äthanol – $C_{10}H_{16}O_4$ Camphersäure – H_2O [*S 13*]
C_2H_6O Äthanol – $C_{10}H_{18}O_4Zn$ Zinkvalerat – H_2O [*S 13*]
C_2H_6O Äthanol – $C_{10}H_{22}O$ Diisoamyläther – H_2O [*B 13*]
C_2H_6O Äthanol – $C_{12}H_{10}O_8S_2Zn$ Zink-p-phenol-sulfonat – H_2O [*S 13*]
C_2H_6O Äthanol – $C_{12}H_{11}NO$ Acetnaphthylamid – H_2O [*H 9*]
C_2H_6O Äthanol – $C_{12}H_{22}O_{11}$ Saccharose – H_2O [*B 11a, C 2b, F 9, S 3a*)

C_2H_6O Äthanol—$C_{12}H_{28}ClN$ Dodecylammonium-chlorid—H_2O [*R 1*]

C_2H_6O Äthanol (X_1)—$C_{13}H_{10}O_3$ Salicylsäure-phenylester (X_2)—H_2O [*S 9, S 13*]

D^{25}	X_1; [Gew.-%]	X_2; [Gew.-%]
0,999	0	0,015
0,967	20	0,020
0,934	40	0,22
0,914	50	0,76
0,895	60	2,10
0,877	70	4,40
0,863	80	7,70
0,865	90	14,00
0,898	100	35,00

C_2H_6O Äthanol—$C_{13}H_{12}N_2O$ Benzoylphenyl-hydrazin—H_2O [*H 9*]

C_2H_6O Äthanol (X_1)—$C_{14}H_{10}O_6Sr$ Strontium-salicylat (X_2)—H_2O [*S 9, S 13*]

D^{25}	X_1; [Gew.-%]	$X_2 \cdot 2H_2O$; [Gew.-%]
1,022	0	5,04
1,006	10	4,88
0,993	20	5,22
0,982	30	6,20
0,966	40	7,70
0,948	50	8,08
0,923	60	7,15
0,893	70	5,90
0,859	80	4,40
0,824	90	2,56
0,790	100	0,44

C_2H_6O Äthanol—$C_{18}H_{33}KO_2$ Kaliumoleat—H_2O [*F 2*]

C_2H_6O Äthanol—$C_{18}H_{36}O_2$ Stearinsäure—H_2O [*S 13*]

C_2H_6O Äthanol—$C_{19}H_{17}N_3$ Triphenylguanidin—H_2O [*H 9*]

C_2H_6O Äthanol (X_1)—$C_{27}H_{30}N_2O_5$ Chininsalicylat (X_2)—H_2O [*S 9, S 13*]

D^{25}	X_1; [Gew.-%]	$X_2 \cdot 2H_2O$; [Gew.-%]
0,999	0	0,065
0,982	10	0,080
0,966	20	0,200
0,952	30	0,48
0,935	40	1,00
0,916	50	1,70
0,896	60	2,45
0,876	70	3,25
0,854	80	4,20
0,832	90	4,71
0,797	100	3,15

$C_2H_6O_2$ Äthylenglykol—$C_4H_{10}O$ Diäthylenglykol—H_2O [*T 1*]

$C_2H_7NO_2$ Ammoniumacetat—$C_4H_8O_2$ Buttersäure—H_2O [*O 4*]

$C_2H_7NO_2$ Ammoniumacetat—$C_4H_8O_2$ Isobuttersäure—H_2O [*O 4*]

$C_2H_8N_2O_4$ Ammoniumoxalat—$C_2O_4K_2$ Kaliumoxalat—H_2O [*R 8*]

$C_2H_8N_2O_4$ Ammoniumoxalat—$C_2O_4Na_2$ Natriumoxalat—H_2O [*R 8*]

$C_3H_5O_2K$ Kaliumpropionat—$C_3H_6O_2$ Propionsäure—H_2O [*O 4*]

$C_3H_5O_2Na$ Natriumpropionat—$C_3H_6O_2$ Propionsäure—H_2O [*O 4*]

$C_3H_5KO_3$ Kaliumlactat—$C_3H_6O_3$ Milchsäure—H_2O [*O 4*]

$C_3H_5NaO_3$ Natriumlactat—$C_3H_6O_3$ Milchsäure—H_2O [*O 4*]

C_3H_6O Aceton—C_3H_8O Isopropanol—H_2O [*F 7, C 1, C 4*]

C_3H_6O Aceton—$C_4H_6BaO_4$ Bariumacetat—H_2O [*P 0*]

C_3H_6O Aceton—$C_4H_6MgO_4$ Magnesiumacetat—H_2O [*P 0*]

C_3H_6O Aceton—$C_4H_{10}O$ n-Butanol—H_2O [*E 1, G 2a, R 4*]

C_3H_6O Aceton—C_6H_5Br Brombenzol—H_2O [*B 13*]

C_3H_6O Aceton—C_6H_6 Benzol—H_2O [*H 4a, P 5a*]

C_3H_6O Aceton—C_6H_{14} n-Hexan—H_2O [*T 2*]

C_3H_6O Aceton—C_7H_{16} n-Heptan—H_2O [*T 2*]

C_3H_6O Aceton—$C_8H_{20}NBr$ Tetraäthylammoniumbromid—H_2O [*B 11*]

C_3H_6O Aceton—$C_8H_{20}NCl$ Tetraäthylammoniumchlorid—H_2O [*B 11*]

C_3H_6O Aceton—$C_8H_{20}NJ$ Tetraäthylammoniumjodid—H_2O [*B 11*]

C_3H_6O Aceton—$C_{12}H_{22}O_{11}$ Saccharose—H_2O [*H 5*]

C_3H_6O Allylalkohol—C_6H_6 Benzol—H_2O [*H 4*]

C_3H_6O Allylalkohol—C_7H_8 Toluol—H_2O [*H 4*]

$C_3H_6O_2$ Propionsäure—$C_3H_9NO_2$ Ammoniumpropionat—H_2O [*O 4*]

$C_3H_6O_2$ Propionsäure—$C_4H_{10}O$ n-Butanol—H_2O [*H 7*]

$C_3H_6O_2$ Propionsäure—C_6H_6 Benzol—H_2O [*B 17*]

$C_3H_6O_2$ Propionsäure—$C_6H_{10}CuO_4$ Kupferpropionat—H_2O [*S 16*]

$C_3H_6O_2$ Propionsäure—$C_6H_{12}O$ Methylisobutylketon—H_2O [*H 2a*]

$C_3H_6O_3$ Milchsäure—$C_3H_9NO_3$ Ammoniumlactat—H_2O [*O 4*]

$C_3H_7NO_2$ Urethan—$C_4H_6O_6$ Weinsäure—H_2O [*P 8*]

C_3H_8O n-Propanol—$C_4H_{10}O$ Isobutanol—H_2O [*R 7*]

C_3H_8O Propanol—$C_5H_{12}O$ Isoamylalkohol—H_2O [*C 11*]

C_3H_8O n-Propanol—C_6H_5Br Brombenzol—H_2O [*B 13*]

C_3H_8O Isopropanol—C_6H_6 Benzol—H_2O [*O 1, U 2*]

C_3H_8O Isopropanol—C_6H_{12} Cyclohexan—H_2O [*V 1*]

C_3H_8O Isopropanol—$C_6H_{14}O$ Diisopropyläther—H_2O [*B 15, F 8*]

C_3H_8O n-Propanol—$C_6H_{18}OSi$ Hexamethyldisiloxan—H_2O [*C 3a*]

C_3H_8O n-Propanol—C_7H_7Br Bromtoluol—H_2O [*B 13*]

C_3H_8O n-Propanol—C_7H_8 Toluol—H_2O [*B 1*]

$C_3H_8O_2$ Trimethylenglykol—$C_3H_8O_3$ Glycerin—H_2O [*C 5*]

$C_3H_8O_3$ Glycerin—$C_4H_6O_4$ Bernsteinsäure—H_2O [*H 5*]

$C_4H_4K_2O_4$ Kaliumsuccinat—$C_4H_6O_4$ Bernsteinsäure—H_2O [*O 4*]

$C_4H_4Na_2O_4$ Natriumsuccinat—$C_4H_6O_4$ Bernsteinsäure—H_2O [*O 4*]

$C_4H_4K_2O_5$ Kaliummalat—$C_4H_6O_5$ Äpfelsäure—H_2O [*O 4*]

$C_4H_4K_2O_6$ Kaliumtartrat—$C_4H_6O_6$ Weinsäure—H_2O [*C 2*]

$C_4H_4Na_2O_5$ Natriummalat—$C_4H_6O_5$ Äpfelsäure—H_2O [*O 4*]

$C_4H_4Na_2O_6$ Natriumtartrat—$C_4H_6O_6$ Weinsäure—H_2O [*O 4*]

$C_4H_4Na_2O_6$ Natriumtartrat—$C_{12}H_{22}O_{11}$ Saccharose—H_2O [*F 9*]

$C_4H_6O_3$ Essigsäureanhydrid—$C_4H_8O_2$ Dioxan—H_2O [*K 6b, K 6*]

$C_4H_6O_4$ Bernsteinsäure—$C_4H_{10}O$ Diäthyläther—H_2O [*F 5*]

$C_4H_6O_4$ Bernsteinsäure—$C_4H_{12}N_2O_4$ Ammoniumsuccinat—H_2O [*O 4*]

$C_4H_6O_5$ Äpfelsäure—$C_4H_{12}N_2O_5$ Ammoniummalat—H_2O [*O 4*]

$C_4H_6O_6$ Weinsäure—$C_6H_{12}O_6$ Glucose—H_2O [*P 8*]

$C_4H_7KO_2$ Kaliumbutyrat—$C_4H_8O_2$ Buttersäure—H_2O [*O 4*]

$C_4H_7KO_2$ Kaliumisobutyrat—$C_4H_8O_2$ Isobuttersäure—H_2O [*O 4*]

$C_4H_7NaO_2$ Natriumbutyrat—$C_4H_8O_2$ Buttersäure—H_2O [*O 4*]

$C_4H_7NaO_2$ Natriumisobutyrat—$C_4H_8O_2$ Isobuttersäure—H_2O [*O 4*]

$C_4H_7NaO_2$ Natriumisobutyrat (X_1)—$C_8H_{14}CaO_4$ Calciumisobutyrat (X_2)—H_2O [*B 14*]

D_{18}^{18}	X_1; M =	X_2; M =
1,0620	0	0,829
1,0630	0,0166	0,829
1,0661	0,118	0,829
1,0680	0,227	0,829
1,0708	0,426	0,829

$C_4H_8N_2O_3$ Diglycin—$C_5H_9NO_4$ Glutaminsäure—H_2O [*S 14*]

C_4H_8O Methyläthylketon—C_6H_5Cl Chlorbenzol—H_2O [*N 1*]

C_4H_8O Dioxan—C_6H_6 Benzol—H_2O [*B 9a*]

C_4H_8O Methyläthylketon—C_6H_6O Phenol—H_2O [*B 25*]

C_4H_8O Methyläthylketon—C_6H_{14} n-Hexan—H_2O [*T 2*]

C_4H_8O Methyläthylketon—C_7H_{16} n-Heptan—H_2O [*T 2*]

C_4H_8O Methyläthylketon—$C_{10}H_{14}N_2$ Nicotin—H_2O [*C 0b*]

$C_4H_8O_2$ Buttersäure—$C_4H_{11}NO_2$ Ammoniumbutyrat—H_2O [*O 4*]

$C_4H_8O_2$ Isobuttersäure—$C_4H_{11}NO_2$ Ammoniumisobutyrat—H_2O [*O 4*]

$C_4H_8O_2$ Buttersäure—C_6H_7N Anilin—H_2O [*P 6*]

$C_4H_{10}O$ n-Butanol—C_6H_6 Benzol—H_2O [*M 7a*]

$C_4H_{10}O$ tert. Butanol—C_6H_6 Benzol—H_2O [*S 17*]

$C_4H_{10}O$ n-Butanol—C_6H_{12} Cyclohexan—H_2O [*M 7a*]

$C_4H_{10}O$ n-Butanol—C_7H_8 Toluol—H_2O [*F 11*]

$C_4H_{10}O$ n-Butanol—$C_8H_{18}O$ Dibutyläther—H_2O [*L 2*]

$C_5H_4O_2$ Furfurol—$C_6H_{12}O$ Methylisobutylketon—H_2O [*C 9*]

C_5H_5N Pyridin—C_6H_6 Benzol—H_2O [*W 7*]

C_5H_5N Pyridin—$C_6H_8O_7$ Citronensäure—H_2O [*P 8*]

$C_5H_9NO_4$ Glutaminsäure—$C_6H_{11}N_3O_4$ Triglycin—H_2O [*S 14*]

$C_6H_5K_3O_7$ Kaliumcitrat—$C_6H_8O_7$ Citronensäure—H_2O [*O 4*]

$C_6H_5NO_2$ Nitrobenzol—C_6H_7N Anilin—H_2O [*S 19*]

$C_6H_5NaO_3S$ Natriumbenzolsulfonat—$C_7H_5ClO_2$ o-Chlorbenzoesäure—H_2O [*O 2*]

$C_6H_5NaO_3S$ Natriumbenzolsulfonat—$C_7H_5ClO_2$ m-Chlorbenzoesäure—H_2O [*O 2*]

$C_6H_5NaO_3S$ Natriumbenzolsulfonat—$C_7H_5ClO_2$ p-Chlorbenzoesäure—H_2O [*O 2*]

$C_6H_5NaO_3S$ Natriumbenzolsulfonat—$C_7H_6O_2$ Benzoesäure—H_2O [*O 2*]

$C_6H_5NaO_3S$ Natriumbenzolsulfonat—$C_7H_6O_3$ o-Hydroxybenzoesäure—H_2O [*O 3*]

$C_6H_5Na_3O_7$ Natriumcitrat—$C_6H_8O_7$ Citronensäure—H_2O [*O 4*]

C_6H_6 Benzol—C_6H_6O Phenol—H_2O [*W 4*]

C_6H_6 Benzol—$C_{10}H_{21}NaO_4S$ Natriumdecylsulfat—H_2O [*H 11*]

C_6H_6O Phenol—C_7H_7NO Benzamid—H_2O [*P 5*]

C_6H_7N Anilin—C_7H_8 Toluol—H_2O [*R 6*]

$C_6H_8O_7$ Citronensäure—$C_6H_{17}N_3O_7$ Ammoniumcitrat—H_2O [*O 4*]

$C_6H_{12}O_6$ Glucose—$C_6H_{12}O_6$ Fructose—H_2O [*J 1, J 2*]

$C_6H_{12}O_6$ Glucose—$C_{12}H_{22}O_{11}$ Saccharose—H_2O [*J 1, J 2*]

$C_6H_{12}O_6$ Invertzucker—$C_{12}H_{22}O_{11}$ Saccharose—H_2O [*J 1, J 2*]

$C_6H_{14}O$ n-Hexanol—$C_{10}H_{21}NaO_4S$ Natriumdecylsulfat—H_2O [*H 11*]

$C_6H_{14}O_6$ Mannitol—$C_{12}H_{22}O_{11}$ Saccharose—H_2O [*E 0b*]

$C_7H_4ClNaO_2$ Natrium-o-chlorbenzoat—$C_7H_5ClO_2$ o-Chlorbenzoesäure—H_2O [*O 2*]

$C_7H_5ClO_2$ o-Chlorbenzoesäure—$C_7H_7NaO_3S$ Natrium-p-toluolsulfonat—H_2O [*O 2*]

$C_7H_5ClO_2$ o-Chlorbenzoesäure—$C_{10}H_7NaO_3S$ Natrium-β-naphthalinsulfonat—H_2O [*O 2*]

$C_7H_5NaO_3$ Natriumsalicylat—$C_7H_6O_3$ Salicylsäure—H_2O [*H 8*]

$C_7H_6O_2$ Benzoesäure—$C_7H_7NaO_3S$ Natrium-p-toluolsulfonat—H_2O [*S 13*]

$C_7H_6O_2$ Benzoesäure—$C_{10}H_7NaO_3S$ Natrium-β-naphthalinsulfonat—H_2O [*O 2*]

$C_7H_6O_3$ o-Hydroxybenzoesäure—$C_7H_7NaO_3S$ Natrium-p-toluolsulfonat—H_2O [*O 3*]

$C_7H_6O_3$ o-Hydroxybenzoesäure—$C_{10}H_7NaO_3S$ Natrium-β-naphthalinsulfonat—H_2O [*O 3*]

$C_8H_6O_4$ Phthalsäure—$C_{12}H_{22}O_{11}$ Saccharose—H_2O [*R 9*]

$C_8H_{15}O_2Na$ Natriumcaprylat—$C_{10}H_{22}O$ Decanol—H_2O *[E 0a]*
$C_8H_{18}O$ n-Octanol—$C_{10}H_{21}NaO_4S$ Natrium-decylsulfat—H_2O *[H 11]*
$C_8H_{18}O$ n-Octanol—$C_{12}H_{25}NaO_4S$ Natrium-dodecylsulfat—H_2O *[H 11]*
$C_9H_8NO_3K$ Kaliumhippurat—$C_9H_9NO_3$ Hippursäure—H_2O *[H 8]*

2.4.2 Polynäre Systeme: organische Komponenten A, B, C, ..., Wasser — Polynary systems: organic components A, B, C, ..., water

CCl_4 Tetrachlormethan—$C_2H_4O_2$ Essigsäure—C_6H_6 Benzol—H_2O *[P 7a]*
CH_4O Methanol—C_2H_6O Äthanol—$C_3H_8O_3$ Glycerin—H_2O *[G 5]*
$C_2H_3AgO_2$ Silberacetat—$C_2H_3KO_2$ Kaliumacetat—C_2H_6O Äthanol—H_2O *[M 1a]*
$C_2H_3AgO_2$ Silberacetat—$C_2H_3NaO_2$ Natriumacetat—C_2H_6O Äthanol—H_2O *[M 1a]*
$C_2H_3AgO_2$ Silberacetat—$C_4H_4Na_2O_6$ Natriumtartrat—$C_4H_6O_6$ Weinsäure—$C_{12}H_{22}O_{11}$ Saccharose—H_2O *[F 9]*
C_2H_6O Äthanol—C_3H_6O Aceton—$C_4H_{10}O$ n-Butanol—H_2O *[S 19a]*

2.4.3 Literatur zu 2.4 — References for 2.4

A 1 | Afferni, E.: Ind. saccarif. ital. **30** (1937) 236—40.

B 1 | Baker, E. M.: J. physic. Chem. **59** (1955) 1182/83.
B 2 | Banchetti, A.: Gazz. chim. ital. **65** (1935) 159—67.
B 3 | Barbaudy, J.: C.R. hebd. Séances Acad. Sci. **182**, 1279—81; Ann. combustibles liquides **1931**, 229 (nach Tabl. ann.).
B 4 | Barbaudy, J.: Bull. Soc. chim. France **35** (1924) 31 (nach ICT).
B 5 | Barbaudy, M. J.: Bull. Soc. chim. France (4) **39** (1926) 371—82.
B 6 | Becker, A.: Ber. dtsch. chem. Ges. **14** (1881) 1028—41.
B 7 | Behrend, R.: Z. physik. Chem. **10** (1892) 265—83.
B 8 | Bell, R. P.: Z. physik. Chem. (A) **150** (1930) 20—30.
B 9 | Berl, E., Ramis, L.: Ber. dtsch. chem. Ges. **60** (1927) 2225—29.
B 9a | Berndt, R. I., Lynch, C. C.: J. Am. Chem. Soc. **66** (1944) 282—84.
B 9b | Beyrich, Th., Groth, H.: Z. analyt. Chem. **210** (1965) 321—24.
B 10 | Bingham, Brown: Thesis, Lafayette 1921 (nach ICT).
B 11 | Bjerrum, N., Jozefowicz, E.: Z. physik. Chem. (A) **159** (1932) 194—222.
B 11a | Bodländer, G.: Z. physik. Chem. **7** (1891) 308—22.
B 11b | Blackford, D. S., York, R.: J. chem. Engng. Data **10** (1965) 313—18.
B 12 | Bonauguri, E.: Chim. e Ind. Milano **35** (1935) 900—11.
B 13 | Bonner, W. D.: J. physic. Chem. **14** (1910) 738—89.
B 14 | Bonner, W. D., Smith, C. G.: J. Chem. Soc. [London] **1950**, 1359—67.
B 15 | Brey jr., W. S.: Analytic Chem. **26** (1954) 838—42.
B 16 | Briegleb, G., Czekalla, J.: Z. Elektrochem., Ber. Bunsenges. physik. Chem. **59** (1955) 184—202.
B 17 | Briegleb, H.: Z. physik. Chem. (B) **10** (1930) 205—37.
B 18 | Brun, M. P.: Ann. Office nat. Combustibles liquides **7** (1932) 635—98; Thèse, Paris 1932 (nach Tabl. ann.).
B 19 | Brun, P.: C.R. hebd. Séances Acad. Sci. **197** (1933) 1637/38.
B 20 | Buchanan, R. H.: Ind. Engng. Chem. **44** (1952) 2449/50.
B 21 | Büttgenbach, E.: Z. anorg. allg. Chem. **145** (1925) 141—50.
B 22 | Burrows: Proc. Roy. Soc. New South Wales **53** (1919) 74 (nach ICT).
B 23 | Byk, Ss. Sch., Schtscherbak, L. I., Stroitelewa, R. G.: J. physik. Chem. (Shurnal Fisitschesskoi Chimii) **30** (1956) 305—12.
B 24 | Byk, Ss. Sch., Stroitelewa, R. G.: J. physik. Chem. (Shurnal Fisitschesskoi Chimii) **30** (1956) 2451—55.
B 25 | Byk, Ss. Sch., Stroitelewa, R. G.: J. physik. Chem. (Shurnal Fisitschesskoi Chimii) **30** (1956) 305—12.

C 0a | Campbell, A. N., Gieskes, J. M. T. M.: Canad. J. Chem. **42** (1964) 1379—87.
C 0b | Campbell, A. N., Kartzmark, E. M., Falconer, W. E.: Canad. J. Chem. **36** (1958) 1475—86.
C 0c | Campbell, A. N., Kartzmark, E. M., Friesen, H.: Canad. J. Chem. **39** (1961) 735—44.
C 0d | Campbell, A. N., Kartzmark, E. M., Gieskes, J. M. T. M.: Canad. J. Chem. **41** (1963) 407—29.
C 1 | Capitani, C., Mugnaini, E.: Chim. e Ind. [Milano] **34** (1952) 193—98.
C 2 | Carpenter, D. C., Mack, G. L.: J. Am. Chem. Soc. **56** (1934) 311—13.
C 2a | Charin, Ss. E., Kochanovskij, N. I., Sorokina, G. S.: Izvest. vysšich ucebnych Zavedenij [Ivanovo], Chim. i chim. Technol. **11** (1968) 10, 1109—14.
C 2b | Charin, Ss. Je., Zetruskaja, W. I.: Hochschulnachr. Nahrungsmitteltechnol. **1958**, 137—43.

C 3	Cheneveau: Sur les propriétés optiques des solutions, S. 80, Paris: Gauthier 1913.
C 3a	Chew, W. W., Orr, V.: J. chem. Engng. Data **4** (1959) 215—17.
C 4	Choffé, B., Asselineau, I.: Rev. Inst. franc. Petrole Ann. Combustibles liquides **11** (1956) 948—60.
C 5	Cocks, Salway: J. Soc. chem. Ind. **41** (1922) 17 T (nach ICT).
C 6	Cohn, E. J., McMeekin, T. L., Edsall, J. T., Weare, J. H.: J. Am. Chem. Soc. **56** (1934) 2270—82.
C 7	Conolly, J. F.: Ind. Engng. Chem. **48** (1956) 813—16.
C 8	Conrad, F. H., Meyer, R. H., Sjoberg, J. W., Flint, M. C.: Analytic. Chem. **24** (1952) 837—40.
C 9	Conway, J. B., Philip, J. B.: Ind. Engng. Chem. **45** (1935) 1083—85.
C 10	Corliss, H. P.: J. physic. Chem. **18** (1914) 681—94.
C 11	Coull, J., Hope, H. B.: J. physic. Chem. **39** (1935) 967—71.
C 12	Crawford, A. G., Edwards, G., Lindsay, D. S.: J. Chem. Soc. [London] **1949**, 1054—58.
C 12a	Crawford, H. R., van Winkle, M.: Ind. Engng. Chem. **51** (1959) 601—06.
C 13	Curtis, H. A., Titus, E. Y.: J. physic. Chem. **19** (1915) 739—52.
D 1	Dakshinamurty, P., Rao, C. V.: J. Sci. ind. Res. [New Delhi] Sect. B **15** (1956) 118—27.
D 2	Dawson, L. R., Leader, G. B., Keely, W. M., Zimmerman jr., H. K.: J. physic. Chem. **55** (1951) 422—28.
D 3	Deitsch, A. Ja.: J. anorg. Chem. (Shurnal anorganitschesskoi Chimii) **2** (1957) 2426—37.
D 4	Desmaroux: Mém. Poudres **19** (1922) 322 (nach ICT).
D 5	Domansky, R.: Chem. Listy **46** (1952) 765/66.
D 6	Dunn, M. S., Ross, F. J.: J. biol. Chem. **125** (1938) 309—32.
D 7	Dupouy, G., Haenny, Ch.: J. Physique Radium (VII) **7** (1936) 23—29.
E 0a	Ekwall, P., Solyom, P.: Acta chem. scand. **21** (1967) 6, 1619—29.
E 0b	Eller, H. D., Dunlop, P. J.: J. physic. Chem. **71** (1967) 1291—97.
E 1	Ernst, R. C., Litkenhous, E. E., Spanyer jr., J. W.: J. physic. Chem. **36** (1932) 842—54.
E 2	Ernst, R. C., Watkins, C. H., Ruwe, H. H.: J. physic. Chem. **40** (1936) 627—35.
F 1	Filippowa, N. S., Tartakowski, I. S., Manseley, M. Je.: J. physik. Chem. (Shurnal Fisitschesskoi Chimii) **15** (1941) 515—24 (nach Chem. Zbl.); Acta physikochim. URSS **14** (1914) 257—70.
F 2	Flatt: Thèse, Zürich 1923 (nach Tabl. ann.).
F 3	Fock: Z. Kristallogr. u. Mineralog. **28** (1897) 337 (nach ICT).
F 4	Fontein, F.: Z. physik. Chem. **73** (1910) 212—51.
F 5	Forbes, G. S., Coolidge, A. S.: J. Am. Chem. Soc. **41** (1919) 150—67.
F 6	Fox, Barker: J. physic. Chem. **14** (1910) 738—89.
F 7	Frank-Kamenetzki, D. A., Triedmann, Je. Je.: Betriebs-Laboratorium (Sawodskaja Laboratorija) **13** (1947) 43—47 (nach Chem. Zbl.).
F 8	Frere, F. J.: Ind. Engng. Chem. **41** (1949) 2365—67.
F 9	Fresenius, Grünhut: Z. analyt. Chem. **51** (1912) 23, 104 (nach ICT).
F 10	Friedländer, J.: Z. physik. Chem. **38** (1901) 385—440.
F 11	Fuoss, R. M.: J. Am. Chem. Soc. **65** (1943) 78—81.
G 1	Gladstone, Dale: Philos. Trans. Roy. Soc. London Ser. A **153** (1863) 317.
G 2	Goldschmidt, H., Aarflot, H.: Z. physik. Chem. **122** (1926) 371—82.
G 2a	Golik, A. S., Ssolomko, W. P.: Ukrain. chem. J. **24** (1958) 734—40; **25** (1959) 40—44.
G 3	Griswold, J., Buford, C. B.: Ind. Engng. Chem. **41** (1949) 2347—51.
G 4	Griswold, J., Winsauer, W. O., Chu, P. L.: Ind. Engng. Chem. **41** (1949) 2352—58.
G 5	Gromakov, Ss. D., Tscherkassow, A. P.: J. physik. Chem. UdSSR **32** (1958) 2473—78.
H 1	Haenny, Ch., Dupouy, G.: C.R. hebd. Séances Acad. Sci. **199** (1934) 843—45.
H 2	Hammick, D. L., Sutton, L. E., Norris, A.: J. Chem. Soc. [London] **1938**, 1755—61.
H 2a	Harris, R. D., Geankoplis, C. J.: J. chem. Engng. Data **7** (1962) 218—23.
H 3	Hartwig, K.: Ann. Physik. Chem. (3) **33** (1888) 58—80.
H 4	Havel, S., Pospisil, A., Kratochvil, Kudlacek, V.: Chem. Prumysl **7** (1957) 248—53.
H 4a	Hernold, E., Wakeham, H.: Ind. Engng. Chem., analyt. edit. **16** (1944) 499—501.
H 5	Herz, W., Knoch, M.: Z. anorg. Chem. **45** (1905) 262—69.
H 5a	Heubel, J., Vandorpe, B.: C.R. hebd. Séances Acad. Sci. **254** (1962) 3207—09.
H 6	Hill, L. M., Goulden, T. P., Hatton, E.: J. Chem. Soc. [London] **1946**, 78—81.
H 7	Himsworth, F. R., Butler, J. A.: J. Chem. Soc. [London] **1934**, 532—35.
H 8	Hoitsema, C.: Z. physik. Chem. **27** (1898) 312—18.
H 9	Holleman, Antusch: Recueil Trav. chim. Pays-Bas **13** (1894) 277—93.
H 10	Horiba: J. Tokyo chem. Soc. **31** (1910) 922 (nach ICT).
H 11	Hutshinson, E., Mosher, C. S.: J. Colloid. Sci. **11** (1956) 352—55.
I 0	Isamu Nagata: J. chem. Engng. Data **7** (1962) 360—66.
I 1	Ismailow, N. A., Franke, A. K.: J. physik. Chem. (Shurnal Fisitschesskoi Chimii) **29** (1955) 263—71.

J 1 Jackson, Silsbee: U.S. Bureau Standards Tech. Paper **1924**, Nr. 259 (nach ICT u. Tabl. ann.).
J 2 Jackson, Silsbee: Bureau of Standards Bulletin **18** (1924) 277 (nach ICT).
J 3 Jänecke, E.: Z. physik. Chem. (A) **164** (1933) 401.
J 4 Joerges, M., Nikuradse, A.: Z. Naturforsch. **5a** (1950) 259—69.
J 5 Jones, Davis, Johnson: Carnegie Institution of Washington Publication Nr. **260** (1918) 71 (nach ICT).

K 1 Kanitz, A.: Z. physik. Chem. **22** (1897) 336—57.
K 2 Karr, A. E., Bowes, W. M., Scheibel, E. G.: Analytic. Chem. **23** (1951) 459—63.
K 3 Katayama, Yamada: J. Tokyo Chem. Soc. **41** (1920) 193.
K 4 Kono, M.: Rep. Gunpowder Res. Dept. Japanese Navy **B** Nr. 29 (1923) (nach ICT).
K 5 Kono, M.: J. chem. Soc. Japan **44** (1923) 406 (nach Tabl. ann.).
K 6 Kowalenko, K. N., Trifinow, N. A., Tissen, D. Ss.: J. allg. Chem. (Shurnal Obschtschei Chimii) **26** (1956) 2404—10.
K 6a Kovi, J.: Rec. Trav. chim. Pays-Bas **68** (1949) 34—42.
K 6b Kowalenko, K. N., Trifonow, N. A., Tissen, D. Ss.: J. allg. Chem. UdSSR **26** (88) (1956) 403.
K 7 Krutzsch, J., Kloss, H.: Alkohol. Ind. **64** (1951) 279—81 (nach Chem. Zbl.).
K 8 Kurnakow, N. S., Schternina, E. B.: Ann. Secteur Analyse physicochim. (Iswesstija Ssektora Fisiko-Chimitschesskogo Analisa) **13** (1940) 135—63 (nach Chem. Zbl.).

L 1 Lalande, A.: Bull. Soc. chim. France (5) **1** (1934) 236—44.
L 2 Lazzari, G.: Ann. Chim. applicata **38** (1948) 287—93 (nach Seidell).
L 3 Litkenhaus, E. E., van Arsdale, J. P., Hutebison jr., I. W.: J. physic. Chem. **44** (1940) 377—88.

M 1 MacDougall, F. H., Allen, M.: J. physic. Chem. **46** (1942) 730—37.
M 1a MacDougall, F. H., Allen, M.: J. physic. Chem. **49** (1945) 245—60.
M 2 MacDougall, F. H., Bartsch, C. E.: J. physic. Chem. **40** (1936) 649—59.
M 3 MacDougall, F. H., Larson, W. D.: J. physic. Chem. **41** (1937) 417—29.
M 4 Malosse: C.R. hebd. Séances Acad. Sci. **154** (1912) 1697 (nach ICT).
M 5 McKetta jr., J. J., Katz, D. L.: Ind. Engng. Chem. **40** (1948) 853—63.
M 6 McMeekin, T. L., Cohn, E. J., Weare, J. H.: J. Am. Chem. Soc. **57** (1935) 626—33.
M 7 McMeekin, T. L., Cohn, E. J., Weare, J. H.: J. Am. Chem. Soc. **58** (1936) 2173—81.
M 7a Meeussen, E., Huyskens, P.: J. Chim. physique Physiko-Chim. biol. **63** (1966) 845—54.
M 8 Mitlo, S.: Colloid J. (Kolloidnyi Shurnal) **2** (1936) 845—54 (nach Chem. Zbl.).
M 9 Mondain-Monval, P.: Bull. Soc. chim. France (5) **2** (1935) 1106—18.
M 10 Mondain-Monval, P., Quiquerez, J.: Bull. Soc. chim. France, Mém. (5) **7** (1940) 240—53.

N 1 Newman, M., Hayworth, C. B., Treybal, R. E.: Ind. Engng. Chem. **41** (1949) 2039—43.
N 2 Novikova, K. E., Kondrat'eva, N. M.: Ž. fiz. Chim. **39** (1965) 1432—34.
N 3 Nowakowska, J., Kretschmer, K. B., Wiebe, R.: Chem. Engng. Data, series **1** (1956) 42—50.

O 1 Olsen, A. L., Washburn, E. R.: J. Am. Chem. Soc. **57** (1935) 303—05.
O 2 Osol, A., Kilpatrick, M.: J. Am. Chem. Soc. **55** (1933) 4430—40.
O 3 Osol, A., Kilpatrick, M.: J. Am. Chem. Soc. **55** (1933) 1440—44.
O 4 Ostwald, W.: J. prakt. Chem. **18** (1878) 328 (nach ICT).
O 5 Othmer, D. F., Serrano jr., J.: Ind. Engng. Chem. **41** (1949) 1030—32.

P 0 Padova, J.: J. chem. Physics **39** (1963) 2599—2602.
P 1 Pascal, P., Quinet, M. L.: Ann. Chim. analyt. Chim. appl. (3) **23** (1941) 5—15.
P 2 Patterson, T. S., Anderson: J. Chem. Soc. [London] **101** (1912) 1833—40.
P 3 Patterson, T. S., Montgomerie, H. H.: J. Chem. Soc. [London] **95** (1909) 1128—42.
P 4 Paul, Th.: Arb. Reichsgesundheitsamt **57** (1926) 94—114 (nach Seidell).
P 5 Perkin: J. Chem. Soc. [London] **69** (1896) 1216.
P 5a Pliskin, I., Treybal, R. E.: J. chem. Engng. Data **11** (1966) 49—52.
P 6 Pound, J. R., Russell, R. S.: J. Chem. Soc. [London] **125** (1924) 769—80.
P 7 Prideaux, E. B. R., Coleman, R. N.: J. Chem. Soc. [London] **1937**, 462—65.
P 7a Prince, R. G. H., Hunter, T. G.: Chem. Engng. Sci. **6** (1957) 245—61.
P 8 Pusin, N. A., Miler, Z.: Ber. chem. Ges. Belgrad (Glassnik Chemisskog Druschtwa Beograd) **19** (1954) 253—65 (nach Chem. Zbl.).

R 1 Ralston, A. W., Hoerr, C. W.: J. Am. Chem. Soc. **69** (1947) 1867—69.
R 2 Rawitsch, M. I., Ssilitschenko, W. G.: Ann. Secteur Analyse physicochim. (Iswesstija Ssektora Fisiko-Chimitschesskogo Analisa) **15** (1947) 69—79.
R 3 Recueil de constantes physiques S. 148. Gauthier-Villars, Paris 1913 (nach ICT).
R 4 Reilly, Ralph: Sci. Proc. Roy Dublin Soc. **15** (1919) 597 (nach ICT).
R 5 Retgers: Neues Jb. Mineralog., Geol. u. Paläontol. **1889** II, 185 (nach ICT).
R 6 Riedel, R.: Z. physik. Chem. **56** (1906) 243—53.

R 7	Rigamonti, R.: Ann. Chim. applicata **26** (1936) 143—51.
R 8	Rivett, A. C. D., O'Connor, E. A.: J. Chem. Soc. [London] **115** (1919) 1346—54.
R 9	Rivett, A. C. D., Rosenblum, E. J.: Trans. Faraday Soc. **9** (1913) 297—309.
R 10	Rudorf, G.: Z. physik. Chem. **43** (1903) 257—304.
S 1	Sanfourche, Boutin: Bull. Soc. chim. France **31** (1922) 546 (nach ICT).
S 2	Sanghvi, M. K. D., Kay, W. B.: Chem. Engng. Sci. **6** (1956) 10—25.
S 3	Scatchard, G. , Ticknor, L. B.: J. Am. Chem. Soc. **74** (1952) 3724—29.
S 3a	Scheibler, C.: Ber. dtsch. chem. Ges. **5** (1872) 343—50.
S 4	Schneider, G. H.: Liebigs Ann. Chem. **207** (1881) 257—87.
S 5	Schneider, C. H., Lynch, C. C.: J. Am. Chem. Soc. **65** (1943) 1063—66.
S 6	Schulze, J. F. W.: J. Am. Chem. Soc. **36** (1914) 498—513.
S 7	Schweppe, J. L., Lorah, J. R.: Ind. Engng. Chem. **46** (1954) 2391/92.
S 8	Scott, T. A. jr.: J. physic. Chem. **50** (1946) 406—12.
S 9	Seidell, A.: J. Am. Chem. Soc. **31** (1909) 1164—68.
S 10	Seidell, A.: J. Am. Chem. Soc. **29** (1907) 1088—91.
S 11	Seidell, A.: Trans. Amer. Chem. Soc. **13** (1908) 319—28.
S 12	Seidell, A.: Solubilities of Organic Compounds, Vol. II, 1941, S. 671.
S 13	Seidell, A.: Trans. Amer. electrochem. Soc. **13** (1908) 319—28; United States Public Health Service. Hygienic Laboratory Bulletins **67** (1911) (nach ICT u. Seidell).
S 14	Sexton, E. L., Dunn, M. S.: J. physic. Chem. **51** (1947) 648—54.
S 15	Sidgwick, N. V., Lewis, N. B.: J. Chem. Soc. [London] **1926**, 1287—1302.
S 16	Sidgwick, N. V., Tizard, H. T.: J. Chem. Soc. [London] **97** (1910) 957—72.
S 17	Simonsen, D. R., Washburn, E. R.: J. Am. Chem. Soc. **68** (1946) 235—37.
S 18	Smith, D. M.: Ind. Engng. Chem. **26** (1934) 392—95.
S 19	Smith, J. C., Foecking, N. J., Barber, W. P.: Ind. Engng. Chem. **41** (1949) 2289—91.
S 19a	Ssolomko, W. P., Galadshi, O. F.: Ukrain. chem. J. **27** (1961) 160—67.
S 20	Ssucharew, Ss. Ss.: Nachr. Akad. Wiss. UdSSR, Abt. chem. Wiss. (Iswesstija Akademii Nauk Kasachskoi SSR, Sserija Chimitschesskaja) **6** (1953) 32—38.
S 20a	Ssuchotin, A. M.: J. physik. Chem. UdSSR **33** (1959) 2405—09.
S 21	Ssumarokow, W. P., Pawydona, M. T.: J. angew. Chem. (Shurnal Prikladnoi Chimii) **14** (1941) 256—63.
S 22	Steffens, Chenoweth: Brooklyn V. Y. O. (nach (ICT).
S 23	Strada, M., Macri, A.: Giorn. Chim. ind. appl. **16** (1934) 335—41.
T 1	Tombaugh, R. M., Choguill, H. S.: Trans. Kansas Acad. Sci. **54** (1951) 411—19.
T 2	Treybal, R. E., Vondrak, O. J.: Ind. Engng. Chem. **41** (1949) 1761—63.
T 3	Treybal, R. E., Weber, L. B., Daley, J. F.: Ind. Engng. Chem., ind. Edit. **38** (1946) 817—21.
T 4	Tyrer, D.: J. Chem. Soc. [London] **99** (1911) 871—80.
U 1	Udowenko, W. W., Fatkulina, L. G.: J. physik. Chem. (Shurnal Fisitschesskoi Chimii) **26** (1952) 892—97.
U 2	Udovenko, V. V., Mazanko, T. F.: Ž. fiz. Chim. **41** (1967) 2, 395—401.
V 1	Verhoeye, L. A. J.: J. chem. Engng. Data **13** (1968) 462—67.
W 0	Wallace, W. J., Shephard, Ch. S., Underwood, C.: J. chem. Engng. Data **13** (1968) 1, 11—13.
W 1	Washburn, E. R., Lightbody, A.: J. physic. Chem. **34** (1930) 2701—10.
W 2	Wassenko, Je. N., Blank, M. G.: Ukrain. chem. J. (Ukrainski Chimitschesski Shurnal) **21** (1955) 327—30.
W 3	Weck, H. J., Hunt, H.: Ind. Engng. Chem. **46** (1954) 2521—23.
W 4	Weidman, S. H., Swearingen, L. E.: J. physic. Chem. **35** (1931) 836—43.
W 5	Wirth, H. E.: J. Am. Chem. Soc. **70** (1948) 462—65.
W 6	Woodman, W. M.: J. physic. Chem. **30** (1926) 1283—86.
W 7	Woodman, R. M., Corbet, A. S.: J. Chem. Soc. [London] **127** (1925) 2461—63.

721/21/74